“十四五”时期国家重点出版物出版专项规划项目

石墨烯手册

第6卷:生物传感器和先进传感器

Handbook of Graphene

Volume 6: Biosensors and Advanced Sensors

[波兰]芭芭拉·帕利斯(Barbara Palys) 主编

王旭东 王 刚 李文博 刘 静 王佳伟 李 静 译

国防工业出版社

·北京·

著作权登记号　图字:01 -2022 -4690 号

图书在版编目(CIP)数据

石墨烯手册. 第6卷,生物传感器和先进传感器/(波)芭芭拉·帕利斯(Barbara Palys)主编;王旭东等译. —北京:国防工业出版社, 2023.1

书名原文:Handbook of Graphene Volume 6:Biosensors and Advanced Sensors

ISBN 978 -7 -118 -12694 -5

Ⅰ.①石…　Ⅱ.①芭… ②王…　Ⅲ.①石墨烯—应用—生物传感器—手册　Ⅳ.①TB383 -62

中国版本图书馆 CIP 数据核字(2022)第 192382 号

Handbook of Graphene, Volume 6: Biosensors and Advanced Sensors by Barbara Palys

ISBN 978 -1 -119 -46974 -2

※

国防工业出版社 出版发行

(北京市海淀区紫竹院南路 23 号　邮政编码 100048)

北京虎彩文化传播有限公司印刷

新华书店经售

*

开本 787 × 1092　1/16　**印张** 42½　**字数** 960 千字

2023 年 1 月第 1 版第 1 次印刷　**印数** 1—1500 册　**定价** 398.00 元

(本书如有印装错误,我社负责调换)

国防书店:(010)88540777　　书店传真:(010)88540776

发行业务:(010)88540717　　发行传真:(010)88540762

石墨烯手册

译审委员会

译者序

碳，作为有机生命体的骨架元素，见证了人类的历史发展；碳材料和其应用形式的更替，也通常标志着人类进入了新的历史进程。石墨烯这种单原子层二维材料作为碳材料家族最为年轻的成员，自2004年被首次制备以来，一直受到各个领域的广泛关注，成为科研领域的“明星材料”，也被部分研究者认为是有望引发新一轮材料革命的“未来之钥”。经过近20年的发展，人们对石墨烯的基础理论和在诸多领域中的功能应用方面的研究，已经取得了长足进展，相关论文和专利数量已经逐渐走出了爆发式的增长期，开始从对“量”的积累转变为对“质”的追求。回顾这一发展过程会发现，从石墨烯的拓扑结构，到量子反常霍尔效应，再到魔角石墨烯的提出，人们对石墨烯基础理论的研究可以说是深入且扎实的。但对于石墨烯的部分应用研究而言，无论在研究中获得了多么惊人的性能，似乎都难以真正离开实验室而成为实际产品进入市场。这一方面是由于石墨烯批量化制备技术的精度和成本尚未达到某些应用领域的要求；另一方面，尽管石墨烯确实具有优异甚至惊人的理论性能，但受实际条件所限，这些优异的性能在某些领域可能注定难以大放异彩。

我们必须承认的是，石墨烯的概念在一定程度上被滥用了。在过去数年时间内，市面上出现了无数以石墨烯为噱头的商品，石墨烯似乎成了“万能”添加剂，任何商品都可以在掺上石墨烯后身价倍增，却又因为不够成熟的技术而达不到宣传的效果。消费者面对石墨烯产品，从最初的好奇转变为一次又一次的失望，这无疑为石墨烯应用产品的发展带来了负面影响。在科研上也出现了类似的情况，石墨烯几乎曾是所有应用领域的热门材料，产出了无数研究成果和水平或高或低的论文。无论对初涉石墨烯领域的科研工作者，还是对扩展新应用领域的科研工作者而言，这些成果和论文都既是宝藏也是陷阱。

如何分辨这些陷阱和宝藏？石墨烯究竟在哪些领域能够为科技发展带来新的突破？石墨烯如何解决这些领域的痛点以及这些领域的前沿已经发展到了何种地步？针对这些问题，以及目前国内系统全面的石墨烯理论和应用研究相关著作较为缺乏的状况，北京石墨烯技术研究院启动了《石墨烯手册》的翻译工作，旨在为国内广大石墨烯相关领域的工作者扩展思路、指明方向，以期抛砖引玉之效。

《石墨烯手册》根据Wiley出版的*Handbook of Graphene*翻译而成，共8卷，分别由来自世界各国的石墨烯及相关应用领域的专家撰写，对石墨烯基础理论和在各个领域的应用研究成果进行了全方位的综述，是近年来国际石墨烯前沿研究的集大成之作。《石墨烯手册》按照卷章，依次从石墨烯的生长、合成和功能化；石墨烯的物理、化学和生物学特性研究；石墨烯及相关二维材料的修饰改性和表征手段；石墨烯复合材料的制备及应用；石墨烯在能源、健康、环境、传感器、生物相容材料等领域的应用；石墨烯的规模化制备和表征，以及与石墨烯相关的二维材料的创新和商品化展开每一卷的讨论。与国内其他讨论石墨烯基础理论和应用的图书相比，更加详细全面且具有新意。

《石墨烯手册》的翻译工作历时近一年半，在手册的翻译和出版过程中，得到国防工业出版社编辑的悉心指导和帮助，在此向他们表示感谢！

《石墨烯手册》获得中央军委装备发展部装备科技译著出版基金资助，并入选“十四五”时期国家重点出版物出版专项规划项目。

由于手册内容涉及的领域繁多，译者的水平有限，书中难免有不妥之处，恳请各位读者批评指正！

北京石墨烯技术研究院
《石墨烯手册》编译委员会
2022 年 3 月

前言

自从 Geim 和 Novoselov 开展对石墨烯的创新性研究工作以来，大量关于石墨烯物理化学性质的文章陆续发表。批量化合成石墨烯的方法仍然是一个值得广泛研究的课题，寻找石墨烯的新应用也受到了极大的关注。石墨烯的高导电性、大的比表面积、极具吸引力的光学性质以及良好的生物相容性，使其成为生物传感器的一个重要应用对象。氧化石墨烯和还原氧化石墨烯等相关衍生材料由于含有丰富的表面基团，可以用来附着生物物种，也越来越受到人们的关注。表面基团的物理性质（例如还原氧化石墨烯的疏水性或荧光性）可以通过灵活的化学设计进行调控，从而使材料获得应用于生物传感器的最佳值。本书全面描述了石墨烯、氧化石墨烯和还原氧化石墨烯的性质，涉及生物传感器设计与应用的众多方面，包括临床试验、环境监测、农业及食品分析和质量控制等各个领域。

本书重点介绍生物传感器和先进传感器。第 1 章概述了生物传感器的概念，回顾了传感器发展的历史，并预测了未来可能的石墨烯应用。第 2 章着重介绍石墨烯的电子转移特性，这对电化学和生物医学应用是至关重要的，对电化学传感器常用的碳材料进行了比较，给出了电化学发光分析和基于石墨烯的生物样品近红外（NIR）成像的实例，还介绍了电化学传感器组成的大部分试验分析。

许多电化学传感器的示例可以在第 7 ~ 11 章、18 章、21 章、23 章和 26 章中找到。第 3 章对石墨烯在农业防护、农药电分析和食品科学中的应用，包括对病原体的直接检测多方面进行了概述。第 4 章、第 5 章继续讨论农业应用，其中描述了新型设备的工程设计以及基于石墨烯的传感器在这些应用中的分析验证。第 7 章重点讨论还原氧化石墨烯及其作为酶载体的表面组成与性能之间的关系，还讨论了氧化石墨烯的本征电催化性能。第 8 章全面回顾了基于石墨烯、石墨烯量子点和还原氧化石墨烯的电化学生物传感器。生物传感器被分成若干组，其中生物分子被固定在电极上以检测化合物，一组由专门设计用于检测生物分子的生物传感器组成，而另一组则收集利用生物分子开发工作电极和分析物的设备。第 10 章介绍了医疗应用的生物传感器，描述了各种类型的石墨烯材料，包括掺杂的石墨烯。石墨烯和掺杂石墨烯也是第 11 章的主题，重点介绍用于检测食品、环境和临床样品中生物分子和化合物的电化学传感器。

石墨烯片层的制备对生物传感器的结构和性能有着重要的影响，三维石墨烯泡沫、多孔石墨烯或石墨烯水凝胶的设计可防止水溶液中石墨烯层不可控的 π-π 堆叠，在第6章中概述了这种结构及其应用。另外，目前一些新的沉积方法也正在被研究。第19章介绍了获得石墨烯传感器的各种技术，并讨论了石墨烯自组装、层层组装、Langmuir-Blodgett 法组装等沉积方式对传感器性能的影响。

第12章描述了在圆柱形表面上沉积厚度可控的均匀层的方法。目前有一种方法构建了氧化石墨烯集成的长周期光栅，用于无标记抗原抗体免疫传感器和人类血红蛋白检测。这种石墨烯光纤结构为临床诊断和生物医学应用提供了一个生物光子学平台，对无标记生物识别元件是一种极具前景的工具。第13章进一步讨论无标记生物传感器，包括石墨烯在电化学、光学、压电和热分析的无标记生物传感器中的应用。

石墨烯材料的荧光猝灭性能和对有机分子的增强吸附，启示了石墨烯在增强拉曼光谱方面的应用，第14章中提出了提高表面增强拉曼散射(SERS)增强因子的建议，本章讨论了利用石墨烯分子设计 SERS 平台的理论和实践。第16章讨论了利用脉冲激光沉积技术获得的自组装三维石墨烯结构，这种结构已经被证明在 SERS 应用中产生有效结果，也能够使电极的电子迁移性能得到提升。分子与石墨烯的相互作用决定了吸附能力，进而决定了系统的电催化或光谱性质。第17章介绍了石墨烯与小分子的相互作用和掺杂石墨烯对吸附分子拉曼信号的增强作用，并讨论了石墨烯增强拉曼光谱的机理。

杂原子掺杂石墨烯不仅使石墨烯材料的电催化性能和 SERS 性能发生了显著变化，而且电磁特性也发生了显著改变，第22章和第24章从理论和实践方面对这些变化进行了讨论。将表面等离子体共振(SPR)方法与电化学实验相结合，对还原过程进行优化。氧化石墨烯片层附近的介电特性可以用 SPR 检测，见第25章。第26章介绍了石墨烯的电子输运、电阻率以及吸附各种化学或生物物质后电阻率的变化，本章从理论和实践两个方面考虑，讨论了使用石墨烯构建场效应晶体管传感器。

从本书的很多章节中可以看出，石墨烯特性的研究包含了许多新的技术和思路。我相信读者一定会在本书的启发下，熟悉运用这些新颖、非凡的石墨烯材料。最后，我要感谢所有作者用各自领域的专业知识为本书做出的贡献，并向国际先进材料协会表示衷心的感谢。

芭芭拉·帕利斯(Barbara Palys)
波兰华沙
2019年3月1日

目录

第一部分　生物传感器

第二部分 先进传感器

—— 第一部分 ——

生物传感器

第1章 石墨烯基生物传感器的基本概念、应用概述及前景展望

Soumya Kar, Prashant K. Sarswat*
犹他州盐湖城犹他大学冶金工程系

摘　要　生物传感器是用于监测生物反应的微型传感器，由于其全面而优秀的性能，有望在未来十年内对医疗健康领域产生巨大影响。目前，寻找最佳生物传感材料的工作仍在进行中。石墨烯基生物传感器可以避免金属合金纳米粒子和碳纳米管的信号放大不一致，因此越来越受欢迎。石墨烯因其卓越的性能而在生物传感领域具有广泛应用前景。石墨烯是碳的二维同素异形体，具有优良的导电性和导热性、良好的力学强度以及出色的生物相容性。石墨烯基酶电极、非酶电极和纳米电子器件在致命性疾病的早期诊断、快速检测以及飞摩尔浓度级生物分子的高精度检测中具有广阔的前景，因而被广泛研究。目前，尽管全球的石墨烯市场增长显著，但石墨烯基生物传感器的大批量生产仍然面临严峻的挑战。本章将对石墨烯基生物传感器的研究现状、进展、挑战以及未来机遇进行深入分析。

关键词　石墨烯，生物传感器，制造，电性能，光学性能，应用，葡萄糖传感器，烟酰胺腺嘌呤二核苷酸传感器

1.1 引言

生物传感器是用于检测和测量生物元素的独立式分析设备，主要由五部分组成：用于生物元素（被分析物）识别的检测器；将接收到的响应转换为电信号的转换器；用于增强微弱信号的放大器；用于电子分析的微处理器和显示装置（图1.1）。

一般认为，生物传感器的研发始于1962年，当时Leland教授首次利用铂电极检测氧气[1]。在纽约科学院的一次座谈会上，他发表了著名的演讲"如何通过添加酶传感器作为覆膜夹层使传感器（pH、极谱、电位或电导检测）更智能"。在演讲中，他预测了可测量分析物可能的范围。1967年，Updike和Hicks开发了一种基于酶电极的葡萄糖生物传感器，该传感器将葡萄糖氧化酶固定在氧电极表面的聚丙烯酰胺凝胶中[2]。1969年，Guibault和Montalvo利用与尿素酶结合的玻璃电极，通过测量电位对尿素进行定量测量[3]。1970年，离子选择性电极在生物传感器中的应用也引起了广泛的关注。Rechnitz教授开发了扁桃苷传感器，该传感器与带有β－葡萄糖苷酶的氰离子选择性电极相耦

合[4]。此外，应用于生物传感器的热转换器也开始流行起来[5]。在此之后，Lubbers 和 Optiz 开发了光学生物传感器[6]，可利用固定的指示剂检测 CO_2或 O_2。1970 年，电化学技术在生物传感器领域也获得了广泛应用。人们通过将抗体固定在装有压电及电位转换器的电极上，开发出一种基于安培检测的免疫传感器[7]。1976 年，Clemens 等开发了一种具有开创性的葡萄糖生物传感器，用于血糖水平的连续监测[8]。生物传感器通常分为三类，如表 1.1 所列。

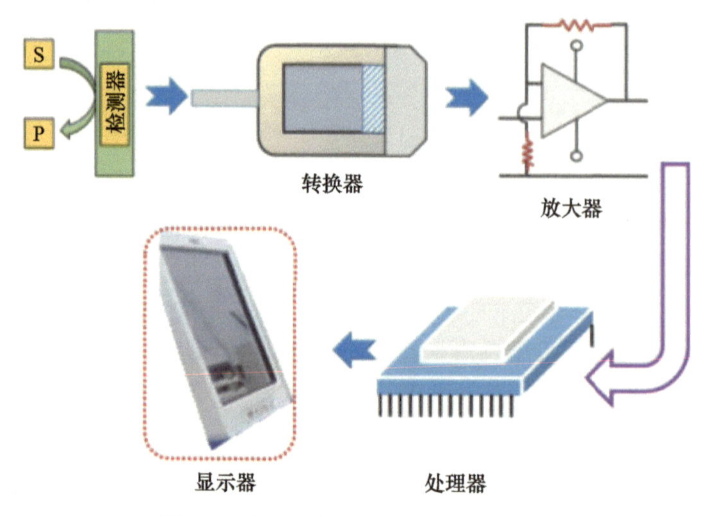

图 1.1 典型生物传感器的组件示意图

表 1.1 传感器分类

传感器	功能
第一代	反应产物扩散到转换器以产生电响应
第二代	利用反应与转换器之间特定的媒介体以增强响应
第三代	不涉及媒介体或反应产物，反应直接引发响应

多层薄膜常用于酶的有效固定，其中酶被夹在特殊的醋酸纤维素膜和聚碳酸酯膜之间。该膜层结构可阻止大分子和蛋白质向生物活性层扩散。通过使用一次性碳电极也可避免酶的复杂固定过程，其中蛋白质分子由海绵状碳结构固定在一次性碳电极上。但是，由于其结合非常弱，因此需要快速进行测量。

然而，与抗体相比，蛋白质的固定并不是那么简单。因此，蛋白质的固定成为了新的研究方向。为了精准固定蛋白质，精密沉积技术得到了探究和发展。基于金表面和巯基的多种自组装技术应运而生。这有助于配体基团朝向外侧的蛋白质的固定，使其处于吸附代谢产物的更有利的位置。

石墨烯在 2004 年被发现后，由于其优良的性能，即电子迁移率高、导热性强、良好的机械柔韧性和生物相容性，使金属合金纳米粒子和碳纳米管相关的问题得以解决[9]。因此，石墨烯预示了电化学生物传感器的新方向[10-12]。石墨烯因其对多种重要生物分子的高效检测能力而迅速被整个科学界所接受。目前，针对生物分子的有效固定、适当的功能化以及无缺陷石墨烯制备的研究仍在进行中。

1.2 石墨烯的制备

在石墨烯制备的方法中，机械剥离法被广泛使用。该方法使用透明胶带将石墨剥落为最薄的薄片，然后将薄片转移到基板上[13]。另一种方法是石墨烯静电沉积技术，利用该方法可从高定向热解石墨中沉积出以松散形式结合的石墨薄片[14]。通过将 Si 从 SiC 中升华，可在 SiC 表面得到外延石墨烯片[15-16]。在 1350～1650℃的高温下，Si 原子离开 SiC 表面，从而导致 SiC 的石墨化。SiC 的表面对所生长的石墨烯层的质量和厚度起着重要作用。通过化学气相沉积（CVD）法在金属表面上生长是制备石墨烯的另一种途径[17-18]。研究表明，铜箔基底可用于大尺寸单层石墨烯（最大 30in）的生长，并且可以转移到其他基底上[19-20]。在 1000℃和低压下，碳从烃类（如甲烷）中分解，并通过表面催化的 CVD 工艺沉积在铜的表面上，从而形成石墨烯膜。Yu 等利用表面偏析技术，在常压和高温迅速冷却条件下使烃类分解出的碳原子在镍（Ni）表面偏析，从而实现石墨烯的大面积生产。这种方法使得碳原子扩散到金属中，通过对冷却速率进行适当调节，研究人员能够利用碳原子在镍表面的偏析制得石墨烯层。镍箔和镍薄膜常作为基底来制备这种大规模可转移的石墨烯[21-24]。合成石墨烯的另一种技术是氧化石墨烯化学还原法[25-26]。石墨烯是疏水的，但是氧化石墨烯是亲水的，因而石墨烯会分散在水溶液中。通过这种技术，甚至可以制得纳米级的单层石墨烯。通过该技术可制备得到部分氧化的石墨烯或带有化学官能团的石墨烯。

石墨烯基导电复合材料也已成功合成，其中石墨烯薄片分散在具有优异电子性能和较大表面积的聚合物基体中，尤其有助于生物传感方面的应用[27]。

1.3 基本概念

1.3.1 电性能

在所有材料中，石墨烯在室温下的电子迁移率是最高的，这是其最令人关注的性能。因此，石墨烯在半导体工业中的应用引起了极大的重视，常用于开发高速、低功耗的电子器件。

载流子的类型和密度可以通过外部电场来调节，因此可以利用栅极电压来改变石墨烯的电阻率。电阻率和栅极电压曲线在特定电压下会出现一个尖峰，称为狄拉克点。如果电压从狄拉克点向任一方向移动（图 1.2），就会出现电阻率的急剧下降（数百欧姆级别）。栅极电压可以改变石墨烯的费米能级，于是电场可以激发 n 型、p 型或混合型石墨烯通道，这种现象被称为双极化电场效应[9]。电阻率在狄拉克点附近非常敏感，当载流子密度或静电场发生微小变化时，电阻率变化很大。这种现象可被用来检测石墨烯基生物传感器中的生物分子。

在室温和低电荷密度下，石墨烯的约翰逊噪声非常低。这使得石墨烯有希望成为低噪声传感器的备选材料[28]。由于晶格缺陷较低，石墨烯的粉红噪声（$1/f$）也很低[29-30]。Lin 等将石墨烯片组装在一起（称为双层石墨烯），使噪声进一步降低[31]。

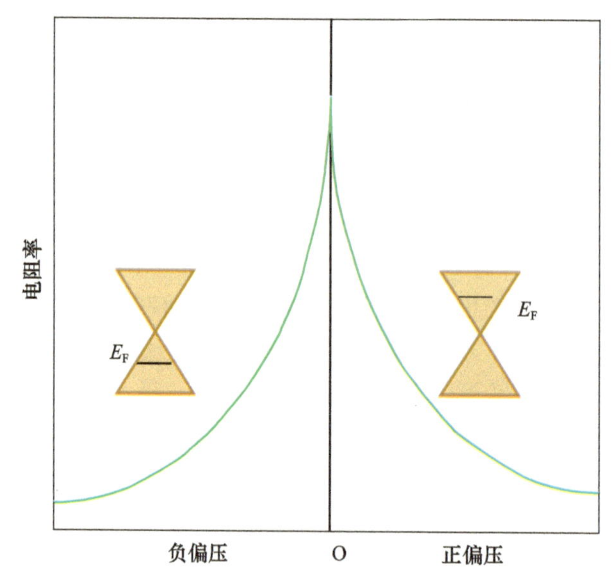

图 1.2　单层石墨烯电阻率随偏压的变化示意图，
插图显示了费米能级随正负偏压的变化

石墨烯的电子性能与衬底息息相关。在没有衬底的情况下，电子迁移率可以从 $2000cm^2/(V \cdot s)$ 增加到 $230000cm^2/(V \cdot s)$[32-33]。然而，与普通金属不同的是，尽管在非零载流子密度下石墨烯依然保持类似金属的温度－电阻率关系，其电阻率却随着温度的降低而增加，尤其是在载流子密度为零的狄拉克点。因此在狄拉克点，外部散射主导了石墨烯中的电荷转移。

石墨烯的导带与价带重合，表现出零带隙特性，这是石墨烯在晶体管应用中面临的主要挑战。该特性使石墨烯始终处于"开"的状态。研究中采用了多种实验技术使石墨烯产生带隙，如几何限域/图案化或量子反点化、在双层石墨烯中施加电场、基底相互作用以及受控氧化。到目前为止，研究人员能够得到的最大带隙能量为 0.4eV。

1.3.1.1　石墨烯的基本电化学特性

(1) 石墨烯上的电荷转移电阻远低于石墨和玻碳(GC)电极。

(2) 循环伏安图(CV)中的阳极和阴极峰值电流与扫描速率的平方根成线性关系，显示了石墨烯扩散控制反应的机理。

(3) 在典型的循环伏安图中，连续峰之间的间隔等价于电子转移系数。对于石墨烯来说，两个峰值之间的电位差(ΔE_p)较低，表明单电子电化学反应具有较高的电子迁移率。

(4) 石墨烯的表面物理化学性能和电子结构有利于电子转移。

1.3.1.2　酶的直接电化学行为

功能化的石墨烯有望促进电极基底与酶之间的电子转移。

1.3.2　光学性能

在生物传感器应用中还需要考虑石墨烯的光学性能。石墨烯可以按不同比例反射、吸收和透射可见光，因此具有透明度可调的特性。

石墨烯的可见性更多地取决于反射而不是透射。基底在石墨烯反射中起主要作用。当石基底厚度在某种程度上进行调整,使致光的透射发生共振时,石墨烯的可见性达到最佳状态[34]。因此,选择合适的基底对于获得最佳的石墨烯可见性非常重要。相反,当石墨烯用于液晶显示器(LCD)等光学器件中时,光通过石墨烯的透射特性更为重要。与反射不同,透射与石墨烯基底的厚度无关。光与石墨烯中相对论电子存在相互作用,其结构常数 $\alpha=\frac{2\pi e^2}{hc}=\frac{1}{137}$。尽管石墨烯是单层结构,但这一作用导致它吸收了2.3%的光($\pi\alpha$)。由于具有理想的狄拉克电子,石墨烯在可见光频率范围内表现出普遍的动态电导率[35]。该属性可用于计算石墨烯的层数,以及替代LCD中现有的氧化铟锡(ITO)涂层[36]。

石墨烯还表现出与材料参数相关的非线性光学性质,其透光率随激光脉冲能量密度的变化而变化。与正常的光-声子相互作用相比,低温下石墨烯中光激发载流子的非平衡分布具有更小的能量分布[37]。因此,在长光波激发下,石墨烯的光响应很强。

1.4 应用概述

1.4.1 葡萄糖生物传感器

糖尿病是由胰岛素分泌水平较低而导致的高血糖消化系统疾病。因此,控制血糖浓度对预防糖尿病至关重要。石墨烯基生物传感器具有良好的灵敏度和选择性,因而成为该领域的最佳选择。通过循环伏安法实验(0.8~0V)证实了基于氧化还原活性中心的氧化石墨烯的直接电化学反应,其具有以下反应机理[38]:

$$\mathrm{GOx(FAD)+2H^{+}+2e^{-}\longleftrightarrow GOx(FADH_2)}\quad(\text{无氧状态下})\tag{1.1}$$

$$\mathrm{GOx(FADH_2)+O_2\longrightarrow GOx(FAD)+H_2O_2}\quad(\text{有氧状态下})\tag{1.2}$$

$$\mathrm{GOx(FAD)}+\text{葡萄糖}\longrightarrow\mathrm{GOx(FADH_2)}+\text{葡萄糖酸内酯}\quad(\text{有氧状态下})\tag{1.3}$$

Wang 等使用硫化镉(CdS)纳米晶通过电化学还原法制备单层石墨烯,用来检测浓度低至0.7mmol/L的葡萄糖[39]。通过在CS-GR/Pt纳米粒子系统中引入铂(Pt)纳米粒子,检测灵敏度进一步提高到0.6μmol/L[40]。金纳米粒子也被用于石墨烯基葡萄糖传感器的制备[41]。Zhou 等使用Nafion-GR/Au纳米粒子薄膜检测葡萄糖浓度,其检出限达到5mmol/L(信噪比为3),线性范围为15μmol/L~5.8mmol/L[42]。

Zeng 等将有机改性石墨烯应用于基于酶的葡萄糖和麦芽糖生物传感器[43]。由于氧化石墨烯具有优良的生物相容性,因此也被用于葡萄糖生物传感器[44-45]。Yang 等开发了基于CMG和IL的葡萄糖生物传感器[38]。Chen 等使用Nafion-GR/GOx薄膜修饰电极[46]。Huang 等用CVD生长的石墨烯制作了实时血糖监测装置[47-48]。Wang 等通过在石墨烯中掺杂氮,获得了具有优异电化学性能的石墨烯[49]。

1.4.2 烟酰胺腺嘌呤二核苷酸生物传感器

烟酰胺腺嘌呤二核苷酸(NADH)是许多脱氢酶反应的辅助因子[50]。NAD^+ 是NADH的氧化辅助因子。这种氧化形式可以检测许多重要的生物分子,如乳酸、乙醇和葡萄糖[51]。但是，NADH 阳极反应存在缺点，其低电子转移(ET)动力低，反应产物会产生表面结垢现象，从而造成电势过高。Tang 等通过采用化学还原氧化石墨烯来研究 NADH 的电化学行为，与在玻璃碳和石墨上进行的同一实验中获得的 0.7V 相比，还原氧化石墨烯获得了低至 0.4V 的峰值电势[52]。这是由于化学还原氧化石墨烯(CrGO)中可用的额外活性位点进行了有效电子转移而导致的结果[53-55]。Liu 等通过对水溶性电活性亚甲基绿(MG)进行功能化来增强石墨烯的分散性，进一步将 NADH 反应的峰值电势降低至 0.14V[56]。主动电子转移的一种解释是由于许多边缘平面状缺陷位点的存在导致，也可用分子模型理论进行解释[57]。Pumera 等利用 X 射线光电子能谱和从头算分子动力学方法，揭示了石墨烯边缘在被氢取代时趋于钝化，但 NAD^+ 的吸附归因于含氧基团，即羧基对石墨烯活性的提高起着重要作用[58]。

1.4.3 血红蛋白生物传感器

血红蛋白是血液中向人体运输氧的最重要的生物元素。缺乏血红蛋白会导致严重的健康问题，甚至死亡。因此，准确测量血液中的血红蛋白极其重要。石墨烯基生物传感器在这一特殊应用领域中获得了很大成功。

Xu 等用 CS-GR 修饰电极对血红蛋白进行电分析研究，发现与 CS-GC 电极相比，CS-GR 电极存在分辨率显著的峰[59]。由电流随扫描速率的线性增加这一现象可以明显看出表面控制的电化学过程。当使用磁性纳米粒子检测血红蛋白时，响应时间会更快[60]。Wang 等研发了 CS-GR/Hb/GR/IL/GC 电极，该电极可以检测到浓度低至 6×10^{-10}mol/L 的硝基甲烷[61]。

1.4.4 胆固醇生物传感器

胆固醇失衡可能诱发心脏病、脑血栓及动脉粥样硬化。因此，测定胆固醇水平对于维持身体健康非常重要。胆固醇生物传感器的基本制备方法是将胆固醇氧化酶和胆固醇酯酶固定在生物敏感电极的表面上。Dey 和 Raj 使用 GR/Pt 纳米粒子混合材料作为电极。电极的灵敏度和检测极限为 $(2.07\pm0.1)\mu A/[(\mu mol/L)\cdot cm^2]$，这种能力是依赖于石墨烯和 Pt 纳米粒子的协同作用而实现[62]。

1.4.5 多巴胺生物传感器

多巴胺(DA)是一种在神经细胞之间用来传递信号的神经递质，帕金森综合征就是由于缺乏多巴胺导致的。除了中枢神经系统，多巴胺也是激素和心血管系统的重要组成部分[63]。利用循环伏安法对多巴胺进行检测时，多巴胺与抗坏血酸(AA)和尿酸(UA)存在重叠响应，这是多巴胺检测面临的挑战。Shang 等使用多层石墨烯纳米片薄膜来检测多巴胺，其检出限达到 0.17μmol/L。石墨烯纳米薄片的边缘平面位点或者缺陷使其具备了优异的生物检测性能[64]。Alwarappan 等的报道指出：石墨烯比单壁碳纳米管(SWCNT)具有更好的多巴胺选择性，其循环伏安实验显示出了分辨率良好的波峰。他们认为除了石墨烯自身上述缺陷有助于多巴胺检测之外，其更多的 sp^2 平面有助于这种精细的选择特性[65]。Wang 等称石墨烯的多巴胺选择性优于多壁碳纳米管，认为石墨烯的高电导率、大表面积以及与多巴胺的 $\pi-\pi$ 堆叠作用是其选择性良好的原因[66]。

1.5 小结

自2004年石墨烯被发现以来，基于石墨烯的生物传感器已有大量成功的研究案例，其相关研究仍在进行且存在极大的发展空间。CVD法虽然是一种应用广泛的制备大面积石墨烯的方法，但很难采用此方法获得单层石墨烯。目前石墨烯/碳糊电极和石墨烯/导电聚合物纳米复合材料的研究较少，应用到体内还需深入探究以开发具有增强功能的新型生物相容性的石墨烯材料。

尽管已有无数成功的实验室研究成果，但该产品的商业化仍存在问题。优质石墨烯的大规模生产及其在适当基底上的复杂集成，是大规模生产石墨烯基生物传感器所面临的最大挑战。美国的 Nanomedical Diagnostics 和 Rogue Valley Microdevices 是最近报导的唯一一家已经大规模生产具有成本效益的石墨烯基生物传感器的公司[67]。然而迄今为止，还没有其他商业化成功的报道，石墨烯基生物传感器的大规模商业化生产仍处于起步阶段。石墨烯的产能低是石墨烯基生物传感器规模化生产的限制因素。对于生产无缺陷石墨烯的努力仍在继续，而基底掺杂和制备过程中的污染会进一步降低产量。为了提高产量，需要以最小的工艺窗口确保制备工艺更稳定。

参考文献

[1] Clark, L. C. and Lyons, C., Electrode systems for continuous monitoring in cardiovascular surgery. *Ann. N. Y. Acad. Sci.*, 102, 1, 29 - 45, 1962.

[2] Updike, S. J. and Hicks, G. P., The enzyme electrode. *Nature*, 214, 5092, 986 - 988, 1967.

[3] Guilbault, G. G. and Montalvo, J. G., Urea - specific enzyme electrode. *J. Am. Chem. Soc.*, 91, 8, 2164 - 2165, 1969.

[4] Llenado, R. A. and Rechnitz, G. A., Improved enzyme electrode for amygdalin. *Anal. Chem.*, 43, 11, 1457 - 1461, 1971.

[5] Mehrotra, P., Biosensors and their applications—A review. *J. Oral Biol. Craniofac. Res.*, 6, 2, 153 - 159, 2016.

[6] Baldini, F., Chester, A. N., Homola, J., Martellucci, S., *Optical chemical sensors*, Springer, Netherlands, 2006.

[7] Janata, J., Immunoelectrode. *J. Am. Chem. Soc.*, 97, 10, 2914 - 2916, 1975.

[8] Clarke, W. L., Anderson, S., Breton, M., Patek, S., Kashmer, L., Kovatchev, B., Closed - loopartificial pancreas using subcutaneous glucose sensing and insulin delivery and a modelpredictive control algorithm: The Virginia experience. *J. Diabetes Sci. Technol.*, 3, 5, 1031 - 1038, 2009.

[9] Novoselov, K. S., Geim, A. K., Morozov, S. V., Jiang, D., Zhang, Y., Dubonos, S. V., Grigorieva, I. V., Firsov, A. A., Electric field effect in atomically thin carbon films. *Science*, 306, 5696, 666 - 669, 2004.

[10] Allen, M. J., Tung, V. C., Kaner, R. B., Honeycomb carbon: A review of graphene. *Chem. Rev.*, 110, 1, 132 - 145, 2010.

[11] Brownson, D. A. C. and Banks, C. E., Graphene electrochemistry: An overview of potential applications. *Analyst*, 135, 11, 2768 - 2778, 2010.

[12] Pumera, M., Ambrosi, A., Bonanni, A., Chng, E. L. K., Poh, H. L., Graphene for electrochemical sensing

and biosensing. *TrAC Trends Anal. Chem.* ,29,9,954 - 965,2010.

[13] Novoselov,K. S. ,Jiang,D. ,Schedin,F. ,Booth,T. J. ,Khotkevich,V. V. ,Morozov,S. V. ,Geim,A. K. ,Two - dimensional atomic crystals. *Proc. Natl. Acad. Sci. U. S. A.* ,102,30,10451 - 10453,2005.

[14] Anton,N. S. ,Mehdi,M. Y. ,Romaneh,J. ,Ouseph,P. J. ,Cohn,R. W. ,Sumanasekera,G. U. ,Electrostatic deposition of graphene. *Nanotechnology*,18,13,135301,2007.

[15] Berger,C. ,Song,Z. ,Li,X. ,Wu,X. ,Brown,N. ,Naud,C. ,Mayou,D. ,Li,T. ,Hass,J. ,Marchenkov,A. N. ,Conrad,E. H. ,First,P. N. ,de Heer,W. A. ,Electronic confinement and coherence in patterned epitaxial graphene. *Science*,312,5777,1191 - 1196,2006.

[16] de Heer,W. A. ,Berger,C. ,Wu,X. ,First,P. N. ,Conrad,E. H. ,Li,X. ,Li,T. ,Sprinkle,M. ,Hass,J. ,Sadowski,M. L. ,Potemski,M. ,Martinez,G. ,Epitaxial graphene. *Solid State Commun.* ,143,1,92 - 100,2007.

[17] Wintterlin,J. and Bocquet,M. L. ,Graphene on metal surfaces. *Surf. Sci.* ,603,10,1841 - 1852,2009.

[18] Chuhei,O. and Ayato,N. ,Ultra - thin epitaxial films of graphite and hexagonal boron nitride onsolid surfaces. *J. Phys. : Condens. Matter*,9,1,1,1997.

[19] Li,X. ,Cai,W. ,An,J. ,Kim,S. ,Nah,J. ,Yang,D. ,Piner,R. ,Velamakanni,A. ,Jung,I. ,Tutuc,E. ,Banerjee,S. K. ,Colombo,L. ,Ruoff,R. S. ,Large - area synthesis of high - quality and uniform graphene films on copper foils. *Science*,324,5932,1312 - 1314,2009.

[20] Cao,H. ,Yu,Q. ,Jauregui,L. A. ,Tian,J. ,Wu,W. ,Liu,Z. ,Jalilian,R. ,Benjamin,D. K. ,Jiang,Z. ,Bao,J. ,Wafer - scale graphene synthesized by chemical vapor deposition at ambient pressure. *arXiv preprint arXiv*:0910. 4329 *v*1.

[21] Yu,Q. ,Lian,J. ,Siriponglert,S. ,Li,H. ,Chen,Y. P. ,Pei,S. - S. ,Graphene segregated on Ni surfacesand transferred to insulators. *Appl. Phys. Lett.* ,93,11,113103,2008.

[22] Cao,H. ,Yu,Q. ,Pandey,D. ,Zemlianov,D. ,Colby,R. ,Childres,I. ,Drachev,V. ,Stach,E. ,Lian,J. ,Li,H. ,Large scale graphene films synthesized on metals and transferred to insulators forelectronic. arXiv preprint arXiv:0901. 1136,2009.

[23] Kim,K. S. ,Zhao,Y. ,Jang,H. ,Lee,S. Y. ,Kim,J. M. ,Kim,K. S. ,Ahn,J. - H. ,Kim,P. ,Choi,J. - Y. ,Hong,B. H. ,Large - scale pattern growth of graphene films for stretchable transparent electrodes. *Nature*,457,7230,706 - 710,2009.

[24] Reina,A. ,Jia,X. ,Ho,J. ,Nezich,D. ,Son,H. ,Bulovic,V. ,Dresselhaus,M. S. ,Kong,J. ,Large area,few - layer graphene films on arbitrary substrates by chemical vapor deposition. *Nano Lett.* ,9,1,30 - 35,2009.

[25] Gilje,S. ,Han,S. ,Wang,M. ,Wang,K. L. ,Kaner,R. B. ,A chemical route to graphene for device applications. *Nano Lett.* ,7,11,3394 - 3398,2007.

[26] Gómez - Navarro,C. ,Weitz,R. T. ,Bittner,A. M. ,Scolari,M. ,Mews,A. ,Burghard,M. ,Kern,K. ,Electronic transport properties of individual chemically reduced graphene oxide sheets. *NanoLett.* ,7,11,3499 - 3503,2007.

[27] Stankovich,S. ,Dikin,D. A. ,Dommett,G. H. B. ,Kohlhaas,K. M. ,Zimney,E. J. ,Stach,E. A. ,Piner,R. D. ,Nguyen,S. T. ,Ruoff,R. S. ,Graphene - based composite materials. *Nature*,442,7100,282 - 286,2006.

[28] Schedin,F. ,Geim,A. K. ,Morozov,S. V. ,Hill,E. W. ,Blake,P. ,Katsnelson,M. I. ,Novoselov,K. S. ,Detection of individual gas molecules adsorbed on graphene. *Nat. Mater.* ,6,9,652 - 655,2007.

[29] Geim,A. K. and Novoselov,K. S. ,The rise of graphene. *Nat. Mater.* ,6,3,183 - 191,2007.

[30] Chen,J. H. ,Jang,C. ,Adam,S. ,Fuhrer,M. S. ,Williams,E. D. ,Ishigami,M. ,Charged - impurity scattering in graphene. *Nat. Phys.* ,4,5,377 - 381,2008.

[31] Lin, Y. – M. and Avouris, P. , Strong suppression of electrical noise in bilayer graphene nanodevices. *Nano Lett.* ,8,8,2119 – 2125,2008.

[32] Bolotin, K. I. , Sikes, K. J. , Jiang, Z. , Klima, M. , Fudenberg, G. , Hone, J. , Kim, P. , Stormer, H. L. , Ultrahigh electron mobility in suspended graphene. *Solid State Commun.* ,146,9,351 – 355,2008.

[33] Du, X. , Skachko, I. , Barker, A. , Andrei, E. Y. , Approaching ballistic transport in suspended graphene. *Nat. Nano* ,3,8,491 – 495,2008.

[34] Abergel, D. S. L. , Russell, A. , Fal'ko, V. I. , Visibility of graphene flakes on a dielectric substrate. *Appl. Phys. Lett.* ,91,6,063125,2007.

[35] Nair, R. R. , Blake, P. , Grigorenko, A. N. , Novoselov, K. S. , Booth, T. J. , Stauber, T. , Peres, N. M. R. , Geim, A. K. , Fine structure constant defines visual transparency of graphene. *Science* ,320,5881,1308 – 1308,2008.

[36] Blake, P. , Brimicombe, P. D. , Nair, R. R. , Booth, T. J. , Jiang, D. , Schedin, F. , Ponomarenko, L. A. , Morozov, S. V. , Gleeson, H. F. , Hill, E. W. , Geim, A. K. , Novoselov, K. S. , Graphene – based liquidcrystal device. *Nano Lett.* ,8,6,1704 – 1708,2008.

[37] Vasko, F. T. and Ryzhii, V. , Photoconductivity of intrinsic graphene. *Phys. Rev. B* ,77,19,195433,2008.

[38] Yang, M. H. , Choi, B. G. , Park, H. , Hong, W. H. , Lee, S. Y. , Park, T. J. , Development of a glucose biosensor using advanced electrode modified by nanohybrid composing chemically modified graphene and ionic liquid. *Electroanalysis* ,22,11,1223 – 1228,2010.

[39] Wang, K. , Liu, Q. , Guan, Q. – M. , Wu, J. , Li, H. – N. , Yan, J. – J. , Enhanced direct electrochemistry of glucose oxidase and biosensing for glucose via synergy effect of graphene and CdS nanocrystals. *Biosens. Bioelectron.* ,26,5,2252 – 2257,2011.

[40] Wu, H. , Wang, J. , Kang, X. , Wang, C. , Wang, D. , Liu, J. , Aksay, I. A. , Lin, Y. , Glucose biosensorbased on immobilization of glucose oxidase in platinum nanoparticles/graphene/chitosan nanocomposite film. *Talanta* ,80,1,403 – 406,2009.

[41] Shan, C. , Yang, H. , Han, D. , Zhang, Q. , Ivaska, A. , Niu, L. , Graphene/AuNPs/chitosan nanocomposites film for glucose biosensing. *Biosens. Bioelectron.* ,25,5,1070 – 1074,2010.

[42] Zhou, K. , Zhu, Y. , Yang, X. , Li, C. , Electrocatalytic Oxidation of glucose by the glucose oxidase immobilized in graphene – Au – Nafion biocomposite. *Electroanalysis* ,22,3,259 – 264,2010.

[43] Zeng, G. , Xing, Y. , Gao, J. , Wang, Z. , Zhang, X. , Unconventional layer – by – layer assembly ofgraphene multilayer films for enzyme – based glucose and maltose biosensing. *Langmuir*, 26, 18, 15022 – 15026,2010.

[44] Liu, Y. , Yu, D. , Zeng, C. , Miao, Z. , Dai, L. , Biocompatible graphene oxide – based glucose biosensors. *Langmuir* ,26,9,6158 – 6160,2010.

[45] Song, Y. , Qu, K. , Zhao, C. , Ren, J. , Qu, X. , Graphene oxide: Intrinsic peroxidase catalytic activityand its application to glucose detection. *Adv. Mater.* ,22,19,2206 – 2210,2010.

[46] Chen, X. , Ye, H. , Wang, W. , Qiu, B. , Lin, Z. , Chen, G. , Electrochemiluminescence biosensor for glucose based on graphene/Nafion/GOD film modified glassy carbon electrode. *Electroanalysis* ,22,20,2347 – 2352,2010.

[47] Huang, J. , Liu, Y. , You, T. , Carbon nanofiber based electrochemical biosensors: A review. *Anal. Methods* ,2,3,202 – 211,2010.

[48] Huang, Y. , Dong, X. , Shi, Y. , Li, C. M. , Li, L. – J. , Chen, P. , Nanoelectronic biosensors based onCVD grown graphene. *Nanoscale* ,2,8,1485 – 1488,2010.

[49] Wang, Y. , Shao, Y. , Matson, D. W. , Li, J. , Lin, Y. , Nitrogen – doped graphene and its application inelectrochemical biosensing. *ACS Nano* ,4,4,1790 – 1798,2010.

[50] Wang, J. and Lin, Y. , Functionalized carbon nanotubes and nanofibers for biosensing applications. *TrAC*

Trends Anal. Chem. ,27,7,619 - 626,2008.

[51] Wang, J. , Carbon - nanotube based electrochemical biosensors: A review. *Electroanalysis*, 17, 1, 7 - 14,2005.

[52] Tang, L. , Wang, Y. , Li, Y. , Feng, H. , Lu, J. , Li, J. , Preparation, structure, and electrochemical properties of reduced graphene sheet films. *Adv. Funct. Mater.* ,19,17,2782 - 2789,2009.

[53] Banks, C. E. , Davies, T. J. , Wildgoose, G. G. , Compton, R. G. , Electrocatalysis at graphite and carbon-nanotube modified electrodes: Edge - plane sites and tube ends are the reactive sites. *Chem. Commun.* , 36,7: 829 - 841,2005.

[54] Banks, C. E. , Moore, R. R. , Davies, T. J. , Compton, R. G. , Investigation of modified basal planepyrolytic graphite electrodes: Definitive evidence for the electrocatalytic properties of theendsof carbon nanotubes. *Chem. Commun.* ,16,1804 - 1805,2004.

[55] Banks, C. E. and Compton, R. G. , Exploring the electrocatalytic sites of carbon nanotubes forNADH detection: An edge plane pyrolytic graphite electrode study. *Analyst*,130,9,1232 - 1239,2005.

[56] Liu, H. , Gao, J. , Xue, M. , Zhu, N. , Zhang, M. , Cao, T. , Processing of graphene for electrochemical application: Noncovalently functionalize graphene sheets with water - soluble electroactive methylene green. *Langmuir*,25,20,12006 - 12010,2009.

[57] Tiwari, A. and Syväjärvi, M. , *Graphene materials: Fundamentals and emerging applications*, Wiley, Massachusetts 2015.

[58] Pumera, M. , Scipioni, R. , Iwai, H. , Ohno, T. , Miyahara, Y. , Boero, M. , A mechanism of adsorptionof β - nicotinamide adenine dinucleotide on graphene sheets: Experiment and theory. *Chem. Eur. J.* , 15, 41, 10851 - 10856,2009.

[59] Xu, H. , Dai, H. , Chen, G. , Direct electrochemistry and electrocatalysis of hemoglobin proteinentrapped in graphene and chitosan composite film. *Talanta*,81,1,334 - 338,2010.

[60] He, Y. , Sheng, Q. , Zheng, J. , Wang, M. , Liu, B. , Magnetite - graphene for the direct electrochemistry of hemoglobin and its biosensing application. *Electrochim. Acta*,56,5,2471 - 2476,2011.

[61] Wang, L. , Zhang, X. , Xiong, H. , Wang, S. , A novel nitromethane biosensor based on biocompatible conductive redox graphene - chitosan/hemoglobin/graphene/room temperature ionicliquid matrix. *Biosens. Bioelectron.* ,26,3,991 - 995,2010.

[62] Dey, R. S. and Raj, C. R. , Development of an amperometric cholesterol biosensor based ongraphene - Pt nanoparticle hybrid material. *J. Phys. Chem. C*,114,49,21427 - 21433,2010.

[63] Wang, J. , Yang, S. , Guo, D. , Yu, P. , Li, D. , Ye, J. , Mao, L. , Comparative studies on electrochemical activity of graphene nanosheets and carbon nanotubes. *Electrochem. Commun.* ,11,10,1892 - 1895,2009.

[64] Shang, N. G. , Papakonstantinou, P. , McMullan, M. , Chu, M. , Stamboulis, A. , Potenza, A. , Dhesi, S. S. , Marchetto, H. , Catalyst - free efficient growth, orientation and biosensing properties ofmultilayer graphene nanoflake films with sharp edge planes. *Adv. Funct. Mater.* ,18,21,3506 - 3514,2008.

[65] Alwarappan, S. , Erdem, A. , Liu, C. , Li, C. - Z. , Probing the electrochemical properties of graphene nanosheets for biosensing applications. *J. Phys. Chem. C*,113,20,8853 - 8857,2009.

[66] Wang, Y. , Li, Y. , Tang, L. , Lu, J. , Li, J. , Application of graphene - modified electrode for selectivedetection of dopamine. *Electrochem. Commun.* ,11,4,889 - 892,2009.

[67] Shue, A. , Nanomedical Diagnostics announces partnership with Rogue Valley Microdevices, delivering world's first successful high - volume manufacturing for graphene biosensors,2017. https://roguevalleymicrodevices. com/nanomedical - diagnostics - announces - partnership - rogue - valley - microdevices - delivering - worlds - first - successful - high - volume - manufacturing - graphene - biosensors/

第2章 石墨烯电化学生物传感器在生物医学中的应用

Haiyun Liu[1], Jinghua Yu[1,2]

[1] 中国山东济南大学前沿交叉科学研究院

[2] 中国山东济南大学化学与化学工程学院

摘　要　石墨烯因具有独特的平面结构和新颖的电学性能，引起了科学家们的极大兴趣。石墨烯现已成功应用于电化学传感、生物药理和其他生物相关领域的研究。本章有选择地分析了当下石墨烯生物应用领域的最新进展，详细介绍了石墨烯纳米材料是如何被开发用于电化学生物传感和生物医学领域。首先，本章将讨论石墨烯的电子转移特性，还有其不寻常的电子结构、特殊的电子性质以及惊人的电子转移性质。第二个主要部分是关于电化学中石墨烯材料的激发过程，包括电化学传感、生物医学和生物应用。根据目前发展的电化学生物传感器的信号产生方式，对其进行分类，并进行了全面的概述。此外，我们对于石墨烯如何在每个传感器系统中发挥作用提出了见解，并解释了它们如何改善传感性能。最后，对石墨烯基材料前景和进一步发展提出了建议，特别是石墨烯在生物医学应用中的生物功能化、石墨烯基纳米材料对电化学生物传感器的发展以及石墨烯基纳米材料在生物细胞研究中的应用方面进行了深入阐述。还讨论了这一迅速发展领域的未来前景和可能面临的挑战。

关键词　石墨烯，生物传感，生物医学应用

2.1 引言

碳纳米结构包含各种各样的碳同素异形体，且具有大量不同的形状和大小。这种令人印象深刻的新纳米形式碳的发展源于30年前H. Kroto、R. Smalley和R. Curl对富勒烯的研究[1]。他们在1996年因为这个发现获得了诺贝尔奖，从而开启了发现其他令人惊叹的纳米碳结构的竞赛。过去的十年里，在大量分析物的生物传感应用中，石墨烯作为电生物传感器的一个可能替代品，吸引了人们极大的研究兴趣。这主要是由于其碳纳米结构的独特物理、化学、光学和电学性质。在掌握了分子和生物分子识别知识的基础上，石墨烯的一些固有特性[2]使其替代电生物传感器成为可能。这要归因于其操作简便性和生物相容性，以及它们作为一个化学平台的稳定性。因此，人们一直对使用石墨烯进行传感应

用很感兴趣[3-6]。

合成碳同素异形体的最新代表是二维石墨烯。通过用透明胶带对石墨进行简单的机械剥离，研究者于2004年首次成功地制备了单层石墨烯层[7]。其他的制造方式，特别是从块状石墨中外延生长和增溶，已经被证实可行，并且正在为系统的实验和技术应用铺平道路[8-9]。此外，实验测定电导的对称性表明，石墨烯的空穴和电子具有很高的迁移率。理想的石墨烯单层膜的透光率为97.7%。总之，石墨烯应该是制备透明导电电极的一个低成本且丰富的来源。

石墨烯包含一层 sp^2 碳，因此可以被认为是 sp^2 碳纳米结构分子的母体[7]。石墨烯吸收所有波长的光的能力与它出色的电子传输特性已经引起了人们极大的兴趣[10]。通常，石墨烯是由石墨的机械或液相剥离法制备[11-12]；最近报道了利用表面活性剂大规模制备石墨烯的方法[13]。除了本征石墨烯，一些表面处理的形式，如光致发光氧化石墨烯[14]和还原氧化石墨烯(rGO)也被用于传感应用[15-17]。氧化石墨烯是一种富含氧的石墨衍生物，它由强氧化产生，其上修饰有羟基、环氧基和羧基[18]。这些含氧基团随机分布在氧化石墨烯片的基面和边缘，为材料提供负表面电荷。由于它们的极性，氢键等弱相互作用在这种情况下能够存在。表面未修饰的区域会继续保有自由p电子，这使得任何p-p相互作用都可以存在[9,19]。氧化石墨烯的结构、表面化学性质、电荷特性和亲水性可能影响生物分子的构象状态，从而影响生物分子的催化活性[20-21]。还原氧化石墨烯通常被认为是另一种化学衍生的石墨烯，除了与环氧化合物或氢氧化物连接的碳原子处存在缺陷外，其基面与石墨烯结构相似。由于这一结构，还原氧化石墨烯中会存在类似石墨烯中的 π 相互作用，同时也存在供体和受体都来自于环氧、醇、醚、羧基和羧酸盐的氢键相互作用[22]。

2.2 石墨烯的电化学传感

在过去的几年中，石墨烯作为电化学传感器的重要材料而出现。近年来，石墨烯基电化学传感器在一系列分析物检测中的应用取得了重大的进展。

到目前为止，石墨烯及其相关材料在传感方面的使用受到了很大的关注。石墨烯由于其独特的特性，近年来引起了传感界的注意，并发表了许多关于石墨烯及其传感应用的综述文章[20,24-26]。特别是当二维材料的性能已经被应用到电化学传感器中。石墨烯作为高导电材料可用于循环肿瘤细胞(CTC)和葡萄糖的电学区分[27-28]，甚至用于对不同药物的电化学检测[29]。改性石墨烯/玻碳电极已被证实可以提高对单个和多个药物分子检测的敏感性。这可以归因于表面面积和纳米粒子导电性的增加，以及分子在纳米粒子表面的相互作用而引起的额外电活性。

Zhu(图2.1)[23]在没有共反应物的情况下在氧化石墨烯修饰的玻碳电极(GO/GCE)上观察到了氧化石墨烯对 $Ru(bpy)_3^{2+}$ 氧化的电催化作用。氧化石墨烯本身可作为 $Ru(bpy)_3^{2+}$ ECL的共反应物，这一原理可用于制备ECL生物传感器。硫醇端基ATP适配体通过DNA杂交技术被固定在氧化石墨烯膜上。当纳米金粒子/氧化石墨烯(AuNP/GO)纳米复合材料通过S-Au键在适配体上修饰形成三明治状结构时，$Ru(bpy)_3^{2+}$ 与AuNP/GO纳米复合材料之间会发生ECL共振能量转移。在ATP溶液中培养ECL传感器后，电极会释放出AuNP/GO纳米复合材料，导致ECL信号增加。上述ECL适配体传感器可用于 ATP 的灵敏度和选择性检测,检测限为 6.7fmol/L。该研究表明,氧化石墨烯和 AuNP 是能够适用于 ECL 共振能量转移研究的材料。此外,Feng Li 等[30]用石墨烯修饰玻碳电极报道了一种新亲合调控的均相电化学传感器。利用一种新型 T7 外切酶辅助靶标模拟循环放大的方式,将特定的适配体靶标识别转化为超敏感的电化学信号输出。该电化学传感器能够在不固定电极表面生物探针的情况下,在均匀溶液中检测生物分子。

利用 Hg^{2+} 触发信号开关耦合与核酸外切酶 I(Exo I)刺激靶标循环放大策略相结合,制备了另一种氧化石墨烯基 ECL 传感器,用于 Hg^{2+} 和 MUC1 的超敏检测(图 2.2)[31]。在存在 H_2O_2 的情况下,*N*-(氨基丁基)-*N*-(乙炔)(ABEI)功能化银纳米粒子修饰的氧化石墨烯纳米复合材料(GO-AgNP-ABEI),其 ECL 强度被二茂铁标记的 ssDNA Fc-S1 初步增强。在适配体的帮助下,通过杂交反应,将辅助 ssDNA S2 和胸腺嘧啶全碱基 ssDNA S3 修饰的 Au 纳米粒子固定在感应表面。通过强且稳定的 T-Hg^{2+}-T 相互作用,成功地在 AuNP-S2-S3 上捕获了大量的 Hg^{2+},有效地抑制了 ABEI 的 ECL 反应。导通状态的信号开关通过以下来实现,利用 MUC1 作为适配体特定靶标来结合适配体,从而使捕获的 Hg^{2+} 大大减少。Exo I 被运用于实现对适配体的消化,从而释放出 MUC1,实现了具有强可检测 ECL 信号的靶标循环。

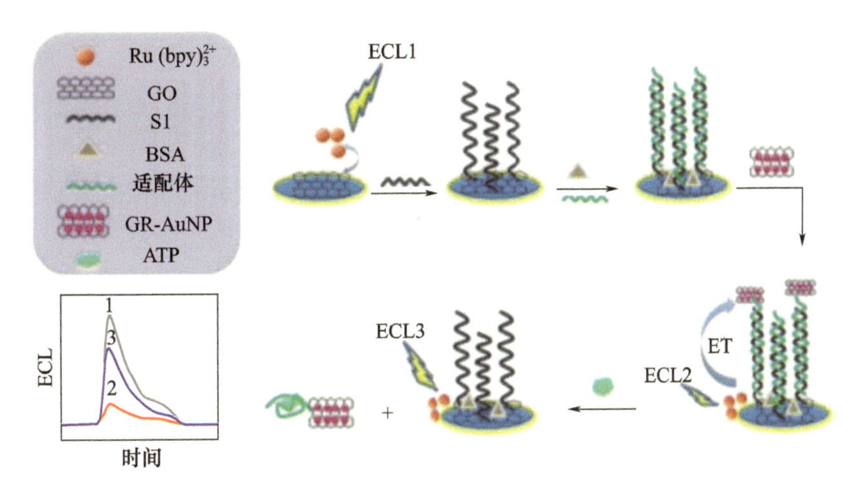

图 2.1 玻碳电极(GCE)的修饰和 ATP 的检测[23]((2016)美国化学学会版权版权)

一些纸基石墨烯电化学生物传感器有必要得到广泛的发展[32-35]。Hui[34]首次报道了将信号放大策略集成到基于微流纸基电化学免疫设备中,用于癌症生物标记物的多重测量(图 2.3)。信号放大是通过使用石墨烯修饰免疫设备表面来加速电子转移和使用二氧化硅纳米粒子作为跟踪标签标记信号抗体实现的。研究者使用光刻胶的微流纸基分析设备(μPAD)实现了精确、快速、简单和廉价的即时电化学免疫检测。利用辣根过氧化物酶(HRP)-邻苯二胺-H_2O_2 电化学检测系统,通过对癌症患者血清样品中四种候选肿瘤生物标记物的鉴定,证明了该免疫设备的潜在临床应用价值。

本课题组利用 Au/FrGO/Au-PWE 作为放大信号传感平台,S3/H-Mn_2O_3/HRP/GOx 作为增强信号标签,开发了一种灵敏的 Pb^{2+} 生物传感器[35](图 2.4)。通过电还原工艺,在纸纤维上合成了比表面积大、导电性好的氟还原氧化石墨烯(FrGO)。采用 S3/H-Mn_2O_3/HRP/GOx 催化得到的 PANI 沉积,具有较好的氧化还原活性,可进行电化学测试。

与传统 Pb^{2+} 传感方法相比，由于 S3/H－Mn_2O_3/HRP/GOx 对信号的放大和 Au/FrGO/Au－PWE 对电子转移的加速，该生物传感器具有灵敏度高、稳定性好、还原性好的特点。该方法可被扩展用于公共和环境安全领域中其他金属离子的检测。

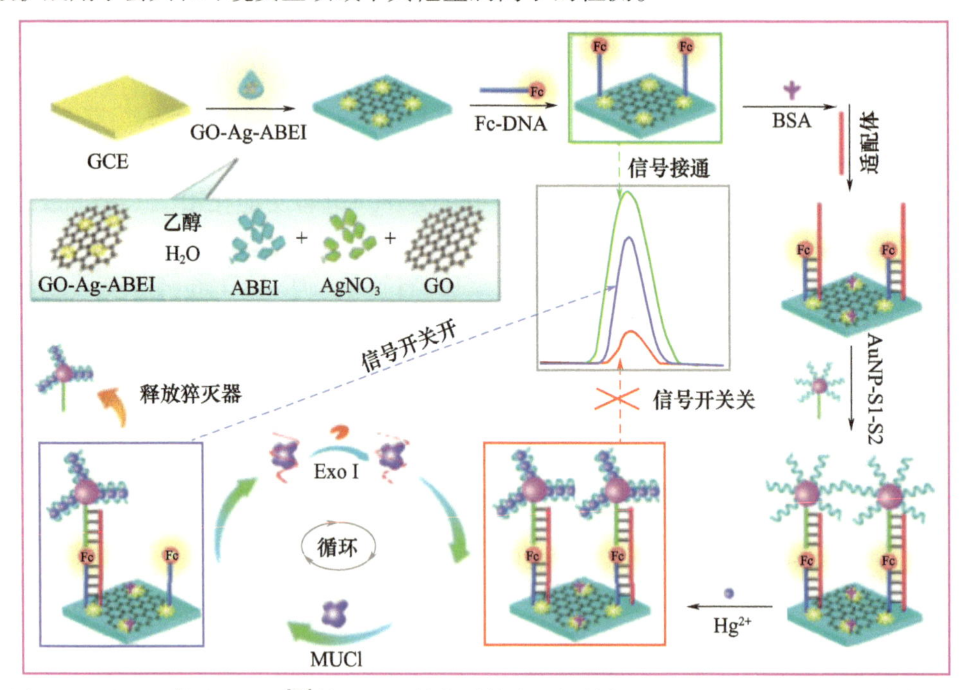

图 2.2　用于 Hg^{2+} 和 MUC1[31] 的 ECL 可控信号传感器的制备过程((2016)美国化学学会版权)

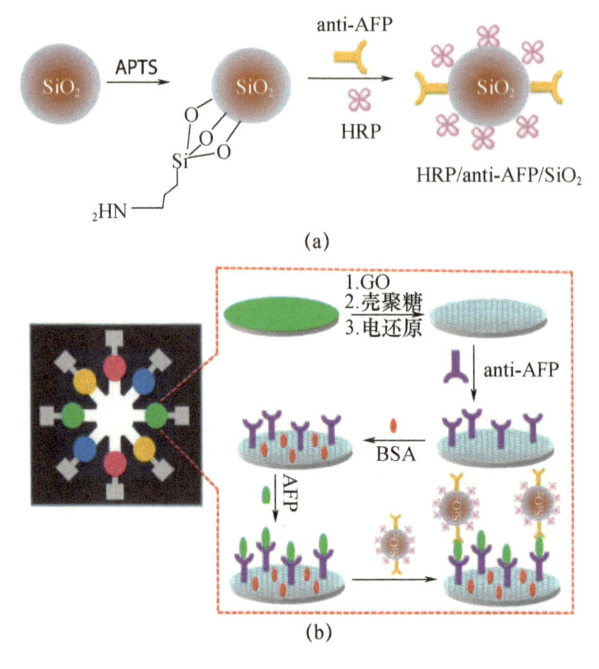

图 2.3　纸基微流电化学免疫设备与纳米生物探针结合在石墨烯薄膜上，用于超敏感的多重检测癌症生物标记物[34]

(a)纳米探针经 HRP 和抗体共固定于单分散体 SiO_2 上；

(b)微流纸基电化学免疫设备的制备及分析方法。((2013)美国化学学会版权)

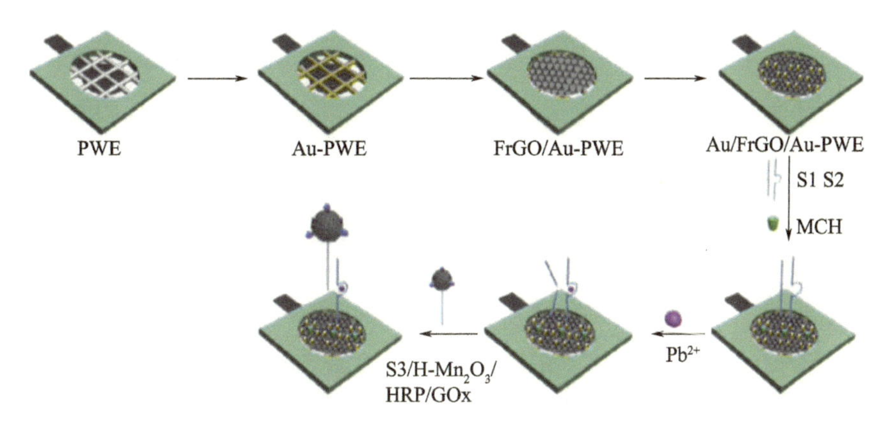

图 2.4 逐步 Pb^{2+} 生物传感器制备过程的示意图[35]((2016)爱思唯尔版权)

2.3 石墨烯生物医疗设备

近年来发展了大量的石墨烯光学传感器(表 2.1),也有一系列用于药物检测的石墨烯传感器被报道。含有石墨烯的传感器已经被广泛地用来检测生物分子,且有着很高的选择性和灵敏度[22,33,36-38]。Xing 等演示了利用氧化石墨烯作为平台,通过使用 FRET 基过程检测靶标 DNA。这个小组还使用这种方法检测 K^+。荧光标记的单链 DNA 被固定在可以抑制放射的氧化石墨烯薄片上。在 DNA 互补链存在的情况下,结合的发生阻止了荧光标记序列与氧化石墨烯的相互作用。所以之后加入阳离子共轭聚合物 PFP,与新形成的双链 DNA 结合,其中包含了 FRTET,用以诱导荧光信号。这种检测对单体错配很敏感。在两个或更多的错配情况下,序列会保持停留在氧化石墨烯表面。这是一个 DNA 传感器的优秀代表,在氧化石墨烯存在的情况下,其具有 40pmol/L 的检测限,荧光的开启比是 7.60,而传统的 PFP 系统是 1.20。采用酶交联法[39]将不同氧化程度的石墨烯基纳米材料加入 Tetronic - 酪胺水凝胶中。石墨烯分子氧化作用与两亲性 Tetronic - 酪胺的结合显著提高了氧化石墨烯的水分散性,使 Tetronic - 酪胺/氧化石墨烯复合水凝胶显著增强,可用作可注射生物材料平台。

表 2.1 近期生物医学设备用石墨烯生物传感器成果汇总

分析物类型	碳纳米结构	目标分析物	检测限	参考文献
蛋白质	石墨烯	牛血清白蛋白(BSA)	0.3nmol/L	[45]
蛋白质	还原氧化石墨烯	苦参素	400pmol/L	[46]
核酸	氧化石墨烯	ssDNA	2nmol/L	[47]
核酸	氧化石墨烯	ssDNA	100fmol/L	[48]
核酸	氧化石墨烯	ssDNA	2.4nmol/L	[49]
核酸	氧化石墨烯	ssDNA	10fmol/L	[50]
核酸	氧化石墨烯	ssDNA	未报道	[51]
核酸	氧化石墨烯	ssDNA/miRNA	50pmol/L	[52]
核酸	氧化石墨烯	SNP	0.2fmol/L	[53]
核酸	氧化石墨烯	SNP	约 1nmol/L	[54]

Choong 等[40]提出了一种化学气相沉积辅助合成三维石墨烯泡沫(GF)的方法,并将其旋转覆涂在聚合物上,制备出高导度、高弹性的富聚合物三维 GF。富聚合物三维 GF 在骨缺损治疗和其他生物医学应用进一步拓展,延伸出了对石墨烯血小板(GPL)增强氧化铝(Al_2O_3)陶瓷复合材料的研究,以及 GPL 负载与力学性能和体外生物相容性关系[41]的探讨。加入 GPL 可显著改善 Al_2O_3 基质的力学性能。GPL/Al_2O_3 复合材料也具有与 Al_2O_3 相当甚至更好的生物相容性。GPL/Al_2O_3 复合材料优异的机械和生物医学性能可以广泛应用于工程和生物医学领域。

Qingjie Ma 和 Lei Zhu 等将金(Au)纳米粒子植入氧化石墨烯制备了一种荧光/光声成像引导的光热治疗剂,进一步提高了光转换效率,并提高了现有纳米材料对肿瘤的光热消融效果[42]。GO/Au 复合材料的光热效应明显高于氧化石墨烯单体的光热效应。这些研究进一步鼓舞了杂化纳米复合材料在图像引导下增强光热治疗中,特别是在癌症诊疗中的应用。Hong 等采用滚环扩增技术配合氧化石墨烯和荧光标记肽核酸,开发了一个简易的荧光系统用于检测 miRNA[43]。于等温条件下放大的产物更少的吸附在氧化石墨烯单分子层上,降低了氧化石墨烯对荧光的抑制。Daniel Mandler 和 Sabine Szunerits[44]描述了一种基于柔性电极的电化学触发药物传输界面,该电极由金薄膜组成,沉积在聚酰亚胺上,并通过电泳沉积涂覆了阿霉素负载的还原氧化石墨烯薄膜。

文献[44](图 2.5)报道了用还原氧化石墨烯(rGO - DOX)修饰的柔性电极电化学触发阿霉素(DOX)的释放。该释放过程由正电位脉冲驱动,通过扫描电化学显微镜(SECM)原位确认,该脉冲在局部降低了 rGO - DOX 表面的 pH 值。体外细胞可行性试验证实,该药物传输系统满足治疗需要。该柔性系统的特征在于易于制备,允许以类似方式掺入阿霉素之外的其他药物,这些特点对于电化学触发按需释放非常有吸引力。该系统将加速石墨烯基体外刺激给药设备的发展。

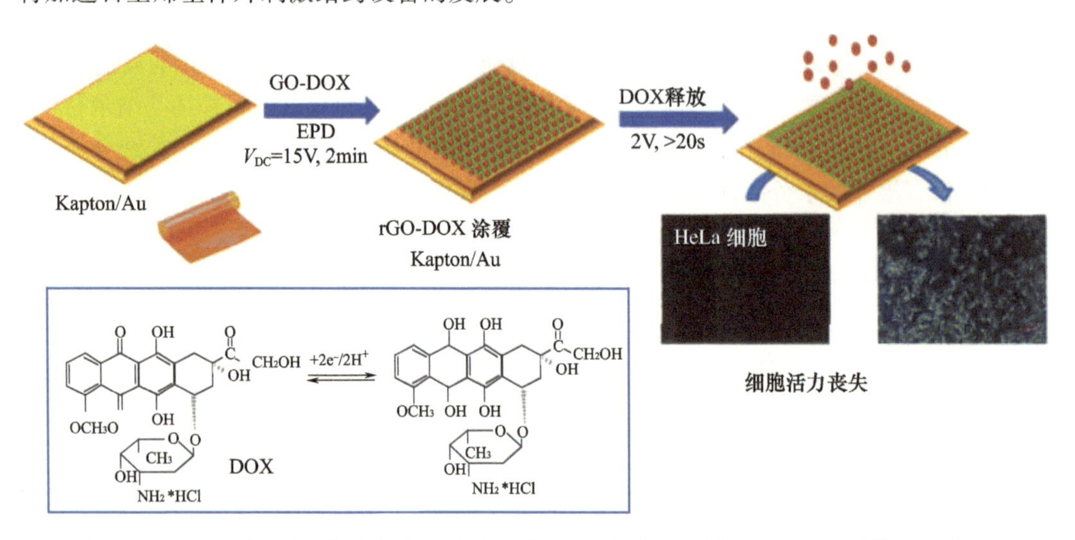

图 2.5 Au/聚酰亚胺柔性电极表面涂覆阿霉素还原氧化石墨烯(rGO - DOX)[44]的示意图((2017)皇家化学学会版权)

2.4 石墨烯生物成像

由于氧化石墨烯在液相状态下化学合成简单，因而氧化石墨烯成为了最常见的荧光石墨烯材料，被广泛应用于生物医学成像[55-56]。

几年前，Dai 等发表了第一篇利用聚乙二醇化氧化石墨烯的内源型 NIR 荧光进行靶向细胞成像的论文（图 2.6）[57]。该研究中的起始材料为亚微米级的氧化石墨烯片，在其片边缘丰富的羧基官能团的聚乙二醇化过程中，氧化石墨烯被分解成更小的碎片，使得 GO－PEG 的横向尺寸平均约为 20nm。使用 NGO－PEG 进行靶向荧光成像时的高选择性，反映了 CD20 在两个细胞系中的不同表达程度，这也证明荧光 NGO 在具有足够的敏感性时可以被用于分子表型分析。更重要的是，氧化石墨烯的固有光致发光特性可被用于近红外环境下的活细胞成像。

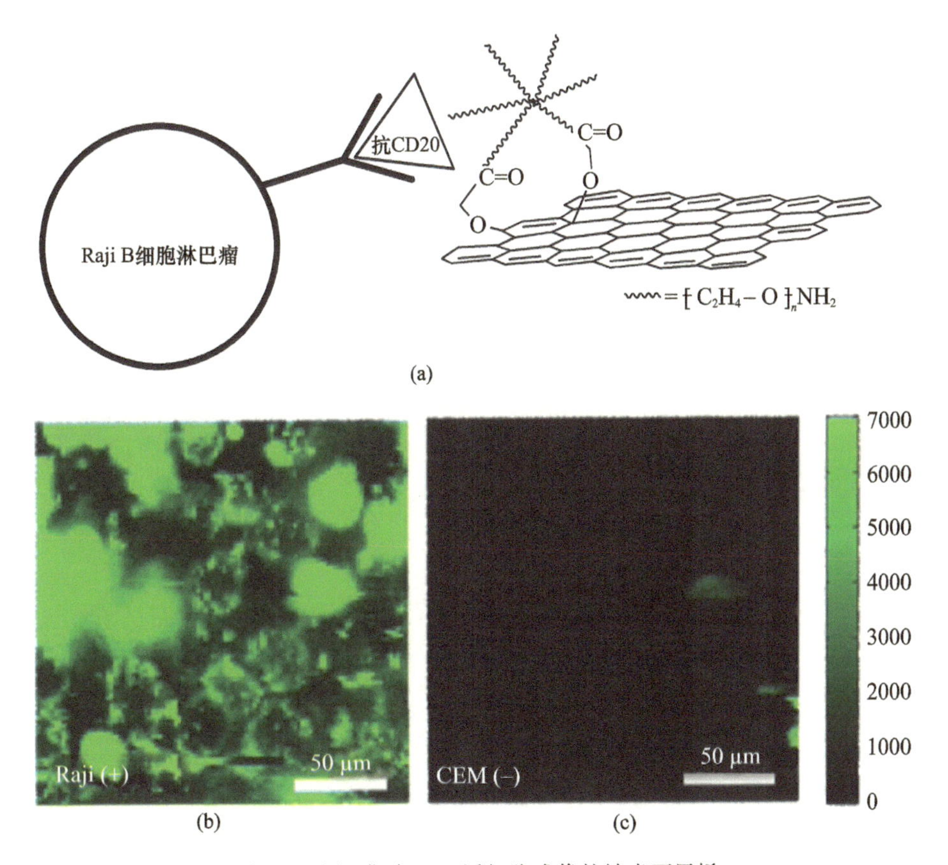

图 2.6　用于靶向 NIR 活细胞成像的纳米石墨烯

（a）NGO－PEG 与抗 CD20 抗体的选择性结合及细胞成像；（b）NGO－PEG－Rituxan 共轭物处理 CD20 阳性 Raji B 细胞的 NIR 荧光图像；（c）NGO－PEG－Rituxan 共轭物[57]处理 CD20 阴性 CEM T 细胞的 NIR 荧光图像。（（2008）施普林格版权）

在不同价金属离子成像的逻辑门被应用于活细胞中。Zhang 等利用氧化石墨烯在 Fe^{3+} 离子存在下的选择性荧光猝灭特性，研制出了一种响应 Fe^{3+} 离子浓度的“智能”荧光探针[58]。氧化石墨烯不仅可以作为特定膜受体的分子成像探针，而且还可以提供细胞内的功能化成像能力来检测特定金属离子的浓度。

石墨烯基成像方法也被用于活细胞中其他生物分子的成像。Li 等[59]首次报道了一种纳米传感工具，该工具能直接激发线粒体在细胞凋亡过程中释放的 Cyt c 的荧光成像。该策略依赖于纳米传感器的空间选择性胞质传递，而传感器是由在聚乙二醇化石墨烯纳米薄片上荧光标记的 DNA 适配体装配构建的。Cyt c 的胞质释放能将适配体与石墨烯分离并触发活化荧光信号。本章首次针对活细胞中细胞内转运现象“开启”荧光成像机制，开发了一种可激活纳米复合传感器的空间选择性定位方法。该传感器在体外显示出较大的信噪比。

利用氧化石墨烯[60]建立了基于杂交链反应的原位荧光成像和细胞内端粒酶活性检测方法。纳米探针由金纳米粒子构成，它通过 Au – S 键的形成与核酸序列紧密的壳层结合。核酸序列由硫醇标记序列、端粒酶引物序列和 FAM 终止报告基因序列组成。杂化链式反应是由两个 FAM 修饰的发夹序列在氧化石墨烯上吸附形成。这项工作可以敏感地检测活细胞的端粒酶活性，并区分正常细胞和癌细胞（图 2.7）。

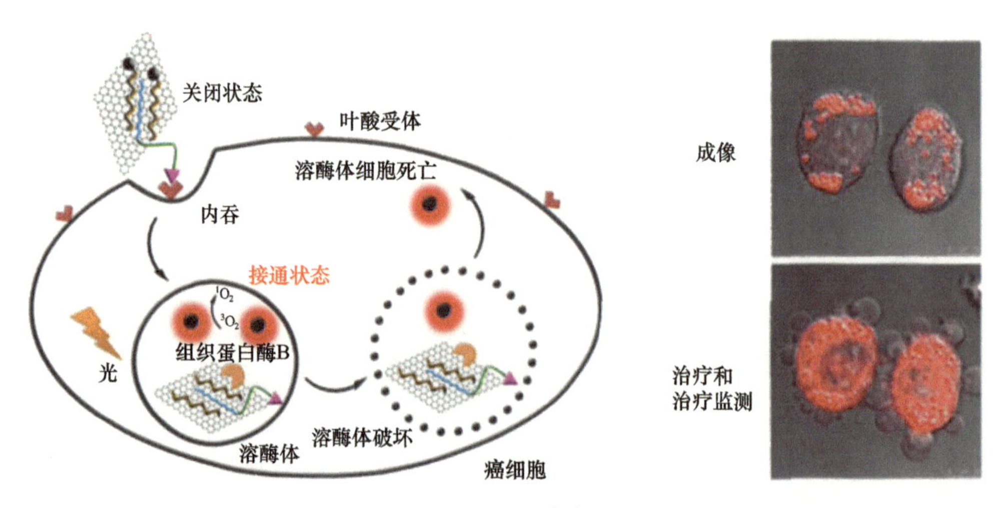

图 2.7 细胞内端粒酶的原位分析与成像[61]（(2016)美国化学学会版权）

最近，一个叶酸受体靶向和组织蛋白酶 B 激活的纳米探针被设计用于无背景干扰的癌症成像和选择性治疗（图 2.8）[61]。其纳米探针是通过非共价组装磷脂 – 聚环氧乙烷改性叶酸和光敏剂标记肽在氧化石墨烯表面制备。通过叶酸受体调节的内吞作用，选择性吸收纳米探针进入癌细胞溶酶体后，该肽可在与癌症相关的组织蛋白酶 B 存在的情况下释放光敏因子，从而导致荧光增强 18 倍，有利于对癌症的鉴别和细胞内组织蛋白酶 B 的特异性检测。在辐照条件下，被释放的光敏剂诱导细胞毒性单线氧的形成，引发光敏溶酶体细胞死亡。在溶酶体破坏后，光敏剂从溶酶体扩散到细胞质中，为临床疗效的现场监测提供了一种直观方法。这项研究提供了一个简单但有效的程序，该程序在精确的癌症成像、治疗和治疗监测方面具有巨大的潜力。

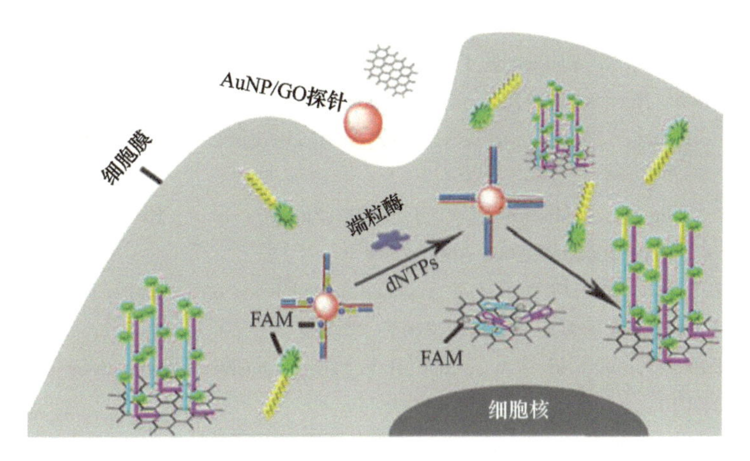

图2.8 组织蛋白酶B激活氧化石墨烯的成像和治疗[60]((2015)美国化学学会版权)

2.5 小结

石墨烯已经成为一个杰出的传感平台。这些生物传感器因其大表面积而备受关注，这使得同时多个活动的检测成为可能。石墨烯正是因其多样和强健的内在光学和电学性质而区别于其他纳米材料。石墨烯的多功能性表现在它们作为离散的分子状生物传感器或作为组装体和复合材料，可以被集成到设备中。这在近年来发展的多种系统的基础上，持续激励着生物传感领域的进展。

石墨烯的电学活性已经被广泛地证明可用于传感领域，人们可以较容易地利用其相对较大的电导率和表面积。这也说明进一步研究杂质对电化学石墨烯生物传感器的贡献很有必要。我们已经讨论了石墨烯生物传感器领域的最新发展，也描述了用石墨烯材料进行荧光传感的例子，特别是包含用石墨烯平台进行细胞成像在内的发展以及应用。今后，石墨烯有望在体内传感中获得更大的应用空间。

展望未来，很明显，要实现石墨烯用于常规传感的潜在应用，并看到它们广泛地集成到传感设备中，需要有足够数量的纯净和安全的材料。这需要在石墨烯物质的尺寸选择性合成、纯化和分离领域继续努力，并就安全原则达成共识。随着这些方面的进展，石墨烯传感器的未来注定非常光明。

参考文献

[1] Kroto, H. W., Heath, J. R., O' Brien, S. C., Curl, R. F., Smalley, R. E., C60: Buckminsterfullerene. *Nature*, 318, 6042, 162 - 163, 1985.

[2] Konvalina, G. and Haick, H., Sensors for breath testing: From nanomaterials to comprehensive disease detection. *Acc. Chem. Res.*, 47, 1, 66 - 76, 2014.

[3] Yang, W., Ratinac, K. R., Ringer, S. P., Thordarson, P., Gooding, J. J., Braet, F., Carbon nanomaterials in biosensors: Should you use nanotubes or graphene? *Angew. Chem. Int. Ed.*, 49, 12, 2114 - 2138, 2010.

[4] Zhu, S. and Xu, G., Single - walled carbon nanohorns and their applications. *Nanoscale*, 2, 12, 2538 -

2549,2010.

[5] Jariwala,D.,Sangwan,V. K.,Lauhon,L. J.,Marks,T. J.,Hersam,M. C.,Carbon nanomaterials for electronics,optoelectronics,photovoltaics,and sensing. *Chem. Soc. Rev.*,42,7,2824 – 2860,2013.

[6] Baptista,F. R.,Belhout,S. A.,Giordani,S.,Quinn,S. J.,Recent developments in carbon nanomaterial sensors. *Chem. Soc. Rev.*,44,13,4433 – 4453,2015.

[7] Novoselov,K. S.,Geim,A. K.,Morozov,S. V.,Jiang,D.,Zhang,Y. *et al.*,Electric field effect inatomically thin carbon films. *Science*,306,5696,666 – 669,2004.

[8] Jing,G.,Ye,Z.,Lu,X.,Hou,P.,Effect of graphene nanoplatelets on hydration behaviourof Portland cement by thermal analysis. *Adv. Cem. Res.*,29,2,63 – 70,2017.

[9] Dreyer,D. R.,Park,S.,Bielawski,C. W.,Ruoff,R. S.,The chemistry of graphene oxide. *Chem. Soc. Rev.*,39,1,228 – 240,2010.

[10] Geim,A. K. and Novoselov,K. S.,The rise of graphene. *Nat. Mater.*,6,3,183 – 191,2007.

[11] Allen,M. J.,Tung,V. C.,Kaner,R. B.,Honeycomb carbon: A review of graphene. *Chem. Rev.*,110,1,132 – 145,2010.

[12] Coleman,J. N.,Liquid exfoliation of defect – free graphene. *Acc. Chem. Res.*,46,1,14 – 22,2013.

[13] Paton,K. R.,Varrla,E.,Backes,C.,Smith,R. J.,Khan,U. *et al.*,Scalable production of large quantities of defect – free few – layer graphene by shear exfoliation in liquids. *Nat. Mater.*,13,6,624 – 630,2014.

[14] Chien,C. T.,Li,S. S.,Lai,W. J.,Yeh,Y. C.,Chen,H. A. *et al.*,Tunable photoluminescence from graphene oxide. *Angew. Chem. Int. Ed. Engl.*,51,27,6662 – 6666,2012.

[15] Eigler,S. and Hirsch,A.,Chemistry with graphene and graphene oxide – challenges for synthetic chemists. *Angew. Chem. Int. Ed. Engl.*,53,30,7720 – 7738,2014.

[16] Georgakilas,V.,Otyepka,M.,Bourlinos,A. B.,Chandra,V.,Kim,N. *et al.*,Functionalization of graphene: Covalent and non – covalent approaches,derivatives and applications. *Chem. Rev.*,112,11,6156 – 6214,2012.

[17] Pavlidis,I. V.,Patila,M.,Bornscheuer,U. T.,Gournis,D.,Stamatis,H.,Graphene – based nanobiocatalytic systems: Recent advances and future prospects. *Trends Biotechnol.*,32,6,312 – 320,2014.

[18] Lerf,A.,He,H.,Forster,M.,Klinowski,J.,Structure of graphite oxide revisited. *J. Phys. Chem. B*,102,23,4477 – 4482,1998.

[19] Mao,H. Y.,Laurent,S.,Chen,W.,Akhavan,O.,Imani,M. *et al.*,Graphene: Promises,facts,opportunities,and challenges in nanomedicine. *Chem. Rev.*,113,5,3407 – 3424,2013.

[20] Liu,Y.,Dong,X.,Chen,P.,Biological and chemical sensors based on graphene materials. *Chem. Soc. Rev.*,41,6,2283 – 2307,2012.

[21] Chen,D.,Tang,L.,Li,J.,Graphene – based materials in electrochemistry. *Chem. Soc. Rev.*,39,8,3157 – 3180,2010.

[22] Georgakilas,V.,Tiwari,J. N.,Kemp,K. C.,Perman,J. A.,Bourlinos,A. B. *et al.*,Noncovalent functionalization of graphene and graphene oxide for energy materials,biosensing,catalytic,and biomedical applications. *Chem. Rev.*,116,9,5464 – 5519,2016.

[23] Dong,Y. – P.,Zhou,Y.,Wang,J.,Zhu,J. – J.,Electrogenerated chemiluminescence resonance energy transfer between Ru(bpy)32 + electrogenerated chemiluminescence and gold nanoparticles/graphene oxide nanocomposites with graphene oxide as coreactant and its sensing application. *Anal. Chem.*,88,10,5469 – 5475,2016.

[24] Pumera,M.,Ambrosi,A.,Bonanni,A.,Chng,E. L. K.,Poh,H. L.,Graphene for electrochemical sensing and biosensing. *TrAC,Trends Anal. Chem.*,29,9,954 – 965,2010.

[25] Liu,Y. ,Liu,Y. ,Feng,H. ,Wu,Y. ,Joshi,L. et al. ,Layer - by - layer assembly of chemical reducedgraphene and carbon nanotubes for sensitive electrochemical immunoassay. *Biosens. Bioelectron.* ,35,1,63 - 68,2012.

[26] Zhang,Y. ,Su,M. ,Ge,L. ,Ge,S. ,Yu,J. ,Song,X. ,Synthesis and characterization of graphene nanosheets attached to spiky MnO2 nanospheres and its application in ultrasensitive immunoassay. *Carbon*,57,0, 22 - 33,2013.

[27] Han,S. I. and Han,K. H. ,Electrical detection method for circulating tumor cells using graphene nanoplates. *Anal. Chem.* ,87,20,10585 - 10592,2015.

[28] Wu,M. ,Meng,S. ,Wang,Q. ,Si,W. ,Huang,W. ,Dong,X. ,Nickel - cobalt oxide decorated three - dimensional graphene as an enzyme mimic for glucose and calcium detection. *ACS Appl. Mater. Interfaces*, 7,38,21089 - 21094,2015.

[29] Afkhami,A. ,Khoshsafar,H. ,Bagheri,H. ,Madrakian,T. ,Preparation of $NiFe_2O_4$/graphene nanocomposite and its application as a modifier for the fabrication of an electrochemical sensorfor the simultaneous determination of tramadol and acetaminophen. *Anal. Chim. Acta*,831,50 - 59,2014.

[30] Ge,L. ,Wang,W. ,Sun,X. ,Hou,T. ,Li,F. ,Affinity - mediated homogeneous electrochemical aptasensoron a graphene platform for ultrasensitive biomolecule detection via exonucleaseassisted target - analog recycling amplification. *Anal. Chem.* ,88,4,2212 - 2219,2016.

[31] Jiang,X. ,Wang,H. ,Wang,H. ,Yuan,R. ,Chai,Y. ,Signal - switchable electrochemiluminescence system coupled with target recycling amplification strategy for sensitive mercury ion andmucin 1 assay. *Anal. Chem.* ,88,18,9243 - 9250,2016.

[32] Wang,Y. ,Ge,L. ,Wang,P. ,Yan,M. ,Ge,S. *et al.* ,Photoelectrochemical lab - on - paper deviceequipped with a porous Au - paper electrode and fluidic delay - switch for sensitive detection ofDNA hybridization. *Lab Chip*,13,19,3945 - 3955,2013.

[33] Ma,C. ,Liu,H. ,Tian,T. ,Song,X. ,Yu,J. ,Yan,M. ,A simple and rapid detection assay for peptidesbased on the specific recognition of aptamer and signal amplification of hybridizationchain reaction. *Biosens. Bioelectron.* ,83,15 - 18,2016.

[34] Wu,Y. F. ,Xue,P. ,Kang,Y. J. ,Hui,K. M. ,Paper - based microfluidic electrochemical immunodevice integrated with nanobioprobes onto graphene film for ultrasensitive multiplexed detection of cancer biomarkers. *Anal. Chem.* ,85,18,8661 - 8668,2013.

[35] Ge,S. ,Wu,K. ,Zhang,Y. ,Yan,M. ,Yu,J. ,Paper - based biosensor relying on flower - like reducedgraphene guided enzymatically deposition of polyaniline for Pb(2 +) detection. *Biosens. Bioelectron.* ,80,215 - 221,2016.

[36] Huang,Y. ,Dong,X. ,Shi,Y. ,Li,C. M. ,Li,L. J. ,Chen,P. ,Nanoelectronic biosensors based onCVD grown graphene. *Nanoscale*,2,8,1485 - 1488,2010.

[37] Cheng,C. ,Li,S. ,Thomas,A. ,Kotov,N. A. ,Haag,R. ,Functional graphene nanomaterials based architectures: Biointeractions,fabrications,and emerging biological applications. *Chem. Rev.* ,117,3,1826 - 1914,2017.

[38] Pattnaik,S. ,Swain,K. ,Lin,Z. Q. ,Graphene and graphene - based nanocomposites: Biomedical applications and biosafety. *J. Mater. Chem.* B,4,48,7813 - 7831,2016.

[39] Lee,Y. ,Bae,J. W. ,Hoang Thi,T. T. ,Park,K. M. ,Park,K. D. ,Injectable and mechanically robust4 - arm PPO - PEO/graphene oxide composite hydrogels for biomedical applications. *Chem. Commun.* (*Camb.*),51,42,8876 - 8879,2015.

[40] Wang,J. K. ,Xiong,G. M. ,Zhu,M. ,Ozyilmaz,B. ,Castro Neto,A. H. *et al.* ,Polymer - enriched3D gra-

phene foams for biomedical applications. *ACS Appl. Mater. Interfaces*,7,15,8275 – 8283,2015.

[41] Liu,J. ,Yang,Y. ,Hassanin,H. ,Jumbu,N. ,Deng,S. *et al.* ,Graphene – alumina nanocomposites with improved mechanical properties for biomedical applications. *ACS Appl. Mater. Interfaces*, 8, 4, 2607 – 2616,2016.

[42] Gao,S. ,Zhang,L. ,Wang,G. ,Yang,K. ,Chen,M. *et al.* ,Hybrid graphene/Au activatable theranostic agent for multimodalities imaging guided enhanced photothermal therapy. *Biomaterials*,79,36 – 45,2016.

[43] Hong,C. ,Baek,A. ,Hah,S. S. ,Jung,W. ,Kim,D. E. ,Fluorometric detection of microRNA usingisothermal gene amplification and graphene oxide. *Anal. Chem.* ,88,6,2999 – 3003,2016.

[44] He,L. ,Sarkar,S. ,Barras,A. ,Boukherroub,R. ,Szunerits,S. ,Mandler,D. ,Electrochemically stimulated drug release from flexible electrodes coated electrophoretically with doxorubicin loaded reduced graphene oxide. *Chem. Commun.* (*Camb.*),53,28,4022 – 4025,2017.

[45] Ohno,Y. ,Maehashi,K. ,Yamashiro,Y. ,Matsumoto,K. ,Electrolyte – gated graphene field – effect transistors for detecting pH and protein adsorption. *Nano Lett.* ,9,9,3318 – 3322,2009.

[46] Chen,H. ,Chen,P. ,Huang,J. ,Selegard,R. ,Platt,M. *et al.* ,Detection of matrilysin activity using polypeptide functionalized reduced graphene oxide field – effect transistor sensor. *Anal. Chem.* ,88,6,2994 – 2998,2016.

[47] Stine,R. ,Robinson,J. T. ,Sheehan,P. E. ,Tamanaha,C. R. ,Real – time DNA detection using reduced graphene oxide field effect transistors. *Adv. Mater.* ,22,46,5297 – 5300,2010.

[48] Cai,B. ,Wang,S. ,Huang,L. ,Ning,Y. ,Zhang,Z. ,Zhang,G. – J. ,Ultrasensitive label – free detectionof PNA – DNA hybridization by reduced graphene oxide field – effect transistor biosensor. *ACS Nano*,8,3, 2632 – 2638,2014.

[49] Yin,Z. ,He,Q. ,Huang,X. ,Zhang,J. ,Wu,S. *et al.* ,Real – time DNA detection using Ptnanoparticledecorated reduced graphene oxide field – effect transistors. *Nanoscale*,4,1,293 – 297,2012.

[50] Zheng,C. ,Huang,L. ,Zhang,H. ,Sun,Z. ,Zhang,Z. ,Zhang,G. – J. ,Fabrication of ultrasensitive field – effect transistor DNA biosensors by a directional transfer technique based on CVDgrown graphene. *ACS Appl. Mater. Interfaces*,7,31,16953 – 16959,2015.

[51] Zhao,Q. ,Zhou,Y. ,Li,Y. ,Gu,W. ,Zhang,Q. ,Liu,J. ,Luminescent iridium(III) complexlabeled DNA for graphene oxide – based biosensors. *Anal. Chem.* ,88,3,1892 – 1899,2016.

[52] Li,F. ,Chao,J. ,Li,Z. ,Xing,S. ,Su,S. *et al.* ,Graphene oxide – assisted nucleic acids assays using conjugated polyelectrolytes – based fluorescent signal transduction. *Anal. Chem.* ,87,7,3877 – 3883,2015.

[53] Huang,Y. ,Yang,H. Y. ,Ai,Y. ,DNA single – base mismatch study using graphene oxide nanosheets – based fluorometric biosensors. *Anal. Chem.* ,87,18,9132 – 9136,2015.

[54] Huang,J. ,Wang,Z. ,Kim,J. K. ,Su,X. ,Li,Z. ,Detecting arbitrary DNA mutations using graphene oxide and ethidium bromide. *Anal. Chem.* ,87,24,12254 – 12261,2015.

[55] Li,L. ,Feng,J. ,Liu,H. ,Li,Q. ,Tong,L. ,Tang,B. ,Two – color imaging of microRNA with enzymefree signal amplification via hybridization chain reactions in living cells. *Chem. Sci.* ,7,3,1940 – 1945,2016.

[56] Liu,H. ,Tian,T. ,Ji,D. ,Ren,N. ,Ge,S. *et al.* ,A graphene – enhanced imaging of microRNAwith enzyme – free signal amplification of catalyzed hairpin assembly in living cells. *Biosens. Bioelectron.* , 85, 909 – 914,2016.

[57] Sun,X. ,Liu,Z. ,Welsher,K. ,Robinson,J. T. ,Goodwin,A. *et al.* ,Nano – graphene oxide for cellular imaging and drug delivery. *Nano Res.* ,1,3,203 – 212,2008.

[58] Mei,Q. ,Jiang,C. ,Guan,G. ,Zhang,K. ,Liu,B. et al. ,Fluorescent graphene oxide logic gates for discrimination of iron (3 +) and iron (2 +) in living cells by imaging. *Chem. Commun.* (*Camb.*),48,60,

7468 - 7470, 2012.

[59] Chen, T. - T., Tian, X., Liu, C. - L., Ge, J., Chu, X., Li, Y., Fluorescence activation imaging of cytochromec released from mitochondria using aptameric nanosensor. *J. Am. Chem. Soc.*, 137, 2, 982 - 989, 2015.

[60] Hong, M., Xu, L., Xue, Q., Li, L., Tang, B., Fluorescence imaging of intracellular telomerase activity using enzyme - free signal amplification. *Anal. Chem.*, 88, 24, 12177 - 12182, 2016.

[61] Tian, J., Ding, L., Wang, Q., Hu, Y., Jia, L. et al., Folate receptor - targeted and cathepsinB - activatable nanoprobe for *in situ* therapeutic monitoring of photosensitive cell death. *Anal. Chem.*, 87, 7, 3841 - 3848, 2015.

第3章 石墨烯生物传感器在农业防御领域的应用

Rohit Chand, Satish K. Tuteja, Suresh Neethirajan
加拿大圭尔夫大学工程学院生物纳米实验室

摘　要　石墨烯是一种丰富、廉价的二维原子晶体，且具有优异的物理性能，包括极高的力学强度、极高的电子导电性、优越的表面积和生物相容性。石墨烯及其衍生物在生物传感方面的应用已取得了显著的进展。石墨烯的表面积为 $2630m^2/g$，具有独特的 sp^2/sp^3 结合网络，是锚定生物分子并对其进行检测的理想之选。通过利用电化学或光学以及光电特性，石墨烯可以很容易地实现全新的核酸、免疫、全细胞生物传感和转导机制的功能化。人口的增加导致对粮食生产的需求增加，而由动物健康引起的直接食物污染目前是全世界公众健康关注的一个重要问题。食源性疾病和威胁动物健康的因素层出不穷，每年都会爆发相关疫情。因此，需要一个强大的分析工具来进行高通量评估，来确保更好的食品安全和动物健康。在这方面，石墨烯结构的敏感传感元件和点关注平台的技术革新使生物传感器能够检测病原体、病毒、过敏原和污染物，并用于农业防御的应用。本章将全面介绍石墨烯在食品安全和动物健康传感方面的特性、制备和应用。还将批判性地描述各种石墨烯基平台，用于微生物、过敏原和食品中有毒污染的电化学和光学生物传感，以及用于动物微生物和其他临床相关疾病的生物传感器。采用石墨烯的生物传感器不仅具有高度的特异性和敏感性，而且易于使用，还能加速监测过程。因此，石墨烯生物传感器用于农业防御在未来几年将是至关重要的。

关键词　动物，生物传感器，电化学传感器，食品，石墨烯，光学传感器

3.1 引言

生物传感器是集成生物受体（如酶、全细胞、抗体、核酸、适配物等）的便携式分析设备和转换器（如电化学、光学、表面等离子体共振、场效应晶体管等），探测生物和化学靶标。由于生物受体和靶标分子之间的特殊相互作用，所以产生了一个信号，该信号由转导器测量，并由其他电子元件处理产生结果。纳米材料在提高生物传感器的分析能力方面发挥着重要作用。先进的纳米材料，即石墨烯纳米结构、碳纳米管、金纳米粒子、磁性纳米粒子和量子点等，已被证明是可以为具有临床和环境意义的样本进行无标签分析。纳米

材料独特的物理、力学和化学性质有助于改善信号传导。作为一般要求,纳米材料应具备以下特点:对类似的缓冲溶液或分析溶液具有稳定性,在低量的情况下仍有检测能力,并且存在支持共轭生物分子的官能团。纳米材料表面可能需要经过适当的化学基团和配体的修饰或活化,然后才能与特定的受体分子接触[1]。在过去的几十年里,不同种类的纳米材料已经被开发并作为生物传感器的组成部分。由于这许多相关的优点,碳基纳米结构比其他纳米材料的成功率更高。所以近年来,人们越来越关注石墨烯纳米结构。

石墨烯是由碳原子组成的二维单分子层。在过去的十年里,石墨烯由于有趣的物理、化学和电子特性在许多领域得到了广泛的关注。这种纳米材料也引起了人们对生物分析设备的兴趣。石墨烯纳米结构已被用于电化学传感器[2-4]、场效应晶体管(FET)传感器[5]、光学和比色传感系统和荧光生物传感器[6-7]。由于电荷载流子的弹道传输和双极场效应,石墨烯非常适合应用于开发纳米传感器设备[8],其独特且有益的特性也使得它适合于各种其他纳米设备的发展[9-12]。

在石墨烯结构中,六个电子围绕着碳原子的原子核,呈现出 $1s^2 2s^2 2p^2$ 的电子构型。外部的 2s、$2p_x$ 和 $2p_y$ 轨道杂化形成混合轨道 sp^2。这些杂化 sp^2 形成了三个平面轨道,包括最近碳原子之间的 σ 键,其角度为 120°。上述排列导致了石墨烯晶格的六角形结构。p_z 轨道垂直于三个 sp^2 轨道,包含自由对电子,这对于石墨烯独特的电子特性非常重要,如图 3.1(a)和(b)[13]所示。

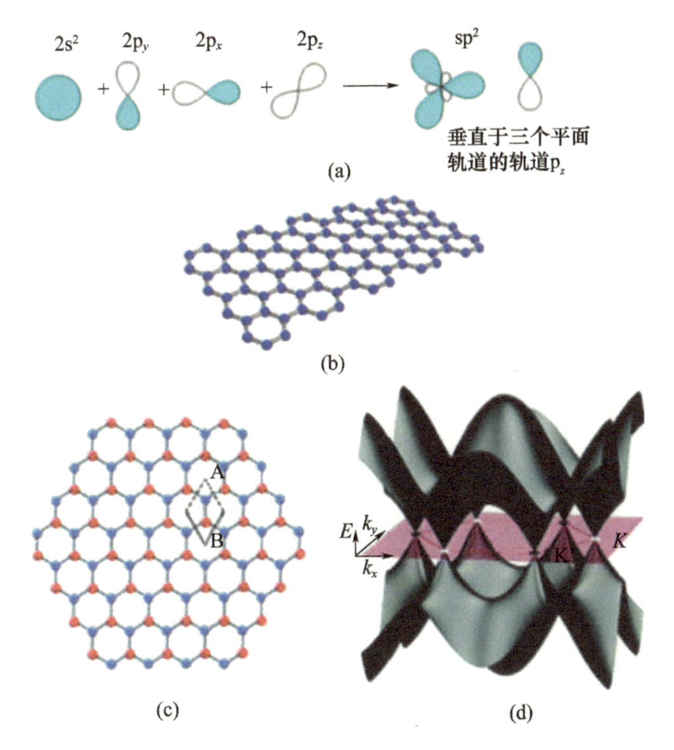

图 3.1 (a)sp^2轨道杂化,(b)石墨烯晶格,(c)石墨烯六角形蜂窝晶格,每个晶胞有两个原子(A 和 B),(d)石墨烯电子能带结构的三维表示[16]

随着石墨烯的应用越来越多,就需要大规模合成高质量和无缺陷产品[14]。曼彻斯特大学的一个研究小组于 2004 年[15]开发了机械剥离方法,该方法是用于生产单层石墨烯产品的首批技术之一。这种技术可以生产高质量的石墨烯。然而，在石墨烯的大规模合成中，采用透明胶带的机械剥离方法不可行。为实现大规模合成无缺陷石墨烯，其他一些技术方法也已经出现在我们的视野，并且它们的生产速度也更快。化学气相沉积（CVD）是制备高质量石墨烯的最常用技术之一，其优点为反应时间较短。石墨烯的化学气相沉积在真空条件下对气态烃前体（如甲烷）进行高温处理。在上述处理过程中，不同的原子被分离。其中产生的碳原子被作为一个坐标结构收集在高纯铜膜载体上。化学气相沉积方法的一个缺点是生长和转移过程会造成石墨烯晶格的不完整和缺陷。除此之外，化学气相沉积比其他方式要昂贵得多。

3.1.1 石墨烯的性质

3.1.1.1 电学性能

因为同时存在孔和电子作为电荷载体，石墨烯具有了优良的导电性和半金属性质。碳的电子构型总共有6个电子（两个内部轨道和四个外部轨道）。在正常情况下，化学键涉及4个最外层电子的参与。在二维石墨烯的情况下，每个碳原子与其他三个碳原子相关联，而一个电子自由进行电子传导。这些高度运动的电子，被称为pi（π）电子，存在于石墨烯薄片晶格的上面和下面。由于上面的pi轨道存在，使得石墨烯层中的碳－碳相互作用成为可能。值得注意的是，石墨烯的电子特性是由成键和反键（价差和导电带）所决定。在石墨烯中，电荷载流子是无质量的，被称为狄拉克费米子或石墨子；布里渊区的六个角被称为狄拉克点，如图3.1（c）和（d）[16]所示。石墨烯表现出很高的电子迁移率（高达15000cm^2/（V·s），且理论极限为200000cm^2/（V·s））。注意，石墨烯中高度流动的电子与光子的作用非常相似。电荷载流子能够在没有散射的情况下运动亚微米级距离，这种现象也被称为弹道传输。

3.1.1.2 力学强度

石墨烯可能是已知的力学强度最高的材料，其抗拉强度为130GPa，相比，凯夫拉材料的抗拉强度仅为40GPa。石墨烯除了具有这种特性外，还是一种超轻、大表面积的纳米材料。为了进行比较，1m^2 石墨烯的质量只有0.77mg，这几乎是普通纸张质量的1/1000[17]。石墨烯的弹性也是其特殊性质之一。石墨烯在施加应变后仍能恢复到原尺寸。石墨烯薄片（厚度2～8nm）的弹力系数为1～5N/m，且其杨氏模量（与三维石墨不同）为0.5TPa。

3.1.1.3 光学性质

石墨烯具有吸收2.3%的大量白光的能力，尤其是当它只有1个原子厚的时候。这是由于电子像无质量的电荷载流子一样具有很高的迁移率（如第3.2.1节讨论）。额外的几层石墨烯的叠加只会使其对白光的吸收增加并达到一定的水平。

3.1.2 石墨烯的制备

3.1.2.1 机械剥离法

2004年，英国曼彻斯特的一支科学家团队首次报道了石墨微机械剥离制备石墨烯[18]。重复胶带粘贴的方法将石墨晶体分离成更薄的碎片。光学半透明的薄片在丙酮中扩散，然后在硅片上堆叠。这样所得到的石墨烯具有最小的缺陷和最高的电子迁移率，但这种技术不适合大规模生产。

3.1.2.2 碳化硅基板上的外延生长法

碳化硅基板上的外延生长法涉及将碳化硅(SiC)加热到非常高的温度(在低压条件下),进而把材料转化为石墨烯[19]。产品的尺寸取决于 SiC 基板的尺寸。基板的性质也会影响石墨烯的厚度和导电率。外延技术产生的石墨烯具有较弱的反局域化,这在胶带法机械剥离制备的石墨烯中并不存在。

3.1.2.3 金属基板上的外延生长法

金属基板上的外延生长法利用金属基底(钌、铱、镍、铜等)的基点和原子框架来培植石墨烯的外延生长。在钌上成熟的石墨烯一般厚度不均匀[20]。另一方面,铱上生长的石墨烯组织严密,厚度均匀,易于剥离。然而,与其他基板相比,铱上的石墨烯具有波纹。这些长程波纹的存在有助于形成石墨烯电子能带结构(狄拉克锥)的小间隙。

3.1.2.4 氧化还原法

石墨氧化还原历来是石墨烯合成的首要方法。一种单层规模的还原氧化石墨烯的方法已于 1962 年由 Boehm 提出[21]。通过对少量石墨烯片剂的分散碳粉进行常规加热,即可实现石墨氧化物的分离。化学剥离是通过使用非常强的氧化剂从石墨中生成氧化石墨烯来实现的[22]。在高温退火条件下,用肼进一步化学还原石墨烯,形成单层石墨烯薄片。然而,因为几个官能团和缺陷的存在,石墨氧化还原所产生的石墨烯质量低于透明胶带法生产的石墨烯。

3.1.2.5 金属碳熔体生长法

最初,金属是在碳源存在下熔化。这个碳源可以是石墨粉末、块状或坩埚的形式,只要能够保持接触熔融金属。在特定温度下使用金属碳熔体生长法是为了在金属熔解过程中分解碳原子,并在之后较低温度下,使单层石墨烯沉淀[23]。

3.1.2.6 碳纳米管解链法

石墨烯的产生也是通过纵向碳纳米管解链法。该方法采用浓硫酸和高锰酸钾处理碳纳米管。锰离子起到催化剂的作用,有利于纵向解链[24]。

3.1.3 石墨烯传感器的应用

石墨烯已在各种科学和技术中广泛应用,例如,单组分气体探测器、生物传感器、透明导电电极、复合材料和储能设备,比如超级电容器和锂离子电池[25-28]的开发。石墨烯的电子性质可以受到分子和原子在其表面的吸附作用的影响。这种表面修饰也可以用作局部掺杂点。石墨烯与分析物的相互作用使电子在表面引入或抽出,为在高敏感传感器的发展中探索上述纳米材料奠定了基础。

以石墨烯薄片为例,该材料可以实现一个非常有用的直接电荷转移(DCT)电极设计。这种设计将石墨烯片固定在源极与漏极之间的通道上,同时通过电容将石墨烯片连接到栅端子上。在交流电压作用下,石墨烯片在纳米级上机械地振动,导致栅极端子和电阻展现出相关的变化。石墨烯与生物分子的界面将进一步改变振荡器的质量,从而再次改变共振频率和电阻。在电化学生物传感器领域,石墨烯可以起到电极的作用,从而提高电催化性能,也可以为分子的固定提供大表面积。通常,石墨烯及其复合材料被涂覆在表面,用以增强峰值电流,降低靶标的氧化还原电位。石墨烯边缘官能团的存在控制了分子的共价固定和电子转移速率。石墨烯也表现出化学门控效应。在石墨烯基电化学生物检测中，靶标与固定受体结合导致载体浓度发生变化，从而改变了总的电荷输运特性。

由于高电子迁移率和高表面积体积比，石墨烯基免疫传感器能够提供敏感性极强的检测。由于石墨烯具有二维蜂窝状晶格结构，对微小的电荷扰动非常敏感，能够很容易地屏蔽电荷波动，因此石墨烯电化学传感器消除了电干扰的问题。石墨烯在生物传感器中的应用具有高灵敏度、无标签特性、实时处理、多分析传感能力、小型化和低功耗等特点。石墨烯基传感器显示了即便是在小体积样本中，也能检测分析物的潜力，并有着最小的假阴性或假阳性结果概率。这些设备的表现对任何表面吸附/扰动都非常敏感，并且与分析物的浓度成正比。

3.1.4 石墨烯场效应晶体管

场效应晶体管是一种能通过电场改变半导体通道上的电流的电压控制设备。在石墨烯场效应晶体管（GFET）中，石墨烯片起着源极和漏极，也就是处在绝缘体（如 SiO_2）顶部电极之间的半导体通道的作用。当带电的生物分子结合在 GFET 中的半导体石墨烯薄片表面时，会发生同比例的电阻变化。GFET 设备可以提供实时生物传感功能[29]。这里有一个利用 GFET 设备进行生物传感的例子：Ohno 等提出的牛血清白蛋白[30]和免疫球蛋白 E[31]的分析方法。其他一些研究证明 GFET 生物传感器可以提供达到 pmol/L 级别浓度的检测灵敏度[32]。其中，石墨烯主要是通过机械剥离工艺获得，是一种生产低成本、无缺陷材料的效率相对较低的方法。理想 GFET 设备的稳定性和适销性要求采用单层和无缺陷石墨烯。近年来，CVD 技术被认为是生产高质量石墨烯的更可行的技术，适用于无标 GFET 生物传感器（如 DNA 杂交、核酸扩增、葡萄糖氧化酶和谷氨酸脱氢酶[33-35]）的开发。然而，GFET 生物传感器的设计仍需投入更多的研究工作使其表现可与硅纳米线[36]和基于 CNT 的 FET 生物传感器[37]相媲美。

3.2 生物传感器在农业防御领域的重要性

农业在人类和动物的生活中起着至关重要的作用，同时它也是世界经济的支柱。农业与粮食作物的生产相关联，并为其他工业提供原料，如化学品、纤维、聚合物、生物燃料等。然而，粮食作物的种植是农业部门的主要部分。从广义上说，农业还包括牛奶、家禽、养蜂业、基本食品加工等。同样，动物在农业中起着双重作用；它们通过提供肥料、耕作动力等方式为可持续农业提供帮助，同时，它们自身也是食物的来源。因此，监测食品安全和动物健康极其重要。由于食品安全对公众健康的直接影响，全世界对食品安全的关注越来越多。食用在农业或食品加工过程中被毒素、过敏原或病原体污染的食品，可能会对健康产生一些不利的影响。与食物有关的疾病给国家的社会经济造成了巨大的损失。由于粮食生产的增加、与粮食有关的新副作用的出现，以及相关法规的执行，因此需要对食品进行严格的审查，以确保质量和安全[38]。

传统的食品安全监测技术是基于实验室生化检测、免疫检测、色谱等。基于实验室的检测技术具有很高的灵敏度，但另一方面，它们既费时又昂贵。传统技术的主要缺点是缺乏当场测试能力。因此，迫切需要开发更简单、快速、多路复用、有选择性、敏感和可现场部署的农业防御设备。如图 3.2 所示，生物传感器可以在几分钟内提供测试结果，并有助于得出诊断结论[39]。新型纳米材料的加入有利于克服传统分析方法的局限，提高生物感应能力。基于纳米材料的生物检测有可能提高检测复杂食品基质中污染物的分析精度。在这方面,石墨烯是广泛使用的纳米材料之一。

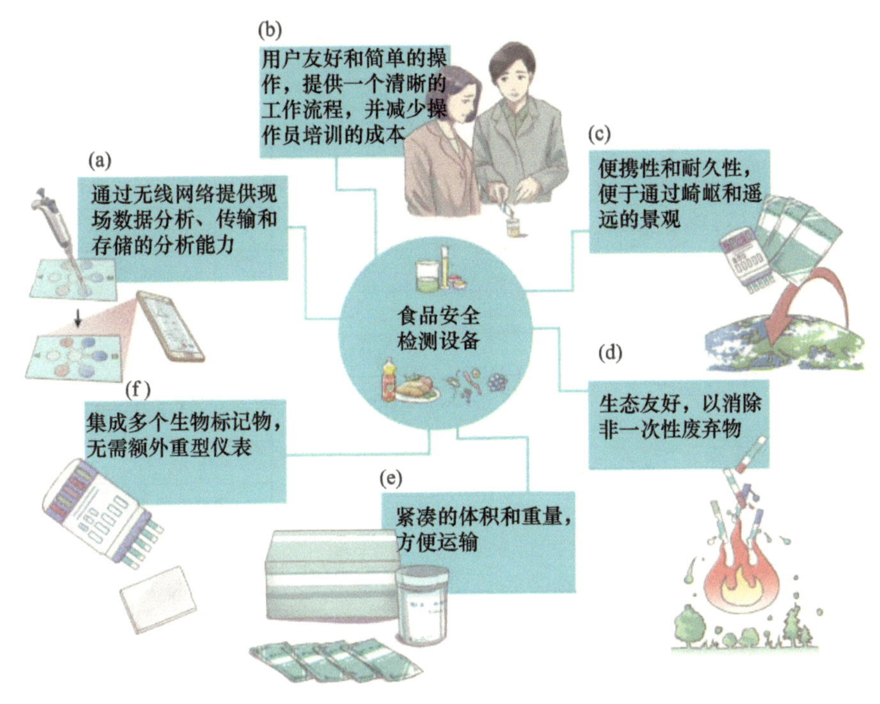

图 3.2 生物传感器在食品安全监测中的重要性和优势[39]

石墨烯被认为是实现高灵敏度生物电子设备和光学设备的理想材料。特别是石墨烯电化学生物传感器由于表面修饰特性和高电荷迁移率,在各种应用中都表现出很高的性能。石墨烯芳香区与其他芳香分子的 π-π 超分子相互作用和化学功能化的特性为进一步增强相关生物传感设备的材料特性和整体性能提供了机会。本章深入讨论石墨烯及其先进的纳米结构生物传感器技术在农业防御方面的应用。还综述了食品、动物和新型生物传感器中常见的化学毒素和微生物病原体。

3.3 石墨烯生物传感器在食品安全领域的应用

下面讨论石墨烯在过敏原、毒素、杀虫剂和病原体生物传感检测中的应用。表 3.1 总结了过去几年为这些目标而开发的石墨烯和石墨烯复合生物传感器。

表 3.1 食品安全用石墨烯生物传感器

分析物	基板	检测技术	检测限	参考文献
杀虫剂				
有机磷	石墨烯	电化学法	20ng/mL	[41]
丙二酸甲酯	全氟磺酸树脂、Ag 纳米粒子、胺基还原氧化石墨烯	电化学法	4.5ng/mL,9.5ng/mL,14ng/mL	[43]
胺甲萘	多孔还原氧化石墨烯	电化学法	0.5ng/mL	[44]

续表

分析物	基板	检测技术	检测限	参考文献
对氧磷	功能化氧化石墨烯	电化学法	0.65nmol/L	[45]
氨基甲酸酯	石墨烯掺杂碳糊	电化学法	1.68nmol/L	[46]
对硫磷	石墨烯	电化学法	52pg/L	[47]
敌草隆	功能化石墨烯或氧化石墨烯	电化学法	0.01pg/mL	[48]
吡虫清	噻吩掺杂石墨烯、ZnO 纳米粒子	光电化学	0.33ng/mL	[49]
甲基对硫磷	石墨烯纳米片、CdTe 量子点	电化学发光	0.06ng/mL	[42]
苯氧威	石墨烯量子点	荧光	3.15μmol/L	[50]
真菌毒素				
黄曲霉	氧化石墨烯	电化学法	0.23ng/mL	[53]
伏马菌素 B1, 脱氧雪腐镰刀菌烯醇	聚吡咯、还原氧化石墨烯、 Au 纳米粒子	电化学法	4.2μg/L,8.6μg/L	[56]
黄曲霉	氧化石墨烯、磁性纳米粒子	电化学发光	0.3pg/mL	[57]
赭曲霉毒素 A	氧化石墨烯	荧光	18.7nmol/L	[58]
黄曲霉	氧化石墨烯	荧光	0.35ng/mL	[59]
玉米霉菌毒素	羧基氧化石墨烯	荧光	0.5ng/mL	[60]
过敏原				
麸质	多孔还原氧化石墨烯	电化学法	1.2ng/mL	[63]
乳汁	石墨烯	电化学法	20pg/mL	[64]
花生	石墨烯、Au 纳米粒子	电化学法	0.041fmol/L	[65]
花生	氧化石墨烯	荧光	56ng/mL	[66]
虾	氧化石墨烯	荧光	4.2nmol/L	[67]
双酚 A				
BPA	AuPd 纳米粒子、石墨烯纳米片	电化学法	8nmol/L	[72]
BPA	聚吡咯、石墨烯量子点	电化学法	40nmol/L	[73]
BPA	氧化石墨烯，羟基磷灰石	电化学法	60pmol/L	[74]
BPA	纳米石墨烯	电化学法	0.469μmol/L	[75]
BPA	剥离石墨烯	电化学法	0.76μmol/L	[76]
BPA	石墨烯、碳纳米管、Pt 纳米粒子	电化学法	0.42μmol/L	[77]
BPA	氮掺杂石墨烯、TiO_2 纳米粒子	光电化学	0.3fmol/L	[78]
BPA	磁道	荧光	71pg/mL	[79]
BPA	右旋糖酐荧光包衣还原氧化石墨烯	荧光	8pmol/L	[80]
病原体				
大肠杆菌	石墨烯	电容	10 细胞/mL	[83]
诺罗病毒	石墨烯，Au 纳米粒子	电化学法	100pmol/L	[55]
肉毒毒素	还原氧化石墨烯	电化学法	8.6pg/mL	[84]
嗜酸菌	氧化石墨烯	荧光	11CFU/mL	[85]
金黄色葡萄球菌	石墨烯量子点，Au 纳米粒子	荧光共振能量转移	1nmol/L	[86]

3.3.1 农药传感器

农药在农业中的广泛使用导致农药进入食品链,同时引起了民众对食品质量和安全的质疑[40]。农产品中的农药残留由于具有较高的生物活性和毒性,对人类和动物的健康产生了不利的影响。加拿大卫生部《有害物管理产品法案》规定了农药的使用,并为食品中的每种农药设定了最大残留限量。由于这些原因,发展能够测定农药的快速、有选择性和灵敏度高的探测技术仍然是科学界的一个挑战。

基于此,石墨烯已经成为开发农药感应设备的材料。石墨烯已经被用作基底、信号放大器以及纳米催化剂。许多农药生物传感器是以对乙酰胆碱酯酶(AChE)酶活性的研究为基础[41-43]。乙酰胆碱是一种神经递质,它催化乙酰胆碱分解为胆碱。杀虫剂抑制AChE的活性,因此酶活性的降低被用来量化农药。Li等报道了一种用于检测胺甲萘的多孔还原氧化石墨烯修饰玻碳电极[44]。胺甲萘抑制了固定化酶的活性,导致酶产物氧化电流的降低。多孔还原氧化石墨烯不仅增加了表面面积,而且促进了反应物的扩散和传质。结果表明,胺甲萘的抑制活性与浓度在0.001~0.05μg/mL范围内呈正比,检测限为0.5ng/mL。Zhang等[45]报道了一种类似的对氧磷生物传感器。他们提出了一种方便的方法来合成对组氨酸标记AChE有亲和力的功能化氧化石墨烯。根据对氧磷对AChE活性的抑制作用,获得了0.65nmol/L的检测限。

Oliveira等[46]报道了一种基于石墨烯掺杂碳糊电极的氨基甲酸酯双酶生物传感器。用多酚氧化酶(漆酶和酪氨酸酶)、金纳米粒子和壳聚糖对电极进行了进一步的修饰。多酚氧化酶对酚类化合物具有较高的选择性催化活性,而壳聚糖、金纳米粒子和石墨烯在这种新型双酶生物传感器中具有较高的表面积、导电性和电催化活性。该生物传感器已成功地应用于柑橘样品中伐虫脒盐酸盐、胺甲萘、残杀威和福美锌等多种分析物的检测。Mehta等[47]和Sharma等[48]报道了生物功能化石墨烯的农药免疫传感器。在这些研究中,作者分别用抗体对羧基氧化石墨烯进行了功能化,用于电化学检测对硫磷和敌草隆。

Yan等[49]报道了一种用于啶虫脒的新型"开-关-开"开关光电化学适体传感器。作者提出了一种噻吩硫掺杂石墨烯和氧化锌纳米复合材料,用于实现敏感的光电电化学适体传感器(图3.3(a))。对于这个传感器,掺杂石墨烯通过增强界面电荷传递和减小能带间隙,提高了氧化锌的光活性和光稳定性。噻吩硫掺杂石墨烯的光电流灵敏度是原始石墨烯纳米复合材料的2.6倍左右。适配体的解吸打开了生物传感器的开关,并在1~1000ng/mL范围内,以0.33ng/mL为检测限得到了吡虫清的响应。Liang等提出了一种结合石墨烯纳米片、碲化镉量子点和AChE的灵敏电化学发光分析方法[42]。该生物纳米复合材料产生了用于有机磷传感的阴极电致发光发射极。AChE反应消耗溶解氧,并抑制电化学发光。有机磷的加入抑制了酶活性,从而促进了电化学发光。在优化的实验条件下,甲基对硫磷的检测限低至0.06ng/mL。同样,使用石墨烯量子点的荧光生物传感器也被CaballeroDíaz等报道[50]。石墨烯量子点是一种径向厚度只有几纳米、横向尺寸小于100nm的石墨烯薄片。由于其特殊的量子限制和边缘效应,它们具有独特的性质。本章结合了氮掺杂石墨烯量子点的应用和AChE作为生物识别元素,用于非诺昔碳的测定。酶产物使石墨烯量子点的本原荧光猝灭。苯氧威的引入抑制了酶活性,恢复了荧光。可在6~70μmol/L范围内对农药进行灵敏检测,检测限为3.15μmol/L。

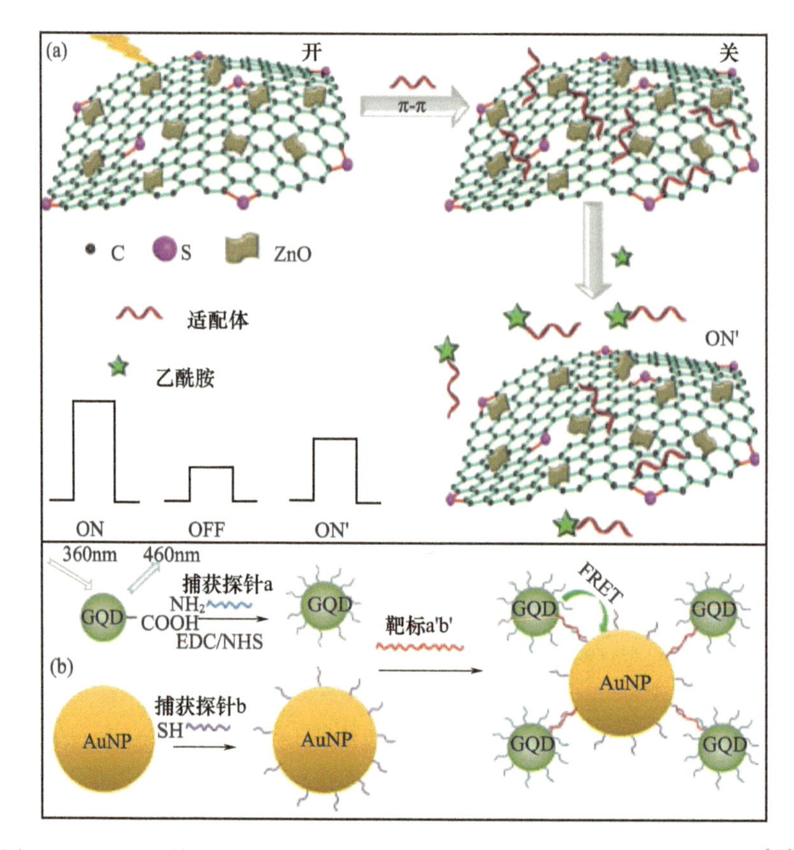

图 3.3 (a)噻吩掺杂石墨烯/ZnO 纳米复合光电化学适体传感器检测啶虫脒[49]；(b)石墨烯量子点和金纳米粒子荧光共振能量转移生物传感器检测金黄色葡萄球菌的示意图[86]

3.3.2 霉菌毒素传感器

真菌毒素是真菌如曲霉菌、镰刀菌和青霉的一类有毒次生代谢产物，具有不同的有机结构[51]。脱氧尼醇、玉米赤霉烯酮、赭曲霉毒素、呋喃西林和黄曲霉毒素是常见于食品中的真菌毒素。真菌毒素可引起急性和慢性疾病（如癌症），并损害重要器官（如肝脏肾脏和大脑）。由于真菌产生了这些毒素，真菌毒素与生病或发霉的作物和腐烂的食物有关。根据联合国的一份报告，全世界25%的农产品受到真菌毒素的严重污染[52]。因而对于识别黄曲霉毒素的快速、灵敏，且具有选择性的生物传感技术产生了高需求。

纳米和工程技术的进步导致了几种真菌毒素生物传感器的发展。最近，Srivastava 等报道了一种用于检测黄曲霉毒素的石墨烯基阻抗生物传感器[53]。本研究将氧化石墨烯涂在金电极上，然后用黄曲霉毒素抗体进行功能化。该抗体通过碳化二亚胺交联直接附着在氧化石墨烯的边缘。该生物传感器检测范围为0.5～5ng/mL，检测限为0.23ng/mL，稳定性为5周。

几种石墨烯和纳米粒子复合材料已经成为许多生物传感器的常用基板[54-55]。纳米复合材料的成分保持着独特的个体特性，并赋予其因组合而产生的新特性。石墨烯基纳米复合材料易于合成，具有表面积大、电学性能强、表面积比率高、性能可控、生物相容性好等优点。这些纳米复合材料可以很容易地在电极上被分层并通过使用滴铸造、旋转涂层，或喷墨打印，来制备薄膜导电材料[22]。Lu 等提出了一种利用石墨烯－金纳米复合材料[56]检测两种真菌毒素，伏马菌素 B1(FB1)和脱氧牛油醇(DON)的无标记电化学免疫传感器。本章采用聚吡咯、电化学还原氧化石墨烯和金纳米粒子(图 3.4(a))对碳电极进行了修饰。然后，纳米复合材料由一个抗毒素抗体功能化。金属纳米粒子附着在还原的氧化石墨烯片上，由于表面面积的增加，其电催化活性和抗体负载都得到了改善。该传感器的灵敏度和线性检测范围分别为：FBI 为 4.2μg/L 和 0.2 ~ 4.5mg/L，DON 为 8.6μg/L 和 0.05 ~ 1mg/L。类似地，Gan 等研制了一种氧化石墨烯和磁性纳米粒子复合材料，用于黄曲霉毒素的电化学发光检测[57]。以石墨烯纳米复合材料为吸附剂，从食品样品中提取黄曲霉毒素。此外，还合成了一种碲化镉量子点和碳纳米管复合材料，用于抗体的标记。在免疫复合材料中，量子点的存在产生了一种电化学发光信号，用于定量。检测范围从 1pg/mL ~ 10μg/mL，检测限为 0.3pg/mL。

除了电化学生物传感器，石墨烯还被用于荧光生物传感器。在大多数生物传感器中，石墨烯扮演着荧光猝灭剂的角色，因此可以执行“开启/关闭”任务的生物传感器[58]。Zhang 等报道了一种使用氧化石墨烯的黄曲霉毒素荧光传感器。在氧化石墨烯上吸附羧基 - X - 罗丹明标记的适配体进行靶标检测。附着体的吸附“关闭”荧光信号，保护其免受核酸酶解理。在反应混合物中加入黄曲霉毒素，解吸贴合剂，并“打开”信号。该方法对食品中发现的其他常见分子具有高度选择性，黄曲霉毒素的检测范围为 1.0 ~ 100ng/mL[59]。最近，Goud 等比较了石墨、氧化石墨烯和羧基氧化石墨烯对玉米霉菌毒素(ZEN)[60]的猝灭性能。结果表明，羧基氧化石墨烯是最有效的猝灭剂(图 3.5(a))，并且实验能够在 0.5 ~ 64ng/mL 浓度范围内检测 ZEN，检测限为 0.5ng/mL。该方法可有效地用于酒精饮料中 ZEN 的测定。

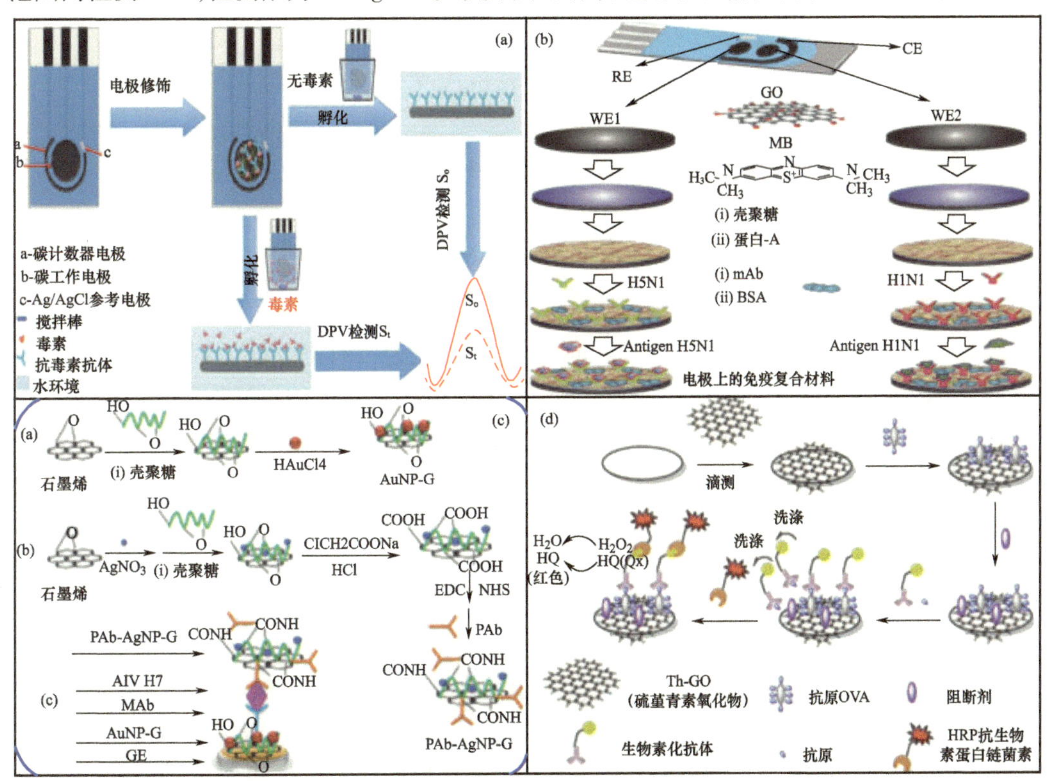

图 3.4 基于(a)溶解氧化还原探针[56]、(b)功能化电极[102]、(c)标记抗体[103]和(d)酶联抗体[98]的信号的不同免疫分析协议的示意图和量化

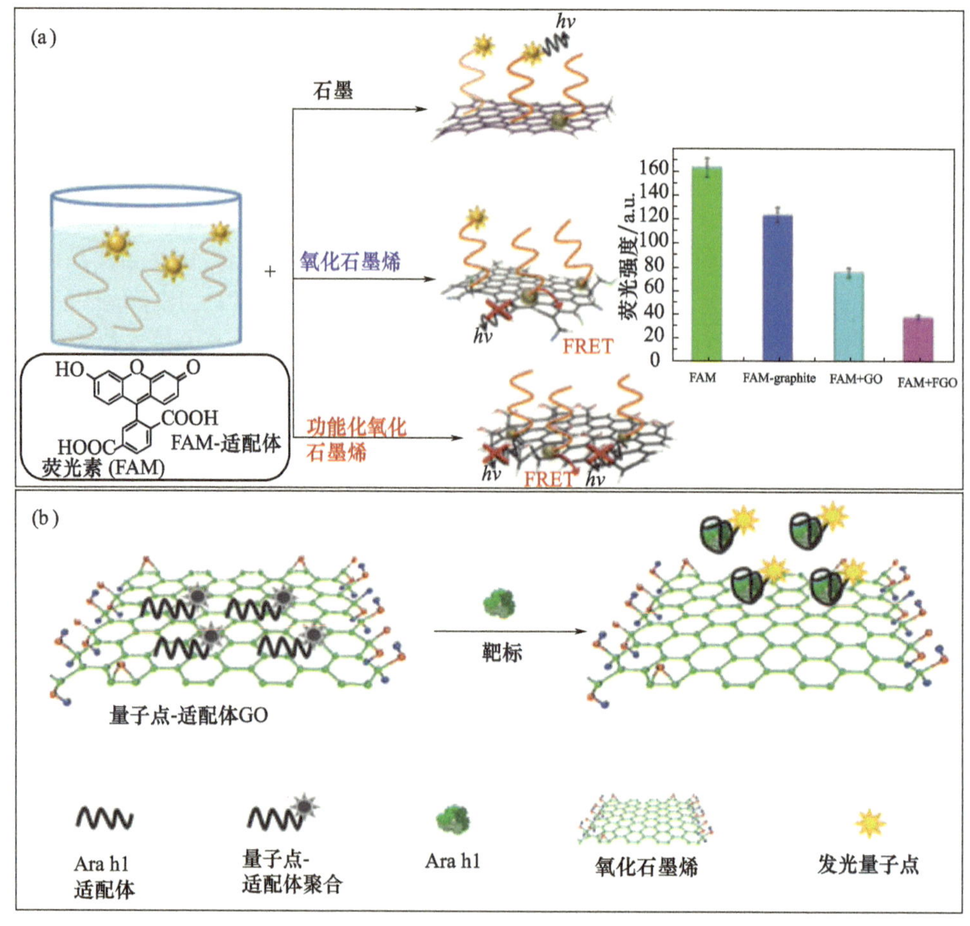

图 3.5 (a)荧光粉、氧化石墨烯(GO)和氟化石墨烯(FGO)[60]和
(b)荧光"开/关"传感器的荧光猝灭行为,用量子点和氧化石墨烯[66]检测花生过敏原

3.3.3 过敏原传感器

加工过的农产品和食品中存在过敏原,对消费者来说具有高风险。因为即使是接触微量的过敏原也可能会导致危及生命的情况发生。检测食品中的过敏原是一个挑战,因为它们通常以超低浓度的形式出现,并且食品基质的复杂性也会产生干扰。据报道,坚果过敏影响了超过2%的美国人口,而且在儿童中更为普遍[61]。在8种常见的过敏原(牛奶、鸡蛋、花生、坚果、鱼、大豆、小麦和甲壳类动物)中,小麦和花生过敏最为普遍。过敏反应似乎主要是由于过敏原特异性免疫球蛋白[62]介导的免疫超敏反应。过敏原的摄入经常导致消化障碍、呼吸问题、水肿、低血压、荨麻疹、异位性皮炎和IgE介导的过敏性休克。传统的酶联免疫分析和化学分析通常集中在一个实验室进行,需要相当长的分析时间和成本。因此,有必要研制一种灵敏、准确、简单的生物传感器来检测食品中的这些过敏原。

最近,Chekin等[63]研制了一种用于检测麸质的无标签伏安免疫传感器。在该传感器中,多孔还原氧化石墨烯以吡咯烷酸为连接分子共价抗胶质素抗体以实现功能化。用过氧化氢浸蚀还原氧化石墨烯,形成多孔还原氧化石墨烯。多孔还原氧化石墨烯有利于增加活性区,并且效率更高地从电极内部到表面的质量传输。该传感器在1.2~34ng/mL的检测范围内达到了1.2ng/mL的检测限。同样,Eissa等报道了一种石墨烯基非典型电化学生物传感器,用于检测牛奶过敏原[64]。将石墨烯修饰碳电极与适配体靶向β-乳球蛋白(牛奶变应原)结合在一起。石墨烯上适配体的吸附作用"关闭"了存在于缓冲液中的氧化还原偶的信号(图3.6(b))。当过敏原与适配体结合时,带负电荷的适配体-蛋白复合材料从石墨烯中脱附出来并"打开"信号。测定得出β-乳球蛋白的检测限为20pg/mL。为了顺应趋势,石墨烯纳米复合材料也被用于食品过敏原的检测。Sun等[65]提出了一种用于检测花生变应原的石墨烯-金纳米复合碳电极。金纳米粒子有效地阻止了石墨烯片层的聚集,提高了导电性。将与花生过敏原(Ara h1)互补的茎环DNA固定在纳米复合材料上。为了进行分析,从商用花生、牛奶中提取Ara h1基因,并在生物传感器上进行了验证。作者认为,在商业生产过程中热处理往往会使Ara h1蛋白变性,阻碍检测。然而,DNA仍然完好无损,因此可以用来验证花生过敏原的存在。该生物传感器具有较高的选择性,且对Ara h1基因的检测限达到了0.041fmol/L。

Weng等利用硒化镉量子点标记适配体[66],研制了以氧化石墨烯作为花生过敏原荧光生物传感层的微流芯片。与食物过敏原相互作用后,适配体发生构象变化,脱离氧化石墨烯。氧化石墨烯的分离导致量子点的荧光恢复。靶标与适配体的相互作用如图3.5(b)所示。作者还研制了一种用于该微流生物传感器现场应用的微型光学探测器。在一个现成的微流芯片中,这种一步式"开启"均质分析需要大约10min来定量检测Ara h1,检测限为56ng/mL。在类似的原则下,Zhang等报道了一种基于DNA适配体的对虾过敏原荧光检测[67]。在本研究中,适配体与肌球素(对虾过敏原)的相互作用阻止了对氧化石墨烯表面的吸附。然后适配体-肌球素复合体被橄榄绿染色,产生了正荧光信号。未反应的适配体被吸附在氧化石墨烯上,不能染色。该方法的检测限为4.2nmol/L,范围是0.5~50μg/mL。

3.3.4 双酚A传感器

双酚A(BPA),化学上称为4,4'-(丙烷-2,2-二酰基)二酚,是一种被充分研究过的食品污染物。BPA是一种用于合成聚氧化合物和热塑性塑料的前体单体。大多数包装材料和食品容器,如瓶子、罐头、餐具和炉用器皿,都是用聚碳酸酯所制造。多聚类氧化物多用在罐头和瓶子的内涂上,用于储存加工食品。所以BPA逐渐渗入贮藏食品中,其毒性在文献中已经被广泛报道[68]。而BPA又是一种有效的内分泌干扰化合物(EDC)。BPA的化学结构类似雌二醇和二乙基雌酚(内分泌激素)[69],因此它与雌激素受体有亲和力。低剂量的BPA,即使在低纳克水平(0.23ng/L),也会对人体健康产生危害[70]。食用BPA污染的食物已知会影响大脑功能、内分泌腺和生殖器官[71]。全世界的卫生部门都注意到BPA对健康的有害影响,最近也开始推广不含BPA的食品容器。因此,一些出版物讨论了利用生物传感器检测食品中BPA的存在。

石墨烯和石墨烯纳米复合材料被广泛应用于食品样品中BPA的检测[72-74]。在大多数生物传感器中,石墨烯纳米复合材料被用于BPA的一步直接电氧化和由此产生的电流信号的测量。Ntsendwana等研制了石墨烯修饰玻碳电极来检测瓶装水中的BPA。纳米石墨烯具有良好的电催化性能,产生检测限0.469μmol/L,检出范围为0.5~1μmol/L[75]。

同样，Ndlovu 等应用剥离石墨烯功能化电极检测 BPA[76]。制备的涂覆石墨烯电极在 BPA 测定过程中消除了苯酚污染的负面影响。该设备检测范围为 1.56 ~ 50μmol/L，通过计算得出的检测限为 0.76μmol/L。用铂纳米粒子负载的石墨烯 - 碳纳米管纳米复合材料，被应用于 Zheng 等[77]对 BPA 进行电化学检测的方法。铂 - 石墨烯 - 碳纳米管复合材料具有较大的表面积和高效的聚积能力。作者报告的检测限为 0.42μmol/L，证明了 BPA 检测在热敏打印纸中的应用潜力。

当研究到石墨烯的其他性质，如荧光猝灭时，我们还会发现它能增加 BPA 检测的灵敏度。Zhou 等据此研制了 BPA 的光电电化学传感器[78]。本章采用简单的同反应釜热处理方法，合成了由二氧化钛纳米粒子和氮掺杂石墨烯组成的纳米复合材料。与原始的二氧化钛纳米粒子相比，纳米复合材料表现出更好的性能，这可以归因于氮掺杂石墨烯的存在。纳米复合材料有效地限制了光致电子空穴对的复合，增加了电荷转移并扩展了光响应。适体传感器检测 BPA 效果良好，其线性检测范围从 1fmol/L ~ 10nmol/L，检测限为 0.3fmol/L。

最近，Hu 等[79]提出了一种"开启"荧光检测 BPA 的方法。该方法基于荧光标记的 BPA 适配体与磁性氧化石墨烯之间的荧光共振能量转移，来进行检测。BPA 与自吸附氧化石墨烯的相互作用"开启"荧光。在线性范围为 0.2 ~ 10ng/mL 的情况下，得到了 0.071ng/mL 的检测限。在另一个研究中，Mitra 等提出了用右旋糖酐 - 荧光素涂层还原氧化石墨烯[80]对 BPA 进行"开启"荧光检测的方法。在这种方法中，由于与 BPA 的竞争性相互作用，荧光探针从石墨烯表面分离并重新获得荧光。而恢复的荧光则会作为 BPA 定量的阳性信号。

3.3.5 病原微生物传感器

与农产品和食品相关的食源性疾病在全世界范围内不断增加。环境中的微生物病原体、患病的植物或腐烂的农产品污染了食品，因此检测食源性致病菌直接关系到人和动物的安全。食源性病原体大致可分为三类：细菌、病毒和寄生虫[81]。细菌病原体主要包含单核细胞增生李斯特菌、沙门氏菌、弯曲杆菌和大肠埃希菌，而食源性病毒病原体为诺罗病毒、轮状病毒和肝炎病毒。食用受污染的食物会引起呕吐、恶心、腹泻和神经系统紊乱，甚至会导致死亡。诺罗病毒是美国的主要病原体，在所有案例中占 59%。沙门氏菌是第二种最常见的食源性病原体，在美国占 18%，在加拿大占 50%[82]。传统的病原体检测方法和内毒素检测方法很繁琐，需要几天的时间才能得到结果。因此，为避免食源性疾病的传播，对微生物病原检测的生物传感技术提出了更高的要求。

近年来，石墨烯显著提高了生物传感器检测病原体的性能。Pandey 等[83]研制了一种用于大肠杆菌检测的石墨烯界面电容传感器。用抗 - 大肠杆菌 O157:H7 抗体，芘丁酸丁二酰亚胺酯为连接剂对涂覆石墨烯的叉指微电极进行功能化处理。石墨烯表面为生物传感提供了优良的载流子迁移率和生物相容性。从而一步式直接捕获大肠杆菌，改变了传感器的电容，使传感器的灵敏度低至 10 ~ 100 个细胞/mL。最近，Chand 等提出了一种集成石墨烯 - 金纳米复合材料和适体传感器的微流芯片，用于诺罗病毒的电化学检测[55]。该微流芯片还加入了填充的二氧化硅微球区，以过滤和丰富诺罗病毒感染样本(图 3.6(a))。纳米复合材料在一个可靠的表面为适配体固定和促进信号增强提供了便利。电化学研究表明,诺罗病毒的检测限为100pmol/L,总检测用时为35min。在另一种理解中,Chand 等制备了一种基于氧化石墨烯的电化学生物传感器,用于检测肉毒毒素[84]。肉毒毒素是由肉毒梭菌产生的一种神经毒性蛋白质。此外,他们还首次用还原的氧化石墨烯修饰金电极,并用 SNAP - 25 - GFP 肽通过吡喃丁酸连接器进行功能化。肉毒毒素的进入,单独地清除了 SNAP - 25 - GFP,降低了石墨烯的表面钝性。通过检测缓冲液中氧化还原偶电化学信号的增强,检测肉毒杆菌的酶活性。检测范围为 1pg/mL ~ 1ng/mL,检测限为 8.6pg/mL。

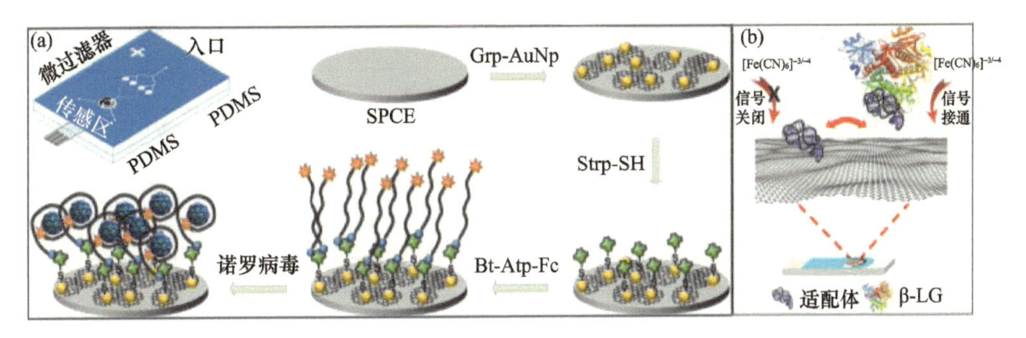

图 3.6 (a)石墨烯 - 金纳米复合材料和二茂铁标记核酸适体检测诺如病毒的微流核酸适体传感器[55];(b)基于适体功能化石墨烯电极的牛奶过敏原检测的示意图[64]

Zuo 等报道了一种聚二甲基硅氧烷/纸/玻璃混合微流芯片,该芯片利用吸附的氧化石墨烯[85]对病原体进行多重检测。对嗜酸菌、金黄色葡萄球菌和肠球菌进行了一步法“启动”均质检测。Cy3 染料标记的适配体吸附氧化石墨烯与病原体相互作用,导致荧光恢复。进而通过荧光强度分析确定病原菌的浓度。利用该平台检测嗜酸乳杆菌,所得到的检测限为 11cfu/mL。最近,Shi 等利用石墨烯量子点和金纳米粒子研制了一种基于荧光共振能量转移的金黄色葡萄球菌基因传感器[86]。如图 3.3(b)所示,该传感器是通过在石墨烯量子点上固定捕获探针和在金纳米粒子上记录探针来实现。捕获探针和报告探针通过添加靶标 DNA(来自金黄色葡萄球菌)进行杂交,使量子点和金纳米粒子接近。量子点的激发产生荧光反应,这种荧光反应再由邻近的金纳米粒子猝灭。利用荧光信号的变化便可以对细菌 DNA 进行量化,得到细菌 DNA 的检测限为 1nmol/L。

3.4 石墨烯生物传感器在动物健康领域的应用

在本小节中,讨论了石墨烯在动物相关的生物传感检测中的应用。表 3.2 总结了过去几年为这些靶标所开发的石墨烯及其复合材料基生物传感器。

3.4.1 动物疾病传感器

就基于动物和由动物生产的食品的损失而言,动物疾病对农业领域是一个巨大的威胁。由于传染性的动物疾病,有超过 20% 源于动物的食物被破坏。仅印度部分地区,由牛乳腺炎、出血性败血症和恶性贫血症引起的总体死亡率分别为 15.5%、7.1% 和 5.3%[87]。动物传染病在全世界范围内造成了数十亿美元的经济损失。因此,快速、选择性的生物传感器对于及时检测这些疾病非常必要。在过去,已经有几种基于不同传感器平台的纳米材料被用于生物传感[88]。然而,石墨烯在动物相关传染病的检测中的应用还没有得到足够广泛的探索。

表3.2 用于动物健康的石墨烯及其复合材料基生物传感器

分析物	基板	技术	检测限	参考文献
疾病				
白细胞介素-4	还原氧化石墨烯、壳聚糖	电化学法	80pg/mL	[89]
BVDV1型	还原氧化石墨烯	表面等离子体共振	800份/mL	[90]
代谢紊乱				
βHBA	还原氧化石墨烯,钌	电化学法	1~1.6mmol/L	[92]
NEFA		电化学法	0.1~1mmol/L	[93]
NEFA和HBA	还原氧化石墨烯	电化学法	0.111mmol/L和0.7mmol/L	[94]
黄体酮				
孕酮	石墨烯量子点	电化学法	0.23nmol/L,0.31nmol/L	[97]
黄体酮	硫素参杂氧化石墨烯	电化学法	0.0063ng/mL	[98]
流行性感冒				
H1N1	还原氧化石墨烯	电化学法	0.5PFU/mL	[101]
H5N1、H1N1	氧化石墨烯,亚甲蓝	电化学法	25~500pmol/L	[102]
H7流感病毒	石墨烯、Au纳米粒子 石墨烯、Ag纳米粒子	电化学法	1.6pg/mL	[103]
H5N1	氧化石墨烯	晶体管	5pmol/L	[104]

Chen等报道了一种使用还原氧化石墨烯[89],并基于阻抗的牛白细胞介素-4免疫传感器。牛白细胞介素-4的产生可以调节过敏状况,对蠕虫和其他细胞外寄生虫具有保护性免疫反应。用还原氧化石墨烯和壳聚糖修饰的碳电极与抗牛白细胞介素-4进行了功能化。纳米复合材料为抗体的固定提供了较大的表面积。分析物的出现会增加传感器的阻抗,得到的检测范围为0.1~50ng/mL,检测限为80pg/mL。

Park等使用氧化石墨烯筛选牛病毒性腹泻病毒1型(BVDV 1型)[90]的适配体。该研究首先利用反靶分离BVDV 1型的ssDNA,然后将未结合的ssDNA吸附在氧化石墨烯上。其次,将BVDV 1型加入到石墨烯-ssDNA复合物中,并将解吸的ssDNA视为阳性适配体。最后将其应用于BVDV 1型表面等离子体传感。图3.7(a)解释了适配体筛选和病毒检测的原理图。传感器显示的检测限为800份/mL。

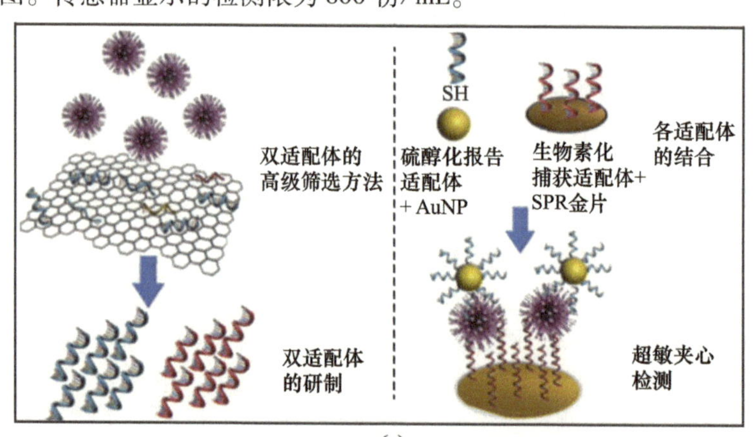

(a)

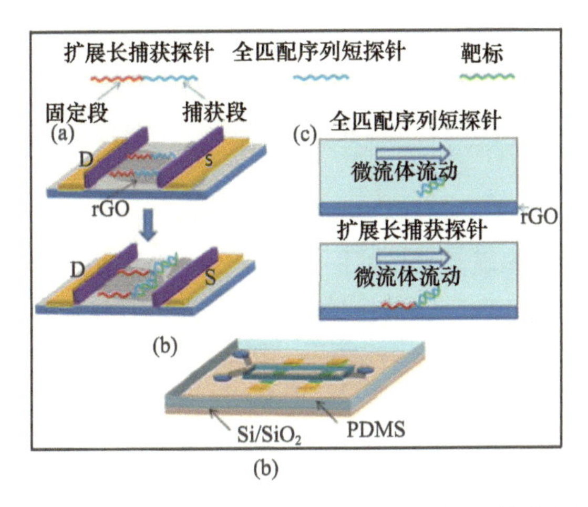

图 3.7 石墨烯基双适配体和金纳米粒子介导的表面等离子体共振检测 BVDV 1 型[90]和(b)与还原型氧化石墨烯晶体管集成微流芯片的 H5N1 流感病毒扩展捕获探针固定策略及检测的示意图

3.4.2 新陈代谢传感器

牛生物体液中 β-羟基丁酸(β HBA)和非酯化脂肪酸(NEFA)的升高被认为是代谢紊乱和负能量平衡的重要生物体征标志。亚临床酮症造成了巨大的经济损失,因为该疾病会引起牛奶产量下降和牛生殖性能受损[91]。而生物传感器可以在牛生物流体中灵敏、快速地检测这些标记物。

Veerapandian 等报道了一种氧化石墨烯复合电化学生物传感平台,用于 β-羟基丁酸的快速检测[92]。利用在氧化石墨烯上的共价功能化钌,再通过羧基酰亚胺连接固定 NAD^+,制备了生物传感器。工作流程为,将石墨烯复合材料滴注在工作电极上,然后涂覆 3-羟基丁酸脱氢酶。与原始氧化石墨烯相比,钌功能化氧化石墨烯表现出更强的氧化还原行为,其反应时间小于 1min。该生物传感器可在临床 1 ~ 1.6mmol/L 浓度范围内检测 β-HBA。在另一项研究中,Veerapandian 等采用氧化石墨烯-钌复合修饰电极对 NEFA 进行酶电化学检测[93]。通过物理吸附,将修饰电极进一步涂抹覆盖脂氧合酶,用于 NEFA 的检测。该方案在 0.1 ~ 1mmol/L 的浓度范围内进行了 NEFA 酶检测,并在临床血清样品中得到验证。

最近,Tuteja 等报道了一种由电化学还原石墨烯纳米片组成的用于检测 NEFA 和 βHBA[94]的双免疫传感器。采用抗 NEFA 和抗 βHBA 相结合的方法对石墨烯表面进行生物改性。电化学分析表明,电化学还原的氧化石墨烯修饰电极增强了氧化还原信号。所研制的免疫传感器的伏安信号 NEFA 和 βHBA 的检测限分别为 0.111mmol/L 和 0.7mmol/L。

3.4.3 孕酮传感器

黄体酮是一种性激素,控制雌性的月经周期、怀孕、动物生长和发育[95]。定量测定农场动物牛奶中黄体酮的含量有助于预测其繁殖状况。此外,人类食用或提高黄体酮水平会引起乳房压痛、胃不适、阴道分泌物增多甚至乳腺癌和肺癌[96]。每年因检测错误而造成的成本高达6亿美元。为了避免经济损失和较长的分娩间隔，准确检测黄体酮是必不可少的。但是，目前还没有可靠的已有工具来检测牛奶中黄体酮的浓度。因此，石墨烯基生物传感器极其重要，因为它可以帮助农民拥有一个便携且易于使用的检测黄体酮的仪器。

最近，Arvand等建立了用石墨烯量子点同时测定黄体酮和雌二醇的电分析方法[97]。为此，将石墨烯量子点掺杂聚磺基水杨酸固定在工作电极上。根据生物传感器的固有电催化信号，对其进行了直接分析。石墨烯量子点复合材料对激素表现出强烈且明显的反应。在最佳条件下，该传感器的检测限为0.23nmol/L，对雌二醇的检测限为0.001～6.0μmol/L，黄体酮的检测限为0.31nmol/L。Dong等报道了一种用于黄体酮电化学免疫检测的硫氨酸掺杂氧化石墨烯[98]。然后用P4包膜抗原修饰氧化石墨烯。黄体酮检测的示意图如图3.4(d)所示。分析基于表面包膜P4抗原与游离黄体酮在缓冲液中的竞争性相互作用。该免疫传感器检测黄体酮的检测限为0.0063ng/mL。

3.4.4 流感传感器

RNA病毒中的正黏液病毒家族，每年都会导致大流行性流感，并伴随着高发病率和高死亡率。A型、B型和C型流感病毒都属于这个家族，它们会感染鸟类、猪、牛和人类[99]。流行性感冒的爆发导致了全世界社会经济损失。据最近的一份报告估测，仅在大明尼苏达区就损失了相当于309.9百万美元的家禽生产和相关业务[100]。血凝素(HA)和神经氨酸酶(NA)是病毒表面的两种糖蛋白，起着抗原的作用。对于该家族的病毒，与ELISA、核酸扩增等传统方法相比，生物传感器具有快速、实用、经济等优点。

最近，Singh等提出了一种利用氧化还原石墨烯电动免疫传感器检测流感病毒的无标记方法[101]。作者集成了一个微流平台，和以还原氧化石墨烯为基础的传感层。用还原氧化石墨烯和抗-H1N1抗体通过碳二酰亚胺连接使工作电极功能化。计时安培分析显示，这种设计增强了0.5 PFU/mL的检测限和1～10^4PFU/mL的检出范围。Veerapandian等[102]报道了一种利用氧化石墨烯同时检测H5N1和H1N1的双免疫传感器。工作电极是由电吸附的亚甲蓝在石墨烯氧化层上组成。抗H5N1抗体和抗H1N1抗体通过蛋白A连接固定在表面。电极修饰序列如图3.4(b)所示。当病毒抗原与表面抗体相互作用时，由于免疫复合材料的作用形成了一个绝缘层，从而改变了亚甲基蓝的电化学信号。对这两种病毒来说，伏安信号能够达到25～500pmol/L的检测范围。

Huang等研制了一种双石墨烯纳米复合免疫检测禽流感病毒H7[103]。在这种三明治型免疫分析中，石墨烯-金纳米复合修饰电极被抗-H7捕获抗体功能化。另外，在该方案中，石墨烯-银纳米复合材料固定的抗H7抗体被作为标记，图3.4(c)解释了所提出的机制。因为纳米银会产生非常不同的信号，所以可以用于进行电化学分析。电泳分析显示信号被放大，检出范围为1.6mg/mL～16ng/mL，检测限为1.6pg/mL。Chan等[104]报道了一种用于检测H5N1基因的氧化石墨烯晶体管。他们研制了一种集成还原氧化石墨烯晶体管的微流芯片，该芯片可用于病毒的基因检测。在比较了不同的DNA探针固定方法后，他们发现π-π堆叠为最佳。图3.7(b)显示了探针固定、微流芯片与还原氧化石墨烯晶体管芯片集成的机理和靶杂交效应。病毒DNA的电检测达到了5pmol/L的检测限。

3.5 小结

石墨烯,一个二维晶格,被证明是一个有效的且可用于实现生物传感器和即时检验的平台。石墨烯及其变体通过提供大表面积和功能化位点来改善生物传感器的性能。石墨烯基纳米复合材料具有多种纳米材料,为靶材的生物传感提供了额外的性能和通用性。在电化学传感器中,石墨烯有利于提高电极的导电性和分析物的电催化性能。同样,对于荧光生物传感器,石墨烯抑制了荧光信号,从而在"开/关"实验中实现其应用。石墨烯的另一个优点是其简单的合成和功能化,以及生物相容性和可处理性。该溶液基石墨烯复合材料可以很容易地被涂覆在所需的表面,并可用于工业生产[33]。

食品安全与动物安全相结合是农业领域的一个主要关注点。来自不同化学物质和病原体的食物污染造成了极高的发病率和严重的社会经济负担。同样,动物的安全和健康直接影响农业部门和人类的健康。目前,对农业相关靶标的监测也被经常进行。在这方面,石墨烯基生物传感器可以帮助快速和灵敏地检测分析物。本章有选择地总结了最近用于检测食品污染物、动物疾病、食源性和动物源性病原体的石墨烯生物传感器和相关方法。石墨烯在食品安全中的应用已经有很多报道,然而石墨烯在动物安全相关生物传感器中的应用仍有待探索。

参考文献

[1] Kurkina, T. and Balasubramanian, K., Towards in vitro molecular diagnostics using nanostructures. *Cell. Mol. Life Sci.*, 69, 373, 2012.

[2] Kuila, T., Bose, S., Khanra, P., Mishra, A. K., Kim, N. H., Lee, J. H., Recent advances in graphenebased biosensors. *Biosens. Bioelectron.*, 26, 4637, 2011.

[3] Shao, Y., Wang, J., Wu, H., Liu, J., Aksay, I. A., Lin, Y., Graphene based electrochemical sensorsand biosensors: A review. *Electroanalysis*, 22, 1027, 2010.

[4] Yang, W., Ratinac, K. R., Ringer, S. P., Thordarson, P., Gooding, J. J., Braet, F., Carbon nanomaterials in biosensors: Should you use nanotubes or graphene? *Angew. Chem. Int. Ed.*, 49, 2114, 2010.

[5] Liu, S. and Guo, X., Carbon nanomaterials field - effect - transistor - based biosensors. *NPG AsiaMater.*, 4, e23, 2012.

[6] Dong, H., Gao, W., Yan, F., Ji, H., Ju, H., Fluorescence resonance energy transfer between quantumdots and graphene oxide for sensing biomolecules. *Anal. Chem.*, 82, 5511, 2010.

[7] Ma, H., Wu, D., Cui, Z., Li, Y., Zhang, Y., Du, B. *et al.*, Graphene - based optical and electrochemical biosensors: A review. *Anal. Lett.*, 46, 1, 2013.

[8] Novoselov, K. S., Geim, A. K., Morozov, S. V., Jiang, D., Zhang, Y., Dubonos, S. V. et al., Electricfield effect in atomically thin carbon films. *Science*, 306, 666, 2004.

[9] Sakhaee - Pour, A., Ahmadian, M. T., Vafai, A., Applications of single - layered graphene sheets asmass sensors and atomistic dust detectors. *Solid State Commun.*, 145, 168, 2008.

[10] Stoller, M. D., Park, S., Zhu, Y., An, J., Ruoff, R. S., Graphene - based ultracapacitors. *Nano Lett.*, 8, 3498, 2008.

[11] Sundaram, R. S., Gómez - Navarro, C., Balasubramanian, K., Burghard, M., Kern, K., Electrochemical

modification of graphene. *Adv. Mater.* ,20,3050,2008.

[12] Choi,S. H. ,Kim,Y. L. ,Byun,K. M. ,Graphene – on – silver substrates for sensitive surface plasmon resonance imaging biosensors. *Opt. Express*,19,458,2011.

[13] Castro Neto,A. H. ,Guinea,F. ,Peres,N. M. R. ,Novoselov,K. S. ,Geim,A. K. ,The electronic properties of graphene. *Rev. Mod. Phys.* ,81,109,2009.

[14] Novoselov,K. S. ,Jiang,D. ,Schedin,F. ,Booth,T. J. ,Khotkevich,V. V. ,Morozov,S. V. et al. ,Twodimensional atomic crystals. *Proc. Natl. Acad. Sci. U. S. A.* ,102,10451,2005.

[15] Blake,P. ,Hill,E. W. ,Neto,A. H. C. ,Novoselov,K. S. ,Jiang,D. ,Yang,R. *et al.* ,Making graphene visible. *Appl. Phys. Lett.* ,91,063124,2007.

[16] Yao,J. ,Sun,Y. ,Yang,M. ,Duan,Y. ,Wang,X. ,Zhang,C. et al. ,Chemistry,physics and biology of graphene – based nanomaterials: New horizons for sensing, imaging and medicine. *J. Mater. Chem.* ,22, 14313,2012.

[17] Sevinçli,H. ,Topsakal,M. ,Durgun,E. ,Ciraci,S. ,Electronic and magnetic properties of 3 dtransition – metal atom adsorbed graphene and graphene nanoribbons.*Phys. Rev. B* ,77,195434,2008.

[18] Bodenmann, A. K. and MacDonald, A. H. , Graphene: Exploring carbon flatland. *Phys. Today*, 60, 35,2007.

[19] Sutter,P. ,Epitaxial graphene: How silicon leaves the scene. *Nat. Mater.* ,8,171,2009.

[20] Sutter,P. W. ,Flege,J. – I. ,Sutter,E. A. ,Epitaxial graphene on ruthenium. *Nat. Mater.* ,7,406,2008.

[21] Boehm,H. P. ,Clauss,A. ,Fischer,G. O. ,Hofmann,U. ,Dünnste kohlenstoff – folien. *Z. Naturforsch.* ,*B*: *Chem. Sci.* ,17,150,1962.

[22] Veerapandian,M. and Neethirajan,S. ,Graphene oxide chemically decorated with Ag – Ru/chitosan nanoparticles: Fabrication,electrode processing and immunosensing properties. *RSCAdv.* ,5,75015,2015.

[23] Amini,S. ,Garay,J. ,Liu,G. ,Balandin,A. A. ,Abbaschian,R. ,Growth of large – area graphene films from metal – carbon melts. *J. Appl. Phys.* ,108,94321,2010.

[24] Kosynkin,D. V. ,Higginbotham,A. L. ,Sinitskii,A. ,Lomeda,J. R. ,Dimiev,A. ,Price,B. K. *et al.* ,Longitudinal unzipping of carbon nanotubes to form graphene nanoribbons. *Nature*,458,872,2009.

[25] Yuan,W. and Shi,G. ,Graphene – based gas sensors. *J. Mater. Chem.* A,1,10078,2013.

[26] Pumera,M. ,Xu,Y. ,Yao,Z. ,Liu,A. ,Shi,G. ,Arepalli,S. et al. ,Graphene – basednanomaterials for energy storage. *Energy Environ. Sci.* ,4,668,2011.

[27] Wang,H. ,Cui,L. – F. ,Yang,Y. ,Sanchez Casalongue,H. ,Robinson,J. T. ,Liang,Y. *et al.* ,Mn_3O_4 – graphene hybrid as a high – capacity anode material for lithium ion batteries. *J. Am. Chem. Soc.* ,132, 13978,2010.

[28] Yoo,J. J. ,Balakrishnan,K. ,Huang,J. ,Meunier,V. ,Sumpter,B. G. ,Srivastava,A. *et al.* ,Ultrathin planar graphene supercapacitors. *Nano Lett.* ,11,1423,2011.

[29] Wu,Y. ,Lin,Y. – M. ,Bol,A. A. ,Jenkins,K. A. ,Xia,F. ,Farmer,D. B. et al. ,High – frequency,scaled graphene transistors on diamond – like carbon. *Nature*,472,74,2011.

[30] Ohno,Y. ,Maehashi,K. ,Matsumoto,K. ,Chemical and biological sensing applications based on graphene field – effect transistors. *Biosens. Bioelectron.* ,26,1727,2010.

[31] Ohno,Y. ,Maehashi,K. ,Matsumoto,K. ,Label – free biosensors based on aptamer – modified graphene field – effect transistors. *J. Am. Chem. Soc.* ,132,18012,2010.

[32] Ohno, Y. , Maehashi, K. , Yamashiro, Y. , Matsumoto, K. , Electrolyte – gated graphene field – effect transistors for detecting pH and protein adsorption. *Nano Lett.* ,9,3318,2009.

[33] Lee,D. – H. ,Cho,H. – S. ,Han,D. ,Chand,R. ,Yoon,T. – J. ,Kim,Y. – S. ,Highly selective organic

transistor biosensor with inkjet printed graphene oxide support system. *J. Mater. Chem. B*,5,3580,2017.

[34] Huang,Y.,Dong,X.,Shi,Y.,Li,C. M.,Li,L. - J.,Chen,P.,Nanoelectronic biosensors based on CVD grown graphene. *Nanoscale*,2,1485,2010.

[35] Han,D.,Chand,R.,Kim,Y. S.,Microscale loop - mediated isothermal amplification of viral DNAwith real - time monitoring on solution - gated graphene FET microchip. *Biosens. Bioelectron.*,93,220,2017.

[36] Yogeswaran,U. and Chen,S. - M.,A review on the electrochemical sensors and biosensors composed of nanowires as sensing material. *Sensors* (*Basel*),8,290,2008.

[37] Tang,L.,Zhu,Y.,Xu,L.,Yang,X.,Li,C.,Amperometric glutamate biosensor based on selfassembling glutamate dehydrogenase and dendrimer - encapsulated platinum nanoparticles ontocarbon nanotubes. *Talanta*,73,438,2007.

[38] Weng,X. and Neethirajan,S.,Ensuring food safety: Quality monitoring using microfluidics. *Trends Food Sci. Technol.*,65,10,2017.

[39] Wu,M. Y. C.,Hsu,M. Y.,Chen,S. J.,Hwang,D. K.,Yen,T. H.,Cheng,C. M.,Point - of - care detectiondevices for food safety monitoring: Proactive disease prevention,in: *Trends in Biotechnology. Elsevier Current Trends*,vol. 35,pp. 288 - 300,2017.

[40] Islam,M. N.,Bint - E - Naser,S. F.,Khan,M. S.,Pesticide food laws and regulations,in: *PesticideResidue in Foods*,pp. 37 - 51,Springer International Publishing,Cham,2017.

[41] Li,Y.,Zhang,Y.,Han,G.,Xiao,Y.,Li,M.,Zhou,W.,An acetylcholinesterase biosensor based on graphene/polyaniline composite film for detection of pesticides. *Chin. J. Chem.*,34,82,2016.

[42] Liang,H.,Song,D.,Gong,J.,Signal - on electrochemiluminescence of biofunctional CdTequantumdots for biosensing of organophosphate pesticides. *Biosens. Bioelectron.*,53,363,2014.

[43] Guler,M.,Turkoglu,V.,Basi,Z.,Determination of malation,methidathion,and chlorpyrifosethyl pesticides using acetylcholinesterase biosensor based on Nafion/Ag@ rGO - NH2 nanocomposites. *Electrochim. Acta*,240,129,2017.

[44] Li,Y.,Bai,Y.,Han,G.,Li,M.,Porous - reduced graphene oxide for fabricating an amperometric acetylcholinesterase biosensor. *Sens. Actuators*,*B*,185,706,2013.

[45] Zhang,H.,Li,Z.,Snyder,A.,Xie,J.,Stanciu,L. A.,Functionalized graphene oxide for the fabricationof paraoxon biosensors. *Anal. Chim. Acta*,827,86,2014.

[46] Oliveira,T. M. B. F.,Barroso,M. F.,Morais,S.,Araújo,M.,Freire,C.,de Lima - Neto,P. *et al.*,Sensitivebi - enzymatic biosensor based on polyphenoloxidases - gold nanoparticles - chitosan hybridfilm - graphene doped carbon paste electrode for carbamates detection. *Bioelectrochemistry*,98,20,2014.

[47] Mehta,J.,Vinayak,P.,Tuteja,S. K.,Chhabra,V. A.,Bhardwaj,N.,Paul,A. K. *et al.*,Graphene modified screen printed immunosensor for highly sensitive detection of parathion. *Biosens. Bioelectron.*,83,339,2016.

[48] Sharma,P.,Tuteja,S. K.,Bhalla,V.,Shekhawat,G.,Dravid,V. P.,Suri,C. R.,Bio - functionalized graphene - graphene oxide nanocomposite based electrochemical immunosensing. *Biosens. Bioelectron.*,39,99,2013.

[49] Yan,Y.,Li,H.,Liu,Q.,Hao,N.,Mao,H.,Wang,K.,A facile strategy to construct pure thiophene - sulfur - doped graphene/ZnO nanoplates sensitized structure for fabricating a novel"on - off - on" switch photoelectrochemical aptasensor. *Sens. Actuators*,*B*,251,99,2017.

[50] Caballero - Díaz,E.,Benítez - Martínez,S.,Valcárcel,M.,Rapid and simple nanosensor by combinationof graphene quantum dots and enzymatic inhibition mechanisms. *Sens. Actuators*,*B*,240,90,2017.

[51] Cheat,S.,Pinton,P.,Cossalter,A. M.,Cognie,J.,Vilariño,M.,Callu,P. *et al.*,The mycotoxins deoxyni-

valenol and nivalenol show *in vivo* synergism on jejunum enterocytes apoptosis. *FoodChem. Toxicol.* ,87, 45,2016.

[52] Campagnollo,F. B. ,Ganev,K. C. ,Khaneghah,A. M. ,Portela,J. B. ,Cruz,A. G. ,Granato,D. *et al.* ,The occurrence and effect of unit operations for dairy products processing on the fate of aflatoxinM1: A review. *Food Control*,68,310,2016.

[53] Srivastava,S. ,Ali,M. A. ,Umrao,S. ,Parashar,U. K. ,Srivastava,A. ,Sumana,G. *et al.* ,Graphene oxide – based biosensor for food toxin detection. *Appl. Biochem. Biotechnol.* ,174,960,2014.

[54] Ahmed,S. R. ,Takemeura,K. ,Li,T. C. ,Kitamoto,N. ,Tanaka,T. ,Suzuki,T. *et al.* ,Size – controlled preparation of peroxidase – like graphene – gold nanoparticle hybrids for the visible detection ofnorovirus – like particles. *Biosens. Bioelectron.* ,87,558,2017.

[55] Chand,R. and Neethirajan,S. ,Microfluidic platform integrated with graphene – gold nanocomposite aptasensor for one – step detection of norovirus. *Biosens. Bioelectron.* ,98,47,2017.

[56] Lu,L. ,Seenivasan,R. ,Wang,Y. – C. ,Yu,J. – H. ,Gunasekaran,S. ,An electrochemical immunosensor for rapid and sensitive detection of mycotoxins fumonisin B1 and deoxynivalenol. *Electrochim. Acta*,213, 89,2016.

[57] Gan,N. ,Zhou,J. ,Xiong,P. ,Hu,F. ,Cao,Y. ,Li,T. *et al.* ,An ultrasensitive electrochemiluminescent immunoassay for aflatoxin M1 in milk,based on extraction by magnetic graphene anddetection by antibody – labeled CdTe quantum dots – carbon nanotubes nanocomposite. *Toxins(Basel)*,5,865,2013.

[58] Sheng,L. ,Ren,J. ,Miao,Y. ,Wang,J. ,Wang,E. ,PVP – coated graphene oxide for selective determination of ochratoxin A via quenching fluorescence of free aptamer. *Biosens. Bioelectron.* ,26,3494,2011.

[59] Zhang,J. ,Li,Z. ,Zhao,S. ,Lu,Y. ,Zhao,J. W. ,Zhu,J. J. *et al.* ,Size – dependent modulation ofgraphene oxide – aptamer interactions for an amplified fluorescence – based detection of aflatoxinB_1 with a tunable dynamic range. *Analyst*,141,4029,2016.

[60] Yugender Goud,K. ,Hayat,A. ,Satyanarayana,M. ,Sunil Kumar,V. ,Catanante,G. ,VengatajalabathyGobi,K. *et al.* ,Aptamer – based zearalenone assay based on the use of a fluorescein label and afunctional graphene oxide as a quencher. *Microchim. Acta*,184,4401,2017.

[61] Chafen,J. J. S. ,Newberry,S. J. ,Riedl,M. A. ,Bravata,D. M. ,Maglione,M. ,Suttorp,M. J. *et al.* ,Diagnosing and managing common food allergies. *JAMA*,303,1848,2010.

[62] Alves,R. C. ,Barroso,M. F. ,González – García,M. B. ,Oliveira,M. B. P. P. ,Delerue – Matos,C. ,Newtrends in food allergens detection: Toward biosensing strategies. *Crit. Rev. Food Sci. Nutr.* ,56, 2304,2016.

[63] Chekin,F. ,Singh,S. K. ,Vasilescu,A. ,Dhavale,V. M. ,Kurungot,S. ,Boukherroub,R. *et al.* ,Reduced graphene oxide modified electrodes for sensitive sensing of gliadin in food samples. *ACS Sens.* ,1, 1462,2016.

[64] Eissa,S. and Zourob,M. ,*In vitro* selection of DNA aptamers targeting β – lactoglobulin and their integration in graphene – based biosensor for the detection of milk allergen. *Biosens. Bioelectron.* ,91,169,2017.

[65] Sun,X. ,Jia,M. ,Guan,L. ,Ji,J. ,Zhang,Y. ,Tang,L. *et al.* ,Multilayer graphene – gold nanocomposite modified stem – loop DNA biosensor for peanut allergen – Ara h1 detection. *Food Chem.* ,172,335,2015.

[66] Weng,X. and Neethirajan,S. ,A microfluidic biosensor using graphene oxide and aptamerfunctionalized quantum dots for peanut allergen detection. *Biosens. Bioelectron.* ,85,649,2016.

[67] Zhang,Y. ,Wu,Q. ,Wei,X. ,Zhang,J. ,Mo,S. ,DNA aptamer for use in a fluorescent assay for theshrimp allergen tropomyosin. *Microchim. Acta*,184,633,2017.

[68] Chapin,R. E. ,Adams,J. ,Boekelheide,K. ,Gray,L. E. ,Hayward,S. W. ,Lees,P. S. J. *et al.* ,NTPCER-

HR expert panel report on the reproductive and developmental toxicity of bisphenol A. *Birth Defects Res. Part B Dev. Reprod. Toxicol.* ,83,157,2008.

[69] Vandenberg,L. N. ,Maffini,M. V. ,Sonnenschein,C. ,Rubin,B. S. ,Soto,A. M. ,Bisphenol – A andthe great divide: A review of controversies in the field of endocrine disruption. *Endocr. Rev.* ,30,75,2009.

[70] vom Saal,F. S. and Hughes,C. ,An extensive new literature concerning low – dose effects ofbisphenol A shows the need for a new risk assessment. *Environ. Health Perspect.* ,113,926,2005.

[71] Rubin,B. S. ,Bisphenol A: An endocrine disruptor with widespread exposure and multiple effects. *J. Steroid Biochem. Mol. Biol.* ,127,27,2011.

[72] Su,B. ,Shao,H. ,Li,N. ,Chen,X. ,Cai,Z. ,Chen,X. ,A sensitive bisphenol A voltammetric sensorrelying on AuPd nanoparticles/graphene composites modified glassy carbon electrode. *Talanta*,166,126,2017.

[73] Tan,F. ,Cong,L. ,Li,X. ,Zhao,Q. ,Zhao,H. ,Quan,X. et al. ,An electrochemical sensor based on molecularly imprinted polypyrrole/graphene quantum dots composite for detection of bisphenol A in water samples. *Sens. Actuators*,*B*,233,599,2016.

[74] Alam,M. K. ,Rahman,M. M. ,Elzwawy,A. ,Torati,S. R. ,Islam,M. S. ,Todo,M. *et al.* ,Highlysensitive and selective detection of Bis – phenol A based on hydroxyapatite decorated reduced graphene oxide nanocomposites. *Electrochim. Acta*,241,353,2017.

[75] Ntsendwana,B. ,Mamba,B. ,Sampath,S. ,Arotiba,O. ,Electrochemical detection of bisphenol A using graphene – modified glassy carbon electrode. *Int. J. Electrochem. Sci.* ,7,3501,2012.

[76] Ndlovu,T. ,Arotiba,O. A. ,Sampath,S. ,Krause,R. W. ,Mamba,B. B. ,An exfoliated graphitebased bisphenol A electrochemical sensor. *Sensors*,12,11601,2012.

[77] Zheng,Z. ,Du,Y. ,Wang,Z. ,Feng,Q. ,Wang,C. ,Jia,Y. Y. *et al.* ,Pt/graphene – CNTs nanocomposite based electrochemical sensors for the determination of endocrine disruptor bisphenol A in thermal printing papers. *Analyst*,138,693,2013.

[78] Zhou,L. ,Jiang,D. ,Du,X. ,Chen,D. ,Qian,J. ,Liu,Q. *et al.* ,Femtomolar sensitivity of bisphenol A photoelectrochemical aptasensor induced by visible light – driven TiO_2 nanoparticledecorated nitrogen – doped graphene. *J. Mater. Chem.* B,4,6249,2016.

[79] Hu,L. Y. ,Niu,C. G. ,Wang,X. ,Huang,D. W. ,Zhang,L. ,Zeng,G. M. ,Magnetic separate "turn – on" fluorescent biosensor for bisphenol A based on magnetic oxidation graphene. *Talanta*,168,196,2017.

[80] Mitra,R. and Saha,A. ,Reduced graphene oxide based "turn – on" fluorescence sensor for highly reproducible and sensitive detection of small organic pollutants. *ACS Sustain. Chem. Eng.* ,5,604,2017.

[81] Acheson,D. W. ,Foodborne infections. *Curr. Opin. Gastroenterol.* ,15,538,1999.

[82] Kozak,G. K. ,MacDonald,D. ,Landry,L. ,Farber,J. M. ,Foodborne outbreaks in Canada linked to produce: 2001 through 2009. *J. Food Prot.* ,76,173,2013.

[83] Pandey,A. ,Gurbuz,Y. ,Ozguz,V. ,Niazi,J. H. ,Qureshi,A. ,Graphene – interfaced electrical biosensorfor label – free and sensitive detection of foodborne pathogenic E. coli O157:H7. *Biosens. Bioelectron.* ,91,225,2017.

[84] Chan,C. – Y. ,Guo,J. ,Sun,C. ,Tsang,M. – K. ,Tian,F. ,Hao,J. *et al.* ,A reduced graphene oxide – Aubased electrochemical biosensor for ultrasensitive detection of enzymatic activity of botulinum neurotoxin A. *Sens. Actuators*,*B*,220,131,2015.

[85] Zuo,P. ,Li,X. ,Dominguez,D. C. ,Ye,B – C,A PDMS/paper/glass hybrid microfluidic biochip integrated with aptamer – functionalized graphene oxide nano – biosensors for one – step multiplexed pathogen detection. *Lab Chip*,13,3921,2013.

[86] Shi,J. ,Chan,C. ,Pang,Y. ,Ye,W. ,Tian,F. ,Lyu,J. *et al.* ,A fluorescence resonance energy transfer

(FRET) biosensor based on graphene quantum dots (GQDs) and gold nanoparticles (AuNPs) for the detection of mecA gene sequence of Staphylococcus aureus. *Biosens. Bioelectron.* ,67,595,2015.

[87] Singh, D. , Kumar, S. , Singh, B. , Bardhan, D. , Economic losses due to important diseases ofbovines in central India. *Veterinary World*,7,579,2014.

[88] Neethirajan,S. ,Tuteja,S. K. ,Huang,S. T. ,Kelton,D. ,Recent advancement in biosensors technology for animal and livestock health management,*Biosens. Bioelectron.* ,98,398,2017.

[89] Chen,X. ,Qin,P. ,Li,J. ,Yang,Z. ,Wen,Z. ,Jian,Z. *et al.* ,Impedance immunosensor forbovine interleukin -4 using an electrode modified with reduced graphene oxide and chitosan. *Microchim. Acta*,182,369,2015.

[90] Park,J. W. ,Jin Lee,S. ,Choi,E. J. ,Kim,J. ,Song,J. Y. ,Bock Gu,M. ,An ultra - sensitive detection of a whole virus using dual aptamers developed by immobilization - free screening. *Biosens. Bioelectron.* ,51,324,2014.

[91] Iwersen,M. ,Falkenberg,U. ,Voigtsberger,R. ,Forderung,D. ,Heuwieser,W. ,Evaluation of anelectronic cowside test to detect subclinical ketosis in dairy cows. *J. Dairy Sci.* ,92,2618,2009.

[92] Veerapandian,M. ,Hunter,R. ,Neethirajan,S. ,Ruthenium dye sensitized graphene oxide electrode for on - farm rapid detection of beta - hydroxybutyrate. *Sens. Actuators*,*B*,228,180,2016.

[93] Veerapandian, M. , Hunter, R. , Neethirajan, S. , Lipoxygenase - modified Ru - bpy/grapheneoxide: Electrochemical biosensor for on - farm monitoring of non - esterified fatty acid. *Biosens. Bioelectron.* ,78,253,2016.

[94] Tuteja, S. K. and Duffield, T. , Neethirajan, S. , Graphene - based multiplexed disposable electrochemical biosensor for rapid on - farm monitoring of NEFA and βHBA dairy biomarkers. *J. Mater. Chem. B*,5, 6930,2017.

[95] Roney,J. R. and Simmons,Z. L. ,Hormonal predictors of sexual motivation in natural menstrualcycles. *Horm. Behav.* ,63,636,2013.

[96] Sherwin,B. B. ,Progestogens used in menopause. Side effects,mood and quality of life. *J. Reprod. Med.* , 44,227,1999.

[97] Arvand,M. and Hemmati,S. ,Analytical methodology for the electro - catalytic determination of estradiol and progesterone based on graphene quantum dots and poly(sulfosalicylic acid) co - modified electrode. *Talanta*,174,243,2017.

[98] Dong,X. X. ,Yuan,L. P. ,Liu,Y. X. ,Wu,M. F. ,Liu,B. ,Sun,Y. M. *et al.* ,Development of a progesterone immunosensor based on thionine - graphene oxide composites platforms: Improvement by biotin - streptavidin - amplified system. *Talanta*,170,502,2017.

[99] Taubenberger,J. K. and Morens,D. M. ,The pathology of influenza virus infections. *Annu. Rev. Pathol.* ,3, 499,2008.

[100] Extension analysis: Economic impact of avian flu nears $ 310 million as of May 11: Extension News: UMN Extension [Internet]. [cited 2017 Oct 24]. Available from: http://news. extension. umn. edu/ 2015/05/extension - analysis - economic - impact - of. html

[101] Singh,R. ,Hong,S. ,Jang,J. ,Label - free detection of influenza viruses using a reduced graphene oxide - based electrochemical immunosensor integrated with a microfluidic platform. *Sci. Rep.* ,7,42771,2017.

[102] Veerapandian,M. ,Hunter,R. ,Neethirajan,S. ,Dual immunosensor based on methylene blue - electroadsorbed graphene oxide for rapid detection of the influenza A virus antigen. *Talanta*,155,250,2016.

[103] Huang,J. ,Xie,Z. ,Xie,Z. ,Luo,S. ,Xie,L. ,Huang,L. *et al.* ,Silver nanoparticles coated graphene electrochemical sensor for the ultrasensitive analysis of avian influenza virus H7. *Anal. Chim. Acta*,913,121, 2016.

[104] Chan,C. ,Shi,J. ,Fan,Y. ,Yang,M. ,A microfluidic flow - through chip integrated with reduced graphene oxide transistor for influenza virus gene detection. *Sens. Actuators*,*B*,251,927,2017.

第4章 石墨烯传感器在农药电化学分析领域的最新进展和趋势

Camila P. Sousa[1], Francisco W. P. Ribeiro[2], Thiago M. B. F. Oliveira[3], Adriana N. Correial, Pedro de Lima - Netol, Simone Morais[4]

[1]巴西福塔莱萨塞阿拉联邦大学化学系分析化学系

[2]巴西 Brejo Santo 塞阿拉联邦大学教育工作者培训学院

[3]巴西北茹阿泽鲁塞阿拉联邦大学科技中心

[4]葡萄牙波尔图,波尔图理工大学波尔图高等工程学院 REQUIMTE - LAQV

摘　要　毫无疑问,碳质(纳米)材料是电化学设备中应用最广泛的原料,但石墨烯由于其特殊的物理化学性质而引起了人们对其极大的科学研究兴趣。石墨烯片功能化、与金属纳米粒子、有机和无机分子和/或基团的集成、合成方法以及石墨氧化物的化学/热还原都会极大地影响设备的性能。一般来说,石墨烯基(生物)传感器在灵敏度、电催化活性、电位窗口和电荷转移过程等方面超越了传统传感器。它们可以成为快速、灵敏、多用途、环保、原位电分析方法的微型化发展的关键工具,特别适用于氨基甲酸酯、有机磷、有机氯、苯并咪唑和新烟碱等物质。无可非议,这些设备在如何应用上会不断进展,但仍有一些关于界面氧化还原现象的问题,这些现象还未能得到充分的了解,且值得研究。本章描述了这一领域中的进展和挑战,并强调了主要的科学发现。

关键词　石墨烯,电化学(生物)传感器,酶生物传感器,免疫传感器,农药,电化学分析,碳纳米管,金属纳米粒子

4.1 石墨烯的电化学性能

由于石墨烯具有优异的物理化学性质,即导电性能高、电催化性能高、电化学潜力大、表面积大、力学强度好、化学稳定性、高弹性、热导率、易于合成、修饰和大规模生产,同时伴生着生物兼容的微生物环境,可用于生物传感器发展中的酶和其他识别元素的结合[1]。石墨烯是构建所有其他维度(零维富勒烯、一维纳米管和三维石墨)碳结构的一个基本的二维平台。与广泛使用的碳纳米管相比,石墨烯在电化学测试中表现出两个主要优点:它不含有金属污染物,而且因为可以用石墨作为主要材料,所以廉价并易于制备。石墨烯薄片中的高电子转移是由材料的高边缘数引起,并且似乎与某些分析物的层数无关[1]。因

此，石墨烯的独特特性与个体层有关。氧化石墨烯和还原氧化石墨烯是电化学中应用最广泛的形式，由于表面修饰的含氧基团众多，使得两者都能很容易地实现功能化[2-4]，而且 π-π 的相互作用也降低了石墨烯在水溶液电解质中的疏水性和团聚倾向。因此，它们被成功地采用了纳米材料嵌入、共价和非共价功能化、结构工程等策略，减少了石墨烯片层的聚集程度，促进了石墨烯活性位点的暴露，有效地提高了石墨烯基电化学传感器和生物传感器的性能[5]。

4.2 石墨烯传感器

近年来，对几种化合物进行定性和定量分析的必要性不断增加。随着分析化学的广泛应用，人体健康、药剂学、食品安全和环境已经成为其主要领域。因此，提高传感器的正确度、精准度、灵敏度、强韧性、稳定性、可移植性和简洁性等特性一直是研究的热点。根据国际纯粹与应用化学联合会（IUPAC）提出的定义，“化学传感器是一种将特定样品成分的浓度转化为有用的分析信号的设备”[6]。选择剂的物理固定化和转导过程对传感设备的性能有明显的影响，尤其是在选择性、灵敏度和反应时间方面[7]。

通常，化学传感器包含受体和转导器两个基本的功能单元。受体与分析物相互作用，将化学信息转化为一种能量形式，再由转导器进一步转化为有用的分析信号。化学传感器可根据转导器的工作原理进行分类。与其他类型的电化学传感器相比，电化学传感器在过去的几年中得到了广泛的探索。在电化学传感器中，化学信息被转换成电信号，如电流、电位或电荷[8-9]。最常用的电极是玻碳电极（GCE）、丝网印刷电极（SPE）、热解石墨电极（PGE）、碳糊电极（CPE）和铟锡氧化物（ITO）电极，但其他材料的电极也在被探索当中，只是相对较少。在这些电极的基础上，主要基于纳米材料进行了各种表面修饰，旨在促进达到更高的灵敏度、更快的响应以及微型化，以发展合适的传感方法。因此，取得的主要成就皆源于纳米材料和纳米技术的进步，如石墨具有非常有趣的特性，被用于建立电化学平台，检测各种分析物，包括农药[1-2,10-22]。石墨烯已被单独使用或与聚合物和/或其他纳米材料以层层堆叠的形式被运用，或是形成纳米复合材料；石墨烯和石墨烯基纳米复合材料可用作催化剂和/或载体[23]。此外，由于石墨烯片易堆叠在一起，纳米材料的嵌入、共价和非共价功能化和结构工程导致石墨烯片层的聚集减少，从而促进石墨烯活性位点的暴露，并有效地提高了所提出的（生物）传感器的性能[5]。因此，4.3 节将讨论电化学传感器和生物传感器，和基于石墨烯或石墨烯与其他（纳米）材料的改性，以及在过去五年文献中报道的用于农药检测的电化学传感器和生物传感器。

4.2.1 以石墨烯修饰电极的传感器

许多农药化合物在其化学结构中包含电活性官能团，可在电极表面进行电化学反应。因此，是可以成功地对农药进行直接电化学分析。用石墨烯修饰的传感器分析了归属于氨基甲酸酯[24-25]、有机磷[26-29]、联吡啶[24]、苯并咪唑[25,30-31]、新烟碱[32]和有机氯[33]类的农药（表 4.1）。

表 4.1 石墨烯电极修饰传感器的电分析参数

传感器	修饰	分析物	检测技术	线性范围 /(μmol/L) *	检测限 /(μmol/L) *	实样	稳定性	参考文献
GO/BDDE	氧化石墨烯(GO)	胺甲萘和百草枯	微分脉冲伏安法	1 ~ 6;0.2 ~ 1.2	0.07;0.01	苹果汁	—	[24]
ERMGO/SPE	电化学还原胶束氧化石墨烯(ERMGO)	虫螨威和多菌灵	方波伏安法	0.2 ~ 90.4; 0.1 ~ 26.2	0.04;0.03	大豆大米和西红柿		[25]
GO/SPE	氧化石墨烯	甲基对硫磷	安培法	0.1 ~ 100; 100 ~ 2500	5.0×10^{-4}	柚橘、西红柿、甜菜根和西兰花	15 天后初始反应的 91.8%	[26]
GO/GCE	氧化石墨烯	杀螨磷	方波伏安法	$3.61 \times 10^{-3} \sim 1.44$	3.61×10^{-4}	小白菜	—	[27]
ErGO/GCE	电化学还原氧化石墨烯(ErGO)	甲基对硫磷	方波伏安法	$3.0 \times 10^{-4} \sim$ 2.0×10^{-3}	8.87×10^{-4}	马铃薯	—	[28]
RGO - NF/GCE	还原氧化石墨烯	甲基对硫磷	方波伏安法	0.08 ~ 7.60	6.08×10^{-3}	生菜和卷心菜	—	[29]
GNS - XAD - GCPE	石墨烯纳米片(GNS)、玻璃碳粉和离子交换树脂	多菌灵	吸附溶出微分脉冲伏安法	$8.36 \times 10^{-3} \sim 4.13$	$3.1a \times 10^{-3}$	土壤、香蕉、血清、尿液、废物和地下水	20 天后稍有变化	[30]
ERGO/GCE	电化学还原氧化石墨烯	多菌灵	差分脉冲伏安法	$2.0 \times 10^{-3} \sim$ 4.0×10^{-1}	1.0×10^{-3}	土壤	两周后其初始反应的 95%	[31]
GO/GCE	氧化石墨烯	吡虫啉	循环伏安法	0.8 ~ 10	0.36	湖泊和自来水	—	[32]
GO/GCE	氧化石墨烯	二酚	吸附溶出微分脉冲伏安法	$5.0 \times 10^{-3} \sim 4.13$	1.08×10^{-1}	土壤	2 个月内相对标准偏差的 20.3%	[33]

* 除非另有说明,否则浓度以 μmol/L 表示。

BDDE—掺硼金刚石电极;SPE—丝网印刷电极;GCE—玻碳电极。

Pop 等构建了氧化石墨烯修饰硼掺杂金刚石电极（GO/BDDE）[24]。利用差分脉冲伏安法（DPV），该电极被成功地应用于胺甲萘（氨基甲酸酯）和百草枯（联吡啶）农药的同时测定。由于它们的峰值分离得很好，所以可以采用甲萘威氧化过程和在 GO/BDDE 电极表面还原百草枯的过程同时检测这些农药。之后在苹果汁中测试了该传感器的适用性，但发现维生素 C 和蔗糖对检测甲萘威的灵敏度有很大的干扰。

Akkarachanchaina 等报道了运用电化学还原胶束氧化石墨烯（ERMGO）[25]修饰的丝网印刷碳电极（SPCE）同时测定大豆、大米和番茄样品中的虫螨威（氨基甲酸酯）和氨基甲酸酯（苯并咪唑）残留量的方法。由于石墨烯固有的疏水性，使得电分析程序在水溶液电解质中进行时变得很困难，同时还对电子转移过程产生了严重损害，作者[25]进而为石墨烯修饰电极表面改良了一种电化学还原的胶束状氧化石墨烯。此外，十六烷基三甲基溴化铵（CTAB）表面活性剂也被用于电极基质中。结果表明，与未修饰的 SPCE 和电化学还原的氧化石墨烯 SPCE 相比，ERMGO 的电荷转移电阻最低，说明在 ERMGO 表面的 CTAB 取向有利于修饰电极与水溶液之间的电子转移过程。用 ErGO[31]修饰的玻碳电极对多菌灵进行了氧化分析。与裸玻碳电极和氧化石墨烯修饰电极（GO/GCE）相比，ErGO/GCE 不仅显著地将峰值转移到较低的正电位，而且显著地增强了电流响应。多菌灵在土壤样品上能表现出明确的氧化峰，表明 ErGO/GCE 上存在快速的电子转移速率动量，这表明 ErGO 对多菌灵具有良好的电催化活性。Khare 等还报道了用石墨烯纳米片和离子交换树脂 XAD 2 树脂修饰的玻碳糊电极测定多菌灵的方法。选择的技术为吸附溶出微分脉冲伏安法（AdSDPV）[30]。离子交换树脂 XAD 2 是一种非离子型树脂，它可以促进多菌灵在电极表面的积累（预富集），因而提高了灵敏度。此外，石墨烯纳米片的纳米结构优势以及 XAD 良好的聚集性能，为多菌灵感应提供了独特的表面。该方法被用于土壤、香蕉、血清、尿液、废物和地下水样品中多菌灵的测定，回收率均接近 100%。

Koçak 等通过在玻碳电极上固化氧化石墨烯纳米片，开发了一种基于微分脉冲伏安法的电化学传感器，并进行了剥离步骤，用于土壤样品中双酚（有机氯）的分析[33]。对土壤样品进行了 5 次测定，平均回收率为 48.9%，相对标准偏差为 5.0%（$n=3$）。作者认为，三氯杀螨醇对土壤样品具有较强的吸附能力，其回收率较低。

Lei 等制备了一种基于氧化石墨烯/玻碳电极简单、灵敏、稳定的电化学传感器，用于检测吡虫啉杀虫剂[32]。该方法中，采用循环伏安法（CV）观测到的吡虫啉还原峰电流为电分析信号。结果表明，与石墨烯修饰的裸玻碳电极和玻碳电极处的还原电流和峰电位相比，农药还原峰电流和氧化石墨烯/玻碳电极处还原峰电位的正迁移显著增强，表明氧化石墨烯修饰电极对吡虫啉的还原和快速电子转移具有良好的电催化性能。该传感器已成功应用于湖泊和自来水样品的吡虫啉检测。

有机磷化合物也是石墨烯修饰电极的发展靶标。Govindasamy 等用氧化石墨烯纳米带（GONR）对甲基对硫磷[26]进行了高效、可靠的 SPCE 检测。据作者所述，与多壁碳纳米管（MWCNT）相比，GONR 具有丰富的边缘化学效应和充足的官能团、较高的面积归一化边缘平面结构和化学活性位点。结果表明，与 MWCNT/SPCE 相比，GONR/SPCE 对甲基对硫磷的电催化能力明显提高。本方法成功地测定了柚橘、番茄、甜菜根和花椰菜中甲基对硫磷的含量。该传感器的其他优点还包括具有良好的稳定性、重复性、可还原性和高选择性。

Wang 等建立了一种与分散氧化石墨烯相搭配的玻碳电极修饰电极，用于测定杀螨磷(有机磷)[27]。在本研究中，两步伏安法检测方法如下：①采用方波伏安法扫描不可逆还原峰，即在一段积累时间后扫描 -0.2 ~ -1.0 V 范围；②在另一端优化积累时间后，用方波伏安法扫描 -0.6 ~0.3 V 范围，并记录杀螨磷的氧化峰。一步法和两步法的比较表明，后者在检测白菜样品中的杀螨磷时具有较强的检测信号和较好的可靠性[27]。

Jeyapragasam 等基于电化学还原氧化石墨烯(ErGO)，研制了一种检测甲基对硫磷电化学传感器[28]。以方波伏安法(SWV)作为伏安机制，并采用马铃薯样品进行实际样品分析，其回收率在 80% 左右。

根据文献，石墨烯纳米片往往通过强 π - π 堆积和范德瓦尔斯力相互作用而形成不可逆的集聚体[5,34]。Choia 等说明全氟磺化聚合物 Nafion ©(NF)可作为石墨烯纳米片的有效增溶剂，其化学结构由疏水骨架和亲水侧链组成[35]。此外，NF 还可作为防干扰涂料，减少有机磷化合物测定的干扰[36]。

氧化还原石墨烯 - NF 修饰玻碳电极(rGO - NF/GCE)被建立，并用于对甲基对硫磷的测定[29]。用 Hummers 方法[11,13]化学合成了石墨烯纳米片。结果表明，rGO - NF 基质不仅增强了对甲基对硫磷的吸附，而且由于还原石墨烯纳米片和 NF 的协同作用，导致提高了测定的灵敏度。该传感器被成功地应用于蔬菜样品(生菜和卷心菜)中甲基对硫磷的定量测定。回收率接近 100%，与高效液相色谱(HPLC)参考法相当。

4.2.2 石墨烯复合其他(纳米)材料的传感器

在过去五年公布的数据中得知，通过加入金属纳米粒子、聚合物、蛋白质甚至其他碳质材料，对不同类型的修饰进行测试，以提高所提出的传感器在绝大多数情况下检测有机磷和氨基甲酸酯类农药的电学特性(表 4.2)。大量已发表的论文描述了石墨烯与其他(纳米)材料结合使用的情况，它们的协同效应可能促进了材料敏感性和催化作用的提高，并因此获得了有利结果。一般来说，纳米材料具有导电性能高、表面积大、机械稳定性和电催化性能等特性。在使用过的金属中，黄金占主导地位[37-47]。然而，Cu[48]、Co[49]、MoS_2[50]、TiO_2[51]、CeO_2[52]和 Ag[53]也被应用。被测试过的搭配方案是多种多样的。例如 Jirasirichote[37]开发了一种由氧化石墨烯和金纳米粒子(AuNP)通过滴注改性的 SPCE。Zheng 等[44]在石墨烯修饰的玻碳电极表面电镀金，从而形成纳米复合材料。虽然电沉积也被用作制备传感器的技术，但 Shams 等[41]用纳米粒子和石墨烯同时还原到电极表面的丝网印刷电极。Sreedhar 等[54]加入 Ag/Cu 使纳米粒子能存在于石墨烯糊状电极中。无论使用的哪种方法，其在食品样品和/或水中的农药检测方面都有很大的应用前景。

尽管在传感器结构中加入金属(纳米)粒子有很多优点，一些作者也会将不同类型的聚合物与石墨烯结合在一起。由于离子液体(IL)被认为是环境友好的试剂，同时，其良好的溶解性和广泛的电化学窗口在近年来被广泛的应用[78]，所以该材料引起了学者们极大的研究兴趣。IL 对石墨烯薄片之间的 π - π 相互作用起保护作用。因此，在电化学分析中，IL - 石墨烯的混合纳米片有望提高细胞核的电化学性能，以检测不同的靶分子。Mao 等[34]用 1 - 丁基 - 3 - 甲基咪唑烷胺([BMIm]N(CN)2)功能化石墨烯，得到了与添加 Au 纳米粒子有着同等检测限的甲基对硫磷传感器。

表4.2 基于石墨烯与其他纳米材料或(纳米)复合材料修饰的传感器

传感器	修饰	分析物	检测技术	线性范围/(μmol/L)	检测限/(μmol/L)	实样	稳定性	参考文献
AuNP/GO－SPCE	氧化石墨烯和Au纳米粒子	虫螨威	差分脉冲伏安法	$1 \sim 2.50\times10^{2}$	0.22	黄瓜和大米	—	[37]
3DGH－AuNP/APO/GCE	3DGH－Au纳米粒子和APO	二乙基氰磷酸	差分脉冲伏安法	$1\times10^{-5} \sim 7\times10^{-2}$	3.45×10^{-6}	湖水	1个月后初始信号的93%	[38]
NG/AuNP/MNO/GCE	NG,Au纳米粒子和MNO	二甲醚	差分脉冲伏安法	$1\times10^{-6} \sim 4\times10^{-2}$	8.7×10^{-6}	水、番茄和桔子	1个月后初始信号的93%	[39]
MIPM/AuNP/CG/GCE	MIPM,Au纳米粒子和CG	甲基对硫磷	差分脉冲伏安法	$8\times10^{-3} \sim 1.0$	3.16×10^{-4}	苹果	30天后初始信号的95.0%	[40]
rGO－AuNP/SPE	还原氧化石墨烯－金纳米复合材料	敌草隆	线性扫描伏安法	$2.15 \sim 128$	0.54	湖泊和海水	30天后初始信号的80%	[41]
AuNP/en－rGO/SPE	还原石墨烯	杀螨磷	差分脉冲伏安法	$3.6\times10^{-4} \sim 2.2\times10^{-2}$	1.3×10^{-4}	湖泊和自来水	在1周、2周和30天后，其初始信号的92.2%、72%和67%	[42]
MIP/rGO@Au/GCE	用还原氧化石墨烯和纳米金(rGO@Au)制备了分子印迹电化学传感器	虫螨威	差分脉冲伏安法	$5.0\times10^{-2} \sim 20$	2.0×10^{-2}	卷心菜和黄瓜	25天后初始信号的92%	[43]
RGO－Au/GCE	电还原氧化石墨烯－金纳米复合材料	磷氧磷	差分脉冲伏安法	$0.01 \sim 10$	0.003	西兰花、芹菜、鸡蛋、猪肉香肠和火腿	1个月后初始信号的96.79%	[44]
AuNP@GMIP－GR－IL/GCE	Au纳米粒子,GR－IL	杀螨磷	差动的脉冲伏安法	$0.02 \sim 5.0$	8×10^{-3}	白菜和苹果皮	1个月后其初始信号的89%	[45]
AuNP/graphene/GCE	Au纳米粒子/石墨烯纳米复合材料	甲基对硫磷	差分脉冲伏安法	$0.4 \sim 80$	8.5×10^{-2}	自来水和河水	25天后初始信号的89%	[46]

续表

传感器	修饰	分析物	检测技术	线性范围/(μmol/L)	检测限/(μmol/L)	实样	稳定性	参考文献
GN−AuNP/GCE	石墨烯纳米复合材料	甲基对硫磷	方波伏安法	$3.80\times10^{-2}\sim1.90$	3.12×10^{-3}	自来水和猕猴桃		[47]
CuNW/GNChit/GCE	CuNW 和 GNChit	甲基对硫磷	方波伏安法	$0.2\sim5$	50×10^{-3}	液态大蒜	7天后初始信号没有明显变化	[48]
CoTCPP−Co_3O_4−GO/GCE	钴卟啉氧化石墨烯纳米复合材料	甲基对硫磷	差分脉冲伏安法	$0.4\sim20$	1.1×10^{-2}	河水和自来水	30天后初始信号的85%	[49]
MoS_2/石墨烯 NC/GCE	二硫化钼纳米片(MoS_2)和石墨烯纳米复合材料	甲基对硫磷	安培法	$10\times10^{-3}\sim1.9\times10^{-3}$	3.2×10^{-3}	苹果、猕猴桃、西红柿和卷心菜	2周后初始信号的93.21%	[50]
TiO_2石墨烯/气隙	纳米石墨烯复合膜TiO_2	甲基对硫磷	线性扫描伏安法	$0.002\sim5$	1.0×10^{-3}	苹果	6天后初始信号的70%变化	[51]
CeO_2−rGO/气隙	氧化铈@还原石墨烯纳米复合材料	杀螨磷	差分脉冲伏安法	$0.025\sim2.00$	3.0×10^{-3}	泉水和井水		[52]
Ag@GNR/SPCE	Silver@graphene 纳米带纳米复合材料	甲基对硫磷	安培法	$5\times10^{-3}\sim2.78\times10^{-3}$	0.5×10^{-3}	新鲜的卷心菜、绿色的豆子、草莓和油桃水果	两周后初始信号的92.03%	[53]
Ag/Cu−GRPE	Ag/Cu 合金纳米粒子	毒死蜱	差分脉冲伏安法	$1\times10^{-5}\sim0.1$	4×10^{-6}	井水土样	30天后初始信号的91.7%	[54]
Pd/Gr/GCE	Pd 和 Gr 复合材料	甲砷和敌敌畏	方波伏安法	$3.5\times10^{-2}\sim1.25\times10$	OMT 和 DCV 为 2.47×10^{-4} 和 3.28×10^{-4}	谷物样品(田间豆和青豆)	一周后其初始信号的96%	[55]
CuNP/N−G/GCE	CuNP 和 NG	硝苯胺	安培法	$5\sim111$	2.0	河水	15天后初始信号的96.9%	[56]

续表

传感器	修饰	分析物	检测技术	线性范围/(μmol/L)	检测限/(μmol/L)	实样	稳定性	参考文献
CoO/rGO/GCE	钴氧化修饰 rGO	虫螨威和胺甲萘	差分脉冲伏安法	CBF 为 0.2 ~ 70，CBR 为 0.5 ~ 200	CBF 为 1.90×10^{-2}，CBR 为 3.73×10^{-2}	葡萄、桔子、西红柿、卷心菜	在7天和1个月后，其初始信号的96.8%和91.7%	[57]
MIP/GR - IL - Au/CS - AuPtNP/GCE	石墨烯 - 离子液体 - 纳米金/壳聚糖 - AuPt 合金纳米复合薄膜	胺甲萘	差分脉冲伏安法	0.030 ~ 6.0	8.0×10^{-3}	白菜苹果皮	两周后初始信号的91.2%	[58]
降 B - 环糊精 GO/GCE	B - 环糊精还原 GO 复合材料	二甲氧	线性扫描伏安法	0.5 ~ 16	0.27	糙米	1周后初始信号的93.4%	[59]
β - CD - rGO/GCE	B - 环糊精还原氧化石墨烯纳米片	硝苯胺	线性扫描伏安法	0.5 ~ 22	0.11	米	1周后初始信号的93.1%	[60]
$(NG/CS)_{3.5}$GCE	NG 和壳聚糖	六氯苯	差分脉冲伏安法	$1.05\times10^{-2-}$ ~ 35.1	6.04×10^{-3}	水	3周后其初始信号的87.6%	[61]
β - CD - rGO/GCE	PDDA - 功能化 rGO 和 β - CD	多菌灵	差分脉冲伏安法	0.1 ~ 40	1.86×10^{-2}		在4天、1周和2周之后，其初始信号的95%、90%和80%	[62]
IL - GN/GCE	IL - GN	甲基对硫磷	差分脉冲伏安法	2.01×10^{-2} ~ 6.84×10^{-1}	4.17×10^{-3}	加标水	2周后其初始信号无明显变化	[63]
rGO/CS/GCE	rGO 和 CS	二甲基亚硝胺和萘酞磷	方波伏安法	二甲基亚硝胺为 1.51×10^{-4} ~ 9.05×10^{-2} 和萘酞磷为 1.43×10^{-4} ~ 8.59×10^{-2}	二甲基亚硝胺为 1.08×10^{-1} 萘酞磷为 1.26×10^{-1}	番茄、土豆、稻田和河水		[64]

续表

传感器	修饰	分析物	检测技术	线性范围/(μmol/L)	检测限/(μmol/L)	实样	稳定性	参考文献
MIP/石墨烯/GCE	MIP 薄膜是用石墨烯制作的	磷氧磷	差分脉冲伏安法	8.0×10^{-1} ~ 1.4×10^{2}	2.0×10^{-2}	黄瓜	7 天后初始信号的 96.5%	[65]
P3MT/NGE/GCE	聚(3-甲基噻吩)和 NG	磷氧磷	循环伏安法	0.02 ~ 0.2；0.2 ~ 2.0	6.4×10^{-3}	河水	两周后其初始信号的 92%	[66]
MIP/NGS/GCE	基于 NGS 的 MIP	甲基对硫磷	循环伏安法	0.38 ~ 38	0.037	河水	在 3 天和 1 周之后，其初始信号的 92% 和 87%。	[67]
GdHCF/Gr/GCE	GdHCF 和 Gr	甲基对硫磷	差分脉冲伏安法	0.008 ~ 10	1×10^{-3}	自来水和内河水	30 天后初始信号的 94%	[68]
GR/CNT/CS/GCE	石墨烯/碳纳米管/CS	甲基对硫磷	方波伏安法	7.60×10^{-3} ~ 1.90	1.90×10^{-3}		在进行 30 次连续电位扫描后，其初始信号的 97%	[69]
MIP-IL-EGN/GCE	MIP-离子液体-石墨烯复合涂层电极	甲基对硫磷	差分脉冲伏安法	0.010 ~ 7.0	6×10^{-3}	白菜苹果皮	在 5 天和 1 个月后，其初始信号的 93% 和 86%	[70]
[Co(bpy)$_3$]/GRGO/GCE	rGO 载体钴无机复合纳米复合材料	甲基对硫磷	安培法	0.05 ~ 1700	0.0029	苹果番茄	两周后初始信号的 96.15%	[71]
GO-IL/GCE	氧化石墨烯离子液体复合材料	胺甲萘	方波伏安法	0.10 ~ 12.0	0.02	西红柿和葡萄	两周后 95% 的初始信号	[72]
PAM/GQD/GCE	PAM 和 GQD	肟硫磷	差分脉冲伏安法	1.0×10^{-5} ~ 5.0×10^{-1}	6.8×10^{-6}	水土	1 个月后其初始信号的 90%	[73]

续表

传感器	修饰	分析物	检测技术	线性范围/(μmol/L)	检测限/(μmol/L)	实样	稳定性	参考文献
GO - MWNT/GCE	GO 和 MWCNT 复合材料	多菌灵	差分脉冲伏安法	$10 \times 10^{-3} \sim 4$	5×10^{-3}	土壤和自来水	14 天后初始信号的 93.4%	[74]
rGO/DPA/普热	DPA 和 rGO	杀螨磷	方波伏安法	0.10 ~ 1.91	3.48×10^{-3}	番茄	5 天后初始信号的 97.5%	[75]
血红素 - GRPE	石墨粉	虫螨威	方波伏安法	5.0 ~ 95	9.0×10^{-3}	胡萝卜和西红柿	—	[76]
石墨烯/SPCE	Gr	异丙隆和多菌灵	方波伏安法	异丙隆为 $9.69 \times 10^{-2} \sim 48.47$，多菌灵为 2.61 ~ 52.30	异丙隆为 9.69×10^{-2}，多菌灵为 0.57	湄南河和稻田水、土壤、西红柿和生菜	—	[77]

GO—氧化石墨烯；AuNP—金纳米粒子；3DGH - AuNP—三维石墨烯 - 金纳米粒子；APO—4 - 氨基苯乙酮肟；NG—氮掺杂石墨烯；MNO—2 - (4 - 巯基丁氧基) - 1 - 萘甲醛肟；MIPM—锌卟啉分子印迹聚合物微球；CG—羧基石墨烯；MoS_2—二硫化钼纳米片；CuNW—铜纳米线；GNChit—壳聚糖功能化的 GNChit 石墨烯纳米片；rGO - AuNP—还原氧化石墨烯 - AuNP；Gr—石墨烯；GR - IL—离子液体功能化石墨烯；Cu NP—铜纳米颗粒；rGO—还原氧化石墨烯；MIP—分子印迹聚合物；GR - IL - Au—石墨烯 - 离子液体 - 纳米 Au；CS - AuPt-NP—壳聚糖 - AuPt 合金纳米粒子；CS—壳聚糖；IL - GN—离子液体 - 石墨烯纳米片；PAM—普拉啶肟；GQD—石墨烯量子点；P3MT—聚(3 - 甲基噻吩)；NGS—氮掺杂石墨烯片；GdH-CF—钆 - 普鲁士蓝纳米复合材料；DPA—聚(E) - 1 - (4((4(苯基氨基)苯基)二氮基)苯基)乙酮；SPCE—丝网印刷碳电极

除IL外，还有两种天然聚合物被广泛用于纳米复合材料的制备，即环糊精(CD)和壳聚糖。CD是环状低聚糖，可用于功能化还原氧化石墨烯[79-80]时的其他特殊用途。CD主要有三种类型，分别包含6个、7个或8个葡萄糖单位，即α-CD，β-CD和γ-CD。近年来，由于这种材料结构独特，对环境的负面影响较小，人们对其产生了极大的兴趣。一般来说，一个CD分子具有一个含有疏水内腔的环形结构和一个具有许多羟基的亲水外侧表面。这种独特的结构使得这种材料有选择地与不同种类的分子结合，并与还原氧化石墨烯形成主客体配合物[79-80]。因此，Zhang等[60]开发了一种基于β-CD还原氧化石墨烯纳米片，且灵敏度高且可定量的电化学平台，并将其用于实际样品中吡虫胺残余的电化学检测。壳聚糖(CS)是一种利用甲壳素脱乙酰化[81]生产的线性生物高分子材料。壳聚糖具有良好的生物相容性、生物降解性、良好的力学强度、易溶于水、无毒等特点，是一种极具吸引力的生物聚合物。受到这些特点的激励，Prasad等[64]利用还原氧化石墨烯和壳聚糖修饰的玻璃碳电极，研制了一种用于检测食品和环境样品中甲基毒虫畏和萘酞磷的电化学传感器。Chen等结合壳聚糖和铜纳米线与石墨烯形成复合材料的优点，研制了甲基对硫磷的电化学传感器[48]。需要强调的是，这两种材料的使用有助于形成一种具有独特性能的复合材料，该复合材料仅由铜纳米线和石墨烯或壳聚糖与石墨烯构成[48]。Zhao等用CS-AuPt合金纳米粒子修饰的玻碳电极分子印迹电化学传感器、含石墨烯离子液体的薄膜和AuNP，在卷心菜和苹果皮中检测胺甲萘含量[58]。

此外，金属(纳米)材料和聚合物可用于改善电解质性能，同时其他碳质材料，如碳纳米管，也可以使用。碳纳米管具有石墨烯的一些性质，其孔隙度和非均质性有助于吸收农药。以此为基础，Luo等研制了多菌灵电化学传感器[74]。这些作者们还制备了一种混合纳米材料，该材料不仅能很好地保存原始MWCNT的结构和性能，而且在水溶液中还表现出亲水性和负电荷。这可以使传感器不仅具有较高的稳定性，而且具有较广的线性范围和良好的检测限。Liu等[69]开发了一种类似的传感器，其中包括壳聚糖，目的是增加对甲基对硫磷的吸附。另一个很有前景的传感器是由Wong等[76]开发的。他们以血红素配合物作为P450酶的仿生催化剂，同时氧化石墨烯作为纳米孔材料。这些作者的结论是，改性剂的存在对获得具有优良敏感性、选择性且可定量的虫螨威检测是必要的。

不管(纳米)材料被用于参入石墨烯中还是形成(纳米)复合材料，石墨烯已经显示了其在作为感应平台时的诸多优势。不同类型纳米材料的石墨烯功能化的简单性提高了其适用性，使其能够被开发为灵敏度更高、稳定性更强、成本效应更好的农药检测和监测传感器。

4.3 石墨烯生物传感器

近年来，生物传感器在监测几种污染物方面进行了大量的探索。根据IUPAC所提出的，生物传感器(图4.1)是一种利用由分离的酶、抗体、抗原、组织、细胞器或整个细胞介导的特定生化反应来检测化合物的设备，且一般通过电、热或光信号来运作[82]。

在文献中，以电化学转导器为基础的生物传感器是生物传感器的主要类别之一。作为分析化学中的有力工具，电化学生物传感器可以被定义为一种独立的集成设备，它能够通过生物识别元素(生化受体)提供特定的定量或半定量的分析信息，该生物识别元素保持与电化学转换元件直接空间接触[83]。此外，电化学生物传感器结合了电化学分析方法的灵敏度和生物组分固有的选择性。电化学生物传感器可根据生物识别过程的性质分类[84]。平台结构对生物传感器的性能有显著的影响。但石墨烯依然是可靠的选择，正如文献[2,11－15,17－19,85－86]中所报道的那样，石墨烯基生物传感器已经成功地应用于蔬菜、水果、土壤、水和生物样品等不同基质中的农药检测。

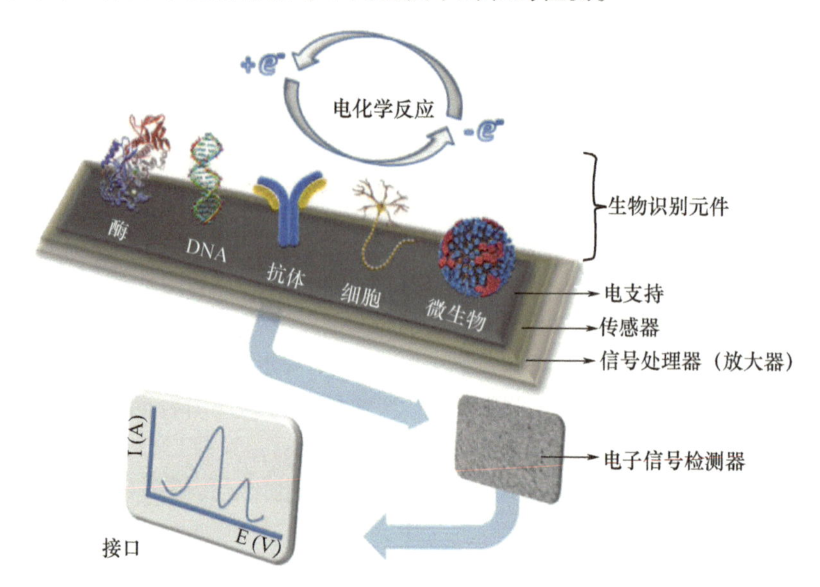

图4.1　电化学生物传感器的一般配置和操作

4.3.1　酶生物传感器

尽管免疫传感器也已经被提出[16,87－88]，但酶生物传感器依然是农药检测的主要选择对象(表4.3)。酶生物传感器利用酶对靶标基质进行生物识别，其生物催化反应可产生电活性产物，并可通过CV、SWV、DPV、电化学阻抗谱(EIS)等技术进行监测[21]。和其他新出现的污染物一样，杀虫剂强烈抑制了几种蛋白质的作用，这就证明了酶生物传感器在电分析方面的独特性能[89]。这些酶组成了一组众所周知的大分子，它们向具有高度特异性和/或选择性的靶标基板表达蛋白质的活性，并催化了大量的氧化还原反应[90]。一些酶，如乙酰胆碱酯酶(AChE)(表4.3)、漆酶(Lacc)[91]、酪氨酸酶(Tyr)[92]、酯酶和脲酶[93]等酶在电极表面被简便地固定，且不丧失生物催化活性。通常，蛋白质/传感器相互作用和反应动力学的水平是用米氏方程经验常数(K_m)来评估，这可以用双倒数作图方程来估计：

$$\frac{1}{V}=\frac{K_m}{V_{max}[S]}+\frac{1}{V_{max}} \tag{4.1}$$

式中：酶反应速率(V)与给定基质浓度($[S]$)经历氧化还原过程的最大速率(V_{max})有关。因此，固定化步骤是酶生物传感器发展的关键，并且几种模型已经被提出：直接离子键/共价键键合、范德瓦尔斯力相互作用、聚合物基质中的包封、交联和封装等[12,90,94－95]。生物传感器的效率和稳定性取决于酶在电极表面的固定化过程。这个过程是由酶和电极材料之间的各种相互作用所决定，并强烈影响酶的取向、负载、移动性、稳定性、结构和生物活性，进而影响了生物传感器在灵敏度、稳定性、响应时间和还原性方面的整体性能[96]。

为了提高酶生物传感器的性能，还需要对电化学转导器的基本材料进行优化。正如前面所提到的，石墨烯由于其低电阻和原子级厚度而成为传感器一个很有前景的组成部分。石墨烯边缘面缺陷位点密度高，为电子向生物物种转移提供了多个活性位点[97]。此外，由于石墨烯修饰电极的大表面积增加了灵敏度[20,98]，所以其具有较高的酶负荷。

利用酶－石墨烯生物传感器对农药进行了检测，并与抑制过程相结合。抑制过程允许间接监测一些分析物（抑制剂），即使在低浓度的情况下，它们也可以通过改变酶的活性来维持用这种方式检测的可行性[12]。以伏安法测量为例，在不存在抑制剂的情况下，酶活性与初始电流（I_0）有关。在酶与抑制剂（如杀虫剂）接触后，新的电流信号测为（I），低于I_0。在这些实验中，抑制率（% Inhib），可以用$(1-I/I_0)\times 100$计算，取决于抑制剂的浓度。有几种类别的杀虫剂可以与酶的活性位点结合，从而导致与不存在杀虫剂[99]的系统相关的酶活性降低。

4.3.1.1 以石墨烯改性电极的酶生物传感器

根据文献，石墨烯基酶生物传感器在氨基甲酸酯和有机磷农药分析中的应用很少（表4.3）。目前只报道了石墨烯－乙酰胆碱酯酶（AChE）设备，没有选择其他酶。Jeyapragasam 等[100]和 Wu 等[101]证实了使用电化学还原氧化石墨烯与全氟磺酸树脂（NF）结合，应用于 AChE 固定化这一方法的可行性。根据这些作者的理论，ErGO－NF 是 AChE 酶的生物相容性固定化基质。Jeyapragasam 等[100]的结论是，ErGO 与 NF 的结合极大地促进了电子转移，从而制成了稳定的生物传感器。该设备被用于马铃薯样品中甲基对硫磷的分析。此外，Wu 等[101]制备了一种类似于在河水样本中检测敌敌畏的生物传感器，并指出具有导电和三维互穿网络的纳米复合材料作为电极修饰材料有优异的性能。该设计有效地提高了电极界面的电子传输速率，在极低电位下催化了硫代胆碱的氧化，协助基质进入活性中心。

运用循环伏安法，在 0.5 mol/L H_2SO_4 溶液中进行电化学活化，产生了 Li 等[102]所描述的多孔氧化石墨烯结构。多孔氧化石墨烯网络（pGON）不仅能提供大表面积，而且能促成生物分子与氧化石墨烯表面的接口，同时改善反应物的扩散和传质，因此作为新的载体也非常有用。基于 EpGON 固定化 AChE 的生物传感器被建立，并被应用于甘蓝和菠菜样品中的胺甲萘检测[102]。

4.3.1.2 石墨烯复合其他（纳米）材料的酶生物传感器

考虑到灵敏度和稳定性，几种（纳米）材料已经在研究当中，并且其中一些已经被包含在酶生物传感器的结构中，此处石墨烯及其复合材料受到了特别关注（表4.4）。这些材料提高了生物传感器的导电性、表面体积比、电子和传质以及电催化性能，同时还为固定化酶形成了生物兼容的微环境[89-90]。平面外的 π 键负责石墨烯的电子导电，其功能化/转换为氧化形式（氧化石墨烯）或还原形式（还原氧化石墨烯）增加了应用的可能性[89]。Li 等[102]通过在多孔氧化石墨烯网络修饰的玻碳电极上固定化 AChE，研制出了胺甲萘酶生物传感器。氧官能团在氧化石墨烯网络上的存在提高了电荷转移速率，使其更具有生物相容性。氨基甲酸酯类农药是 AChE 抑制剂，这一事实使得在甘蓝和菠菜样品中进行高灵敏度（检测限为 0.15ng/mL）、具有还原性和稳定性的胺甲萘电分析测定成为可能。Jeyapragasam 等[100]用还原氧化石墨烯、NF 和 AChE 修饰的玻碳电极检测马铃薯样品中甲基对硫磷的低浓度。该复合物可作为适宜的微环境，维持酶活性，并允许其在接触有机磷农药后再活化。其检测限（1.08×10^{-9} mol/L）可与其他酶生物传感器相媲美，这展示出了在蔬菜样品中进行农药电分析的潜力。

表 4.3 石墨烯修饰电极的酶生物传感器

生物传感器	修饰	酶	固定法	分析物	检测技术	K_m /(mmol/L)	线性范围 /(μmol/L)	检测限 /(μmol/L)	实样	稳定性	参考文献
AChE/ErGO-NF/GCE	ErGO 和 NF	AChE	物理吸附	甲基对硫磷	方波伏安法	*n. r.*	2.0×10^{-3} ~ 7.0×10^{-1}	1.0×10^{-1}	马铃薯	—	[100]
AChE/ErGO-NF/GCE	ErGO 和 NF	AChE	吸附	敌草隆	安培法	1.75	2.26×10^{-2} ~ 0.45，4.53 ~ 90.5	9.05×10^{-3}	河流水	四周后初始反应的 87%	[101]
AChE-EpGON/GCE	电化学诱导多孔石墨烯氧化网络	AChE	吸附	胺甲萘	差分脉冲伏安法	0.45	1.49×10^{-3} ~ 3.03×10^{-2}	7.45×10^{-4}	卷心菜和菠菜	18 天后初始反应的 90.1%	[102]
AChE-prGO/GCE	多孔还原氧化石墨烯	AChE	交叉连接	胺甲萘	安培法	0.73	4.97×10^{-3} ~ 2.48×10^{-1}	2.48×10^{-3}		20 天后初始反应的 83%	[104]

* 浓度以 μmol/L 表示，除非另有说明。

表 4.4 基于石墨烯和相关(纳米)材料的酶生物传感器的结构、分析性能和应用

生物传感器	修饰	酶	固定法	分析物	检测技术	K_m /(mmol/L)	线性范围 /(μmol/L)*	检测限 /(μmol/L)*	实样	稳定性	参考文献
AChE/CS-GO/GCE	壳聚糖(CS)和 GO	AChE	交叉连接	胺甲萘	安培法		5.0×10^{-3} ~ 4.0×10^{-1} 和 1.0 ~ 5.0	4.0×10^{-3}	水	30 天后初始反应的 82.2%	[89]
植物酯酶-CS/AUNP-石墨烯/GCE	植物酯酶分散在 CS 中，在杂化层(AuNP 和石墨烯)修饰 GCE 上固定化	植物酯酶	滴涂	甲基对硫磷和马拉硫磷	差分脉冲伏安法	n. r.	甲基对硫磷 1.9×10^{-4} ~ 7.6×10^{-1} 马拉硫磷 1.51×10^{-3} ~ 1.51	甲基对硫磷为 1.90×10^{-4}，马拉硫磷为 1.51×10^{3}	胡萝卜 苹果	15 天后 73%	[91]
Lacc-T	聚合物杂化膜(分散在 CS 中的 Lacc、Tyr 和 AuNP)固定在 GPE 上	Lacc 和 SUC	电沉积	胺甲萘、盐抗螨脒、异丙酚和福美锌	方波伏安法	26.9×10^{3}	胺甲萘 9.9×10^{-2} ~ 2.9，抗螨脒 9.9×10^{-1} ~ 32，异丙酚 4.9×10^{-1} ~ 19，福美锌 9.9×10^{-2} ~ 3.3×10^{-2}	胺甲萘(检测限为 1.98×10^{-2}，伐虫脒盐酸盐检测限为 2.15×10^{-1})，异丙酚(检测限为 1.87×10^{-1})，福美锌(检测限为 1.68×10^{-3}	橘子，橘子和柠檬	20 天后 93.6%	[92]

续表

生物传感器	修饰	酶	固定法	分析物	检测技术	K_m /(mmol/L)	线性范围 /(μmol/L)	检测限 /(μmol/L)	实样	稳定性	参考文献
AChE/NF/rGO/GCE	NF/rGO 复合膜修饰 GCE 固定化 AChE	AChE	滴涂	甲基对硫磷	方波伏安法	n. r.	2.0×10^{-3} ~ 7.0×10^{-2}	1.08×10^{-3}	马铃薯	n. r.	[100]
AChE/NF 和 rGO/GCE	NF/rGO 复合膜修饰 GCE 固定化 AChE	AChE	滴涂	敌敌畏	安培法	0.70	22.6 ~ 453	9.05×10^{-3}	河水	四周后 87%	[101]
AChE/GO 网络/GCE	多孔 GO 网络改性 GCE 上的 AChE	AChE	滴涂	胺甲萘	安培法	0.45	1.49×10^{-3} ~ 3.03×10^{-2}	7.45×10^{-4}	卷心菜和菠菜	18 天后 90.1%	[102]
AChE/CS-GO/GCE	CS 和 GO	AChE	交叉连接	胺甲萘和三氯芬	循环伏安法	—	1.0×10^{-2} ~ 1.0×10^{-1}; 1.0×10^{-2} ~ 6.0×10^{-1}	2.5×10^{-3}; 1.2×10^{-3}	莴苣	15 天后初始反应的 90%	[103]
AChE/rGO/GCE	多孔 rGO 修饰 GCE 的 AChE	AChE	滴涂	胺甲萘	安培法	0.73	4.97×10^{-3} ~ 2.48×10^{-1}	2.48×10^{-3}	n. r.	20 天后 83%	[104]
AChE/石墨烯和聚苯胺	石墨烯/聚苯胺复合膜修饰 GCE	AChE	滴涂	胺甲萘	安培法	0.20	1.89×10^{-1} ~ 9.64×10^{-1}	9.94×10^{-2}	n. r.	15 天后 80.6%	[107]
AChE/poly 二烯丙基二甲基氯化铵-MWCN-石墨烯混合膜/GCE	AChE 滴在聚(二烯丙基二甲基氯化铵) MWCN-石墨烯杂化膜改性 GCE 上	AChE	滴涂	胺甲萘	差分脉冲伏安法	n. r.	2.48×10^{-3} ~ 2.48×10^{-3}/ 2.48×10^{-1} ~ 14.9	6.46×10^{-4}	卷心菜、花环菊花、韭菜和白菜	30 天后 87%	[108]
AChE/CS-GO/GCE	CS-GO 混合膜修饰 GCE 组装	AChE	滴涂	胺甲萘	循环伏安法	n. r.	0.005 ~ 0.4/ 1.0 ~ 5.0	4.0×10^{-3}	水	30 天后 82.2%	[109]
AChE/离子液体(1-氨基乙基-2,3-二甲基咪唑溴)-功能化石墨烯和聚乙烯醇/GCE	AChE 在上复合薄层(离子液体功能化石墨烯分散于聚乙烯醇中)预固定化 GCE	AChE	滴涂	福瑞松	差分脉冲伏安法	n. r.	1×10^{-8} ~ 1×10^{-3}/ 1×10^{-3} ~ 1	8.0×10^{-9}	苹果汁	15 天后 95%	[110]

续表

生物传感器	修饰	酶	固定法	分析物	检测技术	K_m /(mmol/L)	线性范围 /(μmol/L)	检测限 /(μmol/L)	实样	稳定性	参考文献
(组氨酸)标签 AChE/FGO/GCE	组氨酸标记的 AChE 在有 FGO(石墨烯)与 $-N_\alpha,N_\alpha$ bis(carbox) - L - 赖氨酸(甲基) - lysine - 赖氨酸的混合物 Ni^{2+} 中分散并在 GCE 上组装	组氨酸标签转基因 AChE	滴涂	对氧磷	安培法	n. r.	$1.0\times10^{-4}\sim10$	6.5×10^{-4}	n. r.	4 周内大于 97%	[111]
AChE/离子液体(1 - (3 - 氨基丙基) - 3 - 乙基咪唑溴)功能化石墨烯/GCE	AChE 对复合膜(石墨烯与离子液体功能化,分散于明胶中)改性 GCE	AChE	交叉连接	胺甲萘和亚素灵	差分脉冲伏安法	0.74	胺甲萘为 $1.0\times10^{-8}\sim1.0\times10^{-2}$，亚素灵为 $1.0\times10^{-7}\sim5.0\times10^{-2}$	胺甲萘为 5.3×10^{-9} 久效磷为 4.6×10^{-8}	番茄汁	15 天后 95.2%	[112]
AChE/PtNP - FGO - NF/GCE	在纳米结构复合材料(PtNP, FGO(—COOH)和 NF)修饰 GCE 上与 CS 交联	AChE	滴涂	甲基对硫磷和虫螨威	循环伏安法	0.148	甲对硫磷 $10^{-7}\sim1\times10^{-4}$/ $1\times10^{-4}\sim1\times10^{-2}$，胺甲萘 $1\times10^{-6}\sim1\times10^{-4}$/ $1\times10^{-4}\sim1\times10^{-2}$	甲基对硫磷为 5.0×10^{-8}、虫螨威为 5.0×10^{-7}	n. r.	30 天后 90%	[113]
NF/AChE/AgNP - GO/GCE	NF 保护膜与戊二醛交联纳米结构复合材料(AgNP 和功能化 rGO($-NH_2$))修饰 GCE	AChE	交叉连接	马拉硫磷、甲硫磷和毒死蜱乙酯	循环伏安法	0.0205	马拉硫磷 $1.91\times10^{-2}\sim2.33\times10^{-1}$，甲基化 $3.97\times10^{-2}\sim3.47\times10^{-1}$，乙基毒死蜱 $5.99\times10^{-2}\sim3.48\times10^{-1}$	Malation 为 1.36×10^{-2} 甲硫磷为 3.14×10^{-2} 乙基毒死蜱为 4×10^{-2}	自来水	30 天后 85%	[114]

续表

生物传感器	修饰	酶	固定法	分析物	检测技术	K_m /(mmol/L)	线性范围 /(μmol/L)	检测限 /(μmol/L)	实样	稳定性	参考文献
AChE/AuNP - PPy - rGO/GCE	杂化膜(AuNP、PPy和rGO)修饰GCE上二氧化硅基质($(NH_4)_2SiF_6$)中AChE的电沉积	AChE	电沉积	对氧磷	安培法	n. r.	$1.0\times10^{-3}\sim5\times10^{3}$	0.5×10^{-3}	n. r.	30天后90%	[115]
AChE/金 - 钯双金属纳米粒子/离子液体(1 - (3 - 氨基丙基) - 3 - 甲基咪唑溴) - 功能化石墨烯 - CS/GCE	在GCE上组装的金 - 钯双金属纳米粒子(离子液体功能化石墨烯和CS),AChE固定化	AChE	交叉连接	福瑞松	差分脉冲伏安法	0.78	$5\times10^{-10}\sim2.5\times10^{-7}$/ $4.9\times10^{-7}\sim9.5$	2.5×10^{-10}	苹果汁	15天后95.4%	[116]
AChE/coral - like AuNC - rGO/GCE	纳米复合层(珊瑚状AuNC - rGO)修饰GCE	AChE	滴涂	三唑磷	计时法	n. r.	$1.60\times10^{-3}\sim6.70\times10^{-1}$	1.12×10^{-3}	n. r.	3周后90.2%	[117]
显示器 ZrO_2NP - rGO/ITO	AChE滴涂在沉积在ITO上的ZrO_2NP - rGO纳米复合材料	AChE	滴涂	毒死蜱	计时法	n. r.	$1\times10^{-7}\sim1\times10^{-3}$/ $1\times10^{-3}\sim1\times10^{2}$ mol/L	1×10^{-7}	水	n. r.	[118]
AChE/NiONP - FGO - NF/GCE	纳米复合材料(NiONP,FGO(—COOH)和NF)修饰GCE	AChE	滴涂	甲基对硫磷、毒死蜱和虫螨威	循环伏安法	135μmol/L	甲基对硫磷 $1\times10^{-7}\sim1\times10^{-4}$, 氯吡硫磷 $1\times10^{-4}\sim1\times10^{-2}$, 虫螨威 $1\times10^{-6}\sim1\times10^{-4}$/ $1\times10^{-4}\sim1\times10^{-2}$	甲基对硫磷和氯匹利磷 5×10^{-8}, 虫螨威 5×10^{-7}	苹果、卷心菜、自来水和湖水	30天后91%	[119]

续表

生物传感器	修饰	酶	固定法	分析物	检测技术	K_m /(mmol/L)	线性范围 /(μmol/L)	检测限 /(μmol/L)	实样	稳定性	参考文献
AChE/SnO_2 NP－FGO－NF/GCE	AChE与CS在纳米复合材料(SnO_2 NP、FGO(—COOH)和NF修饰GCE上的交联	AChE	交叉连接	甲基对硫磷和虫螨威	循环伏安法	0.131	甲基对硫磷 $1\times10^{-7}\sim1\times10^{-4}$/ $1\times10^{-4}\sim\times10^{-2}$，虫螨威 $1\times10^{-6}\sim1\times10^{-4}$/ $1\times10^{-4}\sim1\times10^{-2}$	甲基对硫磷 5×10^{-8} 虫螨威 5×10^{-7}	苹果、卷心菜和湖水	30天后90%	[120]
AChE/ZnONP－FGO－NF/GCE	在ZnONP、FGO(—COOH)和NF修饰的GCE上，AChE与CS交联	AChE	交叉连接	毒死蜱和虫螨威	差分脉冲伏安法	0.126	毒死蜱 $1\times10^{-7}\sim1\times10^{-2}$，虫螨威 $1\times10^{-6}\sim1\times10^{-2}$	氯哌啶 5×10^{-81} 虫螨威 5×10^{-7}	自来水和湖水	30天后89%	[121]
AChE/Fe_3O_4 NP－CS/石墨烯/SPE	将乙酰胆碱酯酶滴在预固定在石墨烯改性SPE的Fe_3O_4 NP－CS膜上	AChE	滴涂	毒死蜱	差分脉冲伏安法	n. r.	$1.43\times10^{-1}\sim2.85\times10^{2}$	5.7×10^{-2}	卷心菜和菠菜	n. r.	[122]
AChE/离子液体(1－(3－氨基丙基)－3－甲基咪唑溴化石墨烯－Co_3O_4 NP－CS/GCE	AChE交联杂化膜(悬浮离子液体修饰石墨烯，Co_3O_4 NP和CS)修饰GCE	AChE	交叉连接	二甲醚	差分脉冲伏安法	n. r.	$5.0\times10^{-6}\sim1.0\times10^{-1}$	1.0×10^{-7}	莴苣叶	30天后96.4%	[123]
脲酶琼脂/离子选择电极(NH_4^+)	固定在NH_4^+离子选择电极上的聚合物杂化膜(琼脂糖－瓜尔胶包裹的脲酶和AuPN)	脲酶	聚合物基质中的包埋	草甘膦	电位计	0.5	3～300	3	浓缩水	180天几乎发生反应	[95]

续表

生物传感器	修饰	酶	固定法	分析物	检测技术	K_m/(mmol/L)	线性范围/(μmol/L)	检测限/(μmol/L)	实样	稳定性	参考文献
AChE/PdNP-rGO/气隙	PdNP-rGO纳米复合修饰GCE固定化AChE	AChE	电沉积	毒死蜱	线性扫描伏安法	n. r.	0.71~5.70/14.26~71.13	0.23	三叶半夏	2周后80%	[124]
AChE/AgNP-FGO-NF/GCE	AChE与CS在纳米结构复合材料(AgNP,FGO(—COOH)和NF修饰GCE上的交联	AChE	交叉连接	毒死蜱和胺甲萘	差分脉冲伏安法	0.133	毒死蜱 $1\times10^{-7}\sim1\times10^{-2}$，胺甲萘 $1\times10^{6}\sim1\times10^{-2}$	毒死蜱 5.3×10^{-8} 胺甲萘 5.45×10^{-8}	自来水	30天后88%	[125]
AChE/AgNC-rGO/GCE	AChE与羧基CS在纳米复合材料(AgNC和rGO)修饰GCE上的交联	AChE	交叉连接	磷氧磷	差分脉冲伏安法	n. r.	$0.2\times10^{-3}\sim250\times10^{-3}$	81×10^{-6}	水	30天后92%	[126]

K_m—Iviewaelis-Menten常数；n. r.—没有报道；AChE—乙酰胆碱酯酶；Lacc—虫漆酶；Tyr—酪氨酸酶；GO—氧化石墨烯；rGO—还原氧化石墨烯；FGO—功能化氧化石墨烯；MWCN—多层碳纳米管；NF—全氟磺酸树脂*；CS—壳聚糖，PPy—聚吡咯；PdNP—钯纳米粒子；PtNP—铂纳米粒子；AgNP—银纳米粒子；AgNC—银纳米簇；AuNP—金纳米粒子；AuNC—金纳米簇；ZrO_2NP—氧化锆纳米粒子；NiONP—氧化镍纳米粒子；SnO_2NP—氧化锡-纳米粒子；ZnONP—氧化锌-纳米粒子；Fe_3O_4NP—氧化铁-纳米粒子；Co_3O_4NPs—氧化钴-纳米粒子；GCE—玻碳电极；GPE—纳米石墨烯掺杂碳糊电极；ITO—铟锡氧化物；SPE—丝网印刷电极。

酶很昂贵，并且在游离形式下很容易失活，所以蛋白质的特性很大程度上取决于用于固定的支持材料[105]。近年来，聚合物基质作为生物传感器载体的应用范围越来越广泛，这是由于其可调节的力学性能可以保持酶活性，减少其与基质的非生物特异性相互作用[105-106]。Wu 等[101]以 rGO/NF 纳米复合玻碳电极为载体，构建了敌敌畏酶生物传感器。聚合物改性剂提高了该生物传感器界面的电子传输速率，在超低电位下催化了硫代胆碱的氧化，协助了基板进入活性中心。被选择的有机磷农药，即使在潜在干扰物（NO_2^-、F^-、SO_4^{2-}、Cl^-、K^+、Ca^{2+}、Mg^{2+}、蔗糖和果糖）存在的情况下，也能有效地完成定量检测（检测限为 2.0ng/mL）（大连陵水河）。Li 等[107]在石墨烯/聚苯胺复合膜修饰玻碳电极上 AChE 固化酶生物传感器，并定量测定了低浓度的胺甲萘（检测限为 20ng/mL）。聚合物基质的主要优点是比表面积大、电导率高、生物相容性好、封装结构完善。其他天然（甲壳素和壳聚糖）和合成聚合物（N_a，N_a - 双（羧甲基）- L - 赖氨酸水合物；聚（二烯丙基二甲基氯化铵）和聚乙烯醇）也被用于同样的用途[94,105,108-111]。Zheng 等[112]还采用石墨烯修饰离子液体（1 -（3 - 氨基丙基）- 3 - 甲基咪唑溴化铵），其分散在明胶中且沉积于玻碳电极上，以增强表面的疏水性和 AChE 附着力。用所制备的生物传感器定量测定了浓缩番茄汁样品中胺甲萘（检测限为 5.3×10^{-15}mol/L）和单克罗托酚（检测限为 4.6×10^{-14}mol/L）的微量浓度，回收率在 91.0% 以上（每种农药的峰值在 2.0×10^{-11} ~ 8.0×10^{-9}mol/L 之间）。

聚合物具有相当全面的结构，但它们作为绝缘体/导体材料的性能需要仔细优化，而含有功能性金属纳米粒子的复合材料已经越来越受到科技界的关注[12,89]。Yang 等[113]在纳米结构金属复合修饰玻碳电极上交联测定甲基对硫磷（检测限为 5.0×10^{-14}mol/L）和虫螨威（检测限为 5.0×10^{-13}mol/L），其测定准确度高，且重现性好。改性剂由铂纳米粒子、功能化氧化石墨烯（FGO、羧基石墨烯）和 NF 组成。所制备的纳米复合材料具有良好的导电性、对硫代胆碱氧化的催化作用、生物相容性以及对酶粘附的极亲水性表面。Guler等[114]将银纳米粒子和胺功能化还原氧化石墨烯相关联作为 AChE 酶的载体和 NF 保护膜，构建有机磷酸酯农药的酶生物传感器。从不同的物理化学技术（傅里叶变换红外光谱、透射电子显微镜、X 射线衍射和电化学阻抗谱）得到的数据证明了纳米结构载体对生物传感器性能的重要作用。该设备对自来水样品中的马拉硫磷（检测限为 4.5ng/mL）、甲基亚硫磷（检测限为 9.5ng/mL）和毒死蜱（检测限为 14ng/mL）进行定量检测，其灵敏度高、稳定性好、重复性好。Yang 等[115]电沉积了 AChE 分散在$(NH_4)_2SiF_6$ 纳米杂化膜上（由金纳米粒子、聚吡咯和还原氧化石墨烯组成）修饰的玻碳电极。每种材料都对应着设备运行的基础功能：硅基为酶包封，金纳米粒子增强了对硫代胆碱氧化的导电性和电催化活性，并避免了因还原氧化石墨烯单片层的聚集而引起的范德瓦尔斯力相互作用。该生物传感器已成功地应用于新鲜自来水样品中对氧磷 - 乙基（检测限为 0.5nmol/L）的定量，并有了利用碘化丙二肟等亲核化合物进行酶活（原始活性的 90%）的可能性。一些作者还强调了金纳米复合材料与其他金属纳米粒子[116]和珊瑚样纳米簇[117]的结合，以改善石墨烯基酶生物传感器的电荷转移现象。纳米结构金属氧化物，如 ZrO_2[118]、NiO[119]、SnO_2[120]、ZnO[121]、Fe_3O_4[122]和 Co_3O_4[123]，也被广泛应用于生物传感器结构中。所合成的纳米复合材料不仅提供了一个有生物相容性的微环境来保持酶的生物活性，而且与石墨烯材料一起显示出强大的协同作用，被用于电分析应用。

AChE 仍然是农药生物传感器中应用最广泛的生物识别元素，但其他酶在这一领域也显示出了很有前景的试验结果[12,95]。Vaghela 等[124]采用纳米生物聚合系统，从双花杜鹃花、金纳米粒子和琼脂糖瓜尔胶基质中提取脲酶(EC3.1.3.5)组成草甘膦生物传感。以 NH_4^+ 离子选择电极为工作探针，组装了制备的杂化膜。该设备对草甘膦的高灵敏度、高稳定性和有选择性的检测使其检测限低于世界卫生组织规定的饮用水水平(检测限为0.5mg/L)。Bao 等[91]开发了一种经济效益高的植物酯酶(EC 3.1.1 X)生物传感器，用于胡萝卜和苹果样品中甲基对硫磷(检测限为50ng/L)和马拉硫磷(检测限为0.5μg/L)的定量。在生物传感器的发展过程中，蛋白质部分分散在壳聚糖基质中，并落在复合层(金纳米粒子和石墨烯)修饰的玻碳电极上。该复合设备还显示了在常见干扰物种如多菌灵、六氯化苯、Fe^{3+}、Zn^{2+}、Cu^{2+}、Pb^{2+}、K^+、NO_3^-、PO_4^{3-}、SO_4^{2-}、葡萄糖和柠檬酸存在下测定有机磷农药的稳定性。Oliveira 等[92]用双酶生物传感器对氨基甲酸酯类农药进行电化学分析，取得了很有前景的结果。他们将杂化膜(杂化漆膜、双孢蘑菇酪氨酸酶和嵌在壳聚糖聚合物基质中的金纳米粒子)电沉积在石墨烯掺杂的碳糊电极上，一步制备了工作平台。本生物传感器以4-氨基苯酚为基板，根据其对柑橘类多酚类酶活性的抑制能力，对柑橘类水果(橘子、橘、柠檬)中的胺甲萘(检测限为 1.98×10^{-8}mol/L)、杀螨脒(检测限为 2.15×10^{-7}mol/L)、残杀威(检测限为 1.87×10^{-7}mol/L)和福美锌(检测限为 1.68×10^{-9}mol/L)进行了灵敏、准确的测定。将生物传感技术与 QuEChERS 提取方法相结合，得到的回收率为93.8%~97.8%(0.01~3.14mg/kg)，提高了该方法的通用性和准确性。

除了上面讨论的设备，其他几个生物传感平台也正在研究中，推动了新的趋势，并在农药的酶生物传感器方面进行了前所未有的创新[12,89-90,94-95]。

4.3.2 石墨烯免疫传感器

免疫传感器将抗体或抗原作为生物识别元素，分别与抗原或抗体发生反应[127-128]。因此，与对样本中抑制剂的总浓度作出反应的酶生物传感器相比，免疫传感器具有高度选择性。此外，由于抗体和抗原不是电活性的物种，这就需要一个电化学指示器(通常为 $[Fe(CN)_6]^{3-/4-}$)来监测电化学免疫传感器中的亲和反应。可供使用的传导技术有很多，其中最常用的是安培法，除此之外还包括电导法、电位滴定法和 EIS 法。在过去五年中，与农药电分析有关的出版物非常稀少，只找到了同一小组的两个研究[87-88]。Deep 等[87-88]探讨了用石墨烯薄片[88]和石墨烯量子点[87]修饰 SPE 的方法，这两种纳米材料(沉积在 SPE 上之后)与2-氨基苯氨基胺功能化，允许了农药抗体的连锁。研究中被选择的分析材料为对硫磷，利用无标签的 EIS 生物传感器，分别测量了石墨烯[88]和石墨烯量子点修饰 SPE[87]的宽线性范围(分别为0.1~1000和0.01~10^6ng/L)和极低的检测限(石墨烯[88]和石墨烯量子点修饰 SPE[87]分别为52pg/L和46pg/L)。由于免疫传感器的固有特性，这两种生物传感器即使在同一种类的相应代谢产物和杀虫剂的存在下，也对对硫磷表现出很高的选择性。

4.4 小结

大量的本科目类别下的研究证实了石墨烯基电化学(生物)传感器已被广泛用于农药分析，这些农药可被归类于几种环境和食品基质中的氨基甲酸酯类、有机磷类、联吡啶类、苯并咪唑类、新烟碱类和有机氯类。与传统的污染物分析技术相比，电化学（生物）传感器具有重要的优势，即在现场测量的可能性、简易性、低成本以及低耗时的制备步骤和快速的分析。石墨烯纳米材料给这些工具的开发带来了更多的好处，尤其是在提高导电率、电催化性能、生物相容性、易合成性以及提升修饰性的同时提高灵敏度。尽管如此，石墨烯基传感器仍存在一些缺陷，需要进一步减少/消除，以促进它们在实际和/或在线场景中的商业化和应用。其中，稳定性（主要用于石墨烯基生物传感器）和多路复用检测方面的进展最为迫切需要，也是未来几年的主要挑战。

参考文献

[1] Pumera, M., Ambrosi, A., Bonanni, A., Chng, E. L. K., Poh, H. L., Graphene for electrochemicalsensing and biosensing. *Trends Anal. Chem.*, 29, 954, 2010.

[2] Gao, H. and Duan, H., 2D and 3D graphene materials: Preparation and bioelectrochemicalapplications. *Biosens. Bioelectron.*, 65, 404, 2015.

[3] Bhuyan, M. S. A., Uddin, M. N., Islam, M. M., Bipasha, F. A., Hossain, S. S., Synthesis of graphene. *Int. Nano Lett.*, 6, 65, 2016.

[4] Huang, X., Yin, Z., Wu, S., Qi, X., He, Q., Zhang, Q., Yan, Q., Boey, F., Zhang, H., Graphenebased materials: Synthesis, characterization, properties, and applications. *Small*, 7, 1876, 2011.

[5] Bo, X., Zhou, M., Guo, L., Electrochemical sensors and biosensors based on less aggregated graphene. *Biosens. Bioelectron.*, 89, 167, 2017.

[6] Hulanicki, A., Glab, S., Ingman, F., Chemical sensors definitions and classification. *Pure Appl. Chem.*, 63, 1247, 1991.

[7] Cadogan, F., Nolan, K., Diamond, D., Sensor applications, in: *Calixarenes*, Z. Asfari, V. Böhmer, J. Harrowfield, J. Vicens, M. Saadioui (Eds.), pp. 627 - 641, Springer, Dordrecht, 2001.

[8] Bard, A. J., Inzelt, G., Scholz, F. (Eds.), *Electrochemical Dictionary*, 2nd edition, Springer, Berlin, 2008.

[9] Wang, J., *Analytical electrochemistry*, Wiley VCH, New York, 2001.

[10] Wang, Y. and Hu, S., Applications of carbon nanotubes and graphene for electrochemical sensing of environmental pollutants. *J. Nanosci. Nanotechnol.*, 16, 7852, 2016.

[11] Ramnani, P., Saucedo, N. M., Mulchandani, A., Carbon nanomaterial - based electrochemical biosensors for label - free sensing of environmental pollutants. *Chemosphere*, 143, 85, 2016.

[12] Kurbanoglu, S., Ozkan, S. A., Merkoçi, A., Nanomaterials - based enzyme electrochemical biosensors operating through inhibition for biosensing applications. *Biosens. Bioelectron.*, 89, 886, 2017.

[13] Zeng, Y., Zhu, Z., Du, D., Lin, Y., Nanomaterial - based electrochemical biosensors for foodsafety. *J. Electroanal. Chem.*, 781, 147, 2016.

[14] Liu, K., Dong, H., Deng, Y., Recent advances on rapid detection of pesticides based on enzymebiosensor of nanomaterials. *J. Nanosci. Nanotechnol.*, 16, 6648, 2016.

[15] Arduini, F., Cinti, S., Scognamiglio, V., Moscone, D., Nanomaterials in electrochemical biosensors for pesticide detection: Advances and challenges in food analysis. *Microchim. Acta*, 183, 2063, 2016.

[16] Wei, T., Dai, Z., Lin, Y., Du, D., Electrochemical immunoassays based on graphene: A review. *Electroanalysis*, 28, 4, 2016.

[17] Viswanathan, S. and Manisankar, P., Nanomaterials for electrochemical sensing and decontamination of pesticides. *J. Nanosci. Nanotechnol.*, 15, 6914, 2015.

[18] Xia, N. and Gao, Y., Carbon nanostructures for development of acetylcholinesterase electrochemical biosensors for determination of pesticides. *Int. J. Electrochem. Sci.*, 10, 713, 2015.

[19] Sharma, P. S., D' Souza, F., Kutner, W., Graphene and graphene oxide materials for chemo – and biosensing of chemical and biochemical hazards. *Top. Curr. Chem.*, 237, 237 – 265, 2013.

[20] Shao, Y., Wang, J., Wu, H., Liu, J., Aksay, I. A., Lin, Y., Graphene based electrochemical sensorsand biosensors: A review. *Electroanalysis*, 22, 1027, 2010.

[21] Wisitsoraat, A., Mensing, J. P., Karuwan, C., Sriprachuabwong, C., Jaruwongrungsee, K., Phokharatkul, D., Tuantranont, A., Printed organo – functionalized graphene for biosensingapplications. *Biosens. Bioelectron.*, 87, 7, 2017.

[22] Zhou, C., Yang, G., Li, H., Du, D., Lin, Y., Electrochemical sensors and biosensors based onnanomaterials and nanostructures. *Anal. Chem.*, 87, 230, 2015.

[23] Dey, R. S., Bera, R. K., Raj, C. R., Nanomaterial – based functional scaffolds for amperometric sensing of bioanalytes. *Anal. Bioanal. Chem.*, 405, 3431, 2013.

[24] Pop, A., Manea, F., Flueras, A., Schoonman, J., Simultaneous voltammetric detection of carbaryland paraquat pesticides on graphene – modified boron – doped diamond electrode. *Sensors*, 17, 2033, 2017.

[25] Akkarachanchainon, N., Rattanawaleedirojn, P., Chailapakul, O., Rodthongkum, N., Hydrophilicgraphene surface prepared by electrochemically reduced micellar graphene oxide as aplatform for electrochemical sensor. *Talanta*, 165, 692, 2017.

[26] Govindasamy, M., Umamaheswari, R., Chen, S. M., Mani, V., Su, C., Graphene oxide nanoribbons film modified screen – printed carbon electrode for real – time detection of methyl parathionin food samples. *J. Electrochem. Soc.*, 164, B403, 2017.

[27] Wang, L., Dong, J., Wang, Y., Cheng, Q., Yang, M., Cai, J., Liu, F., Novel signal – amplified fenitrothion electrochemical assay, based on glassy carbon electrode modified with dispersed graphene oxide. *Sci. Rep.*, 6, 1, 2016.

[28] Jeyapragasam, T., Saraswathi, R., Chen, S. M., Lou, B. S., Detection of methyl parathion at anelectrochemically reduced graphene oxide (ERGO) modified electrode. *Int. J. Electrochem. Sci.*, 8, 12353, 2013.

[29] Xue, R., Kang, T. F., Lu, L. P., Cheng, S. Y., Electrochemical sensor based on the graphene – Nafionmatrix for sensitive determination of organophosphorus pesticides. *Anal. Lett.*, 46, 131, 2013.

[30] Khare, N. G., Dar, R. A., Srivastava, A. K., Determination of carbendazim by adsorptive stripping differential pulse voltammetry employing glassy carbon paste electrode modified with graphene and amberlite XAD 2 resin. *Electroanalysis*, 27, 1915, 2015.

[31] Dong, X. Y., Qiu, B. J., Yang, X. W., Jiang, D., Wang, K., A highly sensitive carbendazim sensorbased on electrochemically reduced graphene oxide. *Electrochemistry*, 82, 1061, 2014.

[32] Lei, W., Han, Z., Si, W., Hao, Q., Zhang, Y., Xia, M., Wang, F., Sensitive and selective detection of imidacloprid by graphene – oxide – modified glassy carbon electrode. *ChemElectroChem*, 1, 1063, 2014.

[33] Koçak, B., Er, E., Çelikkan, H., Stripping voltammetric analysis of dicofol on graphene – modifiedglassy carbon electrode. *Ionics*, 21, 2337, 2015.

[34] Mao, S., Lu, G., Chen, J., Three – dimensional graphene – based composites for energy applications. *Nanoscale*, 7, 6924, 2015.

[35] Choia, B. G., Im, J., Kim, H. S., Park, H., Flow – injection amperometric glucose biosensors basedon graphene/Nafion hybrid electrodes. *Electrochim. Acta*, 56, 9721, 2011.

[36] Kumaravel, A. and Chandrasekaran, M., A novel nanosilver/Nafion composite electrode for electrochemical sensing of methyl parathion and parathion. *J. Electroanal. Chem.*, 638, 231, 2010.

[37] Jirasirichote, A., Punrat, E., Suea - Ngam, A., Chailapakul, O., Chuanuwatanakul, S., Voltammetric detection of carbofuran determination using screen - printed carbon electrodes modified with gold nanoparticles and graphene oxide. *Talanta*, 175, 331, 2017.

[38] Huixiang, W., Danqun, H., Yanan, Z., Na, M., Jingzhou, H., Miao, L., Changjun, H. A., Nonenzymatic electro - chemical sensor for organophosphorus nerve agents mimics and pesticides detection. *Sens. Actuator*, B, 252, 1118, 2017.

[39] Zhang, Y., Fa, H. B., He, B., Hou, C. J., Huo, D. Q., Xia, T. C., Yin, W., Electrochemical biomimetic sensor based on oxime group - functionalized gold nanoparticles and nitrogen - doped graphene composites for highly selective and sensitive dimethoate determination. *J. Solid StateElectrochem.*, 21, 2117, 2017.

[40] He, B., Mao, Y. L., Zhang, Y., Yin, W., Hou, C. J., Huo, D. Q., Fa, H. B., A porphyrin molecularly imprinted biomimetic electrochemical sensor based on gold nanoparticles and carboxyl graphene composite for the highly efficient detection of methyl parathion. *Nano*, 12, 1750046, 2017.

[41] Shams, N., Lim, H. N., Hajian, R., Yusof, N. A., Abdullah, J., Sulaiman, Y., Ibrahim, I., Huan, N. M., Pandikumar, A., A promising electrochemical sensor based on Au nanoparticles decorated reduced graphene oxide for selective detection of herbicide diuron in natural waters. *J. Appl. Electrochem.*, 46, 655, 2016.

[42] Shams, N., Lim, H. N., Hajian, R., Yusof, N. A., Abdullah, J., Sulaiman, Y., Izwaharyanie, I., Huang, N. M., Electrochemical sensor based on gold nanoparticles/ethylenediamine - reduced graphene oxide for trace determination of fenitrothion in water. *RSC Adv.*, 6, 89430, 2016.

[43] Tan, X., Hu, Q., Wu, J., Li, X., Li, P., Yu, H., Li, X., Lei, F., Electrochemical sensor based onmolecularly imprinted polymer reduced graphene oxide and gold nanoparticles modified electrode for detection of carbofuran. *Sens. Actuator*, *B*, 220, 216, 2015.

[44] Zheng, Y., Wang, A., Lin, H., Fu, L., Cai, W., A sensitive electrochemical sensor for directphoxim detection based on an electrodeposited reduced graphene oxide - gold nanocomposite. *RSC Adv.*, 5, 15425, 2015.

[45] Zhao, L., Zhao, F., Zeng, B., Synthesis of water - compatible surface - imprinted polymer via click-chemistry and RAFT precipitation polymerization for highly selective and sensitive electrochemical assay of fenitrothion. *Biosens. Bioelectron.*, 62, 19, 2014.

[46] Mao, Y., Fa, H., Cheng, Y., Du, Y., Yin, W., Hou, C., Hou, D., Zhang, D., An electrode modifiedwith AuNPs/graphene nanocomposites film for the determination of methyl parathion residues. *Nano*, 9, 1450096, 2014.

[47] Zhu, W., Liu, W., Li, T., Yue, X., Liu, T., Zhang, W., Yu, S., Zhang, D., Wang, J., Facile greensynthesis of graphene - Au nanorod nanoassembly for on - line extraction and sensitive strippinganalysis of methyl parathion. *Electrochim. Acta*, 146, 419, 2014.

[48] Chen, M., Hou, C., Huo, D., Dong, L., Yang, M., Fa, H., A novel electrochemical biosensorbased on graphene and Cu nanowires hybrid nanocomposites. *Nano*, 11, 1650128, 2016.

[49] Liu, F. M., Du, Y. Q., Cheng, Y. M., Yin, W., Hou, C. J., Huo, D. Q., Chen, C., Fa, H. B., A selectiveand sensitive sensor based on highly dispersed cobalt porphyrin - Co_3O_4 - graphene oxide nanocomposites for the detection of methyl parathion. *J. Solid State Electrochem.*, 20, 599, 2016.

[50] Govindasamy, M., Chen, S. M., Mani, V., Akilarasan, M., Kogularasu, S., Subramani, B., Nanocomposites composed of layered molybdenum disulfide and graphene for highly sensitive amperometric determination of methyl parathion. *Microchim. Acta*, 184, 725, 2017.

[51] Song, B., Cao, W., Wang, Y., A methyl parathion electrochemical sensor based on Nano - TiO_2, graphene

composite film modified electrode. *Fullerenes Nanotube Carbon Nanostruct.* ,24,435,2016.

[52] Ensafi,A. A. ,Noroozi,R. ,Zandi,N. ,Rezaei,B. Cerium (IV) oxide decorated on reducedgraphene oxide,a selective and sensitive electrochemical sensor for fenitrothion determination. *Sens. Actuator*,*B*,245,980,2017.

[53] Govindasamy,M. ,Mani,V. ,Chen,S. M. ,Chen,T. W. ,Sundramoorthy,A. K. ,Methyl parathion detection in vegetables and fruits using silver@ graphene nanoribbons nanocomposite modified screen printed electrode. *Sci. Rep.* ,7,46471,2017.

[54] Sreedhar,N. Y. ,Kumar,M. S. ,Krishnaveni,K. ,Sensitive determination of chlorpyrifos usingAg/Cu alloy nanoparticles and graphene composite paste electrode. *Sens. Actuator*,*B*,210,475,2015.

[55] Prasad,M. S. ,Krishnaveni,K. ,Dhananjayulu,M. ,Sreenivasulu,V. ,Sreedhar,N. Y. ,The simultaneous determination of omethoate and dichlorvos pesticides in grain samples using a palladiumand graphene composite modified glassy carbon electrode. *RSC Adv.* ,5,21909,2015.

[56] Dong,X. ,Jiang,D. ,Liu,Q. ,Han,E. ,Zhang,X. ,Guan,X. ,Wang,K. ,Qiu,B. ,Enhanced amperometric sensing for direct detection of nitenpyram via synergistic effect of copper nanoparticles and nitrogen – doped graphene. *J. Electroanal. Chem.* ,734,25,2014.

[57] Wang,M. ,Huang,J. ,Wang,M. ,Zhang,D. ,Chen,J. ,Electrochemical nonenzymatic sensorbased on CoO decorated reduced graphene oxide for the simultaneous determination of carbofuran and carbaryl in fruits and vegetables. *Food Chem.* ,151,191,2014.

[58] Zhao,L. ,Zhao,F. ,Zeng,B. ,Electrochemical determination of carbaryl by using a molecularlyimprinted polymer/graphene – ionic liquid – nano Au/chitosan – AuPt alloy nanoparticles compositefilm modified electrode. *Int. J. Electrochem. Sci.* ,9,1366,2014.

[59] Zhai,X. ,Zhang,H. ,Zhang,M. ,Yang,X. ,Gu,C. ,Zhou,G. ,Wang,J. ,A rapid electrochemical monitoring platform for sensitive determination of thiamethoxam based on β – cyclodextrin – graphene composite. *Environ. Toxicol. Chem.* ,36,1991,2017.

[60] Zhang,M. ,Zhang,H. ,Zhai,X. ,Yang,X. ,Zhao,H. ,Wang,J. ,Dong,A. ,Wang,Z. ,Application of β – cyclodextrin – reduced graphene oxide nanosheets for enhanced electrochemical sensing of the nitenpyram residue in real samples. *New J. Chem.* ,41,2169,2017.

[61] Yu,G. ,Zhang,W. ,Zhao,Q. ,Wu,W. ,Wei,X. ,Lu,Q. ,Enhancing the sensitivity of hexachlorobenzene electrochemical sensor based on nitrogen – doped graphene. *Sens. Actuator*,*B*,235,439,2016.

[62] Pham,T. S. H. ,Fu,L. ,Mahon,P. ,Lai,G. ,Yu,A. ,Fabrication of β – cyclodextrin – functionalized reduced graphene oxide and its application for electrocatalytic detection of carbendazim. *Electrocatalysis*,7,411,2016.

[63] Ma,H. ,Wang,L. ,Liu,Z. ,Guo,Y. ,Ionic liquid – graphene hybrid nanosheets – based electrochemical sensor for sensitive detection of methyl parathion. *Int. J. Environ. Anal. Chem.* ,96,161,2016.

[64] Reddy Prasad,P. ,Ofamaja,A. E. ,Reddy,C. N. ,Naidoo,E. B. ,Square wave voltammetric detectionof dimethylvinphos and naftalofos in food and environmental samples using RGO/CS modified glassy carbon electrode. *Int. J. Electrochem. Sci.* ,11,65,2016.

[65] Tan,X. ,Wu,J. ,Hu,Q. ,Li,X. ,Li,P. ,Yu,H. ,Li,X. ,Lei,F. ,An electrochemical sensor for the determination of phoxim based on a graphene modified electrode and molecularly imprintedpolymer. *Anal. Methods*,7,4786,2015.

[66] Wu,L. ,Lei,W. ,Han,Z. ,Zhang,Y. ,Xia,M. ,Hao,Q. ,A novel non – enzyme amperometric platform based on poly (3 – methylthiophene)/nitrogen doped graphene modified electrode for determination of trace amounts of pesticide phoxim. *Sens. Actuator*,*B*,206,495,2015.

[67] Xue,X. ,Wei,Q. ,Wu,D. ,Li,H. ,Zhang,Y. ,Feng,R. ,Du,B. ,Determination of methyl parathionby a molecularly imprinted sensor based on nitrogen doped graphene sheets. *Electrochim. Acta*,116,366,2014.

[68] Li,Y. ,Xu,M. ,Li,P. ,Dong,J. ,Ai,S. ,Nonenzymatic sensing of methyl parathion based ongraphene/gadolinium Prussian blue analogue nanocomposite modified glassy carbon electrode. *Anal. Methods*, 6, 2157,2014.

[69] Liu,Y. ,Yang,S. ,Niu,W. ,Simple,rapid and green one – step strategy to synthesis of graphene/carbon nanotubes/chitosan hybrid as solid – phase extraction for square – wave voltammetric detection of methyl parathion. *Colloids Surf.* ,*B*,108,266,2013.

[70] Zhao,L. ,Zhao,F. ,Zeng,B. ,Electrochemical determination of methyl parathion using amolecularly imprinted polymer – ionic liquid – graphene composite film coated electrode. *Sens. Actuator*,*B*,176,818,2013.

[71] Govindasamy, M. , Sakthinathan, S. , Chen, S. M. , Chiu, T. W. , Sathiyan, A. , Merlin, J. P. , Reduced graphene oxide supported cobalt bipyridyl complex for sensitive detection of methyl parathionin fruits and vegetables. *Electroanalysis*,29,1950,2017.

[72] Liu,B. ,Xiao,B. ,Cui,L. ,Electrochemical analysis of carbaryl in fruit samples on graphene oxide – ionic liquid composite modified electrode. *J. Food Compost. Anal.* ,40,14,2015.

[73] Dong,J. ,Hou,J. ,Jiang,J. ,Ai,S. ,Innovative approach for the electrochemical detection of non – electroactive organophosphorus pesticides using oxime as electroactive probe. *Anal. Chim. Acta*,885,92,2015.

[74] Luo,S. ,Wu,Y. ,Gou,H. ,A voltammetric sensor based on GO – MWNTs hybrid nanomaterial – modified electrode for determination of carbendazim in soil and water samples. *Ionics*,19,673,2013.

[75] Surucu,O. ,Bolat,G. ,Abaci,S. ,Electrochemical behavior and voltammetric detection of fenitrothion based on a pencil graphite electrode modified with reduced graphene oxide(RGO)/poly (E) – 1 – (4 – ((4 – (phenylamino) phenyl) diazenyl) phenyl) ethanone (DPA) composite film. *Talanta*,168,113,2017.

[76] Wong,A. ,Materon,E. M. ,Sotomayor,M. D. P. T. ,Development of a biomimetic sensor modified with hemin and graphene oxide for monitoring of carbofuran in food. *Electrochim. Acta*,146,830,2014.

[77] Noyrod,P. ,Chailapakul,O. ,Wonsawat,W. ,Chuanuwatanakul,S. ,The simultaneous determination of isoproturon and carbendazim pesticides by single drop analysis using a graphene based electrochemical sensor. *J. Electroanal. Chem.* ,719,54,2014.

[78] Wang,X. and Hao,J. ,Recent advances in ionic liquid – based electrochemical biosensors. *Sci. Bull.* ,61, 1281,2016.

[79] Guo,Y. ,Guo,S. ,Ren,J. ,Zhai,Y. ,Dong,S. ,Wang,E. ,Cyclodextrin functionalized graphene nanosheets with high supramolecular recognition capability: Synthesis and host – guest inclusion for enhanced electrochemical performance. *ACS Nano*,4,4001,2010.

[80] Ferancová,A. and Labuda,J. ,Cyclodextrins as electrode modifiers. *Fresenius J. Anal. Chem.* ,370,1,2001.

[81] Kumar,M. ,A review of chitin and chitosan applications. *React. Funct. Polym.* ,46,1,2000.

[82] McNaught,A. D. and Wilkinson,A. ,IUPAC,in:*Compendium of chemical terminology*,2nd ed. (the "Gold Book",Blackwell Scientific Publications,Oxford,1997,http://goldbook.iupac.org/html/B/B00663.html.

[83] Thévenot,D. R. ,Toth,K. ,Durst,R. A. ,Wilson,G. S. ,Electrochemical biosensors: Recommended definitions and classification. *Pure Appl. Chem.* ,71,2333,1999.

[84] Ronkainen, N. J. , Halsall, H. B. , Heineman, W. R. , Electrochemical biosensor. *Chem. Soc. Rev.* ,39, 1747,2010.

[85] Ramachandran,R. ,Mani,V. ,Chen,S. M. ,Saraswathi,R. ,Lou,B. S. ,Recent trends in graphene based electrode materials for energy storage devices and sensors applications. *Int. J. Electrochem. Sci.* ,8,11680,2013.

[86] Ramachandran,R. ,Mani,V. ,Chen,S. M. ,Gnana – kumar,G. ,Govindasamy,M. ,Recent developments in

electrode materials and methods for pesticide analysis—An overview. *Int. J. Electrochem. Sci.*, 10, 859,2015.

[87] Mehta,J.,Bhardwaj,N.,Bhardwaj,S. K.,Tuteja,S. K.,Vinayak,P.,Paul,A. K.,Deep,A.,Graphene quantum dot modified screen printed immunosensor for the determination of parathion. *Anal. Biochem.*, 523,1,2017.

[88] Mehta,J.,Vinayak,P.,Tuteja,S. K.,Chhabra,V. A.,Bhardwaj,N.,Paul,A. K.,Deep,A.,Graphene modified screen printed immunosensor for highly sensitive detection of parathion. *Biosens. Bioelectron.*,83, 339,2016.

[89] Justino,C. I. L.,Gomes,A. R.,Freitas,A. C.,Duarte,A. C.,Rocha - Santos,T. A. P.,Graphene basedsensors and biosensors. *Trends Anal. Chem.*,91,53,2017.

[90] Oliveira,T. M. B. F.,Ribeiro,F. W. P. *et al.*,Laccase - based biosensors for electroanalysis: A review, in: *Laccase: Applications,Investigations and Insights*,A. Harris (Ed.),pp. 45 - 74,Nova Science Publishers,Inc.,New York,2017.

[91] Bao,J.,Hou,C.,Chen,M.,Li,J.,Huo,D.,Yang,M.,Luo,X.,Lei,Y.,Plant esterase - chitosan/gold-nanoparticles - graphene nanosheet composite - based biosensor for the ultrasensitive detection of organophosphate pesticides. *J. Agric. Food Chem.*,63,10319,2015.

[92] Oliveira,T. M.,Barroso,M. F.,Morais,S.,Araújo,M.,Freire,C.,de Lima - Neto,P.,Correia,A. N.,Oliveira,M. B. P. P.,Delerue - Matos,C.,Sensitive bi - enzymatic biosensor based on polyphenoloxidases - gold nanoparticles - chitosan hybrid film - graphene doped carbon pasteelectrode for carbamates detection. *Bioelectrochemistry*,98,20,2014.

[93] Vaghela,C.,Kulkarni,M.,Haram,S.,Aiyer,R.,Karve,M.,A novel inhibition based biosensor using urease nanoconjugate entrapped biocomposite membrane for potentiometric glyphosate detection. *Int. J. Biol. Macromol.*,108,32,2018.

[94] Maduraiveeran,G.,Sasidharan,M.,Ganesan,V.,Electrochemical sensor and biosensor platformsbased on advanced nanomaterials for biological and bio medical applications. *Bios. Bioelectron.*,103,113,2018.

[95] Samsidar,A.,Siddiquee,S.,Shaarani,S. M.,A review of extraction,analytical and advanced methods for determination of pesticides in environment and foodstuffs. *Trends Food Sci. Technol.*,71,188,2018.

[96] Sassolas,A.,Blum,L. J.,Laca - Bouvier,B. D.,Immobilization strategies to develop enzymatic biosensors. *Biotechnol. Adv.*,30,489,2012.

[97] Artiles,M. S.,Rout,C. S.,Fisher,T. S.,Graphene - based hybrid materials and devices for biosensing. *Adv. Drug Delivery Rev.*,63,1352,2011.

[98] Brownson,D. A. and Banks,C. E.,Graphene electrochemistry: An overview of potential applications. *Analyst*,135,2768,2010.

[99] Van Dyk,J. S. and Pletschke,B.,Review on the use of enzymes for the detection of organochlorine,organophosphate and carbamate pesticides in the environment. *Chemosphere*,82,291,2011.

[100] Jeyapragasam,T.,Saraswathi,R.,Chen,S. M.,Chen,T. W.,Acetylcholinesterase biosensor for the detection of methyl parathion at an electrochemically reduced graphene oxide - Nafion modified glassy carbon electrode. *Int. J. Electrochem. Sci.*,12,4768,2017.

[101] Wu,S.,Huang,F.,Lan,X.,Wang,X.,Wang,J.,Meng,C.,Electrochemically reduced graphene oxide and Nafion nanocomposite for ultralow potential detection of organophosphate pesticide. *Sens. Actuator*,*B*, 177,724,2013.

[102] Li,Y.,Shi,L.,Han,G.,Xiao,Y.,Zhou,W.,Electrochemical biosensing of carbaryl based on acetylcholinesterase immobilized onto electrochemically inducing porous graphene oxide network. *Sens. Actuator*,

B,238,945,2017.

[103] Zhou,N.,Li,C.,Mo,R.,Zhang,P.,He,L.,Nie,F.,Su,W.,Liu,S.,Gao,J.,Shao,H.,Qian,Z.J.,Qian,Z.J.,A graphene/enzyme - based electrochemical sensor for sensitive detection of organophosphorus pesticides. *Surf. Rev. Lett.*,23,1550103,2016.

[104] Li,Y.,Bai,Y.,Han,G.,Li,M.,Porous - reduced graphene oxide for fabricating an amperometric acetylcholinesterase biosensor. *Sens. Actuator*,*B*,185,706,2013.

[105] Mei,S.,Han,P.,Wu,H.,Shi,J.,Tang,L.,Jiang,Z.,One - pot fabrication of chitin - shellac composite microspheres for efficient enzyme immobilization. *J. Biotechnol.*,266,1,2018.

[106] Muguruma,H.,Biosensors: Enzyme immobilization chemistry,in:*Reference Module inChemistry,Molecular Sciences and Chemical Engineering*,Elsevier,Oxford,2017.

[107] Li,Y.,Zhang,Y.,Han,G.,Xiao,Y.,Li,M.,Zhou,W.,An acetylcholinesterase biosensor based on graphene/polyaniline composite film for detection of pesticides. *Chin. J. Chem.*,34,82,2016.

[108] Sun,X.,Gong,Z.,Cao,Y.,Wang,X.,Acetylcholinesterase biosensor based on poly (diallyldimethylammonium chloride) - multi - walled carbon nanotubes - graphene hybrid film. *NanoMicro Lett.*,5,47,2013.

[109] Li,P.,Song,Y.,Chen,S.,Zhang,M.,Wang,L.,A novel biosensor based on acetylecholinesterase/chitosan - graphene oxide modified electrode for detection of carbaryl pesticides. *Asian J. Chem.*,25,4444,2013.

[110] Zheng,Y.,Liu,Z.,Zhan,H.,Li,J.,Zhang,C.,Development of a sensitive acetylcholinesterase biosensor based on a functionalized graphene - polyvinyl alcohol nanocomposite for organophosphorous pesticide detection. *Anal. Methods*,7,9977,2015.

[111] Zhang,H.,Li,Z.F.,Snyder,A.,Xie,J.,Stanciu,L.A.,Functionalized graphene oxide for the fabrication of paraoxon biosensors. *Anal. Chim. Acta*,827,86,2014.

[112] Zheng,Y.,Liu,Z.,Jing,Y.,Li,J.,Zhan,H.,An acetylcholinesterase biosensor based on ionic liquid functionalized graphene - gelatin - modified electrode for sensitive detection of pesticides. *Sens. Actuator*,*B*,210,389,2015.

[113] Yang,L.,Wang,G.,Liu,Y.,An acetylcholinesterase biosensor based on platinum nanoparticles - carboxylic graphene - Nafion - modified electrode for detection of pesticides. *Anal. Biochem.*,437,144,2013.

[114] Guler,M.,Turkoglu,V.,Basi,Z.,Determination of malation,methidathion,and chlorpyrifos ethyl pesticides using acetylcholinesterase biosensor based on Nafion/Ag@ rGO - NH 2 nanocomposites. *Electrochim. Acta*,240,129,2017.

[115] Yang,Y.,Asiri,A.M.,Du,D.,Lin,Y.,Acetylcholinesterase biosensor based on a gold nanoparticle - polypyrrole - reduced graphene oxide nanocomposite modified electrode for the amperometric detection of organophosphorus pesticides. *Analyst*,139,3055,2014.

[116] Zhan,H.,Li,J.,Liu,Z.,Zheng,Y.,Jing,Y.,A highly sensitive electrochemical OP biosensor based on electrodeposition of Au - Pd bimetallic nanoparticles onto a functionalized graphene modified glassy carbon electrode. *Anal. Methods*,7,3903,2015.

[117] Ju,K.J.,Feng,J.X.,Feng,J.J.,Zhang,Q.L.,Xu,T.Q.,Wei,J.,Wang,A.J.,Biosensor for pesticide triazophos based on its inhibition of acetylcholinesterase and using a glassy carbon electrode modified with coral - like gold nanostructures supported on reduced graphene oxide. *Microchim. Acta*,182,2427,2015.

[118] Mogha,N.K.,Sahu,V.,Sharma,M.,Sharma,R.K.,Masram,D.T.,Biocompatible ZrO_2 - reduced graphene oxide immobilized AChE biosensor for chlorpyrifos detection. *Mater. Des.*,111,312,2016.

[119] Yang,L.,Wang,G.,Liu,Y.,Wang,M.,Development of a biosensor based on immobilization of acetyl-

cholinesterase on NiO nanoparticles – carboxylic graphene – nafion modified electrode for detection of pesticides. *Talanta*,113,135,2013.

[120] Zhou,Q.,Yang,L.,Wang,G.,Yang,Y.,Acetylcholinesterase biosensor based on SnO_2 nanoparticles – carboxylic graphene – Nafion modified electrode for detection of pesticides. *Biosens. Bioelectron.*,49,25,2013.

[121] Wang,G.,Tan,X.,Zhou,Q.,Liu,Y.,Wang,M.,Yang,L.,Synthesis of highly dispersed zincoxide nanoparticles on carboxylic graphene for development a sensitive acetylcholinesterase biosensor. *Sens. Actuator,B*,190,730,2014.

[122] Wang,H.,Zhao,G.,Chen,D.,Wang,Z.,Liu,G.,A sensitive acetylcholinesterase biosensor based on screen printed electrode modified with Fe_3O_4 nanoparticle and graphene for chlorpyrifos determination. *Int. J. Electrochem. Sci.*,11,10906,2016.

[123] Zheng,Y.,Liu,Z.,Zhan,H.,Li,J.,Zhang,C.,Studies on electrochemical organophosphate pesticide (OP) biosensor design based on ionic liquid functionalized graphene and a Co_3O_4 nanoparticle modified electrode. *Anal. Methods*,8,5288,2016.

[124] Zhang,Y.,Xia,Z.,Li,Q.,Gui,G.,Zhao,G.,Lin,L.,Surface controlled electrochemical sensing of chlorpyrifos in pinellia ternate based on a one step synthesis of palladium – reduced graphene nanocomposites. *J. Electrochem. Soc.*,164,B48,2017.

[125] Liu,Y.,Wang,G.,Li,C.,Zhou,Q.,Wang,M.,Yang,L.,A novel acetylcholinesterase biosensor based on carboxylic graphene coated with silver nanoparticles for pesticide detection. *Mater. Sci. Eng. C*,35,253,2014.

[126] Zhang,Y.,Liu,H.,Yang,Z.,Ji,S.,Wang,J.,Pang,P.,Feng,L.,Wang,H.,Wu,Z.,Yang,W.,An acetylcholinesterase inhibition biosensor based on a reduced graphene oxide/silver nanocluster/chitosan nanocomposite for detection of organophosphorus pesticides. *Anal. Methods*,7,6213,2015.

[127] Pacheco,G.,Barroso,M. F.,Nouws,H. P. A.,Morais,S.,Delerue – Matos,C.,Chapter 21: Biosensors, in:*Bioprocesses,Bioreactors and Controls*,C. Larroche,M. A. Sanroman,G. Du,A. Pandey (Eds.),p. 627,Elsevier,Amsterdam,The Netherlands,2017,ISBN: 978 – 0 – 444 – 63663 – 8,in series: Current Developments in Biotechnology and Bioengineering.

[128] Carneiro,P.,Loureiro,J.,Delerue – Matos,C.,Morais,S.,do Carmo Pereira,M.,Alzheimer' sdisease: Development of a sensitive label – free electrochemical immunosensor for detection of amyloid beta peptide. *Sens. Actuator,B*,239,157,2017.

第5章 石墨烯生物传感器的设计、构造和验证

ChristinaG. Siontorou[1], Georgia - ParaskeviNikoleli[2], DimitriosP. Nikolelis[3], StephanosKarapetis[2], Marianna - ThaliaNikolelis[1]

[1]希腊比雷埃夫，斯比雷埃夫斯大学海事与工业学院工业管理与技术学院工业过程模拟实验室

[2]希腊雅典，雅典国家技术大学化学系一系化学工程学院无机化学与分析化学实验室

[3]希腊雅典，雅典大学化学系环境化学实验室

摘　要　纳米技术在生物传感器的发展中发挥着越来越重要的作用。通过将纳米材料用于生物传感器的制备提高了其的灵敏度和性能。纳米材料的应用使得许多新的信号转导技术引入到生物传感器中。纳米传感器、纳米探针以及其他纳米系统具有亚微米级别尺寸，能够对食品有毒物质和环境污染物进行简单快速的分析。石墨烯具有大比表面积、高电导率、化学稳定性和广泛的电化学性能等综合性能，是对电子工业具有重大影响的新材料之一。石墨烯材料为电子行业提供了廉价、简单的和低功耗的柔性传感器设备，为便携式电子器件领域打开了崭新的大门。石墨烯为应用在食品和环境领域的新一代设备的开发提供了平台。用石墨烯纳米电极代替传统电极，产生了新一代生物传感器，它们具有更好的分析性能和皮摩尔级灵敏度。然而，生物元素与石墨烯的耦合需要开发新的技术和方法来构建和表征传感器。本章提供了技术开发的全面概述，包括传感器设计、设备组装和分析验证。本章还讨论了设备集成和建造的问题。

关键词　纳米技术，生物传感器，石墨烯电极，食品毒性物质，环境污染物

5.1 引言

生物传感器是集成且紧凑的探测器，它利用生化系统来识别和量化复杂样本中的目标分析物[1]。信号产生的基本机制涉及目标分析物与特定或附加的生物因素的相互作用；由此产生的生化信息被物化转导器转换成电信号。目前科学家已经提出了大量的生化系统，如抗体、受体、酶、DNA等，(最新综述参见文献[2-4])，所有这些都是以纳米或更小的尺度来测量的。然而，生物传感器系统的尺寸缩小却受到材料和物理规律的阻碍。减小传感器的尺寸和几何表面积会增加信号密度，进而降低噪声水平[5]；因此，大多数生物传感器平台的信噪比有了直接的改善，从而能够达到超低的检出限。同时，质量传输速率也会增加，导致分析时间更长[5]。反应运输动力学和信号转导机制是生物传感器设计中的关键参数，它与所用材料的性能密切相关。

电化学生物传感器和混合传感平台(如表面等离子体共振),在试图优化小型化和转导效率过程中,一直受到纳米材料的影响。金属和金属纳米粒子(金、铜、镍、铂),金属氧化物(Fe_2O_3、ZnO 或 SnO_2),硅或铟镓半导体,碳纳米管以及量子点等可以提供更好的导电性,良好的生物相容性和由于大表面积体积比而提高的分析性能[6-8]。石墨烯是一种碳同素异形体,最初在光电子学领域,以及后来在电化学领域都引起了广泛的关注。

石墨烯是一种具有原子厚度的二维碳晶体。这种材料的强度是钢的 200 倍[9],但却具有柔韧性并且极轻。它的导电性比单壁碳纳米管高 60 倍,比铜高 6 倍[10]。除了是一种优秀零带隙半导体,其带隙可以通过表面改性轻易调整外,石墨烯也是一个完美的物理屏障。此外,石墨烯($2630m^2/g$)的大表面积是由于它的电子构型[9]所造成:碳键被 sp^2 杂化并形成蜂窝状拓扑结构;内面 σ_{C-C} 键赋予强度,而面外 π 键则赋予其导电性。

将石墨烯用于构建生物传感器有很多优点。与硅纳米线或碳纳米管相比,原子级厚度和大表面积体积比使得石墨烯薄片对局部扰动更加敏感[11]。此外,石墨烯不含有可能干扰电化学性质的金属杂质[12],而其成本却比碳纳米管低。最近 ZnO 和石墨烯生物传感平台的比较研究表明尽管制备石墨烯纳米片的过程更长[13],但却更容易处理。ZnO 可以构造具有连续的正负电荷层的非极性平面,这增强了酶和其他极性基团的吸附能力[14]。另一方面,石墨烯通过 $\pi-\pi$ 堆叠和疏水结合与生物分子相互作用[11];因此,它为非极性化合物(如脂类)提供了更好的宿主,而且,它似乎可以支持分子堆叠转换[13]。

许多石墨烯基材料可用于构建生物传感器(图 5.1)。氧化石墨烯在石墨烯片表面含有氧官能团(羟基、羧酸、环氧等),增加了非均相电子转移的速率,提高了生物相容性和水溶性[15]。氧化石墨烯包含芳香族(sp^2)和脂肪族(sp^3)域,使其表面发生更多类型的相互作用。当被还原为还原氧化石墨烯时,石墨烯表面出现结构缺陷,从而提高了导热系数[6]。

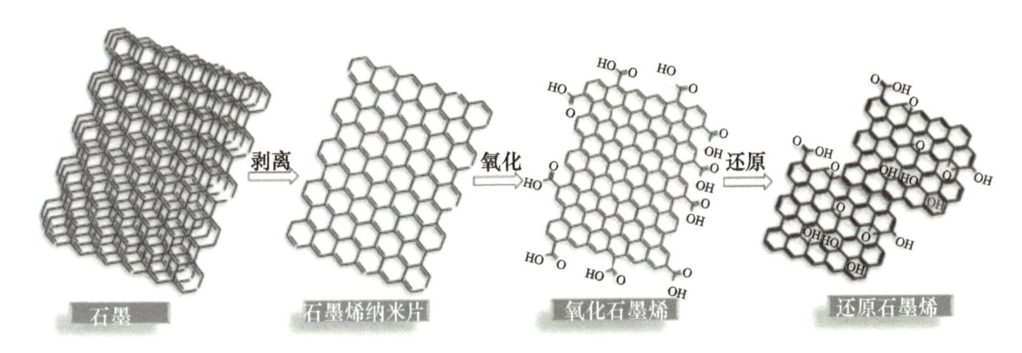

图 5.1 石墨烯和石墨烯基材料

在氧化态,石墨烯表面可能有未带电的极性基团(羧基、羟基等)或带电亲水外围基团。还原型具有更多的疏水域。

石墨烯材料可以充分地实现基于电子导电的传导,但前提是生物活性的固定和分析物与之接触所需的时间得到优化。然而,生物元素与石墨烯的耦合需要开发新的技术和方法来构建和表征传感器。本章介绍了开发中产品的全面概述,包括传感器设计、设备组装和分析验证。此外还讨论了设备集成的可能性。

5.2 石墨烯的制备

石墨烯可以由碳（自下而上法）或石墨（自上而下法）合成。前者是将石墨烯生长在基板上。碳化硅表面有石墨化的趋势[16]。石墨的合成很简单，只需要加热和冷却。加热和冷却的速率控制着层沉积：晶体中的硅部分形成单层和双层石墨烯，而碳化物部分则会形成多层石墨烯。但该方法可重复性和表面均匀性以及尺寸控制程度都很低。化学气相沉积是一种常用的在金属表面生长高质量石墨烯的方法。这个过程比较繁琐，需要精确控制温度、气体暴露、所使用碳源和基板厚度[17]；基板的厚度实际上控制了沉积层的数量。石墨烯很容易通过溶于丙酮或丙醇的聚合物涂层转移到其他任何表面。化学气相沉积方法可用来提高生产规模；Bae 等[18]最近提出了用化学气相沉积在铜表面生长的 76cm 单层石墨烯薄膜的卷对卷工序和湿法化学掺杂。石墨烯电极已被用于能够承受高应变力的全功能触摸屏面板设备中。

石墨烯的自上而下制备方法从石墨开始，并使用各种方法剥离，如化学、热处理或微机械剥离。后者被称为 Scotch ® 胶带法，该方法已经被广泛使用，因为它只需要带有粘附石墨的胶带；胶带被反复折叠和剥离，形成越来越薄的层[19]。瑞利散射显微镜[20]证实了硅基板上单层石墨烯的形成。尽管这种方法具有很高的可重复性，但这种方法是不可规模化的。人们提出了各种替代方案，例如超分子组装或纳米粒子（见文献[21]）。

石墨也是其他石墨烯材料的原料。用硫酸、硝酸钠和高锰酸钾处理，可获得大量的亲水性氧化石墨烯[22]。超声波或热处理后，可还原为还原氧化石墨烯，这是石墨烯基电子应用的首选。

5.3 石墨烯的功能化

生物分子在石墨烯上的固定需要通过某种功能化，这种功能化应该与电化学中使用的其他物种（例如，纳米粒子和导电聚合物）配合良好。共价和非共价路线都是可行的，具体取决于生物传感器的预期特性。

共价功能化可以依赖于石墨烯上自由基和碳碳键的反应，也可以依赖于氧化石墨烯上有机物和氧基团之间的反应。产生的自由基通过热或光化学将碳原子的 sp^2 杂化转化为 sp^3；芳香体系的破坏改变了电导率，并降低了载流子迁移率[21]。Lomeda 等[23]采用肼还原氧化石墨烯制备了经芳基重氮盐处理的表面活性剂包裹的石墨烯纳米片。研究人员实现了每 55 个碳原子间嵌入一个官能团，并通过 X 射线光电子能谱、衰减全反射红外光谱、拉曼光谱、原子力显微镜和透射电子显微镜进行验证。

终端功能化也可以使用双烯类[21]来实现。或者，氧化石墨烯中的氧基团也可以在室温下与碳二酰亚胺化合物发生反应，从而产生能与生物胺基团发生反应的酯类[24]。与氧化石墨烯纳米片相比，功能化的纳米片可以在更广泛的 pH 值范围内分散。

在石墨烯固有特性应保留的情况下，最好采用非共价功能化。最常见的方法包括 π－π键相互作用，范德瓦尔斯力，聚合物包裹，或电子供体－受体络合[25]。非共价功能化提高了石墨烯的传感性能和结合能力，但其在材料的分散性方面存在一个主要缺陷。

超声波处理通常会在合适的溶剂存在下进行，这样会使石墨烯的分散效果变得更好；在不影响质量的情况下，应该仔细考虑超声波的时长，因为时间越长，材料的尺寸一般会越小。对于表面能接近石墨烯（约 $68mJ/m^2$）的溶剂，混合焓最小[26]。这个过程是可扩展的，纳米片可以按大小分开。

氧化石墨烯和还原氧化石墨烯已成功地与生物部分进行非共价功能化。Lee 等[27]聚合了还原氧化石墨烯与肝素，并利用了肝素的疏水纤维素主干。同样地，Zhang 等[28]在还原氧化石墨烯上固定了辣根过氧化物酶。使用氧化石墨烯，可以利用酶的氮基团和氧化石墨烯的氧基团之间的静电相互作用[25]。具有芳香环的生物物种，如葡萄糖氧化酶[29]或多巴胺[30]，可以通过 π－π 键相互作用与石墨烯相互作用。由于生物元素与石墨烯有着相似的电子系统[21]，因此这些相互作用非常剧烈。单链 DNA（ss－DNA）同样被固定在石墨烯或氧化石墨烯[31]上。DNA 互补可用荧光猝灭[32]或电化学[33]来简易地监测。

专门设计的肽可用于功能化石墨烯、氧化石墨烯和还原氧化石墨烯（参见文献[34]）。由此产生的纳米复合材料可以产生高性能的生物传感器平台。符合用途的多肽与石墨烯基的结合提高了生物相容性，并调节了生物元素对目标分析物的亲和性[35]。然而，纳米复合物理的复杂性，特别是当使用自组装过程进行共轭时[36]，需要计算机辅助设计和更多的手段来控制石墨烯上肽的转换。

5.4 石墨烯生物传感器

5.4.1 场效应管生物传感器

场效应晶体管（FET）无论是集成化还是商业化都可以成为优秀的生物传感器。石墨烯的性质使其几乎成为 FET 构建的理想材料。在最简单的结构中，石墨烯通道被放置在带有栅极触点的两个电极之间，以调节其响应（图 5.2（a））。通道的表面可以通过生物部分进行功能化；当目标分析物与生物元素结合时，电子电荷的再分布改变了过 FET 的电场，进而改变了通道中的电导率。这些抗性的变化可以在分子水平上检测到。Xu 等[37]研制了一种用于 DNA 实时监测的多通道石墨烯生物传感器。CVD 生长的石墨烯被转移到 FET 表面，6 个 FET 串联起来形成六通道传感器。通过 π 堆叠与石墨烯表面共轭的琥珀酰亚胺酯作为 ssDNA 的连接物。加入互补 DNA 链后，可以通过漏极－源极离子流的变化来监测混合过程。

在另一种方法中，还原氧化石墨烯用金纳米粒子修饰，以增加单个 FET[38]中的结合位点（图 5.2（b））。功能化后，纳米粒子与免疫球蛋白 G（IgG）结合。同样地，Chen 等[39]研制了一种用于快速诊断埃博拉病毒的生物传感器。Viswanathan 等[40]对这种结构略作修改，使用垂直方向排列的石墨烯，来固定葡萄糖氧化酶。为了提高酶的热稳定性和催化活性，还采用了一种工程化类型的酶。结果是用于血液样本中葡萄糖的微型微流芯片。

对于寨卡病毒的检测，Afsahi 等[41]已经提出了更符合市场需求的方案。研究人员使用了根据 Lerner 等[42]开发的工艺制造的市售石墨烯芯片。等离子体增强 CVD 被用于在铜箔上制备石墨烯，硅晶片用于转移单层石墨烯。将芯片插入双通道电子读取器：一个通道测量通 FET 的电流；另一个通道记录生物传感器的电容。共价附着于石墨烯的聚乙二醇(PEG)用于固定抗寨卡抗体。同时PEG还提供了一个阻止非特异性相互作用的模块。

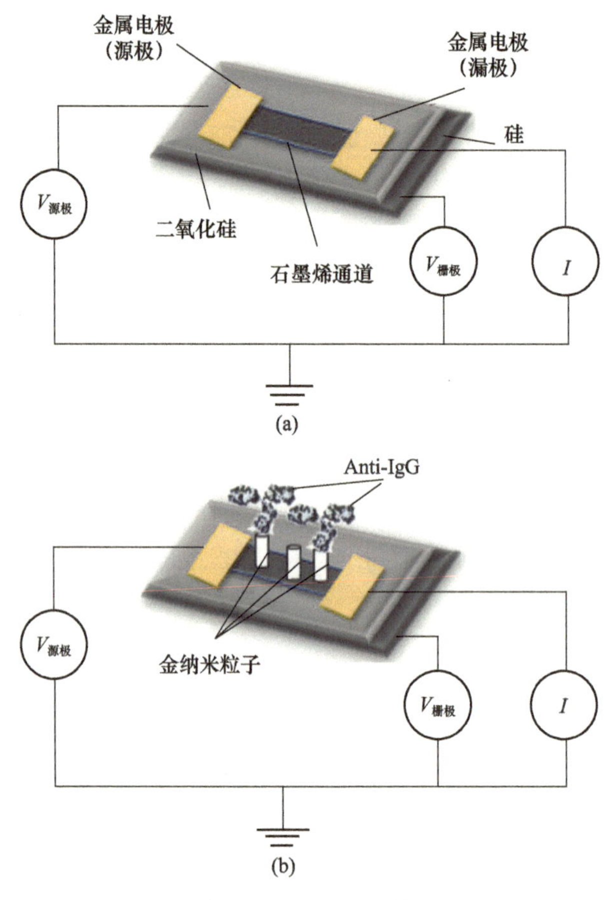

图5.2　基于石墨烯的生物场效应晶体管,(a)基本结构,
(b)石墨烯与金纳米粒子功能化,用于IgG的固定

Khatayevich等[43]利用生物素对石墨烯进行功能化,开发了用于检测链霉亲和素的石墨烯-肽平台,其检出限为30μg/mL。这项研究突出了用于多功能生物传感器构建的生物功能化的一些有趣方面。遵循类似的策略,经过专门设计的抗菌肽的头部基序通过非共价作用与石墨烯结合,而尾部基序对革兰氏阳性和革兰氏阴性细菌表现出特定的活性[44]。该平台已发展成为一个完整的生物界面纳米传感器,用于远程检测牙齿珐琅质上的细菌。

5.4.2　阻抗式生物传感器

用电化学阻抗谱(EIS)同时分析材料的电阻性和电容性导致了极敏感生物传感平台的产生。Bonanni和Pumera[45]便因此开发了一种用于检测单核苷酸多态性的石墨烯EIS生物传感器。现有的生物传感器平台在区分互补序列中的多态性方面表现出相当低的检测能力。为了克服这个问题,研究人员使用了发夹形DNA(hpDNA),一种次级DNA形式,其中两条互补的单链碱基配对在一个未配对的循环中形成一个螺旋末端。HpDNA在石墨烯电极上通过π堆叠[45]固定。该传感器被设计用来区分非突变载脂蛋白

E(apo - E)基因及其功能异常等位基因。

Gutés 等[46]用金纳米粒子修饰的石墨烯和一种专门设计的肽来检测多溴联苯醚(阻燃剂)。该传感器对十溴二苯醚表现出 ppt 检测能力和极高的选择性。

Zainudin 等[47]提出了一种用于大肠杆菌 O157∶H7 菌株的无标记阻抗 DNA 生物传感器。石墨烯纳米片通过碳二酰亚胺键和大肠杆菌 DNA 功能化,提高了石墨烯纳米片的电子转移电阻。该传感器具有单碱基错配选择性和几飞摩尔的检出限。

最近,学者们报告了还原氧化石墨烯生物传感器的快速成型[48];还原氧化石墨烯平台是利用激光刻划构建并用戊二醛功能化;该平台已与硫氨酸和凝集素(伴刀豆球蛋白A)耦合,用于糖蛋白转化酶的阻抗检测。凝集素在戊二醛的存在下形成聚集体,提高了生物传感器对皮摩尔级可检测性的灵敏度。

5.4.3 表面等离子体共振生物传感器

表面等离子体共振(SPR)是一种有效的表面探测技术,非常适用于遥感。一些研究表明,在金层上加入石墨烯有利于生物元素的吸附,并提供了较大的折射率变化[49]。SPR 生物传感器的基本结构如图 5.3 所示。数值分析表明,石墨烯层状平面波导 SPR 比基于棱镜的平台多提供了 25% 的灵敏度。Chiu 等[50]用羧基功能化的氧化石墨烯片。采用衍生化硫醇自组装单层膜对金层进行化学改性。该平台已被验证为使用牛白蛋白和抗牛白蛋白缀合的免疫传感器。达到的检出限(0.01pg/mL)比非功能化的氧化石墨烯平台低 2 倍,比没有石墨烯的 SPR 平台低 7 倍。

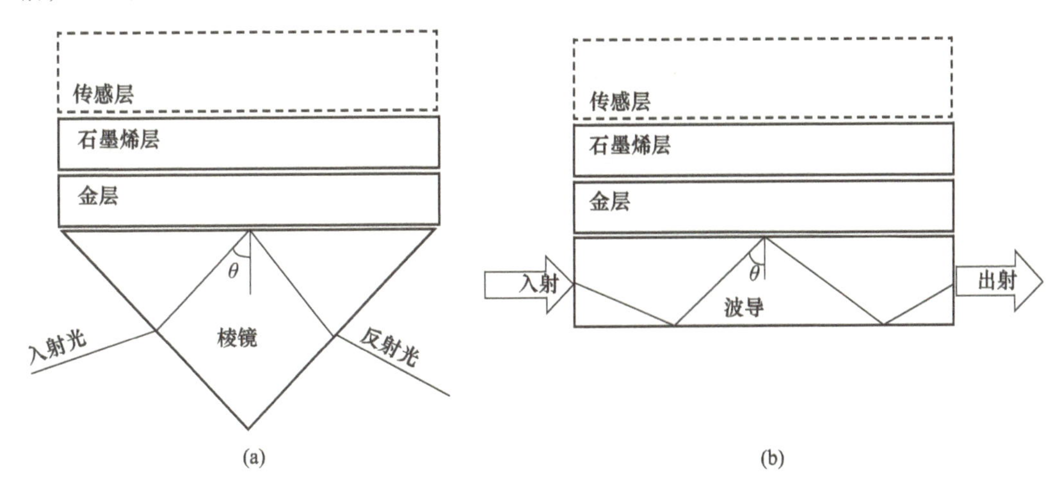

图 5.3 表面等离子体共振生物传感器的基本结构
(a)棱镜基;(b)平面波导基。

最近学者提出了一种 U 形纤维替代方案[51];乙醇和葡萄糖被用于示范,得出的反应时间为 3 ~ 80s。Li 等[52]利用空心金纳米球修饰棱镜 SPR,使其与金层的电磁耦合,增强第一抗体的免疫化学相互作用的信号量,与第二抗体结合的银/铁氧化还原氧化石墨烯形成最终的三明治结构。该抗体 - 石墨烯共轭物可以用磁性颗粒收集。该平台显示兔 IgG 的检出限比没有石墨烯的 SPR 平台低 8 倍。

5.4.4 荧光生物传感器

石墨烯及其衍生物是荧光标签的优良猝灭剂，且已被应用于荧光生物传感平台的开发中。当石墨烯作为荧光共振能量转移(FRET)受体时，基于裂解和分离的技术便可以派上用场[34]。在前一种方法中，结合在石墨烯表面的荧光标记肽被目标分析物裂解，从而减弱了荧光。例如，用绿色荧光蛋白标记的工程肽已与氧化石墨烯共价结合[53]；肉毒杆菌神经毒素A(目标分析物)将该肽中的荧光蛋白裂解，关闭了信号。该方法的检出限约1fg/mL，比非石墨烯FRET低4~6倍。

分离方法利用了目标分析物对石墨烯共轭荧光肽的较高亲和力[34]。这种方法最近已被Sun等采用[54]，用于检测碱性磷酸酶活性。标记肽被设计成具有较低的氧化石墨烯亲和力，酶(靶分析物)水解该肽的磷酸盐基团，从而提高其对氧化石墨烯的亲和力。该酶的检测范围为0.2~5nmol/L，检出限为0.08nmol/L。

石墨烯材料也可以用作荧光材料；据报告，氧化石墨烯在可见光和近红外区存在强光致发光现象[55]。Kwak等[56]开发了一种具有肽-猝灭复合材料的发光氧化石墨烯表面，用于检测细胞分泌的蛋白酶。研究人员研究了许多荧光染料的猝灭效率，包括金属原卟啉和QXL_{570}，其中后者已被发现是更有效的氧化石墨烯淬火剂，并制成了一种高敏感的糜蛋白酶和金属蛋白酶-2传感器。

5.4.5 电化学生物传感器

基于石墨烯的电化学为生物传感提供了许多优势，包括信号放大，低探测性和易于处理。其应用包括临床分析、环境监测和食品质量。Lu等[57]用环糊精对石墨烯和超分子相互作用进行功能化，来合成金刚烷修饰的辣根过氧化物酶；传感器在微摩尔水平就可与过氧化氢产生反应。Guo等[58]用铂纳米粒子修饰石墨烯，从而将过氧化物检出限降低到80nmol/L。Kang等[59]研究了葡萄糖氧化酶在壳聚糖修饰的石墨烯电极表面的直接电子传递反应，得到的对葡萄糖的检出限为20μmol/L。

电化学生物传感器的一个主要缺点是样品中存在电活性物质的干扰；例如，多巴胺、抗坏血酸和尿酸有着重叠的氧化电位，这使它们难以被鉴别。Shang等[60]提出了一种在高密度条件下，利用微波等离子体增强化学气相沉积技术制备具有暴露边缘平面石墨烯的方法。该生物传感器可以在含有高浓度的其他有电活性的物种的复杂样品中检测到0.17μmol/L的多巴胺。此外，通过使用聚合物功能化氧化石墨烯，Tan等[61]实现了在纳米级区域选择性地检测到多巴胺。

Chen等[62]最近提出了一种新型的传感器设计和传感机制。该方案的简化示意图如图5.4所示。研究人员使用了一个N端被阻断的乙酰化肽，它被共价附着在金表面。由于缺乏裸露的胺基，氧化石墨烯不能与该肽相互作用。胱天蛋白酶-3是一种半胱氨酸依赖性、天门冬氨酸特异性蛋白酶，会导致细胞凋亡。这种酶清除了肽，使得胺基暴露出来；酶浓度越高，可用的胺基就越多。因此，氧化石墨烯可以与该肽形成共价键。通过氧化石墨烯结合后加入亚甲基蓝的氧化过程进行监测，亚甲基蓝会与氧化石墨烯通过π堆积和静电相互作用。采用差分脉冲伏安法，酶在皮克级水平上可被检测到，而其灵敏度是相关的荧光检测方案的4倍高。

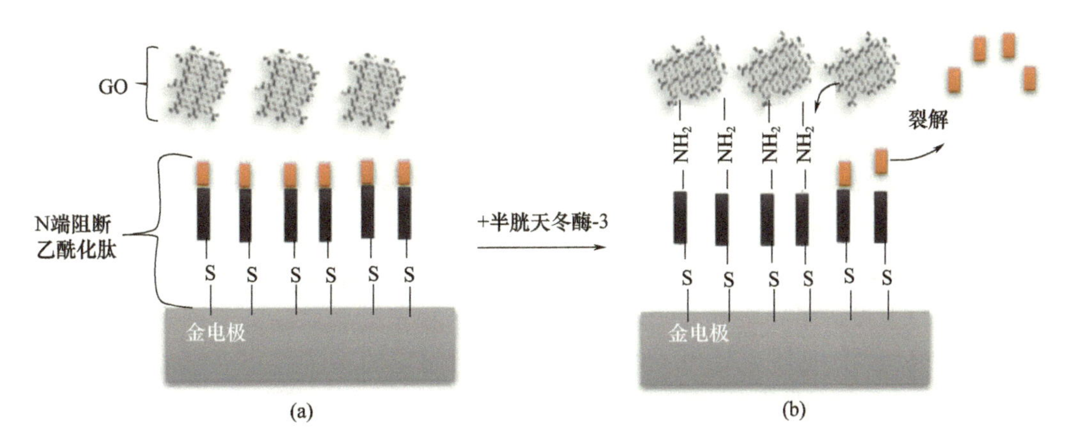

图5.4 一个简单的示意图,显示用肽功能化的氧化石墨烯电极测定半胱天冬酶活性的基本概念

(a)N端阻滞的乙酰化肽在金电极表面共价附着;(b)半胱天冬酶-3将该肽裂解,使可以同氧化石墨烯连接的末端胺基暴露。

石墨烯与脂膜的耦合为生物传感器平台提供了更高的分析性能。基于脂质膜的传感会涉及脂质双层在电极表面的自组装;而双层结构具有双重用途:即有效地固定生物部分并放大信号[63]。虽然很有前景,但是并没有研究证明传感器的制造是可扩展的,而且由于膜系统固有的脆弱性,传感器的坚固性还有待考证[64]。可聚合膜的应用提供了稳定的平台,而石墨烯的使用则促成了超敏感探测器的发展。图5.5给出了传感器的简化视图。石墨烯的分散是通过柔和的超声和离心[65]得到的;所得到的悬浮液被倒在装有过滤器支撑的脂质膜的铜丝上。

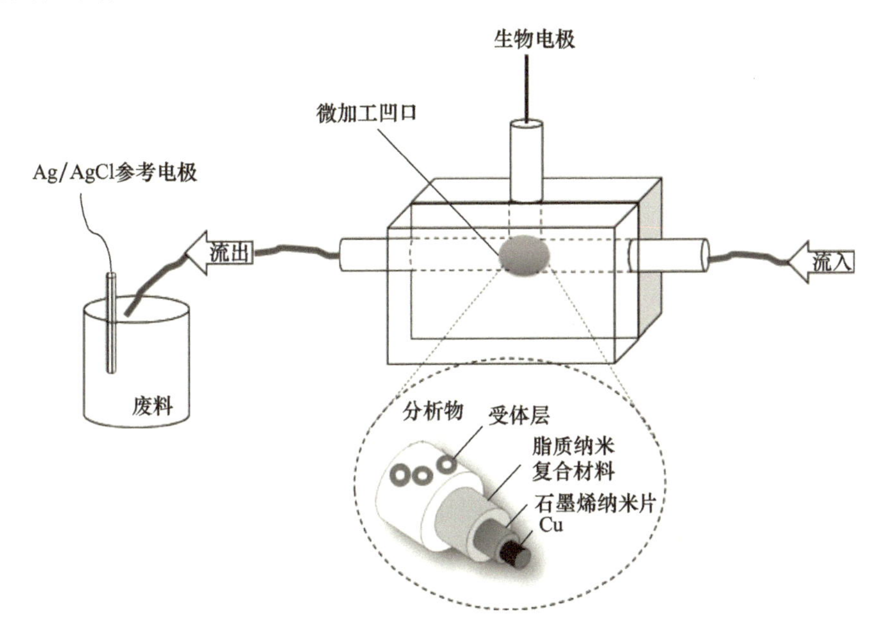

图5.5 基于脂质双层石墨烯的电化学传感器的基本设计

流过的细胞由两个有机玻璃腔组成,其中有一个微机加工的凹槽,它是生物电极的宿主。装置被放置在法拉第的笼子里。生物电极是用连续的铜丝层、石墨烯纳米层和与生物层功能化的脂膜制成的。

可以修改基本形式，开发各种生物传感器。例如，杯状[4]芳烃磷酰受体已被用于纳米尺度的虫螨威的电势测定[66]；最近有文献报道了石墨烯纳米片上的虫螨威电位式化学微型检测传感器[66]。通过将人工受体固定在石墨烯电极上的稳定聚合脂质膜上，构建了用于检测虫螨威的选择性和敏感的化学微型传感器。其中，人工受体是通过将间苯二酚[4]受体的羟基基团转化为磷酸酯基而合成。这种微型传感器的优点是响应时间快（约20s），易于构造，重复性好，可重用性和选择性好，响应速度快，且寿命长。电极斜率为约59mV/10倍，超过虫螨威对数浓度，范围在1.00μmol/L～1.00mmol/L之间。

文献[67]中报道了一种在石墨烯纳米片上掺入稳定的脂质膜的微型电位计萘酸（NAA）微型显色剂传感器。ABP1受体被固定在聚合稳定的脂质膜上，用于在水果和蔬菜的实际样品中检测植物激素萘酸。在玻璃纤维微孔滤光片上进行脂质膜紫外聚合的技术有以下几步：以甲基丙烯酸为功能单体，以乙二醇二甲基丙烯酸酯为交联剂，以2,2'-偶氮-（2-甲基丙腈）为引发剂。结果表明，在聚合反应前，天然受体结合在脂质混合物中，由于聚合反应是通过紫外线，不是以80℃加热，所以在脂质平台内保持了生物活性。为了利用同一传感器进行大量分析，实现重复利用，采用了流程检测系统对NAA进行检测。该方法用于水果、果汁和蔬菜的实际样品中NAA的测定。该技术可以对已建立的高压液相色谱（HPLC）方法进行补充，作为野外和食品市场中非熟练人员对水果和蔬菜进行现场快速筛选的便携式设备。

文献[68]的文章中描述在石墨烯纳米片上掺入脂质膜的电位霍乱毒素的微型传感器。神经节苷脂GM是一种天然的霍乱毒素受体，被固定在稳定的脂质膜上，具有宽范围的霍乱毒素浓度、快速响应时间（约5min），且其检出限为1nmol/L。这种小型传感器的优点有结构简单，重复性好，重用性佳，选择性好，保质期长。电极斜率为60mV/10倍霍乱毒素浓度。该方法在湖泊水样中得到了应用，并进行了验证。这种新颖的超薄膜技术可用于其他毒素的快速检测，也可作为对抗生物恐怖主义的武器。

最近还报道了一种在石墨烯纳米片上具有结合脂质膜和固定在稳定脂质膜上的抗-STX（天然的萨克斯毒素受体）的电位蛤蚌毒素微型传感器[69]。该微传感器的优点是可以提高选择性，检测范围宽（纳摩尔每升至毫摩尔每升检测范围），响应时间快约5～20min，且检测限为1nmol/L，制造方便，复制性好，可重复使用，保质期长。电极的斜率为约60mV/10倍毒素浓度。该方法已应用在湖水和贝类样品的测试中并进行了评估。这种新型的超薄膜技术可用于其他毒素的快速检测，可作为对抗生物恐怖主义的武器。

5.5 技术评价

石墨烯已经得到了许多生物传感器工程师的广泛关注。该材料及其衍生物已被广泛应用于各种生物传感器平台的设计和制造中。本文研究了提出的各种形式的特性；在所有情况中，生物传感性能，特别是灵敏度和选择性，都因石墨烯而极大地提高了。此外，这种材料通过石墨烯结构与生物结构之间的相互作用，进而产生了全新的生物传感方式。可以通过改造生物元素来适应石墨烯的结构和物理性质，以促进对二维特性的综合和充分利用。此外，石墨烯还可以通过与单侧流、微流和控制芯片以及三维打印等技术相配合来构建下一代生物传感器。在理论上，石墨烯的大表面积可以允许传感器与生物元件的密集负载；只是这种研究还没有以系统的方式进行。

石墨烯的分散性仍是一个不可忽视的问题，目前还在通过加入高度可溶的官能团来达到部分控制。石墨烯材料的制造需要在功能化程度和薄膜质量之间进行非常仔细的权衡；尽管在电化学和荧光方案中至关重要，但由此产生的杂质、缺陷和失调可能会影响石墨烯的导电性能。因此，应该发展新的石墨烯合成路线，以获得高质量的纳米材料。尽管如此，石墨烯表面化学的进展尚未允许开发可同时用于分析许多分析物的平台。

显然，现已提出的电化学和荧光生物传感器的数量仍然大于其他生物传感器平台。电化学检测已经在世界范围内建立了良好的基础结构；而将石墨烯用于电极修饰是相当简易的，也便于设计各种传感器来检测不同的分析物。荧光方法可能增加结构的复杂性，需要用到标记和清洗步骤以及高度的专业知识，但该设备的检测结果表现更好，特别是在酶分析方面。场效应晶体管更接近工业生产和市场，但在设备和专业技术方面，制造工艺要求仍然很高，质量测试和性能表征也是如此。便携式传感器和遥感可能会在不远的未来实现，特别是当考虑到石墨烯的光学特性时。但是，这项技术还是需要更多的时间来达到成熟。

5.6 小结

生物传感器的商业化可以通过可重复使用系统制造过程规模化来实现，这些系统可以在恶劣的操作条件下可靠地执行多种功能，例如在体内或外环境中的应用。基于石墨烯的生物传感器仍然处于早期发展阶段，而尺寸可控制的石墨烯生产和精确表面化学尚未被证明可行。然而，石墨烯在生物传感器的开发中的应用改善了分析性能，并在信号放大和检测策略上开辟了新的途径。毫无疑问，还有许多问题有待解决，但这种二维材料的优点可能有助于生物传感进入下一个阶段。

参考文献

[1] Thevenot, D. R. , Toth, K. , Durst, R. A. , Wilson, G. S. , Electrochemical biosensors: Recommended definitions and classification. *Biosens. Bioelectron.* , 16, 121, 2001.

[2] Crivianu - Gaita, V. and Thompson, M. , Aptamers, antibody scFv, and antibody Fab' fragments: An overview and comparison of three of the most versatile biosensor biorecognition elements. *Biosens. Bioelectron.* , 85, 32, 2016.

[3] Bazin, I. , Tria, S. A. , Hayat, A. , Marty, J. - L. , New biorecognition molecules in biosensors for the detection of toxins. *Biosens. Bioelectron.* , 87, 285, 2017.

[4] Justino, C. I. L. , Freitas, A. C. , Pereira, R. , Duarte, A. C. , Rocha - Santos, T. A. P. , Recent developmentsin recognition elements for chemical sensors and biosensors. *TrAC Trends Anal. Chem.* , 68, 2, 2015.

[5] Soleymani, L. and Li, F. , Mechanistic challenges and advantages of biosensor miniaturizationinto the nanoscale. *ACS Sens.* , 2, 458, 2017.

[6] Zhang, Y. and Wei, Q. , The role of nanomaterials in electroanalytical biosensors: A mini review. *J. Electroanal. Chem.* , 781, 401, 2016.

[7] Justino, C. I. L. , Rocha - Santos, T. A. P. , Cardoso, S. , Duarte, A. C. , Strategies for enhancing the analyti-

cal performance of nanomaterial – based sensors. *Trends Anal. Chem.* ,47,27,2013.

[8] Fenzl,C. ,Hirsch,T. ,Baeumner,A. J. ,Nanomaterials as versatile tools for signal amplification in (bio) analytical applications. *Trends Anal. Chem.* ,79,306,2016.

[9] Huang,X. ,Yin,Z. ,Wu,S. ,Qi,X. ,He,Q. ,Zhang,Q. ,Yan,Q. ,Boey,F. ,Zhang,H. ,Graphenebased materials: Synthesis,characterization,properties,and applications. *Small*,7,1876,2011.

[10] Chen,X. – M. ,Wu,G. – H. ,Jiang,Y. – Q. ,Wang,Y. – R. ,Chen,X. ,Graphene and graphene – based nanomaterials: The promising materials for bright future of electroanalytical chemistry. *Analyst*,136,4631,2011.

[11] He,Q. ,Wu,S. ,Yin,Z. ,Zhang,H. ,Graphene – based electronic sensors. *Chem. Sci.* ,3,1764,2012.

[12] Pumera,M. ,Ambrosi,A. ,Bonanni,A. ,Chng,E. L. K. ,Poh,H. L. ,Graphene for electrochemical sensing and biosensing. *Trends Anal. Chem.* ,29,954,2010.

[13] Siontorou,C. G. ,Georgopoulos,K. N. ,Nikoleli,G. – P. ,Nikolelis,D. P. ,Karapetis,S. K. ,Bratakou,S. ,Protein – based graphene biosensors: Optimizing artificial chemoreception in bilayer lipid membranes. *Membranes*,6,43,2016.

[14] Psychoyios,V. N. ,Nikoleli,G. – P. ,Tzamtzis,N. ,Nikolelis,D. P. ,Psaroudakis,N. ,Danielsson,B. ,Israr,M. Q. ,Willander,M. ,Potentiometric cholesterol biosensor based on ZnO nanowalls and stabilized polymerized lipid film. *Electroanalysis*,25,367,2013.

[15] Deng,X. ,Tang,H. ,Jiang,J. ,Recent progress in graphene – material – based optical sensors. *Anal. Bioanal. Chem.* ,406,6903,2014.

[16] Forbeaux,I. ,Themlin,J. – M. ,Debever,J. – M. ,Heteroepitaxial graphite on 6H – SiC(0001):Interface formation through conduction – band electronic structure. *Phys. Rev. B*,58,16396,1998.

[17] Kwon,O. S. ,Park,S. J. ,Hong,J. – Y. ,Han,A. – R. ,Lee,J. S. ,Lee,J. S. ,Oh,J. H. ,Jang,J. ,Flexible FET – Type VEGF aptasensor based on nitrogen – doped graphene converted from conducting polymer. *ACS Nano*,6,1486,2012.

[18] Bae,S. ,Kim,H. ,Lee,Y. ,Xu,X. ,Park,J. – S. ,Zheng,Y. ,Balakrishnan,J. ,Lei,T. ,Ri Kim,H. ,Song,Y. I. ,Kim,Y. – J. ,Kim,K. S. ,Özyilmaz,B. ,Ahn,J. – H. ,Hong,B. H. ,Iijima,S. ,Roll – to – roll production of 30 – inch graphene films for transparent electrodes. *Nat. Nanotechnol.* ,5,574,2010.

[19] Novoselov,K. S. ,Geim,A. K. ,Morozov,S. V. ,Jiang,D. ,Zhang,Y. ,Dubonos,S. V. ,Grigorieva,I. V. ,Firsov,A. A. ,Electric field in atomically thin carbon films. *Science*,306,666,2004.

[20] Casiraghi,C. ,Hartschuh,A. ,Lidorikis,E. ,Qian,H. ,Harutyunyan,H. ,Gokus,T. ,Novoselov,K. S. ,Ferrari,A. C. ,Rayleigh imaging of graphene and graphene layers. *Nano Lett.* ,7,2711,2007.

[21] Park,C. S. ,Yoon,H. ,Kwon,O. S. ,Graphene – based nanoelectronic biosensors. *J. Ind. Eng. Chem.* ,38,13,2016.

[22] Hammers,W. S. and Offeman,R. E. ,Preparation of graphitic oxide. *J. Am. Chem. Soc.* ,80,1339,1958.

[23] Lomeda,J. R. ,Doyle,C. D. ,Kosynkin,D. V. ,Hwang,W. – F. ,Tour,J. M. ,Diazonium functionalization of surfactant – wrapped chemically converted graphene sheets. *J. Am. Chem. Soc.* ,130,16201,2008.

[24] Konkena,B. ,Vasudevan,S. ,Covalently linked,water – dispersible,cyclodextrin: Reducedgraphene oxide sheets. *Langmuir*,28,12432,2012.

[25] Georgakilas,V. ,Tiwari,J. N. ,Kemp,K. C. ,Perman,J. A. ,Bourlinos,A. B. ,Kim,K. S. ,Zboril,R. ,Noncovalent functionalization of graphene and graphene oxide for energy materials,biosensing,catalytic,and biomedical applications. *Chem. Rev.* ,116,5464,2016.

[26] Coleman,J. N. ,Liquid exfoliation of defect – free graphene. *Acc. Chem. Res.* ,46,14,2013.

[27] Lee,D. Y. ,Khatun,Z. ,Lee,J. H. ,Lee,Y. ,In,I. ,Blood compatible graphene/heparin conjugatethrough

noncovalent chemistry. *Biomacromolecules*,12,336,2011.

[28] Zhang,Y. ,Zhang,J. ,Huang,X. ,Zhou,X. ,Wu,H. ,Guo,S. ,Assembly of graphene oxide - enzymeconjugates through hydrophobic interaction. *Small*,8,154,2012.

[29] Alwarappan,S. ,Boyapalle,S. ,Kumar,A. ,Li,C. Z. ,Mohapatra,S. ,Comparative study of single - ,few - , and multilayered graphene toward enzyme conjugation and electrochemical response. *J. Phys. Chem. C*,116, 6556,2012.

[30] Wang,Y. ,Li,Y. ,Tang,L. ,Lu,J. ,Li,J. ,Application of graphene - modified electrode for selectivedetection of dopamine. *Electrochem. Commun.* ,11,889,2009.

[31] Green,N. S. and Norton,M. L. ,Interactions of DNA with graphene and sensing applications of graphene field - effect transistor devices: A review. *Anal. Chim. Acta*,853,127,2015.

[32] Lu,C. H. ,Yang,H. H. ,Zhu,C. L. ,Chen,X. ,Chen,G. N. ,A graphene platform for sensing biomolecules. *Angew. Chem. Int. Ed.* ,48,4785,2009.

[33] Bonanni,A. ,Chua,C. K. ,Zhao,G. ,Sofer,Z. ,Pumera,M. ,Inherently electroactive grapheneoxide nanoplatelets as labels for single nucleotide polymorphism detection. *ACS Nano*,6,8546,2012.

[34] Wang,L. ,Zhang,Y. ,Wu,A. ,Wei,G. ,Designed graphene - peptide nanocomposites for biosensor applications: A review. *Anal. Chim. Acta*,985,24,2017.

[35] Li,D. P. ,Zhang,W. S. ,Yu,X. Q. ,Wang,Z. P. ,Su,Z. Q. ,Wei,G. ,When biomolecules meet graphene: From molecular level interactions to material design and applications. *Nanoscale*,8,19491,2016.

[36] Zeng,Q. O. ,Cheng,J. S. ,Tang,L. H. ,Liu,X. F. ,Liu,Y. Z. ,Li,J. H. ,Jiang,J. ,Self - assembled graphene - enzyme hierarchical nanostructures for electrochemical biosensing. *Adv. Funct. Mater.* ,20,3366,2010.

[37] Xu,S. ,Zhan,J. ,Man,B. ,Jiang,S. ,Yue,W. ,Gao,S. ,Guo,C. ,Liu,H. ,Li,J. ,Wang,J. ,Zhou,Y. ,Real - time reliable determination of binding kinetics of DNA hybridization using a multichannel graphene biosensor. *Nat. Commun.* ,8,14902,2017.

[38] Mao,S. ,Lu,G. ,Yu,K. ,Bo,Z. ,Chen,J. ,Specific protein detection using thermally reduced graphene oxide sheet decorated with gold nanoparticle - antibody conjugates. *Adv. Mater.* ,22,3521,2010.

[39] Chen,Y. ,Ren,R. ,Pu,H. ,Guo,X. ,Chang,J. ,Zhou,G. ,Mao,S. ,Kron,M. ,Chen,J. ,Field - effect transistor biosensor for rapid detection of Ebola antigen. *Sci. Rep.* ,7,10974,2017.

[40] Viswanathan,S. ,Narayanan,T. N. ,Aran,K. ,Fink,K. D. ,Paredes,J. ,Ajayan,P. M. ,Filipek,S. ,Miszta,P. ,Tekin,H. C. ,Inci,F. ,Demirci,U. ,Li,P. ,Bolotin,K. I. ,Liepmann,D. ,Renugopalakrishanan, V. ,Graphene - protein field effect biosensors: Glucose sensing. *Mater. Today*,18,513,2015.

[41] Afsahi,S. ,Lerner,M. B. ,Goldstein,J. M. ,Lee,J. ,Tang,X. ,Bagarozzi,D. A. ,Pan,D. ,Locascio,L. , Walker,A. ,Barron,F. ,Goldsmith,B. R. ,Novel graphene - based biosensor for early detection of Zika virus infection. *Biosens. Bioelectron.* ,100,85,2018.

[42] Lerner,M. B. ,Pan,D. ,Gao,Y. ,Locascio,L. E. ,Lee,K. - Y. ,Nokes,J. ,Afsahi,S. ,Lerner,J. D. ,Walker,A. , Collins,P. G. ,Oegema,K. ,Barron,F. ,Goldsmith,B. R. ,Large scale commercial fabrication of high quality graphene - based assays for biomolecule detection. *Sens. Actuators,B,Chem.* ,239,1261,2017.

[43] Khatayevich,D. ,Page,T. ,Gresswell,C. ,Hayamizu,Y. ,Grady,W. ,Sarikaya,M. ,Selective detection of target proteins by peptide - enabled graphene biosensor. *Small*,10,1505,2014.

[44] Mannoor,M. S. ,Tao,H. ,Clayton,J. D. ,Sengupta,A. ,Kaplan,D. L. ,Naik,R. R. ,Verma,N. ,Omenetto,F. G. ,McAlpine,M. C. ,Graphene - based wireless bacteria detection on tooth enamel. *Nat. Commun.* ,3,763,2012.

[45] Bonanni,A. and Pumera,M. ,Graphene platform for hairpin - DNA - based impedimetric genosensing. *ACS Nano*,5,2356,2011.

[46] Gutés, A. , Lee, B. Y. , Carraro, C. , Mickelson, W. , Lee, S. W. , Mabouduan, R. , Impedimetric graphene – based biosensors for the detection of polybrominated diphenyl ethers. *Nanoscale*, 5, 6048, 2013.

[47] Zainudin, N. , Hairul, A. R. M. , Yusoff, M. M. , Tan, L. L. , Chong, K. F. , Impedimetric graphenebased biosensor for the detection of Escherichia coli DNA. *Anal. Methods*, 6, 7935, 2014.

[48] Popescu, S. , Dale, C. , Keegan, N. , Ghosh, B. , Kaner, R. , Hedley, J. , Rapid prototyping of a lowcost graphene – based impedimetric biosensor. *Proc. Technol.* , 27, 274, 2017.

[49] Verma, A. , Prakash, A. , Tripathi, R. , Sensitivity enhancement of surface plasmon resonance biosensor using graphene and air gap. *Opt. Commun.* , 357, 106, 2015.

[50] Chiu, N. – F. , Fan, S. – Y. , Yang, C. – D. , Huang, T. – Y. , Carboxyl – functionalized graphene oxide composites as SPR biosensors with enhanced sensitivity for immunoaffinity detection. *Biosens. Bioelectron.* , 89, 370, 2017.

[51] Zhang, C. , Li, Z. , Jiang, S. Z. , Li, C. H. , Xu, S. C. , Yu, J. , Li, Z. , Wang, M. H. , Liu, A. H. , Man, B. Y. , U – bentfiber optic SPR sensor based on graphene/AgNPs. *Sens. Actuators, B, Chem.* , 251, 127, 2017.

[52] Li, S. , Wu, W. , Ma, P. , Zhang, Y. , Song, D. , Wang, X. , Sun, Y. , A sensitive SPR biosensor based onhollow gold nanospheres and improved sandwich assay with PDA – Ag@ Fe_3O_4/rGO. *Talanta*, 180, 156, 2018.

[53] Shi, J. Y. , Guo, J. B. , Bai, G. X. , Chan, C. Y. , Liu, X. , Ye, W. W. , Hao, J. , Chen, S. , Yang, M. , Agraphene oxide based fluorescence resonance energy transfer (fret) biosensor for ultrasensitive detection of botulinum neurotoxin a (bont/a) enzymatic activity. *Biosens. Bioelectron.* , 65, 238, 2015.

[54] Sun, T. , Xia, N. , Liu, L. , A graphene oxide – based fluorescent platform for probing of phosphatase activity. *Nanomaterials*, 6, 20, 2016.

[55] Jeon, S. J. , Kwak, S. Y. , Yim, D. , Ju, J. M. , Kim, J. H. , Chemically – modulated photoluminescence of graphene oxide for selective detection of neurotransmitter by "turn – on" response. *J. Am. Chem. Soc.* , 136, 10842, 2014.

[56] Kwak, S. Y. , Yang, J. K. , Jeon, S. J. , Kim, H. I. , Yim, J. , Kang, H. , Kyeong, S. , Lee, Y. – S. , Kim, J. – H. , Luminescent graphene oxide with a peptide – quencher complex for optical detection of cellsecretedproteases by a turn – on response. *Adv. Funct. Mater.* , 24, 5119, 2014.

[57] Lü, L. , Wang, L. , Jiang, G. S. , Zhang, C. H. , Zeng, F. Q. , Silencing pyruvate kinase M2 sensitizes human prostate cancer PC3 cells to gambogic acid – induced apoptosis. *Zhonghua nan ke xue*[*National Journal of Andrology*], 19, 102, 2013.

[58] Guo, S. , Wen, D. , Zhai, Y. , Dong, S. , Wang, E. , Platinum nanoparticle ensemble – on – graphene hybrid nanosheet: One – pot, rapid synthesis, and used as new electrode material for electrochemical sensing. *ACS Nano*, 4, 3959, 2010.

[59] Kang, X. , Wang, J. , Wu, H. , Aksay, I. A. , Liu, J. , Lin, Y. , Glucose oxidase – graphene – chitosan modified electrode for direct electrochemistry and glucose sensing. *Biosens. Bioelectron.* , 25, 901, 2009.

[60] Shang, N. G. , Papakonstantinou, P. , McMullan, M. , Chu, M. , Stamboulis, A. , Potenza, A. , Dhesi, S. S. , Marchetto, H. , Catalyst – free efficient growth, orientation and biosensing propertiesof multilayer graphene nanoflake films with sharp edge planes. *Adv. Funct. Mater.* , 18, 3506, 2008.

[61] Tan, L. , Zhou, K. – G. , Zhang, Y. – H. , Wang, H. – X. , Wang, X. – D. , Guo, Y. – F. , Zhang, H. – L. , Nanomolar detection of dopamine in the presence of ascorbic acid at β – cyclodextrin/graphene nanocomposite platform. *Electrochem. Commun.* , 12, 557, 2010.

[62] Chen, H. , Zhang, J. , Gao, Y. , Liu, S. , Koh, K. , Zhu, X. , Yin, Y. , Sensitive cell apoptosis assay basedon caspase – 3 activity detection with graphene oxide – assisted electrochemical signal amplification. *Biosens. Bioelectron.* , 68, 777, 2015.

[63] Nikoleli, G. – P., Nikolelis, D., Siontorou, C. G., Karapetis, S., Lipid membrane nanosensors for environmental monitoring: The art, the opportunities, and the challenges. *Sensors*, 18, 284, 2018.

[64] Siontorou, C. G. and Batzias, F. A., A methodological combined framework for roadmapping biosensor research: A fault tree analysis approach within a strategic technology evaluation frame. *Crit. Rev. Biotechnol.*, 34, 31, 2013.

[65] Nikoleli, G. – P., Israr, M. Q., Tzamtzis, N., Nikolelis, D. P., Willander, M., Psaroudakis, N., Structural characterization of graphene nanosheets for miniaturization of potentiometric urealipid film based biosensors. *Electroanalysis*, 24, 1285, 2012.

[66] Bratakou, S., Nikoleli, G. – P., Nikolelis, D. P., Psaroudakis, N., Development of a potentiometric chemical sensor for the rapid detection of carbofuran based on air stable lipid films with incorporated calix[4] arene phosphoryl receptor using graphene electrodes. *Electroanalysis*, 27, 2608, 2015.

[67] Bratakou, S., Nikoleli, G. – P., Siontorou, C. G., Nikolelis, D. P., Tzamtzis, N., Electrochemical biosensor for naphthalene acetic acid in fruits and vegetables based on lipid films with incorporated auxin – binding protein receptor using graphene electrodes. *Electroanalysis*, 28, 2171, 2016.

[68] Karapetis, S., Nikoleli, G. – P., Siontorou, C. G., Nikolelis, D. P., Tzamtzis, N., Psaroudakis, N., Development of an electrochemical biosensor for the rapid detection of cholera toxin basedon air stable lipid films with incorporated ganglioside GM1 using graphene electrodes. *Electroanalysis*, 28, 1584, 2016.

[69] Bratakou, S., Nikoleli, G. – P., Siontorou, G. C., Nikolelis, D. P., Karapetis, S., Tzamtzis, N., Development of an electrochemical biosensor for the rapid detection of saxitoxin based on airstable lipid films with incorporated Anti – STX using graphene electrodes. *Electroanalysis*, 29, 990, 2017.

第6章 多孔石墨烯在电化学传感器和生物传感器中的应用

XiangjieBo, LipingGuo
东北大学化学系吉林省高校纳米生物传感与纳米生物分析重点实验室

摘　要　石墨烯(GR)是一种新型的单原子厚度的 sp^2 杂化碳原子,因为其独特并卓越的结构和电子特性,近年来引起了广泛的关注。但由于 $\pi-\pi$ 键相互作用,石墨烯层倾向于堆叠在一起,这可能会对石墨烯层的性能产生负面影响。结果是,不可逆石墨烯集合体上的活性部位隐蔽在堆积的石墨烯层中,从而使其不可用于电催化。因此,减轻或最小化石墨烯片层的聚集程度,可以促进石墨烯片上活性位点的暴露,从而有效地提高石墨烯基电化学传感器和生物传感器的性能。为了实现这一目标,石墨烯基电化学传感器的活性得到了越来越多的提高,并且这些努力主要集中在多孔石墨烯(PGR)上。在本章中,我们综述了基于 PGR 及其功能化材料(即杂原子掺杂、酶或蛋白/PGR、金属纳米材料/PGr、氧化还原介质/PGR)的电化学传感器的研究进展。最后,讨论了基于 PGR 的电化学传感器和生物传感器所面临的挑战以及今后的研究方向。

关键词　多孔石墨烯,电化学传感器,杂原子掺杂,金属纳米材料

6.1 引言

石墨烯是碳同素异形体的新成员,它是在蜂窝晶格中排列的单分子层 sp^2 键合的碳原子[1]。石墨烯片层的电子结构,即单个石墨层,是由 Wallace 在 1947 年首次从理论上阐明的。直到 2004 年,曼彻斯特大学的 Geim 和其同事们发明了一种非常简单的方法(即透明胶带技术)来制造分离石墨烯。这种实验上的突破使他们能够首次在硅片上生产和表征多层石墨烯[2]。随着这项开拓性的工作,几种不同的基于物理和化学的制备石墨烯的方法已经被开发出来,如石墨的插层和化学剥离,碳纳米管(CNT)的展开,化学气相沉积(CVD)或外延生长,石墨烯氧化还原,以及其他有机合成方法[3-13]。由于结构的独特性,石墨烯表现出一系列突出的内在化学和物理特性,如量子霍尔效应、室温下高载流子迁移率(约 $10000cm^2/(V\cdot s)$)、大比表面积($2630m^2/g$)、高光学透明度(约 97.7%)、高杨氏模量(约 1TPa)、优异的导热系数($3000\sim5000W/(m\cdot K)$)[14]。如此优异的力学、电气和光学性能使石墨烯成为复合材料理想的基石[14]。自 2004 年首次观察和表征机械剥离石

墨烯单层以来，石墨烯一直被期望在催化、电池、超级电容器、燃料电池、光电器件、光催化和电化学传感器等领域[3,5,14-16]展现出独特的全新应用机会。特别是在电化学传感器或生物传感器中，利用石墨烯及其复合材料对电极表面进行改性，设计和构建了许多先进的电极界面，进而提高了电极的分析性能[17-23]。自 2008 年[24]石墨烯首次作为电化学传感和生物传感电极材料以来，石墨烯及其复合材料已广泛应用于污染物监测、食品安全和疾病诊断[16-19,25-34]等分析领域。2008 年，石墨烯首次被用作在抗坏血酸（AA）和尿酸（UA）[24]存在下选择性检测多巴胺的电化学传感器。重要的是，这些工作确定了石墨边缘平面/缺陷对快速电子转移（ET）动力学和良好的传感和生物传感性能所起的重要作用。通过对石墨烯高电催化性能的观察，设计了许多石墨烯复合材料作为电化学传感器和生物传感器的电极材料。近年来，研究人员见证了基于石墨烯及其复合材料的电化学传感器或生物传感器的重大进展。最近的这些综述全面总结了石墨烯在电化学传感器或生物传感器中的进展[16,26-27,35-39]。

虽然石墨烯作为电极材料已经取得了很大的进展，但石墨烯片往往通过范德瓦尔斯力[40-41]堆积在一起，正因为如此，石墨烯片的重叠对表面面积有很大的负面影响，限制了它在电化学研究中的应用。石墨烯片层的不可逆的堆积也使得电催化的活性部位（石墨边缘平面/缺陷）很容易被遮蔽或隐藏在堆叠石墨烯中，导致其无法参与电催化。当作为电催化剂载体时，在石墨烯层上支撑的纳米粒子或纳米级材料很容易被夹在聚合石墨烯层中，从而限制了载体纳米材料的利用效率。因此，减少石墨烯层的聚集，增加石墨烯层的表面积具有重要意义。为了实现这一目标，正在努力提高基于石墨烯的电化学传感器的电化学活性，这些研究主要集中在纳米材料插层[42-52]，表面修饰（非共价功能化和共价功能化石墨烯）[53-65]和多孔石墨烯（PGR）[66-70]上。在纳米材料的嵌入方面，纳米材料（如碳纳米管（CNT）和炭黑）与石墨烯的合理结合导致了多层、相互连接的碳结构的形成。提升石墨烯片层的聚集能促进活性部位的暴露，有效地提高石墨烯电化学传感器的催化活性[71-73]。石墨烯片间间隔层的嵌入引起了分层复合材料的形成，从而能够充分利用各种材料的优势。这种改善效果可以用 CNT/GR 复合材料实验来证明。采用简单的机械混合方法，用表面面积大、有多孔结构的 CNT/GR 作为电化学传感器的电极材料，对乙酰氨基酚（APAP）进行灵敏检测[74]。该传感器对 APAP 显示出快速的 ET 动力学特性，在中性溶液中多巴胺存在下，对 APAP 的选择性测定表现出优异的性能，如 38nmol/L 的低检出限，0.05 ~ 64.5μmol/L 的宽线性范围。与纯石墨烯相比，长而弯曲的 CNT 抑制了石墨烯的聚集，为电催化提供了更多的可电解的表面积。除了 CNT，在相同的原理基础上，碳纳米管纤维[75]、空心碳球[76-77]和大孔碳[78]也可以防止石墨烯片的不可逆聚集，提高分析性能。近年来，石墨烯表面功能化（非共价法或共价法）也被证实可防止石墨烯层的聚集[15,79]。另外，利用聚电解质对石墨烯进行功能化是提高其溶解度和扩大生物传感应用的有效方法。2009 年，用 PVP 非共价功能化石墨烯片作为固定葡萄糖氧化酶（GOx）的电极材料[79]。结果表明，PVP 保护的石墨烯在水中分布良好。以 GOx 为酶模型，在 PVP 保护的石墨烯/聚乙烯亚胺功能化离子液体/GOx（GR/PFIL）的基础上，构建了一种新型的葡萄糖传感器。石墨烯基复合材料为 GOx 提供了快速直接 ET，并保持良好的生物活性。Gr/PFIL 复合材料对于 O_2 和 H_2O_2 具有良好的电化学还原性能。基于对 O_2 的高活性，研制了一种葡萄糖生物传感器。该传感器表现出 2 ~ 14mmol/L 的线性范围。除了纳米材料的插层和表面改性外，各种 PGR 基材料在超级电容器、锂离子电池、气体吸附、电化学生物传感器、燃料电池、太阳能电池等领域[80-87]的应用也得到了广泛的设计、制备和研究。在这些合成方法中，模板导向化学气相沉积是制备泡沫型 PGR 的一种重要而简便的方法。镍泡沫是合成石墨烯泡沫最常用的模板，在目前的文献中占主导地位。Chen 等首次报告了以互连镍支架为模板的仿漫游石墨烯的合成[88]。在这个开拓性发现的基础上，化学气相沉积法被广泛应用于石墨烯泡沫的制备，化学气相沉积生长的石墨烯在不同领域得到了广泛的应用[81,86]。然而，从化学气相沉积制备的 PGR 受到昂贵机器和有毒气体（乙腈[89]或吡啶[90]）排放的制约。与化学气相沉积方法一样，硬模板法也是制备 PGr 结构的常用方法，因为它的孔径是可控的[91-93]。聚合物或无机粒子和嵌段共聚物也可作为制备 PGR 的硬模板。模板表面的氧化石墨烯自组装、氧化石墨烯的还原以及模板的随后移除使原本被模板物种所占据的孔隙和石墨烯皱缩。此外，还采用了几种不同的制备方法，如化学腐蚀、活化和水热法[81-82,86,94-95]。通过氧等离子体[70]、KOH[96]、CO_2[69]、H_2O_2[67]和 $KMnO_4$[97]对化学腐蚀或活化石墨烯，可在石墨烯表面产生孔隙，这是由于从平面上去除了一些 sp^2碳原子。化学腐蚀或活化方法促成多孔结构和石墨烯基电催化剂的电化学性能的一个典型例子是超级电容器系统[98]，其中研究人员指出，经 KOH 活化石墨烯的大比表面积为电荷提供了更多可用于累积场所。采用微波剥离氧化石墨烯对 KOH 进行简单活化，获得了约 $3100m^2/g$ 的多孔超高比表面积，孔隙体积可达 $2.14cm^3/g$。结构表征表明，KOH 激活蚀刻氧化石墨烯，并生成三维分布，产生一个连续的三维网络，孔隙极小，为 1～10nm。重要的是，活化 PGR 的比表面积可以很容易地根据 KOH/GO 的比值来定制。以活化 PGR 为电极材料，有机和离子液体电解质中的双电极超电容器电池具有较高的重量电容值和能量密度，突出了孔隙对提高电容的重要作用。然而，由于碳原子与活化或蚀刻试剂之间的氧化还原反应，石墨烯中的碳原子因生成石墨烯中的孔隙而耗尽。因此，低生产率使其不适合大规模合成。通过将石墨烯构建成具有高表面积和大孔形貌的多孔结构，使石墨烯的活性位点显著增加，提高了其电催化性能[99-103]。与原始石墨烯相比，基于 PGR 的电化学传感器或生物传感器具有如下特点：①PGR 的大表面积和多孔结构有利于活性位点的暴露；②PGR 的多孔结构和增大的层间距可促进反应物和生产的快速传质；③PGR 的高表面积和多孔结构为纳米粒子的生长提供了更多的活性位点，有利于形成高度分散、强结合的金属相。这些特性使 PGR 具有很好的电化学传感应用前景。

本章的目的是介绍基于 PGR 及其复合材料的电化学传感器最近的发展和新进展。我们介绍了 PGR 如何被用来制造传感器/生物传感器的最新例子。需要特别注意提高传感器性能的功能化策略，如杂原子掺杂、金属纳米材料修饰、蛋白质酶固定化、氧化还原介质等。最后，对 PGR 作为合理设计电化学传感器的基本要素的应用提出了当前的挑战和未来的展望。

6.2 基于多孔石墨烯的电化学传感器和生物传感器

6.2.1 多孔石墨烯

6.2.1.1 化学气相沉积模板法制备多孔石墨烯

如上所述，电催化活性可能与石墨烯的有效表面积成正比。根据其结构特点，化学气相沉积法被广泛用于制备石墨烯泡沫，化学气相沉积生长的 PGR 被用于电化学传感器[81,86]。例如，2012 年，Dong 等证明了化学气相沉积合成的大孔、高导电、单片石墨烯泡沫可作为新型的电化学传感器结构[104]。如图 6.1(a)和(b)所示，PGR 泡沫表现出明确的大孔结构，孔径在 100 ~ 200μm 左右。N_2 吸附 - 解吸等温线的表征表明，PGR 泡沫具有较大的比表面积(约 $670m^2/g$)。与裸电极相比，PGR 泡沫显示出对于$[Fe(CN)_6]^{3-/4-}$探针的加速 ET。

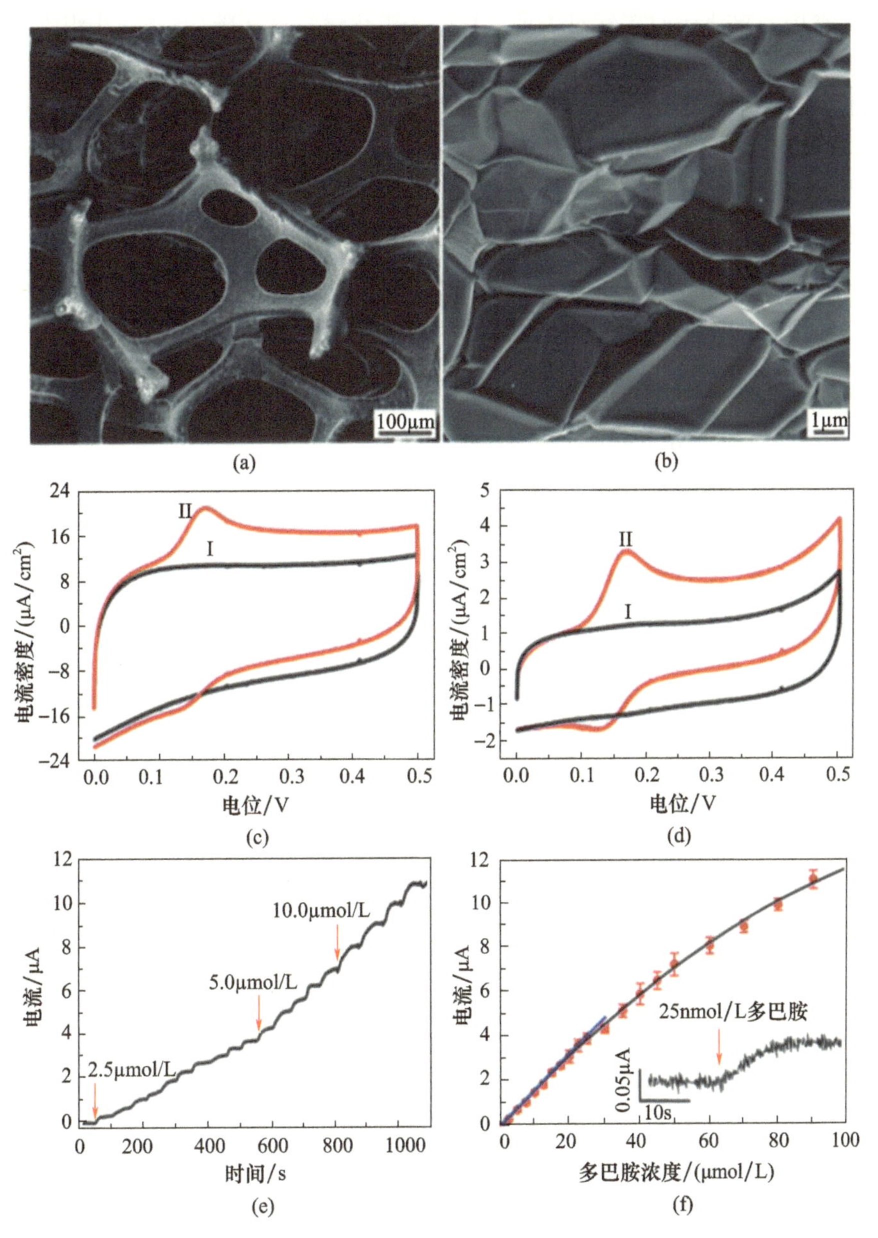

图 6.1 (a)和(b)不同放大率下 PGR 泡沫的 SEM 图像；(c)PGR 泡沫电极和(d)在 PBS 中的 GC 电极(i)没有和(ii)有 20μmol/L DA；(e)PGR 泡沫的电流 - 时间曲线及(f)校准曲线

(经许可转载自文献[104]，2012 美国化学学会版权所有)

与裸玻碳(GC)电极(图6.1(d))相比,PGR泡沫修饰电极(图6.1(c))对多巴胺显示出较高的电催化活性。他们发现PGR泡沫作为多巴胺的电化学传感器,能选择性地检测多巴胺,且灵敏度高,检出限低(图6.1(e)和(f))。石墨烯泡沫的高分析性能是由其表面积大、传质速度快、电荷转移速率高所导致的。另一项值得注意的研究发现,由于三维的石墨烯泡沫[105-106]存在疏水行为,与独立的三维网状玻璃体碳相比,三维的石墨烯泡沫在伏安响应方面表现较差。相反,这种三维的石墨烯泡沫在非水介质(如IL)中作为电极材料用于某些常用的氧化还原探针时表现出良好的电化学特性。随后,同一小组[107]也报道了用碳化硅泡沫通过高温和低真空工艺制备的三维石墨烯纳米带泡沫在电化学传感中的应用。该石墨烯纳米泡平均由4层石墨烯组成,并表现出准石墨烯结构。从三维石墨烯纳米带泡沫的电分析响应来看,这对某些分析物的线性范围和检出限有了改善。然而,在某些情况下,替代碳基三维泡沫(如网状玻碳和镍泡沫-模板石墨烯)的表现会优于石墨烯纳米带泡沫。这一结果强调了ET能力、缺陷位点和活性表面积之间的折衷方案应根据预设目标的分析来考虑。

6.2.1.2 模板法制备多孔石墨烯

除了CVD法之外,硬模板法也被广泛用作PGR电极材料。最近,ZnO被作为模板,采用电化学还原法合成了多孔还原氧化石墨烯(P-rGO),如图6.2(a)[108]所示。在这种制备方法中,带负电荷的氧化石墨烯首先通过强静电吸引在带正电荷的ZnO纳米球表面组装。在-1.5V下0.1mol/L PBS(pH5)电化学还原400s,然后酸蚀刻ZnO模板,在电极表面合成了P-rGO。SEM图像显示,与还原氧化石墨烯(图6.2(c))相比,P-rGO具有独特的多孔结构(图6.2(b)),该结构不仅会增加表面面积,而且会抑制石墨烯片层的团聚倾向。P-rGO修饰电极用于研究氢醌(HQ)、儿茶酚(CC)和间苯二酚(RC)(图6.2(d))的电催化氧化反应。与裸玻碳电极和电化学还原氧化石墨烯(ErGO)修饰电极相比,P-rGO电极具有较高的电流敏感性,这是由于其多孔结构以及活性部位有效地暴露。与ErGO相比,其峰值电流几乎达到了2倍。因此,P-rGO-GC对以上三种化合物的电催化活性高于EGrO-GC。P-rGO修饰电极具有三个定义良好的电流峰,峰分离更为明显。另外,P-rGO修饰电极灵敏度高,抗干扰能力强,重复性好,长期稳定性好。研究表明,P-rGO是一种很有前途的电化学传感器和生物传感器电极材料。

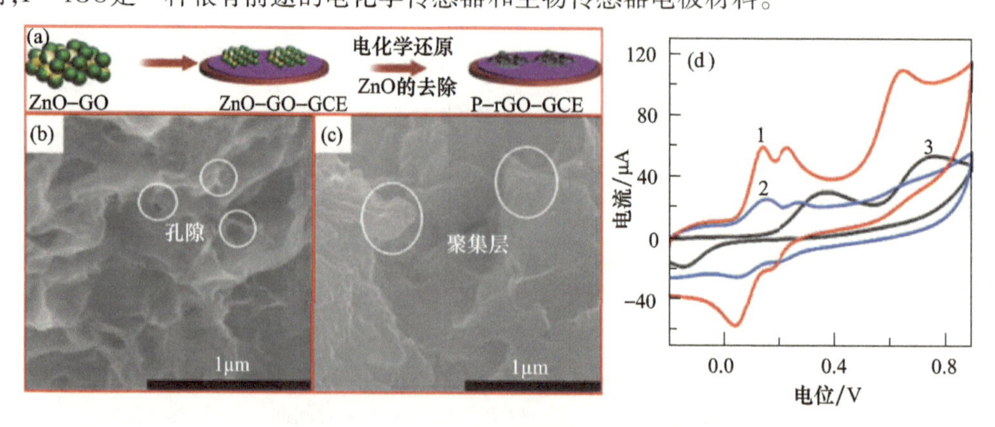

图6.2 (a)P-rGO的制备途径;(b)P-rGO和(c)rGO的SEM图像;(d)P-rGO(1)、rGO(2)及GC(3)电极的伏安法(经许可转载自文献[108],2015爱思唯尔版权所有)

6.2.1.3 无模板多孔石墨烯

通常，模板合成过程需要一个化学腐蚀步骤，以去除硬模板的镍泡沫或镍模板。为了避免模板的使用，通过在电解液中进行 Mg^{2+} –GO 电泳沉积，然后肼还原[109]，在石墨电极上沉积了具有极锋利边缘、偏好的垂直方向和多孔结构的还原石墨烯纳米壁（RGNW）。这也是首次，将所制备的表面面积大、边缘面缺陷较大的 RGNW 电极用于研制检测 DNA 四个碱基的超高分辨率电化学生物传感器。图 6.3(a) 的 SEM 图像显示，石墨电极表面覆盖着花瓣状的石墨烯纳米粒子，横向尺寸在 500nm 左右，边缘非常锋利（边缘厚度在 1~15nm 之间）。这些石墨烯纳米片呈现随机方向，但与基底垂直方向一致，形成了具有较大表面积的巢状多孔结构。用肼还原氧化石墨烯后，在电极表面可发现保留良好的 RGNW 结构。石墨烯结构在提高电催化性能中的作用已被还原石墨烯纳米片（RGNS）对 DNA 检测的改善反应所证实。在研究了 RGNW（黑线在图 6.3(b)）电极表面浓度为 0.1μmol/L 的 G、A、T、C 这些等摩尔混合物显著增强的电化学活性，并与 RGNS、氧化石墨烯纳米壁（GONW）、石墨和玻碳电极的电化学性能进行了比较后，发现由于电催化活性位点的存在，RGNW 与 RGNS 活性差异较大。RGNS 层的聚集使活动点遮挡为堆积层，而活动点暴露在 RGNW 表面，且具有较大的表面积和较大的层距，从而增强了活性。

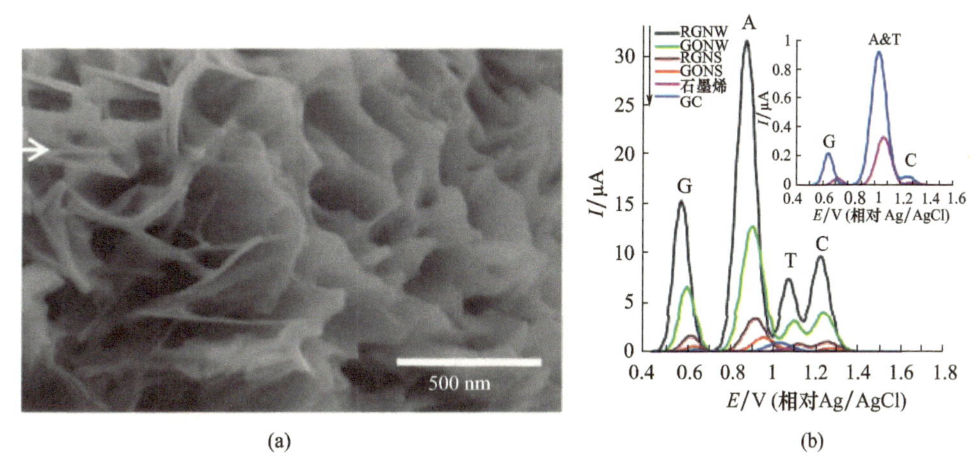

图 6.3 (a)石墨烯纳米壁的 SEM 图像；(b)在 G、A、T 和 C 等摩尔混合物中的 RGNW、石墨、RGNS、GONW 和玻碳电极的 DPV 剖面（经许可转载自文献[109]，2012 美国化学学会版权所有）

6.2.2 基于掺杂多孔石墨烯的电化学传感器

杂原子掺杂 PGR 可以改变其电子性质，增加缺陷点，进而改变石墨烯的催化活性，使之与其他碳材料相似[110-111]。

6.2.2.1 氮掺杂多孔石墨烯

2015 年，以多孔镍泡沫为基体，乙二胺为前驱体[112]，采用化学气相沉积法制备了三维掺氮 PGR。SEM 图像清晰地显示出孔隙大小为 200~600μm（图 6.4(a)~(d)）的泡沫样多孔结构。氮化物的存在导致 PGR 元素组成的局部化学变化，从而提高了电催化的活性。由于结构性质和杂原子掺杂（图 6.4(e)），得到的三维的氮掺杂 PGR 被作为电化学检测多巴胺（图 6.4(f)）的电极材料。与二维的石墨烯和非掺杂三维的 PGR 相比，三维的氮掺杂 PGR 对多巴胺显示出较高的电催化活性。此外，三维的氮掺杂 PGR 具有良好的抗干扰能力、重现性和稳定性，其在 $3\times10^{-6}\sim1\times10^{-4}$mol/L 范围内表现出很宽的线性检测范围，检出限为 1nmol/L。最近的另一项研究考察了由简易、无模板、低成本策略合成的氮掺杂 PGR 气凝胶的分析性能[113]。三维的 PGR 是通过以下两个过程获得的：①混合物的原位水热交联聚合以获得三维杂化含 N 前驱体。在此过程中，多巴胺在单个氧化石墨烯片之间转换为 poly - DA 并引导石墨烯片形成三维结构（PDA - GO）；②在 Ar 气氛下，在 800℃下进行退火步骤以获得氮掺杂特性。SEM 和 TEM 图像显示，皱褶纳米片随机交联，形成孔隙丰富的网络三维结构。结合三维结构、石墨烯的优异性能和表面介导，无金属的三维 PGr 在检测范围、稳定性和响应时间等方面对 H_2O_2 表现出良好的电催化性能。氮掺杂石墨烯水凝胶检测腺嘌呤[114]也得到了类似的结论。

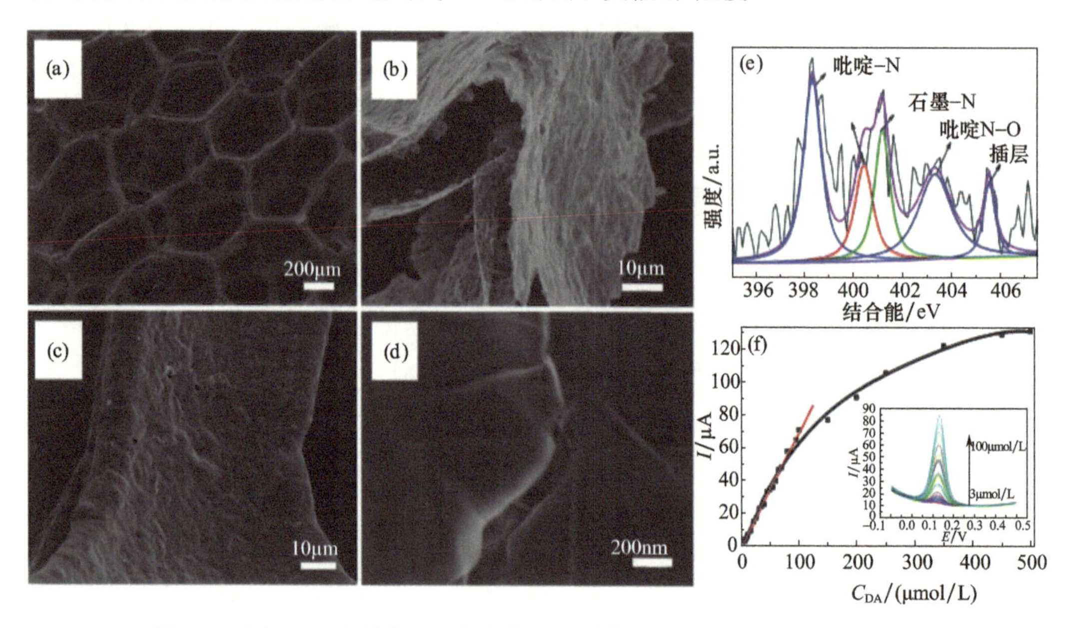

图 6.4 （a）~（d）氮掺杂 PGr 泡沫的 SEM 图像；（e）氮掺杂 PGR 的 N1sXPS；（f）氮掺杂 PGR 对多巴胺的分析性能（经许可转载自文献[112]，2015 皇家化学会版权所有）

6.2.2.2 磷掺杂多孔石墨烯

2017 年，以植酸为磷的前驱体和之后的退火处理手段[115]，采用自组装水热法制备了三维磷（P）掺杂 PGR。在制备过程中，850℃时，植酸热分解产生的磷原子可以掺杂到 PGr 晶格中，XPS 和元素映射也证实了这一点。三维 PGR 修饰电极由于三维多孔结构和 P 掺杂的共同作用，在还原反应中对 H_2O_2 具有较好的催化性能，得到的线性范围为 0.0002 ~ 41.2mmol/L，检出限为 0.17μmol/L，在选择性、重现性、长期稳定性等方面均有良好的表现。重要的是，我们成功地应用三维 PGR 测定了活体 HeLa 细胞释放的痕量 H_2O_2。在之后的工作中，等离子体处理使得在磷掺杂的 PGR 中可以引入更多的缺陷位点，对多巴胺[116]的电催化氧化产生了协同作用。缺陷点富集的 P 掺杂的 PGr 显示出良好的多巴胺传感性能，例如检出限为 0.006μmol/L，线性范围为 0.1 ~ 120μmol/L。

6.2.3 生物分子/多孔石墨烯

6.2.3.1 葡萄糖氧化酶/多孔石墨烯

PGR具有别具一格的结构特性，是酶或蛋白质负载的理想支架，可以最大限度地提高对酶或蛋白质的可及性。例如，通过一步法将水悬浮液中的氧化石墨烯电化学还原而制备的三维互穿PGR，该步骤被报道为固化葡萄糖氧化酶(GOD)的基础[117]。与二维石墨烯膜相比，三维电化学还原氧化石墨烯(ErGO)具有更容易获得的平面和边缘点，这改善了GOD和ErGO电极之间的交流，从而增强了酶和电极之间的DET。此外，一些来源于氧化石墨烯前体的含氧官能团，使得它们很容易与GOD的游离氨基形成共价键。固定的GOD会表现出快速ET，速率常数为6.05s^{-1}。在无介质的饱和磷酸盐缓冲溶液中，GOD/三维ErGO的线性范围为0.02~3.2mmol/L，检出限为1.7μmol/L。在另一项研究中，利用MCM-22沸石为模板合成了中细胞石墨烯泡沫(MGR)，以高效固定化GOD[118]。N_2吸附-解吸结果表明，MGF的表面积为2581m^2/g，孔隙率为5.53cm^3/g。值得注意的是，GMF可以很容易地通过一种廉价的方法大规模地制备，所以它比其他碳纳米材料更实用。MGF具有13nm左右的大细胞孔和孔壁导电的优点，可作为有效的GOD固定化的优良宿主基质，实现速度常数为4.8s^{-1}的快速ET。制备的葡萄糖生物传感器线性范围为1.0~12mmol/L，检出限为0.25mmol/L，灵敏度为2.87μA/[(mmol/L)·cm^2]。

6.2.3.2 辣根过氧化物酶(HRP)/PGR

2015年报道了一种简单实用的高HRP/三维PGR生物传感器的构建方法[119]。该研究以化学气相沉积法制备的单孔、大孔三维PGR泡沫作为固定HRP的独立电极，制备了氧化还原亚甲基蓝碳纳米管(MB-CNT)纳米复合材料，并通过π-π强相互作用将其自组装到三维PGr泡沫表面。作为一种有效的电子介体，MB能有效地加速HRP与基底电极之间的ET动能。为在PGr/MB-CNT电极表面共价接枝HRP，采用了原位聚合法制备聚多巴胺(PDA)，并将其作为绿色连接剂。此外，PDA层还能有效地防止内电子介质的泄漏。由于该生物传感器具有三维大孔结构，以及PGR和表面结合介质的优异性能，其在检测H_2O_2时，具有宽线性范围(从0.2μmol/L~1.1mmol/L)、高灵敏度(227.8μA/[(mmol/L)·cm^2]、低检出限(58.0nmol/L)等方面的优异性能。2017年，另一项新近的研究HRP/PGR在活细胞中检测H_2O_2的分析性能[120]。该研究以银纳米粒子(AgNP)为刻蚀剂制备了PGN。首先，用化学还原法与$NaBH_4$在氧化石墨烯表面沉积了Ag纳米粒子。如TEM图像显示，经化学方法也即HNO_3去除含银纳米粒子后，会发现在GN表面有更多缺陷点的多孔结构。PGN的BET比表面积和孔隙体积分别为430.27m^2/g和0.44cm^3/g。PGN的孔径分布表明，其孔径主要分布在20nm处，与TEM图像一致。由于PGN表面面积大，多孔结构多样，所以可作为电极表面固化酶的优良载体。HRP/PGN电极对于H_2O_2具有良好的电化学性能，比如其检测限为0.0267nmol/L，并且由于PGN的三维结构，其线性范围达到了七个数量级。此外，该传感器还显示了对潜在干扰(如抗坏血酸、多巴胺和尿酸)的显著特异性。重要的是，这种HRP/PGN生物传感器可以监测活细胞的H_2O_2释放。在持续加入抗坏血酸后，即使在活细胞中也可以观察到电流的增加，这可被归因于受刺激细胞产生H_2O_2的减少。相反，当过氧化氢酶被注入时，电流反应由于

H_2O_2 的催化分解而迅速下降到背景水平，这也表明安培反应是由于活细胞释放的 H_2O_2 电化学还原所引起。

6.2.3.3 抗体/多孔石墨烯

PGR 泡沫具有较大的表面积和多孔形貌，这提高了生物活性亲合配体的密度和可获得性，PGR 因而具有很好的应用前景。以基于 PGR 泡沫的高效电化学免疫印迹传感器为例，用该传感器对肿瘤生物标志物癌胚抗原(CEA)[121]进行了灵敏的检测。在碱性条件下，PDA 经多巴胺原位聚合在 PGR 上，使电极具有亲水性，并可作为共价固定化伴刀豆球蛋白 A(ConA)的强有力连接剂。通过凝集素与糖蛋白的生物特异性和亲和性，将 HRP 标记抗体固定在石墨烯泡沫上。该免疫传感器能够以较宽线性范围(0.1 ~ 750.0ng/mL)，低检测限(约 90pg/mL)，和较短的孵育时间(30min)检测 CEA。石墨烯泡沫的独特结构性能保证了生物亲和力配体的高效传质和可获得性，并提供了高密度的固定化抗体。通过简单地改变相对应的抗体，该免疫传感器可以被扩展到用于检测其他蛋白质。

6.2.4 金属纳米材料/多孔石墨烯

PGR 具有较大的表面积和较多的活性位点，可以为目标提供协同活性，是与金属纳米材料集成的理想载体。

6.2.4.1 CVD 法生长多孔石墨烯

以 PGR 泡沫为载体，Zhang 的团队通过简单的水热法在 PGR 泡沫上原位合成了氧化钴(Co_3O_4)纳米线[122]。扫描电镜(SEM)和透射电镜(TEM)显示，石墨烯骨架完全且均匀地被 Co_3O_4 纳米线网所覆盖(图 6.5(a)和(b))。作为非酶葡萄糖传感器，由于两种新型纳米材料的协同集成，Co_3O_4 纳米线/PGR 对葡萄糖具有高氧化性能(图 6.5(c)和(d))。之后，在后续工作中，他们还使用 CVD 法生长 PGR 作为模板锚定 Pt 纳米粒子、CNT、MnO_2 和纳米壁，并构建了电化学传感器，用于 H_2O_2 敏感检测[123]。在 SEM 和 TEM 表征的基础上，这些纳米材料可以很好地固定在 PGR 表面。以 H_2O_2 作为探针分子，得到的功能化 PGR 材料具有较高的 H_2O_2 氧化活性。Yue 等把在 PGR 泡沫上垂直排列的 ZnO 纳米线阵列(ZnONWA)，用于尿酸、多巴胺和抗坏血酸(图 6.5(e))[124]的选择性检测。图 6.5(f)中的 SEM 图像显示，GF 表面被垂直排列、高度均匀的 ZnONWA 完全覆盖。图 6.5(g)的 TEM 图像可以观察到晶格常数为 0.52nm 的单晶 ZnO。与石黑烯相比，ZnONWA/Gr 纳米复合材料(图 6.5(h)的尿酸，图 6.5(i)的多巴胺，图 6.5(j)的抗坏血酸)的信号放大表明了 ZnONWA/Gr 具有较高的电催化活性。优化的 ZnONWA/Gr 泡沫电极具有较大的表面积和较高的选择性，对尿酸和多巴胺的检出限为 1nmol/L。PGr 泡沫结构的表面面积大，多孔结构有利于传质，石墨烯泡沫的电导率高，ZnONWA 表面的活性位点较高，上述都是电催化性能提高的原因。此外，在分析了这些生物分子的最低未占分子轨道与最高占分子轨道(LUMO - HOMO)之间差距的基础上，通过给定电极上生物分子的 LUMO - HOMO 之间的间隙差(图 6.5(k))，就可以解释潜在氧化的选择性。同样，PGr 支持的 Mn_3O_4 纳米结构[125]、ZnO 纳米棒[126]、$NiCo_2O_4$ 纳米结构[127]、$Ni(OH)_2$ 纳米片[128]、CuO 纳米棒[129]和 $Cu(OH)_2$ 纳米棒[130]也对预设的目标表现出优异的分析性能。

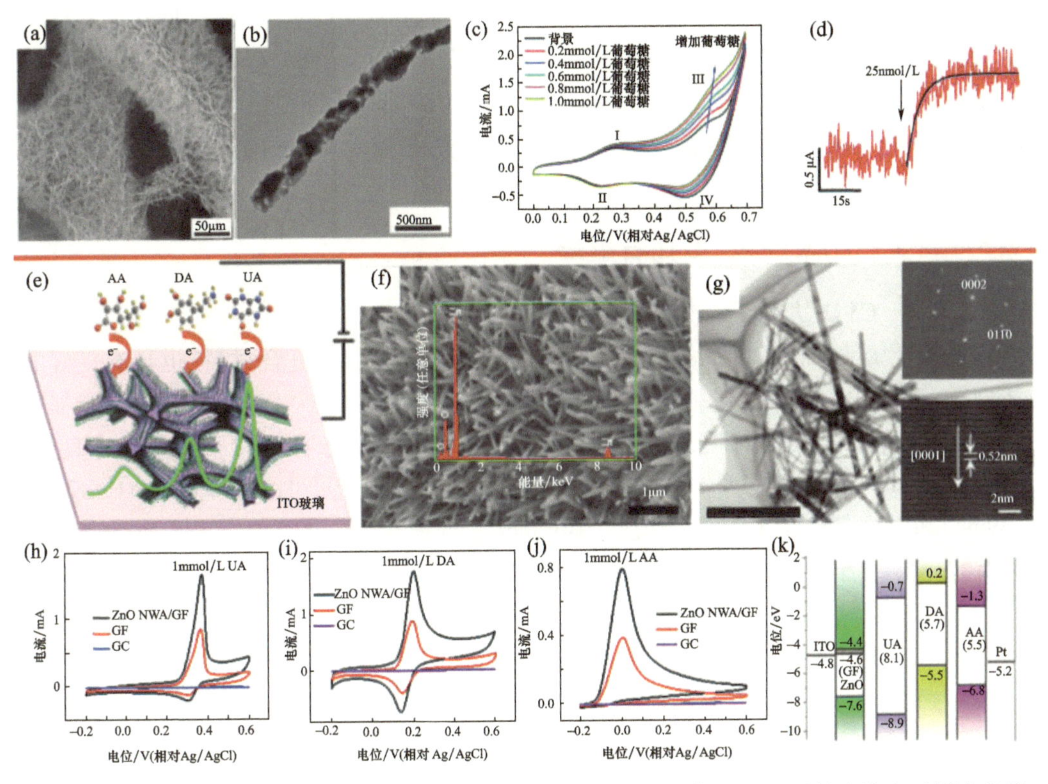

图6.5 (a)SEM和(b)Co_3O_4纳米线/石墨烯泡沫的TEM图像;(c)石墨烯泡沫中不同浓度葡萄糖的CV;(d)在石墨烯泡沫中对25nmol/L葡萄糖的安培反应;(e)ZnONWA/石墨烯泡沫电极及UA、多巴胺及AA的检测的示意图;(f)TEM图像和(g)ZnO NWA/石墨烯泡沫的SEM图像。在ZnONWA/石墨烯泡沫(黑色)、石墨烯泡沫(红色)和GC电极(蓝色)上,(h)尿酸、(i)多巴胺和(j)抗坏血酸的CV(k)ZnONWA/石墨烯泡沫、尿酸、多巴胺和抗坏血酸的直带模型(LUMO和HOMO)。(a)~(d)(经许可转载自文献[122],2012美国化学学会版权所有);(e)~(k)(经许可转载自文献[124],2014美国化学学会版权所有)

6.2.4.2 模板法制备多孔石墨烯

近年来,以硬模板法制备的多孔还原氧化石墨烯(PrGO)为载体,将CuO纳米粒子固定在多孔还原氧化石墨烯上。该研究以氨基修饰的SiO_2(NH_2—SiO_2)为牺牲模板,合成了PrGO。氮吸附等温线表明,与还原氧化石墨烯相比,PrGO的表面积更大,为770.4m^2/g,孔隙体积也更大,为0.87cm^3/g。(还原氧化石墨烯表面积为326.7cm^2/g,孔隙体积为0.53cm^3/g)。这也是首次采用浅显、简便的水热法在PrGO上进行了CuO纳米粒子的支撑。CuO/PrGO修饰的GC电极在0.001~6mmol/L范围内与葡萄糖呈线性反应,检出限为0.50μmol/L。CuO/PrGO的高催化活性可归因于以下几个方面:①石墨烯薄片的聚集被孔隙的引进所减轻,进而使特定表面积增大;②PrGO中大量的孔隙有利于PrGO中CuO纳米粒子形成,且有利于活性部位的暴露;③PrGO的三维多孔结构具有较高的传质能力。

6.2.4.3 石墨烯水凝胶或气凝胶

用水热法,Li等报告了一步合成$Ni_{0.31}Co_{0.69}S_2$/石墨烯水凝胶,并将其作为葡萄糖无酶传感器的合成方法[68]。如SEM图像(图6.6(a)和(b))和TEM图像(图6.6(c))所示,

$Ni_{0.31}Co_{0.69}S_2$ 纳米粒子在 PGR 纳米片上均匀分布。因为 $Ni_{0.31}Co_{0.69}S_2$ 具有良好的氧化还原活性、良好的导电性和较高的 PGR 框架比表面积，$Ni_{0.31}Co_{0.69}S_2$/石墨烯水凝胶对葡萄糖氧化表现出了显著的电催化活性，且灵敏度高，检出限低，线性范围宽，应用电位低（图 6.6(d)～(f)）。同样，Co_3O_4 纳米粒子[131]和 SnO_2 纳米粒子[132]－固定化石墨烯水凝胶对靶分子的分析性能也很高。

6.2.5 贵金属纳米颗粒/多孔石墨烯

6.2.5.1 CVD 法生长多孔石墨烯

除过渡金属纳米粒子外，将贵金属纳米粒子与 PGR 混合成复合材料，也具有良好的分析性能。在 PtPd/PGR 电极上进行了实验观察后，结果表明 CVD 制备的 PGR 能提高 PtPd[133]的分析性能。采用硼氢化还原法，所得的 PtPd 纳米粒子在 PGR 骨架上分布良好，粒径为 3.51nm。尤其是在 PGR 上支撑的 Pt，它们的纳米粒子尺寸小于 VulcanXC－72 碳(5.39nm)和原始石墨烯(4.24nm)，说明 PtRu 的大表面积有利于 PtRu 的沉积。PtRu 纳米粒子具有粒径小、分布均匀的特点，所以其具有较好的 H_2O_2 催化性能。作为一种无酶传感器，PtPd/PGR 具有很好的分析性能，其灵敏度为 1023.1μA/[(mmol/L)·cm^2]，检出限为 0.04μmol/L，突出表明了载体相互作用对提高酶活性的显著作用。在另一项研究中，采用电沉积法，在三维 PGR 泡沫[123]上制备了 Pt 纳米粒子。在 2mmol/L H_2O_2 的存在下，Pt 纳米粒子/三维 PGR 的过电位低于三维 GN，反映了其对于 H_2O_2 的电催化活性的增强。Pt 纳米粒子/3DPGR 检出限为 0.125μmol/L，线性范围为 0.167～7.486μmol/L，响应时间为 1.4s。结果表明，小 Pt 纳米粒子活性位点的充分暴露和良好的电导率有助于提高分析性能。

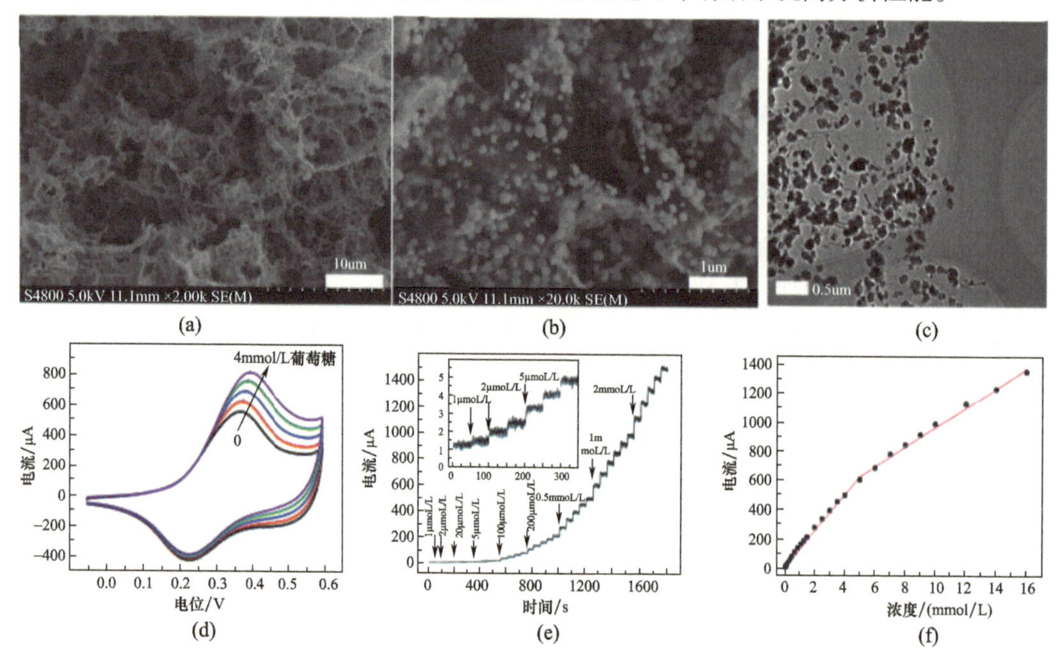

图 6.6 (a)、(b)SEM 和(c)$Ni_{0.31}Co_{0.69}S_2$/石墨烯水凝胶的 TEM 图像；(d)0.3mol/L NaOH 溶液中不同浓度葡萄糖下 $Ni_{0.31}Co_{0.69}S_2$/石墨烯水凝胶修饰电极的 CV；(e)$Ni_{0.31}Co_{0.69}S_2$//rGO 修饰电极对连续增加的不同浓度葡萄糖的电流时间响应（插图：对低浓度葡萄糖溶液的电流响应的部分放大图）；(f)相应的校准曲线（经许可转载自文献[68]，2015 皇家化学会版权所有）

6.2.5.2 模板法制备多孔石墨烯

2015 年,Guo 的团队报道了 PGR 的合成,该合成使用商用 $CaCO_3$ 作为硬模板来支持 Pt 纳米粒子(图 6.7(a))[134]。通过 SEM 和 TEM 图像观察(图 6.7(b)),发现 PGR 片材表面存在微、中、大孔。在热解过程中,$CaCO_3$ 氧化产物分解为 CaO、CO_2,并且 CO_2 推动了氧化石墨烯层膨胀,使孔隙增大。CaO 颗粒的去除导致了 PGR 的形成,并形成了许多大孔,这些大孔最初被 CaO 颗粒所占据。同时,CO_2 与 PGR 碳原子之间的氧化还原反应导致 PGR 的 C—C 键断裂,产生微孔隙和中孔隙。当作为 Pt 纳米粒子的支撑时,Pt 纳米粒子良好分布在 PGR 表面(图 6.7(c))。结果表明,PGR 负载的 Pt 纳米粒子与石墨烯负载的 Pt 纳米粒子相比,具有较大的电化学活性表面积和较高的 H_2O_2 还原活性(图 6.7(d))。对比表明,PGR 的多孔结构对支撑纳米粒子的暴露具有重要意义。在后续工作中,作者采用 ZnO 作为模板[135],在电极表面利用一步电化学还原工艺制备了 Pt 纳米粒子/离子液体/PGR (Pt - IL - PGR)。在该研究中,氧化石墨烯的还原可以与 Pt 纳米粒子在电极表面的电沉积同时实现。作为 H_2O_2 传感器,Pt - IL - PGR 的灵敏度为 942.15μA/[(mmol/L) · cm^2],检出限为 0.42μmol/L。

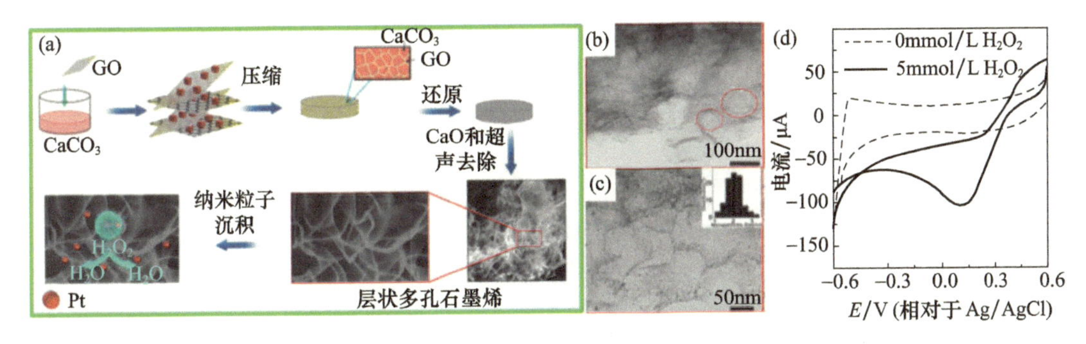

图 6.7 (a) Pt/PGR 样品的制备说明;(b) PGR 和(c) Pt/PGR 的 TEM 图像;(d) Pt/PGR 的 CV 在 0.1mol/L PBS 内含 0 和 5mmol/L H_2O_2(经许可转载自文献[134],2015 爱思唯尔版权所有)

可从以下几个方面阐述 Pt - IL - PGR 纳米复合材料电化学性能的改善。首先,材料中孔隙的存在可以有效地避免石墨烯片层的团聚,扩大表面面积。同时,连通的孔隙可以保证快速扩散。其次,Pt 纳米粒子具有显著的催化作用,这种结构易于与 Pt 纳米粒子复合,提高了电催化性能。最后,IL 的加入不仅可以固定更多的 Pt 纳米粒子,而且可使 Pt 纳米粒子分散得更均匀,有助于提高电化学性能。在另一项研究中,采用化学还原方法将 Pd 纳米粒子负载在 PGR 上,这样的结构会表现出对 H_2O_2 还原的电催化活性[136]。

6.2.5.3 石墨烯水凝胶或气凝胶

用原位还原石墨烯水凝胶上的 Au^{3+} 制备的金修饰 PGR 水凝胶具有较高的检测活性细胞释放 NO 的能力[137]。SEM 和 TEM 图像显示,石墨烯水凝胶的高度孔化结构为均匀沉积 Au 纳米粒子提供了较大的表面积。Au 纳米粒子与石墨烯水凝胶的协同作用有效地催化了 NO 的电化学氧化,且具有良好的选择性、快速反应和低检出限。同样的,在 2014 年,Zhang 等报道了氧化石墨烯,2,4,6 - 三羟基苯甲醛,尿素和氢氧化钾的混合物,用于合成氮掺杂活化的 PGR 气凝胶[138]。氢氧化钾活化在石墨烯气凝胶壁上产生了大量的纳米孔隙。采用掺氮活化的石墨烯气凝胶作为 Au 纳米粒子的载体,所得到的 Au 纳米粒子/氮掺杂活化石墨烯气凝胶提供了良好的电子导电率(28000S/m)、比表面积($1258m^2/g$),以及定义良好的分层多孔结构。由于对 ET 和物质传输的极大增强,所研制的基于 Au 纳米粒子/氮掺杂活化石墨烯气凝胶的传感器具有对 HQ 和 o－二羟基苯的超灵敏的电化学响应。在另一项研究中,用一步水热合成法[139]制备了 Pt 纳米粒子和三维 PGR 水凝胶。Pt 纳米粒子不仅起到了氧化葡萄糖的电催化剂作用,而且还起到了防止石墨烯板的团聚和增加 PGR 水凝胶表面面积的作用。在 15mg 氯丁酸存在下制备的 Pt/PGR 水凝胶葡萄糖传感器的表面面积为 $508m^2/g$,循环伏安法的葡萄糖灵敏度为 $137.4\mu A/[(mmol/L)\cdot cm^2]$,比未修饰的 GOH 高 7 倍。

6.2.6 氧化还原介体/多孔石墨烯

由于表面积大,有利于催化剂的支持,且多孔结构有利于快速传质,因此,三维多孔结构的 PGR 也可作为氧化还原介质的载体,进一步增强电催化活性和选择性。这种方法已经在普鲁士蓝/PGR 气凝胶[140]中得到了证明。该研究报道了用超临界 CO_2 干燥法制备 PGR(PB/PGR)中的普鲁士蓝(图 6.8(a))的方法。PB/PGR 气凝胶单分子层在氮吸附等温线上显示,气凝胶单分子层比表面积大($601m^2/g$),孔隙体积大($3.8cm^3/g$),电导率高

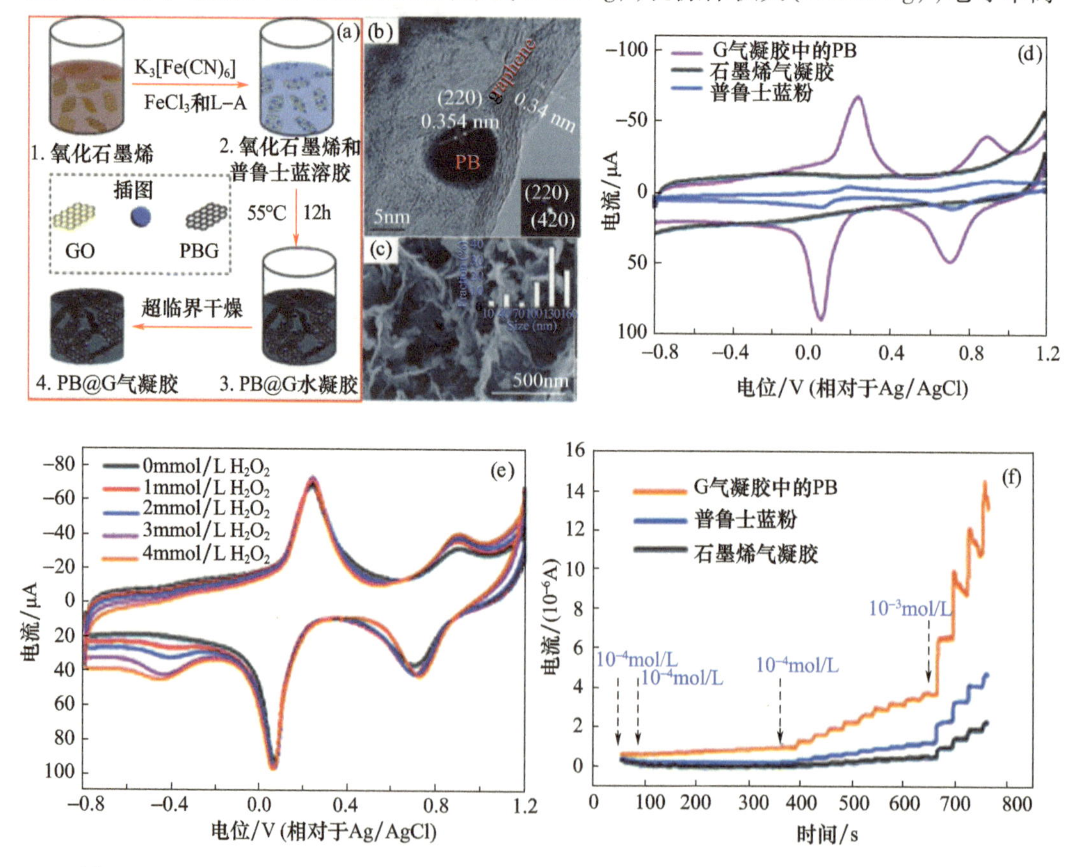

图 6.8 (a)PB/PGR 的制备途径;(b)PB/PGR 的 SEM 及(c)TEM 图像;(d)PGR(黑色)、PB 粉末修饰电极(深蓝色)及 PB/PGR 气凝胶(粉红色)的 CV;(e)PB/PGR 气凝胶修饰电极的 CV,外加三种电极的 H_2O_2 不同浓度(f)电流－时间曲线。(经许可转载自文献[140],2012 皇家化学会版权所有)

(38.4S/m)。图6.8(b)的TEM图像和图6.8(c)的SEM图像显示,PB颗粒负载在PGR表面上。由于PGR片能增强PB和GC电极之间的ET(图6.8(d)),所以PB/PGR的氧化还原峰电流明显高于PB粉末。作为H_2O_2传感器,所制备的PB/PGr气凝胶具有很低的检出限(5×10^{-9}mol/L)和较宽的线性范围(0.005~4mmol/L)(图6.8(e)和(f))。更重要的是,该方案可扩展到任何其他三维多孔导电混合气凝胶的构建,对电化学生物传感器来说有很大的应用前景。该气体凝胶的分层多孔结构和较大的比表面积有利于电解质在多孔电极中进行有效传质,从而加速电极和检测分子之间的ET,最终导致更快速的电流响应。

表6.1从灵敏度、线性范围和检测限等方面总结了对PGR的不同目标分析物的分析性能。如上所述,由于石墨烯层之间的不可逆$\pi-\pi$堆叠,石墨烯层的聚集通常发生在石墨烯的制备或功能化过程中,导致单层石墨烯在电极表面形成少量或多层石墨烯,从而极大地限制了电化学传感器或生物传感器的性能。为了减少聚合,石墨烯被构造成多孔结构,以便充分利用石墨烯的电子和结构特性。PGR具有较高的分散性和较大的表面积,能有效地暴露活性点或负载型纳米粒子和电解质-反应物扩散。

表6.1 PGR基电化学传感器或生物传感器的分析性能

目标	电极	灵敏度	线性范围	检测限	参考文献
H_2O_2	Pt/石墨烯泡沫 CNT/石墨烯泡沫 Pt/CNT/石墨烯 MnO_2/石墨烯	—	0.167~7.486μmol/L 20~280μmol/L 0.025~6.3μmol/L 0.38~13.46μmol/L	0.125μmol/L 6.54μmol/L 8.6nmol/L 0.27μmol/L	[123]
尿酸 多巴胺 抗坏血酸	ZnONWA/石墨烯泡沫	—	—	0.5μmol/L 0.5μmol/L 5μmol/L	[124]
H_2O_2 NADH	PGR	6.20×10^{-4}A/[(mol/L)·cm^2] 5.12×10^{-3}A/[(mol/L)·cm^2]	—	1.94μmol/L 0.53μmol/L	[141]
多巴胺	三维石墨烯泡沫	619.6μA/[(mmol/L)·cm^2]	25μmol/L	25nmol/L	[142]
DNA基底	RGNW	—	0.1fmol/L~1μmol/L	9.4zmol/L	[109]
多巴胺	石墨烯泡沫	619.6μA/[(mmol/L)·cm^2]	高达25μmol/L	25nmol/L	[104]
H_2O_2	Ag/石墨烯泡沫	1094μA/[(mmol/L)·cm^2]	0.03~16.21mmol/L	14.9μmol/L	[143]
葡萄糖	Mn_3O_4 石墨烯泡沫	360μA/[(mmol/L)·cm^2]	0.1~8mmol/L	10μmol/L	[125]
尿酸	Au/石墨烯水凝胶	10.07μA/[(mmol/L)·cm^2]	2~40μmol/L	0.48μmol/L	[144]
葡萄糖	$NiCo_2O_4$/PGr泡沫	2524μA/[(mmol/L)·cm^2]	0.0005~0.59mmol/L	0.38μmol/L	[127]

续表

目标	电极	灵敏度	线性范围	检测限	参考文献
葡萄糖	Ni(OH)$_2$/石墨烯泡沫	2650μA/[(mmol/L)·cm^2]	0.001～1.17mmol/L	0.34μmol/L	[128]
抗坏血酸	CuO/石墨烯泡沫	2060μA/[(mmol/L)·cm^2]	0.43～200μmol/L	0.43μmol/L	[129]
H_2O_2	PtRu/石墨烯泡沫	1023.1μA/[(mmol/L)·cm^2]	0.005～0.02mmol/L	0.04μmol/L	[133]
H_2O_2	Pt/PGR	341.14μA/[(mmol/L)·cm^2]	1～1477μmol/L	0.50μmol/L	[134]
葡萄糖	$Ni_{0.31}Co_{0.69}S_2$/石墨烯	1753μA/[(mmol/L)·cm^2]	0.001～5mmol/L	0.078μmol/L	[68]
葡萄糖	Co_3O_4 石墨烯泡沫	3390μA/[(mmol/L)·cm^2]	高达 80μmol/L	25nmol/L	[122]
葡萄糖	Ni(OH)$_2$ 石墨烯泡沫	2650μA/[(mmol/L)·cm^2]	0.001～1.17mmol/L	0.34μmol/L	[128]
葡萄糖	$NiCo_2O_4$ 石墨烯泡沫	2524μA/[(mmol/L)·cm^2]	0.0005～0.59mmol/L	0.38μmol/L	[127]
葡萄糖	Ni(OH)$_2$ 泡沫	3360μA/[(mmol/L)·cm^2]	0.0012～6mmol/L	1.2μmol/L	[130]

6.3 小结与展望

为了减轻石墨烯层的不可逆聚集，提高分析性能，采用了表面积大、活性位点高、多孔结构的 PGR，并将之用于构建各种有前景的电化学传感器和生物传感器。PGR 不仅最大限度地增加了活性部位的暴露量，而且还为无机纳米粒子、酶、蛋白质、生物分子和氧化还原介质提供了较大的表面积。尽管在基于 PGR 的电化学传感器和生物传感器的开发方面已经取得了显著的成就，但在这一领域仍然存在着许多挑战和令人兴奋的机遇。

将石墨烯层构造成三维结构，可获得高表面面积、多孔形态的 PGR；石墨烯边缘位置充分暴露，从而提高了电催化性能。一般来说，与碳纳米管相似的边缘平面位置/缺陷被认为是石墨烯[4,145-146]的活性位点。然而，在最近的研究中，有人认为金属杂质或残留物是石墨烯电化学活性的活性部位[147-151]。通常，石墨和 CNT 作为制备石墨烯的前驱体含有大量的金属杂质，这些杂质即使在经过氧化处理及化学还原石墨烯后仍然留在氧化石墨烯中。这些杂质对石墨烯材料的电化学活性有很大影响。另外，还有一项研究，其通过对比石墨烯与基底处理石墨烯的电化学活性，发现石墨烯中存在的碳质氧化碎片是石墨烯[152-155]的电化学活性的主要来源。到目前为止，基于石墨烯的传感器和生物传感器中的电化学活性位点仍然存在争议。因此，石墨烯的电催化机理尚不清楚，今后还需要进一步研究。

虽然有文献表明PGR具有较大的表面积和多孔结构，但目前PGR及其复合材料的孔径大多在大孔尺寸范围内，这限制了PGR的表面积和电化学应用。因此，需要进一步的研究来制备具有中孔尺寸的PGR。

我们相信，以PGR为基础的电化学传感器和生物传感器将以其卓越和独特的分析性能继续吸引越来越多的研究兴趣，并在不同的研究领域带来新的机遇。

参考文献

[1] Mas - Balleste, R., Gomez - Navarro, C., Gomez - Herrero, J., Zamora, F., 2D materials: To graphene and beyond. *Nanoscale*, 3, 20, 2011.

[2] Novoselov, K. S., Geim, A. K., Morozov, S. V., Jiang, D., Zhang, Y., Dubonos, S. V., Grigorieva, I. V., Firsov, A. A., Electric field effect in atomically thin carbon films. *Science*, 306, 666, 2004.

[3] Chen, D., Feng, H., Li, J., Graphene oxide: Preparation, functionalization, and electrochemical applications. *Chem. Rev.*, 112, 6027, 2012.

[4] Brownson, D. A. C., Kampouris, D. K., Banks, C. E., Graphene electrochemistry: Fundamentalconcepts through to prominent applications. *Chem. Soc. Rev.*, 41, 6944, 2012.

[5] Guo, S. and Dong, S., Graphene nanosheet: Synthesis, molecular engineering, thin film, hybrids, and energy and analytical applications. *Chem. Soc. Rev.*, 40, 2644, 2011.

[6] Avouris, P. and Dimitrakopoulos, C., Graphene: Synthesis and applications. *Mater. Today*, 15, 86, 2012.

[7] Edwards, R. S. and Coleman, K. S., Graphene synthesis: Relationship to applications. *Nanoscale*, 5, 38, 2013.

[8] Loryuenyong, V., Totepvimarn, K., Eimburanapravat, P., Boonchompoo, W., Buasri, A., Preparation and characterization of reduced graphene oxide sheets via water - based exfoliation and reduction methods. *Adv. Mater. Sci. Eng.*, 2013, 923403, 2013.

[9] Cao, X., Yin, Z., Zhang, H., Three - dimensional graphene materials: Preparation, structures and application in supercapacitors. *Energy Environ. Sci.*, 7, 1850, 2014.

[10] Cai, M., Thorpe, D., Adamson, D. H., Schniepp, H. C., Methods of graphite exfoliation. *J. Mater. Chem.*, 22, 24992, 2012.

[11] Mattevi, C., Kim, H., Chhowalla, M., A review of chemical vapour deposition of graphene oncopper. *J. Mater. Chem.*, 21, 3324, 2011.

[12] Yi, M. and Shen, Z., A review on mechanical exfoliation for the scalable production of graphene. *J. Mater. Chem. A*, 3, 11700, 2015.

[13] Hummers, W. S., Jr. and Offeman, R. E., Preparation of graphitic oxide. *J. Am. Chem. Soc.*, 80, 1339, 1958.

[14] Huang, X., Qi, X., Boey, F., Zhang, H., Graphene - based composites. *Chem. Soc. Rev.*, 41, 666, 2012.

[15] Georgakilas, V., Otyepka, M., Bourlinos, A. B., Chandra, V., Kim, N., Kemp, K. C., Hobza, P., Zboril, R., Kim, K. S., Functionalization of graphene: Covalent and non - covalent approaches, derivatives and applications. *Chem. Rev.*, 112, 6156, 2012.

[16] Liu, M., Zhang, R., Chen, W., Graphene - supported nanoelectrocatalysts for fuel cells: Synthesis, properties, and applications. *Chem. Rev.*, 114, 5117, 2014.

[17] Pumera, M., Ambrosi, A., Bonanni, A., Chng, E. L. K., Poh, H. L., Graphene for electrochemical sensing and biosensing. *TrAC, Trends Anal. Chem.*, 29, 954, 2010.

[18] Kochmann, S., Hirsch, T., Wolfbeis, O. S., Graphenes in chemical sensors and biosensors. *TrAC, Trends Anal. Chem.*, 39, 87, 2012.

[19] Shao, Y., Wang, J., Wu, H., Liu, J., Aksay, I. A., Lin, Y., Graphene based electrochemical sensors and biosensors: A review. *Electroanalysis*, 22, 1027, 2010.

[20] Vashist, S. K. and Luong, J. H. T., Recent advances in electrochemical biosensing schemes usinggraphene and graphene – based nanocomposites. *Carbon*, 84, 519, 2015.

[21] Pumera, M., Electrochemistry of graphene: New horizons for sensing and energy storage. *Chem. Rec.*, 9, 211, 2009.

[22] Favero, G., Fusco, G., Mazzei, F., Tasca, F., Antiochia, R., Electrochemical characterization of graphene and MWCNT screen – printed electrodes modified with AuNPs for laccase biosensor development. *Nanomaterials*, 5, 1995, 2015.

[23] Lawal, A. T., Synthesis and utilisation of graphene for fabrication of electrochemical sensors. *Talanta*, 131, 424, 2015.

[24] Shang, N. G., Papakonstantinou, P., McMullan, M., Chu, M., Stamboulis, A., Potenza, A., Dhesi, S. S., Marchetto, H., Catalyst – free efficient growth, orientation and biosensing propertiesof multilayer graphene nanoflake films with sharp edge planes. *Adv. Funct. Mater.*, 18, 3506, 2008.

[25] Wu, S., He, Q., Tan, C., Wang, Y., Zhang, H., Graphene – based electrochemical sensors. *Small*, 9, 1160, 2013.

[26] Song, Y., Luo, Y., Zhu, C., Li, H., Du, D., Lin, Y., Recent advances in electrochemical biosensors based on graphene two – dimensional nanomaterials. *Biosens. Bioelectron.*, 76, 195, 2016.

[27] Kuila, T., Bose, S., Khanra, P., Mishra, A. K., Kim, N. H., Lee, J. H., Recent advances in graphene-based biosensors. *Biosens. Bioelectron.*, 26, 4637, 2011.

[28] Chia, X., Eng, A. Y. S., Ambrosi, A., Tan, S. M., Pumera, M., Electrochemistry of nanostructuredlayered transition – metal dichalcogenides. *Chem. Rev.*, 115, 11941, 2015.

[29] Zhou, M. and Guo, S., Electrocatalytic interface based on novel carbon nanomaterials for advanced electrochemical sensors. *ChemCatChem*, 7, 2744, 2015.

[30] Baptista, F. R., Belhout, S. A., Giordani, S., Quinn, S. J., Recent developments in carbon nanomaterial sensors. *Chem. Soc. Rev.*, 44, 4433, 2015.

[31] Valentini, F., Romanazzo, D., Carbone, M., Palleschi, G., Modified screen – printed electrodesbased on oxidized graphene nanoribbons for the selective electrochemical detection of several molecules. *Electroanalysis*, 24, 872, 2012.

[32] Feng, L. and Liu, Z., Graphene in biomedicine: Opportunities and challenges. *Nanomedicine*, 6, 317, 2011.

[33] Antiochia, R. and Gorton, L., A new osmium – polymer modified screen – printed graphene electrode for fructose detection. *Sens. Actuators, B*, 195, 287, 2014.

[34] Sajid, M., Nazal, M. K., Mansha, M., Alsharaa, A., Jillani, S. M. S., Basheer, C., Chemically modified electrodes for electrochemical detection of dopamine in the presence of uric acid and ascorbic acid: A review. *TrAC, Trends Anal. Chem.*, 76, 15, 2016.

[35] Carbone, M., Gorton, L., Antiochia, R., An overview of the latest graphene – based sensors for glucose detection: The effects of graphene defects. *Electroanalysis*, 27, 16, 2015.

[36] Kumar, S., Ahlawat, W., Kumar, R., Dilbaghi, N., Graphene, carbon nanotubes, zinc oxide and gold as elite nanomaterials for fabrication of biosensors for healthcare. *Biosens. Bioelectron.*, 70, 498, 2015.

[37] Yang, C., Denno, M. E., Pyakurel, P., Venton, B. J., Recent trends in carbon nanomaterial – based electrochemical sensors for biomolecules: A review. *Anal. Chim. Acta*, 887, 17, 2015.

[38] Wang, Z. and Dai, Z., Carbon nanomaterial – based electrochemical biosensors: An overview. *Nanoscale*, 7, 6420, 2015.

[39] Qiu,H. - J. ,Guan,Y. ,Luo,P. ,Wang,Y. ,Recent advance in fabricating monolithic 3D porous graphene and their applications in biosensing and biofuel cells. *Biosens. Bioelectron.* ,89,Part 1,85,2017.

[40] Si,Y. and Samulski,E. T. ,Exfoliated graphene separated by platinum nanoparticles. *Chem. Mater.* ,20, 6792,2008.

[41] Li,Y. ,Li,Y. ,Zhu,E. ,McLouth,T. ,Chiu,C. - Y. ,Huang,X. ,Huang,Y. ,Stabilization of highperformance oxygen reduction reaction Pt electrocatalyst supported on reduced graphene oxide/carbon black composite. *J. Am. Chem. Soc.* ,134,12326,2012.

[42] Komori,K. ,Terse - Thakoor,T. ,Mulchandani,A. ,Bioelectrochemistry of heme peptide at seamless three - dimensional carbon nanotubes/graphene hybrid films for highly sensitive electrochemical biosensing. *ACS Appl. Mater. Interfaces*,7,3647,2015.

[43] Liu,J. ,Wang,X. ,Wang,T. ,Li,D. ,Xi,F. ,Wang,J. ,Wang,E. ,Functionalization of monolithic and porous three - dimensional graphene by one - step chitosan electrodeposition for enzymatic biosensor. *ACS Appl. Mater. Interfaces*,6,19997,2014.

[44] Huang,T. Y. ,Huang,J. H. ,Wei,H. Y. ,Ho,K. C. ,Chu,C. W. ,rGO/SWCNT composites as novel electrode materials for electrochemical biosensing. *Biosens. Bioelectron.* ,43,173,2013.

[45] Hwa,K. Y. and Subramani,B. ,Synthesis of zinc oxide nanoparticles on graphene - carbon nanotubehybrid for glucose biosensor applications. *Biosens. Bioelectron.* ,62,127,2014.

[46] Mani,V. ,Devadas,B. ,Chen,S. M. ,Direct electrochemistry of glucose oxidase at electrochemically reduced graphene oxide - multiwalled carbon nanotubes hybrid material modified electrode for glucose biosensor. *Biosens. Bioelectron.* ,41,309,2013.

[47] Niu,X. ,Yang,W. ,Guo,H. ,Ren,J. ,Gao,J. ,Highly sensitive and selective dopamine biosensorbased on 3,4,9,10 - perylene tetracarboxylic acid functionalized graphene sheets/multi - wall carbon nanotubes/ionic liquid composite film modified electrode. *Biosens. Bioelectron.* ,41,225,2013.

[48] Xing,X. ,Liu,S. ,Yu,J. ,Lian,W. ,Huang,J. ,Electrochemical sensor based on molecularly imprinted film at polypyrrole - sulfonated graphene/hyaluronic acid - multiwalled carbon nanotubes modified electrode for determination of tryptamine. *Biosens. Bioelectron.* ,31,277,2012.

[49] Yu,Y. ,Chen,Z. ,He,S. ,Zhang,B. ,Li,X. ,Yao,M. ,Direct electron transfer of glucose oxidase and biosensing for glucose based on PDDA - capped gold nanoparticle modified graphene/multiwalled carbon nanotubes electrode. *Biosens. Bioelectron.* ,52,147,2014.

[50] Yuan,C. X. ,Fan,Y. R. ,Tao,Z. ,Guo,H. X. ,Zhang,J. X. ,Wang,Y. L. ,Shan,D. L. ,Lu,X. Q. ,Anew electrochemical sensor of nitro aromatic compound based on three - dimensional porousPt - Pd nanoparticles supported by graphene - multiwalled carbon nanotube composite. *Biosens. Bioelectron.* ,58,85,2014.

[51] Wang,J. ,Yang,S. ,Guo,D. ,Yu,P. ,Li,D. ,Ye,J. ,Mao,L. ,Comparative studies on electrochemical activity of graphene nanosheets and carbon nanotubes. *Electrochem. Commun.* ,11,1892,2009.

[52] Dong,X. ,Ma,Y. ,Zhu,G. ,Huang,Y. ,Wang,J. ,Chan - Park,M. B. ,Wang,L. ,Huang,W. ,Chen,P. , Synthesis of graphene - carbon nanotube hybrid foam and its use as a novel three - dimensional electrode for electrochemical sensing. *J. Mater. Chem.* ,22,17044,2012.

[53] Zeng,Q. ,Cheng,J. ,Tang,L. ,Liu,X. ,Liu,Y. ,Li,J. ,Jiang,J. ,Self - assembled graphene - enzyme hierarchical nanostructures for electrochemical biosensing. *Adv. Funct. Mater.* ,20,3366,2010.

[54] Feng,L. ,Chen,Y. ,Ren,J. ,Qu,X. ,A graphene functionalized electrochemical aptasensor for selective label - free detection of cancer cells. *Biomaterials*,32,2930,2011.

[55] Hu,Y. ,Wang,K. ,Zhang,Q. ,Li,F. ,Wu,T. ,Niu,L. ,Decorated graphene sheets for label - free DNA impedance biosensing. *Biomaterials*,33,1097,2012.

[56] Chen,Z. ,Zhang,C. ,Li,X. ,Ma,H. ,Wan,C. ,Li,K. ,Lin,Y. ,Aptasensor for electrochemical sensing of angiogenin based on electrode modified by cationic polyelectrolyte – functionalized graphene/gold nanoparticles composites. *Biosens. Bioelectron.* ,65C,232,2014.

[57] Gu,H. ,Yu,Y. ,Liu,X. ,Ni,B. ,Zhou,T. ,Shi,G. ,Layer – by – layer self – assembly of functionalized graphene nanoplates for glucose sensing in vivo integrated with on – line microdialysis system. *Biosens. Bioelectron.* ,32,118,2012.

[58] Hosseini,H. ,Mahyari,M. ,Bagheri,A. ,Shaabani,A. ,A novel bioelectrochemical sensing platformbased on covalently attachment of cobalt phthalocyanine to graphene oxide. *Biosens. Bioelectron.* ,52,136,2014.

[59] Zhang,B. ,Li,Q. ,Cui,T. ,Ultra – sensitive suspended graphene nanocomposite cancer sensors with strong suppression of electrical noise. *Biosens. Bioelectron.* ,31,105,2012.

[60] Zhang,S. ,Shao,Y. ,Liao,H. – G. ,Liu,J. ,Aksay,I. A. ,Yin,G. ,Lin,Y. ,Graphene decorated with PtAu alloy nanoparticles: Facile synthesis and promising application for formic acid oxidation. *Chem. Mater.* ,23,1079,2011.

[61] Wang,Y. ,Zhang,S. ,Du,D. ,Shao,Y. ,Li,Z. ,Wang,J. ,Engelhard,M. H. ,Li,J. ,Lin,Y. ,Self assembly of acetylcholinesterase on a gold nanoparticles – graphene nanosheet hybrid for organophosphate pesticide detection using polyelectrolyte as a linker. *J. Mater. Chem.* ,21,5319,2011.

[62] Shan,C. ,Yang,H. ,Han,D. ,Zhang,Q. ,Ivaska,A. ,Niu,L. ,Water – soluble graphene covalently functionalized by biocompatible poly – l – lysine. *Langmuir*,25,12030,2009.

[63] Liu,S. ,Tian,J. ,Wang,L. ,Li,H. ,Zhang,Y. ,Sun,X. ,Stable aqueous dispersion of graphene nanosheets:Noncovalent functionalization by a polymeric reducing agent and their subsequent decoration with Ag nanoparticles for enzymeless hydrogen peroxide detection. *Macromolecules*,43,10078,2010.

[64] Feng,Q. ,Duan,K. ,Ye,X. ,Lu,D. ,Du,Y. ,Wang,C. ,A novel way for detection of eugenol viapoly (diallyldimethylammonium chloride) functionalized graphene – MoS2 nano – flower fabricated electrochemical sensor. *Sens. Actuators*,*B*,192,1,2014.

[65] Guo,S. ,Wen,D. ,Zhai,Y. ,Dong,S. ,Wang,E. ,Ionic liquid – graphene hybrid nanosheets as anenhanced material for electr ochemical determination of trinitrotoluene. *Biosens. Bioelectron.* ,26,3475,2011.

[66] Chabot,V. ,Higgins,D. ,Yu,A. ,Xiao,X. ,Chen,Z. ,Zhang,J. ,A review of graphene and grapheneoxide sponge: Material synthesis and applications to energy and the environment. *EnergyEnviron. Sci.* ,7,1564,2014.

[67] Palaniselvam,T. ,Valappil,M. O. ,Illathvalappil,R. ,Kurungot,S. ,Nanoporous graphene by quantum dots removal from graphene and its conversion to a potential oxygen reduction electrocatalystvia nitrogen doping. *Energy Environ. Sci.* ,7,1059,2014.

[68] Li,G. ,Huo,H. ,Xu,C. ,Ni0.31Co0.69S2 nanoparticles uniformly anchored on a porous reducedgraphene oxide framework for a high – performance non – enzymatic glucose sensor. *J. Mater. Chem.* A,3,4922,2015.

[69] Yun,S. ,Kang,S. – O. ,Park,S. ,Park,H. S. ,CO2 – activated,hierarchical trimodal porous graphene frameworks for ultrahigh and ultrafast capacitive behavior. *Nanoscale*,6,5296,2014.

[70] Bai,J. ,Zhong,X. ,Jiang,S. ,Huang,Y. ,Duan,X. ,Graphene nanomesh. *Nat. Nanotechnol.* ,5,190,2010.

[71] Yang,J. ,Ye,H. ,Zhang,Z. ,Zhao,F. ,Zeng,B. ,Metal – organic framework derived hollow polyhedron $CuCo_2O_4$ functionalized porous graphene for sensitive glucose sensing. *Sens. Actuators*,*B*,242,728,2017.

[72] Yang,L. ,Xu,B. ,Ye,H. ,Zhao,F. ,Zeng,B. ,A novel quercetin electrochemical sensor basedon molecularly imprinted poly(para – aminobenzoic acid) on 3D Pd nanoparticles – porousgraphene – carbon nanotubes composite. *Sens. Actuators*,*B*,251,601,2017.

[73] Li, Y. , Shi, L. , Han, G. , Xiao, Y. , Zhou, W. , Electrochemical biosensing of carbaryl based on acetylcholinesterase immobilized onto electrochemically inducing porous graphene oxide network. *Sens. Actuators, B*, 238, 945, 2017.

[74] Chen, X. , Zhu, J. , Xi, Q. , Yang, W. , A high performance electrochemical sensor for acetaminophen based on single – walled carbon nanotube – graphene nanosheet hybrid films. *Sens. Actuators, B*, 161, 648, 2012.

[75] Ye, D. , Liang, G. , Li, H. , Luo, J. , Zhang, S. , Chen, H. , Kong, J. , A novel nonenzymatic sensor based on CuO nanoneedle/graphene/carbon nanofiber modified electrode for probing glucosein saliva. *Talanta*, 116, 223, 2013.

[76] Zhang, H. , Gai, P. , Cheng, R. , Wu, L. , Zhang, X. , Chen, J. , Self – assembly synthesis of a hierarchical structure using hollow nitrogen – doped carbon spheres as spacers to separate the reduced graphene oxide for simultaneous electrochemical determination of ascorbic acid, dopamine and uric acid. *Anal. Methods*, 5, 3591, 2013.

[77] Shahrokhian, S. , Hosseini – Nassab, N. , Ghalkhani, M. , Construction of Pt nanoparticle – decorated graphene nanosheets and carbon nanospheres nanocomposite – modified electrodes: Applicationto ultrasensitive electrochemical determination of cefepime. *RSC Adv.* , 4, 7786, 2014.

[78] Bo, X. and Guo, L. , Simple synthesis of macroporous carbon – graphene composites and theiruse as a support for Pt electrocatalysts. *Electrochim. Acta*, 90, 283, 2013.

[79] Shan, C. , Yang, H. , Song, J. , Han, D. , Ivaska, A. , Niu, L. , Direct electrochemistry of glucose oxidase and biosensing for glucose based on graphene. *Anal. Chem.* , 81, 2378, 2009.

[80] Li, C. and Shi, G. , Three – dimensional graphene architectures. *Nanoscale*, 4, 5549, 2012.

[81] Wang, H. , Yuan, X. , Zeng, G. , Wu, Y. , Liu, Y. , Jiang, Q. , Gu, S. , Three dimensional graphene based materials: Synthesis and applications from energy storage and conversion to electrochemical sensor and environmental remediation. *Adv. Colloid Interface Sci.* , 221, 41, 2015.

[82] Xia, X. H. , Chao, D. L. , Zhang, Y. Q. , Shen, Z. X. , Fan, H. J. , Three – dimensional graphene and their integrated electrodes. *Nano Today*, 9, 785, 2014.

[83] Patil, U. , Lee, S. C. , Kulkarni, S. , Sohn, J. S. , Nam, M. S. , Han, S. , Jun, S. C. , Nanostructured pseudocapacitive materials decorated 3D graphene foam electrodes for next generation supercapacitors. *Nanoscale*, 7, 6999, 2015.

[84] Yan, Z. , Yao, W. , Hu, L. , Liu, D. , Wang, C. , Lee, C. S. , Progress in the preparation and application of three – dimensional graphene – based porous nanocomposites. *Nanoscale*, 7, 5563, 2015.

[85] Mao, S. , Lu, G. , Chen, J. , Three – dimensional graphene – based composites for energy applications. *Nanoscale*, 7, 6924, 2015.

[86] Han, S. , Wu, D. , Li, S. , Zhang, F. , Feng, X. , Porous graphene materials for advanced electrochemical energy storage and conversion devices. *Adv. Mater.* , 26, 849, 2014.

[87] Gao, H. and Duan, H. , 2D and 3D graphene materials: Preparation and bioelectrochemical applications. *Biosens. Bioelectron.* , 65, 404, 2015.

[88] Chen, Z. , Ren, W. , Gao, L. , Liu, B. , Pei, S. , Cheng, H. – M. , Three – dimensional flexible and conductive interconnected graphene networks grown by chemical vapour deposition. *Nat. Mater.* , 10, 424, 2011.

[89] Imamura, G. and Saiki, K. , Synthesis of nitrogen – doped graphene on Pt(111) by chemical vapor deposition. *J. Phys. Chem. C*, 115, 10000, 2011.

[90] Ito, Y. , Qiu, H. J. , Fujita, T. , Tanabe, Y. , Tanigaki, K. , Chen, M. , Bicontinuous nanoporous N – doped graphene for the oxygen reduction reaction. *Adv. Mater.* , 26, 4145, 2014.

[91] Meng, Y. , Wang, K. , Zhang, Y. , Wei, Z. , Hierarchical porous graphene/polyaniline composite film with

superior rate performance for flexible supercapacitors. *Adv. Mater.* ,25,6985,2013.

[92] Choi,B. G. ,Yang,M. ,Hong,W. H. ,Choi,J. W. ,Huh,Y. S. ,3D macroporous graphene frameworks for supercapacitors with high energy and power densities. *ACS Nano*,6,4020,2012.

[93] Huang,X. ,Qian,K. ,Yang,J. ,Zhang,J. ,Li,L. ,Yu,C. ,Zhao,D. ,Functional nanoporous graphene foams with controlled pore sizes. *Adv. Mater.* ,24,4419,2012.

[94] Xia,B. ,Yan,Y. ,Wang,X. ,Lou,X. W. ,Recent progress on graphene – based hybrid electrocatalysts. *Mater. Horiz.* ,1,379,2014.

[95] Nardecchia,S. ,Carriazo,D. ,Ferrer,M. L. ,Gutierrez,M. C. ,del Monte,F. ,Three dimensional macroporous architectures and aerogels built of carbon nanotubes and/or graphene: Synthesis and applications. *Chem. Soc. Rev.* ,42,794,2013.

[96] Zhang,L. L. ,Zhao,X. ,Stoller,M. D. ,Zhu,Y. ,Ji,H. ,Murali,S. ,Wu,Y. ,Perales,S. ,Clevenger,B. ,Ruoff,R. S. ,Highly conductive and porous activated reduced graphene oxide films for highpower supercapacitors. *Nano Lett.* ,12,1806,2012.

[97] Fan,Z. ,Zhao,Q. ,Li,T. ,Yan,J. ,Ren,Y. ,Feng,J. ,Wei,T. ,Easy synthesis of porous graphene nanosheets and their use in supercapacitors. *Carbon*,50,1699,2012.

[98] Zhu,Y. ,Murali,S. ,Stoller,M. D. ,Ganesh,K. ,Cai,W. ,Ferreira,P. J. ,Pirkle,A. ,Wallace,R. M. ,Cychosz,K. A. ,Thommes,M. ,Su,D. ,Stach,E. A. ,Ruoff,R. S. ,Carbon – based supercapacitors produced by activation of graphene. *Science*,332,1537,2011.

[99] Li,J. ,Yin,T. ,Qin,W. ,An effective solid contact for an all – solid – state polymeric membrane Cd2 + – selective electrode: Three – dimensional porous graphene – mesoporous platinum nanoparticle composite. *Sens. Actuators*,*B*,239,438,2017.

[100] Shi,L. ,Li,Y. ,Rong,X. ,Wang,Y. ,Ding,S. ,Facile fabrication of a novel 3D graphene framework/Bi nanoparticle film for ultrasensitive electrochemical assays of heavy metal ions. *Anal. Chim. Acta*,968,21,2017.

[101] Chen,M. ,Hou,C. ,Huo,D. ,Fa,H. ,Zhao,Y. ,Shen,C. ,A sensitive electrochemical DNA biosensor based on three – dimensional nitrogen – doped graphene and Fe_3O_4 nanoparticles. *Sens. Actuators*,*B*,239,421,2017.

[102] Zhao,Y. ,Huo,D. ,Bao,J. ,Yang,M. ,Chen,M. ,Hou,J. ,Fa,H. ,Hou,C. ,Biosensor based on 3D graphene – supported Fe_3O_4 quantum dots as biomimetic enzyme for*in situ* detection of H_2O_2released from living cells. *Sens. Actuators*,*B*,244,1037,2017.

[103] Shi,L. ,Wang,Y. ,Ding,S. ,Chu,Z. ,Yin,Y. ,Jiang,D. ,Luo,J. ,Jin,W. ,A facile and green strategy for preparing newly – designed 3D graphene/gold film and its application in highly efficient electrochemical mercury assay. *Biosens. Bioelectron.* ,89,Part 2,871,2017.

[104] Dong,X. ,Wang,X. ,Wang,L. ,Song,H. ,Zhang,H. ,Huang,W. ,Chen,P. ,3D graphene foam asa monolithic and macroporous carbon electrode for electrochemical sensing. *ACS Appl. Mater. Interfaces*,4,3129,2012.

[105] Figueiredo – Filho,L. C. S. ,Brownson,D. A. C. ,Fatibello – Filho,O. ,Banks,C. E. ,Electroanalytical performance of a freestanding three – dimensional graphene foam electrode. *Electroanalysis*,26,93,2014.

[106] Brownson,D. A. C. ,Figueiredo – Filho,L. C. S. ,Ji,X. ,Gómez – Mingot,M. ,Iniesta,J. ,Fatibello – Filho,O. ,Kampouris,D. K. ,Banks,C. E. ,Freestanding three – dimensional graphene foam givesrise to beneficial electrochemical signatures within non – aqueous media. *J. Mater. Chem. A*,1,5962,2013.

[107] Brownson,D. A. C. ,Figueiredo – Filho,L. C. S. ,Riehl,B. L. ,Riehl,B. D. ,Gomez – Mingot,M. ,Iniesta,J. ,Fatibello – Filho,O. ,Banks,C. E. ,High temperature low vacuum synthesis of a freestanding three – di-

mensional graphene nano - ribbon foam electrode. *J. Mater. Chem. A*,4,2617,2016.

[108] Zhang,H. ,Bo,X. ,Guo,L. ,Electrochemical preparation of porous graphene and its electrochemical application in the simultaneous determination of hydroquinone,catechol,and resorcinol. *Sens. Actuators,B*, 220,919,2015.

[109] Akhavan,O. ,Ghaderi,E. ,Rahighi,R. ,Toward single - DNA electrochemical biosensing by graphene nanowalls. *ACS Nano*,6,2904,2012.

[110] Sharifi,T. ,Hu,G. ,Jia,X. ,Wågberg,T. ,Formation of active sites for oxygen reduction reactions by transformation of nitrogen functionalities in nitrogen - doped carbon nanotubes. *ACS Nano*, 6, 8904,2012.

[111] Banks,C. E. and Compton,R. G. ,New electrodes for old: From carbon nanotubes to edge plane pyrolytic graphite. *Analyst*,131,15,2006.

[112] Feng,X. ,Zhang,Y. ,Zhou,J. ,Li,Y. ,Chen,S. ,Zhang,L. ,Ma,Y. ,Wang,L. ,Yan,X. ,Threedimensional nitrogen - doped graphene as an ultrasensitive electrochemical sensor for thedetection of dopamine. *Nanoscale*,7,2427,2015.

[113] Cai,Z. -X. ,Song,X. -H. ,Chen,Y. -Y. ,Wang,Y. -R. ,Chen,X. ,3D nitrogen - doped graphene aerogel: A low - cost,facile prepared direct electrode for H_2O_2 sensing. *Sens. Actuators,B*,222,567,2016.

[114] Li,J. ,Jiang,J. ,Feng,H. ,Xu,Z. ,Tang,S. ,Deng,P. ,Qian,D. ,Facile synthesis of 3D porousnitrogen - doped graphene as an efficient electrocatalyst for adenine sensing. *RSC Adv.* ,6,31565,2016.

[115] Tian,Y. ,Wei,Z. ,Zhang,K. ,Peng,S. ,Zhang,X. ,Liu,W. ,Chu,K. ,Three - dimensional phosphorus - doped graphene as an efficient metal - free electrocatalyst for electrochemical sensing. *Sens. Actuators,B*, 241,584,2017.

[116] Chu,K. ,Wang,F. ,Tian,Y. ,Wei,Z. ,Phosphorus doped and defects engineered graphene for improved electrochemical sensing: Synergistic effect of dopants and defects. *Electrochim. Acta*,231,557,2017.

[117] Cui,M. ,Xu,B. ,Hu,C. ,Shao,H. B. ,Qu,L. ,Direct electrochemistry and electrocatalysis of glucose oxidase on three - dimensional interpenetrating,porous graphene modified electrode. *Electrochim. Acta*, 98,48,2013.

[118] Wang,Y. ,Li,H. ,Kong,J. ,Facile preparation of mesocellular graphene foam for direct glucose oxidase electrochemistry and sensitive glucose sensing. *Sens. Actuators,B*,193,708,2014.

[119] Liu,J. ,Wang,T. ,Wang,J. ,Wang,E. ,Mussel - inspired biopolymer modified 3D graphene foam for enzyme immobilization and high performance biosensor. *Electrochim. Acta*,161,17,2015.

[120] Liu,Y. ,Liu,X. ,Guo,Z. ,Hu,Z. ,Xue,Z. ,Lu,X. ,Horseradish peroxidase supported on porous graphene as a novel sensing platform for detection of hydrogen peroxide in living cells sensitively. *Biosens. Bioelectron.* ,87,101,2017.

[121] Liu,J. ,Wang,J. ,Wang,T. ,Li,D. ,Xi,F. ,Wang,J. ,Wang,E. ,Three - dimensional electrochemical immunosensor for sensitive detection of carcinoembryonic antigen based on monolithic and macroporous graphene foam. *Biosens. Bioelectron.* ,65,281,2014.

[122] Dong,X. -C. ,Xu,H. ,Wang,X. -W. ,Huang,Y. -X. ,Chan - Park,M. B. ,Zhang,H. ,Wang,L. -H. , Huang,W. ,Chen,P. ,3D graphene - cobalt oxide electrode for high - performance supercapacitor and enzymeless glucose detection. *ACS Nano*,6,3206,2012.

[123] Cao,X. ,Zeng,Z. ,Shi,W. ,Yep,P. ,Yan,Q. ,Zhang,H. ,Three - dimensional graphene network composites for detection of hydrogen peroxide. *Small*,9,1703,2013.

[124] Yue,H. Y. ,Huang,S. ,Chang,J. ,Heo,C. ,Yao,F. ,Adhikari,S. ,Gunes,F. ,Liu,L. C. ,Lee,T. H. , Oh,E. S. ,Li,B. ,Zhang,J. J. ,Huy,T. Q. ,Luan,N. V. ,Lee,Y. H. ,ZnO nanowire arrays on 3D hier-

achical graphene foam: Biomarker detection of Parkinson's disease. *ACS Nano*,8,1639,2014.

[125] Si, P., Dong, X. - C., Chen, P., Kim, D. - H., A hierarchically structured composite of Mn_3O_4/ 3Dgraphene foam for flexible nonenzymatic biosensors. *J. Mater. Chem. B*,1,110,2013.

[126] Dong, X., Cao, Y., Wang, J., Chan - Park, M. B., Wang, L., Huang, W., Chen, P., Hybrid structureof zinc oxide nanorods and three dimensional graphene foam for supercapacitor and electrochemical sensor applications. *RSC Adv.*,2,4364,2012.

[127] Wu, M., Meng, S., Wang, Q., Si, W., Huang, W., Dong, X., Nickel - cobalt oxide decorated three - dimensional graphene as an enzyme mimic for glucose and calcium detection. *ACS Appl. Mater. Interfaces*, 7,21089,2015.

[128] Zhan, B., Liu, C., Chen, H., Shi, H., Wang, L., Chen, P., Huang, W., Dong, X., Free - standing electrochemical electrode based on Ni(OH)2/3D graphene foam for nonenzymatic glucose detection. *Nanoscale*,6,7424,2014.

[129] Ma, Y., Zhao, M., Cai, B., Wang, W., Ye, Z., Huang, J., 3D graphene foams decorated by CuO nanoflowers for ultrasensitive ascorbic acid detection. *Biosens. Bioelectron.*,59,384,2014.

[130] Shackery, I., Patil, U., Pezeshki, A., Shinde, N. M., Kang, S., Im, S., Jun, S. C., Copper hydroxide nanorods decorated porous graphene foam electrodes for non - enzymatic glucose sensing. *Electrochim. Acta*,191,954,2016.

[131] Hoa, L. T., Chung, J. S., Hur, S. H., A highly sensitive enzyme - free glucose sensor based on Co_3O_4 nanoflowers and 3D graphene oxide hydrogel fabricated via hydrothermal synthesis. *Sens. Actuators, B*, 223,76,2016.

[132] Li, L., He, S., Liu, M., Zhang, C., Chen, W., Three - dimensional mesoporous graphene aerogelsupported SnO_2 nanocrystals for high - performance NO_2 gas sensing at low temperature. *Anal. Chem.*,87,1638,2015.

[133] Kung, C. C., Lin, P. Y., Buse, F. J., Xue, Y., Yu, X., Dai, L., Liu, C. C., Preparation and characterization of three dimensional graphene foam supported platinum - ruthenium bimetallic nanocatalysts for hydrogen peroxide based electrochemical biosensors. *Biosens. Bioelectron.*,52,1,2014.

[134] Liu, J., Bo, X., Zhao, Z., Guo, L., Highly exposed Pt nanoparticles supported on porous graphene for electrochemical detection of hydrogen peroxide in living cells. *Biosens. Bioelectron.*,74,71,2015.

[135] Zhang, H., Bo, X., Guo, L., Electrochemical preparation of Pt nanoparticles supported onporous graphene with ionic liquids: Electrocatalyst for both methanol oxidation and H_2O_2 reduction. *Electrochim. Acta*,201,117,2016.

[136] Xue, W., Bo, X., Zhou, M., Guo, L., Enzymeless electrochemical detection of hydrogen peroxideat Pd nanoparticles/porous graphene. *J. Electroanal. Chem.*,781,204,2016.

[137] Li, J., Xie, J., Gao, L., Li, C. M., Au nanoparticles - 3D graphene hydrogel nanocomposite to boost synergistically *in situ* detection sensitivity toward cell - released nitric oxide. *ACS Appl. Mater. Interfaces*,7,2726,2015.

[138] Juanjuan, Z., Ruiyi, L., Zaijun, L., Junkang, L., Zhiguo, G., Guangli, W., Synthesis of nitrogendoped activated graphene aerogel/gold nanoparticles and its application for electrochemical detection of hydroquinone and o - dihydroxybenzene. *Nanoscale*,6,5458,2014.

[139] Hoa, L. T., Sun, K. G., Hur, S. H., Highly sensitive non - enzymatic glucose sensor based on Pt nanoparticle decorated graphene oxide hydrogel. *Sens. Actuators, B*,210,618,2015.

[140] Chen, L., Wang, X., Zhang, X., Zhang, H., 3D porous and redox - active prussian blue - in - graphene aerogels for highly efficient electrochemical detection of H_2O_2. *J. Mater. Chem.*,22,22090,2012.

[141] Wang, H., Bo, X., Guo, L., Electrochemical biosensing platform based on a novel porous graphene nanosheet. *Sens. Actuators, B*,192,181,2014.

[142] Liu,Y. ,Dong,X. ,Chen,P. ,Biological and chemical sensors based on graphene materials. *Chem. Soc. Rev.* ,41,2283,2012.

[143] Zhan,B. ,Liu,C. ,Shi,H. ,Li,C. ,Wang,L. ,Huang,W. ,Dong,X. ,A hydrogen peroxide electrochemical sensor based on silver nanoparticles decorated three – dimensional graphene. *Appl. Phys. Lett.* ,104, 243704,2014.

[144] Du,C. ,Yao,Z. ,Chen,Y. ,Bai,H. ,Li,L. ,Synthesis of metal nanoparticle@ graphene hydrogel composites by substrate – enhanced electroless deposition and their application in electrochemical sensors. *RSC Adv.* ,4,9133,2014.

[145] Lim,C. X. ,Hoh,H. Y. ,Ang,P. K. ,Loh,K. P. ,Direct voltammetric detection of DNA and pH sensingon epitaxial graphene: An insight into the role of oxygenated defects. *Anal. Chem.* ,82,7387,2010.

[146] Yuan,W. ,Zhou,Y. ,Li,Y. ,Li,C. ,Peng,H. ,Zhang,J. ,Liu,Z. ,Dai,L. ,Shi,G. ,The edge – and basalplane – specific electrochemistry of a single – layer graphene sheet. *Sci. Rep.* ,3,2248,2013.

[147] Chee,S. Y. and Pumera,M. ,Metal – based impurities in graphenes: Application for electroanalysis. *Analyst*,137,2039,2012.

[148] Ambrosi,A. ,Chee,S. Y. ,Khezri,B. ,Webster,R. D. ,Sofer,Z. ,Pumera,M. ,Metallic impurities ingraphenes prepared from graphite can dramatically influence their properties. *Angew. Chem. Int. Ed.* ,51, 500,2012.

[149] Wong,C. H. A. ,Chua,C. K. ,Khezri,B. ,Webster,R. D. ,Pumera,M. ,Graphene oxide nanoribbons from the oxidative opening of carbon nanotubes retain electrochemically active metallic impurities. *Angew. Chem. Int. Ed.* ,52,8685,2013.

[150] Wang,L. ,Wong,C. H. A. ,Kherzi,B. ,Webster,R. D. ,Pumera,M. ,So – called "metal – free" oxygen reduction at graphene nanoribbons is in fact metal driven. *ChemCatChem*,7,1650,2015.

[151] Ambrosi,A. ,Chua,C. K. ,Khezri,B. ,Sofer,Z. ,Webster,R. D. ,Pumera,M. ,Chemically reduced graphene contains inherent metallic impurities present in parent natural and synthetic graphite. *Proc. Nat. Acad. Sci. U. S. A.* ,109,12899,2012.

[152] Yang,X. ,Li,X. ,Ma,X. ,Jia,L. ,Zhu,L. ,Carbonaceous impurities contained in graphene oxide/reduced graphene oxide dominate their electrochemical capacitances. *Electroanalysis*,26,139,2014.

[153] Li,X. ,Yang,X. ,Jia,L. ,Ma,X. ,Zhu,L. ,Carbonaceous debris that resided in graphene oxide/reduced graphene oxide profoundly affect their electrochemical behaviors. *Electrochem. Commun.* ,23,94,2012.

[154] Yang,X. ,Li,X. ,Ma,X. ,Jia,L. ,Zhu,L. ,Carbonaceous impurities greatly impact on the electrochemical capacitance of graphene. *RSC Adv.* ,3,6752,2013.

[155] Li,X. ,Ma,D. ,Zhu,L. ,Electrocatalytic activities of chemically reduced graphene are essentially dominated by the adhered carbonaceous debris. *Chem. Eur. J.* ,21,17239,2015.

第7章 还原氧化石墨烯在生物传感和电催化领域的应用

Anna Jabłońska[1,2], SylwiaBerbeć[1],
Agnieszka Świetlikowska[1], Mateusz Kasztelan[1], Barbara Pałys[1,2]
[1]波兰华沙大学化学学院
[2]波兰华沙大学化学与生物研究中心

摘　要　还原氧化石墨烯是石墨烯材料家族的成员之一。与石墨烯相比，还原氧化石墨烯具有更多的结构缺陷。其较低的电导率与化学灵活性相互补偿，进而使多种化学改性成为可能。氧化石墨烯的还原可以通过化学或电化学方法进行。还原氧化石墨烯增加了它的导电性，但也去除了氧官能团，这对于生物分子的结合是很有用的。氧官能团的去除也会改变表面的疏水/亲水特性，进而影响吸附物种的取向。生物分子的取向对酶电极的制备尤其重要，因为酶与电极之间的直接电子转移是由活性中心向表面的方向决定的。研究还表明，氧化石墨烯的酚类基团可以通过氧化还原酶(如虫漆酶或辣根过氧化物酶)来完成。表面基团可以在固定化酶催化的反应中起到介质作用。因此，完全还原氧化石墨烯可能是有坏处的。氧化石墨烯的电化学还原使控制其表面组成的方法相对简单。在化学还原的情况中，还原剂的选择和反应条件即是针对生物电子应用优化还原氧化石墨烯所需的方法。本章将讨论还原氧化石墨烯的合成方法和产品的表征方法。还会讨论还原氧化石墨烯的红外光谱和拉曼光谱。而讨论的目的是强调氧化石墨烯还原方法与所得材料性质之间的关系。最后，将讨论氧化石墨烯在酶固定和其他重要生物分子、传感器用纳米粒子、生物燃料电池和超级电容器应用中的作用。还将阐述还原氧化石墨烯在药物传递和组织工程中的应用。

关键词　石墨烯，氧化石墨烯，直接电子转移，生物传感器，生物燃料电池，纳米粒子，酶固定

7.1 引言

石墨烯是由碳原子组成的孤立层，它的形式是一个类似蜂窝图案的二维晶格。自从Novoselov 和 Geim[1-2]通过简单的机械剥离高度取向热解石墨(HOPG)获得石墨烯以来，石墨烯成为研究最广泛的材料之一。石墨烯是一种具有零能带隙的半导体。它在室温下

的电荷迁移率很高(10,000cm^2/(V·s))[1]。此外,石墨烯表现出优异的热稳定性和导电性[3]、机械强度[4]和高比表面积(2630m^2/g)[5]。石墨烯还具有可分辨的光学特性,如白光的高透明度、反射率[6]和荧光猝灭能力[7]。石墨烯特殊的物理性质引起了人们对这种材料的极大兴趣,进而开始了广泛的基础和应用研究。石墨烯的应用包括光学[8-10]、电子学[11-13]、催化[14-17]和许多传感应用[18-23]。

HOPG[1]的机械剥离,石墨的液态剥离[24],或外延生长[25],都是获得高质量,且无缺陷的石墨烯的方法。尽管得到的产物——还原氧化石墨烯的物理化学性质似乎与石墨烯的性质不一样,但氧化石墨烯的还原曾被认为是大量合成石墨烯薄片的一种途径[26-27]。石墨烯表面中曾经氧化过的碳原子不容易返回到初始 sp^2 杂化中,导致基底石墨烯表面缺陷的形成[28]。在氧化石墨烯和完全还原的还原氧化石墨烯之间存在许多中间态,其中含有剩余的氧官能团。氧基团的数量和类型可以通过选择不同的还原剂来控制。采用电化学方法可以很好地控制氧表面基团。

缺陷会降低电导率,但也会产生重要的物理化学性质,这些性质可以通过改变氧含量顺利地进行调整。据报道,石墨烯基面的电子转移速率比边缘慢很多[29]。石墨烯表面中引入结构缺陷会增加边缘原子的数量;因此缺陷会降低电导率,但另一方面,缺陷改善电子转移是电极表面反应关键的一步,从而使还原氧化石墨烯成为电化学应用的有趣材料,包括传感器结构和生物燃料电池[30]。由于存在缺陷,有机分子的吸附和催化性能受到影响[31]。还原氧化石墨烯单独或与金属或半导体纳米粒子结合具有 H_2O_2 还原、氧还原和许多其他反应的内在催化活性。还原氧化石墨烯和掺杂石墨烯衍生物的催化和电催化性能得到了广泛的研究[32-36]。

氧表面基团呈极性,使得氧化石墨烯具有亲水性。去除含氧官能团会引起疏水性的增加。这种可调节的疏水性对生物传感器的制备尤其重要,因为它影响生物分子在表面的稳定性和取向。活性表面基团也能介导生物催化反应中的电子转移。表面基团的直接作用是与生物分子形成共价键。因此,还原氧化石墨烯被广泛用于固定化酶[37-38]或活细胞[39]。表面官能团也被证明在结合金属纳米粒子[40],半导体纳米结构[41-43]和导电聚合物[44]过程中起到作用。

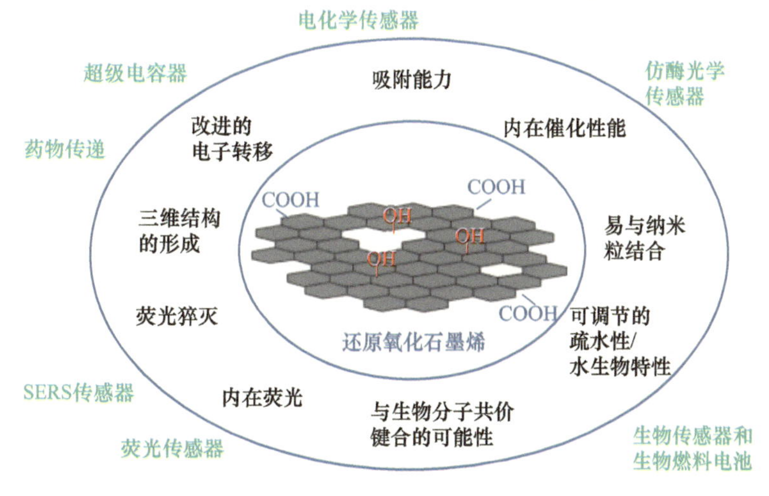

图7.1 还原氧化石墨烯的特性和应用概述

与石墨烯相反，氧化石墨烯和还原氧化石墨烯在宽波长范围内表现出固有的可调谐荧光，使其在物理和生物学上具有新的应用[45-46]。与石墨烯类似的还原氧化石墨烯显示出了荧光猝灭能力，被用于荧光猝灭传感器的制备[20]。由于荧光猝灭能力的提高，还原氧化石墨烯在SERS测量中提高了信号质量。也有报道说石墨烯和还原氧化石墨烯有助于SERS增强[47]。

氧化石墨烯的热还原或冷冻干燥方法可生成三维气凝胶或水凝胶产品[48-49]，这些材料是超级电容器和药物输送应用的理想材料。

图7.1为上述还原氧化石墨烯的特性和主要应用。如此广泛的可调物理化学性质激发了目前在还原氧化石墨烯上进行的广泛研究。本章的目的是探讨还原氧化石墨烯在生物传感器和电催化活性纳米复合材料中的应用。此外本章还将探讨还原氧化石墨烯作为药物传递和组织工程的其他生物应用。

7.2 还原氧化石墨烯的制备方法

使用强氧化剂可以实现石墨的氧化。氧化试剂的类型和反应条件影响反应产物中的氧含量，从而影响反应产物的分子结构。超声波浴剥离后的反应产物氧化石墨烯，称为氧化石墨烯，是还原氧化石墨烯的前体。下面列出氧化石墨烯的合成方法和还原氧化石墨烯的典型方法，重点讨论选择的反应方法对还原氧化石墨烯性能的影响。

7.2.1 氧化石墨烯的制备

氧化石墨烯已经在19世纪由Brodie首次合成，他通过氯酸钾和发烟硝酸的混合物氧化石墨[50]。氧化产物经洗涤后再多次氧化。而Hofmann和Konig使用非发烟硝酸[51]。这两种方法的缺点是会产出有毒的氮氧化物。Staudenmaier提出的石墨氧化方法要简单得多。浓缩的硝酸被硫酸取代，只需要一个单一的氧化步骤[52]。

目前，石墨氧化的最常用方法是高锰酸盐、硝酸盐和浓硫酸。这个程序是由Hummers和Offeman于1958年开发出来的[53]，并经过一些细微的修改后被广泛使用[26]。最近研究了Hummers和Offeman氧化石墨的机理，表明高锰酸盐的加入是石墨氧化开始的原因[54]。用Hummers-Offeman法合成的氧化石墨烯比Staudenmaier法合成的氧化石墨烯含氧量更高。C：O的摩尔比分别为2.25和2.89。2010年，Tour和同事在H_3PO_4中以1：9比例加入H_2SO_4，改进了合成方法[55]。磷酸的使用减少了还原氧化石墨烯表面上的一些缺陷。该产品含氧量较高，与Hummers-Offeman法合成的氧化石墨烯相比，具有较高的亲水性。该方法的优点是对环境腐蚀较弱，工艺过程中没有有毒气体产生。其缺点是反应时间相对较长——加热时间为12h，过滤也需要花费几小时。反应时间过长可能是这种合成方法尚未普及的一个原因。

7.2.2 氧化石墨烯的化学还原

氧化石墨烯环氧化物表面的官能团以羟基和羧基为主。还原剂对不同类型的表面官能反应略有不同。了解氧化石墨烯的分子结构有助于了解可能的还原机理。虽然Lerf-Klinowski的氧化石墨烯结构模型很流行（图7.2），但氧化石墨烯的化学结构仍然存在争议。根据这个模型,氧化石墨烯包含一个由芳香区组成的几乎平坦的碳栅,芳香区含有未氧化的苯环和六元的脂肪环。而基面含有 1,2 - 环氧化合物和羟基官能团,而边缘含有羧基或羰基[56]。氧化石墨烯结构的后期模型还包括过氧化物、醛和醚基团[57]。用于氧化石墨烯还原的化学试剂通常按从碳表面上除去的表面基团、产物的导电性以及还原后的碳氧比分类[26-27]。

在许多用于氧化石墨烯还原的化学试剂中,肼的使用最为广泛,因为该产品在很大程度上与本征石墨烯相似[58]。Ruoff 和他的同事报告说,当使用肼作为还原剂时氧化石墨烯中 C∶O 比率从初始数值 2.7 变化至 10.3。其电导率接近本征石墨的电导率[58]。当羟胺用作还原剂[59]时,得到了性能稍差的还原氧化石墨烯。提出的肼和羟胺还原机理涉及环氧键的打开或对羟基的亲核攻击。环氧键的打开和羟基的亲核取代也被认为是氢碘酸还原氧化石墨烯的机理[60]。

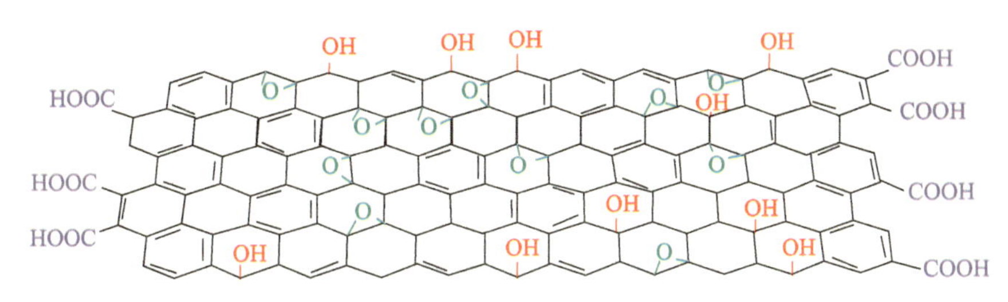

图 7.2 氧化石墨烯结构的 Lerf - Klinowski 模型

氢化锂是有机化学中最强的还原剂之一。当用于氧化石墨烯的还原时,它提供了较高的 C∶O 比(12),与其他相比:$NaBH_4$ =9.5,肼 10 ~ 11[61-62]。含硫还原剂也可用于还原氧化石墨烯。历史上,使用的第一个是 H_2S[63];另一种含硫试剂是二氧化硫脲,它是有机化学中用于还原酮的常用还原剂之一。用于石墨烯氧化还原,它提供了高 C∶O 比的高导电产品,其比值为 14.5[64]。

还原剂的种类不仅影响了剩余的氧基团的数量,而且还影响了特定试剂与特定基团的反应。肼和 $NaBH_4$ 主要与羰基反应,而 $LiAlH_4$ 与所有类型的氧基团反应[61]。

完全还原的氧化石墨烯变得疏水,反过来导致产品在水环境里立即聚合。这阻碍了化学还原石墨烯在传感器中的应用,而在传感器中,首选薄且均匀的还原氧化石墨烯层。可以通过荷电分子的非共价功能化[65-66]来阻止聚集。聚集的还原氧化石墨烯形成了一种高表面积的碳材料,它由薄的石墨烯基片组成。这些材料可以用来过滤和吸附有机化合物或是用作超级电容器。

为了防止使用有害或有毒的试剂,利用植物提取物或微生物还原氧化石墨烯。关于使用天然化合物还原氧化石墨烯的最新描述详见参考文献[27]。

Ajayan 和他的同事发明了一种分步还原氧化石墨烯的方法[67]。氧化石墨烯膜暴露在肼蒸气中的时间从 30min 到 1 周不等。光学带隙随着含氧官能团的去除逐渐减小。肼蒸气导致羰基的还原——包括前 8h 内的羧基和酮。随后苯酚和环氧基团被去除。最持久的是烷氧基官能团,它需要暴露在肼中 108h 才能完全被还原。肼还原氧化石墨烯显示氮碳比含量增加,这表明了其中部分是掺杂氮的。

7.2.3 水热法还原

石墨烯的无试剂还原可以通过一步水热反应[68]实现。Shi 和同事提出了在高压釜中进行水热还原。得到了三维水凝胶结构。该材料含有 97.4% 的水,具有良好的导电性和良好的机械稳定性。石墨烯 - 水凝胶是一种很有前途的超级电容器材料[69]。Wei 和同事提出了水热还原法和叔丁醇冷冻干燥法[70]。得到的材料有水凝胶的形式。是具有极高比表面积的三维石墨烯材料,适用于吸附和超级电容器的应用。

7.2.4 光还原

关于利用紫外线和无机光催化剂(如 TiO_2)或多金属氧酸盐[71-72]还原氧化石墨烯的报道有很多。报道所提出的光还原机制表示从光催化剂中释放的电子被转移到氧化石墨烯,从而导致其被还原。Mangadlao 等应用了羰基自由基催化的光还原。光催化还原氧化石墨烯中的氧含量很低[73]。这种方法可以同时还原氧化石墨烯和金属前体。通过这种方法,可以通过简单的一锅合成获得还原氧化石墨烯金属纳米粒子材料。

7.2.5 电化学还原

氧化石墨烯电化学还原的最大优点是还原氧化石墨烯层直接沉积在电极表面,通常不需要任何附加物质使其稳定地附着在电极上,这有利于电化学传感器的制备。氧化石墨烯层可以通过滴铸、旋涂或类似的方法在电极上沉积。Zou 等使用喷涂方法在不同的表面沉积氧化石墨烯层[74]。玻碳电极与氧化石墨烯层保持接触。研究了线性扫描伏安法来选择恒电位电沉积的电位。在线性扫描实验中,pH 值影响峰值电位。在此基础上,研究人员提出了质子对氧化石墨烯还原的机制。这种机制不同于金属氧化物在电极上的还原机制,其中在电极上质子不参与反应[75]。$i = f(t)$ 瞬变表示初始电流的增加——可能是由于层在氧化石墨烯还原过程中电导率的增加。在达到电流的最大值后,它下降了——这表示着电还原过程已经完成,层的沉积停止了。

氧化石墨烯在水中的溶解度使通过将电极浸入氧化石墨烯的液相悬浮液[76]中,而使得电化学还原的氧化石墨烯层直接电沉积成为可能。Chen 等通过在 +0.6 ~ 1.5V 且 pH =9.18范围内循环电极电位,实现还原氧化石墨烯的电沉积。与玻碳电极相比,所得层表现出了更好的电极转移动力学,作者将其归因于边缘缺陷的存在。电化学还原氧化石墨烯(ErGO)覆盖电极表面,可同时测定对苯二酚和儿茶酚。

氧化石墨烯的沉积方式会影响修饰电极的电化学特性。Zhang 等观察到的外露边缘石墨烯表面的数量取决于涂层是由滴铸沉积还是由氧化石墨烯悬浮液直接电沉积。反过来,暴露的石墨烯表面影响在电极上发生的氧化还原反应的速率[77]。与裸玻碳或石墨相比,用 ErGO 层修饰的电极通常表现出更高的电子传输速率,使它们成为制造电化学传感器的理想材料[78]。

氧化石墨烯的合成方法是影响 ErGO 薄膜性能的显著因素。Pumera 和同事研究了用 Staudenmaier、Hofmann、Hummers 和 Tour 方法合成氧化石墨烯的电化学还原[79]。通过将氧化石墨烯悬浮液滴铸在 DMF 中并使溶剂蒸发的方法制备了所有氧化石墨烯层。电化学还原是通过循环伏安法进行的。作者观察到,与使用高锰酸盐氧化剂(Hummers 法和

Tour 法）合成的氧化石墨烯相比，使用高氯酸盐氧化剂（Staudenmaier 法和 Hofmann 法）制备的氧化石墨烯显示出不可逆的还原，后者可以在阳极扫描期间再氧化。作者将这些可逆的氧化还原对归因于醌－对苯二酚的转变。利用不同方法合成的氧化石墨烯样品在电化学性能上的差异归因于石墨氧化[80]后残留的锰。Pumera 和他的同事优化了氧化石墨烯电还原的潜力，已从具有重要生物学意义的分析物中获得最高的电化学响应[81]。

ErGO 层的一大优点是氧表面基团。含氧官能团可用于酶[82]、纳米粒子[83]或其他电活性物质的化学键合。极性氧基团的存在还通过在疏水石墨烯表面上形成亲水域来影响有机分子的物理吸附。ErGO 的含氧官能团可以介导酶促反应，有利于生物传感器的应用。氧基团的数量可以通过氧化石墨烯电化学还原的时间、电位或电位循环数来控制。

在 －0.7V 和 －1.5V 的电位及 Ag/AgCl 范围内，在中性 pH[84-85]中，环氧基团和醛基团被去除。环氧和羰基含量的降低伴随着 C—OH 基团的增加[85]。羧基的还原需要更多的负电位。也已经证实，减少 OH 基团是相当困难的，ErGO 层总是包含 OH 官能团[84,86]。水合肼蒸气还原氧化石墨烯时，表面基团的去除顺序不同，其中羧基和酮基首先被除去[67]。结果表明，氧化石墨烯的化学还原机理与电化学还原机理存在显著差异。Hallam 和 Banks 认为石墨烯表面边缘的基团比基底表面的基团更容易减少，因为边缘的电子转移更快[87]。

有机溶剂中氧化石墨烯的电化学还原发生在 －1.0 ~ －1.7V 与 Fc/Fc^+ 的电位窗口范围内。将电位窗口扩展到更负的电位值可以可逆地还原氧化石墨烯[88]。

电化学还原也受 pH[74,89]的影响。有报道称，氧化石墨烯的电化学还原受电极材料类型的影响。例如，电化学粗化的金将还原氧化石墨烯的电势改变了 0.3V[90]。氧化石墨烯的电化学还原机制尚未完全阐明。

ErGO 薄膜与电极表面的粘附是建立在非共价相互作用的基础上的。这种相互作用通常足以在电极上获得稳定的层。Kesavan 和 John 建议同时电还原三聚氰胺、氧化石墨烯和三嗪重氮离子，以增强石墨烯层与玻碳和 ITO 表面的附着力[91]。在金属和碳电极上还原重氮盐是一种已知的改性电极的方法，可以在有机分子和电极表面之间提供稳定的共价键[92-93]。

单层氧化石墨烯的还原与多层氧化石墨烯薄膜的还原不同。在上个例子中，氧化石墨烯层之间的水可能与基面腐蚀孔相互作用，导致羰基的形成[94]。

影响 ErGO 表面组成和电化学性能的因素总结如下：

（1）氧化石墨烯的合成方法；

（2）电极表面氧化石墨烯的沉积方式；

（3）进行电化学还原的溶剂类型；

（4）pH 值；

（5）电位窗；

（6）氧化石墨烯层的初始厚度。

石墨烯是疏水的，而氧化石墨烯如果与氧官能团相接[95-96]，甚至可以吸湿。氧化石墨烯的受控还原是确定最终产品性能的一种方法。电化学方法通过简单地选择电化学还原的电位和持续时间，提供了控制氧化还原反应的大部分可能性。

7.3 氧化石墨烯和还原氧化石墨烯的特性

7.3.1 红外光谱和 XPS

氧化石墨烯表面的极性基团产生了强烈的红外光谱[67]，使红外光谱成为研究石墨氧化产物和还原氧化石墨烯表征的常用方法。在 KBr 颗粒中对氧化石墨烯和还原氧化石墨烯粉末进行了简单的研究，而为了表征电极上的 ErGO 层，通常使用 ATR 或 FTIR 显微镜。由于 C—O—C 群的非对称拉伸模式和对称拉伸模式，在 $1220cm^{-1}$的强带存在下可以识别出环氧基团，在 $850cm^{-1}$的强带存在下可以识别出环氧基团。$850cm^{-1}$处的谱带特征性较差，因为它可能与过氧化物基团重叠，使谱带在 $800 \sim 890cm^{-1}$范围内。$1060cm^{-1}$通常被分配到烷氧基 C—O 拉伸基团。在 $1278cm^{-1}$ 处观察到相应的苯酚基团带。在 $1375cm^{-1}$附近的谱带相当于第三级乙醇弯曲。乙醇和苯基都会在 $3300cm^{-1}$以上产生 OH 伸缩带，在 $1620cm^{-1}$时产生 OH 弯曲模式，但是，这可能与潮湿样品中可能存在的水带相混淆。在 $1600 \sim 1550cm^{-1}$范围内的 $1620cm^{-1}$带可以找到所有碳材料的典型 C ═C 谱带[97-98]。羧基和羰基的存在标志着约 $1720cm^{-1}$ 的能带。解离的羧基以 $1640cm^{-1}$ 和 $1465cm^{-1}$[85]附近的这两个带为特征。

一种流行的表面分析方法是 XPS，它可以找到样品的元素和化学特性[79,99]。核心碳 1s(C1s)和氧 1s(O1s)的峰分别为 285eV 和 534eV。强度比给出了 C/O 比与氧化石墨烯样品的氧化状态直接相关的测量结果。研究了 C1s 范围内的高分辨率 XPS 光谱，分析了样品的表面组成。由于 sp^3杂化碳缺陷，来自乙醇和醚基、羰基和羧酸的 C—O 形成宽重叠带，范围为 $280 \sim 290eV$。

7.3.2 氧化石墨烯和还原氧化石墨烯的拉曼光谱

拉曼光谱常用于研究石墨烯及其相关材料的结晶度和缺陷数[100-101]。最显著的条带为源自于 sp^2 碳晶格的 G 带（约 $1590cm^{-1}$），与石墨烯表面 sp^3 边缘或缺陷有关的 D 带（约 $1315cm^{-1}$），以及由二阶拉曼散射（约 $2700cm^{-1}$）引起的 2D（或 G′）带。这三个谱带的位置与激发激光线略有不同。一般认为，D 带与 G 带强度的比值是降低氧化石墨烯样品结晶度的量度。根据 Tuinstra 和 Koenig 模型，ID/IG 的比值与碳材料中晶畴的大小成反比[102]。ID/IG 比值也与石墨烯表面缺陷数相关。到达氧官能团的材料光谱在 $1100cm^{-1}$ 和 $1700\ cm^{-1}$之间的区域显示出宽且重叠的谱带。在相关的光谱范围内，一些作者发现了比 D 和 G 更多的谱带。Claramunt 等提出了另外三个谱带（D'、D"和 D *）来适应实验谱带的形状[101]。D' 带（$1620 \sim 1650cm^{-1}$）可能表示非六方环的存在[103]。D"（约 $1540cm^{-1}$）和 D *（$1120 \sim 1150cm^{-1}$）带的位置和相对强度取决于氧化石墨烯样品的结晶度和氧含量[101]。另一个与氧含量和缺陷的存在有关的参数是 G 带从石墨约 $1580cm^{-1}$的位置转移到氧化石墨烯样品的 $1595cm^{-1}$[101,103]位置。对热或化学还原氧化石墨烯样品的研究表明，随着氧表面基团的减少，G、D"带和 D * 带的位置向较低的波数方向移动[101,103-104]。在电化学还原样品中，ID/IG 比值的变化取决于扫描速率[77]。由于 Tuinstra - Koenig 模型对小于 2nm[105]的区域无效，使得 ID/IG 比与碳材料缺陷数之间的相关性更加复杂。另一个与氧化石墨烯结构性质相关的参数是D"带的强度归一化到G带的强度(ID"/IG)。递减的ID"/IG比率表明结晶区域的尺寸增加和缺陷数量减少[101]。总之,氧化石墨烯的减小不仅伴随着ID/IG比值的变化,而且伴随着这些重叠带形状的变化。

Kvarnström和同事直接在电化学电池中通过拉曼光谱研究氧化石墨烯的电化学还原[85]。电解质为0.1mol/L的NaF溶液。将电极电位从0.0改为-0.4V(相对于Ag/AgCl)引起ID/IG比值增加,施加比-0.4V(相对于Ag/AgCl)更负的电位会导致相反的效果。随着初始晶带尺寸的减小,晶格在较负电位下的恢复,sp^2晶格结构的变化得到了合理的解释。因此,还原的结果是ID/IG比的变化,并伴随着重叠D和G带的形状变化。

二维带相对于G带强度是石墨烯厚度的探针。对于单层石墨烯层,二维带是密集而狭窄的。从单层到多个石墨烯层的叠层,其强度降低,半宽度增加[100]。

7.4 还原氧化石墨烯在生物传感器和生物燃料电池领域的应用

生物传感器制备的一个重要问题是寻找一个理想的载体,提供高负载,不妨碍酶的活性,并促进长期的稳定性。此外,酶分子的取向必须使基底分子易于运输到活性中心。在电化学生物传感器中,能使活性部位与电极表面直接进行电子转移的酶的取向是首选的。在许多可用的材料中,相对于体积而言,氧化石墨烯似乎是理想的候选材料之一。它的表面是平坦的和易于接触的分子(对于孤立的石墨烯薄片,可以从两边通过)。除了完善建立的表面,还应该注意含氧官能团的存在,这些官能团可以通过与酶分子形成共价键来固定分子。氧表面基团也可以作为酶的氧化还原介质。关于氧化石墨烯或还原氧化石墨烯载体的酶的研究有很多例子。研究的酶包括辣根过氧化物酶(HRP)[90,106]、草酸氧化酶[107-108]胰蛋白酶[109]、脂肪酶[110-111]、葡萄糖氧化酶[112-113]、胆红素氧化酶[114]、漆酶[115-116]、溶菌酶[117]、乙酰胆碱酯酶[118]。酶被固定在单层氧化石墨烯[112]或多层石墨烯结构或贵金属纳米粒子复合材料上。

还原氧化石墨烯的带电表面基团通过静电相互作用促进酶的固定化。Zhang等利用静电作用,在氧化石墨烯上固定HRP和溶菌酶,没有做任何表面修饰或交联剂[119]。两种酶都获得了非常高的负载量:每1mg氧化石墨烯含有100μg HRP,每1mg氧化石墨烯含有700μg溶菌酶。固定化HRP的AFM研究表明,HRP分子尺寸受氧化石墨烯相互作用的影响,而分子构象的改变使其合理化。与天然酶相比,其催化活性较低。

另一个使用静电作用与氧化石墨烯进行酶固定化的例子是Filip等的研究,他们在氧化石墨烯片上吸附胆红素氧化酶(BOD)。研究了BOD作为氧还原催化剂在生物燃料电池中的应用。用离心法分离了氧化石墨烯片。对每一个分数,zeta电位的值都进行了评估。研究发现,电催化氧化还原电流和界面电子转移速率均受电催化氧化还原电流密度的影响[114]。

石墨烯表面的电荷可以通过化学修饰来改变,从而优化与带电生物分子的相互作用。Zeng等以十二烷基苯磺酸钠(SDBS)为原料,在SDBS存在下,用肼化学还原法制备石墨烯。这种改性石墨烯表面用于石墨烯和HRP的自组装。因此,电极被多个由带电石墨烯表面隔开的HRP层所修饰。这样的系统使酶负荷非常高。层稳定性好,对过氧化氢有很好的敏感性[120]。

由于含氧基团是极性基团，这些基团影响表面的疏水/亲水特性，而这些特征又对生物分子的吸附具有重要意义。结果表明，酶的负载取决于化学还原氧化石墨烯的疏水性[107]。

Jiang 等用磁性纳米 Fe_3O_4 粒子修饰的氧化石墨烯作为胰蛋白酶的基底。该系统用于高效的蛋白质组消化。胰蛋白酶通过 π - π 堆叠和氢键固定。这种酶在温和的条件下被固定，从而使其长期稳定[109]。

由氧化石墨烯组成的 Fe_3O_4 纳米粒子也被用于漆酶的固定化，但在本研究中，该酶通过共价键固定[115]。漆酶利用分子氧氧化多种有机胺或酚类物质。将漆酶固定在 Fe_3O_4/氧化石墨烯上，用于染料脱色。与上一个例子一样，酶在 Fe_3O_4/氧化石墨烯的固定化导致了很高的热稳定性和较低的 pH 值。此外，固定化酶还可重复使用。这种系统的最大优点也是能够很容易地通过磁铁将反应产物从酶中分离出来。

将漆酶与戊二醛交联固定在氧化石墨烯与钌纳米粒子复合材料上，用于对 17β - 雌二醇进行高灵敏度的电化学检测[116]。氧化石墨烯中大量的羟基基团是该酶的有效结合位点。激素在极微量浓度下被检测到。

用戊二醛固定脂肪酶，以纳米银（PANI/Ag/GO）[110] 为载体。这种载体不仅促进了脂肪酶与表面的有效结合，在贮藏过程中积极影响了高酶活性的维持，显示出了较高的催化效率和酶 - 基底亲和力，而且也注意到增强的耐溶性和温度耐受性。

还报道了氧化石墨烯对蛋白酶性能的有益影响。Jin 等已证明氧化石墨烯能显著影响酶的活性。用聚乙二醇修饰氧化石墨烯（PEG）作为丝氨酸蛋白酶（胰蛋白酶、糜蛋白酶和蛋白酶 K）的基质，其中酶被包裹在基质中。结果表明，聚乙二醇化氧化石墨烯能提高胰蛋白酶活性和热稳定性，而其对糜蛋白酶或蛋白酶 K 的影响可忽略不计[108]。

氧化石墨烯对酶活性的影响并不总是积极的。酶与表面相互作用过强，可导致蛋白质结构的显著变化和催化活性的降低。Wei 和 Ge 证明氧化石墨烯对过氧化氢酶的三级结构和二级结构有抑制作用[121]。对溶菌酶在氧化石墨烯和还原氧化石墨烯上的研究表明，氧化石墨烯的还原对酶活性有根本的影响。Bai 等证明了氧化石墨烯抑制溶菌酶活性，而还原氧化石墨烯对溶菌酶活性的影响可以忽略不计[117]。活性研究与圆二色性和红外结果相关，这说明与氧化石墨烯相互作用时活性下降的原因是构象的显著变化。还原氧化石墨烯对溶菌酶构象的影响很小。

氧化石墨烯还原程度也对减小产生影响。我们研究了漆酶催化的电化学还原氧化石墨烯[86]氧还原反应。电化学还原采用 -0.4V 和 -1.2V（相对于 Ag/AgCl）的线性电位扫描进行。在每一次电位扫描后，对漆酶溶液中的氧还原进行了研究。结果表明，在五次电还原扫描后观察到最佳电催化电流。进一步的还原扫描导致了电催化电流的减小，如图 7.3 所示。电催化电流的初始增加是由于氧化石墨烯的电导率逐渐降低而引起的。电流的减少是由于从氧化石墨烯表面去除羟基而引起的。酚类化合物是漆酶的典型基底，因此，认为羟基参与了电催化反应。

类似的最佳电还原度可以在 HRP[90] 中观察到。在这种情况下，其表面的极性基团会影响酶的取向。

Zhang 等用氧化石墨烯和化学还原氧化石墨烯作为辣根过氧化物酶（HRP）和草酸氧化酶（OxOx）的基底[107]。Zhang 等已经证明，在减少氧化石墨烯的情况下，酶的负载可以增加10倍。还原的氧化石墨烯越多,固定化的酶就越多。此外,酶在这些表面上的活性明显高于其在未还原的氧化石墨烯上的活性。酶在还原氧化石墨烯上的高覆盖率是由于疏水相互作用的结果。Zhang 等提出还原氧化石墨烯可以作为其他疏水蛋白的基底,从而显著提高这些固定化蛋白的性能。

自 Willners 的研究小组结果[122]发表以来,金纳米粒子在电化学酶传感器中的应用受到了广泛的关注。由于氧化还原中心与电极表面之间的电连接改善,使信号放大。还原氧化石墨烯或氧化石墨烯纳米结构与 Au 纳米粒子和酶的结合在电化学传感器中得到了广泛的研究[83,118]。

在其他含氧化石墨烯的复合材料中,发现了一种由二维氧化石墨烯纳米片和一维纳米原纤维溶菌酶组成的新型淀粉样蛋白 - 氧化石墨烯复合材料。该平台已将其进一步用于 HRP 固定和葡萄糖传感[123]。

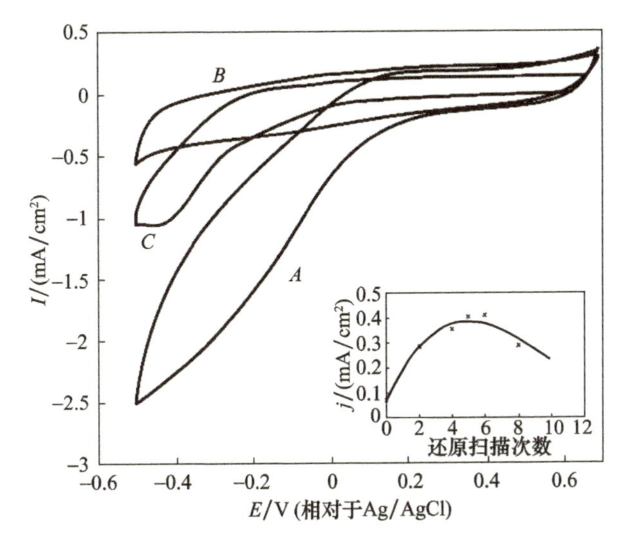

图 7.3 在氧(A)和氩(B)饱和状态下,ErGO 电极(10 次还原扫描)pH = 5.4 的含漆酶(100 μg/mL)的 0.1mol/L 磷酸盐缓冲液中的循环伏安响应

曲线 C 表示在无酶缓冲溶液中 ErGO 的反应。图示:氧还原电流(相对于 Ag/AgCl 为 − 0.1V)对施加在氧化石墨烯层上的还原扫描次数的依赖性。(经 Elsevier 许可转载自参考文献[86])

7.5 无酶传感器

金属纳米粒子可以通过共价或非共价相互作用固定在还原氧化石墨烯或石墨烯表面上。石墨烯表面中的含氧官能团和缺陷的存在使金属结构得以成核和生长[124]。该复合材料可以通过将氧化石墨烯悬浮液与金属前驱体和还原剂[125-126]混合而得到。氧化石墨烯的表面基团也可以起到还原剂[127]的作用。通过电化学还原含有适当金属盐离子的氧化石墨烯悬浮液,可以将金属纳米粒子还原的氧化石墨烯复合材料直接沉积在电极表面上[128-129]。

还原氧化石墨烯在传感器设计中的作用包括:固定催化剂,增加可吸附分析物的表面积,以及在电化学反应中增加电子传输速率。除了这些功能外,金属纳米粒子与氧化石墨

烯或还原氧化石墨烯的相互作用还产生了新的物理化学性质。在许多情况下，还原氧化石墨烯或氧化石墨烯与纳米粒子的协同作用提高了电催化效率。还报道了还原氧化石墨烯对表面增强拉曼光谱（SERS）的有益影响。本章简要介绍使用还原氧化石墨烯复合金属纳米粒子的电化学和光学传感器。

7.5.1 电化学传感器

还原氧化石墨烯－金纳米粒子被用来测定小的有机分子，如抗坏血酸、多巴胺、尿酸[128]、三聚氰胺[130]或汞（II）[131]、铜[132]和砷[129]。研究了含还原氧化石墨烯复合材料在H_2O_2[133－135]和氧[136]电化学传感器中的应用。

抗坏血酸、多巴胺和尿酸的电化学检测是复杂的，因为这些化合物的氧化还原电位与许多电极材料非常相似。还原氧化石墨烯电极的优点是来自抗坏血酸、多巴胺和尿酸的氧化还原峰被很好地分离。研究开发了几种含还原氧化石墨烯的材料来检测这三种化合物，包括具有磺化氮硫共掺杂石墨烯的Au－Pt双金属纳米粒子[138]、还原氧化石墨烯－氧化锌复合材料[139]、还原氧化石墨烯－Au纳米板[140]或还原氧化石墨烯－银纳米粒子[141]。

Chen等[130]应用还原氧化石墨烯支持Au纳米粒子的均匀分布。纳米粒子通过同时还原HAuCl和氧化石墨烯而沉积。该Au纳米粒子/还原氧化石墨烯纳米复合材料进一步应用于三聚氰胺（1,3,5－三嗪－2,4,6－三胺）的检测。三聚氰胺用于食品包装材料的生产。人类长期摄入三聚氰胺可能导致肾脏疾病[142]。在本实验中，六氰化钾作为电化学信号体。随着三聚氰胺浓度的增加，六氰高铁酸盐的电化学响应不断下降。作者将其影响归因于三聚氰胺和六氰化氢对阿霉素的竞争性吸附。还原氧化石墨烯的存在导致Au纳米粒子分布均匀。该传感器在5～50nmol/L浓度范围内具有良好的灵敏度。

还原氧化石墨烯－金属纳米粒子复合材料也可用于重金属离子的剥落分析。为了实现该目标，Ding等直接从含$AuCl_4^-$离子的电解液中电镀还原氧化石墨烯/Au纳米粒子，并分散氧化石墨烯[131]。用这种方法所制备的还原氧化石墨烯/Au纳米粒子层，通过在+0.3V与Ag/AgCl下还原Hg^{2+}离子以及随后的阳极溶出伏安法来积累汞。该传感器的特点是检测限低至0.6nmol/L，使其适用于自来水控制或其他实际应用。

采用类似的还原氧化石墨烯/Au纳米粒子复合材料电沉积方法制备了Cu^{2+}离子传感器[132]。采用阳极溶出伏安法实现了Cu^{2+}离子的检测。

还原氧化石墨烯/Au纳米粒子另一个应用示例是用于测定鱼样品中甲基汞的传感器[143]。还原氧化石墨烯/Au纳米粒子也直接电沉积到电极表面上。与Au纳米粒子和还原氧化石墨烯电极相比，还原氧化石墨烯/Au纳米粒子层显示了对CH_3Hg^+更高的DPV响应。作者将增加的信号归因于电极的高表面面积。这些Au纳米粒子阻止了还原氧化石墨烯表面的聚集。从$Fe(CN)_6^{3-}/Fe(CN)_6^{4-}$检出的氧化还原对的电极表面积为Au纳米粒子－还原氧化石墨烯：$0.145cm^2$，Au纳米粒子为$0.072cm^2$。检测限为0.12μg/L。

H_2O_2传感技术在许多工业和生物医学应用中都很重要。H_2O_2是许多生化反应的副产品，其水平的变化可能导致身体严重紊乱的症状。这种传感器可应用于生物医学，虽然研究样本可能包含其他氧化还原产物，但是该传感器需要有很低的检测限，高灵敏度和良好的选择性。Mai等设计了一种由周期性中孔二氧化硅、还原氧化石墨烯和Au纳米粒子（还原氧化石墨烯－PMS@Au纳米粒子）[133]组成的传感器。Au纳米粒子通过对还原氧

化石墨烯 - PMS 上的 $HAuCl_4$ 自发还原制得——超小的直径为 3nm 的 Au 纳米结构。检测限为 60nmol/L。该传感器已成功地应用于尿液样本的 H_2O_2 测定和检测肿瘤细胞产生的高 H_2O_2 水平。

用多金属氧酸盐(POM)稳定的 Au 纳米粒子与还原氧化石墨烯的结合,显示出良好的电催化性能,以还原 H_2O_2[134,144-145]。在这种三组分体系中,POM 充当还原剂、稳定配体和石墨烯表面上的连接剂。研究的 POM 包括聚氧钼酸盐[134]或聚氧钨酸盐[144-145]。还原氧化石墨烯可以通过化学还原或电化学还原得到。结果表明,即使多氧阴离子经水解为简单的阴离子,其电催化活性仍保持不变。无还原氧化石墨烯和无 Au 纳米粒子的还原氧化石墨烯层具有电催化性能,但所观察到的还原氧化石墨烯/Au 纳米粒子复合材料的电催化电流值高于 Au 纳米粒子的还原氧化石墨烯电流之和。这种传感器的三个组成部分揭示了电催化在还原 H_2O_2 方面的协同作用。还观察了半石墨烯 - 石墨烯 - Au 纳米粒子复合材料的协同作用[146]。

本文还研究了 Pt 纳米粒子作为 H_2O_2 传感器的可能应用。Zhao 等[135]通过电化学还原 K_2PtCl_6 利用 Fe_3O_4 纳米粒子改性的还原氧化石墨烯层上沉积了 Pt 纳米粒子。灵敏度与还原氧化石墨烯/Au 纳米粒子传感器相当。该传感器的优点是具有线性响应相对宽的浓度范围。用 Cu 纳米粒子[147]修饰的还原氧化石墨烯,在检测限稍稍提高的情况下得到了较广的线性浓度范围。通过电化学还原 $CuCl_2$ 和氧化石墨烯沉积了还原氧化石墨烯 - Cu 纳米粒子层。

研究了具有还原氧化石墨烯和 Au 纳米粒子用 POM 稳定的纳米复合材料作为燃料电池阴极的电化学氧还原反应的可能催化剂[148]。采用混合预还原 $NaBH_4$ 和还原氧化石墨烯得到的 POM 和 $HAuCl_4$ 的方法制备了纳米复合材料。为了进行比较,还对 VulcanXC72R 碳载体上的纳米粒子进行了研究。Au 纳米粒子/Vulcan 层以与还原氧化石墨烯/Au 纳米粒子类似的方式获得——仅通过将 Vulcan 炭黑代替还原氧化石墨烯分散在反应浴中。与分散在 VulcanXC72R 碳上的 Au 纳米粒子相比,还原氧化石墨烯负载的 Au 纳米粒子催化活性更高。这与还原氧化石墨烯的高导电性和亲水特性有关,反过来又影响了 Au 纳米粒子的成核。

另一个还原氧化石墨烯负载催化氧化还原的例子是 Lee 等提出的[136],他设计了一个系统,由化学还原的氧化石墨烯层和 MnO_2,Ag 纳米粒子沉积在还原氧化石墨烯的顶部。Ag 纳米粒子和 MnO_2 对溶解氧进行电催化四电子还原,而还原氧化石墨烯提供高表面积电极用于沉积 MnO_2,并且改善了电子向电极的转移。该系统具有很高的电催化电流和良好的长期稳定性。

还原氧化石墨烯 - Au 纳米粒子复合材料的生物医学应用包含诺如病毒检测。在全世界范围内,诺如病毒通常会引起胃肠炎。快速检测这些病毒是困难的。但电化学测试可以在现场进行。作者将金 - 石墨烯载体用病毒特异性适体进行功能化,并用二茂铁分子进行修饰,起到氧化还原探针[149]的作用。病毒的检测通过降低二茂铁的 DPV 信号,使病毒与电极结合来实现。氧化石墨烯纳米片还被发现了另一种生物医学应用:用抗体修饰的氧化石墨烯进行病原体的电化学检测[150]。改性的氧化石墨烯与病原体结合在一起。该混合物显示出银离子自发还原的能力。对银溶液中的氧化石墨烯 - 病原体复合材料进行调理后观察银还原的电化学电流。

7.5.2 伪过氧化物酶活性—比色检测

酶模拟材料作为生物分子的低成本替代品越来越受到人们的关注。包括石墨烯衍生物在内的纳米材料具有良好的长期稳定性和在高温下工作的能力。与酶相比，pH 值在纳米结构中的作用范围通常更宽。

用 COOH 修饰的氧化石墨烯（GO - COOH）表现出固有的过氧化物活性，这表示它催化了典型的过氧化物酶基底 3,3,5,5 - 四甲基联苯胺（TMB）被 H_2O_2 氧化[151]。图 7.4 展示了伪过氧化物酶活性的方案。氧化产物为蓝色，可用于简单的比色法测定 H_2O_2。在 652nm 处的吸光度变化可测量催化剂的催化活性。与 HRP 相比，GO - COOH 的催化 H_2O_2 活性范围更广，但与 HRP 的催化活性相似。Song 等将 GO - COOH 联合 GOx 和 TMB 用于葡萄糖比色法[151]。该方法以葡萄糖氧化酶（GOx）催化葡萄糖氧化为基础，副产物是 H_2O_2，由于 GO - COOH 的过氧化物酶样活性，可以检测到 H_2O_2。该传感器在 1 ~ 20μmol/L 的浓度范围内表现出对葡萄糖的线性响应。

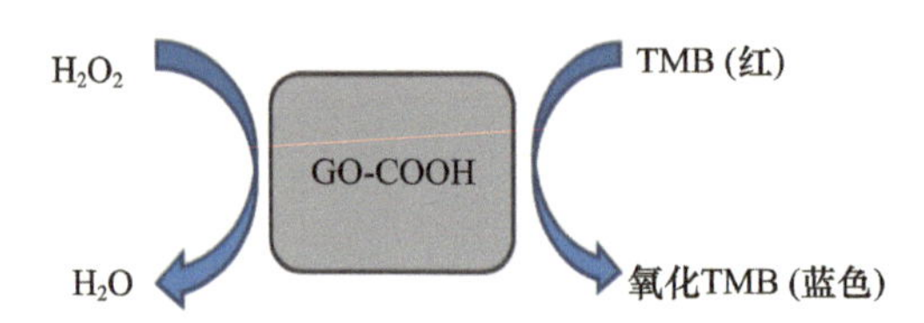

图 7.4 GO - COOH 和类似材料的伪过氧化酶作用示意图

在氧化石墨烯、$H_3PW_{12}O_{40}$（PW_{12}）和阳离子二苯丙氨酸（FF）肽的三组分体系中，也显示了过氧化物酶样活性（图 7.4）。该系统能够催化 TMB 被 H_2O_2 氧化。检测限为 0.11μmol/L[152]。没有氧化石墨烯的 FF@ PW12 也显示了催化活性，即使添加 5% 氧化石墨烯，其敏感性也提高了 1.7 倍。氧化石墨烯与 PW_{12} 之间的协同作用归因于氧化石墨烯与 PW_{12} 之间的非共价作用。带正电荷的 FF 和负的 PW_{12} 离子之间的离子相互作用促进了催化剂的稳定性和多相中的有效催化。PW_{12} 与氧化石墨烯之间的强离子相互作用或电子转移相互作用提高了过氧化物酶样的活性。

采用聚苯乙烯磺酸盐（PSS）改性氧化石墨烯的伪过氧化物酶活性测定抗坏血酸的比色法。抗坏血酸的存在使氧化 TMB[153] 的蓝色猝灭。在 0.8 ~ 60μmol/L 的浓度范围内得到抗坏血酸的线性响应，其检测限为 0.15μmol/L。

Tao 等应用溶菌酶稳定的金纳米团簇的伪过氧化物酶活性，结合叶酸（CFA）改性的氧化石墨烯来检测癌细胞[154]。包括 HeLa 细胞和 MCF - 7 细胞在内的几种类型的癌细胞都表现出叶酸受体的过度表达，因此，CFA 很容易与恶性细胞结合。用 CFA 的伪过氧化物酶活性连接到有 CFA 探针的细胞来进行比色检测。

7.5.3 荧光传感器

石墨烯和石墨烯相关材料能够高效地猝灭荧光[155]。荧光猝灭很大程度上取决于萤光与石墨烯表面之间的距离，因此，为了观察萤光猝灭，必须在萤光上强烈吸附分子。这个能力已经被用于 DNA 检测[20,156]。单链 DNA 通过 pi - pi 叠加与石墨烯发生强烈相互作用。当与石墨烯的相互作用强烈时，荧光标记的 ssDNA 就没有荧光。与互补链的杂交导致石墨烯的解吸。结果,荧光恢复了。这种传感技术可以直接用于体液样本中互补DNA的检测,也可用于多种生物标记物的检测。

适配子是寡核苷酸或多肽,能够将目标分子在高选择性条件下结合,因此,它们在传感器中的应用是很直接的想法。由于表面基团的丰富,氧化石墨烯或还原氧化石墨烯似乎是一种很好的结合剂。Nellore等将适配体聚合的氧化石墨烯用于循环肿瘤细胞鉴定[157]。作者开发了几种用荧光染料修饰的适配体,这种适配体附着在三维多孔石墨烯薄膜上。这种膜能够从血液样本中捕获几种类型的癌细胞,其效率达到98%。由于多色荧光,在单个样品中可以检测到几种不同癌细胞。

伴刀豆凝集素A(ConA)属于凝集素,在T细胞活化、细胞有丝分裂、凝集、凋亡等过程中起重要作用。Liu等用FAM荧光染料和氧化石墨烯[158]修饰适当的适配剂(anti-ConA)为ConA制备传感器。在没有ConA的情况下,适配体能够吸附氧化石墨烯,从而使荧光猝灭。ConA的存在导致了ConA的解吸,而又引发了荧光信号,如图7.5所示。

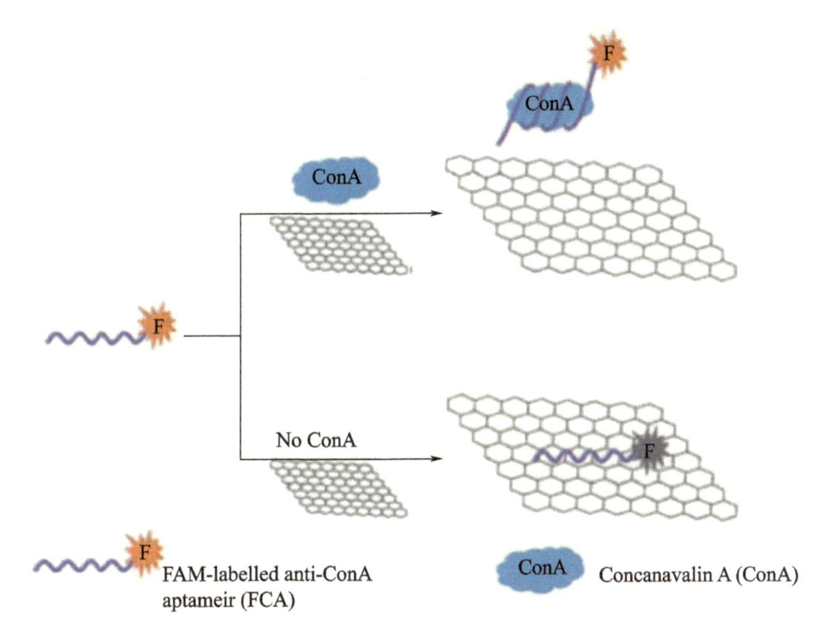

图7.5 使用氧化石墨烯和抗-ConA适配剂的ConAaptasensor的示意图
(经皇家化学学会许可转载自参考文献[158])

超薄的氧化石墨烯层支持表面等离子体耦合发射(SPCE)。SPCE现象的产生是由于金属薄膜附近的萤光与表面等离子体的强相互作用,导致了高定向p极化和波长分辨发射。Xie等将氧化石墨烯在薄金层上的SPCE效应应用于人IgG的增强荧光免疫分析,其检测限低至0.006ng/mL[159]。

石墨烯量子点(GQD)同样应用于荧光传感器[160]。由于GQD的尺寸和优异的荧光性能,特别是在细胞成像领域具有很好的应用前景。Suzuki等证明,GQD经手性氨基酸卡扣修饰,可获得手性性质。与L-GQD[161]相比,D-GQD在细胞膜上有更强的积累倾向。

7.5.4 表面增强拉曼光谱传感器

在设计生物传感器时,由于拉曼散射效率极低,导致普通拉曼光谱很不受欢迎,直到发现吸附在粗糙的金属(如银和金)表面上的分子拉曼信号显著增加[162-165]。这一发现使表面增强拉曼光谱(SERS)的方法得到了发展。这种信号的增加与局部表面等离子体激发金属纳米结构附近的巨大局部电磁场有关,表现为$10^4 \sim 10^6$[165]级的信号增强。在优化的条件下,SERS可以检测单个分子[166]。极高的SERS灵敏度为SERS在制备低检测范围的生物传感器奠定了基础。

与贵金属纳米粒子结合的石墨烯及其衍生物被作为潜在的SERS平台[167-173]而被广泛研究。这种杂化材料的独特特性直接来自石墨烯的结构和性质[174]。二维sp^2杂化晶格有利于通过$\pi-\pi$堆叠和疏水相互作用结合大量的芳香和有机分子[175-177]。石墨烯能够抑制分析物[7,155]的荧光,在没有强荧光背景的情况下,可以获得高质量的光谱。Zhang和同事指出,石墨烯对拉曼信号的增强起核心作用,因此他们引入了“石墨烯增强拉曼光谱(GERS)”这个术语,根据这些作者的说法,即使考虑到表面粒子的数量且注意到石墨烯是透明的[178],石墨烯吸附物质的谱带仍要比预想的强烈得多[47]。在可见光范围内,通过石墨烯表面的光传输量是高于95%的[179]。因此,石墨烯表面等离子体是SERS的主要增强因素,其共振在可见光区域之外,因此它不能通过石墨烯等离子体的共振来促进光谱的增强。但是,金属纳米粒子在石墨烯上的吸附可以影响等离子体共振发生处光的波长[180],这可能有助于SERS的增强。

还原氧化石墨烯由于其在水中的溶解性、生物相容性、化学功能化的可能性以及缺陷和含氧族的存在,成为了设计生物传感器的理想材料。此外,还证明了还原氧化石墨烯增强了化学吸附分子的拉曼信号[178,181-182]。这种对信号的增强估计能达到10~100,也因此被称为化学增强,这种现象可以被还原氧化石墨烯和吸附分子之间的电荷转移[183-185]所解释。

还原氧化石墨烯的SERS生物传感器可以被广泛用于生物医学领域,如药物[186]和肿瘤细胞检测[187]或葡萄糖测量[188]。Wang等报告了利用嵌入还原氧化石墨烯中的金纳米星所制备的生物传感器,其种子介导合成可用于抗癌药物阿霉素的传感、加载和递送。此外,控制还原氧化石墨烯片上支持的纳米粒子尺寸,是在宽波长范围内调节局部表面等离子体共振的简便方法[186]。Yi等制备了一种夹在金和银纳米结构之间的还原氧化石墨烯单层混合系统。由于金属纳米结构的LSP耦合以及由还原氧化石墨烯和附近肿瘤细胞分子之间的CT引起的额外化学增强,这种解决方案提供了强大的电磁增强[187]。Guo等报告了制造Ag-Cu_2O/还原氧化石墨烯纳米复合材料,使得用SERS检测葡萄糖和H_2O_2成为可能。SERS的高灵敏度和选择性能在果糖、甘露糖或蔗糖等其他糖类物质的存在下测出低至10^{-8}mol/L的葡萄糖浓度[188]。

Ilkhani等[189]开发了独特的SERS-电化学生物传感器,该传感器由Fe_2Ni@Au磁性纳米粒子和双链DNA共同作用组成,并以还原氧化石墨烯为平台基底。这项研究的目的是制作一个能够同时监测抗癌药物阿霉素浓度,同时将阿霉素嵌入DNA分子中。

7.6 三维还原氧化石墨烯结构

还原氧化石墨烯水凝胶和气凝胶方案被提出,用以防止还原氧化石墨烯重新堆叠成石墨。这些材料的特点是每单位质量都有很大的表面积;因此,它们成为超级电容器、活性催化纳米粒子或酶载体的热门候选材料。还原氧化石墨烯水凝胶作为传感器材料的最大优点是容易遇水膨胀,因而便于分析物扩散到电极表面。还原氧化石墨烯表面基团的电荷取决于溶液的 pH 值,因此,这些材料在药物传输方面也具有广阔的应用前景。下面将介绍水凝胶的合成方法以及还原氧化石墨烯水凝胶和气凝胶的典型应用。

7.6.1 三维还原氧化石墨烯的制备

在足够高的氧化石墨烯浓度下,采用水热法可以得到三维氧化石墨烯水凝胶[68]。通过加热氧化石墨烯在水中的均匀分散液,二维石墨烯片会自组装到复杂的三维宏观结构中。得到的水凝胶中含有质量分数约为 2.6% 的水热还原氧化石墨烯(或石墨烯)和 97.4% 的水,该材料具有一定的力学强度。因为柔性石墨烯薄片部分重叠或聚结,导致在整个宏观结构中形成物理交联点,因此上述制备过程是可行的。自组装石墨烯水凝胶(SGH)具有 5×10^{-3}S/cm 的优异导电性,这是因为在热液还原过程中,π 共轭体系从氧化石墨烯片上恢复。氧化石墨烯的逐渐还原以及带点表面的官能团的去除逐渐降低了氧化石墨烯表面间的斥力。它还加强了疏水和 π－π 相互作用,并导致柔性石墨烯薄片的三维随机堆叠,如图 7.6 所示。这种材料虽然有很强的机械强度,但却是高度孔化的结构。

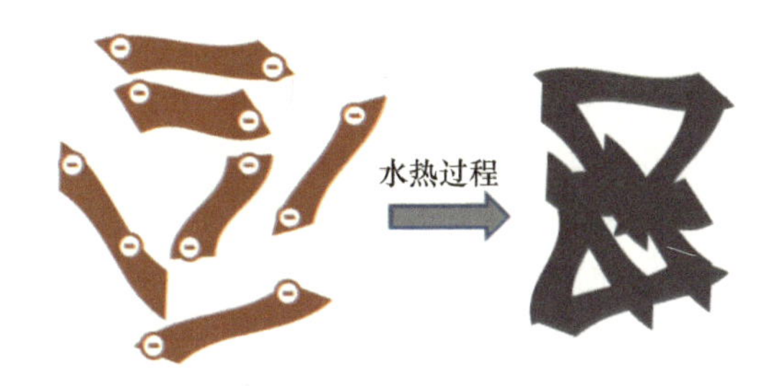

图 7.6 还原氧化石墨烯热还原形成三维水凝胶的示意图[68]

SGH 的性质与氧化石墨烯浓度(C_{GO})和水热反应时间密切相关。当 C_{GO} 较低时(例如,0.5mg/mL),经 12h 水热还原(180℃加热的氧化石墨烯水溶液),只会生成黑色粉末状材料。然而,当 C_{GO} 提高到 1mg/mL 或 2mg/mL 时,便可以得到力学上稳定的 SGH 样品。SGH 的力学强度和导电性随反应时间的延长而增加[68]。

水热还原受 pH[190] 的强烈影响。在酸性溶液中进行的水热过程中,CO_2 分子形成。CO_2 使凝胶的结构更加多孔。随着 pH 值的增加,得到的水凝胶会更加致密。

一般来说,氧化石墨烯可以形成一个稳定的水分散体,其浓度高达 10mg/mL[191]。研究认为,氧化石墨烯片是通过边缘结合的羧基基团,和在各自基底上的足量亲水环氧树酯以及羟基团在水中稳定的[192]。当有多种促进剂的帮助时,氧化石墨烯片能很容易地自我组装成凝胶。聚合物、小铵盐、金属离子、芳香单体和小生物分子,以及超声和 pH,被认为是通过打破负电荷羧基分子之间的静电排斥平衡来促进氧化石墨烯凝胶化的过程[193]。这些交联剂通过不同的超分子相互作用诱导凝胶化,包括氢键作用、π－π 共价作用、静态或疏水作用和配位作用[194]。

还可以使用还原剂($NaHSO_3$、Na_2S、维生素 C、抗坏血酸钠等)和氧化石墨烯在足够高浓度下获得三维结构[195-196]。在凝胶前驱体形成过程中,L－抗坏血酸由于缺乏气态产物而被用作还原剂。当然也可以使用其他还原剂,如肼、$NaBH_4$、$LiAlH_4$ 等。然而,由于气态产物在还原氧化石墨烯过程中的演化，形成了不均匀的凝胶。

以还原氧化石墨烯基础的水凝胶可以与金属或半导体纳米粒子组装在一起。Chen等在还原剂（$NaHSO_3$、Na_2S、维生素C、HI和对苯二酚）存在下，将磁性纳米粒子组装成三维石墨烯网络[195,197]。H－P. Cong等提出了一种简便的一步法制备石墨烯水凝胶的方法[198]：在温和条件下，亚铁离子作为还原剂诱导氧化石墨烯片的组装以及在石墨烯片上原位同时沉积金属氧化物纳米粒子，如RFeOOH纳米棒和磁性Fe_3O_4纳米粒子，以还原石墨烯片。

通常，气凝胶是通过超临界流体干燥或冷冻干燥来取代湿凝胶中的溶剂与空气。气凝胶有一个非常多孔的固体网络，包含巨大的空气囊和极高的表面积。Zhang等提出了一种假设，即利用从还原氧化石墨烯中所提取的溶胶－凝胶化学物质，来制备石墨烯气凝胶，从而开发出一种高度交联的水凝胶[199]。采用冷冻干燥法或超临界CO_2干燥法制备出质量轻（12～96mg/cm）、电导率高（接近102S/m）、BET表面积大（512m^2/g）、体积大（2.48cm^3/g）、结构层次多孔的石墨烯气凝胶。因为该气凝胶具有比电容128F/g（在恒定电流密度50mA/g）的特性，所以可作为电化学电源的电极。冷冻干燥方法已经被提出用作合成气凝胶[49,200]。

还原氧化石墨烯与共价态或非共价结合剂的自组装是制备三维复合材料的另一种技术。为了制备还原氧化石墨烯水凝胶的物理和化学结合剂，使用了例如有机结合剂[201]、DNA分子[202]、离子键[203－204]和离子配位[194]。这些宏观组装有助于离子和分子的进入和扩散，并在电极材料、催化和水处理方面具有诱人的潜力。水凝胶具有较高的表面积，是超级电容器的理想材料，也是催化活性纳米粒子或酶的固定材料。

Worsley等报道了间苯二酚（R）与甲醛（F）的溶胶－凝胶聚合，以碳酸钠为催化剂（C），在GO[201]水溶液中合成石墨烯气凝胶。在下一个步骤中，所产生的凝胶被超临界干燥和热还原。与仅通过物理相互作用稳定的石墨烯组件相比，所得材料具有极高的导电性能（1×10^2S/m）。

DNA分子可以作为非共价结合剂来制备石墨烯水凝胶[202]。根据该方式，氧化石墨烯/DNA自组装水凝胶具有较高的含水量（约99%）、力学强度、自愈能力和较高的环境稳定性。典型的程序为假设加热等体积的氧化石墨烯水分散体和双链DNA（dsDNA）水溶液的均匀混合物。在加热过程中，dsDNA被解绕到ssDNA上，并在原位形成ssDNA链，通过强的非共价相互作用连接相邻的氧化石墨烯片。由于氧化石墨烯和DNA的生物相容性，制备的水凝胶可以应用于许多生物领域，如身体组织工程、药物传输或去除有机污染物。

离子连接也被应用于石墨烯三维结构的制备[203－204]，并以离子连接方式制备了以气凝胶或独立式薄膜形式的石墨烯三维结构[205]。

另一种有助于制备石墨烯水凝胶的非共价交联剂是聚乙烯醇（PVA）。通过将氧化石墨烯溶液与PVA溶液简单混合，然后对混合物进行超声处理，制备出复合材料。交联剂浓度影响胶凝过程[206]。在PVA含量低和含量高的复合材料中，氧化石墨烯和PVA组分之间的相互作用是不同的。

石墨烯片材的有着高杨氏模量（约1.1TPa）和断裂强度（约125GPa）[4]，是最强材料之一，其大共轭结构可以为三维材料提供多个π堆叠点，从而在互相之间形成非常强的结合。因此,SGH 具有极高的力学强度和热稳定性。此外,由于残留的亲水氧化基团的存在,还原的氧化石墨烯片能在自组装过程中包裹水。这一因素,加上石墨烯薄片的 π 堆叠,导致了 SGH 的成功制备。此外,SGH 的特点是低黏度,其原因是在胶凝过程中非共价交联部分解离。

化学还原的氧化石墨烯,也称为化学转化石墨烯,可通过一个简单的定向流动诱导的自下而上组装过程,来形成定向的水凝胶膜[207]。在非挥发性液体电解质存在下,采用毛细管压缩法永久压缩制备的材料,使包装密度提高到 1.33g/cm^3。

三维石墨烯的另一种结构是密度极低的气凝胶。H. Hu 等制备了超轻石墨烯气凝胶,其高度可压缩[208]。合成办法分为两步:乙二胺同时对氧化石墨烯进行功能化和还原,以及将还原氧化石墨烯片组装成少堆叠的水凝胶。得到的气凝胶密度低至 3mg/cm^3,因此即使在 90% 压缩后仍有充分恢复的机会,这使其足以在减振和能量吸收领域中发挥作用。

Chen 和 Yan 描述了石墨烯的原位自组装,该石墨烯是在常压下经过温和的化学还原,并在大气压条件下在水中不搅拌形成。期间没有任何化学或物理交联剂或高压处理[195]。该方法可以得到大量石墨烯水凝胶和气凝胶。还原剂包括 $NaHSO_3$、Na_2S、维生素 C、HI 和对苯二酚。三维结构的形状可以通过改变反应器的类型来控制。石墨烯的三维结构具有密度低、力学性能高、热稳定性好、电导率高、比容高等特点,这使其在超级电容器、储氢、催化剂载体等领域具有潜在的应用前景。

7.6.2 还原氧化石墨烯水凝胶和气凝胶的应用

7.6.2.1 超级电容器

由于石墨烯具有较大的表面积(2630m^2/g)、超高的固有导电性(107S/m)和化学稳定性[5,209-211]等优异性能,因此,石墨烯作为超级电容器的潜在材料而被广泛研究。因为电化学储能的缘故,具有三维多孔网络的石墨烯宏观材料得到了越来越多的关注[212-213]。如前所述,通过对氧化石墨烯分散体的一步热/化学还原,可以很容易地制备出三维石墨烯宏观结构,其中柔性石墨烯薄片在三维空间部分堆叠,形成相互连通的多孔微结构[195-196,199]。这些微结构阻止了石墨烯薄片的重新堆叠,更重要的是,这使得电解质可以自由地在网络内和通过网络扩散。利用三维石墨烯水凝胶制备的薄膜电极(约 120μm)有可能比以往制备的固态器件(约 10μm 或以下)厚很多,从而达到较高的面积比电容。Xu 等报道了柔性固态超级电容器的制备方法,这种电容器以石墨烯水胶薄膜和 H_2SO_4 - PVA 凝胶作为电解质[214]。采用 H_2SO_4 - PVA 水溶液和常温风干法制备的石墨烯水凝胶压条(氧化石墨烯水热还原法制备)蒸发多余水分。制备的两个电极在压力下挤压在一起。与典型的固态超级电容器相比,超薄膜的超级电容器电极具有较小的内阻和较好的离子扩散特性。因此,三维石墨烯水胶是高性能柔性储能器件的理想材料。

Yang 等在非挥发性液体电解质存在下,通过毛细管压缩自适应石墨烯凝胶膜制备致密的三维还原氧化石墨烯电极[215]。这种电极显示出接近每升 60W·h 的高体积能量密度。三维还原氧化石墨烯超级电容器的另一个例子是石墨烯凝胶片(厚度为 1mm),在 5mol/L KOH 水溶液中用作电解质电极,而铂箔用作电流收集器[195]。

Zou 等研究了由苯二胺和氧化石墨烯异构体衍生的氮掺杂石墨烯的水凝胶[216]。制备的水凝胶具有良好的电化学性能，比电容高(645F/g、365.7F/g、467F/g 在 1A/g 处)，且循环稳定性好。另一种超级电容器的制备方法是用木质素磺酸盐[217]制备石墨烯的三维多孔网络结构。木质素磺酸盐是生物聚合物衍生物，与石墨烯紧密相互作用，并促进了离子和电荷的传输。

7.6.2.2 药物输送

水凝胶是一种柔软的高分子材料，具有保持大量水分的能力。水凝胶由于其高含水量而表现出类似液体的性质，并且由于现有的网络结构而表现出类似固体的性质。此外，由于温度、pH、电场和溶剂组成等不同外界刺激的变化，水凝胶在膨胀状态和塌陷状态之间可能会发生体积相变[218]。智能水凝胶由于具有良好的刺激响应特性，在控制药物输送中得到了广泛的应用。对于这些材料的一些潜在应用，例如"智能"执行器，快速响应的性质是极其重要的。

氧化石墨烯复合水凝胶是对 pH 有敏感性的。在酸性介质条件下，呈凝胶态。而在碱性介质中会处在凝胶 - 溶液转变状态。这种转变可被应用于 pH 控制的选择性药物释放。一个 pH 响应水凝胶的例子是氧化石墨烯/PVA 复合材料[206]。维生素 B12 被作为模板药物，用于研究及评估氧化石墨烯/PVA 复合水凝胶的药物释放能力。因为负电荷(主要来源于羧基团)在氧化石墨烯片表面，且静电排斥会阻止聚集，所以氧化石墨烯片可以分散到水中。因此，氧化石墨烯板的表面电荷密度和静电斥力可以通过溶液的 pH 来调节。碱添加后，pH 的增加，使氧化石墨烯片上羧基进一步电离，进而使表面负电荷密度增加。由于氧化石墨烯片间缺乏足够的结合力，复合水凝胶的凝胶 - 溶胶转变便会发生。这是一个可逆的过程，加酸后，氧化石墨烯/PVA 会转变回凝胶相。此外，由于酸化过程中负电荷(羧基自由基)的减少，酸性水凝胶比中性水凝胶要坚固得多。而且因为氧化石墨烯片之间的静电斥力被削弱，会导致一个更紧凑的氧化石墨烯框架形成。

还原氧化石墨烯还被用于与聚合物水凝胶结合，聚合物水凝胶是一种遇水膨化的三维交联聚合物结构——通过适当的亲水聚合物交联或亲水单体的聚合和桥接制备而成。互穿聚合物网络(IPN)是水凝胶最有前途的配方之一。IPN 是由两个或两个以上的网络组成的聚合材料，它们之间没有任何共价键，而且除非化学键被破坏，否则无法分离。这种聚合物组合产生了一种高级的多组分聚合物体系。在高分子水凝胶中加入氧化石墨烯不仅克服了在使用氧化石墨烯传输药物时所面临的生物相容性和毒性问题，而且还保留了氧化石墨烯的优异性能，提高了纳米复合材料的治疗效果。

对于被设计用来控制药物传输系统中药物释放的刺激 - 反应水凝胶而言，pH 敏感性是最有价值的指标。

在具有已知刚性网络结构的水凝胶配方中加入氧化石墨烯会缠结水凝胶链并阻止它们的运动，这可能会减少可用于膨胀的自由空间。氧化石墨烯的进一步增加表示包含更多亲水性基团；氧化石墨烯结构中的悬浮导致膨胀能力的逐渐增加。用于水凝胶合成的氧化石墨烯主要是用 Hummers 法进行改性制备的。

氧化石墨烯通常被包覆在天然基聚合物水凝胶中来制备药物输送领域用到的纳米复合材料[219]。丙烯酸和海藻酸钠都可以作为常用成分。Raafat 等使用头孢羟氨苄对结肠进行靶向给药[219]。并采用紫外可见光谱法来测定药物释放量。研究发现，在高 pH 值时($pH > 5$)，氧化石墨烯的存在显著降低了溶胀能力，而氧化石墨烯含量的进一步增加则导致溶胀能力的增加，但从未超过纯水凝胶的溶胀能力。此外，研究结果还表明，氧化石墨烯含量在调节释放速率中起着重要作用。氧化石墨烯含量越高，释放药物的速率越慢，且药物释放总量越少。

姜黄素（CUR）是一种抗癌药物，可以成功地被石墨烯凝胶包裹[220]。Hou 等证明了在这种情况下，CUR 的生物利用度会被提高，且可以实现在结肠内优先积累。由于 π－共轭结构，氧化石墨烯可以与 CUR 的苯基部分形成 π－π 堆叠作用，并在它们之间产生疏水作用。另外一种抗癌药物喜树碱，也被用于 pH 敏感石墨烯复合材料[221]的研究。结果表明，水凝胶可根据释放介质的 pH 值来控制药物释放或与内部药物结合。

7.6.2.3 传感

氧化石墨烯水凝胶和氧化石墨烯气凝胶还被用于传感器的设计。例如，Hoa 等设计了两种氧化石墨烯杂化水凝胶葡萄糖传感器。这种杂化体同时提高了三维网格的表面积和氧化还原反应的电催化活性，而这两者的提高又极大地改善了对葡萄糖的敏感度[222]。Li 等开发了一种在高度多孔的三维石墨烯水凝胶上生长金纳米粒子的简便方法，该方法对 NO 的氧化具有大电活性表面积和高电催化活性，并实现了活细胞释放 NO 的原位检测[223]。Tan 等展示了一种在氧化石墨烯基水凝胶基础上设计的用于检测荧光的平台，该荧光检测平台中的腺苷和适配物共同作为连接氧化石墨烯片的交联物。所制备的土霉素荧光检测鉴定具有较高的灵敏度和选择性[234]。

掺杂氮的石墨烯气凝胶和装饰有银纳米粒子或金纳米粒子的石墨烯气凝胶也被作为潜在的检测 H_2O_2 传感器[49,149]而研究。

在水热条件下制备具有优异催化性能，且由金/石墨烯片自组装的石墨烯水凝胶[225]的方法也被开发出来。该材料是还原硝基芳烃化合物的有效催化剂。合成的金/石墨烯水凝胶具有圆柱体外形，且在石墨烯片上均匀地支撑着平均粒径为 14.6nm 的金纳米粒子，并没有聚集。

7.7 小结

还原氧化石墨烯以其惊人的化学柔性、可调谐性和相对易合成的优点在传感器设计中得到了广泛的应用。本文综述了目前最常用的合成方法，并依据还原氧化石墨烯不同的还原程度分别介绍了它的物理化学性质。丰富的表面含氧官能团使还原氧化石墨烯成为电化学和光学传感器设计中固定纳米粒子、酶或适配体的优良材料。在这方面，三维还原氧化石墨烯结构更是极其重要，因为它在固定活性化合物或粒子时，有很大的可用表面积。在电化学传感器设计中，还原氧化石墨烯水凝胶的最大优点是水含量高，这促进了分析物和电解质分子向电极的扩散，从而提高了电化学响应。三维还原氧化石墨烯水凝胶和气凝胶还是超级电容器的理想材料，因为它们的表面积/质量比很大，而且极性基团的存在还会促进离子的吸附。

自组装过程能够得到稳定的三维还原氧化石墨烯结构主要是由于还原氧化石墨烯表面之间的非共价相互作用。因为这些相互作用取决于还原氧化石墨烯表面基团的离解状态，所以还原氧化石墨烯水凝胶的稳定性就取决于环境的 pH 值。这种水凝胶现被作为潜在的药物传递应用而研究。

通过氧化石墨烯的电化学还原或选择合适的化学还原试剂，可以实现对表面含氧官能团含量的控制。含氧官能团的含量又决定了表面的疏水亲水特性，这对酶的固定化具有重要的意义。它可能同时影响到酶的负荷和酶分子在表面的取向。

许多作者报道了还原氧化石墨烯对 H_2O_2、多巴胺、尿酸等小分子的还原或氧化的固有电催化活性。还原氧化石墨烯与金属或半导体纳米粒子的结合会增强电催化信号。但该协同作用的本质仍然是一个值得研究的课题。

还原氧化石墨烯复合材料无酶传感器虽然具有更广泛的分析物浓度、pH 值和温度等工作范围，但与有酶传感器相比，其选择性会更低。就 H_2O_2 而言，典型的过氧化物酶催化基质氧化过程中，还原氧化石墨烯与贵金属纳米粒子的复合物表现出有趣的仿酶活性。这种特性已被应用于比色传感器的制造中。类石墨烯材料（包括还原氧化石墨烯）将荧光猝灭特性与有机分子的大量吸附能力结合起来，用来制备荧光传感器。

荧光猝灭能力也可用于提高 SERS 光谱的质量。石墨烯和还原氧化石墨烯也可以通过化学机制增强 SERS 光谱。而且还原氧化石墨烯还有助于增加 SERS 载体对被研究分子的吸附。

总之，还原氧化石墨烯这种“不完美石墨烯”被发现可以在许多方面得以应用，它的缺陷被认为有利于促进催化活性，且可以促进电化学应用中的电子转移，最后还可以使还原氧化石墨烯表面的其他化合物或粒子固定化。还原氧化石墨烯的重要特性有：可调谐表面成分、导电性和疏水/亲水特性，这些特性被广泛用于传感器和新材料的设计。还原氧化石墨烯复合材料还会应用在许多领域，包括电化学传感器和光学传感器领域。

参考文献

[1] Novoselov, K. S., Geim, A. K., Morozov, S. V., Jiang, D., Zhang, Y., Dubonos, S. V., Grigorieva, I. V., Firsov, A. A., Electric field effect in atomically thin carbon films. *Science*, 306, 5696, 666, 2004.

[2] Novoselov, K. S., Jiang, D., Schedin, F., Booth, T. J., Khotkevich, V. V., Morozov, S. V., Geim, A. K., Two-dimensional atomic crystals. *Proc. Natl. Acad. Sci. U. S. A.*, 102, 10451, 2005.

[3] Balandin, A. A., Ghosh, S., Bao, W., Calizo, I., Teweldebrhan, D., Miao, F., Lau, C. N., Superiorthermal conductivity of single-layer graphene. *Nano Lett.*, 8, 902, 2008.

[4] Lee, C., Wei, X., Kysar, J. W., Hone, J., Measurement of the elastic properties and intrinsic strength of monolayer graphene. *Science*, 321, 5887, 385, 2008.

[5] Stoller, M. D., Park, S., Zhu, Y., An, J., Ruoff, R. S., Graphene-based ultracapacitors. *Nano Lett.*, 8, 3498, 2008.

[6] Nair, R. R., Blake, P., Grigorenko, A. N., Novoselov, K. S., Booth, T. J., Stauber, T., Peres, N. M. R., Geim, A. K., Fine structure constant defines visual transparency of graphene. *Science*, 320, 5881, 1308, 2008.

[7] Kasry, A., Ardakani, A. A., Tulevski, G. S., Menges, B., Copel, M., Vyklicky, L., Highly efficient fluorescence quenching with graphene. *J. Phys. Chem. C*, 116, 2858, 2012.

[8] Vakil, A. and Engheta, N., Transformation optics using graphene. *Science*, 332, 6035, 1291, 2011.

[9] Koppens, F. H. L., Chang, D. E., de Abajo, F. J. G., Graphene plasmonics: A platform for strong light-matter interactions. *Nano Lett.*, 11, 3370, 2011.

[10] Basu, R. and Shalov, S. A., Graphene as transmissive electrodes and aligning layers for liquidcrystal-based electro-optic devices. *Phys. Rev. E*, 96, 012702, 2017.

[11] Du, X., Skachko, I., Barker, A., Andrei, E. Y., Approaching ballistic transport in suspended graphene. *Nat. Nanotechnol.*, 3, 491, 2008.

[12] Bae, S., Kim, H., Lee, Y., Xu, X. F., Park, J. S., Zheng, Y., Balakrishnan, J., Lei, T., Kim, H. R., Song, Y. I., Kim, Y. J., Kim, K. S., Ozyilmaz, B., Ahn, J. H., Hong, B. H., Iijima, S., Roll – to – roll production of 30 – inch graphene films for transparent electrodes. *Nat. Nanotechnol.*, 5, 574, 2010.

[13] Abdelkader, A. M., Karim, N., Valles, C., Afroj, S., Novoselov, K. S., Yeates, S. G., Ultraflexible and robust graphene supercapacitors printed on textiles for wearable electronics applications. *2D Mater.*, 4, 035016, 2017.

[14] Machado, B. F. and Serp, P., Graphene – based materials for catalysis. *Catal. Sci. Technol.*, 2, 54, 2012.

[15] Liang, J., Jiao, Y., Jaroniec, M., Qiao, S. Z., Sulfur and nitrogen dual – doped mesoporous graphene electrocatalyst for oxygen reduction with synergistically enhanced performance. *Angew. Chem. Int. Edit.*, 51, 11496, 2012.

[16] Zhang, J. Y., Chen, S. Y., Chen, F. F., Xu, W. S., Deng, G. J., Gong, H., Dehydrogenation of nitrogen heterocycles using graphene oxide as a versatile metal – free catalyst under air. *Adv. Synth. Catal.*, 359, 2358, 2017.

[17] Luo, W. and Zafeiratos, S., A brief review of the synthesis and catalytic applications of graphene – coated oxides. *ChemCatChem*, 9, 2432, 2017.

[18] Wang, L., Xiong, Q., Xiao, F., Duan, H., 2D nanomaterials based electrochemical biosensors forcancer diagnosis. *Biosens. Bioelectron.*, 89, 136, 2017.

[19] Kuila, T., Bose, S., Khanra, P., Mishra, A. K., Kim, N. H., Lee, J. H., Recent advances in graphene-based biosensors. *Biosens. Bioelectron.*, 26, 4637, 2011.

[20] Zhang, H., Zhang, H., Aldalbahi, A., Zuo, X., Fan, C., Mi, X., Fluorescent biosensors enabled by graphene and graphene oxide. *Biosens. Bioelectron.*, 89, 96, 2017.

[21] Zhang, T., Liu, J., Wang, C., Leng, X., Xiao, Y., Fu, L., Synthesis of graphene and related twodimensional materials for bioelectronics devices. *Biosens. Bioelectron.*, 89, 28, 2017.

[22] Ouyang, L., Hu, Y. W., Zhu, L. H., Cheng, G. J., Irudayaraj, J., A reusable laser wrapped graphene – Ag array based SERS sensor for trace detection of genomic DNA methylation. *Biosens. Bioelectron.*, 92, 755, 2017.

[23] Shanta, P. V. and Cheng, Q., Graphene oxide nanoprisms for sensitive detection of environmentally important aromatic compounds with SERS. *ACS Sens.*, 2, 817, 2017.

[24] Coleman, J. N., Liquid exfoliation of defect – free graphene. *Acc. Chem. Res.*, 46, 14, 2013.

[25] Tetlow, H., Posthuma de Boer, J., Ford, I. J., Vvedensky, D. D., Coraux, J., Kantorovich, L., Growth of epitaxial graphene: Theory and experiment. *Phys. Rep.*, 542, 195, 2014.

[26] Chua, C. K. and Pumera, M., Chemical reduction of graphene oxide: A synthetic chemistry viewpoint. *Chem. Soc. Rev.*, 43, 291, 2014.

[27] De Silva, K. K. H., Huang, H. – H., Joshi, R. K., Yoshimura, M., Chemical reduction of graphene oxide using green reductants. *Carbon*, 119, 190, 2017.

[28] Erickson, K., Erni, R., Lee, Z., Alem, N., Gannett, W., Zettl, A., Determination of the local chemical structure of graphene oxide and reduced graphene oxide. *Adv. Mater.*, 22, 4467, 2010.

[29] Davies, T. J., Hyde, M. E., Compton, R. G., Nanotrench arrays reveal insight into graphite electrochemistry. *Angew. Chem. Int. Ed.*, 44, 5121, 2005.

[30] Ambrosi, A., Chua, C. K., Latiff, N. M., Loo, A. H., Wong, C. H. A., Eng, A. Y. S., Bonanni, A., Pumera, M., Graphene and its electrochemistry—An update. *Chem. Soc. Rev.*, 45, 2458, 2016.

[31] Zhu, S., Cen, Y., Yang, M., Guo, J., Chen, C., Wang, J., Fan, W., Probing the intrinsic active sites of modified graphene oxide for aerobic benzylic alcohol oxidation. *Appl. Catal.*, *B*, 211, 89, 2017.

[32] Song, Y. J., Qu, K. G., Zhao, C., Ren, J. S., Qu, X. G., Graphene oxide: Intrinsic peroxidase catalytic activity and its application to glucose detection. *Adv. Mater.*, 22, 2206, 2010.

[33] Sheng, Z. H., Shao, L., Chen, J. J., Bao, W. J., Wang, F. B., Xia, X. H., Catalyst – free synthesis of nitrogen – doped graphene via thermal annealing graphite oxide with melamine and its excellent electrocatalysis. *ACS Nano*, 5, 4350, 2011.

[34] Yang, Z., Yao, Z., Li, G. F., Fang, G. Y., Nie, H. G., Liu, Z., Zhou, X. M., Chen, X., Huang, S. M., Sulfur – doped graphene as an efficient metal – free cathode catalyst for oxygen reduction. *ACSNano*, 6, 205, 2012.

[35] Maccaferri, G., Zanardi, C., Xia, Z. Y., Kovtun, A., Liscio, A., Terzi, F., Palermo, V., Seeber, R., Systematic study of the correlation between surface chemistry, conductivity and electrocatalytic properties of graphene oxide nanosheets. *Carbon*, 120, 165, 2017.

[36] Chen, Y. X., Yang, K. N., Jiang, B., Li, J. X., Zeng, M. Q., Fu, L., Emerging two – dimensional nanomaterials for electrochemical hydrogen evolution. *J. Mater. Chem. A*, 5, 8187, 2017.

[37] Ding, S., Cargill, A. A., Medintz, I. L., Claussen, J. C., Increasing the activity of immobilized enzymes with nanoparticle conjugation. *Curr. Opin. Biotech.*, 34, 242, 2015.

[38] Parlak, O., Tiwari, A., Turner, A. P. F., Tiwari, A., Template – directed hierarchical self – assembly of graphene based hybrid structure for electrochemical biosensing. Biosens. Bioelectron., 49, 53, 2013.

[39] Liu, H., Zhang, L., Yan, M., Yu, J., Carbon nanostructures in biology and medicine. *J. Mater. Chem. B*, 5, 6437, 2017.

[40] Nie, R. F., Wang, J. H., Wang, L. N., Qin, Y., Chen, P., Hou, Z. Y., Platinum supported on reduced graphene oxide as a catalyst for hydrogenation of nitroarenes. *Carbon*, 50, 586, 2017.

[41] Zito, C. A., Perfecto, T. M., Volanti, D. P., Impact of reduced graphene oxide on the ethanol sensing performance of hollow SnO_2 nanoparticles under humid atmosphere. *Sens. Actuators*, *B*, 244, 466, 2017.

[42] Zhou, Q., Lin, Y. X., Shu, J., Zhang, K. Y., Yu, Z. Z., Tang, D. P., Reduced graphene oxidefunctionalized FeOOH for signal – on photoelectrochemical sensing of prostate – specific antigenwith bioresponsive controlled release system. *Biosens. Bioelectron.*, 98, 15, 2017.

[43] Muazim, K. and Hussain, Z., Graphene oxide. A platform towards theranostics. *Mater. Sci. Eng.*, *C*, 79, 1274, 2017.

[44] Kim, M., Lee, C., Jang, J., Fabrication of highly flexible, scalable, and high performance supercapacitors using polyaniline/reduced graphene oxide film with enhanced electrical conductivity and crystallinity. *Adv. Funct. Mater.*, 24, 2489, 2014.

[45] Loh, K. P., Bao, Q., Eda, G., Chhowalla, M., Graphene oxide as a chemically tunable platform for optical applications. *Nat. Chem.*, 2, 1015, 2010.

[46] Shang, J., Ma, L., Li, J., Ai, W., Gurzadyan, G., The origin of fluorescence from Graphene oxide. *Sci. Rep. UK*, 2, 00792, 2012.

[47] Zhang, N., Tong, L., Zhang, J., Graphene – based enhanced Raman scattering toward analytical applications. *Chem. Mater.*, 28, 6426, 2016.

[48] Cai, Z. – X., Song, X. – H., Chen, Y. – Y., Wang, Y. – R., Chen, X., 3D nitrogen – doped graphene aerogel: A low – cost, facile prepared direct electrode for H_2O_2 sensing. *Sens. Actuators*, *B*, 222, 567, 2016.

[49] Lu, X., Liu, X., Shen, T., Qin, Y., Zhang, P., Luo, H., Guo, Z. – X., Convenient fabrication of graphene/gold nanoparticle aerogel as direct electrode for H_2O_2 sensing. *Mater. Lett.*, 207, 49, 2017.

[50] Brodie, B. C. , On the atomic weight of graphite. *Phil. Trans. R. Soc. Lond.* , 149, 249, 1859.

[51] Hofmann, U. and König, E. , Untersuchungen über Graphitoxyd. *Z. Anorg. Allg. Chem.* , 234, 311, 1937.

[52] Staudenmaier, L. , Verfahren zur Darstellung der Graphitsäure. *Ber. Dtsch. Chem. Ges.* , 31, 1481, 1898.

[53] Hummers, W. S. and Offeman, R. E. , Preparation of graphitic oxide. *J. Am. Chem. Soc.* , 80, 1339, 1958.

[54] Yuan, R. , Yuan, J. , Wu, Y. , Chen, L. , Zhou, H. , Chen, J. , Efficient synthesis of graphene oxide and the mechanisms of oxidation and exfoliation. *Appl. Surf. Sci.* , 416, 868, 2017.

[55] Marcano, D. C. , Kosynkin, D. V. , Berlin, J. M. , Sinitskii, A. , Sun, Z. Z. , Slesarev, A. , Alemany, L. B. , Lu, W. , Tour, J. M. , Improved synthesis of graphene oxide. *ACS Nano*, 4, 4806, 2010.

[56] Lerf, A. , He, H. Y. , Forster, M. , Klinowski, J. , Structure of graphite oxide revisited. *J. Phys. Chem. B*, 102, 19954, 1998.

[57] Gao, W. , Alemany, L. B. , Ci, L. , Ajayan, P. M. , New insights into the structure and reduction of graphite oxide. *Nat. Chem.* , 1, 403, 2009.

[58] Stankovich, S. , Dikin, D. A. , Piner, R. D. , Kohlhaas, K. A. , Kleinhammes, A. , Jia, Y. , Wu, Y. , Nguyen, S. B. T. , Ruof, R. S. , Synthesis of graphene - based nanosheets via chemical reduction of exfoliated graphite oxide. *Carbon*, 45, 1558, 2007.

[59] Zhou, X. , Zhang, J. , Wu, H. , Yang, H. , Zhang, J. , Guo, S. , Reducing graphene oxide via hydroxylamine: A simple and efficient route to graphene. *J. Phys. Chem. C*, 115, 11957, 2011.

[60] Moon, I. K. , Lee, J. , Ruoff, R. S. , Lee, H. , Reduced graphene oxide by chemical graphitization. *Nat. Commun.* , 1, 73, 2010.

[61] Ambrosi, A. , Chua, C. K. , Bonanni, A. , Pumera, M. , Lithium aluminum hydride as reducing agent for chemically reduced graphene oxides. *Chem. Mater.* , 24, 2292, 2012.

[62] Wong, C. H. A. and Pumera, M. , Highly conductive graphene nanoribbons from the reduction of graphene oxide nanoribbons with lithium aluminium hydride. *J. Mater. Chem. C*, 2, 856, 2014.

[63] Hofmann, U. and Frenzel, A. , Die Reduktion von Graphitoxyd mit Schwefelwasserstoff. *KolloidZ.* , 68, 149, 1934.

[64] Chua, C. K. , Ambrosi, A. , Pumera, M. , Graphene oxide reduction by standard industrial reducing agent: Thiourea dioxide. *J. Mater. Chem.* , 22, 11054, 2012.

[65] Ghosh, S. , An, X. H. , Shah, R. , Rawat, D. , Dave, B. , Kar, S. , Talapatra, S. , Effect of 1 - pyrene carboxylic - acid functionalization of graphene on its capacitive energy storage. *J. Phys. Chem. C*, 116, 20688, 2012.

[66] Chen, Y. , Zhang, X. , Yu, P. , Ma, Y. , Stable dispersions of graphene and highly conducting graphene films: A new approach to creating colloids of graphene monolayers. *Chem. Commun.* , 30, 4527, 2009.

[67] Mathkar, A. , Tozier, D. , Cox, P. , Ong, P. , Galande, C. , Balakrishnan, K. , Reddy. , A. L. M. , Ajayan, P. M. , Controlled, stepwise reduction and band gap manipulation of graphene oxide. *J. Phys. Chem. Lett.* , 3, 986, 2012.

[68] Xu, Y. , Sheng, K. , Li, C. , Shi, G. , Self - assembled graphene hydrogel via a one - step hydrothermal process. *ACS Nano*, 4, 4324, 2010.

[69] Cao, X. , Yin, Z. , Zhang, H. , Three - dimensional graphene materials: Preparation, structures and application in supercapacitors. *Energy Environ. Sci.* , 7, 1850, 2014.

[70] Zhou, L. , Yang, Z. , Yang, J. , Wu, Y. , Wei, D. , Facile syntheses of 3 - dimension graphene aerogeland nanowalls with high specific surface areas. *Chem. Phys. Lett.* , 677, 7, 2017.

[71] Williams, G. , Seger, B. , Kamat, P. V. , TiO_2 - graphene nanocomposites. UV - assisted photocatalytic reduction of graphene oxide. *ACS Nano*, 2, 1487, 2008.

[72] Li, H. , Pang, S. , Wu, S. , Feng, X. , Müllen, K. , Bubeck, C. , Layer - by - layer assembly and UV photoreduction

of graphene – polyoxometalate composite films for electronics. *J. Am. Chem. Soc.* ,133,9423,2011.
[73] Mangadlao,J. D. ,Cao,P. ,Choi,D. ,Advincula,R. C. ,Photoreduction of graphene oxide and photochemical synthesis of graphene – metal nanoparticle hybrids by ketyl radicals. *ACS Appl. Mater. Interfaces*,9,24887,2017.
[74] Zhou,M. ,Wang,Y. ,Zhai,Y. ,Zhai,J. ,Ren,W. ,Wang,F. ,Dong,S. ,Controlled synthesis of largearea and patterned electrochemically reduced graphene oxide films. *Chem. Eur. J.* ,15,6116,2009.
[75] Wang,D. ,Jin,X. ,Chen,G. Z. ,Solid state reactions:An electrochemical approach in molten salts. *Annu. Rep. Prog. Chem. Sect. C*,104,189,2008.
[76] Chen,L. ,Tang,Y. ,Wang,K. ,Liu,C. ,Luo,S. ,Direct electrodeposition of reduced graphene oxide on glassy carbon electrode and its electrochemical application. *Electrochem. Commun.* ,13,133,2011.
[77] Zhang,Y. ,Hao,H. ,Wang,L. ,Effect of morphology and defect density on electron transfer of electrochemically reduced graphene oxide. *Appl. Surf. Sci.* ,390,385,2016.
[78] Lee,J. ,Kim,J. ,Kim,S. ,Min,D. – H. ,Biosensors based on graphene oxide and its biomedical application. *Adv. Drug Delivery Rev.* ,105,275,2016.
[79] Eng,A. Y. S. ,Ambrosi,A. ,Chua,C. K. ,Šaněk,F. ,Sofer,Z. ,Pumera,M. ,Unusual inherent electrochemistry of graphene oxides prepared using permanganate oxidants. *Chem. Eur. J.* ,19,12673,2013.
[80] Bonanni,A. ,Ambrosi,A. ,Chua,C. K. ,Pumera,M. ,Oxidation debris in graphene oxide isresponsible for its inherent electroactivity. *ACS Nano*,8,4197,2014.
[81] Lim,C. S. ,Ambrosi,A. ,Pumera,M. ,Electrochemical tuning of oxygen – containing groups on graphene oxides:Towards control of the performance for the analysis of biomarkers. *Phys. Chem. Chem. Phys.* ,16,12178,2014.
[82] Zuo,X. L. ,He,S. J. ,Li,D. ,Peng,C. ,Huang,Q. ,Song,S. P. ,Fan,C. H. ,Graphene oxide – facilitated electron transfer of metalloproteins at electrode surfaces. *Langmuir*,26,1936,2010.
[83] Mani,V. ,Dinesh,B. ,Chen,S. – M. ,Saraswathi,R. ,Direct electrochemistry of myoglobin atreduced graphene oxide – multiwalled carbon nanotubes – platinum nanoparticles nanocomposite and biosensing towards hydrogen peroxide and nitrite. *Biosens. Bioelectron.* ,53,420,2014.
[84] Ambrosi,A. and Pumera,M. ,Precise tuning of surface composition and electron – transfer properties of graphene oxide films through electro reduction. *Chem. Eur. J.* ,19,4748,2013.
[85] Viinikanoja,A. ,Wang,Z. ,Kauppila,J. ,Kvarnström,C. ,Electrochemical reduction of graphene oxide and its*in situ* spectroelectrochemical characterization. *Phys. Chem. Chem. Phys.* ,14,14003,2012.
[86] Świetlikowska,A. ,Gniadek,M. ,Pałys,B. ,Electrodeposited graphene nano – stacks for biosensor applications. Surface groups as redox mediators for laccase. *Electrochim. Acta*,98,75,2013.
[87] Hallam,P. M. and Banks,C. E. ,Quantifying the electron transfer sites of graphene. *Electrochem. Commun.* ,13,8,2011.
[88] Viinikanoja,A. ,Kauppila,J. ,Damlin,P. ,Suominen,M. ,Kvarnström,C. ,*In situ* FTIR and Raman spectroelectrochemical characterization of graphene oxide upon electrochemical reduction inorganic solvents. *Phys. Chem. Chem. Phys.* ,17,12115,2015.
[89] Pumera,M. ,Graphene – based nanomaterials and their electrochemistry. *Chem. Soc. Rev.* ,39,4146,2010.
[90] Olejnik,P. ,Świetlikowska,A. ,Gniadek,M. ,Pałys,B. ,Electrochemically reduced graphene oxide on electrochemically roughened gold as a support for horseradish peroxidase. *J. Phys. Chem. C*,118,29731,2014.
[91] Kesavan,S. and John,A. ,A novel approach to fabricate stable graphene layers on electrode surfaces using simultaneous electroreduction of diazonium cations and graphene oxide. *RSCAdv.* ,6,62876,2016.
[92] Lyskawa,J. ,Bélanger,D. ,Direct modification of a gold electrode with aminophenyl groups by electrochemical

reduction of *in situ* generated aminophenyl monodiazonium cations. *Chem. Mater.* ,18,4755,2006.

[93] Acik,M. ,Lee,G. ,Mattevi,C. ,Pirkle,A. ,Wallace,R. M. ,Chhowalla,Cho,K. ,Chabal,Y. ,Therole of oxygen during thermal reduction of graphene oxide studied by infrared absorption spectroscopy. *J. Phys. Chem. C*,115,19761,2011.

[94] Acik,M. ,Mattevi,C. ,Gong,C. ,Lee,G. ,Cho,K. ,Chhowalla,M. ,Chabal,Y. J. ,The role of intercalated water in multilayered graphene oxide. *ACS Nano*,4,5861,2010.

[95] Shao,G. ,Lu,Y. ,Wu,F. ,Yang,C. ,Zeng,F. ,Wu,Q. ,Graphene oxide:The mechanisms of oxidation and exfoliation. *J. Mater. Sci.* ,47,4400,2012.

[96] Si,Y. and Samulski,E. T. ,Synthesis of water soluble graphene. *Nano Lett.* ,8,1679,2008.

[97] Fuente,E. ,Menéndez,J. A. ,Díez,M. A. ,Suárez,D. ,Montes – Morán,M. A. ,Infrared spectroscopy of carbon materials:A quantum chemical study of model compounds. *J. Phys. Chem. B*,107,6350,2003.

[98] Tan,L. ,Li,X. ,Ji,R. ,Teng,K. S. ,Tai,G. ,Ye,G. ,Ye,J. ,Wei,C. ,Lau,S. P. ,Bottom – up synthesis oflarge – scale graphene oxide nanosheets. *J. Mater. Chem.* ,22,5676,2012.

[99] Okpalugo,T. I. T. ,Papakonstantinou,P. ,Murphy,H. ,McLaughlin,J. ,Brown,N. M. D. ,High resolution XPS characterization of chemical functionalised MWCNTs and SWCNTs. *Carbon*,43,153,2005.

[100] Malard,L. M. ,Pimenta,M. A. ,Dresselhaus,G. ,Dresselhaus,M. S. ,Raman spectroscopy ingraphene. *Phys. Rep.* ,473,51,2009.

[101] Claramunt,S. ,Varea,A. ,Lopez – Diaz,D. ,Mercedes Velazquez,M. ,Cornet,A. ,Cirera,A. ,The importance of interbands on the interpretation of the Raman spectrum of graphene oxide. *J. Phys. Chem. C*, 119,10123,2015.

[102] Tuinstra,F. and Koenig,J. L. ,Raman spectrum of graphite. *J. Phys. Chem.* ,53,1126,1970.

[103] Kudin,K. N. ,Ozbas,B. ,Schniepp,H. C. ,Prud'homme,R. K. ,Aksay,I. A. ,Car,R. ,Raman spectra of graphite oxide and functionalized graphene sheets. *Nano Lett.* ,8,36,2008.

[104] Sutar,D. S. ,Narayanam,P. K. ,Singh,G. ,Botcha,V. D. ,Talwar,S. S. ,Srinivasa,R. S. ,Major,S. S. , Spectroscopic studies of large sheets of graphene oxide and reduced graphene oxide monolayersprepared by Langmuir – Blodgett technique. *Thin Solid Films*,520,5991,2012.

[105] Zickler,G. A. ,Smarsly,B. ,Gierlinger,N. ,Peterlik,H. ,Paris,O. ,A reconsideration of the relationship between the crystallite size La of carbons determined by X – ray diffraction and Raman spectroscopy. *Carbon*,44,3239,2006.

[106] Zhang,C. ,Chen,S. ,Alvarez,P. J. J. ,Chen,W. ,Reduced graphene oxide enhances horseradis hperoxidase stability by serving as radical scavenger and redox mediator. *Carbon*,94,531,2015.

[107] Zhang,Y. ,Zhang,J. ,Huang,X. ,Zhou,X. ,Wu,H. ,Guo,S. ,Assembly of graphene oxide – enzyme conjugates through hydrophobic interaction. *Small*,8,154,2012.

[108] Jin,L. ,Yang,K. ,Yao,K. ,Zhang,S. ,Tao,H. ,Lee,S. – T. ,Liu,Z. ,Peng,R. ,Functionalized graphene oxide in enzyme engineering:A selective modulator for enzyme activity and thermostability. *ACS Nano*,6, 4864,2012.

[109] Jiang,B. ,Yang,K. ,Zhao,Q. ,Wu,Q. ,Liang,Z. ,Zhang,L. ,Peng,X. ,Zhang,Y. ,Hydrophilic immobilized trypsin reactor with magnetic graphene oxide as support for high efficient proteome digestion. *J. Chromatogr. A*,1254,8,2012.

[110] Asmat,S. ,Husain,Q. ,Azam,A. ,Lipase immobilization on facile synthesized polyaniline – coatedsilver – functionalized graphene oxide nanocomposites as novel biocatalysts:Stability and activityinsights. *RSC Adv.* ,7,5019,2017.

[111] Hermanová,S. ,Zarevúcká,M. ,Bousa,D. ,Mikulics,M. ,Sofer,Z. ,Lipase enzymes on graphene oxide

support for high - efficiency biocatalysis. *Appl. Mater. Today*, 5, 200, 2016.

[112] Liu, Y., Yu, D., Zeng, C., Miao, Z., Dai, L., Biocompatible graphene oxide - based glucose biosensors. *Langmuir*, 26, 6158, 2010.

[113] Shan, C., Yang, H., Song, J., Han, D., Ivaska, A., Niu, L., Direct electrochemistry of glucose oxidase and biosensing for glucose based on graphene. *Anal. Chem.*, 81, 2378, 2009.

[114] Filip, J., Andicsová - Eckstein, A., Vikartovskác, A., Tkac, J., Immobilization of bilirubin oxidase on graphene oxide flakes with different negative charge density for oxygen reduction. The effect of GO charge density on enzyme coverage, electron transfer rate and current density. *Biosens. Bioelectron.*, 89, 384, 2017.

[115] Chen, J., Leng, J., Yang, X., Liao, L., Liu, L., Xiao, A., Enhanced performance of magnetic graphene oxide - immobilized laccase and its application for the decolorization of dyes. *Molecules*, 22, 221, 2017.

[116] Povedano, E., Cincotto, F. H., Parrado, C., Díez, P., Sánchez, A., Canevari, T. C., Machado, S. A. S., Pingarrón, J. M., Villalonga, R., Decoration of reduced graphene oxide with rhodium nanoparticles for the design of a sensitive electrochemical enzyme biosensor for 17β - estradiol. *Biosens. Bioelectron.*, 89, 343, 2017.

[117] Bai, Y., Ming, Z., Cao Y. Feng, S., Yang, H., Chen, L., Yang, S. - T., Influence of graphene oxide and reduced graphene oxide on the activity and conformation of lysozyme. *Colloids Surf.*, *B*, 154, 96, 2017.

[118] Liu, T., Su, H., Qu, X., Ju, P., Cui, L., Ai, S., Acetylcholinesterase biosensor based on 3 - carboxyphenylboronic acid/reduced graphene oxide - gold nanocomposites modified electrodefor amperometric detection of organophosphorus and carbamate pesticides. *Sens. Actuators*, *B*, 160, 1255, 2011.

[119] Zhang, J., Zhang, F., Yang, H., Huang, X., Liu, H., Zhang, J., Guo, S., Graphene oxide as a matrix for enzyme immobilization. *Langmuir*, 26, 6083, 2010.

[120] Zeng, Q., Cheng, J., Tang, L., Liu, X., Liu, Y., Li, J., Jiang, J., Self - assembled graphene - enzyme hierarchical nanostructures for electrochemical biosensing. *Adv. Funct. Mater.*, 20, 3366, 2010.

[121] Wei, X. - L. and Ge, Z. - Q., Effect of graphene oxide on conformation and activity of catalase. *Carbon*, 60, 401, 2013.

[122] Xiao, Y., Patolsky, F., Katz, E., Hainfeld, J. F., Willner, J. F., "Plugging into enzymes": Nanowiring of redox enzymes by a gold nanoparticle. *Science*, 299, 1877, 2003.

[123] Wu, X., Li, M., Li, Z., Lv, L., Zhang, Y., Li, C., Amyloid - graphene oxide as immobilization platform of Au nanocatalysts and enzymes for improved glucose - sensing activity. *J. Colloid. Interf. Sci.*, 490, 336, 2017.

[124] Tan, C., Huang, X., Zhang, H., Synthesis and applications of graphene based noble metal nanostructures. *Mater. Today*, 16, 29, 2013.

[125] Mastalir, A., Kiraly, Z., Patzko, A., Dekany, I., L'Argentiere, P., Synthesis and catalytic application of Pd nanoparticles in graphite oxide. *Carbon*, 46, 1631, 2008.

[126] Lu, J., Do, I., Drzal, L. T., Worden, R. M., Lee, I., Gold - nanoparticle decorated graphene - nanostructured polyaniline nanocomposite - based bienzymatic platform for cholesterol sensing. *ACS Nano*, 2, 1825, 2008.

[127] Kong, B. S., Geng, J., Jung, H. - T., Layer - by - layer assembly of graphene and gold nanoparticlesby vacuum filtration and spontaneous reduction of gold ions. *Chem. Commun.*, 2174, 2009.

[128] Liu, C., Wang, K., Luo, S., Tang, Y., Chen, L., Direct electrodeposition of graphene enabling theone - step synthesis of graphene - metal nanocomposite films. *Small*, 7, 1203, 2011.

[129] Liu, Y., Huang, Z., Xie, Q., Sun, L., Gu, T., Li, Z., Luo, S., Electrodeposition of electroreduced graphene oxide - Au nanoparticles composite film at glassy carbon electrode for anodic stripping voltammetric analysis of trace arsenic(III). *Sens. Actuators*, *B*, 188, 894, 2013.

[130] Chen, N., Cheng, Y., Li, C., Zhang, C., Zhao, K., Xian, Y., Determination of melamine in food contact

materials using an electrode modified with gold nanoparticles and reduced graphene oxide. *Microchim. Acta*,182,1967,2015.

[131] Ding,L.,Liu,Y.,Zhai,J.,Bond,A. M.,Zhang,J.,Direct electrodeposition of graphene – gold nanocomposite films for ultrasensitive voltammetric determination of mercury(Ⅱ). *Electroanalysis*,26,121,2014.

[132] Liu,M.,Pan,D. W.,Pan,W.,Zhu,Y.,Hu,X. P.,Han,H. P.,Wang,C. C.,Shen.,D. H.,*In situ* synthesis of reduced graphene oxide/gold nanoparticles modified electrode for speciation analysis of copper in seawater. *Talanta*,174,500,2017.

[133] Maji,S. K.,Sreejith,S.,Mandal,A. K.,Ma,X.,Zhao,Y. L.,Immobilizing gold nanoparticles in mesoporous silica covered reduced graphene oxide:A hybrid material for cancer cell detection through hydrogen peroxide sensing. *ACS Appl. Mater. Interfaces*,6,13648,2014.

[134] Berbeć,S.,Żołądek,S.,Jabłońska,A.,Pałys,B.,Electrochemically reduced graphene oxide ongold nanoparticles modified with a polyoxomolybdate film. Highly sensitive non – enzymatic electrochemical detection of H_2O_2. *Sens. Actuators*,*B*,258,745,2018.

[135] Zhao,X. L.,Li,Z. H.,Chen,C.,Wu,Y. H.,Zhu,Z. G.,Zhao,H. L.,Lan,M. B.,A novel biomimetic hydrogen peroxide biosensor based on Pt flowers – decorated Fe_3O_4/graphene nanocomposite. *Electroanalysis*,29,1518,2017.

[136] Lee,K.,Ahmed,M. S.,Jeon,S.,Electrochemical deposition of silver on manganese dioxide coated reduced graphene oxide for enhanced oxygen reduction reaction. *J. Power Sources*,288,261,2015.

[137] Ramachandran,A.,Panda,S.,Yesodha,S. K.,Physiological level and selective electrochemical sensing of dopamine by a solution processable graphene and its enhanced sensing property ingeneral. *Sens. Actuators*,*B.*,256,488,2017.

[138] Zhang,K. N.,Chen,X. L.,Li,Z.,Wang,Y.,Sun,S.,Wang,L. N.,Guo,T.,Zhang,D. X.,Xue,Z. H.,Zhou,X. B.,Lu,X. Q.,Au – Pt bimetallic nanoparticles decorated on sulfonated nitrogen sulfurco – doped graphene for simultaneous determination of dopamine and uric acid. *Talanta*,178,315,2018.

[139] Zhang,X.,Zhang,Y. C.,Ma,L. X.,One – pot facile fabrication of graphene – zinc oxide composite and its enhanced sensitivity for simultaneous electrochemical detection of ascorbic acid,dopamine and uric acid. *Sens. Actuators*,*B*,227,488,2016.

[140] Wang,C. Q.,Du,J.,Wang,H. W.,Zou,C. E.,Jiang,F. X.,Yang,P.,Du,Y. K.,A facile electrochemical sensor based on reduced graphene oxide and Au nanoplates modified glassy carbon electrodefor simultaneous detection of ascorbic acid,dopamine and uric acid. *Sens. Actuators*,*B*,204,302,2014.

[141] Kaur,B.,Pandiyan,T.,Satpati,B.,Srivastava,R.,Simultaneous and sensitive determination of ascorbic acid,dopamine,uric acid,and tryptophan with silver nanoparticles – decorated reduced graphene oxide modified electrode. *Colloids Surf.*,*B*,111,97,2013.

[142] Liu,S. J.,Yang,L.,Yan,Q. J.,Research progress on migration of toxic and harmful substances inmelamine tableware. *Plastic Sci. Technol.*,40,75,2012.

[143] Yiwei,X.,Wen,Z.,Jiyong,S.,Xiaobo,Z.,Yanxiao,L.,Tahir,H. E.,Xiaowei,H.,Zhihua,L.,Xiaodong,Z.,Xuetao,H.,Electrodeposition of gold nanoparticles and reduced graphene oxideon an electrode for fast and sensitive determination of methylmercury in fish. *Food Chem.*,237,423,2017.

[144] Liu,R.,Li,S.,Yu,X.,Zhang,G.,Zhang,S.,Yao,J.,Keita,B.,Nadio,L.,Zhi,L.,Facile synthesis of Au – nanoparticle/polyoxometalate/graphene tricomponent nanohybrids:An enzyme – free electrochemical biosensor for hydrogen peroxide. *Small*,8,1398,2012.

[145] Suo,L.,Gao,W.,Du,Y.,Wang,R.,Wu,L.,Bi,L.,Preparation of polyoxometalate stabilized gold nanoparticles and composite assembly with graphene oxide:Enhanced electrocatalytic performance. *New J.*

Chem. ,40,985,2016.

[146] Song,H. ,Yongnian,N. ,Kokot,S. ,A novel electrochemical biosensor based on hemin – graphene nanosheets and gold nano – particles hybrid film for analysis of hydrogen peroxide. *Anal. Chim. Acta*,788,24,2013.

[147] Nia,P. M. ,Woi,P. M. ,Alias,Y. ,Facile one – step electrochemical deposition of copper nanoparticles and reduced graphene oxide as nonenzymatic hydrogen peroxide sensor. *Appl. Surf. Sci.* ,413,56,2017.

[148] Zoladek,S. ,Rutkowska,Blicharska,M. ,Miecznikowski,K. ,Ozimek,W. ,Orlowska,J. ,Negro,E. ,Di Noto,V. ,Kulesza,P. J. ,Evaluation of reduced – graphene – oxide – supported gold nanoparticles as catalytic system for electroreduction of oxygen in alkaline electrolyte. *Electrochim. Acta*,233,113,2017.

[149] Chand,R. and Neethirajan,S. ,Microfluidic platform integrated with graphene – gold nanocomposite aptasensor for one – step detection of norovirus. *Biosens. Bioelectron.* ,98,47,2017.

[150] Wan,Y. ,Wang,Y. ,Wu,J. ,Zhang,D. ,Graphene oxide sheet – mediated silver enhancement for application to electrochemical biosensors. *Anal. Chem.* ,83,648,2011.

[151] Song,Y. ,Qu,K. ,Zhao,C. ,Ren,J. ,Qu,X. ,Graphene oxide:Intrinsic peroxidase catalytic activity and its application to glucose detection. *Adv. Mater.* ,22,2206,2010.

[152] Ma,Z. ,Qiu,Y. ,Yang,H. ,Huang,Y. ,Liu,J. ,Lu,Y. ,Zhang,C. ,Hu,P. A. ,Effective synergistic effect of dipeptide – polyoxometalate – graphene oxide ternary hybrid materials onperoxidase – like mimics with enhanced performance. *ACS Appl. Mater. Interfaces*,7,22036,2015.

[153] Chen,J. ,Gel,J. ,Zhang,L. ,Li,Z. ,Li,J. ,Sun,Y. ,Qu,L. ,Reduced graphene oxide nanosheets functionalized with poly(styrene sulfonate)as a peroxidase mimetic in a colorimetric assay forascorbic acid. *Microchim. Acta*,183,1847,2016.

[154] Tao,Y. ,Lin,Y. ,Huang,Z. ,Ren,J. ,Qu,X. ,Incorporating graphene oxide and gold nanoclusters:A synergistic catalyst with surprisingly high peroxidase – like activity over a broad pH range and its application for cancer cell detection. *Adv. Mater.* ,25,2594,2013.

[155] Xie,L. M. ,Ling,X. ,Fang,Z. ,Yhang,J. ,Liu,Y. F. ,Graphene as a substrate to suppress fluorescence in resonance Raman spectroscopy. *J. Am. Chem. Soc.* ,131,9890,2009.

[156] Lu,C. – H. ,Yang,H. – H. ,Zhu,C. – L. ,Chen,X. ,Chen,G. – N. ,A graphene platform for sensing biomolecules. *Angew. Chem. Int. Ed.* ,48,4785,2009.

[157] Nellore,B. P. V. ,Kanchanapally,R. ,Pramanik,A. ,Sinha,S. S. ,Chavva,S. R. ,Hamme,A. I. I. ,Ray,P. C. ,Aptamer – conjugated graphene oxide membranes for highly efficient capture andaccurate identification of multiple types of circulating tumor cells. *Bioconjugate Chem.* ,26,235,2015.

[158] Liu,H. ,Bai,Y. ,Qin,J. ,Chen,Z. ,Feng,F. ,A novel fluorescent concanavalin A detection platform using an anti – concanavalin A aptamer and graphene oxide. *Anal. Methods*,9,744,2017.

[159] Xie,K. X. ,Cao,S. H. ,Wang,Z. C. ,Weng,Y. H. ,Huo,S. X. ,Zhai,Y. Y. ,Chen,M. ,Pan,X. H. ,Li. ,Y. Q. ,Graphene oxide – assisted surface plasmon coupled emission for amplified fluorescence immunoassay. *Sens. Actuators*,*B*,253,804,2017.

[160] Gao,T. ,Wang,X. ,Yang,L. Y. ,He,H. ,Ba,X. X. ,Zhao,J. ,Jiang,F. L. ,Liu,Y. ,Red,yellow,and blue luminescence by graphene quantum dots:Syntheses,mechanism,and cellular imaging. *ACSAppl. Mater. Interfaces*,9,24846,2017.

[161] Suzuki,N. ,Wang,Y. ,Elvati,P. ,Qu,Z. B. ,Kim,K. ,Jiang,S. ,Baumeister,E. ,Lee,J. ,Yeom,B. ,Bahng,J. H. ,Lee,J. ,Violi,A. ,Kotov,N. A. ,Chiral graphene quantum dots. *ACS Nano*,10,1744,2016.

[162] Fleischmann,M. ,Hendra,P. J. ,McQuillan,A. J. ,Raman spectra of pyridine adsorbed at silver electrode. *Chem. Phys. Lett.* ,26,163,1974.

[163] Jeanmaire,D. L. and Van Duyne,R. P. ,Surface Raman spectroelectrochemistry Part I. Heterocyclic,aromatic,

and aliphatic amines adsorbed on the anodized silver electrode. *J. Electroanal. Chem.* ,84,1,1977.

[164] Albrecht,M. G. and Creighton,J. A. ,Anomalously intense Raman spectra of pyridine at a silverelectrode. *J. Am. Chem. Soc.* ,99,5215,1977.

[165] Le Ru,E. C. ,Blackie,E. ,Meyer,M. ,Etchegoint,P. G. ,Surface enhanced Raman scattering enhancement factors:A comprehensive study. *J. Phys. Chem. C*,111,13794,2007.

[166] Zrimsek,A. B. ,Chiang,N. ,Mattei,M. ,Zaleski,S. ,McAnally,M. O. ,Chapman,C. T. ,Henry,A. I. ,Schatz,G. C. ,Van Duyne,R. P. ,Single – molecule chemistry with surface – and tip – enhanced Raman spectroscopy. *Chem. Rev.* ,117,7583,2017.

[167] Li,X. ,Tay,B. K. ,Li,J. ,Tan,D. ,Tan,C. W. ,Liang,K. ,Mildly reduced graphene oxide – Ag nanoparticle hybrid films for surface – enhanced Raman scattering. *Nanoscale Res. Lett.* ,7,1,2012.

[168] Khalil,I. ,Julkapli,N. M. ,Yehye,W. A. ,Basirun,W. J. ,Bhargava,S. H. ,Graphene – gold nanoparticle hybrid – synthesis,functionalization,and application in a electrochemical and surfaceenhanced Raman scattering biosensor. *Materials*,9,406,2016.

[169] Demeritte,T. ,Viraka Nellore,B. P. ,Kanchanapally,R. ,Sinha,S. S. ,Pramanik,A. ,Chavva,S. R. ,Ray,P. C. ,Hybrid graphene oxide based plasmonic – magnetic multifunctional nanoplatform for selective separation and label – free identification of Alzheimer's disease biomarkers. *ACS Appl. Mater. Interfaces*,7,13693,2015.

[170] Sharma,S. ,Prakash,V. ,Mehta,S. K. ,Graphene/silver nanocomposites – potential electron mediators for proliferation in electrochemical sensing and SERS activity. *Trends Anal. Chem.* ,86,155,2017.

[171] Huang,J. ,Zhang,L. ,Chen,B. ,Ji,N. ,Chen,F. ,Zhang,Y. ,Zhang,Z. ,Nanocomposites of size – controlled gold nanoparticles and graphene oxide:Formation and applications in SERS and catalysis. *Nanoscale*,2,2733,2010.

[172] Chettri,P. ,Vendamani,V. S. ,Tripathi,A. ,Singh,M. K. ,Pathak,A. P. ,Tiwari,A. ,Green synthesis of silver nanoparticle – reduced graphene oxide using Psidium guajava and its application in SERS for the detection of methylene blue. *Appl. Surf. Sci.* ,406,312,2017.

[173] Li,Y. ,Yang,J. ,Zhou,Y. ,Zhao,N. ,Zeng,W. ,Wang,W. ,Fabrication of gold nanoparticles/graphene oxide films with surface – enhanced Raman scattering activity by a simple electrostatic self – assembly method. *Colloids Surf.* ,*A*,512,93,2017.

[174] Geim,A. K. and Novoselov,K. S. ,The rise of graphene. *Nat. Mater.* ,6,183,2007.

[175] Umadevi,D. ,Panigrahni,S. ,Sastry,G. N. ,Noncovalent interaction of carbon nanostructures. *Acc. Chem. Res.* ,47,2574,2014.

[176] Yang,X. ,Zhang,X. ,Liu,Z. ,Ma,Y. ,Huang,Y. ,Chen,Y. ,High – efficiency loading and controlled release of doxorubicin hydrochloride on graphene oxide. *J. Phys. Chem. C*,112,17554,2008.

[177] Lu,G. ,Li,H. ,Liusman,C. ,Yin,Z. ,Wu,S. ,Zhang,H. ,Surface enhanced Raman scattering of Ag or Au nanoparticle – decorated reduced graphene oxide for detection of aromatic molecules. *Chem. Sci.* ,2,1817,2011.

[178] Sil,S. ,Kuhar,N. ,Acharya,S. ,Umapathy,S. ,Is chemically synthesized graphene "really" aunique substrate for SERS and fluorescence quenching? *Sci. Rep.* ,3,3336,2013.

[179] Bruna,M. and Borini,S. ,Optical constants of graphene layers in the visible range. *Appl. Phys. Lett.* ,94,031901,2009.

[180] Kang,L. ,Chu,J. ,Zhao,H. ,Xu,P. ,Sun,M. ,Recent progress in the applications of graphene insurface – enhanced Raman scattering and plasmon – induced catalytic reactions. *J. Mater. Chem. C*,3,9024,2015.

[181] Yang,H. ,Hu,H. ,Ni,Z. ,Poh,C. K. ,Cong,C. ,Lin,J. ,Yu,T. ,Comparison of surface – enhanced Raman scattering on graphene oxide,reduced graphene oxide and graphene surfaces. *Carbon*,62,422,2013.

[182] Doering,W. E. and Nie,S. ,Single – molecule and single – nanoparticle SERS:Examining the roles of

surface active sites and chemical enhancement. *J. Phys. Chem. B*,106,311,2002.

[183] Otto, A. , The "chemical" (electronic) contribution to surface – enhanced Raman scattering. J. *Raman Spectrosc.* ,36,497,2005.

[184] Ling,X. and Zhang,J. ,First – layer effect in graphene – enhanced Raman scattering. *Small*,6,2020,2010.

[185] Xu,H. ,Xie,L. ,Zhang,H. ,Zhang,J. ,Effect of graphene Fermi level on the Raman scatteringi Intensity of molecules on graphene. *ACS Nano*,5,5338,2011.

[186] Wang,Y. ,Polavarapu,L. ,Liz – Marzán,L. M. ,Reduced graphene oxide – supported gold nanostars for improved SERS sensing and drug delivery. *ACS Appl. Mater. Interfaces*,6,21798,2014.

[187] Yi,N. ,Zhang,C. ,Song,Q. ,Xiao,S. ,A hybrid system with highly enhanced graphene SERS forrapid and tag – free tumor cells detection. *Sci. Rep.* ,6,25134,2016.

[188] Guo,Y. ,Wang,H. ,Ma,X. ,Jin,J. ,Ji,W. ,Wang,X. ,Song,W. ,Zhao,B. ,Che,C. ,Fabrication of Ag – Cu_2O/reduced graphene oxide nanocomposites as surface – enhanced Raman scattering substrates for*in situ* monitoring of peroxidase – like catalytic reaction and biosensing. *ACS Appl. Mater. Interfaces*,9,19074,2017.

[189] Ilkhani,H. ,Hughes,T. ,Li,J. ,Zhong,C. J. ,Hepel,M. ,Nanostructured SERS – electrochemical biosensors for testing of anticancer drug interactions with DNA. *Biosens. Bioelectron.* ,80,257,2016.

[190] Hu,K. ,Xie,X. ,Szkopek,T. ,Cerruti,M. ,Understanding hydrothermally reduced graphene oxide hydrogels:From reaction products to hydrogel properties. *Chem. Mater.* ,28,1756,2016.

[191] Lin,Y. ,Ehlert,G. J. ,Bukowsky,C. ,Sodano,H. A. ,Superhydrophobic functionalized graphene aerogels. *ACS Appl. Mater. Interfaces*,3,2200,2011.

[192] Konkena,B. and Vasudevan,S. ,Understanding aqueous dispersibility of graphene oxide and reduced graphene oxide through pKa measurements. *J. Phys. Chem. Lett.* ,3,867,2012.

[193] Li, C. and Shi, G. Q. , Functional gels based on chemically modified graphenes. *Adv. Mater.* , 26, 3992,2014.

[194] Bai,H. ,Li,C. ,Wang,X. ,Shi,G. ,On the gelation of graphene oxide. *J. Phys. Chem. C*,115,5545,2011.

[195] Chen,W. F. and Yan,L. F. ,*In situ* self – assembly of mild chemical reduction graphene for three dimensional architectures. *Nanoscale*,3,3132,2011.

[196] Sheng,K. – X. ,Xu,Y. – X. ,Li,C. ,Shi,G. – Q. ,High – performance self – assembled graphene hydrogels prepared by chemical reduction of graphene oxide. *New Carbon Mater.* ,26,9,2011.

[197] Chen,W. ,Li,S. ,Chen,C. ,Yan,L. ,Self – assembly and embedding of nanoparticles by*in situ* reduced graphene for preparation of a 3D graphene/nanoparticle aerogel. *Adv. Mater.* ,23,5679,2011.

[198] Cong,H. – P. ,Ren,X. – C. ,Wang,P. ,Yu,S. – H. ,Macroscopic multifunctional graphene – based hydrogels and aerogels by a metal ion induced self – assembly process. *ACS Nano*,6,2693,2012.

[199] Zhang,X. ,Sui,Z. ,Xu,B. ,Yue,S. ,Luo,Y. ,Zhan,W. ,Liu,B. ,Mechanically strong and highly conductive graphene aerogel and its use as electrodes for electrochemical power sources. *J. Mater. Chem.* ,21,6494,2011.

[200] Lou, X. H. , Zhou, C. L. , Pan, H. , Ma, J. , Zhu, S. M. , Zhang, D. , Jiang, X. L. , Cost – effective three – dimensional graphene/Ag aerogel composite for high – performance sensing. *Electrochim. Acta*,205,70,2016.

[201] Worsley,M. A. ,Pauzauskie,P. J. ,Olson,T. Y. ,Biener,J. ,Satcher,J. H. ,Baumann,T. F. ,Synthesis of graphene aerogel with high electrical conductivity. *J. Am. Chem. Soc.* ,132,14067,2010.

[202] Xu,Y. ,Wu,Q. ,Sun,Y. ,Bai,H. ,Shi,G. ,Three – dimensional self – assembly of graphene oxide and DNA into multifunctional hydrogels. *ACS Nano*,4,7358,2010.

[203] Tang,Z. ,Shen,S. ,Zhuang,J. ,Wang,X. ,Noble – metal – promoted three – dimensional macroassembly of single – layered graphene oxide. *Angew. Chem. Int. Ed.* ,49,4603,2010.

[204] Jiang,X. ,Ma,T. W. ,Li,J. J. ,Fan,Q. L. ,Huang,W. ,Self – assembly of reduced graphene oxide into

three – dimensional architecture by divalent ion linkage. *J. Phys. Chem. C*, 114, 22462, 2010.

[205] Liu, F. and Seo, T. S., A controllable self – assembly method for large – scale synthesis of graphene sponges and free – standing graphene films. *Adv. Funct. Mater.*, 20, 1930, 2010.

[206] Li, D., Muller, M. B., Gilje, S., Kaner, R. B., Wallace, G. G., Processable aqueous dispersions of graphene nanosheets. *Nat. Nanotechnol.*, 3, 101, 2008.

[207] Yang, X., Qiu, L., Cheng, C., Wu, Y., Ma, Z. – F., Li, D., Ordered gelation of chemically converted graphene for next – generation electroconductive hydrogel films. *Angew. Chem. Int. Ed.*, 50, 7325, 2011.

[208] Hu, H., Zhao, Z., Wan, W., Gogotsi, Y., Qiu, J., Ultralight and highly compressible graphene aerogels. *Adv. Mater.*, 25, 2219, 2013.

[209] Chabot, V., Higgins, D., Yu, A., Xiao, X., Chen, Z., Zhang, J., A review of graphene and graphene oxide sponge: Material synthesis and applications to energy and the environment. *EnergyEnviron. Sci.*, 7, 1564, 2014.

[210] Mao, S., Lu, G., Chen, J., Three – dimensional graphene – based composites for energy applications. *Nanoscale*, 7, 6924, 2015.

[211] Zheng, B., Xu, Z., Gao, C., Mass production of graphene nanoscrolls and their application in high rate performance supercapacitors. *Nanoscale*, 8, 1413, 2016.

[212] Xu, Y. X. and Shi, G. Q., Assembly of chemically modified graphene: Methods and applications. *J. Mater. Chem.*, 21, 3311, 2011.

[213] Li, C. and Shi, G. Q., Three – dimensional graphene architectures. *Nanoscale*, 4, 5549, 2012.

[214] Xu, Y., Lin, Z., Huang, X., Liu, Y., Huang, Y., Duan, X., Flexible solid – state supercapacitors based on three – dimensional graphene hydrogel films. *ACS Nano*, 7, 4042, 2013.

[215] Yang, X., Cheng, C., Wang, Y., Qiu, L., Li, D., Liquid – mediated dense integration of graphene materials for compact capacitive energy storage. *Science*, 341, 534, 2013.

[216] Zou, Y., Zhong, W., Li, S., Luo, J., Xiong, C., Yang, W., Structure of functionalized nitrogendoped graphene hydrogels derived from isomers of phenylenediamine and graphene oxide based on their high electrochemical performance. *Electrochim. Acta*, 212, 828, 2016.

[217] Xiong, C., Zhong, W., Zou, Y., Luo, J., Yang, W., Electroactive biopolymer/graphene hydrogels prepared for high – performance supercapacitor electrodes. *Electrochim. Acta*, 211, 941, 2016.

[218] Hirokawa, Y. and Tanaka, T., Volume phase transition in a nonionic gel. *J. Chem. Phys.*, 81, 6379, 1984.

[219] Raafat, A. I. and El – Hag Ali, A., pH – controlled drug release of radiation synthesized graphene oxide/(acrylic acid – co – sodium alginate) interpenetrating network. *Polym. Bull.*, 74, 2045, 2017.

[220] Hou, L., Shi, Y., Jiang, G., Liu, W., Han, H., Feng, Q., Ren, J., Yuan, Y., Wang, Y., Shi, J., Zhang, Z., Smart nanocomposite hydrogels based on azo cross – linked graphene oxide for oral colonspecific drug delivery. *Nanotechnology*, 27, 315105, 2016.

[221] Ye, Y. and Hu, X., A pH – sensitive injectable nanoparticle composite hydrogel for anticancer drug delivery. *J. Nanomater.*, 9816461, 2016.

[222] Hoa, L. T., Chung, J. S., Hur, S. H., A highly sensitive enzyme – free glucose sensor based on Co_3O_4 nanoflowers and 3D graphene oxide hydrogel fabricated via hydrothermal synthesis. *Sens. Actuators, B*, 223, 76, 2016.

[223] Li., J., Xie, J., Gao, L., Li, C. M., Au nanoparticles – 3D graphene hydrogel nanocomposite to boost synergistically*in situ* detection sensitivity toward cell – released nitric oxide. *ACS Appl. Mater. Interfaces*, 7, 2726, 2015.

[224] Tan, B., Zhao, H., Du, L., Gan, X., Quan, X., A versatile fluorescent biosensor based on targetresponsive graphene oxide hydrogel for antibiotic detection. *Biosens. Bioelectron.*, 83, 267, 2016.

[225] Li, J., Liu, C., Liu, Y., Au/graphene hydrogel: Synthesis, characterization and its use for catalytic reduction of 4 – nitrophenol. *J. Mater. Chem.*, 22, 8426, 2012.

第8章 石墨烯电化学生物传感器的研究进展

Elzbieta Regulska, Joanna Breczko
波兰比亚韦斯托克，比亚韦斯托克大学化学研究所

摘　要　石墨烯是一种由 sp^2 杂化碳原子组成的二维蜂窝网络，因其具有体积小、比表面积高、电导率高、电子迁移率快、化学稳定性好、催化、光学和电化学性能优异等优点而备受关注，有望成为一种优良的电极材料。生物传感领域内有关石墨烯的报告显著增加。迄今为止，已经构建出基于石墨烯的电化学、荧光、场效应晶体管(FET)或表面增强拉曼散射(SERS)检测生物传感器。然而，前面提到的石墨烯电化学传感器代表了最有希望和最多的类别。因此，本文综述了近年来石墨烯电化学生物传感器(GBEB)领域的研究进展。不仅是原始石墨烯、掺杂石墨烯、带有金属纳米粒子的石墨烯、石墨烯量子点(GQD)和氧化石墨烯以及还原氧化石墨烯都被用作生物传感的电极材料。GBEB 可分为三类：第一类，分析物不是具有生物学意义的分子，生物分子只是被用来对电极进行改性；第二类是专门用来检测生物分子的生物传感器；第三类则是将生物分子同时作为工作电极和分析物收集生物分子信息的设备。本章描述了 GBEB 的构建、改性和应用的各种方式。讨论了 GBEB 各组成部分的作用。采用电流法和伏安法检测了抗原、癌症生物标记物、酶、脂肪酸、糖蛋白、激素、异黄酮、神经递质、蛋白质、蛋白质氨基酸、糖、类固醇、毒素、维生素、负责储存和传递遗传信息的化合物(DNA、RNA)和其他生物分子。

关键词　电化学生物传感器，石墨烯，石墨烯量子点，氧化石墨烯，还原氧化石墨烯

8.1 引言

化学传感器由一组能够提供分析响应，告知分析样品中目标物种浓度的器件组成。据信号检测技术，可以区分化学传感器中的一系列子分类。包括机械、电阻、电容、测温、光学(吸收、荧光、光散射)和电化学传感的化学传感器[1]。此外，当分析物仅限于具有生物意义的分子或微生物(如细菌、病毒和活细胞)时，可以从化学传感器中分离出一类生物传感器。然而，这些不仅限于检测生物分子的器件，还包括利用生物成分来构建设备本身的传感器。此时，目标分子可以是任何其他来源。在图 8.1 中提出了生物传感器分类的概念。

本文重点介绍了近年来利用类石墨烯结构修饰电极的电化学生物传感器的研究进展。石墨烯是一种平面的、蜂窝状的、二维的 sp^2 杂化碳原子单层膜。由于具有高导热系

数(5000W/(m·K))、高电子迁移率(200000cm²/(V·s))、大表面积(2630m²/g)、良好的机械电阻等优异物理性能,其在电极改性中的应用引起了广泛的关注[2,3]。然而,为了提高其分散性和实现进一步的功能化,石墨烯的氧化形式,氧化石墨烯和还原氧化石墨烯得到了广泛的关注。石墨烯氧化导致能带的产生,其尺寸与氧化程度和引入官能团的数目有关。因此,氧化石墨烯可以同时显示导电和绝缘性,这取决于 C:O 比。此外,氧化石墨烯还可以表现为 p 型和 n 型半导体。因此,不同的氧化程度会导致不同的物理化学性质。到目前为止,已经证明了以无机材料和氧化石墨烯为基础的复合材料的形成可以获得更好的电子、电催化和光催化性能[4]。遗憾的是,氧化石墨烯中的多个含氧官能团是导致电导率降低的主要原因。因此,为了修复氧化石墨烯结构,其合成通常随后是使用不同还原剂(例如 $NaBH_4$)的还原步骤以获得还原氧化石墨烯[5]。这导致关于电极改性的还原氧化石墨烯利用率的报告迅速增加。近年来,一种新的类石墨烯结构,即石墨烯量子点(GQD)引起了人们的极大关注。这些纳米级的石墨烯片在生物传感中有着广泛的应用。GQD 呈现有趣的电子、光电和电化学特征,这些特征是由量子限制和边缘效应引起[6]。另外,GQD 具有化学稳定性、低毒性、高生物相容性,在生物系统中具有重要的应用价值。与石墨烯相比,GQD 的活性边缘可以被有效氧化,保持良好的导电性。此外,GQD 在有机溶剂和无机溶剂中的分散性也得到了改善。上述性能表明 GQD 在电化学生物传感器中具有广阔的应用前景。在图 8.2 中比较了用于 GBEB 结构的类石墨烯结构。

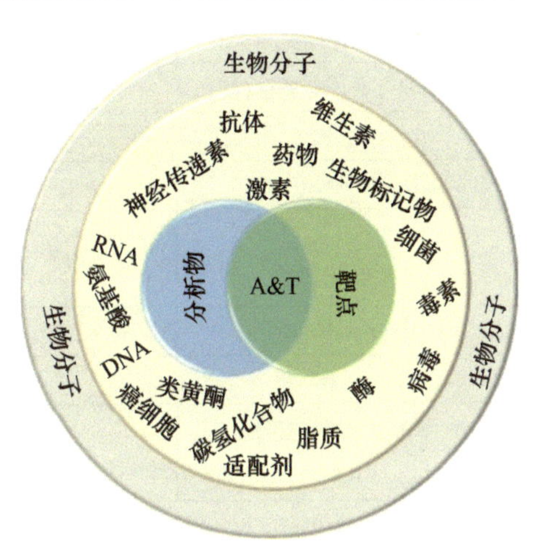

图 8.1　生物分子作为靶标(T)或/以及作为 GBEB 中的分析物(A)

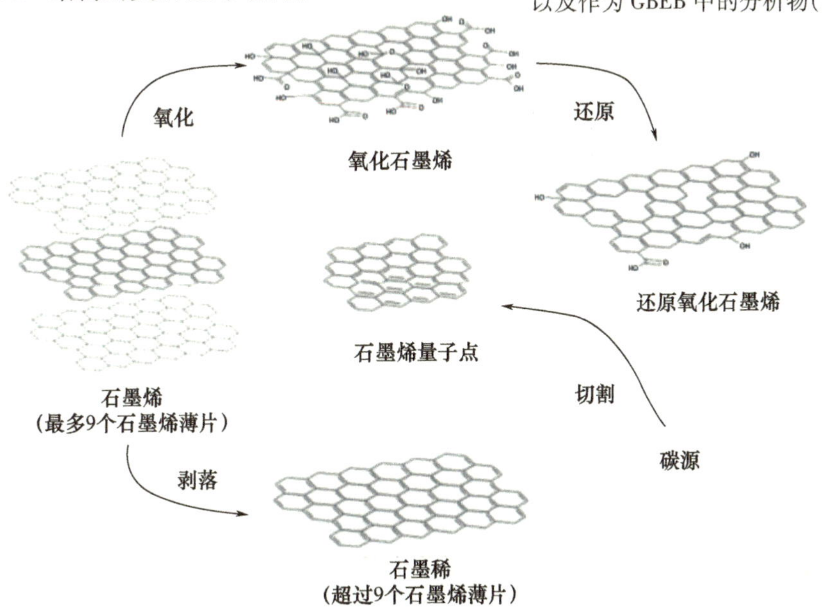

图 8.2　石墨烯、氧化石墨烯、还原氧化石墨烯和 GQD 的化学结构

8.2 电化学生物传感领域中石墨烯的形态

8.2.1 石墨烯

石墨烯通常被称为碳纳米结构的基本形式，在电化学传感中起着重要作用，通常作为非细胞毒性平台、传感器或其他信号放大器。石墨烯薄片的大比表面积结合其优异的导电性和生物相容性，为生物传感器提供了良好的灵敏度和电化学稳定性。表8.1为石墨烯基电化学生物传感器（GBEB）的性能参数。

表8.1 石墨烯基电化学生物传感器的性能参数

电极材料	靶标	线性范围	检测限	参考文献
生物分子只存在于电极材料中				
酶				
AChE/GR/PANI/GCE	羰基	38～194ng/mL	ng/mL	[9]
AChE/IL－GR/Chit/GCE Co_3O_4NP	二甲醚	5～0.1pmol/L	0.1pmol/L	[8]
$HRPO_x$/pGR/GCE	过氧化氢	80pmol/L～80μmol/L	26.7pmol/L	[10]
氧结合蛋白				
Chit/(3D－GR/肌红蛋白)$_n$ CILE	三氯乙酸	0.6～26mmol/L	0.15mmol/L	[7]
生物分子只能作为靶标				
负责基因信息的储存和转移的化合物——DNA、RNA、核苷酶				
N－GR/GCE	腺嘌呤	—	10.30μmol/L	[18]
B－GR/GCE	腺嘌呤	—	5.28μmol/L	[18]
3D－N－GR/GCE	腺嘌呤	0.02～1.2μmol/L	8nmol/L	[19]
N－GR/GCE	胞嘧啶	—	147.35nmol/L	[18]
B－GR/GCE	胞嘧啶	—	13.55nmol/L	[18]
N－GR/GCE	鸟嘌呤	—	0.73μmol/L	[18]
B－GR/GCE	鸟嘌呤	—	0.59μmol/L	[18]
MNP－complex/3D－GR/4－氨基苯硫酚/Au	微小RNA	0.01～1μmol/L	5.2pmol/L	[17]
GR/MoS_2/ GCE	单链DNA	0.1fmol/L～0.1pmol/L	0.01fmol/L	[15]
$(NHP)_2$/EDA/nmGR	单链DNA	—	0.1amol/L	[16]
N－GR/GCE	胸腺胺	—	3.27nmol/L	[18]
B－GR/GCE	胸腺胺	—	16.51nmol/L	[18]
酶				
MNP－混合物/3D－GR/4－氨基苯硫酚/Au	溶菌酶	1pmol/L～1μmol/L	0.67pmol/L	[17]

续表

电极材料	靶标	线性范围	检测限	参考文献
植物提取物中的黄酮及其他分子				
β - CD/GR/GCE	落新妇苷	0.03 ~ 2μmol/L	10nmol/L	[51]
CoNP - NH_2 - GR/GCE	黄芩苷	0.01 ~ 0.8μmol/L	5nmol/L	[53]
3D - GR/MWCNT/GCE	咖啡酸	0.2 ~ 174μmol/L	17.8nmol/L	[54]
CeO_2/PDDA/GR/GCE	蓖麻素	0.01 ~ 1μmol/L	0.7nmol/L	[50]
PtNP/PDDA/GR/GCE	没食子酸	0.03 ~ 1μmol/L	7nmol/L	[49]
Au - AgNP/N - GR/GCE	芦丁	0.05 ~ 241.2μmol/L	0.01μmol/L	[47]
GR/GCE	芦丁	10nmol/L ~ 1.25μmol/L	3.2nmol/L	[48]
NiNP/HSO_3^- - GR/GCE	塔普	0.5 ~ 20μmol/L	0.17μmol/L	[52]
激素				
NiO/GR/GCE	肾上腺素	1 ~ 1800μmol/L	0.42μmol/L	[33]
Au/MnO_2/GR/GCE	肾上腺素	0.1 ~ 1.8μmol/L	24nmol/L	[34]
在细胞代谢中具有重要作用的分子				
MB/GR/Au	纳德	1 ~ 264μmol/L	0.3μmol/L	[36]
GR/AuNP/GCE	一氧化氮	10 ~ 5000μmol/L	0.04μmol/L	[38]
Porphyrin/N - GR/Pt	一氧化氮	10nmol/L ~ 10μmol/L	1nmol/L	[39]
Fe_xO_y/N - GR/GCE	尿酸	10 ~ 535μmol/L	5.38μmol/L	[11]
GR/AuNP/GR/Au/GPE	尿酸	0.09 ~ 25μmol/L	0.029μmol/L	[27]
CdTeQD/GR/GCE	尿酸	3 ~ 600μmol/L	1μmol/L	[29]
PtNP/PDMS/lsGR/PI	尿酸	1 ~ 63μmol/L	0.22μmol/L	[31]
Fc - SH/AuNP/CND/GR/气隙	尿酸	0.9 ~ 60μmol/L	0.18μmol/L	[32]
Pt - PdNP/GR/GCE	黄嘌呤	0.01 ~ 0.12mmol/L	3μmol/L	[35]
神经递质				
Gr/AuNP/GR/Au/GPE	多巴胺	0.1 ~ 25μmol/L	0.024μmol/L	[27]
NiO/GR/SPE	多巴胺	1 ~ 500μmol/L	0.314μmol/L	[28]
CdTeQD/GR/GCE	多巴胺	1 ~ 500μmol/L	0.33μmol/L	[29]
CNPEG/GP	多巴胺	0.07 ~ 200μmol/L	50nmol/L	[30]
PtNP/PDMS/lsGR/PI	多巴胺	0.5 ~ 56μmol/L	0.07μmol/L	[31]
GR/Co_3O_4NX/GCE	多巴胺	0.2 ~ 3443μmol/L	84nmol/L	[26]
Fc - SH/AuNP/CND/GR/GCE	多巴胺	0.4 ~ 45μmol/L	0.08μmol/L	[32]
药物				
GR/GCE	醋丁醇	3.4 ~ 57.1ng/mL	0.13ng/mL	[40]
PDDA/GR/GCE	醋氨酚	20 ~ 200μmol/L	0.221μmol/L	[44]
Fc - SH/AuNP/CND/GR/GCE	醋氨酚	0.6 ~ 42μmol/L	0.12μmol/L	[32]
MIP NP/GR/CPE	氯噻唑	0.6 ~ 75nmol/L	0.26nmol/L	[46]
MIP/N,S - GR/GE	环磷酰胺	8pmol/L ~ 80μmol/L	3.4pmol/L	[45]

续表

电极材料	靶标	线性范围	检测限	参考文献
PDDA/GR/GCE	双氯芬酸	20～100μmol/L	0.609μmol/L	[44]
MnO_2/GR/GCE	消炎痛	0.1～25μmol/L	32nmol/L	[43]
peGR/AgNP/GCE	甲硝唑	0.05～4500μmol/L	28nmol/L	[42]
MIP/peGR/GCE	莫西沙星	1nmol/L～50μmol/L	0.51nmol/L	[41]
蛋白质氨基酸				
Co_xO_yN－GR/GCE	L－半胱氨酸	0.1～95.3μmol/L	0.05μmol/L	[11]
β－CD/PtNP/GR/GCE	色氨酸	5μmol/L～5mmol/L	17μmol/L	[20]
类固醇				
CX6/GR/MB/GCE	胆固醇	0.5～50μmol/L	0.20μmol/L	[14]
能源——碳水化合物				
Co_xO_y/N－GR/GCE	葡萄糖	0～152.139μmol/L	0.26μmol/L	[11]
N－GR/PtNF/GCE	葡萄糖	0.5～133.5mmol/L	0.05mmol/L	[12]
CuNCP/engGR	葡萄糖	25μmol/L～4mmol/L	250nmol/L	[13]
维生素				
CNPEG/GP	抗坏血酸	25～2700μmol/L	520nmol/L	[30]
PtNP/PDMS/lsGR/PI	抗坏血酸	10～890μmol/L	6.2μmol/L	[31]
Fc－SH/AuNP/CND/GR/GCE	抗坏血酸	8～180μmol/L	1μmol/L	[32]
电极材料中的生物分子(E)和靶标(T)				
抗抗体(E)＋抗体(T)				
BSA/anti－IgG/Cd^{2+}/Au@AgNP/amino－GR－Fe_3O_4/GCE	IgG	5fg/mL～50ng/mL	2fg/mL	[70]
抗体(E)＋癌症生物标记物(T)				
ErbB2－Ab/foGR/TiO_2 NFBs/Au	ErbB2	1fmol/L～0.1μmol/L	1fmol/L	[68]
BSA/AFP－Ab_1/β－CD－GR/GCE(Cu_2SnZnS_4NCs/AFP－Ab_2为标签)	AFP	0.5pg/mL～10ng/mL	0.16pg/mL	[69]
抗体(E)＋多糖(E)＋病毒(T)				
AIV H7－MAb/Chit/GR/AuNP/Au(AIV H7－PAb－AgNP/GR为标签)	AIV H7病毒	1.6pg/mL～16ng/mL	1.6pg/mL	[66]
适配体(E)＋肿瘤生物标记物(T)				
SH－CBA/AuNP/血晶素/GR/GCE	CEA	0.1pg/mL～10ng/mL	40fg/mL	[64]
适配体(E)＋激素(T)				
SH－IBA/AuNP/酸性橙II/GR/GCE	胰岛素	0.01pmol/L～0.5nmol/L	6fmol/L	[63]
负责遗传信息储存和传递的化合物——RNA(E＋T)				
米纳(探针)/GR/Ni	微小RNA(靶)	0.1～1000pmol/L	—	[61]

续表

电极材料	靶标	线性范围	检测限	参考文献
酶联抗体(E)+癌细胞(T)				
CD166-Ab/MPA/Au(HRPOx-Ab-AuNP/GR为标签)	Du-145癌细胞	10^2~10^6个细胞/mL	20个细胞/mL(3个癌细胞)	[67]
酶联抗体(E)+激素(T)				
ALP-PTH PAb/PTH抗原/BSA/PTH MAb/GR/MoS_2/Au	PTH	1~50pg/mL	5ng/mL	[65]
酶(E)+氧结合蛋白(T)				
FAO/N-GR/AuNP/FTO/GE	糖化的血红蛋白	0.3~2000μmol/L	0.2μmol/L	[59]
酶(E)+类固醇(T)				
ChOx/PSS/PIL/GR/GCE	胆固醇	0.01~10nmol/L	3.5pmol/L	[58]
酶(E)+能量来源——碳水化合物(T)				
GOD/ZnONT@ MnO_2 NS/3D-GR	葡萄糖	1μmol/L~0.07mmol/L	10nmol/L	[55]
GOD/AuNP/Gr/Pt/CR/玻璃	葡萄糖	0~162mg/dL	1.44mg/dL	[56]
GOD/交换膜/Gr/MnO_2NR/GCE	葡萄糖	0.04~2mmol/L	10μmol/L	[57]
多糖(E)+激素(T)				
Gr/Chit/CSPE	褪黑素	1~300μmol/L	0.87μmol/L	[6]
蛋白原氨基酸(E+T)				
聚-L-蛋氨酸/GR/GCE	色氨酸	0.2~150μmol/L	0.017μmol/L	[62]

8.2.1.1 生物分子在电极材料中

近年来,只有很少的文献描述了石墨烯和生物活性化合物在电极材料中用于测定非生物分子分析物。这里将介绍这些报告的最新概况。

1. 氧结合蛋白

Wang等[7]利用石墨烯多层膜(3D-GR)对三氯乙酸进行生物电化学传感。他们在碳离子液体电极(CILE)表面的肌红蛋白层之间引入了3D-GR。肌红蛋白和3D-GR的利用是互利的。蛋白质是直接电子转移的来源,而3D-GR由于其高表面积提供了电子转移路径。壳聚糖(Chit)链覆盖了制备的电极,其在开发体系中的作用是提高表面稳定性。利用电催化还原三氯乙酸,对该器件进行了传感研究。

2. 酶

另一个趋势是在生物传感器的发展中观察到的,将酶引入到带有石墨烯的复合材料中。Zheng等[8]和Li等[9]报道了一种基于石墨烯和乙酰胆碱酯酶(AChE)的有机磷农药检测生物传感器的制备。提出了用壳聚糖、Co_3O_4纳米粒子、AChE和离子液体功能化石墨烯(IL-GR)修饰玻碳电极检测大灭松乳剂[8]。AChE经IL-GR和Co_3O_4纳米粒子修饰后,比表面积增大,对玻碳电极的亲和性增强。纳米粒子和石墨烯结构的存在无疑促进了电子转移,因此,所制备的传感器对大灭松乳剂的灵敏度显著提高。其他人也提出了类似的生物传感器系统[9],用于甲萘威、有机磷农药的检测。研究了固定化AChE和石墨烯/聚苯胺(GR/PANI)复合膜的玻碳电极表面。GR/PANI/AChE 具有高比表面积、良好的导电性和快速的氧化还原性能，提高了灵敏度。Liu 等[10]利用辣根过氧化物酶(HR-POx)和多孔石墨烯(PGR)修饰玻碳电极表面并测定 H_2O_2。结果表明，该酶具有较高的扩散速率。

8.2.1.2 生物分子作为靶标

利用生物化合物修饰电极通常是导致它们化学稳定性差的原因。因此，具有生物重要性的化合物作为分析物更有趣；下面讨论用于生物分子检测的石墨烯电化学生物传感器的最新研究。

1. 碳水化合物

葡萄糖是电化学传感器检测到的最常见的生物分子之一。Cui 等[11]描述了利用掺杂 N 的石墨烯(N－GR)和氧化钴(Co_xO_y)组成的杂化材料进行葡萄糖生物传感。Ren 等[12]也将 N－GR 与 Pt 纳米花(PtNF)结合应用。在这两个例子中，修饰玻碳电极表现出优异的电化学性能和对葡萄糖氧化的高电催化活性。Tehrani 等[13]提出了另一种葡萄糖检测方法。他们构建了一个基于激光雕刻石墨烯(engGR)和铜纳米杯(CuNCP)的生物传感器。其生产成本低，稳定性好，重现性好，分析参数优良，有望商用。

2. 类固醇

Yang 等[14]提出了利用石墨烯电化学检测胆固醇的最新报告。其分析基于亚甲基蓝(MB)和胆固醇对杯[6]芳烃(CX6)的不同特异性。在测定过程中，电化学信号的下降与胆固醇浓度成反比。该传感器的有效性与良好的主客体(CX6 胆固醇)识别和石墨烯提供的良好电子转移有关。

3. DNA、RNA 和碱基

基因序列的测定在临床和法医学分析中起着重要的作用，需要较低的检测限。对于从循环肿瘤中分离 DNA 基于 DPV 传感，Chu 等利用 MoS_2/石墨烯复合材料[15]。在使用石墨烯纳米网的电化学检测中，DNA 也被选为靶标[16]。纳米光刻技术制备的石墨烯纳米结构的人工边缘及其用乙二胺(EDA)和二茂铁($Fc(NHP)_2$)修饰提供了 DNA 的共价连接。mRNA 检测也采用了类似的策略[17]。用磁性纳米粒子(MNP)覆盖 3D－GR 膜在金基底上进行置换反应，并与 microRNA 155(miRNA－155)特异性结合。以所研制的传感器为代表的检测下限使其能够应用于人血清分析。同样重要的是检测构成核酸成分的碱基。Tian 等[18]提出了一种使用 N－GR 和掺杂硼的石墨烯(B－GR)测定 DNA 碱基的方法。掺杂硼石墨烯导致电子缺失，而 N－GR 则存在电子过剩。因此，与 N－GR 不同，B－GR 修饰的玻碳电极促进腺嘌呤、鸟嘌呤、胞嘧啶和胸腺嘧啶的氧化。研究表明，每个碱基的结构对灵敏度有很大的影响。Li 等[19]也对腺嘌呤进行了电化学检查。在所制备的传感器中，三维 N－GR 被用作电催化剂，实现了无标记的碱基传感。

4. 蛋白原氨基酸

Cui 等[11]利用 Co_xO_y/N－GR 复合材料对具有二硫键的重要氨基酸 L－半胱氨酸进行电化学检测。Co_xO_y 活性钴(IV)加速了 L －半胱氨酸的氧化，使其成为电催化剂。在 β 环糊精(β CD)、Pt 纳米粒子和石墨烯片[20]修饰的玻碳电极上测定了另一种在血清素分泌中起重要作用的基本氨基酸、色氨酸。该方法基于色氨酸对映体的手性识别，具有较宽的线性范围和较低的检测限。

5. 神经递质

在各种类型的分析物中，神经递质在电化学传感方面特别有趣。多巴胺是大脑分泌的儿茶酚胺，它可能影响人类的情绪和记忆能力。由于其异常水平表明了一系列疾病，包括阿尔茨海默病[21]、抑郁症[22]、多动症[23]和帕金森综合征[24]，以及精神分裂症[25]，因此它的快速准确测定非常重要。Velmurugan 等[26]最近在石墨烯/Co_3O_4 修饰的电极上进行了电化学检测。采用绿色化学合成技术，将具有高比电容和高氧化还原活性的氧化钴纳米六边形(NX)与石墨烯片偶联。实验结果表明，该方法具有较低的检测限和较高的灵敏度。研制的传感器已成功应用于一系列人体尿液样品中。然而，在实际样品中多巴胺的电化学检测可以被抗坏血酸和尿酸干扰。因此，传感器必须以足够的电势间隔记录峰值。Baig 等[27]构建了一种石墨笔电极(GPE)，该电极由石墨烯多层膜覆盖并用 Au 纳米粒子修饰，用于同时测定多巴胺和尿酸。石墨烯和 Au 纳米粒子的分层布局和电催化性能改善了电极表面，提高了对尿酸和多巴胺的敏感性。Jahani 等[28]也提出了同时测定多巴胺和尿酸的方法。他们提出用 NiO 纳米粒子修饰石墨烯纳米片来修饰丝网印刷电极(SPE)。石墨烯的性质和 NiO 的高催化活性为多巴胺和尿酸检测提供了满意的分析参数。用该传感器记录的伏安曲线显示了两个明确的阳极峰，电位差约为 150mV，使同时测定多巴胺和尿酸成为可能。另一种方法是由 Yu 及其同事提出的[29]。他们在玻碳电极表面引入了 CdTe QD(CdTeQD)和石墨烯，使其具有优异的电催化活性以及对多巴胺和尿酸氧化的高灵敏度。Biswas 等[30]将抗坏血酸用作干扰剂，使用石墨糊(GP)中嵌入石墨烯(CNPEG)的碳纳米粒子(CNP)测定多巴胺。通过炭化氧化石墨烯氰胺甲醛树脂/$Zn(OAc)_2$ 复合材料制备 CNPEG。然后将其引入 GP 电极，观察到对多巴胺和尿酸有较高的电催化活性。同时电化学检测尿、血液和药物样品中的尿酸和多巴胺，证实了检测的高灵敏度。最近在另外两份报告[31-32]中提出了在两个干扰 AA 和尿酸下测定多巴胺的方法。Nayak 等[31]使用了激光刻划石墨烯(lsGR)，这确保了比其他碳结构更快的电子转移动力学。所提出的传感器是在激光作用下，在石墨烯片上进行聚酰亚胺(PI)转换制造而成。用 PDMS 对刻划的三电极系统进行选择性钝化，并用电沉积 Pt 纳米粒子覆盖。PtNP/lsGR 传感器可同时测定多巴胺、抗坏血酸和尿酸，具有足够的分离峰和提高灵敏度。在另一项工作中，石墨烯修饰电极与碳纳米点(CND)和二茂铁稳定 Au 纳米粒子(Fc-SH/AuNP)[32]耦合。纳米材料(石墨烯，CND)和电子介质(Fc-SH/AuNP)的存在使多巴胺在抗坏血酸和尿酸存在下的电催化氧化。

6. 激素

肾上腺素是由肾上腺和某些神经元产生的一种激素，最近通过利用基于石墨烯和过渡金属氧化物的复合材料对肾上腺素进行电化学检测[33-34]。Mazloum-Ardakani[33]使用石墨烯/NiO 纳米粒子。该传感器的电流响应明显高于裸电极。对 Au/石墨烯复合材料[34]进行了极低的检测限和高的灵敏度检测。用电化学方法合成了 Au/MnO_2 复合材料，并将其高度分散在电泳制备的石墨烯上。Au 纳米粒子的引入增加了电容和对肾上腺素电氧化的催化作用。

7. 酶

用与 miRNA(微 RNA)分析(MNP 混合物/3D-GR/4-氨基苯硫酚/Au)相同的传感器对溶菌酶和抗菌蛋白行电化学检测[17]。如前所述，3D-GR 片经 4-氨基苯硫酚单分子层共价结合在金电极上形成电化学平台。随后，用报告探针和捕获探针（分别为 RP 和 CP）将 MNP 引入氯高铁血红素/G－四链共轭混合物（MNP 混合物）。由于适体的识别作用，CP 与溶菌酶发生特异性结合，解离的 RP 被紧紧吸附在石墨烯表面。因此，MNP 混合物的分解使氯高铁血红素/G－四链体接近 3D－GR 表面，催化 H_2O_2 的还原。随后，用报告探针和捕获探针（分别为 RP 和 CP）将 MNP 引入氯高铁血红素/G－四链共轭混合物（MNP 混合物）。由于适体的识别作用，CP 与溶菌酶发生特异性结合，解离的 RP 被紧紧吸附在石墨烯表面。因此，MNP 混合物的分解使氯高铁血红素/G－四链体接近 3D－GR 表面，催化 H_2O_2 的还原。

8. 在细胞代谢中具有重要作用的分子

尿酸是多巴胺传感的常见干扰因子，在代谢转化中起着重要作用。本文已经描述了同时检测多巴胺和尿酸的示例[27,29,31－32]。人体内 UA 的主要来源是嘌呤代谢产物之一黄嘌呤（XA）。Wang 等[35]展示了一种基于 Pt－Pd 双金属纳米粒子和纳米多孔石墨稀的简单有效的 XA 电化学测定方法。用 Pt－Pd NP/石墨烯复合材料修饰的玻碳电极对 XA 氧化具有电催化活性，提供了良好的选择性和灵敏度。烟酰胺腺嘌呤二核苷酸（NAD）是存在于生物化学轨道上的另一种重要化合物，可在活细胞中以氧化（NAD^+）和还原（NADH）形式存在。NADH 的安培检测是在镀有 MB/石墨烯复合材料的金电极上进行的[36]。达到宽线性范围和高灵敏度（$0.316\mu A/[(\mu mol/L)\cdot cm^2]$）。一氧化氮（NO）是另一种具有重要生理作用的分子。在帕金森病和阿尔茨海默病中观察到其异常浓度[37]。在最近一项关于 GBEB 的研究中，使用 GR/Au 纳米粒子复合物测定 NO[38]。GR/AuNP/GCE 体系的伏安传感显示出很宽的线性范围和较低的检测限。含卟啉和 N－GR 的水热合成复合材料也用于 NO 的电化学分析[39]。As 修饰 Pt 电极对 NO 既有较高的敏感性，又有较好的电催化活性，这与修饰电极的比表面积增大和电荷转移电阻低有关。

9. 维生素

维生素 C 即抗坏血酸，又称 AA，是生物体必需的抗氧化剂。AA 和尿酸一样，属于多巴胺检测的干扰源。DA 和 AA 同时电化学测定在前面已有描述[30－32]。

10. 药物

石墨烯还被研究用于药物传感 GBEB 的开发。用石墨烯/玻碳电极检测用于治疗高血压和冠心病的药物乙酰丁洛尔[40]。醋丁洛尔的电化学行为涉及两个电子和四个质子进入吸附控制过程。石墨烯层的电催化活性降低了检测限，提高了对被测药物的敏感性。莫西沙星（一种常见的抗菌物质）的电化学传感器基于石墨烯和分子印迹聚合物（MIP）膜[41]。以莫西沙星为模板，邻苯二胺（oPDA）和 L－赖氨酸为原料，通过伏安法电聚合制备后者。石墨烯片引起电极表面积的增加和电流信号的增加。Li 等尝试用伏安法测定与莫西沙星活性相似的抗菌药物甲硝唑。为此，合成了花瓣状石墨烯（peGR）/Ag 纳米粒子复合材料。采用水热法制备了具有高活性边的花瓣状石墨稀，而 Ag 纳米粒子则采用改性镜反应沉积。所制备的传感器提供了甲硝唑检测的宽线性。消炎痛和双氯芬酸，非甾体类药物的抗炎性能，电化学测定利用石墨烯修饰玻碳电极。在玻碳电极上沉积用于吲哚美辛传感的 MnO_2/石墨烯纳米复合膜[43]。观察了修饰剂的电催化行为，提高了传感器的灵敏度。另一方面，设计用于双氯芬酸测定的传感器使用了聚二烯丙基二甲基氯化铵/石墨烯（PDDA/GR）复合材料玻碳电极[44]。双氯芬酸与扑热息痛同时检测，扑热息痛是一种抗炎活性较低的药物，但具有显著的解热镇痛特性。GR/PDDA 复合材料用于双氯芬酸和扑热息痛的检测的优点在于增加了两种分析物的电氧化电流，并且很好地分离了它们的峰电位。方法简单，分析性能好，可同时测定湖水和制药废水样品中的双氯芬酸和扑热息痛。用 MIP/N，掺杂石墨烯复合材料修饰的石墨电极（GE）电化学检测抗肿瘤药物环磷酰胺[45]。N，S - GR 是用来促进电子转移的，而 MIP 是用来识别和检测环磷酰胺的。石墨烯还应用于氯二氮卓等具有遗忘和抗焦虑特性的药物的电化学传感。为此，Motaharian 等[46]使用了经 MIP 纳米粒子修饰的石墨烯/碳糊电极（CPE）。实验表明，MIP 纳米粒子/石墨烯/CPE 传感器对被测药物具有很高的吸附能力。对传感器进行了优化，以获得最佳的分析参数，并应用于实际样品的检测。

11. 植物提取物中的类黄酮及其他分子

植物提取物含有许多具有多种功能的有机化合物。其中黄酮类化合物可作为植物色素、生理调节剂或化学信使。芦丁，也被称为维生素 P，代表了最具生物活性的类黄酮。它的生理和药理的重要性使人们需要建立一种快速有效的测定方法。Zou 等[47]和 Yang 等[48]于近日提出了芦丁的电化学检测方法。在首次报道中，在 N - GR 表面合成了一种基于混合金 - 银纳米结构的电催化材料[47]。应用 Au - Ag/N - GR 修饰的玻碳电极在较宽的线性范围内检测芦丁，获得了良好的分析参数。所观察到的结果来自于 N - GR 和双金属纳米环之间的协同电催化作用。在后一篇论文中，芦丁在石墨烯/玻碳电极上被氧化[48]。采用超声剥蚀 N - 甲基 -2 - 吡咯烷酮和 DMF 再分散制备石墨稀。DMF 的蒸发使电极表面形成薄膜。该方法灵敏度高，检测限低，线性范围宽，适用于药物分析。Gao 等[49]用电化学方法测定了另一种具有重要意义的类黄酮没食子酸。该传感器基于 Pt 纳米粒子修饰的石墨烯/PDDA 复合材料。PDDA 和 Pt 纳米粒子的加入进一步提高了石墨稀的电导率和比表面积。此外，PDDA 保证了石墨稀纳米片的离子环境和良好的分散性，而 Pt 纳米粒子对没食子酸具有催化活性。PDDA 聚电解质还与石墨烯和氧化铈（CeO_2）一起用于检测具有高抗氧化、抗肿瘤和抗过敏潜力的柑桔类黄酮圣草次苷[50]。由于 PDDA 和石墨烯的存在，CeO_2纳米粒子可以均匀分散并固定在电极表面。另一方面，纳米颗粒增加了比表面积，提供了接触电解质离子的途径。Wang 等[51]描述了使用 β - CD/石墨烯复合材料进行落新妇素的电化学传感。他们提出了一种通过使用 β - CD 进行石墨稀分散改善的方法。另外，β - CD 是一种具有疏水性空腔和亲水性外壁的寡糖，对落新妇素的选择性测定起着重要作用。石墨烯具有优良的导电性和良好的电沉积能力 β - CD 为所研制的传感器提供了良好的灵敏度。通过 DPV 和计时库仑法技术进行了广泛的电分析研究。结果表明，基于 β - CD/GR/GCE 的落新妇素的检测机制是基于吸附控制过程，涉及两个质子和两个电子。所设计的传感器在中药落新妇素检测中具有一定的适用性。金属纳米粒子修饰 GR 基材料近年来被广泛应用于电化学检测。最近的两份报告描述了利用 Ni[52]和 Co 纳米颗粒[53]对从植物中提取的天然分子进行电化学检测。延胡索乙素（THP）的电化学测定使用 Ni 纳米粒子沉积在先前用磺化石墨烯（HSO_3^- - GR）修饰的玻碳电极上[52]。金属纳米粒子增强了石墨稀的电化学性能，复合材料对 THP 的电催化作用增强。Sheng 等测定[53]黄芩苷是另一种具有抗炎和抗肿瘤特性的黄酮类化合物。为此，在甘氨酸作为还原剂的条件下，通过氧化石墨烯和 Co^{2+} 的同时还原来合成 CoNP/NH_2 - 石墨烯复合材料。该传感器可以简单、灵敏地测定黄芩苷，但其选择性较差。另一项工作描述了基于3D-GR/多壁碳纳米管复合材料(3D-GR/MWNT)的咖啡酸的安培测定[54]。这两种类型的碳纳米结构是通过水热合成连接起来的。获得了较低的检测限和较高的灵敏度(5.83μA/[(μmol/L)·cm^2])可用于水果或蔬菜提取物中咖啡酸的测定。

8.2.1.3 生物分子在电极材料中并作为靶标

研究具有重要生物学意义的化合物(一种在电极材料中,另一种作为靶标)之间的生物和化学相互作用已成为电化学传感器研究的热点。

在碳水化合物检测方面,报道了一系列酶修饰电极。其中很少有葡萄糖氧化酶(GOx)和葡萄糖[55-57]之间的酶相互作用。例如,Asadian等[55]将GOx固定在用核壳ZnO纳米管@ MnO_2纳米片(ZnO NT@ MnO_2NS)复合材料修饰的3D-GR网络上,用于葡萄糖的电化学检测。本文采用高导电率、大表面积的3D-GR作为电极。ZnO纳米颗粒增强了电极/电解质界面,而多孔MnO_2纳米片促进了生物分子与电极材料的接触。ZnO NT@ MnO_2采用固定化识别元件修饰的NS修饰3D-GR电极作为葡萄糖的电流传感器。结果表明,葡萄糖氧化电流显著增加,电流响应时间缩短。Liu等[57]提出的类似电化学体系包含MnO_2纳米棒/石墨烯(MnO_2 NR/GR)纳米杂化物和GOx分子。利用水热合成的复合膜对玻碳电极进行修饰,用Nafion覆盖功能化电极,最后固定化酶,制备了传感器。MnO_2-NR催化氧化葡萄糖,石墨稀具有良好的导电性,而Nafion被引入作为黏合剂并被GOx分子包埋。对GOx/Nafion/GR/MnO_2-NR/GCE传感器的电化学研究表明,GOx与电极表面的直接电化学加速,对葡萄糖的氧化有良好的响应。如今,构建用于连续监测葡萄糖水平的微系统似乎是更大的挑战。这对于低血糖症患者尤为重要。最近,Pu等[56]描述了基于石墨烯和Au纳米粒子的连续血糖监测器件的制造。三电极微流芯片系统是在预先覆盖有铬和铂层的玻璃基板上形成的。石墨烯和Au纳米粒子被沉积在工作电极表面以发挥其优异的电化学性能。固定化GOx对葡萄糖的氧化具有酶促和催化作用。

酶修饰电极也可用于胆固醇的检测。Wu等[58]制备了一种新型纳米复合材料,包含石墨烯、聚合离子液体(PIL)、聚对苯乙烯磺酸钠(PSS)和胆固醇氧化酶(ChOx)。所使用的组件提供了高导电性、生物相容性和均匀性。表面覆盖PSS/PIL/GR膜的玻碳电极具有负电荷,使ChOx带正电荷时产生静电吸引。ChOx的存在增强了直接的电子转移,因此ChOx/PSS/PIL/GR/GCE传感器对胆固醇具有很高的催化活性和敏感性。

血红蛋白是酶附电极测定的另一类生物分子。糖化血红蛋白由于与血糖浓度有关,常被用于糖尿病的诊断。Jain等[59]提出了糖化血红蛋白电化学传感器的构建。生物传感器是以F掺杂氧化锡(FTO)覆盖的玻璃电极为基础,进一步用N-GR、Au纳米粒子和果糖基氨基酸氧化酶(FAO)修饰而成。所观察到的电催化作用提供了广泛的线性范围和检测下限。

Apetrei等[60]描述了用于激素传感的壳聚糖修饰碳丝网印刷电极(CSPE)。他们报道了一种用伏安法检测药物中褪黑素的方法。GR/Chit修饰的CSPE具有较低的检测限和较高的灵敏度。

Seo等[61]构建了一种基于石墨稀结构和微小RNA修饰镍电极的微小RNA基因传感器。氧等离子体处理和碳二亚胺化学的应用促进了微小RNA(探针)在电极表面的共价固定。特异性检测微小RNA后,电荷转移电阻显著增加,电流降低。

另一方面,Wang等[62]使用聚(L-蛋氨酸)/石墨烯修饰的玻碳电极电化学检测L-

色氨酸和氨基酸。由碳纳米结构和聚合氨基酸组成的复合材料由于应用组分之间的静电相互作用表现出良好的均匀性,因此提供了有效的分析物识别。

很少有报道描述适体在激素和癌症生物标记物传感电极材料中的应用。Au纳米粒子/酸性橙Ⅱ功能化石墨烯纳米杂化物修饰的玻碳电极和巯基化胰岛素结合适体(HS-IBA)用于胰岛素测定[63]。由于石墨烯的高电导率、纳米杂化物的大表面积以及适体与胰岛素的强特异性相互作用,使得石墨稀具有宽的线性范围和低的检测限。所获得的适体传感器具有更高的灵敏度和选择性,因此成功地用于检测人体血液样本中的胰岛素。

Liu等[64]展示了具有电化学检测的适体传感器的另一个例子。他们提出了一个基于Au纳米粒子、氯高铁血红素、石墨烯和癌胚抗原(CEA)结合适体(CBA)的系统,专门用于检测广泛应用的癌症生物标志物CEA。吸附在石墨烯结构上的氯高铁血红素作为氧化还原活性的探针碱基,而Au纳米粒子为CBA的吸附提供了结合位点,并表现出良好的导电性以促进电子转移。固定化适体与癌胚抗原特异性结合,导致电流信号增强,具有较高的灵敏度。

抗体被发现在石墨烯电化学生物传感器中用于激素、病毒、癌细胞、癌症生物标志物和抗体测定。Kim等[65]的论文描述了利用MoS_2/石墨烯复合修饰电极电化学检测血清样品中的甲状旁腺激素(PTH)。甲状旁腺素调节人体内钙和磷,其过量或不足会导致骨质疏松或低钙血症等疾病[65]。作者证明,将酶联抗体(碱性磷酸酶联PTH多克隆抗体,ALP-PTH-PAb)固定在MoS_2/石墨烯复合材料上可保证高灵敏度、选择性、重复性和再现性。

电化学免疫传感器的另一个例子被设计用于测定禽流感病毒H7(AIV H7)[66]。夹心型免疫分析系统是以金电极包被石墨烯/Au纳米粒子纳米杂化物,并以抗AIV H7单克隆抗体(Au/AuNP/GR/MAb H7)修饰为基底,以石墨烯/Ag纳米粒子复合材料与固定化抗同一病毒的多克隆抗体(AgNP/GR/PAb H7)为标记物。提出的方法显示高信号放大,显著提高灵敏度。

Yadegari等[67]开发了一种电化学细胞传感器,用于超灵敏直接检测Du-145癌细胞。用酶结合抗体(HRPOx-Ab)对石墨烯片和Au纳米粒子进行功能化,形成一种杂化纳米探针,用于有效的电流信号放大和对所选化合物的准确识别。最后,用Du-145细胞特异性抗体修饰金电极,使其具有捕获细胞的能力。该细胞传感器具有良好的分析性能,在医学诊断中具有广阔的应用前景。

癌症生物标志物的电化学测定中也使用了石墨烯,如表皮生长因子受体2(ErbB2)[68]或α-甲胎蛋白(AFP)[69]。蛋白ErbB2是乳腺癌的一个指标,也在不断尝试对其敏感性进行检测。Ali等[68]提出了一种基于石墨烯泡沫(foGR)和TiO_2纳米纤维(TiO_2 NFB)与共价固定化ErbB2抗体的分层复合材料的微流控免疫生物芯片。传感器结构提供了高灵敏度和低检测限。Cu_2SnZnS_4纳米立方体(NC)的准球形结构和CD功能化石墨烯被用于构建用于AFP测定的三明治型电化学传感器[69]。将一种抗AFP抗体(AFP-Ab_1)固定在金电极表面β-CD/石墨烯复合材料,而另一种(AFP-Ab_2)作为纳米标记附着在Cu_2SnZnS_4 NC上。正如预期的那样,测量的电流得到了极大的改善,提供了对AFP的高度特异性和选择性。

Li等[70]提出了一种基于抗体相互作用的电化学免疫传感器。Au@Ag纳米粒子共价键合到石墨烯片材上，石墨烯片材先前被MNP和胺基官能化。制备的高比表面积、高导电性的复合材料沉积在玻碳电极上，用于吸附 Cd^{2+} 离子。结果表明，该修饰电极对固定化抗免疫球蛋白G（抗-IgG）具有较高的电催化活性和亲和力。在电极上引入抗IgG抗体，使IgG有效附着。结果表明，该方法具有良好的灵敏度、选择性和稳定性。因此，制备的免疫传感器可用于实际样品中IgG的检测。

8.2.2 氧化石墨烯

氧化石墨烯（GO）以其独特的性质和广泛的应用受到人们的关注。羟基、环氧基和羧基对石墨烯结构的高度功能化使其成为制备透明导电膜、超轻超弹性气凝胶或多功能分离膜等的优良材料。富氧表面使其成为制造超级电容器、锂电池、聚合物复合材料或生物医学的优异材料[71]。因此，石墨烯被成功地用于制备电化学生物传感器中的电极，用于测定抗坏血酸[72]、尿酸[72-73]、多巴胺[74]、没食子儿茶素没食子酸酯（EGCG）[75]、DNA[76]、HeLa细胞[77]等。表8.2比较了使用石墨烯的石墨烯电化学生物传感器。

8.2.2.1 生物分子在电极材料中

1. DNA

最近，利用MB标记poly-$T_{(15)}$单链DNA功能化石墨烯构建了一个电化学检测 Hg^{2+} 平台[78]。MB标记获得电化学响应。汞离子的检测是基于DNA对胸腺嘧啶残基的 Hg^{2+} 的强亲和力，从而形成了非常强的胸腺嘧啶-Hg^{2+} 胸腺嘧啶复合材料。所构建的传感器在 Ag^{2+}，Pb^{2+}，Cd^{2+}，Zn^{2+}，Cu^{2+}，Ca^{2+}，Cr^{3+} 和 Fe^{3+} 存在的情况下对 Hg^{2+} 离子具有选择性，表明所构建的传感平台可以用于实际水样中离子的检测。

8.2.2.2 生物分子作为靶标

1. 细菌

Roy等[79]将石墨烯电化学生物传感器应用于大肠杆菌的检测，大肠杆菌是最著名的细菌之一。为此，制备了Ag-ZnO双金属纳米粒子修饰石墨烯薄膜。利用SWV技术测定大肠杆菌的浓度。此外，还证明了从废水样品中去除大肠杆菌。

表8.2 基于氧化石墨烯的电化学生物传感器

电极材料	分析物	线性范围	检测限	参考文献
仅在电极材料中的生物分子（E）				
负责基因信息的储存和转移的化合物——DNA				
MB-DNA/GO/Au	Hg^{2+}	0.12～50nmol/L	0.12nmol/L	[78]
仅作为靶点的生物分子（T）				
细菌				
Ag-ZnO BMNP@GO/MIP/GCE	大肠杆菌	$10～10^9$CFU/mL	5.9CFU/mL	[79]
负责基因信息的储存和转移的化合物——DNA				
PS-PSyIm/GO/GCE	DNA	1～10nmol/L	1.20nmol/L	[76]
GO NS-AgNP/Au	DNA	10fmol/L～10nmol/L	7.6fmol/L	[83]
黄酮类				
MIP/GO/GCE	EGCG	30nmol/L～10μmol/L	8.78nmol/L	[75]

续表

电极材料	分析物	线性范围	检测限	参考文献
在细胞代谢中具有重要作用的分子				
GO - $MnNH_2TPP$/GCE	尿酸	0.5 ~ 500μmol/L	0.30μmol/L	[73]
AuNP - GO/Au - IDA	尿酸	2 ~ 1050μmol/L	0.62μmol/L	[72]
神经递质				
AuNP/IL/GO/GCE	多巴胺	7nmol/L ~ 5μmol/L	2.3nmol/L	[74]
$Co(OH)_2$BAMB/GO/GCE	多巴胺	3 ~ 20;25 ~ 100μmol/L	0.4μmol/L	[85]
类固醇				
MIP/GO/GCE	胆固醇	1nmol/L ~ 0.1mol/L	0.1nmol/L	[86]
维生素				
AuNP - GO/Au - IDA	抗坏血酸	4.6 ~ 193μmol/L	1.4μmol/L	[72]
电极材料中的生物分子(E)和靶标(T)				
多糖(E) + 糖苷(T)				
Chit/GO/GCE - GO	芦丁	0.9 ~ 90μmol/L	0.56μmol/L	[87]
维生素(E) + 肿瘤细胞(T)				
FA/GO/GCE	HeLa 细胞	200 ~ 6400 细胞/mL	从 100μL 细胞悬浮液中提取 14 个细胞	[77]

2. 在细胞代谢中具有重要作用的分子

UA 作为人体体液中嘌呤代谢的产物,参与许多生物过程,是一种重要的化合物。其在血清和尿液中浓度的紊乱可能表明一系列健康问题,包括心血管疾病、痛风、高血压、Lesch - Nyhan 综合征或肾衰竭[72-73]。Abellán - Llobregat 等[72]提出了一种金叉指微电极阵列(Au - IDA)与 Au 纳米粒子 - 氧化石墨烯复合材料的改进方案。氧化石墨烯是根据 Hummers 程序在 Marcanos 修饰下合成的[80],而 Au 纳米粒子是通过 Domínguez - Domínguez 等[81]开发的方法制备的。他们成功地同时测定了体液中的尿酸和氨基酸。此外,未观察到葡萄糖、多巴胺或肾上腺素的干扰,表明尿液样本中尿酸和抗坏血酸的定量具有良好的适用性。Guo 等[73]提出了一种不同的尿酸测定方法。他们用 5 - (4 - 氨基酚) - 10,15,20 - 三苯基卟啉] Mn(Ⅲ)($MnNH_2TPP$)来获得氧化石墨烯修饰的 GO - $MnNH_2TPP$ 作为许多重要酶的活性位点,与生物活性的小分子有很强的结合。因此,该卟啉在 UA 的电氧化反应中具有良好的电催化性能。然而,由于氧化石墨烯易溶于水且导电性差,因此使用氧化石墨烯来克服这些困难并保持二维氧化石墨烯结构。建立了以 DPV 为基础的尿酸检测方法,并用电流 $i - t$ 曲线技术研究了多巴胺和抗坏血酸可能的干扰。最终,所制备的生物传感器被认为适合于临床常规诊断。

3. DNA

由于 DNA 具有多种功能,对生命的生长和维持具有重要意义,人们对 DNA 与小分子的相互作用进行了广泛的研究,以发现治疗肿瘤的可用药物。与基于标记的电化学 DNA 检测方法不同,无标记技术不需要任何标记或杂交标记。更重要的是,它们价格低廉,而且更加有序[76]。然而，需要将生物分子大量固定在电极表面[82]。Gao 等[83]使用沉积在氧化石墨烯纳米片（GO－NS）上的 Ag 纳米粒子对 DNA 进行电化学检测。由于对单链 DNA 独特的结合选择性，GO－NS 得以应用。而 Ag 纳米粒子则以其对 Ag(Ⅰ)还原为电活性 Ag 纳米粒子的催化活性和信号增强的纳米效应而被沉积在 GO－NS 表面。该界面被认为是一个可扩展到免疫传感器和适体传感器的通用平台。另一方面，Kocak 等[76]通过将聚苯乙烯－g－豆油－g－咪唑接枝共聚物（PS－PSyIm）附着到电化学沉积在 NH_2 修饰氧化石墨烯上的 Au 纳米粒子上，开发了 DNA 电化学生物传感器。通过对硝基苯重氮盐的电化学还原和二氧化氮的电化学还原，实现了氧化石墨烯的功能化。聚合物被证实插入双链 DNA 的碱基对中。生物传感器的主要性能保持了 30 天。

4. 黄酮类化合物

黄酮类化合物是植物的次生代谢产物。然而，由于它们是抗氧化剂的极好来源，因此它们在控制各种人类疾病方面发挥着重要作用。黄酮类化合物可能存在于水果、蔬菜、植物性食品以及葡萄酒和茶中[84]。最后提到的食物来源中的主要类黄酮是 EGCG。Liu 等[75]构建了一种基于 MIP 的电化学传感器，用于测定 EGCG。玻碳电极随后通过氧化石墨烯滴注改性 β－CD 在 EGCG 存在下作为模板分子，并去除模板。应用 MIP 生物传感器测定茶叶提取物中 EGCG 的含量。值得一提的是，用其他模板分子取代 EGCG 可能产生对其他氧化还原活性分子的传感器。

5. 神经递质

多巴胺是一种在大脑功能中具有重要作用的代表性神经递质，由 Li 等[74]检测到，他开发了一种基于 IL 功能化氧化石墨烯支持的 Au 纳米粒子复合膜（GO－IL－AuNP）的灵敏电化学生物传感器。使用 1－丁基－3－甲基咪唑氢溴酸盐形式的 IL，因为它具有高黏度、高导电性和相当宽的电化学窗口。氧化石墨烯因其独特的催化性能而被引入，而 Au 纳米粒子因其具有巨大的表面积、良好的生物相容性、良好的化学稳定性、优异的导电性和优异的催化性能而与众不同[74]。所制备的传感器被证明不干扰尿酸、肾上腺素，也不干扰抗坏血酸。在尿液和盐酸多巴胺注射液中 DA 的分析中进行了应用。最近，Ejaz 等[85]制造了一种用于多巴胺检测的生物传感器，该传感器基于氧化石墨烯表面的 1，4－双（氨基甲基）苯（BAMB）和氢氧化钴。将 BAMB 连接到氧化石墨烯上，观察到电子转移速率的提高、表面活性面积与体积比的增大、热稳定性的增强以及良好的电性能和力学性能。这是可能的，因为氮的电子供体性质，以促进氧化石墨烯与 π－结合。在抗坏血酸和五羟色胺存在下，修饰电极对多巴胺敏感；因此，成功地应用于人尿中多巴胺的测定。

6. 类固醇

设计了一种利用 MIP 修饰的非酶 GBEB 用于胆固醇检测[86]。分别以甲基丙烯酸、乙二醇二甲基丙烯酸酯、偶氮二异丁腈和胆固醇为单体、交联剂、引发剂和模板分子进行分子印迹。氧化石墨烯有助于除去应用模板。将制备的 GO/MIP/GCE 电极应用于人体血液中胆固醇的测定。抗坏血酸、尿酸和葡萄糖对胆固醇定量没有影响。

8.2.2.3 生物分子在电极材料中并作为靶标

Arvand 等[87]描述了一种氧化石墨烯基电化学生物传感器，其中生物分子用于电极改性和分析物。这是第一个用氧化石墨烯－Chit 膜修饰电极测定芦丁的电化学生物传感器。由于其独特的性质，他们将 Chit 用作修饰电极的生物分子。Chit 自身具有无毒、易操作、价格低廉、机械强度高、制膜方便等特点。由于氧化石墨烯－Chit纳米复合膜的存在，芦丁在电极表面的吸附增强。后者能提高DPV法测定阿月浑子、苹果、葡萄、樱桃、桑树和草莓样品中芦丁的灵敏度。

另一种为肿瘤细胞传感而设计的GBEB是由Gao等开发[77]。它是基于部分氧化的石墨烯，由改进的Hummer方法和叶酸（FA）制备。叶酸受体在多种人类癌细胞中过度表达，因此被选为电极改性剂[88]。最终，构建了对叶酸表达细胞有敏感反应的细胞传感器。电化学阻抗谱用于检测叶酸表达的肿瘤细胞。

8.2.3 还原氧化石墨烯

还原氧化石墨烯保留了氧化石墨烯的优点，但由于部分还原，还原氧化石墨烯的聚集倾向较低，活性表面积高于氧化石墨烯[89]。因此，还原氧化石墨烯在生物传感复合材料中的应用受到了广泛的关注。基于还原氧化石墨烯的电化学生物传感器如表8.3所列。

8.2.3.1 生物分子在电极材料中

1. 酶

还原氧化石墨烯与AChE一起用于制作毒死蜱电流传感电极[90]。基于分析物对电极上附着的酶的抑制作用，设计了生物传感器。AChE在碘化硫代乙酰胆碱（ATCI）存在下导致分子分裂为乙酸和电活性的硫代胆碱。而在毒死蜱存在下，农药与酶之间的不可逆相互作用导致电流降低。结果表明，ZrO_2固定化还原氧化石墨烯结构是扩大线性检测范围的主要原因。

2. 氯化血红素

另一个具有重要生物学意义的分子，以Au纳米粒子/还原氧化石墨烯复合材料为载体的血红素[91]，被用作H_2O_2传感的平台。与血晶素、血晶素/氧化石墨烯和血晶素/还原氧化石墨烯电极相比，所制备的电极对H_2O_2具有更高的电催化活性。在人血清、隐形眼镜溶液和牛奶样品中验证了所研制的生物传感器的性能。在多巴胺、抗坏血酸、尿酸、褪黑素、肾上腺素、去甲肾上腺素和葡萄糖的存在下也有选择性。

表8.3 基于还原氧化石墨烯的电化学生物传感器

电极材料	分析物	线性范围	检测限	参考文献
仅在电极材料中的生物分子（E）				
酶				
AChE/rGO/ZrO_2 ITO +	毒死蜱	0.1pmol/L～1nmol/L；1nmol/L～0.1mmol/L	0.1pmol/L	[90]
赫明				
血晶素－rGO/AuNP/GCE	H_2O_2	0.05～218.15mol/L	16nmol/L	[91]
仅作为靶点的生物分子（T）				
细菌				
GO—NH_2/QD/CSPE	分枝杆菌结核	10pmol/L～0.1μmol/L	0.88μmol/L	[92]
肿瘤生物标记物				
AntiCyfra21－1AuNP/polyHQ/rGO/GCE	CYFRA21－1	10pg/mL～200ng/mL	2.3pg/mL	[95]

续表

电极材料	分析物	线性范围	检测限	参考文献
Anti - HIgG/rGO - AuNP/CNT/SPE	HIgG	0.01 ~ 100ng/mL	2.1pg/mL	[94]
ErGO/MWCNT/GCE	8 - OHdG	3 ~ 75μmol/L	35nmol/L	[96]
S - rGO/GCE	8 - OHdG	2nmol/L ~ 20μmol/L	1nmol/L	[97]
AuNP/ERGO/CSPE	p53 抗体	0.1pg/mL ~ 10ng/mL	0.088pg/mL	[93]
激素				
rGO/$CoFe_2O_4$/Au @ PdNR/GCE	雌二醇	0.01 ~ 18.0ng/mL	3.3pg/mL	[98]
植物提取物中的黄酮及其他分子				
Pd - Au/PEDOT/rGO/GCE	咖啡酸	0.001 ~ 55μmol/L	0.37nmol/L	[100]
ErGO/GCE	霍诺醇	0.005 ~ 10μmol/L	1.7nmol/L	[101]
CdTe@ [emim] MP - [amim] rGO/GCE	葛根素	0.01 ~ 40μmol/L	6nmol/L	[102]
在细胞代谢中具有重要作用的分子				
β - CD/rGO/SPE	尿酸	0.08 ~ 150μmol/L	0.026μmol/L	[104]
{PEI/[$P_2W_{16}V_2$—Au/PDDA - rGO]$_n$}/ITO	尿酸	0.25 ~ 150μmol/L	0.8nmol/L	[107]
H - Fe_3O_4@ C/GNS/GCE	尿酸	1 ~ 100μmol/L	0.41μmol/L	[106]
神经递质				
rGO - Co_3O_4/ GCE	多巴胺	1 ~ 30μmol/L	0.277μmol/L	[11]
rGO - poly(Cu - AMT)/GCE	多巴胺	0.01 ~ 40μmol/L	3.48nmol/L	[113]
H—Fe_3O_4@ C/GNS/GCE	多巴胺	0.1 ~ 150μmol/L	0.053μmol/L	[106]
PANI/rGO/NF/GCE	多巴胺	0.05 ~ 60.0μmol/L	0.024μmol/L	[112]
FeS/rGO/GCE	多巴胺	2.0 ~ 250.0μmol/L	0.098μmol/L	[109]
PCL FB@ PPy/PDDA/rGO/GCE	多巴胺	4 ~ 690μmol/L	0.34μmol/L	[114]
ZnO/rGO/MWCNT/GCE	多巴胺	10 ~ 600μmol/L	3.15μmol/L	[105]
PtNP/pprGO 纸	多巴胺	87nmol/L ~ 100μmol/L	5nmol/L	[108]
rGO/PU/Si	多巴胺	100 ~ 1150pmol/L	1pmol/L	[111]
β - CD/rGO/SPE	多巴胺	0.05 ~ 50μmol/L	0.017μmol/L	[104]
ErGO/GCE	八胺	0.5 ~ 40μmol/L	0.1μmol/L	[115]
ErGO/GCE	酪胺	0.1 ~ 25μmol/L	0.3μmol/L	[115]
药典				
Au - Pd NP/rGO/CPE	醋氨酚	0.03 ~ 9.50μmol/L	7.6nmol/L	[143]
FeS/rGO/GCE	醋氨酚	5.0 ~ 300μmol/L	0.18μmol/L	[109]
AuNP/PdNP/rGO/GCE	阿莫西林	30 ~ 350μmol/L	9μmol/L	[116]
MoS_2/rGO/GCE	半胱胺	0.01 ~ 20μmol/L	7nmol/L	[121]
PdNP/rGO/GCE	去吡胺	0.3 ~ 2.5μmol/L	1.04nmol/L	[118]

续表

电极材料	分析物	线性范围	检测限	参考文献
AuNP/PdNP/rGO/GCE	洛美沙星	4~500μmol/L	81nmol/L	[116]
AuNP/LDHs/Ni-Al/rGO/GCE	苯偶氮吡啶	0.05~450μmol/L	0.009μmol/L	[117]
MIP/Ag,N-rGO/GCE	沙丁胺醇	0.03~20.00μmol/L	7nmol/L	[119]
蛋白质				
Anti-gliadin/prGO/GCE	格利丁	1.2~34ng/mL	1.2ng/mL	[122]
蛋白质氨基酸				
rGO-VO(salen)/GCE	L-cysteine	1.0μmol/L~5mmol/L	11.1mmol/L	[124]
rGO/Pt—Fe_3O_4/GCE	L-cysteine	0.1~1.0mmol/L	10mmol/L	[123]
SnO_2—Co_3O_4@rGO/ILCPE	褪黑素	0.02~6μmol/L	4.1nmol/L	[125]
SnO_2—Co_3O_4@rGO/ILCPE	色氨酸	0.02~6μmol/L	3.2nmol/L	[125]
rGO/Au-Pd NP/CPE	酪氨酸	0.03~9.50μmol/L	11.1nmol/L	[143]
能量-碳水化合物				
rGO/AuNP/MIP/GCE	甘露醇	1~20pmol/L	0.77pmol/L	[126]
rGO/LSC/GCE	葡萄糖	2~3350μmol/L	0.063μmol/L	[129]
rGOPE/Cu	葡萄糖	2μmol/L~2mmol/L; 2~13mmol/L	0.5μmol/L	[130]
rGO/Cu/CuS/Cu	葡萄糖	1~655μmol/L; 0.6551.055mmol/L	0.5μmol/L	[131]
GCE/rGO/Cu	葡萄糖	—	—	[132]
N-rGO/NN-CuO/CPE	葡萄糖	0.5~639μmol/L	0.01μmol/L	[133]
$NiCo_2O_4$NW/rGO/GCE	葡萄糖	0.005~8.56mmol/L	2.0μmol/L	[89]
PDA/ZIF-8@rGO/GCE	葡萄糖	1μmol/L~1.2mmol/L; 1.2~3.6mmol/L	0.333μmol/L	[134]
CoOx/CdS/rGO/GCE	葡萄糖	0.4~1000μmol/L	0.87μmol/L	[135]
GOx-ImAS-CS/rGO-PtNP/Au	葡萄糖	2.0μmol/L~5.5mmol/L	0.02μmol/L	[136]
NiO/Au/PANI NFB/rGO/GCE	葡萄糖	0.09~6mmol/L	0.23μmol/L	[127]
Ni—MoS_2/rGO/GCE	葡萄糖	0.005~8.2mmol/L	2.7μmol/L	[128]
Cu-Co-ZIF/rGO/GCE	葡萄糖	0.5~3354μmol/L	0.15μmol/L	[137]
$Ni(OH)_2$/胰岛素/rGO/Au	葡萄糖	—	5μmol/L	[138]
rGO/P*m*DB/GCE	葡萄糖	0.5~15mmol/L	0.023mmol/L	[139]
GCE/rGO/NiHCF	葡萄糖	1.9~69.8μmol/L	0.11μmol/L	[141]
Co-salophen-IL/rGO/SPE	葡萄糖	0.2mmol/L~1.8mol/L	0.79μmol/L	[140]
rGO//$NiCo_3O_4$	葡萄糖	20~80μmol/L;80~340μmol/L	157nmol/L	[5]
毒素				
anti-AFBl/rGO-NiNP/ITO	黄曲霉毒素 b1	1~8ng/mL	0.16ng/mL	[142]

续表

电极材料	分析物	线性范围	检测限	参考文献
维生素				
Au - Pd NP/rGO/CPE	抗坏血酸	0.03 ~ 9.50μmol/L	15.7nmol/L	[143]
β - CD/rGO/SPE	抗坏血酸	0.2 ~ 2mmol/L	0.067mmol/L	[104]
MoS_2/rGO/GCE	叶酸	0.01 ~ 100μmol/L	10nmol/L	[144]
电极材料中的生物分子(e)和靶标(T)				
酶(E) + 碳水化合物(T)				
Fc - PEI - rGO - GOx/SPE	葡萄糖	0.1 ~ 15.5mmol/L	5μmol/L	[145]
酶(E) + 神经递质(T)				
AChE/Fe_2O_3NP/PEDOT - rGO/FTO	乙酰胆碱	4.0nmol/L ~ 800μ mol/L	4.0nmol/L	[152]
酶(E) + 蛋白质(E) + 维生素(E) + 抗体(E) + 激素(T)				
抗 PSA/Fe_3O_4/rGO/CSPE	普萨	1.25 ~ 1000pg/mL	1.25pg/mL	[147]
反 PSMA/Fe_3O_4/rGO/CSPE	PSMA	9.7 ~ 5000pg/mL	9.7pg/mL	[147]
酶(E) + 蛋白质(E) + 维生素(E) + 抗体(E) + 激素(T)				
HRP - Strept - Biotin - Ab - Cor/ AuNP/MrGO/Nafion@ GCE	皮质醇	0.1 ~ 1000ng/mL	0.05ng/mL	[146]
酶(E) + 类固醇(T)				
Fc - PEI - rGO - GOx/SPE	胆固醇	2.5 ~ 25mmol/L	0.5μmol/L	[145]
血红素(E) + 癌症生物标志物(T)				
A/血晶素/rGO/Au NF	K562 白血病细胞	10 ~ 5.0 × 10^4 细胞/mL	10 细胞/mL	[148]
血红素(E) + 激素(T)				
血晶素/rGO/GCE	吲哚 - 3 - 乙酸	0.1 ~ 43μg/L; 43 ~ 183μg/L	0.074μmol/L	[149]
血红素(E) + 化合物,负责基因信息的储存和传递——DNA 或 RNA(T)				
Sl/AuNP/rGO/血晶素/GCE	cDNA(a21 - mer)	1.0amol/L ~ 0.1pmol/L	0.14amol/L	[150]
蛋白原氨基酸(E) + 黄酮(T)				
聚 L - 谷氨酸/EPGO/GCE	吡柔比星	0.3 ~ 20μmol/L	0.1μmol/L	[153]
维生素(E) + 药物(T)				
OPPy - biot/rGO/GCE	R - 扁桃酸	5 ~ 80mmol/L	1.5mmol/L	[151]

8.2.3.2 生物分子作为靶标

1. 细菌

Zaid 等[92]提出了一种基于还原氧化石墨烯和水溶性 CdS QD 的肽核酸(PNA)生物传感器,用于结核分枝杆菌的检测。还原氧化石墨烯是由商用氧化石墨烯预先合成。随后,制备了 NH_2 - rGO/QD 复合材料并在 CSPE 上电沉积。采用 EDC/NHS 偶联技术将 PNA 探针固定在修饰电极上。该生物传感器基于 DPV 响应。最终,血晶素它向痰聚合酶链反应产物的潜力被证明。

2. 肿瘤生物标志物

在许多潜在的癌症生物标志物中,在乳腺癌、肝癌、卵巢癌和肺癌患者的血清中检测到 p53 抗体[93]。Elshafey 等[93]利用 Au 纳米粒子修饰的石墨烯纳米片构建了一种用于检测 p53 抗体的非酶电化学免疫传感器。通过对氨基苯基连接剂将 Au 纳米粒子自组装到 CSPE 表面的巯基化电化学还原氧化石墨烯(ERGO)膜上。所制备的生物传感器是基于 p53 抗原和 p53 抗体之间的相互作用,用于血清中 p53 抗体的检测。Lai 等[94]提出了另一种非酶电化学免疫分析方法。他们开发了一种用于人 IgG(HIgG)检测的生物传感器。用羧化碳纳米管对 CSPE 进行功能化,然后通过 EDC/NHS 偶联方法将其与捕获抗体结合。然后,在表面引入 HIgG 和还原氧化石墨烯 - Au 纳米粒子,使夹心免疫反应和免疫复合物的形成成为可能。因此,可以通过金剥离分析来测量 Au 纳米粒子标记。Wang 等[95]通过修饰的玻碳电极和聚对苯二酚还原氧化石墨烯(polyHQ - rGO)复合物以及电沉积的 Au 纳米粒子和固定的抗 CYFRA21 - 1 蛋白成功检测到肺癌的生物标志物细胞角蛋白抗原 21 - 1(CYFRA21 - 1)。将该传感器应用于人血清样品中 CYFRA21 - 1 的检测,结果与 ELISA 检测结果一致。石墨烯电化学生物传感器也被开发用于测定一种氧化应激和相关病理条件(如致癌、肾脏疾病、智力低下、糖尿病等)的生物标记物 8 - 羟基脱氧鸟苷(8 - OHdG)。Rosy 等[96]将 MWCNT 溶液浇铸在 ERGO 修饰的玻碳电极上,并将所获得的传感表面(MWCNT/ERGO/GCE)应用于人尿样中 8 - OHdG 的测定。基于 8 - OHdG 的不可逆氧化,采用 SWV 技术进行检测。反过来,Shahzad 等[97]将 S - 还原氧化石墨烯沉积在玻碳电极上,以开发用于精确检测 8 - OHdG 的生物传感器。以蘑菇提取物为原料,合成了具有噻吩(- C - S - C -)结构的 S - 还原氧化石墨烯。将优化的方法应用于检测加标尿样中的肿瘤危险生物标志物。所观察到的高灵敏度(约 1nmol/L)归因于硫的强给电子能力、S - 还原氧化石墨烯中掺杂位点的强催化活性、相对较高的电导率(324S/cm)、较高的电极表面积和分析物的高吸附容量。

3. 激素

最近,Zhang 等[98]使用基于 Au@ PdNRs 和 $CoFe_2O_4$/rGO 复合材料之间增强的信号放大的无标签电化学免疫传感器在河水中检测到了雌二醇,该雌二醇被称为天然存在的类固醇激素。最后一种材料由于其优异的电子传输能力和较强的吸附能力而被引入玻碳电极。当 Au@ Pd NR 在修饰电极上沉积后,抗体的固定量显著提高,电信号显著增强。

4. 植物提取物中的黄酮及其他分子

Liu 等[100]通过新开发的基于 Pd - Au/PEDOT/rGO 双金属纳米复合材料的电极检测到咖啡酸,咖啡酸属于植物的主要成分[99]。作者证明,双金属结构中钯和金之间的协同作用和电子交换能增强被测物电化学氧化的电催化活性。Zhang 等[101]应用 ERGO 修饰玻碳电极测定中药和厚朴酚。通过微分电位阳极溶出伏安法监测,ERGO 的引入促进了氧化信号的增强。所制备的生物传感器用于红蓟液中和厚朴酚的检测。使用 1 - 乙基 - 3 - 甲基咪唑巯基丙酸盐([emim]MP)封端的 CdTe QD 和经胺封端离子液体([amim]rGO)修饰的还原氧化石墨烯来检测另一种植物来源的低分子量化合物葛根素[102]。Zhang 等发现,大而亲水的烷基甲基咪唑离子与还原氧化石墨烯表现出很强的协同作用,同时有助于提高生物传感器的性能。修饰电极用于人血浆和水样中葛根素的检测。

5. 在细胞代谢中起重要作用的分子

大量关于石墨烯电化学生物传感器的报告都涉及尿酸的确定。这种分子是人体嘌呤的代谢物,存在于血液、尿液甚至脑组织中。其异常浓度可能源于一系列疾病,包括高尿酸血症、老年痴呆症、心血管疾病、痛风、高血压和肾脏疾病、硬化症和视神经炎[103]。此外，由于尿酸与多巴胺和/或抗坏血酸共存于中枢神经系统细胞液、尿液和血液中，因此开发了一系列同时测定上述化合物的方法。Qin 等[104]制作了一种基于还原氧化石墨烯修饰 SPE 的电化学传感器 β－CD 电聚合得到的镉聚合物。介绍了超分子单元的形式 β－CD 镉聚合物促进了分析物分子的结合。作者成功地同时检测了人血清中的尿酸、抗坏血酸和多巴胺。此外，Chen 等[105]还开发了用于尿酸、抗坏血酸和多巴胺选择性生物传感的 GBEB。他们提出了一个三维层次结构，通过插入氧化锌量子点的还原氧化石墨烯片与交联 MWCNT。最近[106]报道了一种基于碳包裹的空心 Fe_3O_4 纳米粒子锚定在还原氧化石墨烯纳米片修饰的玻碳电极上的生物传感器。应用金属氧化物和碳质结构以获得这两种材料的协同效应。所研制的生物传感器可用于血、尿和脑组织中多巴胺和尿酸共存的测定。Ba 等[107]提出了一种基于阳离子 PDDA 功能化还原氧化石墨烯（PDDA－rGO）和阴离子 Au 纳米粒子与多金属氧酸盐簇合物 $K_8P_2W_{16}V_2O_{62}$（$P_2W_{16}V_2$－Au）的逐层自组装方法来制备 GBEB 传感器。强调了应用无机结构的结合提供了电荷的快速传输、无阻碍的扩散途径和更多的传感位点。最后，构建的电极用于人尿液样品中 UA 的检测。

6. 神经递质

据报道，用于检测神经递质的 GBEB 中有一个巨大的贡献是由那些设计用于多巴胺检测的石墨烯电化学生物传感器产生的。Zan 等[108]提出了一种用树枝状 PTNP 的二维阵列装饰的还原氧化石墨烯纸（pprGO）。金属纳米颗粒形成了一层独特的均匀性和高密度的单分子膜，使生物传感器实现了柔性化。此外，Pt 纳米粒子有助于提高修饰电极的催化效率。所制备的传感器可用于检测 PC12 细胞分泌的多巴胺。Liu 等[109]提出了另一种多巴胺传感方法，他基于 FeS 锚定的还原氧化石墨烯纳米片制造了电极。他们开发了一种使用 DPV 或安培技术同时测定多巴胺和对乙酰氨基酚的方法。通过对药物和人血清样品中上述分子的测定，证明了该传感器的实用性。另一方面，Numan 等[110]采用 Co_3O_4 对还原氧化石墨烯修饰的玻碳电极进行修饰，进一步应用于多巴胺检测。氧化钴在电极表面上提供快速的电荷转移动力学。这是由于其具有一系列优异的性质，包括不同的晶体极性位置、高比表面积和优异的催化活性。在抗坏血酸、尿酸和葡萄糖的干扰下，所制备的生物传感器对多巴胺具有选择性。另一组用于多巴胺检测的生物传感器是基于聚合物的。其中一个由 Vilian 等开发[111]。三维蜂窝状多孔聚氨酯功能化还原氧化石墨烯（rGO－PU）具有结构坚固、导电性好、比表面积大、柔韧性好等优良的电化学性能。用 DPV 分析法对多巴胺进行了检测，并将所得传感器应用于人血清和尿液中多巴胺的测定。另一种用于还原氧化石墨烯功能化的聚合物是聚苯胺[112]。Xie 等合成了用于微量测定多巴胺的 PANI－rGO－Nafion（PANI－rGO－NF）纳米复合材料。由于对抗坏血酸和尿酸没有反应，他们的生物传感器对多巴胺有很高的选择性。采用 PANI 是因为 PANI/GO 复合材料具有电化学活性、优异的环境稳定性和易于制备。此外，还证明了 GO/PANI 纳米杂化物的形貌可以通过在氧化石墨烯片存在下苯胺的原位聚合来控制。另一方面，Nafion 被引入作为一个屏障来阻止负电荷粒子的相互作用，并防止石墨烯的聚集。此外，由于其负电荷，干扰剂（如抗坏血酸、尿酸或扑热息痛）可以被成功地击退。证明了该传感器用于盐酸多巴胺注射液中多巴胺含量测定的可行性。Li 等[113]提出了另一种方法，即铜（II）－聚（－2－氨基－5－巯基－1，3，4－噻二唑）络合物与还原氧化石墨烯（rGO－poly（Cu－

AMT))的非共价纳米杂化物。形成 rGO – poly(Cu – AMT)纳米结构的驱动力来自于 π – π 堆叠作用。制备的纳米复合材料具有模拟酶催化活性。应用该方法测定了人尿和湖水样品中的多巴胺。Wang 等[114]将几种聚合物用于制造 GBEB 共多巴胺检测用。他们准备了核 – 壳化学氧化聚吡咯(PPy)涂层电纺聚己内酯(PCL)NFB 的结构,随后将其粘贴在玻碳电极上。之后,将 PDDA 涂覆到 PCL@ PPy/GCE 并最终通过电化学还原石墨烯,制备了 rGO/PDDA/PCL@ PPy/玻碳电极。将所制备的生物传感器应用于人尿液和多巴胺注射液中多巴胺的检测。Zhang 等[115]利用还原氧化石墨烯纳米片电沉积到玻碳电极上形成的石墨烯电化学生物传感器测定了生物胺,即章鱼胺(OA)和酪胺(TA)。应用 CV 和 DPV 技术研究了被测神经递质的电催化氧化作用。OA 和 TA 的测定不受生物样品中丰富的 Mg^{2+}、半胱氨酸、抗坏血酸、多巴胺、尿酸和谷胱甘肽等物质的干扰。最后,验证了 OA 和 TA 检测在啤酒样品中的适用性。

7. 药物

大多数用于药物测定的石墨烯电化学生物传感器都使用金属纳米粒子和金属氧化物或硫化物。Kumar 和 Goyal[116]证明了一种能同时检测洛美沙星和阿莫西林的生物传感器。他们利用 Au 和 Pd 纳米粒子以及 ERGO 电镀到玻碳电极上。而 Pd 纳米粒子由于与还原氧化石墨烯有很强的相互作用,被证明可以防止金属浸出,从而在形态和尺寸分布上都具有稳定性。结果表明,金属纳米粒子与还原氧化石墨烯的结合,既提供了扩大的电化学活性表面积,又提供了多种吸附功能位点。因此,可以观察到更快和更有效的电子转移,从而提高了灵敏度和催化性能。以 SWV 为基础,测定抗生素的浓度。另一方面,使用 Au 纳米粒子/层状双氧氢氧化物(LDH)/还原氧化石墨烯生物传感器[117]检测了用于泌尿系感染的镇痛药苯那吡啶(PAP)。在这种情况下,除了金属纳米粒子外,还应用了 NiAl – LDH/rGO 复合材料。在合成过程中,采用共沉淀法。NiAl – LDH 血小板在还原氧化石墨烯表面原位形成,并起到隔离相邻血小板的作用。所制备的生物传感器可用于尿样、等离子体基质及 PAP 片剂中 PAP 的测定。反过来,Pd 纳米粒子与还原氧化石墨烯结合,构建了针对三环抗抑郁药地昔帕明的生物传感器[118]。在乙二醇存在下,采用微波辅助水热法制备 Pd 纳米粒子/还原氧化石墨烯复合材料,并在玻碳电极上沉积。将所制备的生物传感器应用于尿液样品中脱硫脲的定量测定。利用 Ag、N – rGO 和 MIP 测定另一种药物沙丁胺醇[119]。后者是在沙丁胺醇存在下(测试用作模板分子潜在分析物),通过 o – PDA 的电聚合合成的。该传感器用于人体血清和猪肉样品中药物的测定。在三氟哌嗪(TFP)[120]的电催化氧化过程中,对药物的测定进行了进一步的改进。在这种情况下,采用在玻碳电极上沉积的赤铁矿(α—Fe_2O_3)纳米粒子/离子液晶(ILC)/还原氧化石墨烯复合材料。该生物传感器已成功地应用于人体尿液样品和药物制剂中 TFP 的定量测定。Chekin 等[121]提议 MoS_2/rGO 纳米复合材料用于一种用于治疗膀胱炎的药物定量半胱胺。由于共价 S – Mo – S 三边,MoS_2 纳米片因其结构与石墨烯相似而被使用。在这种情况下,还原氧化石墨烯作为硫化物的基底以及电子转移通道来延长产生的电子空穴对的寿命。该生物传感器在人血清半胱胺测定中的适用性得到了证实。

8. 蛋白质

GBEB 也是基于多孔还原氧化石墨烯(PrGO)通过 1 – 芘羧酸与抗醇溶蛋白抗体共价连接而开发的抗醇溶蛋白定量方法[122]。PrGO 具有还原氧化石墨烯纳米片所具有的所有优点，包括高比表面积、促进质量传输以及最终提高生物传感的灵敏度。构建的GBEB具有再生能力。该传感器已成功应用于未发酵食品、米粉和无麸质标记小麦粉样品中。

9. 蛋白质氨基酸

在通过生物合成转化为蛋白质的蛋白源性氨基酸中，使用GBEB测定了半胱氨酸、色氨酸和褪黑素。Wang等[123]提出了用于L-半胱氨酸定量的二维和三元Pt-Fe_3O_4/还原氧化石墨烯修饰玻碳电极。Pt和Fe_3O_4活性中心被发现由一个通过还原氧化石墨烯的电子转移通道支撑。因此，实现了快速的电子转移和高度分散的反应中心。制备的传感器在其浓度10倍的BrO_3^-、NO_2^-、Cl^-、HSO_3^-和Fe^{3+}离子中不会受到影响。另一方面，Sonkar等[124]构建了一种针对L-半胱氨酸的生物传感器，该传感器基于玻碳电极，其上涂覆有嵌入到还原氧化石墨烯上的氧钒(Ⅳ)席夫碱(VO(席夫碱)。VO(席夫碱)由于其电催化性能和$(VO)^{IV/V}$可逆的氧化还原行为而被广泛应用。Zeinali等[125]报道了色氨酸和褪黑素的同时测定。他们制造了一种用还原氧化石墨烯(SnO_2-Co_3O_4纳米粒子修饰)改性离子液体碳糊电极(ILCPE)，SnO_2其作为一种n型半导体，具有良好的导电性和稳定性，同时Co_3O_4促进了SnO_2纳米粒子特异性传感。构建的GBEB用于同时定量尿液、人血清和褪黑素片中的褪黑素和色氨酸。证明了其对葡萄糖、乳糖、蔗糖、烟酰胺、酪氨酸、L-组氨酸、α-生育酚、FA、尿酸、抗坏血酸和多巴胺等一系列可能共存的化学物质具有抗性。

10. 碳水化合物

用一系列还原氧化石墨烯修饰电极测定碳水化合物。Beluomini等[126]使用锚定在还原氧化石墨烯上的Au纳米粒子并结合MIP测定D-甘露醇。后者是通过o-PDA的电聚合制备。Au纳米粒子与还原氧化石墨烯的连接有助于增加导电表面积，并最终增强电子输运。

最近关于利用基于还原氧化石墨烯的传感器检测碳水化合物的其他发现被用于葡萄糖检测[5,89,126-141]。一组研究人员介绍了用于修饰电极的镍化合物。Ghanbari等[127]构建了一种基于NiO刺猬样纳米结构/Au/PANI NFB/rGO纳米复合材料的传感器。他们分配了增加的表面积和增强的传质，以及增强的催化金颗粒。为了保证金属颗粒的分散性，降低金属颗粒团聚的可能性，引入了聚合物。由于下列反应，氧化镍在电氧化过程中提供了活性中心：

$$Ni + 2OH^- \rightarrow Ni(OH)_2 + 2e^-$$

$$Ni(OH)_2 + OH \rightarrow NiO(OH) + H_2O + e^-$$

$$NiO(OH) + glucose \rightarrow Ni(OH)_2 + \text{葡萄糖内酯}$$

Ma等[89]介绍了在还原氧化石墨烯表面制备尖晶石型结构的镍钴氧化物纳米褶皱。尖晶石的引入提供了比NiO或Co_3O_4更高的葡萄糖氧化电催化性能。另一方面，还原氧化石墨烯使无机半导体的过电位降低，分散性和导电性提高。镍还以二硫化钼的掺杂形式使用，二硫化钼以还原氧化石墨烯为载体[128]。还原氧化石墨烯载体具有较大的比表面积和导电性，因此具有良好的电子传输速率和较高的电导率。用Ni-MoS_2取代MoS_2后，MoS_2/还原氧化石墨烯修饰电极上的电催化电流显著增加。Xue等[141]提出了另一种利用镍电催化性能测定葡萄糖的方法。球形六氰亚铁酸镍(NiHCF)纳米粒子被支撑在还原氧化石墨烯上。还原氧化石墨烯在玻碳电极上的沉积促进了NiHCF的电沉积。结果表明，所研制的传感器的导电性能提高，灵敏度提高。

11. 毒素

Srivastava 等[142]研究了抗体结合 Ni 纳米粒子修饰还原氧化石墨烯片上的真菌毒素（黄曲霉毒素 b1）检测。铟锡氧化物（ITO）涂层玻璃用作电极，在其上电泳沉积还原氧化石墨烯 - Ni 纳米粒子。还原氧化石墨烯表面的官能团为抗体分子的连接提供了所需的环境。Ni 纳米粒子具有独特的电催化性能，从而提高了电子转移速率。最终，观察到 GBEB 的敏感性增强。

12. 维生素

另一组被还原氧化石墨烯基生物传感器检测到的分析物是维生素，包括抗坏血酸和叶酸。Tadayon 等[143]发现，在还原氧化石墨烯修饰 CPE 中引入双金属 Au - Pd 纳米粒子可显著提高其测定抗坏血酸的性能。此外，证明同时检测抗坏血酸，对乙酰氨基酚和酪氨酸的尿样。为了测定抗坏血酸，Qin 等[104]进行了氨基酸的电聚合在 SPE 上浇铸的还原氧化石墨烯层上的 β - CD。结果表明，其对抗坏血酸、多巴胺和尿酸具有较高的超分子识别能力，且电导率有所提高。通过同时检测人血清中抗坏血酸、多巴胺和尿酸，证明了所制备的生物传感器的适用性。GBEB 也用于 FA 的检测。为此，Chekin 等[144]用 MoS_2 - rGO 复合材料对玻碳电极进行了修饰。MoS_2 称为石墨烯半导体类似物，因此被引入到电极中，并认为所制备的 MoS_2 - rGO 复合材料有助于改善电极的电化学性能。事实上，所制备的传感器灵敏度和稳定性得到了提高，同时其性能也被成功地用于人血清样品中叶酸的检测。

8.2.3.3 生物分子在电极材料中并作为靶标

用于检测葡萄糖和胆固醇的酶电化学传感器由 Halder 等[145]开发。他们利用聚乙烯亚胺（PEI）的高度支化聚合物网络来锚定二茂铁部分。PEI 同时作为还原氧化石墨烯的还原剂和分子间隔基。通过固定化 GOx 和 ChOx 分别测定葡萄糖和胆固醇，实现了所设计传感器的特异性。

Sun 等[146]制造了用于测定皮质醇的电化学免疫传感器。为此，皮质醇被固定在用 Au 纳米粒子、磁性还原氧化石墨烯和 Nafion 修饰的玻碳电极上。竞争免疫分析的结果是生物素化的皮质醇单克隆抗体和 HRPOx 标记的链霉亲和素。

Sharafeldin 等[147]开发了一种用于检测两种前列腺癌生物标志物的生物传感器。他们通过用两种抗原（前列腺特异性抗原（PSA）和前列腺特异性膜抗原（PSMA））修饰 Fe_3O_4/还原氧化石墨烯复合材料来实现。Liu 等[148]提出了用适体代替抗原构建生物传感器的方法。该小组提出了一种由血红素修饰的还原氧化石墨烯和 AuNF 组成的三元复合材料，用于 K562 白血病细胞的检测。还原氧化石墨烯提供了更大的比表面积，而 AuNF 提供了更高的催化能力。最终得到的复合材料表现出良好的过氧化物酶模拟催化活性。另一个用于生物标志物检测的传感器由 Shahzad 等构建[97]。在这种情况下，S - rGO 是由生态友好的蘑菇提取物前驱体，即镧硫氨酸制成，并用于玻碳电极的改性。这种方法使 8 - OHdG的检测成为可能。由于硫 n 型掺杂、高比表面积、高吸附容量和高导电性，S - rGO 中的掺杂位点具有很强的催化活性。针对吲哚 - 3 - 乙酸（IAA）的生物传感器由 Liu 等提出[149]。其结构基于血红素修饰的还原氧化石墨烯。血红素作为过氧化物酶的模拟物。然而，由于还原氧化石墨烯的电导率较低，在水溶液中容易形成二聚体，因此引入了还原氧化石墨烯基质。从而获得了稳定的电化学活性界面。分析物是一种在番茄样品中检测到的植物激素和农药。在 Ye 等[150]构建的传感器中，血红素也被用作信号放大的标签。该小组设计了一种用于检测互补 DNA(cDNA)的生物传感器。为此，用氯化血红素功能化还原氧化石墨烯修饰玻碳电极，用探针 DNA(pDNA)修饰 Au 纳米粒子。最后，Borazjani等[151]制造了一种用于测定 R－扁桃酸的手性生物传感器。他们用还原氧化石墨烯纳米片上的固定化 D－(＋)－生物素修饰玻碳电极。D－(＋)－生物素因其手性选择性而被开发，而 PPy 因其生物相容性而被引入。石墨烯材料具有较高的电导率和较大的比表面积，可以提高生物传感器的灵敏度。

Chauhan 等[152]报道了抗乙酰胆碱(ACh)的酶促 GBEB 的构建。在这种情况下，ACh 与 AChE 一起固定在 Fe_2O_3 NP/rGO/PEDOT 修饰的 FTO 电极表面。还原氧化石墨烯纳米片的表面平整，是固定化酶的理想固体基质。将制备的生物传感器用于阿尔茨海默病患者血清中 ACh 的测定。未发现 4－乙酰氨基苯酚、抗坏血酸、胆红素、葡萄糖、尿酸或尿素引起的干扰。

Wang 等[153]报道了一种利用聚(L－谷氨酸)功能化 ERGO 检测 THP 的生物传感器。作者利用了聚 L－谷氨酸对 THP 具有静电吸引作用这一事实，因此，它增强了分析物在电极表面的积累。所研制生物传感器的性能于延胡索中 THP 的测定中得到了验证。

8.2.4 石墨烯量子点

石墨烯量子点(GQD)是一种可处理碳碳键 sp^2 杂化，且具有良好电、光电、电化学和光学性能的石墨烯纳米级片。这些结构的特征已经成功地应用于生物分子电化学传感领域。表 8.4 为基于 GQD 的电化学生物传感器的分析参数。

表 8.4 基于 GQD 的电化学生物传感器的分析参数

电极材料	目标	线性范围	检测限	参考文献
仅在电极材料中的生物分子				
氧结合蛋白 ＋多糖				
Hemoglobin/GQD/Chit/GCE	过氧化氢	1.5～195μmol/L	0.68μmol/L	[154]
仅作为靶点的生物分子				
植物提取物中的黄酮及其他分子				
GQD/GCE	儿茶酚	6～400μmol/L	0.75μmol/L	[169]
GQD/AuNP/GCE	槲皮素	0.01～6μmol/L	2nmol/L	[168]
激素				
Fe_3O_4/GQD/MWNT/GCE	黄体酮	0.01～3μmol/L	2.18nmol/L	[161]
神经递质				
GQD/NH—$(CH)_2$—NH/GCE	多巴胺	1～150μmol/L	0.115μmol/L	[159]
GQD/Nafion/GCE	多巴胺	5nmol/L～100μmol/L	0.45nmol/L	[160]
药品				
GQD/GCE	阿霉素盐酸	0.018～3.6μmol/L	0.016μmol/L	[165,166]
GQD/MIP/CSPE	杀虫脒	0.31～116.03ng/mL	0.11ng/mL	[167]
Fe_3O_4/GQD/MWNT/GCE	左旋多巴	3～400μmol/L	14.3μmol/L	[163]

续表

电极材料	目标	线性范围	检测限	参考文献
GQD/poly(o－aminophenol)/GCE	左氧氟沙星	0.05～100μmol/L	10nmol/L	[164]
蛋白质氨基酸				
Fe_3O_4/GQD/GCE	L－天冬氨酸	1～50μmol/L	1μmol/L	[158]
Fe_3O_4/GQD/GCE	L－半胱氨酸	0.01～100μmol/L	0.01μmol/L	[158]
Ppy/GQD/PB/GFE	L－半胱氨酸	0.2～1000μmol/L	0.15μmol/L	[157]
GQD/β－CD/GCE	L－半胱氨酸	0.01～2mmol/L	—	[156]
Fe_3O_4/GQD/GCE	L－苯丙氨酸	0.5～650μmol/L	0.5μmol/L	[158]
能源——碳水化合物				
GQD/CoNiAl－LDH/CPE	葡萄糖	0.01～14mmol/L	6μmol/L	[155]
维生素				
β－CD/GQD/GCE	抗坏血酸	0.01～170μmol/L	0.49μmol/L	[162]
电极材料中的生物分子(E)和靶标(T)				
抗体(E)+癌症生物标记物(T)				
BSA/anti－CEA Ab/Pt－PdNP/N－GQD/AuNP/GCE	CEA	5fg/mL～50ng/mL	2fg/mL	[179]
抗体(E)+心脏生物标记物(T)				
Anti－Myo Ab/GQD/SPE	心肌红蛋白	0.01～100ng/mL	0.01ng/mL	[177]
Anti－cTnI/PAMAM/GQD/Au	心肌肌钙蛋白 I	0.16pg/mL～0.16ng/mL	20fg/mL	[178]
抗体(E)+细胞(T)				
BSA/CD95 Ab/TiO_2 NR/COOH－g－C_3N_4/ox－GQD/ITO	成纤维细胞样滑膜细胞	10～10^4 细胞/μL	2 细胞/μL	[176]
抗体(E)+病毒(T)				
BSA/anti－HCV/GQD－SH/AgNP/GCE	HCV 病毒	0.05～60ng/mL	3fg/mL	[175]
负责基因信息的储存和传递的化合物——DNA 或 RNA(E + T)				
HRP/GQD/ssDNA/Au	miRNA－155	1fmol/L～100pmol/L	0.14fmol/L	[170]
pcDNA3－HBV 引物/TiO_2 NPI－GQD/g－C_3N_4/ITO	pcDNA3－HBV	0.01～20nmol/L	0.005fmol/L	[171]
植物提取物中的酶(E)+黄酮或其他分子(T)				
Laccase/GQD/MoS_2/CSPE	咖啡酸	0.38～100μmol/L	0.32μmol/L	[174]
Laccase/GQD/MoS_2/CSPE	绿原酸	0.38～100μmol/L	0.19μmol/L	[174]
Laccase/GQD/MoS_2/CSPE	表儿茶	2.86～100μmol/L	2.04μmol/L	[174]
蛋白原氨基酸(E)+氧化应激生物标记物(T)				
聚精氨酸/GQD/GCE	丙二醛	0.06～0.2μmol/L	0.329nmol/L	[173]
蛋白原氨基酸(E)+药物(T)				
AuNP/proline－GQD/GCE	醋氨酚	0.8～100μmol/L	0.02μmol/L	[172]

8.2.4.1 生物分子在电极材料中

氧结合蛋白 + 多糖：

Mohammad Rezei 等[154]尝试将生物分子仅引入电化学传感器的电极材料中。他们提出将血红蛋白（一种氧转运蛋白）固定在 GQD/Chit 复合膜修饰的玻碳电极上。血红蛋白分子与电极平台（GQD/Chit/GCE）之间独特的电子转移能力、大的比表面积和良好的生物相容性表明了该体系在电化学检测中的应用。血红蛋白/GQD/Chit/GCE 器件已成功应用于尿样中 H_2O_2 的电化学分析。

8.2.4.2 生物分子作为靶标

1. 碳水化合物

利用基于 GQD 和 CoNiAl - LDH 的纳米复合材料制备了用于葡萄糖测定的非酶电化学传感器[155]。类黏土 CoNiAl - LDH 具有良好的生物相容性、催化活性和电子转移效率。但是，这种结构的电导率很低，这可能限制了它们在电化学生物传感中的应用。这个问题可以通过引入碳结构来解决，比如 GQD。采用共沉淀法合成了 GQD/CoNiAl - LDH 复合材料，对 CPE 进行表面改性。所制备的电极用于葡萄糖传感，具有良好的电催化性能、足够的重复性、良好的稳定性和高的灵敏度。

2. 蛋白质

L - 半胱氨酸是一种众所周知的含硫氨基酸，在生物系统中具有重要意义，因此，它经常作为被测定的对象。Shadjou 等[156]提出了一种简单的玻碳电极修饰 GQD 和 β - CD 一步电沉积法。结果表明，所获得的生物传感器允许放大对应于 L - 半胱氨酸电氧化的电流信号。计算得到的线性范围、扩散系数（$2.1 \times 10^{-5} cm^2/s$）和催化速率常数（$8.8 \times 10^5 cm^3/(mol \cdot s)$）等参数说明该方法具有较高的灵敏度。Wang 等[157]描述了一种稍微先进的电化学系统。作者利用 Ppy、GQD 和普鲁士蓝（PB）检测 L - 半胱氨酸。GQD 被吸附在石墨毡电极（GFE）上，通过 Fe^{3+} 和 $Fe[(CN)_6]^{3-}$ 之间的氧化还原反应作为合成铅的促进剂。为了提高电极复合膜的稳定性，通过单体电聚合制备了 Ppy 膜。结果表明，修饰后的电极对 L - 半胱氨酸的氧化有较好的电催化效果，且具有较高的灵敏度。在存在其他两种氨基酸（L - 天冬氨酸、L - 苯丙氨酸）的情况下，也可使用经 Fe_3O_4/GQD 复合材料修饰的电极测定 L - 半胱氨酸[158]。复合材料的电沉积和 GQD 的协同作用，使所选氨基酸对应的电化学信号显著增强。此外，修饰电极与感测生物复合材料之间的特定相互作用可用于多氨基酸电分析。

3. 神经递质

最近，Li 等[159]和 Pang 等[160]提出了使用 GQD 作为电极改性剂的多巴胺电化学测定方法。在第一篇论文中，GQD 通过 $NH - CH_2 - CH_2 - NH$ 桥被共价固定在玻碳电极的顶部，而在后一篇论文中，GQD 在交换膜存在下通过静电作用附着在表面。GQD/NH - $(CH_2)_2$ - NH/GCE 体系电导率高，抗干扰能力强，稳定性好。此外，生物传感器对多巴胺有很高的特异性[159]。在 GQD/Nafion/玻碳电极结构中，多巴胺是通过 GQD 带负电荷的羧基和多巴胺带正电荷的胺基之间的静电相互作用检测到的。此外，电极材料中交换膜的存在提高了传感器的稳定性和再现性[160]。这两种情况下，检测的灵敏度都很高，检测限都很低。

4. 激素

孕酮作为一种类固醇性激素，是使用基于嵌入GQD和功能化MWCNT的Fe_3O_4 MNP传感器的电化学分析的目标之一[161]。Fe_3O_4/GQD/MWCNT/玻碳电极平台对孕酮氧化具有良好的电催化性能。这是由于电极材料中存在较多的活性中心和较高的有效比表面积。该系统对孕酮具有良好的选择性、稳定性和敏感性。

5. 维生素

同时电沉积GQD和β-CD到玻碳电极(β-CD/GQD/GCE)上[162]的系统专门用于维生素C的检测。实现了对维生素C氧化的电催化作用。结果表明，在将β-CD引入GQD/玻碳电极表面后该方法的灵敏度明显提高。

6. 药品

药物是另一类具有重要生物学意义的化合物，用GQD修饰电极对其进行电化学测定。左旋多巴是一种天然氨基酸，通常存在于治疗帕金森病的药物中，是多巴胺和肾上腺素的前驱体。Arvand等[163]利用Fe_3O_4/GQD/MWNT修饰的玻碳电极对左旋多巴进行有效的电化学分析。电极材料的组成对L-多巴的电化学氧化具有有利的影响，电流的增加和过电位的降低证明了这一点。良好的选择性和高灵敏度使得所构建的传感器可以用于实际样品中的左旋多巴传感。另一方面，Huang等[164]电化学测定了应用于治疗皮肤、软组织和呼吸系统感染的抗微生物活性药物左氧氟沙星。介绍了用聚邻氨基苯酚和GQD对玻碳电极进行改性的简单方法。GQD/poly(o-氨基苯酚)/玻碳电极生物传感器具有高比表面积和增强的传感界面，这在左氧氟沙星电氧化的高电流记录中得到了证实。Hasanzadeh等[165-166]提出了更简单的电极改性方法。在这个病例中，检测到一种用于治疗多种癌症的化疗药物盐酸阿霉素。GQD修饰玻碳电极促进了阿霉素电氧化的电子转移反应，可以观察到大电流。因此，低检测限的实现非常重要，因为其在人血浆样品中进行分析。Bali-Prasad等[167]描述了GQD/MIP纳米复合材料对CSPE的修饰及其在测定异环磷酰胺(另一种代表化疗药物)中的应用。GQD降低了氧化过电位，提高了电催化活性。

7. 植物提取物中的黄酮及其他分子

GQD/Au纳米粒子修饰玻碳电极用于槲皮素的定性和定量测定[168]。金属纳米粒子和GQD对所分析的黄酮类化合物的电氧化都有有利的作用。这一行为归因于电子转移速率的增加。在低检测限和高灵敏度之外，还观察到了良好的选择性。一系列的化学物质，包括黄酮类化合物、蛋白质和金属离子，在实际样品中发现不干扰槲皮素用电化学分析。GQD与玻碳电极的连接也是通过带正电荷的玻碳电极表面(早期被阳离子PDDA溶液激活)和带负电荷的石墨烯点(溶解在NaOH溶液中)之间的静电相互作用实现的[169]。将修饰电极用于邻苯二酚的电化学检测。测量结果表明，该传感器具有较高的灵敏度和良好的重复性，同时具有较高的稳定性。

8.2.4.3 生物分子在电极材料中作为靶标

由于miRNA-155分子在肿瘤传感中的应用，其检测显得尤为重要。开发的方法利用HRPOx进行催化扩增以实现电化学RNA检测[170]。通过在金电极上的杂交，形成了胺功能化的双链 DNA。在进一步的操作中,带有活化羧基的 GQD 被连接到 ssDNA 修饰的金电极上,构成了 HRPOx 非共价固定化的平台。Pang 等[171]利用 TiO_2NPI/g－C_3N_4 QD/GQD 异质结检测 pcDNA3 HBV。HBV 是一种基因组不完整的双链 DNA,是肝癌发生的主要原因,从诊断角度看,HBV 的检测至关重要。这两种类型的应用 QD 敏化 TiO_2,以实现更强的可见光吸收。结果表明,制备的异质结提高了光活性和光电流转换效率。通过对 pcD－NA3－HBV 的进一步表面修饰,实现了光电化学生物传感。

在一些报道中,氨基酸被用于修饰电极,同时对生物分子进行传感。Xiaoyan 等[172]提出了一种快速、简便地合成氨基偶氮/氨基酸修饰 GQD 纳米杂化化合物,用于对乙酰氨基苯酚的电化学测定。形成了 20 种不同的氨基酸－ GQD 结,并对其与 $HAuCl_4$的反应进行了研究。当脯氨酸－ GQD 被利用时,Au 纳米粒子的功能化程度最高。GQD 和 Au 纳米粒子的协同作用提供了超高的药物敏感性。Hasanzadeh 等[173]报道了含有 GQD 和聚精氨酸的电极材料的合成。前者通过电聚合沉积在电极上。所获得的传感器用于测定众所周知的应激生物标志物丙二醛。GQD 和聚精氨酸修饰玻碳电极后,由于其具有较大的比表面积和较高的电催化活性,电流信号得到了放大。

另一方面,Vasilescu 等[174]制造了基于 MoS_2 纳米片和 GQD 的酶电化学传感器。用 MoS_2/GQD 复合材料改性的 CSPE 具有很高的电导率和较低的电荷转移电阻。此外,电极膜构成了一个理想的基质,可以有效地固定漆酶,从而可以测定咖啡酸、氯乙酸或表儿茶素多酚化合物。

一系列报告描述了抗体在电极材料中的应用,用于检测病毒、致病细胞和生物标志物。Valipour 等[175]提出了 AgNP/GQD－SH 复合材料作为固定针对 HCV 病毒的抗体的基质。首先将 Ag 纳米粒子共价连接到巯基修饰的 GQD 上,然后通过抗体胺基与 Ag 纳米粒子的相互作用固定 HCV 抗体。所获得生物传感器的表面积增加可以附着更多的抗体。表现为包埋抗原的生长和 HCV 检测灵敏度的提高。

Pang 等[176]提出了一种用于测定在类风湿关节炎发病机制中具有重要作用的成纤维样滑膜细胞的光电化学分析方法。他们展示了一种基于 TiO_2 NR、羧基化 g－C_3N_4和氧化 GQD 的复合材料对 ITO 电极的修饰。所进行的功能化确保了高导电性和优异的光子－电子转换效率。通过 EDC/NHS 偶联反应将 CD95 抗体固定在电极表面,并定向于成纤维样滑膜细胞。CD95 抗体与靶细胞的特异性相互作用导致光电流信号强度降低。

心肌生物标志物,如肌红蛋白或肌钙蛋白 I,需要快速和无标记的方法来有效检测。其中一个是由 Tuleja 等[177]提出,他构建了一个包含 GQD 的简单免疫传感器系统。将抗肌红蛋白抗体与 GQD/SPE 表面偶联,形成肌红蛋白检测的传感层。电化学测量是在其他蛋白质的存在下进行的,以检查生物传感器的特异性。结果表明,该方法选择性高,特异性强,灵敏度高,检测限低。Bhatnagar 等[178]用电化学方法测定了另一种心脏标志物肌钙蛋白 I。作者提出了一种超灵敏的方法,利用金电极改性肌钙蛋白 I 抗体(抗－cTnI),GQD 和聚酰胺(PAMAM)。包埋 PAMAM 树状大分子的 GQD 大大提高了所研制免疫传感器的表面积,从而促进了 cTnI 抗体的固定化。该方法具有较高的特异性和灵敏度,在实际样品分析中具有潜在的应用前景。

癌症生物标志物是电化学测定的一类极其重要的化合物。Yang 等[179]开发了一种 CEA 伏安检测方法。为此,他们利用 Pt－Pd 纳米粒子和 N－GQD－功能化 Au 纳米粒子修饰的玻碳电极。修饰电极具有良好的电催化活性、良好的生物相容性和较大的比表面积,可与 CEA 抗体有效结合,并具有较高的 CEA 测定特异性。

8.3 小结

各种石墨烯结构以其独特的性质使其成为电化学生物传感等领域的一种很有前途的材料。本文综述了近年来 GBEB 的研究进展。石墨烯具有比表面积大、导电性好等优点,作为电极改性剂已得到广泛应用。石墨烯在水中的低分散性通过氧化石墨烯得到了部分解决。但是,含氧基团导致了电导率的显著降低。因此,氧化石墨烯的合成通常伴随着还原氧化石墨烯的还原步骤。然而,GQD 由于具有高分散性、边缘反应性和良好的导电性,被认为是比石墨烯、还原氧化石墨烯更具吸引力的生物传感材料。本文描述了 GBEB 的构建方式,包括石墨烯、氧化石墨烯、还原氧化石墨烯和 GQD 的利用。最近发展起来的电化学生物传感系统分为三类:第一类是收集生物分子仅用于电极改性的器件;第二类涉及用于检测对电极材料没有生物特异性吸引力的生物重要化合物的传感器;第三类生物分子存在于工作电极材料中并用于分析物测定的传感器。电化学检测主要采用电流法和伏安法。根据分析物的生物功能收集讨论报告。在所描述的类石墨烯结构中,还原氧化石墨烯在电化学生物传感方面的应用最受关注。这种结构保持了优异的导电性,但其分散性仍然令人满意。最近,人们对 GQD 的利用越来越感兴趣。这些纳米石墨烯片具有良好的电性能和良好的分散性,同时具有良好的生物相容性。这些特性使得 GQD 成为发展 GBEB 的理想材料。

参考文献

[1] Bănică, F. - G., *Chemical sensors and biosensors: Fundamentals and applications*, John Wiley &Sons, Ltd, Chichester, 2012.

[2] Tang, H., Hessel, C. M., Wang, J., Yang, N., Yu, R., Zhao, H., Wang, D., Two - dimensional carbonleading to new photoconversion processes. *Chem. Soc. Rev.*, 43, 4281, 2014.

[3] Zhang, X. and Cui, X., Graphene/semiconductor nanocomposites: Preparation and application for photocatalytic hydrogen evolution, in: *Nanocomposites—New Trends and Developments*, F. Ebrahimi (Ed.), InTech, Rijeka, Croatia, 2012.

[4] Chen, C., Cai, W., Long, M., Zhou, B., Wu, Y., Wu, D., Feng, Y., Synthesis of visible - light responsive graphene oxide/TiO_2 composites with p/n heterojunction. *ACS Nano*, 4, 6425, 2010.

[5] Bao, L., Li, T., Chen, S., Peng, C., Li, L., Xu, Q., Chen, Y., Ou, E., Xu, W., 3D Graphene frameworks/Co_3O_4 composites electrode for high - performance supercapacitor and enzymeless glucose detection. *Small*, 13, 1602077, 2017.

[6] Kelarakis, A., Graphene quantum dots: In the crossroad of graphene, quantum dots and carbogenic nanoparticles. *Curr. Opin. Colloid Interface Sci.*, 20, 354, 2015.

[7] Wang, W., Li, X., Yu, X., Yan, L., Shi, Z., Wen, X., Sun, W., Electrochemistry of multilayers of graphene and myoglobin modified electrode and its biosensing. *J. Chin. Chem. Soc.*, 63, 298, 2016.

[8] Zheng, Y., Liu, Z., Zhan, H., Li, J., Zhang, C., Studies on electrochemical or ganophosphate pesticide (OP) biosensor design based on ionic liquid functionalized graphene and a Co_3O_4 nanoparticle modified e-

lectrode. *Anal. Methods*,8,5288,2016.

[9] Li,Y.,Zhang,Y.,Han,G.,Xiao,Y.,Li,M.,Zhou,W.,An acetylcholinesterase biosensor based on graphene/polyaniline composite film for detection of pesticides. *Chin. J. Chem.*,34,82,2016.

[10] Liu,Y.,Liu,X.,Guo,Z.,Hu,Z.,Xue,Z.,Lu,X.,Horseradish peroxidase supported on porousgraphene as a novel sensing platform for detection of hydrogen peroxide in living cells sensitively. *Biosens. Bioelectron.*,87,101,2017.

[11] Cui,M.,Cao,B.,Sun,Y.,Zhang,Y.,Wang,H.,Simple synthesis of nitrogen doped graphene/ordered mesoporous metal oxides hybrid architecture as high - performance electrocatalysts for biosensing study. *RSC Adv.*,6,96963,2016.

[12] Ren,S.,Wang,H.,Zhang,Y.,Sun,Y.,Li,L.,Zhang,H.,Shi,Z.,Li,M.,Li,M.,Convenient and controllable preparation of a novel uniformly nitrogen doped porous graphene/Pt nanoflower material and its highly - efficient electrochemical biosensing. *The Analyst*,141,2741,2016.

[13] Tehrani,F. and Bavarian,B.,Facile and scalable disposable sensor based on laser engraved graphene for electrochemical detection of glucose. *Sci. Rep.*,6,27975,2016.

[14] Yang,L.,Zhao,H.,Li,Y.,Ran,X.,Deng,G.,Zhang,Y.,Ye,H.,Zhao,G.,Li,C. - P.,Indicator displacement assay for cholesterol electrochemical sensing using a calix[6]arene functionalized graphene - modified electrode. *The Analyst*,141,270,2016.

[15] Chu,Y.,Cai,B.,Ma,Y.,Zhao,M.,Ye,Z.,Huang,J.,Highly sensitive electrochemical detection of circulating tumor DNA based on thin - layer MoS_2/graphene composites. *RSC Adv.*,6,22673,2016.

[16] Zribi,B.,Castro - Arias,J. - M.,Decanini,D.,Gogneau,N.,Dragoe,D.,Cattoni,A.,Ouerghi,A.,Korri - Youssoufi,H.,Haghiri - Gosnet,A. - M.,Large area graphene nanomesh:An artificial platform for edge - electrochemical biosensing at the sub - attomolar level. *Nanoscale*,8,15479,2016.

[17] Kong,D.,Bi,S.,Wang,Z.,Xia,J.,Zhang,F.,*In situ* growth of three - dimensional graphene films for signal - on electrochemical biosensing of various analytes. *Anal. Chem.*,88,10667,2016.

[18] Tian,H.,Wang,L.,Sofer,Z.,Pumera,M.,Bonanni,A.,Doped graphene for DNA analysis:The electrochemical signal is strongly influenced by the kind of dopant and the nucleobase structure. *Sci. Rep.*,6,33046,2016.

[19] Li,J.,Jiang,J.,Feng,H.,Xu,Z.,Tang,S.,Deng,P.,Qian,D.,Facile synthesis of 3D porous nitrogen-doped graphene as an efficient electrocatalyst for adenine sensing. *RSC Adv.*,6,31565,2016.

[20] Xu,J.,Wang,Q.,Xuan,C.,Xia,Q.,Lin,X.,Fu,Y.,Chiral recognition of tryptophan enantiomers based onβ - cyclodextrin - platinum nanoparticles/graphene nanohybrids modified electrode. *Electroanalysis*,28,868,2016.

[21] Martorana,A. and Koch,G.,Is dopamine involved in Alzheimer's disease? *Front. AgingNeurosci.*,6,252,2014.

[22] Dailly,E.,Chenu,F.,Renard,C. E.,Bourin,M.,Dopamine,depression and antidepressants. *Fundam. Clin. Pharmacol.*,18,601,2004.

[23] Levy,F.,The dopamine theory of attention deficit hyperactivity disorder(ADHD). *Aust. N. Z. J. Psychiatry*,25,277,1991.

[24] Birtwistle,J. and Baldwin,D.,Role of dopamine in schizophrenia and Parkinson's disease. *Br. J. Nurs.*,7,832,1998.

[25] Brisch,R.,Saniotis,A.,Wolf,R.,Bielau,H.,Bernstein,H. - G.,Steiner,J.,Bogerts,B.,Braun,A. K.,Jankowski,Z.,Kumaritlake,J.,Henneberg,M.,Gos,T.,The role of dopamine in schizophrenia from a neurobiological and evolutionary perspective: Old fashioned, but still in vogue. *Front. Psychiatry*,5,

47,2014.

[26] Velmurugan,M.,Devasenathipathy,R.,Chen,S. – M.,Kohila Rani,K.,Wang,S. – F.,Facilesynthesis of graphene/cobalt oxide nanohexagons for the selective detection of dopamine. *Electroanalysis*, 29, 923,2016.

[27] Baig,N. and Kawde,A. – N.,A Cost – effective disposable graphene – modified electrode decorated with alternating layers of Au NPs for the simultaneous detection of dopamine and uric acid inhuman urine. *RSC Adv.*,6,80756,2016.

[28] Jahani,S. and Beitollahi,H.,Selective detection of dopamine in the presence of uric acid using NiO nanoparticles decorated on graphene nanosheets modified screen – printed electrodes. *Electroanalysis*,28,2022,2016.

[29] Yu,H.,Jiang,J.,Zhang,Z.,Wan,G.,Liu,Z.,Chang,D.,Pan,H.,Preparation of quantum dots CdTe decorated graphene composite for sensitive detection of uric acid and dopamine. *Anal. Biochem.*,519, 92,2017.

[30] Biswas,S.,Das,R.,Basu,M.,Bandyopadhyay,R.,Pramanik,P.,Synthesis of carbon nanoparticle embedded graphene for sensitive and selective determination of dopamine and ascorbic acid in biological fluids. *RSC Adv.*,6,100723,2016.

[31] Nayak,P.,Kurra,N.,Xia,C.,Alshareef,H. N.,Highly efficient laser scribed graphene electrodes for on – chip electrochemical sensing applications. *Adv. Electron. Mater.*,2,1600185,2016.

[32] Yang,L.,Huang,N.,Lu,Q.,Liu,M.,Li,H.,Zhang,Y.,Yao,S.,A quadruplet electrochemical platform for ultrasensitive and simultaneous detection of ascorbic acid,dopamine,uric acidand acetaminophen based on a ferrocene derivative functional Au NPs/carbon dots nanocomposite and graphene. *Anal. Chim. Acta*, 903,69,2016.

[33] Mazloum – Ardakani,M.,Farbod,F.,Hosseinzadeh,L.,An electrochemical sensor based onnickel oxides nanoparticle/graphene composites for electrochemical detection of epinephrine. *J. Nanostruct.*,6,293,2016.

[34] Veeramani,V.,Dinesh,B.,Chen,S. – M.,Saraswathi,R.,Electrochemical synthesis of Au – MnO_2 on electrophoretically prepared graphene nanocomposite for high performance supercapacitor and biosensor applications. *J. Mater. Chem. A*,4,3304,2016.

[35] Wang,M.,Zheng,Z.,Liu,J.,Wang,C.,Pt – Pd bimetallic nanoparticles decorated nanoporous graphene as a catalytic amplification platform for electrochemical detection of xanthine. *Electroanalysis*,29,1258,2017.

[36] Erçarıkcı,E.,Bayındır,O.,Alanyalıo ğlu,M.,Amperometric Quantification of NADH based ongraphene/methylene blue nanocomposite thin films on Au(111). *Polym. Compos.*,38,E118,2016.

[37] Steinert,J. R.,Chernova,T.,Forsythe,I. D.,Nitric oxide signaling in brain function,dysfunction,and dementia. *The Neuroscientist*,16,435,2010.

[38] Geetha Bai,R.,Muthoosamy,K.,Zhou,M.,Ashokkumar,M.,Huang,N. M.,Manickam,S.,Sonochemical and sustainable synthesis of graphene – gold (G – Au) nanocomposites forenzymeless and selective electrochemical detection of nitric oxide. *Biosens. Bioelectron.*,87,622,2017.

[39] Suhag,D.,Sharma,A. K.,Patni,P.,Garg,S. K.,Rajput,S. K.,Chakrabarti,S.,Mukherjee,M.,Hydrothermally functionalized biocompatible nitrogen doped graphene nanosheet based biomimetic platforms for nitric oxide detection. *J. Mater. Chem. B*,4,4780,2016.

[40] Bagoji,A. M. and Nandibewoor,S. T.,Electrocatalytic redox behavior of graphene films towards acebutolol hydrochloride determination in real samples. *New J. Chem.*,40,3763,2016.

[41] Jiang,Z.,Li,G.,Zhang,M.,A novel sensor based on bifunctional monomer molecularly imprinted film at graphene modified glassy carbon electrode for detecting traces of moxifloxacin. *RSC Adv.*,6,32915,2016.

[42] Li,C.,Zheng,B.,Zhang,T.,Zhao,J.,Gu,Y.,Yan,X.,Li,Y.,Liu,W.,Feng,G.,Zhang,Z.,Petal –

like graphene – Ag composites with highly exposed active edge sites were designed and constructed for electrochemical determination of metronidazole. *RSC Adv.* ,6,45202,2016.

[43] Liu,Y. ,Zhang,Z. ,Zhang,C. ,Huang,W. ,Liang,C. ,Peng,J. ,Manganese dioxide – graphene nanocomposite film modified electrode as a sensitive voltammetric sensor of indomethacin detection: Manganese dioxide – graphene nanocomposite film modified electrode as a sensitive voltammetric sensor of indomethacin detection. *Bull. Korean Chem. Soc.* ,37,1173,2016.

[44] Okoth,O. K. ,Yan,K. ,Liu,L. ,Zhang,J. ,Simultaneous electrochemical determination of paracetamoland diclofenac based on poly(diallyldimethylammonium chloride) functionalized graphene. *Electroanalysis*,28, 76,2016.

[45] Huang,B. ,Xiao,L. ,Dong,H. ,Zhang,X. ,Gan,W. ,Mahboob,S. ,Al – Ghanim,K. A. ,Yuan,Q. ,Li,Y. ,Electrochemical sensing platform based on molecularly imprinted polymer decoratedN,S co – doped activated graphene for ultrasensitive and selective determination of cyclophosphamide. *Talanta*,164,601,2017.

[46] Motaharian,A. and Milani Hosseini,M. R. ,Electrochemical sensor based on a carbon pasteelectrode modified by graphene nanosheets and molecularly imprinted polymer nanoparticles for determination of a chlordiazepoxide drug. *Anal. Methods*,8,6305,2016.

[47] Zou,C. ,Bin,D. ,Yang,B. ,Zhang,K. ,Du,Y. ,Rutin detection using highly electrochemical sensing amplified by an Au – Ag nanoring decorated N – doped graphene nanosheet. *RSC Adv.* ,6,107851,2016.

[48] Yang,X. ,Long,J. ,Sun,D. ,Highly – sensitive electrochemical determination of rutin using NMPexfoliated graphene nanosheets – modified electrode. *Electroanalysis*,28,83,2016.

[49] Gao,Y. ,Wang,L. ,Zhang,Y. ,Zou,L. ,Li,G. ,Ye,B. ,Highly sensitive determination of gallic acid based on a Pt nanoparticle decorated polyelectrolyte – functionalized graphene modified electrode. *Anal. Methods*, 8,8474,2016.

[50] Wang,L. ,Wang,Q. ,Sheng,K. ,Li,G. ,Ye,B. ,A new graphene nanocomposite modified electrodeas efficient voltammetric sensor for determination of eriocitrin. *J. Electroanal. Chem.* ,785,96,2017.

[51] Wang,L. ,Wang,Q. ,Sheng,K. ,Zou,L. ,Ye,B. ,The first voltammetric investigation for astilbin based on β – cyclodextrin functionalized graphene modified electrode. *Anal. Methods*,8,4888,2016.

[52] Wang,H. ,Zhai,H. ,Chen,Z. ,Liang,Z. ,Wang,S. ,Zhou,Q. ,Pan,Y. ,The electrochemical behaviors of tetrahydropalmatine at a nickel nanoparticles/sulfonated graphene sheets modified glassy carbon electrode. *RSC Adv.* ,6,71351,2016.

[53] Sheng,K. ,Wang,L. ,Li,H. ,Zou,L. ,Ye,B. ,Green synthesized Co nanoparticles dopedamino – graphene modified electrode and its application towards determination of baicalin. *Talanta*,164,249,2017.

[54] Sakthinathan,S. ,Kubendhiran,S. ,Chen,S. – M. ,Hydrothermal synthesis of three dimensional graphene – multiwalled carbon nanotube nanocomposite for enhanced electro catalytic oxidation of caffeic acid. *Electroanalysis*,29,1103,2016.

[55] Asadian,E. ,Shahrokhian,S. ,Zad,A. I. ,Hierarchical core – shell structure of ZnO nanotube/MnO_2 nanosheet arrays on a 3D graphene network as a high performance biosensing platform. *RSC Adv.* ,6,61190,2016.

[56] Pu,Z. ,Zou,C. ,Wang,R. ,Lai,X. ,Yu,H. ,Xu,K. ,Li,D. ,A continuous glucose monitoringdevice by graphene modified electrochemical sensor in microfluidic system. *Biomicrofluidics*,10,011910,2016.

[57] Liu,Y. ,Zhang,X. ,He,D. ,Ma,F. ,Fu,Q. ,Hu,Y. ,An amperometric glucose biosensor based on a MnO_2/graphene composite modified electrode. *RSC Adv.* ,6,18654,2016.

[58] Wu,S. ,Wang,Y. ,Mao,H. ,Wang,C. ,Xia,L. ,Zhang,Y. ,Ge,H. ,Song,X. – M. ,Direct electrochemistry of cholesterol oxidase and biosensing of cholesterol based on PSS/polymeric ionic liquid – graphene nanocomposite. *RSC Adv.* ,6,59487,2016.

[59] Jain, U. and Chauhan, N., Glycated hemoglobin detection with electrochemical sensing amplified by gold nanoparticles embedded N - doped graphene nanosheet. *Biosens. Bioelectron.*, 89, 578, 2017.

[60] Apetrei, I. M. and Apetrei, C., Voltammetric determination of melatonin using a graphene based sensor in pharmaceutical products. *Int. J. Nanomedicine*, 11, 1859, 2016.

[61] Seo, D. H., Pineda, S., Fang, J., Gozukara, Y., Yick, S., Bendavid, A., Lam, S. K. H., Murdock, A. T., Murphy, A. B., Han, Z. J., Single - step ambient - air synthesis of graphene from renewable precursorsas electrochemical genosensor. *Nat. Commun.*, 8, 14217, 2017.

[62] Wang, Y., Ouyang, X., Ding, Y., Liu, B., Xu, D., Liao, L., An electrochemical sensor for determination of tryptophan in the presence of DA based on poly(L - methionine)/graphene modified electrode. *RSC Adv.*, 6, 10662, 2016.

[63] Li, T., Liu, Z., Wang, L., Guo, Y., Gold nanoparticles/orange II functionalized graphene nanohybrid based electrochemical aptasensor for label - free determination of insulin. *RSC Adv.*, 6, 30732, 2016.

[64] Liu, Z., Wang, Y., Guo, Y., Dong, C., Label - free electrochemical aptasensor for carcinoembryonic antigen based on ternary nanocomposite of gold nanoparticles, hemin and graphene. *Electroanalysis*, 28, 1023, 2016.

[65] Kim, H. - U., Kim, H. Y., Kulkarni, A., Ahn, C., Jin, Y., Kim, Y., Lee, K. - N., Lee, M. - H., Kim, T., A sensitive electrochemical sensor for*in vitro* detection of parathyroid hormone based on a MoS_2 - graphene composite. *Sci. Rep.*, 6, 34587, 2016.

[66] Huang, J., Xie, Z., Xie, Z., Luo, S., Xie, L., Huang, L., Fan, Q., Zhang, Y., Wang, S., Zeng, T., Silver nanoparticles coated graphene electrochemical sensor for the ultrasensitive analysis of avian influenza virus H7. *Anal. Chim. Acta*, 913, 121, 2016.

[67] Yadegari, A., Omidi, M., Yazdian, F., Zali, H., Tayebi, L., An electrochemical cytosensor for ultrasensitive detection of cancer cells using modified graphene - gold nanostructures. *RSC Adv.*, 7, 2365, 2017.

[68] Ali, M. A., Mondal, K., Jiao, Y., Oren, S., Xu, Z., Sharma, A., Dong, L., Microfluidic immunobiochip for detection of breast cancer biomarkers using hierarchical composite of porous graphene and titanium dioxide nanofibers. *ACS Appl. Mater. Interfaces*, 8, 20570, 2016.

[69] Liu, L., Zhang, Y., Du, R., Li, J., Yu, X., An ultrasensitive electrochemical immunosensor based on the synergistic effect of quaternary Cu_2SnZnS_4 NCs and cyclodextrin - functionalized graphene. *The Analyst*, 142, 780, 2017.

[70] Li, F., Li, Y., Dong, Y., Jiang, L., Wang, P., Liu, Q., Liu, H., Wei, Q., An ultrasensitive label - free electrochemical immunosensor based on signal amplification strategy of multifunctional magnetic graphene loaded with cadmium ions. *Sci. Rep.*, 6, 21281, 2016.

[71] Pei, S., Wei, Q., Huang, K., Cheng, H. - M., Ren, W., Green synthesis of graphene oxide by seconds timescale water electrolytic oxidation. *Nat. Commun.*, 9, 145, 2018.

[72] Abellán - Llobregat, A., Vidal, L., Rodríguez - Amaro, R., Berenguer - Murcia, Canals, A., Morallón, E., Au - IDA microelectrodes modified with Au - doped graphene oxide for the simultaneous determination of uric acid and ascorbic acid in urine samples. *Electrochim. Acta*, 227, 275, 2017.

[73] Guo, X. M., Guo, B., Li, C., Wang, Y. L., Amperometric highly sensitive uric acid sensor based on manganese(III) porphyrin - graphene modified glassy carbon electrode. *J. Electroanal. Chem.*, 783, 8, 2016.

[74] Li, J., Wang, Y., Sun, Y., Ding, C., Lin, Y., Sun, W., Luo, C., A novel ionic liquid functionalized graphene oxide supported gold nanoparticle composite film for sensitive electrochemical detection of dopamine. *RSC Adv.*, 7, 2315, 2017.

[75] Liu, Y., Zhu, L., Hu, Y., Peng, X., Du, J., A novel electrochemical sensor based on a molecularly imprinted polymer for the determination of epigallocatechin gallate. *Food Chem.*, 221, 1128, 2017.

[76] Kocak, I., Şanal, T., Hazer, B., An electrochemical biosensor for direct detection of DNA using polystyrene – g – soya oil – g – imidazole graft copolymer. *J. Solid State Electrochem.*, 21, 1397, 2017.

[77] Gao, W., Zheng, Q., Shen, Z., Wu, H., Ma, Y., Guan, W., Wu, S., Yu, Y., Ding, K., A Facile onestep folic acid modified partially oxidized graphene for high sensitivity tumor cell sensing. *TheAnalyst*, 141, 4713, 2016.

[78] Lu, M., Xiao, R., Zhang, X., Niu, J., Zhang, X., Wang, Y., Novel electrochemical sensing platform for quantitative monitoring of Hg(II) on DNA – assembled graphene oxide with target recycling. *Biosens. Bioelectron.*, 85, 267, 2016.

[79] Roy, E., Patra, S., Tiwari, A., Madhuri, R., Sharma, P. K., Single cell imprinting on the surface of Ag – ZnO bimetallic nanoparticle modified graphene oxide sheets for targeted detection, removal and photothermal killing of *E. coli*. *Biosens. Bioelectron.*, 89, 620, 2017.

[80] Marcano, D. C., Kosynkin, D. V., Berlin, J. M., Sinitskii, A., Sun, Z., Slesarev, A., Alemany, L. B., Lu, W., Tour, J. M., Improved synthesis of graphene oxide. *ACS Nano*, 4, 4806, 2010.

[81] Domínguez – Domínguez, S., Arias – Pardilla, J., Berenguer – Murcia, Á., Morallón, E., Cazorla – Amorós, D., Electrochemical deposition of platinum nanoparticles on different carbon supports and conducting polymers. *J. Appl. Electrochem.*, 38, 259, 2008.

[82] Wang, Q., Gao, F., Ni, J., Liao, X., Zhang, X., Lin, Z., Facile construction of a highly sensitive DNA biosensor by *in – situ* assembly of electro – active tags on hairpin – structured probe fragment. *Sci. Rep.*, 6, 22441, 2016.

[83] Gao, N., Gao, F., He, S., Zhu, Q., Huang, J., Tanaka, H., Wang, Q., Graphene oxide directed *in – situ* deposition of electroactive silver nanoparticles and its electrochemical sensing application for DNA analysis. *Anal. Chim. Acta*, 951, 58, 2017.

[84] Samsonowicz, M. and Regulska, E., Spectroscopic study of molecular structure, antioxidant activity and biological effects of metal hydroxyflavonol complexes. *Spectrochim. Acta. A Mol. Biomol. Spectrosc.*, 173, 757, 2017.

[85] Ejaz, A., Joo, Y., Jeon, S., Fabrication of 1,4 – bis(aminomethyl)benzene and cobalt hydroxide@graphene oxide for selective detection of dopamine in the presence of ascorbic acid and serotonin. *Sens. Actuators, B*, 240, 297, 2017.

[86] Alexander, S., Baraneedharan, P., Balasubrahmanyan, S., Ramaprabhu, S., Modified graphene based molecular imprinted polymer for electrochemical non – enzymatic cholesterol biosensor. *Eur. Polym. J.*, 86, 106, 2017.

[87] Arvand, M., Shabani, A., Ardaki, M. S., A new electrochemical sensing platform based on binary composite of graphene oxide – chitosan for sensitive rutin determination. *Food Anal. Methods*, 10, 2332, 2017.

[88] Kelemen, L. E., The role of folate receptor α in cancer development, progression and treatment: Cause, consequence or innocent bystander? *Int. J. Cancer*, 119, 243, 2006.

[89] Ma, G., Yang, M., Li, C., Tan, H., Deng, L., Xie, S., Xu, F., Wang, L., Song, Y., Preparation of spinel nickel – cobalt oxide nanowrinkles/reduced graphene oxide hybrid for nonenzymatic glucose detection at physiological level. *Electrochim. Acta*, 220, 545, 2016.

[90] Mogha, N. K., Sahu, V., Sharma, M., Sharma, R. K., Masram, D. T., Biocompatible ZrO_2 – reduced graphene oxide immobilized AChE biosensor for chlorpyrifos detection. *Mater. Des.*, 111, 312, 2016.

[91] Thirumalraj, B., Rajkumar, C., Chen, S. – M., Barathi, P., Highly stable biomolecule supported by gold nanoparticles/graphene nanocomposite as a sensing platform for H_2O_2 biosensor application. *J. Mater. Chem. B*, 4, 6335, 2016.

[92] Mat Zaid, M. H., Abdullah, J., Yusof, N. A., Sulaiman, Y., Wasoh, H., Md Noh, M. F., Issa, R., PNA

biosensor based on reduced graphene oxide/water soluble quantum dots for the detection of mycobacterium tuberculosis. *Sens. Actuators*, *B*, 241, 1024, 2017.

[93] Elshafey, R., Siaj, M., Tavares, A. C., Au nanoparticle decorated graphene nanosheets for electrochemical immunosensing of p53 antibodies for cancer prognosis. *The Analyst*, 141, 2733, 2016.

[94] Lai, G., Cheng, H., Yin, C., Fu, L., Yu, A., One – pot preparation of graphene/gold nanocomposites for ultrasensitive nonenzymatic electrochemical immunoassay. *Electroanalysis*, 28, 69, 2016.

[95] Wang, H., Rong, Q., Ma, Z., Polyhydroquinone – graphene composite as new redox species for sensitive electrochemical detection of cytokeratins antigen 21 – 1. *Sci. Rep.*, 6, 30623, 2016.

[96] Rosy, and Goyal, R. N., Determination of 8 – hydroxydeoxyguanosine: A potential biomarker ofoxidative stress, using carbon – allotropic nanomaterials modified glassy carbon sensor. *Talanta*, 161, 735, 2016.

[97] Shahzad, F., Zaidi, S. A., Koo, C. M., Highly sensitive electrochemical sensor based on environmentally friendly biomass – derived sulfur – doped graphene for cancer biomarker detection. *Sens. Actuators*, *B*, 241, 716, 2017.

[98] Zhang, Y., Li, J., Wang, Z., Ma, H., Wu, D., Cheng, Q., Wei, Q., Label – free electrochemical immunosensor based on enhanced signal amplification between Au@ Pd and $CoFe_2O_4$/graphene nanohybrid. *Sci. Rep.*, 6, 23391, 2016.

[99] Faulds, C. B. and Williamson, G., The role of hydroxycinnamates in the plant cell wall. *J. Sci. Food Agric.*, 79, 393, 1999.

[100] Liu, Z., Lu, B., Gao, Y., Yang, T., Yue, R., Xu, J., Gao, L., Facile one – pot preparation of Pd – Au/PEDOT/graphene nanocomposites and their high electrochemical sensing performance for caffeic acid detection. *RSC Adv.*, 6, 89157, 2016.

[101] Zhang, Y., Zhang, M., Zhu, Y., Wei, Q., Li, X., Ou, Y., Ao, N., Zhang, X., A facile graphene nanosheets – based electrochemical sensor for sensitive detection of honokiol in traditional Chinese medicine. *Electroanalysis*, 28, 508, 2016.

[102] Zhang, H., Shang, Y., Zhang, T., Zhuo, K., Wang, J., Engineering graphene/quantum dot interfaces for high performance electrochemical nanocomposites in detecting puerarin. *Sens. Actuators*, *B*, 242, 492, 2017.

[103] Kutzing, M. K. and Firestein, B. L., Altered uric acid levels and disease states. *J. Pharmacol. Exp. Ther.*, 324, 1, 2007.

[104] Qin, Q., Bai, X., Hua, Z., Electropolymerization of a conductiveβ – cyclodextrin polymer on reduced graphene oxide modified screen – printed electrode for simultaneous determination of ascorbic acid, dopamine and uric acid. *J. Electroanal. Chem.*, 782, 50, 2016.

[105] Chen, J., Zhao, M., Li, Y., Fan, S., Ding, L., Liang, J., Chen, S., Synthesis of reduced graphene oxide intercalated ZnO quantum dots nanoballs for selective biosensing detection. *Appl. Surf. Sci.*, 376, 133, 2016.

[106] Song, H., Xue, G., Zhang, J., Wang, G., Ye, B. – C., Sun, S., Tian, L., Li, Y., Simultaneous voltammetric determination of dopamine and uric acid using carbon – encapsulated hollow Fe_3O_4 nanoparticles anchored to an electrode modified with nanosheets of reduced graphene oxide. *Microchim. Acta*, 184, 843, 2017.

[107] Bai, Z., Zhou, C., Xu, H., Wang, G., Pang, H., Ma, H., Polyoxometalates – doped Au nanoparticles and reduced graphene oxide: A new material for the detection of uric acid in urine. *Sens. Actuators*, *B*, 243, 361, 2017.

[108] Zan, X., Bai, H., Wang, C., Zhao, F., Duan, H., Graphene paper decorated with a 2D array of dendritic platinum nanoparticles for ultrasensitive electrochemical detection of dopamin esecreted by live cells. *Chem. Eur. J.*, 22, 5204, 2016.

[109] Liu, X., Shangguan, E., Li, J., Ning, S., Guo, L., Li, Q., A novel electrochemical sensor based on FeS anchored reduced graphene oxide nanosheets for simultaneous determination of dopamineand acetaminophen. *Mater. Sci. Eng. C*, 70, 628, 2017.

[110] Numan, A., Shahid, M. M., Omar, F. S., Ramesh, K., Ramesh, S., Facile fabrication of cobalt oxide nanograin – decorated reduced graphene oxide composite as ultrasensitive platform for dopamine detection. *Sens. Actuators, B*, 238, 1043, 2017.

[111] Vilian, A. T. E., An, S., Choe, S. R., Kwak, C. H., Huh, Y. S., Lee, J., Han, Y. – K., Fabrication of 3D honeycomb – like porous polyurethane – functionalized reduced graphene oxide for detection of dopamine. *Biosens. Bioelectron.*, 86, 122, 2016.

[112] Xie, L. – Q., Zhang, Y. – H., Gao, F., Wu, Q. – A., Xu, P. – Y., Wang, S. – S., Gao, N. – N., Wang, Q. – X., A highly sensitive dopamine sensor based on a polyaniline/reduced graphene oxide/Nafion nanocomposite. *Chin. Chem. Lett.*, 28, 41, 2017.

[113] Li, Y., Gu, Y., Zheng, B., Luo, L., Li, C., Yan, X., Zhang, T., Lu, N., Zhang, Z., A novel electrochemical biomimetic sensor based on poly(Cu – AMT) with reduced graphene oxide for ultrasensitive detection of dopamine. *Talanta*, 162, 80, 2017.

[114] Wang, Z., Ying, Y., Li, L., Xu, T., Wu, Y., Guo, X., Wang, F., Shen, H., Wen, Y., Yang, H., Stretched graphene tented by polycaprolactone and polypyrrole net – bracket for neurotransmitter detection. *Appl. Surf. Sci.*, 396, 832, 2017.

[115] Zhang, Y., Zhang, M., Wei, Q., Gao, Y., Guo, L., Al – Ghanim, K., Mahboob, S., Zhang, X., Aneasily fabricated electrochemical sensor based on a graphene – modified glassy carbon electrode for determination of octopamine and tyramine. *Sensors*, 16, 535, 2016.

[116] Kumar, N., Rosy, Goyal, R. N., Gold – palladium nanoparticles aided electrochemically reduced graphene oxide sensor for the simultaneous estimation of lomefloxacin and amoxicillin. *Sens. Actuators, B*, 243, 658, 2017.

[117] Taei, M., Hasanpour, F., Dinari, M., Dehghani, E., Au nanoparticles decorated reduced graphene oxide/layered double hydroxide modified glassy carbon as a sensitive sensor for electrocatalytic determination of phenazopyridine. *Measurement*, 99, 90, 2017.

[118] Cincotto, F. H., Golinelli, D. L. C., Machado, S. A. S., Moraes, F. C., Electrochemical sensor based on reduced graphene oxide modified with palladium nanoparticles for determination of desipramine in urine samples. *Sens. Actuators, B*, 239, 488, 2017.

[119] Li, J., Xu, Z., Liu, M., Deng, P., Tang, S., Jiang, J., Feng, H., Qian, D., He, L., Ag/N – doped reduced graphene oxide incorporated with molecularly imprinted polymer: An advanced electrochemical sensing platform for salbutamol determination. *Biosens. Bioelectron.*, 90, 210, 2017.

[120] Cascorbi, H. F., Gorsky, B. H., Redford, J. E., Sex differences in anaesthetic toxicity: Fluroxene and trifluoroethanol in mice. *Br. J. Anaesth.*, 48, 399, 1976.

[121] Chekin, F., Boukherroub, R., Szunerits, S., MoS_2/Reduced graphene oxide nanocomposite for sensitive sensing of cysteamine in presence of uric acid in human plasma. *Mater. Sci. Eng. C*, 73, 627, 2017.

[122] Chekin, F., Singh, S. K., Vasilescu, A., Dhavale, V. M., Kurungot, S., Boukherroub, R., Szunerits, S., Reduced graphene oxide modified electrodes for sensitive sensing of gliadin in food samples. *ACSSens.*, 1, 1462, 2016.

[123] Wang, Y., Wang, W., Li, G., Liu, Q., Wei, T., Li, B., Jiang, C., Sun, Y., Electrochemical detectionof L – cysteine using a glassy carbon electrode modified with a two – dimensional composite prepared from platinum and Fe_3O_4 nanoparticles on reduced graphene oxide. *Microchim. Acta*, 183, 3221, 2016.

[124] Sonkar, P. K. , Ganesan, V. , Yadav, D. K. , Gupta, R. , Dual electrocatalytic behavior of oxovanadium (IV) salen immobilized carbon materials towards cysteine oxidation and cystine reduction: Graphene versus single walled carbon nanotubes. *ChemistrySelect*, 1, 6726, 2016.

[125] Zeinali, H. , Bagheri, H. , Monsef - Khoshhesab, Z. , Khoshsafar, H. , Hajian, A. , Nanomolar simultaneous determination of tryptophan and melatonin by a new ionic liquid carbon paste electrode modified with SnO_2 - Co_3O_4@ rGO nanocomposite. *Mater. Sci. Eng. C*, 71, 386, 2017.

[126] Beluomini, M. A. , da Silva, J. L. , Sedenho, G. C. , Stradiotto, N. R. , D - mannitol sensor based onmolecularly imprinted polymer on electrode modified with reduced graphene oxide decorated with gold nanoparticles. *Talanta*, 165, 231, 2017.

[127] Ghanbari, K. and Ahmadi, F. , NiO Hedgehog - like nanostructures/Au/polyaniline nanofibers/reduced graphene oxide nanocomposite with electrocatalytic activity for non - enzymatic detection of glucose. *Anal. Biochem.* , 518, 143, 2017.

[128] Geng, D. , Bo, X. , Guo, L. , Ni - doped molybdenum disulfide nanoparticles anchored on reduced graphene oxide as novel electroactive material for a non - enzymatic glucose sensor. *Sens. Actuators, B*, 244, 131, 2017.

[129] He, J. , Sunarso, J. , Zhu, Y. , Zhong, Y. , Miao, J. , Zhou, W. , Shao, Z. , High - performancenon - enzymatic perovskite sensor for hydrogen peroxide and glucose electrochemical detection. *Sens. Actuators, B*, 244, 482, 2017.

[130] Wang, B. , Wu, Y. , Chen, Y. , Weng, B. , Li, C. , Flexible paper sensor fabricated via*in situ* growth of Cu nanoflower on RGO sheets towards amperometrically non - enzymatic detection of glucose. *Sens. Actuators, B*, 238, 802, 2017.

[131] Zhao, C. , Wu, X. , Zhang, X. , Li, P. , Qian, X. , Facile synthesis of layered CuS/RGO/CuS nanocomposite on Cu foam for ultrasensitive nonenzymatic detection of glucose. *J. Electroanal. Chem.* , 785, 172, 2017.

[132] Zhang, Q. , Wu, Z. , Xu, C. , Liu, L. , Hu, W. , Temperature - driven growth of reduced graphene oxide/copper nanocomposites for glucose sensing. *Nanotechnology*, 27, 495603, 2016.

[133] Yang, S. , Li, G. , Wang, D. , Qiao, Z. , Qu, L. , Synthesis of nanoneedle - like copper oxide on N - doped reduced graphene oxide: A three - dimensional hybrid for nonenzymatic glucose sensor. *Sens. Actuators, B*, 238, 588, 2017.

[134] Wang, Y. , Hou, C. , Zhang, Y. , He, F. , Liu, M. , Li, X. , Preparation of graphene nano - sheet bonded PDA/MOF microcapsules with immobilized glucose oxidase as a mimetic multi - enzyme system for electrochemical sensing of glucose. *J. Mater. Chem. B*, 4, 3695, 2016.

[135] Ashrafi, M. , Salimi, A. , Arabzadeh, A. , Photoelectrocatalytic enzymeless detection of glucose at reduced graphene oxide/CdS nanocomposite decorated with finny ball CoOx nanostructures. *J. Electroanal. Chem.* , 783, 233, 2016.

[136] Wu, F. , Huang, T. , Hu, Y. , Yang, X. , Xie, Q. , One - pot electrodeposition of a composite film of glucose oxidase, imidazolium alkoxysilane and chitosan on a reduced graphene oxide - Pt nanoparticle/Au electrode for biosensing. *J. Electroanal. Chem.* , 781, 296, 2016.

[137] Yang, J. , Ye, H. , Zhang, Z. , Zhao, F. , Zeng, B. , Metal - organic framework derived hollow polyhedron $CuCo_2O_4$ functionalized porous graphene for sensitive glucose sensing. *Sens. Actuators, B*, 242, 728, 2017.

[138] Belkhalfa, H. , Teodorescu, F. , Quéniat, G. , Coffinier, Y. , Dokhan, N. , Sam, S. , Abderrahmani, A. , Boukherroub, R. , Szunerits, S. , Insulin impregnated reduced graphene oxide/$Ni(OH)_2$ thin films for electrochemical insulin release and glucose sensing. *Sens. Actuators, B*, 237, 693, 2016.

[139] Li, S. , Xiong, J. - X. , Chen, C. - X. , Chu, F. - Q. , Kong, Y. , Deng, L. - H. , Amperometric biosensor

based on electrochemically reduced graphene oxide/poly(m – dihydroxybenzene) composites for glucose determination. *Mater. Technol.* ,32,1,2017.

[140] Benjamin,M. ,Manoj,D. ,Thenmozhi,K. ,Bhagat,P. R. ,Saravanakumar,D. ,Senthilkumar,S. ,A bioinspired ionic liquid tagged cobalt – salophen complex for nonenzymatic detection of glucose. *Biosens. Bioelectron.* ,91,380,2017.

[141] Xue,Z. ,He,N. ,Rao,H. ,Hu,C. ,Wang,X. ,Wang,H. ,Liu,X. ,Lu,X. ,A green synthetic strategy of nickel hexacyanoferrate nanoparticals supported on the graphene substrate and itsnon – enzymatic amperometric sensing application. *Appl. Surf. Sci.* ,396,515,2017.

[142] Srivastava,S. ,Kumar,V. ,Arora,K. ,Singh,C. ,Ali,M. A. ,Puri,N. K. ,Malhotra,B. D. ,Antibody conjugated metal nanoparticle decorated graphene sheets for a mycotoxin sensor. *RSC Adv.* ,6,56518,2016.

[143] Tadayon,F. ,Vahed,S. ,Bagheri,H. ,Au – Pd/reduced graphene oxide composite as a new sensing layer for electrochemical determination of ascorbic acid,acetaminophen and tyrosine. *Mater. Sci. Eng. C*,68,805,2016.

[144] Chekin,F. ,Teodorescu,F. ,Coffinier,Y. ,Pan,G. – H. ,Barras,A. ,Boukherroub,R. ,Szunerits,S. ,MoS_2/reduced graphene oxide as active hybrid material for the electrochemical detection of folic acid in human serum. *Biosens. Bioelectron.* ,85,807,2016.

[145] Halder,A. ,Zhang,M. ,Chi,Q. ,Electroactive and biocompatible functionalization of graphene for the development of biosensing platforms. *Biosens. Bioelectron.* ,87,764,2017.

[146] Sun,B. ,Gou,Y. ,Ma,Y. ,Zheng,X. ,Bai,R. ,Ahmed Abdelmoaty,A. A. ,Hu,F. ,Investigate electrochemical immunosensor of cortisol based on gold nanoparticles/magnetic functionalized reduced graphene oxide. *Biosens. Bioelectron.* ,88,55,2017.

[147] Sharafeldin,M. ,Bishop,G. W. ,Bhakta,S. ,El – Sawy,A. ,Suib,S. L. ,Rusling,J. F. ,Fe_3O_4 nanoparticles on graphene oxide sheets for isolation and ultrasensitive amper ometric detection of cancer biomarker proteins. *Biosens. Bioelectron.* ,91,359,2017.

[148] Liu,J. ,Cui,M. ,Niu,L. ,Zhou,H. ,Zhang,S. ,Enhanced peroxidase – like properties of graphene – hemin – composite decorated with Au nanoflowers as electrochemical aptamer biosensor for the detection of K562 leukemia cancer cells. *Chem. Eur. J.* ,22,18001,2016.

[149] Liu,F. ,Tang,J. ,Xu,J. ,Shu,Y. ,Xu,Q. ,Wang,H. ,Hu,X. ,Low potential detection of indole – 3 – acetic acid based on the peroxidase – like activity of hemin/reduced graphene oxide nanocomposite. *Biosens. Bioelectron.* ,86,871,2016.

[150] Ye,Y. ,Gao,J. ,Zhuang,H. ,Zheng,H. ,Sun,H. ,Ye,Y. ,Xu,X. ,Cao,X. ,Electrochemical gene sensor based on a glassy carbon electrode modified with hemin – functionalized reduced graphene oxide and gold nanoparticle – immobilized probe DNA. *Microchim. Acta*,184,245,2017.

[151] Borazjani,M. ,Mehdinia,A. ,Ziaei,E. ,Jabbari,A. ,Maddah,M. ,Enantioselective electrochemical sensor for R – mandelic acid based on a glassy carbon electrode modified with multi – layers of biotin – loaded overoxidized polypyrrole and nanosheets of reduced graphene oxide. *Microchim. Acta*,184,611,2017.

[152] Chauhan,N. ,Chawla,S. ,Pundir,C. S. ,Jain,U. ,An electrochemical sensor for detectionof neurotransmitter – acetylcholine using metal nanoparticles,2D material and conducting polymer modified electrode. *Biosens. Bioelectron.* ,89,377,2017.

[153] Wang,Q. ,Wang,L. ,Sheng,K. ,Zou,L. ,Li,G. ,Ye,B. ,A simple and sensitive method for determination of tetrahydropalmatine based on a new voltammetric sensor. *Talanta*,161,238,2016.

[154] Mohammad – Rezei,R. and Razmi,H. ,Preparation and characterization of hemoglobin immobilized on graphene quantum dots – chitosan nanocomposite as a sensitive and stable hydrogen peroxide biosensor.

Sens. Lett. ,14,685,2016.

[155] Samuei,S. ,Fakkar,J. ,Rezvani,Z. ,Shomali,A. ,Habibi,B. ,Synthesis and characterization of graphene quantum dots/CoNiAl – layered double – hydroxide nanocomposite: Application as a glucose sensor. *Anal. Biochem.* ,521,31,2017.

[156] Shadjou,N. ,Hasanzadeh,M. ,Talebi,F. ,Marjani,A. P. ,Graphene quantum dot functionalized by beta – cyclodextrin: A novel nanocomposite toward amplification of L – cysteine electrooxidation signals. *Nanocomposites*,2,18,2016.

[157] Wang,L. ,Tricard,S. ,Yue,P. ,Zhao,J. ,Fang,J. ,Shen,W. ,Polypyrrole and graphene quantum dots@ Prussian Blue hybrid film on graphite felt electrodes: Application for amperometric determination of L – cysteine. *Biosens. Bioelectron.* ,77,1112,2016.

[158] Hasanzadeh, M. , Karimzadeh, A. , Shadjou, N. , Mokhtarzadeh, A. , Bageri, L. , Sadeghi, S. , Mahboob, S. ,Graphene quantum dots decorated with magnetic nanoparticles: Synthesis, electrodeposition, characterization and application as an electrochemical sensor towards determination of some amino acids at physiological pH. *Mater. Sci. Eng. C*,68,814,2016.

[159] Li,Y. ,Jiang,Y. ,Mo,T. ,Zhou,H. ,Li,Y. ,Li,S. ,Highly selective dopamine sensor based on graphene quantum dots self – assembled monolayers modified electrode. *J. Electroanal. Chem.* ,767,84,2016.

[160] Pang,P. ,Yan,F. ,Li,H. ,Li,H. ,Zhang,Y. ,Wang,H. ,Wu,Z. ,Yang,W. ,Graphene quantum dots and Nafion composite as an ultrasensitive electrochemical sensor for the detection of dopamine. *Anal. Methods*,8,4912,2016.

[161] Arvand,M. and Hemmati,S. ,Magnetic nanoparticles embedded with graphene quantum dots and multiwalled carbon nanotubes as a sensing platform for electrochemical detection of progesterone. *Sens. Actuators,B*,238,346,2017.

[162] Shadjou,N. ,Hasanzadeh,M. ,Talebi,F. ,Marjani,A. P. ,Integration of β – cyclodextrin into graphene quantum dot nano – structure and its application towards detection of Vitamin C at physiological pH: A new electrochemical approach. *Mater. Sci. Eng. C*,67,666,2016.

[163] Arvand,M. ,Abbasnejad,S. ,Ghodsi,N. ,Graphene quantum dots decorated with Fe_3O_4 nanoparticles/functionalized multiwalled carbon nanotubes as a new sensing platform for electrochemical determination of L – DOPA in agricultural products. *Anal. Methods*,8,5861,2016.

[164] Huang,J. – Y. ,Bao,T. ,Hu,T. – X. ,Wen,W. ,Zhang,X. – H. ,Wang,S. – F. ,Voltammetric determination of levofloxacin using a glassy carbon electrode modified with poly(o – aminophenol) and graphene quantum dots. *Microchim. Acta*,184,127,2017.

[165] Hashemzadeh,N. ,Hasanzadeh,M. ,Shadjou,N. ,Eivazi – Ziaei,J. ,Khoubnasabjafari,M. ,Jouyban,A. , Graphene quantum dot modified glassy carbon electrode for the determination of doxorubicin hydrochloride in human plasma. *J. Pharm. Anal.* ,6,235,2016.

[166] Hasanzadeh,M. ,Hashemzadeh,N. ,Shadjou,N. ,Eivazi – Ziaei,J. ,Khoubnasabjafari,M. ,Jouyban,A. , Sensing of doxorubicin hydrochloride using graphene quantum dot modified glassy carbon electrode. *J. Mol. Liq.* ,221,354,2016.

[167] Bali Prasad,B. ,Kumar,A. ,Singh,R. ,Synthesis of novel monomeric graphene quantum dots and corresponding nanocomposite with molecularly imprinted polymer for electrochemical detection of an anticancerous ifosfamide drug. *Biosens. Bioelectron.* ,94,1,2017.

[168] Li,J. ,Qu,J. ,Yang,R. ,Qu,L. ,de B. Harrington,P. ,A sensitive and selective electrochemical sensor based on graphene quantum dot/gold nanoparticle nanocomposite modified electrode for the determination of quercetin in biological samples. *Electroanalysis*,28,1322,2016.

[169] Jian, X., Liu, X., Yang, H., Guo, M., Song, X., Dai, H., Liang, Z., Graphene quantum dotsmodified glassy carbon electrode via electrostatic self - assembly strategy and its application. *Electrochim. Acta*, 190, 455, 2016.

[170] Hu, T., Zhang, L., Wen, W., Zhang, X., Wang, S., Enzyme catalytic amplification of MiRNA - 155 detection with graphene quantum dot - based electrochemical biosensor. *Biosens. Bioelectron.*, 77, 451, 2016.

[171] Pang, X., Bian, H., Wang, W., Liu, C., Khan, M. S., Wang, Q., Qi, J., Wei, Q., Du, B., Abio - chemical application of N - GQDs and g - C_3N_4 QDs sensitized TiO_2 nanopillars for the quantitative detection of pcDNA3 - HBV. *Biosens. Bioelectron.*, 91, 456, 2017.

[172] Xiaoyan, Z., Ruiyi, L., Zaijun, L., Zhiguo, G., Guangli, W., Ultrafast synthesis of gold/proline - functionalized graphene quantum dots and its use for ultrasensitive electrochemical detection of p - acetamidophenol. *RSC Adv.*, 6, 42751, 2016.

[173] Hasanzadeh, M., Mokhtari, F., Shadjou, N., Eftekhari, A., Mokhtarzadeh, A., Jouyban - Gharamaleki, V., Mahboob, S., Poly arginine - graphene quantum dots as a biocompatible and non - toxic nanocomposite: Layer - by - layer electrochemical preparation, characterization and non - invasive malondialdehyde sensory application in exhaled breath condensate. *Mater. Sci. Eng. C*, 75, 247, 2017.

[174] Vasilescu, I., Eremia, S. A. V., Kusko, M., Radoi, A., Vasile, E., Radu, G. - L., Molybdenum disulphide and graphene quantum dots as electrode modifiers for laccase biosensor. *Biosens. Bioelectron.*, 75, 232, 2016.

[175] Valipour, A. and Roushani, M., Using silver nanoparticle and thiol graphene quantum dots nanocomposite as a substratum to load antibody for detection of hepatitis C virus core antigen: Electrochemical oxidation of riboflavin was used as redox probe. *Biosens. Bioelectron.*, 89, 946, 2017.

[176] Pang, X., Zhang, Y., Liu, C., Huang, Y., Wang, Y., Pan, J., Wei, Q., Du, B., Enhanced photoelectrochemical cytosensing of fibroblast - like synoviocyte cells based on visible light - activated Ox - GQDs and carboxylated g - C_3N_4 sensitized TiO_2 nanorods. *J. Mater. Chem. B*, 4, 4612, 2016.

[177] Tuteja, S. K., Chen, R., Kukkar, M., Song, C. K., Mutreja, R., Singh, S., Paul, A. K., Lee, H., Kim, K. - H., Deep, A., Suri, C. R., A label - free electrochemical immunosensor for the detection of cardiac marker using graphene quantum dots (GQDs). *Biosens. Bioelectron.*, 86, 548, 2016. J

[178] Bhatnagar, D., Kaur, I., Kumar, A., Ultrasensitive cardiac troponin I antibody based nanohybrid sensor for rapid detection of human heart attack. *Int. J. Biol. Macromol.*, 95, 505, 2017.

[179] Yang, Y., Liu, Q., Liu, Y., Cui, J., Liu, H., Wang, P., Li, Y., Chen, L., Zhao, Z., Dong, Y., A novel label - free electrochemical immunosensor based on functionalized nitrogen - doped graphene quantum dots for carcinoembryonic antigen detection. *Biosens. Bioelectron.*, 90, 31, 2017.

第9章 基于绿色合成石墨烯和石墨烯纳米复合材料的电化学生物传感器

Mahmoud Amouzadeh Tabrizi, Lluis F. Marsalf
西班牙塔拉戈纳维吉利罗维拉大学电气工程系

摘　要　石墨烯是由 sp^2 键合碳组成的单一芳香层,它具有独特的电学、光学、热学、力学和催化性能,在纳米电子学和生物医学等领域有着广泛的应用前景。这种纳米片可以用多种方法合成。在目前制备还原氧化石墨烯的方法中,绿色合成的还原石墨烯纳米复合材料以其独特的生物相容性、大表面积、表面功能化能力和低成本的合成工艺等特点,在生物医学器件中具有广泛的应用前景。本章全面概述了石墨烯和石墨烯纳米复合材料的绿色合成,其电化学生物传感应用包括酶基生物传感器、DNA 生物传感器、适体酶传感器以及用于测定小分子、重金属、DNA 靶点、肿瘤标记物和癌细胞的免疫传感器。

关键词　绿色合成石墨烯,电化学生物传感器,酶生物传感器,DNA 传感器,适体传感器,免疫传感器

9.1 引言

2004 年 Andre Geim 和 Konstantin Novoselov 发现石墨烯,引起了人们对石墨烯及其应用的极大兴趣[1]。石墨烯是一种由 sp^2 键合碳构成的单一芳香层,具有独特的电学、光学、热学、力学和催化性能,因而具有广泛的应用前景。在过去的几年中,人们一直致力于通过氧化石墨烯来获得石墨烯,氧化石墨烯是石墨烯的一种氧化形式,在碳原子的六角网络上用羟基和环氧官能团修饰,其边缘带有羧基。由于大量含氧官能团以及片晶板边缘的排斥性静电相互作用,氧化石墨烯具有高度亲水性并形成稳定的水胶体[2]。为了制备功能石墨烯,必须用肼和硼氢化钠等还原剂对石墨烯的表面进行改性。这导致了还原氧化石墨烯的合成。通过化学作用也可以造成石墨烯剥落,从而改善其性能[3-4]。然而,强化学还原剂有毒且不稳定。几个研究小组已经研究了还原氧化石墨烯的合成,采用了一种环保无毒的方法,用于各种应用的大规模工业生产[5-7]。考虑到使用化学还原剂对氧化石墨烯进行还原和剥离所造成的环境危害,一些绿色还原剂因其易于制备纳米材料而引起了广泛的研究兴趣。例如,糖[8]、蛋白质－牛血清白蛋白[9]、肝素[10]、丙氨酸[11]和抗坏血酸[12]在还原氧化石墨烯方面效果良好。因此,石墨烯工业需要一种高效、低成本、无

毒、环保的绿色还原剂。这些绿色还原剂还充当稳定剂，也有助于提高还原氧化石墨烯在液相中的稳定性和分散性。众所周知，植物提取物还具有抗氧化和抗菌性能，因为它们能够减少自由基的形成和清除自由基[13-14]。据报道，植物提取物中天然抗氧化剂的来源，如啤酒[15]、茶[16]、玫瑰水[17]和胡萝卜根[18]，都是酚类化合物。啤酒中的酚类化合物具有生物相容性，主要由丁香酸、香豆酸、阿魏酸、原儿茶酸、香草醛酸、咖啡酸、对羟基苯甲酸、鞣酸、表儿茶素和槲皮素组成。这些化合物是优良的抗氧化剂，因为它们容易与活性氧（如自由基）发生反应。氧化后，酚类基团转化为相应的醌形式，在自然界中也具有生物相容性[19]。酚类化合物（电子供体替代物）以前被用于纳米颗粒的绿色合成。

此外，可以使用施加的 DC 偏压电化学还原氧化石墨烯。Xia 等[20]首次报道了一种简单快速的方法，通过在石墨电极上电化学还原剥落的氧化石墨烯来大规模合成高质量的石墨烯纳米片，并且通过提高还原温度可以加快反应速度。缺陷将通过这种方式或退火进一步消除。该方法具有新、快速、绿色三个明显的优点，不使用有毒溶剂，不会对产品造成污染；高的负电位可以克服氧官能团羟基（—OH）、环氧（—C—O—C）在平面上的还原和—COOH 在边缘上的还原的能量障碍，从而有效地还原了剥落的氧化石墨烯；该修饰电极可进一步应用于生物分析、生物传感器和电催化等领域。

近年来，纳米科学领域越来越多的研究也致力于石墨烯的绿色合成，为纳米科技的应用打开了大门。绿色合成还原石墨烯纳米复合材料以其独特的生物相容性、大表面积、表面功能化能力、低成本的合成工艺等特点，在生物医学器件中具有广泛的应用前景。本章全面概述了石墨烯和石墨烯纳米复合材料的绿色合成，其电化学生物传感应用包括酶基生物传感器、DNA 生物传感器、适体酶传感器以及用于测定小分子、重金属、DNA 靶点、肿瘤标志物和癌细胞的免疫传感器。

9.2 应用于葡萄糖检测领域的基于绿色石墨烯和石墨烯纳米复合材料的酶电化学传感器

快速、准确地分析过氧化氢、葡萄糖、酒精等小分子生物材料在食品工业、临床控制、环境保护等领域具有重要意义。文献中报道了紫外－可见光谱法、化学发光法和滴定法等常规技术测定这些小分子。然而，传统的检测方法往往耗时长，难以实现自动检测。此外，这些方法大多存在灵敏度低、易受分析样品中其他物质干扰等局限性。为了克服这些缺点，基于电极与固定化酶/蛋白质之间直接电子转移的电化学生物传感器因其简单、高灵敏度和选择性而特别有前途。在基于直接电子转移的生物传感器中，生物分子与电极结合在一起，关键的一步是电子在生物分子之间的转移。然而，在许多情况下，有几个因素困扰着酶/蛋白质的氧化还原中心和电极之间的直接电通信，包括蛋白质结构深处的电活性修复基团、蛋白质在电极上的吸附变性以及电极上的不利取向。根据马库斯理论，电子转移距离是氧化还原酶/蛋白质直接电化学的决定性因素，它取决于酶/蛋白质内氧化还原位点与电极表面的总距离，以及酶/蛋白质在电极上的取向。因此，对于优化设计的电极结构，电子转移距离应尽可能短。石墨烯等碳基纳米材料适合作为“电子线”来缩短电子转移距离，增强酶/蛋白质氧化还原中心与电极表面之间的电子转移。本节全面概述了基于固定化酶和碳基纳米复合材料修饰电极之间直接电子转移的电化学生物传感器。

9.2.1 葡萄糖生物传感器

糖尿病是世界上一个主要的公共卫生问题,属于代谢紊乱。一份新的报告证实,目前地球上有近3.5亿人患有糖尿病。因此,血糖的测定和控制非常重要,如果不加以控制,会引起视网膜病变、肾病、神经病变、高血压、心脏病、中风、胃轻瘫、外周动脉疾病、蜂窝组织炎和抑郁症[21]。

Amouzadeh Tabrizi 及其同事[22]报道了一种以玫瑰水为还原剂,合成以金纳米粒子修饰的还原氧化石墨烯($rGO-Au_{nano}$)的环保方法。利用紫外-可见吸收光谱、拉曼光谱、原子力显微镜、扫描电子显微镜和X射线衍射对所制备的材料进行了表征。结果表明,得到的纳米复合材料能催化溶解氧的还原。因此,该 $rGO-Au_{nano}$ 纳米复合材料是制备葡萄糖氧化酶等氧基生物传感器的良好改性剂。为了制备葡萄糖生物传感器,将 6μLrGO - Au_{nano}溶液浇铸在玻碳电极表面,并在室温下干燥。将制备的 $rGO-Au_{nano}$/玻碳电极在4℃下浸入磷酸盐缓冲溶液(0.05mol/L,pH7.0)中的葡萄糖氧化酶工作溶液(10mg mL^{-1})中约24h,将葡萄糖氧化酶固定在电极表面上。最后,用水彻底冲洗制成的葡萄糖生物传感器(葡萄糖氧化酶/$rGO-Au_{nano}$/玻碳电极),以洗去松散吸附的酶分子。循环伏安法研究表明,固定化葡萄糖氧化酶和玻碳电极之间的直接电子转移导致了一对明确的氧化还原峰。结果表明,葡萄糖氧化酶的活性氧化还原中心黄素腺嘌呤二核苷酸(FAD)能直接与电极进行电子通信,whkh 深埋于葡萄糖氧化酶的保护蛋白壳中。这种能力归因于$rGO-Au_{nano}$晶体的形貌和特殊的电子输运性质膜上电活性葡萄糖氧化酶的表面浓度(Γ)可根据 50mV/s 扫描速率下循环伏安图中阴极峰的电荷积分计算,$Q=nFA\Gamma$,式中 Q 为 C 中消耗的电荷,A 为电极面积(cm^2),F 为法拉第常数,n 为转移的电子数。Γ 为 $3.52\times10^{-10}mol/cm^2$($n=2$)。它的价值是该值比裸电极表面葡萄糖氧化酶单层的理论值($2.86\times10^{-12}mol/cm^2$)高两个数量级[23],表明纳米结构 $rGO-Au_{nano}$ 提供了较大的表面积和较高的 $rGO-Au_{nano}$ 纳米复合物固定酶的能力。在不同 pH 值(3.0~9.0)的 0.1mol/L N_2-磷酸缓冲溶液中记录了 $rGO-Au_{nano}$ 中固定化葡萄糖氧化酶/玻碳电极的直接电子转移反应。葡萄糖氧化酶/$rGO-Au_{nano}$/玻碳电极的循环伏安法测量表明,葡萄糖氧化酶的阳极和阴极峰电位均向负方向移动,形式电位($E^{0\prime}$)与 pH 呈直线关系,斜率为57.0mV/pH,接近双质子与双电子氧化还原反应过程的理论值(59.0mV/pH)[23]:

$$\text{葡萄糖氧化酶}-FAD+2e^-+2H^+\longrightarrow\text{葡萄糖氧化酶}-FADH_2 \tag{9.1}$$

用地面控制电化学系统($\Delta E_p<200mV$,$a=0.5$)[24] Lavirons 方程式(9.2)计算了固定化葡萄糖氧化酶在 $rGO-Au_{nano}$/玻碳电极中氧化还原反应的表观异相电子转移速率常数(k_s):

$$k_s=\frac{mnvF}{RT} \tag{9.2}$$

式中:m 为与峰电位分离有关的参数;n 为与反应有关的电子数;v 为扫描速率;F 为法拉第常数 96485C/mol;R 是通用气体常数 8.31J/(K·mol);T 为开尔文的温度。葡萄糖氧化酶的 k_s平均值为 $5.35s^{-1}$,表明固定化葡萄糖氧化酶在 $rGO-Au_{nano}$/玻碳电极上的直接电子转移具有良好的可逆性。k_s高于先前报道的在 MWCNT 壳聚糖($1.08s^{-1}$)[25-26]在硼掺杂的 MWCNT($1.56s^{-1}$)[26] MWCNT-CTAB($1.53s^{-1}$)[27],SECHT-壳聚糖($3.0s^{-1}$)[28]

和 CNT－聚（二烯丙基二甲基氨－氯）（PDDA）修饰电极）（2.76s^{-1}）[29]。

利用线性布克方程[30]的电化学版 $1/I_m = 1/I_{max} + K_M^{app}/(C \times I_{max})$，其中$I_m$为添加底物后的稳态电流，$I_{max}$为最大电流，$C$为葡萄糖浓度，由截距和斜率计算葡萄糖氧化酶//玻碳电极的米氏常数（K_M^{app}）得到 $1/I_m$ 比 $1/C$ 的线性曲线图。K_M^{app}为0.144mol/L，小于生物传感器的报道值[31-34]。葡萄糖氧化酶K_M^{app}在 rGO－Au_{nano}纳米复合材料上的作用越小，说明酶电极对葡萄糖氧化的酶活性越高，对基质的亲和力也越高。由此产生的生物传感器对葡萄糖表现出良好的反应。结果发现，氧消耗随葡萄糖浓度的增加呈线性增加，相关系数（R^2）为0.9885，灵敏度为0.0835μA/（mmol/L）。在信噪比为3的情况下，生物传感器的检测限估计为10μmol/L。结果表明，所制备的 rGO－Au_{nano}纳米复合材料是固定化葡萄糖氧化酶和制备葡萄糖生物传感器的良好生物相容性模板。

研究还表明，十二烷基硫酸钠－电化学还原氧化石墨烯（SDS－ERGO）纳米复合材料不仅提高了电极表面的固定葡萄糖氧化酶，而且还促进了溶解氧的还原[35]。已有许多研究报告电化学方法是一种很有前途的绿色石墨烯合成方法[2,36]。表面活性剂是一种两亲性分子，一端为极性头，另一端为长疏水性尾。它们可以自发吸附在具有不同极性的两相界面上，也可以与溶液中的胶束结合。由于表面活性剂的增强效应和改变电极/溶液界面性质的能力，SDS 等表面活性剂在电分析化学中得到了广泛的应用[37-38]。SDS 的生物相容性也为维持固定化蛋白的活性提供了良好的微环境[39]。为了制备葡萄糖生物传感器，将3μL 的氧化石墨烯溶液浇铸在玻碳电极表面，并在室温下干燥。然后，将5μL SDS 溶液浇铸在玻碳电极/氧化石墨烯表面，并再次在室温下干燥。最后，将电极浸入 GOD 溶液（3mg/100μL，pH5.5PBS）中1h。还用水彻底冲洗电极以去除未吸附的 GOD 分子，并在空气中干燥。然后，采用电位阶跃法对氧化石墨烯进行电化学还原：在饱和磷酸盐缓冲溶液（0.1mol/L，pH＝7）中，工作电极的电位相对于 Ag|AgCl 保持在－0.85V 不变30min。不使用时，将玻碳电极/ERGO/SDS/GOD 储存在4℃磷酸盐缓冲液（0.1mol/L，pH7.0）中。葡萄糖氧化酶在 SDS－ERGO/玻碳电极上的平均表面覆盖率为2.62×10^{-10}mol/cm^2。形式电位对溶液 pH 的依赖性也表明葡萄糖氧化酶的直接电子转移反应是一个双质子双电子氧化还原反应过程（57.7mV/pH）。葡萄糖氧化酶在玻碳电极/ERGO－SDS 电极表面的表观非均相电子转移速率常数为4.1s^{-1}。玻碳电极/ERGO－SDS/GOD 对葡萄糖有良好的响应，线性范围为1～8mm（R^2＝0.9875），重现性好，检测限为40.8μmol/L。玻碳电极/ERGO－SDS/GOD 具有良好的重复性和稳定性。

Ye 及其同事报道了一种基于葡萄糖氧化酶在电化学还原羧基石墨烯修饰玻碳电极表面自组装的直接电子转移的葡萄糖生物传感器[40]。X 射线光电子能谱结果表明，还原羧基石墨烯的电化学还原可以通过消除还原羧基石墨烯中的环氧基/醚基和羟基等含氧基团来提高其导电性，而羧基则通过自组装进一步固定葡萄糖氧化酶。为了制备葡萄糖生物传感器，将6mL 羧基石墨烯水分散体（2mg/mL）浇铸在经预处理的玻碳电极表面，并使其在环境条件下干燥。在玻碳电极上进行了还原羧基石墨烯的循环伏安扫描，扫描速度为0.05V/s，扫描电压为0.7～0.9V，于 N_2饱和0.5mol/L NaCl 溶液中进行五个循环。之后，用0.05mol/L 磷酸盐缓冲盐水彻底冲洗电极，然后将电极浸入含有10mmol/L 碳二酰亚胺盐酸盐（EDC）和20mmol/L N－羟基磺基丁二酰亚胺（NHS）的0.05mol/L 磷酸盐缓冲盐水中1h，以激活电化学还原羧基石墨烯中的羧基。然后用 PBS 快速清洗电极，立即将其浸入 GOD(10mg/mL GOD,pH7.4),持续 2h。之后,用去离子、超滤水彻底冲洗生物传感器,在空气中干燥,不使用时储存在 41℃。该电极的循环伏安结果显示一对明确的准可逆氧化还原峰,其形式电位为 -0.467V,峰间距为 49mV,表明葡萄糖氧化酶与电极之间实现了直接的电子转移。阴极峰电流(I_{pc})归因于葡萄糖氧化酶 - FAD 氧化还原位点的还原,而阳极峰电流(I_{pa})归因于葡萄糖氧化酶 - $FADH_2$ 氧化还原位点的氧化。此外,GCE/ERCGr - GOD 在氧(O_2)还原和葡萄糖氧化方面表现出良好的电催化活性,这将在下一节讨论。众所周知,GOD 的活性氧化还原中心黄素腺嘌呤二核苷酸(FAD)深埋于保护性蛋白壳中,这使得与电极的直接电子传输极为困难。但是,实验结果表明,ERCGr 提供了一种良好的生物相容性介质,具有特殊的电子传输特性,可以实现 GOD 与介质之间的直接电子转移。该研究小组提出的生物传感器在 O_2 饱和磷酸盐缓冲盐溶液中对葡萄糖浓度的线性响应范围为 2 ~ 18mmol/L,检测限为 0.02mmol/L。

Chen 及其同事[41]报道了一种基于葡萄糖氧化酶在电极表面的直接电子转移的葡萄糖传感器,电极表面修饰有电化学还原的氧化石墨烯、多壁碳纳米管和 Au 纳米粒子。扫描电子显微镜、X 射线衍射、UV - vis 和 FTIR 光谱证实了 ErGo - MWNT/Au 纳米粒子的形成。XRD 和 FTIR 分析结果表明,氧化石墨烯经电化学还原后,其含氧官能团被显著去除。GOD 的氧化还原峰出现在 MWNT/Au 纳米粒子/GOD、ErGO/Au 纳米粒子/GOD、ErGO - MWNT/GOD 和 ErGO - MWNT/Au 纳米粒子/GOD 电极上。然而,固定化 GOD 在 EGrO - MWNT/Au 纳米粒子/GOD 电极上有一对清晰的可逆氧化还原峰,比其他电极都高。这种能力归因于 EGrO - MWNT/Au 纳米粒子的形貌和特殊的电子传输特性。Γ 和 k_s 计算的值分别为 $1.05 \times 10^{-9}mol/cm^2$ 和 $3.36s^{-1}$。用循环伏安法和计时安培法测定了其电化学参数。在 O_2 饱和 PB 溶液 -0.44V 与 $Ag|AgCl|KCl_{sat}$ 的外加电位下,葡萄糖检测的安培校准方程在 10μmol/L ~ 2mmol/L 的浓度范围内呈线性,检测限为 4.1μmol/L,在 2 ~ 5.2mmol/L 的浓度范围内,检测限为 0.95mm。图 9.1 显示了拟用葡萄糖生物传感器制造和所用传感机制的示意图。

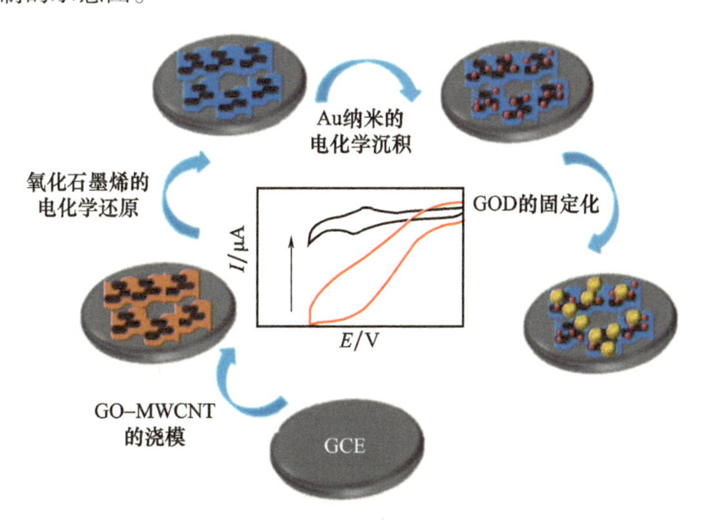

图 9.1 ErGO - MWNT/AuNP/GOD 膜修饰 GCE 的制备示意图

表9.1为石墨烯葡萄糖生物传感器的分析性能。

表9.1 石墨烯葡萄糖生物传感器的分析性能

生物传感器	LR/(mmol/L)	检测限/(μmol/L)	k_s/s^{-1}	K_M^{app}/(mmol/L)	参考文献
GOD/MGF/GCE	1~12	250	4.8	3.2	[42]
GOD/rGO-AuNP/GCE	0.02~2.26	4.1	3.25	0.038	[43]
GOD自组装rGO/GCE	0.1~10	10	2.68	—	[44]
GOD/rGO/Au_{nano}/chit/GCE	2~14	180	—	—	[45]
GOD/rGO/PAN/Au_{nano}/GCE	0.004~1.12	0.6	4.8	0.6	[46]
GOD/rGO-Au_{nano}/GCE	0.2~20	17	—	—	[47]
GOD/rGO/Au_{nano}/GCE	0.5~12.5	160	5.27	—	[48]
GOD/rGO-CdS/GCE	2~16	700	5.9	1.6	[49]
GOD/GQD/GCE	0.005~1.27	1.73	1.12	0.76	[50]
GOD/poly($ViBuIm^+Br^-$)-rGO/GCE	1~20	267	—	2.4	[51]
SGN/Au/GCE	2~16	200	—	3.25	[52]
GOD/$pt_{纳米花}$/GO/GCE	0.005~1	2.8	—	—	[53]
GOD/rGO-Au_{nano}/GCE	1~8	10	5.35	0.144	[22]
GOD/ErGO-SDS/GCE	1~8	40.8	4.1	—	[35]
ERCGr-GOD/GCE	2~18	20	—	—	[40]
GOD/GNS-PEI-AuNP/GCE	0.001~0.1	0.32	5.4	—	[54]
GOD-FF-rGO/GCE	0.1~30	10	6.23	—	[55]
GOD/CHO-IL/ErGO/SPE	0.05~2.4	17	—	—	[56]

GOD：葡萄糖氧化酶；MGF：介孔石墨烯泡沫，rGO：还原氧化石墨烯；PAN：聚苯胺，GQD：GQD，chit：壳聚糖；poly($ViBuIm^+Br^-$)-rGO：聚(1-乙烯基-3-丁咪唑溴)-rGO；SGN：磺化石墨烯纳米片；GO：氧化石墨烯；GNS-PEI-AuNP：石墨烯-聚乙烯亚胺-金纳米粒子杂化；GOx-FF-rGO：葡萄糖氧化酶二苯丙氨酸还原氧化石墨烯；SPE：丝网印刷电极；CHO-IL：醛官能化离子液体。

9.2.2 过氧化氢生物传感器

快速准确地测定过氧化氢(H_2O_2)在医药、食品工业、生物和环境保护等许多领域都具有重要意义[57-59]。因此，选择性、快速、准确地测定其含量具有重要意义。近年来的研究表明，基于酶的电化学H_2O_2传感器因其简单、选择性好、测量速度快、使用方便等优点，成为广泛应用的生物传感器。到目前为止，许多酶已被用于制造H_2O_2生物传感器，如辣根过氧化物酶(HRP)[60]、血红蛋白(Hb)[61]、肌红蛋白(Mb)[62]、过氧化氢酶(Cat)[63]、细胞色素c(Cyt c)和肌氨酸氧化酶(Sox)[64]。Liu及其同事[65]报告了一种新的策略，即利用石墨烯、聚多巴胺和金纳米粒子制造H_2O_2电流型生物传感器，以改善分析特性。该纳米复合材料采用高效的一锅法绿色合成，为肌红蛋白与电极之间实现直接电子转移提供了良好的微环境。以抗坏血酸为绿色还原剂，合成了还原氧化石墨烯纳米复合材料。然后，在4℃的剧烈搅拌下，将$HAuCl_4$和肌红蛋白加入到石墨烯溶液中。然后，在连续的磁力搅拌下，将多巴胺逐滴加入混合物中。反应30min后，离心得到产物，用水洗涤数次。利用X射线能谱、扫描电镜、UV-vis吸收光谱和电化学阻抗谱对所制备的纳米生物复合材料进行了表征。用循环伏安法和安培法测定了其电化学参数。在 MGPG/玻碳电极上包埋的肌红蛋白的平均表面量(Γ)估计为 5.8×10^{-9}mol/cm^2,远大于肌红蛋白的理论单层覆盖率(1.58×10^{-11}mol/cm^2)。将肌红蛋白固定在生物传感器上的直接电子转移速率常数(k_s)为 3.4s^{-1},表明肌红蛋白在生物纳米复合膜中的电子转移是快速、简便的。这种优异的性能可归因于生物纳米复合膜中小分子的有效传输通道以及石墨烯和 Au 纳米粒子对电子转移的协同作用。纳米复合膜电极具有优良的肌红蛋白电子转移性能和良好的电催化性能,而 H_2O_2 电催化性能的降低主要是由于纳米复合膜具有良好的生物相容性、大比表面积和高导电性。电化学实验结果表明,该传感器对 H_2O_2 具有良好的电化学性能。修饰电极在 0.6~480μmol/L 的浓度范围内呈线性响应,检测下限为 0.2μmol/L。结果表明,K_M^{app}为 0.168mmol/L,表明固定在生物纳米复合膜中的蛋白质具有较高的酶活性。

Zhang 及其同事[66]报道了基于血红蛋白在石墨烯修饰碳纤维微电极表面直接电子转移的 H_2O_2 生物传感器。通过电化学还原氧化石墨烯分散,在碳纤维表面沉积了石墨烯。X 射线光电子能谱(XPS)分析结果表明,剥落的氧化石墨烯经电化学还原后,其含氧官能团被显著去除。在碳纤维表面电化学沉积三维多孔石墨烯层,然后用简单的浸渍法引入血红蛋白。固定化血红蛋白保留了其生物活性,血红蛋白在 Hb/GCFME 上的直接电化学显示出两个明确的氧化还原峰。随着 pH 值从 4.0 增加到 8.0,还原峰和氧化峰均出现负移,在 4.0~8.0 范围内,E_0值与 pH 值呈线性变化,斜率为 -0.051mV/pH,接近 59mV/pH。该值类似于根据以下方程式对可逆单电子单质子电化学反应进行理论计算得出的预期值:

$$\mathrm{Hb(Fe^{3+})+e^-+H^+\longleftrightarrow Hb(H^+-Fe^{2+})}$$

图 9.2 显示了拟议的H_2O_2生物传感器制造和所使用的传感机制示意图。

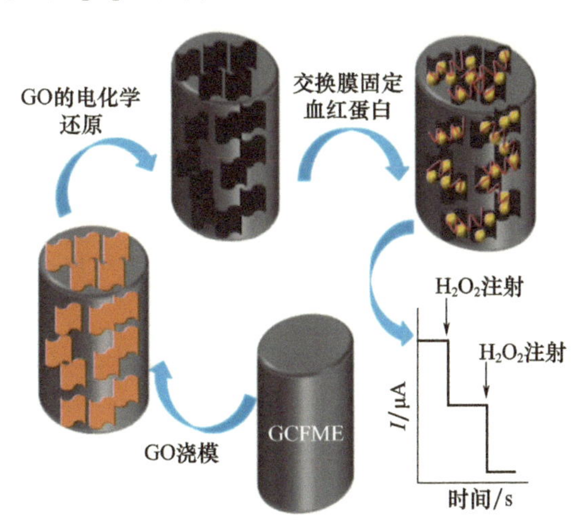

图 9.2 Hb/GCFME 制造示意图

Zhang 及其同事[67]报道了一种基于 HRP 在部分还原氧化石墨烯(PCRG)上自组装的电化学生物传感器。PCRG 含有醛官能团,能与 HRP 酶的伯胺相互作用。PCRG 能促进 HRP 与玻碳电极之间的电子转移,固定化 HRP 对苯酚和对氯酚的分解保持催化活性。以 L-AA 为还原剂,在常温水中还原氧化石墨烯。在典型实验中,在不同时间的剧烈搅拌下，将50mg L－AA添加到50mL(0.1mg/mL)氧化石墨烯水分散体中。PCRG产物经过滤从反应混合物中分离出来，用超纯水洗涤三次，最后再分散在超纯水中继续使用。将经过12h和24h还原的PCRG分别命名为CRG12H和CRG24H。在磷酸盐缓冲液中将100μL PCRG(1.0mg/mL)与100μL HRP(8.0mg/mL)混合，pH为7.4。然后将混合物在冰上摇动培养30min。使用前将所得溶液在4℃储存。将5IL含有HRP(HRP/PCRG)的PCRG(0.5mg/mL)水分散体的滴在玻碳电极表面，并在4℃下干燥24h。修饰电极在pH值为7.4的磷酸盐缓冲液中浸泡15min，去除游离酶后进行电化学测试。在不使用时，将修饰电极置于温度为4℃的磷酸盐缓冲溶液(pH为7.4)中。PCRG固定化HRP修饰的GC电极比CRG具有更好的电化学性能；该修饰电极可作为检测水中酚类分子或其他永久性有机污染物的酶基电流传感器。循环伏安法(CV)和差示脉冲伏安法(DPV)结果表明，HRP/PCRG/GCE能促进HRP的电子转移，可用于苯酚和对氯酚的检测。修饰电极在1～100μmol/L H_2O_2范围内具有较高的灵敏度区。在高H_2O_2浓度下灵敏度较低可能是由于过量H_2O_2生成的非活性酶抑制了HRP的催化作用。然而，这些结果表明HRP/CRG24H/GCE可以有效地检测H_2O_2，尤其是当其浓度低于0.1mmol/L时。为了阐明HRP/CRG24H/GC电极对苯酚和对氯酚的检测灵敏度，从含有苯酚或对氯酚分子的电解质溶液中获得DPV数据。HRP/CRG24H/GCE在－0.2V浓度范围1μmol/L～0.8mmol/L内对氯酚有线性响应。在信噪比为3的情况下，检测限为15.2μmol/L。表9.2总结了使用石墨烯的酶基H_2O_2生物传感器的列表。

表9.2 使用石墨烯酶基H_2O_2生物传感器的分析性能

生物传感器	线性范围/(mmol/L)	检测限/(μmol/L)	k_s/s^{-1}	K_m^{app}/(mmol/L)	参考文献
Nafion/HRP/GR/GCE	0.33～14.0	0.11	4.63	—	[68]
SLGnP－TPA－HRP/GCE	0.63～16.8	0.1	—	0.011	[69]
HRP/P－L－His－rGO/GCE	0.2～5000	0.05	—	1.2	[70]
HRP－Pd/f－GR－GE	25～3500	0.05	—	0.11	[71]
$Hb/Au_{nano}/ZnO/GR/GCE$	6.0～1130	0.8	1.3	0.8	[72]
Hb/Au/GR－CS/GCE	2～935	0.35	—	0.77	[73]
rGO－CMC/Hb/GCE	0.083～13.94	0.08	1.17	0.18	[74]
rGO－MWCNT－Pt/Mb/GCE	10×10^{-6}～0.19×10^{-3}	6×10^{-6}	9.47	—	[75]
HRP/MTAu/GCE	640～7000	0.1	—	—	[76]
Hb－GR－CS/GCE	6.5～230	0.51	—	344	[77]
CS/HRP/Au/GR/GCE	5～5130	1.7	—	0.57	[78]
MGPG/GCE	0.6～480	0.2	3.4	0.168	[65]
Hb/Gr－CMF/GCE	0.05～926	0.01	6.17	0.413	[61]
Hb/Fe_3O_4－GR/GCE	1.50～585	0.5	0.91	0.003	[79]
$Hb/Au_{nano}/ZnO/GR/GCE$	6.0～1130	0.8	1.3	0.17	[72]
Hb/GCFME/GCE	8～214	2	1.93	—	[66]
Hb/Au/GR－CS/GCE	2～935	0.35	—	0.77	[73]

续表

生物传感器	线性范围/(mmol/L)	检测限/(μmol/L)	k_s/s^{-1}	K_m^{app}/(mmol/L)	参考文献
HRP/rGO/GCE	0.001~0.09mmol/L, 0.1~0.9mmol/L, 1.0~10.0mmol/L	0.001	—	—	[67]
HRP/Au_{nano}/GR-Au-BPT/GCE	5~2500	1.5	—	—	[80]
CS/Mb/MWCNT@ rGO_{nano}/GCE	0.001~1625	0.001	1.96	—	[81]
Cat/Au_{nano}/GR-NH2/GCE	0.3~600	0.05	2.34	2.81	[63]
Sox/Ag_{nano}/GR-CS/GCE	1.0~177	1.0	1.8	0.18	[64]
Cyt c/GR-L-半胱氨酸/GCE	0.1~480	0.015	—	0.83	[82]
Cyt c/GR-聚L-赖氨酸/GCE	0.02~8.0	0.01	—	—	[83]
Cyt c/GA/Pt/GCE	5~1175	1.67	—	—	[84]
Cyt c/PTCA-GR/GCE	5~90	3.5	—	—	[85]
Cyt c-GR/GCE	0.5~200	0.2	—	—	[86]
Cyt c/GO-MWCNT/GCE	10~140	0.027	3.4	—	[87]

f-graphene:功能化石墨烯;Pd:钯;HRP:辣根过氧化物酶;羧甲基纤维素;P-L-His:聚-L-组氨酸;GE:石墨电极;BPT:联苯二甲硫醇;PAMAM:聚酰胺胺树状大分子;SLGnP:单层石墨烯纳米片;TPA:1,3,6,8-芘四磺酸四钠;GA:石墨烯气凝胶;CS:壳聚糖;GNP:胶体金纳米粒子;rGoNR:氧化石墨烯纳米带;MGPG:肌红蛋白金纳米粒子-聚多巴胺-石墨烯;Gr-CMF:石墨烯纤维素超细纤维;PTCA:3,4,9,10-苝四羧酸;Nf:交换膜。

9.2.3 苯酚生物传感器

酚类物质在染料、药物、纸浆、抗氧化剂和农药等方面有着广泛的应用[88]。但是它们对环境和人类都是有害的。因此,酚类物质的测定是食品、临床和生物科学的重要课题之一。在已报道的各种酚类检测传感器中,酶基电化学生物传感器在构建选择性、灵敏、易操作和快速分析酚类的器件方面起着至关重要的作用。漆酶(Lac)和酪氨酸(Tyr)是制备苯酚生物传感器最常用的两种酶。具有多铜氧化还原位点的 Lac[89] 和 Tyr[90] 都能催化酚类化合物的氧化,并伴有O_2到H_2O 的还原。图 9.3 显示了 Try 或 Lac 酶催化苯酚氧化成邻醌的循环。

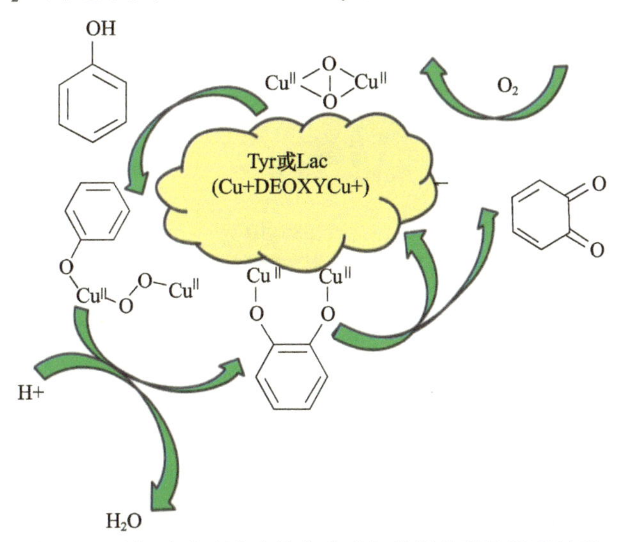

图 9.3 酪氨酸酶或漆酶催化苯酚氧化邻苯醌的循环过程

Shi 及其同事[88]报道了一种基于紫胶的生物传感器，用于使用1-氨基芘(1-AP)官能化还原氧化石墨烯(rGO)修饰玻碳电极测定对苯二酚和邻苯二酚。1-AP是一种具有芘基和氨基官能团的双功能分子。芘基或1-AP在性质上为高度芳香，可以通过π-堆积与石墨烯发生强烈的相互作用。氨基官能团可以通过典型的戊二醛(GA)交联反应来固定化酶。为了制备这种生物传感器，用氢卤酸作为还原剂还原氧化石墨烯。然后，将还原氧化石墨烯和1-AP(最佳配比为1/8)在超声作用下混合2h。将混合物摇晃10h，然后在室温(20℃±2℃)下储存过夜。过滤并用乙醇洗涤数次后，所得沉积物在70℃下干燥，持续12h以获得AP-还原氧化石墨烯。在固定化酶的过程中，戊二醛水溶液(质量分数5%)与分散于HAC-NaAC缓冲溶液(pH4.5)中200μL 2mg/mL AP-还原氧化石墨烯悬浮液混合，以获得均一悬浮。在那之后，加入溶于HAC-NaAC缓冲液(pH4.5)中200μL 1mg/mL Lac溶液，摇匀30min，得到Lac/AP-还原氧化石墨烯混悬液。后来，在悬浮液中加入200μL壳聚糖(质量分数0.5%)，形成Lac/AP-还原氧化石墨烯/CS。将Lac/AP-还原氧化石墨烯/CS储备液(12μL)滴在新鲜预处理的玻碳电极表面上并在4℃下干燥过夜。用XPS对Lac/AP-还原氧化石墨烯和AP-还原氧化石墨烯进行了表征。分析表明，剥落的氧化石墨烯的含氧官能团显著去除。XPS分析表明，在戊二醛的交联作用下，Lac的氨基与AP的伯胺共价连接。固定化Lac酶在AP-还原氧化石墨烯修饰玻碳电极上具有直接的电子转移性质。选择对苯二酚和邻苯二酚作为分析物，根据紫胶的直接电子转移行为及其对分析物的酶促氧化进行检测。电化学实验表明，所制备的生物传感器电极对氢醌和邻苯二酚的氧化具有良好的电催化活性，这与AP-还原氧化石墨烯复合材料具有良好的导电性和高比表面积有关。固定化紫胶对对苯二酚和邻苯二酚有高亲和力，K_m^{app}分别为5mm和0.3mm。电极的灵敏度分别为14.16μA/(mmol/L)和15.79μA/(mmol/L)，对苯二酚和邻苯二酚的线性范围分别为3～2000μmol/L和15～700μmol/L。表对苯二酚和邻苯二酚的检测限(信噪比为3)分别为2μmol/L和7μmol/L。所制备的酶传感器具有检测范围大、响应速度快、稳定性高等特点。该复合生物传感器也成功地应用于实际水样中对苯二酚的测定。样品的平均回收率82.7%±10%至105.9%±8%表明所研制的生物传感器具有良好的准确度，证实了该方法在实际样品中酚类物质测定的应用潜力。图9.4显示了生物传感器制造和所用传感机制的示意图。

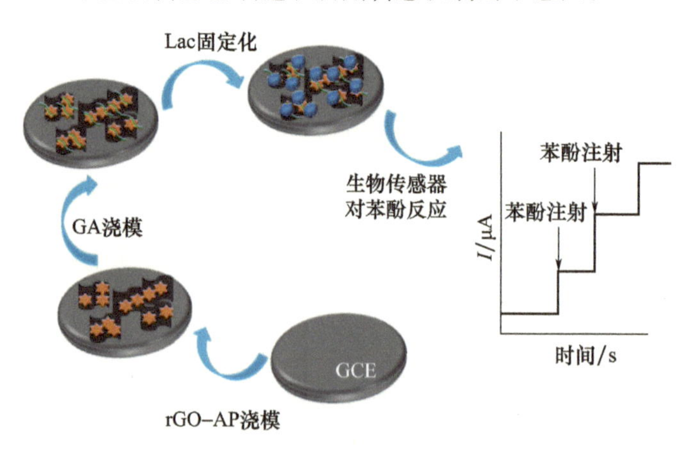

图9.4 Lac/AP-rGO/GCE 生物传感器的制作示意图

Bai 及其同事[91]报道了一种高灵敏度的电流型 Tyr 生物传感器,用于测定使用 1 - 甲酰芘(1 - FP)官能化的还原氧化石墨烯。他们通过 π - π 堆叠作用将双功能分子1 - FP组装到还原氧化石墨烯片上。醛基可均匀地引入石墨烯表面,并可进一步用于固定酪氨酸以制备生物传感器。为了制备 1 - FP/rGO,氧化石墨烯被氢碘酸还原为还原氧化石墨烯。然后,在 100mL 无水乙醇中加入 10mg 还原氧化石墨烯和 80mg 1 - FP,超声搅拌 2h。在室温下放置过夜后,将混合物离心并用乙醇洗涤数次,在 70℃下干燥所得沉积物,制备 1 - FP/rGO 复合材料。之后,将 2mg/mL Tyr 溶液与 2mg/mL 1 - FP/rGO 悬浮液混合,摇动 30min 以上,得到均匀的 1 - FP - Tyr/rGO 悬浮液。用于制备 Tyr - 1 - FP/rGO/SPE,将 10μLTyr - 1 - FP/rGO 悬浮液滴在丝网印刷电极(SPE)的工作电极表面,并在 4℃下干燥过夜。用 XPS 对 1 - FP/rGO 和 Try - 1 - FP/rGO 进行了表征。结果表明,Tyr 组装成 1 - FP/rGO。利用电化学阻抗谱(EIS)确定了丝网印刷电极的阶跃变化。电化学实验(CV 和 DPV)表明,所制备的生物传感器对 O_2饱和磷酸盐缓冲溶液(pH7)中苯酚的还原具有良好的灵敏度。生物传感器的最大还原峰出现在 pH7.0 时。当 pH 值大于 7.0 时,响应电流的减小可能是由于质子参与了邻醌的还原反应,而在低 pH 值时,随着 pH 值的增加,响应电流的增大是由于酶活性的增加。该传感器对苯酚有良好的响应,线性范围为 0.5 ~ 150μmol/L 重现性好,检测限为 0.17μmol/L。图 9.5 显示了生物传感器制造和所用传感机制的示意图。

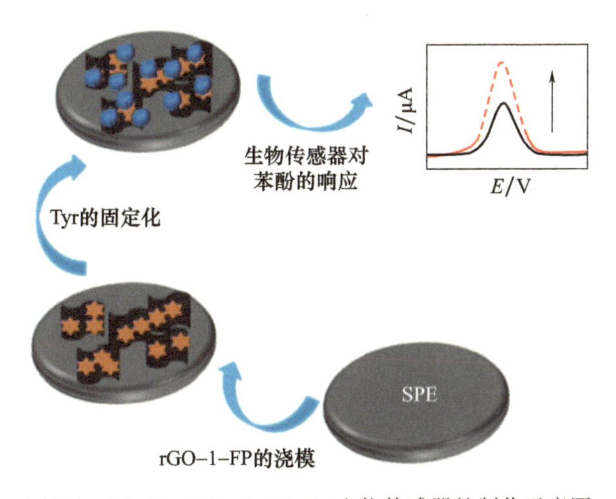

图 9.5 Try/1 - FP - rGO/SPE 生物传感器的制作示意图

表 9.3 总结了使用石墨烯的酶基苯酚生物传感器的清单。

表 9.3 使用石墨烯的酶基苯酚生物传感器的分析性能

生物传感器	目标	线性范围/(μmol/L)	检测限/(μmol/L)	K_m^{app}	参考文献
Lac/AP - rGO/CS/GCE	HQ 和 CC	HQ3 - 2000, CC 15 ~ 700	HQ 2 和 CC 7	HQ 5mmol/L, CC 0.3mmol/L	[88]
Gr - CMF/SPCE	CC	0.2 ~ 209.7	0.085	—	[92]
Nafion/Lac/Pt - NP/rGO/SPCE	CA	0.2 ~ 2	0.09	0.00275	[93]

续表

生物传感器	目标	线性范围/(μmol/L)	检测限/(μmol/L)	K_m^{app}	参考文献
CS/Lac/rGO/GCE	HQ	2～100	0.26	—	[94]
Lac/rGO PdCu NC/GCE	CC	5～1155.0 和1655～5155	1.5 和2.0	—	[89]
Lac/PB/GPE	CBF	0.4.98～5.88mg/kg	0.022mg/kg	40	[95]
Tyr－1－FP/rGO/SPE	PL	0.5～150	0.17	—	[91]
HRP/ERGO/GCE	OQ	3.0～100.0	2.19	—	[96]
Tyr－NGP－CS/GCE	BPA	0.100～2.0	0.033	—	[97]
Tyr－Au/PASE－GO/SPE	CC	0.083～23	0.083	0.027	[98]
Tyr/rGO－CS/ITO	BPA	0.01～50	0.74×10^{-3}	0.027	[99]
HRP/rGO/GCE	PL	1～10000	1	—	[67]

HQ：对苯二酚；CC：邻苯二酚；CA：咖啡酸；1AP：1－氨基芘；GR－CMF：石墨烯纤维素超细纤维；SPCE：丝网印刷碳电极；PdCu－NC：钯铜合金纳米笼；4－CBF：呋喃丹；GPE：石墨烯掺杂碳糊电极；1－FP：1－甲酰芘；PL：苯酚；BPA：双酚A；NGP：亲水性纳米石墨烯；PASE：1－芘丁酸丁二酰亚胺酯；ITO：氧化铟锡玻璃基板；OQ：邻醌；HRP：辣根过氧化物酶；ERGO：电化学还原的氧化石墨烯。

9.2.4 乙酰胆碱酯酶生物传感器

有机磷和氨基甲酸酯类农药由于其高效性而被广泛应用于农业领域[100－101]。然而，由于其在环境中的长期积累，公众仍十分关切其对食品安全和人类健康造成的污染问题。将酶促反应与电化学方法相结合，可以开发用于环境分析的不同酶基电化学生物传感器。Ren 及其同事[102]报道了一种基于电化学还原氧化石墨烯（ErGO）－Au 纳米颗粒（Au_{nano}）的直接电沉积的新型、超灵敏和选择性传感平台。β－环糊精（β－CD）和普鲁士蓝壳聚糖（PB－CS）在玻碳电极上高效固定乙酰胆碱酯酶（AChE），制备有机磷农药（OP）生物传感器。PB－CS 不仅有效地催化了硫代胆碱（TCh）的氧化反应，而且使其氧化电位由0.68V 变为0.2V，传感器的灵敏度明显提高。ErGO 与玻碳电极的协同作用显著促进了PB 与玻碳电极之间的电子转移，显著增强了硫代胆碱的电化学氧化。β－CD 通过可逆键合与底物相互作用，有助于提高底物的富集度，提高生物传感器的选择性和灵敏度。ErGO基复合材料具有较大的 AChE 吸附比表面积，与 Au_{nano} 和 ERGO 的协同作用能明显增加电子转移，增强硫代胆碱的电氧化信号。PB－CS 的引入降低了传感器的过电位，提高了传感器的选择性。令人鼓舞的是，ErGO－Au_{nano}－β－CD 与 PB－CS 的结合为快速、简便、灵敏的有机磷分析开辟了新的途径。在生物传感器的制备过程中，将15mL 的氧化石墨烯水分散体滴在电极表面，在空气中干燥。然后，采用计时电流法，在含有1.25mmol/L $HAuCl_4$ 和0.15mg/mL β－CD 搅拌的0.1mol/L PBS 中，在1.4V 的固定电位下，在电极上进行 ErGO－Au_{nano}－β－CD 一步电化学沉积，持续720s。之后，用循环伏安法(CV)在未搅拌的0.5mmol/L $K_3[Fe(CN)_6]$ +0.5mmol/L FeCl+0.01% CS溶液(含0.1mol/L KCl和0.01mol/L HCl)中电化学沉积PB-CS在ErGO-Au_{nano}-β-CD修饰电极上10个循环,扫描速率为20mV/s。在空气中干燥后,取10mL 0.5mg/mL AChE溶液包被在PB-CS/ErGO-Au_{nano}-β-CD/玻碳电极,在4℃的冰箱干燥。最后,将10mL CS溶液滴加到AChE/PB-CS/ErGO-Au_{nano}-β-CD/玻碳电极表面并接近干燥。所得的生物传感器储存在温度为4℃的0.1mol/L PBS(pH6.5)中,供将来使用。

生物传感器的制作过程如图9.6所示。

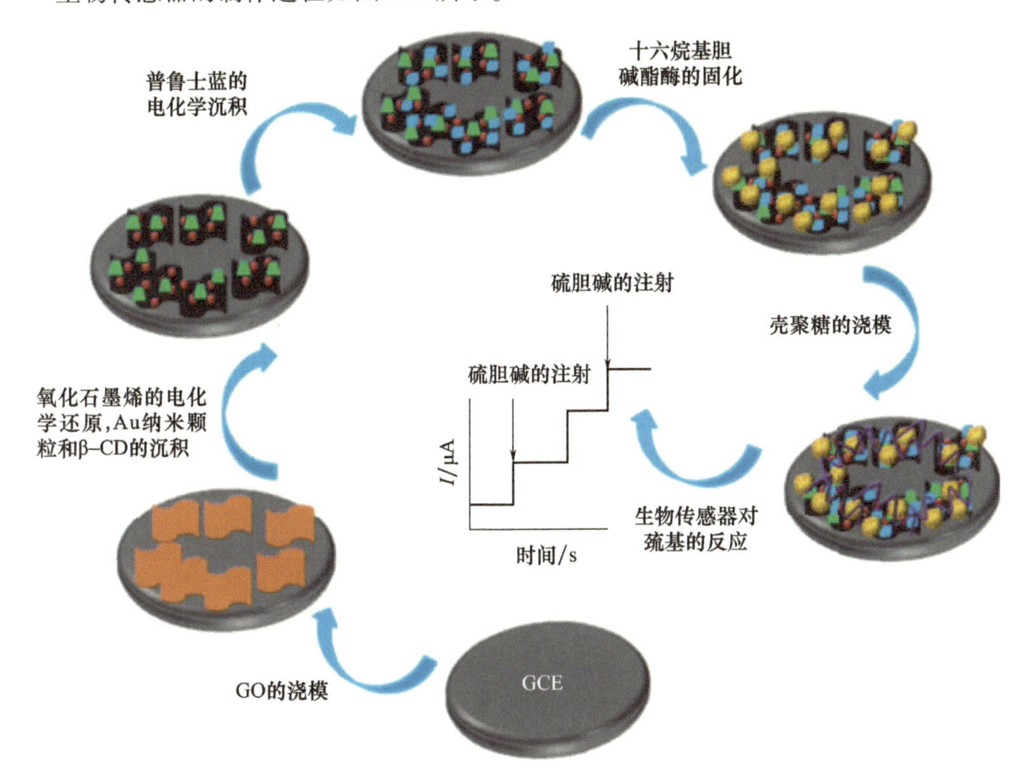

图9.6 AChE/PB-CS/ErGO-Au_{nano}-β-CD/GCE生物传感器的示意图

用循环伏安法表征了AChE/PB-CS/ErGO-Au_{nano}-β-CD/玻碳电极的界面性质。用扫描电镜对ErGO-和ErGO-Au_{nano}-β-CD修饰的电极进行了表征。在最佳条件下,生物传感器的电流响应在$1.50\sim2.69\times10^2$μmol/L和$3.44\times10^2\sim2.22\times10^3$μmol/L两个范围内与ATCl的浓度成正比。根据Lineweaver-Burk方程计算出表观米氏常数(K_m^{app})为1.06×10^{-1}mmol/L。为探讨所研制的生物传感器在实际样品分析中的应用前景,采用CS/AChE/PB-CS/ErGO-Au_{nano}-β-CD/玻碳电极法对蔬菜中添加不同量的农药进行回收试验。测定马拉硫磷和西维因的回收率分别为92.8%~106.7%和90.3%~101.5%。结果表明,该传感器对实际样品中的农药具有良好的检测精度,具有很好的应用前景。

Han及其同事[103]报道,通过在电化学诱导的三维氧化石墨烯网络/多壁碳纳米管复合材料(ErGO-MWCNT)上固定乙酰胆碱酯酶,实现了一种用于测定有机磷和氨基甲酸酯类农药的灵敏电化学生物传感器。在生物传感器的制备过程中,将6mL 0.04mg/mL GO-MWCNT水分散体滴在玻碳电极(GO-MWCNT/GCE)上,并在空气中干燥。然后,通过在0.6V和1.0V(扫描速率50mV/s)之间连续17个循环伏安法扫描，在0.5mol/L H_2SO_4中电化学激活GO-MWCNT/GCE以获得ErGO MWCNT/GCE。在用去离子水仔细冲洗并在环境条件下干燥后，将5mL AChE加载到ErGO-MWCNT/GCE上。最后，在不使用时，将所得AChE-ErGO-MWCNT/GCE储存于4℃。ErGO-MWCNT纳米复合材料促进了电子转移，对AChE具有很高的电催化活性，这可以归因于石墨烯和多壁碳纳米管的协同效应。利用EIS技术确定玻碳电极的阶跃变化。

制备的AChE生物传感器对ATCl具有良好的亲和性，米氏常数为0.43mmol/L。在最佳条件下，传感器的线性范围为0.03~0.81ng/mL。用于检测克百威，线性范围为0.05~1ng/mL和1~104ng/mL。用于检测对氧磷。呋喃丹和对氧磷的检测限分别可达0.015ng/mL和0.025ng/mL。

Han及其同事[101]报道了一种有机磷农药的灵敏安培生物传感器，该传感器是石墨烯/聚苯胺(GR/PANI)复合膜固定乙酰胆碱酯酶(AChE)修饰玻碳电极制作。用双蒸馏水冲洗玻碳电极，并在室温下干燥。然后，将5μL的氧化石墨烯/苯胺悬浮液滴入玻碳电极。电极在真空烘箱中干燥。电化学合成GR/PANI复合材料是通过扫描电极电位在-1.3V和+1.0V之间与50mV/s下的SCE进行，在0.1mol/L PBS(pH=4.0)中。沉积后，用蒸馏水冲洗电极。然后，将得到的G/PANI修饰玻碳电极涂上5.0μLAChE溶液(41.5mU，为维持AChE的稳定性，含5mg/mL BSA)，并在25℃培养30min；水蒸发后，将修饰电极浸入PBS中，以洗去松散吸附的AChE，在不使用AChE-GR/PANI-GCE时，将其储存在干燥的冰箱内，温度为4℃。用傅里叶变换红外光谱和SEM对GR/PANI进行了表征。G/PANI复合膜增加了AChE的表面负载，为AChE的固定化提供了合适的微环境。所制备的G/PANI基酶传感器具有灵敏度高、稳定性好、电化学响应快、重现性好等优点。根据农药西维因模型化合物对酶活性(固定化AChE)的抑制作用，发现西维因的抑制活性与其浓度(38~194ng/mL)成正比。生物传感器对ATCl的电流响应在0.25~0.95mmol/L范围内呈线性增加。K_m^{app}的计算结果为0.20mmol/L。表9.4总结了已报道的基于石墨烯的乙酰胆碱酯酶生物传感器。

表9.4 基于石墨烯的AChE生物传感器的分析性能

生物传感器	目标	线性范围/(μmol/L)	检测限	K_m^{app}	参考文献
AChE/TiO_2-G/GCE	ATCl	0.001~0.015和0.015~2ng/mL	0.3ng/mL	0.22mmol/L	[104]
AChE/PDDA-MWCNT-GR/GCE	ATCl	0.8~50,50~3000	0.13ng/mL	—	[105]
AChE-PRGO-CS/GCE	ATCl	1~50	0.5μmol/L	0.73mmol/L	[106]
AChE-GA/IL-GR-Gel/GCE	CB和MC	CB为1.0×10^{-14}~1×10^{-8}mol/L，MC为1.0×10^{-13}~5.0×10^{-8}mol/L	CB为5.3×10^{-15}mol/L，MC为4.6×10^{-14}mol/L	ATCl为0.74mmol/L	[107]

续表

生物传感器	目标	线性范围/(μmol/L)	检测限	K_m^{app}	参考文献
NF/AChE − CS/Ag_{nano} − CGR − NF/GCE	CH 和 CB	CH 为 1.0×10^{-13} ~ 1×10^{-8}mol/L，CB 为 1.0×10^{-12} ~ 1×10^{-8}mol/L	CH 为 5.3×10^{-14}mol/L，CB 为 5.45×10^{-13}mol/L	ATCI 为 133μmol/L	[108]
NF/AChE − CS/SnO_{2nano} − CGR − NF/GCE	MP 和 CF	MP 为 1.0×10^{-13} ~ 1×10^{-8}mol/L，CF 为 1.0×10^{-12} ~ 1×10^{-8}mol/L	MP 为 5×10^{-14}mol/L CF 为 5×10^{-13}mol/L	ATCI 为 133μmol/L	[109]
CS/AChE/PB − CS/ErGO − Au_{nano} − β − CD/GCE 和 CS/OP/PB − CS/ErGO − β − Au_{nano} − CD/GCE	OP 和 TCh	Op 为 7.98 ~ 2.00×10^3pg/mL，TCh 为 4.3 ~ 1.00×10^3pg/mL	MH 为 4.14pg/mL，CB 为 1.15pg/mL	ATCl 为 0.106mmol/L	[102]
AChE/CPBA/Au_{nano}/rGO − CS/GCE	CP、MH、CF 和 IS	CP 为 0.5 ~ 10，10 ~ 100μg/L，MH 为 0.5 ~ 10，20 ~ 100μg/L；CT 为 0.1 ~ 10，10 ~ 100μg/L；IS 为 2 ~ 10；20 ~ 150μg/L	CP 为 0.1μg/L，MH 为 0.5μg/L，CF 为 0.05μg/L，IS 为 0.5μg/L	ATCI 16mmol/L	[110]
AChE/G/PANI/GCE	ATCI	38 ~ 194ng/mL	20ng/mL	0.20mmol/L	[101]
AChE/Au − PPy − rGO/GCE	ATC1	1.0nmol/L ~ 5mmol/L	0.5nmol/L	—	[111]
AChE/CS@ TiO_2 − CS/rGO/GCE	ATC1	0.036 ~ 22.6μmol/L	29nmol/L	3.1mmol/L	[112]
AChE/ZnONP − CGR − NF/GCE	CP 和 CF	CP 为 1.0×10^{-13} ~ 1×10^{-8}mol/L，CF 为 1.0×10^{-12} ~ 1×10^{-8}mol/L	CP 为 5.0×10^{-14}mol/L；CF 为 5.2×10^{-13}mol/L	126μmol/L ATCI	[113]
NA/AChE Ag @ rGO − NH2/GCE	MH，Mth，CP	MH 为 0.0063 ~ 0.077，Mth 为 0.012 ~ 0.105，CP 为 0.021 ~ 0.122mg/L	14ng/mL	20.53mmol/L	[114]
NF/AChE − CS/Pt_{nano} − CGR − NF/GCE	CF 和 MP	CF 为 10^{-12} ~ 10^{-10}；10^{-10} ~ 10^{-8}且 MP 为 10^{-13} ~ 10^{-10}；10^{-10} ~ 10^{-8}	CF 为 5.0×10^{-13}，MP 为 5.0×10^{-14}	148	[115]
PLaE − CS/Au_{nano} − /GCE	MeP 和 MA	MeP 为 0.19 ~ 760nmol/L，MA 为 1.5 ~ 1513.5nmol/L	MeP 为 0.19nmol/L，MA 为 1.51nmol/L	—	[116]

续表

生物传感器	目标	线性范围/(μmol/L)	检测限	K_m^{app}	参考文献
NF/AChE - CS/NiO - CGR - NF/GCE	CH,CF,MeP	MeP 为 10^{-13} ~ 10^{-10}；10^{-10} ~ 10^{-8}；CH 为 10^{-12} ~ 10^{-10}；10^{-10} ~ 10^{-8}；CF 为 10^{-12} ~ 10^{-10}；10^{-10} ~ 10^{-8}	MeP 为 5.0×10^{-14}，CH 为 5.0×10^{-13}，CF 为 5.0×10^{-13}	ATC1 为 135μmol/L	[117]
AChE/e - GON - MWCNT/GCE	PX	CF 为 0.03 ~ 0.81ng/mL；PX 为 0.05 ~ 1，1 ~ 10^4 ng/mL	CF 为 0.015；PX 为 0.025	ATC1 为 0.43mmol/L	[103]
AChE@ CChit/AgNC/rGO/GCE	ATC1	0.2 ~ 250nmol/L	0.081nmol/L	—	[118]
CLDH - AChE/GN - Au_{nano}/GCE	ATC1	0.05 ~ 150μg/L	0.05μg/L	—	[119]
AChE - ChO/Pt_{nano}/GRONP/ITO	ACh	0.005 ~ 700μmol/L	0.005μmol/L	—	[120]
AChE - Cd0.5Zn0.5S - rGO/GCE	ATC1	0.001 ~ 1mg/mL	0.3ng/mL	—	[121]
AChE/CdS - G/CS/GCE	ATC1	2ng/mL ~ 2μg/mL	0.7ng/mL	0.24	[122]

PDDA：聚二烯丙基二甲基氯化铵；ATCl：乙酰硫代胆碱；PrGO：多孔还原氧化石墨烯；IL - GR：离子液体功能化石墨烯；CGR：羧基石墨烯；MP：甲基对硫磷；MC：久效磷；CF：呋喃丹；CH：毒死蜱；CB：西维因；TCh：硫代胆碱；OP：有机磷农药；MH：马拉硫磷；β - CD：β - 环糊精；PB：普鲁士蓝；CP：毒死蜱；IS：异丙威；CPBA：3 - 羧基苯基硼酸；PANI：聚苯胺；PPy：聚吡咯；NF：氟化钠ì开；CGR：羧基石墨烯氧化锌纳米颗粒；Mth：甲硫磷；PLaE：植物酯酶；MA：马拉硫磷；MeP：甲基对硫磷；PX：对氧磷；CLDH：煅烧层状双氢氧化物；Ach：乙酰胆碱；ChO：胆碱氧化酶；GrO_{nano}：氧化石墨烯纳米粒子；Cd0.5Zn0.5S - rGO：Cd0.5Zn0.5S - 还原氧化石墨烯。

9.2.5 脂类生物传感器

Sumana 及其同事[123]报道了一种绿色环保的方法，即以胡芦巴籽（FS）为还原剂，通过温和的水热过程合成钯纳米粒子修饰的还原氧化石墨烯（rGO - Pd_{nano}）。胡芦巴籽还起到了稳定剂的作用，有助于提高复合材料在液相中的稳定性和分散性。用紫外 - 可见吸收光谱、傅里叶变换红外光谱、拉曼光谱、原子力显微镜、扫描电子显微镜、透射电子显微镜和 X 射线能谱仪对所制备的材料进行了表征。之后，还原氧化石墨烯的羧基被激活，通过 EDC 和 NHS 与脂肪酶和甘油脱氢酶（LIP - GLDH）的伯胺共价连接。将该酶偶联在 ITO 电极上，用循环伏安法（CV）检测甘油三酯。同时，利用电化学阻抗谱法和循环伏安法对 LIP - GLDH//ITO 的界面性质进行了表征。在最佳条件下，研究了所制备的生物电极在 25 ~ 400mg/dL 范围内的电化学响应与 TB 浓度的关系。在 pH 值为 7.4 的 PBS 存在下，以亚铁/亚铁氰化物为氧化还原探针，用 CV 法测得传感器的最低检测限为 25mg/dL。表明所制备的生物传感器即使在很低的浓度下也具有检测甘油三酯的潜力。确定酶与生物分析物亲和力的米氏－门滕常数(K_m^{app})计算为0.145mg/dL。在这种生物传感器中,LIP酶首先水解TB生成脂肪酸和甘油。在第二步中,在NAD^+存在下甘油被甘油脱氢酶氧化,甘油脱氢酶作为电子受体,产生NADH、二羟基丙酮和氢离子。最后,NADH通过释放一个电子被再氧化成NADH,这个电子可以用制备的电化学电极来检测,因为酶的氧化还原中心深深地位于蛋白质外壳中,使得电化学电子转移非常缓慢。在这方面,已知还原氧化石墨烯层减小氧化还原中心和转换器之间的距离,转换器通过所有位置交换电子以增加氧化还原电流。图9.7显示了生物传感器制造和所用传感机制的示意图。

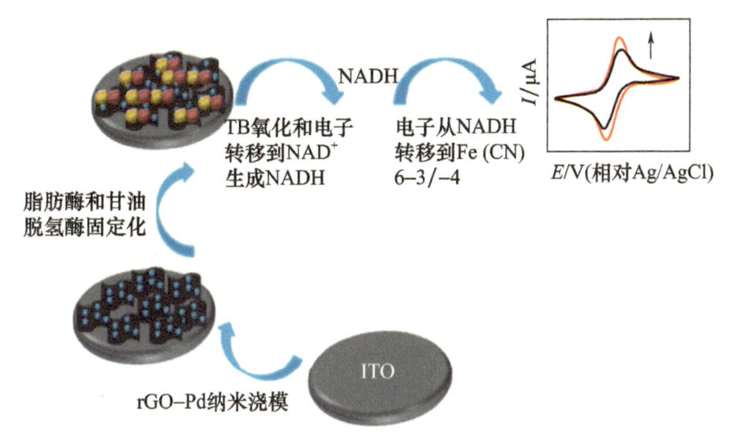

图9.7 制备rGO－Pd_{nano}纳米复合材料的示意图及其在甘油三酯检测中的应用

9.3 基于绿色石墨烯和石墨烯纳米复合材料的电化学基因传感器

靶DNA序列的测定和检测越来越引起人们的兴趣,因为各种基因突变已被证明是遗传性人类疾病的罪魁祸首。与细菌、病毒和疾病状态相关的病原体也可以通过测量核酸序列来检测[124]。因此,简单快速地测定人体、细菌和病毒生物样品中特定的低浓度DNA序列至关重要[125]。DNA电化学生物传感器因其成本低、灵敏度高、响应速度快、选择性好以及仪器小型化等优点,近年来备受关注[126]。

9.3.1 李斯特菌

单核细胞增生李斯特菌是引起李斯特菌病的致病菌。它是一种兼性厌氧菌,能够在没有氧气的情况下存活。它可以在宿主细胞内生长和繁殖,是最致命的食源性病原体之一,在高危人群中,20%～30%的食源性李斯特菌感染可能致命[127]。据估计,美国每年约有1600种疾病和260例死亡案例与李斯特菌有关,李斯特菌病在食源性致病菌死亡总数中排名第三,死亡率甚至超过沙门氏菌和肉毒梭菌。Sun及其同事[128]报道了以树枝状金纳米粒子和电化学还原石墨烯复合修饰碳离子液体电极(CILE)为平台制备的新型电化学DNA生物传感器。以离子液体1－丁基吡啶六氟磷酸盐为黏结剂,通过电化学还原的方法在碳离子液体电极表面进一步修饰石墨烯膜。然后在石墨烯/碳离子液体电极(GR/CILE)表面电沉积树枝状纳米金,得到Au/GR/CILE修饰电极,进一步用于巯基乙酸(MAA)自组装膜的形成。将氨基修饰的ssDNA探针序列与巯基乙酸MAA共价连接,得到ssDNA修饰电极，用于进一步杂交。以亚甲基蓝（MB）为电化学指示剂，检测与靶标ssDNA杂交后的杂交反应。为了制造DNA传感器，在磁力搅拌和N_2鼓泡的情况下，将新鲜制备的碳离子液体电极置于1.0mg/mL氧化石墨烯分散溶液中。通过施加-1.3V（相对于SCE）持续300s，在碳离子液体电极表面形成稳定的电化学还原石墨烯膜。所得电极为GR/CILE，经二次蒸馏水冲洗后，在氮气中干燥，进行进一步的修饰。在5.0mmol/L $HAuCl_4$溶液条件下，用-0.4V的电位在GR/CILE表面进一步电沉积金纳米粒子，持续300s。用二次蒸馏水冲洗所得Au/GR/CILE，在空气中干燥，进行进一步的改性。然后，利用巯基乙酸与金纳米粒子在电极表面的相互作用，在Au/GR/CILE上进行自组装。将Au/GR/CILE浸泡在10.0mol/L巯基乙酸水溶液中24h，在Au-S键的基础上形成自组装的巯基乙酸单层膜。然后用双重蒸馏水彻底冲洗电极，去除物理吸附的巯基乙酸，在室温下干燥，得到修饰电极MAA/Au/GR/CILE。通过两个步骤实现了探针ssDNA序列的固定化。首先，MAA/Au/GR/CILE浸泡在5.0mL 5.0mmol EDC和8.0mmol/L NHS混合溶液30min，激活电极界面。然后将10μL浓度为1.0×10^{-6}mol/L的探针ssDNA滴入50.0mmol/L的TE缓冲液（pH8.0）中以活化单层表面。探针ssDNA序列的胺基和电极表面巯基乙酸的羧基可以形成稳定的共价带，形成一层ssDNA膜。在常温空气中干燥后，用0.5% SDS溶液和二次蒸馏水三次清洗电极表面，去除未组装探针ssDNA。结果电极标记为ssDNA/MAA/Au/GR/CILE。选择高效的滴杂交方法进行靶ssDNA杂交，即直接将5.0L靶标ssDNA（50.0mmol/L TE）滴在ssDNA/MAA/Au/GR/CILE上。在室温条件下进行杂交，然后用0.5% SDS溶液和二次蒸馏水三次清洗电极，去除未杂交靶ssDNA。该杂交电极进一步命名为dsDNA/MAA/Au/GR/CILE。图9.8为制造DNA传感器的示意图。

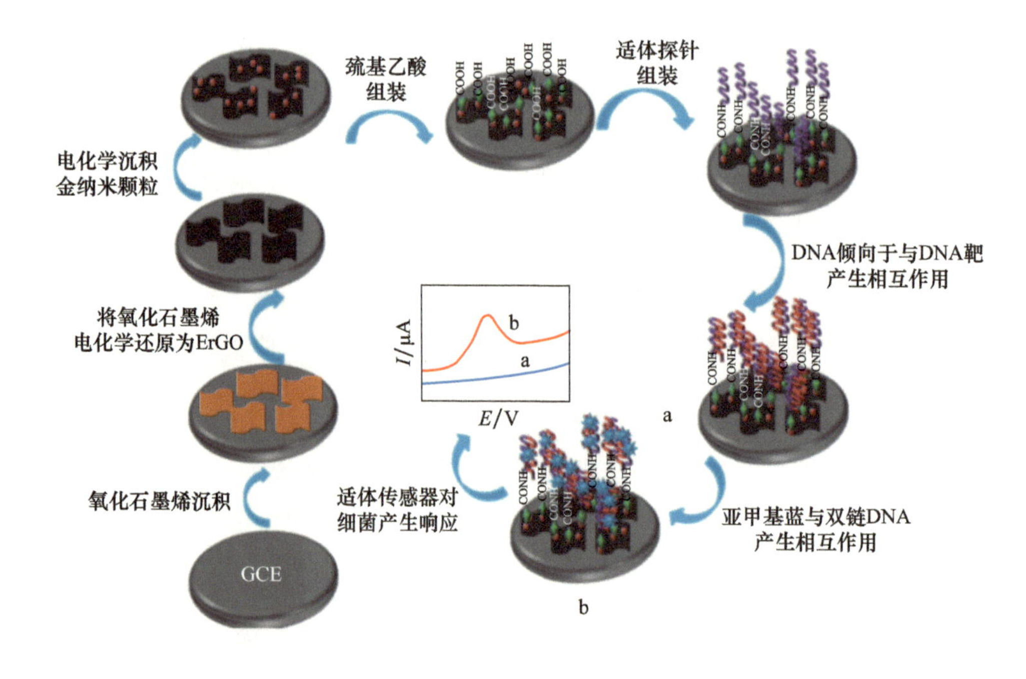

图9.8 制造DNA传感器的示意图

采用循环伏安法和电化学阻抗谱法对电极组装过程的各个步骤进行了监测。在最佳条件下，通过测定 MB 分子对 dsDNA 分子的微分脉冲伏安响应，可以检测到特异的单核细胞增生李斯特菌 hlyssDNA 序列。线性浓度范围为 $1.0 \times 10^{-12} \sim 1.0 \times 10^{-6}$mol/L，检测限为 2.9×10^{-13}mol/L(3σ)。该电化学 DNA 传感器对一个和三个碱基错配的 ssDNA 序列具有良好的识别能力。从变质鱼中提取的单核细胞增多症 hly 基因检测成功，表明该电化学 DNA 传感器可进一步用于实际生物样品中特异性 ssDNA 序列的检测。成功地从变质鱼中提取了 hly 基因样本进行 PCR 产物检验。该方法显示了纳米金修饰石墨烯纳米片改性电极在电化学生物传感器中的潜在应用。

9.3.2 副溶血性弧菌

副溶血性弧菌是一种分布在河口环境中的革兰氏阴性细菌，被认为是人类急性胃肠炎和某些败血症的来源[129]。副溶血性弧菌感染通常发生在食用生或未煮熟的海鲜时。热溶血素(tlh)基因被认为是检测副溶血性弧菌的一个有用的靶标，因为它已被证实存在于迄今发现的所有副溶血性弧菌染色中[130]。Li 及其同事[131]报道了一种基于羧基功能化氧化石墨烯(CFGO)的敏感电化学 DNA 生物传感器和差分脉冲伏安法(DPV)检测技术。以氢溴酸为催化剂，草酸为酯化反应，通过开环反应制备了 CFGO，并作为探针 DNA (pDNA)固定化的中介物。通过 CFGO 上氨基与羧基的共价作用，氨基(NH_2 - pDNA)标记 5'端的 DNA 固定在电极表面。此外，利用单壁碳纳米管(SWCNT)改善了传感器的电化学性能。将 5.0mL HBr 添加到 30.0mL 的 2.5mg/mL 氧化石墨烯溶液中，并将混合物剧烈搅拌 12h。然后添加 1.50g 草酸并搅拌 4h。所得 CFGO 溶液用双蒸馏水反复洗涤并在 50℃下干燥在真空中放置约 24h。通过超声波将 CFGO 分散在水中形成水溶液(0.25mg/mL，30mL)。然后，玻碳电极用 1.0μm 和 0.3μm 氧化铝浆机械打磨镜面表面。然后依次用丙酮和双蒸馏水超声清洗。使用 0.5mol/L 硫酸溶液中的 CV 为玻碳电极提供电化学清洁，以去除任何吸附的残余杂质。在洁净的玻碳电极内滴入 5μL 0.1mg/mL SWCNT，在室温空气中干燥以制备单壁碳纳米管修饰的玻碳电极(SWCNT/GCE)。最后，通过滴加 5μL 的 0.25mg/mL CFGO 到 SWCNT/GCE 表面并干燥以形成杂化薄膜。探针 DNA 在 CFGO/SWCNT/GCE 表面的固定化是通过探针的氨基与 CFGO 的羧基之间的共价键来实现的。首先，将 CFGO/SWCNT/GCE 浸入含有 400mmol/L EDC 和 100mmol/L NHS 的混合溶液中以活化羧基，然后滴加 5μL 的 1×10^{-6}mol/L 探针 DNA 置于电极表面。探针 DNA 修饰电极在 4℃ 培养一段时间后，用 0.5% SDS 溶液和双蒸馏水彻底清洗，去除游离寡核苷酸。所得电极用 pDNA/CFGO/SWCNT/GCE 表示。在 pDNA/CFGO/SWCNT/GCE 上滴加 5.0μL 含有一定浓度的靶 DNA 或不同错配程度的互补 DNA 的杂交溶液进行杂交。然后，分别用 0.5% SDS 溶液和双蒸馏水彻底冲洗电极，以洗去未杂交的 DNA。用傅里叶变换红外光谱(FTIR)、X 射线光电子能谱(XPS)和扫描电镜(SEM)对制备的纳米复合材料进行了表征。利用循环伏安法和电化学阻抗谱法测量确定了电极的阶跃变化。基于杂交后$[Fe(CN)_6]^{3-/4-}$对 pDNA 和双链 DNA 的不同电化学反应，在 $1 \times 10^{-6} \sim 1 \times 10^{-13}$mol/L浓度范围内可以检测到不耐热溶血素基因序列，其检测下限为 7.21×10^{-14}mol/L(3σ)。此外，该生物传感器还显示出高选择性地区分 DNA 寡核苷酸从一个碱基错配到非补体。该传感平台具有良好的电化学性能，可用于其他核酸的灵敏、准确测定。

表9.5 总结了使用石墨烯的酶基电化学传感器的列表。

表9.5 总结了用石墨烯测定基因传感的生物传感器列表

生物传感器	靶标	方法	线性范围/(μmol/L)	检测限/(μmol/L)	参考文献
ssDNA/rGO/AuNP/CILE	LMCG	DPV	$1.0\times10^{-7}\sim1.0$	2.9×10^{-8}	[132]
ssDNA/Au NR-GO/GCE	—	DPV	$1.0\times10^{-3}1.0\times10^{-8}$	3.5×10^{-9}	[133]
ssDNA/MAA/Au/GR/CILE	LMCG	DPV	$1.0\times10^{-12}\sim1.0\times10^{-6}$	3.17×10^{-8}	[128]
ssDNA/MCH/G-3D Au/GCE	—	AM	$50\times10^{-9}\sim100\times10^{-3}$	3.4×10^{-8}	[134]
ssDNA/GO-CS/ITO	ST	DPV	$10\times10^{-9}\sim50\times10^{-3}$	10×10^{-9}	[135]
ssDNA/MnTPP/rGO/GCE	—	EIS	$6\times10^{-8}\sim10^{-6}$	6×10^{-8}	[136]
ssDNA/rGO/GCE	AG	EIS	$1.0\times10^{-14}\sim1.0\times10^{-8}$	3.2×10^{-5}	[137]
ssDNA/AuNP/TB-GO/GCE	MDR	DPV	$1.0\times10^{-5}\sim1.0\times10^{-2}$	-2.95×10^{-6}	[138]
ssDNA/CuONW/GO-COOH/PLLy/GCE	CYFRA21-1	DPV	$1.0\times10^{-6}\sim1.0$	-1.18×10^{-7}	[139]
ssDNA/Th-G/GA/Cys/AuE	—	DPV	$1.0\times10^{-6}\sim1.0\times10^{-1}$	-1.26×10^{-7}	[140]
ssDNA Au/G-CMWCNT/GCE	HBVG	DPV	$0.0110^{-3}\sim10\times10^{-3}$	0.5×10^{-3}	[141]
ssDNA/rGO-AuNP/GCE	IS6110	DPV	$1.0\times10^{-15}\sim1.0\times10^{-9}$	1.0×10^{-15}	[142]
ssDNA/3 D NG-Fe_3O_4/GCE	—	DPV	$1\times10^{-8}\sim1.0$	3.63×10^{-9}	[124]
ssDNA/PyBA-rGO/GCE	GZ-021210	EIS	$1\times10^{-8}\sim1\times10^{-4}$	0.7×10^{-8}	[143]
ssDNA/CS-Co_3O_4NR-GR/CILE/GCE	SAG	DPV	$1.0\times10^{-6}\sim1.0$	0.43×10^{-6}	[144]
ssDNA/CFGO/SWCNT/GCE	THG	DPV	$1\times10^{-7}\sim1.0$	7.21×10^{-8}	[131]
ssDNA/GROGCE	—	EIS	$1\times10^{-5}\sim1.0\times10^{-3}$	5.2×10^{-7}	[145]

CILE：碳离子液体电极；LMCG：李斯特菌 hly 基因引物；Th-G：硫堇-石墨烯；Au NR：金纳米棒；G-3D Au：石墨烯三维纳米结构金纳米复合材料；ST：伤寒沙门氏菌；MnTPP：锰（Ⅲ）四苯基卟啉；AG：釉原蛋白基因引物；AM：安培；MDR：多药耐药；CYFRA21-1：细胞角蛋白21-1；CuONW：氧化铜纳米线；HBVG：乙型肝炎病毒基因引物；CMWCNT：羧基多壁碳纳米管；IS6110：结核基因引物；3D-NG：三维氮掺杂石墨烯；GZ-021210：大肠杆菌 O157：H7；PyBA：1-芘丁酸；SAG：金黄色葡萄球菌 nuc 基因引物；NR：纳米棒；THG：不耐热溶血素基因引物；CFGO：羧基功能化氧化石墨烯。

9.4 基于绿色石墨烯和石墨烯纳米复合材料的电化学适体传感器

1990年，在很短的时间间隔内，三个不同的实验室报告了他们开发的体外选择和扩增技术的结果，该技术用于分离能够以高亲和力和特异性结合到靶分子的特定核酸序列[146-148]。这项技术称为 SELEX，它代表着配体通过指数富集的系统进化[148]，由此产生的寡核苷酸被称为适配子。适体[149]来源于拉丁语 aptus——“为了适合”，是人工特异性寡核苷酸 DNA 或 RNA，能够结合非核酸靶分子，如肽、蛋白质、药物、有机和无机分子，甚至整个细胞，具有很高的亲和力和特异性[150-151]。适配子对其靶点显示出亲和力，即使不是更好，也可以与其单克隆抗体对应物相媲美，kd 值在皮摩尔范围内[152]。此外，已证明适配子的结合特异性可使适配子对其靶分子具有10000~12000倍的辨别力[153]。相当大的亲和力和特异性突出了适体在诊断、治疗和分析应用中的巨大潜力[154]。癌症是第二大死因,其次是心脏病。世界卫生组织(WHO)估计,2015年全世界约有900万人死于癌症,其中大多数患者过早死亡[155]。人类最危险的七种癌症是由基因突变引起的肺癌(31%~26%)。世界卫生组织还估计,2015年癌症的直接医疗费用增加到1万亿美元。因此,鉴于癌症疾病的公共卫生和经济重要性,有必要开发一种高灵敏度、选择性和成本效益高的检测方法。诊断癌症疾病最有效的方法之一是测定人类血清样本中的肿瘤标志物水平[22,156-160]。肿瘤标志物是基于蛋白质的生物标志物,在癌症状态下比正常状态下产生的水平更高。它们可以作为一种工具来区分癌症的不同阶段,作为癌症预后的一个指标,以及作为疾病强度的一个指标。迄今为止,各种肿瘤标志物如凝血酶(TB)、血管内皮生长因子(VEGF)、癌胚抗原(CEA)、血小板源性生长因子BB(PDGF-BB)、甲胎蛋白(AFP)、癌抗原125(CA125)、癌抗原15-3(CA15-3)、癌抗原19-9(CA19-9)、人附睾蛋白4(HE4)等已被广泛应用,人表皮生长因子受体2(HER2)、粘蛋白1(MUC1)、血小板源性生长因子(PDGF)、前列腺特异性抗原(PSA)、肿瘤坏死因子α(TNF-)和细胞色素c(CYC)已被公认为诊断癌症的有效手段。

9.4.1 肿瘤标志物

最近,Amouzadeh Tabrizi及其同事[161]报道了一种新型电化学双适体传感器,该传感器使用还原石墨烯-聚氨基胺/金纳米复合材料(Gra-PAMAM/Au_{nano})作为共价固定黄素腺嘌呤二核苷酸(FAD)的纳米平台,在双工作电极丝网印刷电极的第一(W_1)和第二(W_2)表面制备硫堇(Thio)。基于FAD和Thio的伯胺与Gra-PAMAM/Au_{nano}修饰的双工作电极-NH_2反应,用戊二醛连接剂固定FAD和Th探针,同时测定细胞色素c(CYC)和血管内皮生长因子($VEGF_{165}$)肿瘤标志物。巯基终止的适体通过Au-S键自组装连接到Au_{nano}。所提出的双适体传感器的主要响应是分别基于CYC与W_1/Gra-PAMAM-FAD/Au_{nano}/$aptamer_{CYC}$和$VEGF_{165}$与W_2/Gra-PAMAM-Thio/Au_{nano}/适体$_{VEGF165}$的选择性相互作用。

这种选择性的相互作用导致具有不同形式电位(E_0')的FAD和Thio的固定化电化学探针的响应电流降低,这是由于增强了空间位阻和电子转移电阻,这与相应肿瘤标志物的浓度成正比。因此,提出的电化学适体传感器是一种信号关闭方法。结果表明,所提出的双适体传感器比CYC具有更高的敏感性,这可能是由于与CYC肿瘤标志物(分子量约12K道尔顿[163])相比,肿瘤标志物(分子量约40K道尔顿[162])的重量和尺寸较大,导致更大的电子转移阻力。在最佳条件下,肿瘤标志物测定的线性范围为2.5pmol/L±320pmol/L,CYC的检测限为1.0pmol/L,而CYC的检测限为0.7pmol/L。生物标志物/适体离解常数(k_d)可根据下式获得,通过采用Langmuir典型系统[164],该系统已在先前报告中使用,基于生物标志物-适体相互作用-适体传感器[165]:

$$\frac{1}{\Delta I}=\frac{1}{\Delta I_{\max}}+\frac{k_d}{\Delta I_{\max}}\times\frac{1}{C_{[\text{生物标志化合物}]}} \tag{9.3}$$

式中:ΔI为加入生物标志物后的稳态电流;$I_{\max}$为最大电流;C为生物标志物浓度;根据CYC/适配子和/适配子的截距和斜率,得到了$1/\Delta I$与$1/C_{[\text{生物标志化合物}]}$的线性图。CYC/适体$_{CYC}$和$VEGF_{165}$/适体$_{VEGF165}$的k_d值分别为65.4pmol/L和38.4pmol/L。提出的双自适应传感器具有良好的稳定性。双向适体传感器的高稳定性与绿色合成方法有关,绿色合成方法应用于 rGO－PAMAM/AuNP 的制备,为固定化生物材料提供了一个生物相容的微环境。

9.4.2 细菌

沙门氏菌已被公认为主要的食源性病原体,造成数百万例传染性胃肠炎。沙门氏菌病爆发在世界范围内已有报道[166]。沙门氏菌病是一种由肠道沙门氏菌引起的食源性疾病,是一种普遍存在于家禽、鸡蛋和蔬菜中的病原体。沙门氏菌有 2500 多种血清型,其中肠炎沙门氏菌和鼠伤寒沙门氏菌是最常见的与人类疾病相关的非伤寒血清型[167]。

Wang 及其同事[166]报道了一种沙门氏菌传感器,该传感器是通过电化学还原氧化石墨烯(ErGO)和羧基修饰的多壁碳纳米管(MWCNT)组成的纳米复合材料直接固定在玻碳电极表面而获得的。一种针对沙门氏菌的氨基修饰适体通过酰胺键与 ErGO－MWCNT 复合材料共价结合。这种纳米复合材料既可以作为信号放大系统,也可以作为适体负载系统。抗沙门氏菌适体与沙门氏菌的结合阻断了电子传递。因此,沙门氏菌可以很容易地确定电阻值的增加。利用透射电子显微镜和扫描电子显微镜对 ErGO－MWCNT 纳米复合材料的形貌进行了表征。为了制备适体传感器,预先制备了 1mg/mL GO－MWCNT 溶液。电沉积在 1.6V 下进行 1800s,形成薄膜。然后,在 0.1mol/L KH_2PO_4溶液中于 100mV/s 电压下,在 －0.2～1.0V 范围内通过循环伏安法实现电化学还原。180 次循环后,氧化石墨烯还原,得到 ErGO－MWCNT/GCE。在超纯水温和洗涤 ErGO－MWCNT/GCE 后,COOH 功能化 MWCNT 在 EDC/NHS 存在下活化 2h。然后,6μL 氨基修饰的沙门氏菌适体滴在 ErGO－MWCNT/GCE 上,在室温下自然干燥,得到由适体 ErGO－CNT/GCE 修饰的 DNA 修饰电极组成的探针。电极未使用时,于 4℃ 下储存。图 9.9 显示了拟用适体传感器制造和所用传感机制的示意图。

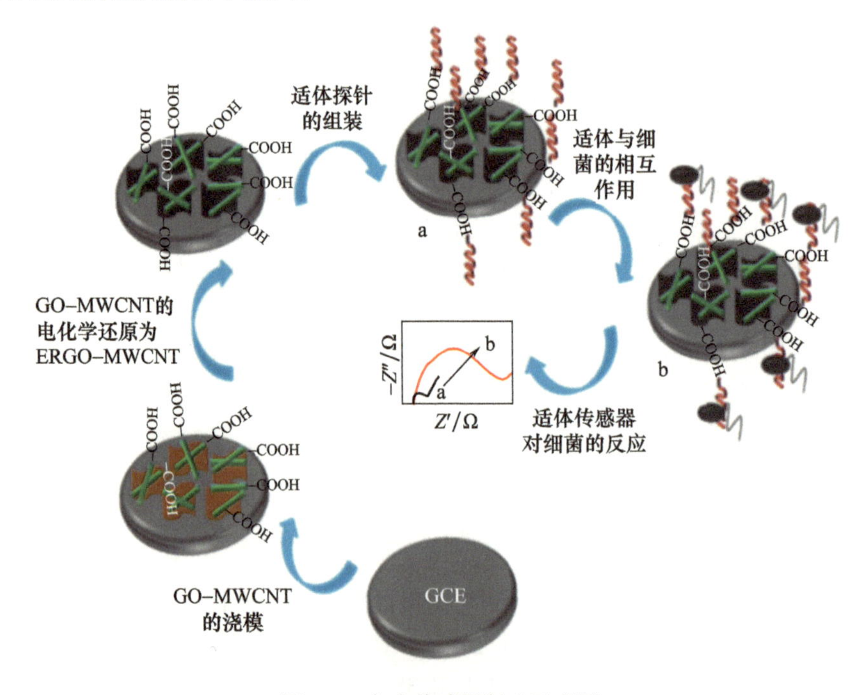

图 9.9 免疫传感器制造示意图

循环伏安法和电化学阻抗谱用于监测组装过程中的所有步骤。当接触到含有沙门氏菌的样本时，电极上的抗沙门氏菌适体会捕捉到它的靶标。因此，电子转移受阻，导致阻抗大幅增加。沙门氏菌可通过这种适体传感器进行定量，其工作电压通常为 0.2V（相对于 Ag/AgCl），范围为 75 ~ 75×10^5cfu/mL，检测限为 25cfu/mL（在 S/Nof3 下）。该方法被认为具有广泛的适用范围，因为可以通过类似于该方法来检测其他细菌，并且通过应用相应的分析物特异性适体以非常低的检测极限进行测试。更值得注意的是，适体传感器可以直接检测整个细菌，无需预处理步骤和提取程序。检测可以在 60min 内完成，即使是在真正的食品样品。总之，该传感器具有高选择性、特异性、快速性和低成本等优点，在食品分析和环境监测领域具有广阔的应用前景。

该研究小组还报告了一种用于测定食源性病原体金黄色葡萄球菌的适体酶传感器[168]。本文介绍了一种用于金黄色葡萄球菌超灵敏检测的适体传感器。将 ssDNA 连接到由还原氧化石墨烯（rGO）和金纳米粒子（AuNP）制备的纳米复合材料上。将巯基化的 ssDNA 与还原氧化石墨烯修饰的 Au 纳米粒子共价连接，将探针 DNA 固定在 Au 纳米粒子修饰的玻碳电极表面，捕获并富集金黄色葡萄球菌。适体传感器的探针 DNA 在其三维空间选择性地捕获靶标细菌，这导致阻抗显著增加。为了制备适体传感器，将 1mg 氧化石墨烯放入 1mL PBS，超声处理 30min 获得均匀溶液。然后，加入 10μL 硫醇 ssDNA，混合溶液。为了确保氧化石墨烯和 ssDNA 之间有足够的相互作用，使用前将溶液静置 12h。然后，将 6μL 所得 GO－ssDNA 溶液滴到玻碳电极表面，并在 37℃下在烘箱中干燥形成薄膜。随后，在 0.1mol/L KH_2PO_4 溶液中于 100mV/s 电压下，通过循环伏安法在 －0.2 ~ 1.0V 范围内完成电化学还原。经过 20 个循环后，氧化石墨烯降低，得到rGO－ssDNA/GCE。用超纯水轻轻洗涤适体/ErGO－ssDNA/GCE 后，将 Au 纳米粒子在含 0.1mol/L KNO_3支撑电解质的 1% $HAuCl_4$溶液中浸泡 15s，得到 rGO－ssDNA－AuNP 修饰电极。然后，将 5μL 的金黄色葡萄球菌适体滴加到适体/AuNP－ErGO－ssDNA/GCE 上，室温自然干燥。最后，将所制备的电极浸入 0.1mol/L 2－巯基乙醇溶液中 1.5h 去除任何非特异性吸附。因此，获得了用适体/AuNP－ErGO－ssDNA/GCE 表达的探针 DNA 修饰电极。电极存放于 4℃。图 9.10 显示了拟用免疫传感器制造和所用传感机制的示意图。

采用扫描电子显微镜、循环伏安法和电化学阻抗谱法对电极组装过程的单步进行了监测。结果表明，ErGO－纳米复合材料提高了电子传递和电化学信号。Au_{nano}将金黄色葡萄球菌贴附于适体/ErGO－AuNP/GCE 表面，实现了食品样品中金黄色葡萄球菌的直接检测。在正常情况下，检测可以在 60min 内完成。另外，使用便宜的试剂可以降低化验费用。这些优点使得所设计的适体传感器在食品样品中快速、灵敏地检测病原体方面具有广阔的应用前景。

利用该效应对 10 ~ 10^6cfu/mL 浓度范围内的细菌进行定量检测，检测限为 10cfu/mL（信噪比为 3）。金黄色葡萄球菌的相对标准偏差为 4.3%（10^5cfu/mL，$n=7$）。除了灵敏度外，该生物传感器对其他病原体具有很高的选择性。

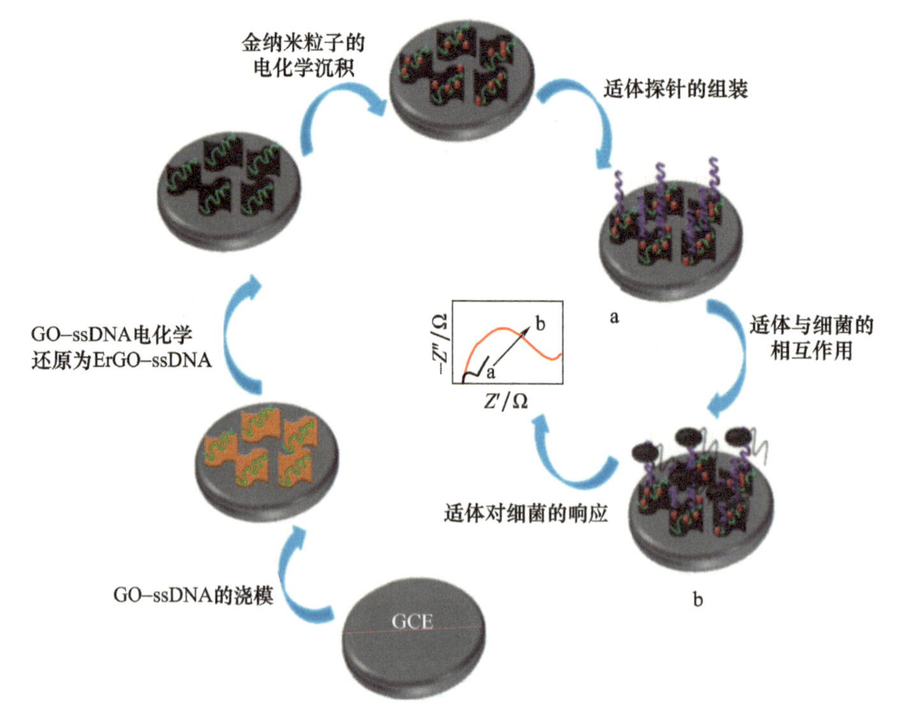

图 9.10　制作免疫传感器的示意图

9.4.3　溶菌酶

溶菌酶是一种分子量为 14.7kDa 的小蛋白质，它能够分解某些细菌的多糖壁。因此，它可以防止细菌感染。由于溶菌酶在血液和肾脏疾病的诊断和治疗中的应用，近年来溶菌酶的检测越来越受到人们的关注。此外，许多研究已经证实溶菌酶在一些实验性肿瘤中具有抑瘤活性。最近，Shamsipur 和他的同事们报道了一种新的基于电化学适体的方法，用电化学还原的氧化石墨烯和纳米金作为修饰剂，在极低的（pmol/L）浓度下测定丝氨酸蛋白酶溶菌酶。该方法是建立在抗溶菌酶贴合片段与溶菌酶复合材料的基础上，利用差分脉冲伏安法（DPV）和电化学阻抗谱法进行电化学检测。金纳米粒子首次被电化学沉积在 ErGO 修饰的玻碳电极上。然后，通过自组装方法将巯基化溶菌酶适体共价连接到 Au 纳米粒子上。以亚铁氰化物或亚甲基蓝为氧化还原探针时，固定化适体与溶菌酶的相互作用导致差分脉冲伏安法峰电流降低，电化学阻抗谱电荷转移电阻（R_{ct}）增大。图 9.11 显示了拟用免疫传感器制造和所用传感机制的示意图。

与化学还原法相比，电化学还原氧化石墨烯到还原氧化石墨烯是非常理想的方法。大多数还原性化学试剂是有毒性、腐蚀性，甚至易于爆炸。此外，在这些过程中所涉及的用于改善还氧化石墨烯分散性的稳定剂有时并不理想，因为它们的电子性质退化。当使用电化学阻抗谱法并在 -0.22V（相对于 SCE）的典型电压下工作时，校准曲线在 1.0 ~ 104.3pmol/L 浓度范围内呈线性，检测限为 0.06pmol/L（信噪比为 3）。差分脉冲伏安法的相应数据为 9.6 ~ 205.5pmol/L 线性范围和 0.24pmol/L 检测限。根据应用的氧化还原标记，该方法分别在差分脉冲伏安法和电化学阻抗谱法中的“信号关闭”或“信号打开”模式下工作。传感界面对溶菌酶具有高度的特异性,不受其他蛋白质的影响。将该方法应用于人血清中溶菌酶的测定,结果与标准 ELISA 法一致。

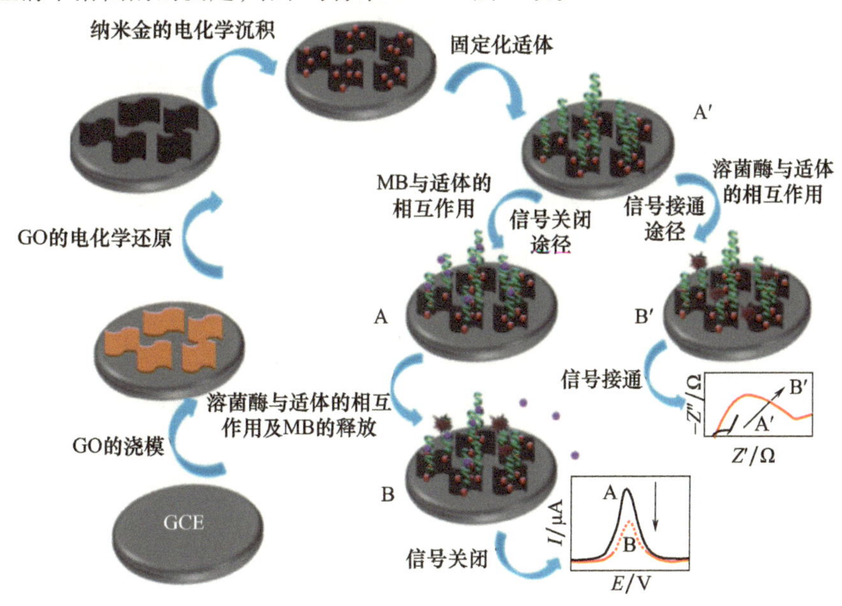

图 9.11　通过耦合信号的关闭和打开策略来制造溶菌酶传感界面的步骤的示意程序

表 9.6 总结了该方法与所报告的适体传感器的分析性能比较。

表 9.6　所报告适体传感器的分析性能方法比较

适体传感器	靶标	线性范围	检测限	参考文献
适体/(Tb - Gra/AuNP)$_n$ AuNP/GCE	TB	0.001 ~ 80nmol/L	0.33pmol/L	[169]
适体/GNCs/GOD/PAA - Gra - AuNP/GCE	PDGF	0.005 ~ 60nmol/L	1.7pmol/L	[170]
适体/Au$_{nano}$/MPTS - GOD/Au$_{nano}$ - PANI - Gra/GCE	TB	1.0pmol/L ~ 30nmol/L	0.56pmol/L	[171]
适体/AuNP/NiHCFNP/Nafion/Gra/GE	TB	1pmol/L ~ 80nmol/L	0.3pmol/L	[172]
适体/AuNP/MB/Nafion@ Gra/GCE	TB	0.01 ~ 50nmol/L	6pmol/L	[173]
适体/Ag@ Pt - Gra/GSPE	TNF - a	4 ~ 60pmol/L	2.07pg/mL	[174]
适体/Gra - Por/GCE	TB	5 ~ 1500nmol/L	0.2nmol/L	[175]
适体/AuNP/Thio - Gra/GCE	TB	0.5 ~ 40nmol/L	93pmol/L	[175]
适体/GO/GSPE	VEGF 和 PSA	VEGF 为 0.05 ~ 100ng/mL 和 PSA 为 1 ~ 100ng/mL	VEGF 为 50pg/mL 和 PSA 为 1ng/mL	[176]
适体/PAMAM - Gra/GCE	TB	0.1pmol/L ~ 80nmol/L	50fmol/L	[177]
适体/CS - HCoPt/GCE	TB	1pmol/L ~ 50nmol/L	0.34pmol/L	[178]
适体/dye - Orange - Gra/GCE	TB	1pmol/L ~ 0.4nmol/L	0.35pmol/L	[179]
适体/Gra - AuNP/SA/B - 适体/GCE	PDGF - BB	0.05pmol/L ~ 35nmol/L	0.02pmol/L	[18]

续表

适体传感器	靶标	线性范围	检测限	参考文献
适体/AuNP/PTCA/Gra/GE	TB	1pmol/L ~ 40nmol/L	200fmol/L	[181]
适体/CSPE	TB	3pmol/L ~ 0.3mmol/L	3pmol/L	[182]
适体/$MoSe_2$ - Gra/GCE	PDGF - BB	0.1pmol/L ~ 1nmol/L	20fmol/L	[183]
适体$_{VEGF}$/AuNP/Thio - Gra - PAMAM/CSPE 和适体$_{CYC}$/AuNP/FAD - Gra - PAMAM/CSPE	VEGF 和 CYC	2.5 ~ 320pmol/L	VEGF 为 0.7pmol/L CYC 为 1pmol/L	[161]
适体/CS - Gra/GCE	TB	1 ~ 100fmol/L	0.45fmol/L	[184]
适体/Gra@ AgNCs/GE	PDGF - BB	0.001 ~ 0.05ng/mL	0.82pg/mL	[185]
适体/GO/GCE	TB	10 ~ 50nmol/L	10nmol/L	[186]
适体/AuNP/L - Cys/Nafion/CdS - Gra/GCE	CEA	0.01 ~ 10ng/mL	3.8pg/mL	[188]
Ru(NH3)$_6^{3+}$/适体$_2$/适体$_1$/MPA - Gra - CdS/PEI/ITO	TB	2 ~ 600pmol/L	1pmol/L	[187]
适体/胺化 - CdSe/(PAA - Pyr - Gra)$_n$/ITO	TB	1 ~ 10pmol/L	0.45pmol/L	[189]
适体/PPyNDFLG/PEN/GE	VEGF	100fmol/L ~ 10nmol/L	100fmol/L	[190]
适体/ErGO - MWCNT/GCE	沙门菌	75 ~ 7.5×10^5cfu/mL	25cfu/mL	[166]
MB - 适体/ErGO - CHI - GLU - /GCE	沙门菌	$10^1 \sim 10^6$cfu/mL	10^1cfu/mL	[167]
适体/GO - Au_{nano}/GCE	沙门菌	2.4 ~ 2.4×10^3cfu/mL	2.4cfu/mL	[191]
适配剂	金黄色酿脓葡萄球菌	$10^1 \sim 10^6$cfu/mL	10^1cfu/mL	[168]
适体/PpPG/rGO/GCECu_2O	Lys	$0.1 \times 10^3 \sim 200 \times 10^3$pmol/L	0.06×10^3pmol/L	[192]
适体/TiO_2/3D - rGO/PPy/GE	Lys	7.0 ~ 3.5×10^3pmol/L	5.5pmol/L	[193]
适体/rGO/CHIT/PGE	Lys	$28.53 \times 10^3 \sim 71.3 \times 10^3$pmol/L	28.53×10^3pmol/L	[194]
适体/AuNP/ErGO/GCE	Lys	EIS 1.0 ~ 104.3pmol/L，DPV 9.6 ~ 205.5pmol/L	带 EIS 的 0.06pmol/L 和带 DPV 的 0.24pmol/L	[195]

PGE：铅笔石墨电极；PpPG：血浆聚合丙炔胺。

9.5 基于绿色石墨烯和石墨烯纳米复合材料的电化学免疫传感器

9.5.1 肿瘤标志物

世界卫生组织(WHO)估计，2015 年全球约有 900 万人死于癌症，其中大多数患者过早死亡。血液或组织中的肿瘤标志物水平为临床癌症筛查和疾病诊断提供了必要的信息[196-197]。免疫传感器是一种基于受体的生物传感器，它将一种固定化的抗体置于合适的传感器上，将特定的抗体 - 抗原相互作用转化为可检测的信号。本文报道了测定抗原和抗原阳性细胞的各种方法，如表面等离子体共振(SPR)[198-199]、Förster 共振能量转移

(FRET)[200-201]、发光共振能量转移(LRET)[202-203]、比色[204-205]、电化学方法[206-207]。然而，基于修饰电极的电化学免疫传感器具有简便、灵敏度高、选择性好、成本低[208]等特点，可用于检测血管内皮生长因子-165(VEGF165)[209]、人表皮生长因子受体-2(Her2)、前列腺癌特异性抗原(PSA)[211]人免疫球蛋白G(HIgG)[212]、凯特林乳腺癌(SKBR-3)[213]、黑色素瘤[214]和卵巢癌(SKOV-3)[215]细胞等肿瘤标志物。通常，根据这些电化学免疫传感器信号的变化，将它们分为信号开启[216-218]和信号关闭方法[101,219-220]。与基于信号的传感器相比，基于信号的传感器存在由污染物的非特异性吸附引起的假阳性结果[221-222]。Ju和同事报告了一种基于信号的免疫传感器，以电化学还原壳聚糖纳米复合材料为改性剂测定CEA。为了制备标记抗体，还设计了纳米金功能化介孔碳泡沫(Au/MCF)与C-Au协同银增强的信号放大耦合。以纳米金颗粒在羧基MCF上原位生长制备了Au/MCF，并通过蛋白质与纳米金颗粒之间的相互作用，作为标记信号抗体的示踪标记。在制备生物传感器的过程中，将5μL 0.5mg氧化石墨烯溶液滴在预处理的玻碳电极上，在空气中干燥。将3μL 0.05%壳聚糖溶液滴入石墨烯薄膜，在空气中干燥后，在pH8.0PBS的1.0V下进行氧化石墨烯的电化学还原，用水冲洗修饰电极，在5μL的2.5%戊二醛(在50mmol/L PBS,pH7.4)中培养2h。在用水进一步冲洗电极后，将5μL 0.2mg/mL Ab1滴到表面，在室温下培养60min，在4℃饱和湿度的环境下过夜。随后，分别用洗涤缓冲液和pH7.7 Tris-HNO_3除去多余的抗体。最后，将5μL阻滞液滴在电极表面，在室温下培养60min，以阻止可能残留的活性部位的非特异性吸附。再使用洗涤缓冲液和pH7.4 Tris-HNO_3进行洗涤，得到免疫传感器。在最佳条件下，所提出的免疫分析方法在0.05pg/mL~1ng/mL范围内具有较大的线性范围，检测限降低到0.024pg/mL。通过对沉积银的电化学剥离分析，表明该方法检测范围宽，CEA检测限极低。此外，该方法避免了酶联免疫检测的缺点和脱氧的需要，为临床诊断，特别是在护理点检测中提供了很好的应用前景。新设计的放大策略对其他分析物的超敏感电化学生物传感具有很大的应用潜力。图9.12显示了所提议的免疫传感器制造和所使用的传感机制的示意图。

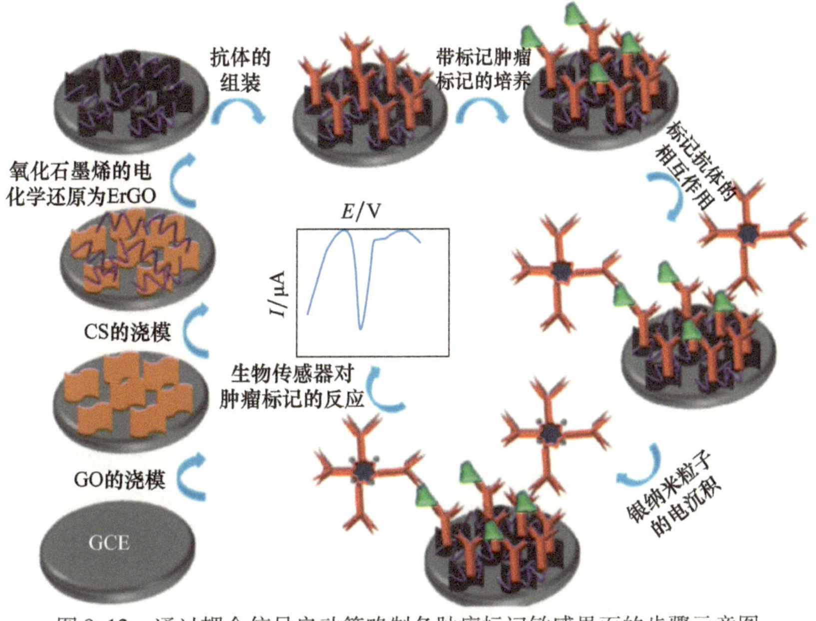

图9.12 通过耦合信号启动策略制备肿瘤标记敏感界面的步骤示意图

9.5.2 细菌

食源性致病菌已成为公众关注的主要问题，并日益威胁到人们的健康。根据疾病控制和预防中心的数据，美国每年大约有4800万例疾病、12.8万例住院治疗和3000例死亡与食源性疾病有关。在食源性致病菌中，大肠杆菌O157:H7因能引起人类溶血性尿毒症综合征、出血性结肠炎等危及生命的并发症而备受关注。因此，迫切需要开发有效、可靠的检测大肠杆菌O157:H7的方法。

Ying及其同事[223]报道了一种基于金纳米粒子修饰的独立石墨烯纸电极的低成本和稳健的阻抗免疫传感器，用于快速灵敏地检测大肠杆菌O157：H7。为了制备免疫传感器，采用硝酸纤维素膜过滤器（直径47mm，孔径0.45μm）真空渗透氧化石墨烯分散液制备了氧化石墨烯纸（GOP）。用蒸馏水洗涤、空气干燥、从过滤器上剥落，得到柔性氧化石墨烯纸。通过调节氧化石墨烯悬浮液的体积可以很容易地控制氧化石墨烯纸的厚度。氧化石墨烯纸的化学还原是在室温（约25℃）下将纸浸入HI溶液中持续1h。之后，用蒸馏水将还原纸洗涤几次。在室温下干燥后，得到了独立的、无黏结剂的还原氧化石墨烯纸。通过切割还原氧化石墨烯纸得到还原氧化石墨烯纸电极（rGOPE）。随后，将rGOPE置于1% $HAuCl_4$溶液中并在-0.66V下进行30s的Au_{nano}控制电沉积，以获得Au_{nano}修饰的rGOPE（rGOPE/Au_{nano}）。所得rGOPE/Au_{nano}用蒸馏水冲洗并用氮气流干燥。然后，将一滴（10μL）1mg/mL链霉亲和素置于rGOPE/Au_{nano}培养皿上，在41℃下培养过夜。在用洗涤缓冲液（含0.01%吐温20的10mmol/L PBS）彻底冲洗之后，然后用10μL 0.5mg/mL生物素化抗大肠杆菌O157：H7抗体覆盖电极2h，然后用水冲洗并用氮气干燥。用洗涤缓冲液冲洗后，10μL 1%牛血清白蛋白（BSA）加入电极上，培养30min，然后用水冲洗，氮气干燥。用电化学阻抗谱法表征了免疫传感器的界面性质。此外，利用扫描电子显微镜、拉曼光谱和X射线衍射技术对制备的石墨烯纸的表面形貌和晶体结构进行了研究。结果表明，该免疫传感器具有线性范围宽（$1.5\times10^2\sim1.5\times10^7$cfu/mL）、检测限低（$1.5\times10^2$cfu/mL）、特异性好等优点。金属纳米材料、石墨烯纸和生物识别分子的结构整合策略将为常规传感应用柔性免疫传感器的设计提供了新视角。图9.13显示了拟用免疫传感器制造和所用传感机制的示意图。

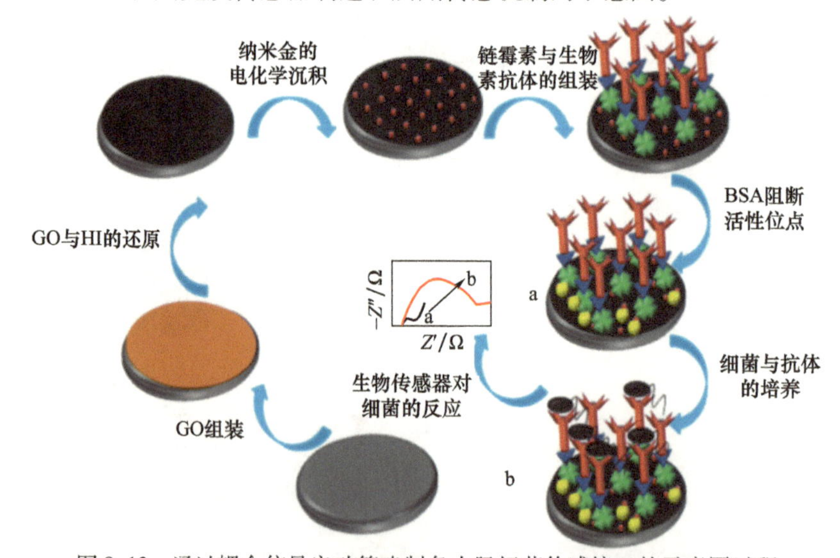

图9.13 通过耦合信号启动策略制备大肠杆菌传感接口的示意图过程

9.5.3 病毒

人类流感病毒是一个严重的全球健康问题。流感病毒通过吸入携带病毒的颗粒或直接接触受病毒污染的表面而感染，其特征是急性呼吸道感染症状，如高烧、嗜睡和咳嗽。因此，快速诊断和及时监测潜在的流感病毒爆发是疾病预防和控制的首要步骤之一。

Xie 和同事[224]报道了一种带有三明治型免疫分析格式的敏感电化学免疫传感器，该传感器是用纳米银石墨烯（AgNP - G）作为临床免疫检测的痕量标记设计来定量禽流感H7（AIV H7）。该器件由包覆金纳米粒子 - 石墨烯纳米复合材料（AuNP - G）的金电极组成，金纳米粒子表面可进一步用 H7 单克隆抗体（MAb）进行修饰。用附着于 AgNP - G 表面的 H7 - 多克隆抗体（PAb）（PAb - AgNP - G）进行免疫分析。

他们采用壳聚糖作为绿色还原剂来合成石墨烯 - 金 - 壳聚糖纳米复合材料；首先将壳聚糖粉末溶解于 1.0%（体积分数）乙酸溶液中，在室温下搅拌 1h 直到完全分散，制备0.5%（质量分数）的壳聚糖溶液。将 1mg 石墨烯加入 1mL 壳聚糖溶液中，超声 2h，室温搅拌 24h。得到的黑色悬浮液似乎是均匀和稳定的。以 Au^{3+} 为氧化剂，在 80℃ 下可还原为 Au 纳米粒子。在这项工作中，将 0.5mL 1mmol/L $HAuCl_4$ 添加到所得石墨烯 - 壳聚糖（G - CS）的清液中，在室温条件下搅拌 4h。然后在 80℃ 下培养均匀混合物，搅拌 1h。此外，为了合成 Ag - G，首先在室温下搅拌 2h，将 1mL 1mmol/L $AgNO_3$ 添加到 1mL 石墨烯水分散体（1mg/mL）中。然后，加入 1mL 上述壳聚糖溶液，然后在室温下搅拌该溶液 5h。将悬浮液置于水浴中并在 80℃ 下反应 1h，将所得分散液在室温下连续搅拌 12h 以制备标记抗体，向 1mL 1mg/mL AgNP - G 悬浮液中添加 50mg NaOH 和 50mg $ClCH_2COONa$，随后超声波浴处理 1h。在这些处理之后，所得产物 AgNP - G - COOH 用稀盐酸中和并通过反复冲洗和离心纯化，直到产物在去离子水中充分分散。然后将 AgNP - G - COOH 悬浮液用蒸馏水透析 48h 以上以去除任何离子。然后，400mL AgNP - G（0.1mg/mL）用 10mL EDC（5mg/mL）和 20mL NHS（3mg/mL）在 PBS（pH5.2）中活化 30min。以 10000r/min 离心混合物 10min，并丢弃上层清液。重复缓冲洗涤以去除多余的 EDC 和 NHS。将所得功能化混合物分散于 1.0mL PBS 缓冲液（pH7.4）中并超声处理 5min 获得均匀悬浮液。然后，向悬浮液中添加 1mL PAb（1mg/mL）和 2mL BSA（2.5g/L），并且在 4℃ 下将混合物搅拌过夜。用 PBS 洗涤反应混合物并以 10000r/min 离心 5min 三次。丢弃上层清液。将所得混合物重新分散于 1.0mL PBS（pH7.4）中并在 4℃ 下储存。为了制备免疫传感器，将 6mL 上述 AuNP - G - CS 纳米复合材料溶液移到干净的金电极表面。铸膜液在 4℃ 下干燥过夜。然后，用水清洗修饰电极（AuNP - G - CS - 金电极）并将其浸入含有 10mg/mL（200mL）H7 抗体（MAb）的 PBS 溶液（pH7.4）中并固定在 4℃ 过夜。最后，将所得电极在 BSA 溶液（0.25%（质量分数））中于 37℃ 培养约 1h，以阻断可能残留的活性位点，避免非特异性吸附。不使用的免疫传感器在 4℃（抗体/AuNP - rGO - CS/金电极）下保存。为了检测 AIV H7 病毒，将免疫传感器 MAb - AuNP - G - GE 与 100ml 不同浓度的 aivh7 培养 30min，然后用 PBS 缓冲液洗涤。接下来，将电极与 200ml 抗体 - AgNP - G - CS 生物结合物培养 40min，并用 PBS 缓冲液洗涤去除非特异性吸附结合物。最后，将所得电极在 BSA 溶液（0.25%（质量分数））中于 37℃ 培养约 1h，以阻断可能残留的活性位点，避免非特异性吸附。不使用时的免疫传感器（抗体/AuNP - rGO - CS/金电极）保存在 4℃ 的环境下。

为了检测AIVH7病毒,将免疫传感器MAb－AuNP－G－GE与100mL不同浓度的AIVH7培养30min,然后用PBS缓冲液洗涤。接下来,将电极与200mL抗体－AgNP－G－CS生物结合物培养40min,并用PBS缓冲液洗涤以去除非特异性吸附结合物。最后,将Ag纳米粒子沉积于金表面,置于1mol/L KCl溶液中,铂丝辅助电极和SCE分别作为对电极和参比电极。线性扫描伏安法(LSV)在－0.15～0.25V电压范围内,以50mV/s扫描速度。记录AIV H7检测的剥离电流。图9.14显示了拟用免疫传感器制造和所用传感机制的示意图。

在最佳条件下(培养时间30min,溶液pH为7.0),在动态工作范围1.6×10^{-3}～16ng/mL内检测病毒浓度,在3s信噪比下检测限为1.6pg/mL。在pH7.0的PBS中,免疫传感器MAb对AIVH7有很好的选择性。更重要的是,这种方法非常适合生物医学传感和临床应用。希望该固定化技术和检测方法能进一步发展。考虑到临床分析的应用,分析时间是一个关键因素;因此,如何开发更简单有效的检测方法仍然是一个挑战。

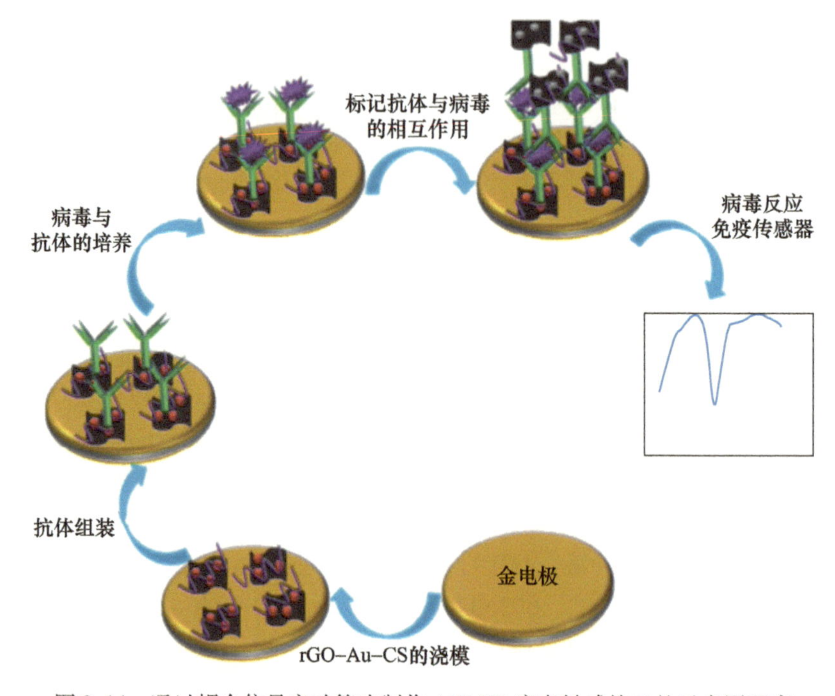

图9.14 通过耦合信号启动策略制作AIV H7病毒敏感接口的示意图程序

9.5.4 C反应蛋白

C反应蛋白(CRP;118kDa)是经典的急性期反应物,是用于监测慢性疾病状态(如恶性肿瘤和自身免疫状况)的主要标志物[225]。CRP作为冠状动脉疾病的生物标志物和对血管炎症的直接作用已经引起了广泛的关注[226]。美国心脏协会和美国疾病控制和预防中心建立了三种CRP浓度来评估心血管风险[227]。因此,在临床诊断和药物研究中,开发一种可靠、准确的CRP分析方法/感觉系统至关重要。Cho和同事[228]报道了一种基于还原氧化石墨烯－金纳米粒子(rGO－NP)修饰的铟锡氧化物(ITO)电极阵列的无标记免疫传感器,用于直接检测CRP。对rGO－NP修饰ITO微电极的性质进行了分析研究,并确定了应用修饰的抗体固定纳米结构和识别 CRP 结合事件对传感器性能的影响。阻抗测量显示,在氧化还原偶$[Fe(CN)_6]^{3-/4-}$的存在下,CRP 结合后电荷转移电阻发生显著变化。采用氧化石墨烯(1mg/mL)和四氯金酸的均匀混合物组成的电化学镀液,电沉积法制备了石墨烯-金纳米复合材料。用循环伏安法在 0.1mol/L 碳酸盐缓冲液中进行了电沉积。为了控制电极表面上的负载量,电压扫描被限制在 0~-1.6V(相对于 Ag/AgCl)的电位窗口中,使用 25mV/s 的扫描速度进行三个沉积循环。每次沉积后,用 DI 水清洗 ITO 并在 N_2气体下干燥。用紫外-可见光谱、X 射线衍射和扫描电镜对制备的纳米复合材料进行了表征。

rGO-NP/ITO 与 3-巯基丙酸(MPA)培养 3h 以形成 SAM 层。将 MPA 修饰电极进一步与 EDC(0.4mol/L)/NHS(0.1mol/L)培养以结合抗体(抗 CRP 抗体)。在活化表面形成抗 CRP 抗体的共价结合(10μg/mL),将 20μL 抗 CRP 抗体溶液滴注到每个电极芯片上,并在潮湿的室内保持 2h,以防止在结合过程中表面干燥。用含有 0.2% 聚山梨酯-20 的 PBS 彻底清洗由此形成的电极(抗 CRP 抗体/MPA/rGO-NP/ITO)以去除任何未结合的抗 CRP 抗体。最后,为了阻断非特异性吸附,将 BSA(1ng/mL)施加到电极表面,从而形成 BSA/抗 CRP 抗体/MPA/rGO-NP/ITO 电极用于 CRP 检测。为每次实验测量准备新鲜溶液。利用电化学阻抗谱法测量确定了电极的阶跃变化。图 9.15 显示了拟用免疫传感器制造和所用传感机制的示意图。

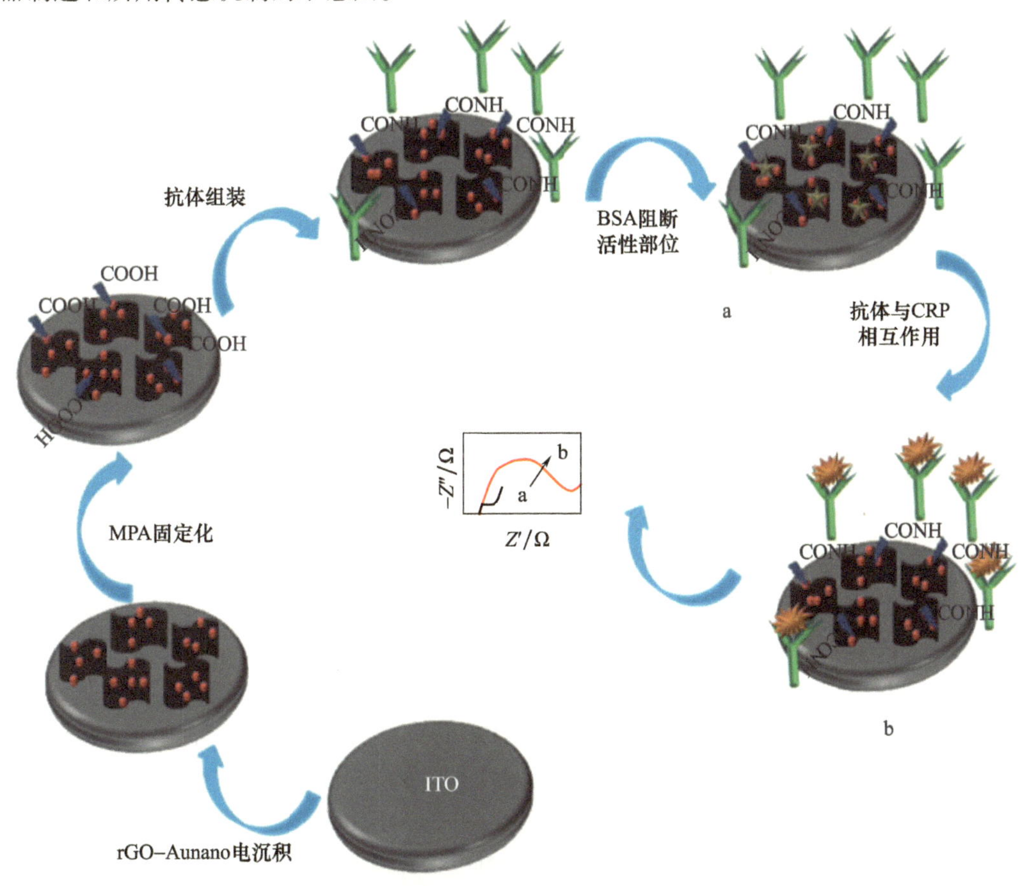

图 9.15 制作免疫传感器和所用传感机制的示意图

阻抗测量具有高度的靶向性，与PBS和人血清中的对数CRP浓度呈线性关系，范围为1ng/mL和1000ng/mL，检测限分别为0.06ng/mL和0.08ng/mL。通过测量组内和组间RSD，评价了阻抗传感器的重复性。通过分析五个浓度水平评估组内和组间精密度。通过测量在相同实验条件下从不同批次制备的电极，发现实验室内和实验室间的变异系数$<7.1\%$，表明可接受的精密度和制造再现性。

为了评价CRP的结合亲和性，用以下方程计算离解常数K_d：

$$\frac{C[\text{CRP}]}{\Delta Z}=\frac{C[\text{CRP}]}{\Delta Z_{\text{sat}}}+\frac{K_d}{\Delta Z_{\text{sat}}}$$

通过绘制$C[\text{CRP}]/\Delta Z$作为$C[\text{CRP}]$的函数，用y截距除以斜率得到K_d，得到的K_d值为39.9ng/mL。这项研究的成功结果表明，可进一步开发检测应用的生物标志物的多重分析的可行性。

9.5.5 癌细胞

SKBR-3癌细胞是一种重要的乳腺癌细胞，其细胞膜上有Her2抗原[229-231]。因此，电化学免疫传感器可用于检测SKBR-3癌细胞。乳腺癌是美国女性癌症死亡的第二大原因，其次是皮肤癌。美国癌症协会估计约有40,450名妇女死于乳腺癌[232]。因此，制备一种高灵敏度、选择性、低成本的检测SKBR-3癌细胞的免疫传感器是生物医学和临床医学研究的重要课题之一。近年来，还原氧化石墨烯纳米复合材料因其独特的特性，如生物相容性、高表面积、表面功能化能力和低成本的合成工艺等，在生物医学设备中具有广泛的潜在应用前景[233-234]。最近，Amouzadeh Tabrizi及其同事[235]报道了一种用于检测SKBR-3乳腺癌细胞的新型电化学免疫传感器，该传感器使用绿色合成的还原氧化石墨烯作为固定化一抗赫赛汀抗体（抗HCT）的平台。将各种还原氧化石墨烯-四钠1,3,6,8-吡喃四磺酸/金属六氰基铁酸（rGO-TPA/）纳米复合材料，包括rGO-TPA/FeHCF、rGO-TPA/CoHCF、rGO-TPA/NiHCF和rGO-TPA/CuHCF作为二代赫赛汀抗体的电化学标记。结果表明，所设计的三明治型电化学免疫传感器对rGO-TPA/FeHCF标记的赫赛汀二级抗体检测SKBR-3乳腺癌细胞（3万细胞/mL）的敏感性高于其他rGO-TPA/$\text{MHCF}_{\text{nano}}$-标记的赫赛汀二级抗体。为了合成还原的氧化石墨烯，将90mL的麦芽添加到90mL的氧化石墨烯中（氧化石墨烯，20.0mg/L）。然后，将所得溶液混合30min。将混合物转移到内衬聚四氟乙烯的不锈钢高压釜中，在95℃下反应5h。最后，将所得到的还原氧化石墨烯悬浮液在5000r/min离心15min，用双蒸馏水冲洗。

为了制备标记抗体，将2.0mL TPA（1mg/L）添加到10.0mL还原氧化石墨烯（100mg/L）中并且将混合物超声处理60min。然后，使用HCl水溶液（4.0mol/L）将混合物调节至pH2.0（溶液1）。然后，向上述溶液中加入5.0mL水溶液（溶液2）$FeCl_2$（0.3mmol/L），并将混合物超声处理60min。TPA的负磺酸基可吸收带正电的离子。然后，向该溶液中添加10mL $Fe(CN)_6^{3+}$（0.4mmol/L）水溶液（溶液3），并将混合物超声处理60min。之后，将该溶液以5000r/min离心15min并用水洗涤数次。最后，将所得纳米复合材料在80℃下干燥，在烤箱里烤一天。rGO-TPA/CuHCF、rGO-TPA/NiHCF和rGO-TPA/CoHCF的制备符合rGO-TPA/FeHCF纳米复合材料，但在制备CuHCF、NiHCF和

CoHCF 时,水溶液 2 分别含有 $CuCl_2$、$NiCl_2$ 和 $CoCl_2$。

为了激活 rGO－TPA/FeHCF 的羧基,向含有 30ml EDC(30mm)和 NHS(60mm)的溶液中加入 30mL 10mg/mL rGO－TPA/FeHCF 溶液,搅拌 3h。然后,将 10mL 抗 HCT 溶液(30μmol/L)逐渐加入混合物中 12h。最后,将得到的 rGO－TPA/FeHCF 标记的二级抗 HCT(rGO－TPA/FeHCF/Anti－HCT *)以 5000r/min 离心 15min,并用大量水洗涤数次。用傅里叶变换红外光谱、X 射线能谱分析、扫描电镜、透射电镜和 X 射线衍射对制备的标记抗体进行了表征。利用循环伏安法和电化学阻抗谱法测量确定了电极的阶跃变化。采用差示脉冲伏安法(DPV)测定了 SKBR－3 癌细胞在 500～30000 细胞/mL 浓度范围内的含量,检测限为 21 细胞/mL。该三明治型电化学免疫传感器具有高选择性、线性范围响应和良好的稳定性。图 9.16 显示了拟用免疫传感器制造和所用传感机制的示意图。

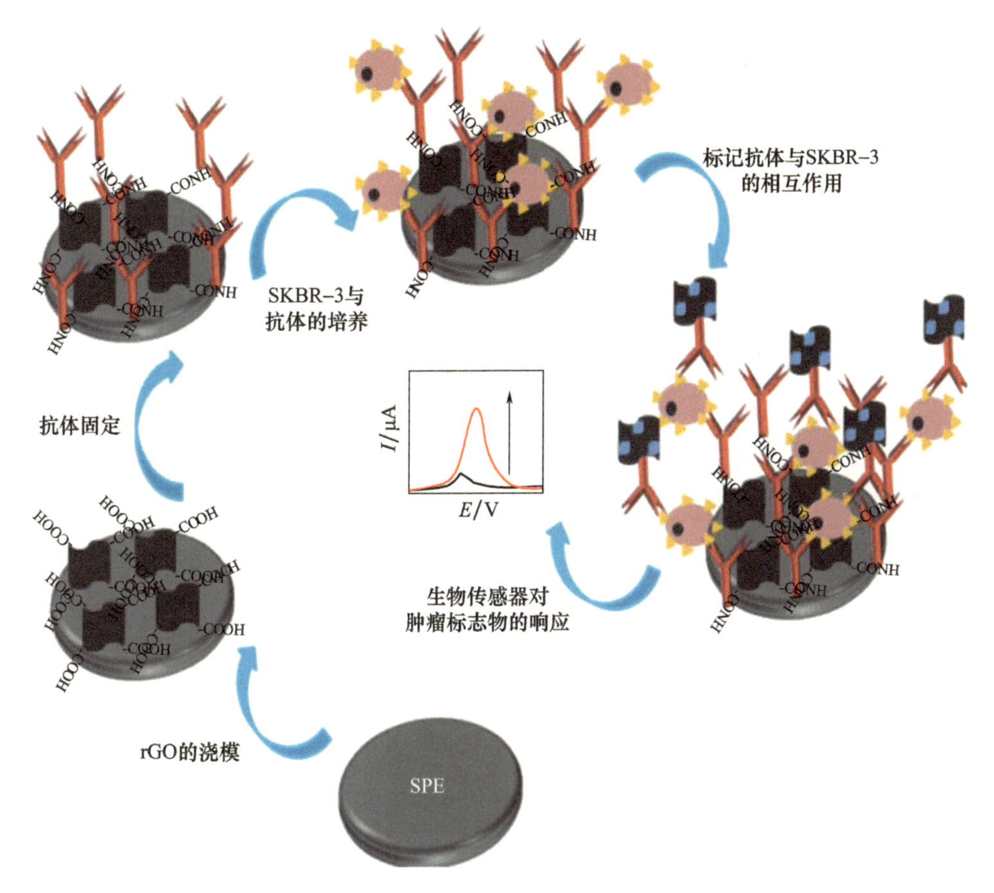

图 9.16　免疫传感器的制作和所用传感器的示意图

将所提出的三明治型免疫传感器与另一种生物传感器检测 SKBR－3 癌细胞的性能进行了比较,如表 9.7 所示。可以看出,在大多数情况下,所提出的三明治型免疫传感器比文献中的其他生物传感器检测 SKBR－3 癌细胞的检测限低,检测范围宽。

表 9.7 为使用石墨烯报告的免疫传感器列表。

表9.7 使用石墨烯的免疫传感器报告列表

修饰电极	靶标	线性范围	检测限	参考文献
Anti－CEA/CS－PdCu/TH/HSO3－GS/GCE	CEA	0.01～12ng/mL	4.86pg/mL	[236]
BSA/anti－CEA－anti－AFP/HAG/PANI/rGO	CEA和AFP	0.6～80ng/mL	CEA为0.12，AFP为0.08ng/mL	[237]
BSA/anti－CEA－anti－AFP/Au_{nano}－CS/GCE	CEA和AFP	0.5～60ng/mL	CEA为0.1ng/mL，0.05ng/mL	[238]
Anti－AFP，anti－CEA，anti－SS2/PA/Nafion/GCE		AFP为0.016～50ng/mL；CEA为0.010～50ng/mL，SS2为0.012～50ng/mL	AFP为5.4pg/mL，CEA为2.8pg/mL；SS2为4.2pg/mL	[239]
BSA/anti－CEA/Au/DN－graphene/GCE	CEA	10～1.2×10^5pg/mL	8pg/mL	[240]
HRP－Ab/Con A pDA/3D－G/镍基底	CEA	0.1～750.0ng/mL	90pg/mL	[241]
Anti－CEA/GO－Thi－Au/GCE	CEA	0.1～1×10^5fg/mL	0.05fg/mL	[242]
Anti－CEA/ErGO/CS/GCE	CEA	0.05pg/mL	0.024pg/mL	[243]
Anti－CEA/GO/CS－Fc/GCE	CEA	0.001～30ng/mL	0.00039ng/mL	[244]
Anti－CEA/Pt/GR－CNT/GCE	CEA	0.003～600ng/mL	0.8pg/mL	[245]
BSA/anti－AFP－anti－CEA－anti－CA－anti－PSA/GR－Au/GCE	AFPl；CEA；CA；PSA	AFP为0.2～800pg/mL，CEA为0.2600pg/mL，CA为0.2～1000pg/mL，PSA为125；0.2～800pg/mL	AFP为62fg/mL；CEA为48fg/mL；CA为77fg/mL；PSA为60fg/mL	[246]
Anti－AFP/CNT/TMCS－MPS/GS/GCE	AFP	0.1～100ng/mL	0.06ng/mL	[247]
BSA/Anti－AFP/Pd－rGO/GCE	AFP	0.01～12ng/mL	5pg/mL	[248]
Anti－AFP/Au_{nano}/GCE	AFP	1～100ng/mL	0.45ng/mL	
Anti－Ab/CS－ErGO/PE	CEA，AFP，CA125，CA153	CEA为0.01～100ng/mL，AFP为0.01～100ng/mL，CA125为0.05～100ng/mL，CA153为0.05～100ng/mL	CEA为0.01ng/mL，AFP为0.01ng/mL，CA125为0.05ng/mL，CA153为0.05ng/mL	[249]
Anti－VEGF/MGO－GE	VEGF	31.25～2000pg/mL	31.25pg/mL	[250]
Abl/GR/CS/SPCE	p53(S15)	0.2～10ng/mL	0.1ng/mL	[251]
BSA/anti－CA15/GR/GCE	CA15－3	0.002～40U/mL	3×10^{-4}U/mL	[252]
Antibody/4－AP/ErGO/SPE	β－乳球蛋白过敏原	1pg/mL～100ng/mL	0.85pg/mL	[253]
Antibody/BSA/Au_{nano}/rGO/PE nano	*E. coli* O157：H7	1.5×10^2～1.5×10^7cfu/mL	1.5×10^2cfu/mL	[223]
BSA/Anti－body/SG－PEDOT－Au_{nano}/GCE nano	*E. coli* O157：H7	7.8×10^1～7.8×10^6	3.4×10^1cfu/mL	[254]

续表

修饰电极	靶标	线性范围	检测限	参考文献
Antibody/Au_{nano}/BSA/GO/GCE	沙雷菌	$7.0\times10^1\sim7.0\times10^7$cfu/mL	12cfu/mL	[255]
Anti - IgG/GR - MWCT/PDDA/GC	HIgG	1 ~ 500ng/mL	0.2ng/mL	[256]
Anti - IgG/Au_{nano}/GR/GCE	HIgG	1 ~ 300ng/mL	0.4ng/mL	[257]
Anti - IgG/rGo - Au/SPCE nano	HIgG	0.02 ~ 500ng/mL	9.7pg/mL	[258]
Anti - IgG/poly(BMA - r - PEGMA - r - NAS)/ERGO/AEBD/ITO	免疫球蛋白 G	高达 1.0×10^5	100fg/mL	[259]
抗 cTnI - Pt(MPA) - PMA/EG/GCE	cTnI	0.01 ~ 10ng/mL	4.2pg/mL	[260]
Anti - PSA/GR - MB - CS/GCE	PSA	0.05 ~ 5.00ng/mL	13pg/mL	[261]
Anti - APEl/BSA/GR - Au_{nano}/GE	APE1	0.1 ~ 80pg/mL	0.04pg/mL	[262]
Anti - H1N1/RGO/CA/Au	H1N1 病毒	$1\sim10^4$pfu/mL	0.5pfu/mL	[263]
Anti - AIV H7/AuNP - G/gold electrode	AIV H7	1.6×10^{-3}ng/mL	1.6pg/mL	[224]
Anti - H5N1/蛋白质 A/GO - MB/CS/W1 Anti - H1N1/蛋白质 - A/GO - MB/CS/W2	H5N1 和 H1N1	25 ~ 500pmol/L	H1N1 为 9.4pmol/L，H5N1 为 8.3pmol/L	[264]
Anti - HCT rGO/SPE/	SKBR - 3	$5\times10^2\sim3\times10^4$	21	[235]

GCE：玻碳电极；ITO：氧化铟锡；ZnO_{nano}：纳米氧化锌；PA：蛋白 A；p53(S15)：磷脂 - ；4 - AP：$p53^{15}$4 - 氨基苯酰膜；CA15 - 3：糖类抗原 15 - 3；PE：纸电极；SRB：硫酸盐还原菌；PDDA：聚二烯丙基二甲基氯化铵；CTnI：肌肌钙蛋白 I；Pt MPA：3 - 巯基丙酸(MPA) - 功能化 Pt 纳米粒；PSA：前列腺特异性抗原；MB：亚甲基蓝；SG：磺化石墨烯；MGO：磁性氧化石墨烯；PEDOT：聚(3,4 - 乙基二氧噻吩)；聚(BMA - r - PEGMA - r - NAS)：NAS：N - 丙烯酰基琥珀酰亚胺；PEGMA：聚甲基丙烯酸乙二醇酯苯环疏水残渣；AEBD：氨基乙基苯并二氮铵；APE1：脱嘌呤/脱嘧啶核酸内切酶 1。

9.6 凝集素生物传感器

凝集素是一种对甘聚糖或糖蛋白具有选择性亲和性的蛋白质，被认为是构建特异性糖蛋白检测器件和糖蛋白谱分析的理想试剂。这使得探索新的潜在生物标志物和通过检测已知的糖基化生物标志物进行早期诊断成为可能。

9.6.1 癌细胞

Yu 和同事[265]报道了一种低成本、简单、便携、敏感的纸基电化学传感器，用于检测 K - 562 细胞在护理点测试中的应用。采用高比表面积的三维 Au 纳米粒子/石墨烯(3D - Au - NP/GN)和电化学窗口较宽的离子液体(IL)杂化材料，提高了材料的生物相容性，并采用经典组装方法在纸电极(PWE)上修饰高导电性，作为传感表面。IL 不仅能增强伴刀豆球蛋白 A(Con A)与细胞的电子转移能力，而且能为 Con A 与细胞的结合提供传感识别界面，同时提高细胞捕获效率和生物传感器的灵敏度。Con A 固定化基质用于捕获细胞。作为概念验证，开发了用于检测 K - 562 细胞的纸基电化学传感器。采用这种夹心式分析方法，将 K - 562 细胞作为模型细胞捕获在 Con A/IL/三维 AuNP@ GN/PWE 表面。Con A 标记的树枝状 PdAg 纳米粒子被捕获在 K - 562 细胞表面。这种树枝状 PdAg 纳米粒子作为催化剂用于促进由 H_2O_2 氧化硫堇(TH)，所述 H_2O_2 通过佛波醇12-肉豆蔻酸-13-乙酸酯(PMA)的刺激从K-562细胞释放。因此，电流信号响应依赖于PdAg纳米粒子的数量和 H_2O_2 的浓度，后者与细胞的释放量相对应。因此，建立了K-562细胞的检测方法。为了制备三维AuNP/GN复合材料，通过在水中超声氧化石墨烯获得氧化石墨烯分散体(0.5mg/mL)，以备进一步使用。以PEG为还原剂合成了三维Au-NP/GN复合材料。混合物含10mL氧化石墨烯(0.5mg/mL)，200μL $HAuCl_4 \cdot 4H_2O$(1%，w/w)和20μL PEG，超声处理1h，然后在180℃反应，持续12h。冷却至室温后，用水洗涤产物三次。最后通过冻干工艺制备了三维AuNP/GN复合材料。制备了1.0mg/mL三维AuNP/GN复合材料，并留作进一步应用。另外，为了制造PdAg纳米粒子/Con A，将40μL 10mmol/L $PdCl_4^{2-}$ 和40μL 10mmol/L $AgNO_3$ 与2mL 0.25mmol/L CTAB水溶液混合，然后添加20μL 10mmol/L AA。然后立即剧烈搅拌溶液并将其置于30℃下作用5h，最终达到深褐色，提示PdAg纳米粒子为树枝状。随后在12000r/min下离心5min进行两次纯化。将获得的树枝状PdAg纳米粒子重新分散在2.0mL水中以进一步表征和应用。树枝状PdAg纳米粒子与Con A的结合是通过树枝状PdAg纳米粒子与Con A的有效胺基之间的非共价键来实现。将1.0mL树枝状PdAg纳米粒子溶液与1.0mL含有Con A的10μg/mL混合，进行反应。用SEM、TEM和XPS对制备的纳米复合材料进行了表征。在所提出的生物传感器中，电流信号响应取决于两个因素，即细胞表面PdAg纳米粒子的数量和细胞产生的 H_2O_2 的浓度。该方法灵敏度高。在优化的实验条件下(pH7.4，40min培养时间，10mmol/L PMA，2mmol/L)计算各细胞释放的量。K-562细胞的线性范围和检测限测定为 $1.0 \times 10^3 \sim 5.0 \times 10^6$ 细胞/mL和200细胞/mL。所制备的传感器具有良好的分析性能，具有良好的制造重现性、可接受的精密度和满意的准确度，为细胞的护理点检测提供了一种新的方法。图9.17为生物传感器制造示意图。

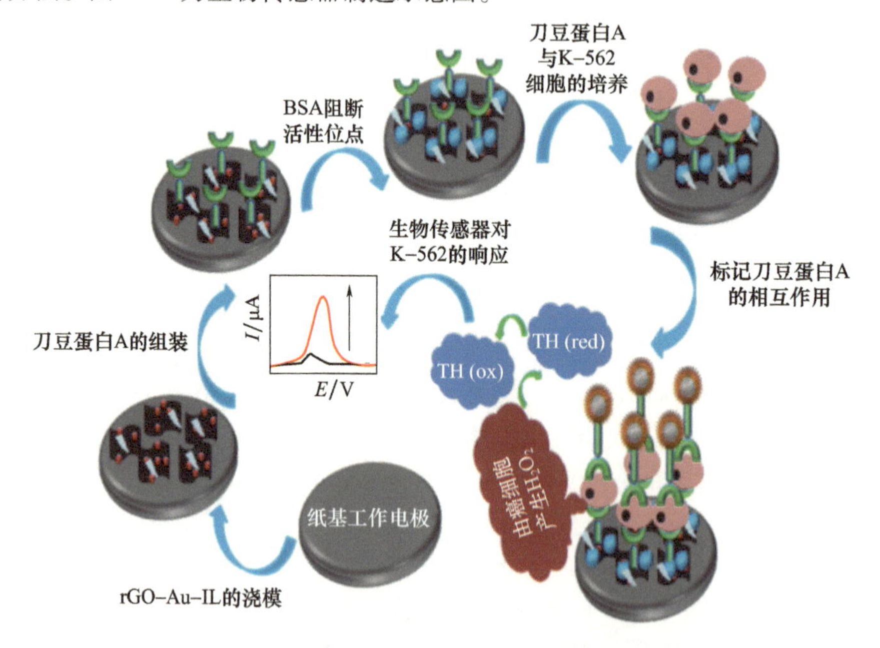

图9.17　生物传感器制造的示意图

9.6.2 糖蛋白

为了测定糖蛋白转化酶(INV),Kasak 及其同事[266]研究了通过戊二醛(GA)交联将 Con A 凝集素固定在电化学还原的氧化石墨烯(ErGO)/硫堇(Thi)表面,并将其应用于糖蛋白转化酶(INV)的阻抗检测。为制作这一生物传感器,将 7.5μL 氧化石墨烯水分散体滴入生物传感器(用 DW 稀释至 80μg/mL),放置在真空下干燥(玻碳 - 氧化石墨烯电极)。将这些电极在 100mmol/L KCl 溶液中预浸泡 5min,在 100mmol/L KCl 溶液中以 - 950mV 与 Ag/AgCl 的时间电流法还原 200s(除非另有说明),用 DW 冲洗,在氩气流下干燥,并用 12.5μL 0.5mmol/L Thi 水溶液(GCE ErGO - Thi 电极)。用 17.5μLGA 水溶液(0.5%)培养 GCE - ErGO - Thi 电极 30min,在 PB 中冲洗,然后用 17.5μL Con A 溶液(1mg/mL,PB)1h(GCE - ErGO - Thi - GA - Con A 电极)。对于交联的 Con A 固定,GCE ErGO - Thi 电极在 50μL 的 Con A 溶液(1mg/mL,PB)和 200μLGA 的混合物中培养,除非另有说明,否则通过在循环流化床中培养电极来阻断表面 1h,然后用 PB 溶液轻轻冲洗。利用电化学阻抗谱法和循环伏安法对生物传感器的界面性质进行了表征。另外,采用 AFM 技术对电极表面形貌进行了研究。Con A/GA 聚集体与 ErGO/Thi 表面的结合形成了一种生物传感器,在 INV 的摩尔浓度 $10^{-14} \sim 10^{-8}$mol 范围内具有线性响应,每十年 INV 浓度的 RCT 变化灵敏度为 6.1%。对带有氧化聚糖部分的阴性对照 INV 的敏感性比对 INV 的敏感性低 2.97 倍。这些发现为以凝集素为基础的微型和经济生物传感器的发展提供了一个平台,为将来的疾病诊断提供了可能。

9.7 小结

生物样品中生物成分的低水平检测对疾病的控制和早期诊断有很大帮助。近年来,人们在开发一些超敏感的电化学生物传感器方面做了大量的工作。其中,石墨烯基电化学生物传感器的制造为生物元件检测器件的制造提供了独特的机会。石墨烯基电化学生物传感器的应用是解决灵敏度、速度和经济测量等问题的最有希望的方法,因为亲和性相互作用与电化学和纳米技术可以有效结合。因此,我们预测绿色合成石墨烯由于其优异的性能,在临床诊断和管理生物组分方面具有广阔的前景。

参考文献

[1] Novoselov, K. S. *et al.*, Electric field effect in atomically thin carbon films. *Science*, 306, 666, 2004.

[2] Ramesha, G. K. and Sampath, S., Electrochemical reduction of oriented graphene oxide films: An *in situ* Raman spectroelectrochemical study. *J. Phys. Chem. C*, 113, 7985 - 7989, 2009.

[3] Hamilton, C. E., Lomeda, J. R., Sun, Z., Tour, J. M., Barron, A. R., High - yield organic dispersions of unfunctionalized graphene. *Nano Lett.*, 9, 3460 - 3462, 2009.

[4] Lotya, M., King, P. J., Khan, U., De, S., Coleman, J. N., High - concentration, surfactant - stabilized graphene dispersions. *ACS Nano*, 4, 3155 - 3162, 2010.

[5] Huang, Y., Liang, J., Chen, Y., The application of graphene based materials for actuators. *J. Mater. Chem.*, 22, 3671 - 3679, 2012.

[6] Zhang, Y., Nayak, T. R., Hong, H., Cai, W., Graphene: A versatile nanoplatform for biomedical applications. *Nanoscale*, 4, 3833 – 3842, 2012.

[7] Kim, K. S. *et al.*, Large – scale pattern growth of graphene films for stretchable transparent electrodes. *Nature*, 457, 706, 2009.

[8] Xie, X. *et al.*, Study of heterogeneous electron transfer on the graphene/self – assembled monolayer modified gold electrode by electrochemical approaches. *J. Phys. Chem. C*, 114, 14243 – 14250, 2010.

[9] Liu, J., Fu, S., Yuan, B., Li, Y., Deng, Z., Toward a universal "adhesive nanosheet" for the assembly of multiple nanoparticles based on a protein – induced reduction/decoration of grapheme oxide. *J. Am. Chem. Soc.*, 132, 7279 – 7281, 2010.

[10] Wang, Y. *et al.*, Green and easy synthesis of biocompatible graphene for use as an anticoagulant. *RSC Adv.*, 2, 2322 – 2328, 2012.

[11] Wang, J., Salihi, E. C., Šiller, L., Green reduction of graphene oxide using alanine. *Mater. Sci. Eng. C*, 72, 1 – 6, 2017.

[12] Zhu, X. *et al.*, Reduction of graphene oxide *via* ascorbic acid and its application for simultaneous detection of dopamine and ascorbic acid. *Int. J. Electrochem. Sci.*, 7, 5172 – 5184, 2012.

[13] Vinson, J. A., Mandarano, M., Hirst, M., Trevithick, J. R., Bose, P., Phenol antioxidant quantity and quality in foods: Beers and the effect of two types of beer on an animal model of atherosclerosis. *J. Agric. Food Chem.*, 51, 5528 – 5533, 2003.

[14] Andersen, M. L., Outtrup, H., Skibsted, L. H., Potential antioxidants in beer assessed by ESR spin trapping. *J. Agric. Food Chem.*, 48, 3106 – 3111, 2000.

[15] Amouzadeh Tabrizi, M., Tavakkoli, A., Dhand, V., Rhee, K. Y., Park, S. – J., Eco – friendly one – pot synthesis of gold decorated reduced graphene oxide using beer as a reducing agent. *J. Ind. Eng. Chem.*, 20, 4327 – 4331, 2014.

[16] Wang, Y., Shi, Z., Yin, J., Facile synthesis of soluble graphene *via* a green reduction of graphene oxide in tea solution and its biocomposites. *ACS Appl. Mater. Interfaces*, 3, 1127 – 1133, 2011.

[17] Haghighi, B. and Tabrizi, M. A., Green – synthesis of reduced graphene oxide nanosheets using rosewater and a survey on their characteristics and applications. *RSC Adv.*, 3, 13365 – 13371, 2013.

[18] Kuila, T. *et al.*, A green approach for the reduction of graphene oxide by wild carrot root. *Carbon*, 50, 914 – 921, 2012.

[19] Tejero, I., González – García, N., González – Lafont, À., Lluch, J. M., Tunneling in green tea: Understanding the antioxidant activity of catechol – containing compounds. A variational transition – state theory study. *J. Am. Chem. Soc.*, 129, 5846 – 5854, 2007.

[20] Guo, H. – L., Wang, X. – F., Qian, Q. – Y., Wang, F. – B., Xia, X. – H., A green approach to the synthesis of graphene nanosheets. *ACS Nano*, 3, 2653 – 2659, 2009.

[21] Shaw, K. M. and Cummings, M. H., *Diabetes: Chronic Complications*, Third Edition, JohnWiley & Sons, Hoboken, New Jersey, United States, 2012.

[22] Amouzadeh Tabrizi, M., *Graphene Bioelectronics*, First Edition, Amsterdam, Netherlands, pp. 193 – 218, Elsevier, 2018.

[23] Liu, S. and Ju, H., Reagentless glucose biosensor based on direct electron transfer of glucose oxidase immobilized on colloidal gold modified carbon paste electrode. *Biosens. Bioelectron.*, 19, 177 – 183, 2003.

[24] Laviron, E., General expression of the linear potential sweep voltammogram in the case of diffusionless electrochemical systems. *J. Electroanal. Chem. Interfacial Electrochem.*, 101, 19 – 28, 1979.

[25] Luo, X., Killard, A. J., Smyth, M. R., Reagentless glucose biosensor based on the direct electrochemistry

of glucose oxidase on carbon nanotube – modified electrodes. *Electroanalysis*, 18, 1131 – 1134, 2006.

[26] Deng, C. *et al.*, Direct electrochemistry of glucose oxidase and biosensing for glucose based on boron – doped carbon nanotubes modified electrode. *Biosens. Bioelectron.*, 23, 1272 – 1277, 2008.

[27] Cai, C. and Chen, J., Direct electron transfer of glucose oxidase promoted by carbon nanotubes. *Anal. Biochem.*, 332, 75 – 83, 2004.

[28] Zhou, Y., Yang, H., Chen, H. – Y., Direct electrochemistry and reagentless biosensing of glucose oxidase immobilized on chitosan wrapped single – walled carbon nanotubes. *Talanta*, 76, 419 – 423, 2008.

[29] Wen, D., Liu, Y., Yang, G., Dong, S., Electrochemistry of glucose oxidase immobilized on thecarbon nanotube wrapped by polyelectrolyte. *Electrochim. Acta*, 52, 5312 – 5317, 2007.

[30] Ferrari, A. C. and Robertson, J., Interpretation of Raman spectra of disordered and amorphouscarbon. *Phys. Rev. B*, 61, 14095 – 14107, 2000.

[31] Wang, Y. *et al.*, Dispersion of single – walled carbon nanotubes in poly (diallyldimethylammonium chloride) for preparation of a glucose biosensor. *Sens. Actuators, B*, 130, 809 – 815, 2008.

[32] Choi, H. N., Kim, M. A., Lee, W. – Y., Amperometric glucose biosensor based on sol – gel – derivedmetal oxide/Nafion composite films. *Anal. Chim. Acta*, 537, 179 – 187, 2005.

[33] Huang, Y., Zhang, W., Xiao, H., Li, G., An electrochemical investigation of glucose oxidase at a CdS nanoparticles modified electrode. *Biosens. Bioelectron.*, 21, 817 – 821, 2005.

[34] Salimi, A., Compton, R. G., Hallaj, R., Glucose biosensor prepared by glucose oxidase encapsulated sol – gel and carbon – nanotube – modified basal plane pyrolytic graphite electrode. *Anal. Biochem.*, 333, 49 – 56, 2004.

[35] Shamsipur, M. and Amouzadeh Tabrizi, M., Achieving direct electrochemistry of glucose oxidase by one step electrochemical reduction of graphene oxide and its use in glucose sensing. *Mater. Sci. Eng. C*, 45, 103 – 108, 2014.

[36] Zhou, M. *et al.*, Controlled synthesis of large – area and patterned electrochemically reduced graphene oxide films. *Chem. Eur. J.*, 15, 6116 – 6120, 2009.

[37] Li, C., Electrochemical determination of dipyridamole at a carbon paste electrode using cetyltrimethyl ammonium bromide as enhancing element. *Colloids Surf.*, *B*, 55, 77 – 83, 2007.

[38] Yi, H., Wu, K., Hu, S., Cui, D., Adsorption stripping voltammetry of phenol at Nafion – modified glassy carbon electrode in the presence of surfactants. *Talanta*, 55, 1205 – 1210, 2001.

[39] Cai, C. and Chen, J., Direct electron transfer and bioelectrocatalysis of hemoglobin at a carbon nanotube electrode. *Anal. Biochem.*, 325, 285 – 292, 2004.

[40] Liang, B. *et al.*, Direct electron transfer glucose biosensor based on glucose oxidase self – assembled on electrochemically reduced carboxyl graphene. *Biosens. Bioelectron.*, 43, 131 – 136, 2013.

[41] Devasenathipathy, R. *et al.*, Glucose biosensor based on glucose oxidase immobilized at gold nanoparticles decorated graphene – carbon nanotubes. *Enzyme Microb. Technol.*, 78, 40 – 45, 2015.

[42] Wang, Y., Li, H., Kong, J., Facile preparation of mesocellular graphene foam for direct glucose oxidase electrochemistry and sensitive glucose sensing. *Sens. Actuators, B*, 193, 708 – 714, 2014.

[43] Cao, X. *et al.*, Self – assembled glucose oxidase/graphene/gold ternary nanocomposites for direct electrochemistry and electrocatalysis. *J. Electroanal. Chem.*, 697, 10 – 14, 2013.

[44] Wu, P. *et al.*, Direct electrochemistry of glucose oxidase assembled on graphene and application to glucose detection. *Electrochim. Acta*, 55, 8606 – 8614, 2010.

[45] Shan, C. *et al.*, Graphene/AuNPs/chitosan nanocomposites film for glucose biosensing. *Biosens. Bioelectron.*, 25, 1070 – 1074, 2010.

[46] Xu,Q. *et al.* ,Graphene/polyaniline/gold nanoparticles nanocomposite for the direct electron transfer of glucose oxidase and glucose biosensing. *Sens. Actuators*,*B*,190,562 - 569,2014.

[47] Wang,X. and Zhang,X. ,Electrochemical co - reduction synthesis of graphene/nano - gold composites and its application to electrochemical glucose biosensor. *Electrochim. Acta*,112,774 - 782,2013.

[48] Palanisamy,S. ,Karuppiah,C. ,Chen,S. - M. ,Direct electrochemistry and electrocatalysis of glucose oxidase immobilized on reduced graphene oxide and silver nanoparticles nanocomposite modified electrode. *Colloids Surf.* ,*B*,114,164 - 169,2014.

[49] Wang,K. *et al.* ,Enhanced direct electrochemistry of glucose oxidase and biosensing for glucose*via* synergy effect of graphene and CdS nanocrystals. *Biosens. Bioelectron.* ,26,2252 - 2257,2011.

[50] Razmi,H. and Mohammad - Rezaei,R. ,Graphene quantum dots as a new substrate for immobilization and direct electrochemistry of glucose oxidase：Application to sensitive glucose determination. *Biosens. Bioelectron.* ,41,498 - 504,2013.

[51] Zhang,Q. *et al.* ,Fabrication of polymeric ionic liquid/graphene nanocomposite for glucose oxidase immobilization and direct electrochemistry. *Biosens. Bioelectron.* ,26,2632 - 2637,2011.

[52] Li,S. - J. *et al.* ,Direct electrochemistry of glucose oxidase on sulfonated graphene/gold nanoparticle hybrid and its application to glucose biosensing. *J. Solid State Electrochem.* ,17,2487 - 2494,2013.

[53] Tian,X. *et al.* ,A novel electrochemiluminescence glucose biosensor based on platinum nanoflowers/graphene oxide/glucose oxidase modified glassy carbon electrode. *J. Solid StateElectrochem.* ,18,1 - 8,2014.

[54] Rafighi,P. ,Tavahodi,M. ,Haghighi,B. ,Fabrication of a third - generation glucose biosensor using graphene - polyethyleneimine - gold nanoparticles hybrid. *Sens. Actuators*,*B*,232,454 - 461,2016.

[55] Wu,Y. *et al.* ,An easy fabrication of glucose oxidase - dipeptide - reduced graphene oxide nanocomposite for glucose sensing. *Mater. Res. Bull.* ,94,378 - 384,2017.

[56] Manoj,D. ,Theyagarajan,K. ,Saravanakumar,D. ,Senthilkumar,S. ,Thenmozhi,K. ,Aldehyde functionalized ionic liquid on electrochemically reduced graphene oxide as a versatile platform for covalent immobilization of biomolecules and biosensing. *Biosens. Bioelectron.* ,103,104 - 112,2018.

[57] Bartlett,P. N. ,Birkin,P. R. ,Wang,J. H. ,Palmisano,F. ,De Benedetto,G. ,An enzyme switch employing direct electrochemical communication between horseradish peroxidase and apoly (aniline) film. *Anal. Chem.* ,70,3685 - 3694,1998.

[58] Wang,L. and Wang,E. ,A novel hydrogen peroxide sensor based on horseradish peroxidase immobilized on colloidal Au modified ITO electrode. *Electrochem. Commun.* ,6,225 - 229,2004.

[59] Shamsipur,M. ,Karimi,Z. ,Amouzadeh Tabrizi,M. ,A highly sensitive hydrogen peroxide sensor based on (Ag - Au NPs)/poly[o - phenylenediamine] modified glassy carbon electrode. *Mater. Sci. Eng. C*, 56,426 - 431,2015.

[60] Li,F. *et al.* ,Direct electrochemistry of horseradish peroxidase immobilized on the layered calcium carbonate - gold nanoparticles inorganic hybrid composite. *Biosens. Bioelectron.* ,25,2244 - 2248,2010.

[61] Velusamy,V. *et al.* ,Graphene dispersed cellulose microfibers composite for efficient immobilization of hemoglobin and selective biosensor for detection of hydrogen peroxide. *Sens. Actuators*, *B*, 252, 175 - 182,2017.

[62] Yang,W. ,Li,Y. ,Bai,Y. ,Sun,C. ,Hydrogen peroxide biosensor based on myoglobin/colloidal gold nanoparticles immobilized on glassy carbon electrode by a Nafion film. *Sens. Actuators*,*B*,115,42 - 48,2006.

[63] Huang,K. - J. *et al.* ,Direct electrochemistry of catalase at amine - functionalized graphene/gold nanoparticles composite film for hydrogen peroxide sensor. *Electrochim. Acta*,56,2947 - 2953,2011.

[64] Zhou,Y. *et al.* ,Direct electrochemistry of sarcosine oxidase on graphene,chitosan and silver nanoparticles

modified glassy carbon electrode and its biosensing for hydrogen peroxide. *Electrochim. Acta*, 71, 294 – 301, 2012.

[65] Liu, P. *et al.*, One – pot green synthesis of mussel – inspired myoglobin – gold nanoparticles – polydopamine – graphene polymeric bionanocomposite for biosensor application. *J. Electroanal. Chem.*, 764, 104 – 109, 2016.

[66] Bai, J., Wu, L., Wang, X., Zhang, H. – M., Hemoglobin – graphene modified carbon fiber microelectrode for direct electrochemistry and electrochemical H_2O_2 sensing. *Electrochim. Acta*, 185, 142 – 147, 2015.

[67] Zhang, Y., Zhang, J., Wu, H., Guo, S., Zhang, J., Glass carbon electrode modified with horseradish peroxidase immobilized on partially reduced graphene oxide for detecting phenolic compounds. *J. Electroanal. Chem.*, 681, 49 – 55, 2012.

[68] Li, M. *et al.*, Direct electrochemistry of horseradish peroxidase on graphene – modified electrode for electrocatalytic reduction towards H_2O_2. *Electrochim. Acta*, 56, 1144 – 1149, 2011.

[69] Lu, Q., Dong, X., Li, L. – J., Hu, X., Direct electrochemistry – based hydrogen peroxide biosensor formed from single – layer graphene nanoplatelet – enzyme composite film. *Talanta*, 82, 1344 – 1348, 2010.

[70] Vilian, A. T. E. and Chen, S. – M., Simple approach for the immobilization of horseradish peroxidase on poly – L – histidine modified reduced graphene oxide for amperometric determination of dopamine and H_2O_2. *RSC Adv.*, 4, 55867 – 55876, 2014.

[71] Nandini, S. *et al.*, Electrochemical biosensor for the selective determination of hydrogen peroxide based on the co – deposition of palladium, horseradish peroxidase on functionalized – graphene modified graphite electrode as composite. *J. Electroanal. Chem.*, 689, 233 – 242, 2013.

[72] Xie, L., Xu, Y., Cao, X., Hydrogen peroxide biosensor based on hemoglobin immobilized at graphene, flower – like zinc oxide, and gold nanoparticles nanocomposite modified glassy carbon electrode. *Colloids Surf.*, *B*, 107, 245 – 250, 2013.

[73] Zhang, L., Han, G., Liu, Y., Tang, J., Tang, W., Immobilizing haemoglobin on gold/graphene – chitosan nanocomposite as efficient hydrogen peroxide biosensor. *Sens. Actuators*, *B*, 197, 164 – 171, 2014.

[74] Cheng, Y. *et al.*, Electrochemical biosensing platform based on carboxymethyl cellulose functionalized reduced graphene oxide and hemoglobin hybrid nanocomposite film. *Sens. Actuators*, *B*, 182, 288 – 293, 2013.

[75] Mani, V., Dinesh, B., Chen, S. – M., Saraswathi, R., Direct electrochemistry of myoglobin atreduced graphene oxide – multiwalled carbon nanotubes – platinum nanoparticles nanocomposite and biosensing towards hydrogen peroxide and nitrite. *Biosens. Bioelectron.*, 53, 420 – 427, 2014.

[76] Wang, Z. *et al.*, Direct electron transfer of horseradish peroxidase and its electrocatalysis based on carbon nanotube/thionine/gold composites. *Electrochem. Commun.*, 10, 306 – 310, 2008.

[77] Xu, H., Dai, H., Chen, G., Direct electrochemistry and electrocatalysis of hemoglobin protein entrapped in graphene and chitosan composite film. *Talanta*, 81, 334 – 338, 2010.

[78] Zhou, K. *et al.*, A novel hydrogen peroxide biosensor based on Au – graphene – HRP – chitosan biocomposites. *Electrochim. Acta*, 55, 3055 – 3060, 2010.

[79] He, Y., Sheng, Q., Zheng, J., Wang, M., Liu, B., Magnetite – graphene for the direct electrochemistry of hemoglobin and its biosensing application. *Electrochim. Acta*, 56, 2471 – 2476, 2011.

[80] Wang, T. *et al.*, A novel hydrogen peroxide biosensor based on the BPT/AuNPs/graphene/HRP composite. *Sci. China Chem.*, 54, 1645, 2011.

[81] Mani, V. *et al.*, Core – shell heterostructured multiwalled carbon nanotubes@ reduced grapheme oxide nanoribbons/chitosan, a robust nanobiocomposite for enzymatic biosensing of hydrogen peroxide and nitrite. *Sci. Rep.*, 7, 11910, 2017.

[82] Kong, B. *et al.*, A Hydrogen peroxide biosensor based on cytochrome c immobilized graphene – L – cyste-

ine modified glassy carbon electrode. *Sens. Lett.* ,13,267 – 272,2015.

[83] Qu,Y. ,Liao,N. ,Chen,J. ,Liu,G. ,Li,C. ,A sensitive biosensor for bisphenol a based on agraphene – poly – L – lysine/tyrosinase biocomposite film electrode. *Nanosci. Nanotechnol. Lett.* ,6,319 – 325,2014.

[84] Xu,X. *et al.* ,Graphene aerogel/platinum nanoparticle nanocomposites for direct electrochemistry of cytochrome c and hydrogen peroxide sensing. *J. Nanosci. Nanotechnol.* ,16,12299 – 12306,2016.

[85] Zhang, N. *et al.* , Direct electron transfer of cytochrome c at mono – dispersed and negatively charged perylene – graphene matrix. *Talanta*,107,195 – 202,2013.

[86] Kafi,A. K. M. ,Yusoff,M. M. ,Choucair,M. ,Crossley,M. J. ,A conductive cross – linked graphene/cytochrome c networks for the electrochemical and biosensing study. *J. Solid State Electrochem.* ,21,2761 – 2767,2017.

[87] Dinesh,B. ,Mani,V. ,Saraswathi,R. ,Chen,S. – M. ,Direct electrochemistry of cytochrome cimmobilized on a graphene oxide – carbon nanotube composite for picomolar detection of hydrogen peroxide. *RSC Adv.* ,4,28229 – 28237,2014.

[88] Zhou,X. – H. ,Liu,L. – H. ,Bai,X. ,Shi,H. – C. ,A reduced graphene oxide based biosensor for high – sensitive detection of phenols in water samples. *Sens. Actuators*,*B*,181,661 – 667,2013.

[89] Mei,L. – P. *et al.* ,Novel phenol biosensor based on laccase immobilized on reduced grapheme oxide supported palladium – copper alloyed nanocages. *Biosens. Bioelectron.* ,74,347 – 352,2015.

[90] Fartas,M. F. ,Abdullah,J. ,Yusof,A. N. ,Sulaiman,Y. ,Saiman,I. M. ,Biosensor based on tyrosinase immobilized on graphene – decorated gold nanoparticle/chitosan for phenolic detection inaqueous. *Sensors*, 17,1132 – 1146,2017.

[91] Hua,Z. ,Qin,Q. ,Bai,X. ,Huang,X. ,Zhang,Q. ,An electrochemical biosensing platform based on 1 – formylpyrene functionalized reduced graphene oxide for sensitive determination of phenol. *RSC Adv.* , 6,25427 – 25434,2016.

[92] Palanisamy,S. *et al.* ,A novel laccase biosensor based on laccase immobilized graphene – cellulose microfiber composite modified screen – printed carbon electrode for sensitive determination of catechol. *Sci. Rep.* ,7,41214,2017.

[93] Eremia,S. A. V. ,Vasilescu,I. ,Radoi,A. ,Litescu,S. – C. ,Radu,G. – L. ,Disposable biosensor based on platinum nanoparticles – reduced graphene oxide – laccase biocomposite for the determination of total polyphenolic content. *Talanta*,110,164 – 170,2013.

[94] Qu,J. ,Lou,T. ,Kang,S. ,Du,X. ,Laccase biosensor based on graphene – chitosan composite film for determination of hydroquinone. *Anal. Lett.* ,47,1564 – 1578,2014.

[95] Oliveira,T. M. B. F. *et al.* ,Laccase – Prussian blue film – graphene doped carbon paste modified electrode for carbamate pesticides quantification. *Biosens. Bioelectron.* ,47,292 – 299,2013.

[96] Kaffash,A. ,Zare,H. R. ,Rostami,K. Highly sensitive biosensing of phenol based on the adsorption of the phenol enzymatic oxidation product on the surface of an electrochemically reduced graphene oxide – modified electrode. *Anal. Methods*,10,2731 – 2739,2018.

[97] Wu,L. ,Deng,D. ,Jin,J. ,Lu,X. ,Chen,J. ,Nanographene – based tyrosinase biosensor for rapid detection of bisphenol A. *Biosens. Bioelectron.* ,35,193 – 199,2012.

[98] Song,W. ,Li,D. – W. ,Li,Y. – T. ,Li,Y. ,Long,Y. – T. ,Disposable biosensor based on graphene oxide conjugated with tyrosinase assembled gold nanoparticles. *Biosens. Bioelectron.* ,26,3181 – 3186,2011.

[99] Reza,K. K. ,Ali,M. A. ,Srivastava,S. ,Agrawal,V. V. ,Biradar,A. M. ,Tyrosinase conjugated reduced graphene oxide based biointerface for bisphenol A sensor. *Biosens. Bioelectron.* ,74,644 – 651,2015.

[100] Wang,H. *et al.* ,EQCM immunoassay for phosphorylated acetylcholinesterase as a biomarker for organo-

phosphate exposures based on selective zirconia adsorption and enzyme – catalytic precipitation. *Biosens. Bioelectron.* ,24,2377 – 2383,2009.

[101] Li,Y. *et al.* ,An acetylcholinesterase biosensor based on graphene/polyaniline composite film for detection of pesticides. *Chinese J. Chem.* ,34,82 – 88,2016.

[102] Zhao,H. *et al.* ,An ultra – sensitive acetylcholinesterase biosensor based on reduced grapheme oxide – Au nanoparticles – β – cyclodextrin/Prussian blue – chitosan nanocomposites for organophos phorus pesticides detection. *Biosens. Bioelectron.* ,65,23 – 30,2015.

[103] Li,Y. ,Zhao,R. ,Shi,L. ,Han,G. ,Xiao,Y. ,Acetylcholinesterase biosensor based on electrochemically inducing 3D graphene oxide network/multi – walled carbon nanotube composites for detection of pesticides. *RSC Adv.* ,7,53570 – 53577,2017.

[104] Wang,K. *et al.* ,TiO_2 – decorated graphene nanohybrids for fabricating an amperometric acetylcholinesterase biosensor. *Analyst*,136,3349 – 3354,2011.

[105] Sun,X. ,Gong,Z. ,Cao,Y. ,Wang,X. ,Acetylcholinesterase biosensor based on poly(diallyldimethylammonium chloride) – multi – walled carbon nanotubes – graphene hybrid film. *Nano – Micro Lett.* ,5,47 – 56,2013.

[106] Li,Y. ,Bai,Y. ,Han,G. ,Li,M. ,Porous – reduced graphene oxide for fabricating an amperometric acetylcholinesterase biosensor. *Sens. Actuators*,*B*,185,706 – 712,2013.

[107] Zheng,Y. ,Liu,Z. ,Jing,Y. ,Li,J. ,Zhan,H. ,An acetylcholinesterase biosensor based on ionic liquid functionalized graphene – gelatin – modified electrode for sensitive detection of pesticides. *Sens. Actuators*,*B*,210,389 – 397,2015.

[108] Liu,Y. *et al.* ,A novel acetylcholinesterase biosensor based on carboxylic graphene coated withsilver nanoparticles for pesticide detection. *Mater. Sci. Eng. C*,35,253 – 258,2014.

[109] Zhou,Q. ,Yang,L. ,Wang,G. ,Yang,Y. ,Acetylcholinesterase biosensor based on SnO_2 nanoparticles – carboxylic graphene – Nafion modified electrode for detection of pesticides. *Biosens. Bioelectron.* ,49,25 – 31,2013.

[110] Liu,T. *et al.* ,Acetylcholinesterase biosensor based on 3 – carboxyphenylboronic acid/reduced graphene oxide – gold nanocomposites modified electrode for amperometric detection of organophosphorus and carbamate pesticides. *Sens. Actuators*,*B*,160,1255 – 1261,2011.

[111] Yang,Y. ,Asiri,A. M. ,Du,D. ,Lin,Y. ,Acetylcholinesterase biosensor based on a gold nanoparticle – polypyrrole – reduced graphene oxide nanocomposite modified electrode for the amperometric detection of organophosphorus pesticides. *Analyst*,139,3055 – 3060,2014.

[112] Cui,H. – F. *et al.* ,A highly stable acetylcholinesterase biosensor based on chitosan – TiO_2 – graphene nanocomposites for detection of organophosphate pesticides. *Biosens. Bioelectron.* ,99,223 – 229,2018.

[113] Wang,G. *et al.* ,Synthesis of highly dispersed zinc oxide nanoparticles on carboxylic graphene for development a sensitive acetylcholinesterase biosensor. *Sens. Actuators*,*B*,190,730 – 736,2014.

[114] Guler,M. ,Turkoglu,V. ,Basi,Z. ,Determination of malation,methidathion,and chlorpyrifos ethyl pesticides using acetylcholinesterase biosensor based on Nafion/Ag@ rGO – NH_2 nanocomposites. *Electrochim. Acta*,240,129 – 135,2017.

[115] Yang,L. ,Wang,G. ,Liu,Y. ,An acetylcholinesterase biosensor based on platinum nanoparticles – carboxylic graphene – Nafion – modified electrode for detection of pesticides. *Anal. Biochem.* ,437,144 – 149,2013.

[116] Bao,J. *et al.* ,Plant esterase – chitosan/gold nanoparticles – graphene nanosheet composite – based biosensor for the ultrasensitive detection of organophosphate pesticides. *J. Agric. Food Chem.* ,63,10319 –

10326,2015.

[117] Yang,L.,Wang,G.,Liu,Y.,Wang,M.,Development of a biosensor based on immobilization of acetylcholinesterase on NiO nanoparticles - carboxylic graphene - nafion modified electrode for detection of pesticides. *Talanta*,113,135 - 141,2013.

[118] Zhang,Y. *et al.*,An acetylcholinesterase inhibition biosensor based on a reduced graphene oxide/silver nanocluster/chitosan nanocomposite for detection of organophosphorus pesticides. *Anal. Methods*,7,6213 - 6219,2015.

[119] Zhai,C.,Guo,Y.,Sun,X.,Zheng,Y.,Wang,X.,An acetylcholinesterase biosensor based on graphene - gold nanocomposite and calcined layered double hydroxide. *Enzyme Microb. Technol.*,58,8 - 13,2014.

[120] Chauhan,N.,Narang,J.,Jain,U.,Highly sensitive and rapid detection of acetylcholine using an ITO plate modified with platinum - graphene nanoparticles. *Analyst*,140,1988 - 1994,2015.

[121] Liu,Q. *et al.*,A visible light photoelectrochemical biosensor coupling enzyme - inhibition for organophosphates monitoring based on a dual - functional Cd 0.5 Zn 0.5 S - reduced graphene oxide nanocomposite. *Analyst*,139,1121 - 1126,2014.

[122] Wang,K. *et al.*,A highly sensitive and rapid organophosphate biosensor based on enhancement of CdS - decorated graphene nanocomposite. *Anal. Chim. Acta*,695,84 - 88,2011.

[123] Singh,C.,Ali,M. A.,Sumana,G.,Green synthesis of graphene based biomaterial using fenugreek seeds for lipid detection. *ACS Sustainable Chem. Eng.*,4,871 - 880,2016.

[124] Chen,M. *et al.*,A sensitive electrochemical DNA biosensor based on three - dimensional nitrogen - doped graphene and Fe_3O_4 nanoparticles. *Sens. Actuators*,*B*,239,421 - 429,2017.

[125] Bonanni,A. and Pumera,M.,Graphene platform for hairpin - DNA - based impedimetric genosensing. *ACS Nano*,5,2356 - 2361,2011.

[126] Huang,K. - J.,Liu,Y. - J.,Wang,H. - B.,Wang,Y. - Y.,A sensitive electrochemical DNA biosensor based on silver nanoparticles - polydopamine@ graphene composite. *Electrochim. Acta*,118,130 - 137,2014.

[127] Ramaswamy,V. *et al.*,Listeria—Review of epidemiology and pathogenesis. *J. Microbiol. Immunol. Infect.*,40,4,2007.

[128] Sun,W. *et al.*,Electrochemical DNA biosensor for the detection of *Listeria monocytogenes* with dendritic nanogold and electrochemical reduced graphene modified carbon ionic liquid electrode. *Electrochim. Acta*,85,145 - 151,2012.

[129] Broberg,C. A.,Calder,T. J.,Orth,K.,*Vibrio parahaemolyticus* cell biology and pathogenicity determinants. *Microbes Infect.*,13,992 - 1001,2011.

[130] Sarkar,B.,Nair,G. B.,Sircar,B.,Pal,S.,Incidence and level of*Vibrio parahaemolyticus* associated with freshwater plankton. *Appl. Environ. Microbiol.*,46,288 - 290,1983.

[131] Yang,L. *et al.*,Single - walled carbon nanotubes - carboxyl - functionalized graphene oxide - based electrochemical DNA biosensor for thermolabile hemolysin gene detection. *Anal. Methods*,7,5303 - 5310,2015.

[132] Niu,X. *et al.*,Electrochemical DNA biosensor based on gold nanoparticles and partially reduced graphene oxide modified electrode for the detection of Listeria monocytogenes hly gene sequence. *J. Electroanal. Chem.*,806,116 - 122,2017.

[133] Han,X.,Fang,X.,Shi,A.,Wang,J.,Zhang,Y.,An electrochemical DNA biosensor based on gold nanorods decorated graphene oxide sheets for sensing platform. *Anal. Biochem.*,443,117 - 123,2013.

[134] Liu,A. - L. *et al.*,A sandwich - type DNA biosensor based on electrochemical co - reduction synthesis

of graphene - three dimensional nanostructure gold nanocomposite films. *Anal. Chim. Acta*, 767, 50 - 58, 2013.

[135] Singh, A. *et al.*, Graphene oxide - chitosan nanocomposite based electrochemical DNA biosensor for detection of typhoid. *Sens. Actuators, B*, 185, 675 - 684, 2013.

[136] Wang, Y., Sauriat - Dorizon, H., Korri - Youssoufi, H., Direct electrochemical DNA biosensor based on reduced graphene oxide and metalloporphyrin nanocomposite. *Sens. Actuators, B*, 251, 40 - 48, 2017.

[137] Benvidi, A., Rajabzadeh, N., Mazloum - Ardakani, M., Heidari, M. M., Mulchandani, A., Simple and label - free electrochemical impedance Amelogenin gene hybridization biosensing based on reduced graphene oxide. *Biosens. Bioelectron.*, 58, 145 - 152, 2014.

[138] Peng, H. - P. *et al.*, Label - free electrochemical DNA biosensor for rapid detection of multidrug resistance gene based on Au nanoparticles/toluidine blue - graphene oxide nanocomposites. *Sens. Actuators, B*, 207, 269 - 276, 2015.

[139] Chen, M., Hou, C., Huo, D., Yang, M., Fa, H., A highly sensitive electrochemical DNA biosensor for rapid detection of CYFRA21 - 1, a marker of non - small cell lung cancer. *Anal. Methods*, 7, 9466 - 9473, 2015.

[140] Zhu, L., Luo, L., Wang, Z., DNA electrochemical biosensor based on thionine - graphene nanocomposite. *Biosens. Bioelectron.*, 35, 507 - 511, 2012.

[141] Shi, L. *et al.*, A label - free hemin/G - quadruplex DNAzyme biosensor developed on electrochemically modified electrodes for detection of a HBV DNA segment. *RSC Adv.*, 5, 11541 - 11548, 2015.

[142] Liu, C. *et al.*, An electrochemical DNA biosensor for the detection of *Mycobacterium tuberculosis*, based on signal amplification of graphene and a gold nanoparticle - poly aniline nanocomposite. *Analyst*, 139, 5460 - 5465, 2014.

[143] Zainudin, N., Mohd Hairul, A. R., Yusoff, M. M., Tan, L. L., Chong, K. F., Impedimetric graphenebased biosensor for the detection of *Escherichia coli* DNA. *Anal. Methods*, 6, 7935 - 7941, 2014.

[144] Qi, X. *et al.*, Electrochemical DNA biosensor with chitosan - Co_3O_4 nanorod - graphene composite for the sensitive detection of *Staphylococcus aureus* nuc gene sequence. *Bioelectrochemistry*, 88, 42 - 47, 2012.

[145] Seo, D. H. *et al.*, Single - step ambient - air synthesis of graphene from renewable precursors as electrochemical genosensor. *Nat. Commun.*, 8, 14217 - 14226, 2017.

[146] Ellington, A. D. and Szostak, J. W., *In vitro* selection of RNA molecules that bind specific ligands. *Nature*, 346, 818 - 822, 1990.

[147] Robertson, D. L. and Joyce, G. F., Selection*in vitro* of an RNA enzyme that specifically cleaves single - stranded DNA. *Nature*, 344, 467, 1990.

[148] Tuerk, C. and Gold, L., Systematic evolution of ligands by exponential enrichment: RNA ligands to bacteriophage T4 DNA polymerase. *Science*, 249, 505, 1990.

[149] Wilson, D. S. and Szostak, J. W., *In vitro* selection of functional nucleic acids. *Annu. Rev. Biochem.*, 68, 611 - 647, 1999.

[150] Alcalay, M. *et al.*, Acute myeloid leukemia fusion proteins deregulate genes involved in stemcell maintenance and DNA repair. *J. Clin. Invest.*, 112, 1751 - 1761, 2003.

[151] You, K. M., Lee, S. H., Im, A., Lee, S. B., Aptamers as functional nucleic acids: *In vitro* selection and biotechnological applications. *Iotechnol. Bioprocess Eng.*, 8, 64 - 75, 2003.

[152] Win, M. N., Klein, J. S., Smolke, C. D., Codeine - binding RNA aptamers and rapid determination of their binding constants using a direct coupling surface plasmon resonance assay. *NucleicAcids Res.*, 34, 5670 - 5682, 2006.

[153] Geiger, A., Burgstaller, P., von der Eltz, H., Roeder, A., Famulok, M., RNA aptamers that bindL – arginine with sub – micromolar dissociation constants and high enantioselectivity. *NucleicAcids Res.*, 24, 1029 – 1036, 1996.

[154] Baldrich Rubio, E., Homs, M. C. I., O' Sullivan, C. K., *Molecular Analysis and Genome Discovery*, pp. 191 – 215, John Wiley & Sons, Ltd, Hoboken, New Jersey, United States, 2005.

[155] Cancer – World Health Organization(WHO), http://www.worldometers.info/cancer, 2018.

[156] Xiao, Y., Lai, R. Y., Plaxco, K. W., Preparation of electrode – immobilized, redox – modified oligonucleotides for electrochemical DNA and aptamer – based sensing. *Nat. Protoc.*, 2, 2875, 2007.

[157] Rhinehardt, K. L., Srinivas, G., Mohan, R. V., Molecular dynamics simulation analysis of anti – MUC1 aptamer and mucin 1 peptide binding. *J. Phys. Chem. B*, 119, 6571 – 6583, 2015.

[158] Ocana, C., Arcay, E., del Valle, M., Label – free impedimetric aptasensor based on epoxy – graphite electrode for the recognition of cytochrome c. *Sens. Actuators, B*, 191, 860 – 865, 2014.

[159] Liu, Y., Zhou, Q., Revzin, A., An aptasensor for electrochemical detection of tumor necrosis factor in human blood. *Analyst*, 138, 4321 – 4326, 2013.

[160] Amouzadeh Tabrizi, M., Shamsipur, M., Farzin, L., A high sensitive electrochemical aptasensor for the determination of VEGF165 in serum of lung cancer patient. *Biosens. Bioelectron.*, 74, 764 – 769, 2015.

[161] Amouzadeh Tabrizi, M., Shamsipur, M., Saber, R., Sarkar, S., Simultaneous determination of CYC and VEGF165 tumor markers based on immobilization of flavin adenine dinucleotideand thionine as probes on reduced graphene oxide – poly(amidoamine)/gold nanocomposite modified dual working screen – printed electrode. *Sens. Actuators, B*, 240, 1174 – 1181, 2017.

[162] Rudge, J. S. *et al.*, VEGF Trap complex formation measures production rates of VEGF, providing a biomarker for predicting efficacious angiogenic blockade. *Proc. Natl. Acad. Sci. U. S. A.*, 104, 18363 – 18370, 2007.

[163] Nishimura, G., Proske, R. J., Doyama, H., Higuchi, M., Regulation of apoptosis by respiration: Cytochrome c release by respiratory substrates. *FEBS Lett.*, 505, 399 – 404, 2001.

[164] Langmuir, I., The adsorption of gases on plane surfaces of glass, mica and platinum. *J. Am. Chem. Soc.*, 40, 1361 – 1403, 1918.

[165] Souada, M. *et al.*, Label – free electrochemical detection of prostate – specific antigen based onnucleic acid aptamer. *Biosens. Bioelectron.*, 68, 49 – 54, 2015.

[166] Jia, F. *et al.*, Impedimetric Salmonella aptasensor using a glassy carbon electrode modified withan electrodeposited composite consisting of reduced graphene oxide and carbon nanotubes. *Microchim. Acta*, 183, 337 – 344, 2016.

[167] Dinshaw, I. J. *et al.*, Development of an aptasensor using reduced graphene oxide chitosan complex to detect Salmonella. *J. Electroanal. Chem.*, 806, 88 – 96, 2017.

[168] Jia, F. *et al.*, Impedimetric aptasensor for *Staphylococcus aureus* based on nanocomposite prepared from reduced graphene oxide and gold nanoparticles. *Microchim. Acta*, 181, 967 – 974, 2014.

[169] Xie, S. *et al.*, Label – free electrochemical aptasensor for sensitive thrombin detection usinglayer – by – layer self – assembled multilayers with toluidine blue – graphene composites and goldnanoparticles. *Talanta*, 98, 7 – 13, 2012.

[170] Deng, K., Xiang, Y., Zhang, L., Chen, Q., Fu, W., An aptamer – based biosensing platform for highly sensitive detection of platelet – derived growth factor*via* enzyme – mediated direct electrochemistry. *Anal. Chim. Acta*, 759, 61 – 65, 2013.

[171] Bai, L. *et al.*, An electrochemical aptasensor for thrombin detection based on direct electrochemistry of glucose

oxidase using a functionalized graphene hybrid for amplification. *Analyst*, 138, 6595 – 6599, 2013.

[172] Jiang, L. *et al.*, Aptamer – based highly sensitive electrochemical detection of thrombin *via* the amplification of graphene. *Analyst*, 137, 2415 – 2420, 2012.

[173] Sun, T., Wang, L., Li, N., Gan, X., Label – free electrochemical aptasensor for thrombin detection based on the nafion@ graphene as platform. *Bioprocess Biosyst. Eng.*, 34, 1081 – 1085, 2011.

[174] Mazloum – Ardakani, M., Hosseinzadeh, L., Taleat, Z., Synthesis and electrocatalytic effect of Ag@ Pt core – shell nanoparticles supported on reduced graphene oxide for sensitive and simplelabel – free electrochemical aptasensor. *Biosens. Bioelectron.*, 74, 30 – 36, 2015.

[175] Zhang, H. *et al.*, Label – free aptasensor for thrombin using a glassy carbon electrode modified with a graphene – porphyrin composite. *Microchim. Acta*, 181, 189 – 196, 2014.

[176] Pan, L. – H. *et al.*, An electrochemical biosensor to simultaneously detect VEGF and PSA for early prostate cancer diagnosis based on graphene oxide/ssDNA/PLLA nanoparticles. *Biosens. Bioelectron.*, 89, Part 1, 598 – 605, 2017.

[177] Zhang, J. *et al.*, A highly sensitive electrochemical aptasensor for thrombin detection using functionalized mesoporous silica@ multiwalled carbon nanotubes as signal tags and DNAzyme signal amplification. *Analyst*, 138, 6938 – 6945, 2013.

[178] Wang, Y. *et al.*, A multi – amplification aptasensor for highly sensitive detection of thrombin based on high – quality hollow CoPt nanoparticles decorated graphene. *Biosens. Bioelectron.*, 30, 61 – 66, 2011.

[179] Guo, Y., Han, Y., Guo, Y., Dong, C., Graphene – Orange II composite nanosheets with electroactive functions as label – free aptasensing platform for "signal – on" detection of protein. *Biosens. Bioelectron.*, 45, 95 – 101, 2013.

[180] Zhang, J., Yuan, Y., biXie, S., Chai, Y., Yuan, R., Amplified amperometric aptasensor for selective detection of protein using catalase – functional DNA – PtNPs dendrimer as a synergetic signal amplification label. *Biosens. Bioelectron.*, 60, 224 – 230, 2014.

[181] Yuan, Y. *et al.*, Graphene – promoted 3,4,9,10 – perylenetetracarboxylic acid nanocomposite asredox probe in label – free electrochemical aptasensor. *Biosens. Bioelectron.*, 30, 123 – 127, 2011.

[182] Loo, A. H., Bonanni, A., Pumera, M., Thrombin aptasensing with inherently electroactive graphene oxide nanoplatelets as labels. *Nanoscale*, 5, 4758 – 4762, 2013.

[183] Huang, K. – J., Shuai, H. – L., Zhang, J. – Z., Ultrasensitive sensing platform for platelet – derived growth factor BB detection based on layered molybdenum selenide – graphene composites and Exonuclease III assisted signal amplification. *Biosens. Bioelectron.*, 77, 69 – 75, 2016.

[184] Wang, Y., Xiao, Y., Ma, X., Li, N., Yang, X., Label – free and sensitive thrombin sensing on a molecularly grafted aptamer on graphene. *Chem. Commun.*, 48, 738 – 740, 2012.

[185] Zhang, Z. *et al.*, Carbon – based nanocomposites with aptamer – templated silver nanoclusters for the highly sensitive and selective detection of platelet – derived growth factor. *Biosens. Bioelectron.*, 89, Part 2, 735 – 742, 2017.

[186] Loo, A. H., Bonanni, A., Pumera, M., Impedimetric thrombin aptasensor based on chemically modified graphenes. *Nanoscale*, 4, 143 – 147, 2012.

[187] Shangguan, L., Zhu, W., Xue, Y., Liu, S., Construction of photoelectrochemical thrombin aptasensor *via* assembling multilayer of graphene – CdS nanocomposites. *Biosens. Bioelectron.*, 64, 611 – 617, 2015.

[188] Shi, G. – F. *et al.*, Aptasensor based on tripetalous cadmium sulfide – graphene electroche – miluminescence for the detection of carcinoembryonic antigen. *Analyst*, 139, 5827 – 5834, 2014.

[189] Zhang, X., Li, S., Jin, X., Zhang, S., A new photoelectrochemical aptasensor for the detection of throm-

bin based on functionalized graphene and CdSe nanoparticles multilayers. *Chem. Commun.* ,47,4929 - 4931,2011.

[190] Kwon,O. S. *et al.* ,Flexible FET - type VEGF aptasensor based on nitrogen - doped graphene converted from conducting polymer. *ACS Nano*,6,1486 - 1493,2012.

[191] Ma,X. *et al.* ,An aptamer - based electrochemical biosensor for the detection of Salmonella. *J. Microbiol. Methods*,98,94 - 98,2014.

[192] Fang,S. *et al.* ,Electrochemical aptasensor for lysozyme based on a gold electrode modified with a nanocomposite consisting of reduced graphene oxide,cuprous oxide,and plasmapolymerized propargylamine. *Microchim. Acta*,183,633 - 642,2016.

[193] Wang,M. *et al.* ,An electrochemical aptasensor based on a TiO_2/three - dimensional reduced graphene oxide/PPy nanocomposite for the sensitive detection of lysozyme. *Dalton Trans.* ,44,6473 - 6479,2015.

[194] Erdem,A. ,Eksin,E. ,Muti,M. ,Chitosan - graphene oxide based aptasensor for the impedimetric detection of lysozyme. *Colloids Surf.* ,*B*,115,205 - 211,2014.

[195] Shamsipur,M. ,Farzin,L. ,Tabrizi,M. A. ,Ultrasensitive aptamer - based on - off assay for lysozyme using a glassy carbon electrode modified with gold nanoparticles and electrochemically reduced graphene oxide. *Microchim. Acta*,183,2733 - 2743,2016.

[196] Sidransky,D. ,Emerging molecular markers of cancer. *Nat. Rev. Cancer*,2,210,2002.

[197] Wulfkuhle,J. D. ,Liotta,L. A. ,Petricoin,E. F. ,Proteomic applications for the early detection ofcancer. *Nat. Rev. Cancer*,3,267,2003.

[198] Malachovska,V. *et al.* ,Fiber - optic SPR immunosensors tailored to target epithelial cells through membrane receptors. *Anal. Chem.* ,87,5957 - 5965,2015.

[199] Abadian,P. N. ,Kelley,C. P. ,Goluch,E. D. ,Cellular analysis and detection using surface Plasmon resonance techniques. *Anal. Chem.* ,86,2799 - 2812,2014.

[200] Xu,W. *et al.* ,A homogeneous immunosensor for AFB1 detection based on FRET between different - sized quantum dots. *Biosens. Bioelectron.* ,56,144 - 150,2014.

[201] Mathewson,P. R. and Finley,J. W. ,*Biosensor design and application*,vol. 511,American Chemical Society,United States,1992.

[202] Jo,E. - J. ,Mun,H. ,Kim,M. - G. ,Homogeneous immunosensor based on luminescence resonance energy transfer for glycated hemoglobin detection using upconversion nanoparticles. *Anal. Chem.* ,88,2742 - 2746, 5b04255,2016.

[203] Dyke,K. V. ,*Luminescence immunoassay and molecular applications*,CRC Press,Boca Raton,Florida,United States,1990.

[204] de la Escosura - Muñiz,A. ,Parolo,C. ,Merkoçi,A. ,Immunosensing using nanoparticles. *Mater. Today*, 13,24 - 34,2010.

[205] Liu,M. *et al.* ,Highly sensitive protein detection using enzyme - labeled gold nanoparticle probes. *Analyst*,135,327 - 331,2010.

[206] Chikkaveeraiah,B. V. ,Bhirde,A. A. ,Morgan,N. Y. ,Eden,H. S. ,Chen,X. ,Electrochemical immunosensors for detection of cancer protein biomarkers. *ACS Nano*,6,6546 - 6561,2012.

[207] Li,G. and Miao,P. ,*Electrochemical analysis of proteins and cells*,p. 69,Springer Briefs in Molecular Science,Berlin,Germany,2013.

[208] Ricci,F. ,Adornetto,G. ,Palleschi,G. ,A review of experimental aspects of electrochemical immunosensors. *Electrochim. Acta*,84,74 - 83,2012.

[209] Prabhulkar,S. ,Alwarappan,S. ,Liu,G. ,Li,C. - Z. ,Amperometric micro - immunosensor for the detec-

tion of tumor biomarker. *Biosens. Bioelectron.* ,24,3524 – 3530,2009.

[210] Arkan,E. ,Saber,R. ,Karimi,Z. ,Shamsipur,M. ,A novel antibody – antigen based impedimetric immunosensor for low level detection of HER2 in serum samples of breast cancer patients *via* modification of a gold nanoparticles decorated multiwall carbon nanotube – ionic liquid electrode. *Anal. Chim. Acta*,874, 66 – 74,2015.

[211] Kavosi,B. ,Salimi,A. ,Hallaj,R. ,Moradi,F. ,Ultrasensitive electrochemical immunosensor for PSA biomarker detection in prostate cancer cells using gold nanoparticles/PAMAM dendrimer loaded with enzyme linked aptamer as integrated triple signal amplification strategy. *Biosens. Bioelectron.* ,74,915 – 923,2015.

[212] Amouzadeh Tabrizi,M. ,Shamsipur,M. ,Mostafaie,A. ,A high sensitive label – free immunosensor for the determination of human serum IgG using overoxidized polypyrrole decorated with gold nanoparticle modified electrode. *Mater. Sci. Eng. C*,59,965 – 969,2016.

[213] Zhu,Y. ,Chandra,P. ,Shim,Y. – B. ,Ultrasensitive and selective electrochemical diagnosis of breast cancer based on a hydrazine – Au nanoparticle – aptamer bioconjugate. *Anal. Chem.* ,85,1058 – 1064,2013.

[214] Seenivasan,R. ,Maddodi,N. ,Setaluri,V. ,Gunasekaran,S. ,An electrochemical immunosensing method for detecting melanoma cells. *Biosens. Bioelectron.* ,68,508 – 515,2015.

[215] Nwankire,C. E. *et al.* ,Label – free impedance detection of cancer cells from whole blood on an integrated centrifugal microfluidic platform. *Biosens. Bioelectron.* ,68,382 – 389,2015.

[216] Safaei,T. S. ,Mohamadi,R. M. ,Sargent,E. H. ,Kelley,S. O. ,*In situ* electrochemical ELISA for specific identification of captured cancer cells. *ACS Appl. Mater. Interfaces*,7,14165 – 14169,2015.

[217] Li,N. *et al.* ,An ultrasensitive electrochemical immunosensor for CEA using MWCNT – NH2 supported PdPt nanocages as labels for signal amplification. *J. Mater. Chem. B*,3,2006 – 2011,2015.

[218] Wang,Y. *et al.* ,A label – free electrochemical immunosensor with a novel signal production and amplification strategy based on three – dimensional pine – like Au – Cu nanodendrites. *RSC Adv.* ,5,31262 – 31269,2015.

[219] Emami,M. ,Shamsipur,M. ,Saber,R. ,Irajirad,R. ,An electrochemical immunosensor for detection of a breast cancer biomarker based on antiHER2 – iron oxide nanoparticle bioconjugates. *Analyst*,139,2858 – 2866,2014.

[220] Fan,G. – C. *et al.* ,Enhanced photoelectrochemical immunosensing platform based on CdSeTe@ CdS:Mn core – shell quantum dots – sensitized TiO_2 amplified by CuS nanocrystals conjugated signal antibodies. *Anal. Chem.* ,88,3392 – 3399,2016.

[221] Wang,X. ,Jiang,A. ,Hou,T. ,Li,F. ,A sensitive and versatile "signal – on" electrochemical aptasensor based on a triple – helix molecular switch. *Analyst*,139,6272 – 6278,2014.

[222] Zhao,J. *et al.* ,A "signal – on" electrochemical aptasensor for simultaneous detection of two tumor markers. *Biosens. Bioelectron.* ,34,249 – 252,2012.

[223] Wang,Y. ,Ping,J. ,Ye,Z. ,Wu,J. ,Ying,Y. ,Impedimetric immunosensor based on gold nanoparticles modified graphene paper for label – free detection of *Escherichia coli* O157:H7. *Biosens. Bioelectron.* ,49,492 – 498, 2013.

[224] Huang,J. *et al.* ,Silver nanoparticles coated graphene electrochemical sensor for the ultrasensitive analysis of avian influenza virus H7. *Anal. Chim. Acta*,913,121 – 127,2016.

[225] Mohan,S. ,Stouffer,G. ,Patterson,C. ,The utility of C – reactive protein in the detection of atherothrombotic vascular disease:Ready for prime time? *J. Thromb. Haemost.* ,2,1238 – 1239,2004.

[226] Gruys,E. ,Toussaint,M. J. M. ,Niewold,T. A. ,Koopmans,S. J. ,Acute phase reaction and acutephase

proteins. *J. Zhejiang Univ. Sci. B*,6,1045 - 1056,2005.

[227] Ridker,P. M. ,Clinical application of C - reactive protein for cardiovascular disease detection and prevention. *Circulation*,107,363 - 369,2003.

[228] Yagati,A. K. ,Pyun,J. - C. ,Min,J. ,Cho,S. ,Label - free and direct detection of C - reactive proteinusing reduced graphene oxide - nanoparticle hybrid impedimetric sensor. *Bioelectrochemistry*,107,37 - 44,2016.

[229] McCluskey,A. J. ,Olive,A. J. ,Starnbach,M. N. ,Collier,R. J. ,Targeting HER2 - positive cancer cells with receptor - redirected anthrax protective antigen. *Mol. Oncol.* ,7,440 - 451,2013.

[230] Cecchetti,S. *et al.* ,Inhibition of phosphatidylcholine - specific phospholipase C interferes with proliferation and survival of tumor initiating cells in squamous cell carcinoma. *PLoS One*,10,e0136120,2015.

[231] Jeong,J. *et al.* ,PMCA2 regulates HER2 protein kinase localization and signaling and promotes HER2 - mediated breast cancer. *Proc. Natl. Acad. Sci. U. S. A.* ,113,E282 - E290,2016.

[232] Leonor Mateus Ferreira,https://breastcancer - news. com/breast - cancer - statistics,2016.

[233] Pumera,M. ,Graphene in biosensing. *Mater. Today*,14,308 - 315,2011.

[234] Chen,D. ,Feng,H. ,Li,J. ,Graphene oxide:Preparation,functionalization,and electrochemical applications. *Chem. Rev.* ,112,6027 - 6053,2012.

[235] Amouzadeh Tabrizi,M. ,Shamsipur,M. ,Saber,R. ,Sarkar,S. ,Zolfaghari,N. ,An ultrasensitive sandwich - type electrochemical immunosensor for the determination of SKBR - 3 breast cancercell using rGO - TPA/FeHCFnano labeled Anti - HCT as a signal tag. *Sens. Actuators*,*B*,243,823 - 830,2017.

[236] Cai,Y. *et al.* ,Electrochemical immunoassay for carcinoembryonic antigen based on signal amplification strategy of nanotubular mesoporous PdCu alloy. *Biosens. Bioelectron.* ,36,6 - 11,2012.

[237] Feng,D. *et al.* ,Simultaneous electrochemical detection of multiple tumor markers using functionalized graphene nanocomposites as non - enzymatic labels. *Sens. Actuators*,*B*,201,360 - 368,2014.

[238] Chen,X. ,Jia,X. ,Han,J. ,Ma,J. ,Ma,Z. ,Electrochemical immunosensor for simultaneous detection of multiplex cancer biomarkers based on graphene nanocomposites. *Biosens. Bioelectron.* , 50, 356 - 361,2013.

[239] Zhu,Q. *et al.* ,Amperometric immunosensor for simultaneous detection of three analytes inone interface using dual functionalized graphene sheets integrated with redox - probes as tracermatrixes. *Biosens. Bioelectron.* ,43,440 - 445,2013.

[240] Huang,J. ,Tian,J. ,Zhao,Y. ,Zhao,S. ,Ag/Au nanoparticles coated graphene electrochemical sensor for ultrasensitive analysis of carcinoembryonic antigen in clinical immunoassay. *Sens. Actuators*,*B*,206,570 - 576,2015.

[241] Liu,J. *et al.* ,Three - dimensional electrochemical immunosensor for sensitive detection of carcinoembryonic antigen based on monolithic and macroporous graphene foam. *Biosens. Bioelectron.* ,65,281 - 286,2015.

[242] Han,J. ,Ma,J. ,Ma,Z. ,One - step synthesis of graphene oxide - thionine - Au nanocomposites and its application for electrochemical immunosensing. *Biosens. Bioelectron.* ,47,243 - 247,2013.

[243] Lin,D. ,Wu,J. ,Ju,H. ,Yan,F. ,Nanogold/mesoporous carbon foam - mediated silver enhancement for graphene - enhanced electrochemical immunosensing of carcinoembryonic antigen. *Biosens. Bioelectron.* , 52,153 - 158,2014.

[244] Peng,D. ,Liang,R. - P. ,Huang,H. ,Qiu,J. - D. ,Electrochemical immunosensor for carcinoembryonic antigen based on signal amplification strategy of graphene and Fe_3O_4/Au NPs. *J. Electroanal. Chem.* , 761,112 - 117,2016.

[245] Deng,W. *et al.* ,A dual amplification strategy for ultrasensitive electrochemiluminescence immunoassay

based on a Pt nanoparticles dotted graphene - carbon nanotubes composite and carbon dots functionalized mesoporous Pt/Fe. *Analyst*,139,1713 - 1720,2014.

[246] Zhu,Q. ,Chai,Y. ,Zhuo,Y. ,Yuan,R. ,Ultrasensitive simultaneous detection of four biomarkers based on hybridization chain reaction and biotin - streptavidin signal amplification strategy. *Biosens. Bioelectron.* ,68,42 - 48,2015.

[247] Lin,J. ,Wei,Z. ,Zhang,H. ,Shao,M. ,Sensitive immunosensor for the label - free determination of tumor marker based on carbon nanotubes/mesoporous silica and graphene modified electrode. *Biosens. Bioelectron.* ,41,342 - 347,2013.

[248] Qi,T. *et al.* ,Label - free alpha fetoprotein immunosensor established by the facile synthesis of apalladium - graphene nanocomposite. *Biosens. Bioelectron.* ,61,245 - 250,2014.

[249] Wu,Y. ,Xue,P. ,Hui,K. M. ,Kang,Y. ,A paper - based microfluidic electrochemical immunodevice integrated with amplification - by - polymerization for the ultrasensitive multiplexed detection of cancer biomarkers. *Biosens. Bioelectron.* ,52,180 - 187,2014.

[250] Lin,C. - W. *et al.* ,A reusable magnetic graphene oxide - modified biosensor for vascular endothelial growth factor detection in cancer diagnosis. *Biosens. Bioelectron.* ,67,431 - 437,2015.

[251]. Xie,Y. ,Chen,A. ,Dua,D. ,Lin,Y. ,Graphene - based immunosensor for electrochemical quantification of phosphorylated p53(S15). *Anal. Chim. Acta*,699,44 - 48,2011.

[252] Li,Y. *et al.* ,Nonenzymatic immunosensor for detection of carbohydrate antigen 15 - 3 based on hierarchical nanoporous PtFe alloy. *Biosens. Bioelectron.* ,56,295 - 299,2014.

[253] Eissa,S. ,Tlili,C. ,L' Hocine,L. ,Zourob,M. ,Electrochemical immunosensor for the milk allergenb - lactoglobulin based on electrografting of organic film on graphene modified screenprinted carbon electrodes. *Biosens. Bioelectron.* ,38,308 - 313,2012.

[254] Guo,Y. *et al.* ,Electrochemical immunosensor assay(EIA) for sensitive detection of *E. coli*O157:H7 with signal amplification on a SG - PEDOT - AuNPs electrode interface. *Analyst*,138,3216 - 3220,2013a.

[255] Wen,J. ,Zhou,S. ,Yuan,Y. ,Graphene oxide as nanogold carrier for ultrasensitive electrochemical immunoassay of *Shewanella oneidensis* with silver enhancement strategy. *Biosens. Bioelectron.* ,52,44 - 49,2014.

[256] Liu,Y. *et al.* ,Layer - by - layer assembly of chemical reduced graphene and carbon nanotubes for sensitive electrochemical immunoassay. *Biosens. Bioelectron.* ,35,63 - 68,2012.

[257] Wang,G. *et al.* ,Electrochemical immunosensor with graphene/gold nanoparticles platform and ferrocene derivatives label. *Talanta*,103,75 - 80,2013.

[258] Lai,G. ,Zhang,H. ,Tamanna,T. ,Yu,A. ultrasensitive immunoassay based on electrochemical measurement of enzymatically produced polyaniline. *Anal. Chem.* ,84,3662 - 3668,2014.

[259] Haque,A. - M. J. *et al.* ,An electrochemically reduced graphene oxide - based electrochemical immunosensing platform for ultrasensitive antigen detection. *Anal. Chem.* ,84,1871 - 1878,2012.

[260] Singal,S. ,Srivastava,A. K. ,Biradar,A. M. ,Mulchandani,A. ,Rajesh,Pt nanoparticles - chemical vapor deposited graphene composite based immunosensor for the detection of human cardiac troponin I. *Sens. Actuators*,*B*,205,363 - 370,2014.

[261] Mao,K. *et al.* ,Label - free electrochemical immunosensor based on graphene/methylene blue nanocomposite. *Anal. Biochem.* ,422,22 - 27,2012.

[262] Zhong,Z. *et al.* ,Signal - on electrochemical immunoassay for APE1 using ionic liquid doped Au nanoparticle/graphene as a nanocarrier and alkaline phosphatase as enhancer. *Analyst*, 139, 6563 - 6568,2014.

[263] Singh, R., Hong, S., Jang, J., Label – free detection of influenza viruses using a reduced grapheme oxide – based electrochemical immunosensor integrated with a microfluidic platform. *Sci. Rep.*, 7, 42771 – 427712, 2017.

[264] Veerapandian, M., Hunter, R., Neethirajan, S., Dual immunosensor based on methylene blue – electroadsorbed graphene oxide for rapid detection of the influenza A virus antigen. *Talanta*, 155, 250 – 257, 2016.

[265] Ge, S. *et al.*, Electrochemical K – 562 cells sensor based on origami paper device for point – of – care testing. *Talanta*, 145, 12 – 19, 2015.

[266] Filip, J., Zavahir, S., Klukova, L., Tkac, J., Kasak, P., Immobilization of concanavalin A lectin on a reduced graphene oxide – thionine surface by glutaraldehyde cross – linking for the construction of an impedimetric biosensor. *J. Electroanal. Chem.*, 794, 156 – 163, 2017.

第10章 石墨烯纳米材料在生物传感领域的最新应用

Kavita Arora
印度新德里,印度贾瓦哈拉尔尼赫鲁大学计算机系统科学院和先进仪器研究与设施

摘　要　生物传感器已经成为通过各种临床、环境和质量控制应用提高生活质量的一个重要组成部分。本章回顾了石墨烯生物传感器的最新研究和发展,并对在简单和复杂的金属有机骨架中的石墨烯及其衍生物进行讨论,借助其多方面的光电特性使材料获得了前所未有的性能水平。石墨烯及其衍生物可以作为转换有效信号的优良导体,氧化状态下的猝灭剂,量子点形式的化学发光源以及催化剂。这些特性促进了在检测疾病、病毒、微生物、生化指标、毒素、食品添加剂、药物、多酚类、重金属、转基因食品、糖蛋白、细胞代谢、活性、诊断治疗等广泛应用中无法想象的性能水平的实现。

关键词　石墨烯,纳米材料,氧化石墨烯,还原氧化石墨烯,石墨烯量子点,生物传感器

10.1 引言

生物传感器是一种应用在测量目标参数方面的传感器器件,并且在我们日常生活中都可以找到,小到家庭生活中的使用大到临床诊断、环境监测、生产过程中的安全警报等。生物传感器是一种自成一体的分析器件,通过使用生物活性物质与适当的转换器密切接触,测量生化/化学变化(定性/定量),并将其转换成电信号,通过输出显示器件进行处理和显示。它由元件、转换器和放大器三个主要部分组成,相互构成生物传感器装置的显示输出,如图10.1所示。根据分析物(目标)的选择,选择生物识别元素来定义目标的初始识别。其可以利用生物元素/合成/半合成材料,如酶、核酸、蛋白质、抗体、受体、肽核酸、核酸适配体、分子印迹聚合物等。显然,生物传感器中的转换器和放大器在将“生物识别事件”转化为用户可读取的形式输出方面起着至关重要的作用,并且会在生物识别数据之后定义任意生物传感器器件的性能参数。重要的是,转换器的选择可以有效地调节:生物识别元件的选择;生物识别元件与传感器互连的方法(即固定);被监测的生物识别现象类型(电化学、光学、质量、温度);有效转换、调节和放大产生的信号;赋予生物元件稳定性;决定制造过程;生产成本等。简单地说,这是任何传感器件的基本平台,通过它可以控

制性能特性。此外，转换器的选择也可以提供对分析物的从生物识别到传导、放大等多种功能，也可以通过视觉辨别分析物。

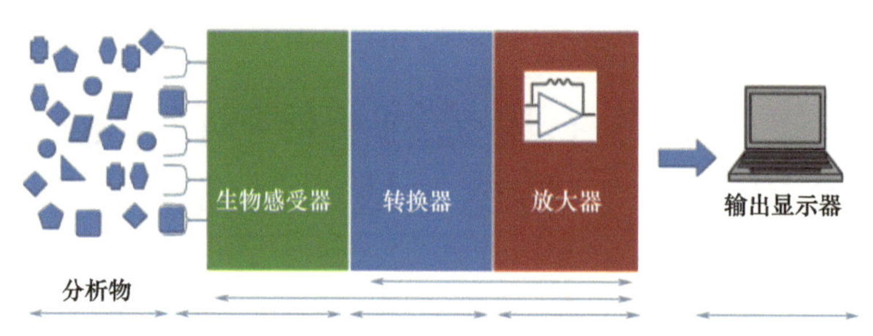

图 10.1 典型的生物传感器器件示意图
（说明制造所需的各种组件，其所需的制作材料可能具有多种功能）

根据生物识别元件/事件和传导机制的选择，各种材料被用来制作所需的生物传感器。这些材料包括碳基材料（同素异形体）、纳米材料（纳米材料）、纳米复合材料（金属、金属有机框架等）、聚合物（人造的/生物的，导电/不导电）、有机材料等。目前有大量的材料可用于制造各种形式的生物传感器以及用于制造转换器/放大器。由此而论，具有各种独特的光学、电子、物理或机械特性的纳米材料已经被制造出来，以在更广泛的传感应用中实现即时的性能特性。为了达到这一目的，纳米材料已被证明用于单一的、融聚的、聚合或凝聚，或各种形状的组合形式，像球形、管状和不规则形状，或复合材料、核壳的组合等，可以向生物传感器提供不同的性能特性[109]。这些纳米材料包括碳基材料、金属或广泛用于制备不同结构、成分和构型的有机或无机材料。其中，碳基纳米材料由于其各种同素异形体的/结构形式，如石墨、金刚石、纳米管、树状聚合物、半导量子点、碳量子点、纳米线、富勒烯等材料，受到了人们的高度关注。

随着碳基材料的应用逐步升级，石墨烯在被发现后立即引起了人们的高度关注。2010 年，安德烈·盖姆和康斯坦丁·诺沃塞洛夫“因为他们在二维材料石墨烯方面的开创性实验，且成功分离并展示了这种非凡材料的特性”，被授予了诺贝尔物理学奖。由于石墨烯具有出色的特性，例如最轻、最坚固、最薄、导热性和导电性最好的材料，再加上这一较新的应用领域，石墨烯材料在早期被认为是无法找到的。这导致了大量的出版物（尤其是在 2011 年以后，每年出版超过 500 份）在科学杂志中用尽了最高级的描述去介绍这种神奇的材料。因此，本章只介绍了石墨烯及其衍生物在生物传感器领域的最新应用，同时描述了石墨烯作为功能材料的作用。人们试图描述石墨烯材料及其衍生物的基本特征，通过利用由电化学到电化学发光包括石墨烯/衍生物/复合材料的催化性能的转导机制，赋予了石墨烯材料突出的多功能性能指标。在后面的章节中，详细介绍了基于石墨烯生物传感器的应用领域，包括疾病诊断、食品和农业、检测生物指标的环境监测、酸碱度（pH）、微生物、病毒、毒素、转基因食品、诊断治疗等，其中还包括石墨烯本身的酶/催化特性。

10.2 石墨烯、变种石墨烯及其在生物传感领域的特性

简单地说，“石墨烯”是一个 sp^2 结合碳原子组成的原子片，具有特定的高表面积

(2600m^2/g)、非凡的电子输运性质(20000cm^2/(V·s))和极高的电催化活性。石墨烯结构(图10.2(a))由六角形的碳环(环已烷环连接在一起,只是用更多的碳原子取代了边缘的氢原子)组成,呈现出只有一个原子高出的蜂窝状的外观。正如Novoselov等所做的研究[1-2],石墨烯展示了一种全新的量子霍尔效应——石墨烯电荷载流子表现出类似于以相对论速度运动的无质量高能粒子的行为。这种神奇的物质和它的变种也显示出了一种奇特的行为方式,例如Klein效应,在这种效应中,电荷载流子能够通过高势垒,就像势垒不存在一样,在室温下量子霍尔效应中电荷载流子能够存活半数,等等。这种物质具有以下特点:高导电率、固有的柔韧性和近乎完美的光学透明度,再加上它有优异的力学性能,使它成为一种具有吸引力的可改变生命的材料,可以将新一代复合材料应用于所有可能的领域。

在过去的五年中(即2014年发现石墨烯之后),人们对石墨烯进行了广泛的研究,探索其重要的特性,如表面积大、不透气性、高导热系数(>3000W/(m·K))、极高杨氏模量(1TPa)[3-4,172,175]。此外,据报道,它的不同变种也因其重要的光电特性而被研究[5-6]。Adán-Más和Wei[7]详细阐述了石墨烯及其衍生物,如氧化石墨烯(图10.2(b))和还原氧化石墨烯(图10.2(c))的光电化学性质。氧化石墨烯可以由石墨氧化物制备,可以含有含氧基团,如羟基、环氧、羰基和羧基[8]。氧化石墨烯是一种无毒的二维碳基材料,来源于石墨的酸剥落,为化学试验提供了一种新型的溶液分散聚芳基平台。它是一种具有亲水边缘的两亲化合物,可以作为表面活性剂;具有透水性和磁铁性质。单层氧化石墨烯的杨氏模量比原始石墨烯低。氧化石墨烯基本上是石墨烯的衍生物,其边缘含有羧基基团,基面上含有羟基和环氧基团,从而使sp^2碳团簇中的p态和sp^3 C—O基质中的s态共存。这种独特的复相电子结构使氧化石墨烯成为一种通用荧光分子的超纳米猝灭剂,包括有机荧光染料、荧光蛋白和量子点。

与石墨烯非常相似,氧化石墨烯也有很大的表面积,是半导体粒子的优良基底,并具有优异的力学和光学性能。对比两种材料,石墨烯具有极好的导电性和透明度,而氧化石墨烯是一种更不透明的绝缘体。然而,氧化石墨烯既可以被化学功能化,也可以被还原成还原氧化石墨烯。这两种材料都有一个可调带隙,可以实现低复合率和高光电流响应。

氧化石墨烯是一种绝缘材料(导电率17S/m,因为C—O键打破晶格中的共轭并给出横向电阻率值$10^5\Omega$/cm),通过控制脱氧过程,其可以转化为还原的氧化石墨烯,使其变成具有光电活性的透明导电材料(导电率为1250S/m)。然而,值得注意的是还原氧化石墨烯和氧化石墨烯含有作为活性区的氧基团。

关于石墨烯的另一个重要的发现是,在石墨烯边缘处的非均相电子传输速率(k^o)比基底位置快,并且速度会随着缺陷晶格的增加而进一步提高[9]。此外,循环伏安曲线的峰间幅值随着石墨烯层数的增加而减小,这表明石墨烯的复相电子传输速率增加使其具有更好的电化学性能。此外,孔洞、晶体缺陷和自由键的增加将进一步影响原始石墨烯的性能。原始石墨烯是一种零带隙材料,且大多数电子的应用都会受到阻碍。因此,添加掺杂剂可以为石墨烯提供半导体特性。通过阅读各种出版物可以了解,比如Rao等[10]、Pinto和Markevich[11]、Guo等[12]详细地描述了将掺杂剂引入原始石墨烯的类型和方法。有两种基本类型的掺杂,可以地通过p型和n型掺杂来简单理解,这种掺杂可以通过以下方法来实现:化学、静电场调谐和杂原子掺杂。报道称各种掺杂剂如B(p型)、N(n型)、S、不同过渡金属簇(Ti、Fe、Pt)、某些有机分子(如四氟四氰醌二甲烷或 F_4-TCNQ)、水(p型)、甲苯(n型)等在石墨烯中添加了各种特性[171]。讨论石墨烯掺杂的方法、机理和过程会超出本章的范围;然而,关于石墨烯掺杂的一个简短的介绍性概念在图10.2(d)描述,图示为零带隙原始石墨烯的锥形带结构,其中带隙和费米能级(E_f)位于交叉点,而p型(B原子)/n型(N原子)则分别位于价带和导电带,取决于石墨烯吸附物的费米能级的最高占据分子轨道(HOMO)和最低未占分子轨道(LUMO)的相对位置。近年来,热变性牛血清蛋白(BSA)薄膜的化学基团,包括氨基和羧基,通过非共价相互作用或π堆叠作用,在石墨烯中产生了掺杂效应(p型和n型)[13]。该观察为分子诊断提供了一个可控的、多功能的生物传感器平台,且不存在石墨烯上非特异性吸附的可能性。

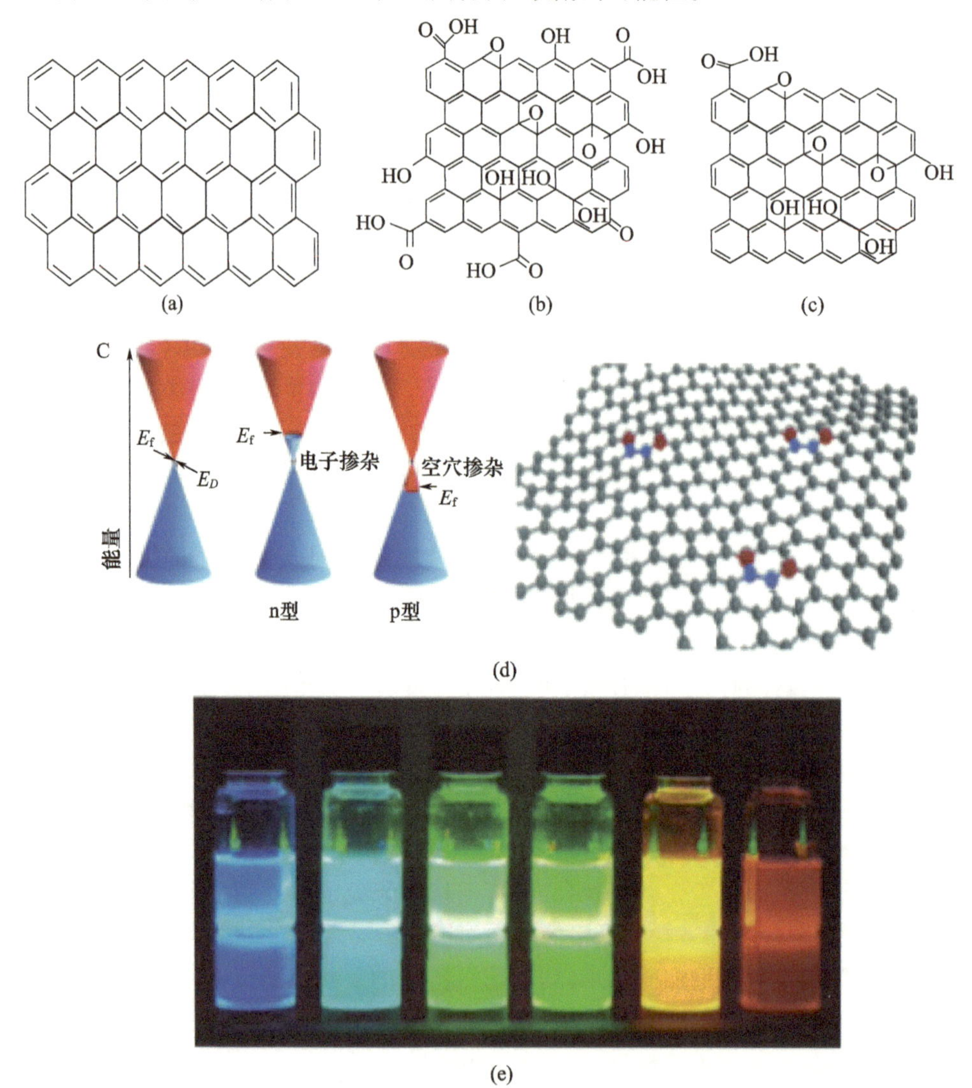

图10.2 (a)石墨烯,(b)氧化石墨烯,(c)还原氧化石墨烯,(d)B和N掺杂石墨烯(p型和n型分别掺杂),以及锥形能带隙(价带和导带)显示了掺杂费米能级(E_f)的变化([3],经许可转载自英国皇家化学学会© 2017年版权)和(e)石墨烯量子点([4]© 2009—2017年)

另一类变种石墨烯是石墨烯/氧化石墨烯量子点，它们因量子约束效应和边缘效应引起的独特的光学、电子、自旋和光电特性而受到关注（图 10.2(e)）。Zhou 等最新的一篇文章[14]详细介绍了荧光传感的制备方法及其应用。石墨烯量子点（石墨烯片小于 30nmol/L），由于其独特的二维层状结构而具有较大的表面积、良好的水溶性、可调谐荧光、高耐光性、良好的生物相容性和低毒性。量子点通常被认为是具有优异的亮度的光致发光半导体，是粒径可控的光致发光（PL），有抗光漂白能力，可与 Förster 共振能量转移（FRET）结合使用来分析各种光学读数。石墨烯量子点（GQD）因其较高的稳定性和荧光量子效率与低毒性和生物相容性而成为一种有机界面。

考虑到变种石墨烯的制备可以有多方面的用途，包括用于简单的生物分子固定基底，为生物识别元素提供稳定性，易固定性，信号传导的导电率，通过固有的电催化特性进行生物识别，荧光/化学发光源/标记，或用于以 FRET（Förster 共振能量转移）现象为基础的猝灭剂等。石墨烯及其变种的作用可能是从单一到多方面（分析物识别、信号传导、放大和显示），在这些方面中，其他多种纳米材料的组合使用有助于新方法的探索并开拓新视野，进而获得之前无法实现的性能参数。在这些主要的转导机制的背景下，石墨烯生物传感器在生物传感方面广泛的应用已经且正在被报道。根据 NCBI 文献检索系统的说法，2014 年后石墨烯生物传感领域的可信度在不断上升，但所有上述研究成果都将超出本书所描述的能力。考虑到这一点，关于石墨烯纳米材料的生物传感应用领域将会在此进行阐述。包括简单或复杂的石墨烯及其变种与理想的纳米材料结合，无论是否使用生物识别元素都可以用于分析物检测或进行其他重要的检测。

10.3 石墨烯及变种石墨烯在生物传感领域最新应用

10.3.1 疾病检测

及时和适当地诊断疾病一直是一个值得关注的问题，在全世界范围内，如何应对个体病例也是一个特殊的挑战。可用于多种用途的石墨烯或变种石墨烯生物传感器件已经被开发出来。这可能涉及使用各种生物识别元素，如核酸、抗体、核酸适配体、生化指标等。

基于金纳米粒子石墨烯场效应晶体管（AuNP - Gr - FET）的 DNA 生物传感器在现实的临床环境中实现了无标记核酸检测的高性能器件的可扩展制造。AuNP - Gr - FET 能很容易地与硫醇探针 DNA 进行功能化，生产检测限为 1nmol/L 且对非互补 DNA 具有高特异性的 DNA 生物传感器[15]。利用 SiO_2 涂层 Fe_2O_3 核壳结构的磁性纳米粒子功能化的氧化石墨烯来制备化学发光 DNA 生物传感器（下段解释了化学发光检测的原理），并阐述了可选择的/特异性的 DNA 吸附动力学原理以及随后的互补靶点的检测方式（利用鲁米诺试剂和 H_2O_2 作为化学发光源，通过氧化石墨烯纳米复合基质催化作用，有利于互补分析物吸附单链 DNA 探针从其表面解吸）[16]。值得注意的是，在互补靶 DNA 存在的情况下，DNA 杂交法比单链 DNA 探针吸附氧化石墨烯纳米复合材料更受欢迎。氧化石墨烯纳米复合材料基体经磁性分离后，可通过化学发光"开启"法检测其催化活性。此外，该生物传感器还可以检测到从 $5.0 \times 10^{-12} \sim 2.5 \times 10^{-11}$ mol/L 范围内的 DNA，检测限为 1.7×10^{-12}mol/L。此外，该氧化石墨烯纳米复合材料显示 DNA 的最大吸附能力为 $3.24 \times$

10^{-9}mol/mg，其结合过程遵循 Langmui 等温方程和伪二阶吸附动力学。由于石墨烯与 DNA 的结合能力强、传质速度快，与 Fe_3O_4@SiO_2 颗粒粒子的最大吸附量相比（30min 内），核壳 Fe_3O_4@SiO_2 纳米粒子在 15min 内可达到最大吸附量。

化学发光反应的原理被看作是不同化学发光生物传感器的基础，这种传感器被解释为鲁米诺（3－氨基邻苯二甲酰肼）和 H_2O_2 之间的反应，以辣根过氧化物酶（HRP）或催化石墨烯衍生物作为催化物。鲁米诺是一种常见的化学发光化学品，当与适当的氧化剂如 H_2O_2 混合时，会产生化学发光。在碱性或中性介质中，鲁米诺被电化学氧化后在电极表面形成双负离子。然后，鲁米诺与 H_2O_2 中产生的氧发生反应，经过进一步氧化，产生 3－氨基邻苯二甲酸酯的激发态。接下来激发态会回到初始基态，在 425nm 时释放出特有的鲁米诺。与用于化学发光的发光体不同，当激发态下的鲁米诺回到初始基态时，它可以反复使用并发光。

近年来，电化学生物传感器实现了金属簇（金或铂）/石墨烯基的多重扩增，为利用石墨烯标记和催化活性检测 DNA 提供了一种通用的方法[17]。单链 DNA 功能化金簇/石墨烯纳米复合材料（催化标记）和外切核酸酶Ⅲ辅助层叠来进行回收（发夹序列 1 和 2，辅助 DNA）在目标分析物的存在下产生的最终裂解产物。最终的裂解产物与俘获性探针固定后，通过夹心式分析（带催化标记），促进银纳米粒子的形成，这种银纳米粒子是通过银与碱性磷酸酶活性催化抗坏血酸磷酸生成抗坏血酸反应而形成的（过程中产生银纳米粒子的还原剂），可以实现使用线性扫描伏安法检测 DNA，检测范围为 0.02fmol/L～20pmol/L，检测限为 0.057fmol/L。铂纳米簇/石墨烯 DNA 共轭物也用于过氧化物酶样活性来制备电化学生物传感器，通过催化 3，3'，5，5'－四甲基联苯胺－过氧化氢（TMB－H_2O_2）系统产生电化学信号，实现 DNA 检测。其中一篇报道还描述了利用还原氧化石墨烯（rGO）实时监测 DNA 杂交的方法，并将其电泳组装到晶体管电极上制备了一个电容式实时生物传感器，用于实时 DNA 杂交，在低噪声输出频率最高约为 5nmol/L 的情况下可以实现片上集成[18]。

采用荧光猝灭抗体与氧化石墨烯共轭的方法开发了一种竞争性免疫传感器测定方法[19]。当分析蛋白和标准荧光素标记的蛋白竞争结合位点时，该测定显示氧化石墨烯对荧光素标记蛋白质的定量荧光猝灭，是由分析物蛋白质浓度所决定的。该方法具有成本低、系统误差小等优点，在缓冲溶液中的 IgG 检测限为 4.67pmol/mL。在另一份报告中，还原氧化石墨烯微细胞基础的光学免疫传感器用于检测山羊抗兔 IgG（检测限为 0.5ug/mL）监测表面等离子体共振现象，与还原氧化石墨烯相比，表现出了更好的性能。该方法是基于石墨烯全内反射条件下的偏振吸收，并且对山羊抗兔 IgG[20] 显示出了符合要求的反应。

玻碳电极上的 β－环糊精－石墨烯片纳米复合材料用作抗体 1（作为初级抗体）的固定基质用于免疫检测中检测抗原抗体的结合，在夹心式分析[21] 中利用 ZnO－多壁碳纳米管标记抗体 2（作为次级抗体）检测抗原抗体复合材料。通过对 ZnO 纳米晶体上的纳米晶体硫化镉（CdS）进行选择性染色和在免疫电极上进行原位微滴阳极溶出伏安法检测，检测抗体 1－抗原－抗体 2 复合物的形成。通过 $Cd(NO_3)_2$ 与硫代乙酰胺的化学反应，CdS 可以有选择性地在 ZnO 表面上生长。用该方法对人类免疫球蛋白 G（IgG）和人类心脏型脂肪酸结合蛋白（FABP）进行了分析，这一方法具有灵敏度高，选择性优异的特点，IgG 检测限为0.4fg/mL,FABP检测限为0.3fg/mL(6μL中73个FABP分子)。基于上述对于石墨烯生物传感器的研究,分析物的检测不仅限于疾病,而且可以用于检测基于核酸或抗体相互作用的各种其他重要的参数。考虑到不管是核酸或抗体都是主要的特异性生物识别元素,下一节将介绍各种可以利用一种或者多种石墨烯来检测疾病的最新生物传感器。

朊病毒病:采用适配-氧化石墨烯组合来加强表面等离子体共振(SPR)夹心法检测朊病毒病的检测性能(一种在世界范围内高度传染性的疾病和无法治愈的疾病)[22,173-174]。两种导致朊病毒病的朊蛋白的亚型(PrP^C和PrP^{Sc})也被认为是这些被用作生物标志物的传染性海绵状脑病感染的标记物。重要的是,这些PrP^{Sc}标记分子(单体、二聚体和三聚体)是通过二硫键和金原子之间的耦合反应而聚集在金表面的[23-24]。通过RNA适配体(SAF-93)氧化石墨烯(AGO)组装,进一步检测了金表面自组装的形成。这种夹心式组装可以大大提高检测性能:检测范围0.021~21.21nmol/L(直接检测)到$4.24\times10^{-2}\sim4.24\times10^{-5}$nmol/L(适配-氧化石墨烯辅助检测),检测限为<0.021nmol/L到$<4.24\times10^{-5}$nmol/L,与现有检测方法相比这种方法保持了更好的检测性能。

阿尔茨海默病:与阿尔茨海默病相关的特定miRNA-34a的存在是通过DNA-RNA杂化通过微分脉冲伏安法(DPV)技术在铅笔石墨电极(GO/PGES)上使用DNA修饰的氧化石墨烯来检测[25]。本文介绍了一种简单的氧等离子体处理方法,通过还原氧化石墨烯基硅片来提高检测淀粉样蛋白多肽(Aβ)的性能(导电性和生物相容性),利用电化学测量[26]检测阿尔茨海默病(AD)的病理特征。与未经处理的相比,免疫传感器的电学反应曲线的斜率是分析物浓度曲线(对数刻度)的3.33倍。

通过皮质醇检测来感知压力:一个石墨烯纳米片和聚苯乙烯-聚丙烯酸聚合物体形成聚合物涂层滤纸将皮质醇连接的3,3'-二硫代-二丙酸双(*N*-羟基琥珀酰亚胺酯)改性的铀电极以逐层方式相关联,连接到印制电路板上[27]。这种与纸电极相连的微型芯片与实验室制造的低成本小型化印制电路板集成在一起,通过MATLAB提供电气连接和无线传输/接收电信号。本发明的电生物传感器芯片由于逐层沉积滤纸和金微电极的作用,灵敏度提高,检测范围从3pg/mL~10μg/mL,检测限为3pg/mL,灵敏度为50Ω/(pg/mL),回归系数是0.9951。这些结果与酶联免疫吸附测定(ELISA)结果相当,可在12min内检测皮质醇。

脑血管疾病(CVD)或心脏病发作:在丝网印刷的金电极表面制备了石墨烯量子点和合成聚氨基胺树脂复合材料,制备了检测心肌标志物肌钙蛋白I[28]的免疫传感器。本免疫传感器可检测10min低至20fg/mL(0.1fg/6μL)的肌钙蛋白,以确认心肌梗死(心脏病发作)的风险,使用差分脉冲伏安法的灵敏度为109.23μA/(cm^2·μg)。铂纳米粒子改性的还原氧化石墨烯场效应晶体管免疫传感器与定制的微滤系统相结合,用于无标记和高灵敏度检测心力衰竭生物标志物"脑钠肽"。在全血检测分析物中实时测量含量高达100fmol/L~1nmol/L[29]。

通过多巴胺传感检测神经系统疾病:多巴胺(DA,来自3,4-二羟基苯乙胺)是一种神经递质,是儿茶酚胺和苯乙胺家族的有机化合物,在大脑和身体中起着重要作用。多巴胺浓度低或异常可能导致几种神经系统疾病,如精神分裂症、帕金森病、注意缺陷多动障碍、不安腿综合症和吸毒成瘾。分别以3-氨基丙基三乙氧基硅烷功能化石墨烯碲化镉(CdTe)量子点"基底"和自增强的Ru复合物"探针"(Cu_2O纳米晶体支撑的三(2-氨基乙基)胺连接的 Ru 复合材料)作为阴极和阳极电化学发光(ECL)发射体,同时采用双分子识别策略(即基底上的多巴胺和后续的信号通过探针(Ru 纳米复合材料)结合)[30]。根据两个 ECL 信号的比值可以实现在 10.0fmol/L ~ 1.0nmol/L 的线性范围内测定多巴胺,检测限低至 2.9fmol/L(信噪比为 3)。

多巴胺的电化学测定通常受到另一种在人类新陈代谢中起重要作用的活性物质高浓度抗坏血酸的阻碍。因此,通过电化学方法,在高浓度抗坏血酸存在的情况下很难选择性地感知多巴胺,因为这两个物种在裸电极上的氧化电位几乎相同从而导致多巴胺检测的选择性和灵敏度降低。采用氮硫双掺杂石墨烯支撑 Fe_2O_3 基材料,在抗坏血酸、葡萄糖、血清素、N_2H_4、尿酸等干扰的情况下,制备了多巴胺电化学生物传感器,在尿液样本检测中,仪器灵敏度(29.1μA/(mmol/L))、长线性检测范围(0.3 ~ 210μmol/L)、检测限(0.035μmol/L)(信噪比为 3)[31]。用一个良好的扩散系数计算了 $3.5\times10^{-4}cm^2/s$ 的多巴胺检测的催化速率常数为 9.6×10^4(mol/L)/s。由于 N 和 S 双掺杂石墨烯片中过剩电子对电子的电子密度较高,多巴胺 o - 多对于巴胺醌的电子氧化能通过快速接受质子和/或给予电子而强化。

在 3 ~ 600mmol/L 和 1 ~ 500mmol/L 范围内的共存体系中,CdTe 量子点和石墨烯基电极具有良好的电化学催化活性与良好的生物相容性,对与尿酸和多巴胺的氧化具有高灵敏度,在不同电位范围内的检测限分别为 1.0mmol/L 和 0.33mmol/L[32]。

白血病细胞检测:金涂层磁性 Fe_3O_4 纳米粒子为基底,以掺杂氮的石墨烯作为检测电极,研究了在复杂介质(如人体血浆)中白血病癌细胞的选择性和灵敏度检测电化学适配传感器[33]。该适配传感器使用的硫醇盐 sgc8c 适配体,能够与蛋白络氨酸激酶 7 结合(PTK7,一种跨膜受体,在人类 T 细胞急性淋巴细胞白血病细胞中被过度表达),具有高亲和力(K_d 约 1nm)。核酸适配体(发夹) - 分析物(即白血病细胞)的形成可以通过监测电化学指示剂(一种 DNA 嵌合染料 - 溴化乙锭)来检测白血病细胞的形成。白血病癌细胞与核酸适配体 - 金纳米粒子包覆磁性纳米粒子结合,破坏发夹结构会导致插入分子释放,导致电化学信号下降。适配传感器显示了一个广泛范围内的白血病癌细胞从每 10 ~ 1×10^6细胞/mL 线性响应,检测限为 10 细胞/mL。

先天性软骨发育不全的产前诊断:一种基于还原氧化石墨烯的新型无创电化学 DNA 杂交生物传感器,用于超敏检测 FGFR3 突变基因,该基因突变可导致软骨发育不全(一种可导致严重侏儒症的常染色体显性遗传疾病)[34]。该传感器利用“铂纳米粒子包被型氯化血红素”作为在夹层信号放大的捕获探针或发生在生物素标记的单链 DNA 探针上的 DNA 杂交分析,用链霉亲和素 - 金纳米粒子 - 还原氧化石墨烯混合物将其固定在玻碳电极上。夹心靶 DNA 可以通过捕获探针所获得的包被型氯化血红素,添加生物电化学所催化的过氧化氢来检测,利用时间安培法放大检测无细胞胎儿游离 DNA(cffDNA)。在理想条件下,新设计的生物传感器显示对 FGFR3 的检测灵敏度范围是从 0.1fmol/L ~ 1nmol/L,检测限为 0.033fmol/L(信噪比为 3)。

癌症使用 Con A:伴刀豆球蛋白 A(Con A)是一种豆科植物二聚体蛋白,于 1936 年由 Sumner 和 Howell 的方法从杰克豆中提取。Con A 能与多种碳水化合物结合,如甘露糖、葡萄糖和一些糖蛋白,如辣根过氧化物酶和葡萄糖氧化酶。碳水化合物 - 蛋白质相互作用的研究对于临床诊断和药物开发,特别是癌症等疾病具有重要意义。以壳聚糖/

$Ru(bpy)_3^{2+}$/silica/Fe_3O_4 纳米材料为发光剂，以生长在羧基石墨烯上的葡萄糖功能化的 $NiCo_2S_4$ 纳米颗粒为猝灭探针，研制了一种猝灭电化学发光生物传感器，可检测 0.5pg/mL～100ng/mL 的 con A，在人体血清中的检测限为 0.18pg/mL（信噪比为 3）[35]。

多发性硬化（MS）：pPG 树状聚合物（胺功能化 1 代三甲基丙烷【聚丙二醇】（pPG）树状聚合物）与氧化石墨烯改性的氧化石墨烯改性丝网印刷碳电极化学连接来制备用于检测髓鞘碱性蛋白（MBP）与脑脊液中的 tau 蛋白（CSF）和多发性硬化症（MS）患者血清的纳米免疫传感器[36]。在夹层式分析中用二抗共轭羧基功能化 3.5 代 pPG/CdS 探针和 pPG/PbS 探针检测中，免疫传感器对于 MBP 的和 tau 蛋白的检测限分别为 0.30nmol/L 和 0.15nmol/L，Cd^{2+} 和 Pb^{2+} 的电化学信号是由硝酸同时对两种抗原的电离效应所产生。

细胞凋亡检测监测疾病进展：金纳米粒子硫酸盐还原氧化石墨烯改性玻碳电极是通过生物素化肽来改性（天冬氨酸－谷氨酸－缬氨酸－天冬氨酸改性肽），巯基己醇、链霉亲和素包被磁珠（MB）和辣根过氧化物酶标记生物素被用于测定半胱氨酸蛋白酶－3（Caspase－3）的活性（半胱氨酸蛋白酶，一种重要的酶生物标志物，用来表示细胞凋零、疾病恶化和生物学功能等）[37]。该生物传感器使用电化学发光测量的定量限度可低至 0.5fmol/L，范围为 0.5～100fmol/L。此外，该研究还成功地在超低浓度阿霉素诱导 A549 细胞系凋亡的细胞系中对于该生物传感器进行了评价。

在双模板存在下，由偶氮二异丁腈（AIBN）引发的丙烯酸锌与二甲基丙烯酸乙二醇酯（EGDMA）的共聚反应所制备的硅改性氮掺杂石墨烯量子点涂层有印记层，细胞色素 C 的 C 端九肽（AYLKKATNE）和 N 端九肽（GDVEKGKKI）通过表面印迹和表位印迹技术，用荧光猝灭识别和检测靶蛋白细胞色素 c（Cyt C 是由细胞膜在细胞凋亡时所释放的）[38]。该受体对 Cyt C 荧光猝灭的线性范围为 0.20～60μmol/L，检测限为 0.11μmol/L。6 次在 30μm 时测定 Cyt C 的精度为 1.20%，印迹因子（IF）为 3.06。由此可见，生物标志物被使用在各种重要的方法中，石墨烯的存在也使所开发生物传感器的性能得到改善，达到亚飞摩尔量级的水平。

高血压（血压过高）是一种巨大的心理应激状态，需要在预期的水平下进行监测和维持。已知高血压是由高血压受体阻滞剂 β1 肾上腺素能受体基因（输入基因：ADRB1）中一些基因（单核苷酸多态性－SNP，ADRB1 Arg389Gly）突变引起的。高血压患者如已经被发现有这种突变，那么需要更大的药物（美托洛尔）剂量。因此，在使用该药之前，预先确定患者的基因型是至关重要的，以减少不良反应的风险，并为临床个性化治疗提供指导。因此，在夹层型分析中通过使用 Pt 纳米粒子功能化氧化石墨烯－CeO_2 纳米复合材料（GO/CeO_2/PtNP）作为探针 2（通过链霉亲和素的耦合作用）的固定化材料和金纳米粒子涂层的玻碳电极功能化作为探针 1 制备电化学 DNA 杂交生物传感器来检测 SNP[39]。电化学信号主要来源于 GO/CeO_2/PtNPs 对于 H_2O_2 的催化作用，其线性范围为 1fmol/L～10nmol/L，在 ADRB1 基因检测中的检测限可低至 0.33fmol/L。

10.3.2 病毒检测

病毒已知会引起各种疾病，而病毒感染的检测是临床诊断的重要组成部分。肝细胞癌已经被证实可以通过检测 HBV－B 病毒来确定。乙型肝炎病毒（HBV）是一种双链 DNA 病毒，是威胁公共健康和导致肝癌最主要的因素之一，这种病毒每年导致 68.6 万人死亡。由此而论，TiO_2 纳米柱（固有带隙约 3.2eV 会导致其在可见光照射情况下可见光吸收能力弱且光电转化能力差）对 N 掺杂石墨烯量子点（光致发光、量子约束、边缘效应）和基于石墨碳氮化碳纳米片（量子效应基可调谐宽带间隙、可见光催化）的异质结敏化作用，通过形成偏移来实现更强的可见光吸收，控制载流子的电传输，有效抑制光生电荷复合和提高光电流转换效率[40]。由于存在重叠的 TiO_2 带隙，N－石墨烯量子点和碳氮量子点分别为 3.2eV、1.7eV 和 2.76eV，从而提高了 TiO_2 纳米粒子的可见光吸收性能和光电子转移/转化。该光电化学 DNA 杂交生物传感器能在 0.01fmol/L～20nmol/L 的线性范围内检测 pcDNA3－HBV，在理想条件下检测的检测限为 0.005fmol/L。

人类免疫缺陷病毒（HIV）：已经提出了一种基于核酸的直接检测方法来检测 HIV 相关的 DNA 序列的存在，以便对疑似患者的 HIV 感染作出早期和准确的诊断。因此，将二维氧化石墨烯和零维金纳米基纳米复合材料（猝灭剂/受体）结合在一起的所具备的重要特性的成分组合（例如在其各自成分中不可用的结构、电化学、电磁和荧光猝灭剂/受体）被用于制备 HIV 检测的 DNA 生物传感器[41]。该 FRET 件在人体血清中加入荧光/供体碳点标记的 DNA 单链 HIV 特异性探针，这种荧光共振能量转移聚集使得“荧光启动”生物传感器可以用于生物杂交检测，给出检测限为 5.0×10^{-15} mol/L，检测范围为 $50 \times 10^{-15} \sim 0.4 \times 10^{-9}$ mol/L。

Zhang 等[42]报道了以银纳米簇（AgNC）/氧化石墨烯基的荧光传感器无标记 DNA 检测，这个检测是通过 HIV 病毒的杂交链式反应（HCR）完成的。这个重要的方法使用了两个部分互补的 DNA 探针，用另一端的银纳米簇标记（发夹探针 1（H1）和发夹探针 2（H2））。靶 DNA 的存在促进了杂交链式反应，其方式是合成了一长段具有多个固定间隔的悬垂银纳米簇的双链 DNA（AgNC 纳米线，失去了与石墨烯氧化片结合的能力）。在靶 DNA 缺失的情况下，保留的发夹结构是发夹环，并且物理吸附到氧化石墨烯片上的能力导致来自银纳米簇的荧光猝灭。HCR 产物（AgNC 纳米线）不能吸附在氧化石墨烯表面。因此，根据靶浓度产生的强荧光信号，显示出非常低的本底，检测限为 1.18nmol/L。

人类乳突病毒（HPV）：采用石墨烯－聚苯胺注入纸基电极用于制备肽核酸（PNA）生物传感器，采用蒽醌－吡咯烷基标记的肽核酸（acpcPNA）探针用来检测人类乳突病毒（用于检测初期宫颈癌）[43]。在理想条件下，使用方波伏安法检测来自于 SiHa（HPV 16 型阳性）细胞系的样本 PCR 扩增 DNA 样本时，PNA 感受器显示在实时 DNA 样本中，HPV 型 16DNA 的检测限为 2.3nmol/L，其线性检测范围为 10～200nmol/L。

丙型肝炎病毒核心抗原（HCV）：采用一种利用银纳米粒子（AgNP）和硫醇石墨烯量子点（GQD－SH）的简易绿色方法为纳米材料在玻碳电极上进行超敏和选择性免疫检测丙型肝炎病毒核心抗原（HCV，负责肝攻击）或选择核黄素作为氧化还原探针[44]。免疫传感器的线性范围为 0.05pg/mL～60ng/mL，用微分脉冲伏安法测定血清样本中 3fg/mL 的含量。

诺罗病毒样粒子：将抗诺罗病毒结合石墨烯－金纳米粒子（Grp－Au NP）混合物置于 96 孔微滴定板上进行诺罗病毒样粒子无酶 ELISA 检测。在这里，将石墨烯－金纳米粒子混合物显示了优越的过氧化物酶样活性，为了检测抗原包被的微量滴定板的形成，使用 3,3’,5,5’－四甲基联苯胺（TMB）作为过氧化物酶基底，以产生与抗原浓度成正比的蓝色（A 在 450nm 处）。该生物传感器的线性响应为 100pg/mL～10μg/mL，检测限为

92.7pg/mL(比常规酶联免疫吸附试验(ELISA)要高出112倍)[45]。

10.3.3 微生物检测

众所周知,食物和水中的微生物感染会导致重大的食源性疾病暴发,严重影响人类健康。大肠杆菌(O157:H7),沙门氏菌,弯曲杆菌,葡萄球菌,志贺氏菌,梭状芽胞杆菌,单核细胞增生李斯特菌和蜡状芽孢杆菌是已知能够导致食源性暴发疾病的最常见微生物[46]。除了这些食源性病原体外,空气传播和接触传播的微生物感染在食物、环境和临床诊断等各种基质中的及时诊断也同样重要。将氧化石墨烯纳米片(GON)原位沉积银纳米粒子(AgNP)作为电化学标记,吸附在附着于金电极的单链DNA探针上,用于花椰菜花叶病毒35S[15]的互补寡核苷酸的杂交检测。电极表面形成的双螺旋DNA由于银纳米粒子改性的氧化石墨烯纳米片的释放而导致电化学信号的降低。该策略结合了GON对单链DNA和双链DNA的识别,以及原位沉积的AgNP的强电化学反应。在理想条件下,该生物传感器可以检测在10fmol/L~10nmol/L的范围内的靶DNA,检测限为7.6fmol/L。

植物克雷白(氏)杆菌:研制了一种用于检测植物克雷白(氏)杆菌的无标记DNA杂交电化学传感器,该传感器可通过微分脉冲伏安法,应用特异性寡核苷酸(单链(ss)DNA)序列改性的5-吲哚甲酸(ICA)和氧化石墨烯在玻碳电极上的电沉积来帮助诊断细菌感染。该方法可以检测到低至3×10^{-11}mol/L的靶DNA,其线性范围为1×10^{-6}~1×10^{-10}mol/L[47]。用一种简单的方法即通过使用氧化石墨烯-壳聚糖纳米复合材料,通过电化学DNA杂交检测高至10fmol/L的靶分析物且在60s杂交时间内的检测范围为10fmol/L~50nmol/L。这种超低的检测范围和检测限来源于氧化石墨烯壳聚糖的良好电化学活性的协同组合[48]。

大肠杆菌:采用抗体偶联氮掺杂石墨烯量子点作为电化学发光(ECL)标记,使用在玻碳电极表面(SIP)上制备的多巴胺印记来对对水样中的大肠杆菌O157:H7进行定量检测[49]。这种重要的生物传感器可以利用循环伏安法通过$K_2S_2O_8$测量石墨烯量子点的ECL,检测范围为10^1菌落形成范围(cfu)/mL~10^7cfu/mL,检测限为8cfu/mL。大肠杆菌O157:H7是肠出血性大肠杆菌菌株,会导致严重的食源性疾病暴发。因此,一种单层石墨烯基无标记交错微电极电容器(石墨烯接口的芯片电容器,即使用光刻技术的电子芯片)的免疫传感器已经制备出来用于致病菌大肠杆菌O157:H7的灵敏检测,其灵敏度可以检测在30min内培育的低至最小5μL微滴10~100个细胞/mL[50]。这种重要的免疫传感器利用介电性质(电容):①通过捕获的细胞表面电荷的极化;②细胞的内部生物活性;③细胞壁的电负性或偶极矩及其松弛;④石墨烯的电荷载流子迁移率,当致病性大肠杆菌O157:H7被传感器表面捕获时石墨烯的电学性质是可调节的。与最多只能检测100细胞/mL的多层石墨烯基系统相比,该系统能够针对不需要氧化还原介质化学物质的致病细菌产生非法拉第电信号(电容/阻抗),提高了对细胞的灵敏度。

在玻璃碳基底上制备了具有特异性抗体(通过硫堇作为连接剂)标记的聚(二甲基二烯丙基氯化铵)功能化氧化石墨烯和金纳米粒子作为传感平台,用于制备检测大肠杆菌的免疫传感器[51]。用峰值电流法测量靶细胞的存在,其线性关系取决于利用微分脉冲伏安法所检测到的范围为50~5.0×10^6cfu/mL内的大肠杆菌浓度的对数值,其检测限为35cfu/mL。

炭疽杆菌致死因子：独特的DNA/氧化石墨烯相互作用（单链形式的DNA吸附能力），宽能域转移特性与氧化石墨烯的猝灭特性的结合，为多色荧光DNA分析提供了方便和多样的策略基础。有毒重金属DNA－铜二硫化铟（$CuInS_2$）的强荧光反应量子点通过一步水热合成法合成，使用$CuInS_2$量子点作为供体，氧化石墨烯作为受体制备出用于检测来自于革兰氏阳性产芽孢杆菌（最强力和危险的生化恐怖武器与细菌试剂）的炭疽致死因子DNA的特异性寡核苷酸序列FRET生物传感器[52]。样本中靶DNA的存在可以防止由于单链DNA－氧化石墨烯复合材料形成时石墨烯基质所引起的猝灭现象。该生物传感器可在0.029～0.733nmol/L范围内进行检测，其检测限为0.013nmol/L。

10.3.4 酶生物传感器

酶生物传感器是利用酶检测各种重要参数的传感器件。在我们的日常生活中，为了健康、食品、农业和各级环境监测，需要对各种化学和生化分析物质进行监测。为了达到预期的性能参数，本文开发了各种石墨烯基酶生物传感器，描述如下：

H_2O_2：采用石墨烯基丝网印刷电极固定化过氧化物酶（从新源天竺草中或大黍中分离），通过循环伏安法来检测氰亚铁酸钾（$[Fe(CN)_6]^{3-/4-}$）作为氧化还原物质时H_2O_2下降的生物电催化活性[53]。石墨烯改性电极在100μmol/L～3.5mmol/L的浓度范围内表现出良好的线性响应，检测限为H_2O_2中的150μmol/L。采用氧化还原石墨烯涂层的空心TiO_2微球微球体被用于H_2O_2中的包被氧化还原蛋白血红蛋白的检测[55]。该模型能够成功地解释石墨烯基基质的生物相容性行为，其表面面积得到了改善，蛋白质负载增加，优秀的电化学性能使其通过有效的电荷迁移率和微环境使基底/分析物富集能够用于传感。在Nafion涂层玻碳电极上制备的无介体生物传感器，可检测出线性范围为0.1～360μmol/L的H_2O_2（灵敏度为417.6μA/[（mmol/L）·cm^2]，H_2O_2的检测限为10nmol/L，稳定性为60天。最新报告还提到肌红蛋白（Mb）在由氧化石墨烯（GO）涂层的二硫化钼纳米（MoS_2）粒子上的使用，其制备是为了用于检测H_2O_2（10～100nmol/L），其中氧化石墨烯复合材料的存在提高了其安培性能[56]。一种由氧化石墨烯和二氧化钛（TiO_2）纳米粒子（用改性的2,2'－二硫代－3,3'－双(3－（三乙氧基甲硅烷基）丙基）－2H,2'H－[5,5'－二噻唑基]－4,4'(3H,3'H)－二酮作为有机－无机辅助配体（OISL））组成的新型有机－无机纳米复合材料被用于葡萄糖氧化酶或GOD附着物来制备H_2O_2生物传感器。所制备的生物传感器显示出了直接的电子转移和优异的电荷转移动力学。此外，所制备的纳米生物复合材料在电氧化/电还原过程中对于H_2O_2具有良好的催化活性，并且在黑暗的环境或光存在的情况下，对H_2O_2显示了优异的光催化活性[57]。

葡萄糖：检测人体血清重葡萄糖水平是初步临床诊断程序的重要组成部分，对于糖尿病患者来说监测血糖水平是日常的需要。葡萄糖生物传感器利用还原氧化石墨烯基三维稳健基质，在2～12mmol/L的浓度范围内检测葡萄糖，响应时间（1s）内其检测限为25μm，并且在工业样本和临床研究中具有3个月的高贮存稳定性[58]。这种重要的多成分基质由镥酞菁（$LuPc_2$）掺杂的多功能导电聚丙烯酸（PAA）水凝胶（MFH）与还原氧化石墨烯和乙烯基取代聚苯胺（VS－PANI）结合而成，对性能参数产生协同影响，其电导率高，线性范围宽，灵敏度高，并且在葡萄糖检测电位下降至+0.3V时，可以使用$LuPc_2$功能作为原位优良的氧化还原介质。在磁性丝网印刷电极（MSPE）上用还原氧化石墨烯共价共轭至磁性氧化铁纳米粒子(Fe_3O_4NP),用葡萄糖氧化酶作为生物识别元素[54]来检测葡萄糖。该组合具有优异的超顺磁性能,提供了较大的表面面积,为酶的固定创造了良好的环境,且促进了酶与电极表面的电子转移。本文描述的葡萄糖生物传感器显示其广泛的线性范围为0.05~1mmol/L,在信噪比为3、在检测电位为-0.45V时3s内反应时间灵敏度(5.9μA/mmol/L)情况下,检测限为0.1μmol/L。

淀粉样纤维材料作为功能性材料(一维)的基本构成要素具有高度有序性、不溶解性、良好的生物相容性、自组装的蛋白质纳米结构,与蛋白质错误折叠疾病有关,如阿尔茨海默病、帕金森病等众多疾病。因此,这些淀粉样(溶菌酶)纳米纤维与二维氧化石墨烯的结合不仅在氧化石墨烯纳米片上提供了较大的正电荷区,而且还为附着催化金属纳米粒子(如金、银)或酶等的负电荷结合位点提供了特定的表面积等,皆用于生物传感目的[59]。因此,以金纳米粒子(约6nm)改性的溶菌酶纳米纤维-氧化石墨烯纳米结构,用电化学方法检测葡萄糖,其检测范围为0.3~15mmol/L,其中氧化石墨烯的存在对信号的增强起着至关重要的作用。此外,将辣根过氧化物酶固定在这一重要的基质上,有助于实现使用3,3,5,5-四甲基联苯胺(TMB)一步法比色检测,通过将氧化石墨烯作为关键信号增强单元使即时的检测范围提高至2~80mmol/L,显著提升了其灵敏度。

葡萄糖和胆固醇感应:用高度支化的聚合物-聚乙烯亚胺来还原涂层在玻碳/丝网印刷电极上的氧化石墨烯,该电极还含有共固定化二茂铁羧酸(氧化还原介质),以实现无试剂检测[60]。利用胆固醇氧化酶和葡萄糖氧化酶对纳米复合材料进行了进一步的改性,用于生物传感器的制备和在人体血清样本中的应用。该氧化石墨烯生物传感器对于葡萄糖和胆固醇的检测限分别为5μmol/L和0.5μmol/L,灵敏度分别为3.45mA[(mol/L)·cm^2]和380mA[(mol/L)·cm^2](信噪比为3),线性响应范围分别为0.1~15.5mmol/L和2.5~25μmol/L。最新的比较报告展示了改进的性能(灵敏度、检测限、更广的pH值操作范围等)参数,在一个简单的两极电化学系统中使用石墨烯w.r.t ZnO基胆固醇生物传感器,LOD为1.08×10^{-6}mol/L,工作范围为$1\times10^{-6}\sim1\times10^{-3}$mol/L[61]。重要的是高脂膜中的酶胆固醇氧化酶被安装在一个简单的滤纸上,然后安装石墨烯/ZnO涂层线以进行电位测量。

尿素生物传感器是通过将聚乙烯亚胺和尿素酶逐层组装到还原的氧化石墨烯基场效应晶体管上,该晶体管包含交叉源级、漏极和液门的石墨烯表面,可以测量与尿素水解有关的局部pH值的变化[62]。该生物传感器噪声低,pH灵敏度高(20.3μA/pH),跨导值高达800μS,监测尿素范围为1~1000μmol/L,检测限为1μmol/L。通过增加双氧烷的数量,可以改善晶体管的尿素反应,且通过尿素酶特异性抑制,Cu^{2+}离子可以在水溶液中以低至10nmol/L对LOD进行定量。

乳糖:采用滴铸法制备了一种基于石墨烯的丝网印刷电极,在带有苯乙烯基吡啶鎓基团的可光交联聚乙烯醇基聚合物中的子囊菌嗜热棒状菌(CtCDH)中捕获纤维二糖脱氢酶(54mU)[63]。然后将整个电极系统集成到一个通道中;用流动池检测的乳糖在牛奶样本中的线性测量范围为0.25mmol/L和5mmol/L,在流动注射分析(电流测量)中电流密度为5μA/cm^2)。

柠檬酸合酶:柠檬酸合酶在柠檬酸循环中发挥了第一个关键步骤(醛醇缩合:草酰乙酸+乙酰辅酶A↑辅酶A+柠檬酸),是有氧生物重要的代谢途径。柠檬酸合酶是一种限速酶,其失调与多种人类疾病,特别是转移性癌症密切相关。因此,识别其活性和抑制剂的影响对于描述疾病状态是非常重要的。这种重要的生物传感器是利用辅酶A(基于柠檬酸合酶活性的产物)和银纳米粒子之间的亲和力(硫醇-Ag(I)基结合),如将其固定在氧化石墨烯基的电极上,可以显著地催化 H_2O_2 的降解活性[64]。在石墨烯基玻碳电极上的CoA-Ag(I)复合材料对于 H_2O_2 的还原具有较高的电催化活性,可作为电化学传感材料,对柠檬酸合酶活性进行灵敏和选择性检测,检测限低至0.00165U/mL。

10.3.5 非酶或催化传感

如第10.2节所述,本研究已经发现石墨烯及其衍生物在特殊情况下通过特殊的定制调整催化活性发挥了关键的作用,可用于检测和监测重要的分析物。这些重要的观察为设计简单的生物传感器件打开了一扇大门,同时利用这种非凡材料的多重作用/特性——"石墨烯"。为了检测 H_2O_2,HKUST-1是以氧化石墨烯、苯-1,3,5-三羧酸和硝酸铜 $(Cu-(NO)_3)_2$ 为原料,通过一种简便的一步溶剂法合成的新型催化纳米材料[65]。在此反应过程中,氧化石墨烯在玻碳电极上诱导HKUST-1从八面体结构转变为分级花状,称为溶剂热还原氧化石墨烯-HKUST-1,作为一种高效的结构导向剂,具有较高的电催化、快速响应和对复杂生物样本人体血清中 H_2O_2 还原的选择性,且在非酶活性原始264.7细胞中释放,快速响应(<4s),线性范围为从1.0μmol/L~5.6mmol/L,检测限为0.49μmol/L。

本研究采用一种简单的、可扩展的、一步法的热分解方法,在石墨电极上制备了氮掺杂钴纳米粒子(N-Co)基氮掺杂石墨烯氧化石墨烯(NG)的三维多孔导电纳米复合材料,并证明了其对人血清中葡萄糖和 H_2O_2 的选择性电催化作用[66]。该电极具有良好的葡萄糖氧化电化学性能,具有较灵敏度为9.05μA/[cm^2·(mmol/L)],广阔的线性范围为0.025~10.83mmol/L,检测限为100nmol/L,反应时间小于3s。

采用非酶生物传感器检测葡萄糖的石墨烯量子点和ColoNiAl层状双氢氧化物(阴离子或类水滑石黏土,具有良好的生物相容性,具有高效的电子转移和高的表面积体积比),被证实在橘子汁和芒果汁中其具有广阔的线性范围为0.01~14.0mmol/L,检测限为6mmol/L(信噪比为3),具有较高的检测灵敏度为48.717mA/(mmol/L)[67]。石墨烯量子点的使用提高了层状双氢氧化物的导电性,促进了电化学测量和协同电催化行为。另一种非酶葡萄糖传感器是利用含有分散铜纳米粒子的氮掺杂石墨烯在玻碳电极上,通过安培分析,Cu/CuO纳米粒子增强了碳基材料在葡萄糖中传感的催化活性位点[68]。该葡萄糖传感器显示了对于葡萄糖的高灵敏性且对于10nmol/L葡萄糖超低检测的线性范围为0.01~100μmol/L,其相关系数为 $R^2=0.997$,灵敏度为4846.94μA/[(mmol/L)·cm^2]。

通过安倍测量法测量的牛奶样本中,丝网印刷电极(SPE)上的Ni/NiO纳米花改性的还原氧化石墨烯(rGO)纳米花复合材料(Ni/NiO-rGO)其线性范围是从29.9μmol/L~6.44mmol/L($R=0.9937$),具有1.8μmol/L(信噪比为3)低检测限以及1997μA/[(mol/L)·cm^2]的高灵敏度。这是一种电化学方法,即利用纳米复合材料的催化活性来检测葡萄糖[69]。这涉及通过电催化还原氧化石墨烯基质上的Ni(Ⅲ)/Ni(Ⅱ)氧化还原对,将葡萄糖氧化为葡糖酸内酯。在另一种方法中,石墨烯被当做模板来合成氧化钴(Co_3O_4)纳米粒子/薄片,研究认为这种纳米粒子对于葡萄糖来说其具有电催化活性[70]。该安培型生物传感器检测显示葡萄糖的检测限为0.15μmol/L,检测范围为1~50μmol/L,且对于多巴胺和尿酸无影响。

用分子印迹聚合物(MIP,电聚合氨基苯硫酚)在玻碳电极上固定多巴胺@石墨烯和Au纳米花(金纳米粒子包被的仿生聚多巴胺)来捕获胆固醇的线性响应范围为10^{-18}mol/L和10^{-13}mol/L,用微分脉冲伏安法检测人体血清样本中的检测限为3.3×10^{-19}mol/L[71]。

抗坏血酸(AA),是人体饮食中重要的维生素,具有抗氧化作用,可以预防或治疗坏血病、普通感冒、精神疾病、癌症和艾滋病。中枢神经系统中抗坏血酸的浓度在其他液体中可能会从不同的毫摩尔级别降至更低,如食物、药品,或者是化妆品中等更加广泛的领域。酶模拟物(催化过氧化物酶样活性)三维大孔氧化钴(Co_3O_4)/褶皱花状石墨烯微球聚集物被用于气溶胶辅助淬火自组装和退火工艺通过变色基底(3,3',5,5'-四甲基联苯胺(TMB))[72]来检测抗坏血酸。Co_3O_4用气溶胶辅助油炸自组装和退火工艺制备了仿酶(催化过氧化物酶样活性)纳米粒子分散在褶皱石墨烯(CG)花催化氧化基底3,3',5,5'-四甲基联苯胺,产生特定的颜色反应。抗坏血酸的存在是通过氧化3,3',5,5'-四甲基联苯胺的脱色反应(还原)诱导双电子还原为-3,3',5,5'-四甲基联苯胺检测的。该比色法或测定方式可以检测0.19μmol/L的抗坏血酸,其线性范围为0.01~140μmol/L。借助H_2O_2的直接氧化作用开发铜离子催化的长余辉化学发光成像系统,利用氮掺杂石墨烯量子点(NGQDs)的方法,来检测水果中的抗坏血酸。这些Cu^{2+}离子扩大了在NGQD化学发光强度两个数量级(214倍)的H_2O_2的分解,且在抗坏血酸检测限0.5μmol/L(信噪比为3)的条件下对其他金属离子表现出独特的特异性[73],为抗坏血酸的测定提供了方便直观的工具,是一个很有前景的成像传感候选传感器。

一次性纸基护理点眼部电化学免疫传感器条/μ-电极是由"接枝聚(苯乙烯)-嵌段-聚(丙烯酸)(PS-b-PAA)和石墨烯片复合材料"组成的,具有独特的轮廓设计,用于制备临床研究的眼泪小样本(通过毛细血管收集)和眼房水,用来评估眼睛前表面的完整性[74]。此方法旨在使用抗坏血酸作为前巩膜或角膜伤口渗漏的一种替代生物标志(例如:抗坏血酸的级别差异在于泪液中的抗坏血酸是体液中约5倍),这种方法可以代替传统的基于染料的主观Seidel测试。用一种两亲性二嵌段共聚物即聚(苯乙烯)-嵌段-聚(丙烯酸)(PS-b-PAA)作为桥接剂将坏血酸氧化酶(AO)置于石墨烯片上,实现了对抗坏血酸的选择性和高度特异性的生物识别。在含苯基的二维石墨烯片与二嵌段共聚物中聚(1-苯基乙烯)官能团的多个重复单元的非共价键π-π堆叠作用可以实现双层排列使酶能稳定固定,通过使用阻抗检测器检测相互作用时电阻的变化,测量出AA浓度范围为5~350μmol/L(此时体液中的抗坏血酸浓度范围为110~225μmol/L,泪液中的抗坏血酸浓度范围为15~38μmol/L)。

含脂类的石墨烯和氧化石墨烯:石墨烯(疏水性表面)与脂类会产生非常有利的相互作用,影响脂类双分子层在此表面的稳定性,如在氧化石墨烯(亲水性表面)上,脂类可以在此表面形成多层结构,如1.5双分子层,并且即使从不同结构(例如:规则双分子层)开始也能自发地重新排列形成首选拓扑[75]。

10.3.6 食品及环境中有毒物质/添加剂/农药检测

毒素是一种在活细胞或生物体内产生的有毒物质,也可以是一种合成分子,用来毒害植物、动物、杀虫剂等。肉毒杆菌已知会产生肉毒杆菌神经毒素(BoNT,七种血清型A-G),并导致肉毒梭菌中毒。这也是一种重要的生物战剂。本文利用在玻碳电极表面上以金纳米粒子连接的石墨烯－壳聚糖来测量 PBS、牛奶和人体血清中的 BoNT/A，以阻抗测方式检测，其范围为 0.27～268pg/mL，检测限是 0.11pg/mL[76]。

本文还报道了用喹啉酸磷酸核糖基转移酶结合还原氧化石墨烯/ITO 电化学传感器在真实样本（血清）中检测微量内源性神经毒素喹啉酸的进展[77]。该酶是磷酸核糖酶家族中的一个成员，可催化喹啉酮酸和基底 5－磷酸核糖基－1－焦磷酸形成烟酸单核苷酸。喹啉酸的结合有助于释放已用于检测目的的电子。所制备的生物电极展示了高灵敏度，为 7.86mA/[（μmol/L）·cm^2]、宽范围的（6.5μmol/L～65mmol/L）反应、优异的选择性、约 30 天的良好可贮存稳定性。

微囊藻毒素 LR 是一种肝毒性同源物，对人类和动物都是一种威胁。本文利用三维硼氮共掺石墨烯水凝胶（BN－GHs）－Ru（bpy）$_3^{2+}$ 将 ss DNA 适配物复合连接至 Nafion/玻碳电极生物传感器上以监测分析物微囊藻毒素结合的硬脂障碍[78]。这种新的方法在没有分析物的情况下放大了化学发光信号，由于贴合物和分析物之间没有结合，因此在表面不会发生硬脂障碍。该适体传感器显示微囊藻毒素的检测范围是 0.1～1000pmol/L，且微囊藻毒素的检测限为 0.03pmol/L。

食物毒素蓖麻毒素 B：蓖麻毒素是一种来自蓖麻种子的剧毒蛋白质（核糖体失活蛋白或 RIPs）。由于其毒性极强、易于接触、易于传播、具有广泛的 pH 耐受性、溶解性和热稳定性，蓖麻毒素成为了一种严重的生物战威胁。本文开发了一种新式简单的扩增方法，通过置换氧化石墨烯基链，将蓖麻毒素 B－适配体作为识别元件，与 ss－DNA 阻滞剂杂交来检测蓖麻毒素[79]。阻滞剂的释放是蓖麻毒素 B 的第一个检测步骤。经过磁选后，游离阻滞剂可触发等温链置换聚合酶反应从而扩增 DNA 和荧光标记的发夹环，使之打开并杂交。这将使许多染料标记的发夹探针打开并产生大量染料标记的双链 DNA 产物，因这些产物不能吸附在氧化石墨烯表面从而导致高的荧光强度且不发生 FRET。相反，在没有蓖麻毒素 B 的情况下，染料标记的发夹探针保持其原有的结构且可以吸附在氧化石墨烯表面，触发远距离共振能量转移。该方法能够检测橘汁中蓖麻毒素－B，将其浓度从 15μg/mL加标到 200μg/mL（$R_2=0.993$），在人尿和橙汁中的检测限（3σ）为 1.4μg/mL。

赭曲霉毒素 A：该有毒物质属于由几种曲霉属和青霉属真菌物种作为次级代谢产物产生的有毒化合物组，可能会导致不同动物物种发生畸形、突变、肝毒性、肾毒性和免疫抑制镧系元素（Yb/Er）掺杂核壳 β－NaYF4：Yb^{3+}，Er^{3+} 用 DNA 适配体标记的赭曲霉毒素 A 的上转换纳米粒子可以在分析物赭曲霉毒素 A 存在或者不存在的情况下与氧化石墨烯结合[80]。上转换纳米粒子可以在两个或更多低能光子的激发下产生单个高能光子，并且氧化石墨烯可以用作各种荧光物质的受体或纳米猝灭剂，包括有机荧光染料、荧光蛋白和量子点。该适体传感器结合了两种纳米材料的优质特性，利用 980nm 激光激发的发光共振能量转移（LRET）现象检测赭曲霉毒素 A。分析物的存在导致适配体标记的上转换纳米粒子与石墨烯的结合较少，因此不存在 LRET，分析物的缺失导致了适配体标记的上转换纳米粒子与氧化石墨烯片的结合，从而导致 LRET 或没有信号。LRET 均值化验中标记成分的信号通过分析物的结合调制，不需要分离绑定和自由标记。这缩短了总的分析时间，并且极大地简化了自动分析所需要的仪器的构造。

牛奶中的 β 乳球蛋白：该物质是引起人们食物过敏最常见的原因。伏安适体传感器是用石墨烯改性的丝网印刷碳电极制备的。物理吸附的 DNA 适配体从石墨烯电极释放，使方波伏安信号与样本中的分析物成正比[81]。该适体传感器的检测范围为100pg/mL～100ng/mL，β－乳球蛋白的检测限为20pg/mL。

尼古丁：尼古丁是一种生物碱，是食品中存在的有害化学物质之一，可成瘾。超过一定限度的摄入可能会导致严重的疾病，有时还会导致癌症。光纤表面等离子体共振（SPR）的尼古丁传感器是利用掺杂石墨烯的ZnO纳米结构制备的，并对石墨烯体积分数和纳米结构即纳米复合材料、纳米花、纳米管和纳米纤维等进行了优化/研究。重要的是，光纤银/ZnO：石墨烯纳米纤维的光致发光活性最高[82]。这是因为石墨烯纳米纤维的最高缺陷等级与表面积体积比（光致发光峰强度最高）。尼古丁与ZnO：石墨烯纳米结构的相互作用改变了ZnO：石墨烯纳米结构的介电功能，这表现为共振波长的偏移。该生物传感器可以在0～10μmol/L范围内检测尼古丁，其检测限为0.074μmol/L，使之在尼古丁人工样本和真实样本中具有良好的稳定性（=94%）。因此，与其他三种相同的纳米结构分析物相比，作为特殊分析物的传感层，纳米纤维具有更好的传感特性。

沙丁胺醇是一种β2－肾上腺素能激动剂，用于临床治疗支气管哮喘、慢性阻塞性肺病和其他形式的过敏性呼吸系统疾病。该物质也可以通过减少脂肪沉积和增加蛋白质堆积来促进动物生长并提高饲养效率，沙丁胺醇被称为“瘦肉剂”，常用于畜牧生产。该物质禁止使用且给予零的容忍度。因此，本研究首次采用简单、经济的方法合成了金属银和非金属氮共掺杂还原氧化石墨烯（Ag－N－rGO），在以沙丁胺醇为模板分子的情况下通过邻苯二胺的电聚合作用在制备的复合材料表面原位形成了分子印迹聚合物（MIP）[83]。利用合成的分子印迹聚合物生物传感器检测沙丁胺醇，所研制的传感器的电化学反应线性检测范围为0.03～20.00μmol/L，在人体尿液和猪肉样本中具有7nmol/L的低检测限。

石墨烯量子点首次用于研制一种无标记的EIS的丝网印刷免疫传感器，用于农药对硫磷的检测，该传感器具有0.01～10^6ng/L宽动态线性响应范围以及46pg/L的超低检测限。该免疫传感器是利用抗对硫磷抗体[84]在丝网印刷碳电极上研制的。2,4,6－三硝基甲苯（TNT）是一种硝基芳香炸药，对于全球来说是一种重要的环境、安全和健康威胁，广泛应用于爆炸工业、军事活动等，该物质可导致严重的心血管疾病、肝功能异常、贫血、白内障，是一种致癌剂。因此，本研究在玻碳电极表面制备了硫醇功能化石墨烯量子点和银纳米粒子的组合，并将TNT氨基适体共价键合在银纳米粒子上来检测分析物三硝基甲苯。这种纳米组件可以在新型电活性电解质芦丁存在下利用微分脉冲伏安法感应三硝基甲苯，其检测限为3.33×10^{-7}，检测范围为1.00×10^{-6}～3.00×10^4nmol/L[85]。芦丁是一种生物分子，其氧化还原电位范围为（0～0.50V），而六氰基铁酸盐（$[Fe(CN)_6]^{3-/4-}$）的氧化还原电位范围为－0.20～0.70V。

氯霉素（CAP）是一种广谱抗生素，由于过度使用可能对公众健康造成严重威胁，被禁止在饲料中使用。本研究采用绿色无模板的方法在玻碳电极上制备了三维还原氧化石墨烯结构且作为活性电极材料，研制了一种用于在1～113μmol/L中检测CAP的高选择性电化学传感器，通过微分脉冲伏安法所检测的检测限为0.15μmol/L[86]。分析物的结合使还原峰值电流增加至－0.63V。

本研究将石墨电极上的氧化石墨烯量子点/羧基碳纳米管混合在铅笔石墨电极上，制备了一种灵敏且小型化的细胞基（人肝癌，HepG2）细胞电化学生物传感器，并通过96孔滴定板在较低的水样体积中检测优先感染物的毒性（Cd、Hg、Pb、2,4－二硝基苯酚、

2,4,6－三氯苯酚和五氯苯酚)[87]。在此生物传感器中,由鸟嘌呤/黄嘌呤、腺嘌呤和次黄嘌呤组成的循环伏安测量的三个灵敏电化学信号,可以同时测定毒性或6种优先污染物。相比常规MTT检测,电化学生物传感器显示出较低的IC_{50}值,表明电化学检测对重金属和苯酚的灵敏度提高。

10.3.7 多酚检测

苯酚和取代苯酚是有毒化学物质,从纺织、农药、采矿、染料、石油化工和制药行业等工业废水中排放到环境中。这些化合物通过废水进入食物链,从而对水生生物产生有害和有毒的影响。多酚也被称为多羟基酚类,是一种有机化合物,主要为天然的,有时是合成的或半合成的,其特征是存在大量的苯酚结构单元。

儿茶酚和儿茶素是天然存在于水果中的多酚分子,它们在染料和葡萄酒等产品中的存在会影响质量。儿茶酚(CC)是一种多酚和苯二醇的邻位异构体,由于其生物降解性差、对人体健康和生态系统的毒性大而被美国环境保护署和欧盟列为一类周期性有毒污染物质。为此,本研究利用将漆酶固定在以石墨烯－纤维素微纤维复合材料改性的丝网印刷炭电极上的方式来检测儿茶酚[88]。该循环伏安生物传感器显示,所制备的生物传感器在0.2～209.7μmol/L浓度范围内具有7倍的催化活性且具有较低的儿茶酚氧化电位,其灵敏度为0.932μA/[(μmol/L)·cm^2]、反应时间为2s且在不同的水样本中的检测限为0.085μmol/L。因此,该类多酚(例如:儿茶酚)具有高氧化还原电位且它们的存在是通过漆酶来检测的,漆酶是一种广泛用于食品、农业和生物修复行业的多铜氧化酶。本研究将漆酶固定在多壁碳纳米管和氧化石墨烯混合物上,用循环伏安法检测了来自加利福尼亚州Valle Redondo的Zinfandel白葡萄酒中的儿茶酚和儿茶素(1×10^{-8}mol/L和1×10^{-6}mol/L)[89]。

邻苯二酚是另一种酚类化合物,与环境问题密切相关。由于它与DNA、蛋白质和细胞膜等不同的生物分子发生反应,可能会导致不可修复的损伤。本研究通过可逆加成断裂链转移(RAFT)聚合来制备芘封端的聚(丙烯酸)/聚(乙二醇)丙烯酸酯嵌段共聚物,用来同时固定漆酶和Cu^{2+}[90]。该过程与培养漆酶活性诱导剂Cu^{2+}同时进行,且酶稳定性有利于聚合物的基团(聚乙二醇)形成。然后通过非共价$\pi-\pi$堆叠相互作用,将整个酶聚合组合放置在大面积的石墨烯纸上,来检测邻苯二酚。本研究制备的电化学生物传感器具有简易、灵敏度高、检测限达50nmol/L、长期稳定性好(使用4周后保留约95%)、效率低等优点。固定在石墨烯纸上的酶－聚合物组合的生物活性在较高的生物活性水平(317%)下增强,且重复使用后仍可保持稳定性(使用8次后的生物活性>176%)。

本研究开发了在丝网印刷碳电极(SPCE)生物传感器上的酪氨酸酶固定化石墨烯改性金纳米粒子/壳聚糖(Gr－Au－Chit/Tyr)纳米复合材料来检测在0.05～15μmol/L浓度范围内的酚类化合物,灵敏度为0.624μA/(μmol/L),检测限为0.016μmol/L(信噪比为3)[91]。该生物传感器组件至少在一个月内具有良好的重现性,选择性和稳定性且可应用于真实水样本中。这些特征有利于通过带有一个氨基$-NH_3^+$正电荷壳聚糖与带有一个羟基－OH负电荷的金纳米粒子稳定的聚乙烯醇的静电键合来实现良好的生物相容－电活性环境。此外,存在分析物的情况下,酪氨酸酶催化的电化学信号是由邻醌还原为儿茶酚得到。

双酚A(BPA)是一种公认的内分泌干扰化学物质,它通过干扰激素的合成、转运、释放和代谢来扰乱内分泌系统。本研究制备了一种荧光共振能量转移(FRET)适体传感器，由磁性石墨烯(Fe_3O_4－氧化石墨烯)和荧光标记双酚A适配体组成[92]。由于FRET现象，用单链DNA(ssDNA)吸附的磁性氧化石墨烯能有效猝灭标记在ssDNA上的荧光染料的荧光。分析物(双酚A)的结合可以改变其构象，从而使BPA适配体MGO表面解吸，触发信号且无FRET。该适体传感器能在0.2～10ng/mL的范围内检测双酚ABPA，在自来水、纯净水、河水中的检测限为0.071ng/mL。

对氧磷和4－硝基苯酚：本研究研制了一种简单的石墨烯量子点纸基、易于使用、低成本和一次性传感器件，能够通过智能手机/相机读出荧光猝灭，实现了快速化学筛选[93]。该生物传感器分别作为环境样本和食品样本(Tempranillo 葡萄酒样本)中酚类和多酚的重要工具。在UV灯/LED灯封闭室中荧光猝灭随着多酚(4－硝基苯酚和水解对氧磷)浓度的增加而增加，对氧磷和4－硝基苯酚(3σ标准)的检测范围分别为$1.66\times10^{-5}\sim1.50\times10^{-3}$mol/L，检测限$4.36\times10^{-5}$mol/L和$3.97\times10^{-5}$mol/L。

在基质辅助或表面增强的激光解吸/电离飞行时间质谱(MALDI－或SELDI－TOF MS)中，荧光石墨烯被制成基质或探针，具有较高的灵敏度(ppt或亚ppt等级的检测限)，并且由于其独特的化学结构和自组装性能，与其他石墨烯材料相比，该材料具有更好的重现性[94]。萤光探针成功用于纸制品和高脂罐头食品样本中痕量双酚S的简易检测，并对从城市污水处理厂收集的污泥样本中提取的28种季铵盐卤化物进行了鉴定和筛选。

10.3.8 激素检测

激素是多细胞生物中腺体产生的信号分子，通过循环系统将其传送到远处器官以调节生理和行为。这些激素的水平受到严格的控制以调节代谢活动，其所需值任何微小的变化都会导致严重的疾病和代谢紊乱。严重疾病检测/食品质量控制可通过监测临床或生物样本以及食品/农业中的激素水平来检测。

甲状旁腺激素：过渡金属二硫醇化合物是MX_2类型的原子级薄半导体，其中M是过渡金属(Mo、W)，X是硫醇根(S、Se、或Te)，提供了广泛的电子、光学、机械、化学和热性能。由于这些性质，用可调带隙在1.29～1.90eV(含层)之间的二硫化钼(MoS_2)制备了石墨烯复合材料。采用基于MoS_2－石墨烯基镀金印制电路板制备了一种用于检测甲状旁腺激素的夹层法电化学(循环伏安法)免疫传感器。甲状旁腺激素是一种存在于骨骼、肾脏、肠组织和细胞外液中的一种重要的钙(Ca^{2+})和磷的内分泌调节剂，其浓度可作为骨质疏松和甲状旁腺疾病的量度指标[95]。由于石墨烯基纳米复合材料优异的电化学可调谐特性，本研究利用固定在MOS_2石墨烯表面的原单体克隆抗体和碱性磷酸酶共轭捕获抗体制备了这种免疫传感器。该电化学免疫分析系统可以在1～50pg/mL范围内检测甲状旁腺激素，这与使用循环伏安法检测的真实病人实际数值范围相符。该AP－MG传感器显示出与E170相当的准确度和性能水平，具有分析患者血清样本中PTH浓度的能力。

孕酮：内分泌干扰化合物(EDCs)对环境和人类具有潜在的危害。该物质与人体雌激素受体或雄激素受体结合，会引起孔内激素紊乱，扰乱正常的生理活动从而引发一系列疾病。含有P4的孕激素可降低水生生物的繁殖性能。本研究合成了具有良好生物相容性的硫氨酸－氧化石墨烯(Thi－GO)复合材料，并将其涂层在透明的玻碳电极上，制备出检测孕酮的免疫传感器[96]。该研究利用生物素结合二级抗体和链霉亲和素连接的HRP，通过间接免疫测定法进一步检测分析物的合成，在添加了 H_2O_2 之后触发电化学信号。该免疫传感器显示 P4 的线性响应范围在 0.02～20ng/mL 之间，在牛奶样本中具有 0.0063ng/mL 的低检测限。

雌激素：雌激素又称或 17β－雌二醇（E2）。该物质作为一种天然雌激素，是一种典型的内分泌干扰物质，已广泛应用于畜牧养殖业，用来促进动物发育，提高瘦肉率和提升产奶量。这种化合物的使用会导致青春期提前，增加患卵巢癌和乳腺癌的风险。N 掺杂石墨烯与 Au 和 $\alpha-Fe_2O_3$ 纳米晶结合形成三元 $\alpha-Fe_2O_3$－NG－AuNR 杂化物，作为 E2 适配体固定光敏基底[97]。这种三元杂化物是将赤铁矿（$\alpha-Fe_2O_3$）纳米晶和 N 掺杂石墨烯（NG）与 AuNR 相结合而成，进一步成为高效的光敏物种。与电极结合的适配体通过阻断来自金纳米棒的电子流来掩盖光电流。分析物 E2 的结合由于适体－分析物从电极表面释放而导致光电流。该器件的检测范围为 $1\times10^{-15}\sim1\times10^{-9}$ mol/L，雌二醇检测限为 0.33fmol/L。

睾酮：是一种合成代谢雄激素类固醇（AAS），在男性的性别分化、蛋白质合成和人类的生理表现中起重要作用。低水平表明患前列腺癌和心血管疾病风险高，高水平用于运动员检查，他们不允许用此作为兴奋剂。在 1fmol/L～1μmol/L（$1\times10^{-15}\sim1\times10^{-6}$ mol/L），检测范围内，用电化学传感技术在玻碳电极上制备了一种分子印迹聚合物（聚邻苯二胺）的新型纳米复合材料和氧化石墨烯纳米复合材料，其相关系数为 0.9978，在稀释的加标人血清样本中，信噪比为 3 时检测限为 0.4fmol/L（4.0×10^{-16} mol/L）[98]。

肾上腺素：肾上腺素由去甲肾上腺素通过 *N*－甲基转移酶产生，且被发现它以纳摩尔水平存在于人体血液和尿液中。肾上腺素水平的变化与多种疾病的形成有关，如高血压、多发性硬化、帕金森病等，且适用于治疗心搏骤停、过敏反应、哮喘和浅表出血。因此，快速检测体液和药物配方中的肾上腺素水平对于支持生理性研究、疾病诊断和药效监测具有极其重要的意义。在无外部有机封端剂和还原剂的情况下，该研究成功地将石墨烯中一种 AuPt 合金纳米多孔薄膜（约 3nm）嵌入 Cu 表面进行自组装（采用化学气相沉积法）[99]。使用安培测量的传感器反应显示检测限（在信噪比为 3 时为 0.9nmol/L），灵敏度（1628μA/[(mmol/L)·cm^2]），具有（$1.5\times10^{-9}\sim9.6\times10^{-6}$ mol/L）的宽线性检测范围，来源于干扰物的反应可以忽略不计，由于 Au 和 Pt 的协同作用可引起优异的电化学性能，以及形成独特的纳米孔结构，增强了电催化活性（肾上腺素到肾上腺素醌），提供了一个高电流活性表面和快速的传质。

10.3.9 药物检测

药物是一种物质（提供营养支持的食物除外），当吸入、注射、吸烟、食用、通过皮肤贴片吸收或在舌头下溶解时，会引起身体的生理变化。由于药物可以改变被传送到身体其他部位的脑细胞的信息，所以可以被用来治疗疾病，其剂量被严格限定。在各种基质中监测药物，例如水，食物和环境，避免意外过量或中毒是非常重要的。下面介绍各种用于检测不同的药物石墨烯生物传感器。

柔红霉素是一种蒽环类抗生素，是治疗急性白血病和儿童癌症最常用的化疗药物。柔红霉素（DNR）是一种有效的临床上的蒽环类抗生素，其抗肿瘤活性归因于 DNA 碱基对之间的嵌入。这种药物已知会产生一种潜在的致命的心脏毒性，这取决于用药累积总剂量。本研究用鱼类精子DNA(fsDNA)改性的还原氧化石墨烯改性的一次性铅笔石墨,研究了柔红霉素结合的效果[100]。监测在还原氧化石墨烯上的一次性DNA传感器fs DNA的鸟嘌呤氧化发现柔红霉素的检测范围为1~6μmol/L,其LOD=0.55μmol/L或2.71μg/mL。

甲硝唑是一种以硝基咪唑类药物,用作抗菌和抗原生动物药物,目前仍被许多商业公司非法用作化妆品添加剂。为此,一种新型基于石墨烯量子点嵌入二氧化硅分子印迹聚合物的新型光学纳米传感器被研制出来用于检测生物样本中的甲硝唑。新合成的纳米复合材料在365nm处激发时,在450nm显示了强烈的荧光发射,在甲硝唑存在下猝灭[101]。在0.2~15μmol/L的线性范围内,猝灭与甲硝唑浓度成正比且血浆基质中甲硝唑测定的检测限为0.15μmol/L。

奥美拉唑:氧化石墨烯纳米片、多壁碳纳米管(MWCNT)和邻苯三酚。本研究制备了邻苯三酚(含3个羟基基团,用作电催化试剂和介体)生物传感器用于奥美拉唑(在治疗胃溃时,取代苯并咪唑亚砜用作质子泵抑制剂)的检测[102]。该研究利用实验设计对传感器组成和测量条件进行了优化。微分脉冲伏安法(DPV)在检测pH7时显示了OME的两个扩展的线性动态范围为$2.0\times10^{-10}\sim6.0\times10^{-6}$mol/L和$6.0\times10^{-6}\sim1.0\times10^{-4}$mol/L。其检测限为$1.02\times10^{-11}$mol/L。奥美拉唑在药物配方和人血清标本中也可以被检测出来,平均回收率分别为100.97%和98.58%。

10.3.10 重金属检测

重金属是天然存在的元素,其原子序数高,密度大,密度至少是水的五倍[103]。重金属包括一些金属类、过渡金属、基本金属、镧系元素和锕系元素。由于人类对其的多种应用导致它们在环境中的广泛分布,并引起了人们对于这类金属在人类健康和环境的毒性影响方面的关注。这些金属的毒性取决于几个因素,包括剂量、接触途径和化学分类,以及暴露个体的年龄、性别、遗传和营养状况。在现有的重金属中,某些重金属受到格外关注,因为它们会破坏多个器官系统,即使在低暴露水平下也是如此。这些金属包括砷、镉、铬、铅和汞。因此,对各种生物/临床/食品样本中的重金属进行超痕量检测是需要数小时时间的。下面介绍用于检测重金属的石墨烯生物传感器。

铅(Pb^{2+}):本研究通过将石墨烯场效应晶体管表面与Pt^{2+}特异性相结合的富G单链序列[104]相集成,制备了一种在水介质中检测Pb^{2+}的石墨烯电子纳米器件。铅与表面的结合导致G-四链体结构的形成-开关导致电荷密度的变化和表面处空穴的增加(石墨烯的p掺杂),导致漏极电流的变化/$V_{狄拉克}$的偏移[105]。这种无标记石墨烯FET能专门检测到低至163.7ng/L的铅。

汞(Ⅱ):汞离子是一种剧毒污染物,对人体具有生物蓄积性,会对大脑、免疫系统、神经系统和许多其他器官产生严重的影响。本研究使用SYBR Green I(SG)和氧化石墨烯的无标记荧光平台研制了一种利用Hg^{2+}灵敏传感器,使用了立足点介导的链置换等温无酶扩增(EFA)技术[106]。该生物传感器在Hg^{2+}存在的条件下,2个特定的发夹环DNA序列(H1和H2)连同与H1互补的辅助DNA除了几个错配T-T之外,杂交和无酶合成促进了荧光信号的产生,否则就会被氧化石墨烯猝灭。综上所述在Hg^{2+}存在的条件下,H1发夹环首先与辅助DNA杂交形成$T-Hg^{2+}-T$复合体,并促进发夹环的链移位,形成部分由H1和H2探针组成的双链DNA,随后允许DNA嵌入剂SYBR green与其结合。因此,传感器可以显示0.1~50nmol/L的对数线性范围，在实际加标的自来水样本中检测限为0.091nmol/L。

本研究以石墨烯基体为内源还原剂，采用简单的绿色方式，制备了一种带有c-probe（特别设计的发夹环探针）的新型三维石墨烯/金膜。该材料被用于制备Hg^{2+}生物传感器，利用核酸外切酶Ⅲ辅助的靶标回收，提供的线性检测范围为0.1fmol/L~0.1μmol/L，在真实水样本和血清样本中其检测限为50amol/L[107]。该方法主要采用了c探针（包括错配T-T的发夹环）、汞与双链DNA中的T-T的特异性亲和力和核酸外切酶切口平移。DNA复制中的T-T错配可以选择性捕获Hg^{2+}，形成稳定的T-Hg^{2+}-T结构，促进外切酶的结合，进行切口平移以释放核苷酸。目前，用纳米金标记的互补r探针的结合，可以检测出残余单链c探针，使电化学信号增加了10.5倍。三维石墨烯/Au纳米粒子薄膜生物传感器显示超过7个数量级的其检测限低于金基底，证实了在超声检测和特定Hg^{2+}检测中三维石墨烯的优异性能发挥着至关重要的作用。

Ce^{3+}：Ce^{3+}离子通过石墨烯量子点表面Ce^{3+}离子之间的氧化还原机制，能够选择性地淬灭石墨烯量子点（15~20nm大小）的荧光发射强度，形成CeO_2[108]。该纳米传感器可检测50~230μmol/L范围内的Ce^{3+}离子，其相关系数为0.996，检测限为0.996，检测限为3.8×10^{-7}mol/L。

10.3.11 转基因食品检测

随着基因工程和生物技术的发展，各种转基因生物（GMO）被引入食品工业。与此同时，由于粮食和农业的巨大革命，有关生物安全的担忧也在上升。由于转基因食品的生产涉及使用不具有天然存在遗传物质的转基因生物，因此需要各种先进的方法来检测转基因食品。综上所述，关于在世界范围内使用GMO以及实施各种基于政府的法规来控制GMO的使用问题一直存在争论。欧洲大陆已经完全禁止使用GMO食品材料；然而，美洲大陆已经减少限制并给予更多自由，允许在产品包装上声明使用GMO食品。许多转基因作物和食品在美国、加拿大和亚洲次大陆市场流通。目前，许多基于PCR（多重PCR、qPCR等）的方法都可以在市场上使用，如微阵列、Southern印迹、ELISA、蛋白质印迹、包括生物传感器在内的条带测试等。为了检测转基因作物或生物体，我们已经和正在开发各种先进的纳米方法[109-110]。一些类型的纳米传感器已经开发出来并应用于通过检测从DNA到蛋白质的生物药剂和生物标志物来检测GMO。

利用"CaMV 35S启动子"（常用于GMO生产）序列和以苏木精为电化学指示剂的特异性烷硫醇单链DNA探针[111]，本研究研制了一种石墨烯氧化物（EGO）和金纳米海胆（GNU）改性的丝网印刷碳电极（SPCE）的电化学基因传感器[111]。该生物传感器可检测40~1100fmol/L的靶浓度。石墨烯氧化物和金纳米海胆增加了电极表面积，通过更快的电子转移放大信号来提高纳米生物传感器的灵敏度。用生物传感器检测真实加标样本基质，基因传感器用极低的RSD（2.67~3.81）检测出98%~101%的恢复信号，用于增加和发现靶DNA的浓度。

用DNA和探针-Ⅰ标记的石墨烯量子点（NGQD）杂交，用探针-Ⅱ标记银纳米粒子（AgNP）作为供体和受体对的方式显示均质FRET可检测到转基因大豆中花椰菜花叶病毒35s（CaMV35S）启动子，其线性范围为0.1~500.0nmol/L，具有0.03nmol/L的低检测限,用于检测 CaMV35S(信噪比为3)[112]。根据对特异性靶 DNA(tDNA)的识别,即:通过 prob I - tDNA - probe II 的 DNA 杂交,碳掺杂的石墨烯量子点和银纳米粒子之间的 FRET 被触发产生荧光猝灭,展现了用供体 - 受体对的探针 I 和 II 靶检测 DNA 的方法。

特异性靶 DNA 探针分别与特异性双色(绿色和红色)碲化镉量子点(QD)有较高的量子产量率和具有良好猝灭能力的多壁碳纳米管@氧化石墨烯纳米带(MWCNT@GONR)相连,在1h 内形成荧光"开 - 关 - 开"开关,用来同时监测 CaMV35S 启动子和来自转基因大豆的终止子胭脂碱合酶(TNOS)的双靶 DNA,在单次试验1h 时间内的分析中,TNOS 和 P35s 的检测限水平分别为0.5nmol/L 与0.35nmol/L[113]。

以纳米金还原氧化石墨烯作为纳米载体固定的巯基功能化探针(探针1)和以 SiO_2@CdTe 量子点(QD)核壳纳米粒子标记的氨基功能探针(探针2),作为检测存在于 GMO 中的夹心样 DNA 杂交检测中的花椰菜花叶病毒35S(CaMV35S)启动子序列的信号指标[114]。靶 DNA 产生的光电信号显示,用于真实的转基因大豆样本的检测范围为0.1pmol/L ~0.5nmol/L,检测限为0.05pmol/L。

本文证明了掺离子聚丙烯酰肼改性的还原石墨烯纳米复合材料可用于使用针对根癌农杆菌 CP4 菌株的5 - 烯醇丙酮酸莽草酸 -3 - 磷酸合酶(被认为是转基因作物的生物标志物)的纳米抗体(Nbs,具有更高稳定性和结合特异性的重链抗体的可变域)来制造免疫传感器[115]。在抗原存在的条件下,所制备的 Fe@rGO/PAH/Nb 在抗原(Ag)和聚乙二醇(PEG)改性的 CdTe QD(Ag/QD@PEG)存在条件下,在线性比例浓度为5 ~100ng/mL 的范围内具有较好的选择性和较高的猝灭能力(92%猝灭),其检测限为0.34ng/mL。

10.3.12 糖蛋白检测

多数生物标志物蛋白如癌胚抗原(CEA)、糖化血红蛋白(HbA1c)、甲胎蛋白(AFP)等,它们的表面通常含有碳氢化合物链(即糖蛋白)。这些生物标志物已知会在癌症、传染病和生活方式相关的疾病检测如糖尿病等中升高。最近,一则综述阐述了关于糖蛋白生物传感器的重要部分,描述了一系列石墨烯生物传感器[116]。他们比较了各种电化学生物传感器的性能,并深入了解了石墨烯在提高各自的性能特性方面的作用。大多数被发现表达水平改变的癌症生物标志物都是糖蛋白。在美国,癌症是仅次于心脏病的第二大死亡原因,几乎每4例死亡中就有1例是癌症。在所有癌症中,前列腺癌的发病率位居第二(每10万例中有31.1例),仅次于肺癌[117]。

本文用石墨烯和银/氧化银粒子($Ag - Ag_2O$)改性的 Au 电极[118]制备了血栓调节蛋白的电流免疫传感器(TM,血液中的内皮糖蛋白,在细胞损伤或自身免疫性疾病进展时释放),用于检测 pH 值为7.4 时在0.1 ~20ng/mL 范围内的血栓调节蛋白浓度。一种抗人绒毛膜促性腺激素抗体(anti - hCG) - 连接的外延生长石墨烯薄膜可用于检测0.62 ~ 5.62ng/mL 范围内的 hCG(一种妊娠、卵巢和睾丸肿瘤的生物标志物),具有0.62ng/mL 的低检测限,其检测的灵敏度要比 ELISA 检测[119]高出30倍。本文用石墨烯涂层的玻碳电极制备了检测碳水化合物抗原153(CA153)的免疫传感器。CA153 是乳腺癌的生物标志物[120],可检测 CA153 浓度在0.1 ~20U/mL 范围内的伏安信号。在石墨烯电极上进一步添加 Cd^{2+} 离子功能化多孔 TiO_2 材料,显示其对于0.02 ~60U/mL 浓度范围内的 CA153 的0.02 ~60U 的线性响应有所提升,其检测限为0.008U/mL[121]。石墨烯也被 Au - Ag 纳米复合材料或 Au - 普鲁士蓝复合材料功能化应用于各种免疫传感器[122-123]和微流体的传感器(石墨烯涂层)检测癌症生物标志物,包括 CEA、AFP、CA153 和癌症抗原 125(CA125)(图 10.3)[124-125]。

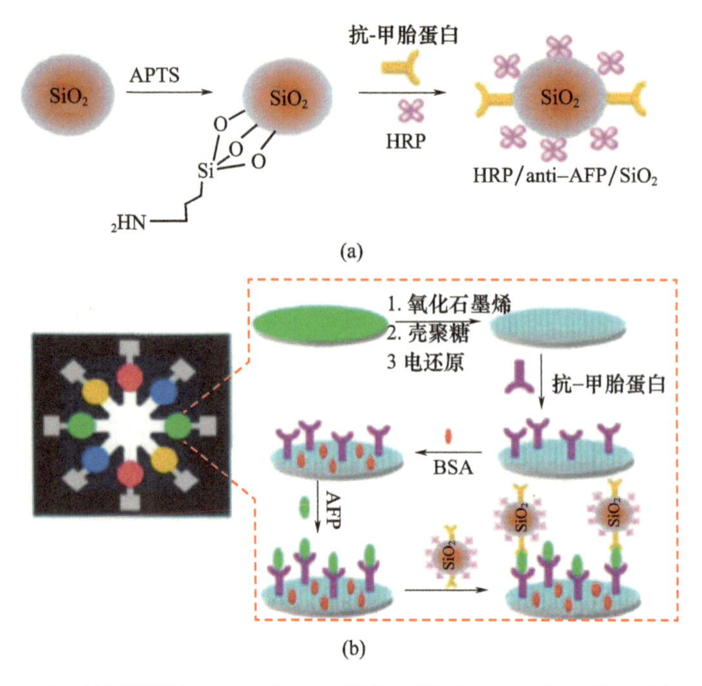

图 10.3 (a)抗甲胎蛋白(AFP)在 SiO_2 微粒上的固定;(b)基于微流体的甲胎蛋白免疫传感器[124](经美国化学学会出版许可转载© 2013)

采用氧化石墨烯涂层玻碳电极制备的热休克蛋白 70(HSP 70)免疫传感器可以借助人体血清真实样本中的阻抗测量来检测 HSP70 在 12 ~ 144fg/mL 浓度范围内的癌症/肿瘤[126]。利用还原氧化石墨烯、四氧化三铁纳米粒子(Fe_3O_4NP)、金纳米粒子(Au NP)和甲苯胺蓝(TB)制备的多功能石墨烯纳米复合材料得益于石墨烯片的优异特性[127]。该基质可以用来检测在 1.0×10^{-5} ~ 10.0ng/mL 广泛范围内的甲胎蛋白,对人血清中的肝细胞癌的检测限为 2.7fg/mL。本文将采用壳聚糖稳定还原氧化石墨烯制备的金纳米粒子氧化石墨烯纳米复合材料作为信号增强剂标签,利用固定于玻碳电极上的抗体检测神经元特异性烯醇化酶(一种肺癌的生物标志物)[128]。该免疫传感器能在 0.1 ~ 2000ng/mL范围内检测抗原生物标志物,其检测限为 0.05ng/mL。

一维(1D)纳米材料,即氧化亚铜纳米纤维和二维纳米材料,即氧化石墨烯基纳米材料的简易组装是通过简单的静电自组装工艺制备无标记电化学免疫传感器的,用于检测甲胎蛋白(检测范围为 0.001pg/mL ~ 100ng/mL,检测限为 0.1fg/mL),在甲苯胺蓝作为电子转移介质存在的条件下通过静电吸引吸附在氧化石墨烯纳米片上[129]。

血清前列腺特异性抗原(PSA,一种糖蛋白),其水平升高(血清样本 >4ng/mL)是前列腺癌筛查的指标,用来监测进行治疗之后的疗效和复发率,本文利用在玻碳电极上采用电聚合金纳米涂层还原氧化石墨烯 - 碳纳米管复合材料,使用 DNA 适配体制备了 PSA 免疫传感器。该电化学适配体传感器在使用 DPV 和 EIS 检测真实患者血清样本时,具有较低的检测限(0.005～100ng/mL)、较高的灵敏度、较强的特异性和较好的选择性[130]。

本文利用抗前列腺特异性抗原和前列腺特异性膜抗原的抗体固定一种负载于氧化石墨烯纳米片(1μm 大小)上的 Fe_3O_4 纳米粒子新型顺磁性复合材料,作为捕获探针(和催化标记)来检测癌症[131]。在磁性控制下该复合材料首先从样本中分离出生物标志物蛋白,然后利用其内在的过氧化物酶活性进行超敏电化学检测。这一过程是在涂有电化学还原氧化石墨烯的抗体功能化丝网印刷碳 8－传感器上进行,该传感器由检测室－微流阵列组成。夹层式测定允许载有分析物 Fe_3O_4 的氧化石墨烯结合到微流室中,并促进对 H_2O_2 的催化作用,导致随后的电化学信号。该免疫传感器可检测前列腺特异性抗原,检测限为 15fg/mL,血清中前列腺特异性膜抗原为 4.8fg/mL。使用带有 Fe_3O_4 的氧化石墨烯可以帮助其检测限提高 1000 倍,2 个蛋白质分析的成本为 0.85 美元,且与氧化石墨烯((52±11)S/cm)相比电导率提高了(17±2)S/cm。

负载氨基功能化石墨烯的介孔核壳 Pd@Pt 纳米粒子具有双重功能:作为二抗(捕获)抗体的载体和 H_2O_2 还原的催化剂,在夹层型电化学免疫试验中能够有效地增强检测前列腺特异性抗原的电流信号[132]。该方法利用金纳米粒子和一抗(Ab1)在玻碳电极上实现了磺基功能化多壁碳纳米管的功能化。该免疫传感器可以在 10fg/mL～50ng/mL 范围内检测前列腺特异性抗原,在加标的人体血清中的检测限为 3.3fg/mL(信噪比为 3)。

本文以二元还原剂(水合肼和柠檬酸钠)为原料,在温和的条件下通过一锅反应合成了还原石墨烯氧化银纳米粒子复合材料,获得了较高的产率和优异的电导率(使用银纳米粒子(质量分数为 40%)还原氧化石墨烯增强因子 346%,即 7.9S/cm～35.5S/cm)[133]。该研制备的免疫传感器使用线性扫描剥离电流测量时,对前列腺特异性抗原具有宽线性响应范围(1.0～1000ng/mL)与较低检测限(0.01ng/mL)。

一种夹层型电化学免疫传感器,采用氧化石墨烯作为固定基质,还原氧化石墨烯作为捕获/二抗标记,增强信号用于检测前列腺特异性抗原[134]。用负载金纳米粒子的硫氨酸功能化氧化石墨烯在玻碳电极上固定一抗,与用二维 g－C_3N_4 和 PtCu 双金属纳米粒子负载的还原氧化石墨烯固定二抗作为固定基质和捕获标记探针。一方面,用双金属纳米粒子(催化活性)的协同组合、还原氧化石墨烯(良好电导率)和二维 g－C_3N_4(低电导率的有价值的信号放大标记)作为捕获探针,另一方面,以硫氨酸作为电子介体,用 Au 纳米粒子为免疫传感器提供了生物相容性,且由于 H_2O_2 良好的还原活性,在电化学电流信号线性浓度范围为 50fg/mL～40ng/mL 时,对前列腺特异性抗原的较低检测限为 16.6fg/mL(信噪比为 3)。

血小板衍生生长因子(PDGF)是检测肝纤维化、肝癌和胃肠道间质瘤的一种重要生物标志物。在其三种亚型(PDGF－AB、PDGF－AA 和 PDGF－BB)中,PDGF－BB 是一种重要的血清细胞因子,是诊断癌症的蛋白标记且直接参与肿瘤生长和发育等多种细胞转化过程。本文利用阻抗测试结合还原氧化石墨烯和石墨烯量子点,采用适体模板银纳米团簇来检测 PDGF－BB[135]。结果表明,还原氧化石墨烯的存在可以将信号提升至最佳水平且该适体传感器可在较低检测限 0.82pg/mL 检测分析物,其检测范围为 1pg/mL～0.05ng/mL。

在金－聚亚甲基蓝上还原氧化石墨烯和金纳米粒子复合材料层沉积于玻碳电极上并用肽进行功能化(可以被前列腺特异性抗原,一种癌症生物标志物的特异性切割),与聚多巴胺-金-辣根过氧化物酶纳米复合材料[136]连接。在此分析物的结合即PSA，将会加速4-氯-1-萘酚和H_2O_2之间的酶催化沉淀反应并产生不溶性苯并4-氯己二烯酮，造成明显的信号下降，利用方波伏安法检测的其线性范围为1.0fg/mL～100ng/mL且具有0.11fg/mL的超低检测限。金还原氧化石墨烯层进一步提高了生物传感器的电导率，触发信号增大且提供了用于固定肽的活性位点。

通过混合海藻酸钠、氧化石墨烯和Pb^{2+}并用壳聚糖涂层(为了富集Pb^{2+})，采用简单的方法合成了一种新型、导电、氧化还原的藻酸盐-Pb^{2+}-氧化石墨烯水凝胶，来固定抗体分析物(碳水化合物抗原24-2或CA242，胰腺癌和结肠直肠癌的生物标志物)[137]。这种多信号放大增强策略通过其改进的导电性、三维多孔结构以及信号增强等帮助实现超灵敏无标记免疫分析。这是由于氧化石墨烯具有0.005～500U/mL的线性范围以及0.067mU/mL的超低检测限，以及提升五倍的灵敏度检测或使用方波伏安法检测到的32.98$\mu A(\lg C_{CA242})^{-1}$。

本文采用由二抗和猝灭剂功能化的聚乙烯亚胺封端的氧化石墨烯，通过将发光体$Ru(bpy)_3^{2+}$包裹在银纳米粒子掺杂的且负载着对目标抗原一抗玻碳电极上的三维CuNi草酸盐(即金属无机骨架$\{[Ru(bpy)_3][Cu_{2x}Ni_{2(1-x)}(ox)_3]\}_n$(Ru/Cu/Ni))]中来检测癌胚抗原的存在(结直肠癌中发现的糖蛋白)[138]。在这种夹层式免疫传感器实验中电化学发光(ECL)信号降低，是因为在抗体结合后，由于二抗聚乙烯亚胺与一抗基质金属离子配位键的形成导致$Ru(bpy)_3^{2+}$从固定基质上释放。成功证明该生物传感器的线性响应范围为0.1pg/mL～100ng/mL，检测限为0.027pg/mL(信噪比为3)。

采用链霉亲和素功能化氮掺杂石墨烯所制备的电化学免疫传感器(使用生物素化捕获抗体和HRP标记的二抗)可用于检测肿瘤标志物癌胚抗原(CEA，用于乳腺肿瘤、结肠肿瘤、卵巢癌和宫颈癌检测)作为模型分析物，该免疫传感器显示了0.02～12ng/mL的广泛线性范围，利用微分脉冲伏安法检测在加标的人体血清样本时具有0.01ng/mL的低检测限[139]。采用氮掺杂石墨烯量子点(N-GQD)负载的PtPd双金属纳米粒子功能化金纳米粒子基纳米复合材料(针对H_2O_2的还原具有电催化活性)制备的用于癌胚抗原(CEA)定量检测的无标记电化学免疫传感器，其中抗原的结合降低了电极电流，利用安倍检测法检测加标血清样本时具有5fg/mL～50ng/mL动态线性范围及2fg/mL(信噪比为3)的低检测限[140]。这种优异的纳米复合材料展示了惊人的电导率性能且增强了所在石墨烯量子点上电子的转移速度。

本文制备了一种基于在Fe_3O_4纳米粒子改性的氧化石墨烯上的Au纳米粒子和TiO_2包覆的CeO_2纳米粒子的无标记电化学发光免疫传感器，用于检测线性范围为0.01pg/mL～10ng/mL的癌胚抗原，其检测限为3.28fg/mL[141]。TiO_2包覆CeO_2纳米粒子的存在有助于$S_2O_8^{2-}$(过二硫酸盐作为共反应物)的催化生成SO_4^{2-}自由基和ECL。因此由于协同作用，铁纳米功能化的氧化石墨烯具有较好的生物相容性、优良的导电性，且磁性分离的应用简化了制备工艺。在另一则报告中，抗体改性的石墨烯场效应晶体管(GFET)的无标记免疫传感器被制备出来用于检测癌胚抗原(CEA)[142]。该石墨烯FET免疫传感器具有较高的特异性能实时检测CEA，检测限小于100pg/mL，解离常数为6.35×10^{-11}mol/L，具有较高的亲和力和灵敏度。

通过两种不同的释放方式，分别利用具有生物功能的介孔二氧化硅涂层量子点CdTe

(在580nm时释放)和ZnS(在530nm时释放),在细通道中制备了磁性石墨烯量子点(在450nm时释放)基夹层型免疫测定,同时检测两种蛋白(癌症生物标志物甲胎蛋白(AFP)和癌症抗原125(CA125)[143]。该免疫传感器在加标血清样本中显示出检测限(0.06pg/mL AFP和0.001U/mL CA125)和线性范围(0.2pg/mL ~ 0.68ng/mL AFP和0.003 ~ 25U/mL CA125)。

采用石墨烯量子点和二硫化钼(由过渡金属二硫属化物组成的二维材料之一)所制备的荧光开启适体传感器可用于检测上皮细胞黏附分子(EpCAM)[144]。上皮细胞黏附分子(EpCAM)是一种表达于循环肿瘤细胞表面的糖基化膜蛋白,该蛋白在大多数癌细胞中会过度表达,包括结肠直肠癌、乳腺癌、胆囊癌、胰腺癌和肝癌。由于其具有猝灭能力和生物相容性,该MoS_2单层纳米片(夹在两层硫原子之间的六边形钼原子层)在FRET检测中被用作荧光分析的猝灭剂,其中适配体标记的石墨烯量子点则用作荧光源。分析物与适体的结合使组合体解吸以干扰FRET现象,调整检测荧光检测范围在3 ~ 54nmol/L之间,检测限在450pmol/L左右。该组件还成功地证实了癌细胞系MCF-7细胞在其表面表达上皮细胞黏附分子的可视化。

本研究采用氧化石墨烯-壳聚糖薄膜作为合适的电极,研发了一种利用超敏电化学适配体来检测人体表皮生长因子受体2(EGFR-2)蛋白从而检测乳腺癌的方法[145]。该适体传感器采用微分脉冲伏安法,将亚甲蓝作为氧化还原探针,显示EGFR-2的两种线性浓度范围为0.5 ~ 2ng/mL和2 ~ 75ng/mL,其灵敏度为0.14μA ng/mL,且具有0.21ng/mL的低检测限。

10.3.13 细胞测量、活性检测和捕获检测等

细胞代谢测量可作为检测活细胞病变状态和正常状态的重要生物标志物。重要的是,石墨烯基微电极芯片是利用最新的喷墨打印并涂层软聚合物(有较低的杨氏模量),例如用聚酰亚胺代替传统的金属氧化物半导体,以实现更好的接触灵活性并将其用于细胞测量。长时间记录细胞的电信号对于理解其生理过程是很重要的,包括在阿尔茨海默症中发生的神经组织退化[146]。该石墨烯-聚酰亚胺微电极(64通道)是通过"硅片、Cr/Au/Cr、聚酰亚胺、石墨烯"逐层制备的,多次用于体外和离体细胞外记录,提供低噪声和高信噪比记录。微电极用于检测心肌细胞样细胞HL-1和离体心脏组织测量(通过解剖E18 Wistar鼠制备胚胎心脏组织),其平峰值振幅在1 ±0.2mV范围内,显示信噪比分别为20 ±10和65 ±15。

在玻碳电极上的碳纳米管-石墨烯混合接口带有面积增加的葡萄糖氧化酶(GOx),用来测定癌细胞系(MiaPaCa-2)[147]细胞介质中葡萄糖的消耗。本研究所制备的生物传感器显示,与单一接口相比,混合接口有助于实现葡萄糖的特异性,提高传感器性能。细胞增殖与葡萄糖消耗之间具有很好的相关性,葡萄糖的消耗量也使用标准葡萄糖测试和常规Aslamar测定进行了交叉验证。

一氧化氮(NO)是参与多种生理活动的重要分子之一,起着收发的作用,它可以接收和传递信息,调节细胞活动,并引导机体发挥某些特定的重要的功能,如神经传递、血管舒张、免疫反应、血管生成等。由于NO存在于纳米粒级,且半衰期非常短(<10s),因此生物系统中NO的监测变得非常重要。据报道,一氧化氮在人体中具有多种功能,且因为它

的痕量值、短半衰期和自发化学反应性在生物系统中的监测是至关重要的且需要特殊的方法。锌－二硫代－草酰胺骨架衍生的多孔 ZnO 纳米粒子和聚对噻吩－苯甲酸还原氧化石墨烯复合材料在玻碳电极上显示出优异的电催化性能，对于检测从正常细胞和癌细胞释放的一氧化氮具有 $0.019 \sim 76 \times 10^{-6}$mol/L 的广泛动态范围以及 $7.7 \pm 0.43 \times 10^{-9}$mol/L 的检测限[95]。由于诱导型一氧化氮合酶的存在，添加多糖后，癌细胞和正常细胞会以升高的水平产生一氧化氮。石墨烯基质允许在 0.8s 内快速检测 0.047μmol/L 的一氧化氮，解决在 －0.95V 施加电位下被分析物气体半衰期较短的问题。

Fe(Ⅲ)内消旋四(4－羧基苯基)卟啉(FeTCP)的复合材料和还原氧化石墨烯(通过 π－π 相互作用)的复合材料以逐层沉积的方式沉积在场效应晶体管(FET)栅极区上，从而简单地实现了生物与石墨烯层的接触、其电导率、实时测量、选择性和灵敏度的提高[148]。该传感器显示了在细胞培养基中(信噪比大于3)NO 的实时监测范围为 1pmol/L～100nmol/L、PBS 检测限为 1pmol/L 和 10pmol/L，以及实时测量在 FET 传感器的栅极通道上生长的单个细胞(人脐静脉内皮细胞)所释放的 NO。

细胞活性检测：在微生物电化学系统中，电化学活性生物将细胞外电子转移到终端电子受体(例如：电极)以产生反映目标生物代谢活性的电流。研究提出了两种概念，即直接电子转移(氧化还原活性物质直接与细胞接触，例如细胞色素)和介导电子转移(即外源氧化还原介质或分泌型分子)。用氧化铝(Al_2O_3)纳米晶改性的氧化石墨烯片被证明可用于化学改性电极(CME)来测定微生物培养的代谢途径活性，以监测活细胞(大肠杆菌、枯草杆菌、肠球菌、绿脓杆菌和伤寒沙门氏菌)和其对氨苄青霉素和卡那霉素等抗生素的反应[149]。

用于检测乳腺癌细胞的细胞捕获系统：采用聚腺嘌呤(polydA)－适配体改性的金电极和 polydA－适配体功能化金纳米粒子/石墨烯杂交作为捕获探针，在夹层型分析中通过微分脉冲伏安法(DPV)检测乳腺癌细胞(MCF－7)，在人体血清样本中其检测限为每 8 细胞/mL(3σ/斜率)线性范围为每 $10 \sim 10^5$ 细胞/mL[150]。

检测 N 聚糖(MCF－7)包含的细胞：蜡印纤维素纤维和金纳米棒涂层纤维素纤维(纸电极)依次与多孔氧化锌球、碲化镉量子点、与 HRP 连接 mdhDNA(适配体)的纳米金组装介孔二氧化硅纳米粒子(GMSN)相连，同时形成亲水区和鲁米诺的化学发光系统，为生物传感器提供光源[151]。这种多分支 DNA 杂交链与 HRP(特异性适配体)连接并结合在含有靶细胞的 N－糖聚糖上。在添加 H_2O_2 之后，鲁米诺和 Con A 连接的石墨烯量子点(作为捕获标记)会导致信号放大。这些结果导致 N－聚糖的评估，因为 H_2O_2 的激发光的竞争吸收和消耗可作为鲁米诺的化学发光系统中光电化与氧化学系统的电子供体。整个组装涉及重要的使用：①具有 ZnO 和 CdTe 量子点适当的带隙，在这里可以很容易激发电子从 CdTe QD 到 ZnO 的转移，不仅可以有效地提高光能的利用率，而且还可以减少电子空穴负荷；②具有强局域表面等离子体共振以及金属、金纳米粒子的高消光系数；③具有宽吸收光谱，含有介孔二氧化硅纳米粒子的高表面积；④可通过石墨烯量子点(GQD)有效放大信号，具有独特的光学和电子性质，带隙约为 2.0eV(由于量子约束效应和量子尺寸效应)，该组装具有良好的生物相容性和独特的溶解性。

本研究制备了一种基于荧光开启氧化石墨烯为基础的 FRET 生物传感器，用于检测 $50 \sim 10^5$ 个细胞中 CCRF－CEM 癌细胞的存在，检测限为 25 个细胞[152]。这种新型无标记氧化石墨烯适配体传感器利用细胞触发的循环酶信号放大(CTCESA)实现了较低的检测限。在此过程中,靶细胞缺失、发夹适配体探针(HAP)和染料标记的DNA基团在溶液中稳定共存,荧光被基于石墨烯的Förster共振能量转移(FRET)过程猝灭。在靶细胞存在的条件下,发夹适配体探针与靶细胞的特异性结合引发了构象交替,通过切割内切酶-链裂解循环,DNA基团的互补配对和切割从而产生切割的DNA基团片段和末端标记的染料,从而显示荧光。

由于病变细胞,如癌细胞,经常携带与正常细胞不同的信息,因此准确检测这些细胞是早期发现疾病的关键。本研究以石墨烯场效应晶体管为基础,利用与微流体集成的石墨烯晶体管阵列检测感染病毒的细胞的表面电荷变化[153]。然后通过控制高温还原氧化石墨烯的厚度,提高灵敏度范围和分辨率,分别为4.3×10^{7}mV/RIU和1.7×10^{-8}mV/RIU制备出一种超敏石墨烯光学传感器[154]。据研究显示,和其他类型的石墨烯相比,约8nm厚的高温还原氧化石墨烯(h-rGO)是作为传感层的理想选择。参考肿瘤细胞折射率明显大于正常细胞的事实,该传感器可用于区分血液中肿瘤细胞和正常淋巴细胞,这种方法仅限于在血液中检测时使用。

最近,来自伊利诺伊大学芝加哥分校的研究人员发现,与石墨烯相连的脑细胞可以区分单个的高活性癌细胞和正常细胞,这一发现为开发一种简单、无创的早期癌症诊断工具铺平了道路[155]。细胞与石墨烯的连接重新排列了石墨烯的电荷分布,改变了拉曼光谱学检测到的原子振动能量。由于癌细胞过度活跃,石墨烯表面的高负电荷积累导致更多的质子释放。细胞周围的电场推开石墨烯电子云中的电子从而改变了碳原子的振动能量。石墨烯碳原子振动能量的变化可采用分辨率为300nm的拉曼光谱来检测,从而可以对单个细胞的活性进行表征。这一发现可以给目前的诊断方法带来革命性的变化。这种方法已经在培养的人类脑细胞和使用小鼠模型上得到证实,而其他的人类癌细胞研究还在进行,包括细菌和微生物在内的各种癌细胞系的研究。

最近,麻省理工学院和台湾阳明交通大学的一组研究人员可以从少量血液样本中捕获和分析单个细胞,这可以作为低成本的诊断系统且可以在任何地方使用。本研究采用氧化石墨烯涂层的玻璃载玻片基质和单域抗体片段(VHH7或纳米抗体,在分选酶催化反应中通过LPETGGG肽特征序列以叠氮化物标记,然后在应变促进环加成反应中的DBCO上"点击",如图10.4(a)所示)[156]制备了一种快速有效捕获来自鼠全血MHC Ⅱ类阳性细胞的器件。该氧化石墨烯细胞捕获器件是通过双面载玻片的简单平面结构(图10.4(b))制备。石墨烯细胞捕获系统提供了高效率(图10.4(c)),增加了连接纳米体的基团功能化密度和优异的专一性,是一个易于制造、可伸缩、廉价、快速的器件,能够在不需要孵化器或制冷器件的环境条件下工作[170]。所有这些功能都保证了其在医疗诊断的各个领域的即时检验中的实现。此外,分子动力学模拟和随后的实验验证证实了这样一个事实:细胞捕获系统的效率提升是源于带有基团和纳米体氧化石墨烯结构活性和功能化的提高(小鼠抗体重链的单一结构域),这是由于氧化石墨烯内氧簇在相变过程中所引起的化学变化,而氧化石墨烯纳米片的功能化发挥了中心作用。这些结果表明,通过利用氧簇和纳米体等独特捕获剂合成的氧化石墨烯结构的功能,例如纳米体强调了方法,为下一代氧化石墨烯器件的性能参数微调和效率极限的提高打开了新的大门。

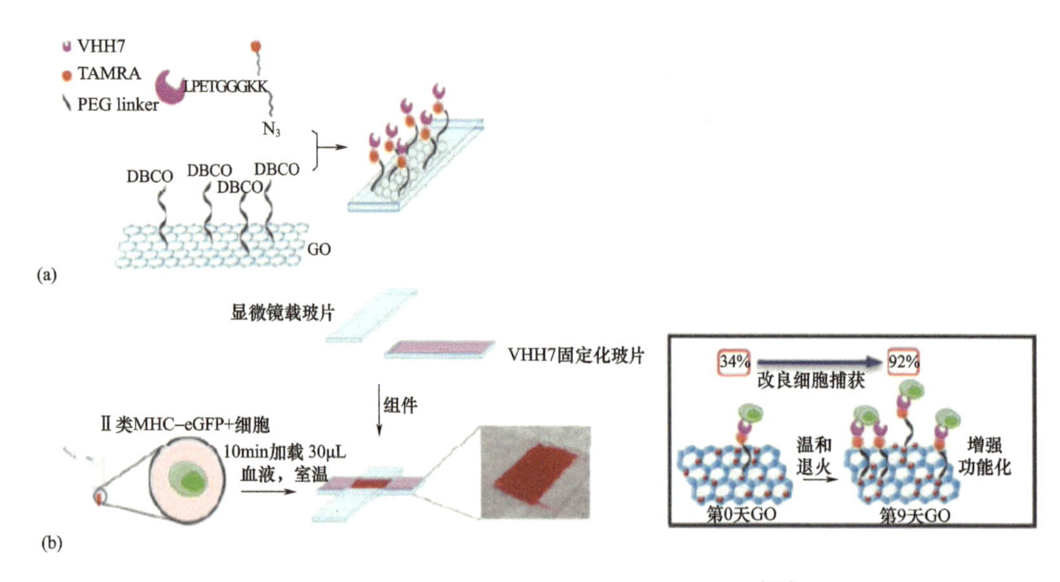

图 10.4　GO 功能化路由和单元捕获器件示意图[156]

(a)在 GO 薄膜上接枝纳米体的功能化方案的示意图。GO 纳米片被涂在玻璃基底上，然后用二氨基－聚乙二醇(NH_2－PEG)$_{12}$－NH_2)基团进行功能化。PEG 基团的另一端是功能化 NHS 活化二苯并环辛炔(DBCO)。单域抗体蛋白(VHH7)，在分选酶催化反应中通过 LPETGGG 基序用叠氮化物基团标记，然后在应变促进环加成反应中的 DBCO 上"点击"。(b)细胞捕捉器件在附有测定条件以及下载的捕获室的数字彩色照片，用于构建从小鼠全血中捕获的细胞。(c)描述细胞捕获效率示意图。(经美国化学学会出版© 2017 许可转载)

这种新系统以经过特殊处理的氧化石墨烯薄片为基础，最终制备出的各种简单的器件最低生产成本只需要 5 美元，即使在没有特殊医疗器件的偏远地区也能进行各种传感诊断测试。总之，这个新方法的关键是在相对温和的温度下加热氧化石墨烯。由此可知这种低温退火使特殊化合物与材料表面结合成为可能。在这里，退火后，一种氧(羰基)的相对体积的增加是以牺牲其他类型的氧官能团(环氧和羟基)为代价，所以氧簇－石墨烯片上的氧簇及其表面功能化和细胞捕获性能有所增强。这些化合物依次选择和结合特定的分子，包括 DNA 和蛋白质，甚至整个细胞来进行进一步的分析。值得注意的是，一些新带有石墨烯或其他衍生物的金属或电活性/光活性分子的简单的程序性改性或协同组合可以显著提高生物传感器器件的性能。

10.3.14　外差式传感

外差式检测是根据混合两个不同频率的信号产生新的信号的原理，在无线通信和光学探测中常用的输入频率的和与差，其中传输/探测发生在高频，而检测是在低于检测器检测带宽的下变频差频中进行。外差传感技术有望成为生物传感领域的一项重要技术。研究证实氧化硅/硅晶片上的石墨烯 FET(Gr－FET)可应用于广泛的蒸气分析(戊烷、己烷、苯、甲苯、1,4－二噁烷、氯仿、氯苯、二氯甲烷、2－丙醇、乙醇、丙酮、DMMP、DMF 等。)实现了快速检测(下降至 0.1s)和灵敏测试(下降到 1μg/L)以及 CNT 外差生物传感器可直接测定高离子背景下的链霉亲和素－生物素结合[157]。纳米电子外差传感器满足了真实蒸汽监测器件的关键标准，即速度、灵敏度、尺寸、稳定性和广谱检测，为高集成、快速、灵敏的化学传感器的发展提供了良好的前景。此外，外差传感技术也可用于非共价分子纳米材料相互作用的实验研究。

10.3.15 成像、药物输送和光动力疗法

术语“治疗诊断学”是指利用同一病原体或器件进行的治疗学和诊断,它们将以双功能模式对特定疾病进行检测和治疗。多功能纳米结构由上转换纳米粒子(UCNP)、氧化石墨烯量子点以及竹红菌甲素A(化疗药物和光敏剂)用于癌症细胞的细胞成像药物输送与光动力疗法(PDT)。上转换纳米粒子的生物相容性使其成为分析或生物和环境样本的有效候选,特别是用于体内和体外荧光成像[158]。这些是镧系元素掺杂的UCNP(的掺杂镱和铒离子的氟化钇钠($NaYF_4:Yb^{3+},Er^{3+}$)纳米粒子带有聚乙二醇涂层以提高生物相容性)具有梯型能级结构,能够通过两个或多个光子吸收或转移能量将低能激发转化为高能释放。这些纳米粒子进一步连接到氧化石墨烯量子点上,可作为药物输送的输送载体,竹红菌甲素A的治疗,具有上转换发光的成像能力。上转换纳米粒子具有良好的光稳定性、高量子产率、大斯托克斯位移、连续释放能力、良好的化学稳定性和快速多峰线释放。

研究采用供体石墨烯量子点(544nm)与受体尼罗红(646nm)之间的荧光共振能量转移(FRET),即使用尼罗红载体卵磷脂/β-环糊精复合材料与石墨烯量子点基团[159],成功地制备了一种新的高灵敏度生物传感器用于酸性磷酸酶的检测。加入酸性磷酸酶后,含尼罗红的卵磷脂/β-环糊精复合材料与石墨烯量子点分离,从而显著降低了FRET系统的效率,提供了选择性和28mU/mL的检测限。此外,研究证明该生物传感系统通过荧光成像技术对人前列腺癌细胞内的酸性磷酸酶进行的体外成像(PC-3M细胞)取得了满意的结果。

10.3.16 酸碱度(pH)传感器

pH值的测定不仅是工业规模的重要参数,也是测定临床、食品和农业应用的细胞内和细胞间水平的重要参数之一。各种pH控制器件已被报道用于各个领域。在此背景下,本研究分别制备了还原氧化石墨烯、还原氧化石墨烯(三电极体系)和氧化石墨烯、氧化石墨烯薄膜(双电极体系)传感器来检测人体血清温度和pH值[159]。该温度传感器测量了随温度变化的电阻率,并在25~43℃之间的人体血清样本中进行了测试,测试显示了(110±10)Ω/℃的灵敏度和(0.4±0.1)℃的误差,并与恒温槽中的参考值进行了比较。以氧化石墨烯灵敏层为基础的pH传感器,在4~10的pH范围内灵敏度为(40±4)mV/pH。该pH传感器在一周内也显示出与人体血清相似的性能,其差值为(0.1±0.1)个pH单位。在生物学应用中,温度和pH传感器成功地测试了人成纤维细胞(MRC-5)在24h以上的体外细胞毒性。

10.4 石墨烯生物传感器的实际应用

石墨烯、氧化石墨烯、还原氧化石墨烯和石墨烯量子点已经在各种生物传感器中得到了广泛的应用和验证。然而,一些通过石墨烯模式(例如石墨烯网或石墨烯带)在FET表面制备的重要材料,直到目前为止还没有被用于生物传感器来增强传感特性[160]。这种石墨烯的纳米化可以通过在石墨烯边缘位点上附加适当的受体来抑制直接载体注入和附加

缺陷来增加生物传感系统的响应行为以提高稳定性。另一个重要的混合材料的例子，如聚二甲基硅氧烷（PDMS）悬臂高灵敏度 PDMS/石墨烯复合材料的集成，已经通过测量压电电阻率证明了其具有非常高的灵敏度。集成 PDMS/石墨烯传感器电阻变化的特点是 500μm 以内的悬臂位移在生物传感器中具有很大的应用潜力[161]。

石墨烯玻璃：采用基于乙醇前体的低压化学气相沉积，在很短的时间内（约 4min）制备了均匀的 25in 长石墨烯玻璃，显著提高了厚度、透射率和薄层电阻的均匀性，可用于液晶可切换窗口和下一代生物传感器[162]。该石墨烯玻璃可实时检测高达 100μg/mL 的抗原抗体（BSA - antiBSA）抗 - IgG（蛋白质、抗体）。与金薄膜 SPR 生物传感器（2.50 ~ 20.00μg/mL）相比该免疫传感器展示了更好的性能，采用表面等离子体共振测量检测范围为 0.10 ~ 100.00μg/mL，与金纳米粒子的 SPR 生物传感器（0.30 ~ 20.00μg/mL）性能相当。

实时 DNA 扩增：在溶液门控场效应晶体管中，采用石墨烯作为放射层（覆盖源漏），用电解质溶液代替常规的栅极介电绝缘体[163]。这种结构设计将整个系统转化为一种有前途的生物传感器，该生物传感器可以在传感器表面发生的微流体通道上利用 DNA 的渐进式扩增（质子的释放）感知 pH 值的变化。这种智能的生物传感系统是在玻璃基底上利用金共面源极、漏极和石墨烯涂层的栅极以及微流体通道进行 DNA 扩增反应（LAMP—环介导的等温扩增）来制备。该生物传感器能在 16.5min 内产生一个阳性信号，10ng/μL 的 DNA 可以在 1h 内产生 0.27V 的$\Delta V_{狄拉克}$。该溶液门控场效应晶体管能检测到 2×10^2 份/μL（10fg/μL）~ 2×10^8 份/μL（10ng/μL）的靶标 λ 噬菌体 DNA。

DNA 甲基化评估：研究表明，启动子超甲基化引起的基因沉寂在食管鳞癌的发病机制中起着重要的作用。研究表明，范德瓦尔斯力相互作用是石墨烯吸附核碱基的唯一主要驱动力，其吸附趋势为鸟嘌呤（G）> 腺嘌呤（A）> 胸腺嘧啶（T）> 胞嘧啶（C）。因此研究表明，石墨烯可通过微分脉冲伏安法直接测定特异 PCR 扩增基因的 DNA 吸附（相对吸附），开发一种简单、廉价的 DNA 甲基化检测方法[164]。该方法成功地证实了在一组食管鳞状细胞癌细胞系和来自食管鳞状细胞癌的患者样本 FAM134B 启动子基因甲基化水平。

研究利用激光包裹的石墨烯 - 银阵列作为高灵敏度的表面增强拉曼光谱（SERS）传感器来检测甲基化 DNA（5 - 甲基胞嘧啶，5mC）及其氧化衍生物，又称 5 - 羟甲基胞嘧啶（5 - hmC）和 5 - 羧基胞嘧啶（5 - caC），在 SYBR Green（选择性与双链 DNA 结合并产生 SERS 信号）存在的条件下，描述了一种新的使用与金纳米粒子相连的甲基化 DNA 结合抗体的检测方法。在该生物传感器中，在甲基化 DNA 存在的条件下，金纳米粒子标记抗体与甲基化 DNA 和 SYBR Green 结合，以盖玻片上银纳米粒子阵列上的石墨烯作为 SERS 信号的增强剂，通过电磁场的有效耦合，显示其检测限为 0.2pg/μL，即在不到 60min 的时间内可以检测到 1.8pmol/L 的甲基化 DNA 及其衍生物，DNA 甲基化的分化能力低至 0.1%。

RNAase H 的测定：RNAase H 活性的检测越来越重要，因为这种酶能够切割核酸的核苷酸亚基之间的磷酸二酯键。该酶可用于各种应用，如转录作图研究、交叉末端冲洗、用逆转录酶和 DNA 聚合酶合成后的 cDNA 链分离以及用于涉及复制，重组和抗肿瘤的生物过程中等。因此，本研究开发了一种利用氧化石墨烯重要特性且基于石墨烯的测定方法。氧化石墨烯能通过 π - π 堆叠作用直接吸收寡核苷酸，是荧光共振能量转移的优良受体。因此，用荧光（FAM）标记的嵌合探针作为形成发夹结构的 RNase H 基底。以氧化石墨烯对不同长度 ssRNA 的差异亲和力为基础,本研究构建了一种简单、快速、高灵敏度的氧化石墨烯酶传感平台[166]。在酶缺失的情况下,氧化石墨烯与完整的嵌合发夹探针结合,可导致 FAM 荧光团的荧光猝灭。相反,被 RNase H 降解的短 FAM 标记的 RNA 片段由于亲和力较弱而与氧化石墨烯没有相互作用,从而可以检测 FAM 介导的荧光信号。该方法可以在理想条件下检测 0.01 ~ 1 单位/mL 的范围内 RNAase H 的活性,且其检测限为 5.0×10^{-3}单位/mL,也奠定了检测其他各种酶的基础。

对映选择性传感:通过将还原氧化石墨烯与 γ-环糊精(rGO/γ-CD)偶联,制备了一种高效、通用的对映体选择性传感器[167]。对所得结构的色氨酸对映体(D-/L-Trp)在电模式和光学模式下进行了对映选择性传感能力检测。在电化学测量中,作为电化学转换器上的对映选择性固相,由于对映体与杂交材料的不同尺寸的相互作用,吉布斯自由能存在差异观察到氧化峰电位的差异(D-和 L-Trp 为 0.66V 和 0.84V)。在光学测量中,光激发 D-/L-Trp 对映体和 rGO/γ-CD 之间发生的能量转移现象,是由于手性对映体的倾向在不同分子的分子取向下形成 γ-CD 复合物从而引起对映选择性光致发光猝灭(已证实的双分子对接研究)。观察结果表明,对于每个对映体来说,rGO/γ-CD 的不同发射光谱和猝灭能力主要针对 L-Trp 而不是 D-Trp 且 rGO/γ-CD 对 L-Trp 所表现出的更高亲和力。吉布斯自由能引起 D-和 L-Trp 结合常数产生显著差异,据估计分别为 1.79×10^{4}mol/L 和 2.50×10^{4}mol/L。

临床呼吸试验用挥发性有机化合物:氧化锌(ZnO)、石墨烯和硝化纤维改性叉指碳电极被用于通过阻抗测量来检测挥发性有机化合物,如丙酮、甲醛、乙醇和乙酸,其检测可以通过蓝牙连接到 Android 器件(智能手机)来演示用于即时测量在气相(呼吸)浓度高达1.56mg/L 时的即时护理器件[168]。由于不同挥发性有机化合物与石墨烯(作为电子转移载体)之间的吸附焓不同,该生物传感器可以通过使用不同频率的交流电流测量交流阻抗的变化,有效地区分上述有机化合物。在此,ZnO 作为催化剂,碳叉指电极作为阻抗传感器。

通过端粒酶活性检测癌症:人体端粒酶是一种核糖核酸蛋白复合材料,通过在人类染色体末端添加重复的核苷酸序列(TTAGGG)n,利用其 RNA 模板、反向转录酶和相关蛋白来维持端粒的长度。在 <85% 的癌症中,端粒酶的表达与肿瘤的发生有关。此外,由于血红素-石墨烯共轭化合物具有易于合成、稳定、可靠、易于读出等先天优势,且研究证实在单链或双链 DNA 序列存在的情况下,该化合物在高盐浓度下显示不同的分散性,具有用于构建简单比色分析方法的广阔前景。因此,血红素改性石墨烯共轭已被证实可以利用端粒酶引物的延伸能力检测尿液中端粒酶活性[169]。端粒酶引物与血红素-石墨烯结合,通过端粒酶活性得到延展,由于核酸链延长导致表面负电荷的增加,使氯化血红素-石墨烯在水溶液中的溶解度/悬浮度/分散度提高。该方法线性范围为 100 ~ 2300HeLa 细胞/mL,检测限为 60 细胞/mL。该方法也适用于检测膀胱癌患者尿样中端粒酶活性的升高。

10.5 小结

研究证实石墨烯及其衍生物具有广泛独特且多样化的用途,特别是在过去的五年中,研究者使用多种生物识别元素,从核酸、抗体、适配体、分子印迹聚合物,到独特的受体、血红素、催化纳米复合材料等来制造生物传感器。这些生物传感器不仅可以利用简单的石墨烯及其衍生物制备，而且还可以利用由金属有机框架纳米组件组成的复杂纳米复合材料来制备，用于检测与临床、食品和环境有关的各种分析物。这些组件展示了优异的物理化学和机械特性，为生物传感器器件提供了很好的性能参数，而这些参数在早期被认为是不可能实现的。石墨烯具有比钻石更高的强度和硬度，其长度可以拉伸至原来的四倍，就像橡胶可以在已知重量下拥有的最大表面积。这是已知的唯一一种不仅能导电且可以传导光的材料。考虑到石墨烯优异的特性及其广泛的应用范围，我们尝试了不同的工作原理/现象，如化学发光源、猝灭能力、超导电容、Förster 共振能量转移（FRET）现象的应用、电化学/光学标记和内在催化能力，同时赋予其稳定性、生物相容性、近透明性、超弹性和机械强度的特性。在所有这些特点的背景下，全世界都在对其进行大规模的研究，探索各种可能性。一些重要的发现可以实现亚飞摩尔水平的检测，单细胞检测，低成本（<5 美元）的复杂疾病检测等。到目前为止，研究人员不仅越来越倾向于探索新的应用，也倾向于调整石墨烯及其纳米复合材料的性能，以达到预期的性能参数。虽然本文很难总结出完整的示范报告（从 2012 年开始获得支持），但本章摘录并总结了最新的石墨烯生物传感器。这些报告清楚地表明了一种倾向于方法、技术和协议的实现趋势，这种趋势被转移到工业上，从而给大众带来了显著的利益。报告显示石墨烯材料将很快取代或代替现有材料，这不仅可以降低成本，而且将提供能源高效的运作模式与前所未有的性能水平！

参考文献

[1] Novoselov, K. S., Geim, A. K., Morozov, S. V., Jiang, D., Zhang, Y., Dubonos, S. V., Grigorieva, I. V., Firsov, A. A., Electric field effect in atomically thin carbon films. *Science*, 306, 666 - 669, 2004.

[2] Novoselov, K. S., Geim, A. K., Morozov, S. V., Jiang, D., Zhang, Y., Dubonos, S. V., Grigorieva, I. V., Firsov, A. A., Two - dimensional gas of massless Dirac fermions in graphene. *Nature*, 438, 197 - 200, 2005.

[3] Castro Neto, A. H., Guinea, F., Peres, N. M. R., Novoselov, K. S., Geim, A. K., The electronic properties of graphene. *Rev. Mod. Phys.*, 81, 109, 2009.

[4] Balandin, A. A., Thermal properties of graphene and nanostructured carbon material. *Nature Materials*, 10, 569 - 581, 2011.

[5] Tan, L. L., Chai, S. P., Mohamed, A. R., Synthesis and applications of graphene - based TiO(2) photocatalysts. *Chem. Sus. Chem.*, 5, 10, 1868 - 1882, 2012.

[6] Novoselov, K. S., Fal'ko, V. I., Colombo, L., Gellert, P. R., Schwab, M. G., Kim, K., A roadmap for graphene. *Nature*, 490, 7419, 192 - 200, 2012.

[7] Adán - Más, A. and Wei, D., Photoelectrochemical properties of graphene and its derivatives. *Nanomaterials (Basel)*, 3, 3, 325 - 356, 2013.

[8] Georgakilas, V., Otyepka, M., Bourlinos, A. B., Chandra, V., Kim, N., Kemp, K. C., Hobza, P., Zboril, R., Kim, K. S., Functionalization of graphene: Covalent and non - covalent approaches, derivatives and applications. *Chem. Rev.*, 112, 11, 6156 - 6214, 2012.

[9] Metters, J. P. and Banks, C. E., Carbon nanomaterial in electrochemical detection, in: *Electrochemical Strategies in Detection Science*, D. W. M. Arrigan (Ed.), Royal Society of Chemistry, Cambridge, UK, 2016.

[10] Rao, C. N. R., Gopalakrishnan, K., Govindaraj, A., Synthesis, properties and applications of graphene doped with boron, nitrogen and other elements. *Nano Today*, 9, 3, 324 - 343, 2014.

[11] Pinto, H. and Markevich, A., Electronic and electrochemical doping of graphene by surface adsorbates. *Beilstein J. Nanotechnol.*, 5, 1842 – 1848, 2014.

[12] Guo, B., Fang, L., Zhang, B., Gong, J. R., Graphene doping: A review. *Sciences J.*, 1, 2, 80 – 89, 2011.

[13] Zhou, L., Wang, K., Wu, Z., Dong, H., Sun, H., Cheng, X., Zhang, H. I., Zhou, H., Jia, C., Jin, Q., Mao, H., Coll, J. L., Zhao, J., Investigation of controllable nanoscale heat – denatured bovine serum albumin films on graphene. *Langmuir*, 32, 12623 – 12631, 2016.

[14] Zhou, S., Xu, H., Gan, W., Yuan, Q., Graphene quantum dots: Recent progress in preparation and fluorescence sensing applications. *RSC Adv.*, 6, 110775 – 110788, 2016.

[15] Gao, N., Gao, F., He, S., Zhu, Q., Huang, J., Tanak, H., Wang, Q., Graphene oxide directed*in – situ* deposition of electroactive silver nanoparticles and its electrochemical sensing application forDNA analysis. *Anal. Chim. Acta*, 951, 58 – 67, 2017.

[16] Sun, Y., Li, J., Wang, Y., Ding, C., Lin, Y., Sun, W., Luo C., A chemiluminescence biosensor based on the adsorption recognition function between Fe3O4@ SiO2@ GO polymers and DNA for ultrasensitive detection of DNA. *Spectrochim. Acta, Part A*, 178, 1 – 7, 2017.

[17] Wang, W., Bao, T., Zeng, X., Xiong, H., Wen, W., Zhang, X., Wang, S., Ultrasensitive electrochemical DNA biosensor based on functionalized gold clusters/graphene nanohybrids coupling with exonuclease III – aided cascade target recycling. *Biosens. Bioelectron.*, 91, 183 – 189, 2017.

[18] Wang, Y., Zhang, Y., Wu, D., Ma, H., Pang, X., Fan, D., Wei, Q., Du, B., Ultrasensitive label – free electrochemical immunosensor based on multifunctionalized graphene nanocomposites for the detection of alpha fetoprotein. *Sci. Rep.*, 7, 42361 – 10, 2017.

[19] Huang, A., Li, W., Shi, S., Yao, T., Quantitative fluorescence quenching on antibody – conjugated graphene oxide as a platform for protein sensing. *Sci. Rep.*, 7, 40772 – 79, 2017.

[20] Jiang, W. S., Xin, W., Chen, S. N., Li, C. B., Gao, X. G., Pan, L. T., Liu, Z. B., Tian, J. G., Microshell arrays enhanced sensitivity in detection of specific antibody for reduced graphene oxide optical sensor. *Sensors*, 17, 221 – 229, 2017.

[21] Qin, X., Xu, A., Liu, L., Sui, Y., Li, Y., Tan, Y., Chen, C., Xie, Q., Selective staining of CdS on ZnO biolabel for ultrasensitive sandwich – type amperometric immunoassay of human heart – type fatty – acid – binding protein and immunoglobulin G. *Biosens. Bioelectron.*, 91, 321 – 327, 2017.

[22] Lou, Z., Wan, J., Zhang, X., Zhang, H., Zhou, X., Cheng, S., Gu, N., Quick and sensitive SPR detection of prion disease – associated isoform(PrP^{Sc}) based on its self assembling behavior on bare gold film and specific interactions with aptamer – graphene oxide(AGO). *Colloids Surf. B: Biointerf.*, 157, 31 – 39, 2017.

[23] Lou, Z., Wang, B., Guo, C., Wang, K., Zhang, H., Xu, B., Molecular – level insights of early – stage prion protein aggregation on mica and gold surface determined by AFM imaging and molecular simulation. *Colloids Surf. B: Biointerf.*, 135, 371 – 378, 2015.

[24] Wang, B., Guo, C., Lou, Z., Xu, B., Following the aggregation of human prion protein on Au(111) surface in real – time. *Chem. Commun.*, 51, 2088 – 2090, 2015.

[25] Isin, D., Eksin, E., Erdem, A., Graphene oxide modified single – use electrodes and their application for voltammetric miRNA analysis. *Mater. Sci. Eng. C*, 75, 1242 – 1249, 2017.

[26] Chae, M. S., Kim, J., Jeong, D., Kim, Y. S., Roh, J. H., Lee, S. M., Heo, Y., Kang, J. Y., Lee, J. H., Yoonh, D. S., Kim, T. G., Changf, S. T., Hwanga, K. S., Enhancing surface functionality of reduced graphene oxide biosensors by oxygen plasma treatment for Alzheimer' s disease diagnosis. *Biosens. Bioelectron.*, 92, 610 – 617, 2017.

[27] Khan, M. S., Misra, S. K., Wang, Z., Daza, E., Schwartz – Duval, A. S., Kus, J. M., Pan, D., Pan, D., Paper –

based analytical biosensor chip designed from graphene – nanoplatelet – amphiphilicdiblock – co – polymer composite for cortisol detection in human saliva. *Anal. Chem.* ,89,2107 –2115,2017.

[28] Bhatnagar,D. ,Kaur,I. ,Kumar,A. ,Ultrasensitive cardiac troponin I antibody based nano hybrid sensor for rapid detection of human heart attack. *Int. J. Biol. Macromolec.* ,95,505 –510,2017.

[29] Lei,Y. M. ,Xiao,M. M. ,Li,Y. T. ,Xu,L. ,Zhang,H. ,Zhang,Z. Y. ,Zhang,G. J. ,Detection of heart failure – related biomarker in whole blood with graphene field effect transistor biosensor. *Biosens. Bioelectron.* ,91,1 –7,2017.

[30] Fu,X. ,Tan,X. ,Yuan,R. ,Chen,S. ,A dual – potential electrochemiluminescence ratiometric sensor for sensitive detection of dopamine based on graphene – CdTe quantum dots and self enhanced Ru(II) complex. *Biosens. Bioelectron.* ,90,61 –68,2017.

[31] Yasmin,S. ,Moh Ahmed,M. S. ,Jeon,S. ,Determination of dopamine by dual doped graphene – Fe_2O_3 in presence of ascorbic acid. *J. Electrochem. Soc.* ,162,14,B363 –B369,2015.

[32] Yu,H. W. ,Jiang,J. H. ,Zhang,Z. ,Wan,G. C. ,Liu,Z. Y. ,Chang,D. ,Pan,H. Z. ,Preparation of quantum dots CdTe decorated graphene composite for sensitive detection of uric acid and dopamine. *Anal. Biochem.* ,519,92 –99,2017.

[33] Khoshfetrat,S. M. and Mehrgardi,M. A. ,Amplified detection of leukemia cancer cells using an aptamer – conjugated gold – coated magnetic nanoparticles on a nitrogen – doped graphene modified electrode. *Bioelectrochemistry*,114,24 –32,2017.

[34] Chen,J. ,Chao Yu,C. ,Zhao,Y. ,Niu,Y. ,Zhang,L. ,Yu,Y. ,Wu,J. ,He,J. ,A novel non – invasive detection method for the FGFR3 gene mutation in maternal plasma for a fetal achondroplasia diagnosis based on signal amplification by hemin – MOFs/PtNPs. *Biosens. Bioelectron.* ,91,892 –899,2017.

[35] Li,X. ,Wang,Y. ,Shi,L. ,Ma,H. ,Zhang,Y. ,Du,B. ,Wu,D. ,Wei,Q. ,A novel ECL biosensor for the detection of concanavalin A based on glucose functionalized $NiCo_2S_4$ nanoparticles – grown on carboxylic graphene as quenching probe. *Biosens. Bioelectron.* ,96,113 –120,2017.

[36] Derkusa,B. ,Bozkurta,P. A. ,Tulub,B. ,Emregula,K. C. ,Yucesanc,C. ,Emregula,E. ,Simultaneous quantification of myelin basic protein and tau proteins in cerebrospinal fluid and serum of multiple sclerosis patients using nanoimmunosensor. *Biosens. Bioelectron.* ,89,781 –788,2017.

[37] Khalilzadeh,B. ,Shadjou,N. ,Afsharan,H. ,Eskandani,M. ,Charoudeh,H. N. ,Rashidi,M. R. ,Reduced graphene oxide decorated with gold nanoparticle as signal,amplification element on ultra – sensitive electrochemiluminescence determination of caspase –3 activity and apoptosis using peptide based biosensor. *BioImpacts*,6,3,135 –147,2016.

[38] Yan,Y. J. ,He,X. W. ,Li,W. Y. ,Zhang,Y. K. ,Nitrogen – doped graphene quantum dots – labeled epitope imprinted polymer with double templates via the metal chelation for specific recognition of cytochrome c. *Biosens. Bioelectron.* ,91,253 –261,2017.

[39] Zhao,Y. ,He,J. ,Niu,Y. ,Chen,J. ,Wu,J. ,Yu,C. ,A new sight for detecting the ADRB1 gene mutation to guide a therapeutic regimen for hypertension based on a CeO_2 – doped nanoprobe. *Biosens. Bioelectron.* ,92,402 –409,2017.

[40] Pang,X. ,Bian,H. ,Wang,W. ,Liu,C. ,Khan,M. S. ,Wang,Q. ,Qi,J. ,Wei,Q. ,Du,B. ,A bio – chemical application of N – GQDs and g – C3N4 QDs sensitized TiO2 nanopillars for the quantitative detection of pcDNA3 – HBV. *Biosens. Bioelectron.* ,91,456 –464,2017.

[41] Qaddarea,S. H. and Salimia,A. ,Amplified fluorescent sensing of DNA using luminescent carbon dots and AuNPs/GO as a sensing platform: A novel coupling of FRET and DNA hybridization for homogeneous HIV –1 gene detection at femtomolar level. *Biosens. Bioelectron.* ,89,773 –780,2017.

[42] Zhang,S. ,Wang,K. ,Lia,K. B. ,Shi,W. ,Ji,W. P. ,Chen,X. ,Sun,T. ,Han,D. M. ,A DNA – stabilized silver nanoclusters/graphene oxide – based platform for the sensitive detection of DNA through hybridization chain reaction. *Biosens. Bioelectron.* ,91 ,374 – 379 ,2017.

[43] Teengam,P. ,Siangproh,W. ,Tuantranont,A. ,Henry,C. S. ,Vilaivan,T. ,Chailapakul,O. ,Electrochemical paper – based peptide nucleic acid biosensor for detecting human papillomavirus. *Anal. Chim. Acta*, 952,32 – 40,2017.

[44] Valipour,A. and Roushani,M. ,Using silver nanoparticle and thiol graphene quantum dots nanocomposite as a substratum to load antibody for detection of hepatitis C virus core antigen:Electrochemical oxidation of riboflavin was used as redox probe. *Biosens. Bioelectron.* ,89,946 – 951 ,2017.

[45] Ahmed,S. R. ,Takemeura,K. ,Li,T. C. ,Kitamoto,N. ,Tanaka,T. ,TetsuroSuzuki,Park E. Y. ,Sizecontrolled preparation of peroxidase – like graphene – gold nanoparticle hybrids for the visible detection of norovirus – like particles. *Biosens. Bioelectron.* ,87,558 – 565,2017.

[46] Arora,K. ,Chand,S. ,Malhotra,B. D. ,Recent developments in bio – molecular electronics detection techniques for food pathogens. *Anal. Chim. Acta*,568,259 – 272,2006.

[47] Zhang,Z. ,Yu,H. W. ,Wan,G. C. ,Jiang,J. H. ,Wang,N. ,Liu,Z. Y. ,Chang,D. ,Pan,H. Z. ,A labelfree electrochemical biosensor based on a reduced graphene oxide and indole – 5 – carboxylic acid nanocomposite for the detection of Klebsiella pneumonia. *J. AOAC Int.* ,100,2,548 – 552,2017.

[48] Singh, A. , Sinsinbar, G. , Choudhary, M. , Kumar, V. , Pasricha, R. , Singh, S. P. , Verma, H. N. , Arora, K. ,Graphene oxide – chitosan nanocomposite based electrochemical DNA biosensor for detection of typhoid. *Sens. Actuators*,*B*,185,675 – 684,2013.

[49] Chen,S. ,Chen,X. ,Zhang,L. ,Gao,J. ,Ma,Q. ,Electro – chemiluminescence detection of*Escherichia coli* O157:H7 based on a novel polydopamine surface imprinted polymer biosensor. *ACS Appl. Mater. Interfaces*,9,5430 – 5436,2017.

[50] Pandey,A. ,Gurbuz,Y. ,Ozguza,V. ,Niazia,J. H. ,Qureshi,A. ,Graphene – interfaced electrical biosensor for label – free and sensitive detection of foodborne pathogen*E. coli O157:H7*. *Biosens. Bioelectron.* , 91,225 – 231,2017.

[51] Zhang,X. ,Jiang,Y. ,Huang,C. ,Shen,J. ,Dong,X. ,Chen,G. ,Zhang,W. ,Functionalized nanocomposites with the optimal graphene oxide/Au ratio for amplified immunoassay of*E. coli to* estimate quality deterioration in dairy product. *Biosens. Bioelectron.* ,89,913 – 918,2017.

[52] Liu,Z. and Su,X. ,One – pot synthesis of strongly fluorescent DNA – CuInS 2 quantum dots for labelfree and ultrasensitive detection of anthrax lethal factor DNA. *Anal. Chim. Acta*,942,86 – 95,2016.

[53] Centeno,D. A. ,Solano,X. H. ,Castillo,J. J. ,A new peroxidase from leaves of guinea grass(Panicum maximum):A potential biocatalyst to build amperometric biosensors. *Bioelectrochemistry*,116,33 – 38,2017.

[54] Pakapongpan,S. and Poo – arporn,R. P. ,Self – assembly of glucose oxidase on reduced grapheme oxide – magnetic nanoparticles nanocomposite – based direct electrochemistry for reagentless glucose biosensor. *Mater. Sci. Eng.* ,*C*,76,398 – 405,2017.

[55] Liu,H. ,Guo,K. ,Duan,C. ,Dong,X. ,Gao,J. ,Hollow TiO_2 modified reduced graphene oxide microspheres encapsulating hemoglobin for a mediator – free biosensor. *Biosens. Bioelectron.* ,87,473 – 479,2017.

[56] Yoon,J. ,Lee,T. ,Bapurao,G. B. ,Jo,J. ,Oh,B. K. ,Choi,J. W. ,Electrochemical H_2O_2 biosensor composed of myoglobin on MoS2 nanoparticle – graphene oxide hybrid structure. *Biosens. Bioelectron.* , 93, 14 – 20,2017.

[57] Haghighi,N. ,Hallaj,R. ,Salimi,A. ,Immobilization of glucose oxidase onto a novel platform based on modified TiO_2 and graphene oxide,direct electrochemistry,catalytic and photocatalytic activity. *Mater. Sci.*

Eng. ,*C*,73,417 – 424,2017.

[58] Al – Sagura, H. , Komathi, S. , Khan, M. A. , Gurekc, A. G. , Hassana, A. , A novel glucose sensor using lutetium phthalocyanine as redox mediator in reduced graphene oxide conducting polymer multifunctional hydrogel. *Biosens. Bioelectron.* ,92,638 – 645,2017.

[59] Wu, X. , Li, M. , Li, Z. , Lv, L. , Zhang, Y. , Li, C. , Amyloid – graphene oxide as immobilization platform of Au nanocatalysts and enzymes for improved glucose – sensing activity. *J. ColloidInterface Sci.* ,490,336 – 342,2017.

[60] Halder, A. , Zhang, M. , Chi, Q. , Electroactive and biocompatible functionalization of grapheme for the development of biosensing platforms. *Biosens. Bioelectron.* ,87,764 – 771,2017.

[61] Siontorou, C. G. , Georgopoulos, K. N. , Nikoleli, G. P. , Nikolelis, D. P. , Karapetis, S. K. , Bratakou, S. , Protein – based graphene biosensors: Optimizing artificial chemoreception in bilayer lipid membranes. *Membranes*,6,43 – 54,2016.

[62] Piccinini, E. , Bliem, C. , Rozman, C. R. , Battaglini, F. , Azzaroni, O. , Knoll, W. , Enzymepolyelectrolyte multilayer assemblies on reduced graphene oxide field – effect transistors for biosensing applications. *Biosens. Bioelectron.* ,92,661 – 667,2017.

[63] Kanso, H. , Garcia, M. B. G. , Llano, L. F. , Ma, S. , Ludwig, R. , Bolado, P. F. , Santos, D. H. , Novel thin layer flow – cell screen – printed graphene electrode for enzymatic sensors. *Biosens. Bioelectron.* ,93,298 – 304,2017.

[64] Wang, Q. , Chen, H. , Li, Y. , Wang, H. , Nie, Z. , Hub, Y. , Yao, S. , Signal – on CoA – dependent electrochemical biosensor for highly sensitive and label – free detection of Citrate synthase activity. *Talanta*,161, 583 – 591,2016.

[65] Wang, Q. , Yang, Y. , Gao, F. , Ni, J. , Zhang, Y. , Lin, Z. , Graphene oxide directed one – step synthesis of flowerlike graphene@ HKUST1 for enzyme – free detection of hydrogen peroxide in biological samples. *ACS Appl. Mater. Interfaces*,8,32477 – 32487,2016.

[66] Balamurugan, J. , Thanh, T. D. , Karthikeyan, G. , Kim, N. H. , Lee, J. H. , A novel hierarchical 3D N – Co – CNT@ NG nanocomposite electrode for nonenzymatic glucose and hydrogen peroxide sensing applications. *Biosens. Bioelectron.* ,89,970 – 977,2017.

[67] Samuei, S. , Fakkar, J. , Rezvani, Z. , Shomali, A. , Habibi, B. , Synthesis and characterization of graphene quantum dots/CoNiAl layered double – hydroxide nanocomposite: Application as a glucose sensor. *Anal. Biochem.* ,521,31 – 39,2017.

[68] Shabnam, L. , Faisal, S. N. , Roy, A. K. , Haque, E. , Minett, A. I. , Gomes, V. G. , Doped graphene/Cu nanocomposite: A high sensitivity non – enzymatic glucose sensor for food. *Food Chem.* ,221,751 – 759,2017.

[69] Zhang, X. , Zhang, Z. , Liao, Q. , Liu, S. , Kang, Z. , Zhang, Y. , Nonenzymatic glucose sensor based on*in situ* reduction of Ni/NiO – graphene nanocomposite. *Sensors*,16,1791 – 1801,2016.

[70] Zhang, H. and Liu, S. , A combined self – assembly and calcination method for preparation of nanoparticles – assembled cobalt oxide nanosheets using graphene oxide as template and their application for non – enzymatic glucose biosensing. *J. Colloid Interface Sci.* ,485,159 – 166,2017.

[71] Yang, H. , Li, L. , Ding, Y. , Ye, D. , Wang, Y. , Cui, S. , Liao, L. , Molecularly imprinted electrochemical sensor based on bioinspired Au microflowers for ultra – trace cholesterol assay. *Biosens. Bioelectron.* ,92, 748 – 754,2017.

[72] Fan, S. , Zhao, M. , Ding, L. , Li, H. , Chen, S. , Preparation of Co_3O_4/crumpled graphene microsphere as peroxidase mimetic for colorimetric assay of ascorbic acid. *Biosens. Bioelectron.* ,89,846 – 852,2017.

[73] Chen,H. ,Wang,Q. ,Shen,Q. ,Liu,X. ,Li,W. ,Nie,Z. ,Yao,S. ,Nitrogen doped graphene quantum dots based long – persistent chemiluminescence system for ascorbic acid imaging. *Biosens. Bioelectron.* , 91,878 –884,2017.

[74] Khan,M. S. ,Misra,S. K. ,Schwartz – Duval,A. S. ,Daza,E. ,Ostadhossein,F. ,Bowman,M. ,Jain,A. , Taylor,G. ,McDonagh,D. ,Labriola,L. T. ,Pan,D. ,Real – time monitoring of post – surgical and post – traumatic eye injuries using multilayered electrical biosensor chip. *ACS Appl. Mater. Interfaces*,9,8609 – 8622,2017.

[75] Willems,N. ,Urtizberea,A. ,Verre,A. F. ,Iliut,M. ,Lelimousin,M. ,Hirtz,M. ,Vijayaraghavan,A. ,Sansom,M. S. P. ,Biomimetic phospholipid membrane organization on graphene and graphene oxide surfaces: A molecular dynamics simulation study. *ACS Nano*,11,2,1613 –1625,2017.

[76] Afkhamia,A. ,Hashemi,P. ,Bagheri,H. ,Salimian,J. ,Ahmadi,A. ,Madrakian,T. ,Impedimetric immunosensor for the label – free and direct detection of botulinum neurotoxin serotype A using Au nanoparticles/graphene – chitosan composite. *Biosens. Bioelectron.* ,93,124 –131,2017.

[77] Singh,R. ,Kashya,S. ,Kumar,S. ,Abraham,S. ,Gupta,T. K. ,Kayastha,A. M. ,Malhotra,B. D. ,Saxena, P. S. ,Srivastava,A. ,Singh,R. K. ,Excellent storage stability and sensitive detection of neurotoxin quinolinic acid. *Biosens. Bioelectron.* ,90,224 –229,2017.

[78] Du,X. ,Jiang,D. ,Hao,N. ,Qian,J. ,Dai,L. ,Zhou,L. ,Hu,J. ,Wang,K. ,Building a threedimensional nano – bio interface for aptasensing: An analytical methodology based on steric hindrance initiated signal amplification effect. *Anal. Chem.* ,88,9622 –9629,2016.

[79] Li,C. H. ,Xiao,X. ,Tao,J. ,Wang,D. M. ,Huang,C. Z. ,Zhen,S. J. ,A graphene oxide – based strand displacement amplification platform for ricin detection using aptamer as recognition element. *Biosens. Bioelectron.* ,91,149 –154,2017.

[80] Dai,S. ,Wu,S. ,Duana,N. ,Chenb,J. ,Zhengb,Z. ,Wanga,Z. ,An ultrasensitive aptasensor for Ochratoxin A using hexagonal core/shell upconversion nanoparticles as luminophores. *Biosens. Bioelectron.* , 91, 538 – 544,2017.

[81] Eissaa,S. and Zouroba,M. ,*In vitro* selection of DNA aptamers targeting β – lactoglobulin and their integration in graphene – based biosensor for the detection of milk allergen. *Biosens. Bioelectron.* ,91,169 – 174,2017.

[82] Tabassum,R. and Gupta,B. D. ,Simultaneous tuning of electric field intensity and structural properties of ZnO: Graphene nanostructures for FOSPR based nicotine sensor. *Biosens. Bioelectron.* , 91, 762 – 769,2017.

[83] Li,J. ,Xu,Z. ,Liu,M. ,Deng,P. ,Tang,S. ,Jiang,J. ,Feng,H. ,Qian,D. ,He. L. ,Ag/N – doped reduced graphene oxide incorporated with molecularly imprinted polymer: An advanced electrochemical sensing platform for salbutamol determination. *Biosens. Bioelectron.* ,90,210 –216,2017.

[84] Mehta,J. ,Bhardwaj,N. ,Bhardwaj,S. K. ,Tuteja,S. K. ,Vinayak,P. ,Paul,A. K. ,Kim,K. H. ,Deep, A. ,Graphene quantum dot modified screen printed immunosensor for the determination of parathion. *Anal. Biochem.* ,523,1 –9,2017.

[85] Shahdost – fard,F. and Roushani,M. ,Designing an ultra – sensitive aptasensor based on an AgNPs/thiol – GQD nanocomposite for TNT detection at femtomolar levels using the electrochemical oxidation of rutin as a redox probe. *Biosens. Bioelectron.* ,87,724 –731,2017.

[86] Zhang,X. ,Zhang,Y. C. ,Zhang,H. W. ,A highly selective electrochemical sensor for chloramphenicol based on three – dimensional reduced graphene oxide architectures. *Talanta*,161,567 –573,2016a.

[87] Zhu,X. ,Wu,G. ,Nan Lu,N. ,Yuan,X. ,Li,B. ,A miniaturized electrochemical toxicity biosensor based

on graphene oxide quantum dots/carboxylated carbon nanotubes for assessment of priority pollutants. *J. Hazard. Mat.* ,324,272 – 280,2017.

[88] Palanisamy,S. ,Ramaraj,S. K. ,Chen,S. M. ,Yang,T. C. K. ,Fan,P. Y. ,Chen,T. W. ,Velusamy,V. ,Selvam,S. ,A novel laccase biosensor based on laccase immobilized graphene – cellulose microfiber composite modified screen – printed carbon electrode for sensitive determination of catechol. *Sci. Rep.* ,7,41214 – 226,2017.

[89] Aguila,S. A. and Shimomoto,D. ,FransciscoIpinza,Bedolla – Valdez,Z. I. ,Romo – Herrera,J. ,Contreras,O. E. ,Farias,M. H. ,Alonso – Nunez,G. ,A biosensor based on*Coriolopsis gallica* laccase immobilized on nitrogen – doped multiwalled carbon nanotubes and graphene oxide for polyphenol detection. *Sci. Technol. Adv. Mater.* ,16,055004 – 012,2015.

[90] Chen,T. ,Xu,Y. ,Peng,Z. ,Li,A. ,Jingquan Liu,J. ,Simultaneous enhancement of bioactivity and stability of laccase by Cu2 +/PAA/PPEGA matrix for efficient biosensing and recyclable decontamination of pyrocatechol. *Anal. Chem.* ,89,2065 – 2072,2017.

[91] Fartas,F. M. ,Abdullah,J. ,Yusof,N. A. ,Sulaiman,Y. ,Saiman,M. I. ,Biosensor based on tyrosinase immobilized on graphene – decorated gold nanoparticle/chitosan for phenolic detection in aqueous. *Sensors*,17,1132 – 1146,2017.

[92] Hu,L. Y. ,Niu,C. G. ,Wang,X. Y. ,Huang,D. W. ,Zhanga,L. ,Zeng,G. M. ,Magnetic separate "turn – on" fluorescent biosensor for Bisphenol A based on magnetic oxidation graphene. *Talanta*,168,196 – 202,2017.

[93] Álvarez – Diduk,R. ,Jahir Orozco,J. ,Arben Merkoçi,A. ,Paper strip – embedded graphene quantum dots:A screening device with a smartphone readout. *Sci. Rep.* ,7,976 – 985,2017.

[94] Huang,X. ,Liu,Q. ,Huang,X. ,Zhou Nie,Z. ,Ruan,T. ,Du,Y. ,Jiang,G. ,Fluorographene as a mass spectrometry probe for high – throughput identification and screening of emerging chemical contaminants in complex samples. *Anal. Chem.* ,89,1307 – 1314,2017.

[95] Kim,M. Y. ,Naveen,M. H. ,Gurudatt,N. G. ,Shim,Y. B. ,Detection of nitric oxide from living cells using polymeric zinc organic framework – derived zinc oxide composite with conducting polymer. *Small*,13,1700502 – 1700511,2017.

[96] Dong,X. X. ,Yuan,L. P. ,Liua,Y. X. ,Wua,M. F. ,Liuc,B. ,Suna,Y. M. ,Shena,Y. D. ,Xua,Z. L. ,Development of a progesterone immunosensor based on thionine – graphene oxide composites platforms:Improvement by biotin – streptavidin – amplified system. *Talanta*,170,502 – 508,2017.

[97] Dua,X. ,Daia,L. ,Jiangb,D. ,Lia,H. ,Haoa,N. ,Youa,T. ,Maoa,H. ,Wanga,K. ,Gold nanorods plasmon – enhanced photoelectrochemical aptasensing based on hematite/N – doped graphene films for ultrasensitive analysis of 17β – estradiol. *Biosens. Bioelectron.* ,91,706 – 713,2017.

[98] Liu,W. ,Ma,Y. ,Sun,G. ,Wang,S. ,Deng,J. ,Wei,H. ,Molecularly imprinted polymers on graphene oxide surface for EIS sensing of testosterone. *Biosens. Bioelectron.* ,92,305 – 312,2017.

[99] Thanh,T. D. ,Balamurugan,J. ,Tuan,N. T. ,Jeong,H. ,Lee,S. H. ,Kim,N. H. ,Lee,J. H. ,Enhanced electrocatalytic performance of an ultrafine AuPt nano – alloy framework embedded in grapheme towards epinephrine sensing. *Biosens. Bioelectron.* ,89,750 – 757,2017.

[100] Eksin,E. ,Erhan Zor,E. ,Erdem,A. ,Haluk Bingol,H. ,Electrochemical monitoring of biointeraction by graphene – based material modified pencil graphite electrode. *Biosens. Bioelectron.* ,92,207 – 214,2017.

[101] Mehrzad – Samarin,M. ,Faridbod,F. ,Dezfuli,A. S. ,Ganjali,M. R. ,A novel metronidazole fluorescent nanosensor based on graphene quantum dots embedded silica molecularly imprinted polymer. *Biosens. Bioelectron.* ,92,618 – 623,2017.

[102] Mohamed,M. A. ,Yehi,A. M. ,Banks,C. E. ,Allam,N. K. ,Novel MWCNTs/graphene oxide/ pyrogallol

composite with enhanced sensitivity for biosensing applications. *Biosens. Bioelectron.* , 89, 1034 - 1041,2017.

[103] Tchounwou,P. B. ,Yedjou,C. G. ,Patlolla,A. K. ,Sutton,D. J. ,Heavy metals toxicity and the environment. *EXS*,101,133 - 164,2012.

[104] Lia,Y. ,Wang,C. ,Zhu,Y. ,Zhoua,X. ,Xiang,Y. ,He,M. ,Zeng,S. ,Fully integrated grapheme electronic biosensor for label - free detection of lead(II) ion based on G - quadruplex structureswitching. *Biosens. Bioelectron.* ,89,758 - 763,2017.

[105] Li,Y. ,Wang,C. ,Zhu,Y. ,Zhou,X. ,Xiang,Y. ,He,M. ,Zeng,S. ,Fully integrated graphene electronic biosensor for label - free detection of lead(II) ion based on G - quadruplex structure - switching,*Biosens. Bioelectron.* ,89,758 - 76,2016.

[106] Menga,F. ,Hui Xua,H. ,Yao,X. ,Qin,X. ,Jiang,T. ,Gao,S. ,Zhang,Y. ,Yang,D. ,Liu,X. ,Mercury detection based on label - free and isothermal enzyme - free amplified fluorescence platform. *Talanta*, 162,368 - 373,2017.

[107] Shi,L. ,Wang,Y. ,Ding,S. ,Chu,Z. ,Yin,Y. ,Jiang,D. ,Luo,J. ,Jin,W. ,A facile and green strategy for preparing newly - designed 3D graphene/gold film and its application in highly efficient electrochemical mercury assay. *Biosens. Bioelectron.* ,89,871 - 879,2017.

[108] Salehnia,F. ,Faridbod,F. ,Dezfuli,A. S. ,Ganjali,M. R. ,Norouzi,P. ,Cerium(III) ion sensing based on graphene quantum dots fluorescent turn - off. *J. Fluoresc.* ,27,331 - 338,2017.

[109] Arora,K. ,Chapter 1. Advances in nano based biosensors for food and agriculture,in:*Nano - Science in Food and Agriculture*,K. M. Gothandam,N. Dasgupta,S. Ranjan,C. Ramalingam,E. Lichtfouse(Eds.), pp. 1 - 50,Springer Nature,Springer International Publishing AG,Springer,Cham,Switzerland,2017.

[110] Singh,A. ,Singh,M. P. ,Sharma,V. ,Verma,H. N. ,Arora,K. ,Chapter 13:Molecular techniques,in: *Chemical Analysis of Food:Techniques & Applications*,Y. Pico(Ed.),pp. 407 - 461,Elsevier Publishing Waltham & San Diego,USA;Oxford UK and Amsterdam,The Netherlands,2011,http://www. elsevier. com/wps/find/bookdescription. Cws_home/726991/description#description.

[111] Aghili,Z. ,Nasirizadeh,N. ,Divsalar,A. ,Shoeibi,S. ,Yaghmaei,P. ,A nanobiosensor composed of exfoliated graphene oxide and gold nano - urchins,for detection of GMO products. *Biosens. Bioelectron.* ,95, 72 - 80,2017.

[112] Li,Y. ,Sun,L. ,Liu,Q. ,Han,E. ,Hao,N. ,Zhang,L. ,Wang,S. ,Cai,J. ,Wang,K. ,Photoelectrochemical CaMV35S biosensor for discriminating transgenic from non - transgenic soybean based on SiO_2@ CdTe quantum dots core - shell nano particles as signal indicators. *Talanta*,161,211 - 218,2016.

[113] Li,Y. ,Sun,L. ,Qian,J. ,Long,L. ,Li,H. ,Liu,Q. ,Cai,J. ,Wang,K. ,CdTe quantum dots coupled with multiwalled carbon nanotubes@ graphene oxide nanoribbons for simultaneous monitoring of dual foreign DNAs in transgenic soybean. *Biosens. Bioelectron.* ,92,26 - 32,2017.

[114] Li,Y. ,Sun,L. ,Qian,J. ,Wang,C. ,Liu,Q. ,Han,E. ,Hao,N. ,Zhang,L. ,Cai,J. ,Wang,K. ,A homogeneous assay for highly sensitive detection of CaMV35S promoter in transgenic soybean by foürster resonance energy transfer between nitrogen - doped graphene quantum dots and Ag nanoparticles. *Anal. Chim. Acta*,948,90 - 97,2016.

[115] Yin,K. ,Liu,A. ,Shangguan,L. ,Li Mi,L. ,Liu,X. ,Liu,Y. ,Zhao,Y. ,Li,Y. ,Wei,W. ,Zhang,Y. , Liu,S. ,Construction of iron - polymer - graphene nanocomposites with low nonspecific adsorption and strong quenching ability for competitive immunofluorescent detection of biomarkers in GM crops. *Biosens. Bioelectron.* ,90,321 - 328,2017.

[116] Akiba,U. and Anzai,J. I. ,Review:Recent progress in electrochemical biosensors for glycoproteins. *Sen-*

sors,16,2045 – 2063,2016.

[117] Stewart,B. W. and Wild,C. P. ,World Cancer Report 2014. International Agency for Research on Cancer,Lyon,2014.

[118] Yang,Y. ,Dong,S. ,Shen,T. ,Jian,C. ,Chang,H. ,Li,Y. ,He,F. ,Zhou,J. ,A label – free amperometric immunoassay for thrombomodulin using graphene/silver – silver oxide nanoparticles as an immobilization matrix. *Anal. Lett.* ,45,724 – 734,2012.

[119] Teixeira,S. ,Burwell,G. ,Castaing,A. ,Gonzalez,D. ,Vonlan,R. S. ,Guy,O. J. ,Epitaxial grapheme immunosensor for human chorionic gonadotropin. *Sens. Actuators,B*,190,723 – 729,2014.

[120] Li,H. ,He,J. ,Li,S. ,Turner,A. P. F. ,Electrochemical immunosensor with N – doped graphenemodified electrode for label – free detection of the breast cancer biomarker CA 15 – 3. *Biosens. Bioelectron.* ,43, 25 – 29,2013.

[121] Zhao,L. ,Wei,Q. ,Wu,H. ,Dou,J. ,Li,H. ,Ionic liquid functionalized graphene based immunosensor for sensitive detection of carbohydrate antigen 15 – 3 integrated with Cd^{2+} – functionalized nanoporous TiO_2 as labels. *Biosens. Bioelectron.* ,59,75 – 80,2014.

[122] Zhang,Y. ,Li,L. ,Yang,H. ,Ding,Y. ,Su,M. ,Zhu,J. ,Yan,M. ,Yu,J. ,Song,X. ,Gold – silver nanocomposite – functionalized graphene sensing platform for an electro – chemiluminescent immunoassay of a tumor marker. *RSC Adv.* ,3,14701 – 14709,2013.

[123] Zhang,J. ,He,J. ,Xu,W. ,Gao,L. ,Guo,Y. ,Li,W. ,Yu,C. ,A novel immunosensor for detection of beta – galactoside alpha – 2,6 – sialyltransferase in serum based on gold nanoparticles loaded on Prussianblue – based hybrid nanocomposite film. *Electrochim. Acta*,156,45 – 52,2015.

[124] Wu,Y. ,Xue,P. ,Kang,Y. ,Hui,K. M. ,Paper – based microfluidic electrochemical immune – device integrated with nanobioprobes onto graphene film for ultrasensitive multiplexed detection of cancer biomarkers. *Anal. Chem.* ,85,8661 – 8668,2013.

[125] Wu,Y. ,Xu,P. ,Hui,K. M. ,Kang,Y. ,A paper – based microfluidic electrochemical immunodevice integrated with amplification – by – polymerization for the ultrasensitive multiplexed detection of cancer biomarkers. *Biosens. Bioelectron.* ,52,180 – 187,2014.

[126] Özcan B,Sezgintürk MK. ,Graphene oxide based electrochemical label free immunosensor for rapid and highly sensitive determination of tumor marker HSP70. Talanta,160,367 – 374,2016.

[127] Wang,T. ,Guo,H. C. ,Chen,X. Y. ,Lu,M. ,Low – temperature thermal reduction of suspended grapheme oxide film for electrical sensing of DNA – hybridization. *Mater. Sci. Eng. C*,72,62 – 68,2017.

[128] Wei,Z. ,Zhang,J. ,Zhang,A. ,Wang,Y. ,Cai,X. ,Electrochemical detecting lung cancer – associated antigen based on graphene – gold nanocomposite. *Molecules*,22,392 – 401,2017.

[129] Wang,H. ,Zhang,Y. ,Wang,Y. ,Ma,H. ,Du,B. ,Wei,Q. ,Facile synthesis of cuprous oxide nanowires decorated graphene oxide nanosheets nanocomposites and its application in labelfree electrochemical immunosensor. *Biosens. Bioelectron.* ,87,745 – 751,2017.

[130] Bafrooei,E. H. and Shamszadeh,N. S. ,Electrochemical bioassay development for ultrasensitive aptasensing of prostate specific antigen. *Biosens. Bioelectron.* ,91,284 – 292,2017.

[131] Sharafeldin,M. ,Bishop,G. W. ,Bhakta,S. ,El – Sawya,A. ,Suib,S. L. ,Rusling,J. F. ,Fe_3O_4 nanoparticles on graphene oxide sheets for isolation and ultrasensitive amperometric detection of cancer biomarker proteins. *Biosens. Bioelectron.* ,91,359 – 366,2017.

[132] Li,M. ,Wang,P. ,Li,F. ,Chu,Q. ,Li,Y. ,Dong,Y. ,An ultrasensitive sandwich – type electrochemical immunosensor based on the signal amplification strategy of mesoporous core – shell Pd@ Pt nanoparticles/amino group functionalized graphene nanocomposite. *Biosens. Bioelectron.* ,87,752 – 759,2017.

[133] Han, L., Liu, C. M., Dong, S. L., Du, C. X., Zhang, X. Y., Li, L. H., Wei, Y., Enhanced conductivity of rGO/AgNPs composites for electrochemical immunoassay of prostate – specific antigen. *Biosens. Bioelectron.*, 87, 466 – 472, 2017.

[134] Feng, J., Li, Y., Li, M., Li, F., Han, J., Dong, Y., Chen, Z., Wang, P., Liu, H., Wei, Q., A novel sandwich – type electrochemical immunosensor for PSA detection based on PtCu bimetallic hybrid (2D/2D) rGO/g – C3N4. *Biosens. Bioelectron.*, 91, 441 – 448, 2017.

[135] Zhang, Z., Chuanpan Guo, C., Zhang, S., He, L., Wang, M., Peng, D., Tian, J., Fang, S., Carbon – based nanocomposites with aptamer – templated silver nanoclusters for the highly sensitive and selective detection of platelet – derived growth factor. *Biosens. Bioelectron.*, 89, 735 – 742, 2017.

[136] Tang, Z. and Wang, L., Ma, Z., Triple sensitivity amplification for ultrasensitive electrochemical detection of prostate specific antigen. *Biosens. Bioelectron.*, 92, 577 – 582, 2017.

[137] Tang, Z., Yuanyuan Fu, Y., Ma, Z., Multiple signal amplification strategies for ultrasensitive label – free electrochemical immunoassay for carbohydrate antigen 24 – 2 based on redox hydrogel. *Biosens. Bioelectron.*, 91, 299 – 305, 2017.

[138] Li, X., Yu, S., Yan, T., Zhang, Y., Du, B., Wu, D., Wei, Q., A sensitive electro – chemiluminescence immunosensor based on $Ru(bpy)_3^{2+}$ in 3D CuNi oxalate as luminophores and graphene oxide – polyethylenimine as released $Ru(bpy)_3^{2+}$ initiator. *Biosens. Bioelectron.*, 89, 1020 – 1025, 2017.

[139] Yang, Z., Lan, Q., Li, J., Wu, J., Tang, Y., Hu, X., Efficient streptavidin – functionalized nitrogendoped graphene for the development of highly sensitive electrochemical immunosensor. *Biosens. Bioelectron.*, 89, 312 – 318, 2017.

[140] Yang, Y., Liu, Q., Liu, Y., Cui, J., Liu, H., Wang, P., Li, Y., Chen, L., Zhao, Z., Dong, Y., A novel label – free electrochemical immunosensor based on functionalized nitrogen – doped grapheme quantum dots for carcinoembryonic antigen detection. *Biosens. Bioelectron.*, 90, 31 – 38, 2017.

[141] Yang, L., Zhu, W., Ren, X., Khan, M. S., Zhang, Y., Du, B., Wei, Q., Macroporous grapheme capped Fe_3O_4 for amplified electrochemiluminescence immunosensing of carcinoembryonic antigen detection based on CeO_2@TiO_2. *Biosens. Bioelectron.*, 91, 842 – 848, 2017.

[142] Zhou, L., Mao, H., Wu, C., Tang, L., Wu, Z., Sun, H., Zhang, H., Zhou, H., Jia, C., Jin, Q., Chen, X., Zhao, J., Label – free graphene biosensor targeting cancer molecules based on non – covalent modification. *Biosens. Bioelectron.*, 87, 701 – 707, 2017.

[143] Tsai, H., Lin, W., Chuang, M., Lu, Y., Fuh, C. B., Multifunctional nanoparticles for protein detections in thin channels. *Biosens. Bioelectron.*, 90, 153 – 158, 2017.

[144] Shi, J., Lyu, J., Tian, F., Yang, M., A fluorescence turn – on biosensor based on graphene quantum dots (GQDs) and molybdenum disulfide (MoS_β) nanosheets for epithelial cell adhesion molecule (EpCAM) detection. *Biosens. Bioelectron.*, 93, 182 – 188, 2017.

[145] Tabasi, A., Noorbakhsh, A., Sharifi, E., Reduced graphene oxide – chitosan – aptamer interface as new platform for ultrasensitive detection of human epidermal growth factor receptor 2. *Biosens. Bioelectron.*, 95, 117 – 123, 2017.

[146] Kireev, D., Seyock, S., Ernst, M., Maybeck, V., Wolfrum, B., Offenhäusser, A., Versatile flexible graphene multielectrode arrays. *Biosensors*, 7, 1 – 9, 2017.

[147] Madhurantakama, S., Babub, K. J., Rayappana, J. B. B. R., Krishnana, U. M., Fabrication of mediator-free hybrid nano – interfaced electrochemical biosensor for monitoring cancer cell proliferation. *Biosens. Bioelectron.*, 87, 832 – 841, 2017.

[148] Xie, H., Li, Y. T., Lei, Y. M., Liu, Y. L., Xiao, M. M., Gao, C., Pang, D. W., Huang, W. H., Zhang, Z.

Y. ,Zhang,G. J. ,Real – time monitoring of nitric oxide at single – cell level with porphyrinfunctionalized graphene field – effect transistor biosensor. *Anal. Chem.* ,88,11115 – 11122,2016.

[149] Hassan,R. Y. A. ,Mekawy,M. M. ,Ramnani,P. ,Mulchandani,A. ,Monitoring of microbial cell viability using nanostructured electrodes modified with graphene/alumina nanocomposite. *Biosens. Bioelectron.* , 91,857 – 862,2017.

[150] Wang,K. ,He,M. Q. ,Zhai,F. H. ,Rong – Huan He,R. H. ,Yu,Y. L. ,A novel electrochemical biosensor based on polyadenine modified aptamer for label – free and ultrasensitive detection of human breast cancer cells. *Talanta*,166,87 – 92,2017.

[151] Ge,S. ,Lan,F. ,Liang,L. ,Ren,N. ,Li,L. ,Liu,H. ,Yan,M. ,Yu,J. ,Ultrasensitive photoelectrochemical biosensing of cell surface N – glycan expression based on the enhancement of nanogold – assembled mesoporous silica amplified by graphene quantum dots and hybridization chain reaction. *ACS Appl. Mater. Interfaces*,9,6670 – 6678,2017.

[152] Xiao,K. ,Liu,J. ,Chen,H. ,Zhang,S. ,Kong,J. ,A label – free and high – efficient GO – based aptasensor for cancer cells based on cyclic enzymatic signal amplification. *Biosens. Bioelectron.* , 91, 76 – 81,2017.

[153] Ang,P. K. ,Li,A. ,Jaiswal,M. ,Wang,Y. ,Hou,H. W. ,Thong,J. T. L. ,Lim,C. T. ,Loh,K. P. ,Flow sensing of single cell by graphene transistor in a microfluidic channel. *Nano Lett.* , 11, 12, 5240 – 5246,2011.

[154] Xing,F. ,Meng,G. X. ,Zhang,Q. ,Pan,L. T. ,Wang,P. ,Liu,Z. B. ,Jiang,W. S. ,Chen,Y. ,Tian,J. G. ,Ultrasensitive flow sensing of a single cell using graphene – based optical sensors. *Nano Lett.* ,14,6, 3563 – 3569,2014.

[155] Keisham,B. ,Cole,A. ,Nguyen,P. ,Mehta,A. ,Berry,V. ,Cancer cell hyperactivity and membrane dipolarity monitoring via Raman mapping of interfaced graphene:Toward non – invasive cancer diagnostics. *ACS Appl. Mater. Interfaces*,8,48,32717 – 32722,2016.

[156] Bardhan,N. M. ,Kumar,P. V. ,Zeyang Li,Z. ,Ploegh,H. L. ,Grossman,J. C. ,Belcher,A. M. ,Chen,G. Y. ,Enhanced cell capture on functionalized graphene oxide nanosheets through oxygen clustering. *ACS Nano*,11,1548 – 1558,2017.

[157] Kulkarni,G. S. ,Zang,W. ,Zhong,Z. ,Nanoelectronic heterodyne sensor:A new electronic sensing paradigm. *Acc. Chem. Res.* ,49,2578 – 2586,2016.

[158] Choi,Y. S. ,Gwak,M. J. ,Lee,D. W. ,Polymeric cantilever integrated with PDMS/graphene composite strain sensor. *Rev. Sci. Instrum.* ,87,105004 – 7,2016.

[159] Salvoa,P. ,Calisi,N. ,Melai,B. ,Cortigiani,B. ,Mannini,M. ,Caneschi,A. ,Lorenzetti,G. ,Paoletti,C. , Lomonaco,T. ,Paolicchi,A. ,Scataglini,I. ,Dini,V. ,Romanelli,M. ,Fuoco,R. ,Di Francesco,F. ,Temperature and pH sensors based on graphenic materials. *Biosens. Bioelectron.* ,91,870 – 877,2017.

[160] Cho,S. H. ,Kwon,S. S. ,Yi,J. ,Park,W. I. ,Chemical and biological sensors based on defectengineered graphene mesh field – effect transistors. *Nano Convergence*,3,14 – 22,2016.

[161] Choi,S. Y. ,Baek,S. H. ,Chang,S. J. ,Song,Y. ,Rafique,R. ,Lee,K. T. ,Park,T. J. ,Synthesis of upconversion nanoparticles conjugated with graphene oxide quantum dots and their use against cancer cell imaging and photo dynamic therapy. *Biosens. Bioelectron.* ,93,267 – 273,2017.

[162] Chen,X. D. ,Chen,Z. ,Jiang,W. S. ,Zhang,C. ,Sun,J. ,Wang,H. ,Xin,W. ,Lin,L. ,Priydarshi,M. K. ,Yang,H. ,Liu,Z. B. ,Tian,J. G. ,Zhang,Y. ,Zhang,Y. ,Liu,Z. ,Fast growth and broad applications of 25 – inch uniform graphene. *Glass Adv. Mater.* ,29,1603428 – 37,2017.

[163] Han,D. ,Chand,R. ,Kim,Y. S. ,Microscale loop – mediated isothermal amplification of viral DNA with

real - time monitoring on solution - gated graphene FET microchip. *Biosens. Bioelectron.* ,93,220 - 225,2017.

[164] Haque, M. H. , Gopalan, V. , Yadav, S. , NazmulIslam, M. , Eftekhari, E. , Li, Q. , Carrascosa, L. G. , Nguyen,N. T. ,Lam,A. K. ,Shiddiky,M. J. A. ,Detection of regional DNA methylation using DNA - graphene affinity interactions. *Biosens. Bioelectron.* ,87,615 - 621,2017.

[165] Ouyang,L. ,Hu,Y. ,Zhua,L. ,Cheng,G. J. ,Irudayaraj,J. ,A reusable laser wrapped graphene - Ag array based SERS sensor for trace detection of genomic DNA methylation. *Biosens. Bioelectron.* ,92,755 - 762,2017.

[166] Zhao,C. ,Fan,J. ,Peng,L. ,Zhao,L. ,Tong,C. ,Wang,W. ,Liu,B. ,An end - point method based on graphene oxide for RNase H analysis and inhibitors screening. *Biosens. Bioelectron.* ,90,103 - 109,2017.

[167] Zor,E. ,Morales - Narvaez,E. ,Alpayding,S. ,Bingol,H. ,Ersoz,M. ,Merkoci,A. ,Graphene - based hybrid for enantioselective sensing applications. *Biosens. Bioelectron.* ,87,410 - 416,2017.

[168] Liu,L. ,Zhang,D. ,Zhang,Q. ,Chen,X. ,Xu,G. ,Lu,Y. ,Liu,Q. ,Smartphone - based sensing system using ZnO and graphene modified electrodes for VOCs detection. *Biosens. Bioelectron.* , 93, 94 - 101,2017.

[169] Xu,X. ,Wei,M. ,Liu,Y. ,Liu,X. ,Wei,W. ,Zhang,Y. ,Liu,S. ,A simple,fast,label - free colorimetric method for detection of telomerase activity in urine by using hemin - graphene conjugates. *Biosens. Bioelectron.* ,87,600 - 606,2017.

[170] Gao,Z. ,Kang,H. ,Naylor,C. H. ,Streller,F. ,Ducos,P. ,Serrano,M. D. ,Ping,J. ,Zauberman,J. , Rajesh,Carpick,R. W. ,Wang,Y. J. ,Park,Y. W. ,Luo,Z. ,Ren,L. ,Johnson,A. T. C. ,Scalable production of sensor arrays based on high - mobility hybrid graphene field effect transistors. *ACSAppl. Mater. Interfaces*,8,27546 - 27552,2016.

[171] Jung,S. M. ,Lee,E. K. ,Shin,D. ,Jeon,I. Y. ,Seo,J. M. ,Jeong,H. Y. ,Park,N. ,Oh,J. H. ,Baek,J. B. ,Direct solvo thermal synthesis of B/N - doped graphene. *Angew. Chem. Int. Ed.* , 53, 2398 - 2401,2014.

[172] Lee,J. U. ,Yoon,D. ,Cheong,H. ,Estimation of Young's modulus of graphene by Raman spectroscopy. *Nano Lett.* ,12,9,4444 - 4448,2012.

[173] Rhie,A. ,Kirby,L. ,Sayer,N. ,Wellesley,R. ,Disterer,P. ,Sylvester,I. ,Gill,A. ,Hope,J. ,James,W. , Tahiri - Alaoui,A. ,Characterization of 2 - fluoro - RNA aptamers that bind preferentially to disease - associated conformations of prion protein and inhibit conversion. *J. Biol. Chem.* , 278, 39697 - 39705,2003.

[174] Sayer,N. M. ,Cubin,M. ,Rhie,A. ,Bullock,M. ,Tahiri - Alaoui,A. ,James,W. ,Structural determinants of conformationally selective,prion - binding aptamers. *J. Biol. Chem.* ,279,13102 - 13109,2004.

[175] Ferrari,A. C. ,Basko,D. M. ,Raman spectroscopy as a versatile tool for studying the properties of grapheme,*Nature Nanotechnology*,8,235 - 246,2013.

第11章 石墨烯的传感器在电化学(生物)传感中的应用

Claudia A. Razzino[1], Livia F. Sgobbi[2], Fernanda R. Marciano[3,4], Anderson O. Lobo[5]

[1]巴西圣保罗圣若泽多斯坎波斯,Vale do Paraiba 大学研究与发展研究所

[2]巴西戈亚斯戈亚尼亚,戈亚斯联邦大学化学研究所

[3]巴西圣保罗,巴西大学科学与技术研究所

[4]美国马萨诸塞州波士顿东北大学化学工程系

[5]巴西比阿维特里辛纳,巴西比阿维联邦大学先进材料跨学科实验室

摘　要　石墨烯纳米材料包括石墨烯、氧化石墨烯和掺杂(氧化)石墨烯已成为一种有前途的电催化平台,且在电化学(生物)传感中具有广泛的应用前景。由于石墨烯具有理论表面积大、导电性好等优点,其可以被认为是一种理想的电极材料,能够使分析物分子有效附着,使石墨烯电化学传感器具有高灵敏度和信噪比。石墨烯具有显著的电化学性能,如电位窗大,电荷转移电阻低,电化学活性高,电子转移速率快等。因此,石墨烯与分析物分子之间的快速电子转移促进了直接的而不是介导的电化学反应。此外,石墨烯的另一个主要优点是其边缘或表面存在含氧基团。这些氧基团影响了石墨烯改性电极的电化学性能,从而影响分子的电子转移速率或分子吸附/解吸,并为酶或其他特定生物分子提供锚定位置,用于(生物)传感应用。在此,本文提出了利用石墨烯和石墨烯基材料开发电化学(生物)传感的不同方法。下面详细讨论其在药物制剂和生物医学方面用于食品、环境和人体样本中生物分子和化学物质检测的石墨烯和石墨烯基电化学电极。

关键词　石墨烯,氧化石墨烯,还原氧化石墨烯,石墨烯基纳米材料,电化学传感器

略缩语

AChE	乙酰胆碱酯酶
Ap	适配体
APTES	(3-氨基丙基)三乙氧基硅烷
AuNP	金纳米粒子
AXL	受体酪氨酸激酶
CB	炭黑

CEA	癌胚抗原
CG	羧基石墨烯
ChO	胆碱氧化酶
CPE	碳糊电极
CS	壳聚糖
CuCoHCF	铜钴六氰基铁酸盐
CVD	化学气相沉积
CWE	涂层电极丝
FTO	氟掺杂氧化锡
G	石墨烯
GCE	玻碳电极
GO	氧化石墨烯
GOQD	氧化石墨烯量子点
GQD	石墨烯量子点
$HAuCl_4$	四氯金酸
HPHT	高温高压
ISE	离子选择性电极
MCF－7	乳腺癌细胞
MP	甲基对硫磷
MWCNTS	多壁碳纳米管
Nf	全氟磺酸
N－GQD	掺氮石墨烯量子点
P4	孕酮
PEDOT	聚(3,4－亚乙基二氧噻吩)
PGE	铅笔石墨电极
PLLA－NP	聚－L－丙交酯纳米粒子
PPy	聚吡咯
PrM	钼酸镨
PSA	前列腺特异性抗原
PVCE	聚氯乙烯电极
rGO	还原氧化石墨烯
rGOQD	还原氧化石墨烯量子点
SPCE	丝网印刷碳电极
STFPB	四(三氟甲基)苯基硼酸钠

TNT	2,4,6-三硝基甲苯
Tyr	酪氨酸
VEGF	血管内皮生长因子
β-CD	β-环糊精

11.1 引言

纳米材料,特别是碳基纳米材料,在电化学传感平台的发展中发挥着重要的作用。这些材料可以改善电化学传感器/生物传感器发展中的一些关键问题。

它们可用于获得合适的传感界面的设计,以实现靶与电学表面之间的选择性相互作用[1]。此外,在生物传感器中可以有效地实现生物识别事件的转导[2];可以提高生物传感器的灵敏度和选择性[3];加速响应时间。电化学器件中使用的碳基纳米材料有碳纳米管、富勒烯、碳点、石墨烯等。本文主要研究了石墨烯材料在电化学传感平台上的应用。

在电化学传感器件中使用石墨烯材料的原因如下:

2004年石墨烯的发现[4]为几个领域开辟了新的道路。此后,石墨烯以其独特的电化学和结构特性,迅速成为了开发新型电化学传感器的焦点。

石墨烯的某些特性使其对不同分析物的电化学传感具有很大的吸引力。与石墨(约$10m^2/g$)和碳纳米管(CNT;$1315m^2/g$)[5-7]相比,其优越的标志之一是表面积大($2630m^2/g$)。从根本上说,石墨烯的大表面积使其在电极表面富集,通过物理吸附或通过生物分子官能团与石墨烯之间的共价键将所需的生物分子(例如,酶、DNA、抗体等)装入其中[8]。此外,石墨烯的导电性为64mS/cm,比单壁碳纳米管(SWCNT)[9]高60倍。然而,石墨烯的性质可能会随着合成路线和处理方法的改变而改变。

值得注意的是,石墨烯是一种生物相容性的纳米材料[10],而CNT可能会在人体表现出有害的毒性效应[11]。CNT在生长过程中的内在毒性与污染物有关,如金属杂质和多环芳烃等[12]。

尽管CNT比其他碳基材料有更加卓越的稳定性和灵敏度,但对于与化学气相沉积工艺有关的金属杂质的电化学活性的具体方面仍不清楚。且这些金属不仅在很大程度上造成了对电化学结果的误解,而且对CNT的稳定性和实验结果的可重复性也受到影响。在电化学传感中,上述所有问题都可以通过石墨烯替代碳纳米管来解决[9]。

另一个重要的石墨烯方面是基于石墨的廉价前体源。另一方面,CNT主要来源于高温气相工艺(化学气相沉积)。化学气相沉积技术需要金属催化剂粒子,通常是铁、镍和钴,从而产生杂质。

根据Pumera和Ambrosi[13]的研究,与石墨相比,石墨烯可以降低过电位,因而具有更均匀、更高的电活性位点分布和密度以支持石墨烯在电化学器件中的应用。

石墨烯的生产是由无数的路线来进行,这些路线各有优点。有大量的文献研究集中在方法的分类上,因此这里将不涉及该方面。然而,了解某些石墨烯对其他石墨烯的优选适用很重要,如原始石墨烯、氧化石墨烯、还原氧化石墨烯等。

关于石墨烯的种类及其在电化学传感平台上的应用,因为原始石墨烯的的高成本和缺乏制造的可伸缩性[14]很明显其使用减少了。另一方面,通过化学/热/电化学途径实现氧化石墨烯还原的还原氧化石墨烯则被广泛使用。

Dreyer 等[15]将氧化石墨烯定义为一种化学改性的石墨烯,通过氧化和去角质获得,广泛地改性其基面。因此,氧化石墨烯单层膜的氧含量较高,C/O 比值小于 3∶1,一般接近 2∶1[14]。因此,还原氧化石墨烯的定义是通过化学、热、微波、光化学、光热,或微生物/细菌[14]等还原法来降低其含氧量。

石墨烯片的导电性很大程度上取决于它们的化学结构和原子结构。确切地说,它与大量 sp^3 碳元素存在的结构紊乱程度有关[16]。通常,氧化石墨烯薄膜在周围 $10^{12}\ \Omega/sq$ 或更高的范围内具有绝缘特性和薄层电阻[17]。因此,sp^3 C—O 的键合量与氧化石墨烯的固有的绝缘特性有关,由于 sp^2 碳簇[16]渗透途径缺失或中断,这种特性会影响标准载流子的输运。然而,在几种化学/热过程中,由于还原氧化石墨烯片上氧官能团的减少使载流子的运输速度加快,这是因为薄层电阻以不同的数量级减少[16]。

石墨烯中的电子表现为无质量相对论粒子,遵循线性色散关系,这证明了其特殊的电子性质。根据 Alwarappan 等的研究发现[9],这些电子在石墨烯层上进行了一个弹道运动,在室温下,不产生超过 $15000m^2/(V\cdot s)$ 迁移率的散射。

电子从/到石墨烯片到/从分子的转移,即非均相电子转移的速率,除了石墨烯层上存在的缺陷、官能团和杂质的数量外,还与靶分子有关。通常,基面比石墨的边缘更加活跃。通过循环伏安法,可以对还原氧化石墨烯表面的电荷进行检测。Alwarappan 等[9]用正电荷 $[Ru(NH_3)_6]^{3+}$ 探针来确认当带有负电荷 $[Fe(CN)_6]^{3-/4-}$ 探针被应用时,还原氧化石墨烯表面的负电荷仍然被证实。在石墨烯高表面负电荷存在的条件下,石墨烯会消除表面的负电荷,从而导致使用石墨烯而不是 SWCNT 时其峰值电流密度较低。因此,石墨烯片上的电荷会影响其电化学行为,如感应吸引或消除分析物分子。

11.2 石墨烯和石墨烯基材料在电化学传感与生物传感中的应用

石墨烯和石墨烯基材料,如氧化石墨烯(GO)、还原氧化石墨烯(rGO)、石墨烯量子点(GQD)、氧化石墨烯量子点(GOQD)、还原氧化石墨烯量子点(rGOQD)等,广泛应用于电化学检测电极材料,或用于传感器和生物传感器器件的常规电极的改性。下面是一篇综述,其中包括最近两年发表的关于石墨烯和石墨烯混合电极在高灵敏度电化学检测中的应用的一些最相关的论文。本文根据制备电化学器件所用材料进行了简要综述,最后于末尾总结了这些电化学(生物)传感技术在检测几种分析物中的主要研究成果。

11.2.1 石墨烯

Liu 等[18]制作了一种低成本的一次性石墨烯传感器,利用阳极溶出伏安法来检测 Cd^{2+}、Pb^{2+} 以及 Cu^{2+}。研究采用微波剥离法合成了高度石墨化的石墨烯,无需还原工艺,从而使剥落的石墨烯片具有较高的导电性和较低的电学噪声。真空包装石墨烯薄膜被用作电极,其优点是制作过程简单无需任何黏合剂。石墨烯的传感器成功地应用于河水样本中重金属的电化学测定。电化学传感器和生物传感器的性能如表 11.1 所列。

表 11.1 电化学传感器和生物传感器的性能

分析物	电极	生物分子	电化学技术	线性范围	探测极限	样本	参考文献
Cd^{2+} Pb^{2+} Cu^{2+}	石墨烯薄膜	—	阳极溶出伏安法	5 ~ 400μg/L 5 ~ 200μg/L 5 ~ 200μg/L	0.5μg/L 1.0μg/L 5.0μg/L	河水	[18]
Cr^{6+}	AuNP/石墨烯/GCE	—	安培法	0 ~ 20μmol/L	10nmol/L	河水	[21]
姜黄素(二铁酰甲烷)	GO/GCE 和 rGO/GCE	—	循环伏安法	1 ~ 100nmol/L 0.1 ~ 10nmol/L	9pmol/L	—	[29]
多巴胺	PEDOT/rGO/GCE	—	微分脉冲伏安法	19.6 ~ 122.8μmol/L	1.92μmol/L	—	[28]
多巴胺	石墨烯 - 金刚石复合电极	—	微分脉冲伏安法	5.0 ~ 2000μmol/L	0.20μmol/L	—	[20]
加兰他敏氢溴酸盐	CPE - GO		电位计	10μmol/L ~ 0.01mol/L	6.0μmol/L	血清 尿 Famalyzyl 口服液	[23]
香兰素	AuNP/石墨烯	—	微分脉冲伏安法	0.2 ~ 40μmol/L	10nmol/L	—	[19]
多巴胺 尿酸 鸟嘌呤 氨基酸	石墨烯纳米片	—	微分脉冲伏安法	0.1 ~ 10μmol/L, 10 ~ 40μmol/L 0.2 ~ 10μmol/L, 10 ~ 50μmol/L 0.7 ~ 100μmol/L, 100 ~ 2000μmol/L 0.15 ~ 10μmol/L, 10 ~ 50μmol/L	0.001μmol/L 0.003μmol/L 0.29μmol/L 0.002μmol/L	—	[22]
亚硝酸盐	CG/PPy/CS/GCE	—	微分脉冲伏安法	0.2 ~ 1000μmol/L	0.02μmol/L	实际水	[24]
H_2O_2	Nf/Pd@ Ag/rGO - NH_2/GCE	—	安培法	2 ~ 19500μmol/L	0.7μmol/L	牛奶	[30]
氯霉素	Ap/GO@ Fe_3O_4/ CB/GCE	适配体	电化学阻抗谱	0.1 ~ 10^5 ng/mL	0.033ng/ mL	白菜 生菜 韭菜	[25]
谷胱甘肽	CuCoHCF/GO/ GCE	—	安培法	0.3 ~ 5μmol/L 5 ~ 55μmol/L	0.25μmol/L	血液	[26]

续表

分析物	电极	生物分子	电化学技术	线性范围	探测极限	样本	参考文献
甲基对硫磷	PrM/rGO/ RDGCE	—	安培法	0.02 ~ 1.55μmol/L 1.55 ~ 114μmol/L	1.8nmol/L	水 蔬菜 水果	[31]
血管内皮生长因子 前列腺特异性抗原	GO - ssDNA	抗 VEGF 抗 PSA	微分脉冲伏安法	0.05 ~ 100ng/mL 1 ~ 100ng/mL	50pg/mL 1ng/mL	人体血清	[27]
乙酰胆碱	AChE - ChO - Fe_2O_3NP/ rGO - PEDOT/ FTO	乙酰胆碱酯酶 胆碱氧化酶	循环伏安法	4.0nmol/L ~ 800μmol/L	4.0nmol/L	人体血清	[32]
癌胚 抗原	PtPd/N - GQDs@ Au/GCE	CEA 抗体	安培法	5fg/mL ~ 50ng/mL	2fg/mL	人体血清	[33]
孕酮	Fe_3O_4@ GQD/f - MWCNTs/ GCE	—	微分脉冲伏安法	0.01 ~ 0.5μmol/L 0.5 ~ 3.0μmol/L	2.18nmol/L	人体血清 药品产品	[34]
2,4,6 - 三硝基甲苯	Ap/AgNP/ thiol - GQD/ GCE	适配体	微分脉冲伏安法	1.00×10^{-6} ~ 3.00×10^{4} nmol/L	0.33fmol/L	水土	[35]
酪氨酸 二酪氨酸	β - CD - GQD/ GCE	—	循环伏安法	—	6.07nmol/L 103.0nmol/L	血清	[36]
AXL	Anti - AXL - fGQD/ SPCE	AXL 抗体	微分脉冲伏安法	1.7 ~ 1000pg/mL	0.5pg/mL	人血清	[37]
鸟嘌呤 黄嘌呤 腺嘌呤 次黄碱	GOQD/ CMWCNT/ PGE		循环伏安法	0.2 ~ 180.0μmol/L 0.2 ~ 150.0μmol/L 0.5 ~ 200.0μmol/L 0.5 ~ 180.0μmol/L	—	—	[38]
尿酸 黄嘌呤 鸟嘌呤	rGOQD/GCE	—	微分脉冲伏安法	0.024 ~ 12.5μmol/L 0.024 ~ 6.25μmol/L 0.024 ~ 6.25μmol/L	0.024μmol/L 0.024μmol/L 0.024μmol/L	—	[39]

还原氧化石墨烯的易聚合性和大量缺陷降低了其电性能。因此，Gao 等[19]通过对高温高压(HPHT)金刚石的催化热处理，在电极表面利用循环伏安法对金纳米粒子(AuNP)进行电沉积，制备出一种低缺陷石墨烯电极。该传感器对香兰素具有从 0.2 ~ 40μmol/L 的宽线性响应范围，检测限为 10nmol/L。

在高稳定石墨烯电极的制造中，一个限制是石墨烯和导电基底之间缺乏强界面力。考虑到这一点，Yuan 和同事们[20]制作了一种混合电极，通过催化热处理将 sp^3 转换至 sp^2，利用金刚石本身作为碳源，在 HPHT 钻石上直接形成双层石墨烯。该传感器用于多巴胺的电化学测定，其线性响应范围为 5μmol/L ~ 2mmol/L，检测限为 200nmol/L。在长时间反复于多巴胺接触后，其灵敏度下降。考虑到石墨烯与 HPHT 金刚石之间的强界面连接，通过超声清洗可以恢复传感器的性能。由于该传感器的稳健性和潜在的再生能力，其可用于生物荧光分子的测定、食品加工和污水处理等方面。

Sari 等[21]研制了测定河水样本中痕量 Cr(Ⅵ)的安培传感器。这种高度灵敏的传感器是采用石墨烯/Au 纳米粒子复合材料改性的玻碳电极所制备。该纳米复合材料是利用超声波化学方法在单一反应步骤中合成(图 11.1)。该石墨烯/Au 纳米粒子/玻碳电极传感器在 0 ~ 20μmol/L 范围内对痕量 Cr(Ⅵ)的测定具有线性响应，检测限为 10nmol/L，其具有出色的选择性、还原性，在河水样本上应用时具有较好的回收率。

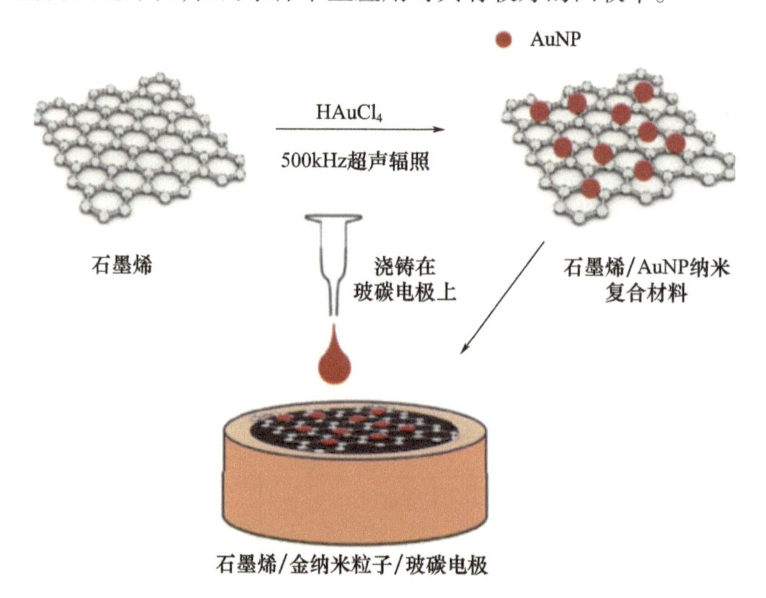

图 11.1　石墨烯/AuNP 纳米复合材料的合成及电极改性示意图

Gao 等[22]第一次利用化学气相沉积法制备了基于 Ta 丝支撑的石墨烯高电活性生物传感平台。石墨烯电极被用作同时和单独电化学测定多巴胺、尿酸、鸟嘌呤和腺嘌呤的传感器。同时测定时，多巴胺、尿酸、鸟嘌呤和腺嘌呤的检测限分别为 0.001μmol/L、0.003μmol/L、0.29μmol/L 和 0.002μmol/L。在 Ta 丝上的石墨烯纳米片具有丰富的催化位点，如边缘、基面缺陷和石墨烯纳米片之间的多孔网络结构。这些催化位点刺激了电化学检测中的吸附和分解。除了化学气相沉积石墨烯的强电子传递能力外，被检测物种的电化学响应信号也有了提高，从而使石墨烯电极在电解和电化学器件成为具有广阔应用前景的备选。

11.2.2 氧化石墨烯

Abdel - Haleem 等[23]研制了一种高灵敏离子选择电极(ISE)用于测定加标血清、尿液和药物制剂中氢溴酸加兰他敏的电位。他们制造了 5 台 ISE:聚(氯乙烯)电极(PVCE)、涂层电极丝(CWE)、碳糊电极(CPE)、氧化石墨烯改性的碳糊电极(CPE - GO)和四(三氟甲基)苯基硼酸钠改性的碳糊电极(CPE - STFPB)。与未改性的 CPE 相比,CPE - GO 和 CPE - STFPB 在选择性、响应时间和响应稳定性等方面的性能均有提升。PVCE、CWE、CPE、CPE - GO 和 CPE - STFPB 的检测限分别为 5.0μmol/L、6.3μmol/L、8.0μmol/L、6.0μmol/L 和 8.0μmol/L。由于这些传感器具有快速响应时间(<10s)、超长寿命(1 ~ 5 周)、可逆性和被测信号的稳定性,其可以用于实际样本的常规分析。

Xiao 等[24]研制了一种灵敏、选择性的水中亚硝酸盐测定电化学传感器。该传感器是利用羧基石墨烯(CG)/聚吡咯(PPy)纳米复合材料和壳聚糖(CS)改性的玻碳电极制备的。研究证实 CG/PPy/CS/玻碳电极传感器对亚硝酸盐测定具有高度重现性,其线性范围为 0.2 ~ 1000μmol/L,检测限为 0.02μmol/L。

通过氧化石墨烯与金属纳米粒子的结合,可以制备出混合材料,从而通过协同效应提高材料的性能。在测定重要的物质或化学成分的分析过程中,组合材料的使用表现出高度敏感和选择性响应。因此,Jiao 等[25]开发了一种灵敏、选择性的电化学传感器,用于检测毒死蜱。传感器是利用碳黑(CB)、壳聚糖和氧化石墨烯@ Fe_3O_4 纳米复合材料改性的玻碳电极制备的。该氧化石墨烯@ Fe_3O_4 纳米材料形成具有强协同作用的传感膜,而氧化石墨烯则提供了较大的表面积;均匀沉积的 Fe_3O_4 有利于灵敏检测的电子转移,具有良好的选择性。GO@ Fe_3O_4/CB 纳米复合材料构成了一种有效的生物分子固定化基质,该基质具有不封闭的导电位点,用于固定适配体的电子转移。在理想条件下,Ap/GO@ Fe_3O_4/CB/玻碳电极传感器的线性范围为 0.1 ~ 105ng/mL,检测限为 0.033ng/mL。

Hassanvand 与 Jalali[26]利用氧化石墨烯纳米片改性玻碳电极和铜钴六氰基铁酸盐(CuCoHCF)的混合物,研制出了一种用于谷胱甘肽检测的安培传感器。该传感器显示了谷胱甘肽氧化的电催化性能,具有稳定和可再现的响应电流。测定谷胱甘肽的线性范围为 0.33 ~ 5.30μmol/L、5.96 ~ 55.4μmol/L,检测限为 0.25μmol/L。

Pan 等[27]研制了一种电化学双模拟生物传感器,可同时检测人血清中的血管内皮生长因子(VEGF)和前列腺特异性抗原(PSA),用于前列腺癌的早期诊断。该生物传感器是采用氧化石墨烯/ssDNA(GO - ssDNA)修饰的丝网印刷金电极制备,用于 VEGF 检测,并与聚 - L - 丙交酯纳米粒子(PLLANP)结合,用于信号放大和 PSA 检测(图 11.2)。

将 GO - ssDNA 生物传感器应用于 VEGF 和 PSA 检测,结果显示其检测范围宽、检测限良好(表 11.1),选择性好,对葡萄糖、抗坏血酸、血清蛋白、免疫球蛋白 G 和免疫球蛋白 M 等干扰物质均有较好的抗性。该方法与免疫酶法检测患者标本有较高的相关性,可用于 PCa 的早期临床诊断。

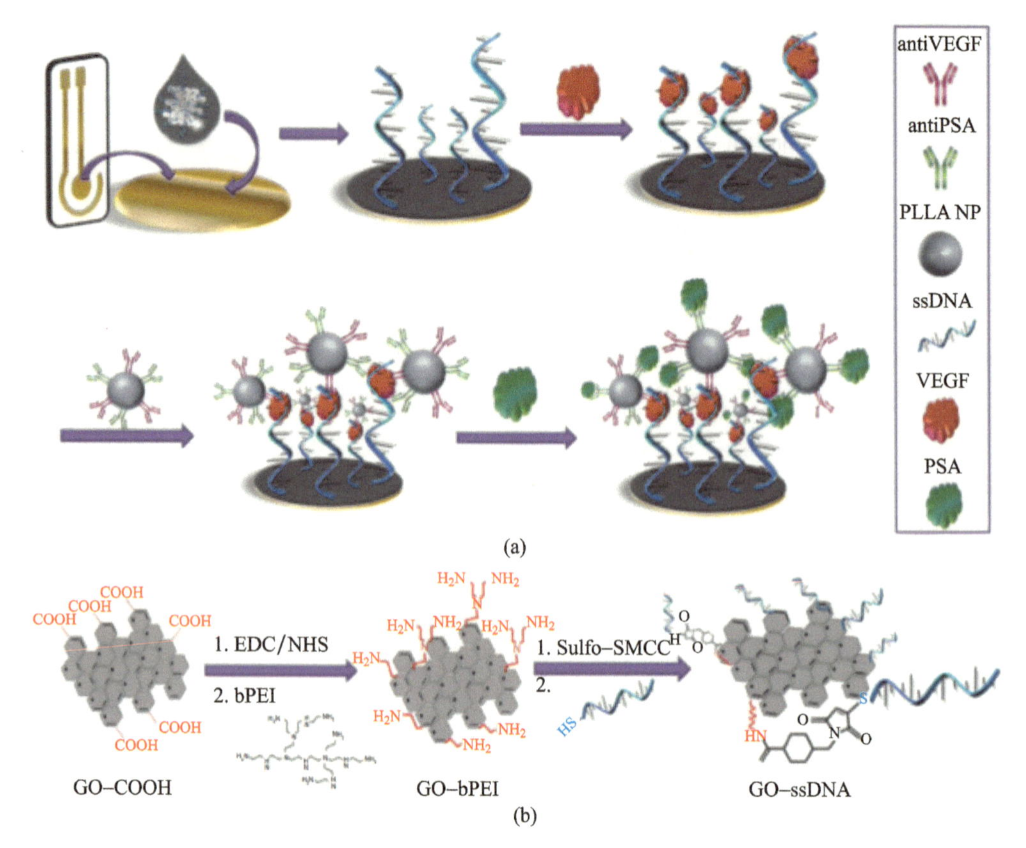

图 11.2 (a)利用 GO – ssDNA 生物传感器电化学检测样本中的 VEGF 和 PSA 示意图；(b)制备 GO – ssDNA 的过程示意图

11.2.3 还原氧化石墨烯

Cogal[28]研制了一种传感器，利用微分脉冲伏安法测定在抗坏血酸和尿酸存在条件下的多巴胺。该传感器是利用还原氧化石墨烯改性的聚(3,4 – 亚乙基二氧噻吩)在玻碳电极上制备的。该传感器具有 19.6 ~ 122.8μmol/L 的线性范围，灵敏度为 3.27μA/[(μmol/L)·cm^2]，检测限为 1.92μmol/L。

Nibedita 等[29]研制了一种采用氧化石墨烯和还原氧化石墨烯改性的玻碳电极制备的伏安传感器。氧化石墨烯/玻碳电极和还原氧化石墨烯/玻碳电极传感器用于姜黄素测定，检测限为 0.9pmol/L。虽然两个传感器检测限相同，但还原氧化石墨烯/玻碳电极传感器显示出良好的信号质量。氧化石墨烯/玻碳电极检测的线性动态范围为 1 ~ 100nmol/L，还原氧化石墨烯/玻碳电极检测的线性动态范围为 0.1 ~ 10nmol/L。

Guler 等[30]研制了一种灵敏、选择性和稳定的电化学传感器，用于检测牛奶中的 H_2O_2。该传感器是利用负载在(3 – 氨基丙基)三乙氧基硅烷(APTES)功能化还原氧化石墨烯($rGO-NH_2$)上的 Nafion(Nf)和 Pd@Ag 双金属纳米粒子制备。该纳米复合材料改性的玻碳电极($Nf/Pd@Ag/rGO-NH_2/GCE$)在理想条件下检测 H_2O_2 时，显示其线性范围为 2 ~ 19,500μmol/L，检测限为 0.7μA。

Karthik 等[31]采用通过简单的水热过程(图 11.3),研制出了一种具有高效性、选择性的电催化传感器来检测水样本和蔬菜/水果中的甲基对硫磷(MP)。这一过程是基于固定在还原氧化石墨烯(rGO)纳米复合材料上的三维花状钼酸镨(PrM)实现的。

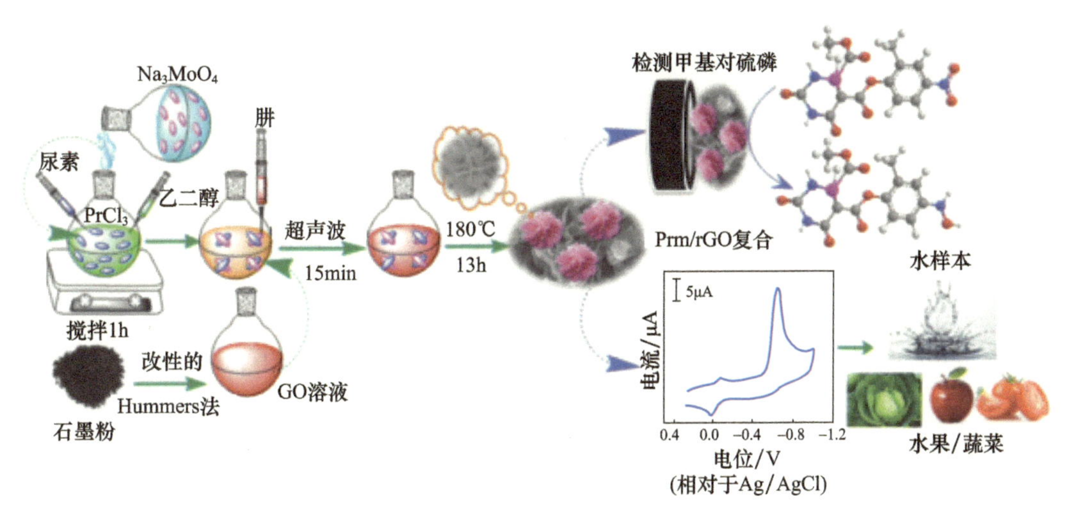

图 11.3 PrM/rGO 复合材料合成路线及应用示意图

他们所制备的花状 PrM/rGO 片和 PrM/rGO 纳米复合材料的结构和形态如图 11.4 所示。

图 11.4 (a)还原氧化石墨烯的 SME 显微镜照片;(b)PrM 和(e,f)PrM/还原氧化石墨烯复合材料;(c)还原氧化石墨烯和(d)花状 PrM 的相应 EDX 光谱

其研究采用了 PrM/rGO 纳米复合材料改性的玻碳电极,且 PrM/rGO/玻碳电极传感器对于检测 MP 显示了卓越的性能,具有线性响应范围宽、检测范围低、选择性好、灵敏度高、实用性强的优点(表 11.1)。

Chauhan 等[32]研制了一种用于检测人体血清中神经递质乙酰胆碱的电化学生物传感器。该生物传感器是采用乙酰胆碱酯酶(AChE)和胆碱氧化酶(ChO)酶、氧化铁纳米粒子

(Fe_2O_3NP)和聚(3,4-亚乙基二氧噻吩)(PEDOT)-还原氧化石墨烯(rGO)纳米复合材料(rGO-PEDOT)制备。首先,利用氧化石墨烯导电聚合物PEDOT的电聚合改性掺氟氧化锡(FTO)电极。用电化学方法对GO/PEDOT进行还原,得到rGO/PEDOT纳米复合材料,采用水热法合成Fe_2O_3纳米粒子。为了获得生物传感器,在经过rGO-PEDOT纳米复合材料改性的FTO电极上,加入了AChE、ChO、Fe_2O_3NP和交联剂戊二醛的混合物。AChE-ChO-Fe_2O_3NP/rGO-PEDOT/FTO电极被应用于乙酰胆碱测定,其线性范围为4.0nmol/L~800μmol/L,响应时间小于4s,检测限为4.0nmol/L。该生物传感器在贮存过程中表现出优异的灵敏度、选择性和稳定性。

11.2.4 石墨烯量子点、氧化石墨烯量子点和还原氧化石墨烯量子点

Yang等[33]研制了一种新型超敏无标记电化学免疫传感器,用于定量检测癌胚抗原(CEA)。该传感器采用水热法合成的氮掺杂石墨烯量子点(N-GQD)负载PtPd双金属纳米颗粒(PtPd/N-GQD)构建,并用自组装法制备了PtPd/N-GQD功能化金纳米粒子(PtPd/N-GQD@Au)。其研究采用PtPd/N-GQD@Au纳米复合材料改性的玻碳电极(GCE)制备免疫传感器(图11.5)。然后通过PtPdNP与抗-CEA的可用胺基团之间的化学键合将PtPd/N-GQD@Au/GCE电极与抗-CEA一起培养。在理想条件下,采用抗-CEA/PtPd/N-GQD@Au/GCE免疫传感器对CEA进行检测,其检测范围为5fg/mL~50ng/mL,检测限为2fg/mL。这种无标记免疫传感器具有高灵敏度、特殊选择性和长期稳定性。

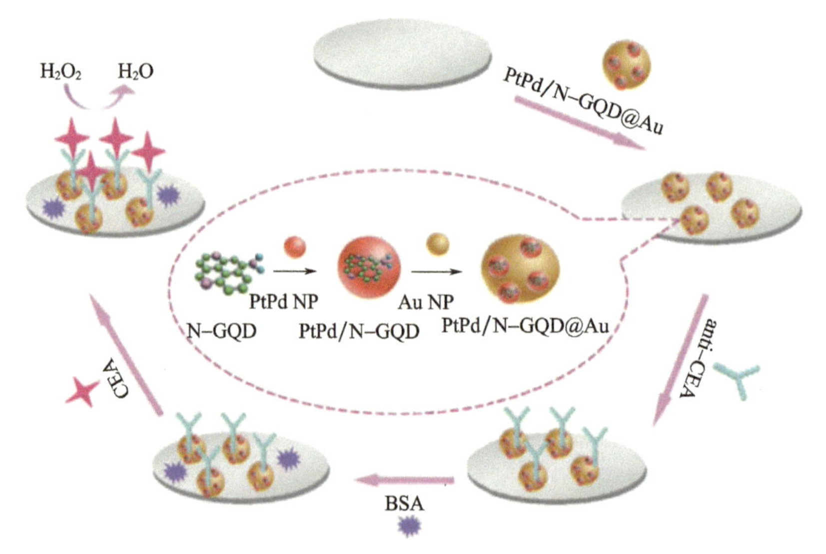

图11.5 无标记电化学免疫传感器示意图及PtPd/N-GQD@Au的制备方法

Arvand和Hemmati[34]利用石墨烯量子点(GQD)、Fe_3O_4磁性纳米粒子和功能化多壁碳纳米管(f-MWCNT)改性玻碳电极,制备了一种简单、可重复利用的、稳定、灵敏的孕酮(P4)检测电化学传感器。其研究通过柠檬酸的碳化和碱溶液中碳化产物的分散,制备了GQD。该传感器对P4的氧化具有良好的电化学催化活性,在理想的分析条件下,其线性检测范围为0.01~0.5μmol/L和0.5~3.0μmol/L,检测限为2.18nmol/L。该传感器被应用于测定具有良好回收率的人血清和药品样本中P4的含量。

Shahdost - fard 和 Roushani[35]首次利用芦丁的电化学氧化作为氧化还原探针制备了一种用于检测2,4,6 - 三硝基甲苯(TNT)的高灵敏度、低成本的电化学传感器。该传感器是利用以银纳米粒子/硫醇功能化石墨烯量子点(AgNP/硫醇 - GQD)纳米复合材料改性的玻碳电极制备的。用 AgNP/thiol - GQD 纳米复合材料在 AgNPs/硫醇 - GQD 纳米复合材料改性的玻碳电极表面固定适体传感器(Ap)进行 TNT 测定。该 Ap/AgNP/thiol - GQD/GCE 传感器可应用于 TNT 检测,其具有两种宽线性范围和前所未有的检测限(表11.1)。

Dong 等[36]研制了一种快速、灵敏、具有选择性的电化学传感器,用于测定和识别酪氨酸(Tyr)对映体,即抑郁症生物标志物。该传感器采用石墨烯量子点(GQD)和功能化的β - 环糊精(β - CD)制备。其研究采用电沉积法,将 β - CD - GQD 复合材料固定在玻碳电极上。β - CD - GQD/GCE 传感器在 L 和 D - Tyr 氧化峰值电流上存在显著差异,其比值为2.35 且 L - Tyr 和 D - Tyr 的检测限分别为 6.07×10^{-9}mol/L 和 1.03×10^{-7}mol/L。

Mollarasouli 等[37]研制了一种超敏无标记电化学免疫传感器用于检测人体血清中的受体酪氨酸激酶(AXL)。为了制备该免疫传感器,采用胺官能化石墨烯量子点(fGQD)对丝网印刷碳电极(SPCE)进行了改性,然后将特异性抗 - AXL 抗体固定在 NH_2 - fGQD/SPCE 上(图11.6)。

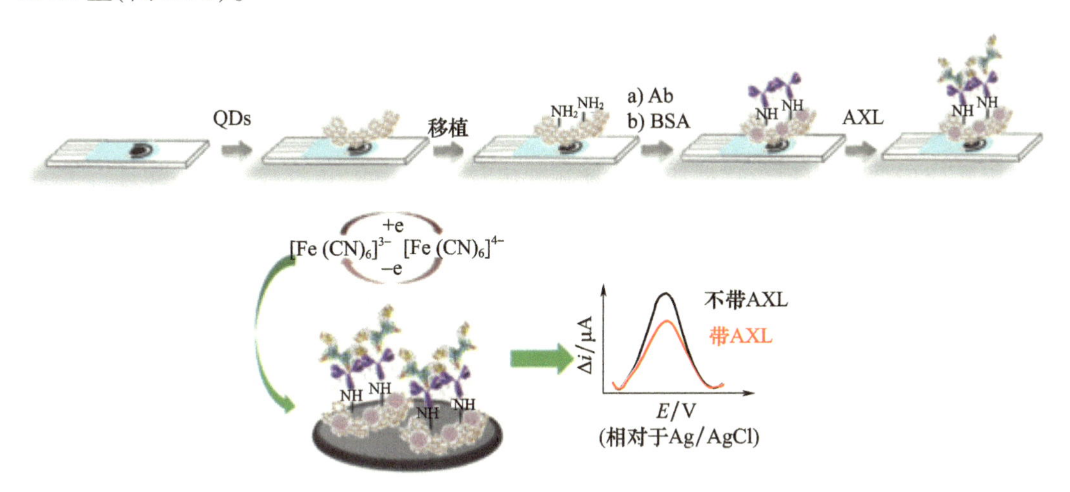

图11.6 构建 AXL 无标记免疫传感器的不同步骤的示意图(包括 NH_2 - fGQD 改性的 SPCE 和通过氧化糖链共价固定的抗 - AXL)

其研究利用微分脉冲伏安法测量氧化还原探针 $Fe(CN)_6^{3-/4-}$ 电流响应的降低,来监测基于抗原抗体亲和力反应的分析信号。在理想条件下,抗 - AXL - fGQD/SPCE 免疫传感器对 AXL 的检测具有良好的分析性能,其线性范围较广(表11.1),检测限为0.5pg/mL。该免疫传感器被应用于检测心衰患者血清中 AXL 的内源性含量,在样本稀释后无任何基质效应。

Zhu 等[38]研制了一种灵敏、小型化的电化学毒性传感器,用于评估 Cd、Hg、Pb、2,4 - 二硝基苯酚、2,4,6 - 三氯苯酚和五氯苯酚污染物在水环境中的毒性。为了制备该传感器,其研究采用了氧化石墨烯量子点/羧化碳纳米管复合材料改性铅笔石墨电极(PGE)(图11.7)。利用 GOQD/CMWCNT/PGE 传感器同时检测了三种由鸟嘌呤/黄嘌呤、腺嘌呤和次黄嘌呤组成的电化学信号，以评估污染物的毒性。可利用人肝癌细胞测量电化学信号的变化。

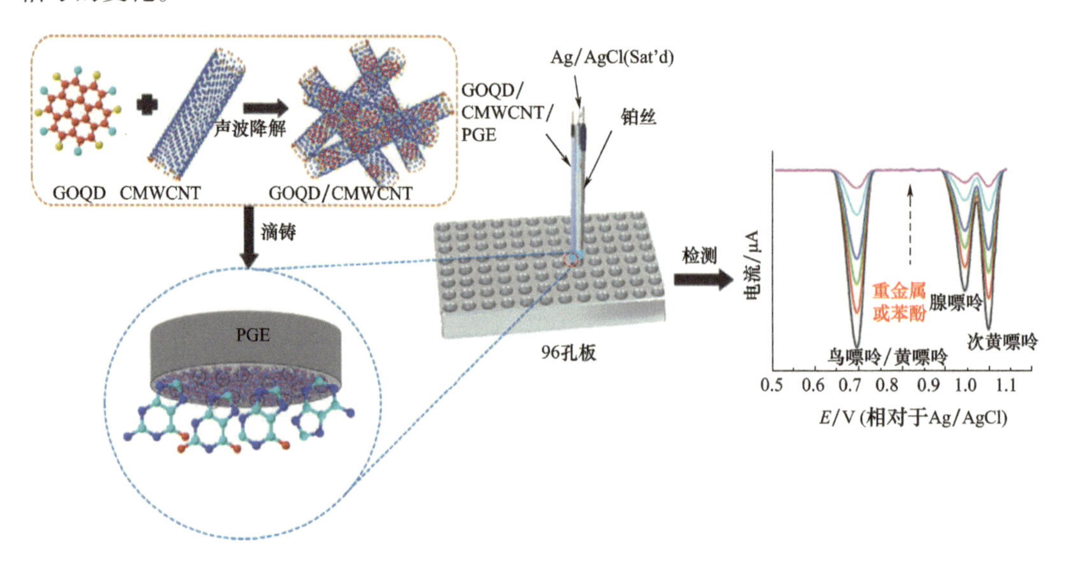

图 11.7 用于评估优先控制污染物的氧化石墨烯量子点和羧基碳纳米管的微型化电化学生物传感器示意图

Zhou 等[39]首次研制出一种简单、超敏的电化学传感器，用于评估氟的细胞毒性。该传感器是采用还原氧化石墨烯量子点（rGOQD）改性的玻碳电极通过电沉积制备的。其研究利用 rGOQD/玻碳电极传感器通过微分脉冲伏安法对尿酸、黄嘌呤和鸟嘌呤进行检测（表 11.1）。然后用电化学生物传感器评估氟橡胶对乳腺癌细胞（MCF－7）的细胞毒性。其分析信号是以 MCF－7 细胞溶液中鸟嘌呤/黄嘌呤浓度的变化为基础。结果表明，RGOQD/玻碳电极传感器可用于评估多环芳烃细胞毒性及与胞内嘌呤核苷酸代谢相关的生理过程。

11.3 其他考虑因素

在本研究工作中，我们调研了还原氧化石墨烯作为电极材料和作为传统电极改性剂的广泛应用。原始石墨烯由于成本高、生产规模小而未得到广泛的应用。最可行的方法是获得氧化石墨烯。反过来，虽然其在电学分析中也有使用，但对于高灵敏度传感器来说，它并没有明显的导电性。还原氧化石墨烯由于其末端有多个官能团，它具有较高的导电性和复合材料功能化和生产的可能性。因此，还原氧化石墨烯和还原氧化石墨烯材料代表了电化学（生物）传感的先进技术，有望通过纳米粒子、无机配合物、量子点等还原氧化石墨烯/纳米复合材料的生产获得越来越灵敏的器件。

参考文献

[1] Wenrong, Y., Kyle, R., Simon, R., Pall, T., Justin, G., Filip, B., Carbon nanomaterials in biosensors: Should you use nanotubes or graphene? *Angew. Chem. Int. Ed.*, 49, 12, 2114－2138, 2010.

[2] Heller, A., Electrical wiring of redox enzymes. *Acc. Chem. Res.*, 23, 5, 128 – 134, 1990.

[3] Tiwari, J. N., Vij, V., Kemp, K. C., Kim, K. S., Engineered carbon – nanomaterial – based electrochemical sensors for biomolecules. *ACS Nano*, 10, 1, 46 – 80, 2016.

[4] Novoselov, K. S., Geim, A. K., Morozov, S. V., Jiang, D., Zhang, Y., Dubonos, S. V., Grigorieva, I. V., Firsov, A. A., Electric field effect in atomically thin carbon films. *Science*, 306, 5696, 666 – 669, 2004.

[5] Yanwu, Z., Shanthi, M., Weiwei, C., Xuesong, L., Won, S. J., R., P. J., S., R. R., Graphene and graphene oxide: Synthesis, properties, and applications. *Adv. Mater.*, 22, 35, 3906 – 3924, 2010.

[6] Birch, M. E., Ruda – Eberenz, T. A., Chai, M., Andrews, R., Hatfield, R. L., Properties that influence the specific surface areas of carbon nanotubes and nanofibers. *Ann. Occup. Hyg.*, 57, 9, 1148 – 1166, 2013.

[7] Pumera, M., Smíd, B., Veltruská, K., Influence of nitric acid treatment of carbon nanotubes on their physico – chemical properties. *J. Nanosci. Nanotechnol.*, 9, 4, 2671 – 2676, 2009.

[8] Bahadır, E. B. and Sezginturk, M. K., Applications of graphene in electrochemical sensing and biosensing. *TrAC, Trends Anal. Chem.*, 76, 1 – 14, 2016.

[9] Alwarappan, S., Erdem, A., Liu, C., Li, C. – Z., Probing the electrochemical properties of graphene nanosheets for biosensing applications. *J. Phys. Chem. C*, 113, 20, 8853 – 8857, 2009.

[10] Haiqun, C., B., M. M., J., G. K., G., W. G., Dan, L., Mechanically strong, electrically conductive, and biocompatible graphene paper. *Adv. Mater.*, 20, 18, 3557 – 3561, 2008.

[11] Kobayashi, N., Izumi, H., Morimoto, Y., Review of toxicity studies of carbon nanotubes. *J. Occup. Health*, 59, 5, 394 – 407, 2017.

[12] Koyama, S., Kim, Y. A., Hayashi, T., Takeuchi, K., Fujii, C., Kuroiwa, N., Koyama, H., Tsukahara, T., Endo, M., *In vivo* immunological toxicity in mice of carbon nanotubes with impurities. *Carbon*, 47, 5, 1365 – 1372, 2009.

[13] Pumera, M., Ambrosi, A., Bonanni, A., Chng, E. L. K., Poh, H. L., Graphene for electrochemical sensing and biosensing. *TrAC, Trends Anal. Chem.*, 29, 9, 954 – 965, 2010.

[14] Rowley – Neale, S. J., Randviir, E. P., Abo Dena, A. S., Banks, C. E., An overview of recent applications of reduced graphene oxide as a basis of electroanalytical sensing platforms. *Appl. Mater. Today*, 10, 218 – 226, 2018.

[15] Dreyer, D. R., Park, S., Bielawski, C. W., Ruoff, R. S., The chemistry of graphene oxide. *Chem. Soc. Rev.*, 39, 1, 228 – 240, 2010.

[16] Chen, D., Feng, H., Li, J., Graphene oxide: Preparation, functionalization, and electrochemical applications. *Chem. Rev.*, 112, 11, 6027 – 6053, 2012.

[17] Becerril, H. A., Mao, J., Liu, Z., Stoltenberg, R. M., Bao, Z., Chen, Y., Evaluation of solution – processed reduced graphene oxide films as transparent conductors. *ACS Nano*, 2, 3, 463 – 470, 2008.

[18] Liu, S., Wu, T., Li, F., Zhang, Q., Dong, X., Niu, L., Disposable graphene sensor with an internal reference electrode for stripping analysis of heavy[space]metals. *Anal. Methods*, 10, 17, 1986 – 1992, 2018.

[19] Gao, J., Yuan, Q., Ye, C., Guo, P., Du, S., Lai, G., Yu, A., Jiang, N., Fu, L., Lin, C. – T., Chee, W. K., Label – free electrochemical detection of vanillin through low – defect graphene electrodes modified with Au nanoparticles. *Materials*, 11, 4, 2018.

[20] Yuan, Q., Liu, Y., Ye, C., Sun, H., Dai, D., Wei, Q., Lai, G., Wu, T., Yu, A., Fu, L., Chee, K. W. A., Lin, C. – T., Highly stable and regenerative graphene – diamond hybrid electrochemical biosensor for fouling target dopamine detection. *Biosens. Bioelectron.*, 111, 117 – 123, 2018.

[21] Sari, T. K., Takahashi, F., Jin, J., Zein, R., Munaf, E., Electrochemical determination of chromium(VI) in river water with gold nanoparticles – graphene nanocomposites modified electrodes. *Anal. Sci.*, 34, 2,

155 - 160,2018.

[22] Gao,D. ,Li,M. ,Li,H. ,Li,C. ,Zhu,N. ,Yang,B. ,Sensitive detection of biomolecules and DNA bases based on graphene nanosheets. *J. Solid State Electrochem.* ,21,3,813 - 821,2017.

[23] Abdel - Haleem,F. M. ,Saad,M. ,Barhoum,A. ,Bechelany,M. ,Rizk,M. S. ,PVC membrane,coated - wire,and carbon - paste ion - selective electrodes for potentiometric determination of galantamine hydrobromide in physiological fluids. *Mater. Sci. Eng.* ,*C*,89,140 - 148,2018.

[24] Xiao,Q. ,Feng,M. ,Liu,Y. ,Lu,S. ,He,Y. ,Huang,S. ,The graphene/polypyrrole/chitosan - modified glassy carbon electrode for electrochemical nitrite detection. *Ionics*,24,3,845 - 859,2018.

[25] Jiao,Y. ,Hou,W. ,Fu,J. ,Guo,Y. ,Sun,X. ,Wang,X. ,Zhao,J. ,A nanostructured electrochemical aptasensor for highly sensitive detection of chlorpyrifos. *Sens. Actuators*,*B*,243,1164 - 1170,2017.

[26] Hassanvand,Z. and Jalali,F. ,Electrocatalytic determination of glutathione using transition metal hexacyanoferrates(MHCFs) of copper and cobalt electrode posited on graphene oxide nanosheets. *Anal. Bioanal. Chem. Res.* ,5,1,115 - 129,2018.

[27] Pan,L. - H. ,Kuo,S. - H. ,Lin,T. - Y. ,Lin,C. - W. ,Fang,P. - Y. ,Yang,H. - W. ,An electrochemical biosensor to simultaneously detect VEGF and PSA for early prostate cancer diagnosis based ongraphene oxide/ssDNA/PLLA nanoparticles. *Biosens. Bioelectron.* ,89,598 - 605,2017.

[28] Cogal,S. ,Electrochemical determination of dopamine using a poly(3,4 - ethylenedioxythiophene) - reduced graphene oxide - modified glassy carbon electrode. *Anal. Lett.* ,51,11,1666 - 1679,2018.

[29] Nibedita,D. ,Devasena,T. ,Tamilarasu,S. ,A comparative evaluation of graphene oxide based materials for electrochemical non - enzymatic sensing of curcumin. *Mater. Res. Express*,5,2,025406,2018.

[30] Guler,M. ,Turkoglu,V. ,Bulut,A. ,Zahmakiran,M. ,Electrochemical sensing of hydrogen peroxide using Pd@ Ag bimetallic nanoparticles decorated functionalized reduced graphene oxide. *Electrochim. Acta*,263, 118 - 126,2018.

[31] Karthik,R. ,Kumar,J. V. ,Chen,S. - M. ,Kokulnathan,T. ,Chen,T. - W. ,Sakthinathan,S. ,Chiu,T. - W. ,Muthuraj,V. ,Development of novel 3D flower - like praseodymium molybdate decorated reduced graphene oxide:An efficient and selective electrocatalyst for the detection of acetylcholinesterase inhibitor methyl parathion. *Sens. Actuators*,*B*,270,353 - 361,2018.

[32] Chauhan,N. ,Chawla,S. ,Pundir,C. S. ,Jain,U. ,An electrochemical sensor for detection of neurotransmitter - acetylcholine using metal nanoparticles,2D material and conducting polymer modified electrode. *Biosens. Bioelectron.* ,89,377 - 383,2017.

[33] Yang,Y. ,Liu,Q. ,Liu,Y. ,Cui,J. ,Liu,H. ,Wang,P. ,Li,Y. ,Chen,L. ,Zhao,Z. ,Dong,Y. ,A novellabel - free electrochemical immunosensor based on functionalized nitrogen - doped graphene quantum dots for carcinoembryonic antigen detection. *Biosens. Bioelectron.* ,90,31 - 38,2017.

[34] Arvand,M. and Hemmati,S. ,Magnetic nanoparticles embedded with graphene quantum dots and multiwalled carbon nanotubes as a sensing platform for electrochemical detection of progesterone. *Sens. Actuators*,*B*,238,346 - 356,2017.

[35] Shahdost - fard,F. and Roushani,M. ,Designing an ultra - sensitive aptasensor based on an AgNPs/thiol - GQD nanocomposite for TNT detection at femtomolar levels using the electrochemical oxidation of Rutin as a redox probe. *Biosens. Bioelectron.* ,87,724 - 731,2017.

[36] Dong,S. ,Bi,Q. ,Qiao,C. ,Sun,Y. ,Zhang,X. ,Lu,X. ,Zhao,L. ,Electrochemical sensor for discrimination tyrosine enantiomers using graphene quantum dots and β - cyclodextrins composites. *Talanta*,173,94 - 100,2017.

[37] Mollarasouli,F. ,Serafín,V. ,Campuzano,S. ,Yáñez - Sedeño,P. ,Pingarrón,J. M. ,Asadpour - Zeynali, K. ,Ultrasensitive determination of receptor tyrosine kinase with a label - free electrochemical immunosen-

sor using graphene quantum dots - modified screen - printed electrodes. *Anal. Chim. Acta*, 1011, 28 - 34, 2018.

[38] Zhu, X., Wu, G., Lu, N., Yuan, X., Li, B., A miniaturized electrochemical toxicity biosensor based on graphene oxide quantum dots/carboxylated carbon nanotubes for assessment of prioritypollutants. *J. Hazard. Mater.*, 324, 272 - 280, 2017.

[39] Zhou, S., Guo, P., Li, J., Meng, L., Gao, H., Yuan, X., Wu, D., An electrochemical method for evaluation the cytotoxicity of fluorene on reduced graphene oxide quantum dots modified electrode. *Sens. Actuators, B*, 255, 2595 - 2600, 2018.

第12章　基于石墨烯的光纤无标记生物传感器

XianfengChen[1], JianlongZhao[2], LinZhang[3]

[1]英国班戈大学电子工程学院

[2]中国科学院上海微系统与信息技术研究所传感技术国家重点实验室

[3]英国伯明翰阿斯顿大学光子技术研究所

摘　要　本章探讨了基于石墨烯的光纤生物传感器的创新。我们提出了氧化石墨烯(GO)集成长周期光栅(LPG)结构,用于超敏感无标记抗体抗原免疫传感和人体血红蛋白检测。氧化石墨烯连接层具有极高的表面积体积比和优良的光学和生化特性,为生物亲和性界面提供了一个卓越的分析平台。缺乏有效的转移技术限制了石墨烯在非平面基底器件中的应用。近期一种基于物理吸附的化学键新型原位逐层沉积技术被提出来,用于确保纳米材料沉积在具有强附着力和精确的厚度控制的特定柱形纤维上。表面形貌用原子力显微镜(AFM)、扫描电子显微镜(SEM)和拉曼光谱进行表征。利用GO-LPG集成,实验研究了增强光物质界面和折射率灵敏度等光学特性。氧化石墨烯基双峰长周期光栅被生物功能化以实时监测IgG/抗IgG动力学结合,检测限为7ng/mL。GO-LPG用于血红蛋白检测,检测浓度为0.05mg/mL,远远低于世界卫生组织确定的贫血阈值。提出的石墨烯-光纤配置为临床诊断和生物医学应用的生物光子平台开辟了道路。

关键词　氧化石墨烯,生物传感器,无标记,抗体抗原,血红蛋白,长周期光栅,免疫传感器

12.1 引言

在过去的几十年里,能够检测生物分子相互作用的生物传感器已经成为医学诊断、医疗保健、生命科学、食品安全以及环境和工业监测的宝贵工具[1]。传统的菌种保藏和菌落计数技术复杂、危险、昂贵、耗时,通常需要标记和信号放大。化学和生化传感领域日益增长的需求促使研究人员开发出能够快速、准确、可靠、具有成本效益和原位测量的新技术。

很明显,在实时诊断中应用高灵敏度光学传感方案相比以往的方法有显著的优势[2]。在生物测定中,最普遍的光学方法是基于标记的试验,它利用目标分析物和标记有荧光或化学发光标记的生物识别元素之间的相互作用。光学方法提供的另一种可能性是测量由

化学和生化相互作用引起的折射率(RI)的变化。无标记光学技术能够直接和实时监测生物受体和分析物之间相互作用,证明了研究动态相互作用的可能性。

12.2 光纤生物传感器的最新进展

光纤通常被称为波导,其内部的光沿着它传播,并在远端出现。光纤以其在电信领域的应用而闻名,在电信领域,光信号可以通过单光纤长距离传输。它们也被广泛地用作光学传感器和器件。凭光纤固有的小型化、重量轻、抗电磁干扰和可在广泛环境条件下工作等优点,光纤传感技术已被开发应用于土木工程、航空航天、汽车、油气和天然气、核电、国防与安全、环境监测、化学分析、分子生物技术、生物传感、生物医学诊断等领域[3-4]。

目前,光纤生物传感器已引起人们的广泛关注,并取得了迅速的进展。一个新型平台"光纤实验室"拟用于生物技术和分子生物应用[5-6]。光纤生物传感平台最重要的优点是它能够提供无标记、实时、多路、在线检测、高灵敏度和选择性等独特的生物检测功能。近年来,光纤光栅被提议作为化学和生化传感的光学平台。在测量与化学或生化反应有关的折射率变化的基础上,光纤光栅被发展成为其他无标记光学方法的一个可能替代方案。不同光纤光栅类型如微纤维布拉格光栅(FBG)[7]、长周期光栅(LPG)[8-9]、倾斜光纤光栅(TFG)[10-12]、光子晶体光纤中的长周期光栅[13]和表面等离子体共振(SPR)[14]已被用于开发光纤生物传感器。生产各种光纤生物传感器用于检测蛋白质[15]、抗体抗原的生物亲和性[16-18]、DNA 杂交[9,19]、细胞行为[14]、酶-葡萄糖结合[20,12]、生物素-链霉亲和素[21]和细菌[22]。

二维层状纳米材料的发展对物理学、化学、材料、光子学、工程、医学、生物科学等多学科领域的研究具有重要意义。自从石墨烯在 2004 年被发现以来,引起了极大的轰动[23-24]。石墨烯非凡的机械、电、化学和光学特性使其成为一种非常有前途的二维层状材料,广泛应用于场效应晶体管、超电容、储能、传感器和超快激光等领域[25-28]。此外,由于氧化石墨烯具有良好的生物相容性、溶解性和选择性[29-31],因而在生物医学应用中表现出优势。氧化石墨烯已被应用于药物传递[32-33]、活细胞生物成像[34]、癌细胞的检测[35]、DNA[36-37]、酶[38]、蛋白质[39]、葡萄糖[40]、肽[41]、纤维素和木质素[42]。

本章利用了石墨烯光纤生物传感器在无标记免疫传感和人体血红蛋白检测方面的创新。这种传感机制依赖于生物分子诱导的光倏逝波变化的吸附作用,在这种作用下,氧化石墨烯起到了生物界面连接的作用,使生物亲和性结合过程中具有显著的光物质相互作用。提出了一种基于与物理吸附相结合的化学键的新型原位逐层沉积技术,用于在不平坦基底上沉积氧化石墨烯纳米片(如特殊的柱形光纤器件)。利用光学显微镜、原子力显微镜、扫描电子显微镜和拉曼光谱对其表面形貌进行了表征。通过集成氧化石墨烯纳米片,实验研究了长周期光栅在增强的光物质界面和折射率灵敏度方面的光学特性。GO-LPG 架构被进一步生物功能化,形成生物传感器,实现无标记抗体抗原免疫传感和血红蛋白检测,显示了显著的性能。我们相信石墨烯光纤结构为食品安全、环境监测、临床诊断和生物医学应用开辟了一个新的分子诊断平台。

12.3 石墨烯-光纤生物传感器的新颖结构

12.3.1 氧化石墨烯-长周期光栅的架构和模式耦合理论

长周期光纤光栅通常是通过在光纤芯中诱导数百微米量级的周期折射率调制而形成的。如图12.1(a)所示,光纤纤心中的折射率扰动将光耦合从基核模式提升到一组正向传播包层模式,从而在透射光谱中的离散波长处产生一系列衰减峰值(图12.1(b))。模式耦合满足相位匹配条件[43-44]:

$$\lambda_{res} = (n_{co}^{eff} - n_{cl,i}^{eff})\Lambda \tag{12.1}$$

式中:n_{co}^{eff}和$n_{cl,i}^{eff}$为纤心的有效折射率;i^{th}包层模和Λ为长周期光栅的周期。

长周期光纤衰减峰值对应于包层传导模,该模式具有延伸至光纤包层/氧化石墨烯界面外的渐增的倏逝场。倏逝场在几微米的距离内从表面衰减,这足以穿透周围的介质并感知其光学特性。外部扰动影响GO-LPG周围的倏逝场,从而改变包层的有效折射率,进而诱导了长周期光纤共振的可测量变化。凭借这种固有特性,GO-LPG可以用作化学传感器和生物传感器[45]。

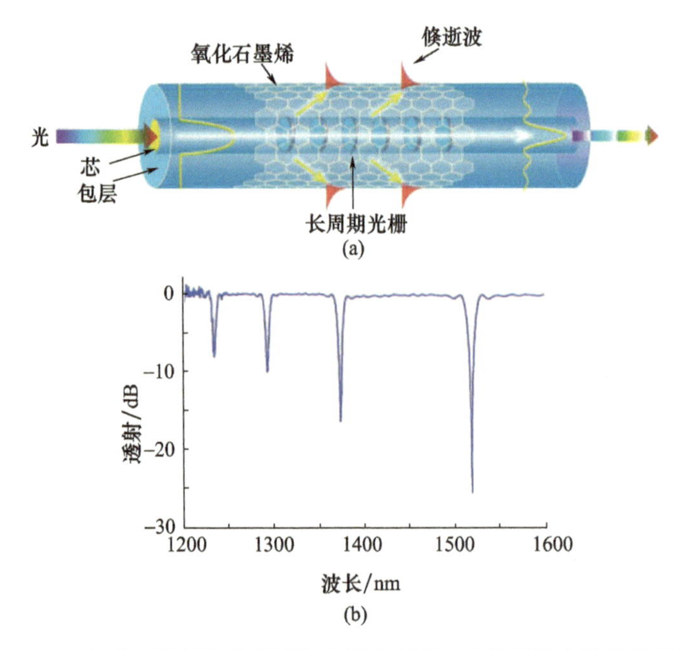

图12.1 (a)氧化石墨烯集成长周期光栅示意图;(b)长周期光栅的典型透射谱

对于传统的长周期光栅(非涂层LPG),据报告,当周围介质折射率(SRI)接近包层折射率(CRI)[46]时,可以达到最大折射率灵敏度。当SRI超过CRI时,具有辐射模式和相位匹配条件的核心模式耦合将不再被满足。

折射率基传感器面临的主要挑战是在通常进行生物测定和生化变化的低折射率区(1.33~1.35RIU)缺乏高灵敏度。为了提高长周期光栅的折射率灵敏度,已经开发了几种方法,如抛光边、蚀刻包层、纤维拉锥[47-48]。然而,这些方法由于需要仔细的包装以补偿不可避免的纤维的机械完整性的减少而变得更加复杂，并且增加了成本。

薄膜沉积是一种替代的方法，而不是牺牲机械完整性[49-53]。薄膜涂层可以从包层导模过渡到覆盖导模和辐射模。对于非涂层的长周期光栅(裸LPG)，谐振强度随SRI的增加而缓慢变化，作为强度基传感器提供了低灵敏度，而它通常用作波长的传感器[46]。在涂膜长周期光栅的情况下，由于电场分布的迅速变化，耦合强度将发生变化，从而使涂膜长周期光栅作为具有良好灵敏度的基于强度的传感器[50-52,54]。

长周期光栅衰减频带的传输功率[55]为

$$T = 1 - \sin^2(\kappa L) \tag{12.2}$$

式中：L 为LPG的长度；κ 为LP_{vj}模式和$LP_{\mu k}$模式之间的耦合系数：

$$\kappa = \frac{\omega}{4P_0}\int_{\varphi=0}^{2\pi}\int_{r=0}^{\infty}\Delta\varepsilon(r,\varphi,z)\ \psi_{vj}(r,\varphi)\ \psi_{uk}^{*}(r,\varphi)r\mathrm{d}r\mathrm{d}\varphi \tag{12.3}$$

式中：ω 为光栅面形的FWHM；P_0为模式的功率；$\Delta\varepsilon(r,\varphi,z)$为介电常数的变化；$\psi(r,\varphi)$为包层模的横向场；$r$ 和 ϕ 分别为径向场和角视场。耦合系数是由芯模和包层模的重叠积分以及模传播常数周期调制的幅度所决定。

如图12.1(a)所示，在本章中，我们提出一个氧化石墨烯纳米片集成长周期光栅结构作为增强光物质相互作用和无标记生物传感的光学平台。

12.3.2 氧化石墨烯-长周期光栅生物传感原理

作为石墨烯的氧化衍生物，氧化石墨烯在其基面和板边上既含有 sp^2 和 sp^3 杂化碳原子，也含有不同的含氧官能团，如羟基、环氧和羧基[57-58]。氧化石墨烯具有很强的亲水性和良好的生物相容性，提供了在表面安装生物分子链接的能力，作为检测DNA，葡萄糖和蛋白质的生物传感平台[38,40,59]。富集的官能团可以以离子、共价或非共价的方式相互作用，因此原则上每单位面积提供最高的生物分子萃取效率[31]。

如图12.2所示的GO-LPG架构，长周期光栅将光从纤芯耦合到包层，该包层可以用作光学传感器。氧化石墨烯覆盖可以通过生物受体固定，使结合位点自由进行特定的生物识别。无标记生物传感的机理是生物受体与目标分析物之间的动态生物亲和力结合改变了分析物-氧化石墨烯-纤维界面上的局部折射率，使倏逝场穿透，从而改变了可实时监测的长周期光栅透射谱，因而消除了分析物标记的需要。

基于GO-LPG的生物传感器的灵敏度可以定义为光信号变化与测量量变化的比值。生物传感器灵敏度为

$$S = \frac{\Delta\lambda}{\Delta C} = \frac{\Delta\lambda}{\Delta n}\cdot\frac{\Delta n}{\Delta C} = S_{\mathrm{RI}}\cdot E \tag{12.4}$$

式中：$\Delta\lambda$ 为波长的偏移；ΔC 为分析物浓度的变化；Δn 为相应的折射率变化。目标分子与生物受体之间的生物亲和性结合改变了局部分析物的浓度(ΔC)，增加了器件和周围介质界面处的局部折射率(Δn)，从而引起了相应波长的光信号变化($\Delta\lambda$)。

生物传感器灵敏度包括两部分：折射率灵敏度S_{RI}和生物结合效率 E。其效率取决于传感器表面的性质、结合位点的数目和生物分析物的类型。由于其固有的高表面体积比、丰富的官能团和优良的光学和生化特性，氧化石墨烯作为生物界面连接提供了大量的结合位点、高的固定化密度、高的生物相容性和稳定性，因而具有很强的光波干扰。氧化石

墨烯集成长周期光栅不仅表现出折射率提高的灵敏度，而且表现出极高的效率，保证了生物传感应用的卓越性能，具有无标记、实时、超高检测灵敏度和有竞争力的检测限的优点。

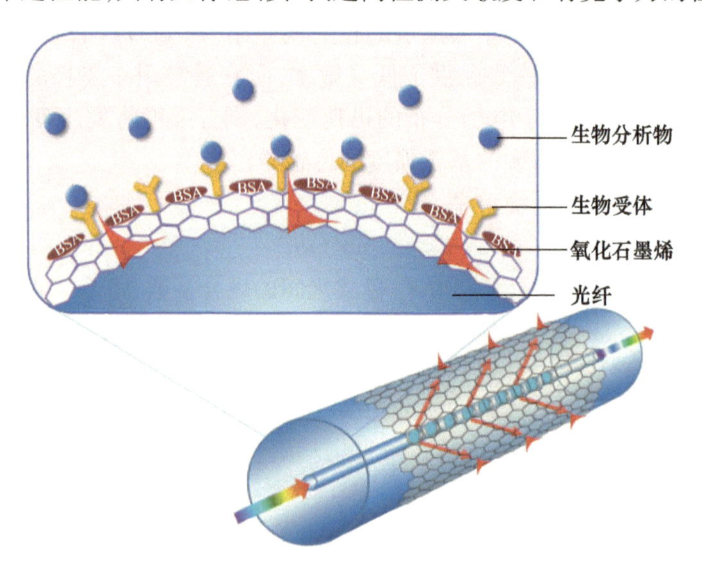

图 12.2 氧化石墨烯－纤维光学生物传感器的示意图（包括长周期光栅与氧化石墨烯集成连接层，为探针生物受体与靶标生物分析物的生物亲和性结合提供了一个重要的分析平台）

12.4 氧化石墨烯－长周期光栅传感器的功能化

12.4.1 长周期光栅的制备

制备和研究了两种类型的长周期光栅：标准长周期光栅（400μm 周期，15mm 长）和双峰长周期光栅（dLPG，162μm 周期，30mm 长）。两个光栅都是通过波长为 244nm 的 CW 倍频 Ar 激光器刻在氢化单模光纤（SMF－28，康宁）刻写。采用多次逐点迭代的方法实现了光栅的高质量。紫外线制备后，光栅在 80℃退火 48h，去除残余氢，稳定其光学性能。

12.4.2 材料

从 Sigma－Aldrich（英国）采购了氧化石墨烯的水分散体系、氢氧化钠（NaOH）、（3－氨基丙基）三乙氧基硅烷（APTES）、*N*－（3－二甲氨基丙基）－*N′*乙基碳二亚胺盐酸盐（EDC）、*N*－羟基琥珀酰亚胺（NHS）、磷酸盐缓冲生理盐水（1×PBS，pH7.4）、牛血清白蛋白（BSA）、兔 IgG、山羊抗兔 IgG 和人类血红蛋白。从赛默飞世尔科技公司购买盐酸（HCl）、甲醇、乙醇、丙酮和去离子（DI）水。

所有化学试剂和生化试剂均为分析纯，未经进一步提纯即可作为原料使用。所有的水溶液均用去离子水制备。

12.4.3 表面修饰和氧化石墨烯的沉积

最近的研究表明，二维层状材料可以调制带有卓越性能的光用于超快激光器、宽带偏振器、气体检测、湿度传感器和生物传感等实际应用[60-62]。包括金属涂层、碳纳米管(CNT)、氧化锌(ZnO)、二氧化钛(TiO_2)和石墨烯等在内的多种材料已被用于光纤传感器表面沉积,提高其折射率灵敏度[63-65]。然而,薄膜沉积在光纤上的巨大挑战在于它的圆柱形几何形状和如此薄的直径。缺乏有效的转移技术限制了石墨烯和氧化石墨烯在光纤器件中的使用。本文提出了一种基于与物理吸附相关的化学键合的原位逐层(i-LbL)沉积技术,用于在圆柱形纤维表面沉积氧化石墨烯纳米片。

如图12.3所示,纤维最初是用丙酮清洗,去除表面上残留的污染物。然后将纤维在室温下浸入1.0mol/L NaOH溶液中1h进行碱处理,增加其表面的羟基(-OH)数量(图12.3(a)),用去离子水彻底洗净并晾干。对于硅烷化(图12.3(b)),碱处理长周期光栅,首先在室温下5%的APTES溶液(v/v乙醇)中浸泡1h,以在表面形成Si-O-Si键合,然后用乙醇洗涤除去未结合的单体并在70℃的烤箱中烘烤30min,提高APTES单层的稳定性。

经APTES硅烷化处理后,将纤维放在定制的迷你溶池中1mL 0.08mg/mL的氧化石墨烯水溶液中培养,并在42℃的热板上放置3h。氧化石墨烯的环氧基团与APTES-硅烷化纤维的氨基反应,从而使氧化石墨烯纳米片在纤维表面化学结合(图12.3(c))。当水溶液在加热过程中缓慢蒸发时,氧化石墨烯纳米片自然地逐渐吸附在纤维表面。当溶液蒸发后,再加入1mL氧化石墨烯溶液到迷你溶池中浸泡纤维样品。当水溶液在42℃加热过程中缓慢蒸发时,氧化石墨烯纳米片自然地逐渐吸附在纤维表面。当纤维部分从溶液中露出时,表面会出现褐色涂层。沉积后,将氧化石墨烯涂层纤维浸泡在去离子水中30min,以去除未粘合的氧化石墨烯片,然后将其置于70℃的烤箱中1h,以巩固氧化石墨烯层(图12.3(d))。

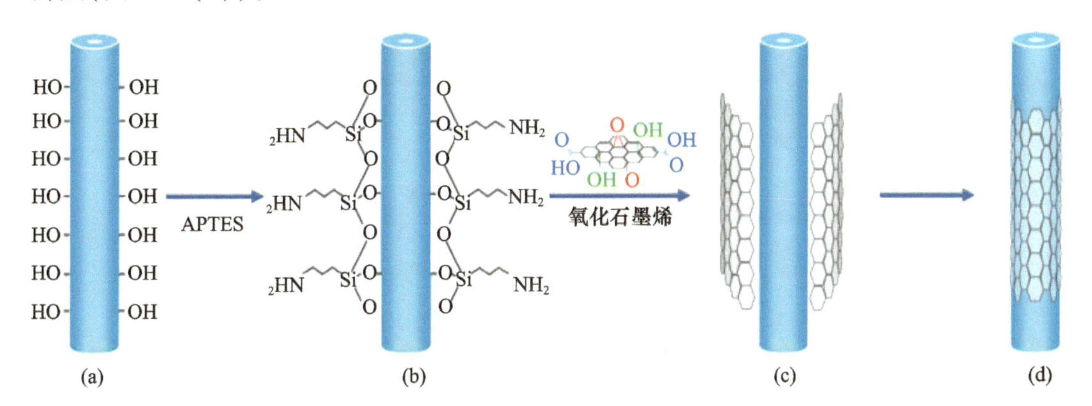

图12.3 GO纳米片沉积在圆柱形纤维表面的示意图

利用i-LbL沉积技术,通过调整氧化石墨烯溶液浓度和沉积周期数,可以精确控制涂层厚度。这里需要指出的是,为了获得更厚的涂层,可以采用高氧化石墨烯浓度(如1.0mg/mL)和多次物理吸附循环。

12.4.4 表面形态特征

利用光学显微镜、拉曼光谱、原子力显微镜、扫描电镜等手段对氧化石墨烯沉积纤维表面形貌进行表征。

最初的光学显微镜图像(图12.4(a),图12.5(a))显示了氧化石墨烯涂层和裸纤维部分之间的清晰边界,表明在纤维表面成功地叠加沉积。拉曼光谱是涂层材料表征的最有力的工具之一。用雷尼绍拉曼显微镜1000(使用632.8nm光)测量了裸纤维和涂层纤维的截面,拉曼光谱如图12.4(b)和图12.5(b)所示。与裸截面相比,氧化石墨烯涂层纤维的拉曼光谱由三个显著峰组成,分配给1阶D模式(1335cm^{-1})和G模式(1599cm^{-1})以及2阶2D模式(约2682cm^{-1})表示氧化石墨烯材料的存在。D模式被指定为碳基平面和边缘上羟基和环氧基团附着导致的氧化石墨烯局部缺陷和无序。G模式是由sp^2碳原子E_{2g}平面的一级散射所引起。

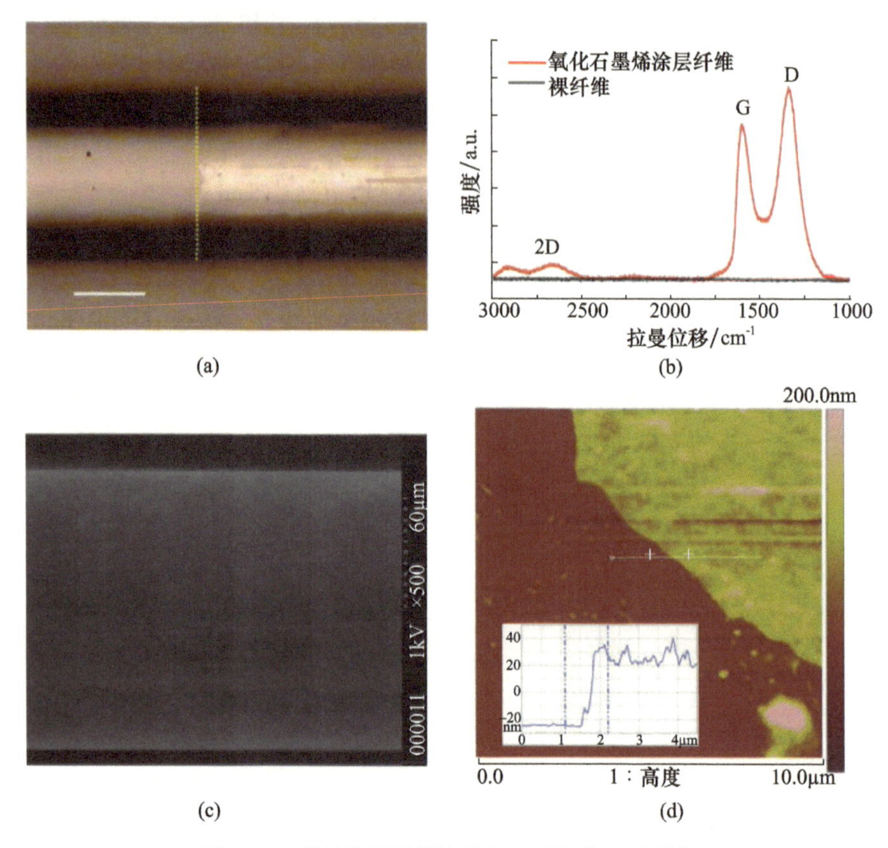

图12.4 薄氧化石墨烯涂层在光纤上的表面形貌

(a)氧化石墨烯涂层纤维的光学显微镜图像(虚线:氧化石墨烯边界,刻度条:50μm);(b)拉曼光谱;(c)扫描电子纤维镜图像;(d)原子力纤维镜的氧化石墨烯阶梯边界图像(内嵌:高度剖面图)。

氧化石墨烯涂层的厚度取决于氧化石墨烯分散浓度、沉积周期数、加热时间和温度等沉积条件。研究了氧化石墨烯涂层的两种典型厚度——薄氧化石墨烯涂层(图12.4)和厚氧化石墨烯涂层(图12.5)。涂层厚度可以用原子力纤维镜(Veeco仪器公司,双尺寸3100)来测量。原子力纤维镜攻丝模式地形图和高度分布图显示,薄氧化石墨烯涂层厚度为49.2nm(图12.4(d)),厚氧化石墨烯涂层厚度为501.8nm(图12.5(d))。

SME(日立,S-520)进一步检查了表面覆盖物。详细的纹理(图12.4(c)和图12.5(c))表明,氧化石墨烯纳米片沉积在纤维上,在整个圆柱表面形成均匀层。

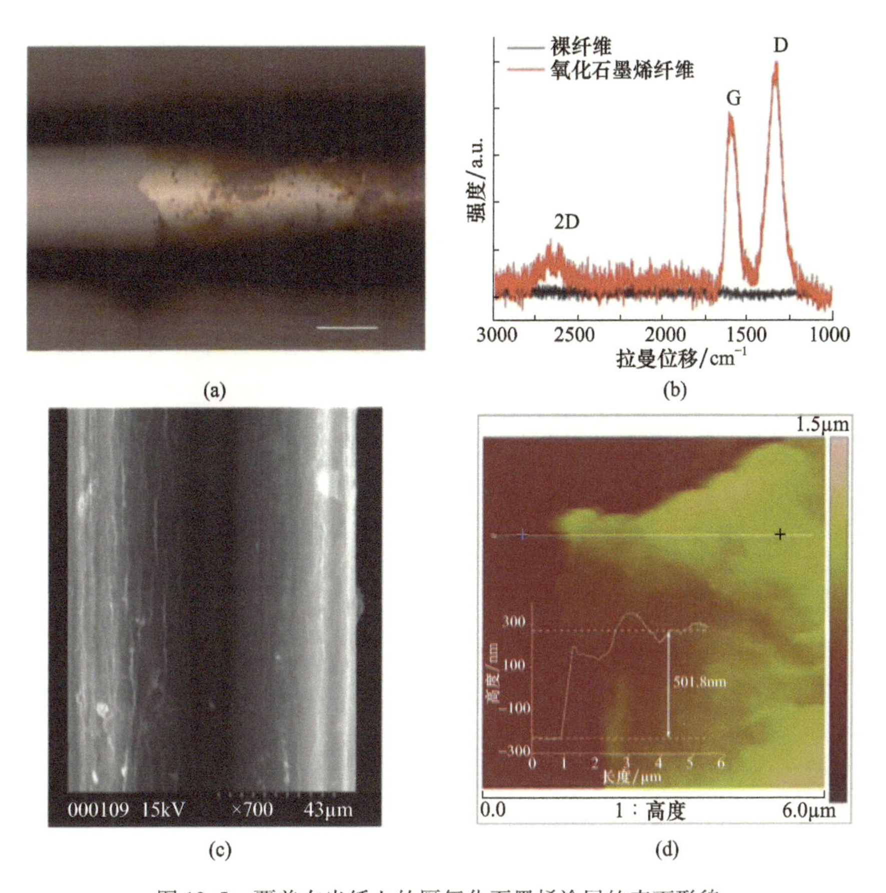

(a) (b)

(c) (d)

图 12.5 覆盖在光纤上的厚氧化石墨烯涂层的表面形貌

(a)光学显微镜图像(标尺:50μm);(b)拉曼光谱;(c)扫描电子纤维镜图像;(d)光纤上厚氧化石墨烯涂层的原子力纤维镜图像(内嵌:高度剖面图)。

12.5 氧化石墨烯光纤免疫传感器

12.5.1 通过薄氧化石墨烯涂层提高折射率传感灵敏度

对于长周期光栅,由于较高的包层模式群指数的抛物线特性,在相位匹配曲线上存在一组色散转折点(DTP)[8,47]。对于162μm周期的dLPG,光从基核模式耦合到正向传播包层模式,导致在传输光谱中相同共轭包层模式阶 LP_{012} 的两个共振 $LP_{012}^{蓝色}$(在折射率水中1340nm处测量)和 $LP_{012}^{红色}$(在1465nm处)(图12.6)。采用双峰长周期光栅(dLPG)定义了对相同外部扰动具有反向信号的波长偏移的双峰长周期光栅。

通过将器件沉浸在一组具有所测量的折射率为1.3326、1.3471、1.3625、1.3820、1.3917、1.4004、1.4101、1.4218、1.4300和1.4413的折射率溶液中,研究了折射率对裸dLPG和氧化石墨烯涂层dLPG的灵敏度。将光纤光栅放置在一个直V形槽中,同时折射率溶液则被小心的转移至覆盖整个光栅区域。每次测量后,用甲醇和折射率水彻底冲洗纤维器件和V形槽。

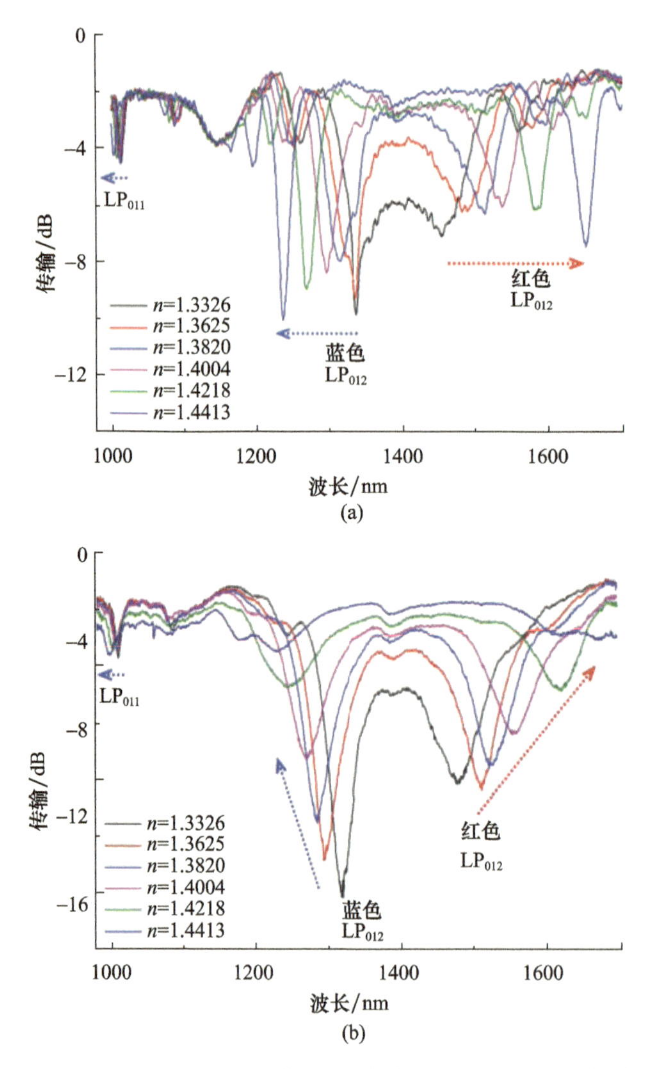

图 12.6 (a)裸 dLPG 和(b)GO 涂层 dLPG 在不同 RI 溶液中透射谱的演变

图 12.6(a)和图 12.6(b)分别绘制了裸 dLPG 和 GO - dLPG 在不同 SRI 溶液下的透射谱演化图。当折射率增加时，双峰向相反方向移动，红色峰$LP_{012}^{红色}$向长波长方向移动，而蓝色峰$LP_{012}^{蓝色}$向蓝色方向移动。如图 12.6(b)所示，GO - dLPG 共振的波长和强度都发生了显著的变化。例如，当周围的折射率增加时，双峰的强度显著降低；这与之前的研究一致[55]。对于涂层覆盖的 dLPG，包层引导模式被部分辐射到涂层中，表现为泄漏模式。由于光模间的耦合系数是折射率(式(12.3))的函数，所以周围折射率的增加会减少核心模和包壳模之间的重叠积分，从而降低共振强度[44,66]。当周围的折射率接近包层折射率时，核心模式将耦合到没有明显衰减频带的宽带辐射模式。

图 12.7 绘制了双峰分离与 SRI 变化的依赖关系，显示了非线性关系。红色符号表示 GO - dLPG，蓝色符号表示裸 dLPG。表 12.1 给出了裸 dLPG 和 GO - dLPG 的折射率灵敏度的比较结果。GO - dLPG 对低(1.33 ~ 1.35)和高(1.43 ~ 1.44)折射率区域的折射率灵敏度分别为 2538nm/RIU 和 8956nm/RIU，而对相应裸 dLPG 的蓝色符号表示相应的折射

率区域的灵敏度为1255nm/RIU和5761nm/RIU。在适当的49.2nm的薄厚度下，GO-dLPG对低折射率区域和高折射率区域的折射率灵敏度分别提高了200%和155%。

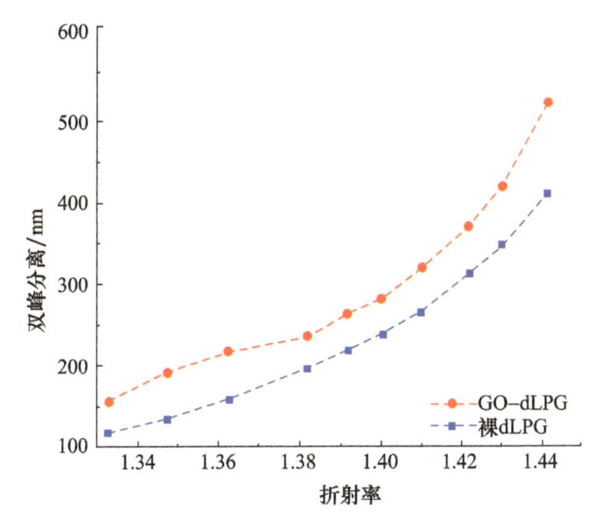

图12.7 对折射率变化的双峰波长分离(蓝色符号:裸dLPG;红色符号:GO-dLPG)

表12.1 非涂层dLPG和氧化石墨烯涂层dLPG的折射率灵敏度比较

	折射率灵敏度		
	折射率 1.33~1.35	折射率 1.38~1.42	折射率 1.43~1.44
非涂层dLPG	1255nm/RIU	2902nm/RIU	5761nm/RIU
氧化石墨烯涂层dLPG	2538nm/RIU	3390nm/RIU	8956nm/RIU
折射率灵敏度的提高	202%	117%	155%

氧化石墨烯沉积增强了光与物质相互作用，导致了折射率灵敏度的提高。折射率传感机理依赖于长周期光栅衰减频带对覆盖材料(如厚度和折射率)性能的灵敏度。据报告，色散转折点附近相位匹配曲线梯度的迅速变化，使得特定共振带对环境扰动的灵敏度取决于它与色散转折点的接近程度[8]。值得注意的是，氧化石墨烯涂层已经调整了双峰远离它的色散转折点，这可能会牺牲dLPG的体积折射率灵敏度。然而，一个小缺点并没有掩盖氧化石墨烯作为涂层材料的优点。特别是对于49.2nm厚度的氧化石墨烯涂层dLPG，在通常进行生物测定和生物事件的低折射率区(1.33~1.35)中，折射率灵敏度提高了155%以上。此外，氧化石墨烯功能化的dLPG在生物传感方面表现出显著的灵敏度，这将在下面的章节中讨论。

12.5.2 氧化石墨烯-双峰长周期光栅的生物功能化

探针生物分子在器件表面的固定化对于产生具有高灵敏度、稳定性和耐久性的生物传感器起着至关重要的作用。必须对器件表面进行改造，以引入功能基团，这些功能基团可以使生物受体固定在器件表面，作为生物事件的分析平台。作为生物受体的IgG通过使用EDC/NHS组合的异双功能交联剂在GO-dLPG上共价固定[67]。

图12.8说明了氧化石墨烯光纤生物传感器的生物功能化示意图。(i)将GO - dLPG浸泡在0.01mol/L的PBS缓冲液、20mmol/L EDC和40mmol/L NHS的混合物中1h。然后将GO - dLPG放入浓度为1mg/mL的兔IgG溶液2h,将探针IgG固定在氧化石墨烯表面。在NHS存在下,氧化石墨烯与EDC反应生成稳定的活性酯,而酯与IgG的胺基反应形成共价固定,使结合位点可自由识别抗IgG。未结合的IgG被1×PBS缓冲溶液冲洗掉,该缓冲溶液的pH值调整为7.4。(ii)氧化石墨烯表面未反应的位点被BSA钝化;将IgG固定的GO - dLPG浸入1%的BSA溶液中30min以阻断剩余的活性羧基并防止氧化石墨烯表面的非特异性吸附。(iii)IgG结合的GO - dLPG已准备好用作检测目标抗IgG的生物传感器。

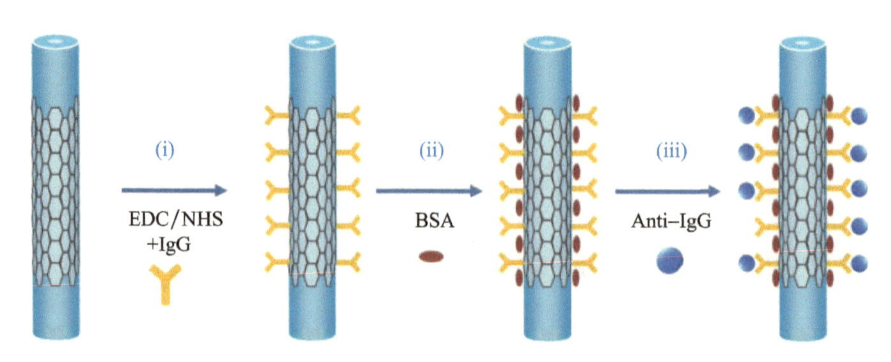

图12.8 氧化石墨烯光纤生物传感器示意图

(i)通过EDC/NHS固定化IgG;(ii)通过BSA阻断未反应位点的钝化;(iii)探针生物受体(IgG)与靶标分析物(anti - IgG)的结合反应。

通过对dLPG在去离子水沉积前后和IgG固定化后的透射谱的监测,确定了氧化石墨烯沉积和探针IgG固定化的影响。如图12.9所示,在氧化石墨烯沉积和探针生物受体固定化过程中,双峰的分离和强度都增加了。氧化石墨烯沉积使波长分离从120nm提高到155nm,而IgG固定化过程将波长分离扩展到165nm。氧化石墨烯的大二维芳香表面使其成为生物分子结合的理想选择。此外,氧化石墨烯功能化和随后的生物受体结合的dLPG对生物亲和力检测具有显著的灵敏度。

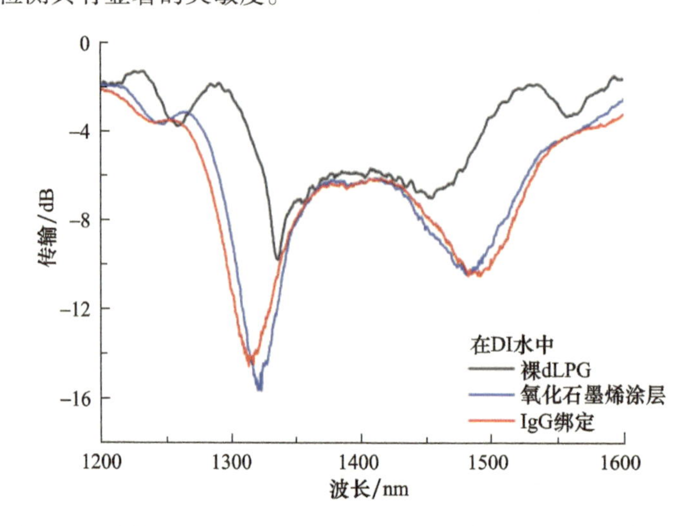

图12.9 非涂层、氧化石墨烯涂层和IgG固定化dLPG的透射谱演化

12.5.3 抗体抗原动力学相互作用的无标记免疫传感

所有的生化实验都是在室温控制在22.0℃ ±0.1℃的通风橱中进行的。该光纤器件直接放置在特氟龙板上定制的V形槽容器中,以减小弯曲交叉灵敏度。通过小心地移液,所有的化学品和溶剂都被添加和提取。IgG固定的GO - dLPG被宽带光源照亮。利用光学频谱分析仪(OSA)对透射谱进行实时监测。在接下来的生物传感过程中,$LP_{012}^{红色}$峰被选择并监测。

光纤生物传感器的优点之一是可以实时监测信号响应。GO - dLPG免疫传感器的可行性是通过使用兔IgG - 固定的GO - dLPG检测与山羊抗兔IgG的动力学结合进行。

对1μg/mL、10μg/mL、50μg/mL、100μg/mL不同山羊抗兔IgG浓度的4个连续生物亲和力相互作用过程进行了监测,结果如图12.10(a)所示。每个过程分三个阶段进行40min:①洗涤前阶段(5min):用PBS缓冲液(1 × PBS,pH7.4)清洗兔IgG - 固定化GO - dLPG,提供稳定的基线,在此基线上监测共振信号,显示无明显运动(图12.10(b))。②动力学结合阶段(30min):当IgG - 固定化传感器浸入山羊抗兔IgG溶液中时,前3min是一个快速反应过程,在此期间光栅峰值急剧移动到长波长侧(图12.10(c)),然后是一个27min的稳定过程,在此期间共振信号逐渐移动并最终达到饱和。③其后的冲洗阶段(5min):在下一次测量之前,用PBS缓冲液彻底清洗,去除未结合的抗IgG。

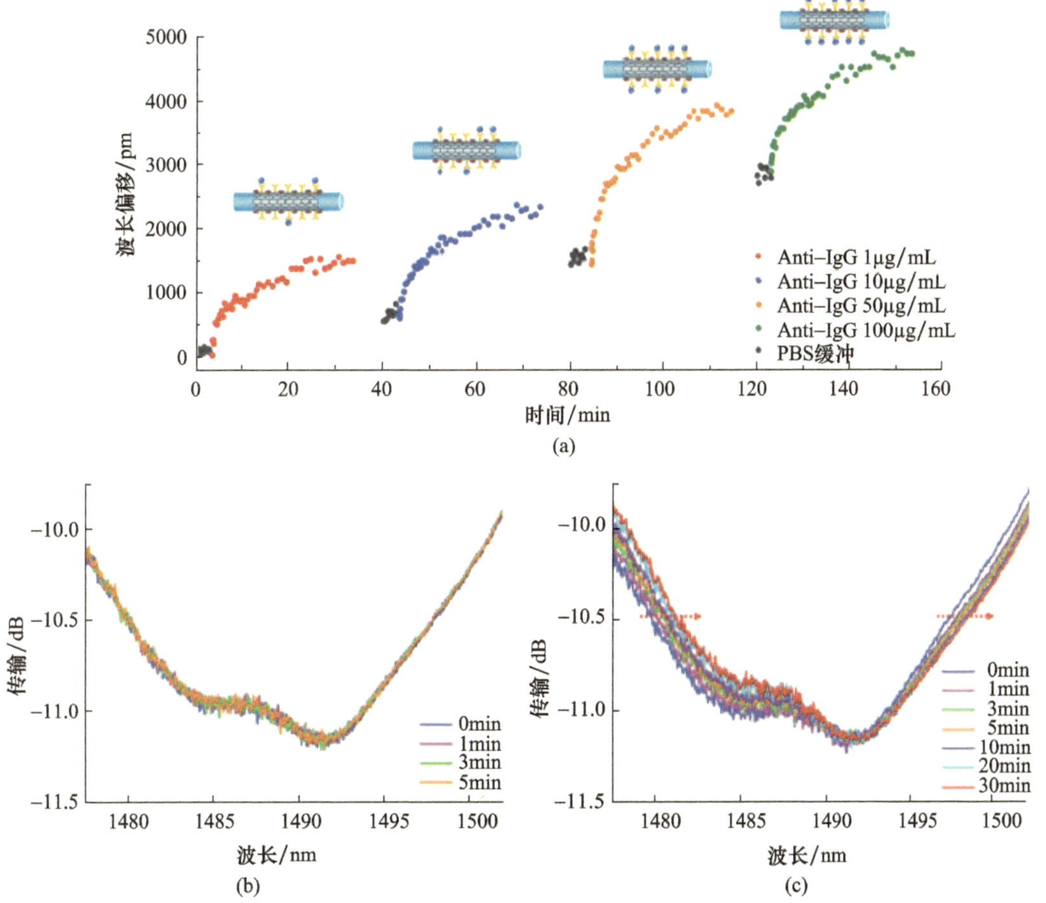

图12.10 (a)波长在抗体和抗原结合相互作用过程中随时间的变化;在(b)PBS洗涤前阶段和(c)IgG - 抗IgG动力学结合过程中的GO - dLPG($LP_{012}^{红色}$峰)透射谱

在4个抗体－抗原结合过程中扣除基线信号后，PBS中的抗IgG浓度分别为1μg/mL、10μg/mL、50μg/mL和100μg/mL时，共振波长偏移的随绝对变化分别为1470pm、1730pm、2415pm和1960pm。在第4次结合过程中的轻微下降（例如100μg/mL抗IgG）显示传感器表面结合位点逐渐耗尽。与总抗体抗原结合量相对应的波长变化为4735pm。作为抗IgG浓度函数的$LP_{012}^{红色}$的波长位移如图12.11所示。红线提供了实验数据的最佳逻辑斯谛曲线拟合，而虚线表示波长变化是PBS缓冲液中空白测量标准偏差的3倍。基于GO－dLPG的生物传感器达到了7ng/mL的检测限，该数值被定义为空白测量标准偏差的3倍。这种检测限比基于dLPG无涂层生物传感器[16]高10倍，是基于长周期光栅的免疫传感器[17]的1/100。

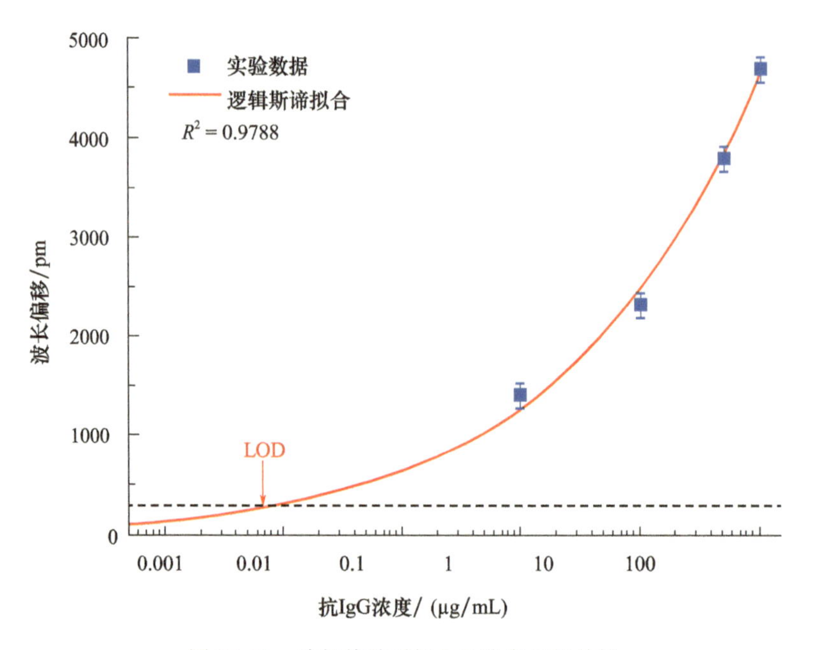

图12.11　波长偏移对抗IgG浓度的相关性

12.5.4　免疫传感器的复用性

对于实际应用来说，复用性是一个重要且必须具备的功能。为此，我们通过用HCl处理再生生物传感器表面活性来评估复用性。将上述IgG/抗IgG结合传感器置于0.01mol/L HCl溶液中，在室温下浸泡10min，再用PBS缓冲液冲洗干燥。HCl溶液形成较低的pH环境（pH2.0），破坏了抗IgG和IgG之间的结合，只留下了在器件表面上的IgG共价结合。

剥离抗IgG后，通过检测1μg/mL山羊抗兔IgG中三个周期内的结合相互作用，确定了该器件的复用性（图12.12）。在PBS中减小基线信号后，作为绝对变化的最大波长位移在第2周期和第3周期后分别保持了90%和76%。这些结果证实了GO－dLPG生物传感器可以多次检测抗体抗原结合。

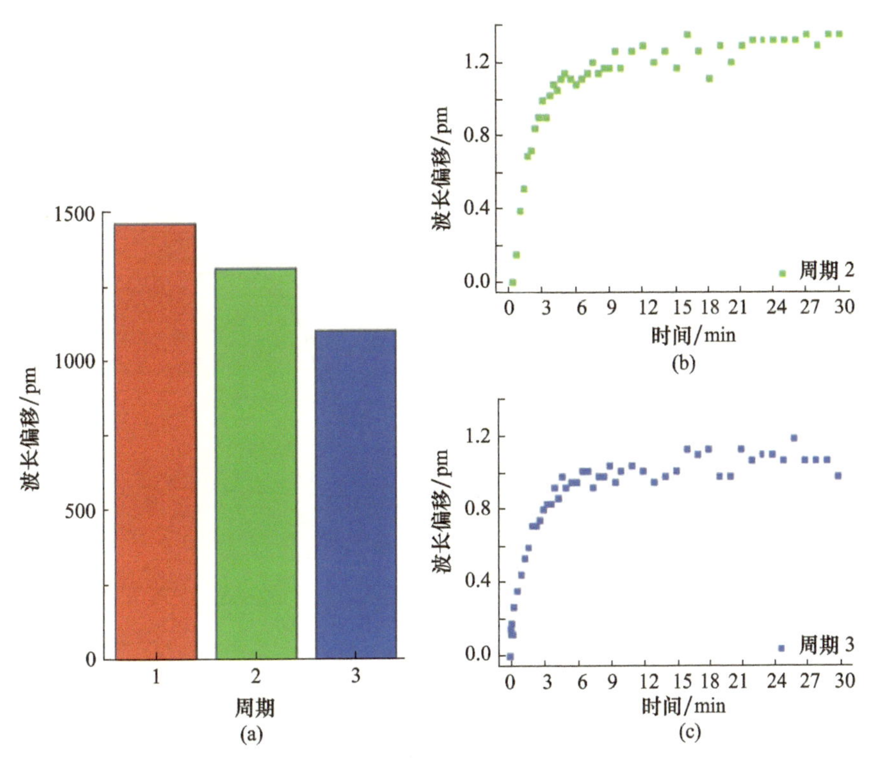

图 12.12 (a)当 IgG－固定的 GO－dLPG 在抗 IgG 溶液(1μg/mL)中孵育 3 个周期时对应的抗体与抗原之间的动力学结合作用的波长偏移;周期 2(b)和周期 3(c)的波长偏移随时间变化

12.6 氧化石墨烯－血红蛋白生物传感器

贫血通常用世界卫生组织标准来定义,男性血红蛋白水平低于 130mg/mL,女性低于 120mg/mL[68]。贫血是老年健康中常见的问题,估计患病率随着年龄的增长而增加[69-70]。贫血对老年人的一些临床和功能结果有严重的影响。异常的血红蛋白浓度总是与其他疾病有关,如地中海贫血、中风和糖尿病[71-72]。据报道,贫血患者中阿尔茨海默病的发生率增加了近两倍[73]。贫血对生活质量、功能能力和疾病康复的影响必须得到临床重视。

在氧化石墨烯上的富氧官能团使它们成为通过离子、共价或非共价键固定生物分子的位点。氧化石墨烯可以通过氢键、π－π 堆叠和静电作用等非共价作用吸附生物分子[74]。非共价相互作用使氧化石墨烯成为一种理想的血红蛋白检测传感材料。基于静电作用的氧化石墨烯－血红蛋白复合水凝胶被报告用于酶催化[75]。基于氧化石墨烯与血红蛋白的 π－π 堆叠相互作用,开发了用于血红蛋白选择性分离的氧化石墨烯－金属有机骨架复合材料[76]。

在这一部分中,我们展示了一种基于氧化石墨烯涂层长周期光栅的高灵敏度生物传感器,用于血红蛋白检测。

12.6.1 厚氧化石墨烯涂层模式耦合的转变

在氧化石墨烯沉积前后，监测了中心波长为1591.6nm(在空气中测量)的第7包层模式[8]的长周期光栅透射谱。相对较厚的氧化石墨烯涂层(501.8nm厚)会导致3.8nm波长的蓝移，长周期光栅衰减带强度增加12dB(图12.13)。

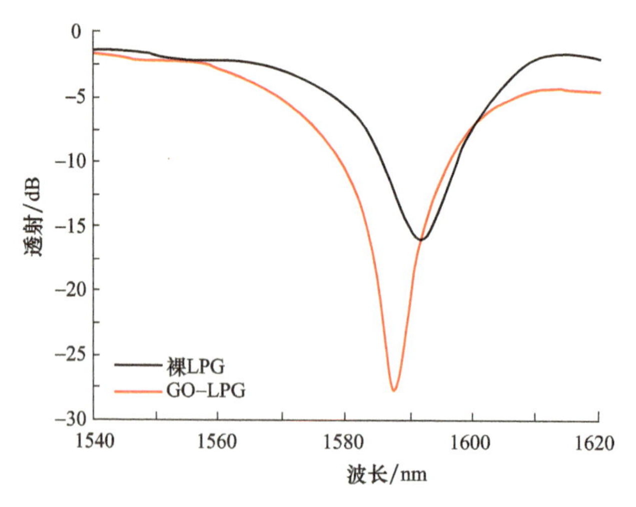

图12.13 氧化石墨烯沉积前后的长周期光栅透射谱

裸长周期光栅(非涂层LPG)用于有光谱的折射率传感，波长评估如图12.14所示。

对于裸长周期光栅，随着介质折射率的增加，共振在较大的折射率区域(1.33～1.42)上逐渐移动到短波长侧，而共振强度保持相当稳定。当介质折射率接近包层折射率值时，波长和强度都显著降低。在这种情况下，非涂层的长周期光栅通常被用作基于强度的折射率传感器。表12.2给出了基于波长的折射率灵敏度，对于1.33～1.40、1.42～1.44和1.44～1.456的折射率区域，灵敏度分别为－31.1nm/RIU、－215.8nm/RIU和－2432.4nm/RIU。

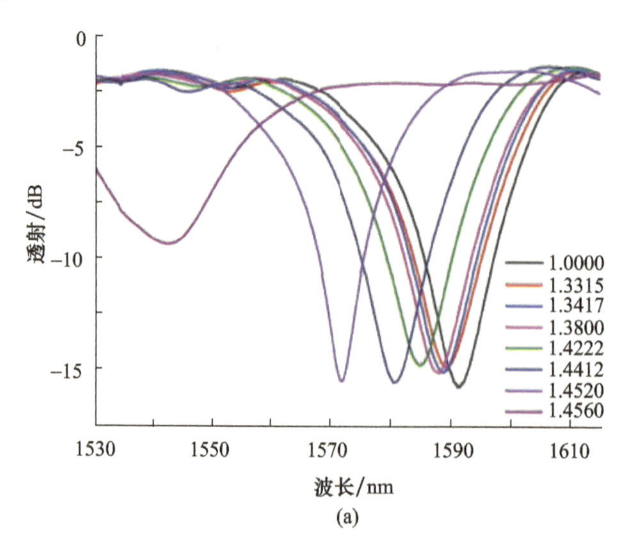

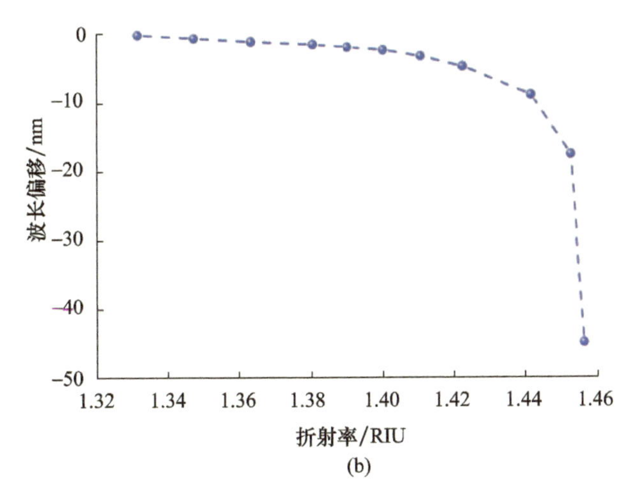

图 12.14 无涂层长周期光栅

(a)透射光谱;(b)对外部折射率的波长偏移。

表 12.2 无涂层长周期光栅基于波长的折射率灵敏度

	基于波长的折射率灵敏度		
	折射率 1.33~1.40	折射率 1.42~1.44	折射率 1.44~1.456
无涂层长周期光栅	-32.1nm/RIU	-215.8nm/RIU	-2432.4nm/RIU

较厚的涂层可以从包层导模过渡到覆盖导模和辐射模。由于电场分布变化迅速,耦合强度会发生变化,从而使较厚涂层长周期光栅成为基于强度的传感器[50-52,54-56]。对于较厚的氧化石墨烯涂层(厚度为501.8nm)长周期光栅,图12.15绘制了不同折射率的透射谱演化图。表12.3收集了基于强度的折射率灵敏度数据。

在CRI以下和以上的折射率区域有两种完全不同的趋势(约1.445)。当折射率低于包层折射率时,共振强度降低,这与第12.3节的理论分析一致。由于涂层厚度较大,随着折射率的增大,芯模与包壳模之间的耦合系数(式(12.3))突然减小。当折射率等于包层折射率时,包层模式不再受充当无限介质且支持不离散包层模式包层的约束;因此,宽带辐射模式耦合没有明显的衰减带(图12.15(a))。当折射率大于包层折射率时,纤维不能支持任何边界包层模式,其中再现衰减峰值对应于漏模耦合[51-52]。通过进一步增加折射率,由于漏模受菲涅耳反射更好的限制,且其波长受大蓝移的影响,共振强度增大。

图12.15(b)绘制了谐振强度和波长对折射率的变化。对低于包层折射率的折射率,强度表现为随折射率逐渐降低的非线性行为,这与涂有CNT、ZnO和TiO_2涂层的LPGs一致[50-52]。在折射率值为1.33~1.36和1.43~1.44的范围内,基于强度的灵敏度分别达到-99.5dB/RIU和-326.9dB/RIU,在相应的折射率区域上比CNT沉积的长周期光栅高2.5倍和5倍[50]。当折射率(1.452~1.461)高于包层折射率时,对折射率的共振强度显著增加。基于强度的灵敏度接近+1580.5dB/RIU,比ZnO涂层的长周期光栅高7.3倍[52]。在折射率为1.4615的情况下,共振强度达到-28.35dB,表明大约99.8%的核心模耦合到漏模中,大大高于金属氧化物涂层的长周期光栅[51-52]。GO-LPG灵敏度的增

强可能是由于氧化石墨烯材料的独特特性引起的，如超大的表面和体积比、高的载流子迁移率和优异的光学性能。氧化石墨烯在倏逝场和外部介质之间提供了强烈的光物质相互作用。

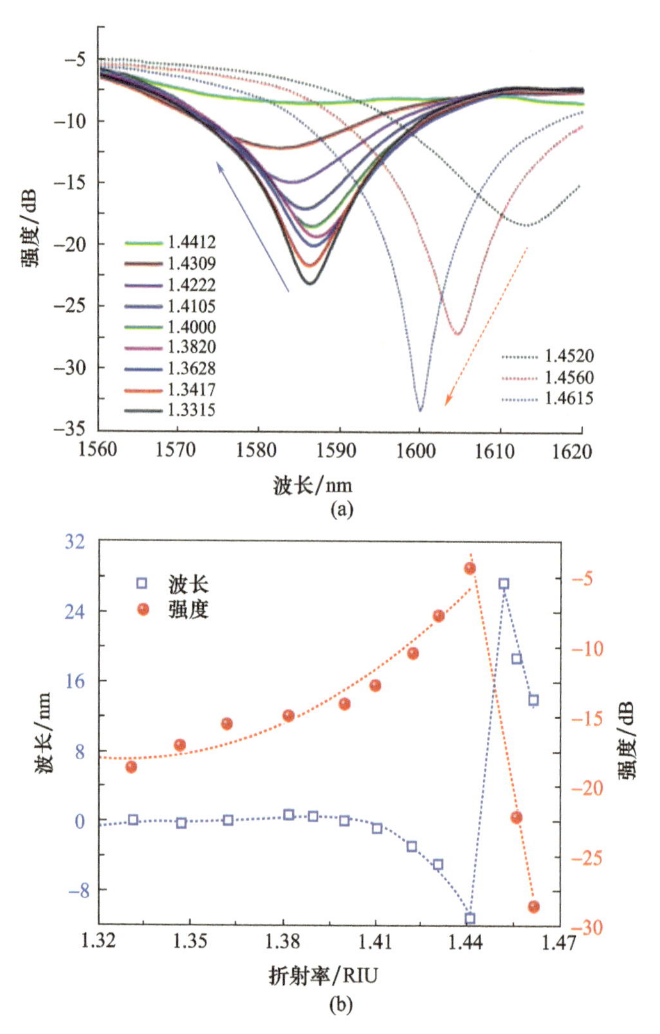

图 12.15 厚氧化石墨烯涂层长周期光栅
(a)透射光谱；(b)共振波长及强度对外部折射率的变化。

表 12.3 基于共振强度的厚氧化石墨烯涂层长周期光栅的折射率灵敏度

	基于强度的折射率灵敏度			
	折射率 1.33～1.36	折射率 1.40～1.42	折射率 1.43～1.44	折射率 1.452～1.461
厚氧化石墨烯涂层长周期光栅	-99.5dB/RIU	-160.2dB/RIU	-326.9dB/RIU	+1580.5dB/RIU

12.6.2 生物感测系统

采用解调系统(图 12.16)测量氧化石墨烯-长周期光栅的光学特性和生化检测。利用宽带光源(BBS)将光发射到光纤器件中,用光学频谱分析仪(OSA)捕获透射光谱。使用定制程序对数据进行分析,该程序通过质心计算方法自动定义共振波长和强度。为了避免热和弯曲的串扰效应,将光纤器件安装在自制的两端固定的直式V形槽容器上,在室温22.0℃±0.1℃的情况下,在通风橱中进行了所有的化学实验。

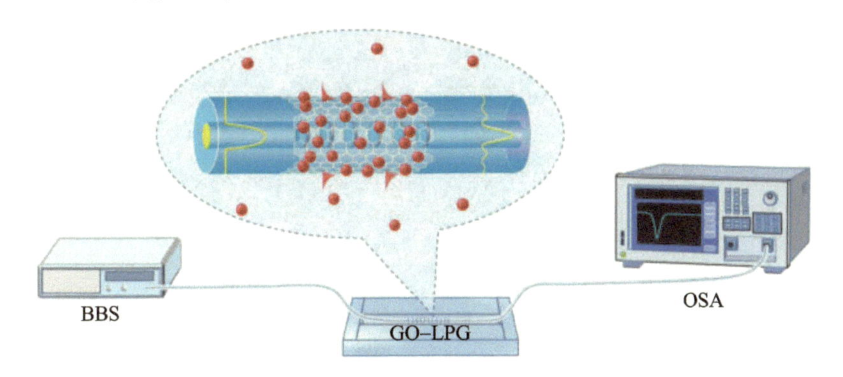

图12.16 生物传感测量系统示意图

12.6.3 人体红蛋白的检测

氧化石墨烯-长周期光栅被用作为生物传感器检测人体血红蛋白。以蔗糖溶液(折射率为1.4610)为折射率缓冲液,制备了一套浓度为0.0mg/mL、0.2mg/mL、0.4mg/mL、0.6mg/mL、0.8mg/mL、1.0mg/mL的血红蛋白。图12.17(a)显示了不同血红蛋白浓度下氧化石墨烯-长周期光栅的光谱,图12.17(b)显示了共振强度的演变。结果表明,当血红蛋白浓度从0.0mg/mL增加到1.0mg/mL时,其共振强度增加了1.91dB。将浓度灵敏度定义为1mg/mL血红蛋白引起的变化,仪器灵敏度为1.9dB/(mg/mL)。如果我们使用一个分辨率为0.1dB的低噪声询问系统,氧化石墨烯-长周期光栅可以检测到小至0.05mg/mL的血红蛋白浓度变化,远远低于世界卫生组织规定的贫血血红蛋白阈值(男性为130mg/mL,女性为120mg/mL)[68]。

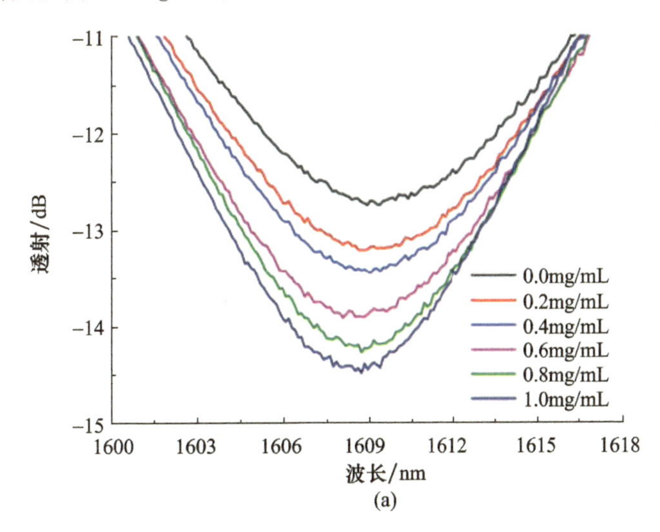

(a)

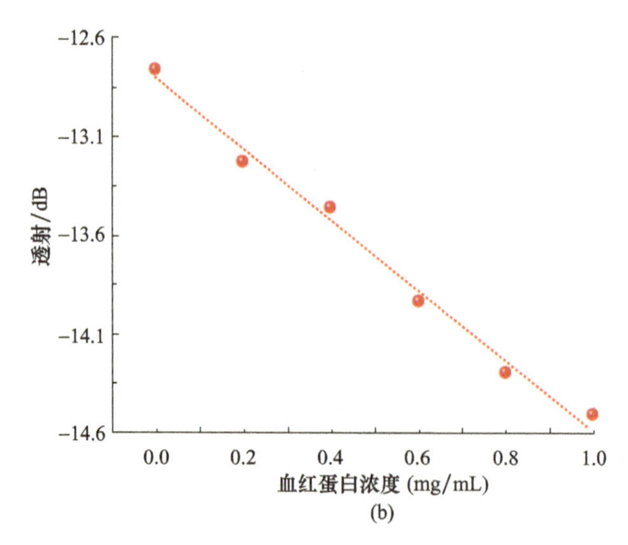

图 12.17 (a)GO－LPG 的透射谱和(b)共振强度随血红蛋白浓度的变化

共振强度的增加可以归因于血红蛋白分子吸附在氧化石墨烯层上而引起的局部折射率变化，在氧化石墨烯层上测得的血红蛋白浓度 pH 值约为 7.0，因此最强的 π－π 相互作用导致了蛋白质最有效地吸附到氧化石墨烯上[75-76]。凭借增强的折射率灵敏度和良好的生物相容性，氧化石墨烯在倏逝场和靶标生物分子之间提供了传感连接，增强了光与物质的相互作用，从而表现出超高的血红蛋白检测灵敏度。

12.7 小结

在本章中，我们提出了基于氧化石墨烯集成长周期光栅的无标记生物传感器，用于无标记免疫检测和人体血红蛋白检测。提出了一种基于物理吸附相关的化学键合的原位分层沉积技术，可以在具有理想的厚度和良好的均匀性的圆柱形纤维表面沉积氧化石墨烯纳米片。利用 AFM、SEM 和拉曼显微镜对表面形貌进行了表征。氧化石墨烯在倏逝场和外部介质之间提供了强烈的光－物质相互作用，增强的光－物质界面已经被实验研究，并被用于高灵敏度的生物传感。

开发了两种类型的氧化石墨烯光纤生物传感器。对于薄氧化石墨烯涂层集成的双峰长周期光栅，基于波长的折射率灵敏度在低折射率（1.33～1.35）和高折射率（1.43～1.44）区域分别提高了 200% 和 155%。将氧化石墨烯－双峰长周期光栅用生物受体 IgG 进一步生物功能化以检测目标抗 IgG，其中产生并实时监测与抗体－抗原生物亲和力结合事件对应的可量化光学信号。可达到的检测限 7ng/mL 比无涂层的双峰长周期光栅生物传感器[16]高 10 倍，比基于长周期光栅的免疫传感器[17]高 100 倍。此外，通过剥离结合的抗 IgG 处理促进了复用性。对于厚氧化石墨烯涂层长周期光栅，折射率灵敏度在折射率区域为 1.33～1.36 和 1.43～1.44 时分别达到了 －99.5dB/RIU 和 －326.9dB/RIU，对于相应的折射率区域表现出比 CTN 沉积长周期光栅高 2.5 倍和 5 倍[50]。特别是对高折射率区域（1.45～1.46）的灵敏度接近 +1580.5dB/RIU，这是 ZnO 涂层长周期光栅的 7.3 倍[52]。氧化石墨烯－长周期光栅展示对血红蛋白检测的超高灵敏度 1.9dBm（mg/mL），检测浓度为0.05mg/mL,远低于世界卫生组织定义的贫血血红蛋白阈值(男性为130mg/mL,女性为120mg/mL)。

所提出的氧化石墨烯集成光纤生物传感器提供了一个卓越生物光子分析平台,具有无标记、超高灵敏度、多用途、实时监测等优点。

参考文献

[1] Marks, R. S., Lowe, C. R., Cullen, D. C., Weetall, H. H., Karube, I., Overview of biosensor and bioarray technologies, in: *Handbook of biosensors and biochips*, Wiley, Weinheim, 2007.

[2] Estevez, M., Otte, M. A., Sepulveda, B., Lechuga, L. M., Trends and challenges of refractometric nanoplasmonic biosensors: A review. *Anal. Chim. Acta*, 806, 55 - 73, 2014.

[3] Fan, X. and White, I. M., Optofluidic microsystems for chemical and biological analysis. *Nat. Photonics*, 5, 591 - 597, 2011.

[4] Wang, X. D. and Wolfbeis, O. S., Fiber - optic chemical sensors and biosensors (2008 - 2012). *Anal. Chem.*, 85, 487 - 508, 2013.

[5] Canning, J., Properties of specialist fibers and Bragg gratings for optical fiber sensors. *J. Sens.*, 2009, 871580 - 871596, 2009.

[6] Cusano, A., Consales, M., Crescitelli, A., Ricciardi, A. (Eds.), *Lab - on - Fiber Technology*, Springer, Switzerland, 2014.

[7] Sun, X. M., Liu, Z., Welsher, K., Robinson, J. T., Goodwin, A., Zaric, S., Dai, H., Nano - graphene oxide for cellular imaging and drug delivery. *Nano Res.*, 1, 203 - 212, 2008.

[8] Shu, X., Zhang, L., Bennion, I., Sensitivity characteristics of long - period fiber gratings. *J. Lightwave Technol.*, 20, 255 - 266, 2002.

[9] Chen, X., Zhang, L., Zhou, K., Davies, E., Sugden, K., Bennion, I., Hughes, M., Hine, A., Realtime detection of DNA interactions with long - period fiber - grating - based biosensor. *Opt. Lett.*, 32, 2541 - 2543, 2007.

[10] Albert, J., Shao, L. Y., Caucheteur, C., Tilted fiber Bragg grating sensors. *Laser Photonics Rev.*, 7, 1, 83 - 108, 2013.

[11] Caucheteur, C., Guo, T., Liu, F., Buan, B., Albert, J., Ultrasensitive plasmonic sensing in air using optical fiber spectral combs. *Nat. Commun.*, 7, 13371, 2016.

[12] Luo, B., Yan, Z., Sun, Z., Li, J., Zhang, L., Novel glucose sensor based onenzyme - immobilized 81° tilted fiber grating. *Opt. Express*, 22, 30571 - 30578, 2014.

[13] He, Z., Tian, F., Zhu, Y., Lavlinskaia, N., Du, H., Long - period gratings in photonic crystal fiberas an optofluidic label - free biosensor. *Biosens. Bioelectron.*, 2, 4774 - 4778, 2011.

[14] Shevchenko, Y., Camci - Unal, G., Cuttica, D., Dokmeci, M., Albert, J., Khademhosseini, A., Surface plasmon resonance fiber sensor for real - time and label - free monitoring of cellularbehavior. *Biosens. Bioelectron.*, 56, 359 - 367, 2014.

[15] Lepinay, S., Staff, A., Ianoul, A., Albert, J., Improved detection limits of protein optical fiber biosensors coated with gold nanoparticles. *Biosens. Bioelectron.*, 52, 337 - 344, 2014.

[16] Chiavaioli, F., Biswas, P., Trono, C., Bandyopadhyay, S., Giannetti, A., Tombelli, S., Basumallick, N., Dasgupta, K., Baldini, F., Towards sensitive label - free immunosensing by means of turnaround point long period fiber gratings. *Biosens. Bioelectron.*, 60, 305 - 310, 2014.

[17] DeLisa, M. P. , Zhang, Z. , Shiloach, M. , Pilevar, S. , Davis, C. C. , Sirkis, J. S. , Bentley, W. E. , Evanescent wave long – period fiber bragg grating as an immobilized antibody biosensor. *Anal. Chem.* ,72,2895 – 2900,2000.

[18] Sun, Z. , Martinez, A. , Wang, F. , Optical modulators with 2D layered materials. *Nat. Photonics*, 10, 227 – 238, 2016.

[19] Yin, M. , Wu, C. , Shao, L. – Y. , Chan, W. , Zhang, P. , Lu, C. , Tam, H. – Y. , Label – free, disposable fiber – optic biosensors for DNA hybridization detection. *Analyst*, 138, 1988 – 1994, 2013.

[20] Deep, A. , Tiwari, U. , Kumar, P. , Mishra, V. , Jain, S. , Singh, N. , Kapur, P. , Bharadwaj, L. , Immobilization of enzyme on long period grating fibers for sensitive glucose detection. *Biosens. Bioelectron.* ,33, 190 – 195, 2012.

[21] Voisin, V. , Pilate, J. , Damman, P. , Megret, P. , Caucheteur, C. , Highly sensitive detection of molecular interactions with plasmonic optical fiber grating sensors. *Biosens. Bioelectron.* ,51,249 – 254,2014.

[22] Brzozowska, E. , Smietana, M. , Koba, M. , Gorska, S. , Pawlik, K. , Gamian, A. , Bock, W. J. , Recognition of bacterial lipopolysaccharide using bacteriophage – adhesin – coated long – period gratings. *Biosens. Bioelectron.* ,67,93 – 99,2015.

[23] Novoselov, K. S. , Geim, A. K. , Morozov, S. V. , Jiang, D. , Zhang, Y. , Dubonos, S. V. , Grigorieva, I. V. , Firsov, A. A. , Electric field effect in atomically thin carbon films. *Science*, 306, 5696, 666 – 669, 2004.

[24] Geim, A. K. , Graphene: Status and prospects. *Science*, 324, 1530 – 1534, 2009.

[25] Zhou, L. , Mao, H. , Wu, C. , Tang, L. , Wu, Z. , Sun, H. , Zhang, H. , Zhou, H. , Jia, C. , Jin, Q. , Chen, X. , Zhao, J. , Label – free graphene biosensor targeting cancer molecules based on non – covalent modification. *Biosens. Bioelectron.* ,87,15,701 – 707,2017.

[26] Bonaccorso, F. , Sun, Z. , Hasan, T. , Ferrari, A. C. , Graphene photonics and optoelectronics. *Nat. Photonics*,4,611 – 622,2010.

[27] Bao, Q. , Zhang, H. , Wang, Y. , Ni, Z. H. , Yan, Y. L. , Shen, Z. X. , Loh, K. P. , Tang, D. Y. , Atomiclayer graphene as a saturable absorber for ultrafast pulsed lasers. *Adv. Funct. Mater.* , 19, 19, 3077 – 3083, 2009.

[28] Bao, Q. , Zhang, H. , Yang, J. X. , Wang, S. , Tang, D. Y. , Jose, R. , Ramakrishna, S. , Lim, C. T. , Loh, K. P. , Graphene – polymer nanofiber membrane for ultrafast photonics. *Adv. Funct. Mater.* , 20, 782 – 791, 2010.

[29] Morales – Narváez, E. and Merkoç, A. , Graphene oxide as an optical biosensing platform. *Adv. Mater.* ,24, 25,3298 – 3308,2012.

[30] Wang, Y. , Li, Z. , Wang, J. , Li, J. , Lin, Y. , Graphene and graphene oxide: Biofunctionalization and applications in biotechnology. *Trends Biotechnol.* ,29,5,205 – 212,2011.

[31] Loh, K. P. , Bao, Q. , Eda, G. , Chhowalla, M. , Graphene oxide as a chemically tunable platform for optical applications. *Nat. Chem.* ,2,1015 – 1024,2010.

[32] Liu, Z. , Robinson, J. T. , Sun, X. , Dai, H. , PEGylated nanographene oxide for delivery of waterinsoluble cancer drugs. *J. Am. Chem. Soc.* ,130,10876 – 10877,2008.

[33] Zhang, L. M. , Xia, J. , Zhao, Q. , Liu, L. , Zhang, Z. , Functional graphene oxide as a nanocarrier for controlled loading and targeted delivery of mixed anticancer drugs. *Small*, 6, 4, 537 – 544, 2010.

[34] Wang, Y. , Li, Z. , Hu, D. , Lin, C. T. , Li, J. , Lin, Y. , Aptamer/graphene oxide nanocomplex for*in situ* molecular probing in living cells. *J. Am. Chem. Soc.* ,132,9274 – 9276,2010.

[35] Tao, Y. , Lin, Y. , Huang, Z. , Ren, J. , Qu, X. , Incorporating graphene oxide and gold nanoclusters: A synergistic catalyst with surprisingly high peroxidase – like activity over a broad pH range andits application

for cancer cell detection. *Adv. Mater.* ,25,2594 - 2599,2013.

[36] Liu,J. B. ,Li,Y. L. ,Li,Y. M. ,Li,J. H. ,Deng,Z. X. ,Noncovalent DNA decorations of grapheme oxide and reduced graphene oxide toward water - soluble metal - carbon hybrid nanostructures via self - assembly. *J. Mater. Chem.* ,20,900 - 906,2010.

[37] Gao,L. ,Lian,C. ,Zhou,Y. ,Yan,L. ,Li,Q. ,Zhang,C. ,Chen,L. ,Chen,K. ,Graphene oxide - DNA based sensors. *Biosens. Bioelectron.* ,60,22 - 29,2014.

[38] Zhang,J. L. ,Zhang,F. ,Yang,H. J. ,Liu,H. ,Zhang,J. Y. ,Guo,S. W. ,Graphene oxide as a matrix for enzyme immobilization. *Langmuir*,26,6083 - 6085,2010.

[39] Liu,J. B. ,Fu,S. H. ,Yuan,B. ,Li,Y. L. ,Deng,Z. X. ,Toward a universal "adhesive nanosheet" for the assembly of multiple nanoparticles based on a protein - induced reduction/decoration of graphene oxide. *J. Am. Chem. Soc.* ,132,21,7279 - 7281,2010.

[40] Song,Y. ,Qu,K. ,Zhao,C. ,Ren,J. ,Qu,X. ,Graphene oxide:Intrinsic peroxidase catalytic activity and its application to glucose detection. *Adv. Mater.* ,22,2206 - 2210,2010.

[41] Han,T. H. ,Lee,W. J. ,Lee,D. H. ,Kim,J. E. ,Choi,E. Y. ,Kim,S. O. ,Peptide/graphene hybrid assembly into core/shell nanowires. *Adv. Mater.* ,22,18,2060 - 2064,2010.

[42] Yang,Q. ,Pan,X. ,Huang,F. ,Li,K. ,Fabrication of high - concentration and stable aqueous suspensionsof graphene nanosheets by noncovalent functionalization with lignin and cellulose derivatives. *J. Phys. Chem. C*,114,3811 - 3816,2010.

[43] Vengsarkar,A. ,Lemaire,P. ,Judkins,J. ,Bhatia,V. ,Erdogan,T. ,Sipe,J. ,Long - period fiber gratings as band - rejection filters. *J. Lightwave Technol.* ,14,58 - 64,1996.

[44] Erdogan,T. ,Cladding - mode resonances in short - and long - period fiber grating filters. *J. Opt. Soc. Am. A*,14,1760 - 1773,1997.

[45] Jang,H. S. ,Park,K. N. ,Kim,J. P. ,Sim,S. J. ,Kwon,O. J. ,Han,Y. G. ,Lee,K. S. ,Sensitive DNA biosensor based on a long - period grating formed on the side - polished fiber surface. *Opt. Express*,17,3855 - 3860,2009.

[46] James,S. W. and Tatam,R. P. ,Optical fiber long - period grating sensors:Characteristics and application. *Meas. Sci. Technol.* ,14,R49 - R61,2003.

[47] Chen,X. ,Zhou,K. ,Zhang,L. ,Bennion,I. ,Simultaneous measurement of temperature and external refractive index by use of a hybrid grating in D fiber with enhanced sensitivity by HFetching. *Appl. Opt.* ,44,178 - 182,2005.

[48] Ding,J. ,Zhang,A. ,Shao,L. - Y. ,Yan,J. - H. ,He,S. ,Fiber - taper seeded long - period grating pair asa highly sensitive refractive - index sensor. *IEEE Photon. Technol. Lett.* ,17,1247 - 1249,2005.

[49] Pilla,P. ,Trono,C. ,Baldini,F. ,Chiavaioli,F. ,Giordano,M. ,Cusano,A. ,Giant sensitivity of long period gratings in transition mode near the dispersion turning point:An integrated design approach. *Opt. Lett.* ,37,4152 - 4154,2012.

[50] Tan,Y. C. ,Ji,W. B. ,Mamidala,V. ,Chow,K. K. ,Tjin,S. C. ,Carbon - nanotube - deposited long period fiber grating for continuous refractive index sensor applications. *Sens. Actuators*,*B*,196,260 - 264,2014.

[51] Coelho,L. ,Viegas,D. ,Santos,J. L. ,de Almeida,J. M. M. M. ,Enhanced refractive index sensing characteristics of optical fiber long period grating coated with titanium dioxide thin films. *Sens. Actuators*,*B*,202,929 - 934,2014.

[52] Coelho,L. ,Viegas,D. ,Santos,J. L. ,de Almeida,J. M. M. M. ,Characterization of zinc oxide coated optical fiber long period gratings with improved refractive index sensing properties. *Sens. Actuators*,*B*,223,45 - 51,2016.

[53] Jiang,B. ,Yin,G. ,Zhou,K. ,Wang,C. ,Gan,X. ,Zhao,J. ,Zhang,L. ,Graphene - induced unique polari-

zation tuning properties of excessively tilted fiber grating. *Opt. Lett.* ,41,5450 - 5453,2016.

[54] Rees,N. D. ,James,S. W. ,Tatam,R. P. ,Ashwell,G. J. ,Optical fiber long - period gratings with Langmuir - Blodgett thin - film overlays. *Opt. Lett.* ,27,9,686 - 688,2002.

[55] Del Villar,I. ,Matías,I. R. ,Arregui,F. J. ,Lalanne,P. ,Optimization of sensitivity in long period fiber gratings with overlay deposition. *Opt. Express*,13,1,56 - 69,2005.

[56] Cusano,A. ,Iadicicco,A. ,Pilla,P. ,Contessa,L. ,Campopiano,S. ,Cutolo,A. ,Giordano,M. ,Mode transition in high refractive index coated long period gratings. *Opt. Express*,14,1,19 - 34,2006.

[57] Dreyer,D. R. ,Park,S. ,Bielawski,C. W. ,Ruoff,R. S. ,The chemistry of graphene oxide. *Chem. Soc. Rev.* ,39,228 - 240,2010.

[58] Chen,D. ,Feng,H. ,Li,J. ,Graphene oxide: Preparation,functionalization,and electrochemical applications. *Chem. Rev.* ,112,11,6027 - 6053,2012.

[59] Liu,C. ,Cai,Q. ,Xu,B. ,Zhu,W. ,Zhang,L. ,Zhao,J. ,Chen,X. ,Graphene oxide functionalized long period grating for ultrasensitive label - free immunosensing. *Biosens. Bioelectron.* ,94,200 - 206,2017.

[60] Wu,Y. ,Yao,B. ,Zhang,A. ,Rao,Y. ,Wang,Z. ,Cheng,Y. ,Gong,Y. ,Zhang,W. ,Chen,Y. ,Chiang,K. S. ,Graphene - coated microfiber Bragg grating for high - sensitivity gas sensing. *Opt. Lett.* ,39,5,2604 - 2607,2014.

[61] Sridevi,S. ,Vasu,K. S. ,Asokan,S. ,Sood,A. K. ,Enhanced strain and temperature sensing byreduced graphene oxide coated etched fiber Bragg gratings. *Opt. Lett.* ,41,2604 - 2607,2016.

[62] Bao,Q. ,Zhang,H. ,Wang,B. ,Ni,Z. ,Lim,C. H. Y. X. Y. ,Tang,D. Y. ,Loh,K. P. ,Broadband graphene polarizer. *Nat. Photonics*,5,411 - 415,2011.

[63] Allsop,T. ,Arif,R. ,Neal,R. ,Kalli,K. ,Kundrát,V. ,Rozhin,A. ,Culverhouse,P. ,Webb,D. J. ,Photonic gas sensors exploiting directly the optical properties of hybrid carbon nanotube localized surface plasmon structures. *Light Sci. Appl.* ,5,e16036,2016.

[64] Wang,Y. ,Shen,C. ,Lou,W. ,Shen,F. ,Zhong,C. ,Dong,X. ,Tong,L. ,Fiber optic relative humidity sensor based on the tilted fiber Bragg grating coated with graphene oxide. *Appl. Phys. Lett.* , 109, 031107,2016.

[65] Marques,L. ,Hernandeza,F. U. ,James,S. W. ,Morgan,S. P. ,Clark,M. ,Tatam,R. P. ,Korposh,S. , Highly sensitive optical fiber long period grating biosensor anchored with silica core gold shell nanoparticles. *Biosens. Bioelectron.* ,75,222 - 231,2016.

[66] Erdogan,T. ,Fiber grating spectra. *J. Lightwave Technol.* ,15,8,1277 - 1294,1997.

[67] Dixit,C. K. ,Vashist,S. K. ,MacCraith,B. D. ,O'Kennedy,R. ,Multisubstrate - compatible ELISA procedures for rapid and high - sensitivity immunoassays. *Nat. Protoc.* ,6,439 - 445,2011.

[68] World Health Organization,*Nutritional anemias: Report of a WHO scientific group*,World Health Organization,Geneva,Switzerland,1968.

[69] Guralnik,J. M. ,Eisenstaedt,R. S. ,Ferrucci,L. ,Klein,H. G. ,Woodman,R. C. ,Prevalence of anemiain persons 65 years and older in the United States: Evidence for a high rate of unexplained anemia. *Blood*, 104,2004,2263 - 2268,2014.

[70] Beghe,C. ,Wilson,A. ,Ershler,W. B. ,Prevalence and outcomes of anemia in geriatrics: A systematic review of the literature. *Am. J. Med.* ,116,3S - 10S,2004.

[71] Wu,C. Y. ,Hu,H. Y. ,Chou,Y. J. ,Huang,N. ,Chou,Y. C. ,Li,C. P. ,What constitutes normal hemoglobin concentrations in community - dwelling older adults? *J. Am. Geriatr. Soc.* ,64,1233 - 1241,2016.

[72] Furlan,J. C. ,Fang,J. ,Silver,F. L. ,Acute ischemic stroke and abnormal blood hemoglobin concentration. *Acta Neurol. Scand.* ,134,123 - 130,2016.

[73] Beard, C. M., Kokmen, E., O'Brien, P. C., Risk of Alzheimer's disease among elderly patients with anemia: Population - based investigations in Olmsted County, Minnesota. *Ann. Epidemiol.*, 7, 219 - 224, 1997.

[74] Georgakilas, V., Otyepka, M., Bourlinos, A. B., Chandra, V., Kim, N., Kemp, K. C., Hobza, P., Zboril, R., Kim, K. S., Functionalization of graphene: Covalent and non - covalent approaches, derivatives and applications. *Chem. Rev.*, 112, 6156 - 6214, 2012.

[75] Huang, C. C., Bai, H., Li, C., Shi, G. Q., A graphene oxide/hemoglobin composite hydrogel forenzymatic catalysis in organic solvents. *Chem. Commun.*, 47, 4962 - 4964, 2011.

[76] Liu, J. W., Zhang, Y., Chen, X. W., Wang, J. H., Graphene oxide - rare earth metal - organic framework composites for the selective isolation of hemoglobin. *ACS Appl. Mater. Interfaces*, 6, 13, 10196 - 10204, 2014.

第13章 基于石墨烯的无标记生物传感器的研究现状

Seyed Morteza Naghib, Sadegh Ghorbanzade
伊朗德黑兰,伊朗科技大学(IUST)新技术学院纳米技术系

摘　要　由于石墨烯具有独特的性质、较高的比表面积、极高的生物分子和药物的承载能力,因此是一种很有前途的化学和生物传感纳米材料候选材料,近年来石墨烯已成功地应用于许多生物检测领域。使用标记技术具有提高灵敏度的优点,但需要在生物材料分析中加入标记步骤,存在标记效率有限、多步分析复杂、样品污染等缺点。因此,大量的研究致力于无标记技术的发展。这些方法不仅避免了复杂和耗时的程序,还促进了小型化和高便携器件的制造,并通过识别层物理和化学性质的改变来检测相互作用的发生,造成光学、电化学和压电信号的变化。换句话说,无标记检测通常要求传感器能够直接测量化合物的某些物理、化学和生物学特性,如蛋白质、核酸、酶、肽、病毒或细胞。本章讨论了各种基于石墨烯的无标记电化学、光学、热和压电生物传感器。

关键词　石墨烯,无标记生物传感器,传感器,识别层

13.1 引言

石墨烯的特殊光学特性、优异的导电性、高的导热系数、极端的载流子迁移率和密度、大的比表面积,以及许多不同的特性有助于传感器的应用[1]。由于石墨烯的这些特性,使得传感器越来越小,从而造就无限数量的设计机会[2]。此外,它们可以很敏感地识别到造成影响的敏感物质的细微变化;它们工作得更快,从长远来看会比传统的传感器更实惠[3]。根据特定的工作标准,石墨烯生物传感器可以利用它们的电特性(即高电荷载流子迁移率)、电化学特性(即高电子传输速率)或显著的结构(即原子层厚度和高表面积体积比)来识别生物分子;由于这些优点,石墨烯被用来合成具有高灵敏度、高选择性和低检测限的生物传感器。利用石墨烯的快速电子输运标准,将微小的生物数据转化为电子格式,从而制作出具有高灵敏度的传感器。一般来说,生物传感器由受体和传感器两部分组成。受体可以是任何能与目标相互作用的物质。在传感器先将生物数据转化为电数据后高度敏感的生物组分作为受体被连接到传感器上。因此,转换器与测量器件相连,将电信号转换成可量化的数据。在石墨烯生物传感器中,石墨烯被用作传感器组件[4]。

石墨烯材料在生物传感中的应用包括两个方面:一种是 π - π 域中基于电荷 - 生物分子相互作用,静电力和电荷交换导致纯石墨烯的电变化;另一种用途是缺陷、无序和化学功能化的影响,使分子受体固定在氧化石墨烯(GO)、还原氧化石墨烯(rGO)和石墨烯量子点(GQD)表面[5]。

生物传感器在生物医学领域和全球医疗保健中的应用已证明对人类的生活提升至关重要,通过病人对疾病进行空间分析,识别和分析生物分子,并与药物传递和食品安全相结合。在进行的大量检查中,生物传感器的重要需求是,受体不仅需要对生物分子成分有高度的选择性和特异性,而且传感器应该具有超敏性和足够的可重复性,进行可靠的实时测量。为了更准确,在标记策略中使用化学结合或生物特异性来保证只有标记的生物活性才能发出良好的信号。然而,这项技术在制备过程中需要一个标记程序,包括荧光染料,化学发光分子,光致发光纳米粒子和量子点。另一方面,无标记系统技术利用分子、物理、机械、电学和光学特性以及电荷相互作用来监测过程。无标记策略可以提供生物分子事件的实时跟踪,并提供更直接的关于靶标生物分子的数据,而不受标记程序的干扰。目前,无标记生物传感器主要用于个性化基因组学、癌症诊断和药物开发,其中灵敏度是最先进的生物传感器设计的关键技术要求之一[5]。

13.2 有标记和无标记生物传感器的差异

能够识别疾病特别是分子生物标记的生物传感器,从最初的诊断到改进和监测治疗,在整个医疗体系中扮演着重要的角色。这种生物传感器应该具有明确和特异性地测量生物分子的能力,且具有高时间测定以精确筛选其进展的能力。这种必需品的组合在很大程度上是具有挑战性的,因为在临床例子中存在着无数不同的分子,而仅仅有一个或一小群分子是特定感染的标志物。更重要的是,个性化的医疗直观上需要的是生物标志物谱而不是个体生物标志物。为了满足这些先决条件,需要一个非常敏感、特别和多路复用的生物传感平台[6]。此外,许多生化分析物,包括 DNA、RNA、蛋白质、病毒衣壳和小分子,偶尔会以 fg/mL ~ pg/mL 的浓度级与其他原子一起被显示。直接识别有机分析物,特别是物理特性所指示的(例如,物理尺寸、质量或电荷),太具有挑战性。因此,大多数生化检测都利用了“受体分子”对特定生物标记物的高度亲和力。例如,由于蛋白质的位置,这种受体粒子通常是针对特定蛋白质抗原的中和剂,而相关的单链 DNA 则用于特定的 DNA 识别。根据目标分子的权威,受体分子可以用易于测量和评估的“标签”来功能化,例如,一种在成熟的酶联免疫吸附测定(ELISA)技术中产生比色反应的酶,可以识别和测量样品中的特定抗原(图 13.1)。特别是,在亚飞摩尔级浓度下的识别已经被考虑使用这种措施。ELISA 试验的初始阶段(图 13.2,1)是在加样孔表面固定抗体(通常这种检查是在微孔板或反应管进行的)。包含有互补抗原的样本在内,导致抗体的形成(图 13.2,2)。从这一点开始,表面被清洁溶液清洗,去除非特定的物质结合到表面。在这之后,与目标的备用区域相联系的第二个单克隆抗体被包括在内(图 13.2,3)。这种可选的免疫工具经过改造以携带一个报告基因酶,旨在当催化剂与基底反应时产生颜色变化。如果抗原是可用的,就会形成一种复合材料,将免疫反应结合在加样孔中,抗原和酶结合抗体上(图 13.2,4)。为了结束测试,添加了特定的化学基底,提供与示例中抗原显示量成正比的明确信号(图13.2,5)。尽管标记对于实现所有生化和基于细胞的测试都是基本的,但这种策略存在一些实际的缺陷。首先,标记测试只给端点读数,不允许一致的监视。因此,提供有关动力学结合的数据是不现实的。此外,每次测试程序之间所需的不同清洗阶段通常会使所需的样品制备复杂化,降低可行的生产量并增加了成本。最后,需要检测和设计两种能够感知相似目标不同区域的独特抗体,增加了建立可靠测试的复杂性。由于上述考虑,人们一直致力于创建无标签生物传感器,降低测试成本和复杂性,同时表示高生产量的定量数据。无标记策略允许不断筛选癖性反应,给出结合亲和力和动力学以及生物标记浓度随时间变化的异常定量测定。无标记测试通常是基于表面的,传感器的表面被一层受体分子功能化。测试改进也很容易,特别是对于多路样品,因为每个分析物只需要一个组分。传感器本身包括转换器,其中耦合场合导致传感器物理性质的改变,相应地测量该物理性能(图13.2,2)[7]。

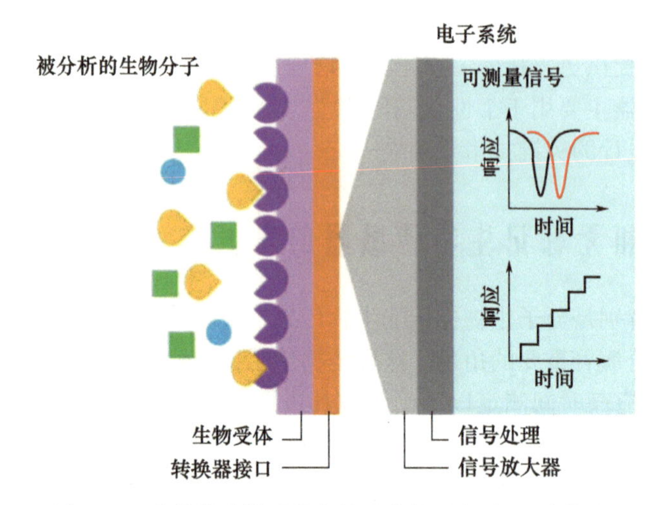

图13.1　生物传感器系统常见元素的示意图(开放获取)

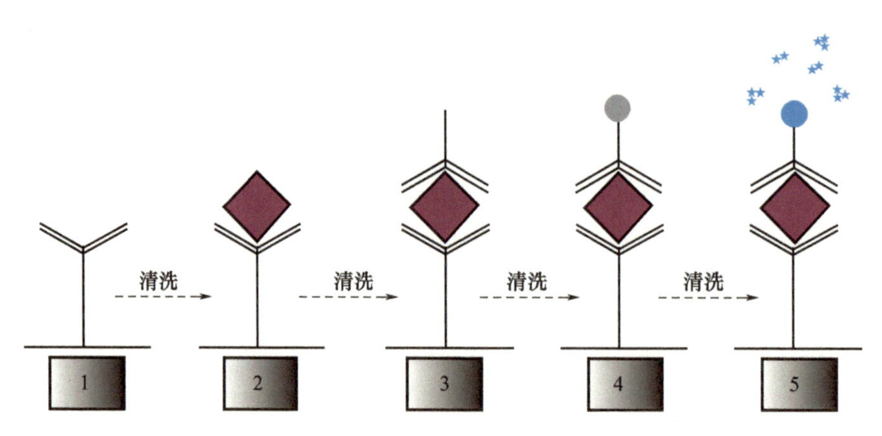

图13.2　标记程序步骤示意图(开放获取)

同时,无标记检测策略使用分子生物物理特性,例如分子量(例如,在微型尺度悬臂梁和MS中),折射参数(例如,在SPR、LSPR和AR中),以及分子电荷来筛选分子存在或运动。此外,这些策略还可用于不断追踪分子事件。在普通的生物传感过程中,分子间的相互作用被转换为机械的、电的或光的信号,并且在没有任何标记探针的情况下可以检测到。无标记检测的主要优点是可以获得更直接的数据,因为该技术仅利用局部蛋白质和配体[6]。

这些方法的共同点是测量信号与结合目标的浓度之间的关系。最小可检测变化产生的信号与检测限相比,而动态范围与最小和最大实测水平有关。无标记检测为食品安全领域和其他领域提供了新的机会,由于它们的各种有利条件,例如高灵敏度、简单性和可能的微型化和便携性,这对于检测应用必不可少[8]。

13.3 石墨烯生物传感器的分类

13.3.1 电化学生物传感器

电化学生物传感器是目前市场上非常重要的一类传感器。虽然本节只能给出一个简要的概述,但有兴趣的读者可以将参考文献[9]进行更全面的回顾。

电流(电流法/伏安法)测量器件:安培测量器件是电化学传感器的一类。它们测量生物传感器目标和识别部件之间氧化还原反应产生的电流。克拉克氧电极是安培生物传感器中最简单的类型,其中电流产生与氧气固定成比例。通常,安培测量策略是在恒定电位(电压)下测量电流,而伏安法是指在受控变化电位之间测量电流。显然,电流的最大值对于与目标的最大浓度相对应的线性电位范围测量。无标记生物传感器最近被开发用于检测各种分析物,如癌细胞[10]。

电位器:与电化学电池的参考(零)电极相比,电位器测量在检测阴极的电荷集中度。换句话说,当零或没有临界电流流过电化学电池的氧化还原反应时,电位器提供了粒子运动的信息。电位器提供了电化学响应中的数据离子活性。对于电位的测量,浓度和电位之间的联系是由能斯特方程控制的,其中$E_{细胞}$表示在零电流下观察到的电池电位。有时,这也被称为电动势或 EMF。$E^0_{细胞}$为对电池的持续电位贡献,R 为通用气体常数,T 为开尔文的绝对温度,n 为电极反应的电荷数,F 为法拉第常数,Q 为阳极离子浓度与阴极离子浓度的比值。

$$EMF \text{ 或者 } E_{细胞} = E^0_{细胞} - \frac{RT}{nF}\ln Q$$

电导仪:它们测量分析物或介质在阳极或参考节点之间引电能力。尽管电导测量器件可以看作阻抗测量器件的一个子集,稍后结合电化学阻抗谱回顾估计电容变化的方法。

Eksin 等设计了一个阻抗生物传感阶段,利用壳聚糖(CHIT)/氮掺杂还原氧化石墨烯(NRGO)导电复合材料来修饰铅笔石墨电极(PGE)的表面,以敏感识别 miRNA。一个主要的优化方案包括检查 NRGO 浓度和 miR 660DNA 探针的结果,聚焦于修饰电极的反应。在优化方案后,通过测量电荷交换保护、R_{ct}值的变化,评价了 miR660DNA 探针与 RNA 靶标之间的序列选择性杂交。此外,在存在非互补 miRNA(NC)序列下,例如 miR34a 和 miR16,检查了阻抗生物传感器的选择性。在磷酸缓冲液(PBS)和磷酸缓冲液弱化胎牛血清(FBS:PBS)溶液种测试杂交程序。生物传感器在磷酸缓冲液中的检测限为 1.72mg/mL,在 FBS:PBS 弱化排列中为 1.65mg/mL。考虑到简单、快速和非必要的特性,提议的导电纳米复合生物传感器平台为医疗保健监测、临床诊断和生物医学器件提供了作为一个价格实惠的传感器套件的明确保证[11]。

Satish K. Tuteja 等宣布开发具有成本效益、生物友好、电化学活性的双丝网印刷电极(SPE)传感器平台，该平台是由电子还原氧化石墨烯纳米片(E - rGO)制成，使用针对 NEFA 和 βHBA 的特定抗体进行改造。化学合成的氧化石墨烯通过绿色电化学方法直接在丝网印刷电极表面还原，而不使用有毒化学品。电化学测试结果表明，与纯石墨和氧化石墨烯电极相比，E - rGO 修饰的丝网印刷电极具有更好且持久的氧化还原性能。目标特异性是通过在固定化丝网印刷电极的纳米结构表面固定特定的抗 NEFA 抗体和 βHBA 抗体来实现的，它们仅与其对等的 NEFA 和 βHBA 相互作用。这些抗体在固定后保持其免疫复合材料形成的特性，并在与标准、加标血液和真实临床样本中不同浓度的 NEFA 和 βHBA 相互作用时显示电流信号的变化。所研制的免疫传感器平台的 DPV 信号在 0.1 ~ 10mmol/L 范围内的各种目标浓度表现出良好的相关性(NEFA 和 βHBA 的 R2 ~0.99)。提出的免疫传感器配置不仅提供快速的分析响应时间(≥1min)，而且结构和仪器简单，这可能为与 NEB 相关酮病和代谢紊乱的农场诊断提供了一个有希望的方法。基于石墨烯纳米结构的微型传感器可以帮助构建便携式手持器件，用于农业监测和现场应用[12]。

三苯氧胺(TMX)作为一种口服非类固醇抗雌激素药物，已被广泛用于乳腺癌的预防和治疗。Moghaddam 等利用差分脉冲伏安法(DPV)，用石墨烯粘贴电极(GPE)对 TMX 与鲑鱼 - 精子双链 DNA(ds - DNA)的连接进行电化学检测。为了确定通过这种合作构建一个基本且灵敏的生物传感器三苯氧胺。用 DPV 对显示了三苯氧胺在 8.0×10^{-7}mol/L 和 8.5×10^{-5}mol/L 之间的线性动态范围。最后，利用改进的电极测定三苯氧胺片剂、血清和尿样中 TMX 的含量[13]。

Tingting Zhang 等宣布了另一类无金属纳米碳催化氮(N)和硫(S)共掺杂石墨烯量子点/石墨烯(NS - GQD/G)纳米复合材料的合成和制备，用于检测 H_2O_2(图 13.3)。通过两个阶段制备 NS - GQD/G。首先，将石墨烯量子点(GQD)通过水热处理自组装在石墨烯纳米片上，形成杂化纳米片，然后利用交联纳米片和硫脲进行热退火工艺形成 NS - GQD/G 纳米复合材料。这种交叉杂交材料具有特别高的表面积、大的掺杂点和边缘，以及高的导电性，从而实现了对 H_2O_2 电催化还原的超高性能。在理想的实验条件下，检测下限值为 26nmol/L(信噪比为3)时，H_2O_2 传感器在 0.4 ~33mmol/L 范围内呈扩展线性反应。除了具有良好的选择性、完美的重现性和持久的稳定性外，该 H_2O_2 传感器在检测人体血清样品中的 H_2O_2 和从未经处理的264.7 细胞释放的 H_2O_2 方面表现出良好的性能。因此，新的 NS - GQD/G 纳米复合材料在电化学识别和生物分析领域具有广阔的应用前景[14]。

YaoguangWang 等提出了一种用于定量识别甲胎蛋白(AFP)的无标记电化学免疫传感器。采用多功能石墨烯纳米复合材料(TB - Au - Fe_3O_4 - rGO)对电极进行了改造，以实现电化学信号的放大(图 13.4)。TB - Au - Fe_3O_4 - rGO 包括石墨烯、四氧化三铁纳米粒子(Fe_3O_4NP)、金纳米粒子(AuNP)和甲苯胺蓝(TB)的优点。作为一种氧化还原探针，TB 可以产生电化学信号。石墨烯具有较大的比表面积、较高的导电性和大吸附性能，可负载大量的 TB。Fe_3O_4NP 对 TB 的氧化还原具有很高的电催化性能。金纳米粒子具有很好的生物相容性来捕捉抗体。由于 TB - Au - Fe_3O_4 - rGO 具有良好的电化学导电性，利用设计的电化学免疫传感器(图 13.5)对 AFP 进行了有效、灵敏的检测。在理想条件下，APF 的检测限为 2.7fg/mL 时，设计的免疫传感器显示出从 1.0×10^{-5} ~10.0ng/mL 的宽线性范围。它还显示了很高的电化学效率,包括很高的重现性、选择性和稳定性,这将在其他肿瘤标记物的临床分析中具有潜在的应用价值[15]。

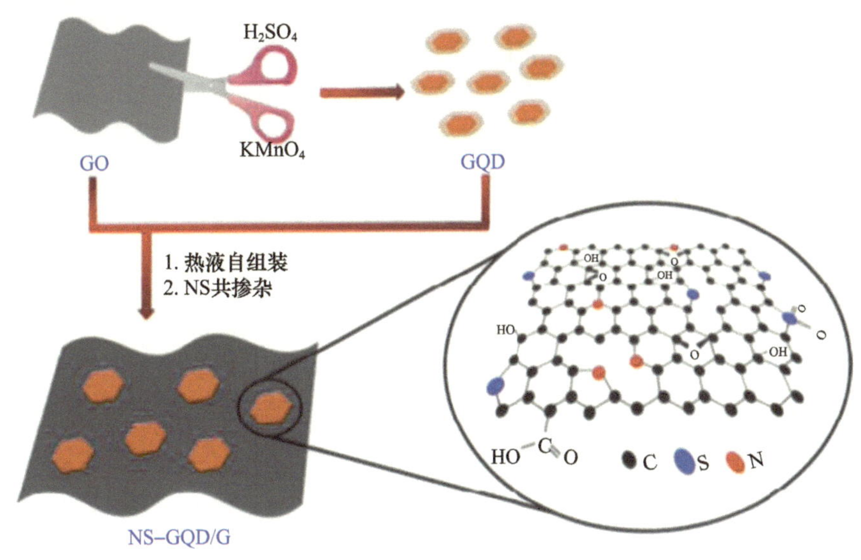

图 13.3 NS-GQD/G 制备过程的示意图(开放获取)

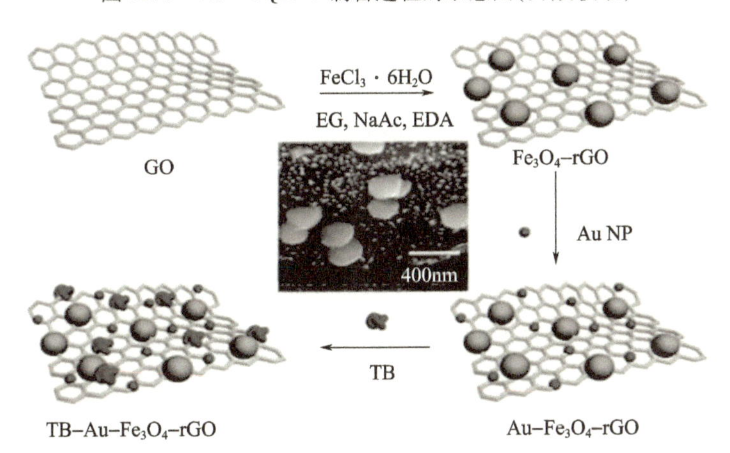

图 13.4 TB-Au-Fe_3O_4-rGO 的合成过程及 Au-Fe_3O_4-rGO 的 SEM 图像(开放获取)

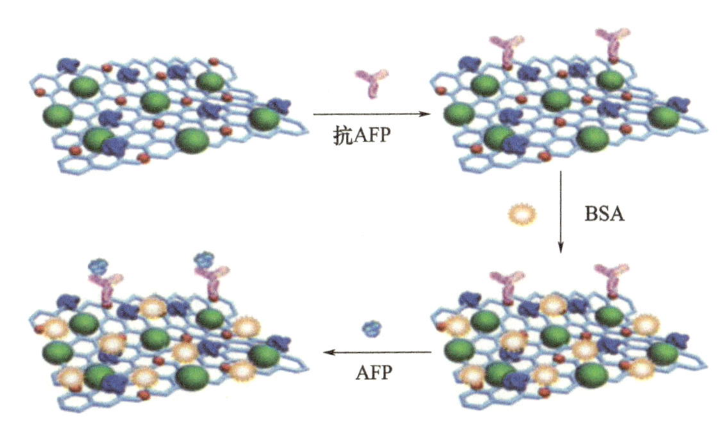

图 13.5 GCE 上制备的无标记电化学免疫传感器示意图(开放获取)

Lidong Wu 等报道了金纳米粒子点状还原氧化石墨烯(rGO - AuNP)用作适配生物传感器选择性识别3,3'4,4' - 多氯联苯(PCB77)的平台。通过将适体锚定到 rGO - AuNP 的偶联目的地并利用还原氧化石墨烯和金纳米粒子的协同效应,基于 rGO - AuNP 生物传感器在灵敏度和重复性方面表现出比基于金纳米粒子生物传感器更好的逻辑效率(图 13.6)。基于 rGO - AuNP 适体(rGO - AuNP - Ap)的生物传感器(226.8μA/cm)的灵敏度是基于 Au 的生物传感器(AuNP - Ap/Au 终端,147.2μA/cm)的2倍。在检测限低至0.1pg/L 时,rGO - AuNP - Ap/Au 生物传感器对 PCB77 浓度在 1pg/L ~ 10μg/L 之间呈线性响应。优良的检测限达到了国际癌症研究机构(IARC)和环境保护局(EPA)制定的暴露阈值(未污染的水 <0.1ng/L)。所提出的生物传感器是一种快速、灵敏、特异地原位检测 PCB 的有效器件[16]。

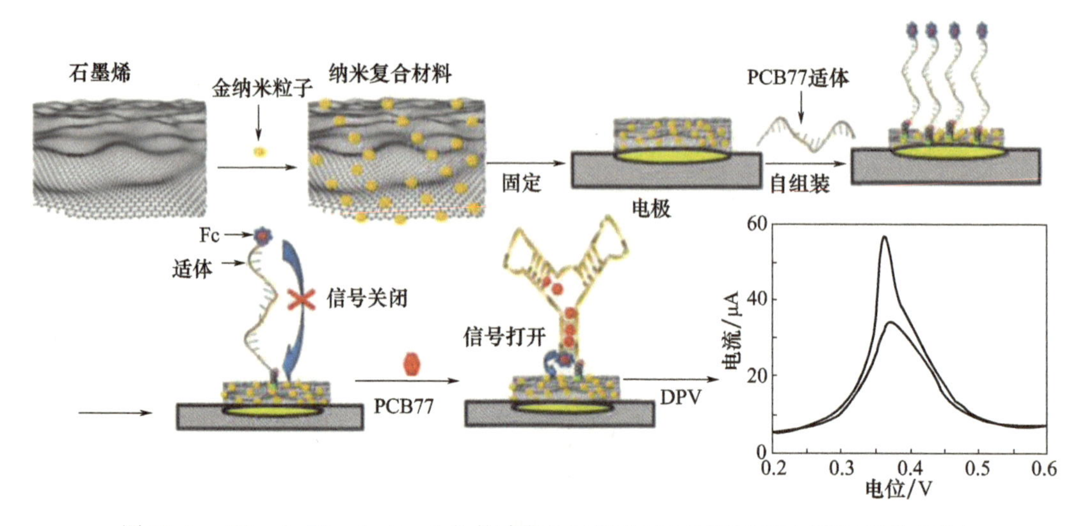

图 13.6 rGO - AuNP - Ap/Au 生物传感器的制作过程和检测机理示意图(开放获取)

T. C. Gokoglan 等报道了一种新的方法,利用导电聚合物、葡萄糖氧化酶(GOx)和金纳米颗粒修饰的石墨烯制成的一次性纸基电极进行葡萄糖检测。首次将导电聚合物,聚(9,9 - 二(2 - 乙基己基) - 芴基 - 2,7 - 二酰基)用2,5 - 二苯基 - 1,2,4 - 噁二唑(PFLO)封端,散布在石墨烯涂层纸上,作为葡萄糖检测网络。为最终确定生物传感器,采用物理吸附法,采用金纳米粒子固化氧化石墨烯。氧气使用量在 -0.7V,Ag 线浓度为 5mmol/L,在 pH6.0 磷酸盐缓冲液中进行。GOx/石墨烯/PFLO/AuNP 修饰电极的电流反应与葡萄糖浓度呈线性关系。所构建的生物传感器对在 0.1 ~ 1.5mmol/L 线性范围内的葡萄糖显示出高灵敏度,检测限低至 0.081mmol/L,信噪比为 3,I_{max} 和灵敏度分别为 2.198μA 和 7.357μA/[(mmol/L)·cm^2]。最后,设计的一次性生物传感器有效地用于商业饮料中葡萄糖的测定[17]。

K. Navakul 等报道了一种早期检测登革病毒(DENV)的快速技术,可以减少死亡人数(图 13.7)。该检测显示了另一种检测分组技术和基于电化学阻抗谱(EIS)的 DENV 抗体筛选技术。发现涂覆氧化石墨烯增强聚合物的金电极的电荷转移电阻(R_{ct})受病毒类型和表面暴露量的影响。在 GO - 聚合物复合排列中的分子识别能力设置用于证明这一影响。检测限为 0.12pfu/mL 时,R_{ct} 与相对病毒浓度的直接依赖性在 $1 \sim 2 \times 10^3$ pfu/mL DENV

之间[18]。

石墨烯合成的最新发展和对性质的理解推动了在许多不同领域的应用。石墨烯及其新的电学特性可以支持电化学生物传感器在水样毒素监测中的应用。石墨烯生物传感器可以作为用于水质监测和诊断的费时、昂贵和不便携的传统技术的另一种选择。它们展示了一种用于微囊藻毒素 LR3(MC - LR)检测和评价的三维石墨烯生物传感器。他们报告了微囊藻毒素 LR 及其抗体在建议简易合成的 CYD 三维石墨烯的有效功能化和固定化。特别是制备的三维石墨烯生物传感器,由于其宏观多孔结构、广泛的表面积和高的电导率,可以显著的灵敏度区分 MC - LR。在超过 0.05μg/L 和 20μg/LMC - LR 浓度范围内,电子传递电阻(R^2 =0.93)具有良好的线性关系。同时,测定的检测限为 0.05μg/L,远远低于世界卫生组织在饮用水中的 MC - LR 浓度暂定限值(如:1μg/L)[19]。

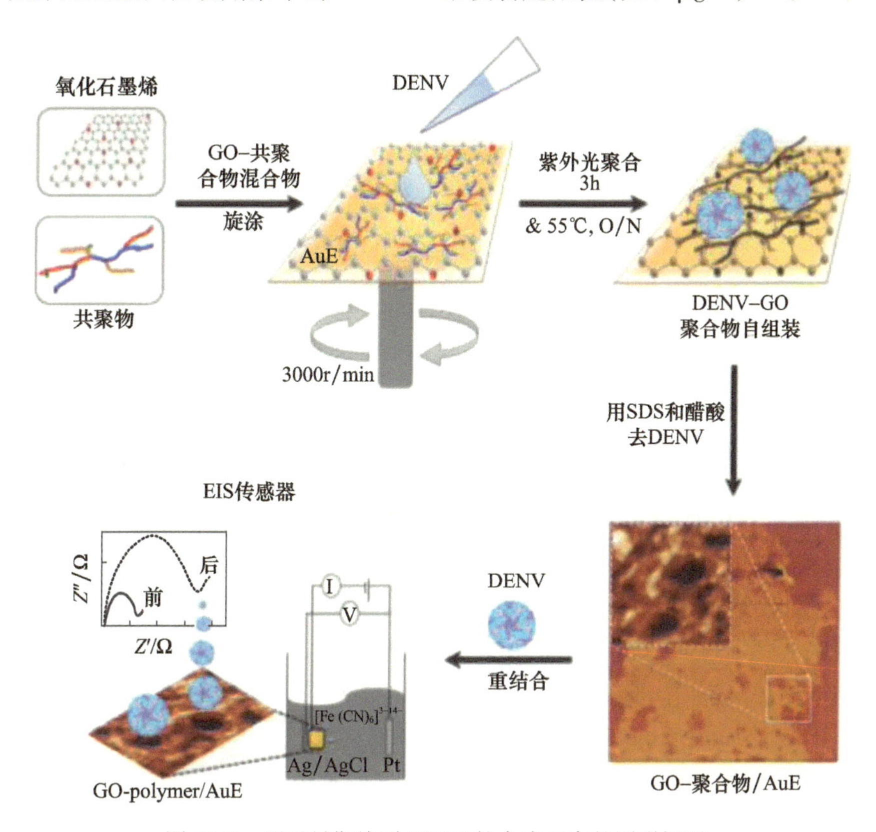

图 13.7 用于早期检测 DENY 的合成程序的图形概要

还原氧化石墨烯(rGO)具有极高的电子传输容量、大的表面积体积比、生物相容性以及与适体 DNA 碱基的显著相互作用等特点,是一种很有前途的纳米材料,可用于可靠地检测病原微生物。Shalini Muniandy 等设计了一种灵敏、快速、强检测食源性病原体的还原氧化石墨烯 - 偶氮红(AP)纳米复合适体传感器(图 13.8)。除了提供高导电和可溶性还原氧化石墨烯纳米复合材料,用差分脉冲伏安法观察到无标记单链脱氧核糖核酸(ssDNA)适体与试验生物、鼠伤寒沙门氏菌(*S. typhimurium*)的相互作用,该适体传感器对整个细胞微生物的检测表现出较高的灵敏度和选择性。在理想条件下,该适体传感器线性范围从 108 ~ 101cfu/mL,具有极大的线性度(R^2 =0.98)和 101cfu/mL 的检测限。此外，利用非沙门氏菌和人工添加鼠伤寒沙门氏菌的鸡肉食品样品对已开发的适体传感器进行了评估。结果表明，rGO - AP 适体传感器具有很高的改造潜力，可以通过电化学方法可行且快速地识别特定食源性致病菌[20]。

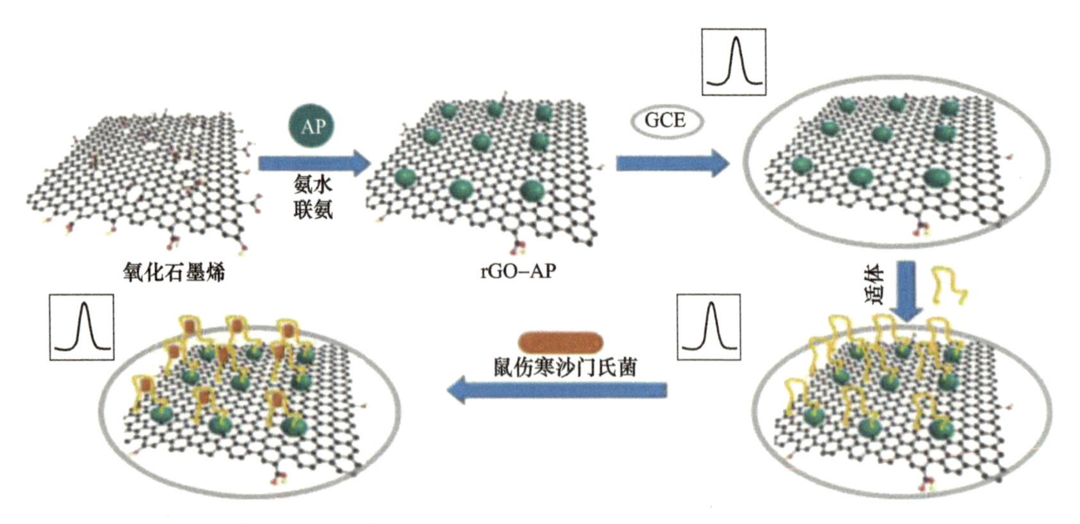

图 13.8　制备还原氧化石墨烯功能化 AP 和细菌电化学检测方法的示意图（来源：4352030160420）

Yaqiong Wang 等利用还原氧化石墨烯（rGO）的共轭结构自组装纳米复合材料介绍了一种新型的电化学 DNA 传感器，并对改性锰（III）四苯卟啉（MnTPP）进行了说明。MnTPP/rGO 复合材料通过石墨烯片芳香环与卟啉大环之间的 π - π 堆叠相互作用构建。卟啉分子是一种适应性强的组合物，能有效地与大量的反应基团进行功能化，还能与大量的氧化还原金属结合在一起进行电化学表征。它们合成具有羧基功能化的 5 -［4 -（4 - 羧基丙氧基）苯基］- 10，15，20 - 三苯基卟啉，用于 5' - 氨基单链 DNA 通过稳定的酰胺链共价结合。利用傅里叶变换红外光谱（FT - IR）、紫外可见光谱和电化学技术对 MnTPP/rGO 平台进行了表征。结果表明，石墨烯的二维结构和共轭排列允许金属卟啉极强的相互作用及其在石墨烯表面的固定，而不会损失石墨烯的结构和导电性能。采用方波伏安法（SWV）和电化学阻抗谱（EIS）进行电化学检测表明，还原氧化石墨烯具有较高的导电性并促进了氧化还原物质的电子迁移。DNA 固定化和互补序列杂交直接影响电化学 MnTPP/rGO 特性的差异（图 13.9）。DNA 探针组合和杂交后，EIS 显示阻抗增加。计算出了 6×10^{-14}mol/L 的检测限，并给出了 100amol/L ~ 10pmol/L 的动态范围。生物传感器的选择性已在非互补和单错配的 DNA 序列上进行了探索[21]。

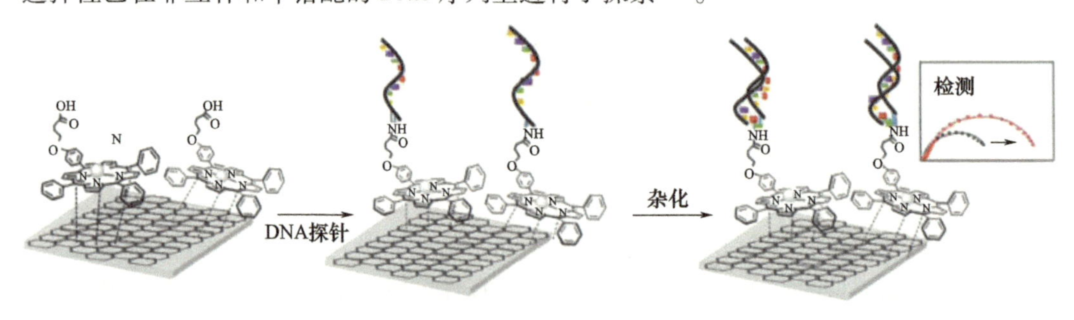

图 13.9　DNA 传感器示意图（来源：4352041220729）

大肠杆菌 O157:H7 是一种肠出血性微生物,会引起腹泻、发烧和呕吐的真正食源性暴发。最近发生的食源性大肠杆菌爆发给公众的普遍安全带来了极大关注。在这种情况下,人们迫切需要一种基本的、快速的、灵敏的方法来识别不洁净食物中的病原体。Ashish Pandey 等研制了一种与石墨烯结合的无标记电生物传感器,用于灵敏检测病原微生物。该传感器是通过石墨烯与电容器的交错微电极结合而设计,该电容器用大肠杆菌 O157:H7 进行生物功能化,特别是用于敏感病原微生物进行检测的抗体。传感器表面的石墨烯纳米结构提供了主要的合成特性,例如,高载体多功能性与抗体和微生物的生物相容性(图 13.10)。通过①捕获的细胞表面电荷的极化;②细胞的内部生物活性;③细胞壁的电负性或偶极矩及其弛豫;④石墨烯的电荷载流子迁移率,传感器根据介电特性(电容)的变化转变特性,一旦在传感器表面捕获致病性大肠杆菌 O157:H7,就会调节电学特性。因此,使用基于石墨烯电容器观察到的敏感电容变化是大肠杆菌 O157:H7 菌株所特有,灵敏度低至 10~100 细胞/mL。石墨烯生物传感器在没有化学仲裁器的情况下,提供了速度焦点、灵敏度、特异性和原位细菌检测,描述了一种用于检测各种不同病原体的全面方法[22]。

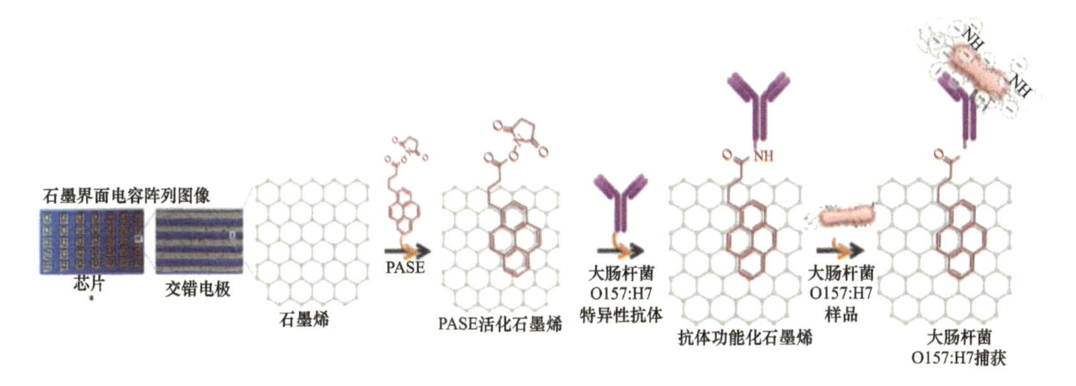

图 13.10 真实石墨烯界面芯片的摄影图像,以及 PASE 活化和抗体固定的过程
(来源:4352070646009)

皮质醇已被确定为唾液中筛选心理压力的生物标志物。Muhammad Khan 等报告了一种无名称的纸质电子生物传感器芯片,用于评估定点照护(POC)级别的唾液皮质醇(图 13.11)。以 3,3'-二硫代二丙酸腐蚀性二(*N*-羟基丁二酰亚胺酯)(DTSP)作为自组装单层(SAM)试剂,在金(Au)微电极上结合抗皮质醇抗体(抗 CAB),实现了传感芯片的高特异性,用于在检测限为 3pg/mL 时检测皮质醇。电极设计采用聚(苯乙烯)方聚(丙烯酸)(PS67-*b*-PAA27)聚合物和石墨烯纳米片(GP)悬浮液,将其涂在通道纸上增加免疫反应的灵敏度。然后,将生物传感器芯片与实验室构建的小型化印制电路板(PCB)集成,以提供电结并利用 MATLAB 无线发送/接收电信号。这个完全集成的手持器件有效地显示了灵敏度为 50Ω/(pg·mL)时范围从 3pg/mL~10μg/mL 的广泛的皮质醇检测。利用回归值为 0.9951 的酶联免疫吸附试验(ELISA)程序,验证了所提出的皮质醇传感器芯片的优点。在报道的芯片之前最新研制的皮质醇免疫生物传感器的优点代表了一种改进的检测限,不需要额外的氧化还原介质进行电子交换,更快的反应以获得稳定的信息和经济生产[23]。

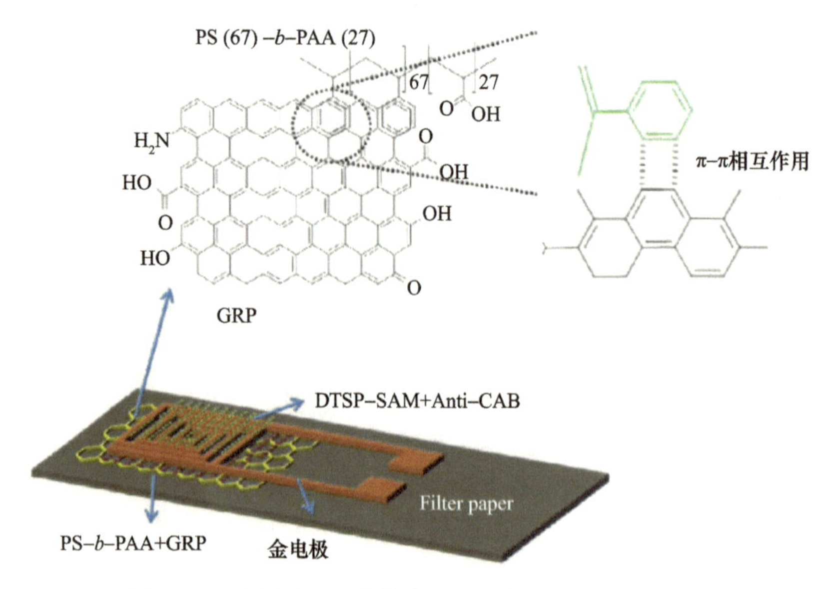

图 13.11　纸基电子生物传感器芯片图形表示(开放获取)

13.3.2　场效应晶体管生物传感器

场效应晶体管(FET)是一种晶体管,使用电场来控制半导体材料中两个电极之间的通道的导电性。电导率的控制是通过在第三个电极上,即栅极,改变源极和漏极的电场电位来获得的。在半导体材料的设计和掺杂之后,在栅极电极上出现适当的正负电位或正负电位可以在导电通道中引入电荷载流子或排斥电荷载流子。这将填补或清空载流子的耗尽区域,从而形成或改变传导通道的有效电测量。这可以监测源极与漏极之间的电导。在线性模式下,当漏源电压远小于栅源电压时,FET 的工作原理就像可变变阻器一样,可以在导电状态和非导电状态之间切换。另一方面,在饱和模式下,FET 作为恒定电流源,并经常作为电压放大器使用。在这种模式下,恒流电平由栅源电压控制。FET 器件有利于微弱信号和高阻抗的应用,因而在电化学生物传感领域得到了广泛的应用。

Afsahi 等详细介绍了一种可价格实惠的、可携带的石墨烯生物传感器,通过一种特殊的固定化单克隆抗体来识别寨卡病毒(图 13.12)。场效应生物传感(FEB)与单克隆抗体共价连接到石墨烯上,能够实时、定量地检测局部寨卡病毒(ZIKV)抗原。根据抗原(ZIKV NS1)的测量结果,电容变化的百分比与在缓冲液低至 450pmol/L 浓度下检测抗原的临床巨大水平相协调。这种首创的基于石墨烯的寨卡生物传感器的速度、灵敏度和选择性使其成为改进医学诊断测试的完美选择[24]。

Shicai Xu 等用高温化学气相沉积在蓝宝石基底上专门构建石墨烯,无需使用金属催化剂、湿法腐蚀和输送(图 13.13 和图 13.14)。基于蓝宝石的石墨烯在场效应晶体管的设置中被设计并制成 DNA 生物传感器。该传感器显示出很高的效率,并实现了低至 100fmol/L(10^{-13}mol/L)的 DNA 识别灵敏度,比之前转移的化学气相沉积 G-FET DNA 传感器至少低 10 倍。该技术为无标记、超灵敏的 DNA 检测提供了更灵敏的 DNA 传感器。基于蓝宝石的 G-FET 的使用为生物传感技术的应用提供了广阔的前景[25]。

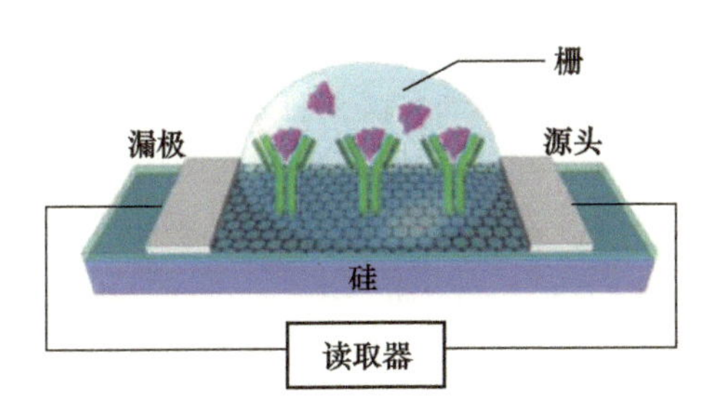

图 13.12 石墨烯生物传感器芯片传感器元件的示意图

使用零长度链接器将抗体固定在原始石墨烯上。与 PEG 块一起,这些抗体在带有石墨烯通道的液体门控晶体管中形成电介质。(开放获取)

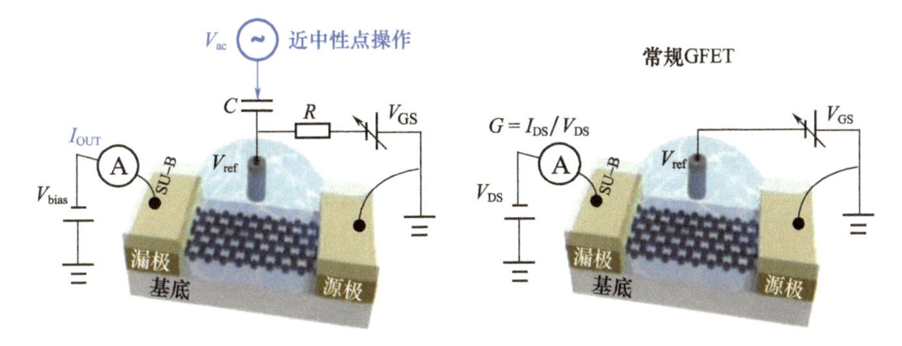

图 13.13 电解质门控 GFET 器件近中性点操作的示意图(在 CC 属性下分发)

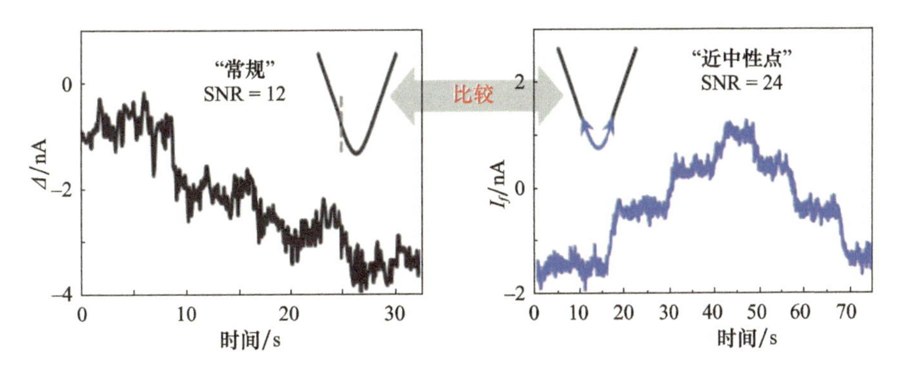

图 13.14 GFET－Ⅱ在常规模式和接近中性点时对 200mV 阶梯式栅极电压变化的响应的比较(在 CC 属性下分发)

传统上,为了获得满意的传感响应,石墨烯晶体管的工作是为了实现跨导最大值,其中观察到 $1/f$ 噪声非常高,这对提高任何额外器件的灵敏度造成了主要限制。Wangyang Fu 等证明了在接近中性点的双极模式下操作石墨烯晶体管可以显著减少石墨烯的 $1/f$ 噪声。当体积中的所有电荷相加为零时,电荷中性就会发生。他们的信息揭示了电子噪声的减少是通过石墨烯芯片的无损传感应答来完成,因此与传统操作的石墨烯晶体管的电导测量相比实质上提高了信噪比。作为将上文提到的新的传感方案被应用到更广泛的有限生化传感领域的概念验证演示,他们选择了 HIV 相关的 DNA 杂交作为试验基地,并在皮摩尔浓度下进行检测[26]。

Lin Zhou 等报告了一种基于抗体修饰石墨烯场效应晶体管(GFET)的无标记免疫传感器，如图 13.15 所示。利用非共价修饰方法，将以癌胚抗原(CEA)为重点的抗体固定在石墨烯表面。双功能粒子 1－芘丁酸腐蚀性琥珀酰亚胺酯，是芘和活性琥珀酰亚胺酯基团的化合物，通过 π－堆积与石墨烯非共价相互作用。所得到的抗 CEA 修饰的 GFET 能以高特异性实时充分地控制 CEA 蛋白与抗 CEA 之间的反应，这揭示了在检测限小于 100pg/mL 的情况下 CEA 的特殊电检测。CEA 蛋白与抗 CEA 蛋白间的解离常数被评估为 6.35×10^{-11}mol/L，显示了抗 CEA－GFET 的高度依赖性和灵敏度。石墨烯生物传感器为临床应用和即时医疗诊断提供了一种器件[27]。

已报告的场效应晶体管(FET)有很大一部分在确定和识别目标分析物时未能采用一般策略。D. Lee 等详细介绍了一种带有氧化石墨烯支撑系统(GOSS)的五苯基 FET，并结合功能化氧化石墨烯墨水(图 13.16)。具有特殊基团以捕获感兴趣的生物材料的 GOSS 被喷墨打印在五角星 FET 上。它在五苯基表面提供了模块化的接收器位置，而不需要对该器件进行修饰。为了评价 GOSS－五苯基 FET 生物传感器的性能，他们检测合成的 DNA 和循环的肿瘤细胞作为概念的证明。在 GOSS 上捕获靶标生物分子后，FET 的迁移率发生了很大的变化。FET 具有较高的选择性，每识别量为 0.1pmol 的目标 DNA 和一些癌细胞。这项研究推荐了一种用于治疗诊断的重要传感器，这种传感器可以在低成本的情况下大规模生产[28]。

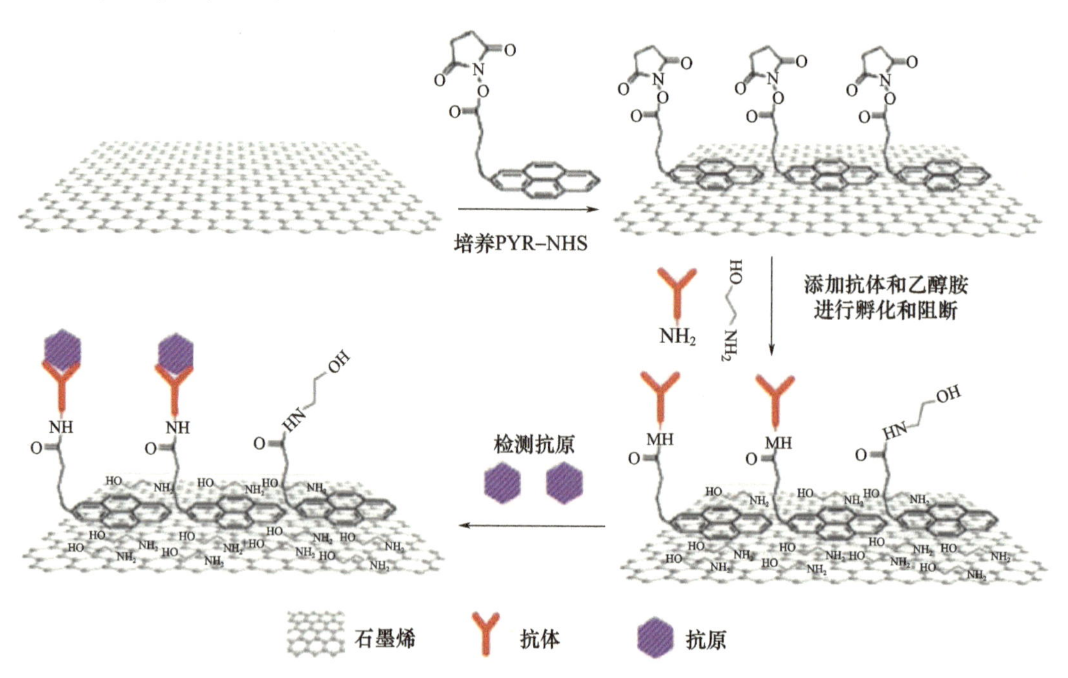

图 13.15 GFET 所有修饰步骤的示意图(来源:4351850716084)

Weiwei Yue 等检测一种电－荧光双检测传感器和检测系统。通过集成石墨烯场效应晶体管(GFET)和生物传感器荧光共振能量转移(FRET)建立了双检测生物传感器。为了开发 GFET 作为电检测通道，将化学气相沉积制备的石墨烯薄膜转移到玻璃基底上。用 60－羧基荧光素(60－FAM)改进的探针适体用 1－芘丁酸琥珀酸酯(PBASE)固定在

GFET 的石墨烯薄膜上，然后用氧化石墨烯对探针适体上的 60 - FAM 进行猝灭，形成荧光检测通道。当互补靶 DNA(tDNA)被引入 GFET 时，它取代了氧化石墨烯，并与探针适体杂交，从而恢复了探针适体的荧光。同时，将 tDNA 与探针适体杂交，形成了 GFET 的另一个双导层的发展，这可能会改变了 GFET 的导电性。利用自制的双通道检测系统，通过电子和荧光通道，同时完成了 tDNA 与探针适体的动态杂交过程。与传统的带有单独识别模式的生物传感器相比，这种双重检测生物传感器可以可靠、灵敏地检测时间和浓度依赖性 DNA 杂交动力学。此外，这项工作还代表了结合不同传感程序设计生物传感器的另一种方法[29]。

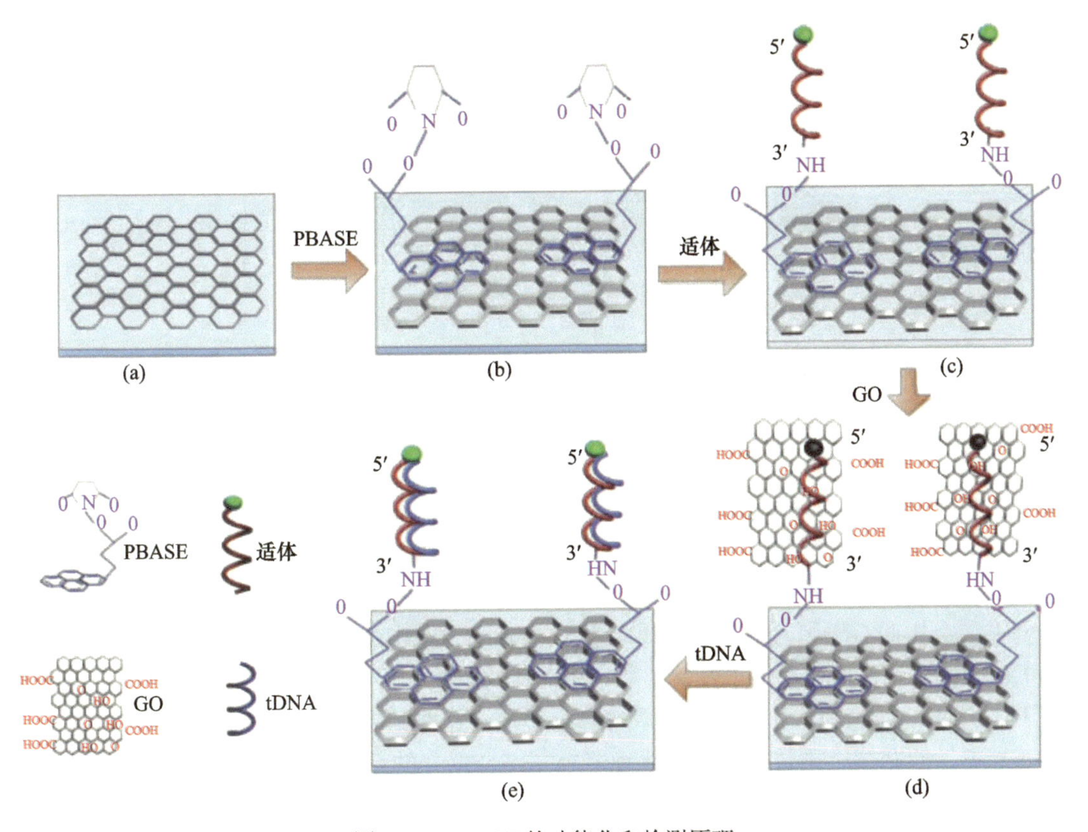

图 13.16 GFET 的功能化和检测原理

(a)用化学气相沉积生长的石墨烯薄膜；(b)用 PBASE 对石墨烯的功能化；(c)用 PBASE 固定化探针适体；(d)氧化石墨烯猝灭探针适体的荧光；(e)探针 DNA 与目标 DNA 杂交(开放获取)。

由于脑钠肽(BNP)在心力衰竭(HF)的测定和诊断方面已成为全球公认的生物标志物，因此很有必要寻找一种新的检测仪器来检测患者早期的 BNP 水平。Yong - Min Lei 等详述了铂纳米粒子 - 改进还原氧化石墨烯场效应晶体管生物传感器结合微过滤器框架，用于在整个血液中无标记高灵敏度的 BNP 检测(图 13.17)。通过将还原氧化石墨烯滴铸到预制场效应管芯片上，随后在石墨烯表面组装铂纳米粒子，得到了铂纳米粒子修饰的 rGOFET 传感器。当抗 BNP 结合到铂纳米粒子表面后，BNP 被计数器 BNP 固定化场效应晶体管生物传感器有效识别。结果表明，所研制的场效应晶体管生物传感器可以实现 100fM 的低检测限。此外，在人体血液测试中，BNP 被特别设计的微过滤器有效地检测出来，这表明了传感器在复杂样本矩阵中工作的能力。所研制的场效应晶体管生物传感器为蛋白质检测提供了另一个检测平台，展示了其在临床样品中的潜在应用[30]。

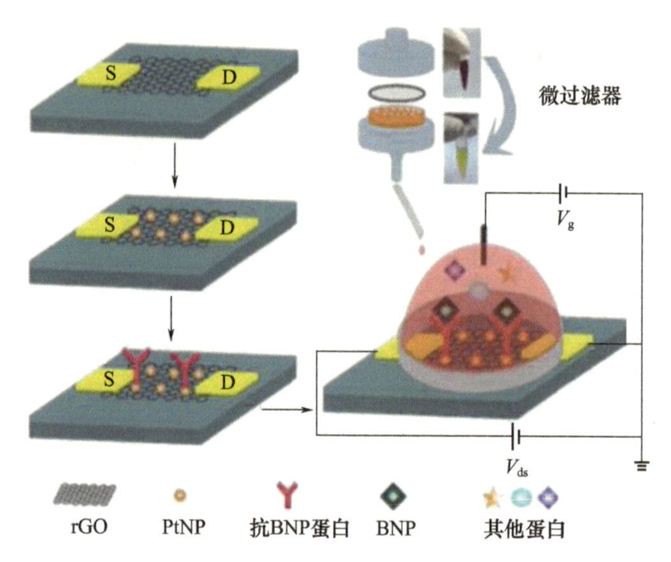

图 13.17 用于 BNP 检测的带有定制的微过滤器的铂纳米粒子修饰 rGO FET 生物传感器的示意图（来源：4352050913793）

Yijun Li 等报告了一种完全集成的 GFET 生物传感器，用于无标记测定水介质中的铅粒子（Pb^{2+}），该传感器首次实现了石墨烯纳米电子学中的 G－四联体结构转换生物传感原理（图 13.18）。Li 通过实验概述了一端限制在石墨烯表面富含 G 的 DNA 单链能特异地与粒子相互作用并转换为 G－四联体结构的生物分子相互作用。由于带电 DNA 链的结构交换会扭曲石墨烯表面区域的电荷分布，因此石墨烯薄片中的载流子平衡可以通过 GFET 的电导率变化而改变并表现出来。探索性的信息和假设的调查表明，器件适合于低至 163.7ng/L 的检测限无标记和 Pb^{2+} 的特定评估。这些结果初步证实了石墨烯电子生物传感器 G－四联体结构转换的信令原理鉴定。结合保守的系统结构和合适的电信号的优点，用于监测 Pb^{2+} 的无标记 GFET 生物传感器具有广阔的应用前景[31]。

石墨表面的厚层识别元件干扰石墨烯与带电生物分子之间的静电耦合，从而降低石墨烯生物传感器的灵敏度。J. E. Kim 等报告了一种由单分子自组装设计的肽蛋白受体的高灵敏度的石墨烯生物传感器。石墨烯通道是利用肽蛋白受体通过沿石墨烯 Bravais 格栅 π－π 相互作用而非共价功能化的，允许通过石墨烯晶格进行超薄单分子自组装。在厚度相关的表征中，与厚受体堆积（厚度足足大于 20nm）石墨烯传感器相比，带有单分子受体（厚度小于 3nm）的石墨烯传感器的灵敏度是其的 5 倍，电压偏移是其的 3 倍，这归因于石墨烯和链霉亲和素之间通过超薄受体分离器实现良好的栅耦合。除了在生物素与链霉亲和素结合速度快的情况下具有快速的固有响应时间（小于 0.6s）外，该石墨烯生物传感器还是一个以高时空分辨率对非生物分子进行常敏感的实时观察的平台[32]。

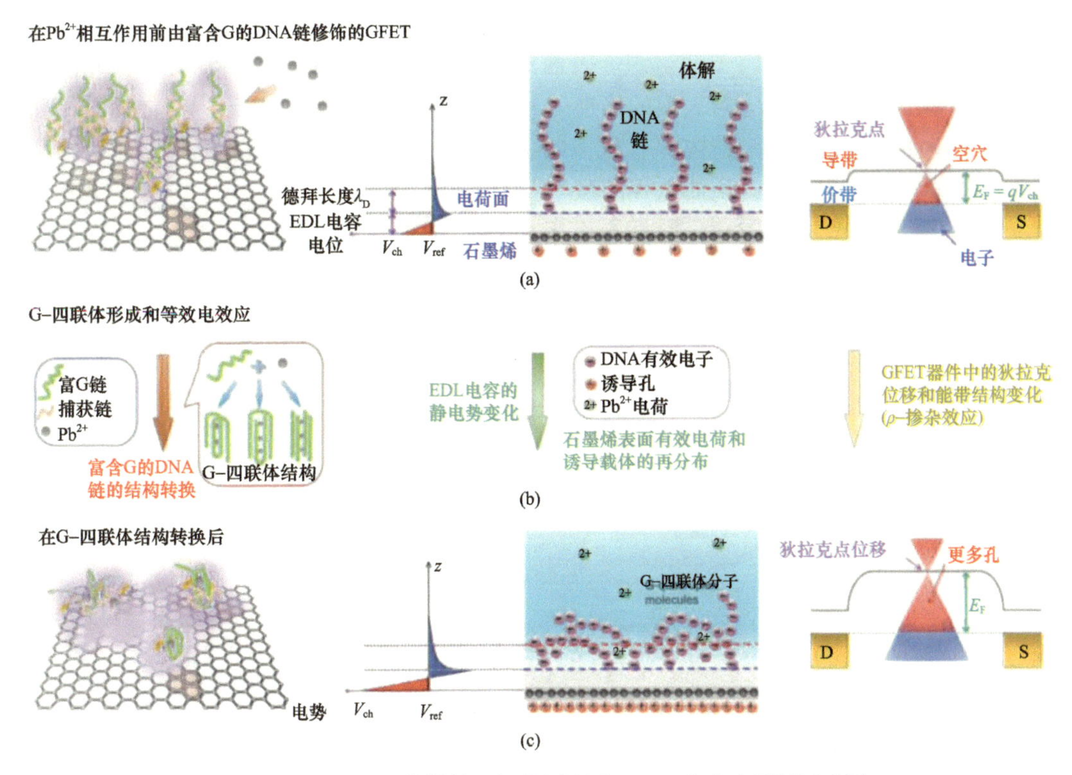

图 13.18 G－四联体结构－切换原理及 GFET 电响应机制示意图

(a)在 G－四联体形成之前:沿着 z 轴(垂直于石墨烯表面的向上方向),由于德拜屏蔽,分布在 DNA 链末端的电荷不能有效地将静电势应用到 EDL 电容的电荷面上。石墨烯的有效空穴密度和化学势(V_{ch})相对较低。GFET 具有轻微的 p 型掺杂性能。(b)在 Pb^{2+} 存在的情况下:富含 G 的 DNA 链转变为 G 四联体结构,从而导致电性质的变化。(c)在 G－四联体结构转换后:更多的 DNA 电荷靠近 EDL 的电荷面,这增加石墨烯的空穴密度,从而加强了 GFET 的 p 型掺杂。(来源:4352100908935)

13.3.3 光纤生物传感器

光学生物传感器比传统的分析方法具有更大的优势,因为它们能够直接、实时、无标记地检测许多生物和化学物质。它们的优点包括优良的特异性、灵敏度、小型化和价格的有效性。光学生物传感器的研究和技术改进在过去十年经历了指数级增长。光学生物传感器的研究和开发特别针对医疗保健、环境应用和生物技术领域。在药物、环境和生物技术领域内的生物传感器程序众多,每个程序都有对被测量的分析物的浓度、输出精度、所需的样品浓度、完成探针所需的时间、使生物传感器重新使用所需的时间以及器件的清洁等方面的要求。

光学检测是通过利用光学学科与生物识别元件的相互作用来进行的(图 13.19)。光学生物传感可大致分为无标记和有标记两种标准模式。简单地说,在无标记模式下,检测到的标志是通过分析材料与转换器的相互作用直接产生的。相反,有标记的传感包括一个标记和光学标记然后通过比色、荧光或发光技术产生光学标记。

光学生物传感器是一种包含与光学转换器器件相结合的生物识别传感元件的结构紧凑的分析器件。光学生物传感器的主要目标是提供一个与被测量物质(分析物)的浓度成正比的符号。该光学生物传感器可利用多种生物材料，包括酶、抗体、抗原、受体、核酸、完整细胞和作为生物识别因子的组织。表面等离子体共振（SPR）、倏逝波荧光和光波导干涉测量利用靠近生物传感器表面的倏逝区域来识别生物识别元件与分析物之间的相互作用。光学生物传感器的构造内部有很多的版本，本部分将重点介绍基于其广泛应用和用于检测最具生物相关性物质而选择的版本。

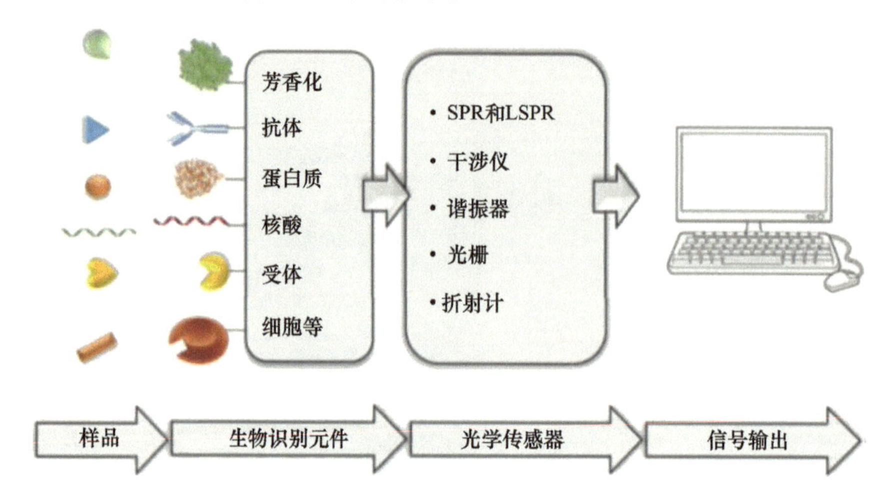

图 13.19 图解光学生物传感器的典型部件（开放获取）

13.3.3.1 表面等离子体共振生物传感器

SPR 的物理现象最早发现于 1902 年。该声明提出了一个深奥的光学现象，经过几十年发展，完全了解表面等离子体物理，并在 1983 年，SPR 首次有效地用于构造一个以 SPR 为主的传感器，发现生物分子相互作用。以工业 SPR 为主的生物传感器是由法玛西亚生物传感器 AB 发布的，后来更名为 Biacore。SPR 器件目前有多个生产者生产，基于 SPR 的生物传感器是目前最重要的光学生物传感方法。SPR 现象发生在介质（通常是玻璃和液体）界面处的金属（或不同的完成物质）表面，当它通过偏振光照射在选定的角度。这产生表面的等离激元，因此在一个特定的角度反射光强度的降低被称为共振透视。这种效应与表面的质量成正比。通过测量反射率、姿态或波长相对于时间的变化，可以得到传感图。在所有的配置中，SPR 现象允许传感器表面的折射率直接、无标记和实时变化，这与生物分子浓度成正比。为了测量配体 - 分析分子之间的相互作用，必须在传感器表面固定一个相互作用的分子。一种灵敏的 SPR 仪器结合了光学探测器组件，通常测量强度偏移，带有金表面的传感器芯片，以及与允许流过操作的流体机械集成的允许配体固定的层。SPR 芯片由一个有明确目标的层组成，允许相互作用分子的固定。目前的仪器主要是在由羧甲基化右旋糖酐保护的自组装单层上使用固定化生物分子。这种结构能够利用 *N* - 羟基琥珀酰亚胺（NHS）的化学性质有效固定蛋白质。在实际测试中，一个相互作用成分，例如配体，完全附着在芯片表面，而另一个相互作用成分，例如，分析物，流经表面并结合到配体上。

通过 SPR 检测表面结合是一个广泛使用的概念。然而，在现实中，可能会产生多种结果并使 SPR 评估复杂化，包括非 1 : 1 的结合化学计量、亲和力、配体的非特异性吸收和传质阻力；专题论文中对这些结果进行了很好的定义。对于实际应用，有三种分析 SPR

的方法:动力学分析、平衡评估和浓度分析。动力学和平衡分析常用来表示任何分子相互作用:配体 - 分析物结合、抗体 - 抗原相互作用、受体表征等。目前还没有类似的技术可以在没有标记的情况下实时显示生物分子相互作用,因此,SPR 是目前有机科学和药物开发检测研究的主要工具。SPR 方法在任何分析物的浓度分析中都有多种应用,如果配体与它有特定的结合,并且可以固定在 SPR 芯片上。然后通过测量直接结合或质量传输受限模式的结合率得到浓度。浓度分析在临床诊断、环境分析、食品等多个领域有广泛的应用。SPR 生物传感器检测技术通过同时检测与三种病毒中呈现的特异性抗原相对的抗体,科学诊断血清样品中不同程度的艾普斯登 - 巴尔病毒污染。通过使用带有固定配体的 SPR 芯片测定了可溶性血管内皮生长因子受体,并得到了 25μg 的检测限。采用 SPR 便携式生物传感器的快速筛选方法在食品监测中具有很大的应用价值。牛奶样品中抗生素的灵敏度现场分析是通过可移动的六通道 SPR 生物传感器[6]发现,用 0.1nmol/L 的检测限免疫化学 SPR 生物传感器检测时,霉菌毒素展青霉素发生了变化。SPR 生物传感器也用于灵敏的阴离子选择性 As(Ⅲ)检测,检测限为 1.0nmol/L[33]。

13.3.3.2 局部表面等离子体共振

局部 SPR(LSPR)是基于金属纳米结构(MNP)(Au、Ag 等),具有在大型金属结构中不可见的特殊光学特性。这种现象的明显例子是胶体金颗粒的水分散体呈粉红色,这是 LSPR 的表现。LSPR 的光学现象发生在入射光线与 MNP 相互作用时,光的电磁环境会引起 MNP 中的集体电子电荷振荡,以及随后紫外可见光波段(UV - vis)的吸收。因此,SPR 和 LSPR 之间最重要的区别是,等离子体在纳米结构上发生局部振荡,而不是沿着金属/电介质界面振荡。

基于 LSPR 光谱位移的生物传感场合,常被称为“波长偏移传感”,是在结合场合发生时周围介质环境变化所引起。然而,LSPR 的性质在很大程度上取决于几个因素,如所用的材料、尺寸、形状和所涉及的 MNP 粒子间距离。所有这些因素都反映为颜色变化和吸收峰位移。这些参数是传感器构造的问题。因此,控制这些参数就有可能控制或优化 LSPR 传感器的性能和灵敏度。与商用 SPR 生物传感器相比,LSPR 传感器在生物传感器制造方面具有更强的适应性。LSPR 传感器既可以通过将 MNP 与玻璃载片或光纤一起固定在基底上,也可以简单地通过在该技术中悬浮 MNP 以形成基于溶液相位的 LSPR 传感器。LSPR 传感器使用各种光学几何图形,两种常用几何形状和工作模式是透射和反射模式。目前,基于 LSPR 的传感平台被认为是下一代等离子体无标记技术。

目前由著名的 Biacore™系列组成的商业化 SPR 仪器价格昂贵,体积庞大,限制了它们的应用数量。基于 LSPR 的检测易于小型化,以增加检测的吞吐量并降低了运行费用。最新的分析器件(包括基于 LSPR 的便携式筛选器件)所需的特性包括稳健性、灵敏度、特异性和经济实惠。它们为许多应用提供了非常实用的选择,例如,在临床诊断和食品监测方面。与传统的高分辨 SPR 生物传感器相比,LSPR 生物传感器可以同时呈现与 SPR 器件相同的性能,因为重要的是涉及相互作用分子的较低表面密度。例如,检测限为 100ng 时,LSPR 多阵列生物传感器用于筛选抗原抗体相互作用以及免疫球蛋白、C 反应蛋白、纤维蛋白原。在专注于卵巢癌的医学诊断的研究中,利用抗 HE4 抗体作为探针直接组装到 LSPR 纳米芯片表面,在检测限为 4pmol/L 的情况下,实现了宽线性范围(10 ~ 10000pmol/L)。用与金纳米棒相关的 LSPR 和低于 1nmol/L 浓度的适配剂定量检测赭曲霉素毒素 A。与其他生物传感器相比，SPR 生物传感器具有稳健性、灵敏度高、结构简单等优点。SPR 可以通过带有贵金属层的 SPR 结构中的耦合棱镜来激发。但是贵金属层很容易发生化学反应，从而严重地降低了生物传感器的性能。已经提出了许多解决这个问题的方法[33]。

布洛赫表面波(BSW)是在介质一维光子晶体表面截断缺陷层内部激发的表面状态，被推荐为化学和有机传感器表面等离子体共振的替代品。Z. Lin 等基于石墨烯截断的一维光子晶体提出了一种强度敏感 BSW 传感器。通过优化缺陷层厚度和石墨烯层数，生物传感器的最大强度灵敏度亲和性可以超过 3.5×10^4/RIU，比普通的 BSW 或 SPR 传感器更加突出。由于具有如此优异的性能，这种结构有助于以后在生物和混合物生物传感器领域的一些关键应用[34]。

Y. Wang 等报告了利用基于石墨烯的光学生物传感器以超高灵敏度和超快反应速度感测无标记、全活的癌细胞对紫杉醇的反应。在实验的信噪比为 5.3 的情况下，首次专门测量了超小折射率变化(nc)1.35×10^{-7}，并将相关灵敏度提高到 1.2×10^8mV/RIU。这个测量值是折射率传感器的报告，甚至可以满足单原子识别的需要。基于石墨烯的光学生物传感器的探测深度超过 2μm，可能比 SPR 生物传感器的探测深度高几个数量级。更令人鼓舞的是，这种探测深度首次包括了整个癌细胞的高度。利用这种生物传感器，它们代表了对活细胞中自由标记癌细胞对紫杉醇反应的超敏感和持续检测，并且在早期药物传输过程中发现了一种新的反应[35]。

具有超高灵敏度的 SPR 传感器的设想，通过带有富含缺陷石墨烯的感应层，提供了各种机会发展新的生物和化学传感器和检测技术。富含缺陷的石墨烯可调谐能带试图在 Au 表面提供一个信号增强的检测层，提供超低的检测限和长期的稳定性。结果表明，当少量染料分子被吸附在缺陷丰富的电化学还原氧化石墨烯(ErGO)表面时，ErGO 介电常数的膨胀会导致 SPR 范围的重大变化。目标 R6G 分子的检测给出了 $10^{-17}\sim10^{-11}$mol/L 的线性动态范围和 10^{-10}mol/L 的检测限。石墨烯纳米片的缺陷的存在导致无底悬键，有利于与 R6G 分子形成共价键。这项工作是另一个用于 SPR 检测的系统，也是一种用于石墨烯材料光学特性调节的新策略[36]。

利用声和光化学处理后的剪切效应，从氧化石墨烯薄片中提取出尺寸小于 10nm 的石墨烯量子点(GQD)。在这个过程中，H_2O_2 被用作主要的配制试剂。在 GQD 与过硫酸钾的混合物中在玻碳电极上进行循环伏安扫描，获得了强阴极电化学发光(ECL)信号。对 GQD/$K_2S_2O_8$共反应体系的 ECL 特性进行了详细的研究，并提出了一种可实现的机制，即 ECL 信号在很大程度上依赖于 GQD 的还原和氧的分解。此外，还观察到 ECL 信号被 H_2O_2 猝灭，这是葡萄糖酶促氧化的结果。顺着这些思路，通过在抛光的碳端上改进由葡萄糖氧化酶、壳聚糖和 GQD 组成的薄膜，建立了 ECL 葡萄糖生物传感器。在优化的条件下，ECL 在 1.2～120pmol/L 葡萄糖浓度范围内呈线性下降，且尽可能低至 0.3pmol/L[37]。

M. S. Rahman 等提出了一种带有二硫化钨(WS_2)的石墨烯涂层 SPR 传感器的完整结构，用于检测 DNA 杂交检测。该结构由晶体(SF10 玻璃)、金(Au)、WS_2 石墨烯和检测介质组成。他们从灵敏度、识别精度和质量因素等方面，给出了该传感器的性能参数。在这里，他们报道了整体性的惊人提升。石墨烯层的扩展增加了亲和性，但降低了其他性能参数。为了建立所有的性能参数，它们将金属和石墨烯层之间的 WS_2 包括在内。此外，本文还对金厚度的影响进行了研究。数值分析表明，对于混乱的 DNA 链来说，SPR 图的多样性是微不足道的，尽管对于相互的DNA链，SPR图的多样性至关重要。沿着这些思路，提出的生物传感器为生物分子相互作用的定位打开了另一个窗口。他们对最先进的石墨烯覆盖的SPR生物传感器进行了数值分析，该传感器用WS_2进行DNA杂交的鉴定。通过预期SPR边缘的多样性，该传感器能够区分互补的DNA和单基错配DNA。模拟结果表明，与典型的石墨烯SPR生物传感器相比，使用WS_2可以更有效。结果表明，利用理想的黄金层厚度，可以获得95.71deg/RIU的高角度灵敏度。此外，对于几层石墨烯和WS_2，还考虑了传感器的一些性能参数，如检测精度和质量因素。由于检测到了令人印象深刻的图像，WS_2传感器可有效地用于DNA杂交识别、酶识别、食品安全和医学诊断[38]。

3-硝基-L-酪氨酸(3-NT)被认为是神经退行性疾病的生物标志物，金属掺杂石墨烯具有异常高的3-NT与金属-硝基化学吸附的结合能。S. P. Ng等记录了一种独特的3-NT无标记检测方案，利用掺镍石墨烯(NDG)作为其相位检测局部表面等离子体共振(LSPR)生物传感器的功能化受体。与酶联免疫吸附试验(ELISA)的3-NT免疫分析法相比，该NDG-LSPR平台具有一定的优越性，例如无标记、通过直接化学吸附捕获3-NT。PBS中3-NT的检测限为0.13pg/mL，线性动态响应范围为0.5pg/mL~1ng/mL，即4个数量级。用PBS和稀释的人血清中相同浓度的L-酪氨酸检测NDG受体对3-NT的特异性，其中NDG受体的反应可以忽略不计。此外，利用原子力显微镜进一步研究了3-NT和L-酪氨酸对NDG受体的吸附作用，并利用表面增强拉曼光谱进行进一步验证。因此，这种NDG-LSPR生物传感器与ELISA竞争有优势，他们认为这是一种经济的方法，用于早期诊断3-NT相关疾病。他们有效地展示一种新型无标签生物传感器，其带有掺镍石墨烯合成受体，用于检测PBS水溶液和稀释的人血清中的3-NT生物标志物，具有较好的特异性。在与用于检测LSPR配置的染色体异节结合时，将PBS中的检测限显著地增加到0.13pg/mL，这比报告的无标记SPR检测方案有4个数量级的发展。由于这一原因，检测限与传统的气相色谱-质谱法所述的灵敏度水平相同，但资金和运行成本要少得多。随着反应的线性动态范围从pg/mL扩展到ng/mL，他们认为这对在医学应用中早期诊断3-NT生物标记也具有合理性[39]。

基于具有大倾斜角的氧化石墨烯和葡萄糖氧化酶(GOD)功能倾斜光纤光栅(TFG)，提出了一种用于低浓度葡萄糖定位的无标记生物传感器和光纤实验室。利用含有含氧基团之氧化石墨烯的适当结合位点，葡萄糖氧化酶用1-乙基-3-(3-二甲胺丙基)碳化二亚胺和*N*-羟基琥珀酸酰亚胺交联剂共价固定在TFG上。用光学显微镜、检验电子显微镜、拉曼光谱和红外光谱对氧化石墨烯检测的均匀性和化学变化的充分性进行了逐条的评价和确认。通过葡萄糖氧化酶对葡萄糖的特殊催化反应，TFG周围局部微环境的显著折射率变化引起了包层模式的全波长运动。葡萄糖浓度的识别结果表明，共振波长对在0~8m(mmol/L)范围内的葡萄糖浓度有线性响应，反应系数约为0.24nm/(mmol/L)，与原TFG相比，具有更好的灵敏度和生物选择性。该器件体积小，无标记检测限制允许在恶劣环境和难以触及的空间进行单点测量的大量机会，显示了一个用于疾病诊断、药物研究和生物工程应用的有希望的无标记葡萄糖识别候选者[40]。

具有大倾斜角度的TFG被证明可以检测发生酶催化反应发生的葡萄糖溶液的浓度变化。首先将具有大量结合位点的运行片放置在TFG表面，为酶固定化提供一个理想的平台，然后，EDC和NHS作为交联试剂，帮助构建了氧化石墨烯的羧基和葡萄糖氧化酶的胺基之间的连接。光学显微镜、扫描电镜、拉曼光谱和 ATR－IR 的检测证明了氧化石墨烯涂层的一般均匀性和成功的葡萄糖氧化酶固定。此外，在功能化涂层的视野下，由于光学模式与涂层材料之间的相互作用，TFG 包层模式的耦合强度有所降低。通过控制随葡萄糖强度变化的全波长，在 0～8mmol/L 的低葡萄糖浓度范围内，葡萄糖氧化酶－氧化石墨烯改性的 TFG 呈线性响应，灵敏度约为 0.25nm/(mmol/L)。此外，源自电化学的共价连接技术被应用于葡萄糖检测的光纤传感器中，结合了电化学和光纤检测系统的优点，如高灵敏度、远程、无标记、原位测量等，为其他生物传感器提供了参考和支持。因此，所提酶促氧化石墨烯基光纤生物传感器是一个很有前途的选择，有望在药物、合成检测和食品工业中得到应用[40]。

M. S. Rahman 等展示了一种高度灵敏的 Au－MoS_2－石墨烯基混合 SPR 生物传感器，用于检测 DNA 杂交。在 633nm 的工作波长下，从灵敏度、检测精度和精细问题等方面研究了该传感器的总体性能参数。我们在数值研究中观察到，可以通过在金上石墨烯层中间添加一层 MoS_2 来大大增加灵敏度。结果表明，在金与石墨烯之间添加单层 MoS_2，该生物传感器将在金层厚度为 50nm 时同时具有 87.8(°)/RIU 的高灵敏度，1.28 的高检测精度以及 17.56 的品质因数。这种性能的提高是由于石墨烯生物分子的吸收能力和光学特性以及 MoS_2 的高荧光猝灭能力所致。基于 SPR 角度变化和最小反射率的变化，所提出的传感器能够感知双链 DNA(dsDNA)螺旋结构之间发生的核苷酸键合。因此，该传感器能够成功地识别靶标 DNA 与预先固定在 Au－MoS_2－石墨烯杂化物上的 DNA 探针杂交，并具有识别单碱基失配的功能。数值研究了一种高度灵敏的 Au－MoS_2－石墨烯混合的完全 SPR 传感器，用于高效检测 DNA 杂交。结果表明，通过在传统的金上石墨烯 SPR 传感器之间加入 MoS_2 单层膜，所提出的形状表现出更高的灵敏度。该传感器在有单层或两层石墨烯－MoS_2 的混合层的情况下灵敏度分别为 89.29(°)/RIU 和 87.8(°)/RIU。设计的具有单层 MoS_2 传感层的 SPR 传感器灵敏度比无 MoS_2 传感层的传感器提高了 10% 左右。提出的生物传感器可以用现有的技术制造。这种相当敏感的生物传感器可用于 DNA 杂交检测、科学诊断、酶检测、食品安全和环境监测[41]。

一种十分灵敏的 SPR 生物传感器是通过角度询问呈现。由于传统生物传感器灵敏度低，石墨烯/二维过渡金属被用于表面等离子体共振生物传感器，以提高灵敏度。K. N. Shushama 等提出了一种七层生物传感器模型，该模型通过在过渡金属 MoS_2 和石墨烯之外添加硅层。所提 SPR 生物传感器的灵敏度显著高于传统的金薄膜 SPR 传感器。通过用厚度为 8nm 硅层、一层 MoS_2 和一层石墨烯优化形状，可以获得理想的灵敏度。该传感器的最高灵敏度为 210(°)/RIU[42]。

石墨烯基 SPR 生物传感器已被提议使用硅和 MoS_2。硅和 MoS_2 被广泛应用于生物传感器中，以获得更好的灵敏度。与传统的金薄膜 SPR 传感器和其他报告的产品相比，该传感器具有更高的灵敏度。硅层的厚度、MoS_2 种类和石墨烯层都进行了优化。由于器件的光学特性，该传感器在角度解调模式下的灵敏度最高可达 210(°)/RIU。在角度解调中，需要多种 MoS_2(5～10)来提高 SPR 传感器的灵敏度。他们使用最方便的一层 MoS_2 和石墨烯获得了所计划的灵敏度[42]。

利用石墨烯量子点(GQD)和活性酶，即 GQD/酶平台，农药传感器已被开发用于检测有机磷农药。在这个想法中，乙酰胆碱酯酶(AChE)和胆碱氧化酶(CHOx)的活性酶促反

应产生的 H_2O_2 允许在 GQD“翻转”光致发光后与 GQD 发生反应。在有机磷酸酯的存在下，恢复了 GQD 在 467nm 处出现“翻转”光致发光。当然，GQD/AChE/CHOx 生物传感器的光致发光改性与农药用量相当。GQD/AChE/CHOx 生物传感器对敌敌畏的检测限变为 0.778mol/L。在这种方法中，该生物传感器为有机磷杀虫剂的测定提供了良好前景的方法，并具有易于检查食品、水、环境中有机磷杀虫剂的优点，例如成本低，容易制备，对环境的毒性小[43]。

该研究描绘了一种多层局部表面等离子体共振(LSPR)石墨烯生物传感器，它在金层上添加了一层石墨烯薄片，以及使用激光束的各种耦合配置。通过检测生物素链霉亲和素与金膜上石墨烯层的生物分子相互作用，研究了生物传感器的灵敏度和检测精度的提高。此外，本文还独立研究了金、银、铜、铝薄膜在生物传感器性能中的作用，以观察链霉亲和素与生物素的结合。LSPR 石墨烯生物传感器在改变生物分子层厚度、石墨烯层数、工作波长等条件下，对灵敏度、吸附效率、检测精度等方面进行了假设和数值研究。对棱镜结构、棱镜角度和界面介质(空气和水)的部分进行了额外分析，发现 LSPR 石墨烯生物传感器具有较好的三棱镜灵敏度和较高的棱镜角度，降低了工作波长和较多的石墨烯层数。在棱柱边缘与尖锐等离子体的运动之间得到了线性关系，这与光学的假设一致[44]。

13.3.4 压电生物传感器

压电生物传感器被认为是一种适用于通过无标记亲和相互作用直接测定分析物的关键器件。压电传感器的整体简单性和低价格便于实际应用。由于 19 世纪和 20 世纪初有广泛的技术应用，压电效应并不是一个全新的概念。压电效应的检测与著名物理学家雅克·居里(Jacques Curie)和皮埃尔·居里(Pierre Curie)的名字有关，他们判断出各向异性的晶体，即没有对称中心的晶体，在机械挤压时可以产生电偶极子(图 13.20)。电偶极子也被称为压电。当各向异性晶体由于施加在其上的电压而变形时，所描述的效应可以以相反的方式进行。上述现象如图 13.20 所示。然而，机械变形是一种简单的情况，振荡是常见的应用中的另一种选择。在振荡的情况下，在晶体上施加交流电压，发生机械振荡(图 13.21)。

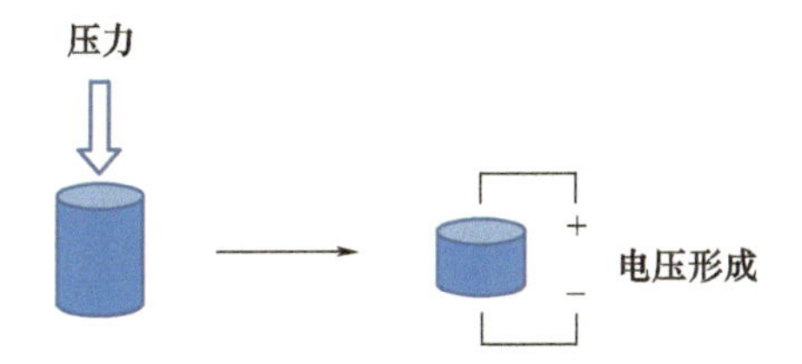

图 13.20 由于机械变形产生电压时的压电效应(开放获取)

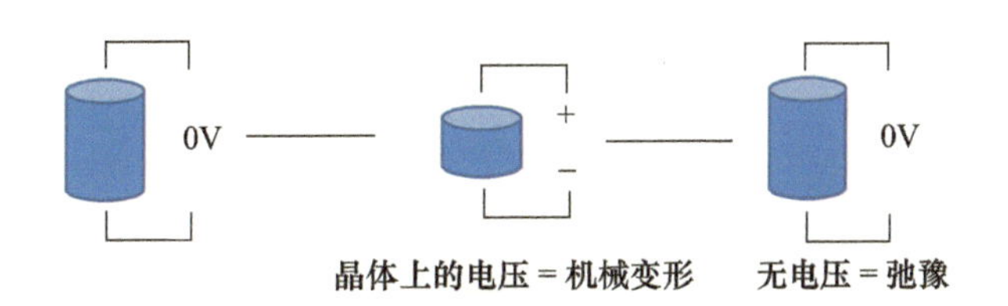

图 13.21 施加电压引发机械变形时的压电效应(开放获取)

振荡可能根据材料和其他情况（如电气接触，晶体的形状等）而有许多形式。这种振荡发生在绝热波中，通常会像声波一样大量扩散。在振荡晶体中，表面声波都在物质上传播，而体声波在物质深处传播。在标准的分析应用中，振荡频率被测量并与单独的晶体或在晶体表面上的电极引导电脉冲相互作用，可用于分析物的测定。晶体表面的束缚质量导致振荡减缓。对于普通的石英晶体，频率 f 偏移与晶体上质量 m 的束缚成正比，由 Sauerbrey 描述如下。压电生物传感器可以在多种模式下工作，其中与分析物直接、无标记相互作用可最大限度地利用压电平台提供的优势[45]。

通过使用金黄色葡萄球菌适体，改进了一种独特的适体/石墨烯交指金电极压电传感器，用于快速、特异地检测金黄色葡萄球菌（S. aureus）（图 13.22）。4 - 巯基苯重氮化四氟硼酸盐（MBDT）为分子交联剂，将石墨烯以化学方法连接到链状电极压电石英晶体（SPQC）的交指金电极（IDE）上。通过 DNA 碱基的 π - π 堆叠，金黄色葡萄球菌适体固定在石墨烯上。由于金黄色葡萄球菌与适体之间的特异性结合，当存在金黄色葡萄球菌时，DNA 碱基与适体相互作用，从而使适体从石墨烯表面脱落。电极表面的电参数的改变，导致了 SPQC 振荡器频率的改变。这项检测在 60min 内完成。所构建的传感器显示了共振频率变化与细菌浓度之间的线性关系，细菌浓度范围为从 $4.1 \times 10^1 \sim 4.1 \times 10^5$ CFU/mL，检测限为 41CFU/mL（菌落形成单位）。该方法可快速、具体地定位金黄色葡萄球菌，用于临床诊断和食品监测[46]。为方便、快速、特异地检测金黄色葡萄球菌，构建了一种新的适体/石墨烯修饰的 IDE - SPQC。所述适体组装在石墨烯上，用作分子鉴别探针，为捕获金黄色葡萄球菌提供了一种有效的方法。重要的是，检测可以在 60min 内完成，比其他方法更快。此外，选择性实验表明，该技术对金黄色葡萄球菌有一定的特异性。同时，该方法也成功地用于牛奶样品中金黄色葡萄球菌的检测。该方法可作为未来金黄色葡萄球菌的检测平台[46]。

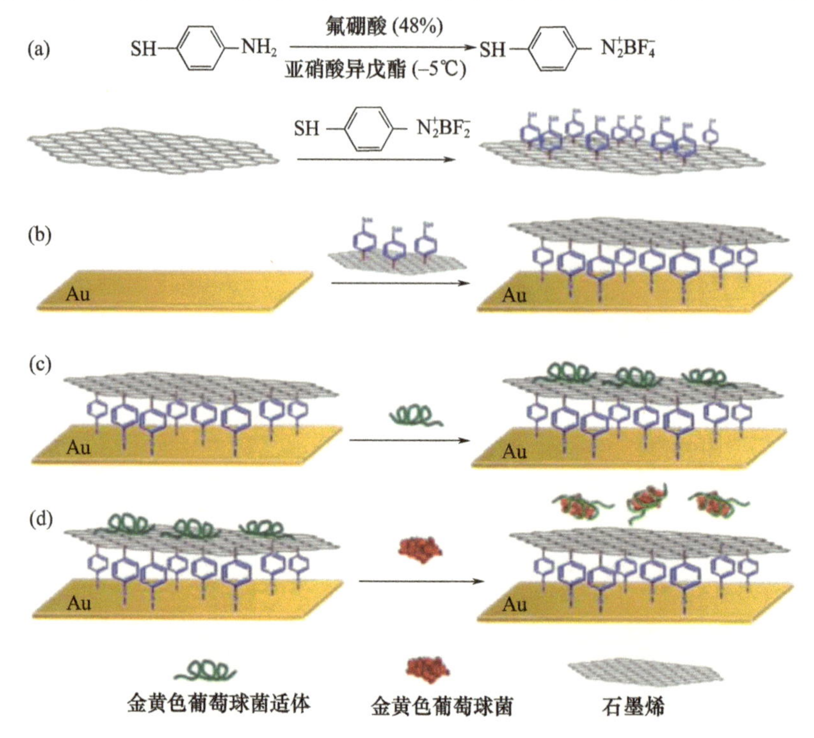

图 13.22　制作交指金电极压电生物传感器的所有修饰步骤的示意图

参考文献

[1] Salahandish, R., Ghaffarinejad, A., Naghib, S. M., Majidzadeh - A, K., Sanati - Nezhad, A., A novelgraphene - grafted gold nanoparticles composite for highly sensitive electrochemical biosensing. *IEEE Sens. J.*, 18, 6, 2513 - 2519, 2018.

[2] Askari, E. and Naghib, S. M., A novel approach to facile synthesis and biosensing of theprotein - regulated graphene. *Int. J. Electrochem. Sci.*, 13, 886 - 897, 2018.

[3] Naghib, S. M., Rahmanian, M., Keivan, M. A., Asiaei, S., Vahidi, O., Novel magnetic nanocomposites comprising reduced graphene oxide/Fe 3 O 4/gelatin utilized in ultrasensitive nonenzymatic biosensing. *Int. J. Electrochem. Sci.*, 11, 10256 - 10269, 2016.

[4] Singh, J., Rathi, A., Rawat, M., Gupta, M., Graphene: From synthesis to engineering to biosensor applications. *Front. Mater. Sci.*, 12, 1, 1 - 20, 2018.

[5] Suvarnaphaet, P. and Pechprasarn, S., Graphene - based materials for biosensors: A review. *Sensors*, 17, 10, 2161, 2017.

[6] Syahir, A., Usui, K., Tomizaki, K., Kajikawa, K., Mihara, H., Label and label - free detection techniques for protein microarrays. *Microarrays*, 4, 2, 228, 2015.

[7] Juan Colas, J., *Dual - Mode Electro - Photonic Silicon Biosensors*, vol. 1, Springer International Publishing, 2017.

[8] Rhouati, A., Catanante, G., Nunes, G., Hayat, A., Marty, J. - L., Label - free aptasensors for the detection of mycotoxins. *Sensors (Basel)*, 16, 12, 2178, 2016.

[9] Grieshaber, D., MacKenzie, R., Vörös, J., Reimhult, E., Electrochemical biosensors—Sensor principles and architectures. *Sensors*, 8, 3, 1400 - 1458, 2008.

[10] Salahandish, R., Ghaffarinejad, A., Naghib, S. M., Majidzadeh - A, K., Zargartalebi, H., Sanati - Nezhad, A., Nano - biosensor for highly sensitive detection of HER2 positive breast cancer. *Biosens. Bioelectron.*, 117, 104 - 111, 2018.

[11] Eksin, E., Bikkarolla, S. K., Erdem, A., Papakonstantinou, P., Chitosan/nitrogen doped reduced graphene oxide modified biosensor for impedimetric detection of microRNA. *Electroanalysis*, 30, 3, 551 - 560, 2018.

[12] Tuteja, S. K., Duffield, T., Neethirajan, S., Graphene - based multiplexed disposable electrochemical biosensor for rapid on - farm monitoring of NEFA and βHBA dairy biomarkers. *J. Mater. Chem. B*, 5, 33, 6930 - 6940, 2017.

[13] Moghaddam, H. M., Beitollahi, H., Dehghannoudeh, G., Forootanfar, H., A label - free electrochemical biosensor based on carbon paste electrode modified with graphene and ds - DNA for the determination of the anti - cancer drug tamoxifen. *J. Electrochem. Soc.*, 164, 7, B372 - B376, 2017.

[14] Zhang, T. *et al.*, Fabrication of novel electrochemical biosensor based on graphene nanohybridto detect H_2O_2 released from living cells with ultrahigh performance. *ACS Appl. Mater. Interfaces*, 9, 43, 37991 - 37999, 2017.

[15] Wang, Y. *et al.*, Ultrasensitive label - free electrochemical immunosensor based on multifunctionalized graphene nanocomposites for the detection of alpha fetoprotein. *Sci. Rep.*, 7, 42361, 2017.

[16] Wu, L., Lu, X., Fu, X., Wu, L., Liu, H., Gold nanoparticles dotted reduction graphene oxide nanocomposite based electrochemical aptasensor for selective, rapid, sensitive and congenerspecific PCB77 detection. *Sci. Rep.*, 7, 1, 5191, 2017.

[17] Gokoglan, T. C., Kesik, M., Soylemez, S., Yuksel, R., Unalan, H. E., Toppare, L., Paper based glucose

biosensor using graphene modified with a conducting polymer and gold nanoparticles. *J. Electrochem. Soc.* ,164,6,G59 – G64,2017.

[18] Navakul, K. , Warakulwit, C. , Yenchitsomanus, P. , Panya, A. , Lieberzeit, P. A. , Sangma, C. , Anovel method for dengue virus detection and antibody screening using a graphene – polymerbased electrochemical biosensor. *Nanomed. Nanotechnol. Biol. Med.* ,13,2,549 – 557,2017.

[19] Zhang,W. *et al.* ,A 3D graphene – based biosensor as an early microcystin – LR screening tool insources of drinking water supply. *Electrochim. Acta*,236,319 – 327,2017.

[20] Muniandy,S. *et al.* ,Graphene – based label – free electrochemical aptasensor for rapid and sensitive detection of foodborne pathogen. *Anal. Bioanal. Chem.* ,409,29,6893 – 6905,2017.

[21] Wang,Y. ,Sauriat – Dorizon,H. ,Korri – Youssoufi,H. ,Direct electrochemical DNA biosensor based on reduced graphene oxide and metalloporphyrin nanocomposite. *Sens. Actuators*,*B*,251,40 – 48,2017.

[22] Pandey,A. ,Gurbuz,Y. ,Ozguz,V. ,Niazi,J. H. ,Qureshi,A. ,Graphene – interfaced electrical biosensor for label – free and sensitive detection of foodborne pathogenic E. coli O157:H7. *Biosens. Bioelectron.* ,91, 225 – 231,2017.

[23] Khan,M. S. *et al.* ,Paper – based analytical biosensor chip designed from graphene – nanoplatelet – amphiphilic – diblock – co – polymer composite for cortisol detection in human saliva. *Anal. Chem.* ,89,3, 2107 – 2115,2017.

[24] Afsahi,S. *et al.* ,Novel graphene – based biosensor for early detection of Zika virus infection. *Biosens. Bioelectron.* ,100,85 – 88,2018.

[25] Xu,S. *et al.* ,Ultrasensitive label – free detection of DNA hybridization by sapphire – based graphene field – effect transistor biosensor. *Appl. Surf. Sci.* ,427,1114 – 1119,2018.

[26] Fu,W. *et al.* ,Biosensing near the neutrality point of graphene. *Sci. Adv.* ,3,10,e1701247,2017.

[27] Zhou,L. *et al.* ,Label – free graphene biosensor targeting cancer molecules based on noncovalent modification. *Biosens. Bioelectron.* ,87,701 – 707,2017.

[28] Lee,D. ,Cho,H. ,Han,D. ,Chand,R. ,Yoon,T. ,Kim,Y. – S. ,Highly selective organic transistor biosensor with inkjet printed graphene oxide support system. *J. Mater. Chem. B*,5,19,3580 – 3585,2017.

[29] Yue,W. *et al.* ,An electricity – fluorescence double – checking biosensor based on graphene for detection of binding kinetics of DNA hybridization. *RSC Adv.* ,7,70,44559 – 44567,2017.

[30] Lei,Y. – M. *et al.* ,Detection of heart failure – related biomarker in whole blood with graphene field effect transistor biosensor. *Biosens. Bioelectron.* ,91,1 – 7,2017.

[31] Li,Y. *et al.* ,Fully integrated graphene electronic biosensor for label – free detection of lead(II)ion based on G – quadruplex structure – switching. *Biosens. Bioelectron.* ,89,758 – 763,2017.

[32] Kim,J. E. *et al.* ,Highly sensitive graphene biosensor by monomolecular self – assembly ofreceptors on graphene surface. *Appl. Phys. Lett.* ,110,20,203702,2017.

[33] Damborsky,P. ,Vitel,J. ,Katrlik,J. ,Optical biosensors. *Essays Biochem.* ,60,1,91 – 100,2016.

[34] Lin,Z. *et al.* ,High sensitivity intensity – interrogated Bloch surface wave biosensor with graphene. *IEEE Sens. J.* ,18,1,106 – 110,2018.

[35] Wang,Y. *et al.* ,Ultra – sensitive and ultra – fast detection of whole unlabeled living cancer cell responses to paclitaxel with a graphene – based biosensor. *Sens. Actuators*,*B*,263,417 – 425,2018.

[36] Xue,T. *et al.* ,R6G molecule induced modulation of the optical properties of reduced graphene oxide nanosheets for use in ultrasensitive SPR sensing. *Sci. Rep.* ,6,1,21254,2016.

[37] Tian,K. ,Nie,F. ,Luo,K. ,Zheng,X. ,Zheng,J. ,A sensitive electrochemiluminescence glucose biosensor based on graphene quantum dot prepared from graphene oxide sheets and hydrogen peroxide. *J. Electro-*

anal. Chem. ,801,162 – 170,2017.

[38] Rahman,M. S. ,Hasan,M. R. ,Rikta,K. A. ,Anower,M. S. ,A novel graphene coated surface plasmon resonance biosensor with tungsten disulfide (WS_2) for sensing DNA hybridization. *Opt. Mater.* (*Amst*). , 75,567 – 573,2018.

[39] Ng,S. P. ,Qiu,G. ,Ding,N. ,Lu,X. ,Wu,C. – M. L. ,Label – free detection of 3 – nitro – l – tyrosine with nickel – doped graphene localized surface plasmon resonance biosensor. *Biosens. Bioelectron.* ,89,468 – 476, 2017.

[40] Jiang,B. *et al.* ,Label – free glucose biosensor based on enzymatic graphene oxide – functionalized tilted fiber grating. *Sens. Actuators*,*B*,254,1033 – 1039,2018.

[41] Rahman,M. S. ,Anower,M. S. ,Hasan,M. R. ,Hossain,M. B. ,Haque,M. I. ,Design and numerical analysis of highly sensitive Au – MoS_2 – graphene based hybrid surface plasmon resonance biosensor. *Opt. Commun.* ,396,36 – 43,2017.

[42] Shushama,K. N. ,Rana,M. M. ,Inum,R. ,Hossain,M. B. ,Sensitivity enhancement of graphene coated surface plasmon resonance biosensor. *Opt. Quantum Electron.* ,49,11,381,2017.

[43] Sahub,C. ,Tuntulani,T. ,Nhujak,T. ,Tomapatanaget,B. ,Effective biosensor based on graphene quantum dots via enzymatic reaction for directly photoluminescence detection of organophosphate pesticide. *Sens. Actuators*,*B*,258,88 – 97,2018.

[44] Islam,M. S. ,Kouzani,A. Z. ,Dai,X. J. ,Michalski,W. P. ,Gholamhosseini,H. ,Design and analysis of a multilayer localized surface plasmon resonance graphene biosensor. *J. Biomed. Nanotechnol.* ,8,3,380 – 393,2012.

[45] Pohanka,M. ,The piezoelectric biosensors:Principles and applications,a review. *Int. J. Electrochem. Sci.* , 12,1,496 – 506,2017.

[46] Lian,Y. ,He,F. ,Wang,H. ,Tong,F. ,A new aptamer/graphene interdigitated gold electrode piezoelectric sensor for rapid and specific detection of Staphylococcus aureus. *Biosens. Bioelectron.* , 65, 314 – 319,2015.

—— 第二部分 ——

先进传感器

第14章 用于表面增强拉曼散射检测的石墨烯分子平台

Nicolás Ramos - Berdullas, Nicolás Otero, Marcos Mandado
西班牙加利西亚比戈,比戈大学化学物理系

摘　要　石墨烯表面拉曼增强能力的发现为其作为表面增强拉曼散射(SERS)分析技术的平台提供了可能性。用于SERS的石墨烯片的唯一缺点是在紫外线区域中缺乏等离子体激元活性,等离子体激元位于太赫兹到中红外区域。近年来的理论工作提出了多环芳烃和富勒烯在紫外线区域的等离子体活性。然后,使用石墨烯分子代替石墨烯片用于SERS可以引入电磁效应,其拉曼增强因子可以与在金属表面中观察到的拉曼增强因子相当。与其他光谱技术相比,SERS的主要优点之一是除了具有很高的选择性外,还具有很高的灵敏度,甚至可以达到单分子水平。因此,石墨烯分子的可调谐光学响应可用于分析超检测。在本章中,我们对近年来关于这一主题的理论研究工作进行了修订。由于其在分析研究中的应用需要分析物与表面的较强亲和力,所以在研究拉曼增强特性之前,研究了石墨烯分子、碳纳米管和富勒烯的吸附能力。静态极化率变化、电荷转移和表面共振、分子-表面振动耦合和对称性破坏是控制吸附在表面上的分子的拉曼光谱的因素。因此,在近期分析了这些因素在石墨烯相关材料中的相对重要性,并对所获得的结果进行了总结。目前获得的理论信息指出,石墨烯结构的使用有望在纳米和亚纳米尺度的前沿领域发展SERS技术。

关键词　石墨烯纳米盘,纳米管,富勒烯,拉曼,增强拉曼散射,极化率

14.1 引言

自从最近理论预测多环芳烃(PAH)在紫外线区域的等离子体活性以来,石墨烯纳米盘等相关材料已被用于开发基于拉曼散射技术的新一代化学传感器。特别令人感兴趣的是生物分子的检测,其对碳表面的亲和力在强分散相互作用形成的辅助下,可用于生物化学和医学等战略和前沿研究领域[1]。事实上,近年来新的活性底物的发展使表面增强拉曼光谱(SERS)成为利用超灵敏生物传感技术进行生物分析研究的有前景的工具[2-8]。

在原始石墨烯中只在太赫范围内发生表面等离子体共振的事实可以被认为是其在SERS中用作"纯"基底的缺点[9]。如此,就没有电磁增强的证据,因此,不太可能达到与

银和金纳米颗粒获得的增强因子类似的增强因子[10-13]。使用如上所述在紫外线区域内显示等离子体激元活性的有限石墨烯纳米结构可以避免这种缺点。

对等离子体表面的表面增强拉曼散射(SERS)一般理论的修正不在本章的范围内;相反,本章介绍了最近使用密度泛函理论(DFT)研究石墨烯纳米结构的拉曼增强性质的理论,和明确为此目标开发的方法学成果[14-17]。在简要介绍之后,回顾了 SERS 现象及其在石墨烯材料中的发生,重点关注了最近开发的用于表征吸附复合物和分析吸附分子拉曼活性变化的计算工具。因此,为了理解引起拉曼活性变化的电子因素,已经开发了包括在以下部分中的基于局部电子密度分析的方法。显示了将这些方法应用于吸附在石墨烯纳米结构上的生物分子单元的说明性实例。

14.1.1 表面增强拉曼散射简介

振动光谱技术广泛应用于化学的不同分支。其在分子结构测定、分子检测和反应控制中特别重要[18-25]。振动能量变化可能受两种不同的现象电磁诱导,每种现象具有不同的物理起源:第一个产生红外光谱,第二个产生拉曼光谱。它们通常提供关于分子振动的补充信息,但是由于其较高的灵敏度和较少的实施问题,红外光谱直到最近才成为常用的振动技术。

因此,尽管拉曼光谱具有很大的分子选择性,但由于其低灵敏度,该技术长期处于幕后。随着等离子体表面拉曼增强现代技术的发展,这个问题已经得到解决。特别地,自从 Fleischman 等用吡啶吸附在粗糙的银电极上的实验以来,现在被称为表面增强拉曼光谱(SERS)已经有了很大的发展[26]。因此,SERS 最近已成为分析超高检测的最有力的工具之一[27-31],除了提供高的分子选择性外,还提供了高的灵敏度。该技术的灵敏度甚至可以达到单分子水平。

近年来胶体合成和纳米制造技术的进展为制备新的 SERS 基底提供了可能性。通过"调控"金属纳米颗粒的形态,可以调节其光学性质并改变其 SERS 活性[10-11,32]。除了提高增强因子外,这些新的基底为该过程中涉及的机制提供了新的见解。因此,现在广泛接受的是,对 SERS 中涉及的整体增强有两个重要因素:电磁(EM)和化学(CM);但是,每一个的具体贡献仍然未知[12]。大多数实验和理论研究似乎都指出,最强的增强来自吸附分子与表面等离子体激发单元(EM 机制)之间的相互作用,这些激发是导带中电子的集体激发。化学作用则可以包括由于分子和处于其基态的金属之间的化学相互作用(在本章中表示为"纯"化学效应的机理)引起的几个增强因素,与分子电子跃迁相关的共振拉曼增强,以及与分子和金属之间的电子跃迁相关的电荷转移共振拉曼增强,这两种跃迁都是由激发辐射所引起。所有机制并非彼此独立,但如上所述,电磁贡献被认为是主要项,化学贡献提供了实验观察到的增强之外的额外增强[12,33-34]。因此,具有远离典型激光激发频率的等离子体激元共振的新基底的开发将有助于阐明化学因素对所有观测到的增强所起的确切作用[35]。

由于同时组合效应所带来的困难,很少有工作致力于发展理论来解释不同贡献对 SERS 效应的重要性。Lombardi 和 Birke 提出了 SERS 的统一表达式,该表达式包含表示表面等离子体共振、费米能级处的金属-分子电荷转移共振和允许的分子共振的三个项,说明了不同项之间的耦合[35]。Jensen 及其同事采用基于短时近似的含时密度泛函理论来获得拉曼散射截面，并分析了不同贡献对拉曼增强的重要性[36-37]。考虑到金属表面-吸附物体系的超分子方法，这些理论方法集中于寻找引起拉曼强度的极化率和极化率衍生物的贡献的来源。最近，半经典理论方法被引入以更现实的方式表示金属纳米粒子中的电磁效应[38]。该方法定量描述了分子-金属接触，经典地将金属粒子产生的电磁场的影响引入到哈密顿量中。

14.1.2 石墨烯上的表面增强拉曼散射

石墨烯材料的潜在应用[39-40]在过去几年中激发了大量的实验和理论研究[41-43]。这种由填充成二维蜂窝晶格的单层碳原子组成的材料的非凡特征使其更受欢迎。其机械强度、光学和电子性能使石墨烯成为多个科学领域发展的关键材料。尤其，其独特的电子结构赋予高电子迁移率和与其他分子相互作用的固有能力，使得其用作晶体管或化学传感器[44-45]。特别是最近已经探索了其作为 SERS 实验中的基底的潜力[9,39-43]。然而，大部分工作都致力于使用石墨烯或氧化石墨烯作为分子和金属基底之间的"界面"，形成石墨烯-纳米粒子杂化结构[5-6,8,46]，很少有研究集中于其作为"纯"基底的作用[9]。上述研究形式提供了有机分子的拉曼光谱的显著增强，与使用贵金属基底获得的增强相当，其中信号的放大与由局部表面等离子体共振(LSPR)引起的电磁因素有关[47-50]。Ling 等[39]首次实现了石墨烯表面的拉曼增强活性。其平滑性和等离子体发射发生在太赫兹范围而不是可见光范围内的事实促使 Ling 等提出了涉及石墨烯表面和分子之间有关电荷转移跃迁的化学机制。分子与表面振动模式之间耦合效应的可能性也被发现，但未进行探索。不存在电磁效应使得增强因子比金属表面小得多；而罗丹明(R6G)、原卟啉 IX(PPP)和酞菁(H_2Pc)的检测限与贵金属底物相似[39]，这与芳香结构与表面的强 π-π 相互作用产生的显著的分子富集有关[51]。与金属基底相反，直到最近才对这种机理进行了全面的理论和计算研究。可以采用不同的理论方法来实现它，但基于量子化学从头算方法的理论方法具有最可靠性。

14.1.3 用于拉曼增强的石墨烯纳米结构

石墨烯纳米结构(包括纳米带(GNR)[54-58]和石墨烯分子(GM)[59-60])易于调谐的电子和光学性质[52-53]为此类材料提供了独特的多功能性，使其可用于许多领域，如电子和光电子、光谱和化学检测。最近，理论研究预测了石墨烯分子的紫外线等离子体特性[61]。这些系统中的等离子体发射已被鉴定为分子等离子体。在基于拉曼散射技术的新的化学传感器家族中，这些分子等离子体激元的存在开辟了使用大中型 PAH 来增强附着在其表面较小分子的拉曼活性的可能性。紧密堆叠的富勒烯和小碳纳米管包括在候选物中，以产生连接到其表面的分子的选定振动模式的拉曼增强。

此外，由于可以使用量子力学方法精确地处理这些平台，可能有助于阐明 SERS 现象中涉及的复杂机制。最近以吡啶分子为拉曼探针，研究了表面共振因子在石墨烯纳米结构中的作用[62]。这一初步研究还揭示了吸附分子和石墨烯基底之间存在不可忽略的振动耦合。在某些情况下，这些小的耦合引起了在静态和预共振条件下特定分子模式拉曼活性的重要增强。相反，当吡啶吸附在贵金属团簇上时，由于金属核的相对原子质量较大，吡啶的拉曼光谱不受振动耦合因素的制约，这使得表面振动模式转移到低得多的频率[63]。将拉曼张量划分为分子碎片贡献允许量化不同效应所起的作用[62]。因此，必须注意到，在吸附在石墨烯上的有机分子的拉曼光谱中起重要作用的振动耦合的可能性已经被 Ling 等在其开创性实验工作中涉及[39]。

14.1.4 碳同素异形体上的吸附

自从发现石墨烯片和其他碳同素异形体如碳纳米管和富勒烯的许多功能性以来，分子在这些结构上吸附的研究引起了广泛的关注[64]。在文献中可以找到几个理论研究，处理分子在石墨烯表面的吸附，无论是原始的亦或是改性的[65-72]。总的来说，这些研究得出的结论是，为了精确地描述分子与石墨烯表面的相互作用，纳米管或富勒烯对分散起到了一定作用分散力。因此，选择合适的计算方法应考虑长程电子关联的正确描述。文献中可以找到若干例子。因此，Voloshina 等[68]在研究吡啶在石墨烯上的吸附时采用了 Grimme[73]提出的具有经验分散校正的 PBE 泛函。Lazar 等[72]采用从头算分子动力学(AIMD)、optB88 - vdW 密度泛函理论泛函和力场(FF)模拟研究了不同分子与石墨烯的相互作用能，其中包括对非局部关联的贡献。在同一项工作中，他们还对不同方法和密度泛函理论泛函(MP2、CCSD(T)、optB88 - vdW 和 M06 - 2X)进行了比较研究，并使用 DFT - SAPT[74]对作为石墨烯表面模型的单片晕烯进行了能量分解分析。尽管使用包括分散的从头计算法，单个晕苯薄片尺寸的减小可能不能很好地结合对石墨烯中长程吸引力的所有贡献。因此，似乎仍需要以合理的计算成本穷举和系统地寻找用于吸附研究和随后的光谱分析的石墨烯表面的适当分子模型。

更重要的是，当研究在电子结构或电子密度分布而不是吸附能时，通过显式色散能量项密度泛函理论中色散校正可能并未产生作用。例如，SERS 中的化学增强主要取决于电子密度变形，而共振增强可以与表面内的电子跃迁(电磁)或表面与分子之间的电子跃迁(电荷转移)有关。然而，使用显式色散修正不能很好地描述这些电子效应，并且在这些情况下必须比较隐式和显式色散修正对吸附复合物的电子结构的影响。

在石墨烯分子及其用于化学传感器的特定情况下，需要目标分子与碳表面的强亲和力。这些碳纳米结构的强化学稳定性，主要由于其高芳族特性，证明大多数分子系统通过非共价力与它们相互作用，这不会显著改变石墨烯分子的化学结构。另一方面，分子与石墨烯分子的相互作用能量必须比热能和溶剂化能显著，才能用于分子检测实验。利用中性分子受体进行分子识别的研究表明，由芳族单元构建的受体可以通过阴离子或阳离子相互作用与带电分子形成非常强的非共价相互作用[75-76]。虽然对于带电体系，在高极性溶剂中，气相中的强相互作用通常会减弱[76]，但在中性客体的情况下，预期会发现极性和非极性介质之间的差异要小得多。如果分子具有相当大的尺寸，则与中性分子的相互作用也可能显示出非常大的吸附能。因此，石墨烯表面和酞菁分子之间的 $\pi-\pi$ 堆叠相互作用导致吸附能约为 -56kcal/mol[77]。

吸附在由 sp^2 碳原子所构建表面上分子稳定性可根据吸附中心的芳族或非芳族特性、分子电荷和极性以及吸附构象而显著变化。后者还强烈地取决于由吸附物浓度引起的表面覆盖率和可用的表面积。如前所述，对于旨在阐明主 - 客相互作用性质的计算研究，解释不同能量贡献的方法至关重要。考虑到受体通常是大系统，计算策略需要使用密度泛函理论方法，尽管远程色散的描述是这里的一个基本缺点。在最近的一项研究中，使用不同的密度泛函理论泛函对吡啶与几种碳同素异形体表面的相互作用进行了详尽的分析[78]。发现大部分色散能量可以用 M06 - 2X 泛函隐含地解释，即使必须引入小的后 SCF 显式色散修正才能得到与实验数据相当的结果。相反，所研究的其余泛函（BLYP、B97、B3LYP 和 wB97X）需要非常大的后 SCF 显式色散修正才能得到稳定的吸附复合物。此外，这些泛函产生的极化密度接近不相关的 Hartree - Fock 密度，而用 M06 - 2X 获得的密度接近用 CCSD 方法（用于电子密度计算的金本位后 SCF 方法）获得的密度。电子极化密度的精确描述对于解释极化率、极化率导数和其他高阶光学性质的变化非常重要。

14.2 碳同素异形体上的分子稳定性

14.2.1 KS - DFT 方法

密度泛函理论公式中，能量表示为电子密度 p 的函数，即能量取决于函数（电子密度），而函数又取决于变量。这一思想的概念根源是托马斯 - 费米模型，但直到两个简单定理的表述才为密度泛函理论方法的发展奠定了坚实的理论基础[14,79-80]。Hohenberg 和 Kohn 在 1964 年证明了存在性和变分定理[14]。

Hohenberg 和 Kohn 的第一定理是存在定理。证明了从基态的电子密度可以在理论上精确地计算出稳态非简并基态的任何可观测性。此外，非简并基态密度必须决定外部电位，在没有外部场的情况下，外部电位代表电子和原子核之间的吸引力。在这些条件下，电子能量可以写成

$$E(\rho)=T(\rho)+V_{ee}(\rho)+V_{eN}(\rho) \tag{14.1}$$

式中：$T(\rho)$ 为动能；$V_{ee}(\rho)$ 为电子之间的相互作用；$V_{eN}(\rho)$ 为电子 - 核引力。$V_{ee}(\rho)$ 项可分为库仑排斥 $J(\rho)$ 和交换相关 $W_{XC}(\rho)$ 部分。然而，动能和交换相关函数未知，式（14.1）的解析不能精确地处理。

Kohn 和 Sham 开发了一种方法来规避缺少精确动能泛函的问题[15]。因此，通过将 N 个相互作用电子系统的行为映射到 N 个非相互作用电子的辅助系统的行为来获得动能，两个系统共享相同的概率密度。由 N 个非相互作用电子在外势 $v_r(\boldsymbol{r})$ 作用下形成的系统，可以用 Hartree - Fock（HF）方法精确计算其波函数 Ψ_r。因此，一旦已知波函数 Ψ_r，还可以评估动能和电子密度，获得参考系统的总能量为

$$E_r(\rho)=T_r(\rho)+\int\rho(\boldsymbol{r})v_r(\boldsymbol{r})\mathrm{d}\boldsymbol{r} \tag{14.2}$$

这时，在一个实时系统中，也就是说，有电子 - 电子相互作用，总能量由下式给出

$$E(\rho)=T(\rho)+V_{ee}(\rho)+\int\rho(\boldsymbol{r})v_r(\boldsymbol{r})\mathrm{d}\boldsymbol{r} \tag{14.3}$$

在该表达式中引入参考动能，出现了一个新的术语：总交换关联能 $E_{XC}(\rho)$，即交换关联电子能 $W_{XC}(\rho)$ 与关联动能 $T_C(\rho)$（精确动能与参考动能之差）之和。

$$E_{XC}(\rho)=T_C(\rho)+W_{XC}(\rho) \tag{14.4}$$

此时，可以定义交换相关势

$$\frac{\partial E_{XC}(\rho)}{\partial\rho}=v_{XC}(\boldsymbol{r}) \tag{14.5}$$

因此，为求真实系统的基态能量而必须求解的方程应该等效于参考系统的方程。这意味着可以写出以下单电子薛定谔方程式(Kohn - Sham 方程)：

$$\left(-\frac{\nabla_i^2}{2}+v_C(\boldsymbol{r})+v_{XC}(\boldsymbol{r})\right)\chi_i=\varepsilon_i\chi_i \tag{14.6}$$

其中作用于单电子波函数的算符称为 Kohn - Sham 算符h_{KS}，单电子波函数称为 Kohn - Sham 轨道。一旦已知 Kohn - Sham 轨道，就可以计算电子密度。这些 Kohn - Sham 方程可以使用一组基函数来展开 Kohn - Sham 轨道和自洽场(SCF)过程来求解，以获得展开中的最佳系数。

使用 Kohn - Sham 方程的问题是交换相关能量表达式$E_{XC}(\rho)$是未知项，因此$v_{xc}(\boldsymbol{R})$也是未知项。因此，密度泛函理论计算的精度取决于近似交换相关函数的质量。

电流交换相关势包含一大组参数。这些参数中的一些是通过拟合实验数据或来自高级相关方法的结果而获得的。这意味着密度泛函理论方法不使用精确的哈密顿量，因此，它们不能被归类为从头计算法。

根据密度泛函理论交换相关能与电子密度的关系，有 4 种发展密度泛函理论交换相关能的一般方法。交换相关泛函的最基本方法是局部密度近似(LDA)，$E_{XC}(\rho)$与均匀电子气中的电子密度有关。局域自旋密度近似(LSDA，或 LSD)是 LDA 的简单概括，以便将电子自旋包括到泛函中。通过不仅包括关于局部密度的信息，而且包括密度的梯度，提供了对$E_{XC}(\rho)$更好的近似，以便考虑实时系统中电子密度的非均匀性：这被称为广义梯度近似(GGA)。因此，交换相关能取决于电子密度ρ及其梯度$\nabla\rho$。

广义梯度近似方法的逻辑扩展是允许交换相关能量依赖于电子密度的高阶导数。特别地，高阶梯度或元 - 广义梯度近似方法引入拉普拉斯算子$\nabla^2\rho$来评估$E_{XC}(\rho)$。$E_{XC}(\rho)$中包括电子密度的二阶导数不仅提供了关于电子密度局部非均匀性的进一步信息，而且允许明确地确定动能密度。

构造泛函的最后一种方法采用混合方法，其中交换相关能量取决于ρ、$\nabla\rho$和$\nabla^2\rho$，此外，将精确 HF 交换能量的一部分引入到泛函中。实际上，在这一类混合泛函中，可以区分两个不同的类：在交换相关能中引入或不引入依赖于ρ的拉普拉斯算子的混合 - 广义梯度近似和元 - 混合 - 广义梯度近似。

密度泛函理论方法的精度随着所使用的泛函和所处理的问题而显著变化。一般来说，LSD 的表现优于 Hartree - 模型，但明显差于广义梯度近似、元 - 广义梯度近似和混合 - 广义梯度近似。另一方面，在对照实验数据进行基准测试时，混合方法往往优于其他形式的密度泛函理论。此外，密度泛函理论计算的精度在很大程度上取决于所使用的基组。需要隐式色散校正的混合泛函(如基于元 - 广义梯度近似的 M06 和 M08 明尼苏达泛函)来说明芳族分子与石墨烯表面的高度色散相互作用，如下文所示。

14.2.2 相互作用能分解分析

一种有前景的分析非共价相互作用起源的廉价且概念简单的理论方法是基于将复杂电子密度划分为单体未扰动密度和变形项[78,81]。这种方法本质上与分子间相互作用的微扰处理有关，尽管复合材料和单体输入电子密度矩阵可以在任何计算水平上计算，并且不需要进一步地变分或微扰过程。然后将相互作用能分解为以下分量：

$$E_{\text{Int}} = E_{\text{Elec}} + E_{\text{Rep}} + E_x + E_{\text{Elec-Def}} + E_{\text{Def}} + E_{xc-\text{Def}} + E_{\text{Elec}} + E_{\text{Pauli}} + E_{\text{Pol}} \tag{14.7}$$

其中前三项是一阶项,对应于静电能、排斥和分子间交换。斥力E_{Rep}和一级分子间交换E_x的和对应于泡利斥力。这些项与用对称适应微扰理论 SAPT 得到的一阶项具有完全相同的物理意义,它们的值在数量上一致[81]。对应于最后三项的极化能被分解为与络合时电子密度的变化相关变形能$E_{\text{Elec-Def}}$和E_{Def},以及交换相关密度的变化相关的变形能$E_{xc-\text{Def}}$。因为芳香环与碳表面相互作用的关键量是分散能。因此,在该方法中,通过计算另一个极化项,即感应能量来间接地获得色散作用。于是,在相应的极化能量方程中引入了由二阶 Rayleigh - Schrödinger 微扰理论得到的感应能量表达式[78]。在二阶能级上,诱导项和色散项可以完全分离,$E_{\text{Elec-Def}}$通过去除分子内部分可以将诱导能与诱导项分离。

$$E_{\text{Ind}} = \frac{1}{2}\left[E_{\text{Elec-Def}} - \int \widehat{v_{\text{A}}} \Delta \rho_{\text{A}}(\boldsymbol{r}_1)\, \mathrm{d}\boldsymbol{r}_1 - \int \widehat{v_{\text{B}}} \Delta \rho_B(\boldsymbol{r}_1)\, \mathrm{d}\boldsymbol{r}_1 \right] \tag{14.8}$$

在式(14.8)中,A 和 B 指单体。偏振能量的剩余部分包含色散分量和预期不太重要的高阶项。因此,相互作用能量分配由以下分解方案给出:

$$E_{\text{Int}} = E_{\text{Elec}} + E_{\text{Pauli}} + E_{\text{Ind}} + E_{\text{Res-Pol}} \tag{14.9}$$

其中总极化能量被分成感应E_{Ind}和剩余的极化能量$E_{\text{Res-Pol}}$

14.2.3 吸附在石墨烯纳米盘上的生物分子单元

如上所述,在相关水平上研究分子 - 表面相互作用需要使用适当的密度泛函理论泛函。即使通过该理论,如果采用密度泛函理论对远程相关的不准确描述,因此获得了色散能量的较差结果,这也可以通过在 SCF 过程之后引入显式色散校正来解决。然而,这些参数化表达式不保证电子密度的良好结果,而是保证相互作用能的良好结果。这是因为引入色散校正是为了计算梯度,而不是为了优化 SCF 过程中的电子密度。图 14.1 中给出了这个问题的一个说明性例子,其中表示了吡啶与苯和晕烯(C24)分子络合时的电子变形密度。在该变形密度中,已经去除了一阶项的影响,仅示出了偏振(2 阶色散 +2 阶感应 + 高阶项)的影响。可以观察到,只有 M062X 泛函能够精确地再现由相关后 SCF 方法提供的结果,如 CCSD 或 MP2,其中大部分分散相互作用隐含地考虑在交换相关势内。经验校正的 HF(HF - D)以及密度泛函理论泛函(B3LYP - D 和 B97 - D)预测类似的电子极化密度。因此,即使它们可以提供精确的相互作用能量值,也错误地再现分子间区域中的电子变形密度。

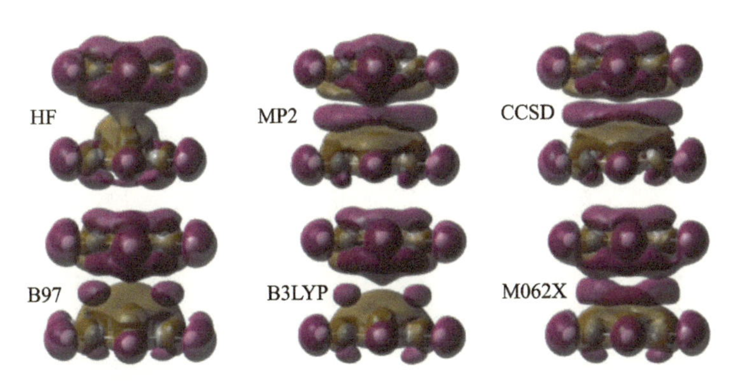

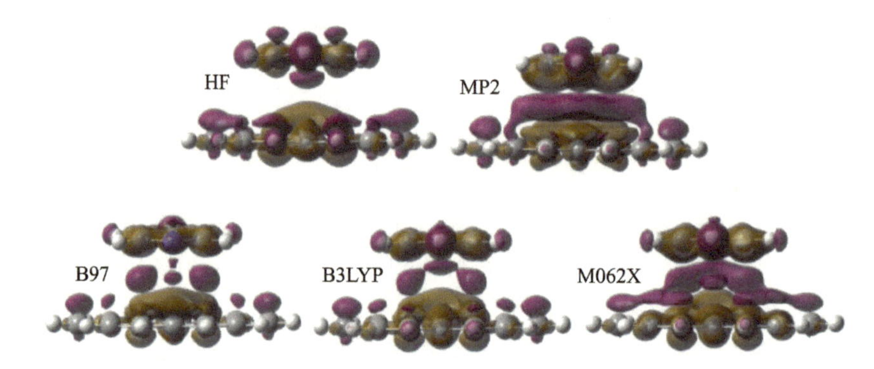

图 14.1 使用不同计算水平获得的吡啶与晕苯(下图)和苯(上图)形成的复合材料的电子极化密度示出了 2×10^{-4}au 的等表面值的密度。(经 PCCPOwner 协会许可转载自参考文献[78])

对于 M062X－D,使用 HF－D、B3LYP－D 和 wB97X－D 泛函低估了由分子间区域中极化引起的电子变形。图 14.2 以吸附于 150 个碳原子(C150)石墨烯纳米盘上的吡啶为例说明了这一事实。强色散相互作用中极化过程中电子密度的积累似乎是一个普遍特征。例如,在甲烷二聚体中,HF 方法预测分子间区域的电子变形可忽略不计,而使用相关后 SCF 方法(图 14.3 中右图),电子密度倾向于集中在该区域内[81]。明确的色散校正泛函显然不能在其对电子密度分布的描述中结合这一特性,从而提供了与 HF 类似的图像。

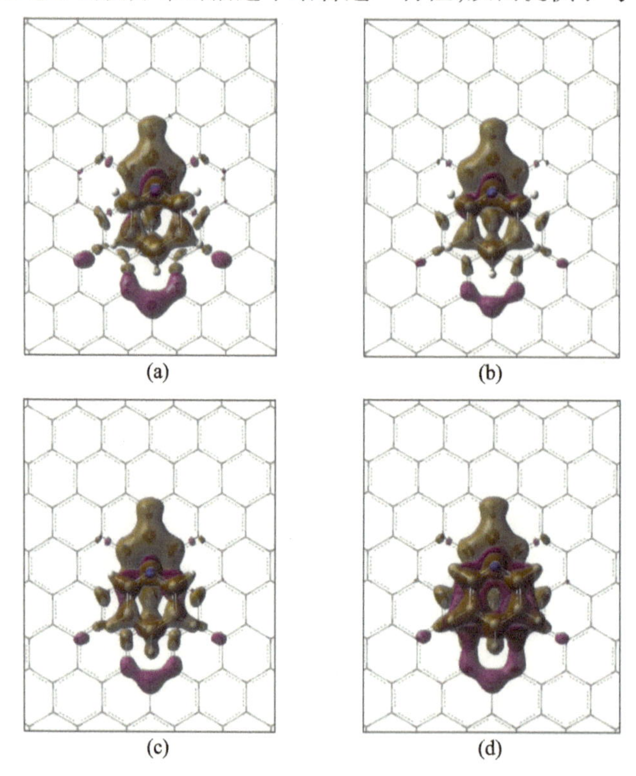

图 14.2 由吡啶和 150 个碳原子(C150)的石墨烯纳米盘与(a)HF－D、(b)B3LYP－D、(c)wB97XD 和(d)M062X－DDFT 泛函形成的复合材料获得的电子极化密度。示出了 2×10^{-4}au 的等表面值的密度(经 PCCP Owner 协会许可转载自参考文献[78])

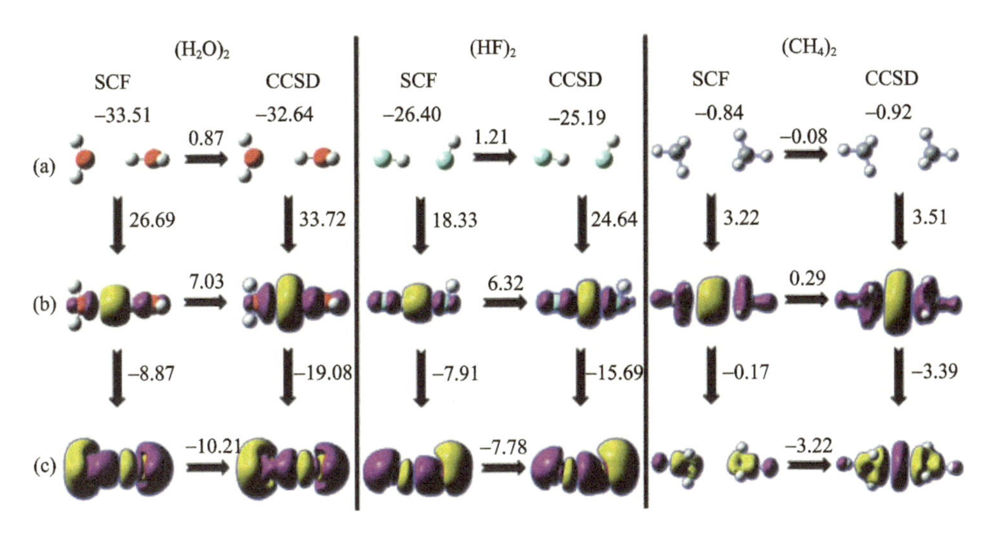

图 14.3 与水、氟化氢和甲烷二聚体的静电(a)、交换－排斥(b)和极化(c)项相关的变形密度以及能量(以 kJ/mol 为单位)

显示了 SCF 和 CCSD 结果,其之间的差异显示在相应的水平箭头上。

显示了在氟化氢和水中 2×10^{-4} au 和在甲烷中 4×10^{-5} au 的等红度值密度。

所有能量值均以 kJ/mol 为单位。(经许可转载自参考文献[81]。2011 年美国化学学会版权所有)

对于不同尺寸的吡啶和石墨烯纳米盘之间的相互作用,这些定性观察定量地反映在表 14.1 中收集的相互作用能量分量上。尽管在色散能量(Res－pol 项)中观察到 M062X－D和其余泛函之间的大差异,但所有这些都反映了其余能量项非常相似的值。事实上,观察 Res－pol 项,可以观察到以下顺序:对于由泛函隐式恢复的色散能量(在 Res－pol 项内),B3LYP－D < wB97X－D < M062X－D,随后引入的色散校正的幅度(在表中表示为 GD3－corr)遵循相反的顺序。

表 14.1 用不同能量泛函得到的不同石墨烯纳米盘上吡啶吸附的相互作用能成分(kcal/mol)①(经 PCCPOwner 协会许可转载自参考文献[78])

	HF－D	BLYP－D	B97－D	B3LYP－D	wB97X－D①	M062X－D
C24						
静电	-7.75	-7.88	-7.01	-7.35	-6.47	-6.72
泡利	21.31	22.52	21.43	21.85	20.74	20.78
交换	-31.66	-31.51	-29.35	-30.61	-28.95	-29.48
排斥	52.97	54.03	50.78	52.45	49.68	50.26
极化	-2.11	-3.61	-2.96	-5.70	-10.00	-19.15
感应	-0.65	-1.13	-1.19	-1.05	-1.09	-1.07
Res－Pol	-1.46	-2.48	-1.77	-4.65	-8.91	-18.08
GD3－Corr	-16.92	-18.09	-17.49	-14.55	-11.45	-1.33
共计	-5.46	-7.06	-6.04	-5.76	-7.18	-6.43

① 1cal = 4.18J。

续表

	HF - D	BLYP - D	B97 - D	B3LYP - D	wB97X - D①	M062X - D
C54						
静电	-9.54	-9.27	-8.41	-8.81	-8.02	-8.31
泡利	22.88	24.11	22.94	23.39	22.19	22.25
交换	-32.93	-32.89	-30.59	-31.92	-30.14	-30.77
排斥	55.82	57.00	53.53	55.31	52.33	53.02
极化	-2.28	-3.62	-2.99	-5.91	-10.52	-20.46
感应	-0.75	-1.30	-1.37	-1.20	-1.25	-1.21
Res - Pol	-1.53	-2.32	-1.62	-4.71	-9.27	-19.25
GD3 - Corr	-19.95	-21.18	-20.33	-17.34	-13.92	-2.14
共计	-8.90	-9.96	-8.79	-8.66	-10.27	-8.66
C96						
静电	-9.65	-9.47	-8.59	-8.99	-8.19	-8.50
泡利	22.98	24.23	23.05	23.51	22.28	22.34
交换	-32.83	-32.80	-30.48	-31.81	-30.03	-30.64
排斥	55.81	57.03	53.53	55.32	52.31	52.97
极化	-2.39	-3.59	-3.00	-5.91	-10.54	-20.42
感应	-0.81	-1.35	-1.42	-1.26	-1.31	-1.28
Res - Pol	-1.58	-2.24	-1.58	-4.65	-9.23	-19.14
GD3 - Corr	-20.29	-21.50	-20.61	-17.72	-14.33	-2.55
共计	-9.35	-10.32	-9.15	-9.10	-10.78	-9.13
C150						
静电	-8.81	-8.75	-7.92	-8.27	-7.53	-7.82
泡利	20.68	21.74	20.70	21.10	20.00	20.04
交换	-30.00	-29.91	-27.79	-29.00	-27.33	-27.91
排斥	50.68	51.66	48.49	50.10	47.34	47.95
极化	-2.08	-2.75	-2.37	-5.05	-9.54	-18.94
感应	-0.72	-1.19	-1.25	-1.11	-1.16	-1.16
Res - Pol	-1.36	-1.56	-1.12	-3.94	-8.38	-17.78
GD3 - Corr	-19.92	-21.06	-19.99	-17.42	-14.22	-2.70
共计	-10.13	-10.83	-9.57	-9.65	-11.29	-9.41

①此函数使用自己版本的 DFT - D2 校正，而不是其余的 DFT - D3 校正。

作为较大生物分子与石墨烯纳米盘相互作用的例子，最近发表了一项通过 96 个碳原子(C96)的石墨烯纳米盘结构对卟吩(PP)、酞菁(H_2Pc)和四苯并卟吩(TBPP)的亲和力的研究[52]。

对于所考虑的不同复合材料和构象(A、B 和 C)，由 M062X 泛函得到与极化项相关的电子密度变形，如图 14.4 和图 14.5 所示。同样，对于堆积构象 A，获得了电子变形密度的特征性“夹心”状分布,在分子间区域具有增强和耗损。表14.2中给出了不同的相互作用能项,其总值在TBPPA中几乎达到-60kcal/mol,反映了碳sp^2表面对这些生物分子的大亲和力。在H_2PcA和TBPPA中,由Res-Pol项+GD3修正表示的色散能非常重要,超过-90kcal/mol。这些复合物中的相互作用能值与相同分子在周期性石墨烯片上的吸附能之间的比较并未反映出相关差异(表14.3)。分子在石墨烯纳米盘上更加稳定,因为它们可以到达的距离更近。这是可能的,这得益于石墨烯纳米盘结构更大的柔性,与更刚性的石墨烯片相比,石墨烯纳米盘结构可以弯曲出平面以更有效地与吸附的分子相互作用。

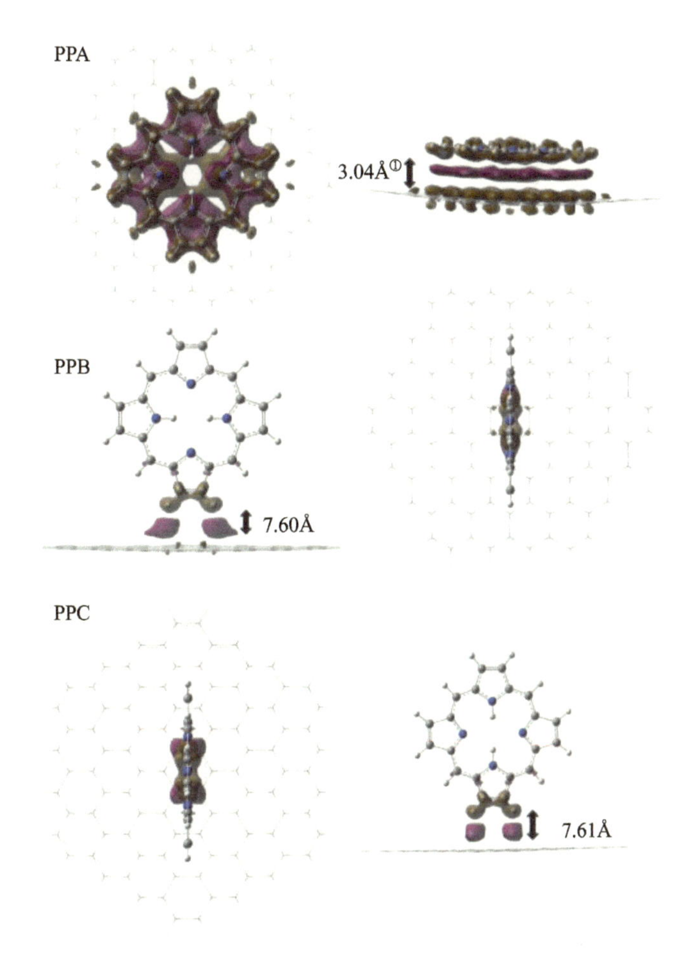

图14.4 吸附在96个碳原子(C96)石墨烯纳米盘上的PP分子堆叠(A)和垂直(B和C)构象获得的电子极化密度

显示出了2×10^{-4}au的等表面值密度。(经PCCPOwner协会许可转载自参考文献[52])

① 1Å=0.1nm。

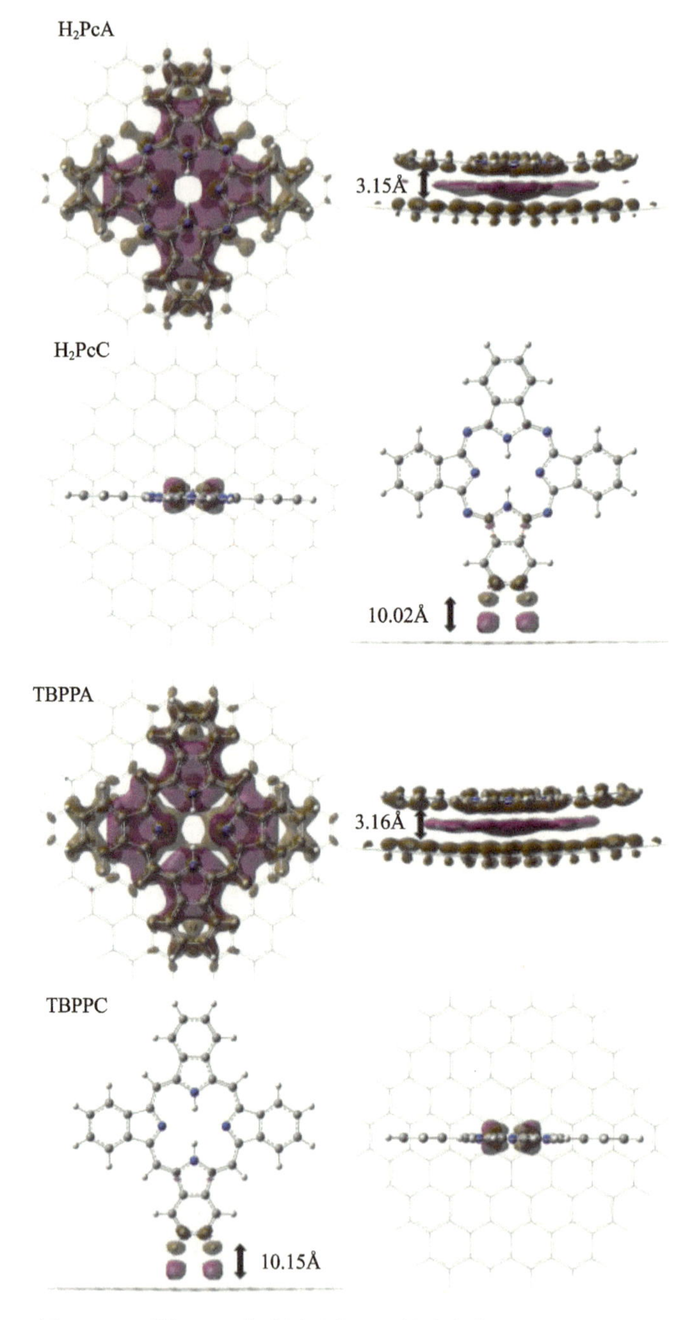

图 14.5 吸附于96个碳原子的石墨烯纳米盘(C96)上 H_2Pc 和 TBPP 分子的堆叠(A)和垂直(C)构象的电子极化密度

显示出了 2×10^{-4}au 的等表面值密度。(经 PCCPOwner 协会许可转载自参考文献[52])

表 14.2 由 PP、H_2Pc 和 TBPP 分子与 96 个碳原子石墨烯纳米盘(C96)形成的复合材料相互作用能成分(kcal/mol),用 M062X - D 泛函计算(经 PCCPOwner 协会许可转载自参考文献[52])

		E_{Elec}	E_{Rep}	E_x	E_{Ind}	$E_{Res-Pol}$	$GD3$	E_{Int}
Pp	A	-25.03	160.08	-93.54	-20.52	-52.12	-8.46	-39.59
	B	-2.55	17.99	-11.17	-2.92	-4.42	-2.94	-6.01
	C	-3.00	18.35	-11.42	-2.95	-3.74	-2.93	-5.69
H_2Pc	A	-32.41	236.66	-138.61	-32.17	-78.46	-11.88	-56.88
	C	-4.45	16.68	-10.25	-3.05	-1.74	-2.50	-5.31
TBPP	A	-35.64	250.04	-146.18	-37.89	-78.04	-12.28	-59.99
	C	-3.49	16.81	-10.27	-3.06	-2.80	-2.54	-5.36

表 14.3 由 PP、H_2Pc 和 TBPP 分子与 96 个碳原子石墨烯纳米盘(C96)和石墨烯的周期性结构形成堆积复合材料的平均分子间距离(Å)和相互作用能(kcal/mol)(经 PCCPOwner 协会许可转载自参考文献[52])

	距离		吸附能	
	C96	石墨烯	C96①	石墨烯②
PPA	3.04	3.31	-37.20	-31.72
H_2PcA	3.15	3.47	-56.74	-44.59
TBPPA	3.16	3.49	-54.47	-45.28

①用 M062X - D 泛函计算获得。
②用 PBE - D 泛函计算获得。

14.3 "纯"化学作用分析

14.3.1 分布极化率

"纯"化学效应直接与分子在表面上吸附时电极化率的变化有关。由于极化率被定义为给定系统的全局性质,因此有必要引入将电极化率分成分子和表面贡献的形式,以便量化与前者相关变化。

电极化率定义为偶极矩相对于外部电场的导数。

$$\alpha = \frac{d\mu}{dE} \tag{14.10}$$

使用有限差分近似(FDA)来考虑电场变化,式(14.10)可写成

$$\alpha = \frac{\mu_{ind}}{E} \tag{14.11}$$

式中:μ_{ind}为感应偶极矩。该感应偶极矩可以由电子变形密度ρ^{def}和位置算符 $\boldsymbol{r}$ 计算。

$$\mu_{ind} = \int \rho^{def}(\boldsymbol{r})\boldsymbol{r}d\boldsymbol{r} \tag{14.12}$$

静态极化率由张量表示,该张量具有根据电场方向和位置算子定义的分量。因此,每

个分量由下式给出

$$\alpha_{\sigma\sigma'} = \frac{1}{E_\sigma}\int \rho^{\mathrm{def}}(\boldsymbol{r})\sigma'\mathrm{d}\sigma' \tag{14.13}$$

式中：σ 和 σ'表示笛卡儿坐标（x、y 或 z）。

例如，可以使用基函数的希尔伯特空间来引入到碎片极化率的划分方案，其中分子碎片由它们的核和与它们相关联的基定义。因此，对于给定的基组，用密度矩阵元素展开式(14.13)，得到下式：

$$\alpha_{\sigma\sigma'} = \frac{1}{E_\sigma}\sum_{\mu}\sum_{v}(D_{\mu v}^{E_\sigma} - D_{\mu v})\int \varphi_\mu(\boldsymbol{r})\sigma'\varphi_v(\boldsymbol{r})\mathrm{d}\sigma' \tag{14.14}$$

式中：$D_{\mu v}$和$D_{\mu v}^{E_\sigma}$分别为施加电场之前和之后的密度矩阵元素；φ_μ和φ_v为相应的基函数。式(14.14)中，第一次求和可以分成包含给定碎片的基函数和整个分子系统的其余基函数的项。为了研究目的，研究的碎片对应于吸附的分子，其余的对应于表面，导致静态极化率张量分成分子(M)和表面(S)贡献。

$$\alpha_{\sigma\sigma'}^{M} = \frac{1}{E_\sigma}\sum_{\mu\in M}\sum_{v}(D_{\mu v}^{E_\sigma} - D_{\mu v})\int \varphi_\mu(\boldsymbol{r})\sigma'\varphi_v(\boldsymbol{r})\mathrm{d}\sigma' \tag{14.15}$$

$$\alpha_{\sigma\sigma'}^{S} = \frac{1}{E_\sigma}\sum_{\mu\in S}\sum_{v}(D_{\mu v}^{E_\sigma} - D_{\mu v})\int \varphi_\mu(\boldsymbol{r})\sigma'\varphi_v(\boldsymbol{r})\mathrm{d}\sigma' \tag{14.16}$$

必须注意，如此定义的碎片静态极化率取决于坐标原点和所使用的基组，使得其效用限于分析坐标原点和基组保持不变的“相对”极化率。因此，在计算吸附分子的静态极化率时，即使是在孤立分子中的计算，也保持了复合材料的坐标原点和基组。用这种方法，通过吸附在碳表面上的分子的极化率所经历的变化可以很容易地用由式(14.15)获得的碎片极化率来解释。

让我们首先探索分子间相互作用强度（在前一节中分析）与络合时分子极化率所经历变化之间的关系。在图14.6中，显示了吡啶分子与不同碳同素异形体（(5,5)和(6,6)椅型单壁纳米管、C60富勒烯和石墨烯纳米盘C54和C96）形成的复合材料的相互作用能。可以观察到，两个量值之间的线性关系表明分子各向同性极化率（极化率张量对角分量的平均值）与相互作用强度成比例地降低。这种分子极化率的降低是芳香单元和碳表面之间的堆积相互作用的特征[62,82]。然而，这不能推广到其他表面，因为发现吡啶的各向同性极化率在吸附在银纳米粒子的模型结构上时增加[63]。

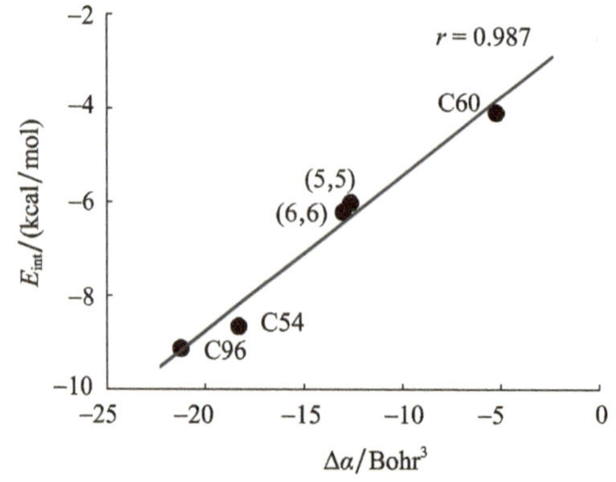

图14.6 吡啶分子在不同碳基质上吸附时，相互作用能(E_{int})与各向同性极化率变化的关系(Δα)（经许可转载自参考文献[62]。约翰·威利父子出版社2015年版权所有）(1Bohr = 0.529177Å)

吡啶极化率的降低与分离分子和吸附在不同碳材料结构上的相对拉曼强度一致(图14.7)。因此,在静态条件下(不存在由激发辐射引起的共振过程)所计算分子最活跃振动模式的相对强度遵循孤立的顺序 > C60 > (5,5) ≈ (6,6) > C54 ≈ C96,与各向同性极化率顺序一致。从表14.4中给出的极化率张量分量中,可以观察到差异来自平行于分子平面(x 和 y)的那些分量。这并不奇怪,因为堆叠相互作用意味着分子和表面平面的面对面布置。由于吡啶的拉曼光谱中最强的信号对应于平行模式,所以吸附复合材料的光谱相对于分离分子显示出一般的降低。

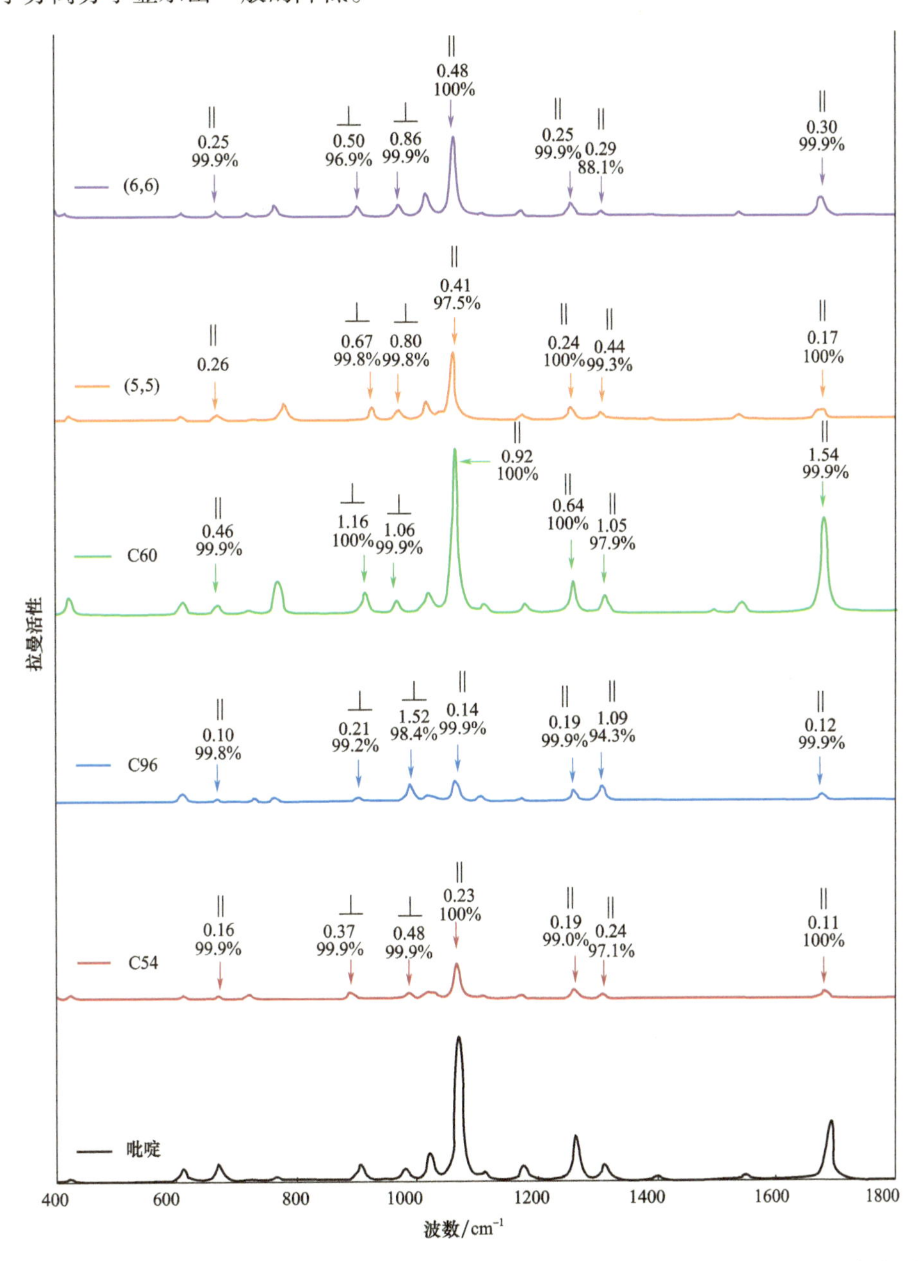

图14.7 分离的吡啶和吡啶吸附的静态拉曼光谱该图反映了每个信号与表面的垂直或平行特性,在分子-表面复合物的振动模式上相对于从吡啶分离的吡啶的相对强度。(经许可转载自参考文献[62]。2015年约翰·威利父子出版社版权所有)

表 14.4 分离和吸附在不同碳同素异形体上吡啶的极化率成分和各向同性极化率。括号中显示了吸附分子中的值与分离分子中的值之间的比率。Bohr^3 中给出了值。(经许可转载自参考文献[62]。2015 年约翰·威利父子出版版权所有)

	Py－隔离①					Py－吸附				
	C96	C54	C60	(5,5)	(6,6)	C96	C54	C60	(5,5)	(6,6)
a_{xx}	63.00	62.92	62.50	62.25	62.28	35.64 (0.57)	40.53 (0.64)	55.27 (0.88)	43.69 (0.70)	42.74 (0.69)
a_{yy}	68.93	68.92	68.03	68.49	67.90	37.70 (0.55)	41.80 (0.61)	55.49 (0.81)	46.65 (0.68)	45.74 (0.67)
a_{zz}	25.15	25.17	23.47	24.50	25.13	20.06 (0.80)	19.98 (0.79)	27.51 (1.17)	26.93 (1.10)	27.68 (1.10)
a_{iso}	52.36	52.34	51.33	51.75	51.77	31.13 (0.59)	34.07 (0.65)	46.09 (0.90)	39.09 (0.76)	38.72 (0.75)

①不同表面之间分离吡啶值的小差异是由于每次计算中使用的碱基数不同。

在较大的生物分子中也发现了极化率和静态拉曼强度之间的这种关系。本文研究了吸附构象对极化率和拉曼光谱的影响。垂直构象 B 和 C 虽然在单分子水平上远不如堆积构象 A 稳定,但可以通过其他相邻分子的存在而实现稳定,这些相邻分子可以以堆积模式在它们之间强烈地相互作用。图 14.8 显示了稳定构象获得的静态拉曼光谱,每个构象

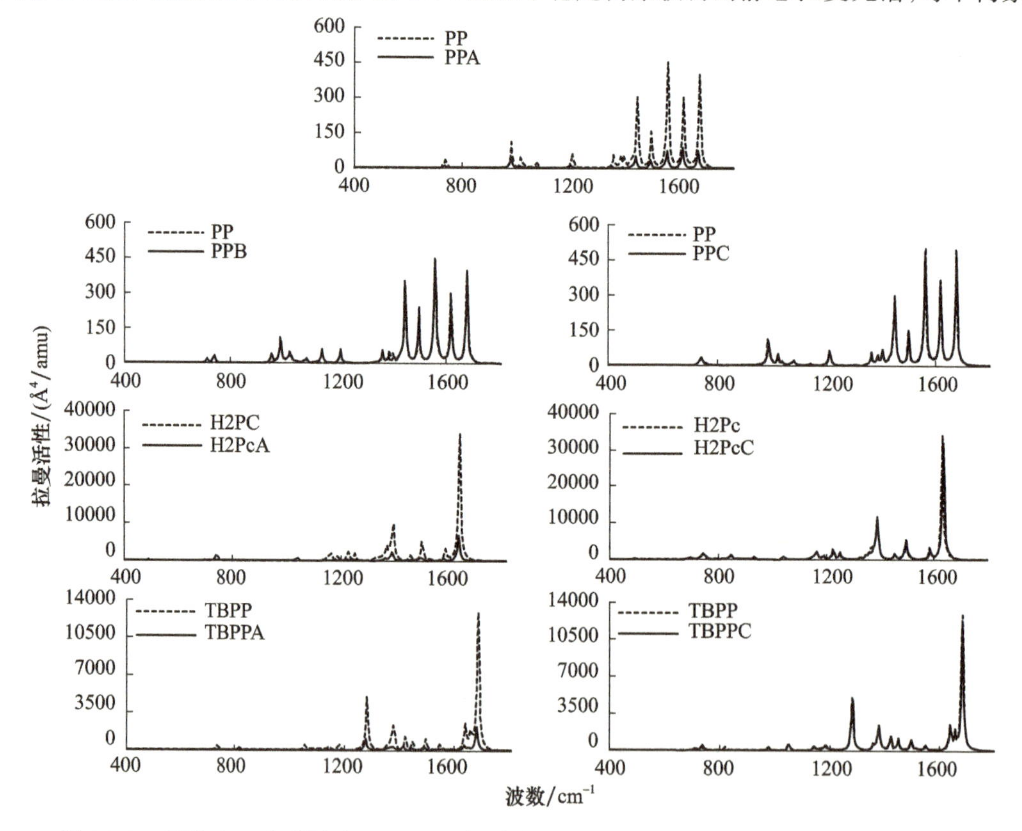

图 14.8 吸附于 96 个碳原子(C96)石墨烯纳米盘上的 PP、H_2Pc 和 TBPP 分子的堆叠(A)和垂直(B 和 C)构象的静态拉曼光谱(实线)与相应分离分子的光谱(虚线)相对。(经英国皇家化学学会许可转载自参考文献[82])

都与孤立分子的相应光谱相对。在堆积构象中,主要对应于面内或平行振动模式的主峰的强度相对于孤立分子显著降低。相反,在垂直构象中,光谱几乎与孤立分子的光谱重叠。在表14.5中,收集了各向同性分子极化率以及极化率张量的平行和垂直分量对分子平面的影响。可以观察到,在垂直构象中,平行张量分量的值如何与分离分子中的值相似,而对于堆叠构象,则显著降低。

表14.5 吸附于96个碳原子(C96)石墨烯纳米盘上的PP、H_2Pc和TBPP分子计算的极化率张量和各向同性极化率的平行和垂直分量。给出的值对应于分离分子计算的值。(经英国皇家化学学会许可转载自参考文献[82])

	构象	$\alpha_{\parallel}$	$\alpha_{\perp}$	α_{iso}
PP	A	0.64	1.75	0.77
	B	0.97	0.79	0.94
	C	0.97	0.79	0.94
H_2PC	A	0.68	1.12	0.76
	C	0.91	0.63	0.88
TBPP	A	0.71	1.54	0.80
	C	0.97	0.85	0.95

14.3.2 极化密度图

由于SERS是由表面现象所引起,可以预期局部极化率函数$\alpha_{\sigma\sigma'}(\boldsymbol{r})$的类似表示能够捕获外部电场主要影响电子密度的区域,从而在拉曼活性中提供最强的效应。然而,偶极极化率存在两个重要的缺点。一方面,如前所述,它被表示为一个张量,其值根据系统的方向而变化。可以通过下述考虑这个问题,认为张量的非对角线元素通常比对角线元素低得多,那么极化率张量的信息由各向同性极化率捕获,即

$$\alpha_{iso}(\boldsymbol{r}) = -\frac{1}{3}\sum_{\sigma=x,y,z}\sigma\frac{\partial\rho(\boldsymbol{r})}{\partial E_{\sigma}} \tag{14.17}$$

其中式(14.11)~式(14.13)中引入的有限差分近似,在这里用电子密度相对于电场的导数代替,这是一个更一般和更精确的定义。另一方面,由式(14.17)给出的实空间极化率函数有一个严重的缺点,使其不能用于化学解释,因为它由于乘法因子σ而依赖于坐标的原点。这证明了对位于距原点不同距离区域之间有关电场局部效应有偏差的描述。反过来,局部极化率不能在具有不同位置和/或不同分子大小的官能团分子之间进行比较。

几位作者提出了不同的程序来缓解这一问题。因此,Chopra等分析了由距核间轴距离加权的π-电子密度相对于电场的一阶导数曲线图[83]。规避该问题的另一种方法是将分子从原点移动到远大于分子大小的距离[84],这样原子位置的差异就可以忽略不计了。按照这个过程,可以得到按系统到原点的距离缩放的密度导数的曲线图。主要问题是当原点从分子的质心或几何中心移动到另一点时,极化率函数所期望的对称性丢失。最近,Otero等[85]提出了获得与分子原点无关的对称极化率函数的一般方案。起点是定义分子中所有原子的实空间极化率函数,将坐标原点放在相应的核中心。这在原子本征

极化率的计算中已经完成了[86]，其中分子的极化率被分解为原子贡献。原子极化率函数的叠加提供了分子的内禀极化率函数。一般表达式由式(14.18)给出：

$$\alpha_{\mathrm{iso}}^{\mathrm{intr}}(\boldsymbol{r}) = -\sum_{A=1}^{Nat} w_A(\boldsymbol{r}) \sum_{\sigma=x,y,z} (\sigma - R_A^{\sigma}) \frac{\partial \rho(\boldsymbol{r})}{\partial E_{\sigma}} \tag{14.18}$$

式中：w_A为原子权因子，原子 A 对 r 点电子密度的贡献，R_A^{σ}是核 A 的 σ 坐标，该方案中的任意点是原子分配的选择，即表示原子权因子的方式。本章中给出的结果是使用通过分数占用 Hirshfeld - I(FOHI)方法计算的权重因子获得的，该方法是一种改进的 Hirshfeld - I 方法，解决了以前提出的其他方法所显示的重要缺点。此外，可以定义分子间极化率函数(式(14.19))，其可以用于例如在实空间中表示由于单体 1 和 2 的分子间相互作用形成复合材料 12 而引起的极化率变化。

$$\Delta\alpha_{\mathrm{iso}}^{\mathrm{intr}}(\boldsymbol{r}) = -\sum_{A=1}^{Nat} w_A(\boldsymbol{r}) \sum_{\sigma=x,y,z} (\sigma - R_A^{\sigma}) \left(\frac{\partial \rho_{12}(\boldsymbol{r})}{\partial E_{\sigma}} - \frac{\partial \rho_1(\boldsymbol{r})}{\partial E_{\sigma}} - \frac{\partial \rho_2(\boldsymbol{r})}{\partial E_{\sigma}} \right) \tag{14.19}$$

为了说明这种功能有多强大，它表示在图 14.9 中，或由 PP 和 H_2PC 与 C96 形成的不同络合物。该图允许在真实空间中可视化由堆积构象中分子间相互作用而引起的极化率降低。可以很好地观察到极化率如何在接触区域中降低而在外部分子区域中部分增加。这可能与施加在分子间区域中电子云上的额外稳定效应有关，这使得它们比其他电子云更不易极化。在垂直构象中，接触区中的极化率也被耗尽，但这里接触区小得多，并且仅涉及少量的原子。因此，对总极化率的影响不太明显。堆积和垂直构象之间的分子间极化率函数的这些差异完美地解释了图 14.8 所示光谱中相对拉曼强度。这提供了不同构象的表征特征，允许将它们与在静态条件下获得的实验拉曼光谱区分开来。

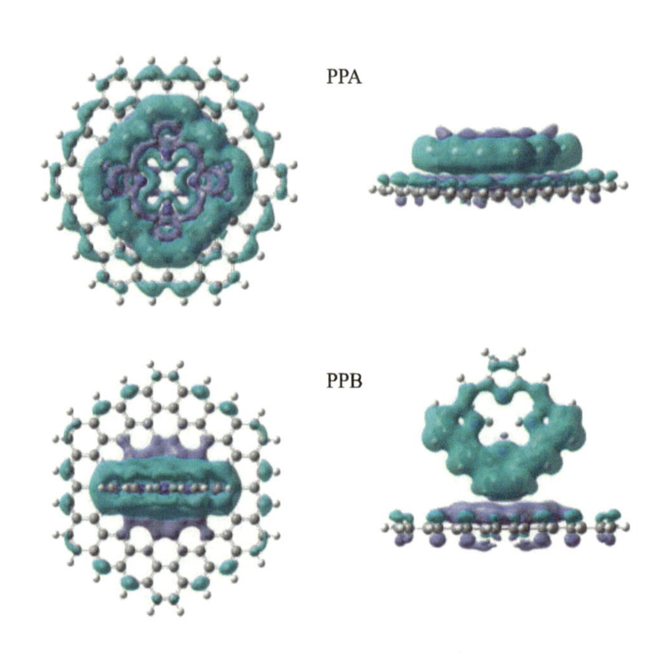

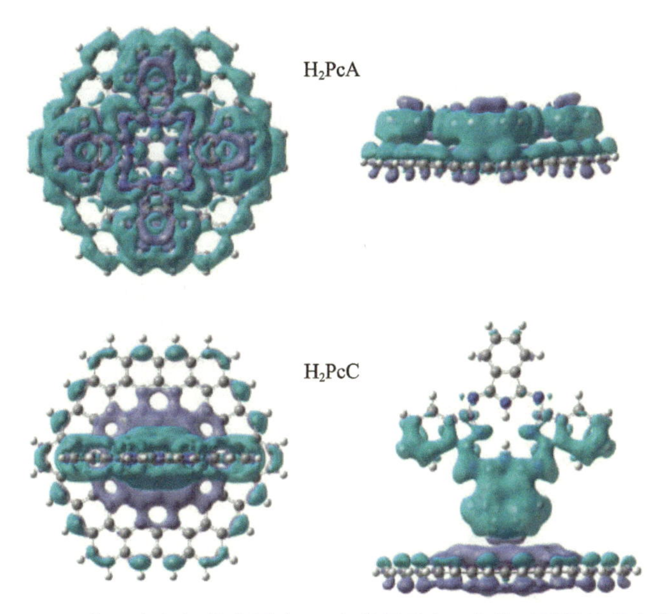

图 14.9 相互作用本征极化率图在 96 个碳原子(C96)的石墨烯纳米盘上吸附的 PP 和 H_2Pc 分子的堆叠(A)和垂直(B 和 C)构象

显示出了 1×10^{-2}au 的等表面值密度。(紫罗兰色和绿松石色分别代表正负区)

14.4 共振效应分析

14.4.1 时变密度泛函理论

时变密度泛函理论(TDDFT)将基态密度泛函理论的基本思想扩展到激发或更一般的含时现象的处理[88-89]。TDDFT 可以被视为含时量子力学的替代公式,但是,与依赖于波函数和多体薛定谔方程的正常方法相反,其基本变量是单体含时密度 $\rho(\boldsymbol{r},t)$。获得 $\rho(\boldsymbol{r},t)$ 的标准方法是借助一个非相互作用电子的虚拟系统,即 Kohn - Sham 系统。最后的方程在数值上很容易处理,对于具有大量原子的系统通常是能处理的。这些电子感受到一个有效电位,即时间相关的 Kohn - Sham 电位。这种势的确切形式是未知项,因此必须近似。因此,与 Hohenberg 和 Kohn 定理一样,Runge - GRoss 定理断言所有可观测量都可以用与时间相关的电子密度的知识来计算[88]。但是,并未说明如何计算这一有价值的数量。因此,受外部局部电位 $v_{ks}(\boldsymbol{r},t)$ 影响,非相互作用(Kohn - Sham)电子辅助系统的思想产生了一组单电子时间相关的薛定谔方程:

$$i\frac{\partial\chi_i(\boldsymbol{r},t)}{\partial t}=\left(-\frac{\nabla^2}{2}+v_{\mathrm{KS}}(\boldsymbol{r},t)\right)\chi_i(\boldsymbol{r},t) \tag{14.20}$$

相互作用系统的密度可以由所有占据的含时 Kohn - Sham 轨道之和得到 $\chi(\boldsymbol{r},t)$。

$$\rho(\boldsymbol{r},t) = -\sum_i^{occ}\chi_i^*(\boldsymbol{r},t)\chi_i(\boldsymbol{r},t) \tag{14.21}$$

因此,如果已知精确的 Kohn - Sham 势 $v_{\mathrm{KS}}(\boldsymbol{r},t)$,我们将从含时薛定谔方程得到精确的 Kohn - Sham 轨道,并由此得到系统的正确密度。

不可避免的是，$v_{XC}(\boldsymbol{r},t)$作为密度函数的精确表达式是未知项。此时，被迫进行近似。与存在良好交换相关泛函的稳态密度泛函理论相反，对$v_{XC}(\boldsymbol{r},t)$的近似仍处于起步阶段。

TDDFT 可用于确定由适当波长的电磁辐射（通过跃迁偶极矩）引起的激发态和从基态跃迁的概率。因此，如下一节所示，它是一种分析 SERS 中共振效应非常有用的方法。

14.4.2 分布式拉曼活动

拉曼强度通常由微分拉曼散射截面表示，其直接从拉曼活性（或拉曼散射因子）计算。然而，拉曼活性的相对值（给定 $Å^4$/amu）与相对拉曼强度非常相似[90-91]，并且可以直接用于表示光谱。对于给定的振动模式 k，拉曼活性由以下表达式获得[31]：

$$R_k = 45\,\overline{\alpha_k^2} + 7\,\overline{\gamma_k^2} \tag{14.22}$$

式中：$\overline{\alpha_k^2}$和$\overline{\gamma_k^2}$为拉曼张量$\hat{\boldsymbol{R}}_k$的各向同性和各向异性不变量。这两个不变量的表达式由式(14.23)和式(14.24)给出[31]。

$$\overline{\alpha^2} = \frac{1}{9}[\alpha_{xx}^2 + \alpha_{yy}^2 + \alpha_{zz}^2 + 2\,a_{xx}a_{yy} + 2\,a_{xx}a_{zz} + 2\,a_{yy}a_{zz}] \tag{14.23}$$

$$\overline{\gamma^2} = [\alpha_{xx}^2 + \alpha_{yy}^2 + \alpha_{zz}^2 - a_{xx}a_{yy} - a_{xx}a_{zz} - a_{yy}a_{zz}] + 3[\alpha_{xy}^2 + \alpha_{xz}^2 + \alpha_{yz}^2] \tag{14.24}$$

简正模的拉曼张量 $\boldsymbol{k}$，$\hat{\boldsymbol{R}}_k$ 可以用归一化原子位移ϕ_k^n，极化率相对于相应非归一化原子位移的导数ξ^n以及约化质量μ_k来表示[31]。

$$\hat{R}_k = \frac{1}{\sqrt{\mu_k}}\sum_{n=1}^{3N}\phi_k^n\left(\frac{\partial\hat{a}}{\partial\xi^n}\right) \tag{14.25}$$

由于式(14.25)中求和在 $3N$ 个原子笛卡儿坐标上运行（N 是原子核的数目），因此可以将拉曼张量分解为如下的原子贡献

$$\hat{\boldsymbol{R}}_k = \sum_{I=1}^{N_{at}} R_k^I = \frac{1}{\sqrt{\mu_k}}\sum_{I=1}^{N_{at}}\sum_{\sigma=1}^{3}\phi_k^{I_\sigma}\left(\frac{\partial\hat{a}}{\partial\xi^{I_\sigma}}\right) \tag{14.26}$$

式中：I 表示原子；σa 表示笛卡儿坐标（x，y 或 z）。在 SERS 研究的情况下，特别感兴趣的是将式(14.26)中的原子分组为属于分子（M）和表面（S）的原子，使得拉曼张量可以被分成分子和表面部分。

$$\hat{\boldsymbol{R}}_k = \hat{R}_k^{\mathrm{M}} + \hat{R}_k^{\mathrm{S}} = \frac{1}{\sqrt{\mu_k}}\sum_{I\in M}\sum_{\sigma=1}^{3}\phi_k^{I_\sigma}\left(\frac{\partial\hat{a}}{\partial\xi^{I_\sigma}}\right) + \frac{1}{\sqrt{\mu_k}}\sum_{I\in S}\sum_{\sigma=1}^{3}\phi_k^{I_\sigma}\left(\frac{\partial\hat{a}}{\partial\xi^{I_\sigma}}\right) \tag{14.27}$$

考虑到在式(14.23)和式(14.24)中表示的各向同性和各向异性不变量是从拉曼张量分量的乘积所获得，它们可以由分子（M）、表面（S）和分子间（MS）贡献之和表示，后者由式(14.27)$\hat{R}_k^{\mathrm{S}}$和$\hat{R}_k^{\mathrm{M}}$的分量交叉积产生。通过在式(14.22)中引入各向同性和各向异性不变量的这种分配，可以得到拉曼活性的以下表达式[62]：

$$\begin{aligned} R_K &= R_k^{\mathrm{M}} + R_k^{\mathrm{S}} + R_k^{\mathrm{MS}} \\ &= [45\,(\overline{a_k^{\mathrm{M}}})^2 + 7(\overline{\gamma_k^{\mathrm{M}}})^2] + [45\,(\overline{a_k^{\mathrm{S}}})^2 + 7(\overline{\gamma_k^{\mathrm{S}}})^2] + [45\,(\overline{a_k^{\mathrm{MS}}})^2 + 7(\overline{\gamma_k^{\mathrm{MS}}})^2] \end{aligned} \tag{14.28}$$

这种分配拉曼活性的方式可以量化拉曼活性中（含有给定振动模式）振动耦合的重量，例如在复合材料中两个分子之间或在吸附的分子和表面之间。一旦在吸附的复合材料中识别出对应于分子的振动模式（借助于对孤立分子获得的光谱），就可以使用式(14.28)将给定分子模式的拉曼活性分解为分子项和表面项。必须注意到，即使当相

互作用使非共价时的分子和表面之间的振动耦合总是非常小,换句话说,分配给分子振动模式的归一化原子位移中的表面原子重量剩余,当拉曼激发频率接近表面电子的电子跃迁时,表面项对拉曼活性的贡献不可忽略[62,82]。

14.4.3 吸附于石墨烯纳米盘的生物分子共振效应

为了研究 SERS 中的共振效应,第一步是测定复合材料和孤立结构的电子吸收光谱。这通常用依赖于时间的 DFT 方法来实现,该方法允许以低计算成本计算大量激发态的能量和电子密度。然后,对于拉曼研究中使用波长范围内的最强带(通常在 200 ~ 800nm 之间工作的激光器),激发态密度和基态密度之间的差异可以被解释为转变表征为表面跃迁,主要涉及表面的电子态;电荷转移(CT)跃迁,涉及分子和表面的电子态;或分子跃迁,主要涉及吸附分子的电子态。图 14.10 给出了由 PP 和 H_2Pc 与 C96 所形成不同复合材料的电子吸收光谱中最强带的能量差。这些带面对在相同波长范围内对于 C96 隔离结构获得的最强带。从光谱可以得到,在垂直布置中,孤立 C96 中的带几乎与复合材料的带重叠,这与激发基态电子密度差的曲线一起反映了带对应于来自表面电子能级之间的跃迁。相反,在堆积排列中,复合材料的谱带明显低于 C96 的谱带,并且在 PPA 中也向更高的波长移动。所获得的激发基态电子密度差的密度图反映了,PPA 中该跃迁的强 CT 特征和在 H_2PcA 中的弱 CT 特征。

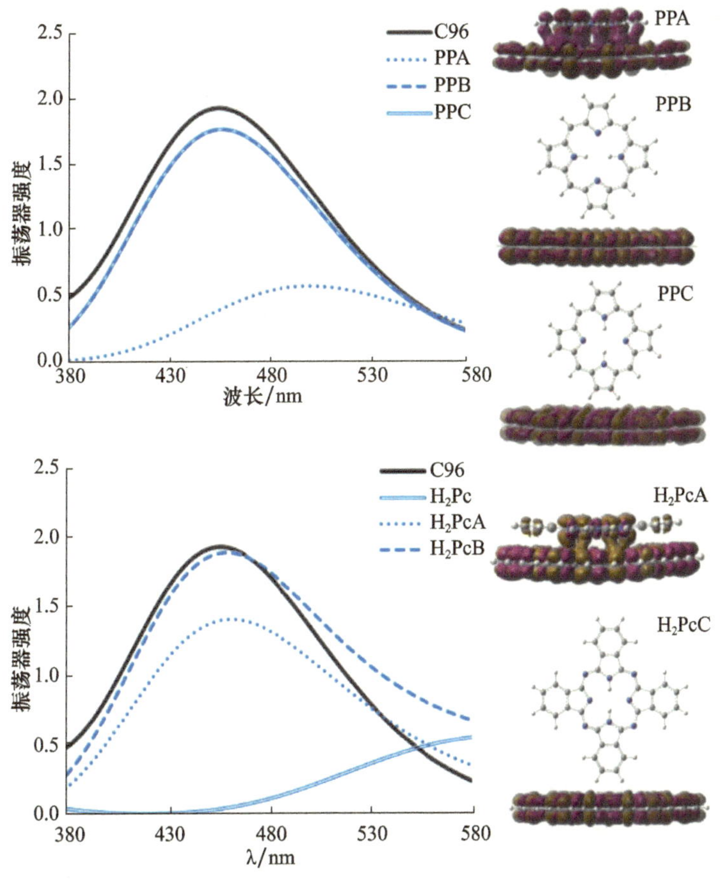

图 14.10 吸附于 96 个碳原子(C96)石墨烯纳米盘上的 PP 和 H_2Pc 分子的堆叠(A)和垂直(B 和 C)构象获得的主要电子吸附带。显示出了跃迁电子密度;棕色和洋红分别表示负密度和正密度(经英国皇家化学学会许可转载自参考文献[82])

一旦确定了共振类型，就可以在 Kohn－Sham DFT 方法的框架内使用耦合扰动形式[92]在近共振条件下模拟拉曼光谱[15]。该方法允许计算电响应特性，例如动态极化率，其取决于在计算中所引入电磁扰动的频率。使用式(14.28)，每个拉曼峰可以通过相应的拉曼活性贡献分成“纯”分子部分和表面部分。图 14.11 显示了 PPA、PPB、H_2PcA 和 H_2PcC 复合材料以及具有近共振频率电磁扰动的总拉曼光谱和通过分别表示分子和表面部分而获得的假设光谱。PPA 具有较强的电荷转移共振特性，拉曼光谱以分子部分为主；相反，在 PPB 中，具有强的表面共振特征，拉曼光谱以表面部分为主。现在，分子中原子的贡献在强度上低了一个数量级。在具有弱电荷转移共振特性的情况下，在 H_2PcA 中可以观察到总拉曼光谱如何不能仅由贡献(分子或表面)之一来表示。根据峰的不同，强度主要是由于分子或表面原子的贡献。相反，在 H_2PcC 中，总谱再次由表面贡献主导，与其表面共振特性一致。必须注意的是，为了清楚起见，已经从图 14.11 的光谱中删除了表面模式；因此，表面原子对这些模式的贡献很小，并且是由小的振动耦合效应所引起。然而，当发生表面共振时，表面原子对分子模的拉曼活性的贡献显著增强。因此，即使对于垂直构象中小且显著非共价的分子间相互作用，含有分子接触原子的振动模式也比拉曼光谱中的其余分子模式突出。

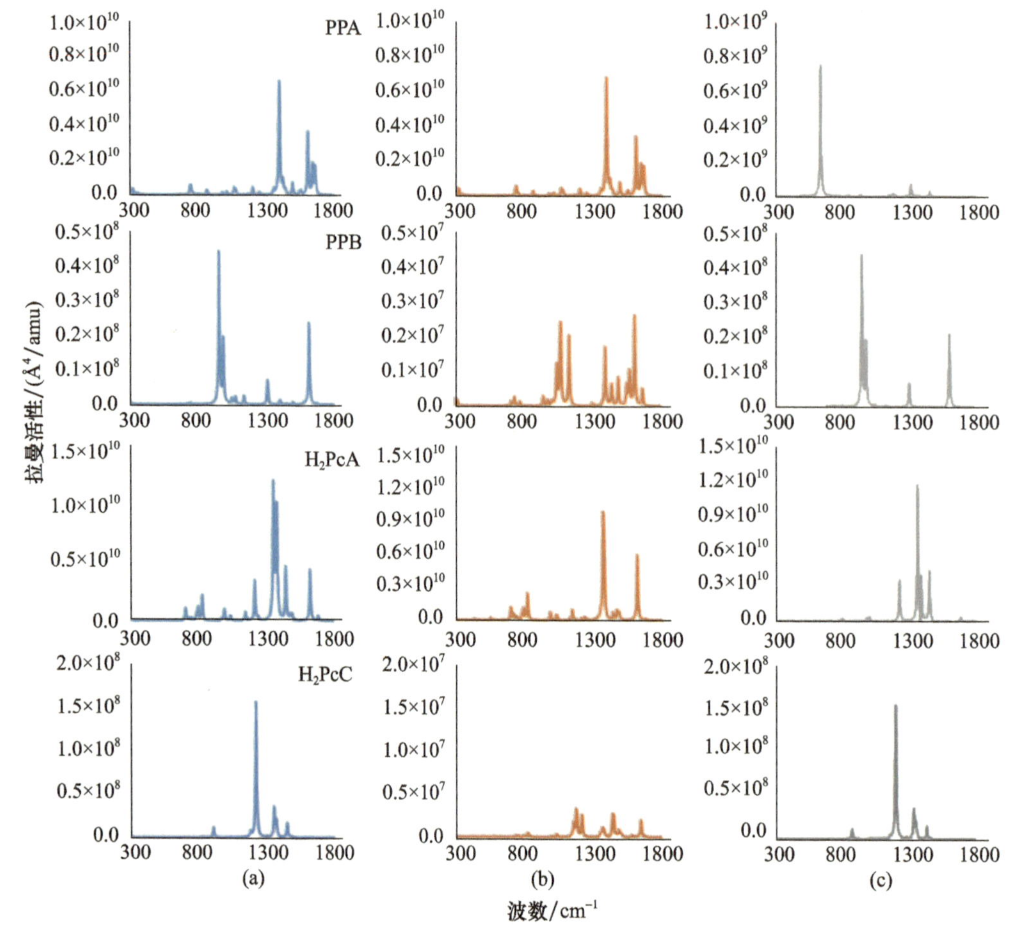

图 14.11　吸附于 96 个碳原子(C96)石墨烯纳米盘上的 PP 和 H_2Pc 分子的堆叠(A)和垂直(B 和 C)构象的预共振拉曼光谱

包括(b)分子和(c)表面的贡献。(经英国皇家化学学会许可转载自参考文献[82])

总之,在垂直和堆积构象中所发生共振的不同性质导致非常不同的拉曼光谱。这可用于在近共振条件下进行的实验中区分两种类型的吸附。

14.5 小结

在本章中,读者可以找到最新致力于设计石墨烯基分子的拉曼增强器理论研究综述。这些研究指出,石墨烯纳米盘和相关系统构成了一个有前景的新 SERS 平台家族。因此,已经显示了如何利用这些系统的紫外线等离子活性来达到与延伸金属或无机半导体结构相当的拉曼增强因子,但避免了与这些无机材料相关的问题。

还综述了近年来发展的模拟拉曼光谱和表征导致拉曼活性变化之不同因素的量子化学工具。除了用于研究总能量和响应特性的密度泛函理论和时变密度泛函理论等知名方法之外,本章还展示了如何通过各向同性极化率图可视化线性光学响应及其变化,通过能量分解分析表征分子－底物相互作用的类型,并将吸附在表面上的分子的拉曼活性分成分子内和分子－表面相互作用项。所有这些工具一起可以量化每个可能因素对总拉曼增强的权重,即分子电子密度极化、分子－表面电荷转移跃迁、表面电磁增强和分子－表面振动耦合。

目前,这条理论研究路线正朝着通过硼氮掺杂在延伸石墨烯片上所产生纳米石墨烯岛的研究方向发展。由于整个结构的扩展特性,这些嵌入的纳米石墨烯更可靠地用作 SERS 平台。此外,由于硼－氮－碳杂化材料(h－BNC)合成的最新进展,其更接近实验测试,其中在延伸的石墨烯片中,类苯的环被类硼氮烷的环取代。

参考文献

[1] Bănică, F. – G., *Chemical Sensors and Biosensors: Fundamentals and Applications*, John Wiley & Sons, Chichester, 2012.

[2] Tripp, R. A., Dluhy, R. A., Zhao, Y., Novel nanostructures for SERS biosensing. *Nano Today*, 3, 31, 2008.

[3] Hudson, S. D. and Chumanov, G., Bioanalytical applications of SERS (surface – enhanced Raman spectroscopy). *Anal Bioanal. Chem.*, 394, 679, 2009.

[4] El – Ansary, A. and Faddah, L. M., Nanoparticles as biochemical sensors. *Nanotechnol. Sci. Appl.*, 3, 65, 2010.

[5] Shao, Y., Wang, J., Wu, H., Liu, J., Aksay, I. A., Lin, Y., Graphene based electrochemical sensors and biosensors: A review. *Electroanalysis*, 22, 1027, 2010.

[6] Kuila, T., Bose, S., Khanra, P., Mishr, A. K., Ki, N. H., Lee, J. H., Recent advances in graphene – based biosensors. *Biosens. Bioelectron.*, 26, 4637, 2011.

[7] Sharma, B., Frontiera, R. R., Henry, A. – I., Ringe, E., Van Duyne, R. P., SERS: Materials, applications, and the future. *Mater. Today*, 15, 16, 2012.

[8] Yin, P. T., Shah, S., Chhowalla, M., Lee, K. – B., Design, synthesis, and characterization of graphene – nanoparticle hybrid materials for bioapplications. *Chem. Rev.*, 115, 2483, 2015.

[9] Xu, W., Mao, N., Zhang, J., Graphene: A platform for surface – enhanced Raman spectroscopy. *Small*, 9, 1206, 2013.

[10] Zhao, L., Jensen, L., Schatz, G. C., Pyridine – Ag20 Cluster: A model system for studying surface – enhanced Raman scattering. *J. Am. Chem. Soc.*, 128, 2911, 2006.

[11] Aikern, C. and Schatz, G. C., TDDFT Studies of absorption and SERS spectra of pyridine interacting with

Au_{20}. *J. Phys. Chem. A*,110,13317,2006.

[12] Jensen,L.,Aikern,C. M.,Schatz,G. C.,Electronic structure methods for studying surfaceenhanced Raman scattering. *Chem. Soc. Rev.*,37,1061,2008.

[13] Chulhai,D. V.,Chen,X.,Jensen,L.,Simulating ensemble – averaged surface – enhanced Raman scattering. *J. Phys. Chem. C*,120,20833,2016.

[14] Hohenberg,P. and Kohn,W.,Inhomogeneous electron gas. *Phys. Rev. A*,136,B864,1964.

[15] Kohn,W. and Sham,L. J.,Self – consistent equations including exchange and correlation effects. *Phys. Rev. A*,140,A1133,1965.

[16] Parr,R. G. and Yang,W.,*Density – Functional Theory of Atoms and Molecules*,Oxford University Press, New York,1989.

[17] Koch,W. and Holthausen,M. C.,*A Chemist's Guide to Density Functional Theory*,Wiley – VCH,Weinheim,2001.

[18] Heigl,N.,Petter,C. H.,Rainer,M.,Najam – ul – Haq,M.,Valiant,R. M.,Bakry,R.,Bonn,G. K., Huck,C. W.,Near infrared spectroscopy for polymer research,quality control and reaction monitoring. *J. Near Infrared Spectrosc.*,15,269,2007.

[19] Nafie,L. A.,Vibrational circular dichroism—A new tool for the solution – state determination of the structure and absolute configuration of chiral natural product molecules. *Nat. Prod. Commun.*,3,451,2008.

[20] He,Y.,Wang,B.,Dukor,R. K.,Nafie,L. A.,Determination of absolute configuration of chiral molecules using vibrational optical activity:A review. *Appl. Spectrosc.*,65,699,2011.

[21] Mazzanti,A. and Casarini,D.,Recent trends in conformational analysis. *Wiley Interdiscip. Rev. Comput. Mol. Sci.*,2,613,2012.

[22] Cao,Y. W. C.,Jin,R. C.,Mirkin,C. A.,Nanoparticles with Raman spectroscopic fingerprints for DNA and RNA detection. *Science*,297,1536,2002.

[23] Murgida,D. H. and Hildebrandt,P.,Electron – transfer processes of cytochrome c at interfaces. new insights by surface – enhanced resonance raman spectroscopy. *Acc. Chem. Res.*,37,854,2004.

[24] Tian,J. H.,Liu,B.,Li,X. L.,Yang,Z. L.,Ren,B.,Wu,S. T.,Tao,N. J.,Tian,Z. Q.,Study of molecular junctions with a combined surface – enhanced Raman and mechanically controllable break junction method. *J. Am. Chem. Soc.*,128,14748,2006.

[25] Wu,D. Y.,Li,J. F.,Ren,B.,Tian,Z. Q.,Electrochemical surface – enhanced Raman spectroscopy of nanostructures. *Chem. Soc. Rev.*,37,1025,2008.

[26] Fleischmann,M.,Hendra,P.,McQuillan,A.,Raman spectra of pyridine adsorbed at a silver electrode. *Chem. Phys. Lett.*,26,163,1974.

[27] Nie,S. M. and Emory,S. R.,Probing single molecules and single nanoparticles by surfaceenhanced Raman scattering. *Science*,275,1102,1997.

[28] Kneipp,K.,Wang,Y.,Kneipp,H.,Perelman,L. T.,Itzkan,I.,Dasari,R. R.,Feld,M. S.,Single molecule detection using surface – enhanced Raman scattering(SERS). *Phys. Rev. Lett.*,78,1667,1997.

[29] Xu,H.,Bjerneld,E. J.,Kall,M.,Börjesson,L.,Spectroscopy of single hemoglobin molecules by surface enhanced Raman scattering. *Phys. Rev. Lett.*,83,4357,1999.

[30] Michaels,A. M.,Nirmal,M.,Brus,L. E.,Surface enhanced Raman spectroscopy of individual rhodamine 6G molecules on large Ag nanocrystals. *J. Am. Chem. Soc.*,121,9932,1999.

[31] Le Ru,E. and Etchegoin,P.,*Principles of Surface Enhanced Raman Spectroscopy and Related Plasmonic Effects*,pp. 14 – 20,Elsevier,Amsterdam,2009.

[32] Jensen,L.,Zhao,L.,Schatz,G. C.,Size – dependence of the enhanced Raman scattering of pyridine ad-

sorbed on Ag_n (n = 2 - 8,20) Clusters. *J. Phys. Chem.* C,111,4756,2007.

[33] Campion, A. and Kambhampati, P., Surface - enhanced Raman scattering. *Chem. Soc. Rev.*, 27, 241, 1998.

[34] Lombardi, J. R. and Birke, R. L., A unified approach to surface - enhanced Raman spectroscopy. *J. Phys. Chem. C*, 112, 5605, 2008.

[35] Lombardi, J. R. and Birke, R. L., A unified view of surface - enhanced Raman scattering. *Acc. Chem. Res.*, 42, 734, 2009.

[36] Jensen, L., Autschbach, J., Schatz, G. C., Finite lifetime effects on the polarizability within time - dependent density - functional theory. *J. Chem. Phys.*, 122, 224115, 2005.

[37] Jensen, L., Zhao, L. L., Autschbach, J., Schatz, G. C., Theory and method for calculating resonance Raman scattering from resonance polarizability Derivatives. *J. Chem. Phys.*, 123, 174110, 2005.

[38] Payton, J. L., Morton, S. M., Moore, J. E., Jensen, L., A hybrid atomistic electrodynamics - quantum mechanical approach for simulating surface - enhanced Raman scattering. *Acc. Chem. Res.*, 47, 88, 2014.

[39] Ling, X., Xie, L., Fang, Y., Xu, H., Zhang, H., Kong, J., Dresselhaus, M. S., Zhang, J., Liu, Z., Can graphene be used as a substrate for Raman enhancement? *Nano Lett.*, 10, 553, 2010.

[40] Novoselov, K. S., Geim, A. K., Morozov, S. V., Jiang, D., Zhang, Y., Dubonos, S. V., Grigorieva, I. V., Firsov, A. A., Electric field effect in atomically thin carbon films. *Science*, 306, 666, 2004.

[41] Dreyer, D. R., Ruoff, R. S., Bielawski, C. W., From conception to realization: An historical account of graphene and some perspectives for its future. *Angew. Chem. Int. Ed.*, 49, 9336, 2010.

[42] Geim, A. K., Graphene: Status and prospects. *Science*, 324, 1530, 2009.

[43] Geim, A. K. and Novoselov, K. S., The rise of graphene. *Nat. Mater.*, 6, 183, 2007.

[44] Novoselov, K. S., Fal, V., Colombo, L., Gellert, P., Schwab, M., Kim, K., A roadmap for graphene. *Nature*, 490, 192, 2012.

[45] Stankovich, S., Dikin, D. A., Dommett, G. H., Kohlhaas, K. M., Zimney, E. J., Stach, E. A., Piner, R. D., Nguyen, S. T., Ruoff, R. S., Graphene - based composite materials. *Nature*, 442, 282, 2006.

[46] Schedin, F., Geim, A. K., Morozov, S., Hill, E., Blake, P., Katsnelson, M., Novoselov, K., Detection of individual gas molecules adsorbed on graphene. *Nat. Mater.*, 6, 652, 2007.

[47] Chao, J., Cao, W., Su, S., Weng, L., Song, S., Fan, Ch., Wang, L., Nanostructure - based surfaceenhanced Raman scattering biosensors for nucleic acids and proteins. *J. Mater. Chem. B*, 4, 1757, 2016.

[48] Sherry, L. J., Chang, S. H., Schatz, G. C., Van Duyne, R. P., Wiley, B. J., Xia, Y., Localized surface plasmon resonance spectroscopy of single silver nanocubes. *Nano Lett.*, 5, 2034, 2005.

[49] Sherry, L. J., Jin, R., Mirkin, C. A., Schatz, G. C., Van Duyne, R. P., Localized surface Plasmon resonance spectroscopy of single silver triangular nanoprisms. *Nano Lett.*, 6, 2060, 2006.

[50] Chan, G. H., Zhao, J., Schatz, G. C., Van Duyne, R. P., Localized surface plasmon resonance spectroscopy of triangular aluminum nanoparticles. *J. Phys. Chem. C*, 112, 13958, 2008.

[51] Fihey, A., Le Guennic, B., Jacquemin, D., Toward an enhancement of the photoactivity of multiphotochromic dimers using plasmon resonance: A theoretical study. *J. Phys. Chem. Lett.*, 6, 3067, 2015.

[52] López - Carballeira, D., Rámos - Berdullas, N., Pérez - Juste, I., Cagide - Fajín, J. L., Cordeiro, M. N. D. S., Mandado, M., A computational study of the interaction of graphene structures with biomolecular units. *Phys. Chem. Chem. Phys.*, 18, 15312, 2016.

[53] Jablan, M., Buljan, H., Soljačić, M., Plasmonics in graphene at infrared frequencies. *Phys. Rev. B*, 80, 245435, 2009.

[54] Mohanty, N., Moore, D., Xu, Z., Sreeprasad, T. S., Nagaraja, A., Rodriguez, A. A., Berry, V., Nanotomy - based production of transferable and dispersible graphene nanostructures of controlled shape and size. *Nature*

Commun. ,3,844,2012.

[55] Kosynkin,D. V. ,Higginbotham,A. L. ,Sinitskii,A. ,Lomeda,J. R. ,Dimiev,A. ,Price,B. K. ,Tour,J. M. ,Longitudinal unzipping of carbon nanotubes to form graphene nanoribbons. *Nature*,458,872,2009.

[56] Jiao,L. ,Zhang,L. ,Wang,X. ,Diankov,G. ,Dai,H. ,Narrow graphene nanoribbons from carbon nanotubes. *Nature*,458,877,2009.

[57] Ritter,K. A. and Lyding,J. W. ,The influence of edge structure on the electronic properties of graphene quantum dots and nanoribbons. *Nat. Mater*. ,8,235,2009.

[58] Han,M. Y. ,Ozyilmaz,B. ,Zhang,Y. B. ,Kim,P. ,Energy band – gap engineering of graphene nanoribbons. *Phys. Rev. Lett*. ,98,206805,2007.

[59] Chen,X. ,Wang,H. ,Wan,H. ,Song,K. ,Zhou,G. ,Semiconducting states and transport in metallic armchair – edged graphene nanoribbons. *J. Phys. Condens. Matter*,23,315304,2011.

[60] Müllen,K. ,Evolution of graphene molecules:Structural and functional complexity as driving forces behind nanoscience. *ACS Nano*,8,6531,2014.

[61] Manjavacas,A. ,Marchesin,F. ,Thongrattanasiri,S. ,Koval,P. ,Nordlander,P. ,Sánchez – Portal,D. ,García de Abajo,F. J. ,Tunable molecular plasmons in polycyclic aromatic hydrocarbons. *ACS Nano*,7,3635,2013.

[62] Ramos – Berdullas,N. ,López – Carballeira,D. ,Pérez – Juste,I. ,Mandado,M. ,On the mechanism responsible of Raman enhancement on carbon allotropes surfaces:The role of moleculesurface vibrational coupling in SERS. *J. Raman Spectrosc*. ,46,1205,2015.

[63] Ramos – Berdullas,N. ,López – Carballeira,D. ,Mandado,M. ,Pérez – Juste,I. ,Revisiting the mechanism and the influence of the excitation wavelength on the surface – enhanced Raman scattering of the Pyridine – Ag_{20} system. *Theor. Chem. Acc*. ,134,60,2015.

[64] Georgakilas,V. ,Otyepka,M. ,Bourlinos,A. B. ,Chandra,V. ,Kim,N. ,Kemp,K. C. ,Hobza,P. ,Zboril,R. ,Kim,K. S. ,Functionalization of graphene:Covalent and non – covalent approaches,derivatives and applications. *Chem. Rev*. ,112,6156,2012.

[65] Aguiar,A. ,Fagan,S. ,da Silva,L. ,Filho,J. M. ,Souza Filho,A. ,Benzonitrile adsorption on Fe – doped carbon nanostructures. *J. Phys. Chem. C*,114,10790,2010.

[66] Wuest,J. D. and Rochefort,A. ,Strong adsorption of aminotriazines on graphene. *Chem. Commun*. ,46,2923,2010.

[67] Ershova,O. V. ,Lillestolen,T. C. ,Bichoutskaia,E. ,Study of polycyclic aromatic hydrocarbons adsorbed on graphene using density functional theory with empirical dispersion correction. *Phys. Chem. Chem. Phys*. ,12,6483,2010.

[68] Voloshina,E. ,Mollenhauer,D. ,Chiappisi,L. ,Paulus,B. ,Theoretical study on the adsorption of pyridine derivatives on graphene. *Chem. Phys. Lett*. ,510,220,2011.

[69] Thierfelder,C. ,Witte,M. ,Blankenburg,S. ,Rauls,E. ,Schmidt,W. G. ,Methane adsorption on graphene from *first principles* including dispersion interaction. *Surf. Sci*. ,605,746,2011.

[70] Umadevi,D. and Sastry,G. N. ,Quantum mechanical study of physisorption of nucleobases on carbon materials:Graphene versus carbon nanotubes. *J. Phys. Chem. Lett*. ,2,1572,2011.

[71] Guo,Y. ,Lu,X. ,Weng,J. ,Leng,Y. ,Density functional theory study of the interaction of arginine – glycine – aspartic acid with graphene,defective graphene,and graphene oxide. *J. Phys. Chem. C*,117,5708,2013.

[72] Lazar,P. ,Karlický,F. E. ,Jurečka,P. ,Kocman,M. S. ,Otyepková,E. ,Šafářová,K. R. ,Otyepka,M. ,Adsorption of small organic molecules on graphene. *J. Am. Chem. Soc*. ,135,6372,2013.

[73] Grimme,S. ,Density functional theory with London dispersion corrections. *WIREs Comput. Mol. Sci*. ,1,211,2011.

[74] Szalewicz, K. , Symmetry – adapted perturbation theory of intermolecular forces. *WIREs Comput. Mol. Sci.* , 2, 254, 2012.

[75] Hermida – Ramón, J. M. and Estévez, C. M. , Towards the design of neutral molecular tweezers for anion recognition. *Chem. Eur. J.* , 13, 4743, 2007.

[76] Hermida – Ramón, J. M. , Mandado, M. , Sánchez – Lozano, M. , Estévez, C. M. , Enhancing the interactions between neutral molecular tweezers and anions. *Phys. Chem. Chem. Phys.* , 12, 164, 2010.

[77] Gao, Y. , Zhang, Y. , Ren, J. , Li, D. , Gao, T. , Zhao, R. , Yang, Y. , Meng, S. , Wang, C. , Liu, Z. , Sequential assembly of metal – free phthalocyanine on few – layer epitaxial graphene mediated by thickness – dependent surface potential. *Nano Res.* , 5, 543, 2012.

[78] Ramos – Berdullas, N. , Pérez – Juste, I. , Van Alsenoy, C. , Mandado, M. , Theoretical study of the adsorption of aromatic units on carbon allotropes including explicit (Empirical) DFT dispersion corrections and implicitly dispersion – corrected functionals: The pyridine case. *Phys. Chem. Chem. Phys.* , 17, 575, 2015.

[79] Ziegler, T. , Approximate density functional theory as a practical tool in molecular energetic and dynamics. *Chem. Rev.* , 91, 651, 1991.

[80] Parr, R. G. and Yang, W. , Density – functional theory of the electronic structure of molecules. *Annu. Rev. Phys. Chem.* , 46, 701, 1995.

[81] Mandado, M. and Hermida – Ramón, J. M. , Electron density based partitioning scheme of interaction energies. *J. Chem. Theory Comput.* , 7, 633, 2011.

[82] López – Carballeira, D. , Ramos – Berdullas, N. , Pérez – Juste, I. , Mandado, M. , Can single graphene nanodisks be used as Raman enhancement platforms? *RSC Adv.* , 6, 71397, 2016.

[83] Chopra, P. , Carlacci, L. , King, H. F. , Prasad, P. N. , *Ab initio* calculations of polarizabilities and second hyperpolarizabilities in organic molecules with extended π – electron conjugation. *J. Phys. Chem.* , 93, 7120, 1989.

[84] Bishop, D. M. and Bouferguene, A. , Visualization of electronic and vibrational polarizabilities and hyperpolarizabilities. *Int. J. Quantum. Chem.* , 78, 348, 2000.

[85] Otero, N. , Van Alsenoy, C. , Pouchan, C. , Karamanis, P. , Hirshfeld - based intrinsic polarizability density representations as a tool to analyze molecular polarizability. *J. Comput. Chem.* , 36, 1831, 2015.

[86] Krishtal, A. , Senet, P. , Yang, M. , Van Alsenoy, C. , A Hirshfeld partitioning of polarizabilities of water clusters. *J. Chem. Phys.* , 125, 034312, 2006.

[87] Geldof, D. , Krishtal, A. , Blockhuys, F. , Van Alsenoy, C. , An extension of the Hirshfeld methodto open shell systems using fractional occupations. *J. Chem. Theory Comput.* , 7, 1328, 2011.

[88] Gross, E. K. U. and Kohn, W. , Time – dependent density – functional theory. *Adv. QuantumChem.* , 21, 255, 1990.

[89] Gross, E. K. U. , Ullrich, C. A. , Gossman, U. J. , *Density Functional Theory*, *Vol.* 337 *of NATO ASI*, *Ser. B*, E. K. U. Gross and R. Dreizler (Eds.), Plenum Press, New York, 1995.

[90] Hermida – Ramón, J. , Guerrini, L. , Alvarez – Puebla, R. A. , Analysis of the SERS spectrumby theoretical methodology: Evaluating a classical dipole model and the detuning of theexcitation frequency. *J. Phys. Chem. A*, 117, 4584, 2013.

[91] Sanchéz – Lozano, M. , Mandado, M. , Pérez – Juste, I. , Hermida – Ramón, J. M. , Theoretical vibrational Raman and surface – enhanced Raman scattering spectra of water interacting with silver clusters. *ChemPhysChem*, 15, 4067, 2014.

[92] McWeeny, R. , *Methods of Molecular Quantum Mechanics*, 2nd Edition, D. P. Craig and R. McWeeny (Eds.), pp. 404 – 415, Theoretical Chemistry Series, Academic Press, London, 1989.

第15章 石墨烯基的电化学适配子生物传感器

V. Cengiz Ozalp[1,2], Göktuğ Karabiyik[3], A. Tahir Bayrac[4], Samet Uçak[5], Bilge G. Tuna[3]

[1]土耳其科尼亚，科尼亚食品和农业大学工程学院生物工程系

[2]土耳其科尼亚，科尼亚食品和农业大学诊断试剂盒研发中心(KIT - ARGEM)

[3]土耳其伊斯坦布尔叶迪特佩大学医学院生物物理系

[4]土耳其卡拉曼 Karamanoglu Mehmetbey 大学工程学院生物工程系

[5]土耳其伊斯坦布尔，伊斯坦布尔 Altınbaş 大学医学院医学生物学系

摘　要　石墨烯具有优异的电学、热学和力学性能，在生物传感器开发中得到了广泛的应用。各种石墨烯基材料，包括氧化石墨烯、石墨烯的水分散性氧化衍生物，在被化学还原或改性调节材料性能之后，已经被广泛成功地用于分子杂化或生物兼容性支架或基底，以及图案化碳薄膜。适配体是以高特异性和亲和力(在纳摩尔或皮摩尔范围内)结合靶标的短寡核苷酸。适配体已经被选择用于具有不同复杂程度的靶标，从小分子到整个细胞或组织。适配体作为诊断和治疗工具具有很高的潜力，与抗体相比具有许多优点，包括其较小的体积，改善了对抗体隐藏的生物环境的进入，其缺乏免疫原性，以及核苷酸生产的较低成本和较高的再现性。此外，适配体可被化学修饰以变得更稳定，用荧光团或其他报告分子标记，并可容易地截短以消除对相互作用不重要的序列。这些有价值的特性使适配体成为诊断和治疗目的的灵活而强大工具。在本章中，重点研究石墨烯-适配体组合，以获得用于医疗和食品安全目的的选择性和高灵敏度的生物传感器。

关键词　石墨烯，适配体，生物传感器，电化学检测，纳米粒子，食品安全，环境监测

15.1 电化学生物传感器的原理

生物传感器是化学传感器装置，其中来自生物识别元件的信号被转换成样品中特定目标分子的浓度读数。识别系统的主要目的是为生物传感器提供在所需灵敏度下对目标分析物的高度选择性。本章综述了以适配体为亲和识别分子，石墨烯为缔合复合材料的高效电化学信号生物传感器。电化学是研究电效应和化学效应相互关系的化学领域。它通常是指测量由电流通过和化学反应产生电能引起的化学变化。电化学传感器通过与感兴趣的目标分析物反应以产生与分析物浓度成比例的电信号来工作[1]。生物传感器中的基本方法包括固定生物敏感涂层(例如，酶、抗体、DNA、适配体)，其可与

目标分析物相互作用("识别"),并在该过程中产生电化学可检测的信号。最常见的例子可能是含有表面限制酶的电极。在许多情况下,生物识别元件简单地通过可渗透聚合物膜例如透析膜保持在电极附近。替代的固定方法包括包埋在凝胶中、包封、吸附和共价键。而且,包括石墨烯在内许多类型的纳米材料组成是开发更好性能传感器的趋势。在电化学生物传感器中,信号传导可以是三种主要的检测模式:电流测定法、电位测定法和电导率。事实上,所有的电测量方法都基于对指示器电路中两个电极之间电位差的测量(电位测量法)或对在该电路中所通过电流的测量(安培法)。根据电极类型的性质进一步分类。

电流传感器测量由电活性元件的电化学氧化或还原引起的电流变化,以检测目标分子的存在。通常通过相对于参比电极保持工作电极的恒定电位来进行。所得到的电流与电活性化合物的体浓度直接相关。这种信号转导机制经常用于酶和催化生物传感器。这类转换器的主要优点是成本低,因此一次性电极通常与这种技术一起使用。对于这些(一次性使用)电极可能的高度再生性消除了重复校准的麻烦要求。用于这些测量的仪器类型也非常容易获得,并且便宜且简单,从而允许原位测量的可能性。如果几种电活性化合物产生错误的电流值,这一信号转导机制的限制包括,对响应的潜在干扰。对于临床应用,通过使用选择性膜已经消除了这些影响,选择性膜可以控制接近电极的化合物的分子量或电荷。

电位传感器测量工作电极和参比电极之间或由选择性膜分开的两个参比电极之间无显著电流流动时的电位差。转换器通常是离子选择电极(ISE)。这种装置的主要优点是可以检测离子的宽浓度范围,通常在$10^{-6} \sim 10^{-1}$mol/L。它们的连续测量能力也是许多应用的一个的优点。该设备便宜、便携,并且非常适合于现场测量。主要缺点是某些样品的检测限可能很高(10^{-5}mol/L 或 1mg/L),并且选择性可能很差。用离子选择电极进行电位测量的吸引人的特征之一是信号与样品体积的相对独立性。

电化学阻抗谱法测量电化学系统对所施加的振荡电位的响应(电流及其相位),作为频率函数。电化学阻抗谱法是一种快速发展的电化学技术,用于研究任何固体或液体种类材料的块体和界面电性质,连接到适当的电化学传感器。此外,电化学阻抗谱法无标签且简单,不需要对生物分子进行外部修饰。在生物传感器领域中,它特别适合于检测转换器表面上的结合操作。

电导检测的广泛适用性是由于观察到几乎所有的酶反应涉及带电物质的消耗或产生。使用正弦电压(AC)产生电场,这有助于最小化不希望的效应,例如法拉第工艺、双层充电和浓度极化。该技术的主要优点是使用廉价、可再现和一次性传感器。主要缺点是所产生的离子种类必须显著改变总离子强度以获得可靠的测量。这一要求将检测限增加到不可接受的水平,并导致来自样品离子强度变化的潜在干扰。该方法的高灵敏度是非常有利的,但也可能与非特异性阻抗变化有关,该非特异性阻抗变化容易被误认为是特异性相互作用。

电化学方法具有成本低、操作简单、现场监测方便、不需要训练有素的人员等优点。如下面的实施例所解释,具有石墨烯结合的电化学适配体传感器在生物传感器的开发和应用阶段表现出额外的优点。

15.2 适配体和石墨烯

开发用于电分析的高级功能纳米材料对于生物传感器的应用至关重要。石墨烯可以定义为单层石墨、sp^2 - 杂化碳原子。它是一种优良的导体材料，因此，石墨烯修饰电极表现出良好的电化学响应[2]。石墨烯是一种具有高稳定性和催化能力的低成本材料。氧化石墨烯提供许多氧基团，其可用于 p - p 相互作用。石墨烯的优异性能引起了研究者的广泛兴趣，而如何充分利用石墨烯的独特性能来制备新型石墨烯基纳米器件仍然是一个挑战。为此，已经报道了用于电化学生物传感器开发的各种方法。表面积构成了生物传感、生物催化和能量存储应用的基本特性。据报道，石墨烯具有宽的电化学电位窗口（在 PBS 缓冲液中为 2.5V），交流阻抗谱显示出较低的电荷转移电阻。

石墨烯和单链核酸之间的强相互作用是另一个优点，已被用于开发简单有效的电化学适配体。石墨烯表面的共价修饰也已被用于适配体固定。适配体传感器可以定义为在生物识别事件后使用适配体的生物传感器平台。研究人员通常将石墨烯与各种纳米材料结合，以促进电化学传感器的开发。

适配体是功能性和人工选择的序列，与包括小分子、金属离子、蛋白质甚至整个细胞的各种目标分子具有高特异性亲和力。在过去的几十年中，由于其良好的稳定性、易于合成和修饰、高结合特异性等优异特性，在分析和医学应用的生物传感器构建中引起了极大的关注[3-4]。适配体可通过共价键固定在石墨烯纳米复合材料上以开发可重复使用的传感器，或通过适配体在石墨烯上的物理吸附。这两种策略都已被证明在适配体传感器开发中有作用。例如，PTCA（3，4，9，10 - 苝四羧酸）是具有良好的光和化学稳定性的原型 π - π 堆叠有机苝染料。PTCA 通过 π - π 堆叠强烈地吸附在石墨烯上，从而防止石墨烯聚集。PTCA 复合材料的另一个优点是添加的羧基，其可用于适配体的共价连接。合成了三维多孔结构的石墨烯促进的 PTCA（GPD）纳米复合材料作为氧化还原探针，用于开发电化学凝血酶适配体传感器[5]。作者通过实现一个明确的阴极峰，报道了一种新型的氧化还原传感器，这是以前用石墨烯未能观察到的。凝血酶的检测范围为 0.001 ~ 40nmol/L，检测限为 200fmol/L。在 PTCA - 石墨烯纳米复合材料的类似应用中，利用核仁素结合（AS1411）适配体[6]，开发了用于检测癌细胞的电化学适配体传感器。核仁素是癌细胞的标记蛋白，在肿瘤细胞膜上过度表达。采用电化学阻抗谱法测量来检测癌细胞在电极表面上的结合，检测限为 794 个细胞/mL。与具有相同适配体序列的化学发光传感器[7]和基于纳米纤维的电化学传感器[8]相比，报道的检测限和动态范围更好。这种石墨烯基传感器的检测限与先前报道的基于单壁碳纳米管（SWCNT）的适配体传感器相当（620 个细胞/mL）[9]。然而，石墨烯基细胞传感器由于较低的生产成本而被认为是一种改进。构建的石墨烯纳米复合材料传感器表面还用 MTT（甲基噻唑二苯基 - 四唑溴化物）法检测了细胞毒性，结果表明该传感器无毒。

石墨烯还特别用于克服小分子适配体选择方法中。适配体是在组合过程中所获得，称为 SELEX（用于通过指数富集配体的系统进化）。该方法包括亲和捕获靶上的结合序列、分离和通过 PCR 扩增的循环。在传统的 SELEX 方法中，将目标分子固定在固体支持物上以实现亲和捕获步骤。然而，由于在目标分子上需要合适的官能团，小分子靶很难在载体基质上缀合。此外,分子阻碍是可以阻止适配体候选-靶相互作用的潜在问题。Gu等开发了一种基于氧化石墨烯的无固定适配体选择方法(GO-SELEX)[10]。在该方法中,不是将靶固定在矩阵上,而是通过与表面的p-p堆叠相互作用将随机DNA文库吸附在氧化石墨烯片上。GO-SELEX的关键优势在于,特别是,可以在没有任何修饰的情况下使用小分子靶。此外,适配体选择与靶标的大小和分子量无关,因为靶诱导的适配体从氧化石墨烯表面脱离。

15.3 医疗应用

用于医学应用的电化学适配体传感器的实例从癌症治疗和成像到检测各种标记蛋白多种多样。表15.1石墨烯纳米复合材料适配体传感器应用,下面解释了一些结合石墨烯的适配体传感器的原理。

表15.1 石墨烯纳米复合材料适配体传感器应用

目标分析物	纳米复合材料	检测限	参考文献
胰岛素	GO	500nmol/L	[11]
胰岛素	GO/DNAse I	5nmol/L	[11]
糖化血清白蛋白	GO	50μg/mL	[12]
多巴胺	石墨烯/聚苯胺	0.00198nmol/L	[13]
多巴胺	GO/AgNP/CNT	700pmol/L	[14]
肌红蛋白	GO/CNT	0.34ng/mL	[15]
Cyt_C	聚乙二醇化GO	10nmol/L	[16]
MUC1	GO	28nmol/L	[17]
VEGF	GO	2.5×10^{-10}mol/L	[18]
癌胚胎发生抗原	GO	5.8pg/mL	[19]
EpCAM	GQD/MoS_2	450pmol/L	[20]
溶菌酶	GO/金SPR	0.5nmol/L	[21]
溶菌酶	GO/核酸外切酶/SP/HP	60.06nmol/L	[22]
溶菌酶	GO/壳聚糖/PGE	28.53nmol/L	[23]
IgE	GO	22pmol/L	[24]
HIV基因	GR-AuNC/GCE/核酸外切酶	30amol/L	[25]
PDGF-BB	(3DrGO)/AgCN	0.82pg/mL	[26]
PDGF-BB	GO	167pmol/L	[27]
PDGF	P-GRa-GNP/GOD	1.7pmol/L	[28]
PSA	rGO/MWCN/AuNp	1pg/mL	[29]
PSA	AuCdS花状组件/FeGN	0.38pg/mL	[30]
HER2	rGO-Chit	0.21ng/mL	[31]
L-组氨酸	GO/AuNp-DNA双链体	0.1pmol/L	
可卡因	GO/AuNp-ALP	1nmol/L	[32]

续表

目标分析物	纳米复合材料	检测限	参考文献
可卡因	GO/AuNp	1μmol/L	[33]
ATP	GO/AuNp	4.02×10^{-11} mol/L	[34]
凝血酶	聚乙二醇化 GO	4.8pmol/L	[35]
凝血酶	GO/酸性橙Ⅱ	3.5×10^{-13} mol/L	[36]
凝血酶	PTCDA	0.33fmol/L	[37]
凝血酶	GO	31.3pmol/L	[38]

纳米复合材料和相应分析物的检测限。GO：氧化石墨烯；CNT：碳纳米管；AgNP：银纳米粒子；PEG：聚乙二醇；MoS_2：二硫化钼；SPR：表面等离子体共振；PGE：铅笔石墨电极；SP：信号探针；HP：发夹探针；GR－AuNC：石墨烯稳定金纳米团簇；GCE：玻碳电极；3DrGO：三维还原氧化石墨烯；AgCN：银纳米簇；P－GRa－GNP：聚（二烯丙基二甲基氯化铵保护的石墨烯－金纳米粒子；GOD：葡萄糖氧化酶；rGO：还原氧化石墨烯；MWCN：多壁碳纳米管；AuCd：纳米金功能化硫化镉；FeGN：二茂铁－石墨烯片；ALP：碱性磷酸酶；PTCDA：3，4，9，10－苝四甲酸二酐。

多巴胺是一种神经递质，参与许多重要的生理机制，包括新陈代谢、心血管系统和激素系统。由于多巴胺是肾上腺素和去甲肾上腺素等激素的前体，多巴胺的失调可能会影响下游产物的调节，从而影响系统。而且，像帕金森综合症这样的疾病直接受到多巴胺产生失调的影响。因此，准确和灵敏的多巴胺测量方法在临床上最重要。因此，电化学生物传感器的发展通常被报道为高灵敏度的检测分析。例如，石墨烯－聚苯胺纳米复合材料在玻碳电极上的电化学信号已被用于开发多巴胺检测系统[11]。当多巴胺适配体固定在石墨烯－聚苯胺纳米复合材料上时，由于电极上的空间位阻增加，电化学电流降低。对阻抗测量系统进行了 pH 和孵育时间的优化，然后通过该系统测量人血清中不同浓度的多巴胺。检测限为 0.00198nmol/L（信噪比为 3），线性响应范围为 0.007～90nmol/L。Bahrami 等使用了另一种通过银纳米粒子的电催化活性进行 H_2O_2 氧化的 DPV 测量的多巴胺适配体传感器。银纳米粒子－碳纳米管－氧化石墨烯纳米复合材料用于电化学适配体传感器的该实施例中[14]。将多巴胺适配体固定在纳米复合材料表面。优化实验后，由于适配体与多巴胺分子相互作用时构象变化在电极表面产生的空间位阻，使 H_2O_2 的氧化和还原峰电流降低。基于信噪比为 3，该方法达到的检测限为 700pmol/L。线性关系在 3～110nmol/L 范围内。

Ⅱ型糖尿病是一种重要的慢性疾病。胰岛素分泌不足，从而无法调节血糖水平降低了患有Ⅱ型糖尿病患者的治疗机会。早期发现由胰岛素分泌失调引起的疾病可以为成功治疗带来更好的机会。对于胰岛素检测，氧化石墨烯的荧光猝灭效应被用于成功的电化学适配体传感器应用[12]。胰岛素结合适配体（IBA）的 3’端被荧光标记功能化，通过强 $\pi-\pi$ 相互作用形成了 GO－IBA 复合材料。当 IBA 与靶胰岛素相互作用时，发生构象变化，并出现标记适配体的荧光信号。使用该策略，高于 500nmol/L 的胰岛素浓度产生可区别于背景的荧光。为了降低系统的灵敏度，研究人员在加入胰岛素分子后将 DNAse Ⅰ应用到混合物中。DNAse Ⅰ不能降解处于结合状态的适配体；该方法将检测水平的灵敏度提高到 5nmol/L。在不同靶标的类似方法中，研究糖化血清白蛋白作为潜在的Ⅱ型糖尿病诊断标志物。用 Cy5 荧光标记糖基化白蛋白靶向适体（G8），并在系统内使用最佳氧化石墨烯/适配体浓度；在其研究中，检测限为 50μg/mL。

Feng 等设计的石墨烯－适配体复合材料可以特异性地检测连接在石墨烯片上的

AS1411 适配体的靶细胞。本研究采用石墨烯修饰电极，当复合材料与靶细胞相互作用时，观察到电化学电流降低。该系统还可以通过应用 AS1411 适配体的互补序列来重复使用，该序列破坏了适配体与靶标的相互作用[39]。

Deng 等的研究组使用了葡萄糖氧化酶(GOD)，因为其在 FAD/$FADH_2$ 氧化还原对上表现出氧化还原活性的能力来检测 PDGF[28]。将 GOD 包被在聚(二烯丙基二甲基氯化铵)(PDDA)保护的石墨烯－金纳米粒子(GR－AuNP)上，并将 PDGF 靶向适配体固定在电极表面。当 PDGF－PDGF 靶向适配体复合材料形成时，纳米复合材料表面的 DET 信号降低，可以计算 PDGF 浓度。在研究中，检测限为 1.7pmol/L。前列腺特异性抗原(PSA)是用于前列腺癌诊断的生物标志物。为了检测 PSA 浓度，将 PSA 靶向适配体固定在还原的氧化石墨烯－多壁碳纳米管/金纳米粒子表面。该方法可获得 1pg/mL。

杨氏组利用电化学发光(ECL)检测 PSA 浓度[30]。将电化学发光金纳米粒子修饰的硫化镉花状三维组装体与捕获 DNA 探针在玻碳电极上进行检测。BSA 溶液用于封闭玻碳电极上剩余的活性位点。然后与捕获 DNA 杂交的针对 PSA 的适配体，并在末端使用二茂铁－石墨烯片(FeGN)通过与适配体相互作用来猝灭电化学发光。在 PSA 存在下，适配体从系统中解离，从而从 FeGN 中解离。这允许重整电化学发光并因此检测 PSA 浓度。本研究的检测限为 0.38pg/mL。

HER2 是另一种可用于检测和诊断乳腺癌类型的癌症生物标志物。在 Tabasi 等的研究中，用还原氧化石墨烯－壳聚糖膜修饰玻碳电极，将 HER2 靶向适配体共价固定在表面上[31]。剩余的活性表面用 BSA 封闭，然后基于不同浓度的 HER2 用亚甲基蓝封闭系统；该研究中的检测限为 0.21ng/mL。

阻抗测量已用于溶菌酶的检测。将壳聚糖－氧化石墨烯修饰的铅笔石墨电极用于抗核酸适配体对接。采用电化学阻抗谱法进行测量。在研究中，检测限为 0.38μg/mL (28.53nmol/L)[23]。

L－组氨酸是一种参与体内许多重要机制的氨基酸，其缺乏可引起红细胞生成发育不良和帕金森病等疾病。因此，生物液体中 L－组氨酸浓度的测定很重要。在 Liang 等的研究中，DNA 双链体被一条链固定在金纳米粒子－石墨烯纳米片包覆的玻碳电极上[40]。固定链的 5’端有一个二茂铁标签，3’端被巯基化，连接在纳米复合材料的表面；第二链是 L－组氨酸靶向序列，防止固定化链的 5’端与电极表面相互作用，从而通过将二茂铁标签的电子转移到电极来降低信号诱导。通过该方法，检测限达到 0.1pmol/L。

可卡因是一种非法药物，对受影响的人有严重影响。浓度的测定对临床诊断很重要。Jiang 等的研究采用氧化还原循环扩增法，将金纳米粒子和石墨烯纳米片电化学沉积在碳电极上[32]。在可卡因分子存在下，在表面上组装可卡因靶向适配体；然后链霉亲和素标记的碱性磷酸酶(ALP)与生物素标记相互作用。随着对氨基苯磷酸和 NADH 的加入，ALP 催化反应并开始氧化还原反应的循环。这放大了信号，并且通过该方法，实现了 1nmol/L 作为检测限。

Wang 等使用在基底(5’)上富 C 和在 3’ HIV 基因靶向适配体(捕获探针)上标记亚甲基蓝的石墨烯稳定的纳米光泽修饰玻碳电极来检测人血清中的 HIV 基因。在他们的研究中，当 HIV 基因存在于环境中时，它与适配体杂交并提供核酸外切酶切割捕获探针。HIV 基因可以与电极表面的其他适配体杂交，从而放大所获得的信号。该方法的检测限为 30amol/L[25]。

为了检测肌红蛋白的浓度，使用 III 氧化态的血红素铁。天然Ⅲ氧化态血红素铁被氧化石墨烯碳纳米管电极表面还原，这种直接电子转移(DET)可以被检测到。随着肌红蛋白浓度的增加，在 1ng/mL ~ 4μg/mL 范围内呈高度灵敏的线性关系。方法的检测限为 0.034ng/mL。

ATP 是典型的参与细胞内能量相关过程的分子之一。通过吸收石墨烯和适配体开发了许多不同的 ATP 检测机制。Sanghavi 的研究小组使用了生物素标记的 ATP 靶向适配体，这些适配体与 FAD 分子非共价结合。适配体与金纳米粒子 - 石墨烯涂层碳电极表面相互作用[34]。当适配体与 ATP 分子相互作用时，FAD 分子被释放，氧化还原反应可以被电极量化，这与 ATP 的浓度相关。该方法的检测限为 4.02×10^{-11} mol/L。

凝血酶蛋白也广泛用于石墨烯/适配体介导的检测系统以用于临床应用。在 Gao 等的研究中，氧化石墨烯表面被聚乙二醇化以防止蛋白质在表面上的非特异性吸附。该策略将凝血酶的检测限从 0.051nmol/L 提高到 4.8pmol/L。还使用染料如酸性橙Ⅱ来增强电子向表面的转移，从而增加灵敏度。检测限为 3.5×10^{-13} mol/L。与前述方法类似，使用 ECL 增强剂如 3,4,9,10 - 苝四甲酸二酐(PTCDA)。检测限为 0.33fmol/L。此外，具有氧化石墨烯的 FAM 标记的适配体也用于凝血酶检测。检测限为 31.3pmol/L。利用凝血酶结合适配体序列制备的四面体 DNA(T - DNA)探针和杂交链反应(HCR)信号放大，创建了一种检测凝血酶的竞争性适配体传感器[41]。利用 Au - S 键将硫氮共掺杂还原氧化石墨烯(SN - rGO)修饰在电极上，靶凝血酶与适配体的互补 DNA(cDNA)发生竞争。与凝血酶结合的适配体形成适配体 - 靶偶联物，cDNA 随后与 T - DNA 的垂直结构域杂交。随后，cDNA 触发 HCR，这导致通过辣根过氧化物酶对过氧化氢 + 氢醌体系的催化而产生电流响应。对于凝血酶的检测，该生物传感器显示宽的线性范围 10^{-13} ~ 10^{-8} mol/L 和 11.6fmol/L 的低检测限。

15.4 食品安全与环境应用

由于工业全球化和城市人口的不断增长，人们对食品供应的要求不断提升，同时也产生了越来越多的食品质量问题，食源性疾病在世界范围内得到了越来越多的重视。越来越多的食品污染物需要开发新的分析工具，以满足日益增长的食品安全和环境污染控制立法行动的需求。基于电化学适配体的生物传感器是所有生物传感器中有前景的候选者，因为它们以非常高的灵敏度、特异性和低成本提供快速和鲁棒的响应[42]。随着电化学适配体传感器在生物医学中的成功应用，食品工业及其对人类健康的直接影响，需要以合理的价格，快速、灵敏地分析，以确定生产过程的所有阶段中威胁健康的污染物。本文总结了食品危害和最新电化学适配体传感器的例子，以解决此类污染物问题[43]。另一方面，环境污染物又可分为四类：毒素、杀虫剂、污染环境的激素和持久性有机有毒化学品(POTC)，以及药品和个人护理产品(PPCP)[44]。这些化学物质组主要是小分子(例如，分子量小于 1000Da)，并且它们是非免疫原性，因此抗体不适合作为识别剂。在其他情况下，开发具有抗体的生物传感器是复杂的。此外，由于合成抗体的昂贵生产成本及其在暴露于环境条件时的不稳定性，适配体是作为识别受体进入环境监测系统的优选试剂。本节将重点介绍采用石墨烯实现更好的传感系统的电化学适配体传感器。

双氯芬酸是一种非甾体抗炎药(NSAID)。这种药通过减少体内引起疼痛和炎症的物质来起作用。长期使用或过度使用双氯芬酸(DCF)可能导致危及生命的心脏或循环问题,如心脏病发作和中风。此外,长期接触环境中的双氯芬酸会引起肾脏病变和鱼鳃的改变,从而对水生生物的健康产生不利影响。因此,用于双氯芬酸检测的生物传感器对于医学和环境应用均感兴趣。采用金纳米粒子(AuNP)和石墨烯掺杂 CdS(GR - CdS)制备了检测双氯芬酸的光电化学(PEC)适配体传感器。结果表明,由于石墨烯优异的电学和光学性能,GR - CdS 修饰电极在可见光照射下表现出高而稳定的光电流响应。当金纳米粒子与 GR - CdS 结合时,由于表面等离子体共振,观察到光电流响应的进一步增加。当双氯芬酸与固定的适配体相互作用时,双氯芬酸分子被适配体 - 靶相互作用捕获。当传感器用可见光照射时,由于光生空穴对捕获的双氯芬酸的氧化,实现了对双氯芬酸的增强的光电化学电流响应。该传感器与双氯芬酸浓度在 1 ~ 150nmol/L 范围内呈良好的线性关系,检测限(信噪比为 3)为 0.78nmol/L。

由于 TNT(2,4,6 - 三硝基甲苯)在环境净化应用中的爆炸性,需要检测土壤和水样中的 TNT。灵敏、可选择性和简单的 TNT 生物传感器可用于环境应用。采用循环伏安法研究了 *N* -(氨基丁基) - *N* -(乙基异鲁米诺)/氯化血红素双功能化石墨烯杂化材料(A - H - GN)和鲁米诺功能化银/氧化石墨烯复合材料(鲁米诺 - AgNP - GO)的电化学发光行为。A - H - GN 和鲁米诺 - AgNP - GO 表现出优异的电化学发光活性。为此,基于A - H - GN 和鲁米诺 - AgNP - GO 组成的发光功能化石墨烯杂化材料的层对层结构,研制了一种用于 2,4,6 - 三硝基甲苯(TNT)检测的无标签电化学发光适配体传感器。在 TNT 存在下,由于适配体 - TNT 复合物的形成,电化学发光信号显著降低。根据抑制作用可检测到 TNT。该传感器对 TNT 的动态范围为 $1.0 \times 10^{-12} \sim 1.0 \times 10^{-9}$ g/mL,检测限为6.3×10^{-13} g/mL。

农药残留检测是食品安全的主要关注点之一。发展快速的农药残留检测方法是社会健康的需要。啶虫脒是一种广谱接触性杀虫剂,广泛用作有机磷等常规杀虫剂的替代杀虫剂,用于防治各种作物上的吸虫类昆虫,特别是叶菜、水果和茶树上的吸虫类昆虫[45]。利用金纳米粒子修饰的多壁碳纳米管还原氧化石墨烯纳米带复合材料,成功地开发了用于检测水样中啶虫脒的阻抗适配体传感器[46]。采用一锅法合成了金纳米粒子修饰多壁碳纳米管还原氧化石墨烯纳米带(Au/MWCNT - rGONR)复合材料。所得复合物用作适配体固定的载体。电子转移电阻的变化与修饰电极表面啶虫脒 - 适配体复合物的形成有关。该传感器对啶虫脒的线性范围为 $5 \times 10^{-14} \sim 1 \times 10^{-5}$ mol/L,检测限为 1.7×10^{-14} mol/L。

重金属由于其不可降解和持久性,是人们广泛关注的环境污染物。重金属污染是一个严重的自然环境问题,源于日益增长的工业活动。由于工业、采矿和农业活动,重金属被释放到环境中。重金属离子是不可生物降解的,因此在包括人类在内的生物体内积累。人体内重金属的积累会导致肌肉、肠道、骨骼和中枢神经系统或许多器官如肝、肾和生殖系统的组织损伤。重金属离子如汞、铜、铅、镉和铬是有毒和致癌的。环境样品中痕量重金属的灵敏检测仍然是一个具有挑战性的问题。近年来,在电化学生物传感器中引入适配体作为克服这些挑战的一种方法引起了人们的极大兴趣[47]。因此,需要简单而灵敏的生物传感器来确保安全的环境[48]。铅-特异性适配体序列是富含鸟嘌呤的寡核苷酸。铅(Pb^{+2})是一种剧毒金属离子污染物，即使是低浓度也会造成严重的环境健康问题。因此，需要灵敏和可靠的生物传感器来监测活动。结合适配体Pb^{2+}诱导构象转换、还原氧化石墨烯的放大效应以及CdS量子点与金纳米粒子之间的共振能量转移，设计了一种选择性测定重金属Pb^{2+}的光电化学传感策略[49]。采用逐步修饰的方法构建了石墨烯-镉-适配体平台。在不存在目标重金属分子的情况下，通过与传感平台表面的适配体杂交，引入金纳米粒子标记的适配体作为信号猝灭元件，通过能量转移过程猝灭量子点的光电流。加入Pb^{2+}后，适配体转化为G-四链体结构，由于结合位点的竞争性占据和空间效应，极大地阻碍了适配体与金纳米粒子标记DNA的杂交，导致光电流的恢复。该传感器对Pb^{2+}其他干扰离子具有良好的选择性，已成功应用于环境水样中Pb^{2+}的检测。在另一种方法中，通过使用相同的适配体序列，使用硫堇作为信号分子，石墨烯作为信号增强平台，报道了一种无标签且高灵敏度的Pb^{2+}电化学适配体传感器[50]。适配体与目标重金属Pb^{2+}的相互作用导致了G-四链体结构的形成和石墨烯组装硫素的释放。在0.16nmol/L~0.16pmol/L范围内，硫堇的电化学信号衰减与Pb^{2+}浓度的对数呈良好线性关系，检测限为32fmol/L，与前一方法相近。

汞(Hg^{2+})离子是另一种重要的环境污染物金属离子，即使在环境中浓度很低也会引起健康问题。由于温度计和电池等众多应用，汞的广泛污染在家庭环境中很常见。报道了一种具有高灵敏度和选择性的液体离子门控场效应晶体管FET型石墨烯适配体传感器的制备，作为监测汞的敏感工具，以保护含汞家用电器的用户，以减少对这种有毒重金属的接触。石墨烯适配体传感器表现出优异的传感性能，在10pmol/L浓度下检测到极低的Hg^{2+}浓度[51]。

发展准确和快速的生物传感器来检测病原生物是一个活跃的领域，对公共卫生具有重大影响。石墨烯增强的电化学适配体传感器具有直接检测污染食品和环境样品中病原体的潜力。最近报道了一种使用电化学还原氧化石墨烯-壳聚糖(rGO-CHI)复合材料作为导电基底的电化学适配体传感器，用于检测引起人类食源性感染的全细胞肠道沙门氏菌血清伤寒[52]。选择沙门氏菌特异性适配体序列结合外膜蛋白，并通过戊二醛交联剂固定在还原氧化石墨烯-壳聚糖上作为生物识别元件。采用循环伏安法和差分脉冲伏安法研究了该适配体传感器对伤寒沙门菌的灵敏度和选择性。还原氧化石墨烯-壳聚糖复合材料形成稳定且导电的涂层，以获得不降解的活化剂薄层。适配体传感器对沙门氏菌具有特异性，能够区分沙门氏菌细胞和非沙门氏菌细菌(金黄色葡萄球菌、肺炎克雷伯菌和大肠杆菌)。在人工添加的生鸡肉样品中，该适配体传感器对伤寒沙门菌的检测下限较低10^1CFU/mL。在同一研究小组的另一项研究中，开发了用于检测食源性病原体的还原氧化石墨烯-氮氧化合物(AP)纳米复合适配体传感器[53]。AP染料作为氧化还原反应的电活性指示剂和优异的导电和可溶性还原氧化石墨烯纳米复合材料。采用差分脉冲伏安法监测无标签单链脱氧核糖核酸(ssDNA)适配体与目标病原体肠炎沙门氏菌(鼠伤寒沙门氏菌)的相互作用。该传感器对全细胞细菌的检测具有较高的灵敏度和选择性，检测范围为10^8~10^1cfu/mL，线性良好($R^2=0.98$)，检测限为10^1cfu/mL。用含有鼠伤寒沙门菌的人工添加鸡肉食品样品获得了类似的结果。

另一个重要的环境污染来自多氯联苯，它是广泛用于许多工业应用的数百种化学相关化合物的家族。多氯联苯会产生许多不利的健康影响，包括免疫毒性、神经毒性、生殖毒性和致癌作用。PCB 的两大类主要结构包括共面 PCB，包括几种“类二氧六环”PCB，如3,3’,4,4’-多氯联苯（PCB77）和非共面的衍生物，它们已经广泛分散到环境中。PCB77是毒性最强的多氯联苯之一，但在环境中的浓度相对较低。由于 PCB77 具有较高的毒性当量因子（TEF）以及 PCB77 与其他 PCB 的浓度相关性，环境中 PCB77 的含量通常被用作 PCB 污染水平的指标。因此，迫切需要便携式现场多氯联苯筛查系统，以确保食品安全和环境风险评价。Wu 等通过制备金纳米粒子点状还原氧化石墨烯作为适配体传感器的平台，开发了一种基于 PCB77 的电化学 apta-方法的策略。由于氧化石墨烯和金纳米粒子之间的协同作用，在 0.1pg/L 时获得非常低的检测限，从而获得了优异的分析性能[54]。

与多氯联苯污染类似，双酚 A（BPA）是一种重要的工业家庭污染物。多酚 A 是一种内分泌干扰分子，对人类健康和环境造成不利影响。因此，严格监测环境中的水平，以提高生活质量。基于还原氧化石墨烯-银/多聚赖氨酸纳米复合材料（rGO-Ag/PLL）修饰玻碳电极，提出了一种检测双酚 A 的电化学传感器[55]。所合成的 rGO-Ag/PLL 纳米复合材料对双酚 A 的电化学氧化具有较高的电催化活性。采用差分脉冲伏安法（DPV）作为定量测定双酚 A 的分析方法，所制备的电化学传感器对双酚 A 的线性范围为 1～80μmol/L，检测限为 0.54μmol/L，信噪比为 3。将所研制的 rGO-Ag/PLL/GCE 传感器应用于饮用水中双酚 A 的检测，取得了满意的结果。

四环素类抗生素是广泛用于动物治疗的抗生素，在兽医应用中一直在通过分析方法进行研究。四环素类药物的品种包括土霉素、四环素、金霉素和强力霉素，在食品生产动物中有着广泛的应用。四环素类药物通过动物肠道少量摄入，主要残留在兽医废物中，在环境中积累。不良影响，如抗生素耐药性、肝损伤、过敏个体的过敏反应、肠道菌群的改变、视力问题和婴儿的牙齿变色，是由家庭环境中的残留物引起的常见健康问题。牛奶样品和蜂蜜通常被调查四环素水平。创建了氧化石墨烯纳米片修饰玻碳电极体系，用于四环素的检测[56]。通过循环伏安法、电化学阻抗谱、差分脉冲伏安法等技术，该传感器的检测限为 29fmol/L。

已经建议将聚三聚氰胺作为用于获得低成本丝网印刷的碳电极的基础基质。印刷工艺包括在塑料基底上印刷银墨获得导电线路。碳墨包含石墨颗粒和聚合物黏合剂，其印刷在导电线路上获得工作电极。最后，用绝缘塑料基板覆盖工作电极，只留下所需的工作区域曝露[57]。以壳聚糖溶液中的碳纳米管和普鲁士蓝-石墨烯纳米复合材料作为连续层，通过固定四环素结合适配体对玻碳电极进行功能化，获得了灵敏度的检测方法[58]。通过差分脉冲伏安法分析不同四环素浓度的结果，检测限低至 0.56×10^{-11}mol/L。在另一项研究中，通过电化学适配体传感器测定人尿液中的四环素，该传感器通过在聚三聚氰胺修饰的玻碳电极上形成还原氧化石墨烯薄膜而制备[59]。使用动电位法测定主要干扰尿酸的样品值为 2.2×10^{-6}mol/L LOQ。

对所有食品中存在的真菌毒素进行监管。黄曲霉毒素是毒性最强的真菌毒素分子之一，具有更多的致癌特性。在文献中，开发了一些检测黄曲霉毒素的分析技术，如基于抗体的 ELISA 法、电化学适配体传感器和色谱法。以亚甲基蓝（MB）氧化还原探针标记的适配体为信号片段，功能性氧化石墨烯为信号放大平台，研制了一种检测黄曲霉毒素的电化学适配体[60]。一种类型的电化学适配体涉及具有固定在电极表面上的标记氧化还原分子的适配体序列。适配体通常在3'或5'端用氧化还原探针(二茂铁或亚甲基蓝)标记,并在寡核苷酸的另一端用羧基标记。当分析物分子与氧化还原剂标记的适配体相互作用时,引起固定化适配体探针的构象变化,从而导致电催化溶液与电极活性表面之间的电子转移电阻效率的变化。在靶分析物相互作用时,在法拉第电流中测量适配体的构象变化,以获得靶分析物分子的浓度。这种方法无试剂,操作简单,而且选择性高。在 Goud 等的黄曲霉毒素检测的具体实施例中,将官能化的氧化石墨烯置于丝网印刷的碳电极上,然后通过使用六亚甲基二胺(HMDA)作为间隔基,经由碳二亚胺酰胺键合化学将亚甲基蓝标记的适配体共价固定在电极上。当适配体缀合的氧化还原探针在 AFB1 结合时发生适配体分子结构的构象变化时,完成检测。该方法检测黄曲霉毒素的线性范围为0.05~6.0ng/mL,检测限非常低(0.05ng/mL)。在另一项黄曲霉毒素检测工作中,设计并测试了具有比率适配体传感器的双信号策略,用于黄曲霉毒素分子的准确和灵敏度检测[61]。电化学方法以二茂铁(Fc)锚定和亚甲基蓝锚定的适配体序列作为双信号,测定了黄曲霉毒素与适配体的特异性相互作用。因此,二茂铁的"信号开启"模式和亚甲基蓝的"信号关闭"模式证明了黄曲霉毒素与适配体之间的特异性相互作用。该传感器在5.0pmol/L~10nmol/L 范围内线性关系良好,检测限分别为0.43pmol/L 和0.12pmol/L(信噪比为3)。该适配体传感器具有良好的选择性、重现性和稳定性,在食品安全监测和环境分析中具有潜在的应用前景。

食物过敏是一种免疫系统对特定食物的反应,导致肿胀、皮疹、呼吸困难和瘙痒等症状,在某些情况下会引起严重的危及生命的反应。近年来,食物过敏迅速增加,对全世界数百万人产生不利影响。随着当今包装食品消费的增加,为了保护消费者免受危及生命的反应,通过灵敏、准确和快速的潜在食品过敏原筛选方法对含量进行即时监测已成为迫切需要。Eissa 等针对β-乳球蛋白(β-LG)乳蛋白开发了一种基于适配体/石墨烯的电化学生物传感器,β-乳球蛋白是最常见的食物过敏原之一,特别是婴儿[62]。选择针对β-LG 的 DNA 适配体,并集成使用石墨烯电极的无标签伏安生物传感器,作为食物过敏检测的类似应用的例子。

15.5 小结

碳基纳米材料的优异性能使其成为电化学生物传感器的发展热点。在许多基于纳米材料的传感平台中,适配体是优选的生物识别元件之一。由碳纳米材料、各种纳米颗粒和适配体组成的复杂纳米复合材料有望以合理的成本用于任何感兴趣的分析物的无标签、超灵敏的生物传感器。石墨烯-纳米颗粒组合提供了改进的电化学平台,并且适配体掺入用作实现用于任何所需靶标通用生物传感器的独特元件。

参考文献

[1] Bard, A. J. and Faulkner, L. R., *Electrochemical Methods: Fundamentals and Applications*, 2nd ed., John Wiley & Sons, New York, 2001.

[2] Hu,P. A. *et al.* ,Carbon nanostructure – based field – effect transistors for label – free chemical/biological sensors. *Sensors*,10,5,5133 –5159,2010.

[3] Mairal,T. *et al.* ,Aptamers:Molecular tools for analytical applications. *Anal. Bioanal. Chem.* ,390,4,989 – 1007,2008.

[4] Ozalp,V. C. *et al.* ,Aptamers:Molecular tools for medical diagnosis. *Curr. Topics Med. Chem.* ,15,12,1125 – 1137,2015.

[5] Yuan,Y. *et al.* ,Graphene – promoted 3,4,9,10 – perylenetetracarboxylic acid nanocomposite asredox probe in label – free electrochemical aptasensor. *Biosens. Bioelectron.* ,30,1,123 – 127,2011.

[6] Feng,L. *et al.* ,A graphene functionalized electrochemical aptasensor for selective label – free detection of cancer cells. *Biomaterials*,32,11,2930 – 2937,2011.

[7] Li,T. *et al.* ,Multifunctional G – quadruplex aptamers and their application to protein detection. *Chem. Eur. J.* ,15,4,1036 – 1042,2009.

[8] Hao,C. *et al.* ,Biocompatible conductive architecture of carbon nanofiber – doped chitosan prepared with controllable electrodeposition for cytosensing. *Anal. Chem.* ,79,12,4442 –4447,2007.

[9] Cheng,W. *et al.* ,Effective cell capture with tetrapeptide – functionalized carbon nanotubes and dual signal amplification for cytosensing and evaluation of cell surface carbohydrate. *Anal. Chem.* ,80,10,3867 –3872, 2008.

[10] Park,J. – W. *et al.* ,Immobilization – free screening of aptamers assisted by graphene oxide. *Chem. Commun.* ,48,15,2071 –2073,2012.

[11] Pu,Y. *et al.* ,Insulin – binding aptamer – conjugated graphene oxide for insulin detection. *Analyst*,136, 20,4138 –4140,2011.

[12] Apiwat,C. *et al.* ,Graphene based aptasensor for glycated albumin in diabetes mellitus diagnosis and monitoring. *Biosens. Bioelectron.* ,82,140 – 145,2016.

[13] Liu,S. *et al.* ,A novel label – free electrochemical aptasensor based on graphene – polyaniline composite film for dopamine determination. *Biosens. Bioelectron.* ,36,1,186 – 191,2012.

[14] Bahrami,S. *et al.* ,An electrochemical dopamine aptasensor incorporating silver nanoparticle,functionalized carbon nanotubes and graphene oxide for signal amplification. *Talanta*,159,307 –316,2016.

[15] Kumar,V. *et al.* ,Graphene – CNT nanohybrid aptasensor for label free detection of cardiac biomarker myoglobin. *Biosens. Bioelectron.* ,72,56 – 60,2015.

[16] Chen,T. T. *et al.* ,Fluorescence activation imaging of cytochrome c released from mitochondria using aptameric nanosensor. *J. Am. Chem. Soc.* ,137,2,982 –989,2015.

[17] He,Y. *et al.* ,A graphene oxide – based fluorescent aptasensor for the turn – on detection of epithelial tumor marker mucin 1. *Nanoscale*,4,6,2054 – 2059,2012.

[18] Wang,S. E. and Si,S. ,A fluorescent nanoprobe based on graphene oxide fluorescence resonance energy transfer for the rapid determination of oncoprotein vascular endothelial growth factor(VEGF). *Appl. Spectrosc.* ,67,11,1270 – 1274,2013.

[19] Zhou,Z. M. *et al.* ,Carcino – embryonic antigen detection based on fluorescence resonance energy transfer between quantum dots and graphene oxide. *Biosens. Bioelectron.* ,59,397 –403,2014.

[20] Shi,J. *et al.* ,A fluorescence turn – on biosensor based on graphene quantum dots(GQDs) and molybdenum disulfide (MoS_2) nanosheets for epithelial cell adhesion molecule(EpCAM) detection. *Biosens. Bioelectron.* ,93,182 – 188,2017.

[21] Subramanian,P. *et al.* ,Lysozyme detection on aptamer functionalized graphene – coated SPR interfaces. *Biosens. Bioelectron.* ,50,239 –243,2013.

[22] Chen, C. *et al.*, A novel exonuclease III – aided amplification assay for lysozyme based on graphene oxide platform. *Talanta*, 101, 357 – 361, 2012.

[23] Erdem, A., Eksin, E., Muti, M., Chitosan – graphene oxide based aptasensor for the impedimetric detection of lysozyme. *Colloids Surf. B*, 115, 205 – 211, 2014.

[24] Hu, K. *et al.*, Aptasensor for amplified IgE sensing based on fluorescence quenching by graphene oxide. *Luminescence*, 28, 5, 662 – 666, 2013.

[25] Wang, Y. *et al.*, Ultrasensitive electrochemical biosensor for HIV gene detection based on graphene stabilized gold nanoclusters with exonuclease amplification. *ACS Appl. Mater. Interfaces*, 7, 33, 18872 – 18879, 2015.

[26] Zhang, Z. *et al.*, Carbon – based nanocomposites with aptamer – templated silver nanoclusters for the highly sensitive and selective detection of platelet – derived growth factor. *Biosens. Bioelectron.*, 89, Pt 2, 735 – 742, 2017.

[27] Liang, J. *et al.*, A highly sensitive and selective aptasensor based on graphene oxide fluoresce nceresonance energy transfer for the rapid determination of oncoprotein PDGF – BB. *Analyst*, 138, 6, 1726 – 1732, 2013.

[28] Deng, K. *et al.*, An aptamer – based biosensing platform for highly sensitive detection of plateletderived growth factor via enzyme – mediated direct electrochemistry. *Anal. Chim. Acta*, 759, 61 – 65, 2013.

[29] Heydari – Bafrooei, E. and Shamszadeh, N. S., Electrochemical bioassay development for ultrasensitive aptasensing of prostate specific antigen. *Biosens. Bioelectron.*, 91, 284 – 292, 2017.

[30] Yang, J. J. *et al.*, Ferrocene – graphene sheets for high – efficiency quenching of electrochemiluminescence from Au nanoparticles functionalized cadmium sulfide flower – like three dimensional assemblies and sensitive detection of prostate specific antigen. *Talanta*, 167, 325 – 332, 2017.

[31] Tabasi, A., Noorbakhsh, A., Sharifi, E., Reduced graphene oxide – chitosan – aptamer interfaceas new platform for ultrasensitive detection of human epidermal growth factor receptor 2. *Biosens. Bioelectron.*, 95, 117 – 123, 2017.

[32] Jiang, B. *et al.*, Highly sensitive electrochemical detection of cocaine on graphene/AuNP modified electrode via catalytic redox – recycling amplification. *Biosens. Bioelectron.*, 32, 1, 305 – 308, 2012.

[33] Shi, Y. *et al.*, Fluorescent sensing of cocaine based on a structure switching aptamer, gold nanoparticles and graphene oxide. *Analyst*, 138, 23, 7152 – 7156, 2013.

[34] Sanghavi, B. J. *et al.*, Real – time electrochemical monitoring of adenosine triphosphate in the picomolar to micromolar range using graphene – modified electrodes. *Anal. Chem.*, 85, 17, 8158 – 8165, 2013.

[35] Gao, L. *et al.*, Highly sensitive detection for proteins using graphene oxide – aptamer based sensors. *Nanoscale*, 7, 25, 10903 – 10907, 2015.

[36] Guo, Y. *et al.*, Graphene – orange II composite nanosheets with electroactive functions as labelfree aptasensing platform for “signal – on” detection of protein. *Biosens. Bioelectron.*, 45, 95 – 101, 2013.

[37] Gan, X. *et al.*, 3, 4, 9, 10 – Perylenetetracarboxylic dianhydride functionalized graphene sheet aslabels for ultrasensitive electrochemiluminescent detection of thrombin. *Anal. Chim. Acta*, 726, 67 – 72, 2012.

[38] Chang, H. *et al.*, Graphene fluorescence resonance energy transfer aptasensor for the thrombin detection. *Anal. Chem.*, 82, 6, 2341 – 2346, 2010.

[39] Zheng, F. – F. *et al.*, Aptamer/graphene quantum dots nanocomposite capped fluorescent mesoporous silica nanoparticles for intracellular drug delivery and real – time monitoring of drugrelease. *Anal. Chem.*, 87, 23, 11739 – 11745, 2015.

[40] Liang, J. *et al.*, Electrochemical sensing of l – histidine based on structure – switching DNA zymesand gold

nanoparticle - graphene nanosheet composites. *Chem. Commun.* ,47,19,5476 - 5478,2011.

[41] Chen,Y. - X. *et al.* ,Tetrahedral DNA probe coupling with hybridization chain reaction for competitive thrombin aptasensor. *Biosens. Bioelectron.* ,100,274 - 281,2018.

[42] Rapini,R. and Marrazza,G. ,Electrochemical aptasensors for contaminants detection in food and environment:Recent advances. *Bioelectrochemistry*,118,47 - 61,2017.

[43] Malekzad,H. *et al.* ,Ensuring food safety using aptamer based assays:Electroanalytical approach. *TrAC, Trends Anal. Chem.* ,94,77 - 94,2017.

[44] Nguyen,V. - T. ,Kwon,Y. S. ,Gu,M. B. ,Aptamer - based environmental biosensors for small molecule contaminants. *Curr. Opin. Biotechnol.* ,45,15 - 23,2017.

[45] Verdian,A. ,Apta - nanosensors for detection and quantitative determination of acetamiprid—A pesticide residue in food and environment. *Talanta*,176,456 - 464,2018.

[46] Fei,A. *et al.* ,Label - free impedimetric aptasensor for detection of femtomole level acetamiprid using gold nanoparticles decorated multiwalled carbon nanotube - reduced graphene oxide nanoribbon composites. *Biosens. Bioelectron.* ,70,122 - 129,2015.

[47] Farzin,L. and Shamsipur,M. ,Recent advances in design of electrochemical affinity biosensors for low level detection of cancer protein biomarkers using nanomaterial - assisted signal enhancement strategies. *J. Pharm. Biomed. Anal.* ,147,185 - 210,2018.

[48] Peng,B. *et al.* ,Current progress in aptasensors for heavy metal ions based on photoelectrochemical method:A review. *Curr. Anal. Chem.* ,14,1,4 - 12,2018.

[49] Zang,Y. *et al.* ,"Signal - on" photoelectrochemical sensing strategy based on target - dependent aptamer conformational conversion for selective detection of lead(II) ion. *ACS Appl. Mater. Interfaces*,6,18,15991 - 15997,2014.

[50] Gao,F. *et al.* ,Label - free electrochemical lead(II) aptasensor using thionine as the signaling molecule and graphene as signal - enhancing platform. *Biosens. Bioelectron.* ,81,15 - 22,2016.

[51] An,J. H. *et al.* ,High - performance flexible graphene aptasensor for mercury detection in mussels. *ACS Nano*,7,12,10563 - 10571,2013.

[52] Dinshaw,I. J. *et al.* ,Development of an aptasensor using reduced graphene oxide chitosan complex to detect *Salmonella*. *J. Electroanal. Chem.* ,806,88 - 96,2017.

[53] Muniandy,S. *et al.* ,Graphene - based label - free electrochemical aptasensor for rapid and sensitive detection of foodborne pathogen. *Anal. Bioanal. Chem.* ,409,29,6893 - 6905,2017.

[54] Wu,L. D. *et al.* ,Gold nanoparticles dotted reduction graphene oxide nanocomposite based electrochemical aptasensor for selective, rapid, sensitive and congener - specific PCB77 detection. *Sci. Rep.* , 7, 5191,2017.

[55] Cai,R. *et al.* ,An imprinted electrochemical sensor for bisphenol A determination based on electrodeposition of a graphene and Ag nanoparticle modified carbon electrode. *Anal. Methods*,6,5,1590 - 1597,2014.

[56] Benvidi,A. *et al.* ,An aptasensor for tetracycline using a glassy carbon modified with nanosheets of graphene oxide. *Microchim. Acta*,183,5,1797 - 1804,2016.

[57] Tsai,H. *et al.* ,Feasibility study of biosensors based on polymelamine - modified screen - printed carbon electrodes. *Electroanalysis*,29,9,2053 - 2061,2017.

[58] Shen,G. *et al.* ,Electrochemical aptasensor based on Prussian blue - chitosan - glutaraldehydefor the sensitive determination of tetracycline. *Nano Micro Lett.* ,6,2,143 - 152,2014.

[59] Kesavan,S. *et al.* ,Determination of tetracycline in the presence of major interference in humanurine samples using polymelamine/electrochemically reduced graphene oxide modified electrode. *Sens. Actuators*,*B*,

241,455 - 465,2017.

[60] Goud,K. Y. *et al.* ,An electrochemical aptasensor based on functionalized graphene oxide assisted electrocatalytic signal amplification of methylene blue for aflatoxin B1 detection. *Electrochim. Acta*,244,96 - 103,2017.

[61] Wu,L. *et al.* ,From electrochemistry to electroluminescence:Development and application in aratiometric aptasensor for aflatoxin B1. *Anal. Chem.* ,89,14,7578 - 7585,2017.

[62] Eissa,S. and Zourob,M. ,*In vitro* selection of DNA aptamers targeting β - lactoglobulin and theirintegration in graphene - based biosensor for the detection of milk allergen. *Biosens. Bioelectron.* ,91,169 - 174,2017.

第16章 自组装三维石墨烯的稳健传感平台

F. Bourquard[1], C. Donnet[1], F. Garrelie[1], A. – S. Loir[1], F. Vocanson[1], V. BarNier[2],
C. Chaix[3], C. Farre[3], N. Jaffrezic – Renault[3], F. Lagarde[3], G. Raimondi[3]
[1]法国圣埃蒂安国立让·莫奈大学里昂大学 Hubert Curien 实验室
[2]法国圣埃蒂安国立高等矿业学院 Georges Friedel 实验室
[3]法国维勒班里昂大学分析科学研究所

摘　要　本章采用基于固体碳源的自底向上方法设计和合成石墨烯型材料，重点研究薄膜在化学和电化学传感器领域的性能。利用脉冲激光沉积法(PLD)和非晶碳薄膜和少层(fl)结构的石墨烯薄膜。原位真空热退火使得能够在镍催化剂存在下通过朝向表面的溶解和沉淀/偏析将非晶碳膜转化为石墨烯片。石墨烯薄膜作为表面增强拉曼光谱(SERS)分子诊断和电接枝的活性基底具有很高的效率，可以开发新型高性能的电化学检测电极。SERS 检测证实了石墨烯薄膜对罗丹明(R6G)、对氨基苯硫酚(PATP)和溴氰菊酯(DEL)的高灵敏度检测。在二茂铁液相氧化还原探针的电子转移动力学中，石墨烯薄膜也表现出优异的性能。通过由重氮盐电接枝和点击化学的组合而成的方案，报道了用于将氧化还原探针共价连接到这些石墨烯电极上的稳健的电接枝策略。这项工作为开发具有各种传感功能的自组装三维石墨烯电极开辟了良好前景。

关键词　石墨烯，脉冲激光沉积，表面增强拉曼光谱，传感器

16.1 引言

许多研究报道石墨烯和石墨烯基复合材料作为有前景的电化学电极，显示出比许多传统和先进的碳电极更好的电子转移动力学，如石墨、掺杂金刚石、玻璃碳和碳纳米管。作为电极的应用包括超级电容器、锂电池、透明电池和电化学传感器[1-8]。然而，很明显，石墨烯基电化学装置的性能主要取决于材料合成方法和控制电极的反应性和表面化学的能力。除此之外，研究表明，石墨烯表面的功能化不仅对打开其带隙至关重要，而且对改善其界面性质也至关重要，这是构建新型高性能电化学电极的重要一步[9-10]。这由以下事实揭示：良好的电极需要有缺陷的活性位点和电导率之间的平衡[3,11]。虽然已经报道了有趣的基础研究[12-15]，但通过微机械解理获得的原始石墨烯由于其小尺寸、低缺陷密度和化学惰性而不适合电化学应用[2-3]。

其他常用的石墨烯制造方法包括石墨的化学剥离[16]，化学气相沉积(CVD)生

长[17-18]，以及氧化石墨烯的化学、电化学、热或光催化还原[19]。三维多孔和基于波纹石墨烯的结构的制备被认为是获得高性能电极最有前景的方法之一[5,12,20-23]。与石墨烯相比，三维石墨烯（或“少层”（fl-石墨烯））膜或电极提供了大的比表面积、快速的电荷转移能力和低的传质阻力。迄今为止，已经通过使用Ni三维泡沫模板的化学气相沉积、通过溅射有Ni的三维热解多孔光致抗蚀剂膜的热退火以及通过浓缩氧化石墨烯分散体的电化学还原来制备三维石墨烯电极。尽管化学气相沉积石墨烯技术具有很大的优势，但用于溶解Ni的金属蚀刻剂（$FeCl_3$，$Fe(NO_3)_3$）严重污染石墨烯，从而改变其电化学性能[2,24]。更重要的是，三维化学气相沉积石墨烯无缺陷和高疏水性，这使得其表面功能化变得困难[2,21]。氧化石墨烯基电极通常是优选的，因为它们由缺陷活性氧化位点（羟基、环氧基和羧基）构成的丰富化学结构增强了界面[5,9-10]处的电催化活性。然而，由于其制造工艺容易，通常使用的还原氧化石墨烯具有较差的导电性，这是其电化学应用的严重缺点。研究证明，通过用纳米颗粒官能化还原氧化石墨烯表面或通过与导电聚合物混合来增强还原氧化石墨烯的电化学活性的潜力，这拓宽了其在传感器上的应用[5,25-26]。也有人提出将固体碳原料（TCSC）热转化为石墨烯，以更好地控制其表面性质[27-29]。研究表明，TCSC石墨烯具有优异的光学和电学性能，但尽管这种新兴的方法吸引了大量科研工作者的关注，但其电化学应用迄今尚未被探索。因此，制备方法仍然非常具有挑战性，并且迫切需要制造高性能、稳定的三维石墨基电极的新方法。

同样特别感兴趣的是用纳米粒子（NP）修饰石墨烯薄膜，形成新的混合材料，也可用作催化剂、超级电容器和生物传感器[25]。据报道，石墨烯修饰的Au或Ag纳米粒子可以有效地增强被吸收的有机分子的拉曼信号，使其成为一种有用的表面增强拉曼光谱（SERS）基底[30]。制备石墨烯/Au纳米粒子复合材料最常用的方法是还原氧化石墨烯复合材料。然而，目前正在研究新的路线以提供更好的表面控制合成和均匀性[31-32]，制备方法仍然具有挑战性。

Orofeo等报道称，使用无定形碳（a-C）作为固体源可能是更好地控制石墨烯表面性质的新方法[28]。由于高碳溶解度，一般使用多晶Co和Ni薄膜[28,33]。然而，尽管由a-C薄膜合成石墨烯已成为一个吸引人的研究课题，但其应用仍有待探索。本章采用脉冲激光沉积（PLD）自底向上的方法从固体碳源合成了大规模三维fl-石墨烯，并研究了其电化学和表面功能化性能。PLD具有概念简单、通用、快速、成本有效和可扩展的技术来设计无定形碳，例如类金刚石碳（DLC）薄膜的优点。此外，通过提供高能碳物种，PLD是在低温下生长fl-石墨烯的新兴技术[34-35]。研究了两个应用领域以探索fl-石墨烯薄膜的电化学性能：

（1）研究了一种灵敏、稳定的环境SERS基底。我们扩展了PLD直接从a-C膜沉积到镍催化剂上生长石墨烯的能力，以获得作为有前景的SERS平台的传感器基底，因为它们产生比传统的平坦二维基底更大的用于颗粒覆盖的表面积[29]。通过镍在界面扩散到硅中并形成硅化镍来解释三维多孔，并容易形成具有特定结构的石墨烯。利用沉积在石墨烯薄膜上的金纳米粒子（AuNP），该新系统被用作高度稳定的SERS平台。商业杀虫剂氨基硫酚和甲基对硫磷的检测具有以前从未达到的灵敏度，系统在正常环境中能够运行1年以上，证实了其具有高稳定性[36]。

（2）通过芳基重氮盐化学的共价修饰，在石墨烯电极表面上引入炔官能团，还研究了用于（生物）官能化石墨烯导电表面的稳健化学[37]。在文献中，石墨烯已被聚合物、生物分子、氧化还原活性或光化学活性分子共价或非共价官能化[25]。重氮盐化学研究了各种先进碳材料[38]，包括玻璃碳[39]、掺硼金刚石(BDD)[40]和石墨烯[41-44]。通过循环伏安法还原原位生成的重氮盐来修饰碳电极有几个优点，即由于有市售的前体(如4-乙炔基苯胺)，成本低，电化学电池的制备速度快。电接枝还能在多电极阵列上实现可控的电寻址，并且容易控制从小于一个单层到几个多层的接枝效率(即表面覆盖)[45]。重氮盐化学的一个缺点是接枝步骤需要在酸性条件下使用亚硝酸钠将4-乙炔基苯胺原位转化为4-乙炔基苯基重氮。这些条件对于敏感分子来说太具侵蚀性，并且可能导致它们的退化。温和的条件是将生物分子接枝到载体上所必需的，因此需要两步程序。通常称为"点击反应"的 Cu^{I}-催化炔-叠氮化物1,3-二极性环加成适合于此目的[46]。点击化学提供了非常适合于电极表面官能化的高度选择性和定量反应。例如，Ripert 等使用点击化学将叠氮基修饰的二茂铁寻址到预先用炔官能团功能化的金电极上[47]。该策略成功地应用于叠氮基和二茂铁基修饰的寡核苷酸(ODN)的接枝[48]。Yeap 等报道了通过将炔基二茂铁衍生物偶联到叠氮修饰的掺硼金刚石上，在掺硼金刚石表面上进行两步接枝的策略[40]。值得注意的是，在本章介绍的研究工作之前，功能化，首先涉及重氮盐电接枝，然后与感兴趣的分子发生点击反应，从来没有使用三维结构的石墨烯作为电极材料进行描述。

16.2 石墨烯基稳健平台的合成和表征

图16.1展示了石墨烯基电极的制造过程。由于详细的方法描述在参考文献[29,36-37]中，这里我们只描述合成的主要步骤。进行了标记为"路线(Ⅰ)"和"路线(Ⅱ)"的两种路线。对于SERS检测，研究了两种路线，而对于电接枝，只探索了一种路线(Ⅰ)。两种路线都包括通过脉冲激光沉积在高真空中沉积薄碳a-C膜和通过热蒸发沉积催化剂镍膜，但根据路线采取不同的顺序。由于在Ni催化剂存在下碳的溶解-扩散-偏析机制，在高真空条件下的热处理使得由非晶碳膜合成结构的石墨烯薄膜成为可能[49]。

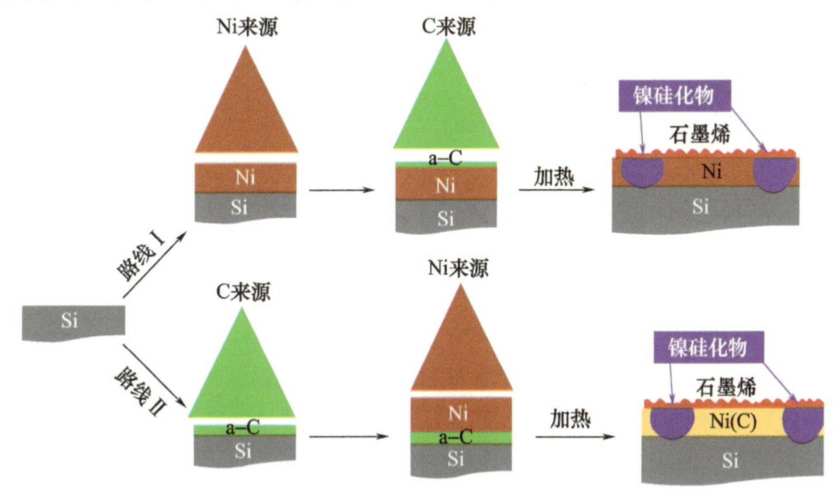

图16.1 使用脉冲激光沉积从固体碳源合成石墨烯基电极的制造路线
(实验细节见参考文献[29,36-37])

路线(Ⅰ)从通过热蒸发在 Si 基底上沉积 150~300nm 厚的 Ni 膜开始，然后通过在10^{-4}Pa 的真空气氛中用受激准分子 KrF 激光器(脉冲持续时间 20ns，每脉冲能量400mJ，波长 248nm，重复率 10Hz)烧蚀石墨靶，在 780℃时于 Ni 膜上沉积 5~40nm 厚的非晶a-C 膜。激光密度能量设定为 $40J/cm^2$，碳的沉积速率为 2nm/mn。在碳沉积期间开始的热退火继续 45min，然后使系统自然冷却至室温。

路线(Ⅱ)使用类似的 Ni 和 a-C 沉积过程，但顺序相反，并且具有优化以在相关配置中获得最佳石墨烯拉曼特征(最高 2D/G 比)的不同的相应膜厚度。激光能量密度限制在 $15J/cm^2$，可以在室温下优先沉积 20nm 厚的无氢非晶碳膜。通过热蒸发淀积厚 150nm 的 Ni 膜，然后将样品引入10^{-4}Pa 真空中，在 780℃下热处理 45min。热退火后，使系统自然冷却至室温。

通过两种路线使用这种自底向上的方法，可以直接使用电极，而不需要将它们转移到合适的基底上。

采用波长为 442nm 的拉曼光谱对石墨烯薄膜进行表征，采用俄歇电子能谱法对热退火过程中形成的硅化镍进行鉴定。图 16.2 显示了通过路线(Ⅰ)所获典型薄膜的形态和拉曼特征。SEM 显示样品表面有明显的波纹(图 16.2(a)、(b))。高倍放大图像揭示了粗糙三维大孔结构的存在(图 16.2(b))，提供了大比表面积。

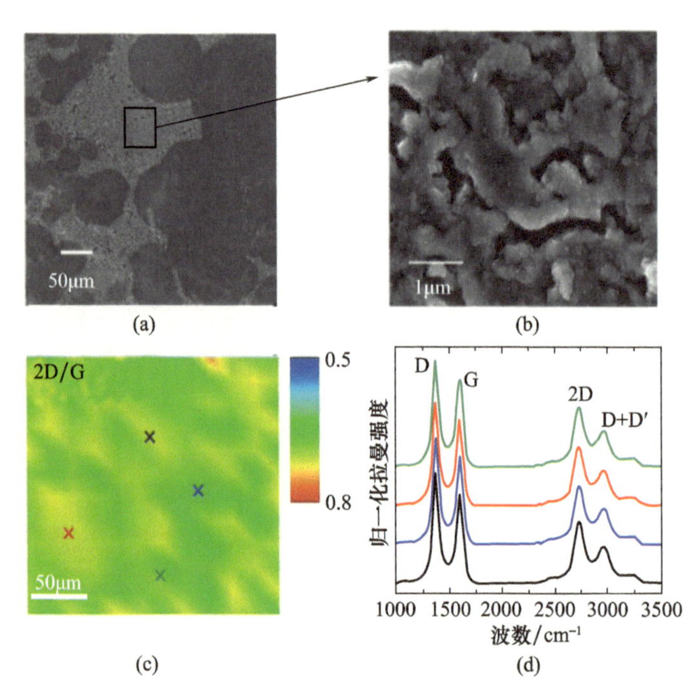

图 16.2 多层石墨烯在(a)400×和(b)60000×放大倍数下的 SEM 图像。(c)(a)中所示区域的 2D/G 强度比的拉曼映射，以及(d)(c)中标记有相应彩色交叉的斑点处的典型拉曼光谱。石墨烯样品从路线(Ⅰ)获得(经 Fort 等许可转载自 ACS AMI8(2016)1424-1433 文献[37]。2016 年美国化学学会版权所有)

由 AFM 推断的粗糙度估计约为 57nm。图 16.2(c)和(d)分别显示了(a)所示整个区域的 2D/G 强度比的典型拉曼映射和样品上不同点的典型拉曼光谱。在约 $1361cm^{-1}$处的

D 峰强度相对于 G 峰强度相对较高，表明无序的sp^2碳结构。根据积分强度比I_D/I_G，估计sp^2畴的平均尺寸约为 7nm，其对应于缺陷密度为 $0.6\times10^{12}cm^{-2}$。有趣的是，在约 $2728cm^{-1}$处存在单一对称二维模式，2D/G 强度比约为 0.6，表明乱层少层石墨烯的形成[50-51]。通过拉曼映射（图 16.2（c））证实，在样品的整个表面上观察到具有良好均匀性的多层石墨烯的形成。

当主要目的是研究材料的电化学性能和功能化时，表面结构是一个重要的问题[2-3,12,52-53]。特别值得注意的是，化学活性位点和微米级粗糙度等缺陷可以改善电极的电化学性能[2-3,53]。由于三维多孔结构和石墨烯优异的本征性能的结合，粗糙电极的自组装三维结构是快速质量和电子传输动力学的优点。

多层石墨烯的结构可以通过加热过程中 Ni 原子扩散到 Si 基底中来解释。这在图 16.3（a）中通过低频振动带的存在清楚地证明了这一点，这归因于富硅硅化镍化合物的形成[54-55]。拉曼峰的锐度表明所形成的硅化物结晶良好。图 16.3（b）显示了从俄歇电子能谱深度分布中提取的 Ni/Si 原子浓度比分布，该深度分布是在 Ni 原子扩散到 Si 基底中的区域中被测量的。通过测量的记录峰值的强度与蚀刻时间的关系来创建深度分布。图 16.3（b）所示的第一个 1500s 的蚀刻对应于石墨烯的顶表面。在较长的蚀刻时间下，Ni/Si 比增加到 1.5，蚀刻 5000～25000s，这与稳定正晶Ni_3Si_2相的化学计量一致。从蚀刻后进行的厚度测量，25000s 对应于约 150nm，与镍膜的初始厚度一致。

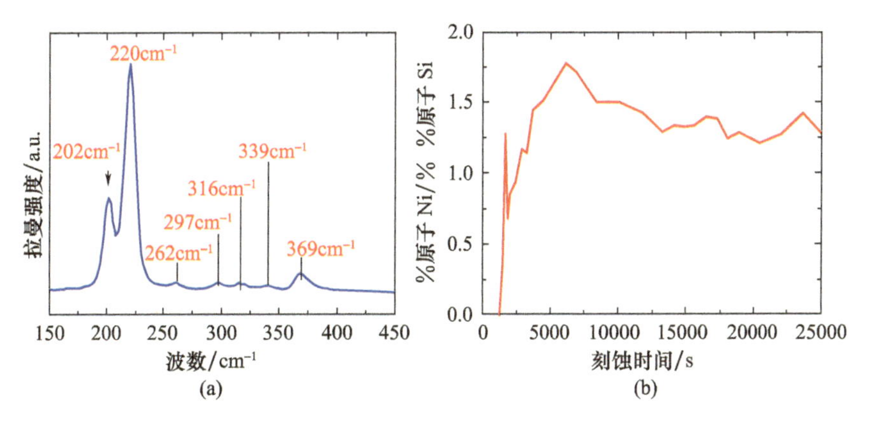

图 16.3 （a）低波数（激发波长 633nm）下的拉曼光谱；（b）从俄歇光谱导出的 Ni 和 Si 之间的原子浓度比的深度分布（石墨烯样品从路线（Ⅰ）获得）

由路线（Ⅱ）合成的石墨烯的拉曼特征以及表面形貌与由路线（Ⅰ）获得的石墨烯相当，如图 16.4 所示。

同样，如路线（Ⅰ）所示，图 16.4（a）中观察到的纹理表面是通过在加热过程中 Ni 原子扩散到 Si 基底中并伴随形成过渡金属硅化物的机制来解释。在加热期间的这些动态过程导致形成具有高密度缺陷的粗糙表面。根据 AFM 测量，表面粗糙度为 3～20nm，相邻的小区域为 60～100nm。在粗糙区域中，缺陷之间的平均距离估计在 10～15nm 之间，这对应于符合参考文献[56]范围内的缺陷密度 $4\times10^{11}\sim10^{12}cm^{-2}$。缺陷和波纹表面在纳米尺度上是非常有用的，因为它们可以被用来调节石墨烯的电子和输运性质。特别值得注意的是，导致比面积增加的化学活性位点和粗糙等缺陷促进了吸附，这有利于分子的检测。图 16.4（b）显示了分别在约 $1378cm^{-1}$、$1590cm^{-1}$和 $2752cm^{-1}$处观察到的 D、G 和

2D 峰。2D/G 的强度比约为 0.4，表明形成了乱层少层(fl)石墨烯。无论用于合成石墨烯电极的路线(Ⅰ)或(Ⅱ)，与先前通过 PLD[35] 或从还原的氧化石墨烯[57-58] 获得的结果相比，结果中 2D/G 比有显著的改进。两种石墨烯薄膜都被用作 SERS 分子诊断的基底，并用于电接枝，以开发新的高性能电化学检测电极。

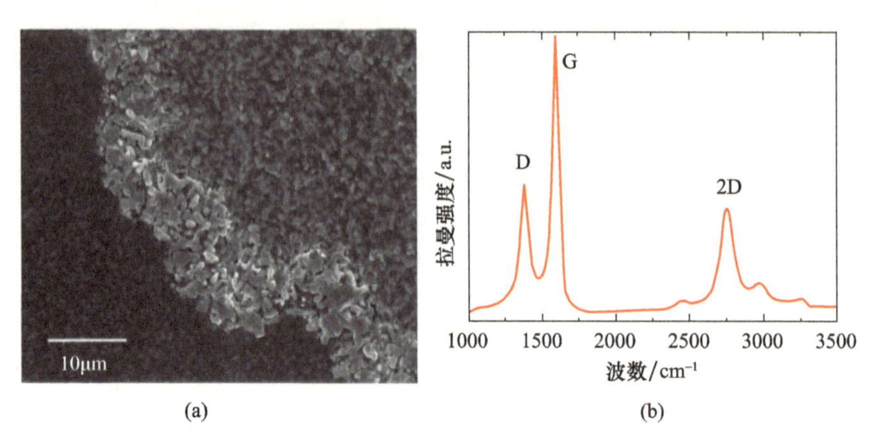

图 16.4 (a)从路线(Ⅱ)获得的石墨烯膜的典型 SEM 图像和(b)拉曼光谱(@442nm)
(经 AIP 出版许可转载自 Tite 等 *Appi. Phys. Lett.* 104(2014)041912[29])

16.3 石墨烯基平台的应用

16.3.1 用于化学检测生物分子和农药的表面增强拉曼光谱

在已开发的用于检测污染物的所有方法中，石墨烯由于其高吸附效率，是一种很有前景的电化学传感器，特别是用于检测有机分子[59-60]。我们的材料与大规模 fl-石墨烯的特定表面结构对于 SERS 特别有吸引力，这需要粗糙的金属表面来增强表面检测灵敏度。为了实现这一目标，已经从路线(Ⅰ)和(Ⅱ)将金纳米粒子沉积到石墨烯薄膜上。SERS 增强通常是指化学机制(CM)的拉曼极化率变化和对应于电磁机制(EM)的局域场变化的结果[61-62]。CM 是基于分子和基底之间电荷转移的短程效应。另外，EM 是由沉积在石墨烯表面上的纳米金属表面等离子体共振引起的局部电场显著增加而产生的长程效应。虽然这两种机制同时有助于整体拉曼增强，但 EM 比 CM(通常为 10~100)更有效(10^8或更多)[61]。

在我们的实验装置中，通过 TEM 分析和激光粒度测定法估计的 Au 纳米粒子的尺寸在 20~30nm 范围内。通过参考 UV-vis-NIR 吸收分析，发现表面等离子体共振带位于 525nm。通过简单地将胶体溶液中的 Au 纳米粒子的小液滴沉积到样品表面上，然后在超纯水中漂洗两次并置于空气中干燥，用 Au 纳米粒子修饰生长的 fl-石墨烯。图 16.5 显示了来自由 Au 纳米粒子所修饰路线(Ⅰ)和(Ⅱ)的 fl-石墨烯表面的典型 SEM 图像。值得注意的是，样品在超纯水中冲洗 5 次之后拍摄这些图片。Au 纳米粒子清晰可见，证实它们很好地锚定在样品表面上。

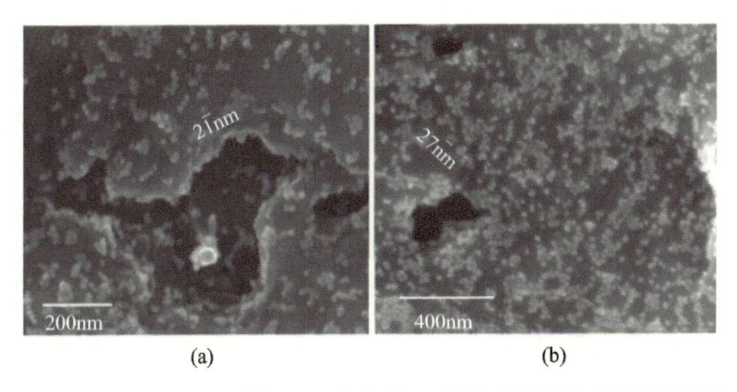

(a) (b)

图16.5 由(a)路线(Ⅰ)和(b)路线(Ⅱ)获得的Au纳米粒子装饰少层石墨烯的SEM图像

为了研究两种合成路线在fl-石墨烯(Au-NP/fl-G)上制备的Au纳米粒子是否可以作为有效的SERS平台,我们使用了罗丹明(R6G)、对氨基硫酚(pATP)、甲基对硫磷(MP)和溴氰菊酯(DEL)。以罗丹明为标准探针分子,研究了平台在长时间(1年)内的稳定性。pATP是一种著名的与贵金属纳米颗粒强烈相互作用的SERS分子。MP和DEL是众所周知的危险杀虫剂/农药,即使在非常低的浓度下也对环境和生物极为有害。Huang等[31]和Yao等[32]以还原氧化石墨烯为平台,通过SERS分别检测pATP和罗丹明,在相应浓度为10^{-3}mol/L和2×10^{-5}mol/L时具有良好的灵敏度,MP是毒性最大的有机磷酸酯化合物之一。它是一种高效的杀虫剂和杀螨剂,对包括人类在内的非目标生物有剧毒,许多国家限制或禁止使用。这种高毒性化合物的快速鲁棒检测被选择来评估我们装置中的SERS性能。在一般采样条件下,MP的SERS检测很差[63-64]。虽然已经开发了复杂的方法来提高MP的检测灵敏度,但制备过程通常仍然复杂[64-65]。Yazdi和White[66]开发了一种简单的便携式光流体SERS装置,用于检测多种杀菌剂,并以高灵敏度(5mg/L)检测MP。

SERS平台在罗丹明检测中的应用。首先通过将在超纯水中稀释至浓度为10^{-6}m的罗丹明液滴沉积到基底表面上来研究罗丹明检测。图16.6(a)显示了有和无罗丹明的典型拉曼光谱。Au纳米粒子/fl-G上的D带和G带的拉曼强度强于fl-G基底上的D带和G带,这归因于Au纳米粒子的耦合表面等离子体共振(SPR)吸收[67]。在将R6G液滴沉积在样品Au纳米粒子/fl-G的表面上之后,额外的振动带清晰可见,样品Au纳米粒子/fl-G在超纯水中漂洗两次以除去未结合的分子。在612cm^{-1}、772cm^{-1}、1186cm^{-1}、1310cm^{-1}、1361cm^{-1}、1508cm^{-1}、1575cm^{-1}、1597cm^{-1}和1647cm^{-1}($\pm2cm^{-1}$)处观察到的光谱特征是由罗丹明分子的振动模式所引起的[68]。特别是,我们注意到,与488nm激发下的其他模式相比,归因于C=C对称拉伸运动的1647cm^{-1}和1575cm^{-1}处的模式强度增强(图16.3(a))。这一行为归因于它们在共振拉曼激发下分子几何结构的变化[68]。图16.6(b)显示了一个典型的拉曼图,从图中提取了一系列光谱(图16.6(c)),此光谱在633nm处激发了粗糙区域中1647cm^{-1}处的罗丹明(10^{-6}mol/L)模式强度。虽然选择1647cm^{-1}处的模式来评估拉曼增强幅度,但我们假设用其他模式将获得类似的结果。彩色拉曼图谱表明罗丹明具有良好的均匀检测。需要强调的是,考虑到所使用的低激光功率密度($6\times10^{2}W/cm^{2}$)以及短的采集时间(6s),使用SERS平台能够实现快速灵敏的检测。

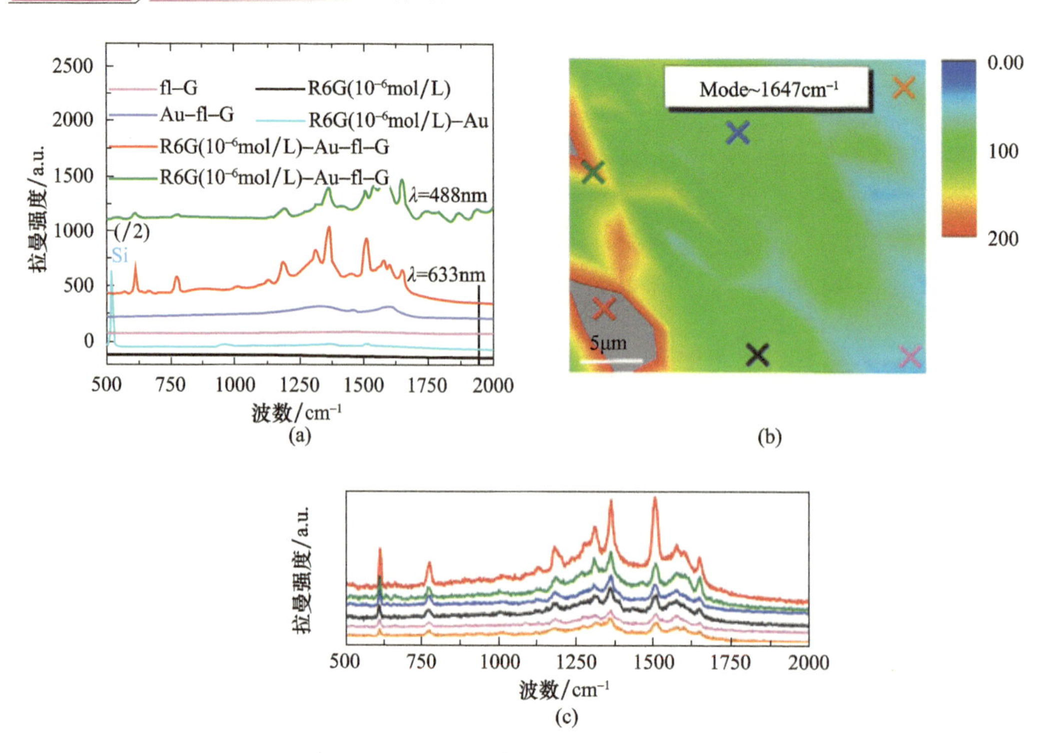

图 16.6 (a)罗丹明(10^{-6}mol/L)、R6G(10^{-6}mol/L)在 Au 纳米粒子、fl－石墨烯、Au 纳米粒子/fl－G 和罗丹明(10^{-6}mol/L)在 Au 纳米粒子/fl－G 时于 633nm 和 488nm 波长处的拉曼光谱;(b)罗丹明(10^{-6}mol/L)在 Au 纳米粒子/fl－G 时于 633nm 处的典型拉曼映射;(c)在(b)中用相应的彩色交叉标记的点的典型 SERS 光谱显示在(c)中。石墨烯样品从路线(Ⅱ)获得(经 AIP 出版许可转载自 Tite 等 *Appi. Phys. Lett.* 104(2014)041912[29])

通过方法(Ⅰ)得到的石墨烯薄膜也得到了类似的结果,在储存 1 年后研究其稳定性[36]。最近提出了具有单层石墨烯稳定银纳米粒子的基底,以增强 SERS 信号长达 28 天[69]。图 16.7(a)显示了平台在环境条件下长达 1 年的稳定性,图 16.7(b)显示了储存 1 年后的拉曼图,图 16.7(c)显示了来自图 16.7(b)中标识为十字的点的 SERS。这些结果证实了 SERS 平台在储存 1 年后的良好均匀性。与现有技术和先前报道的相比,纳米粒子的良好锚定以及 Au 纳米粒子的化学惰性使得我们在提高平台的稳定性的同时,而不损害其对低浓度分子的 SERS 敏感性[70－71]。

SERS 平台在对氨基硫酚检测中的应用。在确定所制备的 fl－石墨烯样品是 SERS 活性基底之后,我们用它来检测由(Ⅰ)和(Ⅱ)两种路线合成的石墨烯对氨基硫酚(pATP)。图 16.8(a)比较了在不同 pATP 浓度(10^{-6}mol/L、10^{-5}mol/L、10^{-4}mol/L 和10^{-3}mol/L)下在 633nm 处获得的 Si 上的 pATP(10^{-5}mol/L)、直接沉积在 Si 上的 Au 纳米粒子上的 pATP(10^{-5}mol/L)和 Au 纳米粒子/fl－G 平台上的 pATP 的拉曼光谱。fl－石墨烯由路线(Ⅰ)获得。通过使用路线(Ⅱ)也获得了类似的结果[29]。还添加了不含纳米粒子的 fl－石墨烯和平台(Au 纳米粒子/fl－G)的参考光谱用于比较。pATP 在 Au 纳米粒子/fl－G 上的 SERS 光谱毫无疑问地显示了由于与金属纳米粒子相关的石墨烯层的存在而引起的 SERS 信号的增强。如上所述,样品上的 SERS 活性被解释为 EM 和 CM 机制的组合。通过参考 SEM 图像,粗糙区域(图 16.5(a))可以具有高密度的 Au 纳米粒子覆盖和短的粒子间距离,从而在结点处产生大的EM场,增强SERS信号[62,72]。在$1073cm^{-1}$处大尺度的拉曼映射清楚地证明了这一点(图16.8(b)),这表明在更粗糙的区域有增强的SERS信号。拉曼图表明,在整个平台表面上以低浓度(10^{-5}mol/L)对pATP进行了良好的SERS检测,如图16.8(b)中相应彩色字母标记区域的SERS所示。值得注意的是,尽管pATP浓度低,激光功率密度低($6\times10^2W/cm^2$),采集时间短(约10s),但大规模Au纳米粒子/fl-G装置对于分子的检测非常灵敏、快速和稳固。这很好地证明了该平台的大规模和强大的功能。

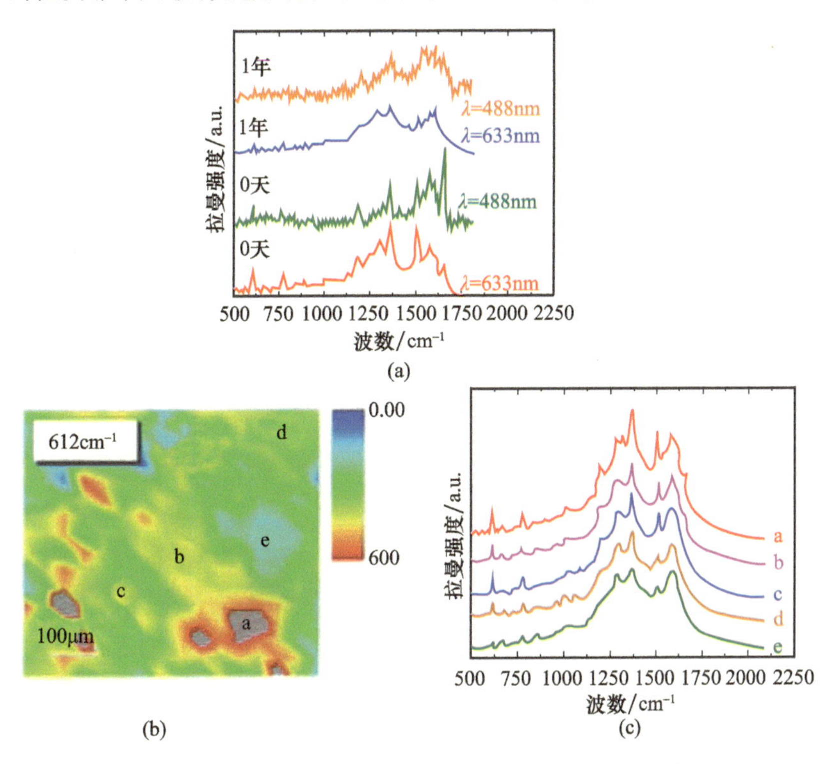

图16.7 (a)于最新和1年后Au纳米粒子/fl-G上获得的罗丹明(10^{-6}mol/L)分别在488nm和633nm处的SERS;(b)1年后Au纳米粒子/fl-G上罗丹明(10^{-6}mol/L)的$632cm^{-1}$模式的拉曼强度图(在633nm处);(c)来自(b)中用相应字母标记的点的典型SERS。石墨烯样品从路线(Ⅰ)获得(经爱思唯尔许可转载自Tite等 *Thin Solid Films* 604(2016)74-80[36])

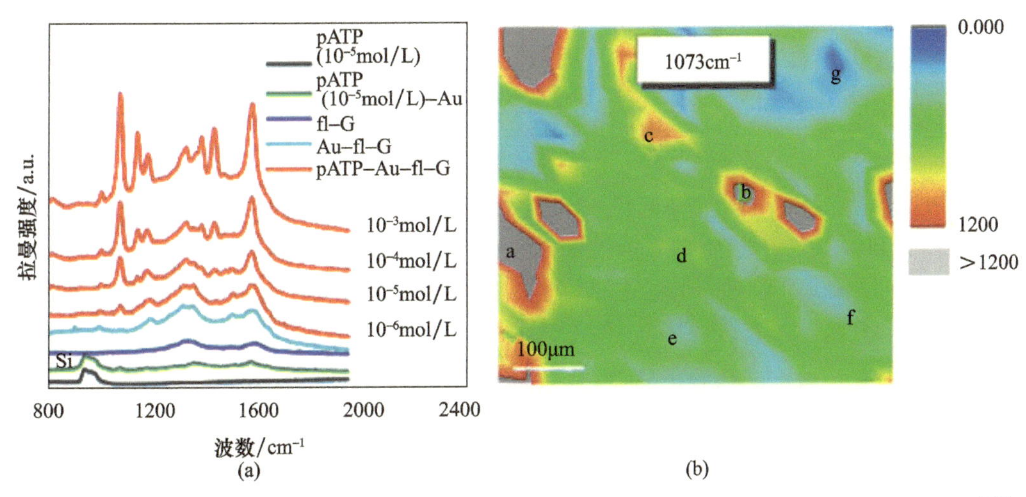

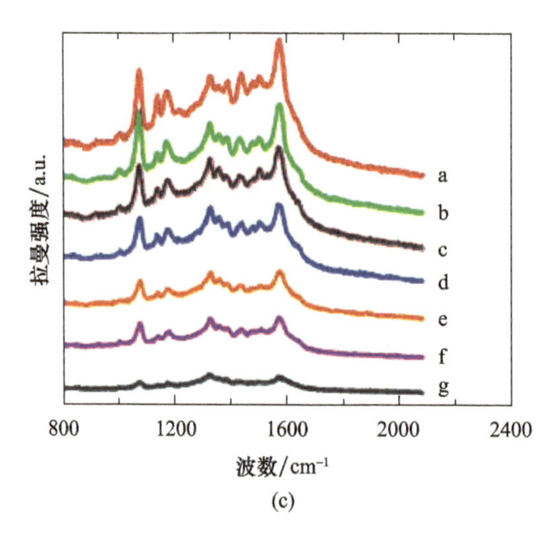

图16.8 (a)在不同pATP浓度(10^{-6}mol/L、10^{-5}mol/L、10^{-4}mol/L和10^{-3}mol/L)下，Si上pATP(10^{-5}mol/L)、沉积在Si上Au纳米粒子上的pATP(10^5mol/L)、fl-石墨烯、Au纳米粒子/fl-G和Au纳米粒子/fl-G上的pATP于633nm处的拉曼光谱。箭头表示用于拉曼映射的pATP的峰特征。(b)沉积在Au纳米粒子/fl-G(目标×10)上的pATP(10^{-5}mol/L)于633nm处的拉曼映射。(c)来自(b)中用相应字母标记的点的典型SERS。石墨烯样品从路线(Ⅰ)获得(经爱思唯尔许可转载自Tite等*Thin Solid Films*604(2016)74-80[36])

SERS平台在甲基对硫磷检测中的应用。图16.9显示了在Au-NP/fl-G平台上获得的液体和干燥状态下浓度为10^{-5}mol/L的甲基对硫磷(MP)的拉曼光谱。我们强调，通过简单地将稀释的商业杀虫剂液滴沉积在通过路线(Ⅰ)合成的Au纳米粒子/fl-石墨烯样品表面来进行直接检测。当MP浓度低至10^{-5}mol/L(3mg/L)时，在859cm^{-1}、1110cm^{-1}和1344cm^{-1}附近的明显拉曼特征(即MP[65]的特征峰)清晰可见。

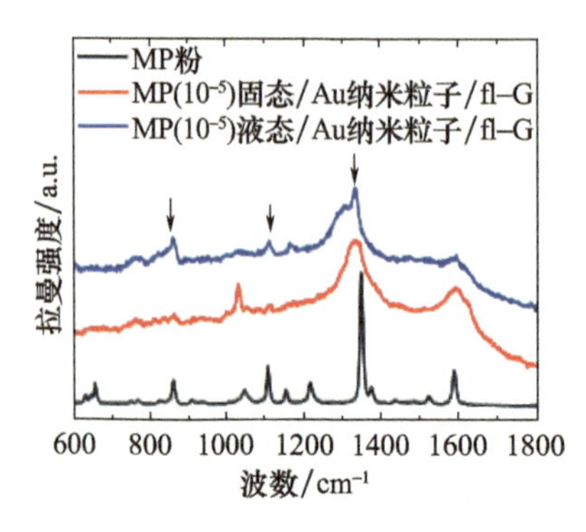

图16.9 Au纳米粒子/fl-G上甲基对硫磷(MP)在633nm处的拉曼光谱，Au纳米粒子/fl-G集中在10^{-5}mol/L和10^{-4}mol/L处，处于液态和干燥状态。加入MP粉末的拉曼光谱作为参考。箭头指示MP的峰值特征。石墨烯样品通过路线(Ⅰ)获得(经爱思唯尔许可转载自Tite等*Thin Solid Films*604(2016)74-80[36])

SERS平台在溴氰菊酯检测中的应用。我们还评估了通过路线(Ⅱ)合成的Au纳米粒子/fl-石墨烯样品用于检测DecisProtech生产的商用农业农药的活性成分溴氰菊酯

SERS 性能。一项对暴露于溴氰菊酯的培养的人类角质细胞的研究被用来评估从10^{-4} ~ 2.5×10^{-4}mol/L 的细胞毒性剂量[73]。图 16.10 显示了 Au 纳米粒子/fl - G 上溴氰菊酯的拉曼光谱，溴氰菊酯的浓度从10^{-6}mol/L 增加到10^{-3}mol/L。位于 1001cm^{-1}、1456cm^{-1}、2880cm^{-1}、2935cm^{-1}和 3064cm^{-1}附近的溴氰菊酯的拉曼峰强度随着溴氰菊酯的浓度而增加。应当注意，以 2140cm^{-1}为中心的峰可以归属为$(—C\equiv C—)_n$，$n=3\sim4$ 的聚炔链或吸附的 CO[74]。有趣的是，随着农药浓度的增加，信噪比和荧光背景变得更差。因此，在细胞毒性剂量范围以下可以检测到溴氰菊酯，这对于环境和人类安全具有重要性。

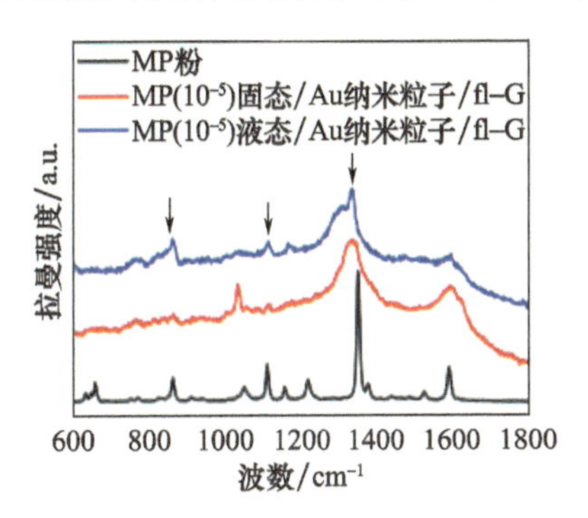

图 16.10　沉积在 Au 纳米粒子/fl - G 上的溴氰菊酯于 633nm 处的拉曼光谱，浓度范围为10^{-6} ~ 10^{-3}mol/L。箭头表示溴氰菊酯的峰位置。石墨烯样品通过路线(Ⅱ)获得(经 AIP 出版许可转载自 Tite 等 *Appi. Phys. Lett.* 104(2014)041912[29])

16.3.2　石墨烯基电极的电化学接枝

在本节中，我们重点讨论通过路线(Ⅰ)合成的石墨烯薄膜作为高性能电极用于电化学应用的能力。采用循环伏安法研究了电极的电化学性能。然后，报道了一种用于将氧化还原探针共价连接到石墨烯电极上的稳健电化学接枝策略，为开发具有各种感测功能的自组装 fl - 石墨烯电极开辟了前景。

通过循环伏安法研究了前面描述的 fl - 石墨烯电极的电化学性能，如图 16.11 所示。对于fl - G，在低于 20mV/s 的扫描速率下，二茂铁二甲醇($Fc(CH_2OH)_2$)氧化还原探针在石墨烯上的电子转移显示为可逆($\Delta E_p=59$mV，$Ip/Ia=1$)。在较高的扫描速率下，电子转移动力学变为准可逆($\Delta E_p>59$mV，$Ip/Ia=1$)。

为了评价自组装 fl - 石墨烯上的电子转移动力学，计算了电子转移的非均相标准速率常数k°。采用 Nicholson 方法[75-76]，使用$6.4\times10^{-6}cm^2/s$作为文献[77]中报道的($Fc(CH_2OH)_2$)扩散系数的值，并假设电子转移系数(a)等于 0.5。Nicholson 方法的全部细节可在参考文献[37]中找到。对于超过 20mV/s的扫描速率，fl - 石墨烯电极显示准可逆电子转移，其非均匀标准速率常数k°为3.5×10^{-2}cm/s。该k°值与文献[78]中引用的值相当相似，该值是通过扫描电化学显微镜在含有二茂铁甲醇的单层石墨烯电极上测量的。该结果表明，二茂铁适合作为石墨烯的未来氧化还原探针，其电子转移比亚铁氰化物($k^{\circ}(Fe(CN)_6^{3-})\approx10^{-4}\sim10^{-3}cm^2/s$)和六氨基钌($k^{\circ}(Ru(NH_3)_6^{3+})\approx10^{-5}\sim10^{-4}cm^2/s$)更快，速率常数与六氯碘酸盐相当($k^{\circ}(IrCl_6^{2-})\approx2\times10^{-2}\sim5\times10^{-2}cm^2/s$)14。因此，选择二茂铁作为氧化还原探针来检查石墨烯功能化。

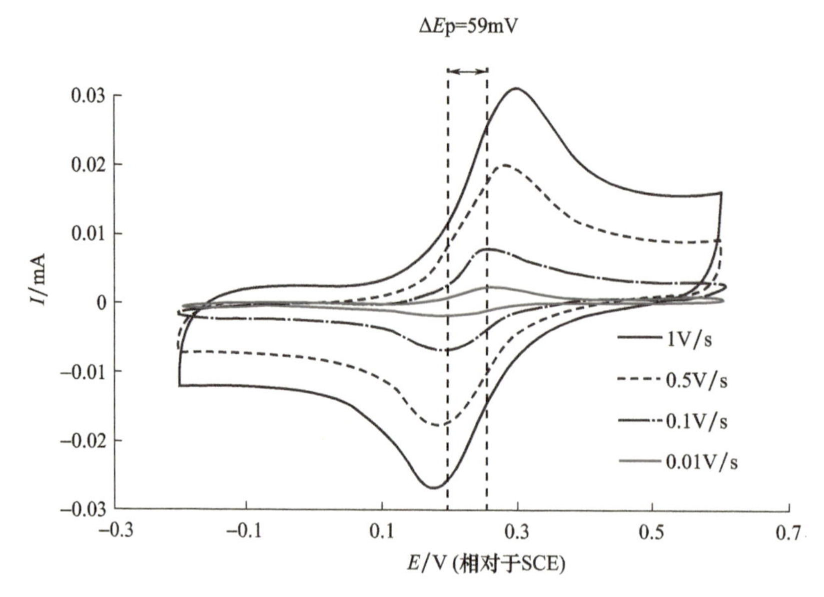

图 16.11　0.5mmol/L 二茂铁二甲醇溶液在 0.1mol/L $NaClO_4$ 电解质水溶液中的三维自组装石墨烯循环伏安图

两条垂直虚线用于帮助读取通过路线（Ⅰ）获得的 59mV 石墨烯样品的理论 ΔE_p 值。

（经 Fortgang 等许可转载自 ACS AMI 8(2016)1424－1433[37]。2016 年美国化学学会版权所有）

图 16.12 显示了用二茂铁衍生物对 fl－石墨烯电极的两步功能化。第一步（图 16.12 中的步骤 1）包括在循环伏安法施加的还原电位下通过电接枝 4－乙炔基苯基重氮盐来用炔官能团修饰自组装的 fl－石墨烯。通过向溶液中加入盐酸和亚硝酸钠，由 4－乙炔苯胺原位生成重氮衍生物。

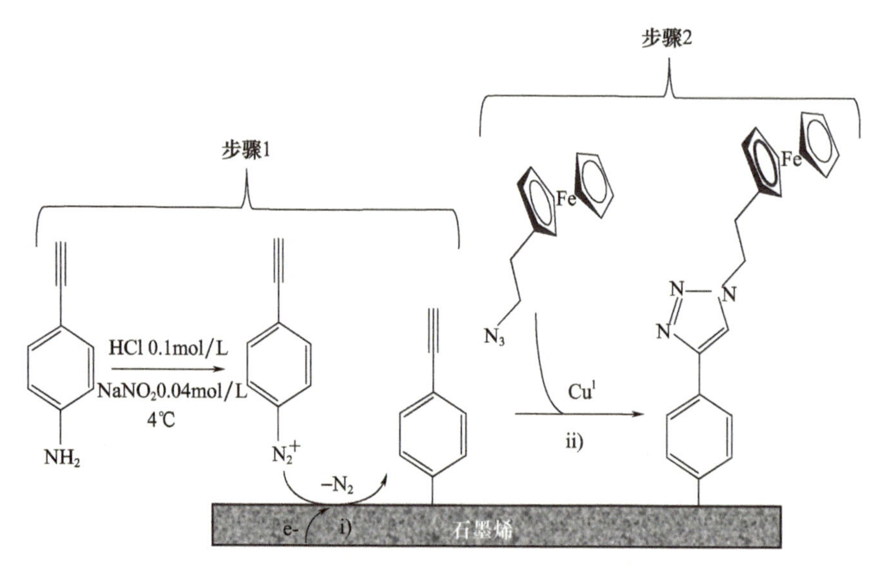

图 16.12　说明 fl－石墨烯电极的两步功能化

（i）通过用于共价固定 4－乙炔基苯基部分的原位生成的重氮盐的循环伏安法进行电化学还原；（ii）Cu^{I} 催化固定炔官能团与带有相应叠氮基的二茂铁衍生物之间的 Huisgen 1,3－双极性环加成反应。用抗坏血酸还原 Cu^{II} 得到 Cu^{I}。石墨烯样品通过路线（Ⅰ）获得。（经 Fortgang 等许可转载自 ACS AMI 8(2016)1424－1433[37]。2016 年美国化学学会版权所有）

如参考文献[37]的补充信息所示，fl－石墨烯电极被接枝层完全钝化，表明电极表面被4－乙炔基苯基功能化。Evrard 等[39]用4－乙炔基苯胺在玻碳和热解石墨电极上获得了类似的结果。

第二步(图16.12中的步骤2)是4－乙炔基苯基接枝电极和Fc－叠氮化物之间的Cu^{I}－催化 Huisgen1,3－二极性环加成。以该氧化还原探针为模型，优化了接枝的实验条件，证明了我们的策略是一种简单的fl－石墨烯功能化方法。使用循环伏安法在各种扫描速率下研究了电接枝和点击反应后二茂铁基团的连接(图16.13)。在慢扫描速率下的钟形伏安图是二茂铁被束缚在电极上的定性指示。对峰值电流与扫描速率的函数的分析显示了一种线性关系，表明二茂铁与电极结合在一起(图16.13中的插图)。

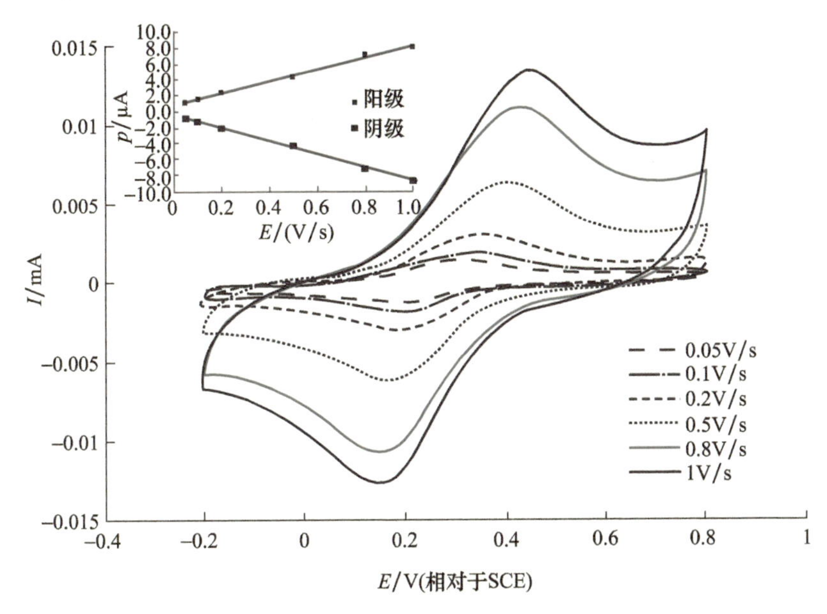

图16.13 二茂铁功能化fl－石墨烯电极在0.1mol/L $NaClO_4$含水电解液中的循环伏安图

扫描速率为0.05～1V/s。插图：法拉第峰值电流作为扫描速率的函数。石墨烯样品通过路线(Ⅰ)获得。(经Fort等许可转载自ACS AMI 8(2016)1424－1433[37]。2016年美国化学学会版权所有)

记录了随时间的高信号稳定性(22天内二茂铁信号损失20%)，强烈表明二茂铁在电极上的共价接枝。根据伏安图上阳极峰和阴极峰的平均电荷(Q)并通过根据Bard等[79]描述的形式假设单电子转移来估计石墨烯电极上的二茂铁覆盖率(mol/cm^2)。二茂铁覆盖率估计为$4.9 \times 10^{-10} mol/cm^2$，这是掺硼金刚石电极[40]上接枝量的2倍，比使用类似技术用芳基重氮盐和点击化学将二茂铁连接到电极上的修饰的玻碳电极上接枝量[39]高1.5倍。大量的接枝分子更高灵敏度，可用于进一步感测应用。采用Laviron分析计算接枝二茂铁与电极之间的非均相速率常数(k_{ET})[80]。测定的k_{ET}为$0.4s^{-1}$，与Liu等[81]通过重氮化学在用二茂铁探针改性的玻碳电极上获得的k_{ET}相比，这相当慢。然而，在这项工作中，二茂铁用肽键连接到芳基上，而不是使用点击化学。得到的k_{ET}可以通过多层接枝(见下面的XPS分析)来解释，该多层接枝增加了氧化还原探针和电极之间的距离[82]。也可以设想石墨烯的传导性能会下降。这种效应是由重氮接枝方法所引起的，该方法将一些碳原子的杂化从sp^2改变为sp^3，从而打开了带隙，并在功能化三维自组装石墨烯中产生绝缘和半导体区域[41]。总之,我们获得了高负载的二茂铁氧化还原探针,并在一段时间内有稳定的信号,而接枝氧化还原探针的电子转移动力学相当缓慢,这可能是由于接枝反应引起的。

在功能化前后进行 SEM 和拉曼光谱(图 16.14)。在 fl－石墨烯电极中没有观察到结构变化,这有力地表明接枝后保留了石墨烯的结构和本征性质。进行对照实验以证实我们的功能化步骤可用于多电极阵列上探针的电寻址。如图 16.15 所示,裸露自组装 fl－石墨烯电极和在步骤 1 期间未施加电位的对照实验(图 16.12)的循环伏安法相似,并且在去除任何物理吸附物质后未显示出二茂铁峰。

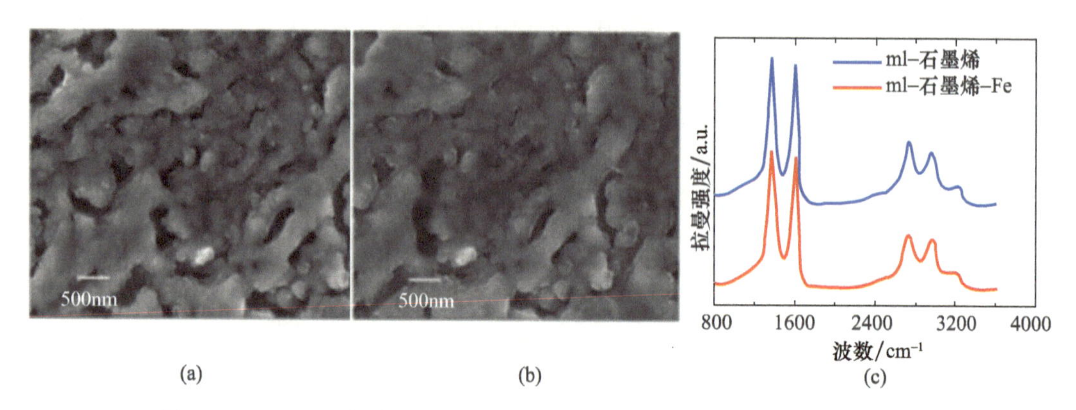

图 16.14 fl－石墨烯在(a)和(b)电接枝之前和之后的扫描电子显微镜图像

通过拉曼光谱(c)证明没有由电接枝引起的石墨烯的结构改性。石墨烯样品通过路线(Ⅰ)获得。

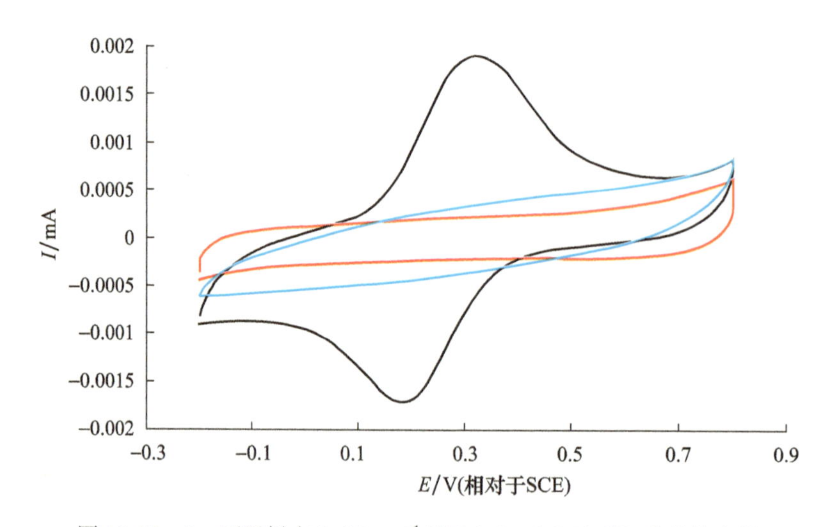

图 16.15 fl－石墨烯在 $0.1V \cdot s^{-1}$ 时于 0.1mol/L $NaClO_4$ 中的伏安图

红色数据显示在电接枝和点击反应过程之前的裸 fl－石墨烯的伏安图。黑色数据显示通过电接枝和点击反应程序进行的 Fe 改性 fl－石墨烯的伏安图。蓝色数据来自对照实验,该实验包括在步骤 1 中不施加任何电位的情况下执行两个修改程序(图 16.12)。石墨烯样品通过路线(Ⅰ)获得。(经 Fort 等许可转载自 *ACS AMI* 8(2016)1424－1433[37]。2016 年美国化学学会版权所有)

该结果证实了该方法的选择性,其允许通过向电极施加还原电位来特异性地修饰多电极器件中的一个电极。可以设想用不同探针对每个电极进行顺序修改。

为了突出通过二茂铁衍生物的电化学接枝对石墨烯基基底的功能化，使用X射线光电子能谱进行化学表面分析。首先进行了F、Fe、N和Cu的化学映射作为初步分析，以定位和表征曝露在电化学电池内部的fl－石墨烯电极的区域。监测氟信号以观察限定曝露区域的聚四氟乙烯（PTFE）环的位置，而Fe、N和Cu的存在是表面官能化的指示剂。化学图谱的结果如图16.16所示。FL峰值强度图（图16.16(a)）显示了由于PTFE密封件和样品表面之间的接触而产生的明显环。该分析突出了对应于石墨烯基基底的三个不同官能化区域的三个环。点击反应在曝露区域成功发生，图16.16(b)所示的N1峰强度图证实了氮的存在。还进行了Fe2和$Cu2p_{3/2}$穿过该区域的峰强度的线扫描。选择Fe2峰而不是更强的Fe2p峰，以避免由于存在干扰Fe2p的Cu俄歇跃迁而引起的可能误解。图16.16(c)中的这些线扫描清楚地表明，仅在曝露区域检测到Fe和Cu。这些元素分别与二茂铁部分和残留的痕量催化剂连接。

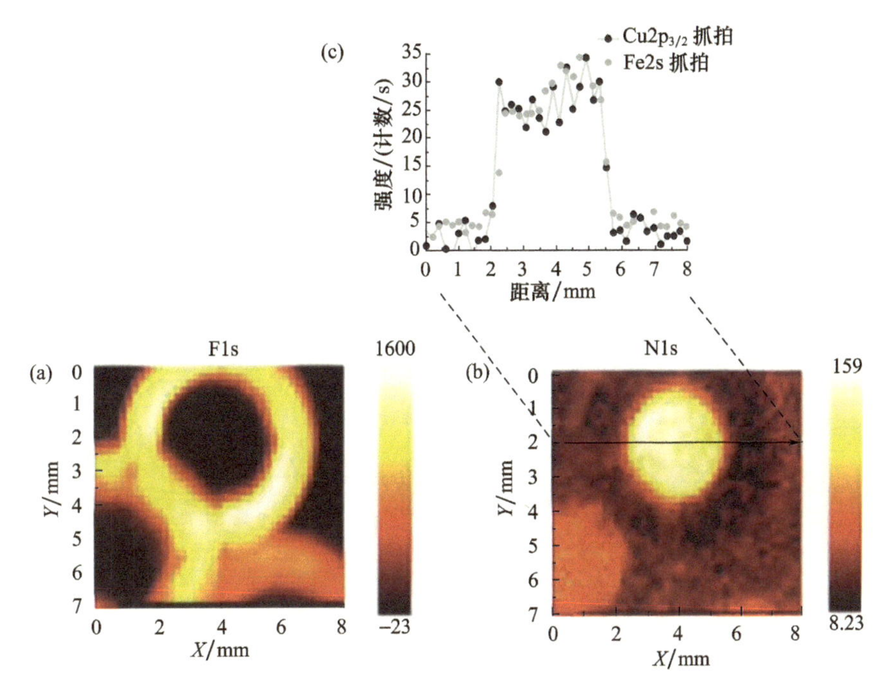

图16.16 F、Fe、N和Cu的表面化学图谱

(a)使PTFE环局部化的FL峰强度图；(b)N1强度图，表明点击反应发生在曝光区域的中心；以及(c)通过曝光区域的Cu2p3/2和Fe2s峰值强度的线扫描，揭示二茂铁部分的存在和催化剂的残余痕迹。石墨烯样品通过路径(I)获得。（经Fortgang等许可转载*ACS AMI* 8(2016)1424－1433[37]。2016年美国化学学会版权所有）

通过N1和Fe2p峰的高能分辨光谱研究了Fe和N的化学态。沉积在硅芯片上的Fc－叠氮化物和与Fc－叠氮化物进行Cu^{I}催化点击反应后的4－乙炔基苯基改性石墨烯样品的N1峰光谱，分别如图16.17(a)和(b)所示。使用由混合比为30%的Gaussian－Lorentzian乘积函数组成的合成组分拟合每个实验光谱。半幅全宽和比例显示在插图中。在沉积在硅芯片上的Fc－叠氮化物部分的情况下，使用指定为400.9eV时$-N=N^+=N^-$、402eV时$-N=N^+=N^-$和403eV时$-N=N^+=N^-$的三种组分来拟合N1峰。如文献[83]中的XPS数据所支持，对应于叠氮基中中心缺电子的N原子在403eV时的组分是Fc－叠

氮化物物理吸附的良好指示剂。如图16.17(b)所示，在Cu^{I}催化点击反应后，该组分不出现在4-乙炔基苯基改性石墨烯样品的N1光谱中。点击反应后，Fc-叠氮部分共价键合，没有物理吸附的证据，在N1信号中留下两个组分，在三唑环中与400.7eV时的N—N=N和401.7eV时的N—N=N相关。这些组分被分开1eV，这与关于无金属酞菁芳族化合物中的sp_2N原子的密度泛函理论计算和XPS数据一致[84]。此外，在叠氮化物与4-乙炔基苯基改性的石墨烯表面环加成之后，部件面积的比率接近于这种结构中预期的1:2比率。这些XPS结果证实，共价键通过形成1,2,3-三唑环连接Fc-叠氮化物和4-乙炔基苯基修饰的fl-石墨烯电极，如电化学数据所证明。

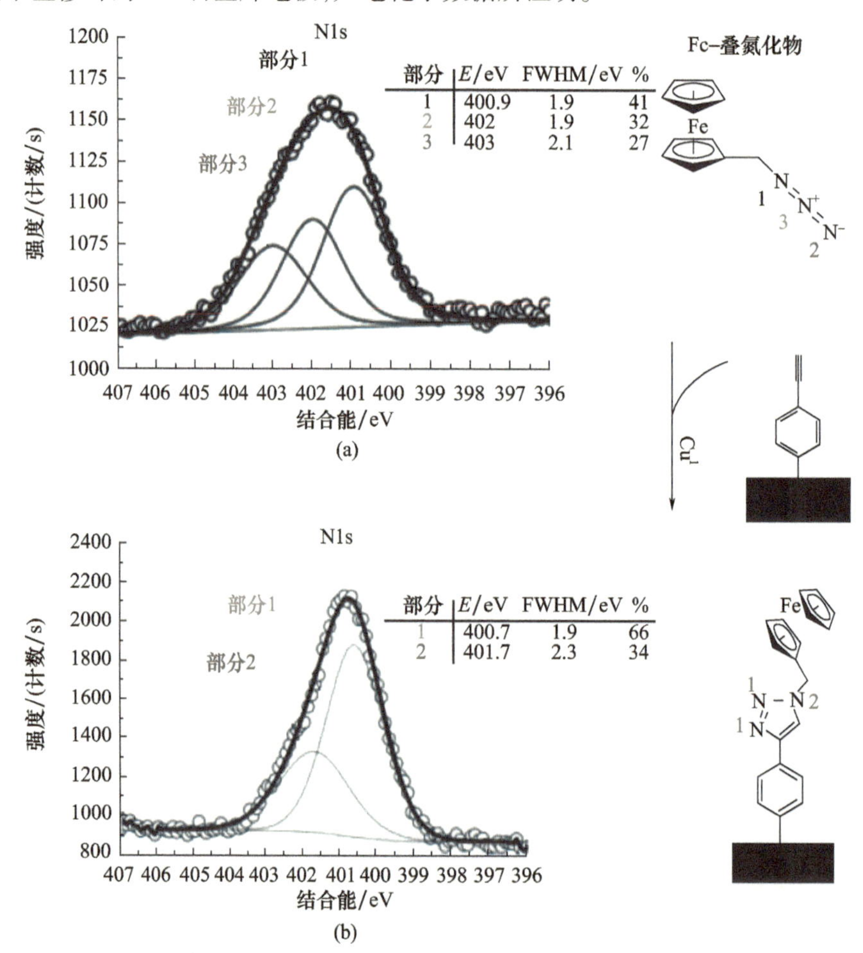

图16.17　(a)沉积在硅芯片上的Fc-叠氮化物部分和(b)连接到4-乙炔基苯基改性fl-石墨烯电极的Fc-叠氮化物的N1sXPS窄扫描

空心圆圈是实验曲线，使用合成分量的拟合(粗线)，其位置"E"、半峰全宽(FWHM)和N1峰中的比例"%"显示在每个N1光谱的右上角。石墨烯样品通过路线(Ⅰ)获得。

(经Fortgang等许可转载*ACS AMI*8(2016)1424-1433[37]。2016年美国化学学会版权所有)

对Fe2p峰的高能分辨光谱进行进一步分析，如参考文献[37]中的支持信息所详述，以便控制二茂铁特征。可以得出结论，铁特征只能分配给连接到fl-石墨烯电极的二茂铁，并且排除任何二茂铁解络合现象或电极表面的氧化铁。当比较硅片上物理吸附的Fc-叠氮化物与二茂铁功能化的fl-石墨烯电极的Fe^{3+}/Fe^{2+}比例时，它们的氧化态明显不同,Fe^{2+}在物理吸附的硅上占主导地位,与 Fc－叠氮化物中铁的初始化学状态一致。在二茂铁官能化的 fl－石墨烯电极上,二茂铁络合物呈现接近 0.5 的Fe^{3+}和Fe^{2+}比率,指示氧化过程。Zanoni 等[84]给出了这种效应的解释:氧化态Fe^{3+}源于基质辅助的氧化还原过程,其中表面络合物总共呈＋1 电荷被表面存在的 O－基团中和。

为了确定接枝的二茂铁在一层或几层中的深度分布,使用 Tougaard 非弹性电子背景[85-86]分析 N1 光谱,因为与常规的角 XPS 分析不同,该方法对粗糙度不敏感。分析结果如图 16.18 所示。最佳拟合(图 16.18(a))是对应于在 1nm 深度处掩埋的 1.7nm 层的氮分布。假设一个单层为 0.68nm 厚,该层的估计厚度表明二茂铁分子的多层接枝。此外,根据所选择的氮原子,二茂铁络合物顶部的碳和三唑环中的氮之间的距离计算为 0.67～0.94nm,这与掩埋深度一致。这些理论计算是从已知的原子间键长和分子几何结构获得的。如图 16.18(b)所示,具有多于一个单层结构的构建可能发生在用于共价固定 4－乙炔基苯基分子的重氮盐电化学还原的第一步期间,为二茂铁分子的点击反应留下不同深度的位点分布。总之,XPS 分析证实了二茂铁通过三唑键共价键的电化学数据,但也对二茂铁功能化的 fl－石墨烯电极的老化过程提供了一些线索。深入的 XPS 分析突出了氮在 1.7nm 厚度内的分布,这可以通过多层电接枝工艺来解释。

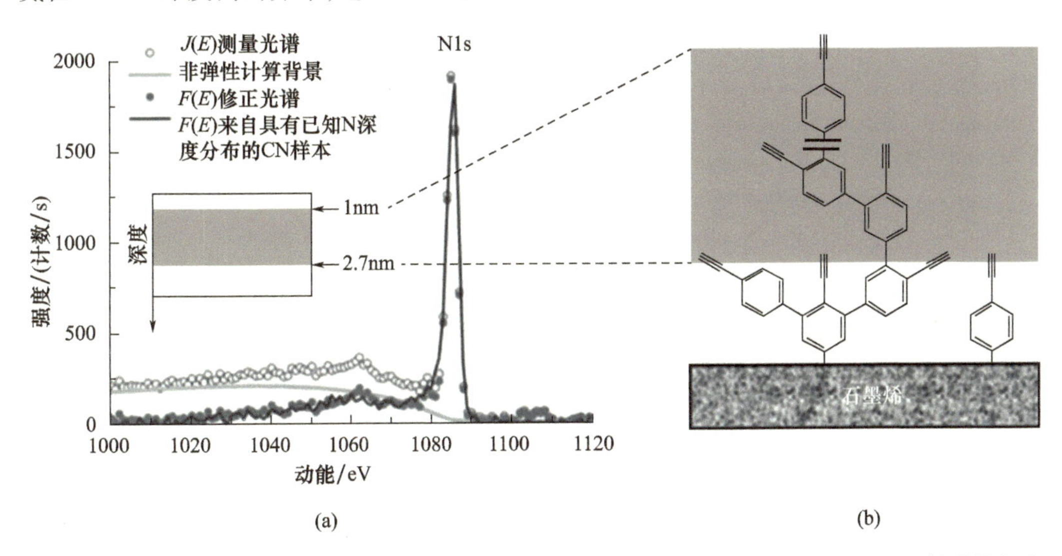

图 16.18 (a)测定用二茂铁电化学接枝的石墨基样品的氮的深度分布,用 QUASES 软件模拟非弹性背景(所用程序的细节在辅助信息中给出)。(b)二茂铁分子点击反应不同深度 4－乙炔基苯基部分可能分布示意图,解释了氮的深度分布。石墨烯样品通过路线(Ⅰ)获得(经 Fortgang 等许可转载 *ACS AMI*8(2016)1424－1433[37]。2016 年美国化学学会版权所有)

16.4 小结

本章是探索 fl－石墨烯薄膜性能的实验汇总,该薄膜由在镍催化剂存在下沉积的固体无定形碳膜通过脉冲激光烧蚀合成,作为 SERS 平台中的化学传感器用于检测低浓度生物分子,电接枝电极用于未来选择性化学和生物传感。

Au 纳米粒子修饰的 fl－石墨烯膜导致在低于人类毒性阈值的浓度下高灵敏度地检

测罗丹明、对氨基硫酚、溴氰菊酯和甲基对硫磷。证明了平台1年的稳定性。该方法简单、快速、成本低。循环伏安法显示了fl－石墨烯薄膜优异的电化学动力学性能。用$Fc(CH_2OH)_2$溶液获得的电子转移动力学揭示了一个准可逆过程。还证明了乙炔芳基在样品表面上的成功和牢固的连接，为使用点击反应特异性连接具有叠氮化物功能的分子铺平了道路。将该方法应用于二茂铁叠氮化物，模拟氧化还原分子在这种基底上的接枝。功能化电极的电化学响应证实了我们的方法被电化学有效控制，显示出高的二茂铁负载和稳定的电化学响应。由于具有多层接枝结构，接枝分子的数量高于其他常用的基底如玻璃碳或掺硼金刚石电极。因此，电极上的识别元件高负载将具有可能性。该方法允许电化学控制的官能化以寻址多电极器件上的探针。这项工作为开发具有各种传感功能的fl－石墨烯传感器开辟了新途径，并可应用于生物分子或生命系统等脆弱的传感对象。

参考文献

[1] Novoselov, K. S., Falko, V. I., Colombo, L., Gellert, P. R., Schwab, M. G., Kim, K., A roadmap for graphene. *Nature*, 490, 192 - 200, 2012.

[2] Ambrosi, A., Chua, C. K., Bonanni, A., Pumera, M., Electrochemistry of graphene and related materials. *Chem. Rev.*, 114, 7150 - 7188, 2014.

[3] Brownson, D. A. C., Kampouris, D. K., Banks, C. E., Graphene electrochemistry: Fundamental concepts through to prominent applications. *Chem. Soc. Rev.*, 41, 6944 - 6976, 2012.

[4] Mao, M., Hu, J., Liu, H., Graphene - based materials for flexible electrochemical energy storage. *Int. J. Energy Res.*, 39, 727 - 740, 2014.

[5] Chen, K., Chen, L., Chen, Y., Bai, H., Li, L., Three - dimensional porous graphene - based composite materials: Electrochemical synthesis and application. *J. Mater. Chem.*, 22, 20968 - 20976, 2012.

[6] Lawal, A. T., Synthesis and utilisation of graphene for fabrication of electrochemical sensors. *Talanta*, 131, 424 - 443, 2015.

[7] Vashist, S. K. and Luong, J. H. T., Recent advances in electrochemical biosensing schemes using graphene and graphene - based nanocomposites. *Carbon*, 84, 519 - 550, 2015.

[8] Gan, X. and Zhao, H. A., Review: Nanomaterials applied in graphene - based electrochemical biosensors. *Sens. Mater.*, 27, 191 - 215, 2015.

[9] Eigler, S. and Hirsch, A., Chemistry with graphene and graphene oxide—Challenges for synthetic chemists. *Angew. Chem. Int. Ed.*, 53, 7720 - 7738, 2014.

[10] Kuila, T., Bose, S., Mishra, A. K., Khanra, P., Kim, N. H., Lee, J. H., Chemical functionalization of graphene and its applications. *Prog. Mater. Sci.*, 57, 1061 - 1105, 2012.

[11] Zhong, J. - H., Zhang, J., Jin, X., Liu, J. - Y., Li, Q., Li, M. - H., Cai, W., Wu, D. - Y., Zhan, D., Ren, B., Quantitative correlation between defect density and heterogeneous electron transfer rate of single layer graphene. *J. Am. Chem. Soc.*, 136, 16609 - 16617, 2014.

[12] Li, W., Tan, C., Lowe, M. A., Abruna, H. D., Ralph, D. C., Electrochemistry of individual monolayer graphene sheets. *ACS Nano*, 5, 2264 - 2270, 2011.

[13] Valota, A. T., Kinloch, I. A., Novoselov, K. S., Casiraghi, C., Eckmann, A., Hill, E. W., Dryfe, R. A. W., Electrochemical behavior of monolayer and bilayer graphene. *ACS Nano*, 5, 8809 - 8815, 2011.

[14] Velický, M., Bradley, D. F., Cooper, A. J., Hill, E. W., Kinloch, I. A., Mishchenko, A., Novoselov, K. S., Patten, H. V., Toth, P. S., Valota, A. T., Worrall, S. D., Dryfe, R. A. W., Electron transfer kineticson mono - and multilayer graphene. *ACS Nano*, 8, 10089 - 10100, 2014.

[15] Novoselov, K. S., Geim, A. K., Morozov, S. V., Jiang, D., Zhang, Y., Dubonos, S. V., Grigorieva, I. V., Firsov, A. A., Electric field effect in atomically thin carbon films. *Science*, 306, 666 - 669, 2004.

[16] Lotya, M., Hernandez, Y., King, P. J., Smith, R. J., Nicolosi, V., Karlsson, L. S., Blighe, F. M., De, S., Wang, Z., McGovern, I. T., Duesberg, G. S., Coleman, J. N., Liquid phase production of graphene by exfoliation of graphite in surfactant/water solutions. *J. Am. Chem. Soc.*, 131, 3611 - 3620, 2009.

[17] Kim, K. S., Zhao, Y., Jang, H., Lee, S. Y., Kim, J. M., Kim, K. S., Ahn, J. - H., Kim, P., Choi, J. - Y., Hong, B. H., Large - scale pattern growth of graphene films for stretchable transparent electrodes. *Nature*, 457, 706 - 710, 2009.

[18] Sun, Z., Yan, Z., Yao, J., Beitler, E., Zhu, Y., Tour, J. M., Growth of graphene from solid carbon sources. *Nature*, 468, 549 - 552, 2010.

[19] Zhu, Y., Murali, S., Cai, W., Li, X., Suk, J. W., Potts, J. R., Ruoff, R. S., Graphene and graphene oxide: Synthesis, properties, and applications. *Adv. Mater.*, 22, 3906 - 3924, 2010.

[20] Brownson, D. A. C., Figueiredo - Filho, L. C. S., Ji, X., Gomez - Mingot, M., Iniesta, J., Fatibello - Filho, O., Kampouris, D. K., Banks, C. E., Freestanding three - dimensional graphene foam givesrise to beneficial electrochemical signatures within non - aqueous media. *J. Mater. Chem. A*, 1, 5962 - 5972, 2013.

[21] Liu, J., Wang, X., Wang, T., Li, D., Xi, F., Wang, J., Wang, E., Functionalization of monolithic and porous three - dimensional graphene by one - step chitosan electrodeposition for enzymatic biosensor. *ACS Appl. Mater. Interfaces*, 6, 19997 - 20002, 2014.

[22] Xiao, X., Beechem, T. E., Brumbach, M. T., Lambert, T. N., Davis, D. J., Michael, J. R., Washburn, C. M., Wang, J., Brozik, S. M., Wheeler, D. R., Burckel, D. B., Polsky, R., Lithographically definedthree - dimensional graphene structures. *ACS Nano*, 6, 3573 - 3579, 2012.

[23] Zeng, M., Wang, W. - L., Bai, X. - D., Preparing three - dimensional graphene architectures: Review of recent developments. *Chin. Phys. B*, 22, 098105, 2013.

[24] Ambrosi, A. and Pumera, M., The CVD graphene transfer procedure introduces metallic impurities which alter the graphene electrochemical properties. *Nanoscale*, 6, 472 - 476, 2014.

[25] Georgakilas, V., Otyepka, M., Bourlinos, A. B., Chandra, V., Kim, N., Kemp, K. C., Hobza, P., Zboril, R., Kim, K. S., Functionalization of graphene: Covalent and non - covalent approaches, derivatives and applications. *Chem. Rev.*, 112, 6156 - 6214, 2012.

[26] Zhang, J. - T., Jin, Z. - Y., Li, W. - C., Dong, W., Lu, A. - H., Graphene modified carbon nanosheets for electrochemical detection of Pb(II) in water. *J. Mater. Chem. A*, 1, 13139 - 13145, 2013.

[27] Delamoreanu, A., Rabot, C., Vallee, C., Zenasni, A., Wafer scale catalytic growth of graphene onnickel by solid carbon source. *Carbon*, 66, 48 - 56, 2014.

[28] Orofeo, C., Ago, H., Hu, B., Tsuji, M., Synthesis of large area, homogeneous, single layer graphene films by annealing amorphous carbon on Co and Ni. *Nano Res.*, 4, 531 - 540, 2011.

[29] Tite, T., Donnet, C., Loir, A. - S., Reynaud, S., Michalon, J. - Y., Vocanson, F., Garrelie, F., Graphene - based textured surface by pulsed laser deposition as a robust platform for surface enhanced Raman scattering applications. *Appl. Phys. Lett.*, 104, 041912, 2014.

[30] Xu, W., Mao, N., Zhang, J., Graphene: A platform for surface - enhanced Raman spectroscopy. *Small*, 9, 8, 1206 - 1224, 2013.

[31] Huang, J., Zhang, L., Chen, B., Ji, N., Chen, F., Zhang, Y., Zhang, Z., Nanocomposites of size - controlled gold nanoparticles and graphene oxide: Formation and applications in SERSand catalysis. *Nanoscale*, 2, 27 33 - 2738, 2010.

[32] Yao, H., Jin, L., Sue, H. - J., Sumi, Y., Nishimura, R., Scalable one - step electrochemical deposition of nanoporous amorphous S - doped $NiFe_2O_4/Ni_3Fe$ composite films as highly efficient electrocatalysts for

oxygen evolution with ultrahigh stability. *J. Mater. Chem.* ,A1,10783 - 10795,2013.

[33] Panwar,O. S. ,Kesarwani,A. K. ,Rangnath Dhakate,S. ,Singh,B. P. ,Kumar Rakshit,R. ,Bisht,A. ,Chockalingam,S. ,Few layer graphene synthesized by filtered cathodic vacuum arc technique. *J. Vac. Sci. Technol.* ,B31,040602,2013.

[34] Sarath Kumar,S. R. and Alshareef,H. N. ,Ultraviolet laser deposition of graphene thin films without catalytic layers. *Appl. Phys. Lett.* ,102,012110,2013.

[35] Koh,A. T. T. ,Foong,Y. M. ,Chua,D. H. C. ,Comparison of the mechanism of low defect few - layer graphene fabricated on different metals by pulsed laser deposition. *Diamond Relat. Mater.* ,25,98 - 102,2012.

[36] Tite,T. ,Barnier,V. ,Donnet,C. ,Loir,A. - S. ,Reynaud,A. - S. ,Michalon,J. - Y. ,Vocanson,F. ,Garrelie,F. ,Surface enhanced Raman spectroscopy platform based on graphene with one - yearstability, *Thin Solid Films*,604,74 - 80,2016.

[37] Fortgang,P. ,Tite,T. ,Barnier,V. ,Zehani,N. ,Maddi,C. ,Lagarde,F. ,Loir,A. - S. ,Jaffrezic - Renault,N. ,Donnet,C. ,Garrelie,F. ,Chaix,C. ,Robust electrografting on self - organized 3D graphene electrodes. *ACS Appl. Mater. Interfaces*,8,1424 - 1433,2016.

[38] McCreery,R. L. ,Advanced carbon electrode materials for molecular electrochemistry. *Chem. Rev.* ,108,2646 - 2687,2008.

[39] Evrard,D. ,Lambert,F. ,Policar,C. ,Balland,V. ,Limoges,B. ,Electrochemical functionalization of carbon surfaces by aromatic azide or alkyne molecules: A versatile platform for click chemistry. *Chem. Eur. J.* ,14,9286 - 9291,2008.

[40] Yeap,W. S. ,Murib,M. S. ,Cuypers,W. ,Liu,X. ,van Grinsven,B. ,Ameloot,M. ,Fahlman,M. ,Wagner,P. ,Maes,W. ,Haenen,K. ,Boron - doped diamond functionalization by an electrografting/alkyne - azide click chemistry sequence. *ChemElectroChem*,1,1145 - 1154,2014.

[41] Bekyarova,E. ,Itkis,M. E. ,Ramesh,P. ,Berger,C. ,Sprinkle,M. ,de Heer,W. A. ,Haddon,R. C. ,Chemical modification of epitaxial graphene: Spontaneous grafting of aryl groups. *J. Am. Chem. Soc.* ,131,1336 - 1337,2009.

[42] Huang,P. ,Jing,L. ,Zhu,H. ,Gao,X. ,Diazonium functionalized graphene: Microstructure,electric,and magnetic properties. *Acc. Chem. Res.* ,46,43 - 52,2012.

[43] Lomeda,J. R. ,Doyle,C. D. ,Kosynkin,D. V. ,Hwang,W. - F. ,Tour,J. M. ,Diazonium functionalization of surfactant - wrapped chemically converted graphene sheets. *J. Am. Chem. Soc.* ,130,16201 - 16206,2008.

[44] Liu,M. ,Duan,Y. ,Wang,Y. ,Zhao,Y. ,Diazonium functionalization of graphene nanosheets and impact response of aniline modified graphene/bismaleimide nanocomposites. *Mater. Des.* ,53,466 - 474,2014.

[45] Menanteau,T. ,Levillain,E. ,Breton,T. ,Electrografting via diazonium chemistry: From multilayer to monolayer using radical scavenger. *Chem. Mater.* ,25,2905 - 2909,2013.

[46] Kolb,H. C. ,Finn,M. G. ,Sharpless,K. B. ,Click chemistry: Diverse chemical function from a few good reactions. *Angew. Chem. Int. Ed.* ,40,2004 - 2021,2001.

[47] Ripert,M. ,Farre,C. ,Chaix,C. ,Selective functionalization of Au electrodes by electrochemical activation of the "click" reaction catalyst. *Electrochim. Acta*,91,82 - 89,2013.

[48] Zamfir,L. - G. ,Fortgang,P. ,Farre,C. ,Ripert,M. ,De Crozals,G. ,Jaffrezic - Renault,N. ,Bala,C. ,Temple - Boyer,P. ,Chaix,C. ,Synthesis and electroactivated addressing of ferrocenyl and azido - modified stem - loop oligonucleotides on an integrated electrochemical device. *Electrochim. Acta*,164,62 - 70,2015.

[49] Li,X. S. ,Cai,W. W. ,Colombo,L. ,Ruoff,R. S. ,Evolution of graphene growth on Ni and Cu by carbon isotope labeling. *Nano Lett.* ,9,4268 - 4272,2009.

[50] Ferrari,A. C. and Basko,D. M. ,Raman spectroscopy as a versatile tool for studying the properties of gra-

phene. *Nat. Nanotechnol.* ,8,235 – 246,2013.

[51] Lenski,D. R. and Fuhrer,M. S. ,Raman and optical characterization of multilayer turbostratic graphene grown via chemical vapor deposition. *J. Appl. Phys.* ,110,013720,2011.

[52] Walcarius,A. ,Mesoporous materials and electrochemistry. *Chem. Soc. Rev.* ,42,4098 – 4140,2013.

[53] Chen,L. ,Feng,M. ,Zhan,H. ,Fundamental electrochemistry of three – dimensional graphene aerogels. *RSC Adv.* ,4,30689 – 30696,2014.

[54] Bhaskaran,M. ,Sriram,S. ,Perova,T. S. ,Ermakov,V. ,Thorogood,G. J. ,Short,K. T. ,Holland,A. S. ,*In – situ* micro – Raman analysis and X – ray diffraction of nickel silicide thin films on silicon. *Micron*,40,1,89 – 93,2009.

[55] Li,F. ,Yue,H. ,Wang,P. ,Yang,Z. ,Wang,D. ,Liu,D. ,Qiao,L. ,He,D. ,Synthesis of core – shell architectures of silicon coated on controllable grown Ni – silicide nanostructures and their lithiumion battery application. *Cryst. Eng. Comm.* ,15,36,7298 – 7306,2013.

[56] Cançado,L. G. ,Takai,K. ,Enoki,T. ,Endo,M. ,Kim,Y. A. ,Mizusaki,H. ,Jorio,A. ,Coelho,L. N. ,Magalhães – Paniago,R. ,Pimenta,M. A. ,General equation for the determination of the crystallite size of nanographite by Raman spectroscopy. *Appl. Phys. Lett.* ,88,163106,2006.

[57] Li,X. ,Tay,B. K. ,Li,J. ,Tan,D. ,Tan,C. W. ,Liang,K. ,Mildly reduced graphene oxide – Ag nanoparticle hybrid films for surface – enhanced Raman scattering. *Nanoscale Res. Lett.* ,7,205,2012.

[58] Petridis,C. ,Lin,Y. – H. ,Savva,K. ,Eda,G. ,Kymakis,E. ,Anthopoulos,T. D. ,Stratakis,E. ,Postfabrication,*in situ* laser reduction of graphene oxide devices. *Appl. Phys. Lett.* ,102,093115,2013.

[59] Lü,M. ,Li,J. ,Yang,X. Y. ,Zhang,C. A. ,Yang,J. ,Hu,H. ,Wang,X. B. ,Applications of graphenebased materials in environmental protection and detection. *Chin. Sci. Bull.* ,58,22,2698 – 2710,2013.

[60] Maliyekkal,S. M. ,Sreeprasad,T. S. ,Krishnan,D. ,Kouser,S. ,Mishra,A. K. ,Waghmare,U. V. ,Pradeep,T. ,Graphene:A reusable substrate for unprecedented adsorption of pesticides. *Small*,9,2,273 – 283,2013.

[61] Le Ru,E. C. and Etchegoin,P. G. ,Quantifying SERS enhancements. *MRS Bull.* ,38,631 – 640,2013.

[62] Sharma,B. ,Cardinal,M. F. ,Kleinman,S. L. ,Greeneltch,N. G. ,Frontiera,R. R. ,Blaber,M. G. ,Schatz,G. C. ,Van Duyne,R. P. ,High – performance SERS substrates:Advances and challenges. *MRS Bull.* ,38,615 – 624,2013.

[63] Lee,D. ,Lee,S. ,Seong,G. H. ,Choo,J. ,Lee,E. K. ,Gweon,D. – G. ,Lee,S. ,Quantitative analysis of methyl parathion pesticides in a polydimethylsiloxane microfluidic channel using confocal surface – enhanced Raman spectroscopy. *Appl. Spectrosc.* ,60,4,373 – 377,2006.

[64] Li,D. W. ,Zhai,W. L. ,Li,Y. T. ,Long,Y. T. ,Recent progress in surface enhanced Raman spectroscopy for the detection of environmental pollutants. *Microchim. Acta*,181,23 – 43,2014.

[65] Li,J. F. ,Huang,Y. F. ,Ding,Y. ,Yang,Z. L. ,Li,S. B. ,Zhou,X. S. ,Fan,F. R. ,Zhang,W. ,Zhou,Z. Y. ,Wu,D. Y. ,Ren,B. ,Wang,Z. L. ,Tian,Z. Q. ,Shell – isolated nanoparticle – enhanced Raman spectroscopy. *Nature*,464,392 – 395,2010.

[66] Yazdi,S. H. and White,I. M. ,Multiplexed detection of aquaculture fungicides using a pump – free optofluidic SERS microsystem. *Analyst*,138,100 – 103,2013.

[67] Sidorov,N. ,Sławiński,G. W. ,Jayatissa,A. H. ,Zamborini,F. P. ,Sumanasekera,G. U. ,A surfaceenhanced Raman spectroscopy study of thin graphene sheets functionalized with gold and silver nanostructures by seed – mediated growth. *Carbon*,50,699 – 705,2012.

[68] Watanabe,H. ,Hayazawa,N. ,Inouye,Y. ,Kawata,S. ,DFT Vibrational calculations of rhodamine 6G adsorbed on silver:Analysis of tip – enhanced Raman spectroscopy. *J. Phys. Chem. B*,109,11,5012 –

5020,2005.

[69] Li,X. ,Li,J. ,Zhou,X. ,Ma,Y. ,Zheng,Z. ,Duan,X. ,Qu,Y. ,Silver protected by monolayer graphene as a stabilized substrate for surface enhanced Raman spectroscopy. *Carbon*,66,713 – 719,2014.

[70] Vijay Kumar,S. ,Huang,N. M. ,Lim,H. N. ,Zainy,M. ,Harrison,I. ,Chia,C. H. ,Preparationof highly water dispersible functional graphene/silver nanocomposite for the detection of melamine. *Sens. Actuators*, *B*,181,885 – 893,2013.

[71] Ren,W. ,Fang,Y. ,Wang,E. ,A binary functional substrate for enrichment and ultrasensitive SERS spectroscopic detection of folic acid using graphene oxide/Ag nanoparticle hybrids. *ACSNano*,5,8,6425 – 6433,2011.

[72] Kleinman,S. L. ,Frontiera,R. R. ,Henry,A. – I. ,Dieringer,J. A. ,Van Duyne,R. P. ,Creating,characterizing,and controlling chemistry with SERS hot spots. *Phys. Chem. Chem. Phys.* ,15,21 – 36,2013.

[73] Perna,G. ,Lasalvia,M. ,D' Antonio,P. ,Quartucci,G. ,Capozzi,V. ,Characterization of humancells exposed to deltamethrin by means of Raman microspectroscopy and atomic force microscopy. *Vib. Spectrosc.* , 57,55 – 60,2011.

[74] Hu,A. ,Lu,Q. – B. ,Duley,W. W. ,Rybachuk,M. ,Spectroscopic characterization of carbon chainsin nanostructured tetrahedral carbon films synthesized by femtosecond pulsed laser deposition. *J. Chem. Phys.* ,126,154705,2007.

[75] Nicholson,R. S. ,Theory and application of cyclic voltammetry for measurement of electrode reaction kinetics. *Anal. Chem.* ,37,1351 – 1355,1965.

[76] Lavagnini,I. ,Antiochia,R. ,Magno,F. ,An extended method for the practical evaluation of the standard rate constant from cyclic voltammetric data. *Electroanalysis*,16,505 – 506,2004.

[77] Zhang,W. ,Gaberman,I. ,Ciszkowska,M. ,Effect of the volume phase transition on diffusion and concentration of molecular species in temperature – responsive gels:Electroanalytical studies. *Electroanalysis*,15, 4 09 – 413,2003.

[78] Ritzert,N. L. ,Rodríguez – López,J. ,Tan,C. ,Abruna,H. D. ,Kinetics of interfacial electron transferat single – layer graphene electrodes in aqueous and nonaqueous solutions. *Langmuir*,29,1683 – 1694,2013.

[79] Bard, A. J. and Faulkner, L. R. , *Electrochemical Methods: Fundamentals and Applications*, vol. 2, p. 591,1980.

[80] Laviron,E. ,General expression of the linear potential sweep voltammogram in the case of diffusionless electrochemical systems. *J. Electroanal. Chem. Interfacial Electrochem.* ,101,19 – 28,1979.

[81] Liu,G. ,Liu,J. ,Böcking,T. ,Eggers,P. K. ,Gooding,J. J. ,The modification of glassy carbon and gold electrodes with aryl diazonium salt:The impact of the electrode materials on the rate of heterogeneous electron transfer. *Chem. Phys.* ,319,136 – 146,2005.

[82] Chidsey,C. E. D. ,Free energy and temperature dependence of electron transfer at the metal – electrolyte interface. *Science*,251,919 – 922,1991.

[83] Collman,J. P. ,Devaraj,N. K. ,Eberspacher,T. P. A. ,Chidsey,C. E. D. ,Mixed azide – terminated monolayers:A platform for modifying electrode surfaces. *Langmuir*,22,2457 – 2464,2006.

[84] Zanoni,R. ,Cattaruzza,F. ,Coluzza,C. ,Dalchiele,E. A. ,Decker,F. ,Di Santo,G. ,Flamini,A. ,Funari,L. , Marrani,A. G. ,An AFM,XPS and electrochemical study of molecular electroactivemonolayers formed by wet chemistry functionalization of H – terminated Si(100)with vinylferrocene. *Surf. Sci.* ,575,260 – 272,2005.

[85] Tougaard,S. ,Practical algorithm for background subtraction. *Surf. Sci.* ,216,343 – 360,1989.

[86] Tougaard,S. ,Universality classes of inelastic electron scattering cross – sections. *Surf. InterfaceAnal.* ,25, 137 – 154,1997.

第17章 分子种类与石墨烯的相互作用及石墨烯传感

Simin Feng[1,2], Ruitao Lv[3], Mauricio Terrones[2,4], MAria Cristina dos Santos[5]

[1]深圳清华大学清华－伯克利深圳学院(TBSI)深圳盖姆石墨烯研究中心(SGC)

[2]美国宾夕法尼亚州大学校区宾夕法尼亚州立大学物理系和二维及层状材料中心

[3]清华大学材料科学与工程学院先进材料重点实验室(MOE)

[4]美国宾夕法尼亚州大学校区宾夕法尼亚州立大学材料科学与工程系化学系

[5]圣保罗州圣保罗大学物理研究所

摘　要　自2004年首次石墨烯剥离以来,因其显著的特性,石墨烯一直是主要研究的对象。石墨烯是由 sp^2 杂化碳原子组成的二维网格。这种特殊的二维系统具有惊人的物理和化学性质,人们已经在多个方面进行了探索。除了2004年报道的通过透明胶带剥离矿物石墨分离石墨烯之外,还开发了合成大面积石墨烯样品的其他方法,包括通过碳化硅退火的外延生长和化学气相沉积方法。化学气相沉积技术的优点是可以在生长过程中包含掺杂原子,从而产生掺杂石墨烯。掺杂原子的性质、与碳原子的蜂窝晶格结合的方式以及它们的浓度对石墨烯的性质有重要影响。例如,载流子浓度、力学性能和晶格振动在掺杂后的显著变化。石墨烯和掺杂石墨烯由于其大的表面体积比而对环境非常敏感,因此非常适合用于传感器器件。已经证实,可以通过拉曼散射检测吸附石墨烯上的微量特定分子。本章综述了近年来石墨烯和掺杂石墨烯与吸附分子相互作用的电子结构、这些相互作用对基底性质的影响以及检测吸附物存在的一些方法。我们将集中于石墨烯增强拉曼散射检测方法,并讨论产生这种效应的可能机制。

关键词　化学气相沉积,石墨烯增强拉曼散射,从头计算,传感器

17.1 引言

在过去的十年中,我们见证了石墨烯电子基础研究的快速增长和市场上第一批石墨烯基产品的出现[1]。例如,电子工业需要透明、柔性、导电和机械强度高的材料。石墨烯及其衍生物满足这些要求。此外,这些系统是超轻的,因为它们由原子的薄碳原子层组成。然而,石墨烯用于电子应用的一个重要缺点是没有带隙[2]。

石墨烯是一种六边形碳原子薄片,首先通过石墨的机械剥离分离出来[2]。石墨烯电

子结构的最重要特征可以通过固体物理教科书中的一种相当简单的方法获得。由于理想情况下所有碳原子都在同一平面内，并且每个碳与其最近的相邻碳形成三个键，因此可以调用原子轨道的sp^2杂化来构造基组。一组三个sp^2杂化轨道位于由碳原子及其三个相邻原子形成的平面上，留下第四个单占据的原子 2p 轨道，该轨道垂直于该平面。该基集证明了碳的四个价电子。杂化轨道是沿着石墨烯平面的共价键的 σ 网络的基础，而剩余的 2p 原子轨道是形成更高能量 pi 电子态的基础。通过采用与电子从碳原子的 2p 轨道跃迁到其三个最近邻居之一的概率有关的跳跃积分 t，可以容易地得到电子 pi 态的色散关系[3]：

$$E = \pm t\sqrt{1 + 4\cos^2\left(\frac{k_y a}{2}\right) + 4\cos\left(\frac{k_y a}{2}\right) \cdot \cos\left(\frac{k_x\sqrt{3}a}{2}\right)}$$

式中：E 为电子能量，是布洛赫波向量 $\boldsymbol{k} = (k_x, k_y)$ 的函数，$k = (k_x, k_y)a$ 是晶格参数。方程中的负号给出了容许最低能态。由于每个碳都为 π 带贡献一个电子，并且鉴于自旋退行性，石墨烯有足够的电子来完全填充负号带（价带），而正号带（导带）是空的。关于这个简单的带状结构，价带和导带接触的波向量是 $\boldsymbol{E} = 0$，被确定为布里渊区的 K 点。（价带），而正号带（导带）是空的。这些点对应于价带的顶部和导带的底部，因此，石墨烯具有零带隙。此外，K 点周围的色散关系线性地取决于波向量，这导致电子的有效质量为零。

由于石墨烯电子结构具有半金属特性及其对环境的高度敏感性，可以容易地进行掺杂，通过外部试剂提取电子（p 掺杂）或添加电子（n 掺杂）的过程，使掺杂材料具有金属特性。这是传统电子器件中应用的主要缺点。这种不便可以通过所谓的石墨烯带隙方法进行克服，通过该方法，可以在石墨烯衍生的系统中产生带隙，从而保留部分所需的特性[4]。然而，可以利用半金属特性和环境灵敏度来生产高性能的传感器。在此背景下，涉及石墨烯传感的应用非常广泛，从简单的气体检测[5]到生化传感[6]，可能应用于可穿戴电子[7]和射频识别（RFDI）系统，其中石墨烯传感器嵌入 RFDI 用于遥感[8]。

本书讨论了快速增长的石墨烯传感领域的几个方面。本章专门讨论涉及光散射的检测机制。石墨烯及其衍生物已被证明增强了吸附在其上的一些有机分子的拉曼散射截面[9~10]。通过光散射法，可以有效地检测痕量的分析物。该方法优于其他传感技术的优点在于，不仅可以测量分析物的浓度，而且可以确定分析物的身份；此外，传感器的制造简单并且不需要金属接触。

本章共分为三节，并作简要总结。17.2 节讨论了用化学气相沉积合成纯石墨烯和掺杂石墨烯；17.3 节讨论分子与石墨烯的相互作用，以及这些相互作用如何导致传感机制；17.3 节描述了光散射的传感机制，即石墨烯增强拉曼散射（GERS）。

17.2 化学气相沉积法合成纯石墨烯和掺杂石墨烯

高质量大面积石墨烯片的可靠合成对其实际应用及其融入新兴技术至关重要[11]。因此，自 2004 年发现以来，已有许多与高质量石墨烯片相关的研究出版物，包括机械剥离、化学剥离、化学气相沉积和 SiC 上的外延生长，所有这些都总结在图 17.1 中[12]。机械剥离是首次用于制备高质量石墨烯的方法，用于概念验证研究，但其收益率很低[13]。化学剥离似乎有望获得大量的石墨烯纳米片。然而，剥离所需的反应通常会损坏层并产生大量缺陷[14]。迄今为止,化学气相沉积通常被认为是以相对较低的成本可规模化生长高质量石墨烯片的最有前景的方法。

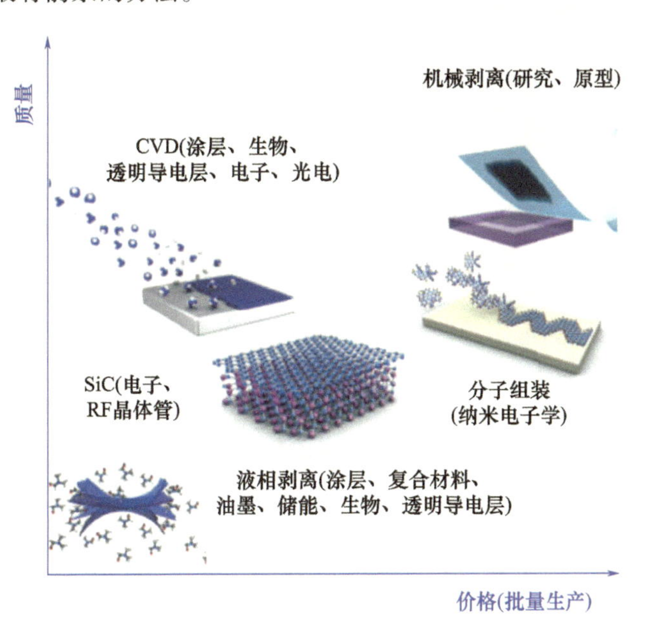

图 17.1 获得高质量单层石墨烯的不同方法。化学气相沉积由于其低成本和高样品质量,是一种很有前景的方法。此外,所得石墨烯的尺寸可以与用于生长的基底一样大。(图片转载自参考文献[12])

已知化学气相沉积可生产工业规模的材料,包括多晶硅、氮化物、氧化物、硫族化物和金属[15-17]。自首次剥离石墨烯以来,已经进行了多项研究,致力于通过化学气相沉积合成单层石墨烯。尽管已经使用不同的基底来生长石墨烯,但直到关于通过化学气相沉积在 Ni 和 Cu 上生长石墨烯的第一次报道,该领域才真正发生了革命性的变化[18-22]。

图 17.2 显示了用于生长石墨烯片的化学气相沉积装置的示意图。在典型的运行中,将一片金属基底(如 Cu 箔)装载到石英管中,然后加热到高温(如约 1000℃)。然后,将载气(如 Ar/H_2)与烃源(如CH_4)一起引入石英管反应器中。碳氢化合物(如CH_4)分解成碳自由基,然后将在基底表面上形成单层和少层石墨烯[23-24]。需要注意的是,金属基底对石墨烯生长起着重要作用[25]。金属不仅作为催化剂降低反应的能垒,还决定了石墨烯如何在基底上沉淀。在碳前体方面,甲烷(CH_4)是合成原始石墨烯最广泛使用的碳氢化合物之一;其他混合气体,如氩气(Ar)和氢气(H_2),通常用于石墨烯合成。氢在合成过程中起着多种作用。例如,它在金属基底的退火步骤(用于清洁和结晶)期间使用,以通过还原工艺从表面除去氧[23]。然而,其在综合过程中的作用仍在辩论中。VlasSiouk 及其同事提出,氢自由基不仅在形成石墨烯生长所需的活性表面结合碳物种中起助催化剂的作用,而且还用于通过蚀刻掉碳物种来控制晶粒形状和尺寸[26]。Losurdo 等也提出,氢与烃前体竞争表面上的初始化学吸附(抑制),这可能影响碳的沉积[27]。然而,H 原子也通过在基底表面上产生烃和碳自由基的成核位点而有利于石墨烯生长。它还能钝化石墨烯生长过程中作为成核中心的缺陷和晶界,在sp^3向sp^2碳的转化中起着至关重要的作用[27]。

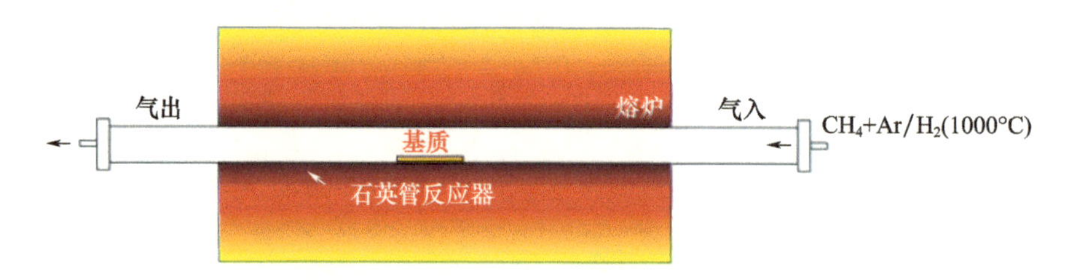

图 17.2　化学气相沉积工艺生长石墨烯的示意图

将一片金属基底（如 Cu 箔）放置在石英管反应器的中心并在载气（如 Ar/H_2）中加热到高温。在反应温度下，将烃分子（如CH_4）引入石英管中以在金属基底上生长石墨烯。（图片转载自参考文献[10]）

在众多金属基底中，多晶 Ni 和 Cu 被研究，最多用于化学气相沉积石墨烯合成，尽管由于两种基底在碳溶解度上的差异，两种基底的生长机制大不相同。当使用不同底物时，Ruoff 的研究小组使用碳同位素标记结合拉曼映射来跟踪生长过程（图 17.3（a）和（b））[24]。以多晶 Ni 为基底生长石墨烯时，碳原子扩散到 Ni 基底中，烃分解时形成 Ni－C 固溶体。Ni 在高温下具有相对大的碳溶解度和高的碳扩散率[24]。当样品冷却时，由于溶解度降低，碳原子扩散出 Ni 基底，并在表面上沉淀为石墨烯（图 17.3（c））。由于这种生长机制，合成石墨烯的质量和厚度、高度依赖于冷却速率[22]。此外，Ni 的晶粒尺寸是影响石墨烯质量的另一个重要因素。例如，多层石墨烯通常在多晶 Ni 中的晶界处发现[28]。认为在H_2环境中高温（约 1000℃）退火 Ni 膜可以增加晶粒尺寸并去除 Ni 内的缺陷，从而提高石墨烯的质量[25]。为了获得大晶粒尺寸的石墨烯，通常使用单晶 Ni(111) 作为基底，其相对光滑的表面导致更均匀的石墨烯生长[25]。

与 Ni 和其他过渡金属相反，Cu 的碳溶解度低得多，这使得大面积单层石墨烯生长成为可能[20]。因此，大部分碳原子不是扩散到块状 Cu 中，而是直接分解到金属表面上并形成石墨烯薄片的小岛。一旦第一层石墨烯覆盖 Cu 表面，就不再有 Cu 曝露，催化烃前体分解，反应停止，而与生长时间、流速或冷却速率无关（图 17.3（d））。因此，在 Cu 上化学气相沉积生长石墨烯是一种自限制工艺，并且具有易于控制得到单层覆盖的优势。应当提及的是，由于 Cu 基底内存在缺陷位置，一小部分碳原子可以通过扩散储存在那里，因为这些位置碳溶解度大。这是能够在 Cu 基底上形成多层石墨烯的原因之一[28]。

除了气态烃前体（如甲烷（CH_4）、乙烯（C_2H_4）和乙炔（C_2H_2）外，还有多种其他碳前体被用于合成石墨烯，包括甲苯（C_7H_8）、己烷（C_6H_{14}）、苯（C_6H_6）等液态前体和聚甲基丙烯酸甲酯（PMMA，$(C_5O_2H_8)_n$和聚苯乙烯（$(C_8H_8)_n$）等固态前体[29]。应特别提及的是，通过使用具有低分解温度的碳前体，石墨烯生长温度可低至 400℃，低于CH_4的约 1000℃。这对于在合金、玻璃或聚合物等低熔点基底上合成石墨烯至关重要。

如上所述，原始（未掺杂）石墨烯是一种具有迷人性质的新型纳米材料，如高导热性（约 2000W/(m·K)）[30－31]、超高迁移率（室温下高达 $2\times10^5 cm^2/(V\cdot s)$）[32]和大杨氏模量（约1TPa）[33]。尽管具有所有这些特性，原始石墨烯的零带隙使得其不太适合半导体晶体管应用。受 Si 基电子学的启发，掺杂可用于定制石墨烯的电子、化学、光学和磁性，以实现特定的功能[34－37]。例如，用杂原子（如 B、N、Si 等）掺杂石墨烯是改变石墨烯费米能级的可行方式，以便进一步调制石墨烯基器件的行为[38－42]。此外，掺杂石墨烯中的缺陷可以显著增强石墨烯与其他分子的相互作用，从而提高传感性能[10,43－44]。

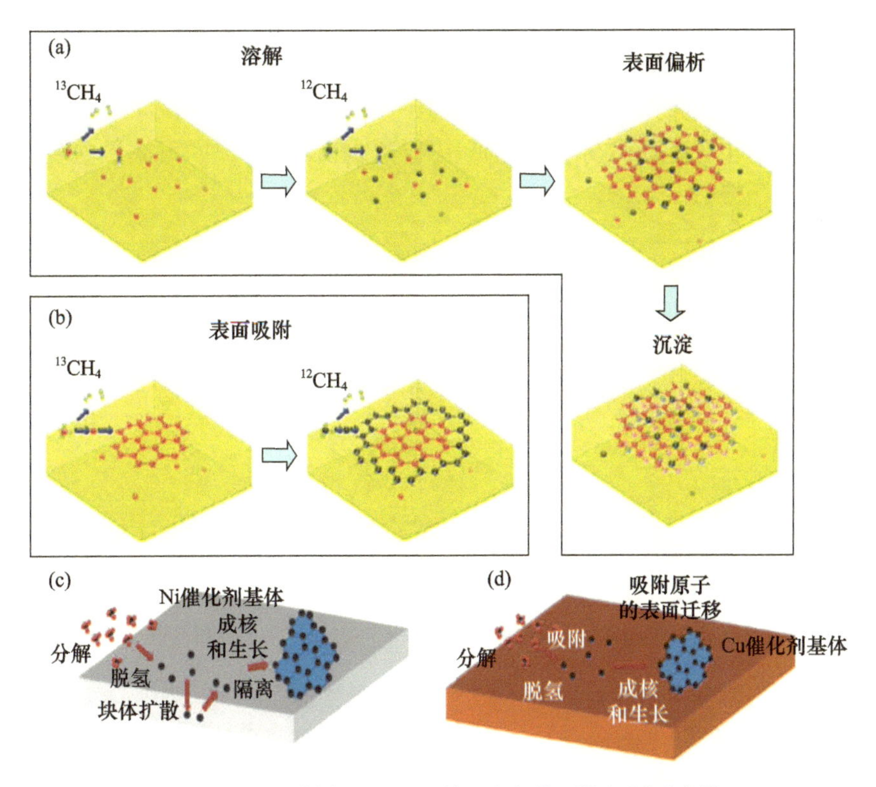

图 17.3　石墨烯在 Cu 和 Ni 箔上生长的可能机制示意图

通过以不同的碳同位素为前体生长石墨烯，揭示了该机理。(a)、(c)在高度碳溶的金属基底(如 Ni)上生长石墨烯。碳前体将分解并扩散到金属基底中。偏析过程将决定石墨烯成核和生长。(b)、(d)在低碳溶性金属基底(如 Cu)上的石墨烯生长。碳前体将分解并被吸附在金属表面上。石墨烯的表面吸附和脱附过程将决定石墨烯的生长。(图片经许可转载自参考文献[23]和 Nano Lett. 9,4268－4272(2009)，美国化学学会版权所有(2009))

关于石墨烯片的替代掺杂，化学气相沉积也是使用不同掺杂剂前体生产高质量单层掺杂石墨烯片的最流行的方法。在各种掺杂剂原子中，大多数实验研究集中在氮掺杂剂上。气体、液体和固体含氮前体，如氨(NH_3)、吡啶(C_5H_5N)[40,45]、乙腈(CH_3CN)[46]、三聚氰胺($C_3N_6H_6$)[47]和三聚氯氰($C_3N_3Cl_3$)[48]也已用于合成氮掺杂石墨烯片。在所有这些前体中，氨气的使用最广泛，因为在合成过程中气相容易控制。

氮掺杂石墨烯(NG)片的生长也可以在大气压化学气相沉积(AP－CVD)系统中实现。此过程不需要真空设备[10]。可使用各种表征技术来验证氮的存在。拉曼光谱是研究掺杂石墨烯最广泛使用的技术之一。它可以区分是 p 型掺杂还是 n 型掺杂，并估算掺杂浓度。图 17.4(a)显示了原始和 n 掺杂石墨烯的典型拉曼光谱。2D 峰和 G 峰之间的强度比(I_{2D}/I_G)以及 2D 带的锐度证实了单层 NG 的生长。当将 NG 与 PG 进行比较时，人们可以注意到 NG 片中 D 带的出现，这可以归因于石墨烯晶格中引入氮原子产生的结构无序。考虑到 D 带和 G 带之间的强度比((I_D/I_G))，可以获得石墨烯中缺陷之间的平均距离(L_D)，每平方厘米约 2.0×10^{12} 个氮原子。与 PG 相比，NG 的 2D 带降档指示 n 型掺杂。X 射线光电子能谱(XPS)是表征掺杂石墨烯片的另一种有力工具。高分辨率 XPS 扫描可以提供化学键和掺杂水平的信息。图 17.4(b)显示了 NG 的典型 XPS 光谱。N1s 线扫描实际上可以解旋成两个组分峰，对应于吡啶(398.6eV)和石墨(400.6eV)氮掺杂剂。

此外，扫描隧道显微镜（STM）最近被开发为可视化石墨烯晶格内的单个掺杂剂的新技术[49]。图17.4(c)和(d)显示了石墨烯中氮掺杂剂的实验和模拟STM图像。可以观察到两个氮原子取代两个碳原子并位于石墨烯的同一*A*亚晶格上，由一个碳原子隔开，从而形成N_2^{AA}掺杂构型，这与先前Zhao等在通过低压化学气相沉积合成的石墨烯内观察到单个氮取代的报道不同[40]。

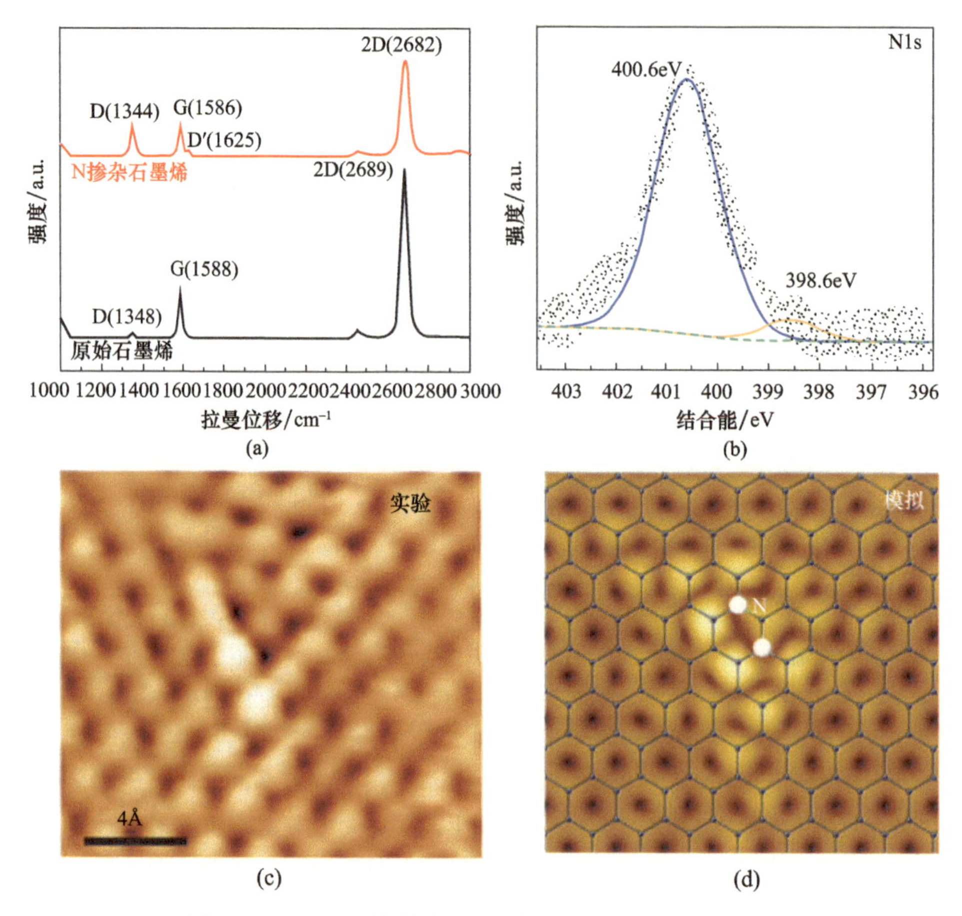

图17.4 用于证明氮结合到石墨烯晶格中的不同表征技术

(a)n掺杂石墨烯和原始石墨烯的拉曼光谱。拉曼光谱可用于提供掺杂浓度的信息。(b)X射线光电子能谱(XPS)对n掺杂石墨烯进行N1s线扫描。XPS可用于识别原子信息、化学键和掺杂水平。(c)、(d)合成的n掺杂石墨烯的实验和模拟扫描隧道显微镜(STM)图像。STM可以提供掺杂构型的直接证据(图片转载自参考文献[10])

除了氮掺杂之外，硼(B)掺杂剂也非常具有吸引力，因为当与碳相比时，B的尺寸相似。尽管已经进行了大量的理论报道来探索其性质和可能的应用[50-53]，但是由于B前体（如乙硼烷B_2H_6）[40,54]的高毒性，硼掺杂石墨烯(BG)的实验工作尚未广泛开展。或者当使用固体前体（如硼粉）时，实验的可重复性较低[55]。最近，报道了一种用于BG生长的起泡器辅助化学气相沉积系统，使用三乙基硼烷(TEB)和己烷溶液以获得高质量的单层BG。这些含硼前驱体安全，合成过程中易于处理，实验再现性高[56]。

尽管对于N和B掺杂的石墨烯的研究较多，但由于与C相比，其具有较大的原子尺寸，对于S、P和Si等其他掺杂剂的研究较少。在这些元素中，S和P掺杂的石墨烯已经在实验中实现[57-58]。然而，Si 掺杂的石墨烯（SiG）却很少合成。以前的研究偶尔使用环形暗场高分辨率 TEM 方法（ADF-HRTEM）发现石墨烯中的 Si 掺杂物[59]，但这些掺杂物来自化学气相沉积合成过程中使用的石英管反应器中的 Si 杂质，这绝对不是生产 SiG 的可控方式。

最近，在自行设计的起泡器辅助化学气相沉积系统中，在常压下可控合成了大面积 SiG 片，如图 17.5(a)所示[44]。在这项工作中，分别使用甲氧基三甲基硅烷（MTMS、$C_4H_{12}OSi$）和己烷（C_6H_{14}，纯度大于 99.0%）作为 Si 和 C 前体。SiG 合成描述如下。首先，清洗铜箔并将其装入 AP 化学气相沉积石英管反应器中。将载气（如 Ar/H_2）的混合物引入炉内，以在加热之前除去反应器内的空气。随后，将炉加热至 1000℃并保持恒定一段时间以使 Cu 箔退火。之后，将 MTMS/己烷溶液（10mL 己烷中 20μLMTMS）在 1000℃时用 1mL/min Ar 气鼓泡 5min，然后在 500mL/min Ar 流条件下将反应器自然冷却至室温。如图 17.5(b)和(c)所示，通过拉曼和 XPS 光谱证实了 Si 的存在。Si 掺杂石墨烯中清晰的 D 峰和 D'峰证实了石墨烯中的掺杂。SiG Si2p 区的 XPS 分析显示在 102.0eV 附近有一个清晰的峰，该峰与 Si 有关，而 PG 样品没有该峰，从而证明了 Si 掺杂剂的存在。

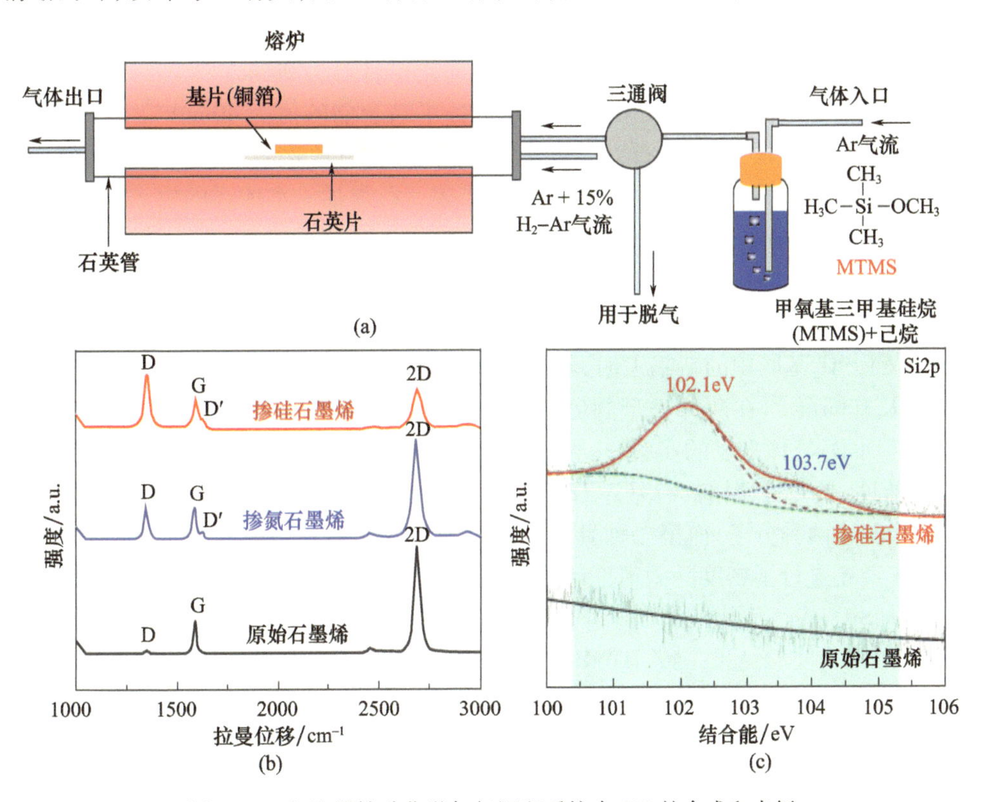

图 17.5 起泡器辅助化学气相沉积系统中 SiG 的合成和表征

(a)用于合成 SiG 的 CVD 装置。铜箔被用作 SiG 生长的基底。MTMS 和己烷分别用作 Si 和 C 前体。(b)SiO_2/Si 基底上 SiG 片的典型拉曼光谱。为了比较，这里还显示了原始和氮掺杂石墨烯的拉曼光谱。与原始石墨烯（PG）相比，SiG 片的 D 带增加，2D 带减少，这可能与 Si 掺杂引起的石墨烯晶格畸变有关。(c)SiG 和 PG 样品的 XPS Si2p 精细扫描。对于 SiG，Si2p 线可以解卷积成分别位于 102.1eV 和 103.7eV 的两个分峰。绿色虚线表示 Shirley 背景。(图片转载自参考文献[44])

总之，化学气相沉积已被证明是合成大面积、高质量原始和掺杂石墨烯片的通用技术。尽管 N 掺杂和 B 掺杂的石墨烯已经得到了深入的研究，但掺杂其他杂原子的石墨烯的合成路线仍有待进一步探索。此外，为了揭示不同的掺杂配置，应对掺杂石墨烯样品进行额外的表征技术，特别是仔细的 STM/STS 测量。最后，还需要进行进一步的实验来证明已经通过理论计算预测的掺杂石墨烯的潜在应用。

17.3 纯石墨烯和吸附分子的掺杂石墨烯之间的相互作用

在首次报道了石墨烯由于二氧化氮（NO_2）、氨（NH_3）、水（H_2O）和一氧化碳（CO）等气体的吸附而引起的电阻率可逆变化之后[60]，石墨烯传感的研究显著增长。在大多数实验研究中，使用转移到 Si/SiO_2 基底上的石墨烯薄片制造场效应管（FET）。然后，晶体管沟道曝露于用于测量的气体。所有上述气体改变了沟道电阻率，因此可以被检测到。最初，感测机制归因于电荷转移，其中所吸附的分子充当掺杂剂，从而改变沟道中的电荷载流子密度并因此改变电阻率。这幅图可能对某些吸附物有效，但不通用。让我们考虑对石墨烯中的水获得的一些结果：水在石墨烯上的结合能在很大程度上由色散相互作用决定，在具有经验色散校正（DFT－D）的密度泛函理论中计算为 90meV[61]。另一个使用相同密度泛函理论泛函但没有色散校正的计算报告了结合能的值为 40meV[62]。由于水是极性分子，它诱导吸附位点周围石墨烯电子密度的电荷重排，相当于沃茨图像偶极矩，导致吸引的库仑相互作用，这可以很好地用 DFT 描述。石墨烯－水体系的电子结构显示石墨烯能带没有改变，而水的最高占据电子态（HOMO）远低于费米能（E_F），最低未占据态（LUMO）远高于费米能E_F。结论是没有电荷转移，没有掺杂。Wehling 及其同事[62]利用密度泛函理论计算研究了SiO_2支撑基底对石墨烯－水体系电子结构的影响。结果表明，当水分子位于SiO_2基底中的缺陷上时，基底中的缺陷可能是掺杂的原因。在另一项研究中，Kumar 及其同事[63]在两种类型的器件中进行了检测甲基膦酸二甲酯（DMMP）和 1，2－二氯苯（DCB）气体分子的实验，一种是具有覆盖晶体管沟道中 Si/SiO_2 基底的石墨烯传统 FET 器件，另一种使用具有悬浮石墨烯的 FET 配置。值得注意的是，第一种类型的装置能够检测这两种分子，而第二种具有悬浮石墨烯的装置对吸附在其上的气体没有反应。这些作者还进行了密度泛函理论计算，研究了吸附在石墨烯上的 DMMP 和 DCB 的电子结构，包括SiO_2基底及其可能的缺陷，以及环境污染（例如，基底和石墨烯之间的水分子）。计算结果与实验结果一致，DMMP 或 DCB 的吸附不改变石墨烯E_F和态密度。然而，当存在有缺陷的SiO_2基底和环境污染时，结果与电荷转移一致，从而与吸附分子的掺杂效应一致。然后提出可以将 FET 基底设计成针对特定的吸附剂，这可以提高器件的灵敏度和选择性。

除了 DMMP 和 DCB 之外，还对许多其他与石墨烯相互作用的有机分子进行了研究。Lazar 及其同事[64]报道了通过反相气相色谱法测量 7 种有机分子（正己烷、甲苯、二氯甲烷、乙酸乙酯、乙醇、丙酮和乙腈）在石墨烯薄片上的吸附热。这些作者还用几种从头计算法进行了电子结构计算，以评估石墨烯－吸附物相互作用的性质。测得的吸附焓在很低的覆盖度下更负，在较高的覆盖度下增加，直到达到饱和值。这是由于分子最初附着在薄片的边缘和缺陷区域，如皱纹。这些位点被完全覆盖后，然后分子吸附在石墨烯表面。因此，所报道的吸附焓对应于这些饱和值。吸附热通常较低，与物理吸附一致，在每个重原子（即除氢以外的原子）82～109meV 的范围内变化。在 333K 的典范系综中，基于密度泛函理论的从头计算分子动力学得到的理论值再现了实验吸附热，平均误差为 6meV/重原子。分析表明，石墨烯的能带结构不受这些吸附物的影响，色散占结合能的近 60%，具有较高偶极矩的分子对来自静电相互作用的结合能的贡献较大。

预期大的有机芳香分子与石墨烯的相互作用比前面讨论的小分子更强，因为它们具有离域 π 电子结构，并且可以通过通常归因于 π－堆叠的特定静电相互作用与石墨烯相互作用。由于结构相似性，这些分子的前线轨道在能量上可以更接近石墨烯E_F，并且如果是这种情况，则可以预见导致电荷转移的石墨烯－芳族分子系统的电子态混合。最近报道了几项关于吸附在石墨烯上的芳香分子的研究[9-10,43-44,65-69]。2010 年，Ling 及其同事已经表明，吸附在石墨烯上的一些有机分子的拉曼散射增强了 2～17 之间的因子[9]。增强因子与分子振动模式和激发波长有关，是表面增强拉曼散射现象的化学机理特征。Huang 及其同事[67]将这些研究扩展到包括更多的分子，并分析分子对称性在石墨烯增强拉曼模式的效率中所起的作用。

Lv 及其同事首次证明了罗丹明 B（吸附在 NG 上）的拉曼散射增强因子增加[10]。同一组[43-44]的后续工作报告了亚甲基蓝和结晶紫染料在 NG 和 SiG 上更强拉曼增强的类似趋势。实验结果的细节将在下一节中讨论。我们将讨论吸附在石墨烯和掺杂石墨烯上的一些芳香分子的电子结构，以了解这些体系的性质，并寻找这些性质与石墨烯增强拉曼散射之间的关系。

首先，我们考虑吸附在石墨烯和氮掺杂石墨烯上的四苯基卟啉（H_2TPP）。原卟啉 IX 具有类似于H_2TPP 的结构，用石墨烯增强拉曼散射检测到原卟啉 IX[9]。用扫描隧道显微镜（STM）和扫描隧道光谱（STS）研究了H_2TPP 在石墨烯和氮掺杂石墨烯上的吸附，并用 DFT－D 电子结构计算对其进行了模拟[68-69]。

图 17.6 显示了用经验范德瓦尔斯校正[70-71]和高斯 6－31（d，p）基组从杂化泛函 B3LYP（Becke，三参数，Lee－Yang－Parr 交换－相关泛函）获得的平衡结构和态密度。图 17.6（a）和（c）左侧的面板分别显示了石墨烯片（286 个碳原子）上H_2TPP 的优化结构和相应的态密度（DOS）。图 17.6（b）和（d）右侧的面板与左侧的面板相同，但 NG 薄片中的两个碳原子被相隔 21.3Å 的氮原子取代。还显示了在吸附分子中投射的态密度（PDOS）。

由于空间效应，H_2TPP 的横向苯环扭曲，如图 17.6（a）和（c）所示，阻止了完全平面的几何形状。大环的中心位于两个基底上的 C—C 键上，分别与石墨烯和 NG 的距离为 3.47Å 和 3.41Å，因此表明在后一基底上有更具吸引力的相互作用。吸附物 Mulliken 布居分析显示出非常小的电荷转移，两个基底的总计电子电荷为 0.06，因此建议物理吸附。正下方（HOMO）和正上方（LUMO）E_F的分子态相对于 PG 向吸附在 NG 上的H_2TPP 的较低能量移动，如图 17.6（b）和（d）所示。这种转变的部分原因是氮掺杂效应，氮掺杂效应向团簇增加了电子，并使这种特定薄片中的费米能量提高了 0.08eV。然而，图 17.6（d）所示的能量位移远大于此。对卟啉吸附引起的基底上电荷密度重新分布的分析表明，石墨烯与卟啉之间的部分静电相互作用来自响应卟啉极性键而产生的石墨烯上的感应电荷。换句话说，卟啉与其图像电荷相互作用。在 NG 的氮位点附近，图像电荷的大小增加，导致更有吸引力的底物－吸附物相互作用。

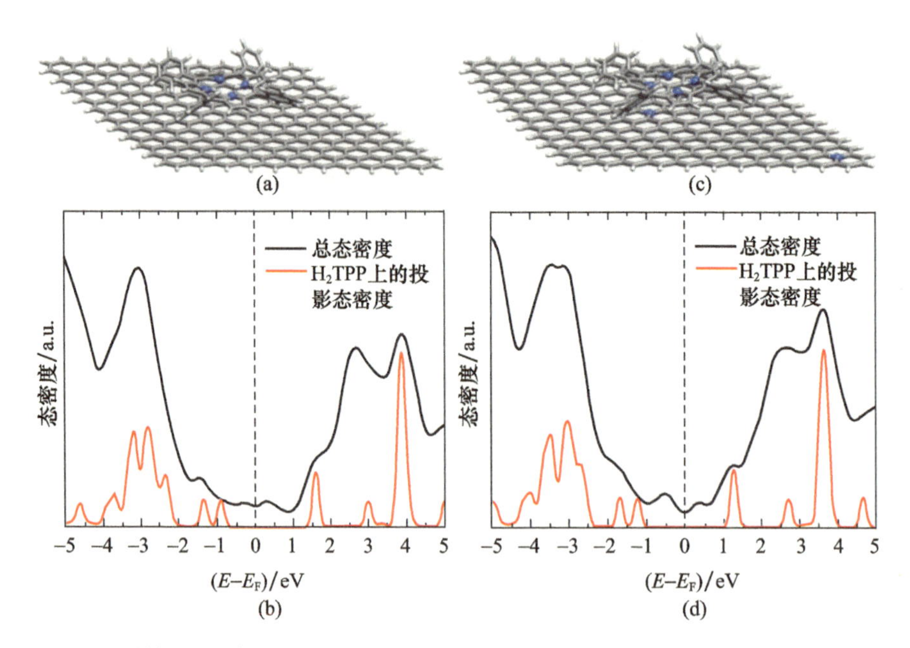

图 17.6 顶部结构为吸附在(a)石墨烯和(c)氮掺杂石墨烯中的H_2TPP 中 B3LYP - D 优化几何结构。蓝色的球代表氮原子,灰色的棒代表碳键,白色的棒代表 C—H 键。图(b)和(d)是上面所示结构的状态密度。费米能量在(b)和(d)图中都被设置为零。红色曲线是在 HgTPP 中投影的态密度(图片转载自参考文献[69])

为了进行 STM 和 STS 测量,在碳化硅上生长的外延石墨烯被射频等离子体源掺入[68]。卟啉分子通过升华沉积在流出池中并使其在室温下松弛。图 17.7(a)显示了氮掺杂石墨烯上的大卟啉岛的恒流 STM 图像。这张图左边的黄点被指定为 N 原子。岛上有明亮(更高)的分子。已经可以使用显微镜尖端扫描该岛以曝露基底并识别图中由黑点标记的 N 原子的位置。在图中,位于 N 位点上和周围的分子显得更亮。沿着穿过三个亮度增加的分子的线拍摄的 d*I*/d*V* 光谱得到图 17.7(b)所示的数据。当分子接近氮位点时,卟啉的 HOMO 和 LUMO 共振向较低能量移动。使用 NG 薄片与卟啉相互作用(图 17.6(b))并在恒定高度在薄片上平移分子,在 B3LYP - D 水平上进行态密度的理论计算。其中三个态密度如图 17.7(c)所示:标记为“N 位点”的黑色曲线对应于基态构型,其中大环的中心部分位于基底中的 N 上。标记为“N 位之间”的红色曲线对应于几何形状,该图中卟啉移动到图 17.6(b)所示薄片的蓝色球体之间的区域。最后一条标记为“C 位”的绿色曲线使用了卟啉远离 N 位的几何形状,使得整个分子下面只有碳原子。对于红色曲线,卟啉向薄片的边缘移动,其中电荷分布受氢饱和的影响,并且需要对结构进行重新优化。但是,可以清楚地看到光谱中的 N 效应:当分子接近 N 位时,HOMO 和 LUMO 能量向较低能量移动。因此,NG 具有可变极化率的体系,吸附在较高极化率位点的分子与底物的相互作用更强。

现在让我们考虑染料罗丹明 B(RhB)、结晶紫(CRV)和亚甲基蓝(MB),它们已经在 GERS 中被广泛研究。在下一节中将详细描述在拉曼散射检测中对这些染料的实验工作。下面将对这些染料与石墨烯和掺杂石墨烯相互作用的分子建模进行描述。

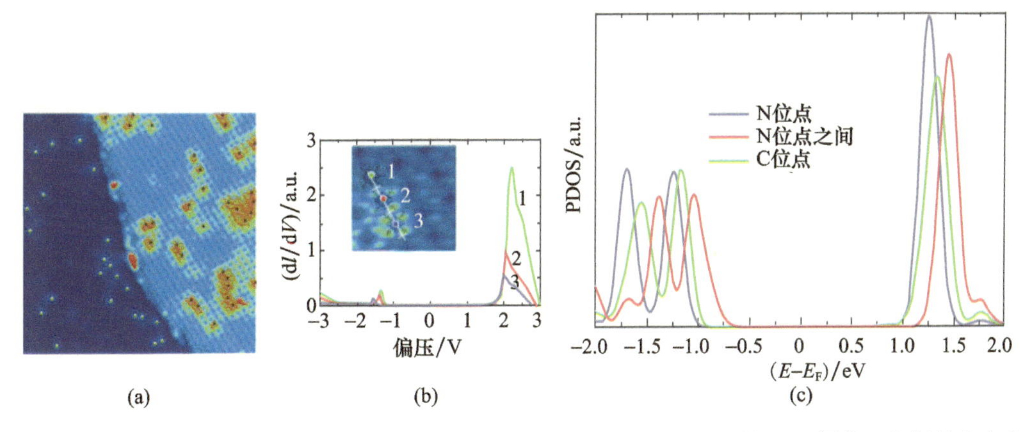

图 17.7 (a)卟啉岛覆盖的氮掺杂石墨烯(50nm×50 nm,2V,100pA)的 STM 图像。左侧的黄点和右侧的黑点被识别为氮掺杂位点。(b)在氮位点周围的三个相邻分子上测量的 dI/dV 光谱。插图:高分辨率 STM 图像(5nm×5 nm,2V,200pA),具有指示已测量光谱的分子的标记和引导眼睛的分子模型。(c)投射到卟啉上的理论态密度:位于氮原子上的H_2TPP 为黑线,位于两个氮原子之间的H_2TPP 为红线,位于碳原子上且远离氮原子的H_2TPP 为绿色线(图片转载自参考文献[69])

这些分子是具有氯化物(Cl^-)作为抗衡离子的阳离子染料。因此,它们的光学性质来源于有机阳离子,其将被称为RhB^+、CRV^+和MB^+。用 B3LYP-D 方法得到了由 10×10 的石墨烯片和三种阳离子组成的团簇的平衡结构和态密度[43]。对于 NG,双 N-取代(同一碳环中的两个氮取代,在间位,参见上一节)。还合成了 SiG 并测试了 GERS,因此在计算中使用了含有各种取代模式的 Si 的基底[44]。这里我们将只描述最简单的取代,其中硅取代一个碳原子。图 17.8 显示了吸附在三种底物上的RhB^+的结果:(a)PG、(b)NG 和(c)SiG。为了比较,采用了共同的能量零点,对应于 PG-RhB^++团簇的费米能量。虽然RhB^+具有净正电荷,但电荷转移取决于分子 LUMO 态的相对位置。如图 17.8(a)所示,LUMO 态位于石墨烯的费米能量之上,Mulliken 布居分析导致 0.15 的部分电荷转移(就电荷而言)。由于E_F向较高能量移动和较强的底物-分子相互作用使分子光谱向较低能量移动等原因,卟啉与 NG 的相互作用使RhB^+的底物-分子态混合更强。在这种情况下,电荷转移计算为 0.28。与氮掺杂不同,硅置换扭曲了硅位置周围的区域,并且 SiG 不呈现平面。扁平分子不会在硅位置与基底强烈相互作用。掺杂诱导的凸曲率允许与能够适应它的分子更好地接触和更强地相互作用,如RhB^+,其包含相对于环结构旋转接近 90°的角度的苯甲酸基团。与 PG 上的RhB^+相比,SiG 上的RhB^+的分子能级向更低的能量移动。计算得到的吸附分子的电荷转移为 0.09,为所有团簇中最小。这是由于 Si 不向 pi 系统添加电子。

CRV^+和MB^+也有类似的趋势,如图 17.9 所示。这些染料与 NG 的相互作用更强,这是由于E_F向较高能量移动和底物极化率增加的共同作用,加强了静电相互作用,导致分子能级向较低能量移动。MB^+比其他两种染料具有更平坦的结构,因此,其与 PG 和 NG 的相互作用最强。MB^+在 PG 和 NG 上的电荷转移值分别为 0.26 和 0.67。吸附在上述基底上的这些分子被观察到,拉曼特征强度与分子 LUMO 能级与基底费米能的距离之间存在相关性，这将于下一节中讨论。其他作者发现，在最接近E_F的LUMO能级的体系中，发现了最高的增强因子[18]。通过化学机制的拉曼散射强表面增强也需要电荷转移。在图17.8和图17.9的态密度中发现的相当混合状态表明，电子通过激光诱导的电荷转移激发到达染料[43]。

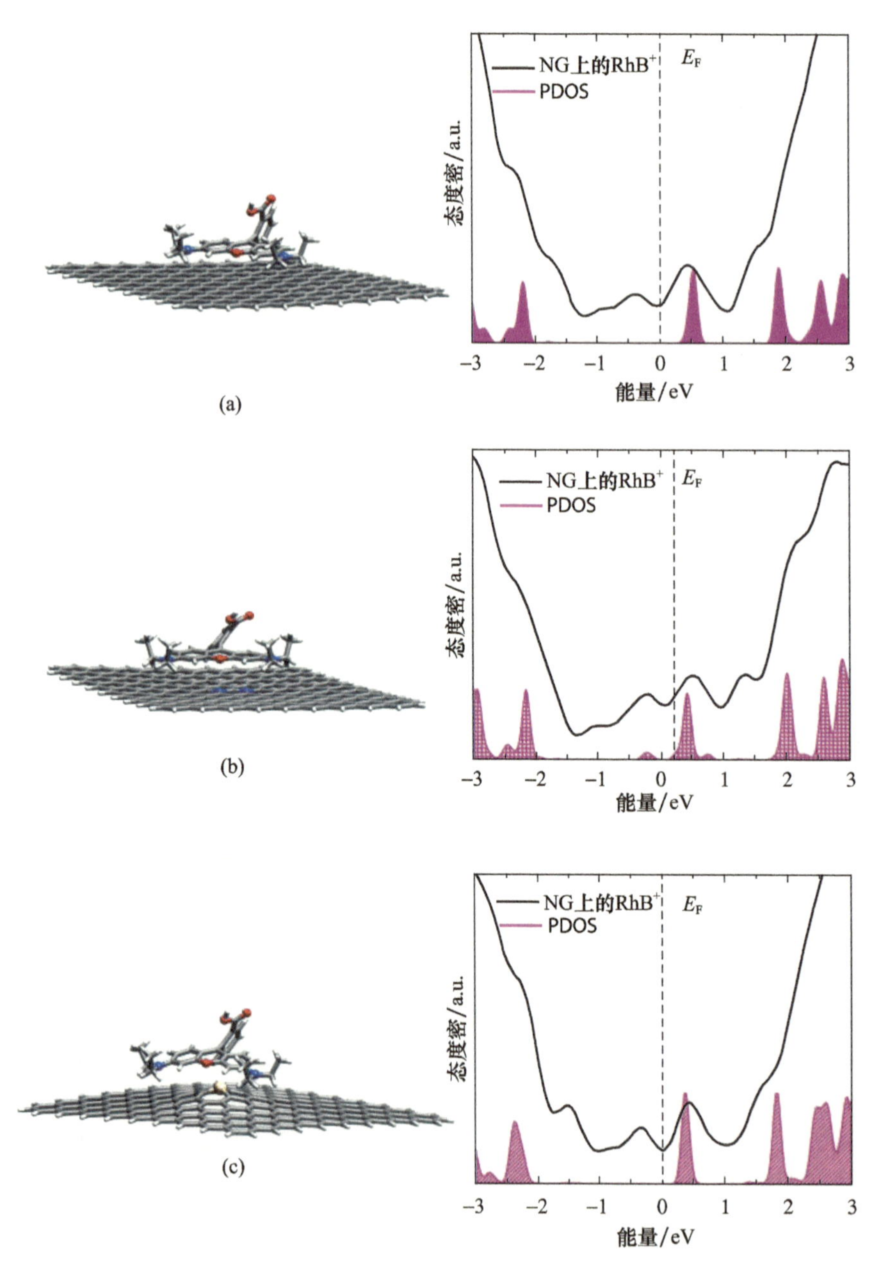

图17.8 与(a)原始石墨烯(PG)、(b)氮掺杂石墨烯(NG)和(c)硅掺杂石墨烯(SiG)相互作用的RhB^+的B3LYP-D优化几何结构(左)和态密度(右)。阴影曲线是投射到RhB^+态(PDOS)的态密度。分子的颜色代码：O=红色，N=蓝色，Si=淡黄色，C=灰色，H=白色。(图片转载自参考文献[44])

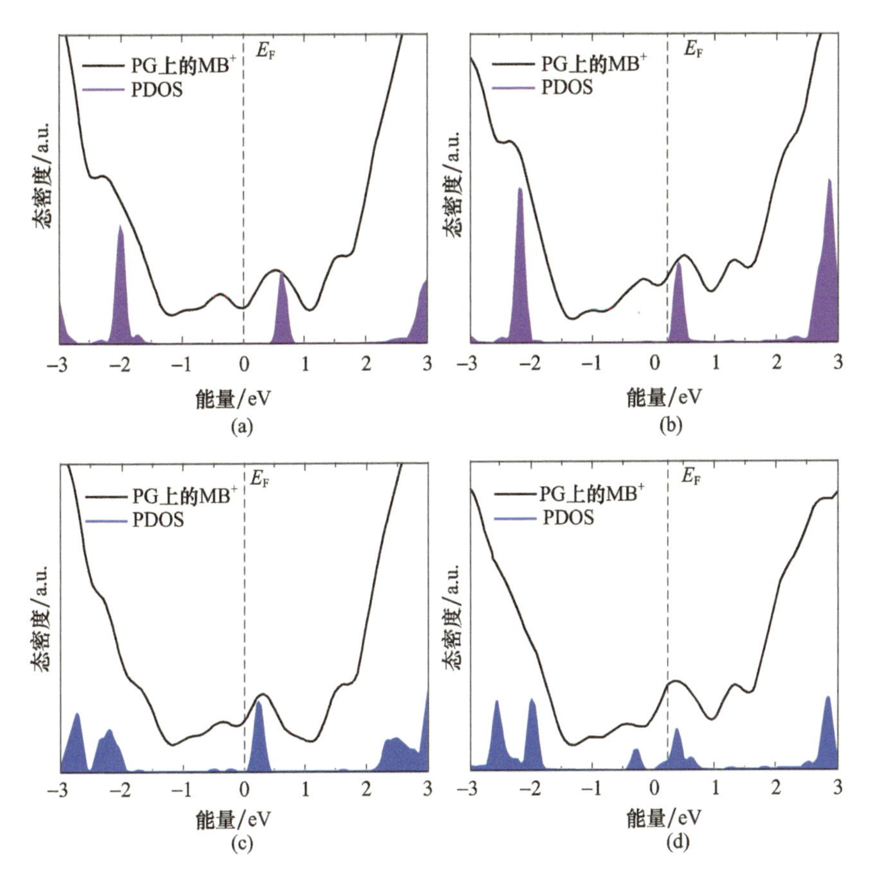

图 17.9 (a)PG 上的CRV⁺、(b)NG 上的CRV⁺、(c)PG 上的MB⁺和(d)NG 上的MB⁺的B3LYP - D 计算的总态密度(黑色曲线)和投影态密度(阴影曲线)(图片转载自参考文献[43])

17.4 石墨烯增强拉曼散射效应

如前所述,杂原子掺杂可以显著改变石墨烯的性能,从而导致 PG 无法实现的各种新颖和令人兴奋的应用。特别地,石墨烯基传感器可以提供检测痕量分子的有效方法,使得能够在病毒检测、食品和环境安全以及国土安全检查中应用。由于 PG 的化学惰性,其表面与其他分子的反应性较弱。然而,掺杂石墨烯可以产生反应位点,增强石墨烯的反应性和生物兼容性。最近,从理论角度证明,通过掺杂杂原子的石墨烯可以显著提高石墨烯基传感器的灵敏度和选择性[38,73]。在此背景下,Wang 等利用 NG 片[74]演示了电化学生物传感。此外,Lv 等合成了 BG,并证明在检测百万分之一和万亿分之一的有毒气体如NO_2和NH_3时,它可以作为一个优秀的气体传感器[56]。

石墨烯另一种可能的传感应用于 2010 年由 Ling 等首次发现,他们证明了 PG 可以作为增强某些分子的拉曼信号的极好的基底,产生了“石墨烯增强拉曼散射”(GERS)的表达[9]。图 17.10 显示了他们的实验设置和结果[9]。当分子(如酞菁(Pc))沉积在石墨烯的顶部和SiO_2/Si 基底上(图 17.10(a)),并通过拉曼散射测量时,可以观察到来自分子的拉曼信号强度在石墨烯上比在SiO_2/Si基底上高得多(图17.10(b)),因此表明单层石墨烯上的拉曼散射显著增强。为了揭示GERS机理,进行了多项理论和实验工作。Ling等已经表明,拉曼增强强烈地依赖于与石墨烯接触的分子构型,与后续层相比,第一层吸附分子对拉曼增强的贡献最大,即"第一层效应"[76-77]。Xu等随后制作了石墨烯基场效应管(FET),并证明可以通过调谐石墨烯的费米能级来调制增强因子[78-79]。最近,Huang等[67]探测了具有不同最高占据分子轨道(HOMO)和最低未占据分子轨道(LUMO)能级的分子,并得出结论,增强强烈地取决于分子的能级相对于石墨烯的费米能级是否匹配。虽然人们对GERS效应进行了大量的研究,但大多集中在通过探测不同分子来揭示GERS效应的机理,而没有研究掺杂石墨烯对GERS效应的影响。如前所述,石墨烯掺杂可以加强石墨烯与其他分子之间的相互作用,这可以显著增强GERS效应并揭示其机理。

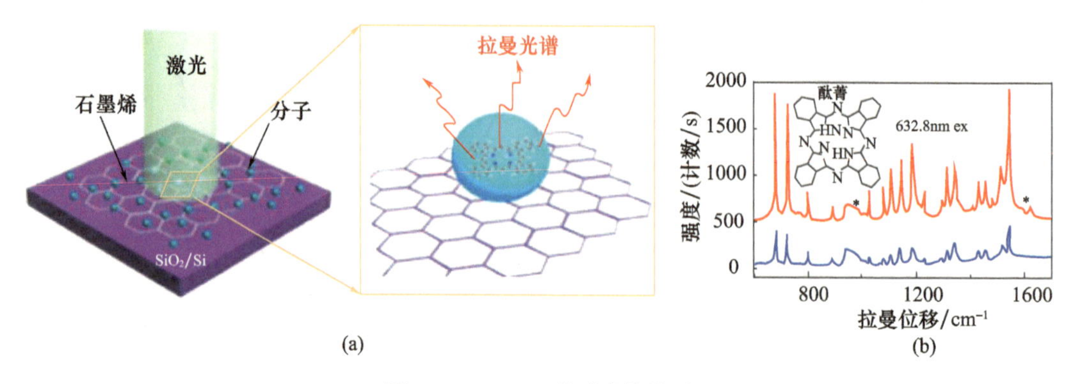

图17.10 GERS的示意性演示

(a)不同的分子沉积在石墨烯基底上,并从这些分子获得拉曼光谱。(b)单层石墨烯(红色曲线)和SiO_2/Si基底(蓝色曲线)上的分子(本例中为酞菁)的拉曼光谱。可以清楚地看到,当使用石墨烯作为基底时,来自分子的拉曼峰强度增加了2~17倍。(图片经许可转载自参考文献[9],Nano Lett. 10,553-561(2010)。美国化学学会版权所有(2010))

Lv等比较了当晶体紫(CRV)、罗丹明B(RhB)和亚甲基蓝(MB)作为探针分子时,N掺杂石墨烯(NG)、Si掺杂石墨烯(SiG)和原始石墨烯(PG)之间的拉曼传感能力(图17.11(b)~(d))[44]。可以观察到PG猝灭荧光背景,并且光谱表现出对应于这些分子的一些拉曼指纹(对于不同分子用黑星、菱形和心形标记)的振动峰。有趣的是,当NG或SiG片用作底物时,所有这些分子拉曼峰的强度都大大增强。此外,在PG基底上观察不到一些小的拉曼特征现在可以清楚地分辨出来。例如,当使用NG或SiG作为底物时,可以检测到在$1300cm^{-1}$附近出现的RhB峰,但当使用PG时不存在RhB峰。以这种方式,可以得出结论,当与用于分子感测应用的PG相比时,NG和SiG片可以被认为是优异的基底。

为了更好地理解这些体系的机理,Feng等使用新鲜制备的NG样品研究了这些体系的拉曼光谱,NG样品5×10^{-5}mol/L浓度的RhB、CRV和MB溶液沉积,并用几条激光激发线(2.54eV、2.41eV、2.18eV和1.92eV),如图17.12所示[43]。当用2.41eV激光线激发时,RhB(标记为实心金刚石)和CRV(标记为实心圆)的拉曼特征表现出显著的增强,而MB(标记为实心星星)在1.92eV激光线激发时增强最大。对于所使用的其他激光能量,几乎没有观察到这些拉曼特征。

Feng等通过测量沉积在PG和NG顶部的不同RhB浓度(范围为5×10^{-5}~5×10^{-11}mol/L)

的拉曼信号,进一步讨论了 GERS 效应的效率[43]。图 17.13(a)~(g)显示了 NG 和 PG 样品的每种 RhB 浓度增强拉曼散射效应。应当再次注意,与 PG 底物相比,NG 上的分子表现出更高的拉曼强度。因此,当使用 NG 作为感测基底时,对于非常低的浓度,即5×10^{-11}mol/L,在 PG 上检测不到。这是首次在使用石墨烯作为基底时可以检测到如此低浓度的染料分子,这些观察结果非常接近单分子检测。

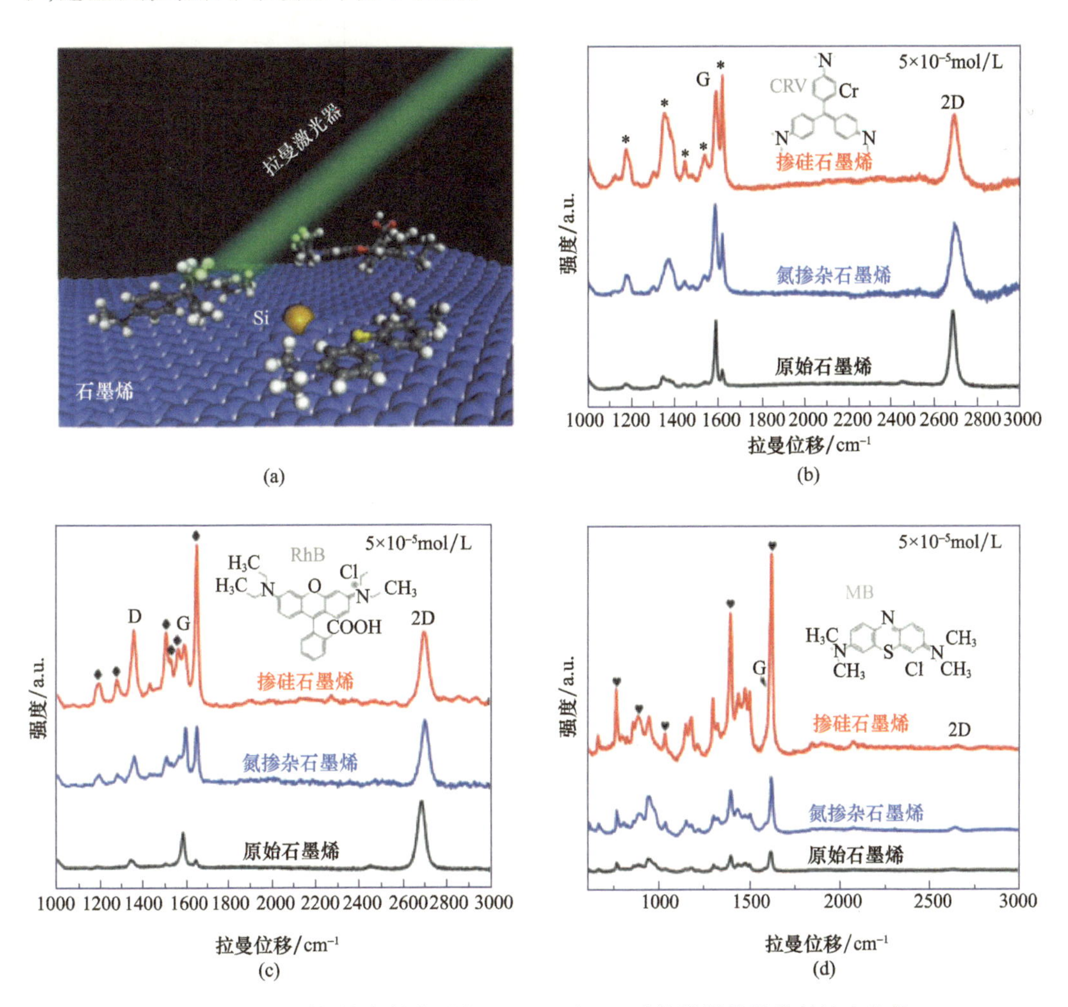

图 17.11 不同探针染料分子的 NG、SiG 和 PG 片的增强拉曼散射效应比较

(a)染料分子的分子结构,结晶紫(CRV)、罗丹明 B(RhB)和亚甲基蓝(MB)。色码:C=灰色,O=红色,N=蓝色,S=黄色,H=白色。(b)CRV、(c)RhB 和(d)MB 分子分别在 PG、NG 和 SiG 片上的(b)、(d)拉曼光谱。CRV 和 RhB 的激发激光线为 2.41eV,MB 的激发激光线为 1.92eV。除了典型的石墨烯拉曼特征(D、G 和 2D 峰)之外,观察到对应于分子的拉曼信号的附加特征(分别用对应于 CRV、RhB 和 MB 的星形、菱形和心形标记)。(b)、(c)和(d)中的插图分别代表 CRV、RhB 和 MB 的结构,所有分子的浓度均为5×10^{-5}mol/L。(图片转载自参考文献[44])

表 17.1 总结了文献[9,43,79-85]中报道的 GERS 效应的最新结果。可以观察到,掺杂石墨烯样品在对各种分子的检测限方面表现出显著的提高,因此,掺杂石墨烯可以用于检测具有超高传感能力的有机分子。

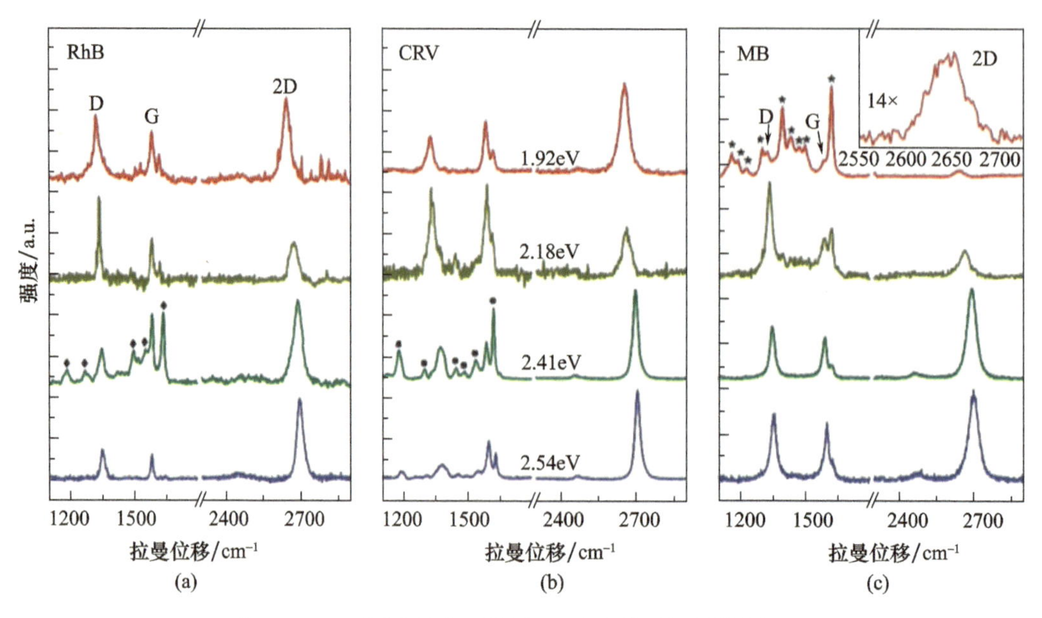

图 17.12 不同染料分子探测 NG 片的共振拉曼散射效应

用不同的激光激发能量(2.54eV、2.41eV、2.18eV 和 1.92eV)分别测试了具有(a)RhB、(b)CRV 和(c)MB 分子等 NG 片的 GERS 效应。探针分子的浓度均为 5×10^{-5} mol/L。用“◆”、“●”和“★”标记的峰分别是 RhB、CRV 和 MB 分子的主要拉曼特征。(图片转载自参考文献[43])

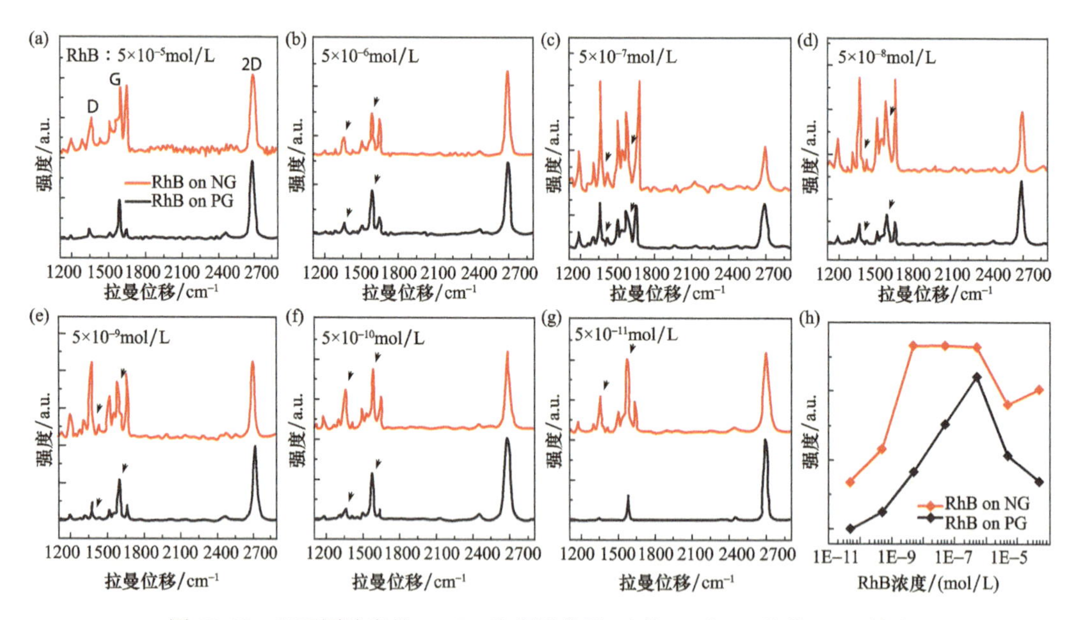

图 17.13 以不同浓度的 oi RhB 为探针分子,比较 Ng 和 Pg 片的 gERs 效应

RhB 分子在 PG 和 NG 片上的拉曼信号为(a)5×10^{-5} mol/L、(b)5×10^{-6} mol/L、(c)5×10^{-7} mol/L、(d)5×10^{-8} mol/L、(e)5×10^{-9} mol/L、(f)5×10^{-10} mol/L 和(g)5×10^{-11} mol/LRhB 浓度。箭头表示石墨烯 G 和 D 带。(h)当 NG(红色曲线)和 PG(黑色曲线)用作感测基底时,最强的 RhB 峰(约 1650cm^{-1})与石墨烯 G 带之间的拉曼强度比。(图片转载自参考文献[43])

表 17.1 基于这项工作和文献报道的其他结果，不同石墨烯样品作为分子传感的 GERS 基底的性能比较。记录传感材料及其计算的 HOMO – LUMO 间隙、所使用的石墨烯类型、所使用的激光激发能量和每个分子的检测能级（数据汇总自参考文献[9,43,79 – 85]）

分子	HOMO – LUMO/eV	石墨烯类型	检测电平	激光线/eV	参考文献
RhB	2.65	CVD N 掺杂石墨烯	5×10^{-11} mol/L	2.41	[43]
		轻度还原氧化石墨烯	5×10^{-8} mol/L	2.41	[85]
R6G	2.3[9]	CVD N 掺杂石墨烯	1×10^{-8} mol/L	2.41	[43]
		剥离的石墨烯	8×10^{-10} mol/L	2.41	[9]
		剥离的石墨烯	1×10^{-5} mol/L	2.41	[83]
CRV	2.61	剥离的石墨烯	5×10^{-7} mol/L	2.41	[82]
MB	2.38	剥离的石墨烯	1×10^{-4} mol/L	1.92	[80]
CuPc	1.7[67]	剥离的石墨烯	1×10^{-6} mol/L	1.96	[79]
		剥离的石墨烯	最高 1Å	1.96	[84]
		剥离的石墨烯	最高 3Å	1.96	[80]
PPP	2.0[9]	CVD N 掺杂石墨烯	1×10^{-8} mol/L	1.92	[43]
		剥离的石墨烯	2×10^{-8} mol/L	1.96	[9]
		剥离的石墨烯	1×10^{-5} mol/L	1.96	[83]
		剥离的石墨烯	最高 3Å	1.96	[81]

注：RhB，罗丹明 B；R6G，罗丹明 6G；CRV，结晶紫；MB，亚甲基蓝；PPP，原卟啉和 CuPc，铜酞菁。

17.5 小结

基于拉曼散射的石墨烯传感器具有成为检测和分析化学物质的重要工具的潜力。迄今为止，该技术检测到的分子为拉曼截面增强的化学机制提供了证据。从头算的分析表明，良好的传感取决于分子 – 底物相互作用的强度。即使吸附在石墨烯上的分子的基态没有表现出大的电荷转移，但足够强的相互作用可以导致电荷转移激发，这应该是机制的一部分。石墨烯的掺杂提供了增强分子 – 石墨烯相互作用的手段，通过增加石墨烯的极化率或通过使掺杂位点周围的结构局部变形，使得非平面分子可以在石墨烯表面上采用较小应变的构象。最后，近共振分子 LUMO 态和费米能量似乎对于大的增强因子是重要的。有待研究的问题是支撑基底对 GERS 的影响、p 掺杂石墨烯增强拉曼散射的效率，以及其他传感技术难以实现的测试分子。

参考文献

[1] www.graphene – info.com/graphene – applications.

[2] Novoselov, K. S., Geim, A. K., Morozov, S. V., Jiang, D., Zhang, Y., Dubonos, S. V., Grigorieva, I. V., Firsov, A. A., Electric field effect in atomically thin carbon films. *Science*, 306, 5696, 666 – 669, 2004.

[3] Saito, R., Dresselhaus, G., Dresselhaus, M. S., *Physical Properties of Carbon Nanotubes*, Imperial College Press, London, 1998.

[4] Han, M. Y., Özyilmaz, B., Zhang, Y., Kim, P., Energy band - gap engineering of graphene nanoribbons. *Phys. Rev. Lett.*, 98, 206805, 2007.

[5] Wang, T. *et al.*, A review on graphene - based gas/vapor sensors with unique properties and potential applications. *Nano - Micro Lett.*, 8, 95 - 119, 2016.

[6] Pumera, M., Graphene in biosensing. *Mater. Today*, 14, 308 - 315, 2011.

[7] Singh, E., Meyyappan, M., Nalwa, H. S., Flexible graphene - based wearable gas and chemical sensors. *ACS Appl. Mater. Interfaces*, 9, 34544 - 34586, 2017.

[8] Huang, X. *et al.*, Graphene oxide dielectric permittivity at GHz and its applications for wireless humidity sensing. *Sci. Rep.*, 8, 43, 2018.

[9] Ling, X. *et al.*, Can graphene be used as a substrate for Raman enhancement? *Nano Lett.*, 10, 553 - 561, 2010.

[10] Lv, R. *et al.*, Nitrogen - doped graphene: Beyond single substitution and enhanced molecular sensing. *Sci. Rep.*, 2, 586, 2012.

[11] Choi, W., Lahiri, I., Seelaboyina, R., Kang, Y. S., Synthesis of graphene and its applications: A review. *Crit. Rev. Solid State Mater. Sci.*, 35, 52 - 71, 2010.

[12] Novoselov, K. S., Fal'ko, V. I., Colombo, L., Gellert, P. R., Schwab, M. G., Kim, K., A roadmap for graphene. *Nature*, 490, 192 - 200, 2012.

[13] Huang, Y., Sutter, E., Shi, N. N., Zheng, J. B., Yang, T. Z., Englund, D., Gao, H. J., Sutter, P., Reliable exfoliation of large - area high - quality flakes of graphene and other two - dimensional materials. *ACS Nano*, 9, 10612 - 10620, 2015.

[14] Dresselhaus, M. S. and Dresselhaus, G., Intercalation compounds of graphite. *Adv. Phys.*, 51, 1 - 186, 2002.

[15] Maruyama, T. and Kanagawa, T., Electrochromic properties of niobium oxide thin films prepared by chemical vapor deposition, *J. Electrochem. Soc.*, 141, 2868 - 2871, 1994.

[16] Simmler, W., *Ullmann's Encyclopedia of Industrial Chemistry*, Wiley - VCH Verlag GmbH & Co. KGaA, Weinheim, Germany, 2000.

[17] Simon M. Sze and Ming - Kwei Lee, *Semiconductor Devices: Physics and Technology*, John Wiley & Sons, Inc, Hoboken, New Jersey, USA, 2012.

[18] De Arco, L. G., Zhang, Y., Kumar, A., Zhou, C. W., Synthesis, transfer, and devices of single - and few - layer graphene by chemical vapor deposition. *IEEE Trans. Nanotechnol.*, 8, 135 - 138, 2009.

[19] Kim, K. S., Zhao, Y., Jang, H., Lee, S. Y., Kim, J. M., Kim, K. S., Ahn, J. H., Kim, P., Choi, J. Y., Hong, B. H., Large - scale pattern growth of graphene films for stretchable transparent electrodes. *Nature*, 457, 706 - 710, 2009.

[20] Li, X. S., Cai, W. W., An, J. H., Kim, S., Nah, J., Yang, D. X., Piner, R., Velamakanni, A., Jung, I., Tutuc, E., Banerjee, S. K., Colombo, L., Ruoff, R. S., Large - area synthesis of high - quality and uniform graphene films on copper foils. *Science*, 324, 1312 - 1314, 2009.

[21] Reina, A., Jia, X. T., Ho, J., Nezich, D., Son, H. B., Bulovic, V., Dresselhaus, M. S., Kong, J., Large area, few - layer graphene films on arbitrary substrates by chemical vapor deposition. *Nano Lett.*, 9, 30 - 35, 2009.

[22] Yu, Q. K., Lian, J., Siriponglert, S., Li, H., Chen, Y. P., Pei, S. S., Graphene segregated on Ni surfaces and transferred to insulators. *Appl. Phys. Lett.*, 93, 113103, 2008.

[23] Kalita, G. and Tanemura, M., *Graphene Materials—Advanced Applications*, G. Z. Kyzas and A. C. Mitropoulos (Eds.), InTech, Rijeka, Ch. 03, 2017.

[24] Li, X. S., Cai, W. W., Colombo, L., Ruoff, R. S., Evolution of graphene growth on Ni and Cu by carbon isotope labeling. *Nano Lett.*, 9, 4268 - 4272, 2009.

[25] Zhang, Y., Zhang, L. Y., Zhou, C. W., Review of chemical vapor deposition of graphene and related applications. *Acc. Chem. Res.*, 46, 2329 - 2339, 2013.

[26] Vlassiouk, I., Regmi, M., Fulvio, P. F., Dai, S., Datskos, P., Eres, G., Smirnov, S., Role of hydrogen in chemical vapor deposition growth of large single - crystal graphene. *ACS Nano*, 5, 6069 - 6076, 2011.

[27] Losurdo, M., Giangregorio, M. M., Capezzuto, P., Bruno, G., Graphene CVD growth on copper and nickel: Role of hydrogen in kinetics and structure. *Phys. Chem. Chem. Phys.*, 13, 20836 - 20843, 2011.

[28] López, M. d. P. L., Palomino, J. L. V., Silva, M. L. S., Izquierdo, A. R., *Recent Advances in Graphene Research*, P. K. Nayak (Ed.), InTech, Rijeka, Ch. 05, 2016.

[29] Li, Z. C., Wu, P., Wang, C. X., Fan, X. D., Zhang, W. H., Zhai, X. F., Zeng, C. G., Li, Z. Y., Yang, J. L., Hou, J. G., Low - temperature growth of graphene by chemical vapor deposition using solid and liquid carbon sources. *ACS Nano*, 5, 3385 - 3390, 2011.

[30] Cai, W., Moore, A. L., Zhu, Y., Li, X., Chen, S., Shi, L., Ruoff, R. S., Thermal transport in suspended and supported monolayer graphene grown by chemical vapor deposition. *Nano Lett.*, 10, 1645 - 1651, 2010.

[31] Chen, S., Wu, Q., Mishra, C., Kang, J., Zhang, H., Cho, K., Cai, W., Balandin, A. A., Ruoff, R. S., Thermal conductivity of isotopically modified graphene. *Nat. Mater.*, 11, 203 - 207, 2012.

[32] Mayorov, A. S., Gorbachev, R. V., Morozov, S. V., Britnell, L., Jalil, R., Ponomarenko, L. A., Blake, P., Novoselov, K. S., Watanabe, K., Taniguchi, T., Micrometer - scale ballistic transport in encapsulated graphene at room temperature. *Nano Lett.*, 11, 2396 - 2399, 2011.

[33] Lee, C., Wei, X., Kysar, J. W., Hone, J., Measurement of the elastic properties and intrinsic strength of monolayer graphene. *Science*, 321, 385 - 388, 2008.

[34] Charlier, J. C., Terrones, M., Baxendale, M., Meunier, V., Zacharia, T., Rupesinghe, N. L., Hsu, W. K., Grobert, N., Terrones, H., Amaratunga, G. A. J., Enhanced electron field emission in B - doped carbon nanotubes. *Nano Lett.*, 2, 1191 - 1195, 2002.

[35] Cruz - Silva, E., Barnett, Z. M., Sumpter, B. G., Meunier, V., Structural, magnetic, and transport properties of substitutionally doped graphene nanoribbons from first principles. *Phys. Rev. B*, 83, 155445, 2011.

[36] Terrones, M., Ajayan, P. M., Banhart, F., Blase, X., Carroll, D. L., Charlier, J. C., Czerw, R., Foley, B., Grobert, N., Kamalakaran, R., Kohler - Redlich, P., Ruhle, M., Seeger, T., Terrones, H., N - doping and coalescence of carbon nanotubes: Synthesis and electronic properties. *Appl. Phys. A*, 74, 355 - 361, 2002.

[37] Villalpando - Paez, F., Romero, A. H., Munoz - Sandoval, E., Martinez, L. M., Terrones, H., Terrones, M., Fabrication of vapor and gas sensors using films of aligned CNx nanotubes. *Chem. Phys. Lett.*, 386, 137 - 143, 2004.

[38] Dai, J. Y., Yuan, J. M., Giannozzi, P., Gas adsorption on graphene doped with B, N, Al, and S: A theoretical study. *Appl. Phys. Lett.*, 95, 232105, 2009.

[39] Meyer, J. C., Kurasch, S., Park, H. J., Skakalova, V., Kunzel, D., Gross, A., Chuvilin, A., Algara - Siller, G., Roth, S., Iwasaki, T., Starke, U., Smet, J. H., Kaiser, U., Experimental analysis of charge redistribution due to chemical bonding by high - resolution transmission electron microscopy. *Nat. Mater.*, 10, 209 - 215, 2011.

[40] Panchokarla, L. S., Subrahmanyam, K. S., Saha, S. K., Govindaraj, A., Krishnamurthy, H. R., Waghmare, U. V., Rao, C. N. R., Synthesis, structure, and properties of boron - and nitrogendoped graphene. *Adv. Mater.*, 21, 4726, 2009.

[41] Wang, X. R. , Li, X. L. , Zhang, L. , Yoon, Y. , Weber, P. K. , Wang, H. L. , Guo, J. , Dai, H. J. , N – Doping of graphene through electrothermal reactions with ammonia. *Science*, 324, 768 – 771, 2009.

[42] Zou, Y. , Li, F. , Zhu, Z. H. , Zhao, M. W. , Xu, X. G. , Su, X. Y. , An*ab initio* study on gas sensing properties of graphene and Si – doped graphene. *Eur. Phys. J. B*, 81, 475 – 479, 2011.

[43] Feng, S. M. , dos Santos, M. C. , Carvalho, B. R. , Lv, R. T. , Li, Q. , Fujisawa, K. , Elias, A. L. , Lei, Y. , Perea – Lopez, N. , Endo, M. , Pan, M. H. , Pimenta, M. A. , Terrones, M. , Ultrasensitive molecular sensor using N – doped graphene through enhanced Raman scattering. *Sci. Adv.* , 2, e1600322, 2016.

[44] Lv, R. , dos Santos, M. C. , Antonelli, C. , Feng, S. M. , Fujisawa, K. , Berkdemir, A. , Cruz – Silva, R. , Elias, A. L. , Perea – Lopez, N. , Lopez – Urias, F. , Terrones, H. , Terrones, M. , Large – area Si – doped graphene: Controllable synthesis and enhanced molecular sensing. *Adv. Mater.* , 26, 7593 – 7599, 2014.

[45] Jin, Z. , Yao, J. , Kittrell, C. , Tour, J. M. , Large – scale growth and characterizations of nitrogendoped monolayer graphene sheets. *ACS Nano*, 5, 4112 – 4117, 2011.

[46] Reddy, A. L. M. , Srivastava, A. , Gowda, S. R. , Gullapalli, H. , Dubey, M. , Ajayan, P. M. , Synthesis of nitrogen – doped graphene films for lithium battery application. *ACS Nano*, 4, 6337 – 6342, 2010.

[47] Sun, Z. Z. , Yan, Z. , Yao, J. , Beitler, E. , Zhu, Y. , Tour, J. M. , Growth of graphene from solid carbon sources. *Nature*, 468, 549 – 552, 2010.

[48] Deng, D. H. , Pan, X. L. , Yu, L. A. , Cui, Y. , Jiang, Y. P. , Qi, J. , Li, W. X. , Fu, Q. A. , Ma, X. C. , Xue, Q. K. , Sun, G. Q. , Bao, X. H. , Toward N – doped graphene via solvothermal synthesis. *Chem. Mater.* , 23, 1188 – 1193, 2011.

[49] Zhao, L. Y. , He, R. , Rim, K. T. , Schiros, T. , Kim, K. S. , Zhou, H. , Gutierrez, C. , Chockalingam, S. P. , Arguello, C. J. , Palova, L. , Nordlund, D. , Hybertsen, M. S. , Reichman, D. R. , Heinz, T. F. , Kim, P. , Pinczuk, A. , Flynn, G. W. , Pasupathy, A. N. , Visualizing individual nitrogen dopants in monolayer graphene. *Science*, 333, 999 – 1003, 2011.

[50] Huang, B. , Electronic properties of boron and nitrogen doped graphene nanoribbons and its application for graphene electronics. *Phys. Lett. A*, 375, 845 – 848, 2011.

[51] Liu, Y. Y. , Artyukhov, V. I. , Liu, M. J. , Harutyunyan, A. R. , Yakobson, B. I. , Feasibility of lithium storage on graphene and its derivatives. *J. Phys. Chem. Lett.* , 4, 1737 – 1742, 2013.

[52] Miwa, R. H. , Martins, T. B. , Fazzio, A. , Hydrogen adsorption on boron doped graphene: An*abinitio* study. *Nanotechnology*, 19, 155708, 2008.

[53] Zhou, Y. G. , Zu, X. T. , Gao, F. , Nie, J. L. , Xiao, H. Y. , Adsorption of hydrogen on boron – doped graphene: A first – principles prediction. *J. Appl. Phys.* , 105, 014309, 2009.

[54] Zhao, L. Y. , Levendorf, M. , Goncher, S. , Schiros, T. , Palova, L. , Zabet – Khosousi, A. , Rim, K. T. , Gutierrez, C. , Nordlund, D. , Jaye, C. , Hybertsen, M. , Reichman, D. R. , Flynn, G. W. , Park, J. , Pasupathy, A. N. , Local atomic and electronic structure of boron chemical doping in monolayer graphene. *Nano Lett.* , 13, 4659 – 4665, 2013.

[55] Li, X. , Fan, L. L. , Li, Z. , Wang, K. L. , Zhong, M. L. , Wei, J. Q. , Wu, D. H. , Zhu, H. W. , Boron doping of graphene for graphene – silicon p – n junction solar cells. *Adv. Energy Mater.* , 2, 425 – 429, 2012.

[56] Lv, R. T. , Chen, G. G. , Li, Q. , McCreary, A. , Botello – Mendez, A. , Morozov, S. V. , Liang, L. B. , Declerck, X. , Perea – Lopez, N. , Culleni, D. A. , Feng, S. M. , Elias, A. L. , Cruz – Silva, R. , Fujisawa, K. , Endo, M. , Kang, F. Y. , Charlier, J. C. , Meunier, V. , Pan, M. H. , Harutyunyan, A. R. , Novoselov, K. S. , Terrones, M. , Ultrasensitive gas detection of large – area boron – doped graphene. *Proc. Natl. Acad. Sci. U. S. A.* , 112, 14527 – 14532, 2015.

[57] Gao, H. , Liu, Z. , Song, L. , Guo, W. H. , Gao, W. , Ci, L. J. , Rao, A. , Quan, W. J. , Vajtai, R. , Ajayan, P.

M. ,Synthesis of S – doped graphene by liquid precursor. *Nanotechnology*,23,275605,2012.

[58] Some,S. ,Kim,J. ,Lee,K. ,Kulkarni,A. ,Yoon,Y. ,Lee,S. ,Kim,T. ,Lee,H. ,Highly air – stable phosphorus – doped n – type graphene field – effect transistors. *Adv. Mater.* ,24,5481 – 5486,2012.

[59] Ramasse,Q. M. ,Seabourne,C. R. ,Kepaptsoglou,D. M. ,Zan,R. ,Bangert,U. ,Scott,A. J. ,Probing the bonding and electronic structure of single atom dopants in graphene with electron energy loss spectroscopy. *Nano Lett.* ,13,4989 – 4995,2013.

[60] Schedin,F. *et al.* ,Detection of individual gas molecules adsorbed on graphene. *Nat. Mater.* ,6,652 – 655, 2007.

[61] Ma,J. *et al.* ,Adsorption and diffusion of water on graphene from first principles. *Phys. Rev. B*,84,033402, 2011.

[62] Wehling,T. O. ,Katsnelson,M. I. ,Lichtenstein,A. I. ,First – principles studies of water adsorption on graphene:The role of the substrate. *App. Phys. Lett.* ,93,202110,2008.

[63] Kumar,B. *et al.* ,The role of external defects in chemical sensing of graphene field – effect transistors. *Nano Lett.* ,13,1962 – 1968,2013.

[64] Lazar,P. *et al.* ,Adsorption of small organic molecules on graphene. *J. Am. Chem. Soc.* ,135,6372 – 6377, 2013.

[65] MacLeod,J. M. and Rosei,F. ,Molecular self – assembly on graphene. *Small*,10,1038 – 1049,2014.

[66] Schlierf,A. ,Samorì,P. ,Palermo,V. ,Graphene – organic composites for electronics:Optical and electronic interactions in vacuum,liquids and thin solid films. *J. Mater. Chem. C*,2,3129 – 3143,2014.

[67] Huang,S. *et al.* ,Molecular selectivity of graphene – enhanced Raman scattering. *Nano Lett.* ,15,2892 – 2901,2015.

[68] Pham,V. D. *et al.* ,Electronic interaction between nitrogen – doped graphene and porphyrin molecules. *ACS Nano*,8,9403 – 9409,2014.

[69] Pham,V. D. *et al.* ,Molecular adsorbates as probes of the local properties of doped graphene. *Sci. Rep.* ,6, 24796,2016.

[70] Becke,A. D. ,Density functional thermochemistry. III. The role of exact exchange. *J. Chem. Phys.* ,98, 5648 – 5652,1993.

[71] Grimme,S. ,Semiempirical GGA – type density functional constructed with a long – range dispersion correction. *J. Comput. Chem.* ,27,1787 – 1799,2006.

[72] Barros,E. B. and Dresselhaus,M. S. ,Theory of Raman enhancement by two – dimensional materials:Applications for graphene – enhanced Raman spectroscopy. *Phys. Rev. B*,90,035443,2014.

[73] Zhang,Y. H. ,Chen,Y. B. ,Zhou,K. G. ,Liu,C. H. ,Zeng,J. ,Zhang,H. L. ,Peng,Y. ,Improving gassensing properties of graphene by introducing dopants and defects:A first – principles study. *Nanotechnology*, 20,2009.

[74] Wang,Y. ,Shao,Y. Y. ,Matson,D. W. ,Li,J. H. ,Lin,Y. H. ,Nitrogen – doped graphene and its application in electrochemical biosensing. *ACS Nano*,4,1790 – 1798,2010.

[75] Ling,X. ,Huang,S. X. ,Deng,S. B. ,Mao,N. N. ,Kong,J. ,Dresselhaus,M. S. ,Zhang,J. ,Lighting upthe Raman signal of molecules in the vicinity of graphene related materials. *Acc. Chem. Res.* ,48,1862 – 1870, 2015.

[76] Ling,X. ,Wu,J. X. ,Xu,W. G. ,Zhang,J. ,Probing the effect of molecular orientation on the intensity of chemical enhancement using graphene – enhanced Raman spectroscopy. *Small*,8,1365 – 1372,2012.

[77] Ling,X. and Zhang,J. ,First – layer effect in graphene – enhanced Raman scattering. *Small*,6,2020 – 2025,2010.

[78] Xu, H. , Chen, Y. B. , Xu, W. G. , Zhang, H. L. , Kong, J. , Dresselhaus, M. S. , Zhang, J. , Modulating the charge – transfer enhancement in GERS using an electrical field under vacuum and ann/p – doping atmosphere. *Small*, 7, 2945 – 2952, 2011.

[79] Xu, H. , Xie, L. M. , Zhang, H. L. , Zhang, J. , Effect of graphene Fermi level on the Raman scattering intensity of molecules on graphene. *ACS Nano*, 5, 5338 – 5344, 2011.

[80] Hao, Q. Z. , Wang, B. , Bossard, J. A. , Kiraly, B. , Zeng, Y. , Chiang, I. K. , Jensen, L. , Werner, D. H. , Huang, T. J. , Surface – enhanced Raman scattering study on graphene – coated metallic nanostructure substrates. *J. Phys. Chem. C*, 116, 7249 – 7254, 2012.

[81] Ling, X. , Wu, J. X. , Xie, L. M. , Zhang, J. , Graphene – thickness – dependent graphene – enhanced Raman scattering. *J. Phys. Chem. C*, 117, 2369 – 2376, 2013.

[82] Qiu, C. Y. , Zhou, H. Q. , Yang, H. C. , Chen, M. J. , Guo, Y. J. , Sun, L. F. , Investigation of n – layer graphenes as substrates for Raman enhancement of crystal violet. *J. Phys. Chem. C*, 115, 10019 – 10025, 2011.

[83] Xie, L. M. , Ling, X. , Fang, Y. , Zhang, J. , Liu, Z. F. , Graphene as a substrate to suppress fluorescence in resonance Raman spectroscopy. *J. Am. Chem. Soc.* , 131, 9890, 2009.

[84] Xu, W. G. , Xiao, J. Q. , Chen, Y. F. , Chen, Y. B. , Ling, X. , Zhang, J. , Graphene – veiled gold substrate for surface – enhanced Raman spectroscopy. *Adv. Mater.* , 25, 928 – 933, 2013.

[85] Yu, X. X. , Cai, H. B. , Zhang, W. H. , Li, X. J. , Pan, N. , Luo, Y. , Wang, X. P. , Hou, J. G. , Tuning chemical enhancement of SERS by controlling the chemical reduction of graphene oxide nanosheets. *ACS Nano*, 5, 952 – 958, 2011.

第 18 章 用于电化学传感器设计的石墨烯基纳米复合材料及其应用

Qinglin Sheng[1,2], Xiujuan Qiao[2], Ming Zhou[3], Tianli Yue[1], Jianbin Zheng[2]

[1]中国陕西西安西北大学食品科学与工程学院

[2]中国陕西西安西北大学陕西省电分析化学重点实验室合成与天然功能分子化学教育部重点实验室化学与材料科学学院

[3]中国吉林长春东北师范大学化学系动力电池国家地方联合工程实验室,多金属氧酸盐科学教育部重点实验室,吉林省高校纳米生物传感与纳米生物分析重点实验室

摘　要　石墨烯及其相关材料的研究是过去十年中最热门的领域之一,因为它们涉及从物理到化学和生物学的基础科学。尤其是,石墨烯的曝露边缘状平面、大比表面积、良好的导电性和机械强度、快速电子转移能力、良好的生物兼容性、高弹性行为、优异的电化学性质、可调谐的带隙和期望的柔性等特征,有助于将其作为电催化剂、转换器和电化学传感器中的生物分子标记。在本章中,介绍了石墨烯基纳米复合材料的电化学传感器的最新发展。重点介绍了石墨烯基纳米复合材料,如石墨烯基金属纳米材料、纳米半导体、聚合物、磁性纳米粒子、量子点、肽、DNA 等生物分子在电化学传感器中的应用。还特别讨论了用于环境监测和治疗诊断的石墨烯纳米复合材料的实例。最后对石墨烯纳米复合材料电化学传感的发展方向进行了展望和建议。

关键词　石墨烯,电化学传感器,聚合物,纳米半导体,量子点

18.1 引言

在自然界中广泛存在的碳,被认为是与人类关系最密切的元素之一。由于碳的电子轨道杂化多样性(sp、sp2、sp3),以碳为唯一组成元素的碳材料具有多种形式。碳具有几种同素异形体,例如金刚石(碳原子键合呈现四面体晶格)、石墨(碳原子结合的六方晶格薄片,三维)、石墨烯(二维)、碳纳米管(单壁碳纳米管(SWCNT)和多壁碳纳米管(MWCNT),1D)和富勒烯(碳原子以球形、管状或椭圆形结构(0D)。它们的物理化学性质差别很大(图 18.1)[1-3]。

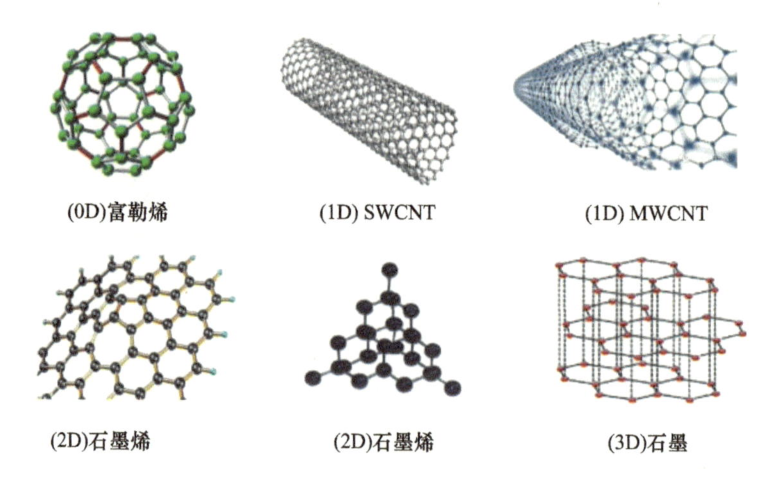

图18.1 碳材料的各种物理形状

石墨烯出现得比较晚，被认为是“最薄”的材料。其厚度相当于单个原子，其化学结构、电学、光学、热学、力学等特性使其显著地适用于各种工程。石墨烯是目前新颖和有前景的物质，可用于纳米电子、纳米复合材料，以及构建光电器件、电化学超级电容器、存储器件、场效应晶体管，以及超灵敏化学传感器如pH传感器、气体传感器、生物传感器等[4-6]。石墨烯有三种结构，即通过包裹成球形形成0维富勒烯（巴基球），通过卷成圆柱形形成一维纳米管，以及通过层层堆叠形成三维石墨[7-12]。

电化学免疫检测因其简单、成本低廉、灵敏度高而被认为是一种有效而实用的分析方法[13-16]。在过去的几十年里，具有独特结构特征的纳米材料在生物分析领域受到广泛关注。由于纳米材料、金纳米粒子（AuNP）、纳米线、磁性纳米粒子（MNP）和量子点（QD）具有独特的光学、电学和机械强度特性，改性碳材料常被用作传感探针，以增强检测超低浓度化学小分子或生物标记物的传感信号。此外，由于纳米材料具有较大的比表面积、丰富的结合位点、良好的生物兼容性和催化活性，已广泛应用于DNA分析、酶传感器和其他相关的生物分析[17]。碳基电极具有较大的电化学惰性、宽的电位窗口和对许多氧化还原反应的电催化性能[18]。因此，它们被广泛应用于电化学研究。

18.2 石墨烯的性质

2004年，来自英国曼彻斯特大学的Geim研究小组[19]首次通过机械剥离法获得了二维晶体（石墨烯）的单原子层。单层碳原子彼此结合构成蜂窝状石墨烯。石墨烯片是二维键合碳，其厚度相当于一个原子的厚度[20]。石墨烯作为所有碳材料的母体，因其独特的性质，在各个领域开辟了一个新的时代。石墨烯的本质是以蜂窝晶格排列的sp2键合单层碳原子。在过去的几年里，由于其独特的纳米结构和优异的性能[21-22]，在理论和实验领域引起了极大的关注。作为科学界感兴趣的材料，由于单层和少层石墨烯具有多种不寻常的性质，石墨烯被快速采用。这些特性恰好与其他材料的缺点相匹配，比如碳纳米管、石墨等。通过以下几点，我们将对石墨烯独特的物理和化学性质进行详尽的阐述。

在所有的材料中，石墨烯是最薄的一种。在蜂窝晶格中，碳原子密集堆积在一起，键长为0.141nm。不同研究小组的测量显示，石墨烯的厚度范围为0.35~1nm。Novoselov等测定了1.00~1.60nm的血小板厚度。另外，具有更大理论比表面积（单层石墨烯约为2630m^2/g）的石墨烯对生物分子和药物表现出较高的电催化活性和超高的负载能力。Dong研究小组[23]制备了基于化学还原氧化石墨烯（Cr-GO）的多功能电化学传感平台，用于检测多个目标分子。结果表明，与裸电极相比，Cr-GO修饰电极能显著降低AA、DA和UA的电氧化过电位，并能显著提高法拉第电流，这表明CR-GO有利于促进传感界面的电子转移。单层石墨烯具有惊人的本征迁移速率，高达200000$cm^2/(V\cdot s)$。单层石墨烯在室温下的热导率约为7200S/m[24-25]。石墨烯的优异性能与其单层结构有关，这是公认的。石墨烯的蜂窝晶格由三角形晶格组成，每个晶胞以2个原子为基础。每个原子都有4个价电子（1个s和3个p轨道）。s轨道和2个p轨道通过杂化在平面上形成强共价键。平面外p轨道提高电导率。

石墨烯在研究领域如此吸引人的因素之一是其电子的低能量动力学。sp2杂化碳的二维晶体是一种零带隙半导体，其中π和π^*带在布里渊区角落的费米能量处接触在一个点上，并靠近这个狄拉克点[26]。电荷载流子的行为类似于相对论粒子，这表现为不寻常的现象，如室温反常量子霍尔效应和电子的行为类似于无质量（零有效质量）狄拉克费米子[27-28]。π电子在石墨烯中是离域的，在石墨烯中，π电子和π轨道分别负责导电性和固态性质。因此，微妙的电子性质和引人注目的$\pi-\pi$相互作用使得石墨烯具有非凡的电子传输性能和高的电催化活性[29]。Shon等[30]报道了氧化石墨烯载体对具有巯基化表面的胶体Pd纳米粒子在水中进行炔加氢的催化活性的影响。研究表明，负载在氧化石墨烯上的Pd纳米粒子杂化材料对二甲基乙炔羰基化合物（DMAD）的加氢反应具有相似的活性。此外，它们在水溶液中即使在多次催化循环之后也是稳定的。结果表明，在300℃下对氧化石墨烯上的Pd纳米粒子进行热处理，提高了氧化石墨烯对全加氢的催化活性。

石墨烯表现出较强的吸附能力，因为石墨烯片中的每个原子都是表面原子，所以通过石墨烯的分子相互作用和电子传输可以对吸附的分子高度敏感[31]。石墨烯对目标分子的特定电化学响应来源于石墨烯的平面几何结构和特殊的电子性质[32]。Chayachon等[33]构建了用于糖化人血清白蛋白（GHSA）的荧光猝灭氧化石墨烯（GO）和Cy5标记的适体传感器。该研究的检测限为50μg/mL，低于其他现有方法。此外，GHSA适配体传感器还可用于临床样品，表明适配体传感器可用于糖尿病的诊断和监测。

石墨烯是各种应用的理想物质，因为它具有非常高的二维电导率、大的表面积和低成本。与碳纳米管（CNT）相比，石墨烯的两大突出优势如下：首先，石墨烯不像碳纳米管那样含有金属杂质。在许多情况下，碳纳米管的电化学性能由这些杂质控制，从而导致误导性的结论。其次，可以使用廉价易得的石墨来实现石墨烯的生产[34]。更重要的是，石墨烯是一种独特的可弯曲材料，具有优异的机械柔性和高结晶质量。石墨烯是严格的二维材料，在环境条件下稳定。而具有高杨氏模量（约1.1 TPa）的石墨烯是迄今为止测试的最强材料，其断裂韧性是钢的200倍[35-36]。石墨烯在光学上也有很高的透明度，其对可见光的吸收率为2.3%是一个很好的证明[37]。由于石墨烯具有合成容易、成本低、制作无毒等特点，这种材料是许多技术应用的候选材料[38-39]。

18.3 制备方法

理论上，石墨烯诞生于1940年[40]。Boehm及其同事在1962年[41-42]从氧化石墨中分离出了薄碳层上的石墨烯。Andre Geim和Konstantin Novoselov成功地从高度取向的热解石墨烯样品中制备并分离了石墨烯[43-46]。制备方法主要分为物理和化学方法，包括微机械剥离、化学气相沉积、外延生长、氧化石墨还原等。图18.2显示了石墨烯的各种合成方法及其在应用中的特殊特征。

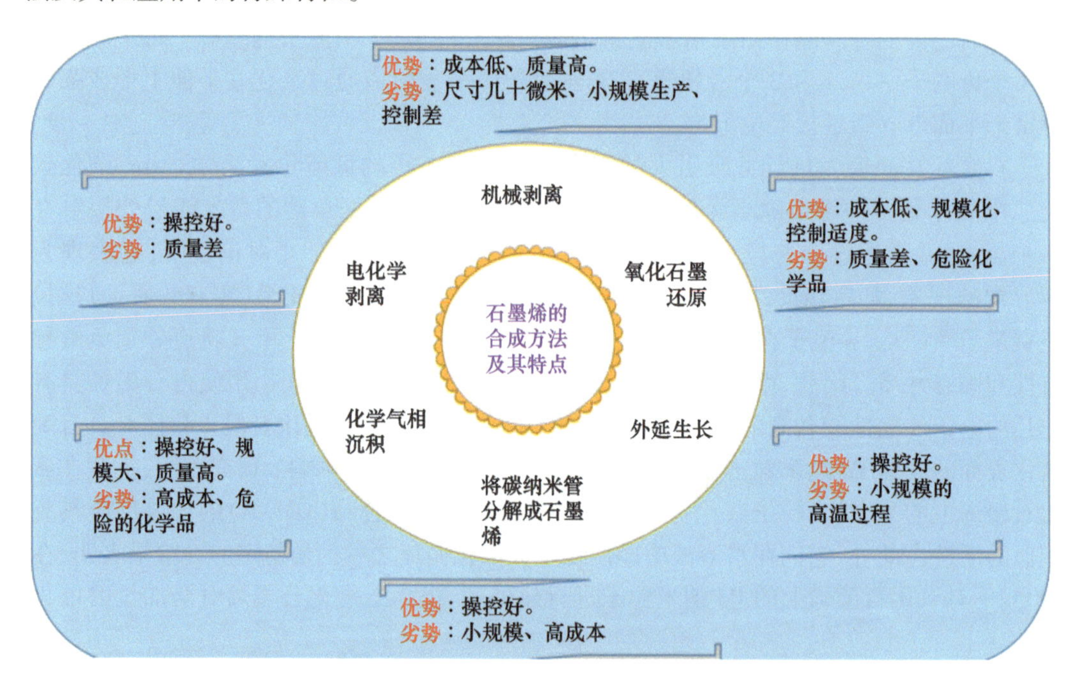

图18.2 石墨烯的各种合成方法及其在应用中的特殊特征

18.3.1 机械剥离

Geim研究小组[47]于2004年首次报道通过机械剥离（重复剥离）生产石墨烯片。这种方法又称“纤维素带”法，至今仍在许多实验室广泛使用[48-49]。但这种方法不适合大规模生产石墨烯。

18.3.2 化学气相沉积

化学气相沉积是以甲烷等含碳化合物为碳源，在高温下在基底表面合成石墨烯的方法。其生长机制主要可分为两种。①渗碳机理及碳的分析：对于镍等溶碳量高的金属基体，在高温下从碳源热解的碳原子进入金属基体内部。而当温度冷却时，碳原子从基底内部出来，然后进一步生长石墨烯（图18.3(a)）。②生长机制的表面：对于铜等溶碳量低的金属基底，气态的碳原子从吸附在金属基底上的碳源中高温热解，然后生长石墨烯核心基底，并进一步结合成大规模石墨烯（图18.3(b)）。

化学气相沉积是可控制备石墨烯的有效方法。在化学气相沉积石墨烯生长中,可以放置几种金属作为催化剂,但Ni和Cu在放大石墨烯生产中应用最广泛[50-51]。通过选择基底类型、生长温度、前驱体流速等参数,可以控制石墨烯的生长速率、厚度和面积,该方法已成功地制备了单层或多层石墨烯。此外,最大的优点是可以制备更大面积的石墨烯片。Ruoff研究小组[39]采用化学气相沉积法在铜箔基底表面成功制备了大面积、高质量的石墨烯,得到的石墨烯主要为单层。该方法为实际应用的高质量石墨烯薄膜的大面积生产开辟了新路线[52-55]。但该方法仍存在成本高、具有危险性等缺点。

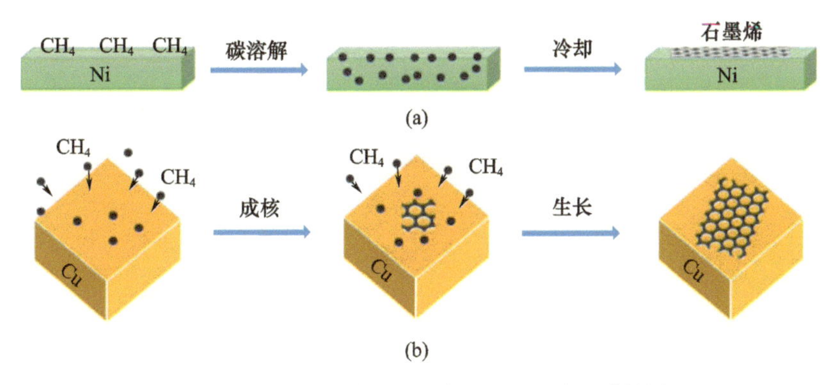

图18.3 (a)渗碳及碳分析示意图;(b)生长机制的表面

18.3.3 氧化石墨还原法

首先对石墨进行化学氧化,得到边缘含有羧基和羟基,层间含有环氧基和羰基等含氧基团的氧化石墨。无机强质子酸(如烟硝酸、浓硫酸)用于处理原始石墨。然后在石墨层中插入强酸小分子,用强氧化剂(如$KClO_4$、$KMnO_4$等)氧化。该工艺可将石墨层的插层距离从0.34nm扩大到0.78nm左右。接下来,通过像超声剥离一样的外力剥离,得到氧化石墨烯。首先将氧化石墨在水-甲醇混合物溶液中超声处理约30min,并进行离心(8000r/min)以除去很少的副产物和较小的氧化石墨片;然后将其再分散在水-甲醇溶液中并进一步离心(2500r/min)以除去较大的氧化石墨片。该方法可获得厚度约1nm、面积更大的氧化石墨烯片。最后,还原可以获得具有单原子层厚度的石墨烯。还原法包括热还原法、化学还原法和电化学还原法。该方法收率高,可广泛应用于实际应用(图18.4(a))。

18.3.4 切割碳纳米管制备单层石墨烯

石墨烯片,单原子厚的sp^2键合的二维碳层,是所有其他维度的基本石墨材料。石墨烯可以被包裹成球形(0维富勒烯),卷成一维纳米管,并层叠形成三维石墨。因此,可以将纳米管拉开拉链得到石墨烯。这种从碳纳米管解压缩获得石墨纳米带的方法由Márquez及其同事[56]发表。在这种方法中,通过插入锂和氨,然后剥离,纵向切割碳纳米管(图18.4(b))。从那时起,基于碳纳米管切割的各种方法已经成功地用于制备石墨烯,包括化学解压缩法、物理化学蚀刻法、纳米粒子催化法、电喷射法等。

此外,在Pd纳米粒子和含氧液体介质存在下,在微波辐射下催化拉开单根碳纳米管

(SWCNT)、双根碳纳米管(DWCNT)和多壁碳纳米管(MWCNT)可以得到少层石墨烯片[57]。解开碳纳米管的方法非常普遍，因为其非常简单，并可以产生良好控制的形状石墨烯[58]。但这些方法并未应用于石墨烯的量产[59]。此外，原始材料非常昂贵。

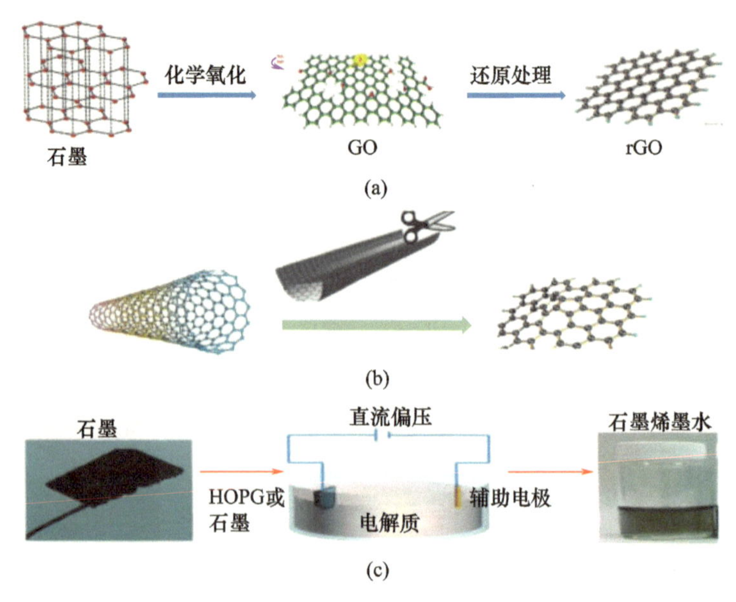

图 18.4 (a)氧化石墨还原法示意图[67]；
(b)CNT 分解成单层石墨烯的示意图；(c)电化学实验装置[68]

18.3.5 电化学剥离

与其他制备石墨烯的方法相比，电化学剥离是一种绿色方法。Besenhard 于 1976 年[60]首次报道了电化学剥离。在这种方法中，石墨被硫酸和硝酸的混合物氧化，然后被电化学装置剥离(图 18.4(c))[61-62]。石墨的电化学剥离因其工艺时间短、操作简单、石墨烯[63]质量好而受到人们的关注。石墨在阳极或阴极条件下的电化学剥离包括电解质离子在石墨烯层之间的插入及其剥离[64]。研究人员测试了几种不同的电化学条件和电解质，在非常短的时间内实现了优异的剥离效率[65]。

石墨烯的质量受所施加的电位的影响。当石墨在阳极条件下剥离时，需要在负嵌入离子存在下施加高达 10~20V 的电位偏压。高电压可以促进在剥离的石墨烯上产生氧基团[66]。然而，阴极条件下的剥离效率大大低于阳极条件。

18.3.6 外延生长法

外延生长方法可以帮助研究人员获得可控的单晶畴和大尺寸石墨烯生产。众所周知，由于只有一个原子的厚度，石墨烯很容易受到来自其支撑基底的扰动。为了使用石墨烯的本征电子性质，尤其需要不影响其电子结构的基底[69]。近年来，几项工作证明了在 SiC 上生长石墨烯的可能性[70]。然而，在此过程中，实验条件是苛刻的。高温(约 1500℃)影响石墨烯的大规模生产[71]，因为 SiC 表面的硅在高温下快速扩散。迄今为止，缺乏合适的基底一直是石墨烯外延生长的主要障碍。

18.3.7 电弧法

石墨烯也可以通过电弧放电法制备。两个石墨电极将在高电流、高电压和氢气氛的条件下放电,以在电弧室的内壁区域中产生通常为2~4层的石墨烯薄片,其中氢的存在可能减少了碳纳米管和其他封闭碳结构的形成。结果表明,H_2在石墨烯的制备过程中起着重要的作用,它阻止了石墨烯的多面体颗粒和纳米管的形成。为了制备纯石墨烯(HG),Subrahmanyam等[72]在没有任何催化剂的情况下,在充满不同比例氢气和氦气的水冷不锈钢室中对石墨蒸发进行直流电弧放电。

18.4 基于电化学传感器的石墨烯应用

灵敏度是电化学传感器的关键特性指标。石墨烯作为一种新型的碳纳米材料,表现出一系列特殊的性能,在提高电化学传感器的灵敏度方面发挥了很好的作用。由于石墨烯处于惰性状态,与其他介质的相互作用较弱,这给石墨烯的进一步研究造成了很大的困难。而有效功能化的石墨烯可以实现更丰富的功能和应用。共价官能化是基于碳的不饱和π键和其他官能团之间的共价连接。功能化的原因是π轨道将sp2键转化为sp3的反应。因此,石墨烯具有与其他物质共价结合的能力,因为它是化学不饱和的。

功能化石墨烯可以是两亲性的,这意味着它不仅可以溶解在有机溶剂中,而且可以溶解在水中,并且其表现出比碳纳米管更高的电子传输效率。因此,它是一种理想的电极表面改性材料,用于构建电化学传感器。石墨烯的功能化方法包括表面功能化、掺杂、化学修饰、合成石墨烯衍生物等。例如,用金纳米粒子修饰的石墨烯具有改进的导电性、灵敏度、稳定性和再现性。

电化学传感器可分为离子传感器、气体传感器和生物传感器。其中,基于重金属离子的石墨烯电化学传感器在环境监测中具有重要的研究意义。与传统传感器相比,石墨烯传感器具有更高的灵敏度和选择性,可用于疾病诊断和环境污染物检测。本节介绍了石墨烯基杂化材料在电化学中的应用。

18.4.1 石墨烯基纳米复合材料在电化学传感器领域中的应用

将石墨烯引入电化学生物传感器后,由于其比表面积大、导电性优异、吸附性能强、生物兼容性好、高效的电催化活性,可以提高电化学生物传感器的性能[73-75]。

18.4.1.1 石墨烯-无机纳米复合材料改性电极

近年来,石墨烯被认为是碳材料中的“明星”。石墨烯排列在一个原子厚的二维蜂窝晶格平碳结构中,具有高表面积以及优越的力学性能和电学性能。石墨烯为复合纳米材料的制备提供了一个显著的平台,引起了科学家的极大关注。纳米材料修饰的石墨烯可以增强信号响应。这些纳米材料一般分为两种:一种是贵金属纳米颗粒(如Pd、Au、Ag等);另一种是过渡金属氧化物纳米颗粒(如CuO、Co_3O_4、Fe_3O_4等)。贵金属纳米粒子是一种极具吸引力的电极材料,具有优异的导电性、高稳定性和显著的电催化活性。许多报道表明,石墨烯与贵金属纳米颗粒结合可以进一步提高其催化性能。

Yola等[77]报道,基于金纳米粒子修饰氧化石墨烯的灵敏分子印迹电化学传感器可以灵敏地检测牛奶中的酪氨酸。Tyr 印迹传感器原理图如图 18.5 所示。在传感器/生物传感器的制备中，Au 纳米粒子通常用作电极表面，因为 Au 纳米粒子可以提高电极的电导率、电子转移速率和分析的灵敏度。此外，它们还具有优异的电催化性能，可以为检测分子提供合适的微环境。Lorestani 等[78]报道了通过一步水热绿色合成方法成功合成的银纳米粒子 - 碳纳米管还原氧化石墨烯复合材料作为高效的过氧化氢传感器。银纳米粒子在传感器领域表现出优异的催化活性。复合材料的传感器特性由金属颗粒的形状、尺寸和分散性决定。因此，复合基体 Ag 纳米粒子在获得 Ag 纳米粒子的高分散性及其各自的尺寸和形状方面起着重要的作用。

除石墨烯结合的单金属纳米粒子外，双金属纳米粒子（Cu - Cd、Au - Pd、Pt - Au、Co - Ni 等）在近年来，由于其在电子、传感器和催化等方面的优异性能而受到越来越多的关注。其表面等离子体带的变化可以提供更好的催化性能，更容易形成连续的电场，提高了电子转移速率。很明显，双金属可以提高传感的灵敏度。但同时具有一定直径的双金属纳米粒子可以被聚集，这阻止了双金属纳米粒子的广泛应用。研究发现，将金属纳米粒子与碳质材料混合可以解决这一问题。

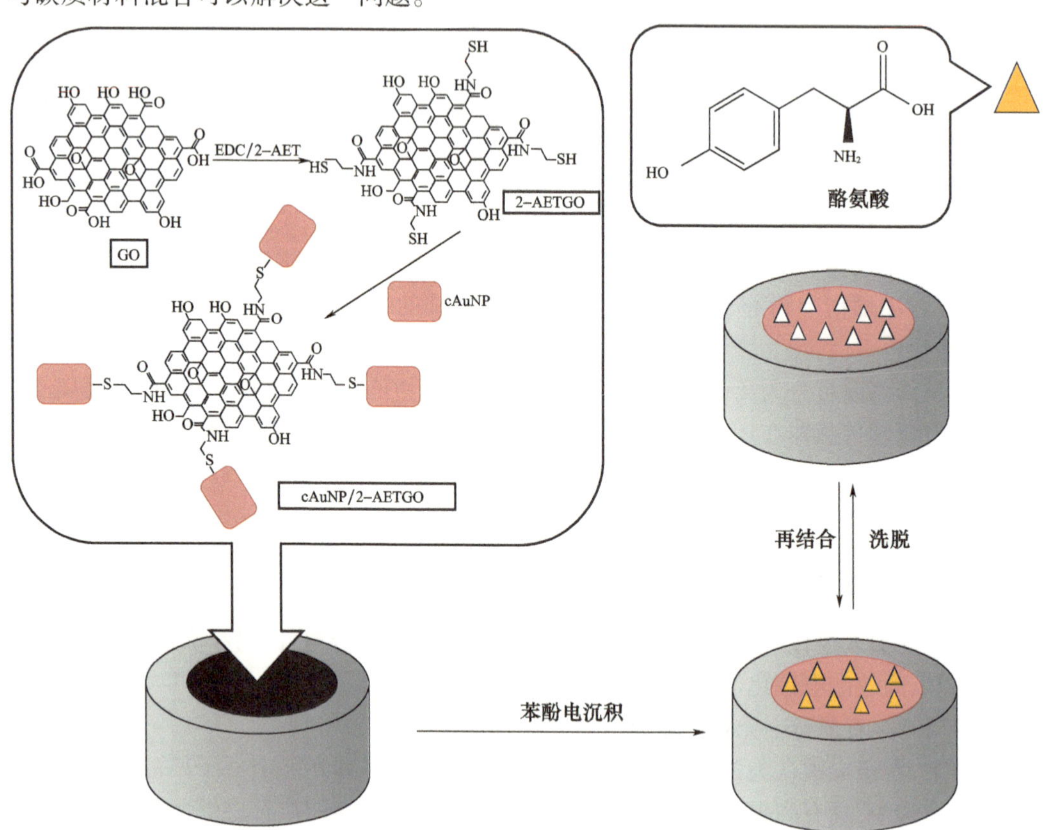

图 18.5 MIP/cAuNP/2 - AETGO/GO 传感器的制备过程[76]

Cui 等[79]通过合成 Pt - Au 双金属纳米粒子修饰石墨烯 - 碳纳米管复合材料，制备了没食子酸丙酯（PG）的分子印迹电化学传感器（MIP）。分子印迹电化学传感器检测没食子酸丙酯的示意图如图 18.6 所示。PtAu - GrCNT 复合材料作为电极材料可以显著提高电子转移效率、活性表面积和传感器的灵敏度。方法的检测限为 2.51×10^{-8} mol/L，线性

范围为 $7\times10^{-8}\sim1\times10^{-5}$mol/L。此外,该传感器简单、灵活、操作方便、成本低,可成功应用于食品样品中 PG 的检测。F. Long 和同事[80]制备了一种基于钴镍双金属纳米粒子修饰石墨烯的敏化印迹电化学传感器,用于检测辛基酚(OP)。结果表明,由于钴镍双金属纳米粒子与石墨烯的协同作用,分子印迹传感器对辛基酚具有较高的灵敏度。在优化条件下,MIP/Co - Ni/GP/CE 传感器与其他检测 OP 的方法相比,具有更宽的线性范围和更低的检测限。

尽管先前已经通过石墨烯与贵金属的组合来实现尝试以获得更高的灵敏度,但是有限的自然资源和高成本阻碍了贵金属在化学传感器中的广泛应用。因此,过渡金属氧化物(如SnO_2、ZnO、Mn O_2、Mn_3O_4、NiO、TiO_2、Y_2O_3和Co_3O_4)被认为是制备纳米器件(如高灵敏度的光电子、气体和生物传感器)的最合适的候选材料。

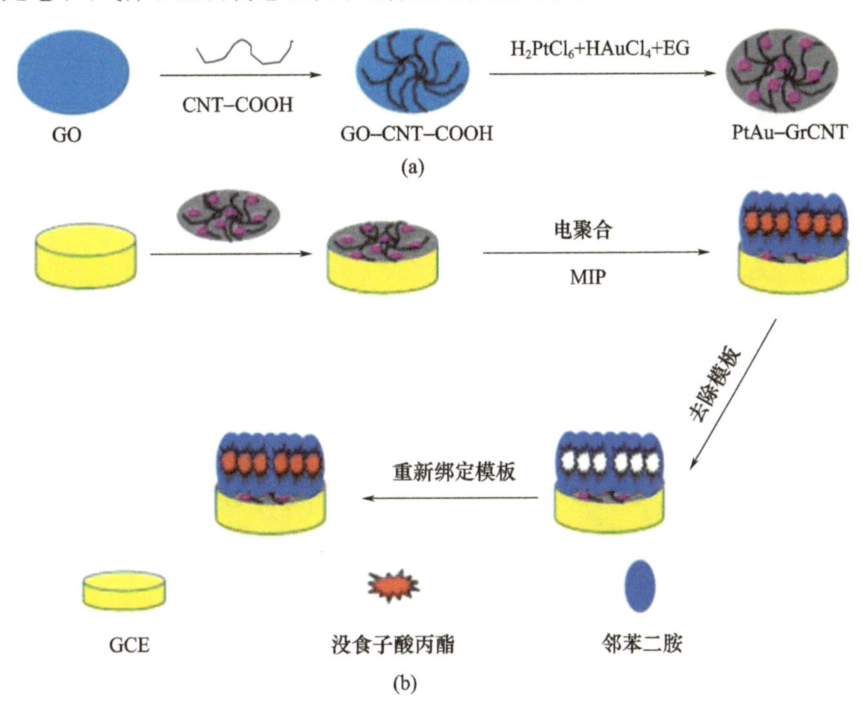

图 18.6 (a)PtAu - GrCNT 复合材料的制备过程示意图;(b)用于 PG 测定的 MIP 传感器示意图[78]

在石墨烯中加入大量的金属氧化物可以扩大石墨烯的比表面积。石墨烯和过渡金属氧化物纳米复合材料通过协同效应有效地提高了电导率并导致高的电催化性能。Bagheri 等[81]报道了一种基于Co_3O_4还原的氧化石墨烯修饰碳糊电极的新型阿托品传感器。合成 Co_3O_4 - rGO 的示意图如图 18.7 所示。Co_3O_4为一维纳米结构。近年来,Co_3O_4纳米粒子由于其低成本、生物兼容性、广泛的可用性和环境效益而受到越来越多的关注和优异的电催化性能。石墨烯与Co_3O_4的结合可以提高电极的性能。

近年来,石墨烯被双金属氧化物(如Fe_3O_4 - Co_3O_4)和金属 - 金属氧化物纳米复合材料(Pt - NiO、Pt - CuO、Pd - CuO 和 Au - CuO)修饰以提高传感器的灵敏度。纳米复合材料不仅保留了组分材料的优点,而且由于协同效应而表现出更高的电导率。Han 和其同事[82]利用Fe_3O_4 - Co_3O_4双金属氧化物和石墨烯的协同作用,报道了一种高灵敏度的检测多巴胺和尿酸的生物传感器。Fe_3O_4纳米粒子广泛应用于生物成像、靶向给药等领域，特别是Fe_3O_4纳米粒子的电化学传感器具有良好的生物兼容性、超顺磁性、低毒、易于制备和优异的电催化活性。然而，由于偶极子之间的磁引力，Fe_3O_4纳米粒子容易聚集。将Mn_3O_4纳米颗粒固定在GRO片上，不仅可以防止纳米复合材料聚集在一起，保持较高的比表面积，而且可以提高电化学活性。与裸露的玻碳电极相比，Fe_3O_4 - Co_3O_4/rGO修饰的玻碳电极具有良好的电催化活性，线性范围宽，检测限低，灵敏度高，响应快。此外，Dhara及其同事[83]通过一步合成的方法设计了一种基于Au - CuO纳米粒子修饰还原氧化石墨烯的高性能一次性非酶葡萄糖传感器。这些基于CuO的葡萄糖传感器由于其高的催化活性和易于调节的物理和化学性质而被广泛报道。Au - CuO纳米粒子修饰的还原氧化石墨烯提高了催化葡萄糖氧化的灵敏度。Au - CuO/rGO纳米复合材料具有良好的催化能力，具有较宽的浓度范围，能够定量、高灵敏度地检测葡萄糖。

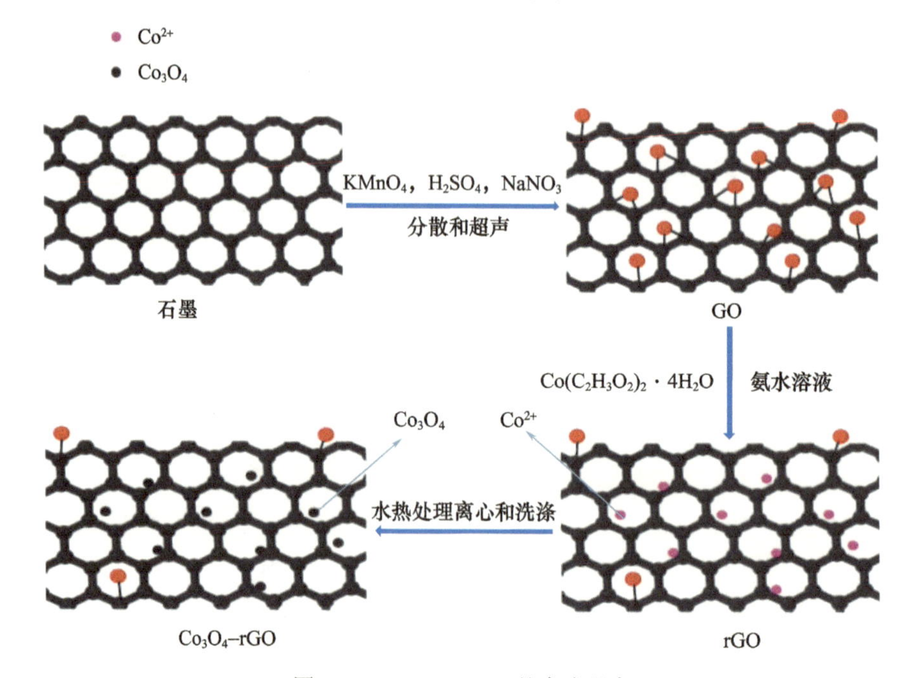

图18.7 Co_3O_4 - rGO的合成程序

18.4.1.2 石墨烯 - 有机纳米复合材料改性电极

为了实现协同优化，石墨烯可以用无机和有机化合物修饰，用于电化学传感器的设计和制备。常见的有机化合物有聚吡咯、聚苯胺和Nafion膜。

导电聚合物是20世纪70年代发现的具有大π键的共轭大环导电聚合物[83]。该导电聚合物具有以下特点：成本低，易于合成，具有较高的导电性和生物兼容性，环境稳定性好，电化学性能可控[84-87]。另一种有机物Nafion，阳离子交换剂的典型代表，是全氟磺酸基阴离子共聚物。由于其优异的性能，如高导电性、热稳定性、疏水性和化学惰性，已被用作电极改性剂[88-89]。石墨烯基有机络合物结合了石墨烯和有机物的优点并提高了其性能，例如，电催化活性和热稳定性[88-90]。随后，其被广泛应用于各种领域，包括生物学、电化学和商业，如超级电容器、传感器、二次电池和环境科学[91-96]。具体地，由石墨烯和有机组成的化合物可用于检测低聚物（DNA或RNA）[97-99]、过氧化氢[100]、重金属离子[86,101]

和有机生物分子[87-89,94]如葡萄糖、奈比洛尔、美托洛尔和多巴胺。Gong 及其同事[98]利用石墨烯 - Nafion 复合膜修饰的玻碳电极,研制了一种简单、灵敏、可用于 HIV - 1 基因检测的阻抗式 DNA 生物传感器。该生物传感器的原理是在玻碳电极表面修饰的石墨烯 - Nafion 通过 $\pi-\pi^*$ 堆积吸附单链 DNA(ssDNA)。其中,$[Fe(CN)_6]^{3-/4-}$ 氧化还原对是一种介体。检测 HIV - 1 基因时,ssDNA 探针与靶 DNA 结合形成双链 DNA(dsDNA),螺旋诱导 dsDNA 的形成从生物传感器表面释放(图 18.8)。

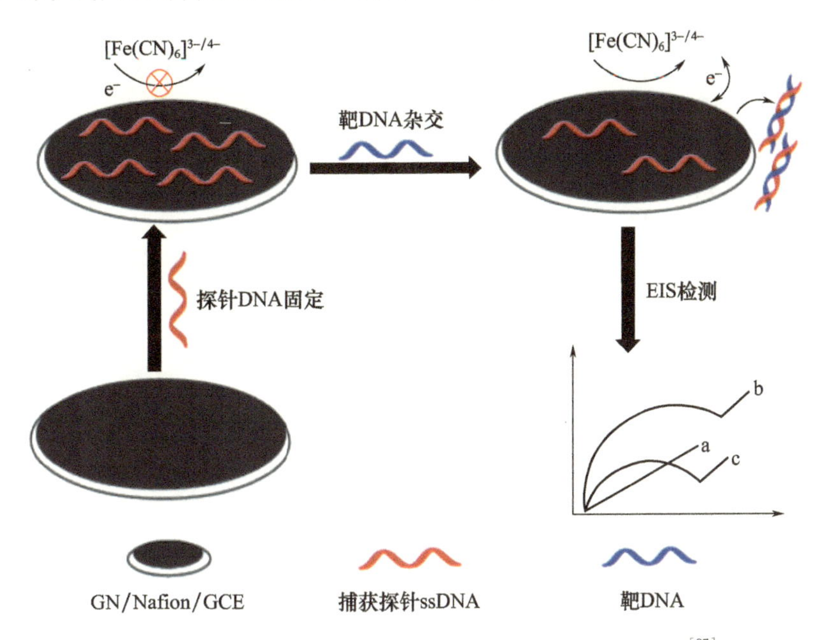

图 18.8 阻抗式 DNA 生物传感器制作及目标检测示意图[97]

在优化条件下,在 $1.0\times10^{-13}\sim1.0\times10^{-10}$ mol/L 范围内,电子转移电阻的降低与 HIV - 1 基因浓度成对数正比。该传感器的检测限为 2.3×10^{-14} mol/L[97]。与 Li 等[103]的结果相比,基于植酸功能化聚吡咯/氧化石墨烯纳米复合材料[102]的电化学传感器的检测限提高了 5 个数量级,但传感器的性能仍有提升空间。为了提高传感器的性能,Yang 等[104]将电化学还原的氧化石墨烯(ErGO)和聚苯胺(PANI)作为电极修饰材料,用于构建 DNA 传感平台。ErGO - PANI 修饰的 DNA 传感平台由于 PANI 和 ErGO[95,103]的独特协同作用而表现出优异的性能,提高了探针 DNA 在电极表面的固定率。因此,所制备的生物传感器对特定 DNA 序列的检测具有良好的选择性和灵敏度。其线性范围为 $1.0\times10^{-15}\sim1.0\times10^{-8}$ mol/L,检测限为 2.5×10^{-16} mol/L,均优于石墨烯 - Nafion 修饰电极。该传感平台成功地为相关疾病的早期诊断奠定了基础。

与石墨烯结合的最常见染料分子是卟啉和普鲁士蓝(PB),其中对 PB 的研究较多。PB 于 18 世纪初被发现。所以,在使用过的导电聚合物中,PB 绝对是已知最古老的配位材料之一[104-105]。直到 1978 年才报道了铅的电化学性质;然而,这不是第一次用 $Fe4III(FeII(CN)_6)_3$[106-107]研究 PB[105]。该催化剂具有良好的电催化性能和电化学选择性。因此,已经对 PB 膜的电化学、电致变色、磁性、电催化和光催化性能进行了大量研究[105,107-108]。随后,它已被用作电化学传感器和生物传感器中的介体[107-108]。特别是在低电位下,PB 对过氧化氢(H_2O_2)的电化学还原具有较高的催化能力[106,109-111]。Jin 及其同事[107]制备了石墨烯－PB修饰的传感器，该传感器对H_2O_2还原具有较高的电催化活性，线性范围宽($2\times10^{-5}\sim2\times10^{-4}$mol/L)，检测限低($1.9\times10^{-6}$mol/L，信噪比为3)。灵敏度为196.6μA/[(mmol/L)·cm]。结果表明，该传感器对过氧化氢具有良好的催化性能。然而，科学研究是无止境的。为此，Yang等[112]构建了基于普鲁士蓝/空心聚吡咯(PB/H－PPY)复合物的无酶H_2O_2检测传感器平台。为了证明PB修饰电极的性能，他们使用了不同的修饰材料，PB/H－PPy制备的实验过程如图18.9所示。各修饰电极对过氧化氢的响应以及阳极峰减小和阴极峰增大反映在图18.10中，表明PB/H－PPy对H_2O_2还原具有优异的电催化活性。在本研究中，基于PB/H－PPy的传感器对H_2O_2具有优异的检测性能，线性范围为$5.0\times10^{-6}\sim2.775\times10^{-3}$mol/L，灵敏度为484.4μA/[(mmol/L)/cm^2]。检测限为1.6×10^{-6}mol/L(信噪比为3)。不难发现，基于PB/H－PPy的传感器的主要性能优于Jin的工作。这对人类健康和未来的工业生产都具有重要意义。

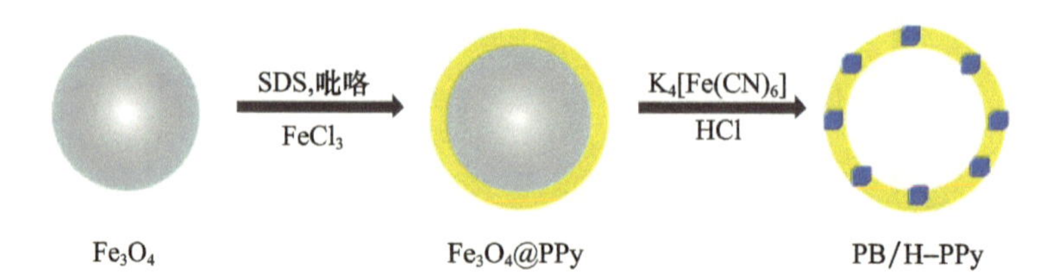

图18.9 PB/H－PPy制备的实验过程[97]

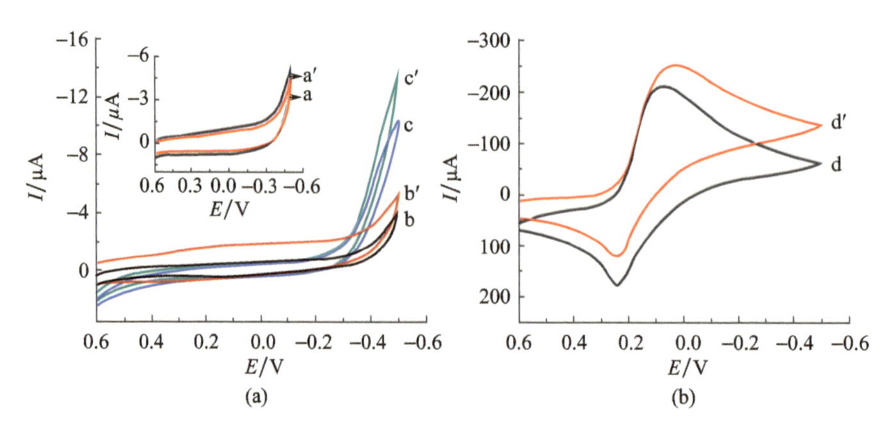

图18.10 (a)裸GCE(a和a')、Fe_3O_4/GCE(b和b')、Fe_3O_4@PPy/GCE(c和c')和(b)PB/H－PPy/GCE(d和d')于不存在(a～d)和存在(a'～d')2.0mmol/L H_2O_2的条件下，扫描速率为40mV/s[97]

18.4.1.3 石墨烯－生物分子纳米复合材料电极

在过去的几十年里，纳米材料由于其独特的结构特性以及独特的光学、电学和机械强度特性，在生物分析领域受到了广泛的关注。金纳米粒子(AuNP)、纳米线、碳纳米管(CNT)、量子点(QD)和磁性纳米粒子(MNP)常被用作传感探针，以提高灵敏度和检测超低浓度的目标分子和生物标记物。此外，由于其丰富的键合位点、较大的比表面积、催化活性以及良好的生物兼容性，纳米材料已广泛应用于DNA分析、酶传感器以及其他相关的生物分析[112]。

电化学生物传感器主要包括酶传感器、免疫传感器和电化学核酸适体传感器。电化学免疫传感器是使用用于识别抗体(抗原)的抗原(抗体)开发的生物传感器,其中抗原/抗体是分子识别元件并且与电化学感测元件直接接触。随后,某种化学物质的浓度信号通过感测元件成为相应的电信号。电化学生物传感器具有选择性高、灵敏度高、操作简便、分析速度快、易于自动化操作等优点,已广泛应用于医疗保健、环境检测、食品安全等领域。

石墨烯具有优异的导电性和载流子迁移率[113-116]以及低水平的 $1/f$ 噪声[117-118],被认为是未来电子产品的候选。此外,具有单原子层的石墨烯具有较大的比表面积和优异的生物兼容性[119-120]。由于这些特性,石墨烯已经被研究应用于检测具有超高灵敏度的生物物种[121-123]。研究人员总是构建石墨烯与其他纳米材料的混合体,以提高检测的信号。图 18.11 显示了将纳米材料与适体/抗体结合用于构建生物传感器的优点。

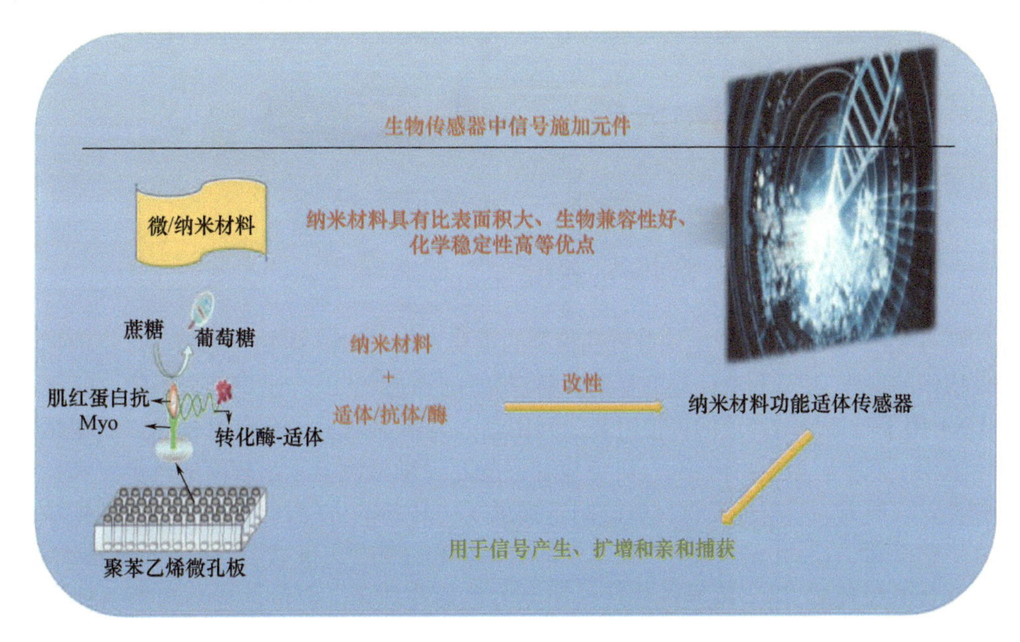

图 18.11 将纳米材料与适体/抗体结合用于构建生物传感器的优点

最初,提出传统石墨烯传感器的响应是由物理吸附的物质通过所谓的静电门控效应介导的[124]。值得注意的是,增强反应通常与较高的浓度或缺陷有关,尽管这突出了缺陷[125-127]的作用,但它们的增强机制尚未得到充分研究。一种可能是离子物质与缺陷处的不饱和碳原子相互作用,直接将电荷载流子转移到石墨烯上,从而提高石墨烯传感器的灵敏度。然而,缺陷介导的结合事件通常涉及不可逆反应,因此对于多循环操作是不可取的[128]。结果表明,当这些缺陷完全钝化时,不可逆响应消失,传感器仅表现出可逆响应。因此,Kwon 等[129]采用缺陷工程石墨烯网传感器(GM 传感器)作为高性能酶传感器的模型系统,使用能量反应性边缘缺陷用于无接头受体结合位点和具有较低能量势垒的载体注射位点。固定葡萄糖氧化酶后,反应的不可逆性显著降低。此外,多循环操作导致快速感测并改善了 GM 传感器的可逆性。

尽管基于抗体或抗原的测定是检测多种靶标的标准生物传感器平台,但研究人员最近发现了数千种针对各种靶标的 DNA 或 RNA 适体,如蛋白质、氨基酸、肽、抗生素、病毒、金属离子,甚至整个或部分细胞。适体是与特定分子结合的核酸分子。适体的功能与能与靶标结合的抗体相同。然而，与抗体相比，适体更稳定，更容易修饰到电极上，使其成为蛋白质识别的理想物质，广泛用于体内鉴定和疾病诊断。图 18.12 显示了适体的优点。因此，适体在各个领域的应用逐年增加。

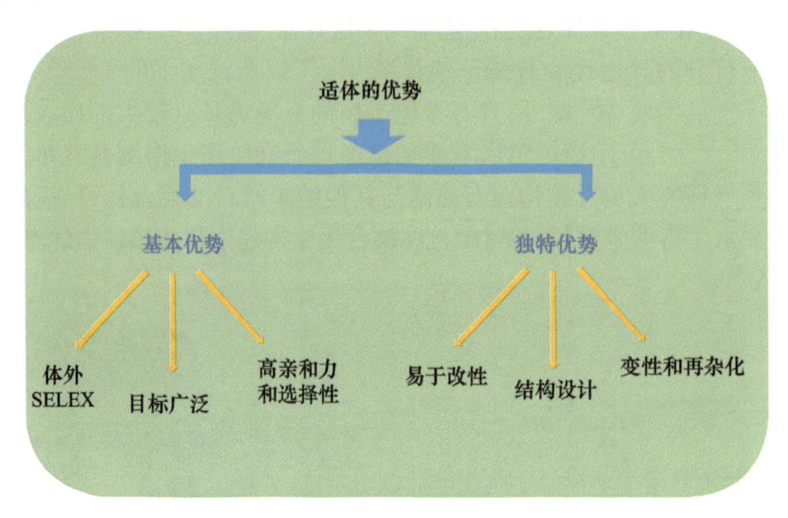

图 18.12　适体的优点

DNA 生物传感器是 DNA 结构分析和检测的重要方法。DNA 生物传感器已广泛应用于感染性疾病的检测、肿瘤和遗传病的早期诊断、重组的筛选、基因分子识别分析等。Li 等首次将 DNA 用于石墨烯纳米毯的可控组装。利用动态光散射技术将得到的 DNA - 石墨烯分散纳米毯用于制备新型生物传感器，对寡核苷酸的超灵敏检测显示出较高的灵敏度和良好的选择性。该研究为石墨烯复合材料的制备提供了一种新的方法，促进了石墨烯生物功能材料在生物诊断、纳米电子学和生物技术中的应用。Tong 等[130]报道了一种新型适体/石墨烯固定化金电极传感，用于特异性快速检测金黄色葡萄球菌。金黄色葡萄球菌适体通过 DNA 碱基的 $\pi-\pi$ 堆叠与石墨烯结合。当存在金黄色葡萄球菌时，适体将固定金黄色葡萄球菌，然后将从石墨烯表面落下，导致电信号的变化。该传感器在 $4.1\times10^1\sim4.1\times10^5$ cfu/mL 范围内呈良好的线性关系，检测限为 41cfu/mL。研制的生物传感器可以检测金黄色葡萄球菌专门用于临床诊断和食品检测。检测机制如图 18.13(a) 所示。

为了增强检测信号，研究人员将一些其他纳米材料如纳米粒子、纳米线等与石墨烯结合起来，构建纳米聚集体。在这种情况下，适体仍然不是组装，而是通过 DNA 碱基的 $\pi-\pi$ 堆叠固定在石墨烯上。适体将与其他纳米材料连接。据我们所知，Au 纳米粒子具有良好的生物兼容性。因此，研究者倾向于通过 Au - S 化学键将抗体或适体固定在 Au 纳米粒子上。更重要的是，Zhou 等[131]报道了通过双信号标记的电化学免疫传感器同时检测 B 细胞淋巴瘤 2(Bcl - 2) 和 Bcl - 2 相关 X 蛋白(Bax)的肿瘤细胞。本研究制备了一种同时检测 Bax 和 Bcl - 2 的双信号标记电化学生物传感器。将 Bcl - 2 和 Bax 抗体固定到还原氧化石墨烯层上用于捕获靶抗原。采用介孔二氧化硅扩增和抗体修饰的 Ag 纳米簇(NC)和 CdSeTe@ CdS 量子点(QD)作为信号探针。采用阳极溶出伏安法测定 Cd 和 Ag 的氧化峰电流，测定 Bcl - 2 和 Bax 蛋白的浓度。实验表明，在 1 ~ 250ng/mL 范围内线性关系良好，检测限为 0.5fmol。其检测原理如图 18.13(b) 所示。

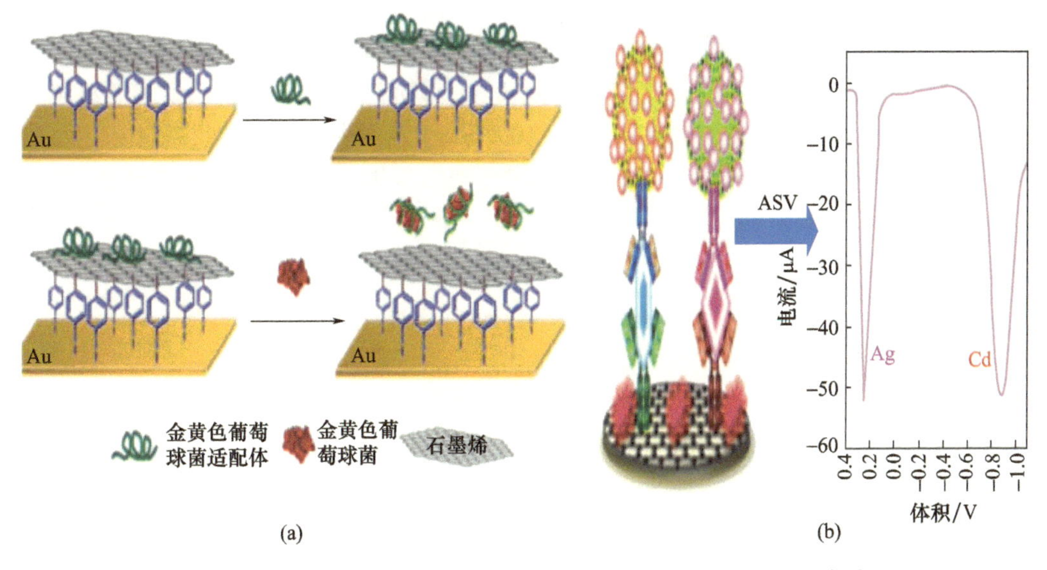

图 18.13 (a)石墨烯基适配体传感器检测金黄色葡萄球菌的机理[130]；(b)制作了同时检测 Bax 蛋白和 Bcl-2 的双信号标记电化学生物传感器的检测原理[131]

18.4.2 石墨烯基电化学传感器的应用

18.4.2.1 石墨烯基电化学传感器在环境监测领域中的应用

随着重工业化、快速城市化和人们生活方式的改变，环境污染正在成为全球威胁。石墨烯及其相关复合材料用于构建电化学传感器在环境分析中引起了极大的关注。由于独特的电子和物理特性，如大表面积、良好的生物兼容性和异质电子转移动力学，石墨烯产生协同作用，可实现更高的灵敏度、更低的检测限，以及增加的选择性，用于快速和高性价比地检测各种分析物[132-134]。其中一个最重要的应用领域是通过石墨烯基电化学传感器对有害离子(如 As(Ⅲ)、Cd^{2+}、Pb^{2+}、Hg^{2+}、Cr(Ⅵ)、Cu^{2+}、Ag^{2+}等)的测定。这类传感器的改进致力于使用掺杂的石墨烯(如掺杂有 N、B、S、Se 等)。因为由掺杂引起的电化学活性位点促进电荷转移、分析物的吸附和活化以及功能性部分/分子的固定。此外，石墨烯与其他材料(纳米粒子/有机分子)的结合使得电极的灵敏度和选择性提高了[135]。Zhu 等[136]通过离子束溅射沉积提出了一种石墨烯纳米点封装的多孔金电极，用于电化学传感。采用 Au 靶制备电极，利用 Ar 离子束在玻璃基底上同时溅射 Al 和石墨烯复合靶，然后进行盐酸腐蚀。由于在三维多孔结构中捕获的石墨烯纳米点，多孔电极对重金属离子的检测范围增强。他们还发现，重金属离子的测量灵敏度与多孔电极的厚度成正比，在 40nm 后几乎达到饱和。结果表明，该电极可用于检测Cu^{2+}和Pb^{2+}。Promphet 等[137]还开发了石墨烯基/聚苯胺/聚苯乙烯的纳米多孔纤维修饰丝网印刷碳电极，用于同时测定Pb^{2+}和Cd^{2+}。以$[Fe(CN)_6]^{3-/4-}$为标准氧化还原对，用该修饰电极在Bi^{3+}存在下同时测定Pb^{2+}和Cd^{2+}，阳极电流与金属离子浓度在 10~500μg/L 范围内呈良好的线性关系。Pb^{2+}和Cd^{2+}的检测限(信噪比为 3)分别为 3.30μg/L和 4.43μg/L。另一个吸引人的特点是，所提出的电极可以重复使用超过 10 次，仅通过简单的洗涤步骤就具有高的再现性。然而，废水中金属离子的组成往往是复杂的。因此，抗干扰问题对于实际使用也非常重要。最近,Chaiyo 等[138]提出了一种基于 Nafion/离子液体/石墨烯复合材料修饰的丝网印刷碳电极的电化学传感器,可同时测定锌(Zn(Ⅱ))、镉(Cd(Ⅱ))和铅(Pb(Ⅱ))(图 18.14)。结果表明,Zn(Ⅱ)、Cd(Ⅱ)和 Pb(Ⅱ)在 Nafion/离子液体/石墨烯复合材料修饰的丝网印刷碳电极上的电流响应在 0.1～100.0ng/L范围内呈良好的线性关系。富集时间为 120s,Zn(Ⅱ)、Cd(Ⅱ)和 Pb(Ⅱ)的检测限分别为 0.09g/mL、0.06ng/L和 0.08ng/L。此外,可以有效地避免与 Zn(Ⅱ)、Cd(Ⅱ)和 Pb(Ⅱ)检测相关的其他常见离子的干扰。

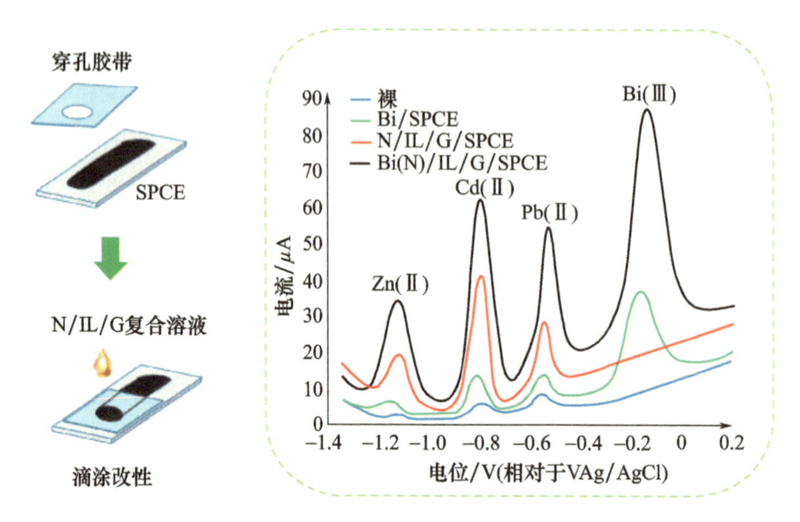

图 18.14 电化学传感器制造示意图及其在同时测定锌、镉和铅中的应用[131]

水体中Hg^{2+}的含量也是评价环境污染的一个重要问题。近年来,利用 DNA 探针和石墨烯作为传感模块对Hg^{2+}进行高灵敏度和选择性的电化学传感受到越来越多的关注,其机理是基于富 T DNA 链优先与Hg^{2+}结合形成 T－Hg^{2+}－T 配位[139]。例如,合成了三维还原氧化石墨烯和聚苯胺(3D－rGO@ PANI),并将其用作检测Hg^{2+}的 DNA 吸附剂的敏感层。结果表明,富含氨基的 3D－rGO@ PANI 对富 T DNA 链具有较高的亲和力,优先与Hg^{2+}结合形成 T－Hg^{2+}－T 配位。结果表明,基于 3D－rGO@ PANI 纳米复合材料的电化学生物传感器对Hg^{2+}在 0.1～100nmol/L 范围内具有较高的灵敏度和选择性,检测限为 0.035nmol/L[140]。Zhang 等[141]石墨烯基与纳米 Au 的结合在玻璃碳电极表面制备了用于阿摩尔Hg^{2+}检测的电化学传感器,以提高电极电导率。在最佳条件下,Hg^{2+}的检测范围为 1.0amol/L～100nmol/L,检测限为 0.001amol/L。因此,石墨烯功能化的新型纳米材料有望进一步应用于环境监测领域超灵敏检测金属离子的开发。

双酚 A(BPA)、邻苯二甲酸二丁酯(DBP)、六氯苯(HCB)、2,4－二氯苯酚(2,4－DCP)等有机分子也是环境中的主要污染物。例如,塑料单体和 BPA 是世界上产量最高的化学品之一,每年产量超过 60 亿磅(2.72×10^9kg)[142]。已证明 BPA 干扰内分泌系统的正常功能,对人类和野生动物造成不良影响[143－144]。因此,对曝露于 BPA 的健康风险的担忧导致了对环境中痕量 BPA 监测的增加和迫切需要。Pan 等[145]制备了石墨烯－金纳米粒子复合材料,并作为载体材料构建了用于检测 BPA 的酪氨酸酶生物传感器。结果表明,该生物传感器对 BPA 具有良好的测定性能,线性范围为 2.5×10^{-3}～3.0μmol/L,检测限为 1nmol/L。石墨烯量子点与分子印迹聚吡咯(MIPPy/GQD)的结合也被用于水样中 BPA 的检测[146]。以 BPA 为模板,通过吡咯在玻碳电极上的电聚合制备了 MIPPy/GQD 复合层，能够特异性识别水溶液中的BPA。结果表明，电流响应与BPA浓度在0.1~50μmol/L范围内呈良好线性关系，检测限为0.04μmol/L（信噪比为3）。将该传感器应用于自来水和海水样品中BPA的检测。开发方便、快速的内分泌干扰物检测分析方法也非常重要，内分泌干扰物会严重影响人类和动物的健康和生殖。Hu等[147]利用石墨烯在电极表面吸附己烯雌酚（DES）和雌二醇（E2），提出了一种简单的电化学传感器。发现DES和E2在0.28V和0.49V处观察到两个独立且大大增加的氧化波。显著的信号放大表明检测灵敏度显著提高。DES和E2的检测限分别为10.87nmol/L和4.9nmol/L，成功地用于湖泊水样中DES和E2的检测。石墨烯与金属配合物的结合也是构建电化学传感器的新策略。例如，Moraes等[148]用还原的氧化石墨烯－卟啉复合物修饰电极，用于河流水样中17β－雌二醇的测定。该修饰电极对17β－雌二醇具有优异的检测性能，检测下限为5.3nmol/L（1.4μg/L）。而且，检测过程不需要任何先前的提取、净化或衍生化步骤。还发现得到的结果与HPLC程序的结果一致（图18.15）。

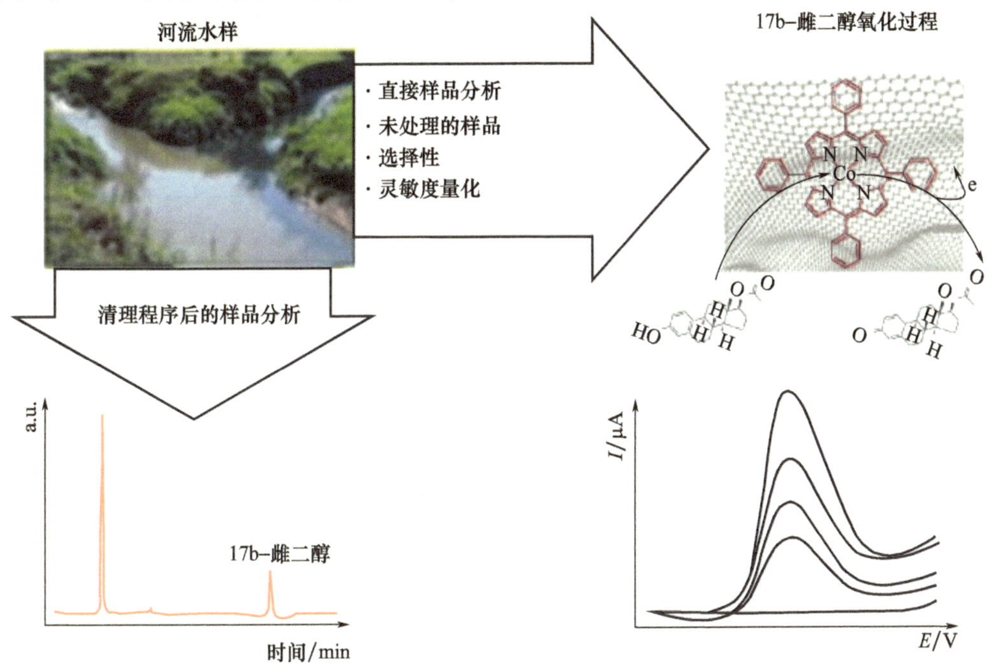

图18.15 灵敏测定河水中17β－雌二醇的电化学传感器示意图[148]

Li等[149]基于合成的磁性氧化石墨烯@金纳米粒子－分子印迹聚合物（MGO@AuNPs－MIPs）构建了一种高灵敏度、选择性检测邻苯二甲酸二丁酯（DBP）的电化学传感器。在本工作中，通过简单的电位扫描，快速、完全地从印迹聚合物膜中提取DBP分子。在最佳实验条件下，DBP在$2.5\times10^{-9}\sim5.0\times10^{-6}$mol/L范围内呈良好的线性关系。Wang等[150]还开发了一种基于MIP与聚（二烯丙基二甲基氯化铵）（PDDA）功能化石墨烯（PDDA－G）结合的电化学传感器，用于选择性测定4－氯酚（4－CP）。他们发现所获得的MIP/PDDA－G/GCE对4－CP表现出较高的传感性能，线性范围为0.8~100μmol/L，检测限（信噪比为3）为0.3μmol/L。此外，该印迹传感器对4－CP具有良好的特异性识别能力，不受其他结构相似酚类化合物的干扰。近年来，研制了一种灵敏、选择性测定2,4－二氯苯酚（2,4－DCP）的分子印迹聚合物/氧化石墨烯（MIP/GO）修饰玻碳电极电化学传感器[151]。以2,4-DCP为模板，甲基丙烯酸（MAA）为功能单体，乙二醇二甲基丙烯酸酯（EGDMA）为交联剂，偶氮二异丁腈（AIBN）为引发剂，采用沉淀聚合方法合成了MIP。由于高结合亲和力和π-π相互作用，MIP/GO/GCE对2,4-DCP具有较高的识别和电化学活性。对实验过程中的影响参数进行了研究和优化。在优化条件下，2,4-DCP的氧化峰电流与浓度在0.004~10.0μmol/L范围内呈良好的线性关系，检测限为0.5nmol/L。该传感器已成功应用于真实水样中2,4-DCP的测定（图18.16）。

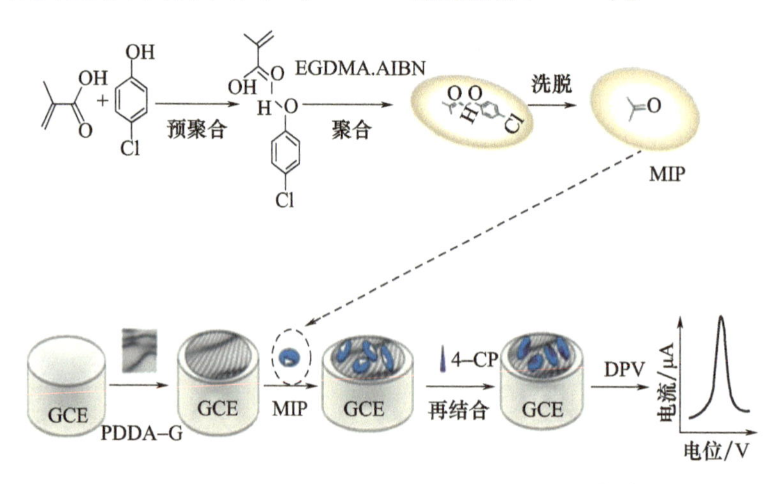

图18.16 MIP/PDDA-G/GCE的制备示意图[150]

18.4.2.2 石墨烯基电化学传感器在治疗诊断领域中的应用

石墨烯具有高电子电导率、高载流子迁移率、柔性和光学透明性等优点，被广泛用作构建用于治疗诊断的电化学传感器的通用材料。在这些应用中，石墨烯作为软材料用于糖尿病监测和治疗装置的装置设计和系统集成的应用非常有吸引力。Lee等[152]报道了石墨烯基生化传感器与固态Ag/AgCl反电极在检测人类汗液中包含的重要生物标志物，这足以形成用于基于汗液的糖尿病监测和反馈治疗的可穿戴贴片（图18.17（A），（B））。混合互连和物理传感器有效地通过可延伸阵列传输信号，并分别补充电化学传感器。该可拉伸装置的特点是金网和掺杂金的石墨烯的蛇形双层，形成用于电信号稳定传输的有效电化学界面。该贴片由加热器、温度、湿度、葡萄糖和pH传感器以及可被热激活以经皮递送药物的聚合物微针组成。他们表明，该贴片可以被热致动以递送二甲双胍并降低糖尿病小鼠的血糖水平。这些使用纳米材料和器件的进展为治疗糖尿病等慢性疾病提供了新的机会。

对潜在的病毒或细菌爆发进行快速诊断和时间监测是疾病预防和控制的第一个重要步骤。石墨烯基电化学传感器作为诊断方法具有优越的优势，是实际应用的理想选择。例如，自1959年以来经常观察到禽流感病毒（AIV）H7感染[153]。Huang等[154]提出了一种具有夹心型免疫测定格式的高灵敏度电化学免疫传感器，以银纳米粒子-石墨烯（AgNP-G）作为痕量标记物来定量禽流感病毒H7（AIV H7）。该装置由涂覆有金纳米粒子-石墨烯纳米复合材料（AuNP-G）的金电极组成，其金纳米粒子表面可进一步修饰H7-单克隆抗体（MAb）。用附着在AgNP-G表面（PAb-AgNP-G）上的H7多克隆抗体（PAb）进行免疫测定。结果表明，该传感器具有较高的信号放大倍数，动态工作范围为1.6×10^{-3}~16ng/mL，在信噪比为

3σ 时，检测限为 1.6pg/mL。Pandey 等[155]报道了 rGO－CysCu 分子在金电极上的自组装，以及用于定量测定大肠杆菌 O157:H7 的超灵敏无标签电化学免疫传感器（大肠杆菌）。结果表明，rGO－Cy－sCu 具有较高的比表面积和较高的电子转移速率常数（1.82×10^{-6}cm/s）。大肠杆菌 O157:H7 检测范围为 $10 \sim 10^{8}$cfu/mL，检测限为 3.8cfu/mL。并将该方法成功地用于区分大肠杆菌 O157:H7 细胞、大肠杆菌（DH5α）和其他细菌细胞。

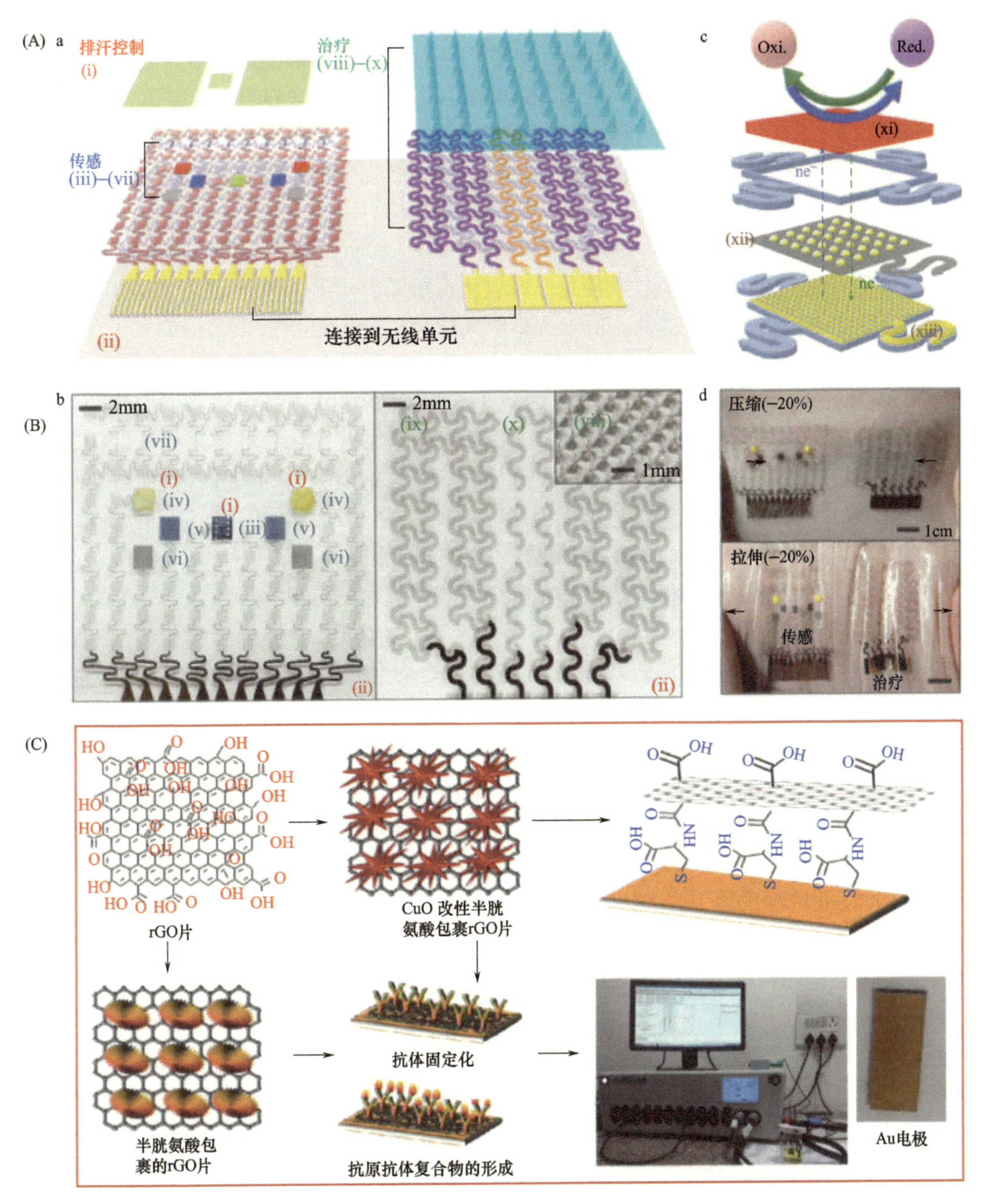

图 18.17 GP－杂化电化学装置和热响应性药物递送微针的（A）示意图和（B）相应图像[157]；（C）rGO－CysCu和 rGO－Cys 在金电极上的合成和自组装以及后续免疫传感器制造的示意图[155]

人体内药物水平的监测已成为治疗诊断中具有挑战性的课题。例如，他达拉非是三种选择性5型磷酸二酯酶(PDE5)抑制剂之一，它是治疗勃起功能障碍的处方药西力士的活性化合物。这些PDE5抑制剂的使用通过医疗监督来控制，因为它们的有害副作用如头痛、消化不良、背痛、鼻炎和流感综合征[156]。最近，Zhao等[157]描述了β-环糊精(β-CD)和对磺化杯[6]芳烃(SCX6)功能化的还原氧化石墨烯(rGO)对他达拉非识别的比较。通过电化学方法，他们发现SCX6@rGO表现出比β-CD@rGO更高的电化学响应，表明SCX6@rGO表现出比β-cd更高的识别能力。他达拉非测定的线性范围为0.1~50μmol/L排汗和50~1000μmol/L排汗，检测限为0.045μmol/L排汗(信噪比为3)。此外，所构建的传感平台成功地用于草本性保健品和添加人血清样品中他达拉非的测定，为他达拉非的痕量测定提供了良好的分析应用前景。皮质醇是一种必需的糖皮质激素，由束状带细胞分泌。体内皮质醇代谢紊乱会导致炎症、过敏反应、库欣病、Addisons病、自闭症谱系障碍、情绪障碍和抑郁症[158-159]。因此，皮质醇被认为是诊断激素相关疾病的生物标志物。Sun等[160]基于金纳米粒子和磁性功能化还原氧化石墨烯(AuNP/MrGO)制备了用于检测皮质醇的竞争性电化学免疫传感器。由于AuNP/MrGO优异的导电性，极大地放大了免疫传感器的电化学响应。皮质醇检测的线性范围为0.1~1000ng/mL，3σ时检测限为0.05ng/mL。近年来，除了石墨烯纳米复合材料外，石墨烯量子点(GQD)在电化学传感器的构建和治疗诊断中受到越来越多的关注。例如，Satish等[161]水热合成了GQD，将其用作丝网印刷电极上的固定模板，用于构建阻抗传感器平台。将GQD修饰电极与高特异性抗肌红蛋白抗体偶联以开发所需的免疫传感器。结果表明，免疫传感器的R_{ct}值在0.01~100ng/mLcMyo范围内呈良好的线性关系(0.20~0.31kΩ)。该免疫传感器的检测限为0.01ng/mL。

18.4.2.3 石墨烯基电化学传感器在安全监测领域中的应用

保障食品质量和公共安全是公民的需求。除了上述应用，石墨烯及其相关纳米材料已经被用于构建安全监测的传感器。例如，作为一类杀虫剂，新烟碱类通常作为种子敷料应用于多种作物，以控制病生物体、昆虫或其他害虫。然而，它们的使用对粮食资源构成严重的化学污染风险[162]。因此，需要开发用于新烟碱类检测的合适和有效的平台。Urbanová等[163]制备了氧化石墨烯修饰电极，作为高效电化学传感器检测噻虫嗪和吡虫啉。两种分析物的线性范围均为10~200μmol/L，噻虫嗪和吡虫啉的检测限分别为8.3μmol/L和7.9μmol/L。该传感器已成功应用于水和蜂蜜样品的检测。硝基苯是致死性污染物，极低浓度的硝基苯对人体健康风险大，易产生致癌作用。Emmanuel等[164]将β-环糊精(β-CD)用于氧化石墨烯功能化，β-CD可以显著改变电化学传感器的活性。该传感器的检测限为0.184μmol/L。高熔炸药(HMX)具有巨大的爆热和相对不敏感，是一种应用广泛的炸药。最近，对爆炸物和相关化合物的超灵敏和准确探测已成为一个重要问题，因为它对反恐和公共安全十分重要[165]。Xu等[166]提出了一种硼掺杂石墨烯修饰玻碳电极，作为一种简单、灵敏的电化学高熔点炸药HMX传感器。结果表明，还原峰电流与HMX浓度在2~20μmol/L和20~100μmol/L范围内呈良好的线性关系。检测限计算为0.83μmol/L。Trammell等[167]通过使用在含氧或含氮背景中产生的电子束产生的等离子体引入氧或氮部分来化学修饰石墨烯表面。他们发现，使用化学改性途径能够增强三硝基甲苯(TNT)的电化学信号。基于信噪比为3，TNT的检测限为20μg/L。预期这种组合有利于传感器的低成本和批量生产。

18.5 小结

本章综述了石墨烯纳米复合材料在电化学传感中的应用,包括石墨烯与无机材料(如贵金属、金属氧化物和半导体纳米粒子)、有机材料(如大分子)和其他材料(如生物分子)的结合。石墨烯与不同纳米材料的结合是增强这些材料功能性的有效途径,对葡萄糖、胆固醇、Hb、DNA、H_2O_2、O_2和生物小分子具有良好的灵敏度和选择性。尽管这些碳纳米材料在提高灵敏度、降低检测限、拓宽线性范围等方面取得了重大进展,但仍有一些问题需要进一步研究。对于实际样本的检测,目前仅有少数报道。可能的原因之一是相应传感器对实际样本的抗干扰能力不够好。此外,界面上的化学物质和生物分子以及石墨烯的相互作用应得到更详尽的研究,如分子在石墨烯上的吸附机理、生物分子在石墨烯上的取向、石墨烯与生物分子的相互作用以及它们对石墨烯电子传输性质的影响机理。这些研究让我们更好地了解石墨烯及其复合材料的电化学性质,从而促进石墨烯在传感器和生物传感器中的应用。

参考文献

[1] Shen,Y.,Zhu,X.,Zhu,L. Chen,B.,Synergistic effects of 2D graphene oxide nanosheets and 1D carbon nanotubes in the constructed 3D carbon aerogel for high performance pollutan tremoval. *Chem. Eng. J.*,314,336 - 346,2017.

[2] Soldano,C.,Mahmood,A.,Dujardin,E.,Production,properties and potential of graphene. *Carbon*,48,2127 - 2150,2010.

[3] Arco,L.,Zhang,Y.,Zhou,C.,*Large Scale Graphene by Chemical Vapor Deposition:Synthesis,Characterization and Applications*,pp. 161 - 184,IntechOpen,London,2011.

[4] Zhang,J.,Yao,T.,Guan,C.,Zhang,N.,Huang,X.,Cui,T.,Zhang,X.,One - step preparation of magnetic recyclable quinary graphene hydrogels with high catalytic activity. *J. Colloid InterfaceSci.*,491,72 - 79,2017.

[5] Craciun,M.,Russo,S.,Yamamoto,M.,Tarucha,S.,Tuneable electronic properties in graphene. *Nano Today*,6,42 - 60,2011.

[6] Kang,X.,Wang,J.,Wu,H.,Liu,J.,Aksay,I.,Lin,Y.,A graphene - based electrochemical sensor for sensitive detection of paracetamol. *Talanta*,81,754 - 759,2010.

[7] Deshpande,A.,LeRoy,B.,Scanning probe microscopy of graphene. *Physica E*,44,743 - 759,2012.

[8] Argentero,G.,Mittelberger,A.,Reza Ahmadpour Monazam,M.,Cao,Y.,Pennycook,T.,Mangler,C.,Kotakoski,J.,Geim,A.,Meyer,J.,Unraveling the 3D atomic structure of a suspended graphene/hBN van der Waals heterostructure. *Nano Lett.*,17,1409 - 1416,2017.

[9] Shao,Y.,Wang,J.,Wu,H.,Liu,J.,Aksay,I.,Lin,Y.,Graphene based electrochemical sensors and biosensors:A review. *Electroanalysis*,22,1027 - 1036,2010.

[10] Kuila,T.,Bose,S.,Mishra,A.,Khanra,P.,Kim,N.,Lee,J.,Chemical functionalization of graphene and its applications. *Prog. Mater. Sci.*,57,1061 - 1105,2012.

[11] Fan,Y.,Liu,J.,Lu,H.,Zhang,Q.,Electrochemical behavior and voltammetric determination of paracetamol on Nafion/TiO_2 - graphene modified glassy carbon electrode. *Colloids Surf.*,*B*,85,289 - 292,2011.

[12] Li,F. ,Li,J. ,Feng,Y. ,Yang,L. ,Du,Z. ,Electrochemical behavior of graphene doped carbon paste electrode and its application for sensitive determination of ascorbic acid. *Sens. Actuators*, *B*, 157, 110 - 114,2011.

[13] Wang,J. ,Electrochemical biosensors:Towards point - of - care cancer diagnostics. *Biosens. Bioelectron.* , 21,1887 - 1892,2006.

[14] Yazdanpanah, S. , Rabiee, M. , Tahriri, M. , Abdolrahim, M. , Tayebi, L. , Glycated hemoglobindetection methods based on electrochemical biosensors. *TrAC, Trends Anal. Chem.* ,72,53 - 67,2015.

[15] Bahmani,B. ,Moztarzadeh,F. ,Hossini,M. ,Rabiee,M. ,Tahriri,M. ,Rezvannia,M. ,Alizadeh,M. ,Asulfite biosensor fabricated by immobilization of sulfite oxidase on aluminum electrode modified with electropolymerized conducting film(polyaniline). *Asian J. Chem.* ,21,923 - 930,2009.

[16] Bahmani,B. ,Moztarzadeh,F. ,Rabiee,M. ,Tahriri,M. ,Development of an electrochemical sulfite biosensor by immobilization of sulfite oxidase on conducting polyaniline film. *Synth. Met.* , 160, 2653 - 2657,2010.

[17] Tang,H. , Yan,F. ,Lin,P. ,Xu,J. ,Chan,H. L. ,Highly sensitive glucose biosensors based on organic electrochemical transistors using platinum gate electrodes modified with enzyme and nanomaterials. *Adv. Funct. Mater.* ,21,2264 - 2272,2011.

[18] Zu,L. ,Gao,X. ,Lian,H. ,Li,C. ,Liang,Q. ,Liang,Y. ,Cui,X. ,Liu,Y. ,Wang,X. ,Cui,X. ,Electrochemical prepared phosphorene as a cathode for supercapacitors. *J. Alloy. Compd.* 770,26 - 34,2019.

[19] Atta, N. F. , Galal, A. , Ekram, H. , *Graphene—A Platform for Sensor and Biosensor Applications*, InTech,2015.

[20] Hou,K. ,Wang,J. ,Yang,Z. ,Ma,L. ,Wang,Z. ,Yang,S. ,One - pot synthesis of reduced graphene oxide/molybdenum disulfide heterostructures with intrinsic incommensurateness for enhanced lubricating properties. *Carbon*,115,83 - 94,2017.

[21] Wang,J. ,Wang,X. ,Tan,L. ,Chen,Y. ,Hayat,T. ,Hu,J. ,Alsaedi,A. ,Ahmad,B. ,Guo,W. ,Wang,X. , Performances and mechanisms of Mg/Al and Ca/Al layered double hydroxides for graphene oxide removal from aqueous solution. *Chem. Eng. J.* ,297,106 - 115,2016.

[22] Wang,Y. ,Chen,T. ,Liu,H. ,Wang,X. ,Zhang,X. ,Direct liquid phase exfoliation of graphite to produce few - layer graphene by microfluidization. *J. Nanosci. Nanotechnol.* ,19,2078 - 2086,2019.

[23] Zhou,M. ,Zhai,Y. ,Dong,S. ,Electrochemical sensing and biosensing platform based on chemically reduced graphene oxide. *Anal. Chem.* ,81,5603 - 5613,2009.

[24] Park,S. ,Ruoff,R. S. ,Chemical methods for the production of graphenes. *Nat. Nanotechnol.* ,4,217 - 224,2009.

[25] Yoo,H. J. ,Mahapatra,S. S. ,Cho,J. W. ,High - speed actuation and mechanical properties of graphene - incorporated shape memory polyurethane nanofibers. *J. Phys. Chem. C*,118,10408 - 10415,2014.

[26] Yang,Z. ,Wang,J. ,Liu,G. ,Effects of Dirac cone tilt in a two - dimensional Dirac semimetal. *Phys. Rev. B*,19,195123,2018.

[27] Tang,L. ,Wang,Y. ,Li,Y. ,Feng,H. ,Lu,J. ,Li,J. ,Preparation,structure,and electrochemical properties of reduced graphene sheet films. *Adv. Funct. Mater.* ,19,2782 - 2789,2009.

[28] Slager,R. J. ,Juri či ć,V. ,Lahtinen,V. ,Zaanen,J. ,Self - organized pseudo - graphene on grain boundaries in topological band insulators. *Phys. Rev. B*,93,245406,2016.

[29] Wei,L. ,Wang,P. ,Yang,X. ,Yang,Y. ,Luo,R. ,Li,J. ,Dong,Y. ,Song,W. ,Fan,R. ,Synthesis of an efficient counter electrode material for dye - sensitized solar cells by pyrolysis of melamine andgraphene oxide. *J. Nanosci. Nanotechnol.* ,19,2138 - 2146,2019.

[30] Chen, V. , Pan, H. , Jacobs, R. , Derakshan, S. , Shon Y. , Influence of graphene oxide supports on solution - phase catalysis of thiolate - protected palladium nanoparticles in water. *New J. Chem.* ,41,177 - 183,2017.

[31] Chen, L. , Tang, Y. , Wang, K. , Liu, C. , Luo, S. , Direct electrodeposition of reduced graphene oxide on glassy carbon electrode and its electrochemical application. *Electrochem. Commun.* ,13,133 - 137,2011.

[32] Wang, Y. , Li, Y. , Tang, L. , Lu, J. , Li, J. , Application of graphene - modified electrode for selective detection of dopamine. *Electrochem. Commun.* ,11,889 - 892,2009.

[33] Apiwat, C. , Luksirikul, P. , Kankla, P. , Pongprayoon, P. , Treerattrakoon, K. , Paiboonsukwong, K. , Fucharoen, S. , Dharakul, T. , Japrung, D. , Graphene based aptasensor for glycated albumin in diabetes mellitus diagnosis and monitoring. *Biosens. Bioelectron.* ,82,140 - 145,2016.

[34] Wang, Y. , Chen, T. , Liu, H. , Wang, X. , Zhang, X. , Direct liquid phase exfoliation of graphite to produce few - layer graphene by microfluidization. *J. Nanosci. Nanotech.* ,19,2078 - 2086,2019.

[35] Gottlieb, R. , Poges, S. , Monteleone, C. *et al.* , Continuous fiber - reinforced ceramic matrix composites. *Adv. Ceram. Mater.* ,pp 146 - 199, Scrivener Publishing LLC, 2016.

[36] Wintterlin, J. , Bocquet, M. , Graphene on metal surfaces. *Surf. Sci.* ,603,1841 - 1852,2009.

[37] Huang, X. , Yin, Z. , Wu, S. , Qi, X. , He, Q. , Zhang, Q. , Yan, Q. , Boey, F. , Zhang, H. , Graphenebased materials: Synthesis, characterization, properties, and applications. *Small*,7,1876 - 1902,2011.

[38] Guin, S. , Ambolikar, A. , Guin, J. , Neogy, S. , *Sens. Actuator, B: Chem.* ,272,559 - 573,2018.

[39] Chung, C. , Kim, Y. K. , Shin, D. , Ryoo, S. R. , Hong, B. H. , Min, D. H. , Biomedical applications of graphene and graphene oxide. *Acc. Chem. Res.* ,46,2211 - 2224,2013.

[40] Marx, W. , Bornmann, L. , Barth, A. , Leydesdorff, L. , Detecting the historical roots of research fields by reference publication year spectroscopy (RPYS). *J. Assoc. Inf. Sci. Technol.* ,65,751 - 764,2014.

[41] Geim, A. , K. Graphene prehistory. *Phys. Scr.* ,T146,014003,2012.

[42] Rohini, R. , Katti, P. , Bose, S. , Tailoring the interface in graphene/thermoset polymer composites: A critical review. *Polymer*,70,A17 - A34,2015.

[43] Novoselov, K. S. , Geim, A. K. , Morozov, S. V. , Jiang, D. , Zhang, Y. , Dubonos, S. V. , Grigorieva, I. V. , Firsov, A. A. , Electric field effect in atomically thin carbon films. *Science*,306,666 - 669,2004.

[44] Mukhopadhyay, P. , Gupta, R. K. , Trends and frontiers in graphene - based polymer nanocomposites. *Plast. Eng.* ,67,32 - 42,2011.

[45] Sanchez, V. C. , Jachak, A. , Hurt, R. H. , Kane, A. B. , Biological interactions of graphene - familyna nomaterials: An interdisciplinary review. *Chem. Res. Toxicol.* ,25,15 - 34,2012.

[46] Mao, H. Y. , Lu, Y. H. , Lin, J. D. , Zhong, S. , Thye, S. W. A. , Chen, W. , Manipulating the electronic and chemical properties of graphene via molecular functionalization. *Prog. Surf. Sci.* ,88,132 - 159,2013.

[47] Pumera, M. , Ambrosi, A. , Bonanni, A. , Chng, E. , Poh, H. , Graphene for electrochemical sensing and biosensing. *TrAC, Trends Anal. Chem.* ,29,954 - 965,2010.

[48] Liu, G. , Jin, W. , Xu, N. , Graphene - based membranes. *Chem. Soc. Rev.* ,44,5016 - 5030,2015.

[49] Wu, W. , Liu, Z. , Jauregui, L. , Yu, Q. , Pillai, R. , Cao, H. , Bao, J. , Chen, Y. , Pei, S. , Wafer - scale synthesis of graphene by chemical vapor deposition and its application in hydrogen sensing. *Sens. Actuators, B*,150,296 - 300,2010.

[50] Frank, O. , Kalbac, M. , *Chemical Vapor Deposition (CVD) Growth of Graphene Films*, pp. 27 - 49, Woodhead Publishing Limited, 2014.

[51] Lee, E. , Baek, J. , Park, J. , Kim, J. , Yuk, J. , Jeon, S. , Effect of nucleation density on the crystallinity of graphene grown from mobile hot - wire - assisted CVD. *2D Materials*,6,011001,2019.

[52] Kalita, G. , Qi, L. , Namba, Y. , Wakita, K. , Umeno, M. , Femtosecond laser induced micropatterning of

graphene film. *Mater. Lett.* ,65,1569 – 1572,2011.

[53] Feng,T. ,Xie,D. ,Tian,H. ,Peng,P. ,Zhang,D. ,Fu,D. ,Ren,T. ,Li,X. ,Zhu,H. ,Jing,Y. ,Multilayer graphene treated by O_2 plasma for transparent conductive electrode applications. *Mater. Lett.* , 73, 187 – 189,2012.

[54] Choi,Y. ,Kang,S. ,Kim,H. ,Choi,W. ,Na,S. ,Multilayer graphene films as transparent electrodes for organic photovoltaic devices. *Sol. Energy Mater. Sol.* ,96,281 – 285,2012.

[55] Somani,P. ,Somani,S. ,Umeno,M. ,Planer nano – graphenes from camphor by CVD. *Chem. Phys. Lett.* , 430,56 – 59,2006.

[56] Márquez,A. G. C. ,Macías,F. J. R. ,Delgado,J. C. ,González,C. G. E. ,López,F. T. ,González,D. R. , Cullen,D. A. ,Smith,D. J. ,Terrones,M. ,Cantú,Y. I. V. ,Ex – MWCNTs:Graphene sheets and ribbons produced by lithium intercalation and exfoliation of carbon nanotubes. *Nano Lett.* ,9,1527 – 1533,2009.

[57] Janowska,I. ,Ersen,O. ,Jacob,T. ,Vennégues,P. ,Bégin,D. ,Ledoux,M. ,Pham – Huu,C. ,Catalytic unzipping of carbon nanotubes to few – layer graphene sheets under microwaves irradiation. *Appl. Catal.* ,*A*, 371,22 – 30,2009.

[58] Kim,H. ,Abdala,A. A. ,Macosko,C. W. ,Graphene/polymer nanocomposites. *Macromolecules*,43,6515 – 6530,2010.

[59] Chatterjee,S. G. ,Chatterjee,S. ,Ray,A. K. ,Chakraborty,A. K. ,Graphene – metal oxide nanohybrids for toxic gas sensor:A review. *Sens. Actuators*,*B*,221,1170 – 1181,2015.

[60] Parvez,K. ,Yang,S. ,Feng,X. ,Mullen,K. ,Exfoliation of graphene via wet chemical routes. *Synth. Met.* , 210,123 – 132,2015.

[61] Mittal,G. ,Dhand,V. ,Rhee,K. Y. ,Park,S. J. ,Lee,W. R. ,A review on carbon nanotubes and graphene as fillers in reinforced polymer nanocomposites. *J. Ind. Eng. Chem.* ,21,11 – 25,2015.

[62] Yu,P. ,Lowe,S. E. ,Simon,G. P. ,Zhong,Y. ,Electrochemical exfoliation of graphite and production of functional graphene. *Curr. Opin. Colloid Interface*,20,329 – 338,2015.

[63] Ambrosi,A. and Pumera,M. ,Electrochemically exfoliated graphene and graphene oxide for energy storage and electrochemistry applications. *Chem. Eur. J.* ,22,153 – 159,2016.

[64] Parvez,K. ,Wu,Z. S. ,Li,R. ,Liu,X. ,Graf,R. ,Feng,X. ,Müllen,K. ,Exfoliation of graphite into graphene in aqueous solutions of inorganic salts. *J. Am. Chem. Soc.* ,136,6083 – 6091,2014.

[65] Low,C. T. J. ,Walsh,F. C. ,Chakrabarti,M. H. ,Hashim,M. A. ,Hussain,M. A. ,Electrochemical approaches to the production of graphene flakes and their potential applications. *Carbon*,54,1 – 21,2013.

[66] Lu,J. ,Yang,J. ,Wang,J. ,Lim,A. ,Wang,S. ,Loh,K. ,One – pot synthesis of fluorescent carbon nanoribbons,nanoparticles,and graphene by the exfoliation of graphite in ionic liquids. *ACSNano*,3,2367 – 2375,2009.

[67] Toda,K. ,Furue,R. ,Hayami,S. ,Recent progress in applications of graphene oxide for gas. *Anal. Chim. Acta*,878,43 – 53,2015.

[68] Su,C. Y. ,Lu,A. Y. ,Xu,Y. ,Chen,F. ,Khlobystov,A. N. ,Li,L. ,High – quality thin graphene films from fast electrochemical exfoliation. *ACS Nano*,5,2332 – 2339,2011.

[69] Yang,W. ,Chen,G. ,Shi,Z. ,Liu,C. ,Zhang,L. ,Xie,G. ,Cheng,M. ,Wang,D. ,Yang,R. ,Shi,D. ,Watanabe,K. ,Taniguchi,T. ,Yao,Y. ,Zhang,Y. ,Zhang,G. ,Epitaxial growth of single – domaingraphene on hexagonal boron nitride. *Nat. Mater.* ,12,792 – 797,2013.

[70] Zarotti,F. ,Gupta,B. ,Iacopi,F. ,Sgarlata,A. ,Tomellinid,M. ,Motta,N. ,Time evolution of graphene growth on SiC as a function of annealing temperature. *Carbon*,98,307 – 312,2016.

[71] Fujisawa,K. ,Lei,Y. ,de Tomas,C. ,Suarez – Martinez,I. ,Zhou,C. ,Lin,Y. ,Subramanian,S. ,Elias,A. ,

Fujishige, M., Takeuchi, K., Robinson, J., Marks, N., Endo, M., Terrones, M., Facile 1Dgraphene fiber synthesis from an agricultural by - product: A silicon - mediated graphenizationroute. *Carbon*, 142, 78 - 88, 2019.

[72] Subrahmanyam, K. S., Panchakarla, L. S., Govindaraj, A., Rao, C. N. R., Simple method of preparing graphene flakes by an arc - discharge method. *J. Phys. Chem. C*, 113, 4257 - 4259, 2009.

[73] Vinodha, G., Shima, P., Cindrella, L., Mesoporous magnetite nanoparticle - decorated graphene oxide nanosheets for efficient electrochemical detection of hydrazine. *J. Mater. Sci.*, 54, 4073 - 4088, 2019.

[74] Marchesan, S., Prtato, M., Nanomaterials for(Nano)medicine. *ACS Med. Chem. Lett.*, 4, 147 - 149, 2013.

[75] Yang, X., Yang, M. X., Pang, B., Vara, M., Xia, Y. N., Gold nanomaterials at work in biomedicine. *Chem. Rev.*, 115, 10410 - 10488, 2015.

[76] Ligler, F. S., White, H. S., Nanomaterials in analytical chemistry. *Anal. Chem.*, 85, 11161 - 11162, 2013.

[77] Yola, M. L., Eren, T., Atar, N. A., Sensitive molecular imprinted electrochemical sensor based on gold nanoparticles decorated graphene oxide: Application to selective determination of tyrosinein milk. *Sens. Actuators, B*, 210, 149 - 157, 2015.

[78] Lorestani, F., Shahnavaz, Z., Mn, P., Alias, Y., Manan, N. S. A., One - step hydrothermal green synthesis of silver nanoparticle - carbon nanotube reduced - graphene oxide composite and its application as hydrogen peroxide sensor. *Sens. Actuators, B*, 208, 389 - 398, 2015.

[79] Cui, M., Huang, J., Wang, Y., Wu, Y., Lu, X., Molecularly imprinted electrochemical sensor for propyl gallate based on PtAu bimetallic nanoparticles modified graphene - carbon nanotube composites. *Biosens. Bioelectron.*, 68, 563 - 569, 2015.

[80] Long, F., Zhang, Z., Wang, J., Yan, L., Zhou, B., Cobalt - nickel bimetallic nanoparticles decorated graphene sensitized imprinted electrochemical sensor for determination of octylphenol. *Electrochim. Acta*, 168, 337 - 345, 2015.

[81] Bagheri, H., Arab, S. M., Khoshsafar, H., Afkhami, A., A novel sensor for sensitive determination of atropine based on a Co_3O_4 - reduced graphene oxide modified carbon paste electrode. *New J. Chem.*, 39, 3875 - 3881, 2015.

[82] Han, S., Du, T., Lai, L., Jiang X., Cheng, C., Jiang, H., Wang, X., Highly sensitive biosensor based on the synergistic effect of Fe_3O_4 - Co_3O_4 bimetallic oxides and graphene. *RSC Adv.*, 6, 82033 - 82039, 2016.

[83] Dhara, K., Ramachandran, T., Nair, B. G., Babua, T. G. S., Single step synthesis of Au - CuO nanoparticles decorated reduced graphene oxide for high performance disposable nonenzymatic glucose sensor. *J. Electroanal. Chem.*, 743, 1 - 9, 2015.

[84] Hur, J., Park, S. H., Bae, J., Elaborate chemical sensors based on graphene/conducting polymer hybrids. *Curr. Org. Chem.*, 19, 1117 - 1133, 2015.

[85] Xiang, C., Jiang, D., Zou, Y., Chu, H., Qiu, S., Zhang, H., Xu, F., Sun, L., Zheng, L., Ammonia sensor based on polypyrrole - graphene nanocomposite decorated with titania nanoparticles. *Ceram. Int.*, 41, 6432 - 6438, 2015.

[86] Li, J., Liu, S., Yu, J., Lian, W., Cui, M., Xu, W., Huang, J., Electrochemical immunosensor based on graphene - polyaniline composites and carboxylated graphene oxide for estradiol detection. *Sens. Actuators, B*, 188, 99 - 105, 2013.

[87] Ruecha, N., Rodthongkum, N., Cate, D. M., Volckens, J., Chailapakul, O., Henry, C. S., Sensitive electrochemical sensor using a graphene - polyaniline nanocomposite for simultaneous detection of Zn(II), Cd(II), and Pb(II). *Anal. Chim. Acta*, 874, 40 - 48, 2015.

[88] Xu,Q. ,Gu,S. X. ,Jin,L. ,Zhou,Y. ,Yang,Z. ,Wang,W. ,Hu,X. ,Graphene/polyaniline/gold nanoparticles nanocomposite for the direct electron transfer of glucose oxidase and glucosebiosensing. *Sens. Actuators*,*B*,190,562 - 569,2014.

[89] Er,E. ,Celikkan,H. ,Erk,N. ,A novel electrochemical nano - platform based on graphene/platinum nanoparticles/Nafion composites for the electrochemical sensing of metoprolol. *Sens. Actuators*,*B*,238,779 - 787,2017.

[90] Er,E. ,Çelikkan,H. ,Erk,N. ,Highly sensitive and selective electrochemical sensor based on high - quality graphene/Nafion nanocomposite for voltammetric determination of nebivolol. *Sens. Actuators*,*B*,224, 170 - 177,2016.

[91] Wang,L. ,Lu,X. ,Lei,S. ,Song,Y. ,Graphene - based polyaniline nanocomposites:Preparation,properties and applications. *J. Mater. Chem. A*,2,4491 -4509,2014.

[92] Heeger,A. J. ,Polyaniline with surfactant counterions:Conducting polymer materials which are processible in the conducting form. *Synth. Met.* ,57,3471 - 3482,1993.

[93] Kanazawa,K. K. ,Diaz,A. F. ,Krounbi,M. T. ,Street,G. B. Electrical properties of pyrrole and its copolymers. *Synth. Met.* ,4,119 - 130,1981.

[94] Singal,S. ,Srivastava,A. K. ,Electrochemical impedance analysis of biofunctionalized conducting polymer - modified graphene - CNTs nanocomposite for protein detection. *Nano - Micro Lett.* ,9,7,2017.

[95] Arulraj,A. D. ,Arunkumar,A. ,Vijayan,M. ,Viswanath,K. B. ,Vasantha,V. S. ,A simple route to develop highly porous nano polypyrrole/reduced graphene oxide composite film for selectivedetermination of dopamine. *Electrochim. Acta*,206,77 - 85,2016.

[96] Lei,W. ,Si,W. ,Xu,Y. ,Gu,Z. ,Hao,Q. ,Conducting polymer composites with graphene for use in chemical sensors and biosensors. *Microchim. Acta*,181,707 - 722,2014.

[97] Molina,J. ,Cases,F. ,Moretto,L. M. ,Graphene - based materials for the electrochemical determi nationof hazardous ions. *Anal. Chim. Acta*,946,9 - 39,2016.

[98] Gong,Q. ,Wang,Y. ,Yang,H. ,A sensitive impedimetric DNA biosensor for the determination of the HIV gene based on graphene - Nafion composite film. *Biosens. Bioelectron.* ,89,565 - 569,2017.

[99] Kim,J. ,Jang,Y. ,Ku,G. ,Kim,S. ,Lee,E. ,Cho,K. ,Lim,K. ,Lee,W. ,Liquid coplanar - gate organic/graphene hybrid electronics for label - free detection of single and double - stranded DNA molecules. *Org. Electron.* ,62,163 - 167,2018.

[100] Mao,H. ,Liang,J. ,Ji,C. ,Zhang,H. ,Pei,Q. ,Zhang,Y. ,Zhang,Y. ,Hisaeda,Y. ,Song,X. ,Poly(zwitterionic liquids)functionalized polypyrrole/graphene oxide nanosheets for electrochemically detecting dopamine at low concentration. *Mater. Sci. Eng. C*,65,143 - 150,2016.

[101] Yusoff,N. ,Rameshkumar,P. ,Mehmood,M. S. ,Pandikumar,A. ,Lee,H. W. ,Huang,N. ,Ternary nanohybrid of reduced graphene oxide - Nafion@ silver nanoparticles for boostingthe sensor performance in non - enzymatic amperometric detection of hydrogen peroxide. *Biosens. Bioelectron.* , 87, 1020 - 1028,2017.

[102] Dai,H. ,Wang,N. ,Wang,D. ,Ma,H. ,Lin,M. ,An electrochemical sensor based on phytic acid functionalized polypyrrole/graphene oxide nanocomposites for simultaneous determination of Cd(II) and Pb (II). *Chem. Eng. J.* ,299,150 - 155,2016.

[103] Li,B. ,Li,Z. ,Situ,B. ,Dai,Z. ,Liu,Q. ,Wang,Q. ,Gu,D. ,Zheng,L. ,Sensitive HIV - 1 detection in ahomogeneous solution based on an electrochemical molecular beacon coupled with a Nafion - graphene composite film modified screen - printed carbon electrode. *Biosens. Bioelectron.* ,52,330 - 336,2014.

[104] Yang,T. ,Li,Q. ,Li,X. ,Wang,X. ,Du,M. ,Jiao,K. ,Freely switchable impedimetric detection of target

gene sequence based on synergistic effect of ERGNO/PANI nanocomposites. *Biosens. Bioelectron.* ,42, 415 - 418,2013.

[105] Karyakin,A. A. ,Prussian blue and its analogues:Electrochemistry and analytical applications. *Electroanalysis*,13,813 - 819,2001.

[106] Dai,Y. ,Li,X. ,Lu,X. ,Kan,X. ,Voltammetric determination of paracetamol using a glassy carbon electrode modified with Prussian Blue and a molecularly imprinted polymer,and ratiometricread - out of two signals. *Microchim. Acta*,183,2771 - 2778,2016.

[107] Jin,E. ,Lu,X. ,Cui,L. ,Chao,D. ,Wang,C. ,Fabrication of graphene/Prussian blue composite nanosheets and their electrocatalytic reduction of H_2O_2. *Electrochim. Acta*,55,7230 - 7234,2010.

[108] Cui,M. ,Liu,S. ,Lian,W. ,Li,J. ,Xu,W. ,Huang,J. ,A molecularly - imprinted electrochemical sensor based on a graphene - Prussian blue composite - modified glassy carbon electrode for thedetection of butylated hydroxyanisole in foodstuffs. *Analyst*,138,5949 - 5955,2013.

[109] Li,L. ,Peng,J. ,Chu,Z. ,Jiang,D. ,Jin,W. ,Single layer of graphene/Prussian blue nano - grid asthe low - potential biosensors with high electrocatalysis. *Electrochim. Acta*,217,210 - 217,2016.

[110] Michopoulos,A. ,Kouloumpis,A. ,Gournis,D. ,Prodromidis,M. I. ,Performance of layer - by - layer deposited low dimensional building blocks of graphene - Prussian blue onto graphite screenprinted electrodes as sensors for hydrogen peroxide. *Electrochim. Acta*,146,477 - 484,2014.

[111] Zhang,Y. ,Sun,X. ,Zhu,L. ,Shen,H. ,Jia,N. ,Electrochemical sensing based on graphene oxide/Prussian blue hybrid film modified electrode. *Electrochim. Acta*,56,1239 - 1245,2011.

[112] Yang,Z. ,Zheng,X. ,Zheng,J. ,Facile synthesis of Prussian blue/hollow polypyrrole nanocomposites for enhanced hydrogen peroxide sensing. *Ind. Eng. Chem. Res.* ,55,12161 - 12166,2016.

[113] Ghasemi,N. ,Kordbacheh,A. ,Berahman,M. ,Electronic,magnetic and transport properties of zigzag silicene nanoribbon adsorbed with Cu atom:A first - principles calculation. *J. Magn. Magn. Mater.* ,473, 306 - 311,2019.

[114] Du,X. ,Skachko,I. ,Barker,A. ,Andrei,E. Y. ,Approaching ballistic transport in suspended graphene. *Nat. Nanotechnol.* ,3,491 - 495,2008.

[115] Lee,D. H. ,Yi,J. ,Lee,J. M. ,Lee,S. J. ,Doh,Y. J. ,Jeong,H. Y. ,Lee,Z. ,Paik,U. ,Rogers,J. A. , Park,W. I. ,Engineering electronic properties of graphene by coupling with Si - rich,two - dimensional islands. *ACS Nano*,7,301 - 307,2013.

[116] Bolotin,K. I. ,Sikes,K. J. ,Jiang,Z. ,Klima,M. ,Fudenberg,G. ,Hone,J. ,Kim,P. ,Stormer,H. L. ,Ultrahigh electron mobility in suspended graphene. *Solid State Commun.* ,146,351 - 355,2008.

[117] Rana,K. ,Singh,J. ,Ahn,J. H. A. ,Graphene - based transparent electrode for use in flexible optoelectronic devices. *J. Mater. Chem. C*,2,2646 - 2656,2014.

[118] Ang,P. K. ,Chen,W. ,Wee,A. T. S. ,Loh,K. P. ,Solution - gated epitaxial graphene as pH sensor. *J. Am. Chem. Soc.* ,130,14392 - 14393,2008.

[119] Xie,Y. ,Wan,B. ,Yang,Y. ,Cui,X. ,Xin,Y. ,Guo,L. ,Cytotoxicity and autophagy induction by graphene quantum dots with different functional groups. *J. Environ. Sci.* ,77,198 - 209,2019.

[120] Guo,C. X. ,Ng,S. R. ,Khoo,S. Y. ,Zheng,X. T. ,Chen,P. ,Li,C. M. ,RGD - peptide functionalized graphene biomimetic live - cell sensor for real - time detection of nitric oxide molecules. *ACSNano*,6, 6944 - 6951,2012.

[121] Kang,P. ,Wang,M. C. ,Nam,S. ,Bioelectronics with two - dimensional materials. *Microelectron. Eng.* , 161,18 - 35,2016.

[122] Ohno,Y. ,Maehashi,K. ,Yamashiro,Y. ,Matsumoto,K. ,Electrolyte - gated graphene field - effect tran-

sistors for detecting pH protein adsorption. *Nano Lett.* ,9,3318 – 3322,2009.

[123] Pumera,M. ,Graphene in biosensing. *Mater. Today*,14,308 – 315,2011.

[124] Lee,M. H. ,Kim,B. J. ,Lee,K. H. ,Shin,I. S. ,Huh,W. ,Cho,J. H. ,Kang,M. S. ,Apparent pH sensitivity of solution – gated graphene transistors. *Nanoscale*,7,7540 – 7544,2015.

[125] Cheng,Z. ,Li,Q. ,Li,Z. ,Zhou,Q. ,Fang,Y. ,Suspended graphene sensors with improved signal and reduced noise. *Nano Lett.* ,10,1864 – 1868,2010.

[126] Wei,D. ,Liu,Y. ,Wang,Y. ,Zhang,H. ,Huang,L. ,Yu,G. ,Synthesis of N – doped graphene by chemical vapor deposition and its electrical properties. *Nano Lett.* ,9,1752 – 1758,2009.

[127] Schedin,F. ,Geim,A. K. ,Morozov,S. V. ,Hill,E. W. ,Blake,P. ,Katsnelson,M. I. ,Novoselov,K. S. , Detection of individual gas molecules adsorbed on graphene. *Nat. Mater.* ,6,652 – 655,2007.

[128] Kwon,S. S. ,Yi,J. ,Lee,W. W. ,Shin,J. H. ,Kim,S. H. ,Cho,S. H. ,Nam,S. ,Park,W. I. ,Reversible and irreversible responses of defect – engineered graphene – based electrolyte – gated pH sensors. *ACSAppl. Mater. Interfaces*,8,834 – 839,2016.

[129] Kwon,S. S. ,Shin,J. H. ,Choi,J. ,Nam,S. W. ,Park,W. I. ,Defect mediated molecular interaction and charge transfer in graphene mesh glucose sensors. *ACS Appl. Mater. Interfaces*,9,14216 – 14221,2017.

[130] Lian,Y. ,He,F. ,Wang,H. ,Tong,F. ,A new aptamer/graphene interdigitated gold electrode piezoelectric sensor for rapid and specific detection of Staphylococcus aureus. *Biosens. Bioelectron.* ,65,314 – 319, 2015.

[131] Zhou,S. ,Wang,Y. ,Zhu,J. J. ,Simultaneous detection of tumor cell apoptosis regulators Bcl – 2 and Bax through a dual – signal – marked electrochemical immunosensor. *ACS Appl. Mater. Interfaces*,8,7674 – 7682,2016.

[132] Wang,Y. and Hu,S. ,Applications of carbon nanotubes and graphene for electrochemical sensing of environmental pollutants. *J. Nanosci. Nanotechnol.* ,16,7852 – 7872,2016.

[133] Lu,Y. ,Liu,X. ,Qiu,K. ,Cheng,J. ,Wang,W. ,Yan,H. ,Tang,C. ,Kim,J. ,Luo,Y. ,Facile synthesis of graphene – like copper oxide nanofilms with enhanced electrochemical and photocatalytic propertiesin energy and environmental applications. *ACS Appl. Mater. Interfaces*,7,9682 – 9690,2015.

[134] Ramnani,P. ,Saucedo,N. M. ,Mulchandani,A. ,Carbon nanomaterial – based electrochemical biosensors for label – free sensing of environmental pollutants. *Chemosphere*,143,85 – 98,2016.

[135] Vinodha,G. ,Shima,P. D. ,Cindrella,L. ,Mesoporous magnetite nanoparticle – decorated graphene oxide nanosheets for efficient electrochemical detection of hydrazine. *J. Mater. Sci.* ,54,4073 – 4088,2019.

[136] Zhu,H. ,Xu,Y. ,Liu,A. ,Kong,N. ,Shan,F. ,Yang,W. ,Liu,J. ,Graphene nanodots – encaged porous gold electrode fabricated via ion beam sputtering deposition for electrochemical analysis of heavy metal ions. *Sens. Actuators*,*B*,206,592 – 600,2015.

[137] Promphet,N. ,Rattanarat,P. ,Rangkupan,R. ,Chailapakul,O. ,Rodthongkum,N. ,An electrochemical sensor based on graphene/polyaniline/polystyrene nanoporous fibers modified electrode for simultaneous determination of lead and cadmium. *Sens. Actuators*,*B*,207,526 – 534,2015.

[138] Chaiyo,S. ,Mehmeti,E. ,Žagar,K. ,Siangproh,W. ,Chailapakul,O. ,Kalcher,K. ,Electrochemical sensors for the simultaneous determination of zinc,cadmium and lead using a Nafion/ionicliquid/graphene composite modified screen – printed carbon electrode. *Anal. Chim. Acta*,918,26 – 34,2016.

[139] Wang,N. ,Lin,M. ,Dai,H. ,Ma,H. ,Functionalized gold nanoparticles/reduced graphene oxide nanocomposites for ultrasensitive electrochemical sensing of mercury ions based on thymine – mercury – thymine structure. *Biosens. Bioelectron.* ,79,320 – 326,2016.

[140] Yang,Y. ,Kang,M. ,Fang,S. ,Wang,M. ,He,L. ,Zhao,J. ,Zhang,Z. ,Electrochemical biosensor based

on three - dimensional reduced graphene oxide and polyaniline nanocomposite for selective detection of mercury ions. *Sens. Actuators*, *B*, 214, 63 - 69, 2015.

[141] Zhang, Y., Zeng, G. M., Tang, L., Chen, J., Zhu, Y., He, X. X., He, Y., Electrochemical sensor based on electrodeposited graphene - Au modified electrode and nanoAu carrier amplified signal strategy for attomolar mercury detection. *Anal. Chem.*, 87, 989 - 996, 2015.

[142] Burridge, E., Bisphenol A: Product profile. *Eur. Chem. News*, 17, 14 - 20, 2003.

[143] Staples, C. A., Dome, P. B., Klecka, G. M., Oblock, S. T., A review of the environmental fate, effects, and exposures of bisphenol A. *Chemosphere*, 36, 2149 - 2173, 1998.

[144] Hengstler, J. G., Foth, H., Gebel, T., Kramer, P. J., Lilienblum, W., Schweinfurth, H., Critical evaluation of key evidence on the human health hazards of exposure to bisphenol A. *Crit. Rev. Toxicol.*, 41, 263 - 291, 2011.

[145] Pan, D., Gu, Y., Lan, H., Sun, Y., Gao, H., Functional graphene - gold nano - composite fabricated electrochemical biosensor for direct and rapid detection of bisphenol A. *Anal. Chim. Acta*, 853, 297 - 302, 2015.

[146] Tan, F., Cong, L., Li, X., Zhao, Q., Zhao, H., Quan, X., Chen, J., An electrochemical sensor based on molecularly imprinted polypyrrole/graphene quantum dots composite for detection of bisphenol A in water samples. *Sens. Actuators*, *B*, 233, 599 - 606, 2016.

[147] Hu, L., Cheng, Q., Chen, D., Ma, M., Wu, K., Liquid - phase exfoliated graphene as highlysensitive sensor for simultaneous determination of endocrine disruptors: Diethylstilbestrol andestradiol. *J. Hazard. Mater.*, 283, 157 - 163, 2015.

[148] Moraes, F. C., Rossi, B., Donatoni, M. C., de Oliveira, K. T., Pereira, E. C., Sensitive determination of 17β - estradiol in river water using a graphene based electrochemical sensor. *Anal. Chim. Acta*, 881, 37 - 43, 2015.

[149] Li, X., Wang, X., Li, L., Duan, H., Luo, C., Electrochemical sensor based on magnetic graphene oxide @ gold nanoparticles - molecular imprinted polymers for determination of dibutyl phthalate. *Talanta*, 131, 354 - 360, 2015.

[150] Wang, B., Okoth, O. K., Yan, K., Zhang, J., A highly selective electrochemical sensor for 4 - chlorophenol determination based on molecularly imprinted polymer and PDDAfunctionalizedgraphene. *Sens. Actuators*, *B*, 236, 294 - 303, 2016.

[151] Liang, Y., Yu, L., Yang, R., Li, X., Qu, L., Li, J., High sensitive and selective graphene oxide/molecularly imprinted polymer electrochemical sensor for 2,4 - dichlorophenol in water. *Sens. Actuators*, *B*, 240, 1330 - 1335, 2016.

[152] Lee, H., Choi, T., Lee, Y., Cho, H., Ghaffari, R., Wang, L., Choi, H., Chung, T., Lu, N., Hyeon, T., Choi, S., Kim, D. A graphene - based electrochemical device with thermoresponsive microneedles for diabetes monitoring and therapy. *Nat. Nanotechnol.*, 11, 566 - 572, 2016.

[153] Fouchier, R. A., Schneeberger, P. M., Rozendaal, F. W., Broekman, J. M., Kemink, S. A., Munster, V., Kuiken, T., Rimmelzwaan, G. F., Schutten, M., van Doornum, G. J. J., Koch, G., Bosman, A., Koopmans, M., Osterhaus, A. D. M. E., Avian influenza A virus (H7N7) associated with human conjunctivitis and a fatal case of acute respiratory distress syndrome. *Proc. Natl. Acad. Sci. U. S. A.*, 101, 1356 - 1361, 2004.

[154] Huang, J., Xie, Z., Xie, Z., Luo, S., Xie, L., Huang, L., Fan, Q., Zhang, Y., Wang, S., Zeng, T., Silver nanoparticles coated graphene electrochemical sensor for the ultrasensitive analysis of avianinfluenza virus H7. *Anal. Chim. Acta*, 913, 121 - 127, 2016.

[155] Pandey, C. M., Tiwari, I., Singh, V. N., Sood, K. N., Sumana, G., Malhotra, B. D., Highly sensitive electrochemical immunosensor based on graphene – wrapped copper oxide – cysteine hierarchical structure for detection of pathogenic bacteria. *Sens. Actuators, B*, 238, 1060 – 1069, 2017.

[156] Badr – Eldin, S. M., Elkheshen, S. A., Ghorab, M. M., Inclusion complexes of tadalafil with natural and chemically modified – cyclodextrins. I: Preparation and *in – vitro* evaluation. *Eur. J. Pharm. Biopharm.*, 70, 819 – 827, 2008.

[157] Zhao, H., Yang, L., Li, Y., Ran, X., Ye, H., Zhao, G., Zhang, Y., Liu, F., Li, C., A comparison study of macrocyclic hosts functionalized reduced graphene oxide for electrochemical recognition of tadalafil. *Biosens. Bioelectron.*, 89, 361 – 369, 2017.

[158] Lennartsson, A. K., Sjörs, A., Wahrborg, P. *et al.*, Burnout and hypocortisolism—A matter of severity? A study on ACTH and cortisol responses to acute psychosocial stress. *Front. Psychiatry*, 6, 8, 2015.

[159] Sharpley, C. F., Bitsika, V., Andronicos, N. M. *et al.*, Is afternoon cortisol more reliable than waking cortisol in association studies of children with an ASD? *Physiol. Behav.*, 155, 218 – 223, 2016.

[160] Sun, B., Gou, Y., Ma, Y., Zheng, X., Bai, R., Abdelmoatya, A. A. A., Hu, F., Investigate electrochemical immunosensor of cortisol based on gold nanoparticles/magnetic functionalized reduced graphene oxide. *Biosens. Bioelectron.*, 88, 55 – 62, 2017.

[161] Satish, K., Chen, T. R., Kukkar, M., Song, C. K., Mutreja, R., Singh, S., Paul, A. K., Lee, H., Kim, K., Deep, A., Suri, C. R., A label – free electrochemical immunosensor for the detection of cardiac marker using graphene quantum dots (GQDs). *Biosens. Bioelectron.*, 86, 548 – 556, 2016.

[162] Rundlöf, M., Andersson, G. K. S., Bommarco, R., Fries, I., Hederström, V., Herbertsson, L., Jonsson, O., Klatt, B. K., Pedersen, T. R., Yourstone, J., Smith, H. G., Seed coating with a neonicotinoid insecticide negatively affects wild bees. *Nature*, 521, 77 – 80, 2015.

[163] Urbanová, V., Bakandritsos, A., Jakubec, P. *et al.*, A facile graphene oxide based sensor for electrochemical detection of neonicotinoids. *Biosens. Bioelectron.*, 89, 532 – 537, 2017.

[164] Emmanuel, R., Karuppiah, C., Chen, S. M. *et al.*, Green synthesis of gold nanoparticles for trace level detection of a hazardous pollutant (nitrobenzene) causing methemoglobinaemia. *J. Hazard. Mater.*, 279, 117 – 124, 2014.

[165] Yang, Z., Dou, X., Zhang, S., Guo, L., Zu, B., Wu, Z., Zeng, H. A., High – performance nitroexplosives Schottky sensor boosted by interface modulation. *Adv. Funct. Mater.*, 25, 4039 – 4048, 2015.

[166] Xu, Y., Lei, W., Han, Z., Wang, T., Xia, M., Hao, Q., Boron – doped graphene for fast electrochemical detection of HMX explosive. *Electrochim. Acta*, 216, 219 – 227, 2016.

[167] Trammell, S. A., Hernández, S. C., Myers – Ward, R. L., Zabetakis, D., Stenger, D. A., Gaskill, D. K., Walton, S. G., Plasma – modified, epitaxial fabricated graphene on SiC for the electrochemical detection of TNT. *Sensors*, 16, 1281, 2016.

第19章 用于传感器的石墨烯自组装薄膜材料

Celina M. Miyazaki, Cristiane M. Daikuzono, Marystela Ferreira
巴西圣保罗州索罗卡巴圣卡洛斯联邦大学

摘要 众所周知,石墨烯及其衍生物表现出独特的光学、电学、机械和化学性质,这些性质对于传感应用具有重要价值。然而,所选择的合成和处理石墨烯以形成感测单元的方法,是确定最终传感器真实性能的关键步骤。人们研究了不同的固定化技术,以利用石墨烯的突出特性,例如连接到自组装单层、逐层和 Langmuir – Blodgett 技术,而不是将石墨烯物理地混合在一个大块的支持物中。这种技术促使了纳米建筑学这一新概念的产生,可以在独特的器件中将不同性质与各种材料混合时产生协同效应。本章综述了这些方法在开发电化学、电学和光学传感器方面的实例。

关键词 传感器,生物传感器,化学合成,逐层,自组装单层,Langmuir – Blodgett

19.1 引言

科学家已经开发了传感器和生物传感器来识别和量化不同的分析物,以取代通常耗时、高成本并且需要熟练操作技巧的常规方法。另外,传感器可以低成本、快速和便携式,且具有高灵敏度和选择性。石墨烯及其衍生物应用在传感器件上的原因有以下两点:①增加传感器件中的电子输运,这与其室温下的高载流子迁移率(15000cm^2/(V·s))、高载流子密度($10^{13}cm^{-2}$)[1-2]以及与其他纳米结构材料相比的低本征噪声等电子特性有关[3-4],这有利于在电和电化学传感器中的应用;②增加有效面积。单层石墨烯具有最高的表面积(理论上,2620m^2/g[5]),增加了感测有效面积,并且还有利于(生物)受体(识别元件)的吸附,这高度影响传感器的灵敏度。增加的(生物)材料负载可能是通过疏水区域的 π – π 堆叠或通过极性基团(羧基或羟基)[6-7]。

由于其优异的电子性能,石墨基材料已被广泛研究用于电和电化学传感器应用。由于易于加工,所需的官能团可以添加到表面上,为特定目标提供选择性。此外,它们的化学和热稳定性对于长期稳定性传感器是重要的。在电和电化学传感中,自组装技术由于其催化和电子传输能力而在大多数情况下用于构建功能性石墨烯(多)层,并且还用于锚定其他材料(纳米粒子、纳米管、聚合物和生物分子)以提供更高的灵敏度或特异性。在开发用于各种应用的透明电极的过程中,探索了光学透明度、柔性和导电性。特别是自组装技术由于易于加工和控制性能的可能性而引起了特别的关注[10-12]。在光学传感领域,石墨烯基传感器的主要焦点是石墨烯量子点(GQD)的荧光特性[13-15]和氧化石墨烯的猝灭能力[16-19]。

石墨烯的许多电子性质完全与其单层结构和sp^2杂化碳网络有关。然而，通过化学获得在结构中具有缺陷并且通常多层的石墨烯片仍然保持相对高的电子传输，并且具有容易加工、低成本和可大规模生产等优点。由于这些诸多优点，还原氧化石墨烯已被许多研究人员选择，但将还原氧化石墨烯在传感基底上固定的方法也可能直接干扰传感器性能。

石墨烯基材料在传感基底上的固定方法是确定传感器特性的关键实验步骤。以这种方式，代替本体载体中的石墨烯的物理混合物，自组装技术以简单和廉价的方式提供石墨烯纳米结构薄膜的分子水平控制。自组装技术是具有特殊性能的纳米结构器件用于传感应用的一种简单方法。纳米结构的概念归属于“在所需配置中布置纳米结构单元的技术，通过像整体结构一样的纳米结构内的协同相互作用产生整体单元的新功能”[20-21]。大量的科学论文报道了石墨烯基自组装薄膜：最近10年约有2600份出版物，如ISI知识网记录的搜索结果所示(图19.1)，使用主题“石墨烯”和“自组装”。出版物被分发到各个类别，应用领域广泛且多学科，从生物医学诊断一直延伸到能源产生。关注用于传感器的石墨烯自组装膜的出版物从2009年开始，直到今天才显著增加。

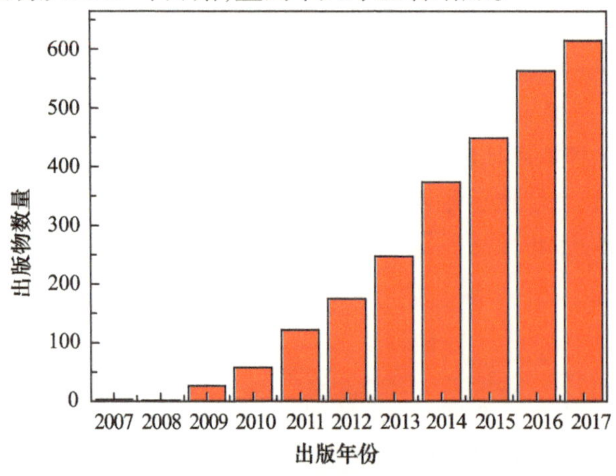

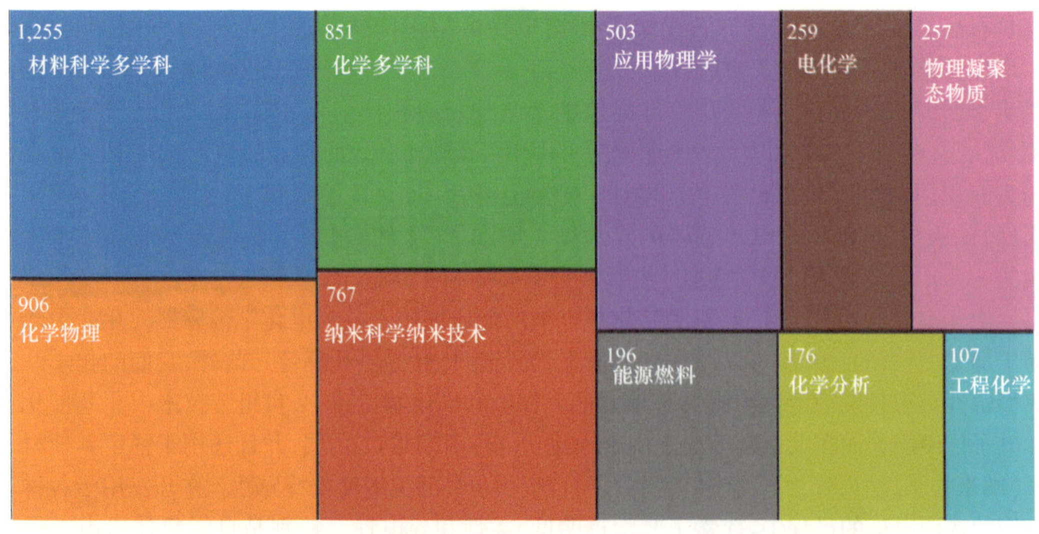

图19.1 使用主题“石墨烯”和“自组装”，按科学网站(ISI知识网)的出版年份和类别进行结果分析(数据于2018年6月28日收集自ISI知识网)

还原氧化石墨烯和氧化石墨烯表现出结构缺陷或可以容易地用极性基团官能化,这是自组装制造的理想候选者。另外,这些材料也可以通过 π-π 相互作用与有机管芯和生物分子的疏水结构域相互作用[22]。这里可以强调三种主要方法,以利用还原氧化石墨烯和氧化石墨烯化学特性的多功能性:自组装单层(SAM)的形成、逐层(LbL)和 Langmuir-Blodgett(LB)技术,在本章中进一步讨论。自组装方法成为传感器和生物传感器制造的常用协议,并且有时在单个传感器件制造中可以使用多于一种方法。

由于石墨烯和石墨烯基材料具有与生物分子相当的尺寸,与这些材料的缀合形成了具有生物传感应用的有趣性质的杂化系统[23]。石墨烯的氧化形式氧化石墨烯受到关注,因为尽管具有其绝缘性质,但其在基面上和边缘处的高密度氧化官能团允许与宽范围的有机和无机材料相互作用[22],包括生物分子,如酶[6,24]、抗体[25-26]和 DNA[27]等。氧化石墨烯[28-29]的生物兼容性也是几种生物医学应用中考虑的重要点。氧化石墨烯在许多自组装应用中表现出多功能性,能够通过其羧基形成 SAM,与带正电荷的材料[26,30]组装在 LbL 膜中作为带负电的层,并且还能够铺展在空气-水界面中产生 LB 膜[31-32]。

同样,用于将石墨烯基材料固定在用于感测装置的固体基底上的技术以及用于受体/生物受体缀合到石墨烯表面的方法是重要的问题。理想的方法应该根据所需的特性应用来丰富与它们的电子输运和光学性质相关的特殊性质。另外,它应该具有成本效益,而不是耗时允许大生产。在本章中,我们描述了用于传感应用的基于自组装薄膜的石墨烯和石墨烯相关材料。在 19.2 节中,将解释传感器和生物传感器的基础知识。随后,描述了化学合成并讨论了固定在传感单元上的方法,如自组装单层(SAM)、逐层(LbL)和 Langmuir-Blodgett(LB)技术。最后,我们介绍了基于自组装膜的电、电化学和光学传感的最新进展。

19.2 电化学传感器及其机理

IUPAC 将化学传感器定义为“一种将化学信息(从特定样品成分的浓度到总成分分析)转换成可分析信号的装置。上述化学信息可能源于分析物的化学反应或所研究系统的物理性质”[33]。Araujo、Reddy 和 Paixão[34]将化学传感器描述为“基于化学反应(或识别)响应分析物并可用于被分析物质的定性或定量确定(以给予出分析上有用的信号)的装置”。出于检测目的,一系列材料可用作识别元件。当它们是生物分子时,传感器被指定为生物传感器[34]。当与特定分析物接触时,采用简便检测方法的识别元件应当将一种类型的能量转换为另一种类型的能量,例如将化学能转换为可测量的电信号。识别元素分析测量组件负责信号的转换,信号由电子系统处理,用于数据可视化,如图 19.2 所示。

石墨烯基传感器已应用于广泛的应用领域,如气体和湿度传感[35-39]、环境控制[40-43]、临床[44-47]和食品质量分析[48-51]等。根据作为检测方法采用的分析测量,感测平台分为电、电化学或光学平台。石墨烯和石墨烯衍生物在电传感器中的应用通常在它们的电子导电性能[1,52]中得到证实。这些传感器基于当分析物识别发生在表面时电导/电阻、电容或阻抗的偏移的测量。就光学传感器而言,石墨烯及其衍生物的使用与高容量的(生物)分子负载、荧光和猝灭能力[17,53]有关。石墨烯量子点由尺寸小于 100nm 的石墨烯纳米片组成,具有较宽的光吸收率和荧光特性[54-55],为光学传感应用提供了不同的途径。

在电化学传感器的开发中探索了在许多电化学反应中的高表面积和令人印象深刻的催化性能，电化学传感器由于其简单、低成本、快速响应和携带的可能性而被使用得最多。由于包含石墨烯基电化学感测的大量应用，将在单独的小节中给出关于它们的更多细节。

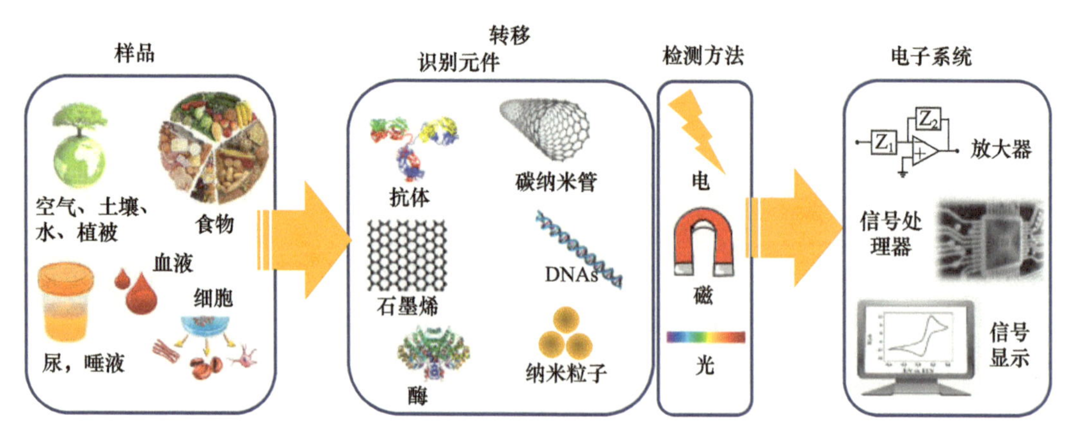

图19.2 典型传感器组件示意图

在电化学生物传感器的开发中可以采用不同的机制。下面给出简要描述以理解这种机制并理解在感测装置中使用的各种方法。电化学传感器分为电导式、电位式、伏安法和安培式。简言之，第一个传感器测量溶液中的离子电导，而电位传感器基于对参比电极的平衡电位（零电流电位）的测量，该电位是溶液中物质活性的函数[23]。伏安技术基于施加一定范围电位的电流响应的测量。当特定反应的电位已知时，可以在该固定电位中测量电流响应作为时间的函数，并且传感器是安培计传感器。有关电化学传感器的基本和实验设置的更多细节，请参见参考文献[23]。

我们将集中讨论（但不限于）葡萄糖生物传感，因为糖尿病监测的巨大重要性，也因为它已被用作开发新的生物传感概念的模型。生物传感器可分为酶促和非酶促平台。酶促方法通常应用葡萄糖氧化酶（GOx），其是主要从黑曲霉培养物中获得的同源二聚体黄素蛋白，分子量为130~175kDa，等电点为4.2，最佳活性在pH为3.5~6.5的范围内[56]。该酶提供高特异性，但需要特别注意制造（固定化技术）、运输和储存以维持其活性（特别是pH和温度），这固有地降低了鲁棒性并增加了成本。另外，无酶传感器是高效的，通常利用纳米结构材料来催化葡萄糖的直接氧化[57-59]。必须开发一些策略来保证在不存在酶的情况下对葡萄糖的选择性[15,57,60]。

基本上，在酶传感器中，GOx固定在电极表面上，并催化β-D-葡萄糖氧化为D-葡萄糖-δ-内酯，如式（19.1）所示。在其催化作用中，协同因子黄素腺嘌呤二核苷酸（FAD）被还原为$FADH_2$。通过与氧气反应再生共因子，产生过氧化氢，如式（19.2）所示。第一个葡萄糖生物传感器由Clark和Lyons[61]于1962年提出，并基于通过半渗透透析膜截留在氧电极上的GOx薄层。用Pt阴极检测O_2的消耗量，O_2的消耗量与葡萄糖浓度成正比。样品中的背景氧气是该传感器精度的缺点。Updike和Hicks通过应用两个氧气工作电极（其中一个覆盖有GOx）并测量电流差以消除背景氧气影响，提供了一种解决方案[62]。

此后开发了许多类型的葡萄糖传感器,可分为三种主要类型:第一代、第二代和第三代,如图19.3所示。第一代传感器使用天然氧作为共底物,并检测通过其在铂电极上的氧化(式(19.3))在式(19.2)中产生的副产物过氧化氢(其与葡萄糖浓度成比例),如Guilbault和Lubrano[63]首次提出。这种第一代葡萄糖传感器的缺点是需要维持氧气供给和需要高的H_2O_2氧化电位(在Pt时约为+600mV(相对SCE)),这导致了其他电活性分子如抗坏血酸和尿酸的干扰响应。可以采用一些策略来降低H_2O_2的氧化电位,减少干扰信号,如使用普鲁士蓝[66-67]和过氧化物酶[68-70]。

$$\mathrm{GOx(FAD)}+\beta-\mathrm{D}-\text{葡萄糖})\longrightarrow\mathrm{GOx(FADH_2)}+\mathrm{D}-\text{葡萄糖}-\delta-\text{内脂} \tag{19.1}$$

$$\mathrm{GOx(FADH_2)}+\mathrm{O_2}\longrightarrow\mathrm{GOx(FAD)}+\mathrm{H_2O_2} \tag{19.2}$$

$$\mathrm{H_2O_2}\longrightarrow+\mathrm{O_2}+2\,\mathrm{H^+}+2\mathrm{e^-} \tag{19.3}$$

由于围绕核黄素内部氧化还原中心的厚蛋白质层,GOx不能直接将电子转移到平坦的常规电极。因此,在第二代传感器中,电活性分子被用作电子介体,在较低电位下在氧化还原中心和电极之间穿梭电子[71-73]。式(19.1)的葡萄糖氧化产生酶的还原形式GOx($FADH_2$),随后被电子受体$M_{(OX)}$再氧化,如式(19.4)所示。在式(19.4)和式(19.5)中,$M_{(OX)}$和$M_{(\text{红色})}$分别为介体的氧化和还原形式[59,74]。还原形式的介体在电极上被再氧化(如式(19.5)所示),给出与葡萄糖浓度成比例的电流信号。

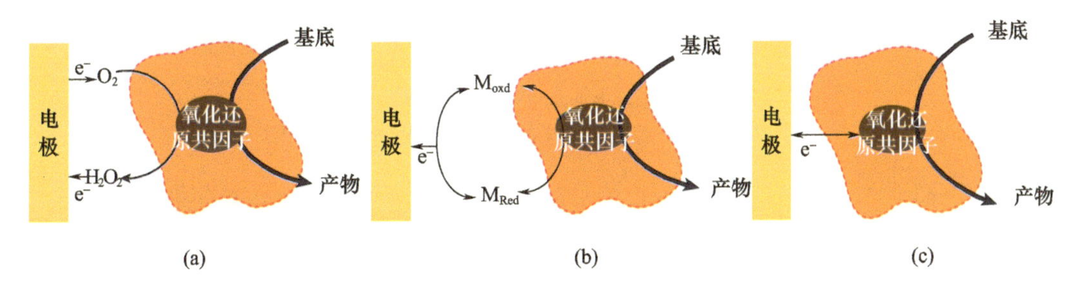

图19.3 不同世代的酶生物传感器

(a)第一代,共底物/共产物用作氧化还原指示剂;(b)第二代,使用氧化还原介体来中继电子;(c)第三代,酶和电极之间的直接电子转移。(经爱思唯尔许可转载自Das等[71]。2018年版权所有)

$$\mathrm{GOx(FADH_2)}+2\mathrm{M_{(OX)}}\longrightarrow\mathrm{GOx(FAD)}+2\,\mathrm{M_{(red)}}+2\,\mathrm{H^+} \tag{19.4}$$

$$\mathrm{M_{(red)}}\longrightarrow\mathrm{M_{(OX)}}+\mathrm{e^-} \tag{19.5}$$

在第三代传感器中,酶的氧化还原中心和电极之间存在直接的通信。在葡萄糖氧化过程中(式(19.1)),直接电子转移(DET)涉及根据式(19.6)的两电子转移。非酶传感器也被归类为第三代传感器,其中葡萄糖的直接氧化发生在电极处,而不需要GOx。

$$\mathrm{FAD}+2\,\mathrm{H^+}+2\mathrm{e}-\longleftrightarrow\mathrm{FADH_2} \tag{19.6}$$

电子转移过程高度依赖于酶的特性,如氧化还原中心与蛋白质表面的距离、活性位点的可及性、氧化还原的性质、蛋白质的稳定性以及酶的固定化技术[71]。大的表面积、易功能化、优异的电子转移和生物兼容性使得石墨烯及其衍生物适合作为DET的电极应用[75]。据我们所知,Shan等[76]和Kang等[77]在2009年展示了使用石墨烯用于GOx的DET的先驱作品,从那时起,关于这一问题的研究才开始增多。除了石墨烯,金属纳米颗粒和碳纳米管已被用于进入酶的内部活性位点到电极,从而允许DET[78-81]。

具有不同程度的缺陷和氧化基团的易加工性允许调节性能。Zhang 等[75]的一项研究确定,不同的缺陷密度、层和氧含量与 GOx 结合表现出不同的检测机制:在低氧浓度下诱导 DET,而在高氧浓度下,葡萄糖通过H_2O_2还原而不是 DET 过程检测到。此外,高氧含量导致酶吸收增加,因此传感器灵敏度增加[75]。氧化石墨烯具有大量的羧基和羟基,并且已经被研究用于增强蛋白质负载能力、生物兼容性和改善细胞黏附[24,26,82-83]。

19.3 应用于传感的石墨烯合成及加工工艺

石墨烯合成方法可分为两种:自上而下和自下而上的方法,如图 19.4 所示。在自下而上的方法中,化学气相沉积是应用最广泛的方法,其中分子前体在金属表面上获得石墨烯。可以获得大覆盖和无缺陷的单层[84-85],但是需要特定设备以及还需要转移协议(从沉积金属到目标基底)增加了成本,使得与化学合成相比难以大规模生产。

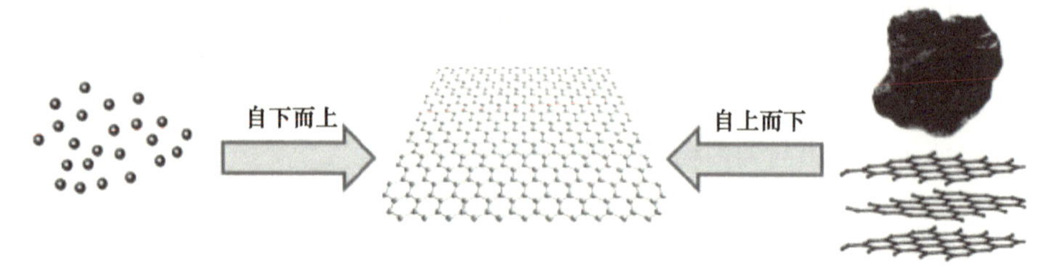

图 19.4 自上而下和自下而上的石墨烯合成方法的示意图
(经爱思唯尔许可转载自参考文献[86]。2018 年版权所有)

在自上而下的方法中,通过化学和物理处理使石墨剥离以克服范德瓦尔斯力。例如,Andre Geim 和 Konstantin Novoselov 在 2004 年[52]进行的微机械剥离简单地基于高度取向的热解石墨到逐渐更薄的层的连续剥离。将具有石墨烯的胶带附着到目标基底上,并在丙酮中除去胶。该技术虽然简单,但劳动强度极大,不适合大规模制造[86]。目前,最常用的自顶向下的方法是化学合成,基于石墨的化学氧化和随后的剥离和还原以产生还原氧化石墨烯。以与机械剥离和化学气相沉积方法相反的方式,化学合成产生相对高的量和易于溶液加工的石墨烯基材料,为自组装技术提供了可行性。在这里,我们简要讨论了化学合成,这是自组装薄膜用于传感应用的石墨烯基材料的来源。

化学路线能够适度地制造石墨烯基材料,并具有官能化的附加益处,允许与聚合物、纳米粒子、DNA 等形成杂化或复合材料[87]。通常,化学过程从以 Hummers 方法使用浓酸和强氧化剂[88]的石墨氧化开始。氧化过程在所形成的纳米片的基面上和边缘处引入大量的官能氧基团。随后在水中通过超声处理的剥离产生氧化石墨烯。根据氧化方法的不同,C/O 比通常在 2~4 变化[89]。

由于其氧官能团如羧基、羟基和环氧基,已经研究了氧化石墨烯,因为其分子结合能力、高亲水性和生物兼容性,这对于重要的生物分子锚定的应用相当可观[26],例如,生物传感器。然而,由于氧基团的加入和随后的 sp^3 碳的形成,氧化石墨烯是不导电的。sp^2 畴可通过热或(电)化学还原过程部分恢复[89-93]。根据还原途径,还原氧化石墨烯可分为热还原氧化石墨烯(TrGO)、化学还原氧化石墨烯(CrGO)或电化学还原氧化石墨烯

(ErGO),如图19.5所示。化学还原一般用硼氢化钠($NaBH_4$)[94]或肼[95-97]。由于电化学还原消除了 $NaBH_4$ 和肼等有害试剂的使用,被认为是一种绿色的替代方法[98-100]。尽管导电性低于原始石墨烯、还原氧化石墨烯,但对于界面应用来说,还原氧化石墨烯是一种有吸引力的材料[22],因为它具有成本效益,可用于大规模生产,并且易于功能化,这对于许多应用来说很重要。

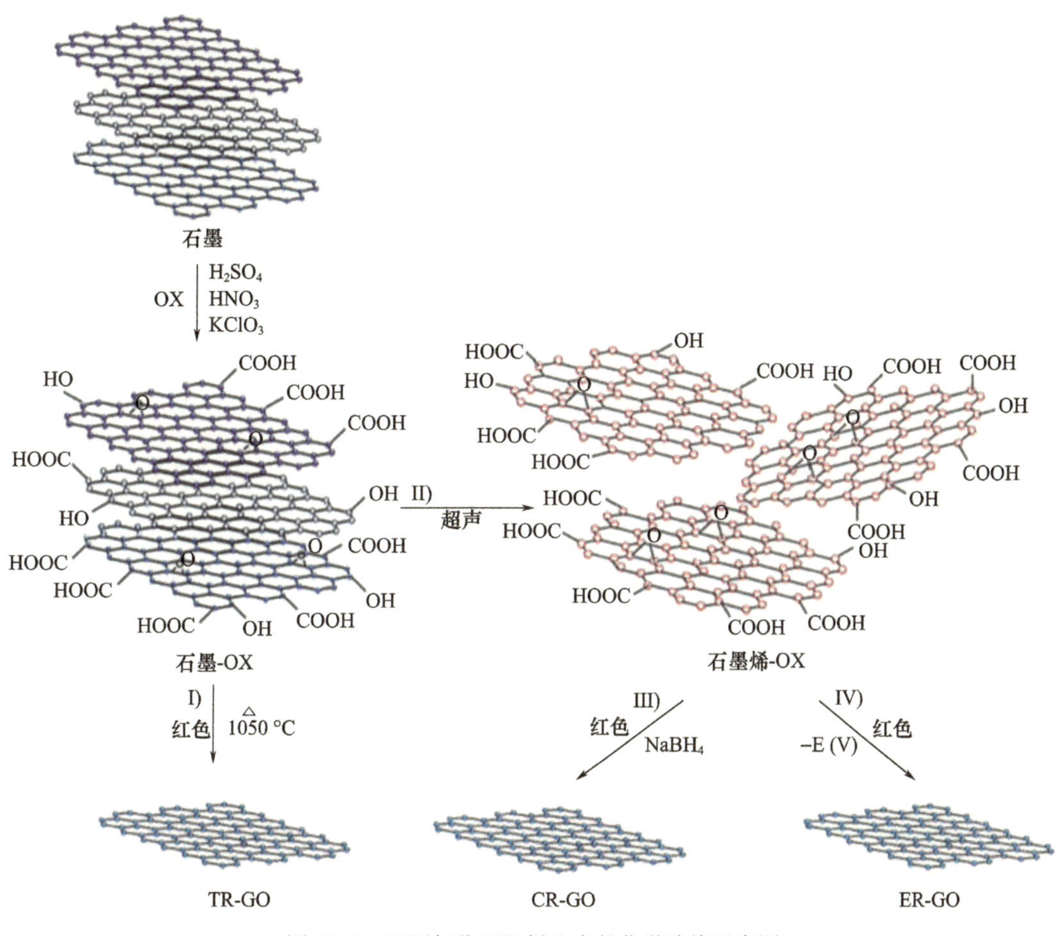

图19.5 还原氧化石墨烯生产的化学路线示意图
(经爱思唯尔许可转载自参考文献[101]。2018年版权所有)

化学合成的石墨烯片除了具有低成本和大规模生产的优点外,还可以被不同的化学基团[102-104]、聚合物[95,97,105-108]和离子液体[109-110]功能化,这允许水分散体用于溶液处理,这是自组装的基础。这些极性基团还负责促进与特定(生物)分子[104,111]或纳米粒子[112-114]的连接。

19.4 石墨烯和传感基底的集成

通过引入极性化学基团,如磺酸[102]、胺[115]和羧基[88],化学衍生的石墨烯材料可以容易地悬浮在水性介质中,这允许其固定在多种类型的基底上用于感测应用,并且还允许生物分子[6,26]与之组合用于生物感测。自组装技术为在分子水平上控制石墨烯层的固定化提供了有效的方法。这可以通过自组装单层（SAM）、逐层（LbL）和 Langmuir - Blodgett（LB）技术来实现。

19.4.1 自组装的单层石墨烯

许多电和电化学传感器基于金电极以及 SPR 光学传感器。利用自组装膜可以很容易地通过硫醇键合修饰 Au 表面。含有（ - SH）的链烷硫醇能够共价连接到曝露另一端的 Au 表面，该另一端通常是极性基团，如羧基(3 - 巯基丙酸和 11 - 巯基十一烷酸 11 - MUA 最为常用）或胺基（半胱胺盐酸盐 CH 和 L - 半胱氨酸最为常用）。通常，11 - MUA 用于用羧基官能化 Au 表面，所述羧基用乙基（二甲基氨基丙基）碳二亚胺/N - 羟基 - 琥珀酰亚胺（EDC：NHS）以进一步共价连接生物分子[116]。在替代方法中，可以通过含有胺基的 CH 或 L - 半胱氨酸的 SAM 来修饰 Au 表面。采用 NHS：EDC 偶联策略，氧化石墨烯结构边缘的羧基通过酰胺键与胺官能化的 Au 表面反应[35,40]。

Gong 等[40]首次报道了 EDC：NHS 耦合策略去制作氧化石墨烯基传感器。用 L - 半胱氨酸的 SAM 处理金电极并随后浸入含有氧化石墨烯的 EDC：NHS 混合物在氧化石墨烯和金表面之间形成共价键。该传感器能有效地捕获和络合 Pb^{2+}、Cu^{2+} 和 Hg^{2+} 离子，可用于方波伏安法检测[40]。在类似的方法中，Su 等[35]基于在 PET 基底上溅射叉指金电极制造了柔性电极。金层被 CH 的 SAM 官能化，其与金形成硫醇键，而外端将胺基曝露于表面，如图 19.6 所示。氧化石墨烯的羧基通过使用 EDC：NHS 活化混合物以与表面胺形成共价键。用 $NaBH_4$ 化学还原氧化石墨烯，测量薄膜电阻变化，成功地将该电极应用于 1 ~ 20mg/L 的 NO_2 气体传感器[35]。与基于化学气相沉积石墨烯的传感器仅仅利用了一种简单的自组装方法相比，作者强调了更高的响应和灵活性。

19.4.2 逐层自组装技术

正如 Decher[117-118]所建议的，浸入带相反电荷的聚电解质中允许通过静电相互作用吸附多层。范德瓦尔斯力和氢键也可以驱动多层组件[117-119]。传统的浸入式 LbL 组装是基于固体基底材料的自发吸附，固体基底浸没在含有稳定水悬浮液的水库中。在第一次浸渍之后，清洗基底以去除弱吸附的过量材料，避免交叉污染。干燥后，将基板浸入下一溶液中，重复洗涤和干燥。沉积、洗涤、干燥可重复 n 次。因此，可以通过沉积的层数容易地控制厚度。或者，喷雾和流体 LbL 沉积也是可能的[120]。当需要将蛋白质和其他生物分子固定在固体基底上时，例如在生物传感器应用中，控制沉积条件（如 pH 和温度）以及在层之间[20]截留水分子的可能性是有吸引力的。

通过在聚合物溶液中稳定或通过添加官能团，通过 LbL 技术形成多层纳米结构薄膜，可以以简单和通用的方式将石墨烯相关材料固定到固体基底上[95,109,121-124]。关于 LbL 方法的一个有趣的点是通过沉积层的数量来控制性能的可能性。例如，Lee 等[11]证明，通过改变堆叠层的数量，可以容易地控制带相反电荷还原氧化石墨烯的 LbL 膜的光学和电子性质。

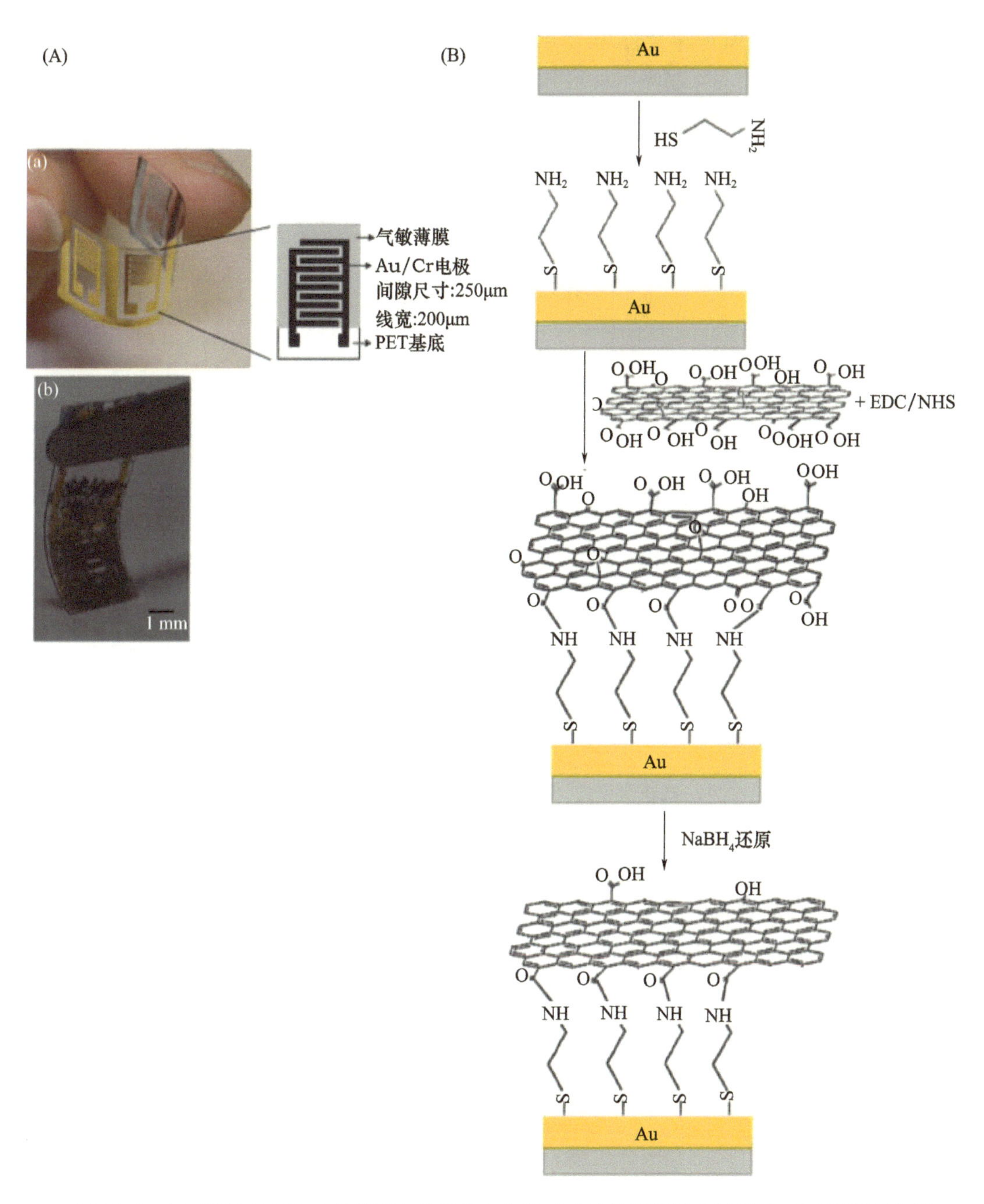

图 19.6 (A)溅射在 PET 柔性基底上的叉指金电极:(a)结构视图和(b)还原氧化石墨烯膜沉积后的照片;(B)SAM 和氧化石墨烯原位还原制备柔性NO_2传感器示意图。(经爱思唯尔许可转载自参考文献[35]。2018 年版权所有)

氧化石墨烯在其结构中具有许多氧化基团,这有利于与带正电荷材料的 LbL 组装中的静电相互作用。由于这些极性基团,可以获得增加的生物分子的负载能力。图 19.7 显示了聚乙烯亚胺(PEI)和氧化石墨烯对 PMMA 板的功能化。由于支链中的胺基,PEI 带正电荷,氧化石墨烯具有大量的羧基和羟基(见图 19.7(a)中的化学结构),允许 PEI/GO 膜在 PMMA 表面上形成[26]。图 19.7(b)描述了制造步骤,其中 PMMA 基底浸入 1.0mg/mL PEI 溶液中 10min,在 DI 水中洗涤 30s,浸入 0.5mg/mL氧化石墨烯悬浮液中 10min,再洗涤 30s。清洗步骤对于去除弱吸附材料和避免交叉污染很重要[117]。PEI/GO 改性 PMMA 板表现出较高的亲水性和润湿性以及较高的蛋白质负载量[26]。

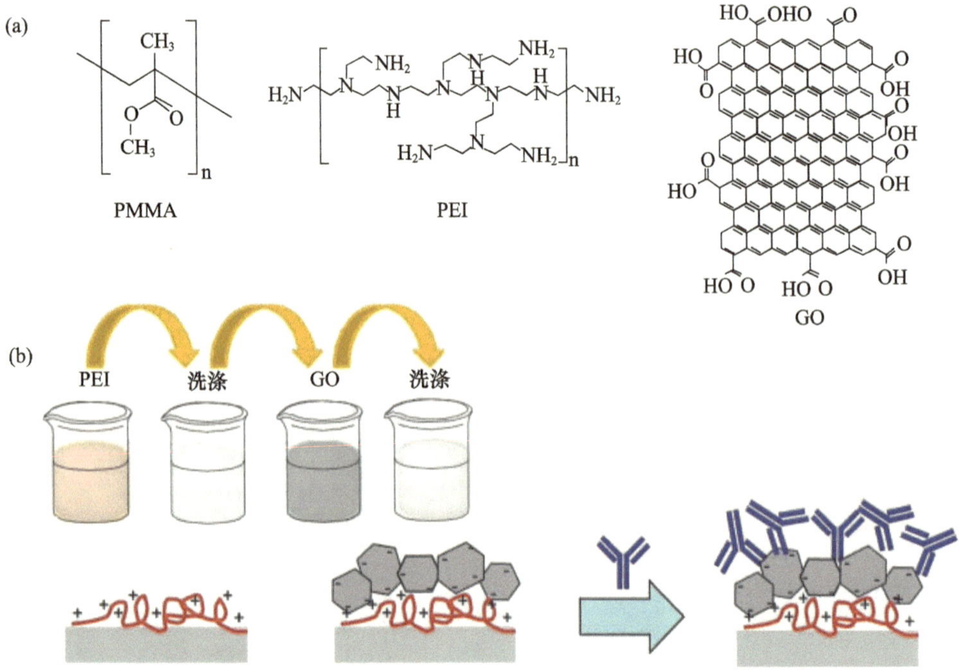

图 19.7 (a)PMMA(基底)的化学结构,带正电荷的 PEI 和带负电的氧化石墨烯。(b)第一 PEI 层和第二氧化石墨烯层的 LbL 沉积步骤和示意图。PEI/GO 双层用作增加抗体锚定的载体。(经爱思唯尔许可转载自参考文献[26]。2018 年版权所有)

由于方法简单,LbL 技术是使用最多的自组装方法。它不需要特定的设备(如 LB 膜),成本低,需要少量的材料,并且自发吸附控制膜的生长(不需要如 SAM 的共价偶联剂)。另外,厚度很容易通过沉积层的数量来控制,这意味着特定的特性可以通过层沉积来调节[11]。

19.4.3 Langmuir - Blodgett 技术

LB 膜由两亲物分子的不溶性单层(Langmuir 膜)形成,所述两亲物分子散布在 Langmuir 槽中的水亚相的表面上。移动屏障在空气 - 水界面处将分子压缩到高凝聚状态[125-127],而 Wilhelmy 传感器测量整个压缩过程中的表面张力,从而允许监测单层形成过程中界面的变化。制造石墨烯 LB 膜的挑战是将石墨烯片保持在界面中,因为它们可能由于其自身重量(与传统的两亲性分子相比相对较重)和亲水性(在氧化石墨烯的情况下)而下沉。为了防止氧化石墨烯片的下沉,Cote 等[128]已经发现比例为 1 : 5 对于氧化石墨烯在水亚相中的扩散最为佳。层之间的静电排斥防止了在压缩期间的重叠,形成稳定的氧化石墨烯单层。他们展示了密集堆叠的氧化石墨烯单层的形成,收集在玻璃基底中,用肼蒸气化学还原[128]。Jia 和 Zou[129]已经制备了单层和多层磺化石墨烯薄膜。这些膜的堆叠密度可以通过调节转移到基底期间的表面压力来调整。将磺化石墨烯悬浮在1:5水/乙醇混合物。乙醇羟基与功能化石墨烯的磺酸基团形成氢键,并中和它们的表面电荷,以保持片材在空气-水界面上的稳定。图19.8描述了LB膜的制造:(a)将石墨烯溶液铺展在亚相上;(b)阻挡层压缩和在液-空气界面中形成石墨烯单层;(c)将石墨烯LB膜转移到基底上。

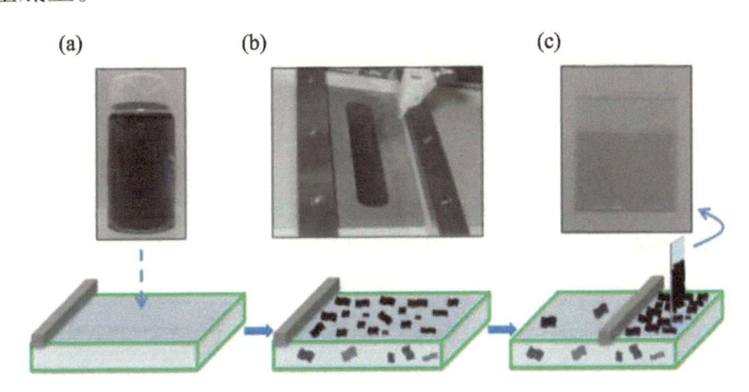

图19.8 磺化石墨烯单层薄膜的Langmuir-Blodgett组装示意图

(a)在水亚相表面上铺展石墨烯水/乙醇分散体;(b)通过阻挡层压缩浮动单层;(c)将石墨烯LB膜转移到基底上。(经爱思唯尔许可转载自参考文献[129]。2018年版权所有)

由于LB方法需要特定的实验室基础设施,目前仍很少有研究石墨烯LB膜的工作[10,31,128-131]。关于传感应用,Han等[132]建议在200℃下水热蒸发氧化石墨烯LB膜,以形成导电的纳米多孔还原氧化石墨烯网络。与相同温度下退火的无孔还原氧化石墨烯相比,纳米孔还原氧化石墨烯作为NO_2化学电阻传感器的灵敏度提高了两个数量级,恢复时间缩短。在生物传感领域,LB方法已应用于石墨烯基场效应晶体管,将在19.5节中讨论[133-134]。

19.5 自组装石墨烯基传感器概述

自组装技术对于以简单和通用的方式生产高灵敏度和选择性的感测单元很有效。它们利用固有的石墨烯特性与各种识别元素缀合和/或与其他功能材料(金属纳米粒子、导电聚合物、生物分子)结合。柔性、易于加工、与其他(生物)材料结合的多功能性以及小型化的可能性使得石墨烯及其衍生物非常适合可穿戴和护理点设备,在过去几年中得到了广泛的探索[135-141]。在各种综述论文[53,86,142-145]中讨论了石墨烯和石墨烯基传感器。通过自组装方法获得的电化学、电学和光学传感器的简要概述如下。

19.5.1 电化学传感器

由于电化学传感器具有成本低、响应快、便于携带等优点,已成为许多研究人员的选择。为了优化电化学响应,应考虑一些参数,如稳定性、再现性和高的电化学活性面积,这导致较高的灵敏度。在此背景下,石墨烯是用于该目的的极好材料,因为其大表面积(理论上单层石墨烯为$2620m^2/g$[5]),远大于石墨(约$10m^2/g$)和碳纳米管($1315m^2/g$)[101,143]。石墨烯基电化学传感器已经在一些综述中讨论过[74,142,146]。

在酶传感器中，酶通过共价和非共价相互作用固定在电极表面上。许多作者描述了通过共价方法使用酰胺键或酯键将生物分子连接到石墨烯衍生物的生物官能化。共价固定典型地使用从氧化石墨烯（或还原氧化石墨烯）到与所需酶偶联 NHS：EDC。通过范德瓦尔斯力、静电相互作用、氢键或 π - π 堆叠的非共价相互作用保持了石墨烯的天然电子结构[101]。化学合成的石墨烯衍生物容易提供带电基团，如胺、磺酸或羧基，这促进了用于通过 LbL 技术组装的物理相互作用[147-148]。共价功能化通过将 sp^2 转化为 sp^3 碳而改变天然电子结构，导致载流子迁移率降低[53]。然而，共价键比物理相互作用更强，并且可以提供更高的稳定性。关于石墨烯功能化的详细方法，读者可参考文献[149 - 150]。

通过 LbL 技术，可以构建不同材料的膜以实现基于一系列连续反应直到最终电化学信号的传感器。Zeng 等[147]证明了通过 LbL 技术构建双酶系统。将芘接枝的聚丙烯酸（PAA）改性石墨烯和带正电荷的 PEI 组装成 LbL 膜。当沉积在 GC 电极上时，薄膜对 H_2O_2 具有良好的电催化活性。在此基础上，将 GOx 和葡萄糖淀粉酶（GA）组装成 LbL 膜，构建了用于麦芽糖检测的双酶体系，命名为 $(PEI/PAA - 石墨烯)_3(PEI/GOx)_5(PEI/GA)_4$。外层（PEI/GA）结构催化麦芽糖水解为葡萄糖，葡萄糖被中间层（PEI/GOx）氧化，产生 H_2O_2。PEI/PAA - 石墨烯内层催化 H_2O_2 氧化。（$(PEI/PAA - 石墨烯)_3(PEI/GOx)_5(PEI/GA)_4$ 修饰电极的线性范围为 10 ~ 100mmol/L，检测限为 1.37mmol/L[147]。

另一种酶传感器由 Ren 等[151]通过 LbL 方法制备。以三亚乙基四胺为交联剂和还原剂，制备了三亚乙基四胺功能化石墨烯（TFGn）[6]。首先，通过胺和环氧基团之间的共价键将三亚乙基四胺成功地接枝到氧化石墨烯表面。通过 LbL 技术将 GOx 的醛基与 TFGn 的胺基共价键结合，形成 $Au/CH/(GOx/TFGn)_n$（半胱胺修饰的 GOx 和 TFGn 双层金）电极。当二茂铁甲醇作为人工氧化还原介体时，该电极对葡萄糖的氧化表现出优异的电催化响应。对葡萄糖的催化响应随着双层数量的增加而增强，揭示了灵敏度取决于薄膜厚度。$(GOx/TFGn)_6$ 安培型传感器的灵敏度为 19.9μA/(mmol · cm)。有趣的是，器件的灵敏度可以通过（GOx/TFGn）双层的数量来调制[151]。

随着纳米结构材料的发展，第三代生物传感器已经得到了广泛的研究，因为金属纳米粒子[152]、碳纳米管[153]和石墨烯基材料促进了接近酶氧化还原中心，该中心被常规电极[59,142,154]无法接近的厚蛋白层包围。Mascagni 等[148]报道了使用聚电解质功能化的还原氧化石墨烯和 GOx 的 LbL 组装的葡萄糖生物传感器。用正的聚二烯丙基二甲基氯化铵功能化的还原氧化石墨烯形成 GPDDA，负的聚苯乙烯磺酸盐功能化的还原氧化石墨烯形成 GPSS 的 LbL 膜修饰氧化铟锡（ITO）电极，产生（GPDDA/GPSS）双层和（GPDDA/GOx）双层。石墨烯和 GOx 的多层结构使酶内部氧化还原中心与促进 DET 的电极之间有效连接。安培计测量表明，使用 $(GPDDA/GPSS)_1/(GPDDA/GOx)_2$ 结构修饰的 ITO，检测限为 13.4 μmol/L，灵敏度为 2.47($μA/cm^2$)/(mmol/L)。未检测到常见干扰物质（尿酸、抗坏血酸、乳糖、蔗糖和果糖）的显著影响，将该传感器成功应用于游离乳糖奶和市售口服电解液中葡萄糖的测定。

应用绿色化学理念，利用天然无毒的单宁酸（TA）还原氧化石墨烯和 Au^{3+}，生成还原氧化石墨烯和金纳米粒子[8]。TA 与还原氧化石墨烯之间的 π - π 堆叠作用避免了石墨层的重新堆叠，保持了分散的稳定性，而 GOx 通过氢键固定。在该系统中，开发了一种基于直接电化学的低成本生物传感器。图 19.9（A）显示了在 100mV/s的扫描速率下，GOx、

GOx－GO、GOx－rGO 和 GOx－AuNP－rGO 在脱氧 0.05mol/L PBS(pH＝7.4)溶液中的循环伏安法。对于由 GO 还原形式组成的体系,观察到一对明确的准可逆氧化还原峰(图19.9(A)中的 c 和 d 线)。GOx－AuNP－rGO(图 19.9(A),线 d)具有较高的峰值电流,阳极和阴极峰电位分别为－0.490V 和－0.530V。峰－峰间隔(ΔE)为 40mV 表示快电子转移,计算的形式电位为－0.510V(接近 $FAD/FADH_2$ 对 Ag/AgCl 的标准电极电位－0.508V)。等效无酶薄膜的循环伏安法在相同电位范围内无峰(图 19.9(B))。图 19.9(C)描述了随着葡萄糖浓度增加(范围为 2～16mmol/L),在O_2饱和 PBS 中的循环伏安法。通过式(19.1),葡萄糖的加入导致阴极电流的降低。葡萄糖还原氧化形式的 GOx(GOx(FAD)),抑制了 GOx(FAD)的电化学还原,导致还原电流降低。该生物传感器对葡萄糖的线性响应范围为 2～10mmol/L,灵敏度为 18.73(mA/cm^2)/(mmol/L)(见图 19.9(D)中的校准曲线)。在没有任何样品预处理的情况下,成功地在饮料(桃汁和可乐)中测试了传感器。

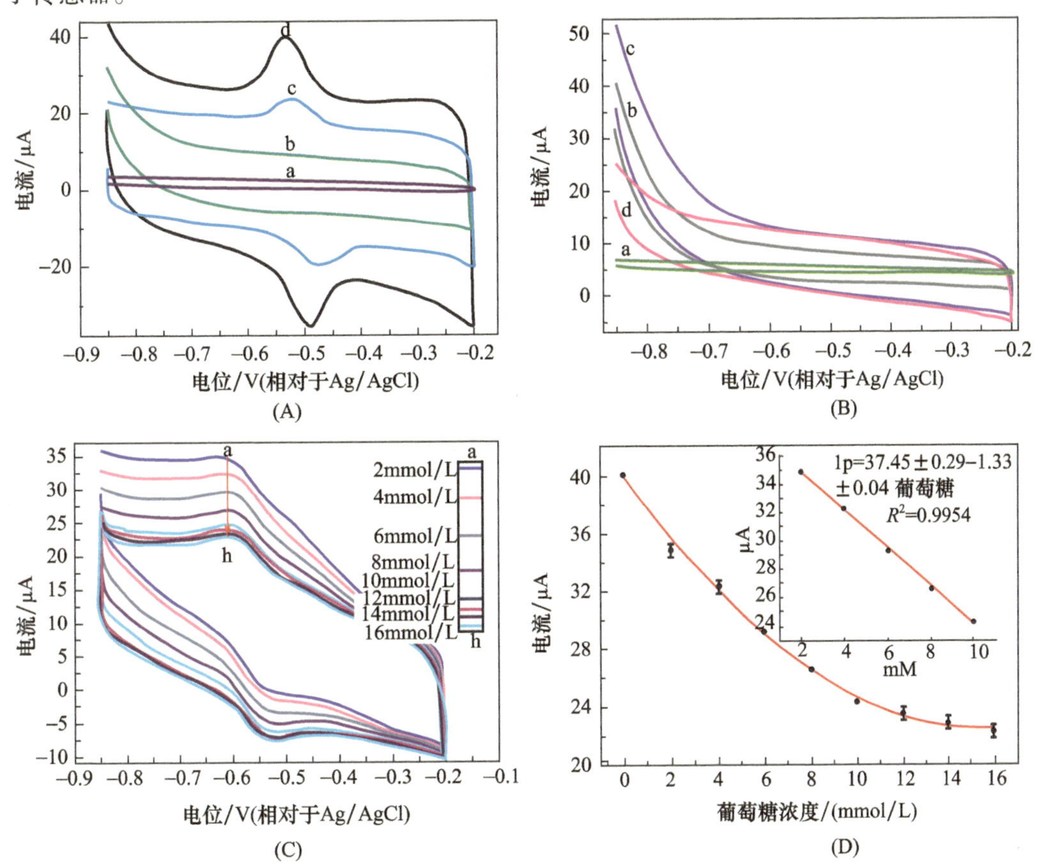

图 19.9 (A)在脱氧的 0.05mol/L PBS(pH＝7.4)中的 GOx(a)、GOx－GO(b)、GOx－rGO(c)和 GOx－Au NP－rGO(d)的 CV。(B)原始 GCE(a)、GO/GCE(b)、RGO/GCE(c)和 Au NP－rGO/GCE(d)在 0.05mol/L PBS 中的 CV,扫描速率为 100mV/s。(C)在葡萄糖浓度为(a～h)2mmol/L、4mmol/L、6mmol/L、8mmol/L、10mmol/L、12mmol/L、14mmol/L 和 16mmol/L 的O_2饱和 0.05mol/L PBS 中的 CV。(D)阴极峰电流与葡萄糖浓度的线性关系的校准曲线。插图:曲线的线性部分(1～10mmol/L)。(经爱思唯尔许可转载自参考文献[155]。2018 年版权所有)

由于石墨烯及其衍生物优异的催化性能，石墨烯及其衍生物也被应用于非酶传感器，具有降低成本、延长保质期和鲁棒性等优点，消除了对酶活性的特殊关注[59]。石墨烯基相关材料催化活性的非酶传感器也被开发出来[60,156-157]。Zhang 等[60]开发了 Ni/NiO 纳米花－还原氧化石墨烯纳米复合材料（Ni/NiO－rGO）修饰的丝网印刷电极（SPE）。首先制备了 GO－Nafion 杂化材料，利用 Nafion 在复合材料中引入负电荷，作为静电自组装前体，进一步吸附 Ni^{2+} 离子。将 SPE 浸入该混合物中，然后用水合肼进行化学还原。该传感器对碱性介质中葡萄糖的电催化氧化具有较高的活性，检测限为 1.8μmol/L，灵敏度为 1997（μA/mmol）/（cm^2/L），线性范围为 22.9μmol/L～6.44mmol/L[60]。

19.5.2 电学传感器

石墨烯在开发电传感器和生物传感器方面表现出一些令人感兴趣的特性，包括比传统半导体更优异的电子、光电子和力学性能[158]。一些石墨烯基电传感器的工作原理与其电导率的变化有关，这是由于分析物分子吸附在石墨烯表面，充当电子供体或受体[3]。石墨烯的电导很容易被局部电或化学扰动改变，因为石墨烯片的每个原子都曝露在环境中[53]。此外，石墨烯的热噪声水平最低，因此是低噪声传感器的特殊材料[3]。

电传感器包括那些基于电阻/电导测量、电容或阻抗测量的传感器，通常在化学电阻器或场效应晶体管（FET）布局中。化学电阻器是广泛用于气体检测的配置，由一对电极（通常是两个平行或交叉电极）组成，并且通过用敏感的石墨烯层覆盖感测单元来形成电接触，例如通过化学气相沉积[159]、旋涂[160]或 LbL[161]技术。通过测量与分析物相互作用引起的传感石墨烯层的电阻变化来进行气体检测[162]。大多数电传感器被开发用于气体和湿度感测[3,36,160-161,163-166]，但是过去几年生物传感器在免疫传感器[133,167-169]和酶[170-171]或非酶[172-174]布局中得到了高度关注。

Andre 等[36]将聚苯胺（PANI）、氧化石墨烯和氧化锌（ZnO）的 LbL 膜应用于金叉指电极（IDE）上，开发了NH_3气敏传感器。实验装置如图 19.10（a）所示，其中传感装置保持在动态气流下的腔室中，用于阻抗测量。图 19.10（b）描述了（PANI/GO/PANI/ZnO）的 4 个四层的 LbL 膜形成，通过测量紫外线－维斯吸光度表明膜生长成功。图 19.10 示出了 2、3 和 4 个四层对不同NH_3浓度的传感器响应，而图 19.10（d）示出了具有 3 个四层的膜的电阻随时间的变化。检测限为 23mg/L，快速响应时间为 30s。作者将成功开发的传感器性能归因于通过 LbL 技术组合不同材料所产生的协同效应。

Zhang 等利用 LbL 方法开发了一种基于电容测量的湿度传感器。将氧化石墨烯和聚（二烯丙基二甲基氯化铵）（PDDA）组装到具有两个卷状 IDE 的聚酰亚胺基底上。如图 19.11（a）所示，组装 PDDA 和聚（4－苯乙烯磺酸钠）（PSS）的第一双层以改善膜生长，随后组装（PDDA/GO）层。RH 脉冲在 11% RH 和 97% RH 之间的时间相关电容响应，如图 19.11（b）所示。作者将他们的结果与其他通过溶液浸渍、旋涂、逐滴雾化和液滴铸造制造的氧化石墨烯基传感器进行了比较，以获得最高的响应。他们将此归因于 LbL 组件作为分级纳米结构沉积的理想构建方法。

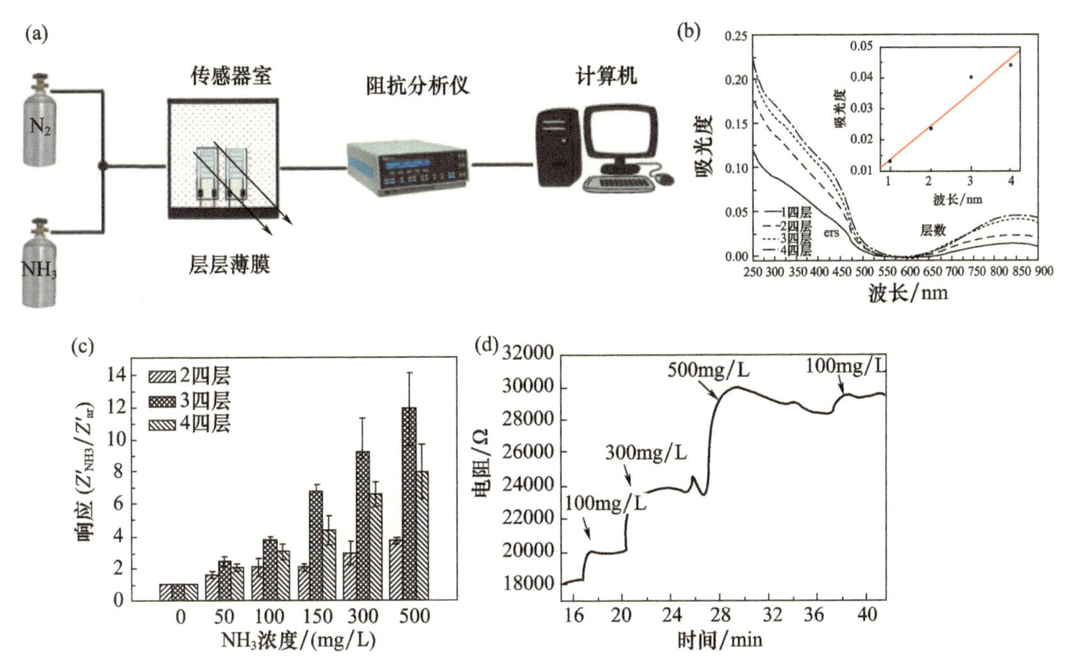

图 19.10 (a)NH_3 检测实验装置方案;(b)4 种四层(PANI/GO/PANI/ZnO)薄膜的紫外线-维斯吸收光谱。插图显示了在 840nm 处的吸收峰与沉积的四层的数量关系。(c)传感器在不同NH_3浓度下的响应和(d)3 个四层组成传感器在NH_3浓度变化下电阻随时间的变化。(经爱思唯尔许可转载自参考文献[36]。2018 年版权所有)

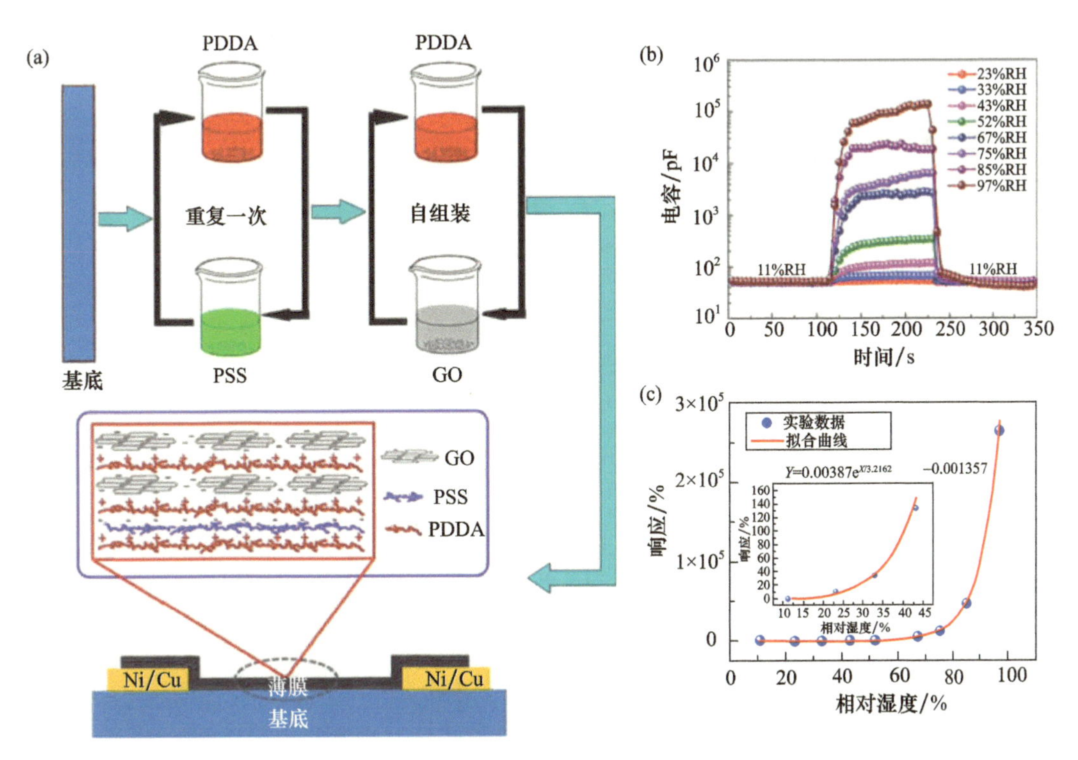

图 19.11 (a)GO/PDDA 薄膜及其分级结构的 LbL 制造示意图;(b)GO/PDDA 膜对 RH 脉冲的响应和恢复曲线;(c)10kHz 下 GO/PDDA 薄膜传感器的归一化灵敏度作为 RH 的函数(经爱思唯尔许可转载自参考文献[175]。2018 年版权所有)

石墨烯基场效应晶体管(GFET)由于石墨烯[52,162]的双极效应而受到极大的关注。根据施加的栅极电压[52-53]，可以实现高浓度的电子和空穴(高达$10^{13}/cm^2$)和约$10000cm^2/(V \cdot s)$的室温迁移率。在该设置中，石墨烯代替传统的半导体材料用作连接源极和漏极的沟道材料[170,176]。通过测量的源-漏电流(I_{ds})(或电导)的变化与分析物浓度之间的关系来进行量化。通过将敏感的石墨烯通道与特定的生物受体功能化，电导的变化将对靶具有选择性。有关GFET器件的详细信息，请参阅参考文献[86,137,158,177-178]。在另一种方法中，Chang等[179]已经将氧化石墨烯作为钝化层应用在基于FET的生物传感器中。由于氧化石墨烯绝缘特性和防止生物分子直接固定在SWNT上的能力，氧化石墨烯保持了导电SWNT的固有电性能[179]。一些综述特别致力于生物传感芯片上的GFET[137,162,180]。

Yin等[134]用LB法和热还原法在Si/SiO_2芯片上制备了少层还原氧化石墨烯。在产生PtNP/rGO复合物的铂纳米粒子(PtNP)存在下进行还原。将该LB膜用作溶液栅场效应晶体管中的导电沟道。该晶体管用于单链DNA杂交检测。I_{ds}随靶DNA浓度的增加而降低。该装置的灵敏度为2.4nmol/L，具有制备石墨烯电子生物传感器的巨大潜力[134]。Kim等[133]制作了rGO-FET生物传感器，用于无标签检测前列腺癌生物标志物(前列腺特异性抗原/a1-抗糜蛋白酶PSA-ACT)。器件中的还原氧化石墨烯通道是通过自组装过程联网氧化石墨烯纳米片的减少而形成的。图19.12(a)显示了器件组装过程：(i)玻璃基底用(3-氨基丙基)三甲氧基硅烷(APTMS)官能化。另外，将胺化表面浸入氧化石墨烯溶液中。带负电荷的氧化石墨烯纳米片通过静电相互作用与胺化表面结合。用肼蒸气还原自组装氧化石墨烯。(ii)然后组装电极和PDMS层。(iii)抗体是化学连接的；和iv)最终装置。图19.12(b)和(c)描绘了在不同浓度PSA-ACT下源极-漏极电压(V_{sd})为0.6V时rGO-FET的沟道电导率-栅极电压($\sigma-V_g$)曲线。如图19.12(d)所示，当分析物PSA与用特异性抗体(抗PSA)官能化的电敏感表面相互作用时，获得了还原氧化石墨烯FET中栅极电压偏移的线性响应。由于掺杂效应，通过引起还原氧化石墨烯通道中载流子密度的变化，在飞摩尔水平检测抗原[133]。

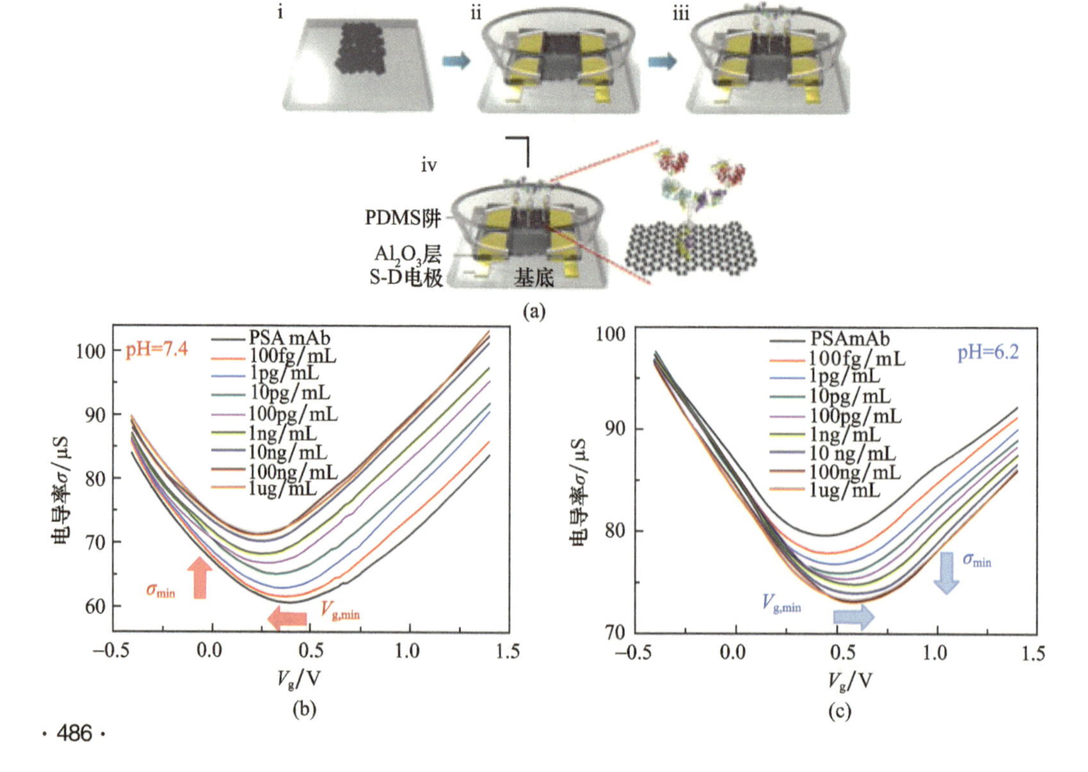

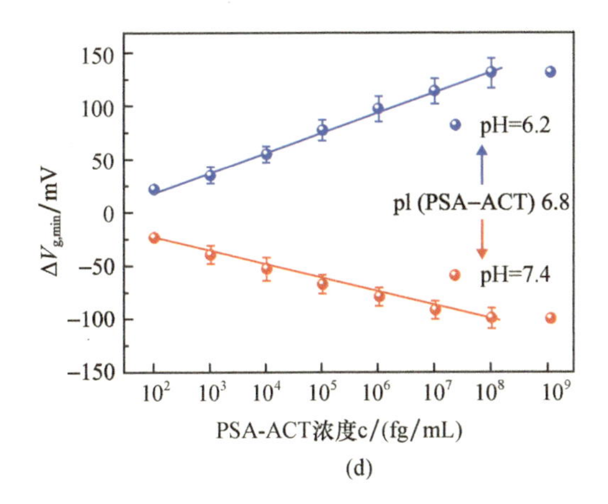

图 19.12 (a)PSA-ACT 复合体的 rGO-FET 制造示意图和检测:(i)GO 纳米片在胺化 SAM 上的自组装并还原为 rGO;(ii)形成 Ti/Au 源、漏电极,用Al_2O_3和 PDMS 层覆盖电极;(iii)将 PSA 抗体固定在 rGO 通道上;(iv)在分析物溶液中具有 Pt 参比电极的 rGO-FET;(b),(c)rGO-FET 免疫传感器的检测:在 pH=7.4 和 pH=6.2 时,rGO-FET 在V_{sd}为 0.6V 时的电导率曲线。(d)最小导电点($\Delta V_{g,min}$)随 PSA-ACT 浓度在 pH=7.4 和 pH=6.2 时的位移($\Delta V_{g,min}$)(通过计算 $\Delta V_{g,min}$的差值获得,作为没有结合 PSA-ACT 复合材料的装置的参考)(经爱思唯尔许可转载自参考文献[133]。2018 年版权所有)

19.5.3 光学传感器

石墨烯和石墨烯基材料已经被应用于通过提高信噪比、增强识别元件和/或目标分子的负载以及信号转导的最佳效率来增强光学传感器的性能。透明材料的光学特性及其电子性质使石墨烯成为光子应用的理想材料。石墨烯的另一个特点是其在宽波长范围内的荧光能力,这使其吸引了在光学传感器的应用[53]。氧化石墨烯和还原氧化石墨烯的光致发光源于嵌入在 sp^3 基底中的小 sp^2 团簇中的电子-空穴对的复合。有趣的是,这些材料的光致发光可以通过控制带隙来调谐,带隙取决于尺寸、形状和 sp^2 畴分数[181]。需要注意的另一个重要点是石墨烯基材料的猝灭能力。例如,氧化石墨烯的猝灭效率优于传统的有机猝灭剂[53]。已经探索了各种光学配置用于传感器的开发,但我们将重点介绍通过荧光、吸光度和表面等离子体共振(SPR)测量的传感方法。

GQD 的光致发光已经在传感平台的开发中进行了探索[182-183]。通常通过测量消光光谱在液体介质中执行基于兴致发光的感测。虽然大多数工作证明了在固体宏观基底中固定的自组装方法,但通过静电相互作用的自组装也可以在胶体悬浮液中进行[119]。例如,石墨烯相关材料由于其荧光共振能量转移(FRET)能力而在基于荧光的平台中被探索[19,185]。由于其电子性质,石墨烯是良好的能量受体,在这种基于 FRET 的传感中,染料(用于标记受体)的荧光被石墨烯猝灭。当分析物与受体特异性反应增加染料与石墨烯(荧光猝灭剂)之间的距离时,恢复染料的荧光[185]。对于基于 FRET 的 DNA 传感装置,将单链 DNA 探针连接到 GQD 以形成具有强蓝色荧光的 ssDNA-GQD,然后将探针与氧化的碳纳米管(CNT)(一种有效的猝灭剂)混合。ssDNA-GQD 通过静电相互作用和 π-π 堆叠在 CNT 表面自组装,形成 ssDNA-GQD/CNT 复合物。该组装体的形成导致通过 FRET 的荧光几乎完全猝灭。靶 DNA 的加入导致双链 DNA－GQD 的形成，其从 CNT 表面逸出，引起兴致发光的成比例恢复。方法的线性范围为 1.5～133.0nmol/L，检测限为 0.4nmol/L[184]。

这种构型在生物传感器开发中受到了很多关注，例如，当适体与石墨烯结合时，染料标记的适体的荧光被猝灭（染料和石墨烯之间发生 FRET）。如果分析物（凝血酶）与适体结合形成复合材料，则恢复荧光，该复合材料对石墨烯具有较小的亲和力，导致染料荧光的恢复[185]。

合成了 PDDA 保护的石墨烯－CdSe（P－GR－CdSe）复合材料，用于人 IgG（HIgG）检测[186]。图 19.13（a）描述了通过石墨氧化和剥离获得氧化石墨烯并在 PDDA 存在下进一步还原形成 P－GR 的 P－GR－CdSe 合成，将 P－GR 混合并超声处理形成 P－GR－CdSe。如图 19.13（b）所示，用第一层 P－GR－CdSe 复合材料（滴铸）、第二层 PDDA（滴

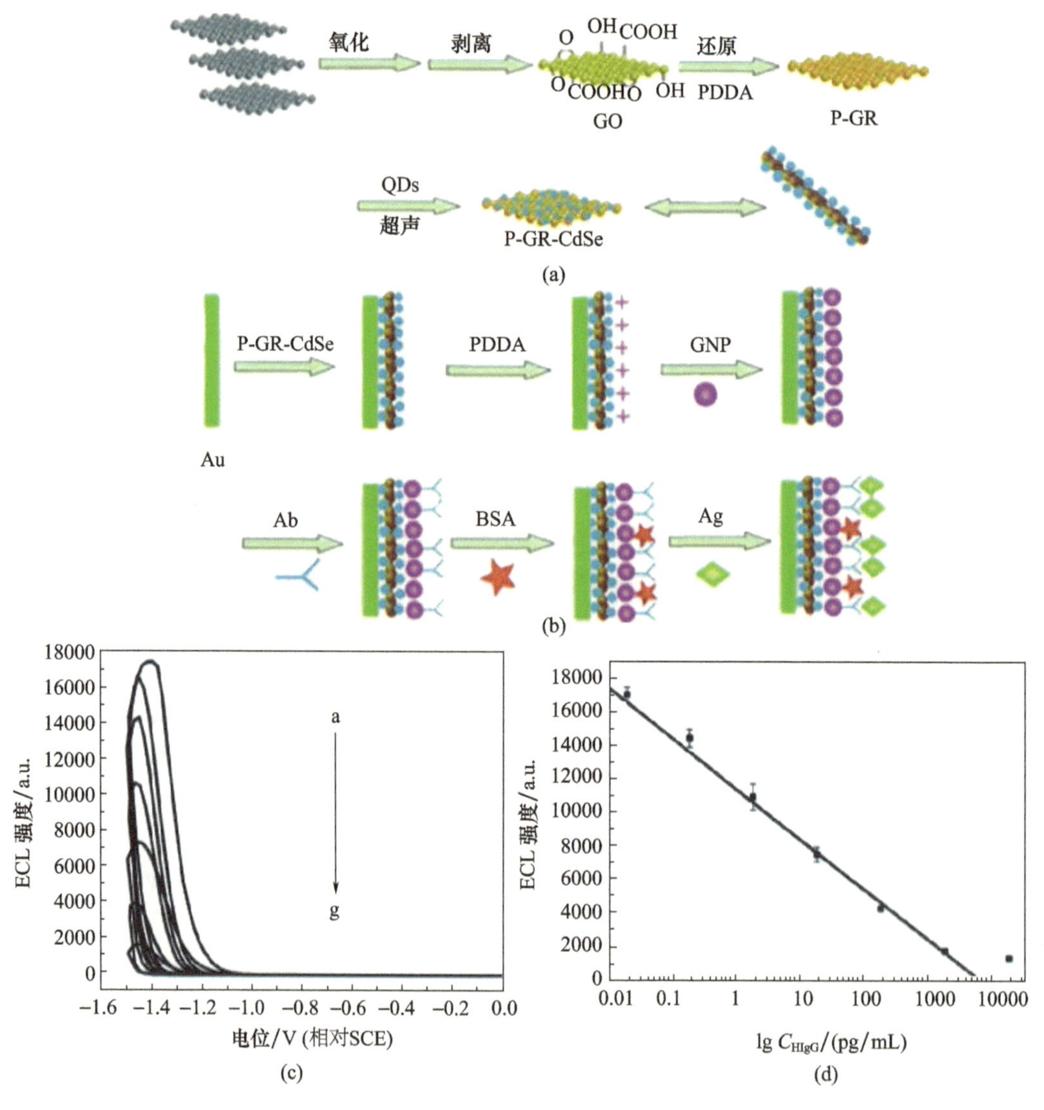

图 19.13 （a）P－GR－CdSe 复合材料的制备和（b）免疫制备过程示意图，包括在 PDDA、GNP、抗体的 Au 电极上形成 P－GR－CdSe 复合膜，并进行检测。（c）免疫传感器不存在和存在（0～2000pg/mL）浓度 HIgG 的 ECL 电位曲线。从 0 扫描到 1.5V，扫描速率为 200mV/s。（d）测定 HIgG 的校准曲线（经爱思唯尔许可转载自参考文献[186]。2018 年版权所有）

铸)修饰 Au 电极,并用水剧烈冲洗。通过将电极浸入溶液中用于自发吸附来沉积下一个金纳米粒子(GNP)和抗体层。基于电致化学发光(ECL)进行感测,这意味着电化学触发的光辐射过程[187]。它涉及在电极表面产生物质,然后该物质经历电子转移反应,形成产生光的激发态。复合材料的 ECL 曲线在 -1.45V 处有一个发射峰。该检测基于抗体-抗原复合材料的形成,其产生电子和质量传递的屏障,导致 ECL 强度降低。该传感器的线性范围为 0.02~2000pg/mL,检测限为 0.005pg/mL。P-GR 的存在降低了 ECL 还原的势垒,这是由于石墨烯非凡的电子传输。而且,大表面积为 CdSe 吸附提供了更多的结合位点[186]。

SPR 传感器在电介质载体(玻璃)上使用薄金属膜(金或银)。在一定的入射角和波长下,入射光激发金属膜中的等离子体激元,引起反射光的特征下降[188-189]。SPR 现象(SPR 角度或波长)对金传感器的折射率的变化高度敏感。因此,这种变化的大小与吸附的材料量成正比。通过用识别元件功能化该表面,产生传感器表面。对于 SPR 生物传感,由于更大的表面积和来自氧化石墨烯表面的官能团,与传统的 Au 传感器相比,氧化石墨烯对蛋白质固定化的灵敏度有所提高[190]。

转铁蛋白(与急性肝炎、贫血、风湿、肝硬化等有关)的 SPR 生物传感器通过用金纳米棒修饰的氧化石墨烯修饰 Au 传感单元(AuNR)-抗体缀合物来开发[191]。传感器组件的示意图如图 19.14(a)所示。氧化石墨烯共价连接到 AuNR 上。用2-巯基乙胺(MEA)的 SAM 对传统的 Au 传感器进行修饰,制备了氨基修饰的金传感器,然后通过静电反应自组装氧化石墨烯。氧化石墨烯的羧基进一步用 NHS 活化:用于与 AuNR-抗体复合物共价结合的 EDC 混合物(先前由 3-巯基丙酸 MPA 和 EDC:NHS 链接制备)。图 19.14(b)显示了与传统 Au 膜传感器相比,氧化石墨烯基 SPR 传感器在不同抗转铁蛋白浓度下获得的抗转铁蛋白的动力学吸附曲线。对于提出的氧化石墨烯修饰 AuNR-抗体修饰的 Au 传感器,测量由于抗体-抗原免疫反应引起的共振波长(Δλ)的变化,将其与传统的 Au-抗体系统进行比较(图 19.14(c))。该传感器能够检测 0.0375~40.00μg/mL 的转铁蛋白,而 Au 膜基底的检测范围为 1.25~40.00μg/mL。最小可检测浓度比 GO-AuNR 基传感器低 32 倍。作者将这种传感器的高性能归因于氧化石墨烯对目标生物分子的高负载能力和 AuNR 的高灵敏度的结合[191]。

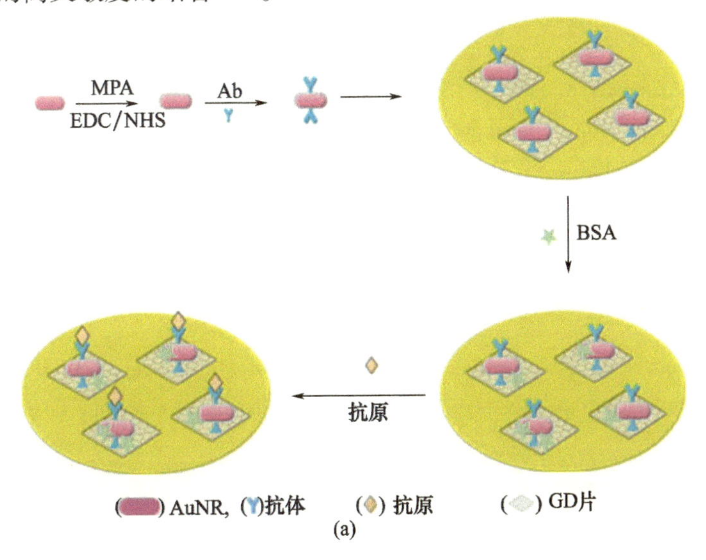

(a)

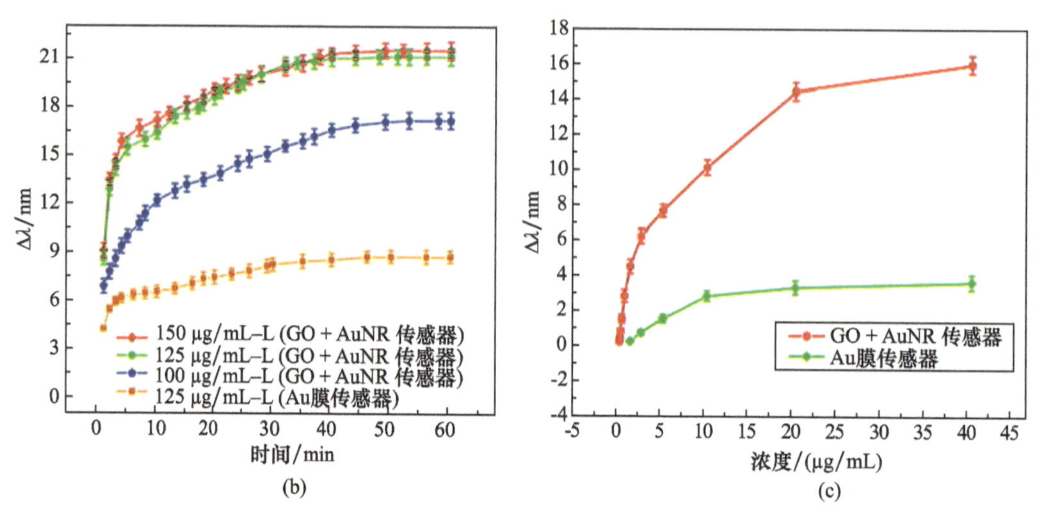

图 19.14 (a)SPR 传感器制造实验程序示意图;(b)用 GO－基 SPR 传感器和传统 Au 膜传感器在不同抗转铁蛋白浓度下获得的抗转铁蛋白的动力学吸附曲线;(c)共振波长的偏移与转铁蛋白浓度之间的关系(经爱思唯尔许可转载自参考文献[191],2018 年版权所有)

19.6 小结

在过去的几年中,传感器和生物传感器在各种应用领域的容易、快速和低成本的检测方面取得了很大的进步。石墨烯和石墨烯相关材料为传感器开发的进步做出了巨大贡献,创建了具有更高灵敏度和选择性的平台。固定技术在石墨烯传感器的制备中起着重要作用,自组装技术已成为纳米结构传感器件的一种有效而简单的方法。将这些材料与(生物)受体、染料或其他纳米材料轻易结合并使其实现功能化,这极大地促进了在跨学科领域中基于石墨烯传感器的自组装方面的大量研究的开展。

参考文献

[1] Novoselov, K. S., Geim, A. K., Morozov, S. V., Jiang, D., Katsnelson, M. I., Grigorieva, I. V., Dubonos, S. V., Firsov, A. A., Two－dimensional gas of massless Dirac fermions in graphene. *Nature*, 438, 197, 2005.

[2] Geim, A. K. and Novoselov, K. S., The rise of graphene. *Nat. Mater.*, 6, 183－191, 2007.

[3] Schedin, F., Geim, A. K., Morozov, S. V., Hill, E. W., Blake, P., Katsnelson, M. I., Novoselov, K. S., Detection of individual gas molecules adsorbed on graphene. *Nat. Mater.*, 6, 652－655, 2007.

[4] Pal, A. N. and Ghosh, A., Ultralow noise field－effect transistor from multilayer graphene. *Appl. Phys. Lett.*, 95, 082105, 2009.

[5] Chae, H. K., Siberio－Perez, D. Y., Kim, J., Go, Y., Eddaoudi, M., Matzger, A. J., O'Keeffe, M., Yaghi, O. M., A route to high surface area, porosity and inclusion of large molecules in crystals. *Nature*, 427, 523, 2004.

[6] Zhang, J., Zhang, F., Yang, H., Huang, X., Liu, H., Zhang, J., Guo, S., Graphene oxide as amatrix for enzyme immobilization. *Langmuir*, 26, 6083－6085, 2010.

[7] Zhang, Y., Zhang, J., Huang, X., Zhou, X., Wu, H., Guo, S., Assembly of graphene oxide – enzyme conjugates through hydrophobic interaction. *Small*, 8, 154 – 159, 2011.

[8] Wu, J., Agrawal, M., Becerril, H. A., Bao, Z., Liu, Z., Chen, Y., Peumans, P., Organiclight – emitting diodes on solution – processed graphene transparent electrodes. *ACS Nano*, 4, 43 – 48, 2010.

[9] Hong, W., Xu, Y., Lu, G., Li, C., Shi, G., Transparent graphene/PEDOT – PSS composite films as counter electrodes of dye – sensitized solar cells. *Electrochem. Commun.*, 10, 1555 – 1558, 2008.

[10] Zheng, Q., Ip, W. H., Lin, X., Yousefi, N., Yeung, K. K., Li, Z., Kim, J. – K., Transparent conductivefilms consisting of ultralarge graphene sheets produced by Langmuir – Blodgett assembly. *ACSNano*, 5, 6039 – 6051, 2011.

[11] Lee, D. W., Hong, T. – K., Kang, D., Lee, J., Heo, M., Kim, J. Y., Kim, B. – S., Shin, H. S., Highly controllable transparent and conducting thin films using layer – by – layer assembly of oppositely charged reduced graphene oxides. *J. Mater. Chem.*, 21, 3438, 2011.

[12] Kim, Y. – K. and Min, D. – H., Durable large – area thin films of graphene/carbon nanotube double layers as a transparent electrode. *Langmuir*, 25, 11302 – 11306, 2009.

[13] Liu, H., Na, W., Liu, Z., Chen, X., Su, X., A novel turn – on fluorescent strategy for sensing ascorbic acid using graphene quantum dots as fluorescent probe. *Biosens. Bioelectron.*, 92, 229 – 233, 2017.

[14] Zhao, J., Zhao, L., Lan, C., Zhao, S., Graphene quantum dots as effective probes for label – free fluorescence detection of dopamine. *Sens. Actuators, B*, 223, 246 – 251, 2016.

[15] Qu, Z., Zhou, X., Gu, L., Lan, R., Sun, D., Yu, D., Shi, G., Boronic acid functionalized grapheme quantum dots as a fluorescent probe for selective and sensitive glucose determination in microdialysate. *Chem. Commun.*, 49, 9830, 2013.

[16] Liu, C., Wang, Z., Jia, H., Li, Z., Efficient fluorescence resonance energy transfer between upconversion nanophosphors and graphene oxide: A highly sensitive biosensing platform. *Chem. Commun.*, 47, 4661 – 4663, 2011.

[17] Li, S., Aphale, A. N., Macwan, I. G., Patra, P. K., Gonzalez, W. G., Miksovska, J., Leblanc, R. M., Graphene oxide as a quencher for fluorescent assay of amino acids, peptides, and proteins. *ACSAppl. Mater. Interfaces*, 4, 7069 – 7075, 2012.

[18] Lu, C. – H., Yang, H. – H., Zhu, C. – L., Chen, X., Chen, G. – N., A graphene platform for sensing biomolecules. *Angew. Chem. Int. Ed.*, 48, 4785 – 4787.

[19] Dong, H., Gao, W., Yan, F., Ji, H., Ju, H., Fluorescence resonance energy transfer between quantum dots and graphene oxide for sensing biomolecules. *Anal. Chem.*, 82, 5511 – 5517, 2010.

[20] Ariga, K., Yamauchi, Y., Rydzek, G., Ji, Q., Yonamine, Y., Wu, K. C. – W., Hill, J. P., Layer – by – layer nanoarchitectonics: Invention, innovation, and evolution. *Chem. Lett.*, 43, 36 – 68, 2014.

[21] Rydzek, G., Ji, Q., Li, M., Schaaf, P., Hill, J. P., Boulmedais, F., Ariga, K., Electrochemical nanoar chitectonicsand layer – by – layer assembly: From basics to future. *Nano Today*, 10, 138 – 167, 2015.

[22] Loh, K. P., Bao, Q., Eda, G., Chhowalla, M., Graphene oxide as a chemically tunable platform for optical applications. *Nat. Chem.*, 2, 1015 – 1024, 2010.

[23] Selva, T. M. G., Ferreira, T. L., Paixão, T. R. L. C., Information extraction techniques in chemical sensing, in: *Materials for Chemical Sensing*, T. R. L. C. Paixão and S. M. Reddy (Eds.), pp. 7 – 27, Springer, Cham, 2007.

[24] Liu, Y., Yu, D., Zeng, C., Miao, Z., Dai, L., Biocompatible graphene oxide – based glucose biosensors. *Langmuir*, 26, 6158 – 6160, 2010.

[25] Du, D., Wang, L., Shao, Y., Wang, J., Engelhard, M. H., Lin, Y., Functionalized graphene oxide as a

nanocarrier in a multienzyme labeling amplification strategy for ultrasensitive electrochemical immunoassay of phosphorylated p53(S392). *Anal. Chem.*,83,746 - 752,2011.

[26] Miyazaki,C. M.,Mishra,R.,Kinahan,D. J.,Ferreira,M.,Ducrée,J.,Polyethylene imine/grapheme oxide layer - by - layer surface functionalization for significantly improved limit of detection and binding kinetics of immunoassays on acrylate surfaces. *Colloids Surf.*,*B*,158,167 - 174,2017.

[27] Wu,M.,Kempaiah,R.,Huang,P. - J. J.,Maheshwari,V.,Liu,J.,Adsorption and desorption of DNA on graphene oxide studied by fluorescently labeled oligonucleotides. *Langmuir*,27,2731 - 2738,2011.

[28] Ruiz,O. N.,Fernando,K. A. S.,Wang,B.,Brown,N. A.,Luo,P. G.,McNamara,N. D.,Vangsness,M.,Sun,Y. - P.,Bunker,C. E.,Graphene oxide: A nonspecific enhancer of cellular growth. *ACSNano*,5,8100 - 8107,2011.

[29] Lee,W. C.,Lim,C. H. Y. X.,Shi,H.,Tang,L. A. L.,Wang,Y.,Lim,C. T.,Loh,K. P.,Origin of enhanced stem cell growth and differentiation on graphene and graphene oxide. *ACS Nano*,5,7334 - 7341,2011.

[30] Zhao,X.,Zhang,Q.,Hao,Y.,Li,Y.,Fang,Y.,Chen,D.,Alternate multilayer films of poly(vinyl alcohol) and exfoliated graphene oxide fabricated via a facial layer - by - layer assembly. *Macromolecules*,43,9411 - 9416,2010.

[31] Kumar,V.,Bahadur,N.,Sachdev,D.,Gupta,S.,Reddy,G. B.,Pasricha,R.,Restructural confirmation and photocatalytic applications of graphene oxide - gold composites synthesizedby Langmuir - Blodgett method. *Carbon*,80,290 - 304,2014.

[32] Wen,J.,Jiang,Y.,Yang,Y.,Li,S.,Conducting polymer and reduced graphene oxide Langmuir - Blodgett films: A hybrid nanostructure for high performance electrode applications. *J. Mater. Sci. —Mater. Electron.*,25,1063 - 1071,2013.

[33] Hulanicki,A.,Glab,S.,Ingman,F.,Chemical sensors: Definitions and classification. *Pure Appl. Chem.*,63,1247 - 1250,1991.

[34] Paixäo,T. R. L. C. and Reddy,S. M. (Eds.),*Materials for Chemical Sensing*,Springer,Switzerland,2017.

[35] Su,P. - G. and Shieh,H. - C.,Flexible NO_2 sensors fabricated by layer - by - layer covalent anchoring and *in situ* reduction of graphene oxide. *Sens. Actuators*,*B*,190,865 - 872,2014.

[36] Andre,R. S.,Shimizu,F. M.,Miyazaki,C. M.,Riul,A.,Manzani,D.,Ribeiro,S. J. L.,Oliveira,O. N.,Mattoso,L. H. C.,Correa,D. S.,Hybrid layer - by - layer(LbL) films of polyaniline,graphene oxide andzinc oxide to detect ammonia. *Sens. Actuators*,*B*,238,795 - 801,2017.

[37] Zhang,D.,Tong,J.,Xia,B.,Humidity - sensing properties of chemically reduced grapheme oxide/polymer nanocomposite film sensor based on layer - by - layer nano self - assembly. *Sens. Actuators*,*B*,197,66 - 72,2014.

[38] Singh,E.,Meyyappan,M.,Nalwa,H. S.,Flexible graphene - based wearable gas and chemical sensors. *ACS Appl. Mater. Interfaces*,9,34544 - 34586,2017.

[39] Li,Y.,Deng,C.,Yang,M.,Facilely prepared composites of polyelectrolytes and graphene as thesensing materials for the detection of very low humidity. *Sens. Actuators*,*B*,194,51 - 58,2014.

[40] Gong,X.,Bi,Y.,Zhao,Y.,Liu,G.,Teoh,W. Y.,Graphene oxide - based electrochemical sensor: Aplatform for ultrasensitive detection of heavy metal ions. *RSC Adv.*,4,24653 - 24657,2014.

[41] Gong,J.,Miao,X.,Wan,H.,Song,D.,Facile synthesis of zirconia nanoparticles - decorated graphene hybrid nanosheets for an enzymeless methyl parathion sensor. *Sens. Actuators*,*B*,162,341 - 347,2012.

[42] Nguyen,T. H. D.,Zhang,Z.,Mustapha,A.,Li,H.,Lin,M.,Use of graphene and gold nanorodsas substrates for the detection of pesticides by surface enhanced Raman spectroscopy. *J. Agric. Food Chem.*,62,

10445 - 10451,2014.

[43] Zhu,C.,Wang,X.,Shi,X.,Yang,F.,Meng,G.,Xiong,Q.,Ke,Y.,Wang,H.,Lu,Y.,Wu,N.,Detection of dithiocarbamate pesticides with a spongelike surface - enhanced Raman scattering substrate made of reduced graphene oxide - wrapped silver nanocubes. *ACS Appl. Mater. Interfaces*, 9, 39618 - 39625,2017.

[44] Liu,Y.,Liu,Y.,Feng,H.,Wu,Y.,Joshi,L.,Zeng,X.,Li,J.,Layer - by - layer assembly of chemical reduced graphene and carbon nanotubes for sensitive electrochemical immunoassay. *Biosens. Bioelectron.*, 35,63 - 68,2012.

[45] Yang,M.,Javadi,A.,Li,H.,Gong,S.,Ultrasensitive immunosensor for the detection of cancer biomarker based on graphene sheet. *Biosens. Bioelectron.*,26,560 - 565,2010.

[46] Chiu,N. - F.,Kuo,C. - T.,Lin,T. - L.,Chang,C. - C.,Chen,C. - Y.,Ultra - high sensitivity of the-non - immunological affinity of graphene oxide - peptide - based surface plasmon resonance biosensors to detect human chorionic gonadotropin. *Biosens. Bioelectron.*,94,351 - 357,2017.

[47] Teymourian,H.,Salimi,A.,Khezrian,S.,Fe_3O_4 magnetic nanoparticles/reduced grapheme oxide nanosheets as a novel electrochemical and bioeletrochemical sensing platform. *Biosens. Bioelectron.*,49,1 - 8,2013.

[48] Wang,M.,Huang,J.,Wang,M.,Zhang,D.,Chen,J.,Electrochemical nonenzymatic sensor based on CoO decorated reduced graphene oxide for the simultaneous determination of carbofuran and carbaryl in fruits and vegetables. *Food Chem.*,151,191 - 197,2014.

[49] Lian,Y.,He,F.,Wang,H.,Tong,F.,A new aptamer/graphene interdigitated gold electrode piezoelectric sensor for rapid and specific detection of*Staphylococcus aureus*. *Biosens. Bioelectron.*,65,314 - 319,2015.

[50] Hernǘndez,R.,Vallés,C.,Benito,A. M.,Maser,W. K.,Xavier Rius,F.,Riu,J.,Graphene - based potentiometric biosensor for the immediate detection of living bacteria. *Biosens. Bioelectron.*, 54, 553 - 557,2014.

[51] Sundramoorthy,A. K. and Gunasekaran,S.,Applications of graphene in quality assurance and safety of food. *TrAC,Trends Anal. Chem.*,60,36 - 53,2014.

[52] Novoselov,K. S.,Geim,A. K.,Morozov,S. V.,Jiang,D.,Zhang,Y.,Dubonos,S. V.,Grigorieva,I. V.,Firsov,A. A.,Electric field effect in atomically thin carbon films. *Science*,306,666 - 669,2004.

[53] Liu,Y.,Dong,X.,Chen,P.,Biological and chemical sensors based on graphene materials. *Chem. Soc. Rev.*,41,2283 - 2307,2012.

[54] Shen,J.,Zhu,Y.,Yang,X.,Li,C.,Graphene quantum dots:Emergent nanolights for bioimaging,sensors, catalysis and photovoltaic devices. *Chem. Commun.*,48,3686 - 3699,2012.

[55] Zhu,S.,Zhang,J.,Tang,S.,Qiao,C.,Wang,L.,Wang,H.,Liu,X.,Li,B.,Li,Y.,Yu,W.,Wang,X.,Sun,H.,Yang,B.,Surface chemistry routes to modulate the photoluminescence of grapheme quantum dots:From fluorescence mechanism to up - conversion bioimaging applications. *Adv. Funct. Mater.*,22, 4732 - 4740,2012.

[56] Bankar,S. B.,Bule,M. V.,Singhal,R. S.,Ananthanarayan,L.,Glucose oxidase—An overview. *Biotechnol. Adv.*,27,489 - 501,2009.

[57] Park,S.,Boo,H.,Chung,T. D.,Electrochemical non - enzymatic glucose sensors. *Anal. Chim. Acta*, 556,46 - 57,2006.

[58] Toghill,K. and Compton,G.,R. Electrochemical non - enzymatic glucose sensors:A perspective and an evaluation. *Int. J. Electrochem. Sci. Int. J.*,5,1246 - 1301,2010.

[59] Zhu,Z.,Garcia - Gancedo,L.,Flewitt,A. J.,Xie,H.,Moussy,F.,Milne,W. I.,A critical review of glucose biosensors based on carbon nanomaterials:Carbon nanotubes and graphene. *Sensors*,12,5996 - 6022,2012.

[60] Zhang, X., Zhang, Z., Liao, Q., Liu, S., Kang, Z., Zhang, Y., Nonenzymatic glucose sensor based on *in situ reduction of Ni/NiO* - graphene nanocomposite. *Sensors*, 16, 1791, 2016.

[61] Clark, L. C. and Lyons, C., Electrode systems for continuous monitoring in cardiovascular surgery. *Ann. N. Y. Acad. Sci.*, 102, 29 - 45, 2006.

[62] Updike, S. J. and Hicks, G. P., The enzyme electrode. *Nature*, 214, 986 - 988, 1967.

[63] Guilbault, G. G. and Lubrano, G. J., An enzyme electrode for the amperometric determination of glucose. *Anal. Chim. Acta*, 64, 439 - 455, 1973.

[64] Wang, J., Glucose biosensors: 40 years of advances and challenges. *Electroanalysis*, 13, 983 - 988, 2001.

[65] Yoo, E. - H. and Lee, S. - Y., Glucose biosensors: An overview of use in clinical practice. *Sensors*, 10, 4558 - 4576, 2010.

[66] Ricci, F. and Palleschi, G., Sensor and biosensor preparation, optimisation and applications of Prussian blue modified electrodes. *Biosens. Bioelectron.*, 21, 389 - 407, 2005.

[67] Karyakin, A. A., Gitelmacher, O. V., Karyakina, E. E., Prussian blue - based first - generation biosensor. A sensitive amperometric electrode for glucose. *Anal. Chem.*, 67, 2419 - 2423, 1995.

[68] Lindgren, A., Ruzgas, T., Gorton, L., Csöregi, E., Bautista Ardila, G., Sakharov, I. Y., Gazaryan, I. G., Biosensors based on novel peroxidases with improved properties in direct and mediated electron transfer. *Biosens. Bioelectron.*, 15, 491 - 497, 2000.

[69] Razola, S. S., Ruiz, B. L., Diez, N. M., Mark, H. B., Kauffmann, J. - M., Hydrogen peroxide sensitive amperometric biosensor based on horseradish peroxidase entrapped in a polypyrrole electrode. *Biosens. Bioelectron.*, 17, 921 - 928, 2002.

[70] Graca, J. S., de Oliveira, R. F., de Moraes, M. L., Ferreira, M., Amperometric glucose biosensor based on layer - by - layer films of microperoxidase - 11 and liposome - encapsulated glucose oxidase. *Bioelectrochemistry*, 96, 37 - 42, 2014.

[71] Das, P., Das, M., Chinnadayyala, S. R., Singha, I. M., Goswami, P., Recent advances on developing 3rd generation enzyme electrode for biosensor applications. *Biosens. Bioelectron.*, 79, 386 - 397, 2016.

[72] Scheller, F. W., Schubert, F., Neumann, B., Pfeiffer, D., Hintsche, R., Dransfeld, I., Wollenberger, U., Renneberg, R., Warsinke, A., Johansson, G., Skoog, M., Yang, X., Bogdanovskaya, V., Bückmann, A., Zaitsev, S. Y., Second generation biosensors. *Biosens. Bioelectron.*, 6, 245 - 253, 1991.

[73] Hendry, S. P., Cardosi, M. F., Turner, A. P. F., Neuse, E. W., Polyferrocenes as mediators in amperometric biosensors for glucose. *Anal. Chim. Acta*, 281, 453 - 459, 1993.

[74] Chen, C., Xie, Q., Yang, D., Xiao, H., Fu, Y., Tan, Y., Yao, S., Recent advances in electrochemical glucose biosensors: A review. *RSC Adv.*, 3, 4473, 2013.

[75] Zhang, X., Liao, Q., Chu, M., Liu, S., Zhang, Y., Structure effect on graphene - modified enzyme electrode glucose sensors. *Biosens. Bioelectron.*, 52, 281 - 287, 2014.

[76] Shan, C., Yang, H., Song, J., Han, D., Ivaska, A., Niu, L., Direct electrochemistry of glucose oxidase and biosensing for glucose based on graphene. *Anal. Chem.*, 81, 2378 - 2382, 2009.

[77] Kang, X., Wang, J., Wu, H., Aksay, I. A., Liu, J., Lin, Y., Glucose oxidase - graphene - chitosan modified electrode for direct electrochemistry and glucose sensing. *Biosens. Bioelectron.*, 25, 901 - 905, 2009.

[78] Janegitz, B. C., Pauliukaite, R., Ghica, M. E., Brett, C. M. A., Fatibello - Filho, O., Direct electron transfer of glucose oxidase at glassy carbon electrode modified with functionalized carbon nanotubes within a dihexadecylphosphate film. *Sens. Actuators*, *B*, 158, 411 - 417, 2011.

[79] Liu, Y., Wang, M., Zhao, F., Xu, Z., Dong, S., The direct electron transfer of glucose oxidase and glucose biosensor based on carbon nanotubes/chitosan matrix. *Biosens. Bioelectron.*, 21, 984 - 988, 2005.

[80] Zhao, S., Zhang, K., Bai, Y., Yang, W., Sun, C., Glucose oxidase/colloidal gold nanoparticles immobilized in Nafion film on glassy carbon electrode: Direct electron transfer and electrocatalysis. *Bioelectrochemistry*, 69, 158 - 163, 2006.

[81] Zhu, L., Xu, L., Tan, L., Tan, H., Yang, S., Yao, S., Direct electrochemistry of cholesterol oxidase immobilized on gold nanoparticles - decorated multiwalled carbon nanotubes and cholesterol sensing. *Talanta*, 106, 192 - 199, 2013.

[82] Ryu, Y., Moon, S., Oh, Y., Kim, Y., Lee, T., Kim, D. H., Kim, D., Effect of coupled graphene oxide on the sensitivity of surface plasmon resonance detection. *Appl. Opt.*, 53, 1419 - 1426, 2014.

[83] Zhang, J., Sun, Y., Wu, Q., Zhang, H., Bai, Y., Song, D., A protein A modified Au - grapheme oxide composite as an enhanced sensing platform for SPR - based immunoassay. *Analyst*, 138, 7175 - 7181, 2013.

[84] Reina, A., Jia, X., Ho, J., Nezich, D., Son, H., Bulovic, V., Dresselhaus, M. S., Kong, J., Large area, few - layer graphene films on arbitrary substrates by chemical vapor deposition. *Nano Lett.*, 9, 30 - 35, 2009.

[85] Li, X., Cai, W., An, J., Kim, S., Nah, J., Yang, D., Piner, R., Velamakanni, A., Jung, I., Tutuc, E., Banerjee, S. K., Colombo, L., Ruoff, R. S., Large - area synthesis of high - quality and uniform graphene films on copper foils. *Science*, 324, 1312 - 1314, 2009.

[86] Park, C. S., Yoon, H., Kwon, O. S., Graphene - based nanoelectronic biosensors. *J. Ind. Eng. Chem.*, 38, 13 - 22, 2016.

[87] Shao, J. - J., Lv, W., Yang, Q. - H., Self - assembly of graphene oxide at interfaces. *Adv. Mater.*, 26, 5586 - 5612, 2014.

[88] Hummers, W. S. and Offeman, R. E., Preparation of graphitic oxide. *J. Am. Chem. Soc.*, 80, 1339, 1958.

[89] Pei, S. and Cheng, H. - M., The reduction of graphene oxide. *Carbon*, 50, 3210 - 3228, 2012.

[90] Wang, G., Shen, X., Wang, B., Yao, J., Park, J., Synthesis and characterisation of hydrophilic and organophilic graphene nanosheets. *Carbon*, 47, 1359 - 1364, 2009.

[91] Ramesha, G. K. and Sampath, S., Electrochemical reduction of oriented graphene oxide films: An*in situ* Raman spectroelectrochemical study. *J. Phys. Chem. C*, 113, 7985 - 7989, 2009.

[92] Hilder, M., Winther - Jensen, B., Li, D., Forsyth, M., MacFarlane, D. R., Direct electro - deposition of graphene from aqueous suspensions. *Phys. Chem. Chem. Phys.*, 13, 9187, 2011.

[93] Peng, X. - Y., Liu, X. - X., Diamond, D., Lau, K. T., Synthesis of electrochemically - reduced graphene oxide film with controllable size and thickness and its use in supercapacitor. *Carbon*, 49, 3488 - 3496, 2011.

[94] Shin, H. - J., Kim, K. K., Benayad, A., Yoon, S. - M., Park, H. K., Jung, I. - S., Jin, M. H., Jeong, H. - K., Kim, J. M., Choi, J. - Y., Lee, Y. H., Efficient reduction of graphite oxide by sodium borohydride and its effecton electrical conductance. *Adv. Funct. Mater.*, 19, 1987 - 1992, 2009.

[95] Miyazaki, C. M., Maria, M. A. E., Borges, D. D., Woellner, C. F., Brunetto, G., Fonseca, A. F., Constantino, C. J. L., Pereira - da - Silva, M. A., de Siervo, A., Galvao, D. S., Riul, A., Experimental and computational investigation of reduced graphene oxide nanoplatelets stabilized in poly (styrenesulfonate) sodium salt. *J. Mater. Sci.*, 53, 10049 - 10058, 2018.

[96] Gross, M. A., Sales, M. J. A., Soler, M. A. G., Pereira - da - Silva, M. A., Silva, M. F. P., da Paterno, L. G., Reduced graphene oxide multilayers for gas and liquid phases chemical sensing. *RSCAdv.*, 4, 17917 - 17924, 2014.

[97] Liu, Y., Gao, L., Sun, J., Wang, Y., Zhang, J., Stable Nafion - functionalized graphene dispersions for

transparent conducting films. *Nanotechnology*,20,465605,2009.

[98] Shao,Y.,Wang,J.,Engelhard,M.,Wang,C.,Lin,Y.,Facile and controllable electrochemical reduction of graphene oxide and its applications. *J. Mater. Chem.*,20,743-748,2010.

[99] Toh,S. Y.,Loh,K. S.,Kamarudin,S. K.,Daud,W. R. W.,Graphene production via electrochemical reduction of graphene oxide:Synthesis and characterisation. *Chem. Eng. J.*,251,422-434,2014.

[100] Guo,H.-L.,Wang,X.-F.,Qian,Q.-Y.,Wang,F.-B.,Xia,X.-H.,A green approach to the synthesis of graphene nanosheets. *ACS Nano*,3,2653-2659,2009.

[101] Bahadır,E. B. and Sezgintürk,M. K.,Applications of graphene in electrochemical sensing and biosensing. *TrAC,Trends Anal. Chem.*,76,1-14,2016.

[102] Si,Y. and Samulski,E. T.,Synthesis of water soluble graphene. *Nano Lett.*,8,1679-1682,2008.

[103] Zhao,Y.,Ding,H.,Zhong,Q.,Preparation and characterization of aminated graphite oxide for CO_2 capture. *Appl. Surf. Sci.*,258,4301-4307,2012.

[104] Ali,M. A.,Kamil Reza,K.,Srivastava,S.,Agrawal,V. V.,John,R.,Malhotra,B. D.,Lipid-lipid interactions in aminated reduced graphene oxide interface for biosensing application. *Langmuir*,30,4192-4201,2014.

[105] Jo,K.,Lee,T.,Choi,H. J.,Park,J. H.,Lee,D. J.,Lee,D. W.,Kim,B.-S.,Stable aqueous dispersion of reduced graphene nanosheets via non-covalent functionalization with conducting polymers and application in transparent electrodes. *Langmuir*,27,2014-2018,2011.

[106] Stankovich,S.,Piner,R. D.,Chen,X.,Wu,N.,Nguyen,S. T.,Ruoff,R. S.,Stable aqueous dispersions of graphitic nanoplatelets via the reduction of exfoliated graphite oxide in the presence of poly(sodium 4-styrenesulfonate). *J. Mater. Chem.*,16,155,2006.

[107] Zhang,S.,Shao,Y.,Liao,H.,Engelhard,M. H.,Yin,G.,Lin,Y.,Polyelectrolyte-induced reduction of exfoliated graphite oxide:A facile route to synthesis of soluble graphene nanosheets. *ACS Nano*,5,1785-1791,2011.

[108] Zhang,Y.,Hu,W.,Li,B.,Peng,C.,Fan,C.,Huang,Q.,Synthesis of polymer-protected grapheme by solvent-assisted thermal reduction process. *Nanotechnology*,22,345601,2011.

[109] Zhu,C.,Guo,S.,Zhai,Y.,Dong,S.,Layer-by-layer self-assembly for constructing a graphene/platinum nanoparticle three-dimensional hybrid nanostructure using ionic liquid as a linker. *Langmuir*,26,7614-7618,2010.

[110] Tung,T. T.,Kim,T. Y.,Shim,J. P.,Yang,W. S.,Kim,H.,Suh,K. S.,Poly(ionic liquid)-stabilized graphene sheets and their hybrid with poly(3,4-ethylenedioxythiophene). *Org. Electron.*,12,2215-2224,2011.

[111] Li,J.,Wu,L.-J.,Guo,S.-S.,Fu,H.-E.,Chen,G.-N.,Yang,H.-H.,Simple colorimetric bacterialdetection and high-throughput drug screening based on a graphene-enzyme complex. *Nanoscale*,5,619-623,2013.

[112] Wang,W.,He,D.,Duan,J.,Wang,S.,Peng,H.,Wu,H.,Fu,M.,Wang,Y.,Zhang,X.,Simple synthesis method of reduced graphene oxide/gold nanoparticle and its application in surfaceenhanced Raman scattering. *Chem. Phys. Lett.*,582,119-122,2013.

[113] Zhou,X.,Huang,X.,Qi,X.,Wu,S.,Xue,C.,Boey,F. Y. C.,Yan,Q.,Chen,P.,Zhang,H.,*In situ* synthesis of metal nanoparticles on single-layer graphene oxide and reduced graphene oxide surfaces. *J. Phys. Chem. C*,113,10842-10846,2009.

[114] Zhang,Y.,Chen,B.,Zhang,L.,Huang,J.,Chen,F.,Yang,Z.,Yao,J.,Zhang,Z.,Controlled assembly of Fe_3O_4 magnetic nanoparticles on graphene oxide. *Nanoscale*,3,1446,2011.

[115] Huang, K. – J., Niu, D. – J., Sun, J. – Y., Han, C. – H., Wu, Z. – W., Li, Y. – L., Xiong, X. – Q., Novel electrochemical sensor based on functionalized graphene for simultaneous determination of adenine and guanine in DNA. *Colloids Surf.*, *B*, 82, 543 – 549, 2011.

[116] Ferretti, S., Paynter, S., Russell, D. A., Sapsford, K. E., Richardson, D. J., Self – assembled monolayers: A versatile tool for the formulation of bio – surfaces. *TrAC, Trends Anal. Chem.*, 19, 530 – 540, 2000.

[117] Decher, G., Fuzzy nanoassemblies: Toward layered polymeric multicomposites. *Science*, 277, 1232 – 1237, 1997.

[118] Decher, G., Hong, J. D., Schmitt, J., Buildup of ultrathin multilayer films by a self – assembly process: III. Consecutively alternating adsorption of anionic and cationic polyelectrolytes on charged surfaces. *Thin Solid Films*, 210 – 211, *Part* 2, 831 – 835, 1992.

[119] Schonhoff, M., Layered polyelectrolyte complexes: Physics of formation and molecular properties. *J. Phys.*: *Condens. Matter*, 15, R1781 – 1808, 2003.

[120] Miyazaki, C. M., Barros, A., Mascagni, D. B. T., Graca, J. S., Campos, P. P., Ferreira, M., Selfassembly thin films for sensing, in: *Materials for Chemical Sensing*, T. R. L. C. Paixão and S. M. Reddy (Eds.), pp. 141 – 164, Springer, Switzerland, 2017.

[121] Yao, H. – B., Wu, L. – H., Cui, C. – H., Fang, H. – Y., Yu, S. – H., Direct fabrication of photoconductive patterns on LBL assembled graphene oxide/PDDA/titania hybrid films by photothermal and photocatalytic reduction. *J. Mater. Chem.*, 20, 5190, 2010.

[122] Liu, J., Tao, L., Yang, W., Li, D., Boyer, C., Wuhrer, R., Braet, F., Davis, T. P., Synthesis, characterization, and multilayer assembly of pH sensitive graphene – polymer nanocomposites. *Langmuir*, 26, 10068 – 10075, 2010.

[123] Pham, V. H., Cuong, T. V., Hur, S. H., Shin, E. W., Kim, J. S., Chung, J. S., Kim, E. J., Fast and simple fabrication of a large transparent chemically – converted graphene film by spray – coating. *Carbon*, 48, 1945 – 1951, 2010.

[124] Rani, A., Oh, K. A., Koo, H., Lee, H., Jung, Park, M. Multilayer films of cationic graphenepolyelectrolytes and anionic graphene – polyelectrolytes fabricated using layer – by – layer selfassembly. *Appl. Surf. Sci.*, 257, 4982 – 4989, 2011.

[125] Petty, M. C., *Langmuir – Blodgett Films: An Introduction*, 1st edition, Cambridge University Press, New York, 1996.

[126] Oliveira, R. F., Barros, A., Ferreira, M., Nanostructured films: Langmuir – Blodgett (LB) and layer – by – layer (LbL) techniques, in: *Nanostructures*, A. L. Da Róz, F. L. Leite, M. Ferreira, O. N. Oliveira Jr (Eds.), pp. 105 – 124, Elsevier, Cambridge, 2017.

[127] Ariga, K., Yamauchi, Y., Mori, T., Hill, J. P., 25th Anniversary Article: What can be done with the Langmuir – Blodgett method? Recent developments and its critical role in materials science. *Adv. Mater.*, 25, 6477 – 6512, 2013.

[128] Cote, L. J., Kim, F., Huang, J., Langmuir – Blodgett assembly of graphite oxide single layers. *J. Am. Chem. Soc.*, 131, 1043 – 1049, 2009.

[129] Jia, B. and Zou, L., Langmuir – Blodgett assembly of sulphonated graphene nanosheets into single – and multi – layered thin films. *Chem. Phys. Lett.*, 568 – 569, 101 – 105, 2013.

[130] Li, X., Zhang, G., Bai, X., Sun, X., Wang, X., Wang, E., Dai, H., Highly conducting grapheme sheets and Langmuir – Blodgett films. *Nature Nanotechnology*, 3, 538 – 542, 2008.

[131] Xu, S., Dadlani, A. L., Acharya, S., Schindler, P., Prinz, F. B., Oscillatory barrier – assisted Langmuir – Blodgett deposition of large – scale quantum dot monolayers. *Appl. Surf. Sci.*, 367, 500 – 506, 2016.

[132] Han, T. H., Huang, Y. -K., Tan, A. T. L., Dravid, V. P., Huang, J., Steam etched porous graphene oxide network for chemical sensing. *J. Am. Chem. Soc.*, 133, 15264 - 15267, 2011.

[133] Kim, D. -J., Sohn, I. Y., Jung, J. -H., Yoon, O. J., Lee, N. -E., Park, J. -S., Reduced graphene oxide field - effect transistor for label - free femtomolar protein detection. *Biosens. Bioelectron.*, 41, 621 - 626, 2013.

[134] Yin, Z., He, Q., Huang, X., Zhang, J., Wu, S., Chen, P., Lu, G., Chen, P., Zhang, Q., Yan, Q., Zhang, H., Real - time DNA detection using Pt nanoparticle - decorated reduced graphene oxide field - effect transistors. *Nanoscale*, 4, 293 - 297, 2011.

[135] Xuan, X., Yoon, H. S., Park, J. Y., A wearable electrochemical glucose sensor based on simple and low - cost fabrication supported micro - patterned reduced graphene oxide nanocomposite electrode on flexible substrate. *Biosens. Bioelectron.*, 109, 75 - 82, 2018.

[136] Lee, H., Choi, T. K., Lee, Y. B., Cho, H. R., Ghaffari, R., Wang, L., Choi, H. J., Chung, T. D., Lu, N., Hyeon, T., Choi, S. H., Kim, D. -H., A graphene - based electrochemical device with thermoresponsive microneedles for diabetes monitoring and therapy. *Nature Nanotechnology*, 11, 566 - 572, 2016.

[137] Viswanathan, S., Narayanan, T. N., Aran, K., Fink, K. D., Paredes, J., Ajayan, P. M., Filipek, S., Miszta, P., Tekin, H. C., Inci, F., Demirci, U., Li, P., Bolotin, K. I., Liepmann, D., Renugopalakrishanan, V., Graphene - protein field effect biosensors: Glucose sensing. *Mater. Today*, 18, 513 - 522, 2015.

[138] You, X. and Pak, J. J., Graphene - based field effect transistor enzymatic glucose biosensor using silk protein for enzyme immobilization and device substrate. *Sens. Actuators, B*, 202, 1357 - 1365, 2014.

[139] Lee, H., Song, C., Hong, Y. S., Kim, M. S., Cho, H. R., Kang, T., Shin, K., Choi, S. H., Hyeon, T., Kim, D. -H., Wearable/disposable sweat - based glucose monitoring device with multistage transdermal drug delivery module. *Sci. Adv.*, 3, e1601314, 2017.

[140] Kong, F. -Y., Gu, S. -X., Li, W. -W., Chen, T. -T., Xu, Q., Wang, W., A paper disk equipped with graphene/polyaniline/Au nanoparticles/glucose oxidase biocomposite modified screen - printed electrode: Toward whole blood glucose determination. *Biosens. Bioelectron.*, 56, 77 - 82, 2014.

[141] Yang, J., Yu, J. -H., Rudi Strickler, J., Chang, W. -J., Gunasekaran, S., Nickel nanoparticle - chitosan - reduced graphene oxide - modified screen - printed electrodes for enzyme - free glucose sensing in portable microfluidic devices. *Biosens. Bioelectron.*, 47, 530 - 538, 2013.

[142] Shao, Y., Wang, J., Wu, H., Liu, J., Aksay, I. A., Lin, Y., Graphene based electrochemical sensors and biosensors: A review. *Electroanalysis*, 22, 1027 - 1036, 2010.

[143] Justino, C. I. L., Gomes, A. R., Freitas, A. C., Duarte, A. C., Rocha - Santos, T. A. P., Graphene based sensors and biosensors. *TrAC, Trends Anal. Chem.*, 91, 53 - 66, 2017.

[144] Kuila, T., Bose, S., Khanra, P., Mishra, A. K., Kim, N. H., Lee, J. H., Recent advances in graphene based biosensors. *Biosens. Bioelectron.*, 26, 4637 - 4648, 2011.

[145] Pumera, M., Graphene in biosensing. *Mater. Today*, 14, 308 - 315, 2011.

[146] Crespilho, F. N., Zucolotto, V., Oliveira, O. N., Jr., Nart, F. C., Electrochemistry of layer - by - layer films: A review. *Int. J. Electrochem. Sci*, 1, 194 - 214, 2006.

[147] Zeng, G., Xing, Y., Gao, J., Wang, Z., Zhang, X., Unconventional layer - by - layer assembly of graphene multilayer films for enzyme - based glucose and maltose biosensing. *Langmuir*, 26, 15022 - 15026, 2010.

[148] Mascagni, D. B. T., Miyazaki, C. M., da Cruz, N. C., de Moraes, M. L., Riul, A., Ferreira, M., Layerby - layer assembly of functionalized reduced graphene oxide for direct electrochemistry and glucose detection. *Mater. Sci. Eng., C*, 68, 739 - 745, 2016.

[149] Wang, Y., Li, Z., Wang, J., Li, J., Lin, Y., Graphene and graphene oxide: Biofunctionalization and applications in biotechnology. *Trends Biotechnol.*, 29, 205 - 212, 2011.

[150] Georgakilas, V., Otyepka, M., Bourlinos, A. B., Chandra, V., Kim, N., Kemp, K. C., Hobza, P., Zboril, R., Kim, K. S., Functionalization of graphene: Covalent and non - covalent approaches, derivatives and applications. *Chem. Rev.*, 112, 6156 - 6214, 2012.

[151] Ren, Q., Feng, L., Fan, R., Ge, X., Sun, Y., Water - dispersible triethylenetetramine - functionalized graphene: Preparation, characterization and application as an amperometric glucose sensor. *Mater. Sci. Eng.*, *C*, 68, 308 - 316, 2016.

[152] Baccarin, M., Janegitz, B. C., Berté, R., Vicentini, F. C., Banks, C. E., Fatibello - Filho, O., Zucolotto, V., Direct electrochemistry of hemoglobin and biosensing for hydrogen peroxide using a film containing silver nanoparticles and poly(amidoamine) dendrimer. *Mater. Sci. Eng.*, *C*, 58, 97 - 102, 2016.

[153] Lawrence, N. S., Deo, R. P., Wang, J., Comparison of the electrochemical reactivity of electrodes modified with carbon nanotubes from different sources. *Electroanalysis*, 17, 65 - 72, 2005.

[154] Liang, B., Guo, X., Fang, L., Hu, Y., Yang, G., Zhu, Q., Wei, J., Ye, X., Study of direct electron transfer and enzyme activity of glucose oxidase on graphene surface. *Electrochem. Commun.*, 50, 1 - 5, 2015.

[155] Cakıroğlu, B. and Özacar, M., Tannic acid modified electrochemical biosensor for glucose sensing based on direct electrochemistry. *Electroanalysis*, 29, 2719 - 2726, 2017.

[156] Esmaeeli, A., Ghaffarinejad, A., Zahedi, A., Vahidi, O., Copper oxide - polyaniline nanofiber modified fluorine doped tin oxide (FTO) electrode as non - enzymatic glucose sensor. *Sens. Actuators*, *B*, 266, 294 - 301, 2018.

[157] Xu, D., Zhu, C., Meng, X., Chen, Z., Li, Y., Zhang, D., Zhu, S., Design and fabrication of Ag - CuO nanoparticles on reduced graphene oxide for nonenzymatic detection of glucose. *Sens. Actuators*, *B*, 265, 435 - 442, 2018.

[158] Biswas, C. and Lee, Y. H., Graphene versus carbon nanotubes in electronic devices. *Adv. Funct. Mater.*, 21, 3806 - 3826.

[159] Chung, M. G., Kim, D. H., Lee, H. M., Kim, T., Choi, J. H., Seo, D., Yoo, J. - B., Hong, S. - H., Kang, T. J., Kim, Y. H., Highly sensitive NO_2 gas sensor based on ozone treated graphene. *Sens. Actuators*, *B*, 166 - 167, 172 - 176, 2012.

[160] Fowler, J. D., Allen, M. J., Tung, V. C., Yang, Y., Kaner, R. B., Weiller, B. H., Practical chemical sensors from chemically derived graphene. *ACS Nano*, 3, 301 - 306, 2009.

[161] Guo, Y., Wu, B., Liu, H., Ma, Y., Yang, Y., Zheng, J., Yu, G., Liu, Y., Electrical assembly and reduction of graphene oxide in a single solution step for use in flexible sensors. *Adv. Mater.*, 23, 4626 - 4630.

[162] Yuan, W. and Shi, G., Graphene - based gas sensors. *J. Mater. Chem. A*, 1, 10078, 2013.

[163] Yavari, F. and Koratkar, N., Graphene - based chemical sensors. *J. Phys. Chem. Lett.*, 3, 1746 - 1753, 2012.

[164] Borini, S., White, R., Wei, D., Astley, M., Haque, S., Spigone, E., Harris, N., Kivioja, J., Ryhänen, T., Ultrafast graphene oxide humidity sensors. *ACS Nano*, 7, 11166 - 11173, 2013.

[165] Liu, H., Liu, Y., Chu, Y., Hayasaka, T., Joshi, N., Cui, Y., Wang, X., You, Z., Lin, L., AC phase sensing of graphene FETs for chemical vapors with fast recovery and minimal baseline drift. *Sens. Actuators*, *B*, 263, 94 - 102, 2018.

[166] Lu, G., Ocola, L. E., Chen, J., Reduced graphene oxide for room - temperature gas sensors. *Nanotechnology*, 20, 445502, 2009.

[167] Ohno, Y., Maehashi, K., Yamashiro, Y., Matsumoto, K., Electrolyte - gated graphene field - effect transistors for detecting pH and protein adsorption. *Nano Lett.*, 9, 3318 - 3322, 2009.

[168] Okamoto, S., Ohno, Y., Maehashi, K., Inoue, K., Matsumoto, K., Immunosensors based on graphene field - effect transistors fabricated using antigen - binding fragment. *Jpn. J. Appl. Phys.*, 51, 06FD08, 2012.

[169] Kwon, O. S., Lee, S. H., Park, S. J., An, J. H., Song, H. S., Kim, T., Oh, J. H., Bae, J., Yoon, H., Park, T. H., Jang, J., Large - scale graphene micropattern nano - biohybrids: High - performance transducers for FET - type flexible fluidic HIV immunoassays. *Adv. Mater.*, 25, 4177 - 4185, 2013.

[170] Kwak, Y. H., Choi, D. S., Kim, Y. N., Kim, H., Yoon, D. H., Ahn, S. - S., Yang, J. - W., Yang, W. S., Seo, S., Flexible glucose sensor using CVD - grown graphene - based field effect transistor. *Biosens. Bioelectron.*, 37, 82 - 87, 2012.

[171] Lanche, R., Pachauri, V., Law, J. K. - Y., Munief, W. M., Wagner, P., Thoelen, R., Ingebrandt, S., Graphite oxide multilayers for device fabrication: Enzyme - based electrical sensing of glucose. *Phys. Status Solidi A*, 212, 1335 - 1341.

[172] Said, K., Ayesh, A. I., Qamhieh, N. N., Awwad, F., Mahmoud, S. T., Hisaindee, S., Fabrication and characterization of graphite oxide - nanoparticle composite based field effect transistors fornon - enzymatic glucose sensor applications. *J. Alloys Compd.*, 694, 1061 - 1066, 2017.

[173] Vasu, K. S., Sridevi, S., Sampath, S., Sood, A. K., Non - enzymatic electronic detection of glucose using aminophenylboronic acid functionalized reduced graphene oxide. *Sens. Actuators, B*, 221, 1209 - 1214, 2015.

[174] Li, S., Zhang, Q., Lu, Y., Ji, D., Zhang, D., Wu, J., Chen, X., Liu, Q., One step electrochemical deposition and reduction of graphene oxide on screen printed electrodes for impedance detectionof glucose. *Sens. Actuators, B*, 244, 290 - 298, 2017.

[175] Zhang, D., Tong, J., Xia, B., Xue, Q., Ultrahigh performance humidity sensor based on layer - bylayer self - assembly of graphene oxide/polyelectrolyte nanocomposite film. *Sens. Actuators, B*, 203, 263 - 270, 2014.

[176] Matsumoto, K., Maehashi, K., Ohno, Y., Inoue, K., Recent advances in functional grapheme biosensors. *J. Phys. D: Appl. Phys.*, 47, 094005, 2014.

[177] Zhan, B., Li, C., Yang, J., Jenkins, G., Huang, W., Dong, X., Graphene field - effect transistor and its application for electronic sensing. *Small*, 10, 4042 - 4065, 2014.

[178] Schoning, M. J. and Poghossian, A., Recent advances in biologically sensitive field - effect transistors (BioFETs). *Analyst*, 127, 1137 - 1151, 2002.

[179] Chang, J., Mao, S., Zhang, Y., Cui, S., Steeber, D. A., Chen, J., Single - walled carbon nanotube field - effect transistors with graphene oxide passivation for fast, sensitive, and selective proteindetection. *Biosens. Bioelectron.*, 42, 186 - 192, 2013.

[180] Green, N. S. and Norton, M. L., Interactions of DNA with graphene and sensing applications of graphene field - effect transistor devices: A review. *Anal. Chim. Acta*, 853, 127 - 142, 2015.

[181] Eda, G., Lin, Y. - Y., Mattevi, C., Yamaguchi, H., Chen, H. - A., Chen, I. - S., Chen, C. - W., Chhowalla, M., Blue photoluminescence from chemically derived graphene oxide. *Adv. Mater.*, 22, 505 - 509, 2009.

[182] Shehab, M., Ebrahim, S., Soliman, M., Graphene quantum dots prepared from glucose as optical sensor for glucose. *J. Lumin.*, 184, 110 - 116, 2017.

[183] He, Y., Wang, X., Sun, J., Jiao, S., Chen, H., Gao, F., Wang, L., Fluorescent blood glucose monitor by

hemin - functionalized graphene quantum dots based sensing system. *Anal. Chim. Acta*, 810, 71 - 78,2014.

[184] Qian,Z. S. ,Shan,X. Y. ,Chai,L. J. ,Ma,J. J. ,Chen,J. R. ,Feng,H. ,DNA nanosensor based on biocompatible graphene quantum dots and carbon nanotubes. *Biosens. Bioelectron.* ,60,64 - 70,2014.

[185] Chang,H. ,Tang,L. ,Wang,Y. ,Jiang,J. ,Li,J. ,Graphene fluorescence resonance energy transfer aptasensor for the thrombin detection. *Anal. Chem.* ,82,2341 - 2346,2010.

[186] Li,L. - L. ,Liu,K. - P. ,Yang,G. - H. ,Wang,C. - M. ,Zhang,J. - R. ,Zhu,J. - J. ,Fabrication of graphene - quantum dots composites for sensitive electrogenerated chemiluminescence immunosensing. *Adv. Funct. Mater.* ,21,869 - 878,2011.

[187] Deng,S. and Ju,H. ,Electrogenerated chemiluminescence of nanomaterials for bioanalysis. *Analyst*,138, 43 - 61,2013.

[188] Situ,C. ,Mooney,M. H. ,Elliott,C. T. ,Buijs,J. ,Advances in surface plasmon resonance biosensor technology towards high - throughput, food - safety analysis. *TrAC*, *Trends Anal. Chem.* , 29, 1305 - 1315,2010.

[189] Homola,J. ,Present and future of surface plasmon resonance biosensors. *Anal. Bioanal. Chem.* ,377,528 - 539,2003.

[190] Chiu,N. - F. and Huang,T. - Y. ,Sensitivity and kinetic analysis of graphene oxide - based surface plasmon resonance biosensors. *Sens. Actuators*,*B*,197,35 - 42,2014.

[191] Zhang,J. ,Sun,Y. ,Xu,B. ,Zhang,H. ,Gao,Y. ,Zhang,H. ,Song,D. ,A novel surface plasmon resonance biosensor based on graphene oxide decorated with gold nanorod - antibody conjugates for determination of transferrin. *Biosens. Bioelectron.* ,45,230 - 236,2013.

第 20 章 电化学还原氧化石墨烯

Sheetal K. Kaushik, Tinku Basu
印度北方邦阿米提大学纳米生物传感器实验室阿米提纳米技术研究所

摘要 在中性 pH 的去离子水中,通过计时电流法还原氧化石墨烯,在氧化铟锡(ITO)表面制备了一种透明且具有高稳定性的电化学还原氧化石墨烯(ErGO)薄膜。利用场发射光谱(FESEM)、原子力显微镜(AFM)、透射电子显微镜(TEM)、拉曼光谱、X 射线衍射仪、傅里叶变换红外光谱和紫外-可见光谱等手段对 ErGO 膜(ErGO/ITO)的结构和形貌进行了表征。研究表明,该薄膜具有层数少、透明、高度稳定的特性,且具有片缘上翘的片状形态。利用 ErGO/ITO 表面开发了用于检测作为模型血液甘油三酯(TG)的三丁酸甘油酯(tbn)的酶促甘油三酯传感电极。

关键词 电化学还原氧化石墨烯(ErGO),透明,甘油三酯,生物电极,表面等离子体共振

20.1 引言

石墨烯是一种单原子层厚碳纳米片,其具有超高的电荷载流子迁移率(在 $2\times10^{11}cm^{-2}$ 的电子密度下大于 $200000cm^2/(V\cdot s)$)、优异的电学和电子性能、光学透明性、高热导率、优异的力学性能(杨氏模量值大于 0.5TPa,大弹簧常数 1~5N/m),以及独特的形态特征,如大比表面积($400\sim700m^2/g$)[1]。当填充的价带接触空导带时,石墨烯表现出带隙为 0 的金属导电性[2]。石墨烯独特的电子结构使其成为一种通用材料,用于纳米和微电子、气体和能量存储到涂料、润滑剂等的广泛应用。通过石墨的机械剥离、在各种基底上外延生长或通过在基底上的化学气相沉积工艺获得石墨烯。化学气相沉积生长的石墨烯可以大规模制备缺陷少且高质量的石墨烯。

自 2004 年发现以来,几乎没有人注意到原始石墨烯的实际应用。昂贵的大规模合成、惰性化学性质和金属导电性是阻碍石墨烯在实际应用中有效开发的三大制约因素。相反,部分还原氧化石墨烯可以被确定为原始石墨烯的最佳替代品,还发现了丰富的应用。从石墨开始合成还原氧化石墨烯,石墨剧烈氧化为氧化石墨烯,最后通过还原从氧化石墨烯中除去氧附加物,产生还原氧化石墨烯(图 20.1)。图 20.1 描述了石墨转化为石墨烯和石墨转化为氧化石墨烯,然后转化为还原氧化石墨烯的示意图。sp^2碳的叠层石墨

氧化氧化石墨烯与sp^2碳的损失有关，最终不允许恢复sp^2石墨烯晶格。在σ－框架中引入五边形、七边形和八边形阻碍了π电子的离域。利用化学、电化学、热、光催化和生化技术等各种技术，通过还原氧化石墨烯的含氧官能团，将氧化石墨烯转化为还原氧化石墨烯[3]。每种还原技术的目的都是恢复石墨烯晶格的σ－结构，并利用还原氧化石墨烯的少量氧加数进一步功能化生物分子和其他纳米材料。除了前驱体的质量，即石墨、氧化石墨烯剥离（层数的编号）和氧化石墨烯薄片的尺寸，还原技术高度影响还原氧化石墨烯的最终性能。有效的还原可以产生类似于原始石墨烯的还原氧化石墨烯。根据还原机制，每种还原技术都有其自身的优点和缺点。广泛研究的方法是化学还原，根据还原剂的种类和还原条件，可以生成具有多种性质的还原氧化石墨烯。在各种还原技术中，电化学还原提供了一些独特的特征，例如：无化学过程；高度温和受控的条件；有限的变量，如施加的电位、时间和电解质；简单、快速、可再现、环境友好、无干扰等。在电化学还原过程中，一组特定类型的氧化官能团可以被还原而其余保持不变。因此，电化学还原是指氧化石墨烯的部分还原。

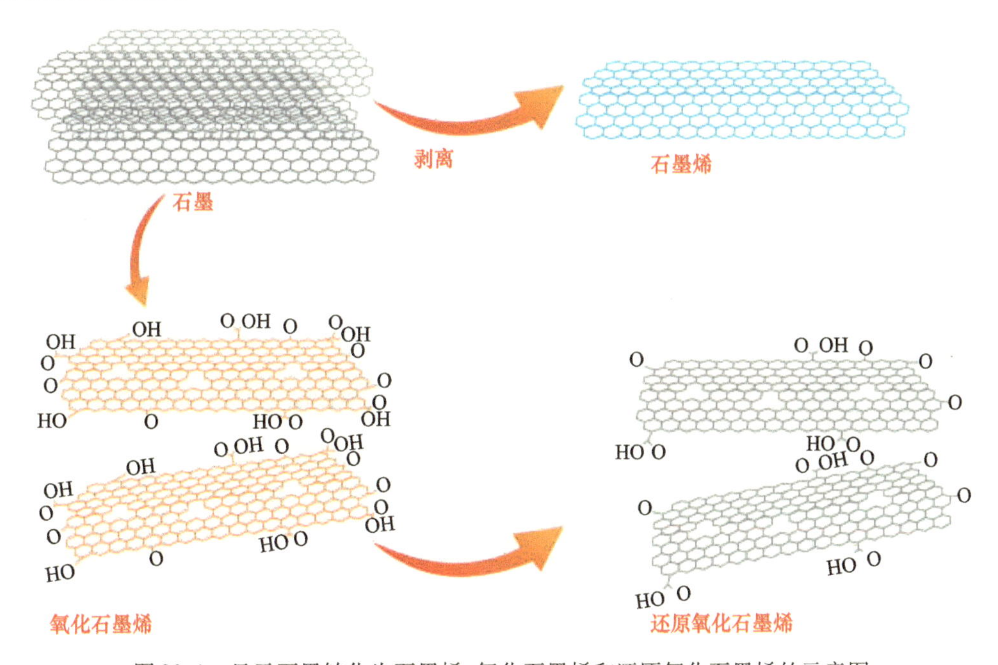

图20.1　显示石墨转化为石墨烯、氧化石墨烯和还原氧化石墨烯的示意图

本章讨论了类氧化石墨烯的电化学还原方法、还原参数、可能的机理、结构和形态表征、基于金属或金属氧化物的电化学还原氧化石墨烯纳米复合材料，以及传感应用。

20.2 电化学还原方法

一般采用改进Hummers法由石墨合成氧化石墨烯。该技术包括使用浓硫酸和高锰酸钾作为氧化剂对石墨进行剧烈氧化。在氧化过程中，石墨的π－π电子共轭被破坏，失去sp^2碳原子，碳片在基面上使用环氧基和羟基修饰，在边缘处使用羰基和羧基修饰[3-4]。在基面上具有氧化官能团的装饰增加了氧化石墨烯的厚度，并且还导致氧化石墨烯片的剥离。然后，在磷酸盐缓冲液中或在电解质存在下，使用具有工作电极（主要是玻碳电极）、铂（Pt）线作为辅助电极和Ag/AgCl作为参比电极的三电极系统，通过使用计时电流/循环伏安技术[4]施加负电位将其转化为ErGO。氧化石墨烯的电化学还原通过两种途径进行：①单步法，其涉及将氧化石墨烯在水或其他溶剂中的分散体直接还原到工作电极如玻碳电极、金电极、硅基底和氧化铟锡上，或在电解质或缓冲液溶液中形成ErGO薄片的沉淀；②两步法，其包括通过将氧化石墨烯分散体滴铸在工作电极上或使用硅烷或自组装硫醇单层在金基底上共价结合在工作电极上形成氧化石墨烯膜（图20.2）。在随后的步骤中，氧化石墨烯膜发生电化学还原，在工作电极上产生ErGO膜。容易且可扩展的电化学还原过程及其残余的化学活性缺陷位点，使ErGO成为用于功能性电子传感器的有前景的材料。

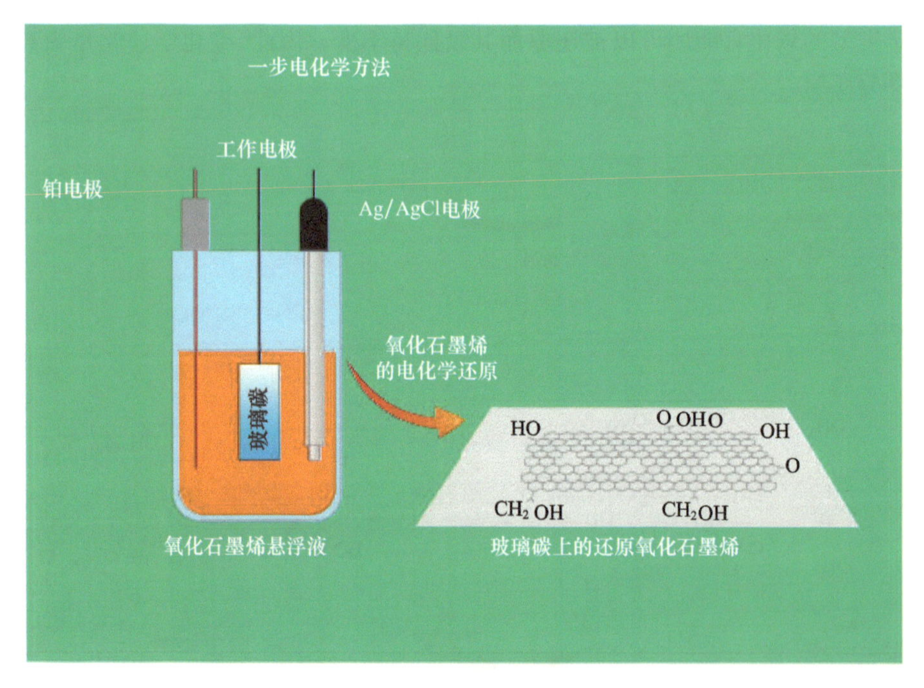

图20.2 在玻碳电极上一步合成ErGO

20.2.1 一步还原法

在一步还原法中，氧化石墨烯（0.5～1mg/dL）在磷酸盐缓冲液中或在电解质存在下的水分散体直接还原成工作电极上的ErGO膜或产生ErGO薄片的不溶性沉淀（图20.1）。氧化石墨烯被含氧官能团高度修饰，接受来自相邻电极的电子，并在工作电极表面或介质中还原为不溶的ErGO膜[5]。不同的溶解度可以在工作电极上产生不溶性ErGO膜[4]。

一般而言，磷酸缓冲液可用于氧化石墨烯的电化学还原，但也可利用NaCl、Na_2SO_4和H_2SO_4等其他电解质来提高介质的电导率，从而提高ErGO的质量[4-5]。培养基的pH影响ErGO的性质。虽然氧化石墨烯可以在1.5～12.5的宽pH范围内沉积，但酸性至中性

pH 最适合于具有高电导率的 ErGO 的沉积。氧化石墨烯在 pH 高于 10.0 的电化学还原不会导致石墨烯沉积到电极上。电化学还原过程包括循环伏安法(CV)、差分脉冲伏安法(DPV)和用于将氧化石墨烯转化为 ErGO 的计时安培法。还原时间、还原电位和循环次数的选择至关重要。Sheetal 等报道,随着沉积[6]、时间等的增加,当在恒定负电压下从氧化石墨烯水分散体进行还原时,工作电极上的 ErGO 薄片的表面覆盖率增加(计时电流技术)。在氧化铟锡涂覆的工作电极上超过 60s 的电沉积,ErGO 层的叠层变为石墨性质,如 FESEM 和拉曼研究所证明的(图 20.2)[6]。在计时电流技术下施加的负电位可以与氧化石墨烯表面上存在的官能团相关。增加施加电位的负值增加 C/O 比。Guo 等报告说,应用 -1.3V 的电压可以减少 C ═O 官能团,而氧化石墨烯表面的 OH 和 C—O—C 官能团在 -1.5V 时减少[7]。超过 -1.5V 的还原电位的进一步降低,会使水产生氢气泡,从而发生还原过程[5,8]。一般来说,在 0 ~ -1.5V 的电位范围内进行使用循环伏安法的电还原。在这种情况下,循环次数会增加 ErGO 片的浓度。在 pH 为 9.18 的 PBS 中,使用循环伏安法(电位范围为 -1.5 ~0.5V)对 Ag/AgCl 电极在 3mol/L 氯化钠溶液中进行氧化石墨烯的电还原,显示出一个阳极峰(Ⅰ)和两个阴极峰(Ⅱ和Ⅲ)[5,9]。阴极电流峰Ⅲ归因于氧化石墨烯的不可逆电化学还原[10-11],而阳极峰Ⅰ和阴极峰Ⅱ归因于石墨烯平面上一些电化学活性的含氧基团的氧化还原对,这些基团太过稳定,无法被电还原过程所还原[12]。含氧基团的还原非常快速且不可逆,而且在较低的外加电位下,还原过程更快[13]。

20.2.2 两步还原法

在两步还原法中,氧化石墨烯膜通过滴注法或共价键沉积在工作电极上。在缓冲液或支持电解质存在下,使用标准三电极电化学系统通过电化学还原过程将氧化石墨烯膜还原为 ErGO(图 20.3)。氧化石墨烯片可以使用各种自组装技术以薄膜的形式组装到电极基底上,如滴注法[14]、浸涂[15]、逐层[16]和喷涂[17-18]。然而,薄膜的均匀性、表面形态、厚度和覆盖密度控制着 ErGO 的质量[2]。由于氧化石墨烯的团聚[19],滴注和浸涂会导致非均匀的沉积[2]。除了磷酸盐缓冲液,其他的电解质如 KCl[20]、KNO_3[21]、NaCl[22]也都有报道。在第二步中,只有酸性 pH 到中性值的报道。在低 pH 下,H^+ 离子参与了还原过程。应用电位、时间和 pH 是工作电极上氧化石墨烯薄膜电化学还原的三个变量。根据氧化石墨烯的循环伏安图或线性扫频伏安图中观察到的阴极峰电位进行还原电位选择。一般来说,应用的电位比阴极峰电位更负,有助于完全还原。

实际上,氧化石墨烯上不同类型的氧官能团导致氧化石墨烯的电化学反应性和吸附性的显著变化,这又导致宽范围的还原电位[23]。施加更负的施加电位导致更快的还原速率,具有大量的缺陷,这些缺陷可以通过在升高的温度下进行电化学还原或通过退火来消除。在缓冲电解质存在下,相对于 Ag/AgCl 电极,计时电流还原在 -1.0 ~ -1.5V 的电位范围内发生[10,23-25]。当施加的电位超过 -1.5V(相比甘汞电极)[8]时,由于水还原,ErGO 膜被氢气泡[5,8]从电极基板表面完全剥离。还原氧化石墨烯的阴极峰电位受缓冲介质 pH 的影响[18]。随着培养基 pH 的增加,还原电位向更大的负值移动[18]。

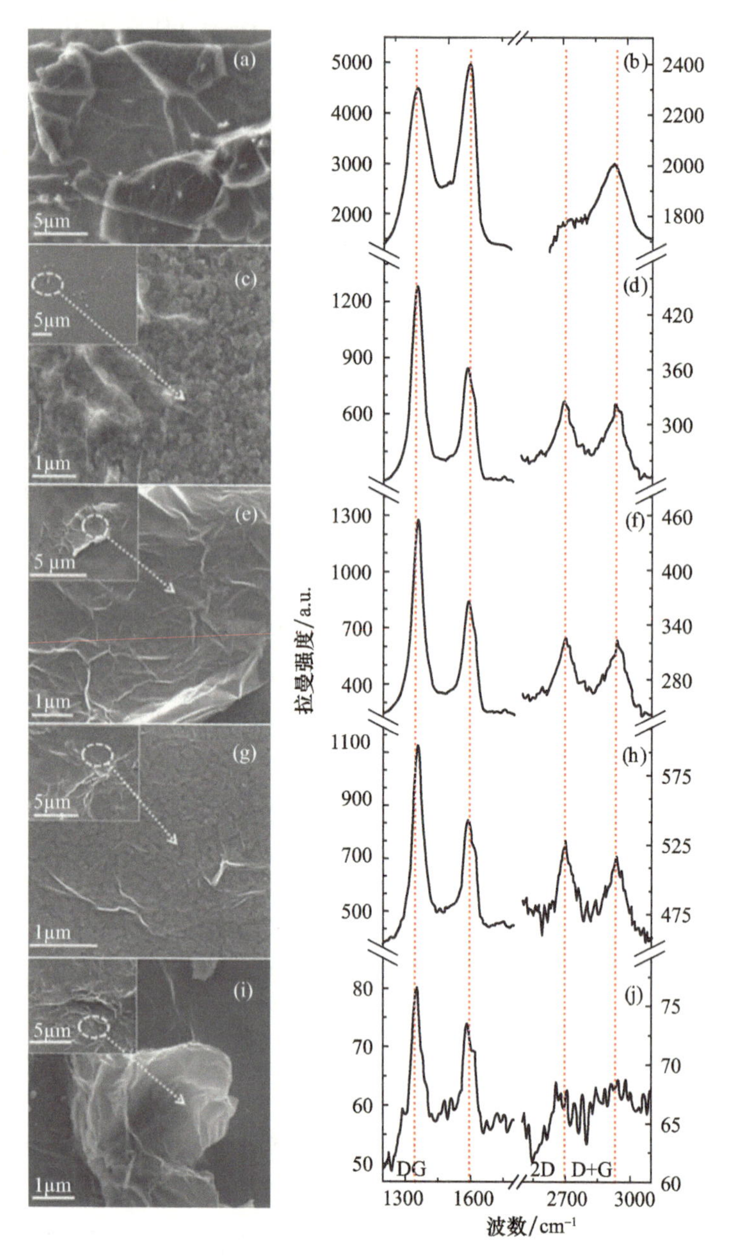

图 20.3　通过 FESEM 成像的(a)GO/ITO、(c)$ErGO_{20}$/ITO、(e)$ErGO_{40}$/ITO、(g)$ErGO_{60}$/ITO 和(i)$ErGO_{80}$/ITO 表面的拉曼光谱，分别用部分 c、e、g 和 i 表示。在 $1352cm^{-1}$ 和 $1585cm^{-1}$ 处分别观察到透明单层薄片的堆叠和突出的 D 峰和 G 峰，氧化石墨烯的 D/G 比为 0.86，ErGO 的 D/G 比为 1.8

在两步法中，可使用循环伏安法技术还原工作电极上的氧化石墨烯膜(图 20.4)。在 -1.5 ~ 0V 的电位范围内，循环伏安法与一步还原过程中的双峰相反，循环伏安法与单阴极峰相关[8,26-28]。阴极峰电流随循环次数的增加而减小，并在一定的扫描循环后消失，证实氧化石墨烯向 ErGO 的转化是一个不可逆过程[21-22]。对于自组装氧化石墨烯在巯基乙胺(MEA)修饰的 Au 表面上的电化学还原，使用循环伏安法进行原位光谱测量，结果表明，外加电位对氧化石墨烯结构的影响可分为两部分，其中，中等负电位下的变化主要与薄膜双层的变化有关。氧化石墨烯片间插入水的电解质界面和氢键。在相对于 Ag/AgCl 的电位低于 -0.8V 时,氧化石墨烯的还原开始发生,同时薄膜的不同官能团发生转化[29]。原位光谱电化学表征结果表明,对于氧化石墨烯/半胱氨酸/Au 体系,在直流偏压下,氧化石墨烯还原为 ErGO 发生在 -0.75V[21]。

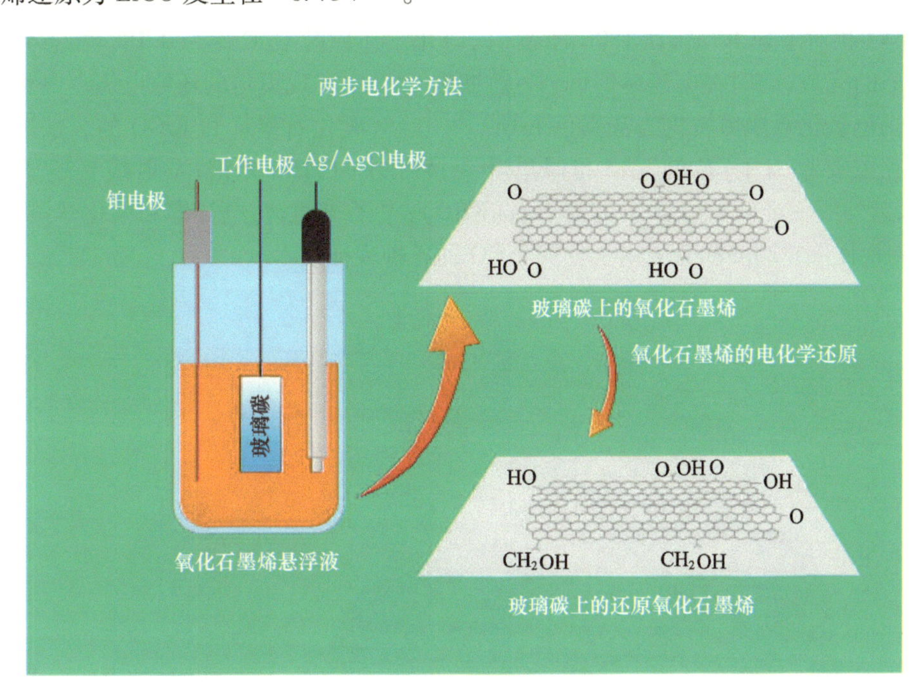

图 20.4　由氧化石墨烯分散体两步合成 ErGO 的方法

两步氧化石墨烯还原也在各种有机溶剂如丙烯腈(AN)、聚碳酸酯(PC)、二甲基甲酰胺(DMF)和二甲基亚砜(DMSO)中进行。有机溶剂比水性溶剂具有更宽的电位窗口,可以施加更多的负电位以扩大氧化基团的还原范围[30-31]。四氟硼酸四乙基铵(Et_4NBF_4)主要用作电解质,最好在惰性气氛和 Ar 气保护下进行还原和电化学测量。原位表面增强红外光谱结果表明,外加电位对氧化石墨烯/巯基乙胺(MEA)/Au 结构的影响可分为两部分,中等负电位下的变化主要与膜-电解质界面双层的变化和氧化石墨烯片之间插层水的氢键有关。在相对于 Ag/AgCl,比 -0.8V 更负的电位下,开始发生氧化石墨烯还原,同时膜的不同官能团发生转化。根据 Lerf-Klinowski 模型[29],氧化石墨烯片基面中的主要成分是环氧基和羟基[29]。环氧基团是氧化石墨烯膜中最容易还原的官能团[31]。据报道,在水溶液中,芳族环氧基的还原电位发生在 -0.75 ~ -1.5V(相对于 SCE)[29]。环氧化物 -CHOCH- 的电化学还原主要产生 -CH=CH-、$-CH_2CH_2$或 $-CH_2CHOH$,这取决于介质和 pH[29]。根据 pH 和电化学还原时消耗的电子数,芳族羧酸转化为相应的羧酸盐阴离子、醛、醇或烃[7,26]。

20.3 电化学还原氧化石墨烯的表征

氧化石墨烯的电化学还原过程去除了其上的部分含氧官能团,这反过来恢复了所得

ErGO 中sp^2碳键的石墨网络。研究者仍然没有实现通过电化学还原从氧化石墨烯中完全去除氧官能团以恢复原始石墨烯的独特性质。然而，提高的电导率 C/O 比和颜色变化是控制还原程度的主要因素。Zhou 等[18]已经开发了在 -0.90V（相对于 Ag/AgCl）下经过 5000s 的电化学还原时 O/C 比为 0.04 的 ErGO。在另一项研究中，Li 等[32]开发了 ErGO，在 -1.6V（相对于 SCE）时，在 180s 的时间内电化学还原时 O/C 比为 0.18。注意到计时电流还原的完成，同时在电流 - 时间（$i-t$）曲线[13,18]中实现恒定的还原电流。电化学还原将黄褐色氧化石墨烯转化为灰黑色 ErGO[18,26]。对氧化石墨烯和 ErGO 的表征进行的广泛研究主要致力于：拉曼光谱和傅里叶变换红外（FTIR）光谱；X 射线光电子能谱（XPS）、紫外线 - 维斯光谱和 X 射线衍射（XRD）；电子显微镜；电导率和电化学测量，如图 20.5 所示。图 20.5涵盖了用于分析 ErGO 的各种表征技术。

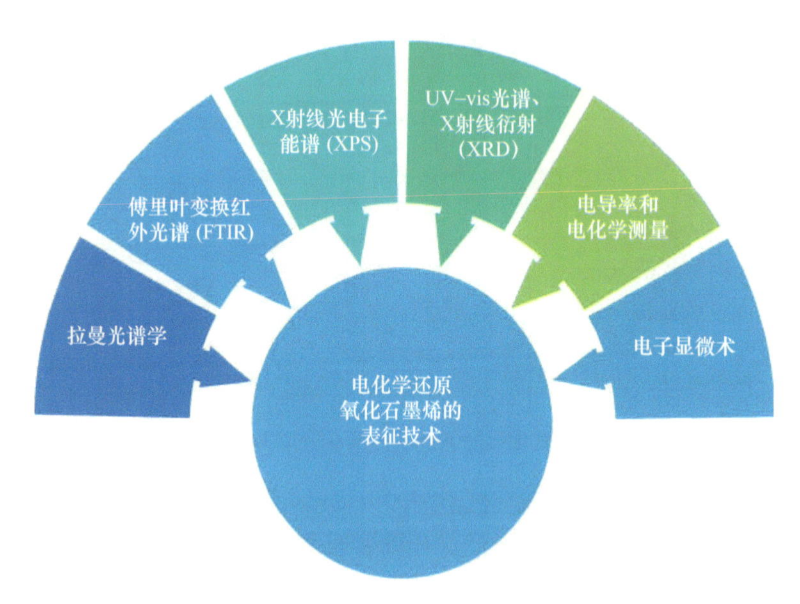

图 20.5 用于研究 ErGO 的各种表征技术

20.3.1 拉曼光谱

拉曼光谱是分析碳基材料电子结构最有用、最无损的技术[33]。它被广泛用于表征石墨烯、石墨[33]、氧化石墨烯、CrGO 和 ErGO[33]。一般来说，ErGO 的评价是在氧化石墨烯的背景下进行的。氧化石墨烯的拉曼光谱由三个主要带组成，D 带和 G 带以及一个弱 2D 带（图 20.6）。使用 514nm 激光激发，它们分别出现在大约 $1350cm^{-1}$、$1580cm^{-1}$ 和 $2700cm^{-1}$[33]。图 20.6 表示 ErGO 与 CrGO、氧化石墨烯和石墨的比较电子结构，如拉曼光谱所示。G 带对应于布里渊区中心由于sp^2碳对的键拉伸而产生的光学 E2g 声子[23]。D 带与区边界声子的二阶有关，其中 D 带被缺陷激活[33-34]。因此，在无缺陷石墨烯和体石墨[33]的拉曼光谱中并未观察到 D 带。D 带强度通常用于测量碳基样品中的无序程度[33]。然而，氧化石墨烯拉曼光谱中 D 带的强度变得突出，表明面内 sp^2畴的尺寸减小，这可能是广泛氧化的结果[35]。

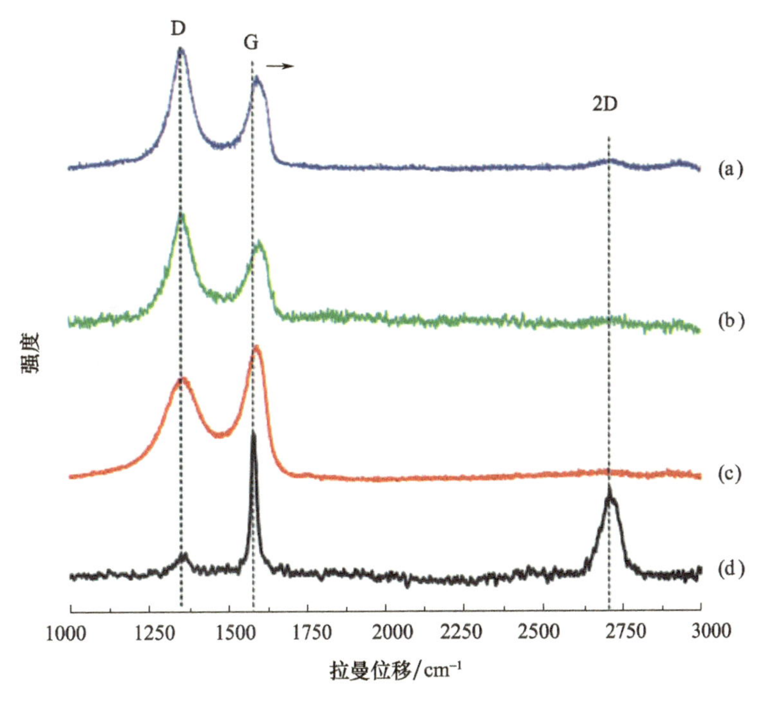

图 20.6 (a)ErGO、(b)CrGO、(c)氧化石墨烯和(d)原始石墨的拉曼光谱(经许可转载自文献[8])

在比较 ErGO 和氧化石墨烯的拉曼光谱时,几乎没有重要的观察,如应力引起的 G 带向 $1594cm^{-1}$带的蓝移,在约 $1620cm^{-1}$附近出现缺陷衍生的,D′带引起的小峰,2D 带引起的在 $2692cm^{-1}$处出现弱而加宽的峰,D/G 比从 0.8 提高到 1.9,有力地证明氧化石墨烯向 ErGO 的转化发生了[4,25,36]。这些观察还表明 ErGO 中仍然存在显著的紊乱,并且sp^2结构域的平均大小减少[27]。研究人员[8,35]将这一观察归因于一个尺寸较小但数量较多的新石墨畴。G 峰实际上是两个峰的叠加,G 和 D′。D′表示缺陷,未出现在氧化石墨烯表面。与剥离的 GO/ITO 表面相比,ErGO/ITO 的 D/G 强度比增加表明,在氧化石墨烯减少时,sp^2畴的平均尺寸减小,并产生许多比剥离氧化石墨烯中存在的尺寸更小的新石墨畴。根据拉曼光谱计算观察到的 D/G 比的平均晶粒尺寸(La)。D/G 比与微晶成反比。同样,D/G 比增加到 -0.4V,表示微晶尺寸退化,然后石墨区的尺寸在较高的负电位下稍微增长,如 D/G 比降低。从 GO/ITO 表面可以看出,ErGO/ITO 表面的 G 带宽(FWHM)从 $106cm^{-1}$降低到 $91cm^{-1}$(图 20.3)。G 带 FWHM 的降低意味着有序sp^2环畴强度的增加和sp^3分数的减少。增加的缺陷数量有助于电催化性能以及溶液中分子与 rGO/4 - ATP/AuSPR 表面接触的界面相互作用。

2D 带与双声子发射的双共振拉曼散射产生的带边界声子的二级有关。2D 带的形状[23,33]和强度[23,37]石墨烯的层数相关。在氧化石墨烯的拉曼光谱中,与石墨或原始石墨烯相比,G 带变宽并蓝移。随着外加电位的增加,D 带和 G 带均发生蓝移,表明晶粒尺寸减小;当进一步降低所施加的负电位时,石墨区的尺寸增大,如 D/G 比的减小所示[31]。CrGO 的拉曼光谱中也报道了同样的观察[8,25]。D/G 比是衡量石墨烯无序性的指标,但如何量化仍是一个问题。

20.3.2 傅里叶变换红外光谱

傅里叶变换红外(FTIR)光谱被广泛用于鉴定氧化石墨烯和ErGO中的氧官能团和键合构型。用改进的Hummers方法制备的氧化石墨烯的FTIR吸收信号主要特征包括，在约3400cm^{-1}处归因于羧基的O—H拉伸的宽且强的峰，在1720～1740cm^{-1}处归因于羰基和/或羧基的C=O拉伸的强峰，在1590～1620cm^{-1}处的弱峰对应于未氧化石墨畴的C=C骨架振动，而在约1100cm^{-1}处的强峰归因于烷氧基C—O拉伸振动。此外，在几项研究中报道了归因于环氧树脂拉伸约1242cm^{-1}的吸收峰[4,6,38]。环氧树脂拉伸的峰值位置可能随合成环境的不同而变化。此外，一些研究[4,39]报道了直接在3000cm^{-1}以下的吸收峰，这归因于$-CH_2$基团的C—H不对称和对称伸缩振动。

根据一步或两步途径[8,39]的电化学还原，归于大多数氧功能的特征峰的相对强度下降到一个更低的值。这表明通过电化学还原可以有效地消除氧化石墨烯中的大部分氧官能团。在pH为7.0的磷酸盐缓冲液中，随着还原时间从20s增加到60s，官能团的特性保持不变，这表明，在施加恒定电位－1.5V(相对于Ag/AgCl)时，还原特性不随时间变化，仅ErGO薄片的强度增加(图20.7)。图20.7显示了GO/ITO、$ErGO_{20}$/ITO、$ErGO_{40}$/ITO、$ErGO_{60}$/ITO和$ErGO_{80}$/ITO层记录的FTIR光谱。

然而，ErGO红外光谱中C=C伸缩振动的保留和C—H信号的消失表明芳族sp^2碳网络的恢复[25]。Peng等[25]报道了在－1.1V(相对于Ag/AgCl)电位时通过两步路线产生的ErGO的FTIR光谱中羰基峰的消失伴随着在1101cm^{-1}处C—O拉伸的增加，表明由于羟基的形成而导致羰基的还原[40-41]。在Basirun等[41]的研究中，羰基峰完全消失，但在ErGO的FTIR光谱中出现了新CH_2和CH振动峰。根据Guo等[8]，烷氧基(OH)和环氧(C－OAC)基团几乎不被还原并且只能在更负的电位下被电化学还原(即－1.5V相比SCE)。电化学还原还原酚羟基。在以Et_4NBF_4为电解质的有机溶剂中，将还原电位提高到－3.0V，氧化石墨烯几乎完全还原，1740cm^{-1}处的C=O峰强度降低，3480cm^{-1}处的OH带消失。同时，1550cm^{-1}处的C=C带较强，表明氧化石墨烯的还原需要较高的负电位。－3.0V所还原氧化石墨烯膜的EDX测量给出的C/O比为4.0[31]。

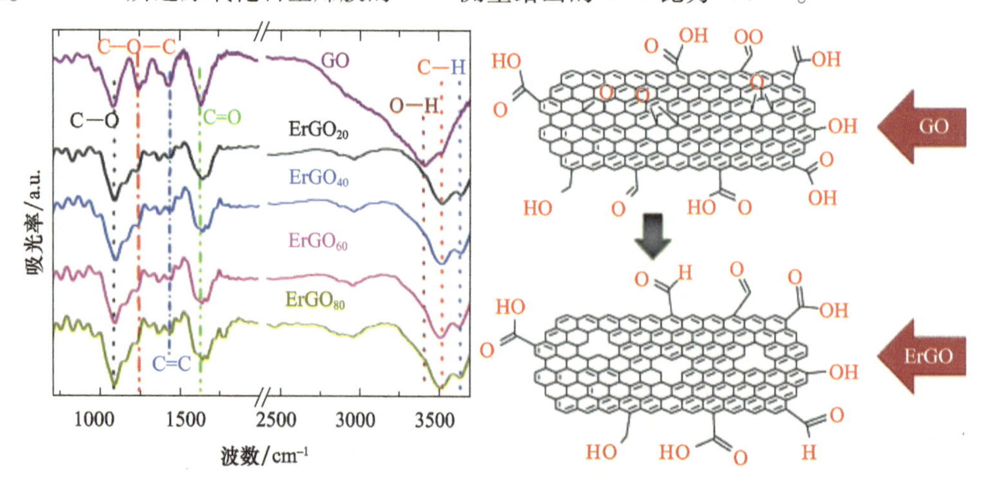

图20.7 记录了GO、$ErGO_{20}$、$ErGO_{40}$、$ErGO_{60}$和$ErGO_{80}$层的FTIR光谱(20、40、60、80表示电还原时间/s)[6]

20.3.3 X射线光电子能谱研究

XPS是用于研究氧化石墨烯和ErGO中碳、氧和官能团相对量的最常用技术之一。在氧化石墨烯和ErGO的XPS谱中,出现在约530eV和284eV处的峰分别对应于O1s和C1s谱(图20.8)。图20.8表示氧化石墨烯和ErGO的高分辨率XPS。另外,O1s和C1s光谱都可用于确定石墨烯衍生物上存在的氧官能团。O1s与C1s的峰强度之比可用于确定氧化石墨烯和ErGO[42]中的氧化官能团。O1s谱分析所提供的信息可以补充C1s谱分析所提供的信息[42]。图20.8显示了(a)氧化石墨烯和(b)电化学还原氧化石墨烯(ErGO)的高分辨率C1s XPS光谱。

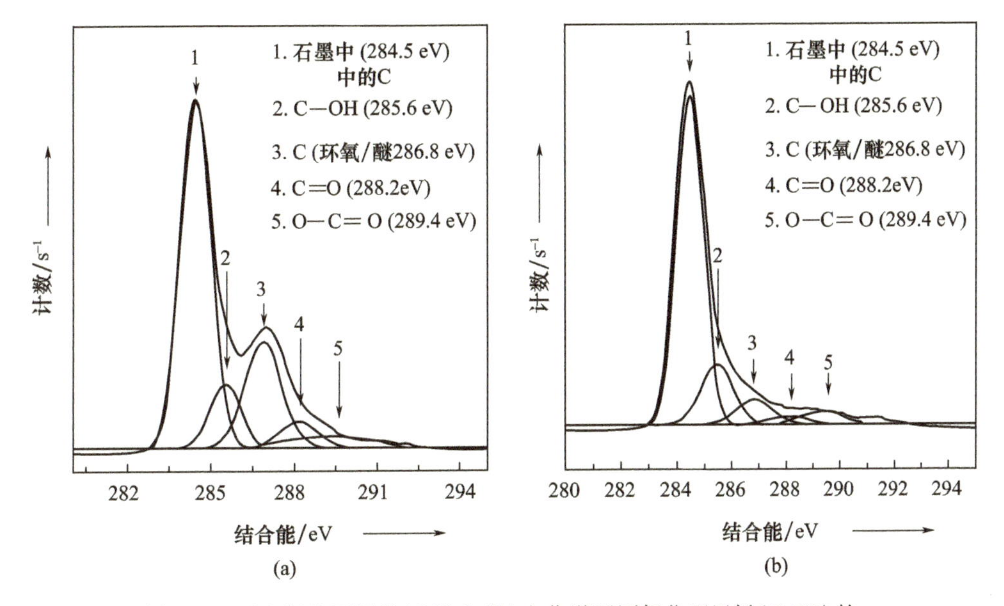

图20.8 (a)氧化石墨烯(GO)和(b)电化学还原氧化石墨烯(ErGO)的高分辨率C1s XPS光谱(经许可转载自文献[43])

氧化石墨烯的O1s光谱可以去卷积为几个单独的组分峰,表示C=O基团(BE = 530.4~530.8eV),C—OH和/或C—O—C基团(BE = 532.4~533.1eV),以及化学吸附的氧和/或水(BE = 534.8~535.6eV)[23]。然而,氧化石墨烯的高分辨率C1s谱通常表现出一个复带,显示两个相距约2eV的主峰[43]。两个主峰对应于具有多种不同C—O键构型的sp^2C=C键和sp^3碳。根据氧化程度,两个峰的相对强度在不同的研究中有所不同。

氧化石墨烯的C1s谱可以解旋成四个单独的组分峰,但是峰的精确位置(结合能)很难确定。通常,C—C和C—H键的结合能分别为284.5eV和285eV,对于C—OH官能团,化学位移分布为+1.3~+1.7eV,对于C=O官能团,化学位移分布为+2.5~+3.0eV,对于O=C—OH官能团,化学位移分布为+4.0~+4.5eV[23]。然而,氧化石墨烯的大多数C1s光谱也包括C—O—C官能团。在通过一步或两步途径进行电化学还原时,归因于氧化碳键构型(C—O,C=O和O—C=O)的峰强度降低到低得多的值(图20.8(b))。ErGO的C1s谱与石墨的C1s谱相似,但具有较宽的带状,这表明氧化石墨烯中相当大量的氧官能团在电化学还原时被除去[26]。同时,在ErGO的C1s光谱中,归因于sp^2C=C键构型中峰的强度增加，表明石墨烯的sp^2碳网络部分恢复[26]。这些峰的强度取决于恒电位模式[32]下的外加电位或循环伏安法下的循环次数[22-23,26]。

20.3.4 X射线衍射表征

X射线衍射(XRD)是另一种揭示材料固体形式的层间距离、晶体结构和层数的有用技术。然而，原始石墨XRD图谱中，在层间距为0.334nm时，于2θ为约26°处观察到的尖锐衍射峰在氧化后完全消失[8,44-45]，且当层间间距为0.80~0.83nm时[46]，于2θ接近10.6°~11.0°处出现新的衍射峰。氧化石墨烯层间距的增加是由于石墨中各种官能团引入到碳基面上导致的结果[47-48]。

轻度氧化的氧化石墨烯有两个峰，一个在10.6°~11.0°处，另一个弱峰在$2\theta=26°$处[49]或原始石墨2θ接近26处。氧化石墨烯电化学还原后，氧化石墨烯在2θ约9°~10°的特征衍射峰消失，在2θ约24°~27°出现一个新的宽峰[8,39]。ErGO中还原氧化石墨烯片之间的层间距的减小归是由于在一步电化学还原过程中，氧化石墨烯片中相当多的氧官能团去除。然而，据报道，氧化石墨烯在-0.9~-1.0V(相比Ag/AgCl)的一步电化学还原导致在$2\theta=24.8°$处出现宽峰。然而，氧化石墨烯在$2\theta=11°$处的特征峰仍然存在，这是由于氧化石墨烯片向ErGO片的不完全和部分还原。XRD研究还表明，在施加恒定负电位(-1.5V相对Ag/AgCl)下，随着还原时间的增加，晶体结构没有发生显著变化(图20.9)[6]。还原60s后，发生ErGO层的堆叠，并形成石墨晶体结构，如XRD谱所示[6]。在另一项研究中，在-1.2V(相比SCE)下一步电化学还原时，氧化石墨烯的特征衍射峰消失，在2θ接近24°~27°处没有出现或有宽峰[50]。这种现象可能是由于高度剥离导致非常薄的石墨烯层。XRD研究还证明，在恒定还原电位下，随着还原时间的增加，晶体结构没有发生显著变化。然而，EDX测量表明，无论pH如何，几乎相同量的氧官能团被除去，并且在电还原后仍存在可观量的这些物质。在两步还原过程中，ErGO的XRD衍射峰遵循类似的模式[9]。而两步法制备的ErGO在$2\theta=26.5°$处观察到的峰值是因为ErGO中石墨烯层的丢失或无序堆叠[26]。

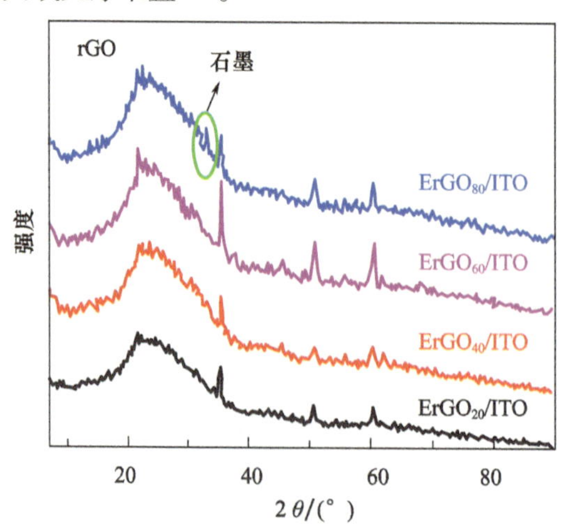

图20.9 记录了GO、$ErGO_{20}$、$ErGO_{40}$、$ErGO_{60}/ITO$和$ErGO_{80}$层的XRD光谱($ErGO_t$ t反映电还原时间)[6]

20.3.5 电子显微镜表征

另一种揭示石墨烯材料形貌信息的有用技术是电子显微镜。表征石墨烯衍生物最常用的两种电子显微镜是扫描电镜(SEM)和透射电镜(TEM)。为了使氧化石墨烯显微照片与SEM具有更好的对比度,胶体悬浮液中氧化石墨烯片通常沉积在氧化硅基底上[49,51]。观察到的氧化石墨烯片通常具有宽范围的横向尺寸,如图20.10(a)所示[52-53]。氧化石墨烯片的横向尺寸取决于作为起始材料的原始石墨尺寸,从几百纳米到几微米[45,49]。单个氧化石墨烯纳米片的SEM图像显示薄而褶皱的纹理。这一观察结果进一步证实悬浮在TEM多孔碳栅上的氧化石墨烯TEM图像(图20.10(b))[49,51]。这张氧化石墨烯的TEM显微照片显示了一种超薄的丝绸面纱形态,由于其内在的性质,在其边缘滚动和折叠。另外,通过各种自组装技术将单个片材堆叠在基底上形成的氧化石墨烯和ErGO膜的表面形貌在其SEM图像中通常显示出的褶皱和褶皱纹理[28]。

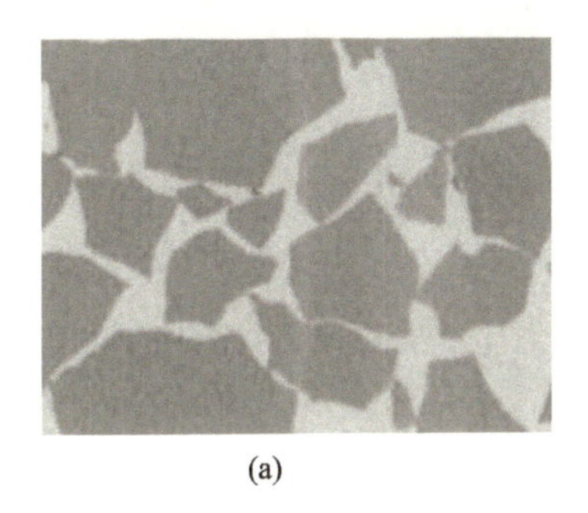

(a)

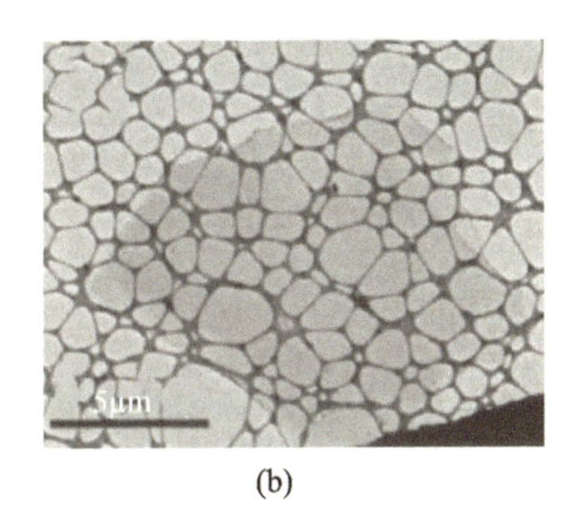

(b)

图20.10 (a)采用Langmuir-Blodgett组装技术在硅片上组装氧化石墨烯的SEM图像(经许可转载自文献[53]);(b)具有蕾丝碳支撑膜的单个氧化石墨烯在TEM网格上的TEM图像(经许可转载自文献[41,51])

图20.11显示了铜TEM网格上(a)滴铸氧化石墨烯和(b)电化学沉积ErGO的TEM图像,说明了具有明显缺陷阴影的透明堆叠片。与氧化石墨烯薄片相比,ErGO具有更多的任意褶皱和随机折叠的原子片。图20.11的插图分别表示(a)氧化石墨烯和(b)ErGO的选区电子衍射(SAED)图。在滴铸氧化石墨烯中,衍射环表明其类似于非晶结构。衍射环和点表明ErGO具有部分有序晶体结构。以六重旋转对称排列的衍射点表明电子束沿[001]方向入射[6]。

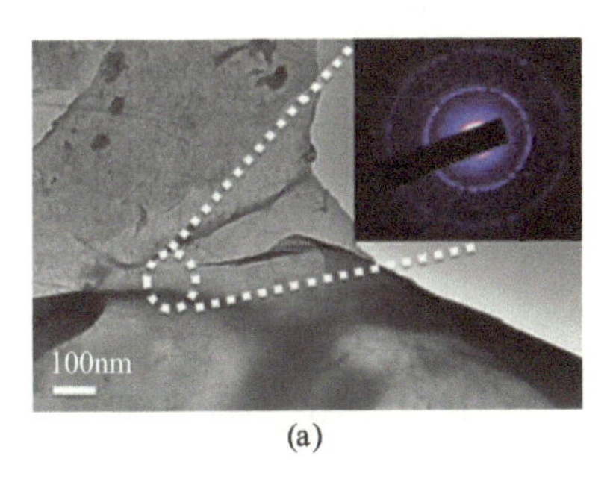

(a)

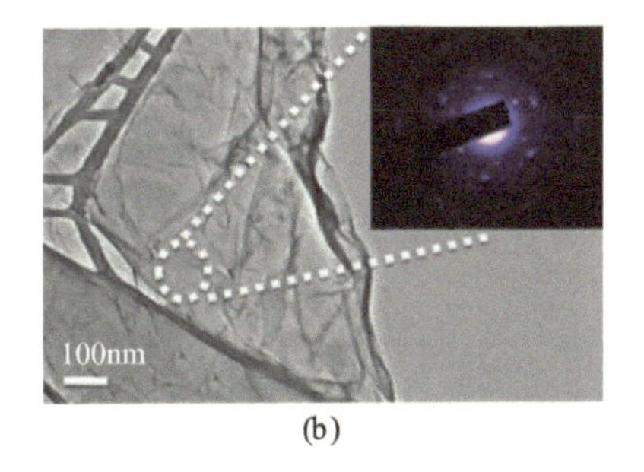

(b)

图20.11 (a)在铜栅上滴铸的氧化石墨烯和(b)电化学沉积的ErGO的透射电子显微镜(TEM)图像(插图显示了(a)和(b)中所选区域的SAED图)

20.3.6 原子力显微镜

在两步还原过程中，随着还原时间的延长，ErGO 薄片尺寸和薄片的表面覆盖率增加，如 AFM 图像研究所示(图 20.12)。考虑氧化氧化石墨烯的厚度为 1.2nm，据报道在 240s 内沉积了大约四层 ErGO。

随着外加电位、电还原时间、电解质性质和介质 pH 对 ErGO 的电子结构和形态的变化，ErGO 的基本结构似乎几乎相同。与单步还原相比，两步电还原得到了更多的利用。表 20.1 描述了用两步还原法制备的 ErGO 的一些基本信息，如 D/G 比、C/O 比等。

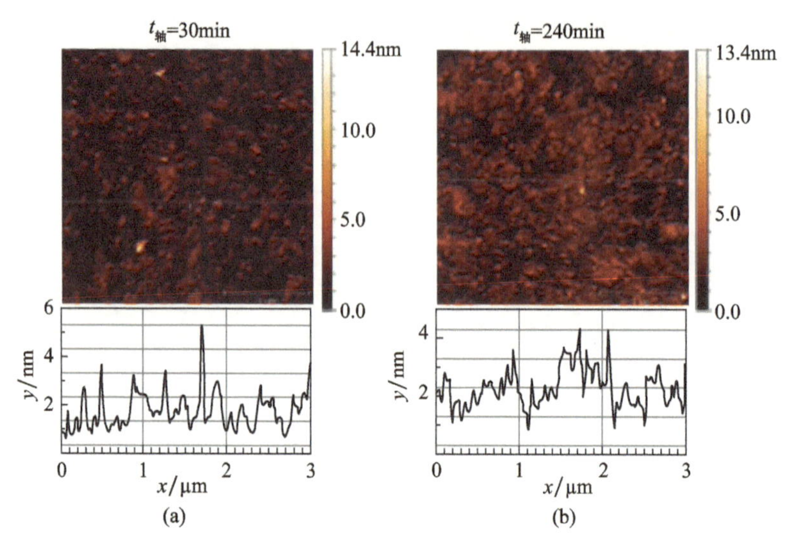

图 20.12 Si/APTES/GO(a)从 0.5mg · mL^{-1}水溶液吸附 30min 和(b)240min 后的 AFM 图像(AFM 图像中的线指示相应高度轮廓的位置[30])

毫无疑问，作为一种“即用型”器件材料，与其他技术制备的还原氧化石墨烯相比，ErGO 几乎没有额外的好处。ErGO 基纳米复合材料的制备仅限于共电沉积过程，这意味着“同伴”也应在可接受的电位窗口内电沉积。众所周知，合适的还原氧化石墨烯基纳米复合材料为母体还原氧化石墨烯提供了额外的特征，形成具有优异特性的材料。因此，关于金属基 ErGO 纳米复合材料的报道最多。目前已经开发了多种具有增强的电子、催化和光学性能的金属基 ErGO 纳米复合材料。

表 20.1 ErGO 两步合成的简要总结

电化学技术	工作电极	溶液/支持分析物	GO 组装方法	外加电位	电化学循环/时间	pH 值	C/O 比	I_D/I_G 比	参考文献
循环伏安法	GO/GC	0.01mol/LPBS(KH_2PO_4/K_2HPO_4)	滴铸	0 ~ 1.5V	—	5.0	—	—	[8]
循环伏安法	GO/Au	0.1mol/L KNO_3	浸涂	0.1 ~ -1.1V	2 循环	—	—		[39]
恒电位	GO/GC	1mol/LPBS(NaH_2PO_4/Na_2HPO_4)	喷涂	-0.90V	5000s	4.12	24.3	0.85	[18]

续表

电化学技术	工作电极	溶液/支持分析物	GO组装方法	外加电位	电化学循环/时间	pH值	C/O比	I_D/I_G比	参考文献
循环伏安法	GO/SnO_2 玻璃基底	0.1mol/L PBS(H_3PO_4)	旋涂	0~0.8V	50循环	3.37	—		[29]
循环伏安法	GO/cys-Au	0.1mol/L KNO_3	自组装	0~-1.0V	1循环	2.5	—	0.9到1.2	[29]
恒电位	GO/GC	PBS(KH_2PO_4/K_2HPO_4)	滴铸	-0.8	180s	5.1~5.5	3.8	1.3	[54]
恒电位	GO/GC	PBS(KH_2PO_4/K_2HPO_4)	滴铸	-1.2V和-1.7V	600s	6.5	—	—	[32]
循环伏安法	GC/1,6-六胺/GO	0.2mol/L PBS(NaH_2PO_4/Na_2HPO_4)	浸涂	0~1.4V	15循环	7.0	—	1.39	[13]
循环伏安法	GO/GC	0.05mol/L PBS(NaH_2PO_4/Na_2HPO_4)	滴铸	0~1.5V	100循环	5.0	—	—	[55]
循环伏安法	GO/GC	0.1mol/L Na_2SO_4	滴铸	-1.0~1.0V	1500循环	—	—	0.84	[28]
循环伏安法	GO/GC/Au	0.05mol/L PBS(Na_2HPO_4/Na H_2PO_4)	滴铸	0.0~1.5V	100循环	5.0	—	—	[26]
恒电位	GO/Au-PET	0.5M $NaNO_3$	滴铸	-1.1V	4.5h	—	—	0.64	[56]
循环伏安法	ErGO/GC	5mmol/L PBS(Na_2HPO_4/Na H_2PO_4)	滴铸	-1.6~0.2V	12h	4.1	—	1.8	[25]
恒电位	GO/GC	5mmol/L PBS(Na_2HPO_4/Na H_2PO_4)	滴铸	-1.2			—		[57]
循环伏安法	GO/PTFE/Pt	6mol/L KOH	滴铸	-0.9~0V	1000循环	-	—	1.15	[58]

20.4 基于金属/金属氧化物的电化学还原氧化石墨烯纳米复合材料

最初引入金属纳米粒子的目的是分离石墨烯片[59]。如今，人们很好地认识到，金属纳米粒子在石墨烯片上的分散，为开发新型催化、磁性和光电子材料提供了新途径[60]。因此，石墨烯-金属纳米杂化组装体的设计和合成对于探索其应用具有重要意义。为了共沉积合成石墨烯-金属复合材料，需要含有膨胀氧化石墨和金属前驱体的均匀分散体。金属前驱体的电荷对氧化石墨烯分散体的稳定性起着关键作用。加入带正电荷的金属离子，如Cu^{2+}、Ni^{2+}和Zn^{2+}导致氧化石墨烯片在水中团聚，这可能是由于金属离子使氧化石墨烯片交联所致[4]。带负电荷的金属前驱体可以容易地与氧化石墨烯共存以形成均匀的胶体溶液，因此，阴离子金属前驱体应用于进行共电沉积。氧化石墨烯电解的循环伏安法与$HAuCl_4$共存，表现出比氧化石墨烯更大的还原电流，并且随着连续扫描，还原电流不断增加(负值),突出了一些电导率高于 ErGO 的材料在电极上的持续沉积。高导电性的 Au 纳米粒子桥接 ErGO 膜,具有电子转移通道的作用,进一步提高了 ErGO 膜的电导率,从而增强了沉积层与玻碳电极之间的电荷转移过程。结果表明,Au 纳米粒子被限制在石墨烯片上,没有颗粒分散,表明它们之间有很强的相互作用,这可能是由于石墨烯上残留的氧官能团固定了 Au 纳米粒子[60]。Au 纳米粒子在石墨烯片之间的有效嵌入有助于复合膜的表面积增强。石墨烯 - Au 纳米复合膜可以使用共电沉积技术合成,其中石墨烯层被 Au 纳米粒子层规则地间隔开,因此,与纯石墨烯膜相比,石墨烯 - Au 复合膜的电导率和表面积显著提高。由于电化学技术可应用于各种材料,包括有机、无机、生物和聚合物分子,石墨烯的直接电沉积使得能够一步合成用于各种应用的宽范围的石墨基复合材料。

以氧化石墨烯和 Zn^{2+} 为原料,采用电化学共沉积方法制备了 Zn^{+2}/ErGO 纳米复合材料。通过 Zn^{+2} 盐的浓度实现阳离子碱金属前驱体和氧化石墨烯之间的兼容性,与先前报道的低于临界浓度的阴离子贵金属配合物相比更具挑战性。该纳米复合材料具有电化学活性,适用于储能和能量转换应用[60]。采用一步电化学还原沉积法在铜箔上制备了电化学还原氧化石墨烯(rGO)/铜(Cu)纳米复合薄膜。纳米复合材料的结构形态随沉积时间的不同而从离散的纳米粒子变成松树状,这归因于氧化石墨烯或还原氧化石墨烯的螯合作用来调节金属铜纳米粒子的生长速率[61]。将硝酸铋 - 氧化石墨烯悬浮液滴注于玻碳电极上,在 0.6 ~ -1.7V 的电位范围内电还原制备了 Er - GOBi 纳米复合材料[62]。采用两步法制备了一种电化学还原氧化石墨烯(ErGO)和金 - 钯(1 : 1)双金属纳米粒子(AuPdNP)。采用循环伏安法制备了玻碳电极上 ErGO,在 -1.5V 的电位范围内循环 100 次。然后,AuPd 金属合金纳米粒子(1 : 1)在由 2.5mmol/L $HAuCl_4$、2.5mmol/L $PdCl_2$ 和 0.1mol/LKCl 组成的脱气前驱体溶液中,在 -0.2V 恒电位下电化学沉积,最佳时间为 100s。与单原子复合材料如 AuNP - ErGO 和 PdNP - ErGO 纳米复合材料相比,双金属 ErGO纳米复合材料膜显示出更高的电活性面积、更高的电子转移速率和更高的催化性能[28]。在溶解 O_2 共反应物存在下,由于溶解 O_2 在 ErGO 上的吸附和促进电子转移,CdTe QD/ErGO 修饰电极的 ECL 强度分别比本征 QD 和 QD/GO 修饰电极提高了 4.2 倍和 178.9 倍。而包覆在氧化石墨烯修饰电极上的 QD 的 ECL 发射明显猝灭[63]。

20.5 用于传感的电化学还原氧化石墨烯及其纳米复合材料

大表面积、可扩展 π 网络结构、高异质电子转移速率和高密度边缘平面(如缺陷位点、易于制造等)等特点,使石墨烯纳米片成为传感应用中的独特材料之一。无化学成分的环境友好型合成过程是利用 ErGO 与生物大分子锚定以选择性重组任何酯类的一个优点。ErGO 及其纳米复合材料已用于检测对氨基苯酚、焦磷酸、多巴胺、葡萄糖、过氧化氢、多菌灵等(表 20.2)。ErGO/GCE 能很好地区分抗坏血酸、多巴胺和尿酸,同时增加了裸 GCE 的氧化电流。GCE、ErGO/GCE 和 AuNP - ErGO/GCE 电极之间的选择性逐渐提高,显示出同时测定抗坏血酸、多巴胺和尿酸的巨大潜力(图 20.13)[55]。图 20.13 描述了 ErGO/GCE 和 AuNP - ErGO/GCE 电极的优异分辨能力。ErGO 膜优异的电催化活性应归因于其结构缺陷[64]。

Liu 等制备了用于测定阿魏酸(FA)的 ErGO 修饰 GCE 伏安传感器。方法的线性范围

为 $8.49\times10^{-8}\sim3.89\times10^{-5}$mol/L，检出限为 2.06×10^{-8}mol/L[65]。报道了一种用于麦迪霉素(MD)测定的ErGO/GCE电化学传感器，一种广泛使用的大环内酯类抗生素，其范围为 $3.0\times10^{-7}\sim2.0\times10^{-4}$mol/L，检出限为 1.0×10^{-7}mol/L，基于在0.69V下在0.1mol/L磷酸盐缓冲溶液(PBS)(pH=7.4)中发生的MD氧化[66]。与裸玻碳电极相比，ErGO/GCE电极对MD的电化学氧化具有良好的增强作用。

表20.2　一些重要特性的列表提供了ErGO及其纳米复合材料的一些重要传感应用

序号	过程	沃朗电极	感测分析物	线性范围	检测限	灵敏度	参考文献
1	恒定电流	ErGO/GC	阿魏酸	$8.49\times10^{-8}\sim3.89\times10^{-5}$mol/L	2.06×10^{-8}mol/L	—	[65]
2	恒电位	GO/GC	麦迪霉素	$3.0\times10^{-7}\sim2.0\times10^{-4}$mol/L	1.0×10^{-7}mol/L	—	[66]
3	恒电位	NF/ER-GO/GC	胆红素	2.0~20μmol/L	0.84μmol/L	—	[67]
4	恒电位	ErGO/ITO	甘油三酯	50~300mg/dL	37pAmg/(dL·cm)	25mg/dL	[6]
5	恒电位	ErGO/Au	多巴胺	0.1~10mmol/L	0.1mmol/L	—	[68]
6	循环伏安法	ErGO/PLL/GC	葡萄糖	0.25~5mmol/L	—	—	[69]
7	循环伏安法	ErGO/GCE	多菌灵	2.0~400nmol/L	1.0nmol/L	0.1μmol/L	[70]
8	循环伏安法	ErGO/PDA	氯丙嗪	0.03~967.6μmol/L	0.0018μmol/L	3.63±0.3μA/[(μmol/L)·cm^2]	[71]
9	循环伏安法	ErGO/ITO	尿酸	0.3~100μmol/L	286.6μA/[(mmol/L)·cm^2]	0.3μmol/L	[72]
10	电沉积	BMA-r-PE GMA-r-NAS	抗原	—	ca. 100fg/mL (ca. 700amol/L)	—	[71]
11	循环伏安法	ErGO/Au	心脏生物标志物肌红蛋白	1~1400ng/mL	约0.67ng/mL	—	[73]
12	电位常数	ErGO/GCE	色氨酸和酪氨酸	0.2~40.0μmol/L，0.5~80.0μmol/L	0.1μmol/L和0.2μmol/L	—	[13]
13	电沉积	ErGO-PG-BiE	Zn^{2+} Cd^{2+}，以及Pb^{2+}	—	0.19ug/L，0.09ug/L和0.12ug/L	—	[74]
14	恒电位	ErGO/SPE	在牛奶和饮料中的Ca^{2+}	—	—	$10^{-5.8}$mol/L	[75]
15	循环伏安法	ErGO/GCE	一氧化氮	$7.2\times10^{-7}\sim7.84\times10^{-5}$mol/L	2.0×10^{-7}mol/L	299.1μA/(mmol/L)	[76]
16	循环伏安法	Nafion/AuNP/ErGO/GCE	过氧化氢	0.02~23mmol/L	—	(574.8μA/[(mmol/L)cm^2)]	[21]
17	循环伏安法	GO/Au	水体中的汞种类	—	0.5nmol/L	—	[77]

注：碳；PTH：聚硫氨酸；NF：全氟磺酸；SPE：丝网印刷电极；PG-BiE：铅笔石墨铋；PLL：多聚赖氨酸；PTH：聚硫氨酸；PDA：聚多巴胺；ErGO：电化学还原氧化石墨烯；GO：氧化石墨烯；GC：玻璃状；DA：多巴胺；PTCA：苝四羧酸；PEG-MA：聚乙二醇单甲基丙烯酸酯；NAS：N-丙烯酰氧基琥珀酰亚胺。

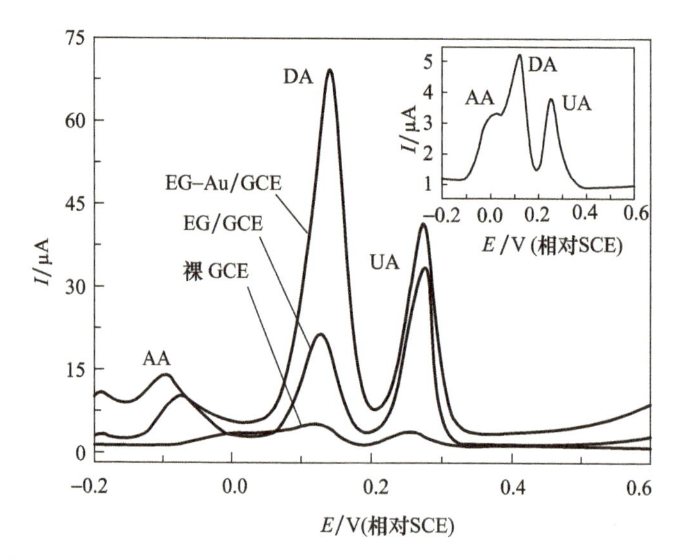

图 20.13 抗坏血酸(1.0mmol/L)、多巴胺(0.1mmol/L)和尿酸(0.1mmol/L)在 0.067mol/L, pH = 6.98, 磷酸盐缓冲溶液中的 DPV 在裸 GCE、EG/GCE 和 EG – Au/GCE 上。(插图是 DPV 曲线在裸玻碳电极上的放大倍数,经许可转载自参考文献[65])

构建了 Nafion – ErGO/GCE 方波伏安法传感器,用于测定含 H_2SO_4 的丙酮中胆红素(BR),检测限为 0.84μmol/L[67]。Sheetal 等[6]研究了基于脂肪酶/ErGO/ITO 的甘油三酯传感器,灵敏度为 37pA mg/(dL · cm^2)。Zhang 等[72]通过采用易于控制的电还原技术制备了具有不同氧官能团含量的 ErGO 膜,研究了氧官能团对还原氧化石墨烯修饰电极电化学性能的影响。对 ErGO 对尿酸电氧化的电催化活性进行研究,发现 ErGO 对尿酸电氧化的灵敏度很高,检测限为 50nmol/L。

ErGO 还可用于 Zn^{2+}、Cd^{2+}、Pb^{2+} 等重金属的检测[74]。Ping 等在丝网印刷电极上直接开发了 ErGO 膜,用于牛奶和饮料样品中 Ca^{2+} 的检测,检测限为 $10^{-5.8}$ mol/L[75]。Wang 及其的团队在 ErGO/玻碳电极上研究了检测一氧化氮的气体传感器,灵敏度为 299.1μA/(mmol/L)[76]。研究了 Nafion 和玻碳电极与 ErGO 联用在其他电化学传感器中的应用。Lv 等以 ErGO – Nafion/AuNP 修饰的玻碳电极为传感平台,开发了用于过氧化氢传感的非酶传感器。该 GCE/ErGO – Nafion/AuNP/玻碳电极传感器的灵敏度为 574.8μA/[(mmol/L) · cm^2],线性范围为 0.02 ~ 23mmol/L[21]。

20.6 小结

还原氧化石墨烯及其衍生物由于廉价的合成方法和定制的功能特性而比单原子层原始石墨烯更受欢迎。在用于将氧化石墨烯转化为还原氧化石墨烯的各种还原技术中,电化学还原氧化石墨烯(ErGO)被认为是最为用户友好、简单、环境友好和快速的技术。本章主要介绍各种还原方法(单步或两步)、详细表征、少数金属复合材料及其在传感中的应用。合成方法表明,时间和施加的负还原电位是控制还原程度的两个主要因素,而电解质的作用可能不是很显著。氧化石墨烯至 ErGO 的有效还原发生在酸性至中性 pH 中。研究发现,前驱体氧化石墨烯是决定 ErGO 质量的最关键因素。ErGO 的质量显著地意味着还原程度、层数、官能团的性质和数量、微晶的尺寸和表面形态。表征技术如拉曼光谱、X射线光电子能谱(XPS)、FTIR、XRD和显微技术如FESEM、AFM和TEM从结构和形态上阐明了ErGO,并提供了ErGO与氧化石墨烯和CrGO的比较视图。原位光谱电化学研究揭示了外加电位下的结构转变。

与母体ErGO相比,ErGO-金属/金属氧化物纳米复合材料具有更高的电子转移速率、催化性能和剥离结构,是一种先进的材料。大表面体积比、官能团的存在、基面和边缘缺陷的存在以及高的非均相电子转移特性,使ErGO和金属纳米复合材料成为最合适的传感表面之一,并在从重金属到癌症检测的传感应用中得到了广泛的研究。

在非常有限的时间内,ErGO及其金属纳米复合材料覆盖了很大的范围。由于其合成方法,ErGO被认为是一种即用型材料。除了传感之外,ErGO还有望在纳米电子、能源器件和材料纯化等领域有所应用。但对于真实的评估,结果不太理想。在现实中的研究很少。只有当工业界与学术界联合时,才能获得成功和可持续的ErGO研究巨额技术商业投资。

参考文献

[1] Dreyer, D. R., Ruoff, R. S., Bielawski, C. W., From conception to realization: An historial account of graphene and some perspectives for its future. *Angew. Chem. Int. Ed.*, 49, 9336-9344, 2010.

[2] Eda, G., Fanchini, G., Chhowalla, M., Large-area ultrathin films of reduced graphene oxide as a transparent and flexible electronic material. *Nat. Nanotechnol.*, 3, 270-274, 2008.

[3] Paredes, J. I., Villar-Rodil, S., Fernandez-Merino, M. J., Guardia, L., Martínez-Alonso, A., Tascon, J. M. D., Environmentally friendly approaches toward the mass production of processable graphene from graphite oxide. *J. Mater. Chem.*, 21, 298-306, 2011.

[4] Liu, C., Wang, K., Luo, S., Tang, Y., Chen, L., Direct electrodeposition of graphene enabling the one-step synthesis of graphene-metal nanocomposite films. *Small*, 7, 1203-1206, 2011.

[5] Hilder, M., Winther-Jensen, B., Li, D., Forsyth, M., MacFarlane, D. R., Hall, A. S., Farrar, J., Varshneya, R., Yang, Y., Kaner, R. B., Aksay, I. A., First, P. N., de Heer, W. A., Direct electrodeposition of graphene from aqueous suspensions. *Phys. Chem. Chem. Phys.*, 13, 9187, 2011.

[6] Bhardwaj, S. K., Yadav, P., Ghosh, S., Basu, T., Mahapatro, A. K., Biosensing test-bed using electrochemically deposited reduced graphene oxide. *ACS Appl. Mater. Interfaces*, 8, 24350-24360, 2016.

[7] Ping, J., Wang, Y., Fan, K., Wu, J., Ying, Y., Direct electrochemical reduction of graphene oxide on ionic liquid doped screen-printed electrode and its electrochemical biosensing application. *Biosens. Bioelectron.*, 28, 204-209, 2011.

[8] Guo, H.-L., Wang, X.-F., Qian, Q.-Y., Wang, F.-B., Xia, X.-H., A Green approach to the synthesis of graphene nanosheets. *ACS Nano*, 3, 2653-2659, 2009.

[9] Zhang, X., Zhang, D., Chen, Y., Sun, X., Ma, Y., Electrochemical reduction of graphene oxide films: Preparation, characterization and their electrochemical properties. *Chin. Sci. Bull.*, 57, 3045-3050, 2012.

[10] Wang, D., Yan, W., Vijapur, S. H., Botte, G. G., Electrochemically reduced graphene oxide-nickel nanocomposites for urea electrolysis. *Electrochim. Acta*, 89, 732-736, 2013.

[11] Schwierz, F., Graphene transistors. *Nat. Publ. Gr.*, 5, 487-496, 2031.

[12] Park, S. and Ruoff, R. S., Chemical methods for the production of graphenes. *Nat. Nano*, 4, 217-

224,2009.

[13] Deng,K. Q. ,Zhou,J. ,Li,X. F. ,Direct electrochemical reduction of graphene oxide and its application to determination of l – tryptophan and l – tyrosine. *Colloids Surf.* ,B,101,183 – 188,2013.

[14] Chang,H. – H. ,Chang,C. – K. ,Tsai,Y. – C. ,Liao,C. – S. ,Electrochemically synthesized graphene/polypyrrole composites and their use in supercapacitor. *Carbon N. Y.* ,50,2331 – 2336,2012.

[15] Li,X. ,Large – area synthesis of high – quality. *Science*,5,1312 – 4,2009.

[16] Compton,O. C. ,Jain,B. ,Dikin,D. A. ,Abouimrane,A. ,Amine,K. ,Chemically active reduced graphene oxide with tunable C/O ratios. *ACS Nano*,5,4380 – 4391,2011.

[17] Zhou,Y. ,Chen,J. ,Wang,F. ,Sheng,Z. ,Xia,X. ,A facile approach to the synthesis of highly electroactive Pt nanoparticles on graphene as an anode catalyst for direct methanol fuel cells. *Chem Commun (Camb)*,46,5951 – 5953,2010.

[18] Zhou,M. ,Wang,Y. ,Zhai,Y. ,Zhai,J. ,Ren,W. ,Wang,F. ,Controlled synthesis of large – area and patterned electrochemically reduced graphene oxide films. *Chemistry A European J.* ,6116 – 6120,2009.

[19] Becerril,H. A. H. A. ,Mao,J. ,Liu,Z. ,Stoltenberg,R. M. ,Bao,Z. ,Chen,Y. ,Evaluation of solution – processed reduced graphene oxide films as transparent conductors. *ACS Nano*,2,463 – 470,2008.

[20] Liu,S. ,Ou,J. ,Wang,J. ,SHORT COMMUNICATION A simple two – step electrochemical synthesis of graphene sheets film on the ITO electrode as supercapacitors. *J. Appl. Electrochem*,41,881 – 884,2011.

[21] Ramesha,G. K. and Sampath,S. ,Electrochemical reduction of oriented graphene oxide films: An*in situ* Raman spectroelectrochemical study. *J. Phys. Chem. C*,113,7985 – 7989,2009.

[22] Wang,Z. ,Zhou,X. ,Zhang,J. ,Boey,F. ,Zhang,H. ,Direct electrochemical reduction of singlelayer graphene oxide and subsequent functionalization with glucose oxidase. *J. Phys. Chem.* C,113,14071 – 14075,2009.

[23] Toh,S. Y. ,Loh,K. S. ,Kamarudin,S. K. ,Daud,W. R. W. ,Graphene production via electrochemical reduction of graphene oxide: Synthesis and characterisation. *Chem. Eng. J.* ,251,422 – 434,2014.

[24] Wu,G. ,Huang,H. ,Chen,X. ,Cai,Z. ,Jiang,Y. ,Chen,X. ,Facile synthesis of clean Pt nanoparticles supported on reduced graphene oxide composites: Their growth mechanism and tuning of their methanol electro – catalytic oxidation property. *Electrochim. Acta*,111,779 – 783,2013.

[25] Peng,X. Y. ,Liu,X. X. ,Diamond,D. ,Lau,K. T. ,Synthesis of electrochemically – reduced grapheme oxide film with controllable size and thickness and its use in supercapacitor. *Carbon N. Y.* ,49,3488 – 3496,2011.

[26] Shao,Y. ,Wang,J. ,Engelhard,M. ,Wang,C. ,Lin,Y. ,Facile and controllable electrochemical reduction of graphene oxide and its applications. *J. Mater. Chem.* ,20,743,2010.

[27] Jiang,Y. ,Lu,Y. ,Li,F. ,Wu,T. ,Niu,L. ,Chen,W. ,Facile electrochemical codeposition of 'clean' graphene – Pd nanocomposite as an anode catalyst for formic acid electrooxidation. *Electrochem. Commun.* ,19,21 – 24,2012.

[28] Yang,J. ,Deng,S. ,Lei,J. ,Ju,H. ,Gunasekaran,S. ,Electrochemical synthesis of reduced grapheme sheet – AuPd alloy nanoparticle composites for enzymatic biosensing. *Biosens. Bioelectron.* ,29,159 – 166,2011.

[29] Viinikanoja,A. ,Wang,Z. ,Kauppila,J. ,Kvarnstrom,C. ,Electrochemical reduction of grapheme oxide and its in situ spectroelectrochemical characterization. *Phys. Chem. Chem. Phys.* ,14,14003 – 9,2012.

[30] Harima,Y. ,Setodoi,S. ,Imae,I. ,Komaguchi,K. ,Ooyama,Y. ,Ohshita,J. ,Mizota,H. ,Yano,J. ,Electrochemical reduction of graphene oxide in organic solvents. *Electrochim. Acta*,56,5363 – 5368,2011.

[31] Kauppila,J. ,Kunnas,P. ,Damlin,P. ,Viinikanoja,A. ,Kvarnstrom,C. ,Electrochemical reduction of graphene oxide films in aqueous and organic solutions. *Electrochim. Acta*,89,84 – 89,2013.

[32] Li, W. , Liu, J. , Yan, C. , Reduced graphene oxide with tunable C/O ratio and its activity towards vanadium redox pairs for an all vanadium redox flow battery. *Carbon N. Y.* ,55,313 - 320,2013.

[33] Ferrari, A. C. , Meyer, J. C. , Scardaci, V. , Casiraghi, C. , Lazzeri, M. , Mauri, F. , Piscanec, S. , Jiang, D. , Novoselov, K. S. , Roth, S. , Geim, A. K. , Raman spectrum of graphene and graphene layers. 187401,1 - 4,2006.

[34] Wang, H. , Maiyalagan, T. , Wang, X. , Review on recent progress in nitrogen - doped graphene: Synthesis, characterization, and its potential applications. *ACS Catal.* ,2,781 - 794,2012.

[35] Stankovich, S. , Dikin, D. A. , Piner, R. D. , Kohlhaas, K. A. , Kleinhammes, A. , Jia, Y. , Wu, Y. , Nguyen, S. B. T. , Ruoff, R. S. , Synthesis of graphene - based nanosheets via chemical reduction of exfoliated graphite oxide. *Carbon N. Y.* ,45,1558 - 1565,2007.

[36] Pei, S. and Cheng, H. M. , The reduction of graphene oxide. *Carbon N. Y.* ,50,3210 - 3228,2012.

[37] Eda, B. G. and Chhowalla, M. , Chemically derived graphene oxide: Towards large - area thinfilm electronics and optoelectronics. *Adv. Mat.* ,22,2392 - 2415,2010.

[38] Öztürk, H. , Ekinci, D. , Demir, Ü. , Atomic scale imaging and spectroscopic characterization of electrochemically reduced graphene oxide. *Surf. Sci.* ,611,54 - 59,2013.

[39] Doǧan, H. Ö. , Ekinci, D. , Demir, Ü. , Atomic scale imaging and spectroscopic characterization of electrochemically reduced graphene oxide. *Surf. Sci.* ,611,54 - 59,2013.

[40] He, Q. , Sudibya, H. G. , Yin, Z. , Wu, S. , Li, H. , Boey, F. , Huang, W. , Chen, P. , Zhang, H. , Micropatterns of reduced graphene oxide films: Fabrication and sensing applications. 4,3201 - 3208,2010.

[41] Basirun, W. J. , Sookhakian, M. , Baradaran, S. , Mahmoudian, M. R. , Ebadi, M. , Solid - phase electrochemical reduction of graphene oxide films in alkaline solution. *Nanoscale Res. Lett.* ,8,1 - 9,2013.

[42] Yang, D. , Velamakanni, A. , Bozoklu, G. , Park, S. , Stoller, M. , Piner, R. D. , Stankovich, S. , Jung, I. , Field, D. A. , Ventrice, C. A. , Ruoff, R. S. , Chemical analysis of graphene oxide films after heat and chemical treatments by X - ray photoelectron and Micro - Raman spectroscopy. *Carbon N. Y.* ,47,145 - 152,2009.

[43] Paredes, J. I. , Sol, P. , Mart, A. , Tasc, J. M. D. , Atomic force and scanning tunneling microscopy imaging of graphene nanosheets derived from graphite oxide n. 25,5957 - 5968,2009.

[44] Seger, B. and Kamat, P. V. , Electrocatalytically active graphene - platinum nanocomposites. Role of 2 - D carbon support in PEM fuel cells. *The J. Phy. Chem.* ,113,7990 - 7995,2009.

[45] Dimensional, L. , Lumpur, K. , Lumpur, K. , Kebangsaan, U. , Ehsan, S. D. , Simple room - temperature preparation of high - yield large - area graphene oxide. *Int. J. Nanomed.* ,6,3443 - 3448,2011.

[46] Shao, G. , Lu, Y. , Wu, F. , Graphene oxide: The mechanisms of oxidation and exfoliation. *J. Mat. Sci.* ,47, 4400 - 4409,2012.

[47] Gao, Z. , Yang, W. , Wang, J. , Yan, H. , Yao, Y. , Ma, J. , Wang, B. , Zhang, M. , Liu, L. , Electrochemical synthesis of layer - by - layer reduced graphene oxide sheets/polyaniline nanofibers composite and its electrochemical performance. *Electrochim. Acta*,91,185 - 194,2013.

[48] Chen, B. C. , Yang, Q. , Yang, Y. , Lv, W. , Wen, Y. , Hou, P. , Wang, M. , Cheng, H. , Self - assembled free - standing graphite oxide membrane. *Adv. Mat.* ,21,3007 - 3011,2009.

[49] Chem, J. M. , Eda, G. , Ball, J. , Mattevi, C. , Acik, M. , Artiglia, L. , Granozzi, G. , Chabal, Y. , Anthopoulos, T. D. , Chhowalla, M. , Partially oxidized graphene as a precursor to graphene. *J. Mat. Chem.* ,21, 11217 - 11223,2011.

[50] Hilder, M. , Winther - jensen, B. , Li, D. , Macfarlane, D. R. , Direct electro - deposition of grapheme from aqueous suspensions. *Phys. Chem. Chem. Phys.* ,13,9187 - 9193,2011.

[51] Marcano, D., Kosynkin, D., Berlin, J. M., Sinitskii, A., Sun, Z. Z., Slesarev, A., Alemany, L. B., Lu, W., Tour, J. M., Improved synthesis of graphene oxide. *Am. Chem. Soc.*, 4, 4806 - 4814, 2010.

[52] Bai, H., Li, C., Shi, G., Functional composite materials based on chemically converted graphene. *Adv. Mater.*, 23, 1089 - 1115, 2011.

[53] Cote, L. J., Kim, F., Huang, J., Langmuir - Blodgett assembly of graphite oxide single layers. *J. Am. Chem. Soc.*, 131, 1043 - 1049, 2009.

[54] Wang, Y., Li, Z., Wang, J., Li, J., Lin, Y., Graphene and graphene oxide: Biofunctionalization and applications in biotechnology. *Trends Biotechnol.*, 29, 205 - 212, 2011.

[55] Raj, M. A. and John, S. A., Simultaneous determination of uric acid, xanthine, hypoxanthine and caffeine in human blood serum and urine samples using electrochemically reduced grapheme oxide modified electrode. *Anal. Chim. Acta*, 771, 14 - 20, 2013.

[56] Yang, J. and Gunasekaran, S., Electrochemically reduced graphene oxide sheets for use in high performance supercapacitors. *Carbon N. Y.*, 51, 36 - 44, 2013.

[57] Casero, E., Alonso, C., Vázquez, L., Petit - Domínguez, M. D., Parra - Alfambra, A. M., de la Fuente, M., Merino, P., Álvarez - García, S., de Andrés, A., Pariente, F., Lorenzo, E., Comparative response of biosensing platforms based on synthesized graphene oxide and electrochemically reduced graphene. *Electroanalysis*, 25, 154 - 165, 2013.

[58] Casero, E., Parra - Alfambra, A. M., Petit - Domínguez, M. D., Pariente, F., Lorenzo, E., Alonso, C., Differentiation between graphene oxide and reduced graphene by electrochemical impedance spectroscopy (EIS). *Electrochem. Commun.*, 20, 63 - 66, 2012.

[59] Si, Y. and Samulski, E. T., Synthesis of water soluble graphene. *Nano Lett.*, 8, 1679 - 1682, 2008.

[60] Kamat, P. V., Graphene - based nanoarchitectures. Anchoring semiconductor and metal nanoparticles on a two - dimensional carbon support. *J. Phys. Chem. Lett.*, 1, 520 - 527, 2010.

[61] Xie, G., Forslund, M., Pan, J., Direct electrochemical synthesis of reduced graphene oxide (rGO)/copper composite films and their electrical/electroactive properties. *ACS Appl. Mater. Interfaces*, 6, 7444 - 7455, 2014.

[62] Tandel, R., Teradal, N., Satpati, A., Jaladappagari, S., Fabrication of the electrochemically reduced graphene oxide - bismuth nanoparticles composite and its analytical application for an anticancer drug gemcitabine. *Chinese Chemical Letters*, 28, 1429 - 1437, 2017.

[63] Deng, S., Lei, J., Cheng, L., Zhang, Y., Ju, H., Amplified electrochemiluminescence of quantum dots by electrochemically reduced graphene oxide for nanobiosensing of acetylcholine. *Biosens. Bioelectron.*, 26, 4552 - 4558, 2011.

[64] Kampouris, D. K. and Banks, C. E., Exploring the physicoelectrochemical properties of graphene. *Chem. Commun.*, 46, 8986, 2010.

[65] Liu, L. J., Gou, Y. Q., Gao, X., Zhang, P., Chen, W. X., Feng, S. L., Hu, F. D., Li, Y. D., Electrochemically reduced graphene oxide - based electrochemical sensor for the sensitive determination of ferulic acid in A - sinensis and biological samples. *Mater. Sci. Eng. C Mater. Biol. Appl.*, 42, 227 - 233, 2014.

[66] Xi, X. and Ming, L., A voltammetric sensor based on electrochemically reduced graphene modified electrode for sensitive determination of midecamycin. *Anal. Methods*, 4, 3013, 2012.

[67] Filik H., Avan A. A., Voltammetric sensing of bilirubin based on nafion/electrochemically reduced Graphene oxide composite modified glassy carbon electrode. *Anal. Chem.*, 11, 96 - 103, 2015.

[68] Pandikumar, A., Soon How, G. T., See, T. P., Omar, F. S., Jayabal, S., Kamali, K. Z., Yusoff, N., Jamil, A., Ramaraj, R., John, S. A., Lim, H. N., Huang, N. M., Graphene and its nanocomposite material based

electrochemical sensor platform for dopamine. *RSC Adv.* ,4,63296 – 63323,2014.

[69] Hua,L. ,Wu,X. ,Wang,R. ,Glucose sensor based on an electrochemical reduced grapheme oxide – poly (l – lysine) composite film modified GC electrode. *Analyst*,137,5716,2012.

[70] Brownson,D. A. C. ,Banks,C. E. ,*Handbook of graphene electrochemistry*. London,Springer,2014.

[71] Palanisamy,S. ,Thirumalraj,B. ,Chen,S. – M. ,Wang,Y. – T. ,Velusamy,V. ,Ramaraj,S. K. ,A facile electrochemical preparation of reduced graphene oxide@ polydopamine composite:A novel electrochemical sensing platform for amperometric detection of chlorpromazine. *Sci. Rep.* ,6,33599,2016.

[72] Zhang,Z. and Yin,J. ,Sensitive detection of uric acid on partially electro – reduced grapheme oxide modified electrodes. *Electrochim. Acta*,119,32 – 37,2014.

[73] Singh,S. ,Tuteja,S. K. ,Sillu,D. ,Deep,A. ,Suri,C. R. ,Gold nanoparticles – reduced grapheme oxide based electrochemical immunosensor for the cardiac biomarker myoglobin. *Microchim. Acta*,183,1729 – 1738,2016.

[74] Pokpas,K. ,Jahed,N. ,Tovide,O. ,Baker,P. G. ,Iwuoha,E. I. ,Nafion – graphene nanocomposite in situ plated bismuth – film electrodes on pencil graphite substrates for the determination of trace heavy metals by anodic stripping voltammetry. *Int. J. Electrochem. Sci.* ,9,5092 – 5115,2014.

[75] Ping,J. ,Wang,Y. ,Ying,Y. ,Wu,J. ,Application of electrochemically reduced graphene oxide on screen – printed ion – selective electrode. *Anal. Chem.* ,84,3473 – 3479,2012.

[76] Wang,Y. – L. and Zhao,G. – C. ,Electrochemical sensing of nitric oxide on electrochemically reduced graphene – modified electrode. *Int. J. Electrochem.* ,2011,1 – 6,2011.

[77] Tan,F. ,Cong,L. ,Saucedo,N. M. ,Gao,J. ,Li,X. ,Mulchandani,A. ,An electrochemically reduced graphene oxide chemiresistive sensor for sensitive detection of Hg^{2+} ion in water samples. *J. Hazard. Mater.* ,320,226 – 233,2016.

第21章 基于石墨烯及其纳米复合材料的电化学传感器

Mihaela Tertiş[1],Luminiţa Fritea[2],Robert Săndulescu[1],Cecilia Cristea[1]

[1]罗马尼亚克卢日－纳波卡 Iuliu Hatieganu 医药大学药学院分析化学系

[2]罗马尼亚奥拉迪亚,奥拉迪亚大学医学与药学院基础学科系

摘要 在二维纳米材料中,石墨烯已成为最常用的电极表面修饰材料,旨在制备用于生物医学、食品和环境应用的相关分子检测的(生物)传感器。人们对石墨烯的兴趣主要是由于其特殊的机械、光学和电子性质。此外,石墨烯片中刚性蜂窝状 sp^2 杂化碳原子的排列,决定了获得表现出优异的导热性和电子转移能力以及所有材料中最高的机械强度的材料。

由于其大比表面积以及其易于与多种材料共价和/或非共价功能化,石墨烯越来越多地用于开发电化学(生物)传感器,从而可以固定更多数量的生物分子并显著提高灵敏度。

石墨烯和石墨烯基材料与不同金属(金、铂等)、金属氧化物或复合材料和纳米结构材料中的量子点集成,为设计和开发在生物电化学(主要在生物医学领域)中具有显著影响的高度特异性和灵敏度的电化学(生物)传感器提供了巨大的机会。

本章综述了石墨烯基电化学(生物)传感器在药物、生物标志物、环境污染物和其他相关目标分析中的研究和应用的最新方法。

关键词 石墨烯,石墨烯纳米复合材料,金属和磁性纳米颗粒,电化学(生物)传感器

21.1 引言

近几十年来,纳米材料工程是(生物)电分析化学领域中最有影响力的重要进展。提供了许多具有改进物理化学性能的新型纳米材料。这些材料可以合成具有预定形态的材料,并且由于其生产和表征的先进方法,现在可以根据所需的应用定制它们的尺寸和形状。这些纳米材料中大部分已成功地用作设计新型、现代和敏感传感器器件的转换器,或用作基于亲和力的电化学传感器的放大工具[1-2]。近年来,在种类繁多的纳米材料中,二维纳米材料在电化学生物传感器的设计中受到了广泛的关注。除了其他特性外,它们的物理和化学特性还要归功于这些材料独特的厚度[3]。值得一提的是石墨烯基材料[4-9]、

介孔二氧化硅二维支架[10-11]、MoS_2、WS_2、CuS 和SnS_2[12-17]，这些材料都被广泛用作生物电分析应用的转导元件，包括无标记电化学生物传感器的研制[18]。

过去几十年在该领域最重要的成就之一是2004年发现了石墨烯，随后又开发了其他基于石墨烯的纳米材料。这些材料在被发现后立即引起了物理学家、化学家和材料科学家的兴趣，因为它们提供了机械、光学、热和电学性质的独特组合。石墨烯独特的化学和物理性能，如较强的机械强度、较大的比表面积、良好的光学性能、显著的生物兼容性、柔性和弹性，以及优异的导电性、导热性和低成本，使其成为二维材料和碳基纳米材料的优选材料[18-19]。与石墨或玻璃碳相比，石墨烯表现出低的电荷转移电阻、宽的电化学电位和平面结构，这提供了优异的电子转移效率，并使石墨烯适合于电化学（生物）传感器。此外，石墨烯的电光特性使这种材料有资格用于生产高灵敏度光学（生物）传感器[19]，而高表面积和没有传质屏障使其足以作为一种新形式的碳材料进行催化[20]。石墨烯是一种呈现双极电场效应的零带隙半导体，载流子在电子和空穴之间连续可调，浓度高达$1013cm^{-2}$，在环境条件下迁移率高于$15000cm^2/(V \cdot s)$。这一特性表明石墨烯对吸电子和给电子化合物都具有电敏感性。石墨烯的化学稳定性决定了这种材料在低电压下增加的抗氧化性，从而消除了对电钝化层的需要。此外，石墨烯还呈现室温霍尔效应，绝对透明，使石墨烯符合其他重要应用[21]。

石墨烯是一个单碳原子厚度的二维薄片。碳原子排列在凝聚的六方环中，并以sp^2键连接（图21.1(a)和(b)）[22]。sp^2键和这种电子构型是石墨烯优异性能的主要原因。例如，石墨烯具有约$2630m^2/g$非常大的比表面积，这几乎是单壁碳纳米管（SWCNT）表面积的2倍，而机械强度是钢的200倍。迄今为止，理论上，由于其无缺陷结构，石墨烯是具有最高强度的最薄材料[23-24]。纯的原始石墨烯仅由六元环组成。石墨烯晶格中的任何结构缺陷都会导致五元环和七元环的形成，并因此导致平坦表面的弯曲。五元环决定原子平面卷起成锥形，含有12元环的结构被称为富勒烯，而七元环决定了原子平面鞍状扭曲的形成。与其他纳米体系相比，石墨烯的稳定性更高，这是由于共轭芳环的扩展π-电子体系。石墨烯的形态和结构研究表明，这是一个体系，其中电荷载流子（在平面内自由移动）被放置在由约0.3nm的最短原子间距离隔开的狭窄空间中。这种结构是石墨烯特殊的电特性和其他不寻常性质的原因。理论计算预测在$105cm^2/(V \cdot s)$的室温下理想石墨烯中非常高的载流子迁移率，这比纯晶体硅的载流子迁移率高一到两个数量级。这表明石墨烯可以被认为是纳米电子学中硅的替代品，而载流子迁移率是决定此类仪器中速度的特性[25]。因此，石墨是典型的堆叠结构，单个石墨烯片形成三维晶体（图21.1(c)）[22]。

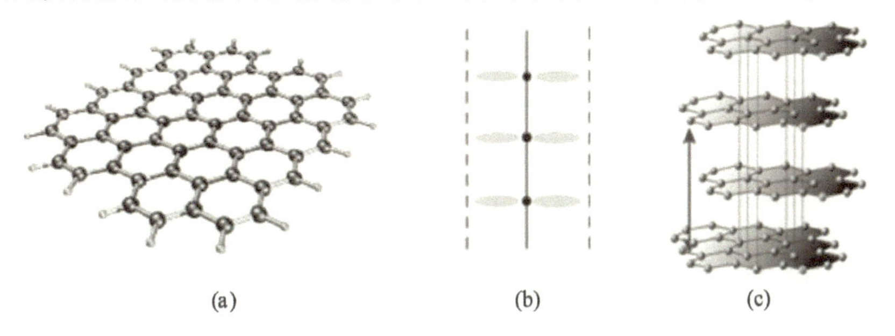

图21.1 石墨烯的结构

(a)俯视图；(b)π-电子系统的侧视图；(c)石墨晶体的结构。（经施普林格许可转载自文献[22]）

尽管石墨烯具有卓越的性能，但其在许多领域的使用也存在一些缺点。例如，在原始石墨烯的结构中不存在任何缺陷，缺乏用作受体共价固定锚定点的化学官能团，以及高疏水性，所有这些都限制了它们作为用于制备稳定和可再现的传感界面支架的用途。使用氧化石墨烯可以部分地克服这些问题，所述氧化石墨烯是在原始石墨烯的氧化之后获得的石墨烯衍生物，所述原始石墨烯分别在基面上和片边缘处包含羟基、环氧基、羰基和羧基。这是由于：与石墨烯相比，氧化石墨烯结构中这些氧官能团的存在决定了在水介质中更容易分散，并且所获得的水悬浮液即使在高浓度下也更稳定。此外，氧官能团不仅将二维纳米材料的高疏水性转化为亲水性，而且它们适合用作锚定基团，用于进一步表面固定不同分子，包括生物分子。通过共价和非共价键合与金属纳米结构进行适当的功能化，可以进一步提高氧化石墨烯的电分析电位。这产生了具有催化性能和改进电导率的先进复合材料[18]。这些含氧基团可以提高电子转移速率，但也可以破坏 π-电子云，导致电导率和载流子迁移率降低。一个简单的解决方案是将氧化石墨烯通过物理、化学或电化学方法还原为还原氧化石墨烯[26]。最适合大规模生产还原氧化石墨烯的方法是剥离氧化石墨烯的化学还原。石墨烯片中sp^2碳的存在以及与氧化石墨烯和还原氧化石墨烯中额外的氧基团键合sp^3碳的存在使得这些材料的行为类似于半导体。此外，氧化石墨烯和还原氧化石墨烯中氧官能团的存在还可以作为纳米粒子着陆的成核中心或锚定位点，限制 NP 的生长并改善它们在还原氧化石墨烯表面上的稳定性和分散性。同时，这些 NP 可以帮助扩大还原氧化石墨烯片的平面间距，限制它们的堆积，从而保持单个还原氧化石墨烯纳米片的优异性能[20]。一些研究集中于石墨烯功能化的各种策略（共价和非共价）以及与其他（纳米）材料的结合导致石墨烯（纳米）复合材料，以提高基于石墨烯的（生物）传感器的电化学活性。这些（生物）传感器在许多领域，特别是在生物医学、环境和食品分析中具有非常广泛的应用。

21.2 石墨烯的制备

发现新材料后最重要的问题是知道它的可得性，找到一种方法来生产足够数量的新材料，以满足设想的应用，具有高的再现性和可靠性，并保持其恒定的性质。找到快速简单地表征新材料的技术，并评估该材料用于创新的可用性，也同样重要[22]。

石墨烯是碳基纳米材料家族的最新成员。在同一族中，还可以找到作为零维（0D）的富勒烯、作为一维的单壁碳纳米管和作为三维材料的石墨。长期以来，人们一直在寻找第一种用于分离单个石墨烯片的方法，但在2004年，报道了一种令人惊讶的简单技术，由用胶带[24]机械剥离单层石墨烯组成。除单层石墨烯是一种有趣的材料外，无论是在基础研究领域还是在应用研究领域，双层和多层石墨烯也具有许多引人的性质[25]。

近年来，人们努力寻找制备尺寸、层数和缺陷可调的石墨烯和石墨烯基材料的方法，这些材料具有优异的性能以及在许多领域的潜在应用。有研究对生产出一种平方米尺寸的高质量石墨烯进行了报道[22]。目前为止，已经构想了许多化学和物理方法来制备原始石墨烯、氧化石墨烯、还原氧化石墨烯和其他衍生材料。下面简要介绍最重要的方法，参考所获得的石墨烯材料的特性以及每种方法的优点和缺点。

（1）自上而下的方法包括机械剥离、直接液相剥离和化学氧化剥离。自上而下的方法设想将庞大和分层的化合物改变为单层和少层的石墨烯。这些层状化合物在相邻层之间呈现弱的范德瓦尔斯力相互作用。微机械剥离用于合成具有大横向尺寸(从微米到厘米)和未改性片材的少层石墨烯,但仅用于非常小规模的生产。石墨的直接超声处理用于单层和多层未改性石墨烯的生产,但是产率非常低,并且还需要从含有石墨的混合物中分离石墨烯。石墨的电化学剥离实际上是一种单步功能化和剥离方法,其使得可生产横向尺寸在500~700nm的高电导率单层和少层石墨烯,但意味着离子液体的高成本。通过使用称为石墨的超强酸溶解的方法,制备了大部分单层未改性和可扩展的石墨烯(横向尺寸从300~900nm)。这种方法的缺点是使用危险的氯磺酸,并且意味着除酸的高成本。

(2) 自下而上的方法包括化学气相沉积和湿化学合成。通过自下而上方法合成的石墨烯从其相应的前驱体开始生成。化学气相沉积法决定了横向尺寸为厘米的高质量少层石墨烯的形成,但仅适用于小规模的生产。受限的自组装方法允许制备厚度易于控制且横向尺寸约为100nm的单层石墨烯,但所得材料可能存在缺陷。电弧放电方法的使用可以形成约10g/h的单层、双层和少层石墨烯,其横向尺寸从100nm到几微米,但石墨烯的产率低,并含有其他碳质杂质。外延生长法用于制备具有非常大的横向面积和高纯度的少层石墨烯,但规模非常小。由解压缩碳纳米管组成的方法适合于合成尺寸受控的多层石墨烯纳米带,但是考虑到起始材料的性质并且产物在解压缩过程中可能被氧化,该方法非常昂贵。最后一种方法是CO还原法,用于合成横向尺寸在微米时,但其应用受到Al_2O_3和$\alpha-Al_2S_3$污染风险的限制[27-28]。

尽管高效合成高质量石墨烯的最重要问题已经将要得以解决,但寻找简单廉价的石墨烯衍生物及其复合材料的替代方法仍然是材料科学的焦点。例如,用于透明导电电极制造的最有前途方法之一被认为是柔性铜基底上化学气相沉积生长的30in单层石墨烯薄膜的卷对卷式生产和湿化学掺杂[29]。

石墨烯的性质取决于许多参数,例如材料的质量、原材料中是否存在缺陷和杂质,以及最重要的生产方法。纯石墨烯具有高度惰性,它在水和有机溶剂中的溶解性差,这些特性阻碍了它的进一步功能化和可加工性。

该问题的解决方案是使用表面活性剂来稳定石墨烯水悬浮液,但这决定了电导率的剧烈降低。其他方法是指广泛使用的石墨烯的非共价和共价功能化方法,与纯石墨烯相比,可以提高溶解度并获得新性能。然而,共价功能化导致石墨烯的电子和化学结构的破坏,而非共价功能化引起基面的微弱扰动,保持了石墨烯的固有性质[30]。用于合成可加工性增强的石墨烯的最广泛方法是还原氧化石墨烯,但这一过程受到不可避免的结构缺陷的影响[31]。石墨烯和基于石墨烯的材料的非共价功能化的一种重要方式是用金属纳米粒子,如银、金、铂和钯等进行修饰。由于其高结构有序性、低化学反应性和小的扩散势垒,石墨烯经常被用作合成独立式金属纳米粒子的基底,并提供具有改进性能的新材料。因此,沉积在石墨烯片上的金属纳米粒子可以提高它们的电导率并诱导拉曼信号的增强。而且,金属纳米粒子上的石墨烯壳防止了它们的聚集,避免了它们化学活性的降低[32]。观察到贵金属纳米粒子的引入(如Pt纳米粒子)进入石墨烯片的分散体中,抑制了石墨烯片的聚集,形成了具有很高比表面积的剥离型石墨烯聚集体[33]。其他金属,如铁、钴、铜和锡,也有利于石墨烯的功能化。已知石墨烯可以很容易地在铜表面上生长,而其相反过程,即铜纳米粒子在石墨烯上的合成具有高效率[34]。值得一提的是,例如,铬和钛,在石墨烯表面呈现高反应性,导致其结构破坏,而贵金属和铜不会改变石墨烯表面[35]。石墨烯被多种纳米材料覆盖，如纳米粒子、纳米线、纳米棒、纳米花、纳米片和纳米网，由于协同集成，可以形成具有高性能的石墨烯纳米复合材料。石墨烯作为纳米结构的骨架，为其暴露提供了更大的表面积和更多的机会。

21.3 石墨烯在传感器制造中的应用

在石墨烯被发现后，由于其优异的导电性、大比表面积和低成本而被认为是电化学的理想材料。如果与碳纳米管(CNT)相比，石墨烯具有两个非常重要的优点：

(1)无金属杂质。已知碳纳米管含有金属杂质，并且证明这会影响碳纳米管的电化学。在许多实例中，碳纳米管结构中金属杂质的存在，即使是非常低的水平，也对实验结果产生了负面影响，并导致错误的结论。

(2)石墨烯由石墨生产，石墨是一种丰富的、可获得的、廉价的材料[25]。

采用X射线衍射(XRD)、元素分析、傅里叶变换红外(FTIR)光谱、EDS光谱、紫外线-维斯光谱、拉曼光谱和透射电子显微镜(TEM)等方法对复合材料进行了表征和测试。用石墨烯或石墨烯基纳米复合材料修饰电极表面后，利用原子力显微镜(AFM)、拉曼光谱和扫描电子显微镜(SEM)对电极表面进行分析。通过使用XRD、SEM和TEM表征这些纳米结构的有用信息，如结晶度、粒度和形貌；同时，拉曼和FTIR光谱揭示了结构方面(缺陷/无序、键)的变化。采用循环伏安法、恒电流充放电和电化学阻抗谱(EIS)分析了石墨烯修饰电极的电化学行为。循环伏安法通常被认为是表征电容行为的特征，它被用来计算电极材料的比电容。通过使用循环伏安法、差分脉冲伏安法(DPV)、方波伏安法(SWV)、安培法或EIS评估传感器的分析性能。

石墨烯用于具有实际相关性的不同应用领域，如药物递送、癌细胞靶向、成像、治疗、纳米生物学和生物测定、能量生产和存储等[36]。在石墨烯的所有应用中，只讨论在电化学领域的应用，更准确地说是石墨烯在电化学传感器和生物传感器中的应用。这个领域特别有趣，第一篇文章出现在2008年，此后数量急剧增加[25]。

基于石墨烯的生物传感器为未来的诊断创造了各种前景。基于石墨烯的生物传感器广泛用于检测葡萄糖、胆固醇、多巴胺、免疫球蛋白G、免疫球蛋白E、尿酸、抗坏血酸、DNA、蛋白质、细胞以及具有很大实际相关性的小生物化学和生物标记。因此，基于石墨烯的生物传感器被认为是非常有前途的器件，用于癌症、神经疾病或自身免疫性疾病等许多严重疾病的早期诊断[19]。

21.3.1 碳纳米管功能化修饰的石墨烯

碳纳米管于1991年被发现，石墨烯于2004年被发现，从那时起，两者都被设想为纳米技术的重要材料。这两种材料都具有特殊的性能，使它们成为复合材料中导电填料的优异候选者。纳米填料在基体中的形态和取向影响着复合材料的电性能。已知石墨烯比碳纳米管更有效地增强电导率，但两种填料都导致复合材料的电导率更高[37]。纳米复合材料和纳米杂化材料可以结合每种组分的优点并表现出增强的性能。利用石墨烯和碳纳米管的协同效应，它们最有前途的应用之一是传感器和生物传感器设计[33]。观察到，由于不同片材之间的范德瓦尔斯力相互作用，石墨烯在制造过程中发生不可逆聚集。这种现象决定了石墨烯可用表面积的减少,并与预期值相比降低了比电容。因此,电化学性能的增强可以通过防止石墨烯片的团聚来实现。通过将石墨烯与其他碳基材料如富勒烯、炭黑和碳纳米管结合,可以容易地实现这种期望。在这些材料中,单壁碳纳米管(SWCNT)特别重要,因为它们可以通过在石墨烯片之间引入空间或空位来增强离子的可接近性,提高电极的电导率,并增强所获得的复合材料的超电容性能[38]。许多研究者尝试设计多孔石墨烯材料、石墨烯/介孔碳等三维石墨烯,以充分利用和探索石墨烯的新功能。其中,三维互连的碳基纳米材料,特别是石墨烯和碳纳米管杂化纳米复合材料被开创性地开发出来,以减少石墨烯片的团聚,并提高石墨烯的电容[39]。

已有多种方法用于制造石墨烯和碳纳米管混合薄膜,包括氧化石墨烯和碳纳米管的合成后组装、溶液混合和铸膜[40-41]、带正电的碳纳米管和带负电的还原氧化石墨烯片的逐层自组装[42],以及通过化学气相沉积生长的石墨烯和碳纳米管层的机械叠加[43]。这些合成后的方法提供了廉价的可扩展的大面积石墨烯/碳纳米管薄膜,但无法提供石墨烯和碳纳米管之间的有效连接,从而限制了混合薄膜内的机械和电气连接[44]。相反,溶液法制备的氧化石墨烯和碳纳米管杂化薄膜由于超声或强酸的氧化而呈现出氧化石墨烯和碳纳米管的大范围晶格缺陷,限制了所获得的复合材料的电学和力学性能[45]。化学方法包括在预先用碳纳米管功能化的催化基底上化学气相沉积生长石墨烯,或者同时生长两种材料[46]。采用不同的固体前驱体制备了石墨烯杂化膜,包括在单壁碳纳米管表面功能化的有机分子和含有自组装单壁碳纳米管阵列的聚甲基丙烯酸甲酯(PMMA)[47]。气态前驱体也已用于石墨烯/碳纳米管杂化膜的化学制备,其中将单壁碳纳米管或单壁碳纳米管网络预涂覆到铜箔上,随后通过甲烷的催化分解生长石墨烯膜以形成杂化膜[48]。化学合成的石墨烯/碳纳米管杂化膜表现出改进的导电性和机械强度以及石墨烯和碳纳米管之间的强连接。图 21.2 说明了使用 SEM、拉曼表征石墨烯和碳纳米管的一些例子[37,49]。

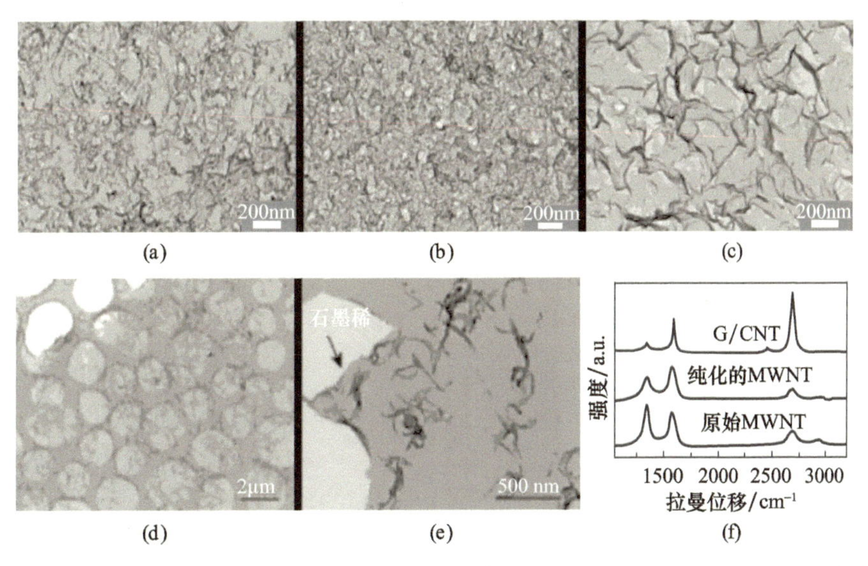

图 21.2 单壁碳纳米管 - 石墨烯纳米片杂化物(a)、单壁碳纳米管(b)和石墨烯(c)薄膜的高倍 SEM 图像[49]。负载在 Cu 微网上的石墨烯/MWCNT 杂化膜的 SEM 图像((d)和(e))。得到纯化 MWCNT 和 G/CNT 杂化膜的代表性拉曼光谱(f)[37](经爱思唯尔科学许可转载自文献[37,49])

石墨烯或氧化石墨烯与碳纳米管和TiO_2纳米复合材料具有优异的物理和化学性质，近年来对石墨烯或氧化石墨烯与碳纳米管和TiO_2纳米复合材料的研究越来越多。碳质材料和TiO_2的固有特性的协同结合推动了这些纳米复合材料的制备，以提高性能，满足先进的环境、可再生能源应用和传感器发展的要求。以石墨烯和碳纳米管为基底，制备了不同尺寸的TiO_2杂化结构。制备这些二元和三元复合材料的方法有许多，如高温热处理的溶胶－凝胶涂层，在水中于固体基底上液相沉积均匀的TiO_2涂层，在 MWCNT 完全覆盖的表面上直接生TiO_2纳米粒子，并通过一步方法水解NH_4TiOF_3单晶[50]。另一个有趣的例子是在不同质量含量的复合材料中加入单壁碳纳米管，然后超声和化学沉淀最终产物，合成了石墨烯纳米片/$Ni(OH)_2$复合材料[38]。

21.3.2 金纳米粒子功能化修饰的石墨烯

石墨烯与金纳米粒子(AuNP)结合生成石墨烯－Au 纳米粒子杂化纳米复合材料，其具有增强的性能，例如更大的表面积、催化活性、导电性、水溶性和生物兼容性。这些材料有两组：通过原位技术(物理气相沉积、水热、电化学、混合溶液还原)和非原位技术(共价和非共价相互作用)分别合成了 Au 纳米粒子－石墨烯纳米复合材料和石墨烯包覆的 Au 纳米粒子。原位技术包括将纳米粒子直接生长到石墨烯表面；同时，非原位方法包括通过先前的纳米粒子合成将它们附着到石墨烯表面。该杂化纳米复合材料广泛用作生物传感器平台，具有增强的灵敏度和选择性，用于生物传感和生物成像应用。基于石墨烯－Au 纳米粒子(其中一些还含有聚合物如壳聚糖、聚苯胺)的各种电化学(生物)传感器用于葡萄糖传感，具有高灵敏度、高选择性、低检出限和长期稳定性。利用具有高分析性能的 Au 纳米粒子修饰的石墨烯纳米复合材料检测H_2O_2、尿酸、β－烟酰胺腺嘌呤二核苷酸、DNA、17β－雌二醇、癌胚抗原、左旋多巴、尿酸、叶酸、抗坏血酸、多巴胺、抗生素、抗癫痫药物等其他具有生物医学意义的分子[51]。

简单、超灵敏、高选择性和成本低的(生物)传感器的构建对于生物测定、临床诊断和护理点应用非常重要。因此，大量的研究集中于开发各种信号放大策略，其中石墨烯与各种纳米粒子的结合在电化学生物传感中显示了巨大的潜力和广阔的应用前景。在生物医学领域，利用石墨烯和 Au 纳米粒子的复合材料阐述了几种(生物)传感器，并将其应用于具有临床意义的各种物质的分析。获得了一种新型NH_2－rGO 和 Au 纳米粒子纳米复合材料的杂化纳米片，并用于制备癌细胞裂解液中 ATP 的电化学适配体传感器。通过 SEM 图像研究纳米复合材料的形态，表明 Au 纳米粒子附着在还原氧化石墨烯的二维单层结构上(图 21.3(a)和(b))，突出了其优点：大表面积、高导电性、生物兼容性和优异的电化学活性[52]。

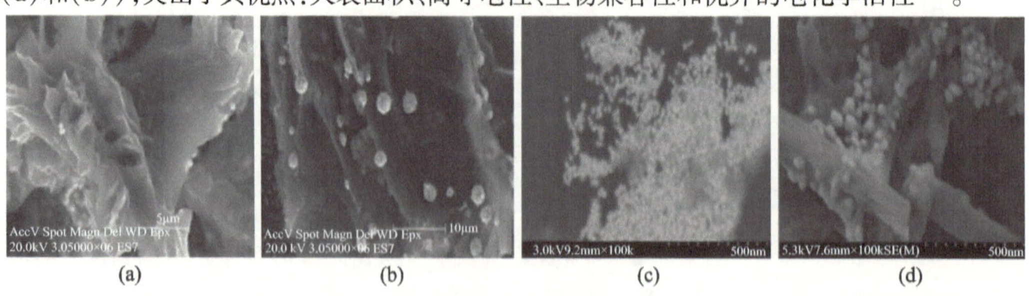

图 21.3 (a)$rGO-NH_2$[52]、(b)AuNP/$rGO-NH_2$复合物[52]、(c)AuNP[53]和(d)AuNP 系综多肽纳米管的 SEM 图像[53](经爱思唯尔科学许可转载自参考文献[52－53])

以 Au 纳米粒子为起始原料,以柔性 β - 二苯丙氨酸多肽纳米管为牺牲模板,合成了一维 Au 纳米粒子(1D - AuN)。将胆固醇氧化酶固定在这些 1D - AuN 上,将其化学吸附在硫醇功能化的氧化石墨烯上,纳米杂化物进一步用于制备胆固醇生物传感器(图 21.3(c)和(d))[53]。

21.3.3 磁性纳米粒子和金属氧化物功能化石墨烯

将石墨烯与 CNT 和 AuNP 结合用于制备具有改进特性的纳米复合材料并不是唯一测试的方法。其他不同材料被用于掺杂或用于石墨烯片的功能化,以便制造用于各种应用的可行方法。例如,石墨烯与各种纳米材料的结合,如组合石墨烯 - 贵金属纳米粒子(Au、Ag 或 Pt)、石墨烯/铜、石墨烯 - CuO 纳米花、石墨烯 - $Cu(OH)_2$纳米棒、石墨烯 - $Ni(OH)_2$纳米片、石墨烯 - Co_3O_4纳米线、石墨烯 - Mn_3O_4纳米网、ZnO 纳米棒/石墨烯/Ag、石墨烯 - MoS_2制备了石墨烯 - SnO_2、石墨烯 - SiO_2PMMA、Ag - 石墨烯/SiO_2、Ag/石墨烯/SiO_2 - $NaLuF_4$、石墨烯 - Ni Co_2O_4、氧化石墨烯 - SiO_2 - C = C 和 N 掺杂 GNT - SiO_2,并研究了它们的不同性能。所有这些组合决定了针对各种感兴趣目标的分析性能的改进[54]。例如,在多孔石墨烯泡沫上原位合成 CoO 纳米线,制备了用于葡萄糖超灵敏测定的无酶传感器。将铂纳米粒子、碳纳米管和 MnO 纳米壁锚定在石墨烯上,用于H_2O_2的电化学传感器检测。基于石墨烯和垂直排列的 ZnO 纳米线的纳米复合材料表现出较高的电催化活性,可选择性地同时检测尿酸、多巴胺和抗坏血酸[55]。

用金属、双金属和金属氧化物纳米粒子修饰石墨烯已经显示出用于制造传感器的优异性能。然而,将它们分离是困难的,涉及许多步骤,耗时并且需要相当大的能量消耗。因此,应用磁分离以解决这些缺点并回收和再利用纳米复合催化材料。新的应用包括用磁性纳米粒子修饰石墨烯及其衍生物。纳米粒子,特别是氧化铁(Fe_3O_4或Fe_2O_3)、磁性纳米粒子修饰的石墨烯以及磁性纳米粒子与石墨烯的纳米复合材料,主要应用于磁共振成像(MRI)、能量存储和废水中污染物的去除。所有这些纳米复合材料也已成功地用于制造传感器,作为可重复使用的催化剂载体[56-58]。磁性石墨烯基杂化材料的其他潜在应用是用于制造柔性电磁和存储器件、用于在药物递送中磁性引导药物的系统以及磁分离[59]。

采用不同的路线对石墨烯进行磁性纳米粒子功能化。绿色合成了 Ag 纳米粒子修饰的磁性氧化石墨烯纳米复合材料。该复合材料即使在非常低的浓度(12.5mg/L)下也显示出对金黄色葡萄球菌(Gram +)、大肠杆菌(Gram -)细菌和白色念珠菌的高效抑制性能和可重复使用。重要的是,用于合成该材料的所有成分都是生物兼容且安全的[60]。

图 21.4(A)示出了基于葡萄糖氧化酶的葡萄糖生物传感器的制备方案,该葡萄糖氧化酶通过共价键结合到磁性丝网印刷电极表面的磁性纳米粒子(Fe_2O_4)而自组装到还原氧化石墨烯上,并且所获得的分析性能得出,该平台可用于临床诊断的医学应用、药物分析和护理点器件开发。图 21.4(B)出了生物传感器制作所有步骤的 SEM 图像[61],而图 21.4(C)给出了开发基于金纳米颗粒和磁性功能化还原氧化石墨烯(AuNP/MrGO)的电化学免疫传感器的制作方案,用于灵敏和竞争性检测皮质醇[62]。

一类特殊的石墨基复合材料是在石墨烯基体中掺入金属氧化物(SnO_2、NiO、MnO_2、ZnO、TiO_2、WO_3、MoO_3)而形成的石墨烯 - 金属氧化物混杂复合材料。金属氧化物由金属 - 有机前驱体或金属粉末开始制备。报道了多种石墨烯 - 金属氧化物前驱体的合成技术,如水热法、胶体共混技术、溶剂热和机械化学插层技术、自组装技术和溶剂剥离技术。用这些杂化材料制作的传感器用于NH_3、HNO_3、NO_2、H_2、液化石油气、H_2S等气体的检测[63]。

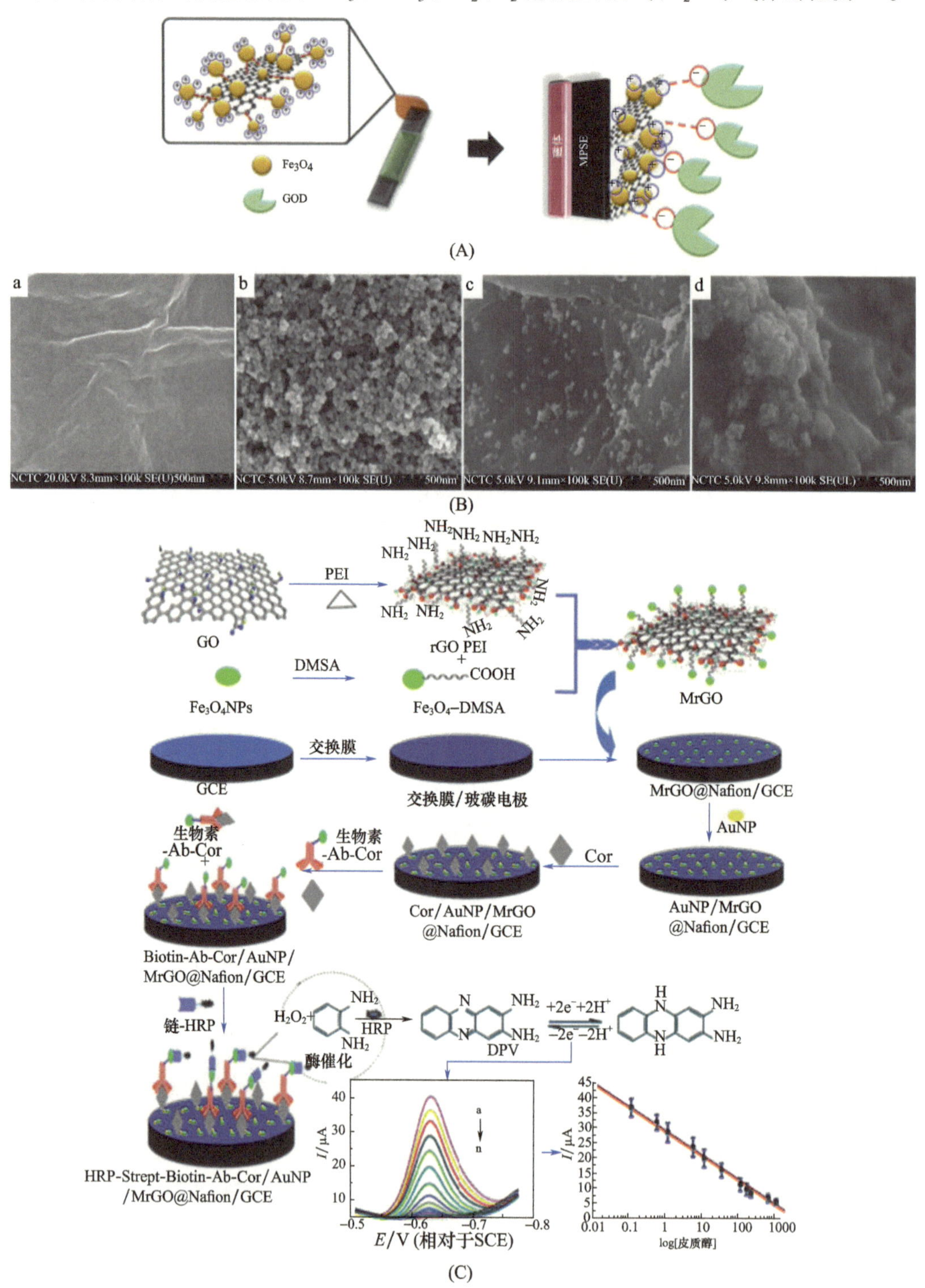

图21.4 (A)还原氧化石墨烯－Fe_3O_4/葡萄糖氧化酶修饰的磁性SPE示意图。(B)(a)氧化石墨烯、(b)Fe_3O_4纳米粒子、(c)rGO－Fe_3O_4纳米复合材料和(d)rGO－Fe_3O_4/葡萄糖氧化酶纳米复合材料的SEM图像。(C)基于磁性功能化石墨烯和金纳米粒子的皮质醇电化学免疫传感器构建示意图。(经爱思唯尔科学许可转载自文献[61,62])

纳米技术和分子生物学的进展促进了具有特定性质的新型纳米材料的开发，这些纳米材料可以克服传统疾病诊断和治疗程序的弱点。将超顺磁性氧化铁纳米粒子、氧化石墨烯、壳聚糖和聚乙烯醇组合用于合成具有磁性的复合材料，用于药物输送和作为显像剂[64]。超顺磁性是应用于药物输送的必要条件。多部件材料的细化为开发多用途平台提供了机会。例如，提出了一种磁性纳米粒子支撑碳纳米管并用一些石墨烯层修饰的混合平台。这种材料具有半导体、磁性和进一步功能化的高潜力。用于体内应用（进入生物系统）的含有无机颗粒的杂化物的使用受到由于生物流体条件的变化引起的氧化态变化的限制（如 pH、温度等）。这个问题可以通过在所谓的核－壳体系中使用包封的金属颗粒来解决。如果这种包封是用碳质材料制成的，则所获得的材料具有化学惰性且呈现稳定的物理化学性质。这种材料的实例是石墨烯，其呈现化学稳定性和降低的细胞毒性，并且其可用作生物医学应用的金属纳米粒子的涂层。制备并表征了一种基于 Ni、Fe 和 Co 钙钛矿纳米粒子的杂化材料，并在碳纳米管上覆盖了几层石墨烯，已成功地应用于催化和传感器开发领域[65]。钴铁氧体（$CoFe_2O_4$）纳米粒子是另一种具有磁性的杂化纳米材料，因其高稳定性、中等磁饱和、易于快速分离而备受关注。这些磁性纳米粒子将聚集形成具有较少活化基团的较大纳米粒子，并且其易于溶解在酸性介质中。SiO_2是一种生物兼容性材料，由于在酸性条件下的高稳定性，可以保护磁性纳米粒子。采用溶胶－凝胶法，用SiO_2和 $CoFe_2O_4$纳米粒子的复合材料修饰氧化石墨烯片。该纳米复合材料进一步用3－氨基丙基三甲氧基硅烷功能化以连接官能团（如NH_2）[66]。

采用生态友好的化学共沉淀法将Fe_3O_4纳米粒子掺杂到氨改性石墨烯片上。将这些纳米粒子用于石墨烯片装饰，以避免纳米复合材料中用氨功能化的石墨烯片的聚集和重新堆积。而且，在石墨烯片中引入酰胺官能团促进了杂化材料与酚类化合物的相互作用，增加了石墨烯的电子载流子容量[67]。

采用CH_4催化化学气相沉积法合成了核壳型少层石墨烯包覆磁性纳米粒子。考察了不同的合成参数，以获得对功能化磁性纳米粒子覆盖度的良好控制，并了解碳覆盖度的形成机理。监测反应以产生平均直径为4.1nm，具有窄尺寸分布，且被两个石墨烯层选择性覆盖的小体心立方 Co/Fe 纳米粒子。对工艺参数的关注对于获得具有受控尺寸的优质产品具有重要性。以CH_4为原料，常压催化化学气相沉积法合成了稳定的核－壳型石墨烯包覆磁性纳米粒子。氧化铝由于其窄小的孔隙率和与金属活性相的耦合效应而被用作载体催化剂。所制备的纳米粒子具有非常窄的尺寸分布并且不含副产物[68]。

在还原氧化石墨烯上合成了一种简单的三金属（$Au-Pd-Fe_3O_4$）纳米粒子。该复合材料由于其稳定性和磁性分离而成为用于液相反应的有效和可回收的催化剂，同时具有三种金属的所有性质，包括允许通过磁性方法有效回收的磁性[69]。

21.4 石墨烯基复合材料电化学传感器

商业传感器的发展与新型材料的发展密切相关，特别是纳米复合材料的发展，迫切需求找到最有效可行的方法，实现高特异性、短响应时间、低分析成本[70]。石墨烯及其衍生物以及基于石墨烯的复合材料因其特殊的性质和广泛的应用领域，如能量存储、药物递送、传感器件等而受到越来越多的关注[71-74]。将这些材料用于制备电化学(生物)传感器具有不同的优点,例如增加了活性表面积、改善了(生物)元件和转换器之间的电荷转移,以及降低了过电位。此外,这些新型材料的使用提供了在具有高复杂性的基底中检测多种分析物的可能性。石墨烯与其他无机或有机化合物和材料之间的组合允许根据要求稳定性能。这里给出了传感器的一些示例,所有这些都根据应用领域进行分类。对生物医学、环境和食品分析三个重要方向进行了考虑。

21.4.1 石墨烯基生物医学分析传感器

通过使用电化学传感器和生物传感器来测定与生物医学应用非常相关的不同分析物。表21.1列出了一些示例,包括分析参数和设想的应用领域。

从表21.1可以看出,利用石墨烯与具有良好催化活性的Au纳米粒子和其他金属(Pd、Ce、Ni、Pb)或金属纳米复合材料相结合,制备了各种用于H_2O_2检测的酶和非酶电流传感器。使用铁纳米粒子修饰的还原氧化石墨烯获得了最佳的检测限结果[75]。

表21.1 生物医学分析中应用的石墨烯基电化学传感器的分析参数

传感器配置	分析物	检测限	线性范围	真实样本	参考文献
rGO/FeNP/GCE¹	H_2O_2	0.056μmol/L	0.1μmol/L~2.15mmol/L	血清隐形眼镜护理液	[75]
Co[Fe(CN)$_6$]/GS/CPE²		0.1μmol/L	0.6~379.5μmol/L	—	[76]
AuNP-PB-GR/GCE³		1.5μmol/L	0.01~3.0mmol/L	—	[77]
Mb/AuNP/polyDA/GR/GCE⁴		0.2μmol/L	0.6~480μmol/L	—	[78]
AuPd NP/GR/ITO⁵		1μmol/L	5μmol/L~11.5mmol/L	血清	[79]
GO-Cys-GNR/SPE⁶		2.9μmol/L	0~0.04mmol/L 0~5.0mmol/L	—	[80]
AuNP/GR-CeO$_2$/AU⁷		0.26μmol/L	1.0μmol/L~10.0mmol/L	隐形眼镜护理液	[81]
AuNP/GR-CeO$_2$/CU⁸		1μmol/L	0.05~1.75mmol/L	—	[82]
Pb NW-AuNP/rGO/GCE⁹		0.6μmol/L	0.005~1.25mmol/L	胎牛血清	[83]
RhNP/GR/PET¹⁰		2μmol/L	0~5.0mmol/L	—	[84]
GOx/Fe_3O_4NP-rGO/MSPE¹¹	葡萄糖	0.1μmol/L	0.05~1mmol/L		[61]
Gr-MWNT/AuNP/GCE¹²		4.1μmol/L, 0.95mmol/L	10μmol/L~2mmol/L, 2~5.2mmol/L	血清	[85]
GOx/AuNP/PrGO/GCE¹³		0.06μmol/L	0.14~4.0μmol/L	血清	[86]
CuO NP/GR/GCE¹⁴		1μmol/L	1μmol/L~8mmol/L	—	[87]
GOx/PdNP/CS-GR/GCE¹⁵		0.2μmol/L	1μmol/L~1mmol/L	电浆	[88]
GOx/PtNP/CS-GR/GCE¹⁶		0.6μmol/L	0.15~4.2mmol/L	电浆	[89]
PdlPt3-GR/GCE¹⁷		5μmol/L	1~23mmol/L	注射	[90]
PtNi NP/GR/GCE¹⁸		0.01mmol/L	上至35mmol/L	尿	[91]
PtCo NP/NPG/GP¹⁹		5μmol/L	35μmol/L~30mmol/L	血清	[92]
AuNP/NG/ITO²⁰	葡萄糖 多巴胺	12μmol/L 10nmol/L	40μmol/L~16.1mmol/L 30nmol/L~448μmol/L	血清	[93]

续表

传感器配置	分析物	检测限(LOD)	线性范围(LR)	真实样本	参考文献
PAMAM－AuNP/SnO_2/H_4TPPS_2－GN/GCE[21]	多巴胺	8nmol/L	0.03～10μmol/L	血清	[95]
GNCs/NH_2～GO/GCE[22]		0.02μmol/L	0.1～80μmol/L	血清	[95]
Pd@Au/N,S－MGA[23]		0.36nmol/L	1.0nmol/L～40μmol/L	血清脑组织	[96]
Cu_2O/GR/GCE[24]		10nmol/L	0.1～10μmol/L	注射	[97]
TiN/rGO/GCE[25]		0.012μmol/L	0.1～80μmol/L	尿	[98]
PtNP/GR/GCE[26]	抗坏血酸 多巴胺 尿酸	0.15μmol/L 0.03μmol/L 0.05μmol/L	0.15～34.4μmol/L, 0.03～8.13μmol/L, 0.05～11.85μlmol/L	片剂尿	[99]
3DGH－AuNP/GCE[27]		28nmol/L 2.6nmol/L 5nmol/L	1.0～700μmol/L 0.2～30μmol/L 1～60μmol/L	血清	[100]
HRP－anti－CEA－NGGN/GCE[28]	CEA	0.01ng/mL	0.05～350ng/mL	血清	[101]
TiO_2－Gr/Thi/AuNP/GCE[29]		0.01ng/mL	0.1～10.0ng/mL, 10.0～120.0ng/mL	血清	[102]
IrONP/rGO/SPE[30]	卡托普利	0.008μmol/L 0.019μmol/L	0.05～14μmol/L 0.1～15μmol/L	血清,片剂	[26]
Co$[Fe(CN)_6]$/rGO/CPE[31]		0.331μmol/L	25～707.5μmol/L	片剂	[103]
GNS/SWCNT/GCE[32]	对乙酰氨基酚	38nmol/L	0.05～64.5μmol/L	—	[49]
Fe_3O_4－GR/AuNP/Nafion/GCE[33]	皮质醇	0.05ng/mL	0.1～1000ng/mL	血清	[62]
N－GR/Fe_3O_4/GCE[34]	DNA	3.63fmol/L	10fmol/L～1.0μmol/L	血清	[104]
AuNP/BFG/GCE[35]	尿酸	0.2μmol/L	2.0～62μmol/L	—	[105]
FAO/N－GR/AuNP/FTO[36]	糖化血红蛋白	0.2μmol/L	0.3～2000μmol/L	血	[106]
Gr－AuNP/Au[37]	卡马西平	3.0μmol/L	5μmol/L～10mmol/L	—	[107]
BOx/AuNP/MWCNT－COOH/GR/GCE[38]	胆红素	0.34μmol/L	1.33～71.56μmol/L	血	[108]
Chox－CS/Au－GR/GCE[39]	胆固醇	50μmol/L	0.25～5.0mmol/L	血清	[109]
Nafion/AuNP/rGO/GCE[40]	舒马曲坦	70.3nmol/L	1～41.2μmol/L 2.14nmol/L～1.0μmol/L	毒品尿 血清	[110]
AuNP/PdNP/rGO/GCE[41]	洛美沙星 阿莫西林	0.081μmol/L 9μmol/L	4～500μmol/L 30～350μmol/L	尿	[111]

续表

传感器配置	分析物	检测限(LOD)	线性范围(LR)	真实样本	参考文献
Lac/RhNP/rGO/GCE[42]	17 β-雌二醇	0.54pmol/L	0.9~11pmol/L	尿	[18]
Lac/Sb_2O_5/rGO/GCE[43]	雌三醇	0.011μmol/L	0.025~1.03μmol/L	尿	[112]
PdNP/rGO/GCE[44]	地西帕明	1.04nmol/L	0.3~2.5μmol/L	尿	[113]

[1] rGO/FeNP/GCE：纳米铁修饰rGO修饰玻碳电极；[2] Co[Fe(CN)$_6$]/GS CPE：六氰基钴改性CPE功能化的石墨烯片；[3] AuNP-PB-Gr/GCE：AuNP-普鲁士蓝-石墨烯修饰的GCE；[4] Mb/AuNP/polyDA/Gr/GCE：肌红蛋白-AuNP-聚多巴胺-石墨烯修饰玻碳电极；[5] AuPd NP/Gr/ITO：石墨烯修饰ITO电极上负载的AuPd纳米合金粒子；[6] GO-Cys-GNR/SPE：GO-胱氨酸-金纳米棒修饰的SPE；[7] AuNP/Gr-CeO_2/Au：石墨烯-CeO_2修饰金电极负载AuNP；[8] AuNP/Gr/NiF/Cu：在石墨烯-镍泡沫改性铜线上沉积AuNP；[9] Pb NW-AuNP/rGo/GCE：rGO修饰的Pb纳米线-AuNP修饰玻碳电极；[10] RhNP/Gr/PET：在聚对苯二甲酸乙二醇酯基底上沉积铑NP修饰的石墨烯；[11] GOx/Fe_3O_4 NP-rGO/MSPE：固定在与rGO-修饰的磁性SPE共价键合的磁性NP上的葡萄糖氧化酶；[12] Gr-MWNT/AuNP/pectin/GCE：稳定的AuNP/石墨烯和MWCNT修饰GCE；[13] GOx/ AuNP/PrGO/GCE：AuNP-修饰GCE修饰的部分rGO固定化葡萄糖氧化酶；[14] CuO NP/Gr/GCE：CuO纳米粒子在石墨烯片上的分散-修饰玻碳电极；[15] GOx/PdNP/CS-Gr/GCE：石墨烯修饰固定在PdNP的葡萄糖氧化酶与壳聚糖修饰的GCE共价功能化；[16] GOx/PtNP/CS-Gr/GCE：壳聚糖修饰石墨烯修饰PtNP固定葡萄糖氧化酶的GCE；[17] PdlPt3-Gr/GCE：PdlPt3-石墨烯修饰电极；[18] PtNi NP/Gr/GCE：石墨烯修饰玻碳电极上分散的PtNi合金NP；[19] PtCo NP/NPG/GP：分散在石墨烯纸支撑的三维整体纳米孔金支架上的PtCo合金NP；[20] AuNP/NG/ITO：锚定在氮掺杂石墨烯修饰ITO电极上的AuNP；[21] PAMAM-AuNP/SnO_2/H_4TPPS$_2$-GN/GCE：5,10,15,20-四(4-磺酸苯基)卟啉修饰GCE修饰的GO上的聚酰胺胺-AuNP和SnO_2纳米粒子；[22] GNC/NH_2-GO/GCE：金纳米笼和NH_2-GO修饰GCE；[23] Pd@Au/N,S-MGA：钯@金纳米合金/氮硫功能化多重石墨烯气凝胶复合材料；[24] Cu_2O/Gr/GCE：Cu_2O NP分散在石墨烯修饰的GCE；[25] TiN/rGO/GCE：硝酸钛-rGO修饰GCE；[26] PtNP/Gr/GCE：石墨烯修饰GCE上组装尺寸选择的PtNP；[27] 3DGH-AuNP/GCE：三维石墨烯水凝胶和AuNP纳米复合物修饰GCE；[28] HRP-anti-CEA-NGGN/GCE：纳米金包裹的石墨烯纳米复合材料修饰GCE上的抗CEA二抗；[29] TiO_2-Gr/Thi/AuNP/GCE：TiO_2-石墨烯/硫堇/AuNP修饰GCE；[30] IrONP/rGO/SPE：氧化铱NP和rGO修饰的SPE；[31] Co[Fe(CN)$_6$]/rGO/CPE：六氰基铁酸钴/rGO改性CPE；[32] GNS-SWCNT/GCE：石墨烯纳米片与SWCNT修饰GCE；[33] Fe_3O_4-Gr/AuNP/Nafion/GCE：全氟磺酸预处理的磁性功能化GO和AuNP修饰GCE；[34] N-Gr/Fe_3O_4/GCE：氮掺杂石墨烯和Fe_3O_4纳米粒子修饰GCE；[35] AuNP/BFG/GCE：1-芘丁酸功能化石墨烯片固定AuNP修饰GCE；[36] FAO/N-Gr/AuNPs/FTO：固定在氮掺杂石墨烯/AuNP改性氟掺杂氧化锡(FTO)玻璃电极上的果糖基氨基酸氧化酶；[37] Gr-AuNP/Au：石墨烯-AuNP修饰Au电极；[38] BOx/AuNP/MWCNT-COOH/Gr/GCE：MWCNT-COOH固定化胆红素氧化酶及AuNP修饰石墨烯修饰GCE；[39] Chox-CS/Au-Gr/GCE：壳聚糖交联修饰金-石墨烯修饰GCE固定胆固醇氧化酶；[40] Nafion/AuNP/rGO/GCE：rGO-AuNP在全氟磺酸膜修饰GCE上的共还原；[41] AuNP/PdNP/rGO/GCE：AuNP和PdNP修饰GCE；[42] Lac/RhNP/rGO/GCE：rGO修饰NP修饰GCE固定漆酶；[43] Lac/Sb_2O_5/rGO/GCE：Sb_2O_5膜修饰GCE固定化漆酶；[44] PdNP/rGO/GCE：rGO修饰GCE负载PdNP。

血糖测定在许多领域，特别是在糖尿病监测中具有重要意义。因此，研制了许多用于葡萄糖检测的传感器，用Au纳米粒子修饰的部分还原氧化石墨烯固定葡萄糖氧化酶修饰玻碳电极后得到的传感器可选择性电化学检测血清中葡萄糖，检测限为60nmol/L[86]。

还合成了由石墨烯与不同的氧化亚铜(Cu_2O)、氮化钛(TiN)和Pt纳米粒子组成的多巴胺测定电极复合材料，与未改性的起始电极相比，具有更高的灵敏度和选择性[94-98]。

21.4.2 石墨烯基环境分析传感器

通过使用基于石墨烯和石墨烯衍生物的简单或更复杂的纳米材料来实现对不同污染物的电化学检测。表21.2列出了用于检测有机和无机化合物的传感器的一些实例，表明使用石墨烯基复合材料与环境分析具有很大的相关性。

利用基于石墨烯和石墨烯复合材料的电化学传感器检测了几种对环境影响较大的无机和有机污染物。例如，先前附着在金膜金基底上的石墨烯的覆盖可以在阿摩尔水平下检测水和血清样品中的Hg^{2+}离子[115]，用Fe_3O_4和TiO_2修饰的氮掺杂石墨烯修饰的玻碳电极传感器,Au 纳米粒子和 2,2'-((1E)-((4-((2-巯基乙基)硫代)-1,2-亚苯基)双(亚氮杂基))双(亚甲基亚甲基))二酚,对河水和雨水中的Pb^{2+}离子进行了纳摩尔水平的检测[118]。

表 21.2 环境分析中应用的石墨烯基电化学传感器分析参数

传感器配置	分析物	检测限	线性范围	真实样本	参考文献
Ag/rGO/GCE[1]	4-硝基苯酚	1.2nmol/L	10nmol/L~10μmol/L	水	[114]
Au/GR/Au[2]	Hg^{2+}	50amol/L	0.1fmol/L~0.1μmol/L	水血清	[115]
AuNP/GR QDs/GCE[3]	Hg^{2+} Cu^{2+}	0.02nmol/L 0.05nmol/L	0.02~1.5nmol/L	添加溶液	[116]
1-[2,4-二羟基-5-(苯基偶氮-4-磺酸)苯基]-1-苯基甲酮/Fe_3O_4-rGO/CPE[4]	肼羟胺	40nmol/L 3.4μmol/L	120~600nmol/L 10~155μmol/L	水	[117]
Fe_3O_4/TiO_2/N-Gr/AuNP/2,2'-((1E)-((4-((2-巯基乙基)硫基)-1,2-亚苯基)双(亚氮杂基))双(亚甲基亚甲基))联苯/GCE[5]	Pb^{2+}	0.75pmol/L	0.4pmol/L~20nmol/L	河水雨水	[118]
PAF/AuNP/PEI/GNs/GCE[6]	碘酸盐	0.1nmol/L	0.5~0.14μmol/L	水	[119]
AuNP/rGO/GCE[7]	铁	3.5nmol/L	30nmol/L~3μmol/L	沿海水域	[120]
CS/Mb/AuNP/rGO/CILE[8]	三氯乙酸	0.06mmol/L	0.2~36.0mmol/L	水	[121]
PDDA-GR/PdNP/GCE[9]	三氯羟基二苯醚	3.5nmol/L	9.0nmol/L~20.0μmol/L	自来水	[122]
AuNP/Fe_3O_4-GO/GCE[10]	邻苯二酚 对苯二酚	0.8μmol/L 1.1μmol/L	2~145μmol/L, 3~137μmol/L	自来水	[123]

[1] Ag/rGO/GCE:rGO 修饰银修饰 GCE;[2] Au/Gr/Au:沉积在附着于 Au 基底上的石墨烯上的 Au 膜;[3] AuNP/Gr QDs/GCE:石墨烯量子点与 AuNP 修饰 GCE 的偶联;[4] 1-[2,4-二羟基-5-(苯基偶氮-4-磺酸)苯基1]-1-苯基甲酮/Fe_3O_4-rGO/CPE:磁性碳棒电极上纳米 Fe_3O_4修饰的1-[2,4-二羟基-5-(苯基偶氮-4-磺酸)苯基]-1-苯基甲酮 rGO;[5] Fe_3O_4/TiO_2/N-GR/AuNP/2,2'-((1E)-((4-((2-巯基乙基1)硫基)-1,2-亚苯基)双(亚氮杂基))双(亚甲基亚甲基))联苯/GCE:Fe_3O_4和 TiO_2修饰的氮掺杂石墨烯、AuNP 和 2,2'-((1E)-((4-((2-巯基乙基)硫基)-1,2-亚苯基)双(氮亚甲基))双(甲亚甲基))二酚修饰 GCE;[6] PAF/AuNP/PEI/GN/GCE:聚乙烯亚胺包裹石墨烯纳米片固定聚吖啶黄素及其 AuNP 修饰 GCE;;[7] AuNP/rGO/GCE:AuNP 修饰 GCE 修饰 rGO;[8] CS/Mb/AuNP/rGO/CILE:壳聚糖包覆 AuNP、rGO 修饰碳离子液体电极固定肌红蛋白;[9] PDDA-GR/PdNP/GCE:聚(二烯丙基二甲基氯化铵)功能化石墨烯,PdNP 修饰 GCE;[10] AuNP/Fe_3O_4-GO/GCE:Fe_3O_4功能化的 GO,AuNP 修饰 GCE。

21.4.3 石墨烯基食品分析传感器

基于石墨烯纳米复合物的传感器在食品领域得到了应用。基于石墨烯和具有不同类型纳米粒子的石墨烯基复合材料的传感器是食品安全监测中有前途的工具,检测一氧化氮、双酚 A、黄曲霉毒素 B1、己烯雌酚、日落黄、柠檬黄、脱氧雪腐镰刀菌烯醇、亚硝酸盐等,如表 21.3 所示。

表 21.3 应用于食品分析的石墨烯基电化学传感器的分析参数

传感器配置	分析物	检测限	线性范围	真实样本	参考文献
AuNP/f - GR/GCE[1]	亚硝酸盐	0.01μmol/L	0.12μmol/L ~ 20.3mmol/L	腌制猪肉样品	[124]
CuNP - MWCNT - rGO/GCE[2]	亚硝酸盐 硝酸盐	30nmol/L 20nmol/L	0.1 ~ 75μmol/L	水龙头、矿泉水、意大利腊肠、奶酪	[125]
(Gr - MWCNT/polyPy) - MIP GCE[3]	芦丁	5.0nmol/L	0.01 ~ 1.0μmol/L	荞麦茶 橙汁	[126]
Fe_3O_4 - polyDA/PAMAM/PtNP/GO - CMC/GCE[4]	黄嘌呤	13nmol/L	50nmol/L ~ 12μmol/L	鱼肉	[127]
AuNP/GR/GCE[5]	己烯雌酚	9.8nmol/L	0.0012 ~ 12μmol/L	牛肉、 鱼肉、奶粉	[128]
AuNR/GO/GCE[6]	夕阳黄柠檬黄	2.4nmol/L, 8.6nmol/L	0.01 ~ 3.0μmol/L, 0.03 ~ 6.0μmol/L	橙汁橘子汽水	[129]
PtNP/β - CD - Gr/GCE[7]	苏丹一号	1.6nmol/L	0.005 ~ 66.68μmol/L	红辣椒粉、 辣椒酱、番茄酱	[130]
Nafion/XOD/TiO_2 - Gr/GCE[8]	次黄嘌呤	9.5μmol/L	20 ~ 512μmol/L	肉	[131]

[1] AuNP/f - GR/GCE：AuNP 和花状结构石墨烯在 GCE 上的沉积；[2] CuNP - MWCNT - rGO/GCE：CuNP 修饰的 MWCNT - rGO 修饰 GCE；[3] (Gr - MWCNT/polyPy) - MIP/GCE：聚吡咯在石墨烯 - MWCNT 修饰 GCE 上的聚合；[4] Fe_3O_4 - polyDA/PAMAM/PtNP/GO - CMC/GCE：磁性纳米粒子经聚(多巴胺)修饰，然后包覆四代乙二胺核聚酰胺基胺 G - 4 树枝状大分子，进一步修饰铂纳米粒子，然后层叠在包覆有 GO - 羧甲基纤维素的 GCE 上；[5] AuNP/GR/GCE：石墨烯掺杂[5] AuNP 修饰 GCE；[6] AuNR/GO/GCE：金纳米棒修饰 GO 修饰 GCE；[7] PtNP/β - CD - GR/GCE：铂纳米粒子修饰石墨烯 - β - 环糊精修饰 GCE；[8] Nafion/XOD/TiO_2 - GR/GCE：全氟磺酸膜TiO_2 - 石墨烯修饰 GCE 固定黄嘌呤氧化酶。

优化后的传感器可用于快速、灵敏、选择性地检测复杂基底中的目标分析物，如自来水和矿泉水、果汁、奶酪、肉、鱼、牛奶或谷物样品。

21.5 小结

近年来，二维纳米材料的研究进展推动了电化学传感器的研究和发展，可以灵敏和选择性地检测许多分析物，可应用于生物医学、环境和食品分析等领域。包括石墨烯、石墨烯相关纳米材料和石墨烯基纳米复合材料在内的各种纳米材料已成功地用于电化学传感平台的构建。结合石墨烯的特性（特别是大表面积和优异的导电性）和各种纳米粒子的特性（主要是它们优异的电催化活性），汇聚成具有惊人分析性能（高灵敏度、良好的选择性、稳定性等）的基于杂化纳米材料的传感纳米平台，成功地参与了不同领域（医学、个人护理、环境、食品、纳米技术、催化、能量产生和存储）中的广泛应用。

近年来，各种基于石墨烯的纳米复合材料的合成得到了扩展，形成具有高性能的（生物）传感器，其试图解决对具有生物医学、法医和环境相关性的物质的快速、准确、可再现和低成本分析所必需的高灵敏度、选择性和稳定的电化学（生物）传感器的要求。

在用于电化学传感器制造的石墨烯基纳米材料的设计和应用中获得的最重要的成就如下：

(1) 石墨烯片可以组装成新型结构,如石墨烯纤维、石墨烯纸和石墨烯凝胶,这些对于柔性电极的开发特别感兴趣。

(2) 开发和优化用于合成基于石墨烯及其衍生物的纳米材料的各种策略,这些纳米材料具有高质量、可控的尺寸和厚度、可调谐的性质,是专用应用所需。

(3) 基于石墨烯的纳米材料具有吸引人的结构特性,并且可以进一步用官能团、材料和/或生物分子修饰,以开发用于灵敏和选择性检测多个目标分析物的新接口。

(4) 石墨烯基纳米材料可通过修饰非特异性电极表面用于设计新型(生物)传感系统,如柔性电极和微纳电极。

这些新型纳米材料电极可集成到用于护理点早期诊断的微型电化学器件、可穿戴/可植入传感器和用于临床监测的传感器阵列中,为快速临床诊断和筛选、体内和体外分析以及连续监测提供了可能。

参考文献

[1] Walcarius, A., Minteer, S. D., Wang, J., Lin, Y., Merkoci, A., Nanomaterials for bio - functionalized electrodes: Recent trends. *J. Mater. Chem. B*, 1, 4878 - 4908, 2013.

[2] Lei, J. and Ju, H., Signal amplification using functional nanomaterials for biosensing. *Chem. Soc. Rev.*, 41, 2122 - 2134, 2012.

[3] Kannan, P. K., Late, D. J., Morgan, H., Rout, C. S., Recent developments in 2D layered inorganic nanomaterials for sensing. *Nanoscale*, 7, 13293 - 13312, 2015.

[4] Araque, E., Villalonga, R., Gamella, M., Martínez - Ruiz, P., Sánchez, A., Garcia - Baonza, V. *et al.*, Water - soluble reduced graphene oxide - carboxymethylcellulose hybrid nanomaterial for electrochemical biosensor design. *ChemPlusChem*, 79, 1334 - 1341, 2014.

[5] Araque, E., Villalonga, R., Gamella, M., Martínez - Ruiz, P., Reviejo, J., Pingarrón, J. M., Crumpled reduced graphene oxide - polyamidoamine dendrimer hybrid nanoparticles for the preparation of an electrochemical biosensor. *J. Mater. Chem. B*, 1, 2289 - 2296, 2013.

[6] Khatayevich, D., Page, T., Gresswell, C., Hayamizu, Y., Grady, W., Sarikaya, M., Selective detection of target proteins by peptide - enabled graphene biosensor. *Small*, 10, 1505 - 1513, 2014.

[7] Kailashiya, J., Singh, N., Singh, S. K., Agrawal, V., Dash, D., Graphene oxide - based biosensor for detection of platelet - derived microparticles: A potential tool for thrombus risk identification. *Biosens. Bioelectron.*, 65, 274 - 280, 2015.

[8] Borisova, B., Ramos, J., Diez, P., Sánchez, A., Parrado, C., Araque, E., Villalonga, R., Pingarrón, J. M., A layer - by - layer biosensing architecture based on polyamidoamine dendrimer and carboxymethylcellulose - modified graphene oxide. *Electroanalysis*, 27, 2131 - 2138, 2015.

[9] Lian, Y., He, F., Wang, H., Tong, F., A new aptamer/graphene interdigitated gold electrode piezoelectric sensor for rapid and specific detection of*Staphylococcus aureus*. *Biosens. Bioelectron.*, 65, 314 - 319, 2015.

[10] Saadaoui, M., Fernández, I., Sánchez, A., Díez, P., Campuzano, S., Raouafi, N. *et al.*, Mesoporous silica thin film mechanized with a DNAzyme - based molecular switch for electrochemical biosensing. *Electrochem. Commun.*, 58, 57 - 61, 2015.

[11] Fernández, I., Sánchez, A., Díez, P., Martínez - Ruiz, P., Di Pierro, P., Porta, R. *et al.*, Nanochannel-based electrochemical assay for transglutaminase activity. *Chem. Commun.*, 50, 13356 - 13358, 2015.

[12] Sarkar, D., Liu, W., Xie, X., Anselmo, A. C., Mitragotri, S., Banerjee, K., MoS_2 field - effect transistor for next - generation label - free biosensors. *ACS Nano*, 8, 3992 - 4003, 2014.

[13] Wang, L., Wang, Y., Wong, J. I., Palacios, T., Kong, J., Yang, H. Y., Functionalized MoS_2 nanosheet-based field - effect biosensor for label - free sensitive detection of cancer marker proteins in solution. *Small*, 10, 1101 - 1105, 2014.

[14] Vasilescu, I., Eremia, S. A., Kusko, M., Radoi, A., Vasile, E., Radu, G. L., Molybdenum disulphide and graphene quantum dots as electrode modifiers for laccase biosensor. *Biosens. Bioelectron.*, 75, 232 - 237, 2016.

[15] Yuan, Y., Li, R., Liu, Z., Establishing water - soluble layered WS_2 nanosheet as a platform for biosensing. *Anal. Chem.*, 86, 3610 - 3615, 2014.

[16] Huang, K. J., Liu, Y. J., Zhang, J. Z., Aptamer - based electrochemical assay of 17β - estradiol using a glassy carbon electrode modified with copper sulfide nanosheets and gold nanoparticles, and applying enzyme - based signal amplification. *Microchim. Acta*, 182, 409 - 417, 2015.

[17] Yang, Z., Ren, Y., Zhang, Y., Li, J., Li, H., Hu, X. *et al.*, Nanoflake - like SnS_2 matrix for glucose biosensing based on direct electrochemistry of glucose oxidase. *Biosens. Bioelectron.*, 26, 4337 - 4341, 2011.

[18] Povedano, E., Cincotto, F. H., Parrado, C., Díez, P., Sánchez, A., Canevari, T. C. *et al.*, Decoration of reduced graphene oxide with rhodium nanoparticles for the design of a sensitive electrochemical enzyme biosensor for 17β - estradiol. *Biosens. Bioelectron.*, 89, 343 - 351, 2017.

[19] Pan, L. - H., Kuo, S. - H., Lin, T. - Y., Lin, C. - W., Fang, P. - Y., Yang, H. - W., An electrochemical biosensor to simultaneously detect VEGF and PSA for early prostate cancer diagnosis based on graphene oxide/ssDNA/PLLA nanoparticles. *Biosens. Bioelectron.*, 89, 598 - 605, 2017.

[20] Al - Nafiey, A., Kumar, A., Kumar, M., Addad, A., Sieber, B., Szunerits, S. *et al.*, Nickel oxide nano particles grafted on reduced graphene oxide (rGO/NiO) as efficient photocatalyst for reduction of nitroaromatics under visible light irradiation. *J. Photochem. Photobiol.*, *A*, 336, 198 - 207, 2017.

[21] Tran, T. - T. and Mulchandani, A., Carbon nanotubes and graphene nano field - effect transistor - based biosensors. *TrAC, Trend. Anal. Chem.*, 79, 222 - 232, 2016.

[22] Tkachev, S. V., Buslaeva, E. Y., Gubin, S. P., *Graphene: A Novel Carbon Nanomaterial, Inorganic Materials*, vol. 47, pp. 1 - 10, © Pleiades Publishing, New York Ltd, 2011.

[23] Geim, A. K. and Novoselov, K. S., The rise of graphene. *Nat. Mater.*, 6, 183 - 191, 2007.

[24] Novoselov, K. S., Geim, A. K., Morozov, S. V., Jiang, D., Zhang, Y., Dubonos, S. V. *et al.*, Electric field effect in thin carbon film. *Science*, 306, 666 - 669, 2004.

[25] Pumera, M., Ambrosi, A., Bonanni, A., Chng, E. L. K., Poh, H. L., Graphene for electrochemical sensing and biosensing. *TrAC, Trend. Anal. Chem.*, 29, 954 - 965, 2010.

[26] Kurbanoglu, S., Rivas, L., Ozkan, S. A., Merkoçi, A., Electrochemically reduced graphene and iridium oxide nanoparticles for inhibition - based angiotensin - converting enzyme inhibitor detection. *Biosens. Bioelectron.*, 88, 122 - 129, 2017.

[27] Bhuyan, S. A., Uddin, N., Islam, M., Bipasha, F. A., Hossain, S. S., Synthesis of graphene. *Int. Nano Lett.*, 6, 65 - 83, 2016.

[28] Wang, L., Xiong, Q., Xiao, F., Duan, H., 2D nanomaterials based electrochemical biosensors for cancer diagnosis. *Biosens. Bioelectron.*, 89, 136 - 151, 2017.

[29] Bae, S., Kim, H., Lee, Y., Xu, X., Park, J. - S., Zheng, Y. *et al.*, Roll - to - roll production of 30 - inch graphene films for transparent electrodes. *Nat. Nanotechnol.*, 5, 574 - 578, 2010.

[30] Kukhta, A. V., Paddubskaya, A. G., Kuzhir, P. P., Maksimenko, S. A., Vorobyova, S. A., Bistarelli, S.

et al. ,Copper nanoparticles decorated graphene nanoplatelets and composites with PEDOT:PSS. *Synth. Met.* ,222,192 - 197,2016.

[31] Mattevi,C. ,Eda,G. ,Agnoli,S. ,Miller,S. ,Mkhoyan,K. A. ,Celik,O. *et al.* ,Evolution of electrical, chemical,and structural properties of transparent and conducting chemically derived graphene thin films. *Adv. Funct. Mater.* ,19,2577 - 2583,2009.

[32] Wang,S. ,Huang,X. ,He,Y. ,Huang,H. ,Wu,Y. ,Hou,L. *et al.* ,Synthesis,growth mechanism and thermal stability of copper nanoparticles encapsulated by multi - layer graphene. *Carbon*, 50, 2119 - 2125,2012.

[33] Kalambate,P. K. ,Sanghavi,B. J. ,Karna,S. P. ,Srivastava,A. K. ,Simultaneous voltammetric determination of paracetamol and domperidone based on a graphene/platinum nanoparticles/ nafion composite modified glassy carbon electrode. *Sens. Actuators*,*B*,213,285 - 294,2015.

[34] Wu,B. ,Gengu,D. ,Xu,Z. ,Guo,Y. ,Huang,L. ,Xue,Y. *et al.* ,Self - organized graphene crystal patterns. *NPG Asia Mat.* ,5,e36,2013.

[35] Zan,R. ,Bangert,U. ,Ramasse,Q. ,Novoselov,K. S. ,Interaction of metals with suspended graphene observed by transmission electron microscopy. *J. Phys. Chem. Lett.* ,3,953 - 958,2012.

[36] Khoshfetrat,S. M. and Mehrgardi,M. A. ,Amplified detection of leukemia cancer cells using an aptamer - conjugated gold - coated magnetic nanoparticles on a nitrogen - doped graphene modified electrode. *Bioelectrochemistry*,114,24 - 32,2017.

[37] Li,L. ,Li,H. ,Guo,Y. ,Yang,L. ,Fang,Y. ,Direct synthesis of graphene/carbon nanotube hybrid films from multiwalled carbon nanotubes on copper. *Carbon*,118,675 - 679,2017.

[38] Kim,J. ,Kim,Y. ,Park,S. - J. ,Jung,Y. ,Kim,S. ,Preparation and electrochemical analysis of graphene nanosheets/nickel hydroxide composite electrodes containing carbon. *J. Ind. Eng. Chem.* , 36, 139 - 146,2016.

[39] Wang,K. ,Huang,Y. ,Qin,X. ,Wang,M. ,Sun,X. ,Yu,M. ,Effect of pyrolysis temperature of 3D graphene/carbon nanotubes anode materials on yield of carbon nanotubes and their electrochemical properties for Na - ion batteries. *Chem. Eng. J.* ,317,793 - 799,2017.

[40] Goh,K. ,Jiang,W. C. ,Karahan,H. E. ,Zhai,S. L. ,Wei,L. ,Yu,D. S. *et al.* ,All - carbon nanoarchitectures as high - performance separation membranes with superior stability. *Adv. Funct. Mater.* ,25,7348 - 7359,2015.

[41] Chen,L. ,Yu,H. ,Zhong,J. ,He,H. ,Zhang,T. ,Harnessing light energy with a planar transparent hybrid of graphene/single wall carbon nanotube/n - type silicon heterojunction solar cell. *Electrochim. Acta*,178, 732 - 738,2015.

[42] Li,C. ,Li,Z. ,Zhu,H. ,Wang,K. ,Wei,J. ,Li,X. *et al.* ,Graphene nano - "patches" on a carbon nanotube network for highly transparent/conductive thin film applications. *J. Phys. Chem. C*,114,14008 - 14012,2010.

[43] Liu,Y. ,Wang,F. ,Wang,X. ,Wang,X. ,Flahaut,E. ,Liu,X. *et al.* ,Planar carbon nanotube - grapheme hybrid films for high - performance broadband photodetectors. *Nat. Commun.* ,6,8589,2015.

[44] Shi,J. ,Li,X. ,Cheng,H. ,Liu,Z. ,Zhao,L. ,Yang,T. *et al.* ,Graphene reinforced carbon nanotube networks for wearable strain sensors. *Adv. Funct. Mater.* ,26,2078 - 2084,2016.

[45] Tung,T. T. ,Pham - Huu,C. ,Janowska,I. ,Kim,T. ,Castro,M. ,Feller,J. F. ,Hybrid films of grapheme and carbon nanotubes for high performance chemical and temperature sensing applications. *Small*,11,3485 - 3493,2015.

[46] Yan,Z. ,Peng,Z. ,Casillas,G. ,Lin,J. ,Xiang,C. ,Zhou,H. *et al.* ,Rebar graphene. *ACS Nano*,8,5061 -

5068,2014.

[47] Wu,S. ,Shi,E. ,Yang,Y. ,Xu,W. ,Li,X. ,Cao,A. ,Direct fabrication of carbon nanotube – grapheme hybrid films by a blown bubble method. *Nano Res.* ,8,1746 – 1754,2015.

[48] Shi,E. ,Li,H. ,Xu,W. ,Wu,S. ,Wei,J. ,Fang,Y. *et al.* ,Improvement of graphene – Si solar cells by embroidering graphene with a carbon nanotube spider – web. *Nano Energy*,17,216 – 223,2015.

[49] Chen,X. ,Zhu,J. ,Xi,Q. ,Yang,W. ,A high performance electrochemical sensor for acetaminophen based on single – walled carbon nanotube – graphene nanosheet hybrid films. *Sens. Actuators*, *B*, 161, 648 – 654,2012.

[50] Lee,H. – K. ,Okada,T. ,Fujiwara,T. ,Lee,S. – W. ,Top – down synthesis and deposition of highly porous TiO_2 nanoparticles from NH_4TiOF_3 single crystals on multi – walled carbon nanotubes and graphene oxides. *Mater. Des.* ,108,269 – 276,2016.

[51] Khalil,I. ,Julkapli,N. M. ,Yehye,W. A. ,Basirun,W. J. ,Bhargava,S. K. ,Graphene – gold nanoparticles hybrid – synthesis, functionalization, and application in a electrochemical and surfaceenhanced Raman scattering biosensor. *Materials*,9,406,2016.

[52] Zhu,L. ,Liu,Y. ,Yang,P. ,Liu,B. ,Label – free aptasensor based on electrodeposition of gold nanoparticles on graphene and its application in the quantification of adenosine triphosphate. *Electrochim. Acta*, 172,88 – 93,2015.

[53] Nandini,S. ,Nalini,S. ,Reddy,M. B. M. ,Suresh,G. S. ,Melo,J. S. ,Niranjana,P. *et al.* ,Synthesis of one – dimensional gold nanostructures and the electrochemical application of the nanohybrid containing functionalized graphene oxide for cholesterol biosensing. *Bioelectrochemistry*,110,79 – 90,2016.

[54] Song,G. ,Li,Z. ,Meng,A. ,Zhang,M. ,Li,K. ,Zhu,K. ,Large – scale template – free synthesis of N – doped graphene nanotubes and N – doped SiO_2 – coated graphene nanotubes:Growth mechanism and field – emission property. *J. Alloy Compd.* ,706,147 – 155,2017.

[55] Bo,X. ,Zhou,M. ,Guo,L. ,Electrochemical sensors and biosensors based on less aggregated graphene. *Biosens. Bioelectron.* ,89,167 – 186,2017.

[56] Atarod,M. ,Nasrollahzadeh,M. ,Sajadi,S. M. ,Green synthesis of $Pd/RGO/Fe_3O_4$ nanocomposite using *Withania coagulans* leaf extract and its application as magnetically separable and reusable catalyst for the reduction of 4 – nitrophenol. *J. Colloid Interface Sci.* ,465,249 – 258,2016.

[57] Shakir,I. ,Sarfraz,M. ,Ali,Z. ,Aboud,M. F. A. ,Agboola,P. O. ,Magnetically separable and recyclable graphene – $MgFe_2O_4$ nanocomposites for enhanced photocatalytic applications. *J. Alloy Compd.* ,660,450 – 455, 2016.

[58] Hasanzadeh, M. , Karimzadeh, A. , Shadjou, N. , Mokhtarzadeh, A. , Bageri, L. , Sadeghi, S. *et al.* , Graphene quantum dots decorated with magnetic nanoparticles: Synthesis, electrodeposition, characterization and application as an electrochemical sensor towards determination of some amino acids at physiological pH. *Mater. Sci. Eng.* ,*C*,68,814 – 830,2016.

[59] Chandra,V. ,Park,J. ,Chun,Y. ,Lee,J. W. ,Hwang,I. – C. ,Kim,K. S. ,Water – dispersible magnetite – reduced graphene oxide composites for arsenic removal. *ACS Nano*,4,3979 – 3986,2010.

[60] Ocsoy,I. ,Temiz,M. ,Celik,C. ,Altinsoy,B. ,Yilmaz,V. ,Duman,F. ,A green approach for formation of silver nanoparticles on magnetic graphene oxide and highly effective antimicrobial activity and reusability. *J. Mol. Liq.* ,227,147 – 152,2017.

[61] Pakapongpan,S. and Poo – arporn,R. P. ,Self – assembly of glucose oxidase on reduced grapheme oxide – magnetic nanoparticles nanocomposite – based direct electrochemistry for reagentless glucose biosensor. *Mater. Sci. Eng.* ,*C*,76,398 – 405,2017.

[62] Sun, B. , Gou, Y. , Ma, Y. , Zheng, X. , Bai, R. , Abdelmoaty, A. A. A. , Hu, F. , Investigate electrochemical immunosensor of cortisol based on gold nanoparticles/magnetic functionalized reduced graphene oxide. *Biosens. Bioelectron.* ,88,55 - 62,2017.

[63] Hazra, S. K. and Basu, S. , Graphene - oxide nano composites for chemical sensor applications. *J. Carbon Res.* ,2,12,2016.

[64] Aliabadi, M. , Shagholani, H. , Yunessnia lehi, A. , Synthesis of a novel biocompatible nanocomposite of graphene oxide and magnetic nanoparticles for drug delivery. *Int. J. Biol. Macromol.* ,98,287 - 291,2017.

[65] Gallego, J. , Tapia, J. , Vargas, M. , Santamaria, A. , Orozco, J. , Lopez, D. , Synthesis of graphenecoated carbon nanotubes - supported metal nanoparticles as multifunctional hybrid materials. *Carbon*,111,393 - 401,2017.

[66] Santhosh, C. , Daneshvar, E. , Kollu, P. , Peräniemi, S. , Grace, A. N. , Bhatnagar, A. , Magnetic SiO_2@ $CoFe_2O_4$ nanoparticles decorated on graphene oxide as efficient adsorbents for the removal of anionic pollutants from water. *Chem. Eng. J.* , 322, 472 - 487, 2017, http://dx. doi. org/10. 1016/j. cej. 2017. 03. 144.

[67] Boruah, P. K. , Sharma, B. , Karbhal, I. , Shelke, M. V. , Das, M. R. , Ammonia - modified grapheme sheets decorated with magnetic Fe_3O_4 nanoparticles for the photocatalytic and photo - Fentondegradation of phenolic compounds under sunlight irradiation. *J. Hazard. Mater.* ,325,90 - 100,2017.

[68] Sarno, M. , Cirillo, C. , Ciambelli, P. , Selective graphene covering of monodispersed magnetic nanoparticles. *Chem. Eng. J.* ,246,27 - 38,2014.

[69] Zhang, J. , Ma, J. , Fan, X. , Peng, W. , Zhang, G. , Zhang, F. , Li, Y. , Graphene supported Au - Pd - Fe_3O_4 alloy trimetallic nanoparticles with peroxidase - like activities as mimic enzyme. *Catal. Commun.* ,89, 148 - 151,2017.

[70] Cernat, A. , Tertis, M. , Săndulescu, R. , Bedioui, F. , Cristea, A. , Cristea, C. , Electrochemical sensors based on carbon nanomaterials for acetaminophen detection. A review. *Anal. Chim. Acta*, 886, 16 - 28,2015.

[71] Shenderova, O. A. , Zhirnov, V. V. , Brenner, D. W. , Carbon nanostructures. *Crit. Rev. Solid State Mater. Sci.* ,27,227 - 356,2002.

[72] Fritea, L. , Tertis, M. , Cosnier, S. , Cristea, C. , Săndulescu, R. , A novel reduced grapheme oxide/β - cyclodextrin/tyrosinase biosensor for dopamine detection. *Int. J. Electrochem. Sci.* ,10,7292 - 7302,2015.

[73] Fritea, L. , Le Goff, A. , Putaux, J. - L. , Tertis, M. , Cristea, C. , Săndulescu, R. *et al.* , Design of a reduced - graphene - oxide composite electrode from an electropolymerizable graphene aqueous dispersion using a cyclodextrine - pyrrole monomer. Application to dopamine biosensing. *Electrochim. Acta*,178,108 - 112,2015.

[74] Cernat, A. , Tertis, M. , Fritea, L. , Cristea, C. , *Graphene in Sensors Design*, in: *Advanced Materials Book Series*, pp. 387 - 431, Scrivener - Wiley, USA, 2016.

[75] Amanulla, B. , Palanisamy, S. , Chen, S. - M. , Velusamy, V. , Chiu, T. - W. , Chen, T. - W. *et al.* , A non - enzymatic amperometric hydrogen peroxide sensor based on iron nanoparticles decorated reduced graphene oxide nanocomposite. *J. Colloid Interface Sci.* ,487,370 - 377,2017.

[76] Yang, S. , Li, G. , Wang, G. , Zhao, J. , Hu, M. , Qu, L. , A novel nonenzymatic H_2O_2 sensor based on cobalt hexacyanoferrate nanoparticles and graphene composite modified electrode. *Sens. Actuators*, *B*,208,593 - 599,2015.

[77] Zhang, X. , Zhang, J. , Zhou, D. , Wang, G. , Electrodeposition method synthesise gold nanoparticles - Prussian blue - graphene nanocomposite and its application in electrochemical sensor for H_2O_2. *Micro Nano Lett.* ,7,1,60 - 63,2012.

[78] Liu, P., Bai, F. - Q., Lin, D. - W., Peng, H. - P., Hu, Y., Zheng, Y. - J. *et al.*, One - pot green synthesis of mussel - inspired myoglobin - gold nanoparticles - polydopamine - graphene polymeric bionanocomposite for biosensor application. *J. Electroanal. Chem.*, 764, 104 - 109, 2016.

[79] Thanh, T. D., Balamurugan, J., Lee, S. H., Kim, N. H., Lee, J. H., Novel porous gold - palladium nanoalloy network - supported graphene as an advanced catalyst for non - enzymatic hydrogen peroxide sensing. *Biosens. Bioelectron.*, 85, 669 - 678, 2016.

[80] Xue, C., Kung, C. - C., Gao, M., Liu, C. - C., Dai, L., Urbas, A. *et al.*, Facile fabrication of 3D layer - by - layer graphene - gold nanorod hybrid architecture for hydrogen peroxide based electrochemical biosensor. *Sens. Bio - Sens. Res.*, 3, 7 - 11, 2015.

[81] Yang, X., Ouyang, Y., Wu, F., Hu, Y., Ji, Y., Wu, Z., Size controllable preparation of gold nanoparticles loading on graphene sheets@ cerium oxide nanocomposites modified gold electrode for nonenzymatic hydrogen peroxide detection. *Sens. Actuators, B*, 238, 40 - 47, 2017.

[82] Wang, X., Guo, X., Chen, J., Ge, C., Zhang, H., Liu, Y. *et al.*, Au nanoparticles decorated graphene/nickel foam nanocomposite for sensitive detection of hydrogen peroxide. *J. Mater. Sci. Technol.*, 33, 246 - 250, 2017.

[83] Dong, W., Ren, Y., Zhang, Y., Chen, Y., Zhang, C., Bai, Z. *et al.*, Synthesis of Pb nanowires - Au nanoparticles nanostructure decorated with reduced graphene oxide for electrochemical sensing. *Talanta*, 165, 604 - 611, 2017.

[84] N'Diaye, J., Poorahong, S., Hmam, O., Izquierdo, R., Siaj, M., Facile synthesis rhodium nanoparticles decorated single layer graphene as an enhancement hydrogen peroxide sensor. *J. Electroanal. Chem.*, 789, 85 - 91, 2017.

[85] Devasenathipathy, R., Mani, V., Chen, S. - M., Huang, S. - T., Huang, T. - T., Lin, C. - M. *et al.*, Glucose biosensor based on glucose oxidase immobilized at gold nanoparticles decorated graphene - carbon nanotubes. *Enzyme Microb. Tech.*, 78, 40 - 45, 2015.

[86] Sabury, S., Kazemi, S. H., Sharif, F., Graphene - gold nanoparticles composite: Application as a good scaffold for construction of glucose oxidase biosensor. *Mater. Sci. Eng., C*, 49, 297 - 304, 2015.

[87] Hsu, Y. W., Hsu, T. - K., Sun, C. - L., Nien, Y. - T., Pu, N. - W., Ger, M. - D., Synthesis of CuO/graphene nanocomposites for nonenzymatic electrochemical glucose biosensor applications. *Electrochim. Acta*, 82, 152 - 157, 2012.

[88] Zeng, Q., Cheng, J. - S., Liu, X. - F., Bai, H. - T., Jiang, J. - H., Palladium nanoparticle/chitosan - grafted graphene nanocomposites for construction of a glucose biosensor. *Biosens. Bioelectron.*, 26, 3456 - 3463, 2011.

[89] Wu, H., Wang, J., Kang, X., Wang, C., Wang, D., Liu, J. *et al.*, Glucose biosensor based on immobilization of glucose oxidase in platinum nanoparticles/graphene/chitosan nanocomposite film. *Talanta*, 80, 403 - 406, 2009.

[90] Zhang, H., Xu, X., Yin, Y., Wu, P., Cai, C., Nonenzymatic electrochemical detection of glucose based on Pd1Pt3 - graphene nanomaterials. *J. Electroanal. Chem.*, 690, 19 - 24, 2013.

[91] Gao, H., Xiao, F., Ching, C. B., Duan, H., One - step electrochemical synthesis of PtNi nanoparticle - graphene nanocomposites for nonenzymatic amperometric glucose detection. *ACS Appl. Mater. Interfaces*, 3, 3049 - 3057, 2011.

[92] Zhao, A., Zhang, Z., Zhang, P., Xiao, S., Wang, L., Dong, Y. *et al.*, 3D nanoporous gold scaffold supported on graphene paper: Freestanding and flexible electrode with high loading of ultrafine PtCo alloy nanoparticles for electrochemical glucose sensing. *Anal. Chim. Acta*, 938, 63 - 71, 2016.

[93] Thanh,T. D. ,Balamurugan,J. ,Lee,S. H. ,Kim,N. H. ,Lee,J. H. ,Effective seed – assisted synthesis of gold nanoparticles anchored nitrogen – doped graphene for electrochemical detection of glucose and dopamine. *Biosens. Bioelectron.* ,81,259 – 267,2016.

[94] Cui,X. ,Liu,J. ,Yang,A. ,Fang,X. ,Xiao,C. ,Zhao,H. *et al.* ,The synthesis of polyamidoamine modified gold nanoparticles/SnO_2/graphene sheets nanocomposite and its application in biosensor. *Colloid Surface A*,520,668 – 675,2017.

[95] Daemi,S. ,Ashkarran,A. A. ,Bahari,A. ,Ghasemi,S. ,Gold nanocages decorated biocompatible amine functionalized graphene as an efficient dopamine sensor platform. *J. Colloid Interface Sci.* ,494,290 – 299, 2017.

[96] Li,R. ,Yang,T. ,Li,Z. ,Gu,Z. ,Wang,G. ,Liu,J. ,Synthesis of palladium@ gold nanoalloys/ nitrogen and sulphur functionalized multiple graphene aerogel for electrochemical detection of dopamine. *Anal. Chim. Acta*,954,43 – 51,2017.

[97] Zhang,F. ,Li,Y. ,Gu,Y. ,Wang,Z. ,Wang,C. ,One – pot solvothermal synthesis of a Cu_2O/ Graphene nanocomposite and its application in an electrochemical sensor for dopamine. *Microchim. Acta*,173,103 – 109,2011.

[98] Haldorai,Y. ,Vilian,A. T. E. ,Rethinasabapathy,M. ,Huh,Y. S. ,Han,Y. – K. ,Electrochemical determination of dopamine using a glassy carbon electrode modified with TiN – reduced grapheme oxide nanocomposite. *Sens. Actuators*,*B*,247,61 – 69,2017.

[99] Sun,C. – L. ,Lee,H. – H. ,Yang,J. – M. ,Wu,C. – C. ,The simultaneous electrochemical detection of ascorbic acid,dopamine,and uric acid using graphene/size – selected Pt nanocomposites. *Biosens. Bioelectron.* ,26,3450 – 3455,2011.

[100] Zhu,Q. ,Bao,J. ,Huo,D. ,Yang,M. ,Hou,C. ,Guo,J. *et al.* ,3D Graphene hydrogel – gold nanoparticles nanocomposite modified glassy carbon electrode for the simultaneous determination of ascorbic acid,dopamine and uric acid. *Sens. Actuators*,*B*,238,1316 – 1323,2017.

[101] Zhong,Z. ,Wu,W. ,Wang,D. ,Wang,D. ,Shan,J. ,Qing,Y. *et al.* ,Nanogold – enwrapped grapheme nanocomposites as trace labels for sensitivity enhancement of electrochemical immunosensors in clinical immunoassays:Carcinoembryonic antigen as a model. *Biosens. Bioelectron.* ,25,23790 – 2383,2010.

[102] Huang,K. – J. ,Wu,Z. – W. ,Wu,Y. – Y. ,Liu,Y. – M. ,Electrochemical immunoassay of carcinoembryonic antigen based on TiO_2 – graphene/thionine/gold nanoparticles composite. *Can. J. Chem.* ,90,608 – 615,2012.

[103] Sattarahmady,N. ,Heli,H. ,Moradi,S. E. ,Cobalt hexacyanoferrate/graphene nanocomposite— Application for the electrocatalytic oxidation and amperometric determination of captopril. *Sens. Actuators*,*B*, 177,1098 – 1106,2013.

[104] Chen,M. ,Hou,C. ,Huo,D. ,Fa,H. ,Zhao,Y. ,Shen,C. ,A sensitive electrochemical DNA biosensor based on three – dimensional nitrogen – doped graphene and Fe_3O_4 nanoparticles. *Sens. Actuators*,*B*, 239,421 – 429,2017.

[105] Jain,U. and Chauhan,N. ,Glycated hemoglobin detection with electrochemical sensing amplified by gold nanoparticles embedded N – doped graphene nanosheet. *Biosens. Bioelectron.* ,89,578 – 584,2017.

[106] Pruneanu,S. ,Pogacean,F. ,Biris,A. R. ,Ardelean,S. ,Canpean,V. ,Blanita,G. *et al.* ,Novel graphene – gold nanoparticle modified electrodes for the high sensitivity electrochemical spectroscopy detection and analysis of carbamazepine. *J. Phys. Chem. C*,115,23387 – 23394,2011.

[107] Khalilzadeh,B. ,Shadjou,N. ,Afsharan,H. ,Eskandani,M. ,Charoudeh,H. N. ,Rashidi,M. – R. ,Reduced graphene oxide decorated with gold nanoparticle as signal amplification element on ultra – sensitive

electrochemiluminescence determination of caspase - 3 activity and apoptosis using peptide based biosensor. *BioImpacts*, 6, 135 - 147, 2016.

[108] Feng, Q., Du, Y., Zhang, C., Zheng, Z., Hu, F., Wang, Z. *et al.*, Synthesis of the multi - walled carbon nanotubes - COOH/graphene/gold nanoparticles nanocomposite for simple determination of Bilirubin in human blood serum. *Sens. Actuators, B*, 185, 337 - 344, 2013.

[109] Zhang, H., Li, P., Wu, M., One - step electrodeposition of gold - graphene nanocomposite for construction of cholesterol biosensor. *Biosensors*, 4, 2, 2015.

[110] Sanghavi, B. J., Kalambate, P. K., Karna, S. P., Srivastava, A. K., Voltammetric determination of sumatriptan based on a graphene/gold nanoparticles/Nafion composite modified glassy carbon electrode. *Talanta*, 120, 1 - 9, 2014.

[111] Rosy, N. K. and Goyal, R. N., Gold - palladium nanoparticles aided electrochemically reduced graphene oxide sensor for the simultaneous estimation of lomefloxacin and amoxicillin. *Sens. Actuators, B*, 243, 658 - 668, 2017.

[112] Cincotto, F. H., Canevari, T. C., Machado, S. A. S., Sánchez, A., Barrio, M. A. R., Villalonga, R. *et al.*, Reduced graphene oxide - Sb_2O_5 hybrid nanomaterial for the design of a laccase - based amperometric biosensor for estriol. *Electrochim. Acta*, 174, 332 - 339, 2015.

[113] Cincotto, F. H., Golinellia, D. L. C., Machado, S. A. S., Moraes, F. C., Electrochemical sensor based on reduced graphene oxide modified with palladium nanoparticles for determination of desipramine in urine samples. *Sens. Actuators, B*, 239, 488 - 493, 2017.

[114] Ikhsan, N. I., Rameshkumar, P., Huang, N. M., Controlled synthesis of reduced grapheme oxide supported silver nanoparticles for selective and sensitive electrochemical detection of 4 - nitrophenol. *Electrochim. Acta*, 192, 392 - 399, 2016.

[115] Shi, L., Wang, Y., Ding, S., Chu, Z., Yin, Y., Jiang, D. *et al.*, A facile and green strategy for preparing newly - designed 3D graphene/gold film and its application in highly efficient electrochemical mercury assay. *Biosens. Bioelectron.*, 89, 871 - 879, 2017.

[116] Ting, S. L., Ee, S. J., Ananthanarayanan, A., Leong, K. C., Chen, P., Graphene quantum dots functionalized gold nanoparticles for sensitive electrochemical detection of heavy metal ions. *Electrochim. Acta*, 172, 7 - 11, 2015.

[117] Benvidi, A., Jahanbani, S., Akbari, A., Zare, H. R., Simultaneous determination of hydrazine and hydroxylamine on a magnetic bar carbon paste electrode modified with reduced grapheme oxide/Fe_3O_4 nanoparticles and a heterogeneous mediator. *J. Electroanal. Chem.*, 758, 68 - 77, 2015.

[118] Liu, F., Zhang, Y., Yin, W., Hou, C., Huo, D., He, B. *et al.*, A high - selectivity electrochemical sensor for ultra - trace lead(II) detection based on a nanocomposite consisting of nitrogen - doped graphene/gold nanoparticles functionalized with ETBD and Fe_3O_4@TiO_2 core - shell nanoparticles. *Sens. Actuators, B*, 242, 889 - 896, 2017.

[119] Azadbakht, A., Abbasi, A. R., Derikvand, Z., Karimi, Z., Fabrication of an ultrasensitive impedimetric electrochemical sensor based on graphene nanosheet/polyethyleneimine/gold nanoparticle composite. *J. Electroanal. Chem.*, 757, 277 - 287, 2015.

[120] Zhu, Y., Pan, D., Hu, X., Han, H., Lin, M., Wang, C., An electrochemical sensor based on reduced graphene oxide/gold nanoparticles modified electrode for determination of iron in coastal waters. *Sens. Actuators, B*, 243, 1 - 7, 2017.

[121] Shi, F., Xi, J., Hou, F., Han, L., Li, G., Gong, S. *et al.*, Application of three - dimensional reduced graphene oxide - gold composite modified electrode for direct electrochemistry and electrocatalysis of myo-

globin. *Mater. Sci. Eng.* ,*C*,58,450 – 457,2016.

[122] Wu,T. ,Li,T. ,Liu,Z. ,Guo,Y. ,Dong,C. ,Electrochemical sensor for sensitive detection of triclosan based on graphene/palladium nanoparticles hybrids. *Talanta*,164,556 – 562,2017.

[123] Erogul,S. ,Bas,S. Z. ,Ozmen,M. ,Yildiz,S. ,A new electrochemical sensor based on Fe_3O_4 functionalized graphene oxide – gold nanoparticle composite film for simultaneous determination of catechol and hydroquinone. *Electrochim. Acta*,186,302 – 313,2015.

[124] Zou,C. ,Yang,B. ,Bin,D. ,Wang,J. ,Li,S. ,Yang,P. *et al.* ,Electrochemical synthesis of gold nanoparticles decorated flower – like graphene for high sensitivity detection of nitrite. *J. Colloid Interface Sci.* , 488,135 – 141,2017.

[125] Bagheri,H. ,Hajian,A. ,Rezaei,M. ,Shirzadmehr,A. ,Composite of Cu metal nanoparticlesmultiwall carbon nanotubes – reduced graphene oxide as a novel and high performance platform of the electrochemical sensor for simultaneous determination of nitrite and nitrate. *J. Hazard. Mater.* ,324,762 – 772,2017.

[126] Yang,L. ,Yang,J. ,Xu,B. ,Zhao,F. ,Zeng,B. ,Facile preparation of molecularly imprinted polypyrrole – graphene – multiwalled carbon nanotubes composite film modified electrode for rutin sensing. *Talanta*,161, 413 – 418,2016.

[127] Borisova,B. ,Sánchez,A. ,Jiménez – Falcao,S. ,Martín,M. ,Salazar,P. ,Parrado,C. *et al.* ,Reduced graphene oxide – carboxymethyl cellulose layered with platinum nanoparticles/PAMAM dendrimer/ magnetic nanoparticles hybrids. Application to the preparation of enzyme electrochemical biosensors. *Sens. Actuators*,*B*,232,84 – 90,2016.

[128] Ma,X. and Chen,M. ,Electrochemical sensor based on graphene doped gold nanoparticles modified electrode for detection of diethylstilboestrol. *Sens. Actuators*,*B*,215,445 – 450,2015.

[129] Deng,K. ,Li,C. ,Li,X. ,Huang,H. ,Simultaneous detection of sunset yellow and tartrazine using the nanohybrid of gold nanorods decorated graphene oxide. *J. Electroanal. Chem.* ,780,296 – 302,2016.

[130] Palanisamy,S. ,Thangavelu,K. ,Chen,S. – M. ,Velusamy,V. ,Ramaraj,S. K. ,Voltammetric determination of Sudan I in food samples based on platinum nanoparticles decorated on graphene – β – cyclodextrin modified electrode. *J. Electroanal. Chem.* ,794,64 – 70,2017.

[131] Albelda,J. A. V. ,Uzunoglu,A. ,Santos,G. N. C. ,Stanciu,L. A. ,Graphene – titanium dioxide nanocomposite based hypoxanthine sensor for assessment of meat freshness. *Biosens. Bioelectron.* ,89,518 – 524,2017.

第22章 杂原子掺杂调控石墨烯的电磁和电化学传感性能

Faisal Shahzad[1,2,3],Chong Min Koo[1,2,4]
[1]韩国首尔,韩国科学技术研究所材料建筑研究中心
[2]韩国大田市,科技大学纳米材料科学与工程
[3]巴基斯坦伊斯兰堡尼罗里,巴基斯坦工程和
应用科学研究所(PIEAS)冶金和材料工程系国家纳米技术中心
[4]韩国首尔,韩国大学 KU - KIST 融合科学技术研究生院

摘要 石墨烯自被发现以来,由于其独特的表面化学特性、大比表面积、高电子迁移率、高电导率和热导率以及催化性能,被广泛应用于各种领域。已经出现了几种合成石墨烯的方法;然而,大规模制备一个完美的石墨烯仍然是一个挑战。为了克服化学合成过程中产生的本征缺陷,用杂原子掺杂石墨烯被认为是增强还原氧化石墨烯性能的可行方法。在杂原子掺杂剂中,n 型和 p 型掺杂剂已被成功开发并用于各种应用。在本章中,我们旨在讨论典型的 n 型杂原子掺杂剂及其潜在的应用。特别地,我们将关注硫掺杂的石墨烯,与氮和硼等其他杂原子掺杂剂相比,其研究相对较少且难以掺杂。还将介绍 S 掺杂石墨烯在控制还原氧化石墨烯性质方面的作用,并特别关注一些重要生物分子的电磁干扰屏蔽和电化学传感效应。

关键词 杂原子掺杂,硫掺杂,n 型掺杂,电磁干扰屏蔽,电导率,反射,吸收,生物传感

22.1 引言

石墨烯是 sp^2 杂化碳原子形成的六边形晶格单原子层。石墨烯中的每个碳原子通过三个强 σ 键与周围的三个碳原子键合。石墨烯表现出特殊的物理性质,如弹道电子传输、室温下的长平均自由程、优异的导电性和导热性以及量子霍尔效应等,这使其在迄今研究的所有二维材料中表现突出[1-3]。类似地,大比表面积和具有丰富化学性质的表面官能团使得该材料成为氧还原反应(ORR)、析氢反应(HER)等催化应用和电化学传感的理想候选材料。最近,石墨烯在储能器件中的开发将石墨烯基材料的研究推向了一个新的高度[4]。由于其二维性质和表面丰富的官能团,石墨烯已被证明在与聚合物混合时表现出

优异的加工能性能,在聚合物复合材料领域开辟了机会[5-6]。保持优异的电导率和热导率以及合适的力学性能,使其能够应用于聚合物致动器、散热聚合物复合材料、电磁干扰屏蔽材料、能量存储材料和其他许多领域[7-8]。然而,对于电子应用,本征石墨烯的使用受到价带和导带在布里渊区相遇(图22.1(a))的限制,使其成为零带隙半导体[3,9]。为了将石墨烯用于半导体电子器件,例如用于场效应晶体管(FET),产生带隙是非常重要的。已经采用了几种策略在石墨烯中产生带隙,以使其能够应用于多种领域[10-11]。一种策略是用杂原子掺杂剂掺杂石墨烯晶格;这不仅打开了电学应用所需的石墨烯带隙,而且调整了石墨烯的表面化学性质,这对于从电化学到电磁干扰屏蔽的许多应用至关重要。由于杂原子掺杂剂在调节石墨烯的物理和化学性能方面的作用已有许多报道,本章特别关注硫掺杂石墨烯在控制石墨烯的电磁干扰屏蔽和电化学传感性能方面的作用。

22.1.1 杂原子掺杂的必要性

早期一代半导体使用的硅(Si)的电子迁移率约为1400cm²/(V·s),显著低于单层石墨烯(200000cm²/(V·s))。石墨烯具有显著的高电子迁移率,在后硅时代电子应用中被普遍地视为Si的潜在替代品;然而,由于其π^*态导带和π态价带在狄拉克点重叠,石墨烯中没有带隙,限制了其在半导体器件中的应用。然而,石墨烯的能带结构可以通过控制杂原子掺杂或静电场来调节,这可以使石墨烯成为具有通过从狄拉克点移动费米能级而产生的小带隙的n型或p型半导体(图22.1)。

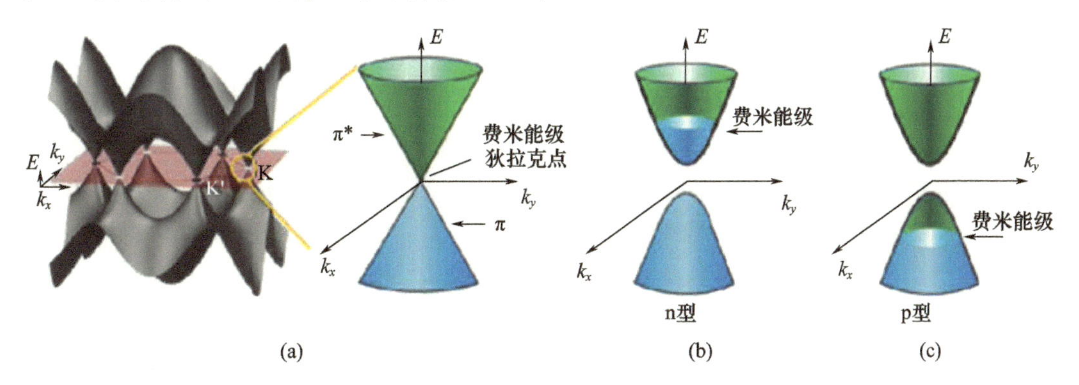

图22.1 (a)、(b)本征石墨烯的低能带结构的近似:两个锥体在狄拉克点接触;(b)n型和(c)p型具有带隙的石墨烯的能带结构(经许可转载自参考文献[10-11]。爱思唯尔2015年版权所有;2013:威利)

除了由于其能带结构的限制之外,加工方面的困难也限制了大规模实现本征石墨烯所具有的优异导电性和电子迁移率。湿法化学过程或热还原法是最常见的石墨烯合成方法,但都会在石墨烯晶格中产生一些缺陷,导致电性能不佳。因此,有必要开发大规模合成石墨烯的方法,使其表面和电子特性可以为不同的应用进行调整。杂原子掺杂,即石墨烯的碳原子被替代并与尺寸相似的原子共价键合,可以通过在空位或缺陷位置替代杂原子来调控石墨烯的物理特性。石墨烯中杂原子的置换不仅有助于修复复杂的合成过程中出现的缺陷,还可以调控其物理和化学性质,从而改变自旋密度、局域电子态、费米能级、带隙、光学特性和磁性[10,12]。杂原子掺杂对石墨烯在多种应用中的性质的积极影响已经被多篇文献所证实[13-14]。因此,在石墨烯中引入杂原子掺杂剂已成为石墨烯合成和加工的重要课题[15]。

22.1.2 n 型掺杂剂

N 型掺杂剂为石墨烯晶格提供额外电子，从而形成 n 型石墨烯。氮(N)在元素周期表中靠近碳，具有富电子性质($1s^22s^32p^3$)，与石墨烯形成三种键合构型，即石墨型、吡啶型和吡咯型[16]。N(3.04)比 C(2.55)更大的电负性使氮掺杂石墨烯中产生极化，这影响其电子、磁性和催化性能。每个石墨 N 可以为石墨烯晶格的 π 网络贡献约 0.5 个电子，诱导 n 型掺杂行为[17]。相对大于 N 原子的磷(P)在用于掺杂石墨烯时会引起更多的结构畸变。P 原子通过与三个碳原子形成类似金字塔的键构型将由sp^2杂化态转移到sp^3态。P(2.19)的电负性低于 C。因此，与 N 掺杂石墨烯相比，极化效应是相反的[18]。此外，与 N 原子贡献 0.5 个电子相比，石墨烯中 P 原子贡献 0.2 个电子，因此与 N 掺杂的石墨烯相比产生较小的 n 型掺杂效应[19]。

与碳相比，硫(S)的尺寸相对较大，导致 C—S 键长(1.78Å)比 C—C 键的键长大 25%。结果，S 掺杂石墨烯的原子结构从石墨烯晶格中突出。当 S 原子处于单空位时，它有足够的电子来钝化单空位孔，这需要 4 个电子($=3\times4/3$)。由于 S 具有 6 个价电子，其剩余的电子随后成为自由载流子，从而诱导石墨烯晶格的 n 型导电行为[20]。然而，由于 S(2.58)的电负性接近 C(2.55)，存在弱极化，而 S 和 C 的外轨道的失配导致不均匀的自旋密度分布，这使 S 掺杂石墨烯中产生了适合许多应用的催化能力[14,21]。

22.1.3 p 型掺杂剂

硼(B)在石墨烯中提供明显的 p 型掺杂剂效应。B($2s^22p^1$)与 C($2s^32p^2$)相比少了一个电子，非常适合石墨烯的替代掺杂。由于较小的诱导应变能和更接近 C 的原子尺寸，与平面内 N、P 或 S 掺杂相比，均匀的替代式 B 掺杂相对更容易实现。B 的缺电子性质引起了 p 型掺杂效应，伴随着费米能级向狄拉克点降低[22-23]。除了 B 之外，氯(Cl)也显示出 p 型掺杂效应，其中霍尔效应测量显示出 p 型掺杂和增加 3 倍($1.2\times10^{13}cm^{-2}$)的高空穴浓度[24-25]。Cl 掺杂的石墨烯还表现出 $1535cm^2/(V\cdot s)$的高载流子迁移率，与未掺杂的石墨烯相比，石墨烯的电导率增加了 2 倍[24-25]。F 掺杂的石墨烯也表现出有趣的性质，并因其 3eV 的宽带隙被认为是最薄的绝缘体，这源于 F 与 C 原子的高度sp^3键。F 键牢固，并突出基面，使其具有非凡的机械强度和优异的化学性能[26-29]。

22.2 n 型掺杂石墨烯的合成

掺杂可以通过在不同的实验条件下引入固相、液相或气相的杂原子前驱体来实现[12]。有多种方法可用于合成 n 型掺杂石墨烯，如 CVD、湿化学合成、球磨、热退火、等离子体过程和电弧放电等[12,30]。合成 n 型石墨烯常用的前驱体有N_2、NH_3、肼、乙腈、尿素和三聚氰胺/PANI/PPy(用于 N 掺杂石墨烯)[31]；H_2S、蘑菇香精、硫粉、二甲基硫氧化物、噻吩和CS_2(对于 S 掺杂石墨烯)[32]；三苯基膦、离子液体(1-丁基-3-甲基咪唑六氟磷酸盐)、PH_3和P_4(对于 P 掺杂石墨烯)[12,30]。

22.3 n 型掺杂石墨烯的潜在应用

在合成异质原子掺杂石墨烯之后,已经探索了 n 型掺杂石墨烯的几种应用。例如,n 型掺杂石墨烯由于其产生大双电层电容(EDLC)的能力而在电化学超级电容器中得到应用。同样,与本征石墨烯相比,n 型掺杂石墨烯在锂离子电池中具有更好的存储容量和充电/放电机制。n 型杂原子掺杂剂的引入在石墨烯表面上产生活性位点,有助于在氧还原反应(ORR)和析氢反应(HER)中的催化性能。由于杂原子掺杂剂在石墨烯上产生活性位点可以促进分析物的电荷转移、吸附和活化,这对于生物传感应用是有益的。基于 n 型掺杂石墨烯的电化学生物传感器已被证明对多种分子具有优异的灵敏度和宽的线性检测范围。由于其具有可以通过掺杂杂原子来打开带隙的能力,n 型掺杂石墨烯在半导体电子学中的应用已经较为成熟。n 型掺杂的高电导率提供了各种其他应用可能,如电磁干扰屏蔽、气体存储、电化学传感器和染料敏化太阳能电池等[12,33]。本章的范围仅限于讨论用于电磁干扰(EMI)屏蔽和电化学生物传感的 S 掺杂石墨烯(n 型掺杂剂)。

22.3.1 硫掺杂石墨烯的电磁波屏蔽性能

EMI 屏蔽效能(SE),即材料屏蔽电子器件免受电磁辐射的能力,由下式[34]给出:

$$SE_T(\mathrm{dB}) = 10\log\left(\frac{P_I}{P_T}\right) \tag{22.1}$$

式中:P_I为入射功率(dB);P_T为发射功率(dB)。EMI 屏蔽是来自材料辐射的反射、吸收和多次内部反射的贡献之和。SE_R(因反射引起的屏蔽)与空气和屏蔽材料之间的阻抗失配有关,而SE_A(因吸收引起的屏蔽)则是屏蔽中电磁波的能量耗散。总 EMI 屏蔽效能(SE_T)可表示为

$$SE_T = SE_R + SE_A \tag{22.2}$$

Shahzad 报道了首次利用S 掺杂石墨烯进行 EMI 屏蔽[35]。通过将氧化石墨烯在250℃、650℃和 1000℃的H_2S 气体中热退火,合成了 S 掺杂的还原氧化石墨烯(SrGO)。掺杂含量由退火时间和硫前驱体H_2S 气体的用量控制。

图 22.2 显示了 GO、rGO 和 SrGO 样品的拉曼光谱。所有样品都在 1350cm^{-1} 和 1583cm^{-1}附近表现出石墨 D 带和 G 带的特征峰。G 带起源于sp^{2}碳原子面内振动,是大多数石墨材料最显著的特征,而 D 带是石墨烯晶格中缺陷和无序的特征。据报道,对化学掺杂敏感的 G 带在 n 型取代掺杂或给电子基团加入到体系时表现出红移[35]。有趣的是,S 掺杂后,可观察到 SrGO 的 G 带特征峰从 1594cm^{-1} 到较低波数的明显红移。在 1000SrGOs 样品(通过在 1000℃时退火制备的 S 掺杂石墨烯)中,红移(10 ~ 11cm^{-1})更为显著,而对于 650SrGO(650℃)观察到 6 ~ 8cm^{-1}的红移,对于 250SrGO(250℃)观察到2 ~ 3cm^{-1}的红移。拉曼光谱有力地证实了 n 型掺杂的(–C–S–C–)态硫与碳的键合。由于较强的 n 掺杂效应,电导率随 S 掺杂的增加而增加[35]。

如图 22.3(a) ~ (c)所示,比较了合成 SrGO 和 rGO 层压材料的 EMI 屏蔽性能。EMI 屏蔽效能随掺杂时间和温度的增加而增加。140μmol/L1000SrGO – 30(1000℃,30min)样品在 100MHz 时的最大 EMI SE 为 33.2dB,比相同厚度的未掺杂样品(15.5dB)高 119%。

图22.3(d)显示了1000℃退火样品吸收和反射对EMI屏蔽的贡献。在所有情况下，吸收对屏蔽的贡献都是主要的。为了解特定频率下EMI屏蔽的差异，图22.3(e)显示了100MHz频率下1000℃样本的SE_A和SE_R测量结果。随着石墨烯样品中掺杂剂含量的增加，EMI屏蔽得到增强。此外，1000℃样品的屏蔽效率(%)表明，1000SrGO－30对100MHz下的入射辐射提供大于99.9%的阻挡(图22.3(f))。

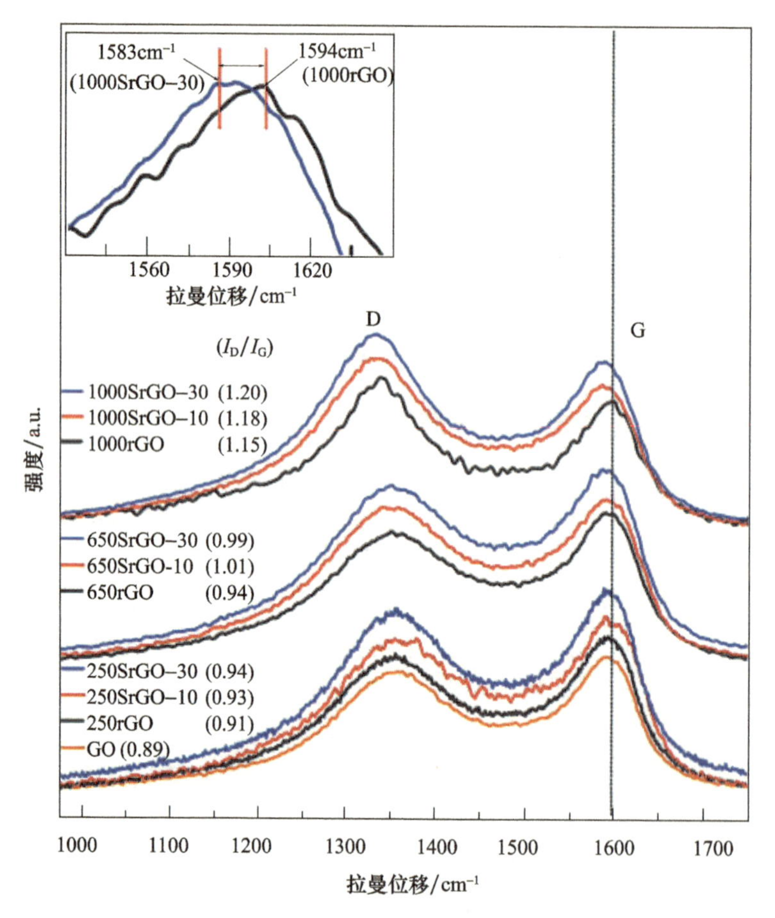

图22.2 1000rGO、1000SrGO－10、1000SrGO－30；650rGO、650SrGO－10、650SrGO－30和GO、250rGO、250SrGO－10、250SrGO－30的拉曼光谱(括号内表示D带与G带强度比)

插图显示了1000rGO和红移的1000SrGO－30光谱的放大图。(经许可转载自参考文献[35]，RSC2015年版权所有)

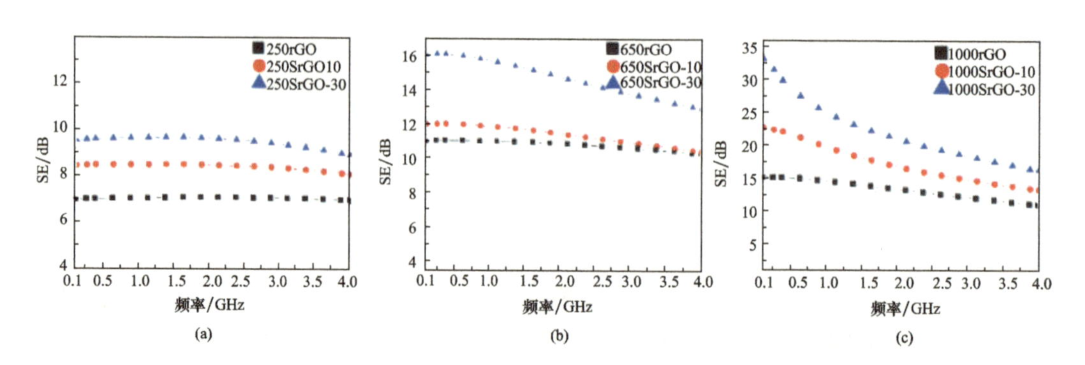

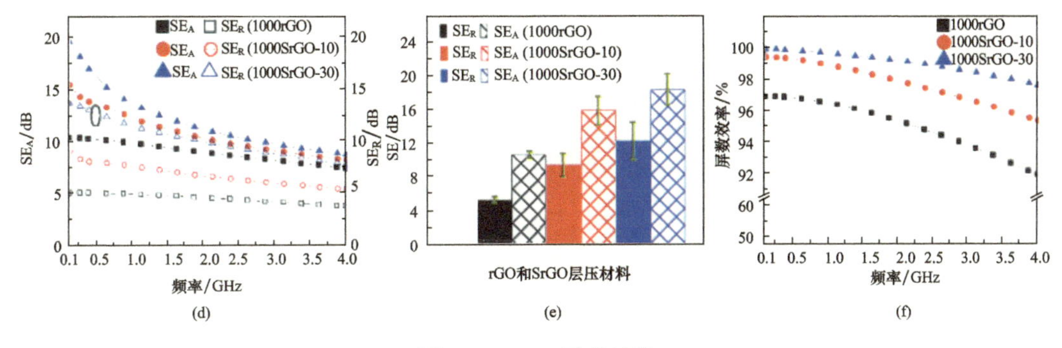

图 22.3 EMI 屏蔽效能

(a)250rGO、250SrGO-10 和 250SrGO-30;(b)650rGO、650SrGO-10 和 650SrGO-30;(c)1000rGO、1000SrGO-10 和 1000SrGO-30;(d)1000rGO、1000SrGO-10 和 1000SrGO-30 的吸收和反射屏蔽;(e)100MHz 下 1000rGO、1000SrGO-10 和 1000SrGO-30 的吸收和反射屏蔽比较;(f)1000rGO、1000SrGO-10 和 1000SrGO-30 层压材料的屏蔽效率作为频率的函数。(经许可转载自参考文献[35],RSC2015 年版权所有)

在另一篇报道中,Shahzad 等使用基于蘑菇香精的前驱体作为 S 的来源[36],合成了一种新型的 S 掺杂石墨烯。该合成包括两步过程,其中 GO 首先在低温下预还原为 rGO,以避免放热反应过程中的材料损失。将预还原的 rGO 粉末和蘑菇香精(质量比 1:2.5 和1:5)混合,并在氩气环境中 1h 以 10℃/min 的速率加热至 400℃。SrGO-400(1:2.5)表示在 400℃条件下进行 S 掺杂,所用 rGO 与蘑菇香精之比为 1:2.5。类似地,SrGO-400(1:5)表示在 400℃条件下以 1:5 的比例进行 S 掺杂。将样品进一步在 1100℃的温度下退火以获得 SrGO-1100(1:2.5)和 SrGO-1100(1:5)层压材料。

图 22.4(a)和(b)显示了掺杂和未掺杂石墨烯样品 EMISE 随频率的变化。rGO-400、SrGO-400(1:2.5)和 SrGO-400(1:5),在 25MHz 时,EMISE 值分别为 17.6dB、23.6dB 和 26.5dB,4GHz 时,EMISE 值分别为 12.0dB、14.3dB 和 18.6dB(图 22.4(a))。在高温退火工艺之后观察到 EMISE 的显著增加。图 22.4(b)显示了 25MHz 时 rGO-1100、SrGO-1100(1:2.5)和 SrGO-1000(1:5)石墨烯层压材料的 EMISE 值分别为 24.4dB、31.0dB 和 38.6dB。重掺杂石墨烯层压材料 SrGO-1100(1:5)比 rGO-1100 高 58%。如图 22.4(c)和(d)所示,计算了高温退火样品对反射和吸收的 EMI 屏蔽贡献。正如预期的那样,SrGO-1100(1:5)的 SE_A 和 SE_R 显示出比其余样品更好的结果,并且发现对于所有样品,吸收对屏蔽的贡献大于来自反射的贡献。

在另一篇文献中,Shahzad 等展示了 S 掺杂石墨烯对聚合物复合材料 EMI 屏蔽性能的影响[37]。结果表明,与未掺杂的石墨烯/聚合物复合材料相比,S 掺杂的石墨烯/聚合物复合材料具有更好的 EMI 屏蔽和介电性能。这里,使用硫粉作为掺杂的前驱体。不同组成(体积分数为 0.9%、2.5%、5% 和 7%)的聚合物复合材料合成了掺杂和未掺杂的石墨烯。在所有的组合中,SrGO/聚苯乙烯(PS)样品的 SE 值均大于未掺杂的 rGO/PS 样品(图 22.5(a))。

原始 PS 样品的 SE 几乎为 0,而添加量仅为 0.9%(体积分数)的 SrGO 将 SE 值提高到 4dB,相当于阻挡了 60% 的入射辐射。纳米复合材料的 SE 值增加归因于在绝缘 PS 基体中形成导电、互连和连续的石墨烯片网络,该网络与入射辐射相互作用并导致屏蔽效率的提高。在整个频率范围内,纳米复合材料的 SE 值随着填料含量的增加而增加。在

18GHz 频率下，SrGO7. 5/PS 样品的 SE 值高达 24. 5dB，而 rGO7. 5/PS 的 SE 值为 21. 4dB。

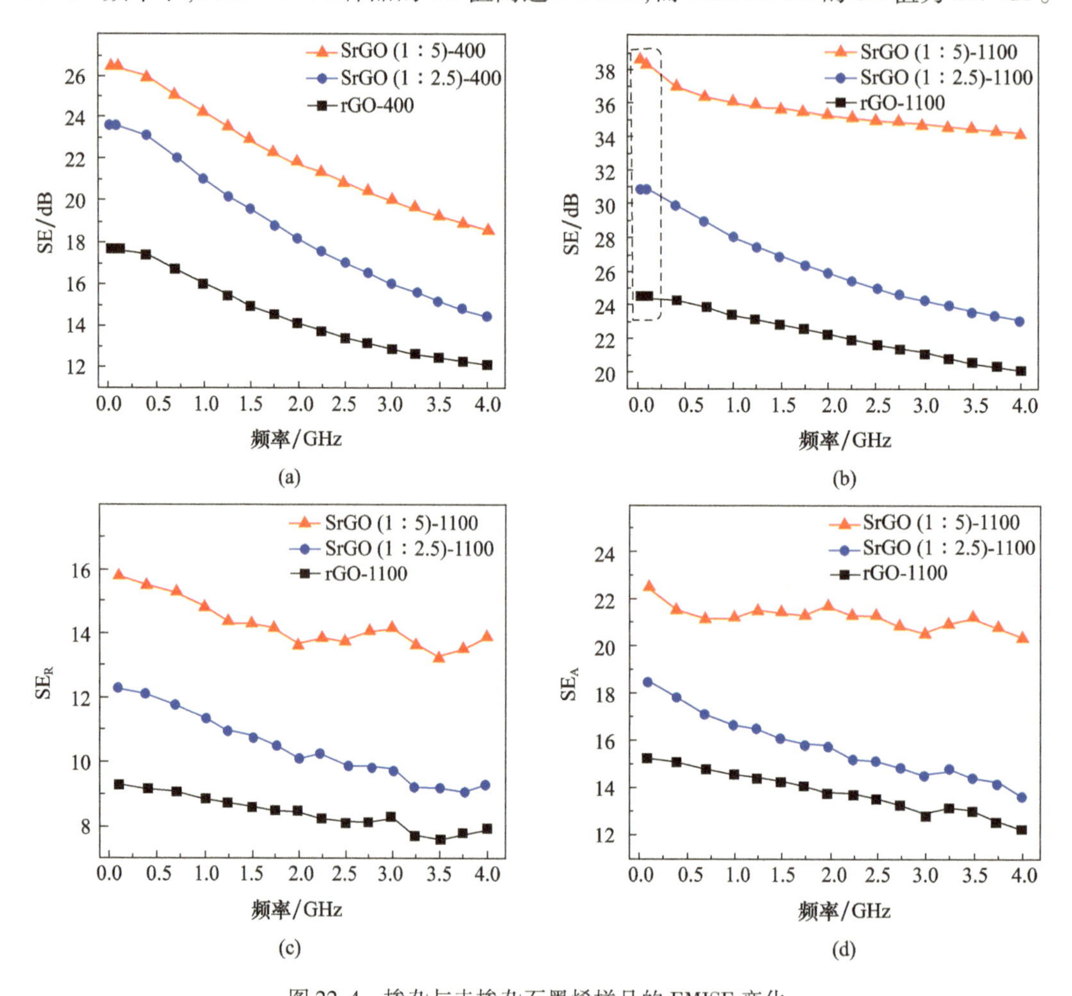

图 22. 4　掺杂与未掺杂石墨烯样品的 EMISE 变化

(a) rGO－400、SrGO(1 : 2. 5)－400，SrGO(1 : 5)－400；(b) rGO－1100，SrGO(1 : 2. 5)－1100，SrGO(1 : 5)－1100；(c) 反射造成的屏蔽；(d) 吸收造成的屏蔽。(经许可转载自参考文献[36]，ACS2015 年版权所有)

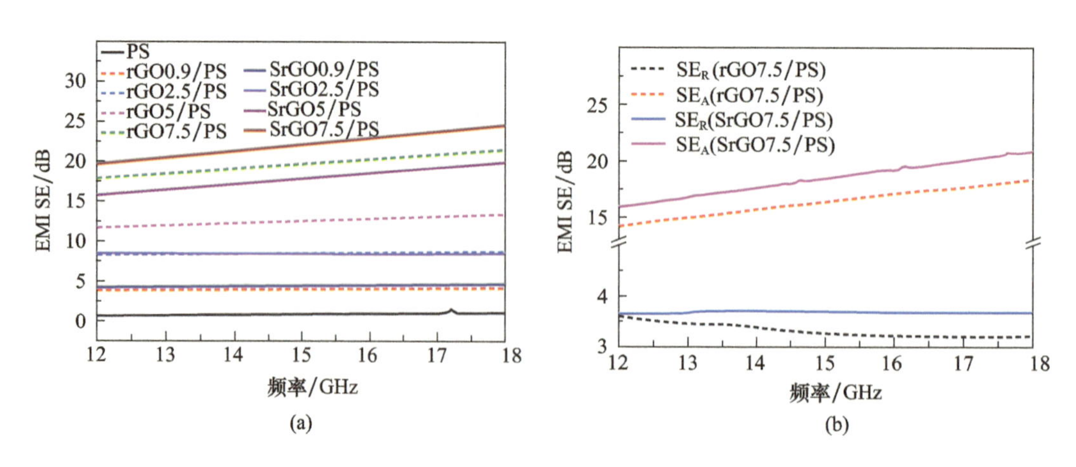

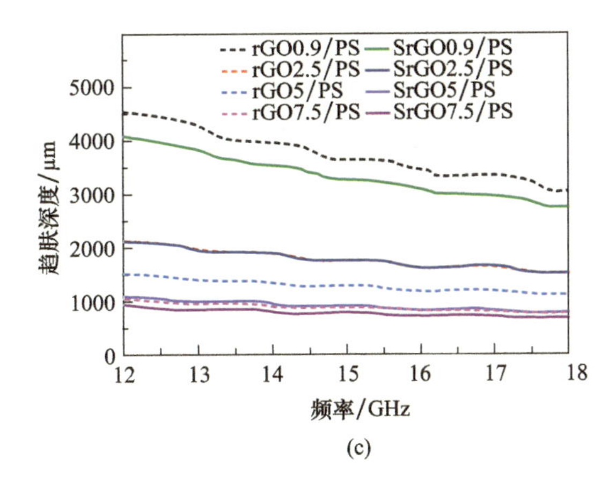

图 22.5 (a)rGO/PS 和 SrGO/PS 纳米复合材料的 $EMISE_T$;(b)rGO7.5/PS 和 SrGO7.5/PS 的 SE_A 和 SE_R;(c)rGO/PS 及 SrGO/PS 的趋肤深度(经准许转载自文献[37],版权 2015 年爱思唯尔所有)

对 rGO7.5/PS 和 SrGO7.5/PS 纳米复合材料(图 22.5(b))SE_A和 SE_R的测量表明,在这两种纳米复合材料中,吸收是主要的屏蔽机制。SrGO/PS 中吸收屏蔽的增加是由于 SrGO 中 S 原子的存在引起的,它提供了额外的极化中心并增加了电导率[38]。由于碳原子和氧原子的电负性不同,SrGO 和 rGO 的平面和边缘上的剩余氧也提供了偶极极化。因此,在交变电磁场作用下,这些官能团的电子运动滞后引起额外的极化弛豫过程,有利于增强电磁波的吸收能力[39]。

该工作还研究了 rGO/PS 和 SrGO/PS 纳米复合材料作为频率函数的趋肤深度(图 22.5(c))。趋肤(或穿透)深度是指表面以下电场强度降到原始入射波强度的 $1/e$ 的距离。从数学上讲,这可以用式(22.3)[40]来计算:

$$\delta = (\sqrt{\pi f \sigma \mu})^{-1} \tag{22.3}$$

式中:δ 为趋肤深度;f 为频率;μ 为磁导率($\mu = \mu_o \mu_r$),μ_o等于 $4\pi \times 10^{-7}$H/m,μ_r为屏蔽相对磁导率;σ 为屏蔽的电导率。在相同填料含量下,SrGO/PS 纳米复合材料的趋肤深度小于 rGO/PS 纳米复合材料。从式(22.1)可以清楚地看出,电导率与趋肤深度成反比。预期具有较大电导率的纳米复合材料表现出较小的趋肤深度。在频率为 18GHz 时,SrGO7.5/PS 的趋肤深度为 675μm,比 PS/7.5rGO 的趋肤深度(781μm)小 15.7%。

22.3.2 硫掺杂石墨烯的电化学传感性能

电化学检测对电活性分子高度敏感。石墨烯具有良好的导电性,异质电子转移大多发生在石墨烯的边缘或基面上的缺陷处。石墨烯的高表面积及其掺杂有助于大量电活性位点的产生[41-43]。硫掺杂为催化活性提供了额外的活性位点,从而增加了电荷转移和电子传导,并改变了本征石墨烯的表面化学性质。文献[44]报道了 S 掺杂石墨烯在各种分子电化学传感中的潜在应用。

Li 等报道了通过 GO 与硫酸盐的固态反应合成 S 掺杂石墨烯[44]。通过控制加热温度和前驱体来源对 S 原子在石墨烯中的掺杂水平进行调控。图 22.6(a)为含有 0.5mmol/L 多巴胺的新制备 PBS(0.2mol/L,pH = 6.0)中,裸玻碳电极和修饰玻碳电极的循环伏安图。对于 S 掺杂石墨烯改性玻碳电极,在 CV 中获得了形状良好的氧化还原峰。与玻碳电极和

rGO700/玻碳电极相比，S 掺杂石墨烯修饰的玻碳电极具有更高的峰电流和更小的 ΔE_p，表现出更高的电化学催化活性。S－rGO700－1/玻碳电极在 DA PBS 中于 5～500mV·s^{-1} 的不同扫描速率下的循环伏安图如图 22.6(b)所示。峰值电流随扫描速率线性增加(图 22.6(c))，体系是一个表面吸附控制过程。图 22.6(d)显示，当扫描速率低于 100mV/s时，E_{pa}和 E_{pc}以及 ΔE_p的变化最小。在较高的扫描速率下，峰电位和 ΔE_p 都迅速增加，说明是电荷转移和准可逆反应限制过程。

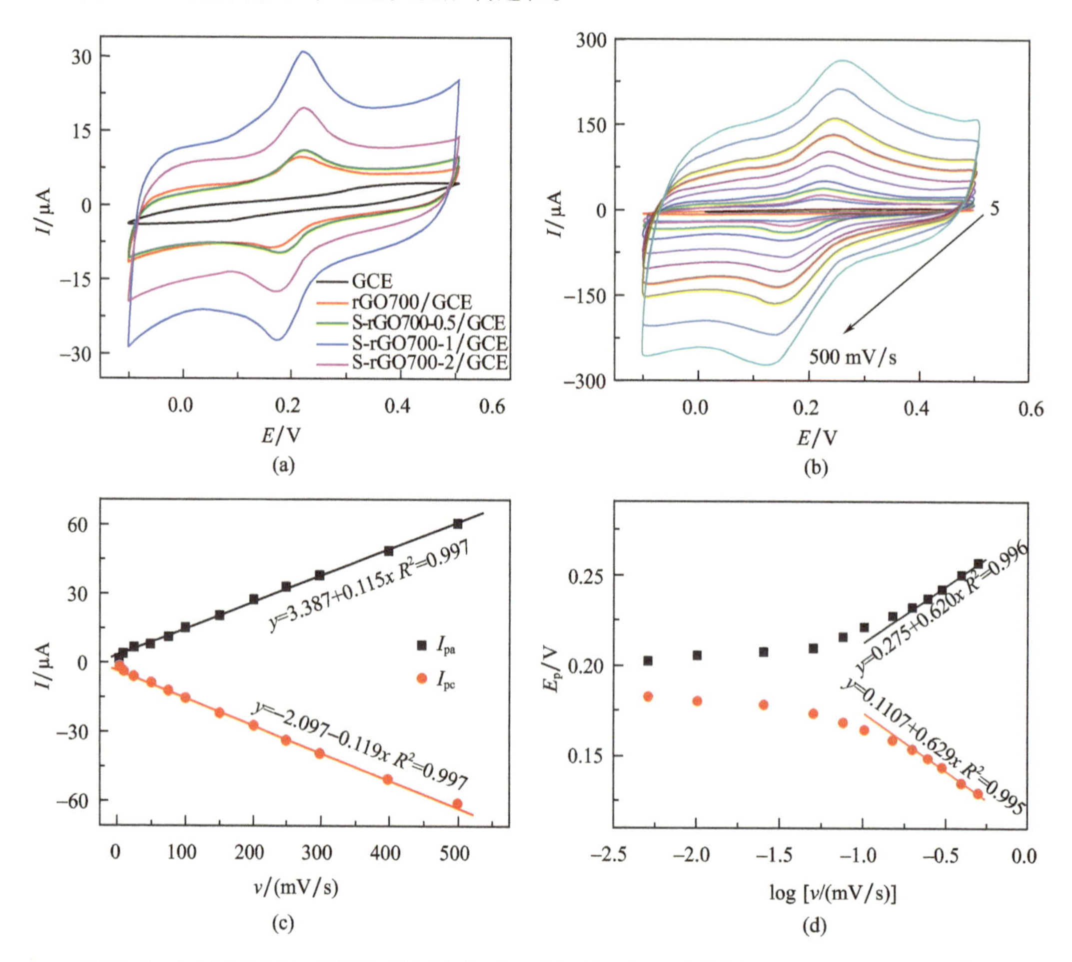

图 22.6 (a)玻碳电极、rGO700/玻碳电极、S－rGO700－0.5/玻碳电极、S－rGO700－1/玻碳电极和S－rGO700－2/玻碳电极在 0.5mmol/L 多巴胺(0.2mol/L，pH＝6.0PBS)中的 CV；扫描速率为 50mV/s；(b)S－rGO700－1/玻碳电极在含有 0.5mmol/L 多巴胺的 0.2mol/LPBS(pH＝6.0)中于 5～500mV/s不同扫描速率下的 CV；(c)阳极和阴极峰电流相对于扫描速率的变化；(d)阳极和阴极峰电位相对于扫描速率对数的变化。(经许可转载自参考文献[44]，爱思唯尔 2015 年版权所有)

Shahzad 等利用一种新型生物质前驱体合成了不同类型的 S 掺杂石墨烯，用于检测癌症生物标志物 8－OHdG[45]。研究了 4 种不同的 8－OHdG 传感器(裸玻碳电极、rGO/玻碳电极、SrGO－MD/玻碳电极、SrGO－HD/玻碳电极)的电化学行为，以评价其在电化学传感应用中的适用性。SrGO－MD 表示温和的硫掺杂水平，而 SrGO－HD 表示较高的硫掺杂水平。显然，在裸玻碳电极上出现了明确的可逆氧化还原对，具有令人满意的约

145mV 的氧化还原峰分离(图 22.7(a))。当玻碳电极涂覆 rGO 时,由于良好的电催化能力和增加的电极表面积,导致从材料表面到电极表面的电子传导增强,氧化还原峰电流增加,峰-峰分离降低到约 127mV[46]。与未修饰玻碳电极相比,SrGO-MD 和 SrGO-HD 的电流显著增加,导致峰-峰分离进一步降低了近 35mV($\Delta E\approx110$mV)和 61mV($\Delta E\approx$ 84mV)。SrGO/玻碳电极氧化还原峰电流的增加归因于 SrGO 的大电导率、额外电子向石墨烯片的转移、由于硫原子掺杂引起的催化活性位点数量的增加、大的表面积和 S 掺杂石墨烯片(增强通过石墨烯片的电荷转移)的独特表面物理化学性质。裸玻碳电极、rGO/玻碳电极、SrGO-MD/玻碳电极和 SrGO-HD/玻碳电极氧化电流的增加清楚地表明,每次修饰后电荷转移电阻逐渐降低,如图 22.7(b)所示的各修饰电极的奈奎斯特图所示。

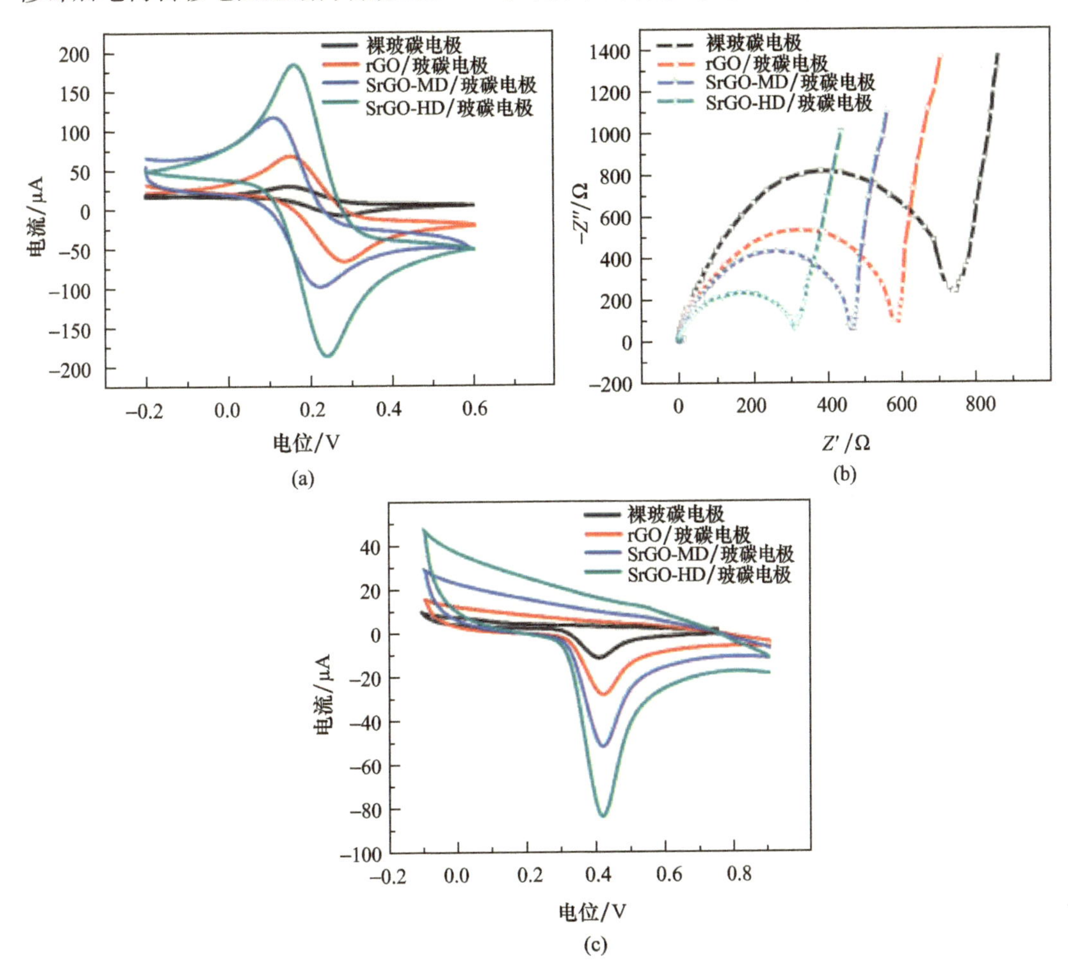

图 22.7 (a)裸玻碳电极、rGO/玻碳电极、SrGO-MD/玻碳电极和 SrGO-HD/玻碳电极的典型循环伏安图,条件:在 1mmol/L $[Fe(CN)_6]^{3-/4-}$(1:1)溶液含有 0.1mol/LKCl,扫描速率为 100mV/s;(b)各改性玻碳电极的典型 EIS 分析,条件:0.1mol/LPBS(pH=7.2)与 0.01mol/L $[Fe(CN)_6]^{3-/4-}$ 体系,频率范围 100mHz~100kHz,电位 0.2V,交流电压;5mV(c)裸玻碳电极、rGO/玻碳电极、SrGO-MD/玻碳电极、SrGO-HD/玻碳电极的循环伏安图,条件:0.1mol/LPBS(pH=7.2)缓冲液中存在 10μmol/L8-OHdG,扫描速率为 100mV/s(经许可转载自参考文献[45],爱思唯尔 2016 年版权所有)

图22.7(c)显示了不同修饰电极传感器对8－OHdG的典型循环伏安图。掺杂S的修饰传感器显著提高了8－OHdG的氧化峰电流响应。与未掺杂的石墨烯相比，S掺杂的石墨烯提供了大量的催化活性位点、极化区和孤电子对。特别地，催化活性位点为8－OHdG的传质提供了新的通道。SrGO－MD和SrGO－HD材料较高的电催化能力可以归因于电子特性的改进，其中，在PBS缓冲液存在下，我们认为位于大的可极化d轨道中的孤电子对与8－OHdG分子容易相互作用[47-48]。

Karikalan等通过声化学方法用硫化铜(CuS)制备了S－rGO(硫掺杂还原氧化石墨烯)纳米复合材料[49]。将S－rGO/CuS纳米复合材料用于检测葡萄糖，显示出良好的电催化性能。S－rGO/CuS纳米复合材料表现出宽的线性浓度范围，为0.0001～3.88mmol/L和3.88～20.17mmol/L，以及较低的检出限32nmol/L。图22.8(a)显示了块体CuS/玻碳电极(c)和S－rGO/CuS/玻碳电极(e)的CV，这表明CuS的氧化在+0.3V开始，对应于块体CuS和S－rGO/CuS表面上Cu(II)的形成。该氧化产物在+0.38V下进一步被还原并保持其原始表面结构。但S－rGO/CuS/玻碳电极的氧化还原峰电流高于块体CuS/玻碳电极。S－rGO/CuS/玻碳电极的高氧化峰电流是由于CuS的局部结构转变所致。图22.8(b)显示了在20～200mV/s的不同扫描速率下，S－rGO/CuS/玻碳电极上葡萄糖氧化过程的CV响应。葡萄糖在S－rGO/CuS/玻碳电极上的氧化(阳极)和还原(阴极)峰电流随扫描速率的增加而增加。该阳极峰电流与扫描速率呈线性关系，相关系数为0.9906。由此得出结论，葡萄糖在S－rGO/CuS/玻碳电极上的氧化是一个吸附控制过程。

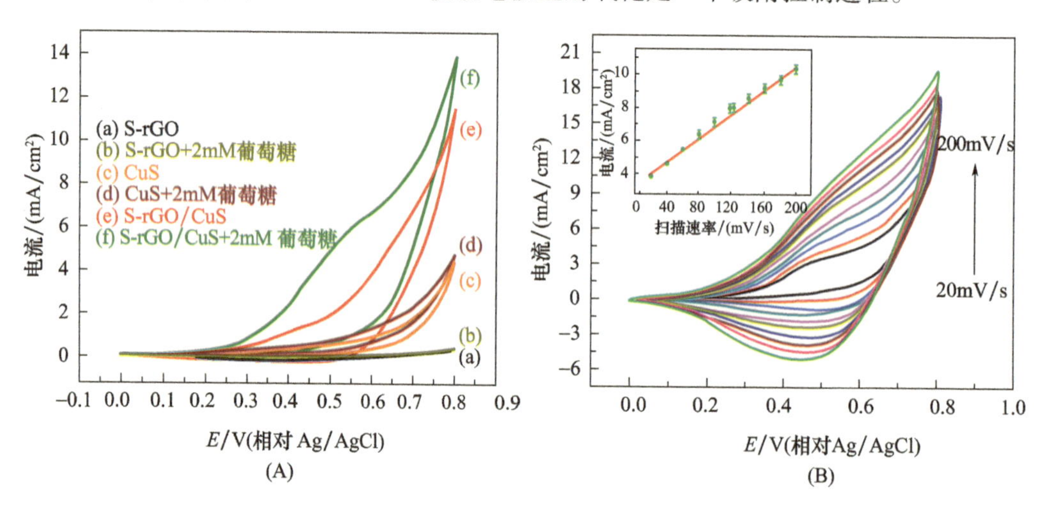

图22.8 (A)在0.1mol/LNaOH中存在和不存在2mmol/L葡萄糖的情况下，S－rGO((a)、(b))、CuS((c)、(d))、S－rGO/CuS((e)、(f))对葡萄糖氧化的循环伏安曲线；扫描速率50mV/s。(B)S－rGO/CuS在0.1mol/L NaOH中在20～200mV/s范围内的不同扫描速率下对葡萄糖氧化的循环伏安响应；插图显示了氧化峰值电流对扫描速率的相应曲线图(经许可转载自参考文献[49]，自然出版集团2016年版权所有)

Guo等在500℃时利用原位掺杂工艺合成了硫掺杂石墨烯。在室温下，所制备的S掺杂石墨烯传感器在500ng/L～100mg/L范围内对NO_2均具有较高的灵敏度[50]。图22.9显示了与本征石墨烯(PG传感器)相比，S掺杂石墨烯(SG传感器)对NO_2探测更好的催化响应。从响应曲线可以明显看出，SG传感器的性能优于PG传感器，具有良好的信噪比。

NO_2暴露10min后，通入氮气进行基线恢复。SG传感器在约25min内恢复到基线。而PG传感器在同一时期内只能恢复至约30%。SG传感器相对于本征石墨烯、rGO或碳纳米管传感器，表示出更好的可逆性[50]。

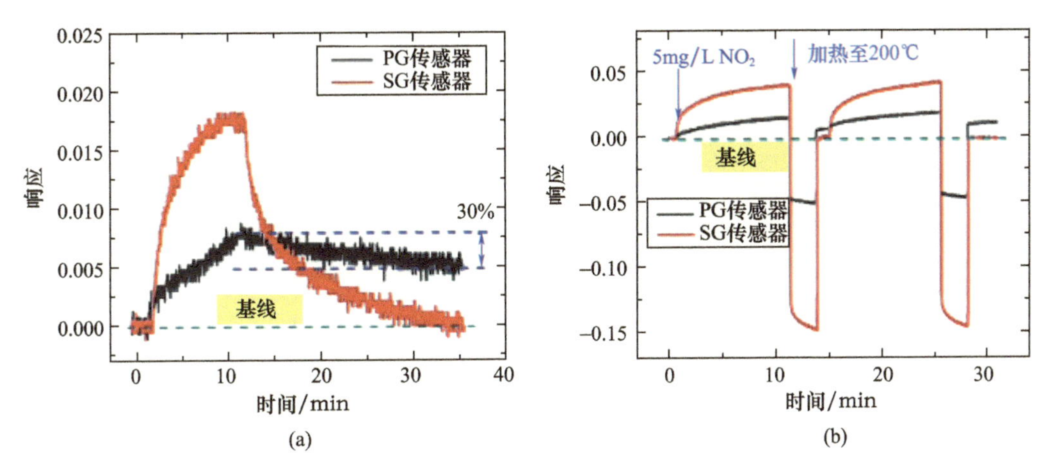

图22.9 (a)SG和PG传感器对1mg/L NO_2的响应；(b)SG和PG传感器对5mg/L NO_2重复响应，通过加热使传感器恢复到初始状态(经许可转载自参考文献[50]，爱思唯尔2018年版权所有)

近年来，杂原子共掺杂石墨烯的概念得到了探索，并发表了几篇基于N和S共掺杂石墨烯用于电化学生物传感的报道。Tian等展示了N和S共掺杂石墨烯用于过氧化氢和葡萄糖传感的潜力[51]。由于N和S共掺杂的协同作用，N,S共掺杂的石墨烯(NS-G)电催化剂对H_2O_2还原表现出比未掺杂或单掺杂的石墨烯更高的电催化活性。结果表明，NS-G传感器对H_2O_2(线性范围为0.1~16.6mmol/L，检出限为0.2μmol/L)和葡萄糖(0.1~12.6mmol/L，0.5μmol/L)具有良好的传感性能，说明NS-G在电化学传感中具有潜在的应用前景。

图22.10显示了用于检测H_2O_2的未掺杂、单掺杂和共掺杂石墨烯的循环伏安曲线。杂原子共掺杂石墨烯在饱和缓冲溶液中表现出最好的电流响应。在另一份报道中，Chen等利用溶剂热法制备了氮和硫共掺杂的还原氧化石墨烯，并以2-氨基硫酚作为N和S源，创建了一个针对生物的快速灵敏荧光检测通用平台[52]。当N,S-rGO与量子点(QD)标记的HBV(乙型肝炎病毒)和HIV(人类免疫缺陷病毒)分子信标探针混合时，QD荧光猝灭；当加入靶HBV和HIV DNA时，量子点荧光恢复。利用恢复的荧光强度，目标HBV和HIV病毒DNA的检测限分别降低到2.4nmol/L和3.0nmol/L，检测时间小于5min。由于N,S-rGO独特的共掺杂结构和优越的电子转移特性，获得了灵敏快速的检测结果。Zhang等报道的类似合成方案采用N,S共掺杂的石墨烯纳米杂化物检测H_2O_2[53]。在这种情况下，通过水热处理将石墨烯量子点(GQD)自组装在石墨烯纳米片上，构成杂化纳米片，然后将杂化纳米片和硫脲一同进行热退火，形成NS-GQD/G。该杂化材料具有较高的电导率、较大的比表面积、多个掺杂位点和边缘，具有超高的H_2O_2电化学还原性能。在最佳实验条件下，H_2O_2传感器的线性响应范围为0.4μmol/L~33mmol/L，检出限为26nmol/L(信噪比为3)。图22.11显示了在N_2饱和的0.1mol/LPBS(pH=7.0)中存在5.0mmol/L H_2O_2时，裸玻碳电极和不同材料修饰玻碳电极的循环伏安曲线。显然，

裸玻碳电极对H_2O_2还原表现出较差的电化学响应。而在相同的实验条件下，NS－G/玻碳电极和NS－GQD/G/玻碳电极分别在－0.46V和－0.50V处出现较强的还原峰。在NS－G/玻碳电极和NS－GQD/G/玻碳电极上获得的响应电流分别比裸玻碳电极大15倍和47倍，表明掺杂石墨烯对H_2O_2还原具有良好的电催化活性[53]。

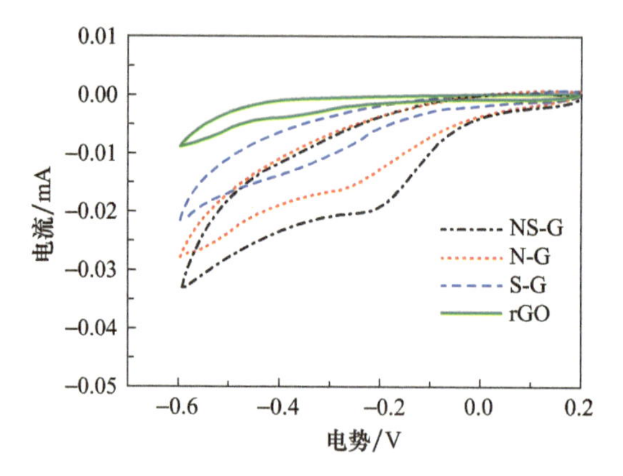

图22.10　在N_2饱和PBS(0.1mol/L,pH＝7.0)中，加入0.5mmol/L H_2O_2，扫描速率为50mV/s时，rGO、S－G、N－G和NS－G电极的循环伏安曲线(经许可转载自参考文献[51]，爱思唯尔2015年版权所有)

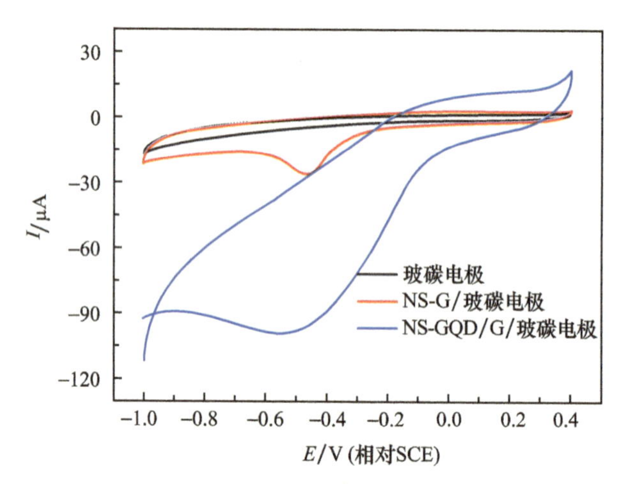

图22.11　在N_2饱和0.1mol/LPBS(pH＝7.0)中，扫描速率为50V/s，在玻碳电极、NS－G/玻碳电极和NS－GQD/G/玻碳电极上获得的5.0mmol/L H_2O_2的循环伏安曲线。(经许可转载自参考文献[53]，ACS2017年版权所有)

Chen等[54]通过使用基于N,S共掺杂石墨烯(NS－G)的传感器演示了对葡萄糖检测。以尿素为N前驱体，二苄基二硫醚为S前驱体，采用简单的两步溶剂热法制备了NS－G。与基于N掺杂石墨烯(N－G)的传感器相比，由于N和S杂原子之间耦合相互作用的协同效应，双掺杂NS－G修饰传感器对葡萄糖的电化学传感性能显著提高。图22.12(a)显示了在含有5.0mmol/L $K_3Fe(CN)_6/K_4Fe(CN)_6$(1∶1)的0.1mol/LKCL溶液中，对裸玻碳电极、葡萄糖氧化酶(GOD)/玻碳电极、GOD/N－G/玻碳电极和GOD/NS－G/玻碳电极进行电化学阻抗光谱(EIS)测量的奈奎斯特图，裸玻碳电极几乎呈直线，而当GOD组装在玻碳电极表面时，由于吸附在玻碳电极上的GOD阻碍了电化学探针与玻碳电极之间的电子交换，GOD/玻碳电极复合材料的电阻显著增加($R_{et}=412\Omega$)。然当N-G掺入GOD时，GOD/N-G/玻碳电极的R_{et}(146Ω)显著低于GOD/玻碳电极，表明N-G能有效地促进氧化还原探针向电极的界面电子传递。GOD/NS-G/玻碳电极的R_{et}(132Ω)比GOD/N-G/玻碳电极更低，进一步验证了NS-G更有利于氧化还原探针的界面电子转移。电荷电阻的降低可以归因于S掺杂在石墨烯晶格中产生的不对称自旋和电荷密度，这促进了氧化还原探针向电极的界面电子转移。图22.12(b)显示了裸玻碳电极、GOD/玻碳电极、GOD/N-G/玻碳电极和GOD/NS-G/玻碳电极在氮饱和PBS(0.1mol/L，pH=7.0)中的循环伏安曲线，扫描速率为100mV/s。正如预期的那样，裸玻碳电极和GOD/玻碳电极在相同的电位窗口中没有显示出任何GOD的氧化还原峰，而在GOD/N-G/玻碳电极和GOD/NS-G/玻碳电极的循环伏安曲线上都观察到明确的氧化还原峰。阴极峰电流(I_{pc})和阳极峰电流(I_{pa})分别对应于GOD的还原和氧化。GOD/NS-G/玻碳电极的峰电流远高于GOD/N-G/玻碳电极，其峰-峰分离ΔE_p(41mV)小于GOD/N-G/玻碳电极(54mV)。氧化还原峰电流增大，ΔE_p值降低，说明硫掺杂有利于引入更多的电催化活性位点，促进电荷转移，从而提高GOD/NS-G/玻碳电极的电催化性能。

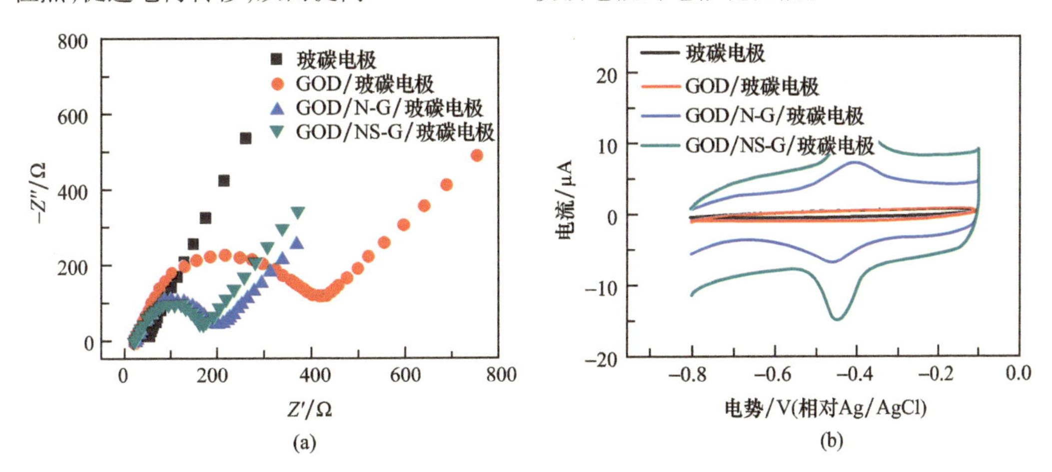

图22.12 (a)裸玻碳电极、GOD/玻碳电极、GOD/N-G/玻碳电极和GOD/NS-G/玻碳电极在含5.0mmol/L $K_3Fe(CN)_6/K_4Fe(CN)_6$(1:1)的0.1mol/LKCl溶液中的EIS图；(b)裸玻碳电极、GOD/玻碳电极、GOD/N-G/玻碳电极和GOD/NS-G/玻碳电极在氮饱和PBS(0.1mol/L，pH=7.0)中的循环伏安曲线，扫描速率为100mV·s^{-1}。(经许可转载自参考文献[54]，爱思唯尔2015年版权所有)

Huang等报道了在分子印迹聚合物(MIP)中使用N,S共掺杂活性石墨烯(N,S-AGR)对环磷酰胺的电化学传感[56]。以硫脲、KOH和氧化石墨烯为原料，采用一锅热解法合成了N,S-AGR，以提高电极的电子转移能力和比表面积。电聚合的MIP层利用$Fe(CN)_6^{3-/4-}$作为指示电信号的探针，实现了对环磷酰胺(CPA)的同时识别和定量测定。提高的电流响应和优异的灵敏度归因于N,S-AGR独特的多孔结构，增加了电极表面积，加快了电化学反应过程中的电子传输。在另一篇报道中，Xiao等[57]使用N,S-AGR进行对苯二酚和邻苯二酚的电化学检测。与裸玻碳电极相比，由于N,S-AGR修饰电极具有较大的比表面积、较快的电子转移速率、较多的活性中心，其在循环伏安法和差示脉冲伏安法(DPV)测定中均表现出对对苯二酚(HQ)和邻苯二酚(CC)的电化学性能增强。

22.4 小结

本章讨论了杂原子掺杂剂(特别是S掺杂石墨烯)在电磁干扰屏蔽和电化学传感中的应用。石墨烯的硫掺杂可以用多种前驱体源来实现。S原子为石墨烯晶格提供n型掺杂效应,并替代到缺陷和空位位置。由于n型掺杂效应,与未掺杂的石墨烯相比,S掺杂的石墨烯表现出更高的电导率。高电导率有利于提高石墨烯的电磁干扰屏蔽性能。由二硫化氢气体、蘑菇香精和硫粉制备的S掺杂石墨烯均表现出增强的EMI屏蔽性能,这种性能增强随S掺杂程度的不同而不同。类似地,对S掺杂石墨烯的电化学传感性能进行了广泛的讨论,与未掺杂石墨烯相比,S掺杂石墨烯修饰电极对分子和气体等物质的传感性能改进明显。S掺杂的石墨烯还在检测H_2O_2、葡萄糖、环磷酰胺、NO_2、对苯二酚、儿茶酚和8-OHdG癌症生物标志物方面表现优秀。S掺杂修饰电极的电催化能力增强归因于掺杂石墨烯比未掺杂石墨烯改善的电子特性。S掺杂改变了石墨烯的能带隙,进而改变了电子转移的势垒,从而改变了氧化电流响应。由于从石墨烯提取电子在能量上是有利的,能带隙分离程度的减小还意味着低的动力学稳定性和高的化学反应性。此外,在缓冲溶液存在下,位于S掺杂石墨烯的大极化d轨道中的孤电子对被认为容易与化学物类相互作用。结果表明,S掺杂石墨烯从电磁干扰屏蔽到化学分子的电化学传感均显示出巨大的应用潜力。

在过去的几年里,石墨烯的杂原子掺杂引起了人们极大的兴趣,并且已经探索了一些应用。到目前为止,大部分研究均采用氮和硼掺杂的石墨烯进行,产生了众所周知的实际应用。较不常见的掺杂元素如S、F、I、K和P尚待广泛研究,其合成方案也尚待优化。共掺杂石墨烯在上述领域具有巨大的应用潜力。石墨烯表面活性催化位点的产生导致更多的极化、电荷转移和孤对电子的产生。共掺杂的协同效应可以显著增强该催化过程。特别是关于S、P共掺杂的报道很少,探索S、P共掺杂在电磁干扰屏蔽和电化学传感应用中的潜力将吸引研究者对此的兴趣。类似地,到目前为止,仅有S掺杂的石墨烯被探索用于EMI屏蔽应用,而关于N掺杂和P掺杂的石墨烯在EMI屏蔽性能上的研究很少。需要进一步研究以了解N掺杂石墨烯的键合类型和结构对其物理和化学性质的影响。在这个方向上,已经对N掺杂石墨烯做了一些工作;然而,由于S和P掺杂的石墨烯的物理和化学性质独特,其键合和结构方面有着巨大研究价值。

此外,S掺杂的石墨烯通常使用有毒前驱体进行掺杂,实际上难以大规模合成。使用环境友好的前驱体如生物质前驱体“蘑菇香精”用于S掺杂的尝试仍然很少,也有必要探索用于掺杂的其他新颖和环境友好的前驱体并研究其相应的物理应用。同样,在原子尺度下发生的催化机理极其复杂,需要使用原位技术进行研究。通常,文献中报道的催化结果是几个参数的组合;然而,为了深入了解诸如电子转移、活性位点的作用、空位和缺陷的作用、杂原子掺杂剂的性质和有效表面积的每个参数的作用,杂原子掺杂剂在石墨烯晶格中的位置可能是研究界非常感兴趣的。

n型掺杂石墨烯基聚合物复合材料的合成是另一个具有进一步研究潜力的领域。特别地,杂原子掺杂剂在聚合物基底中的作用未知,其可以产生额外的极化中心并改变物理化学性质。类似地,n型掺杂石墨烯与诸如TiO_2的其他催化活性物质的混合系统可能开辟新的研究领域。

参考文献

[1] Lee, C. , Wei, X. , Kysar, J. W. , Hone, J. , Measurement of the elastic properties and intrinsic strength of monolayer graphene. *Science*, 321, 5887, 385 - 388, 2008.

[2] Geim, A. K. and Novoselov, K. S. , The rise of graphene. *Nat. Mater.* , 6, 3, 183 - 191, 2007.

[3] Neto, A. C. , Guinea, F. , Peres, N. M. , Novoselov, K. S. , Geim, A. K. , The electronic properties of graphene. *Rev. Mod. Phys.* , 81, 1, 109, 2009.

[4] El - Kady, M. F. , Shao, Y. , Kaner, R. B. , Graphene for batteries, supercapacitors and beyond. *Nat. Rev. Mater.* , 1, 16033, 2016.

[5] Carotenuto, G. , Romeo, V. , Cannavaro, I. , Roncato, D. , Martorana, B. , Gosso, M. , *Graphene - Polymer Composites, IOP Conference Series: Materials Science and Engineering*, p. 012018, IOP Publishing, 2012.

[6] Kuilla, T. , Bhadra, S. , Yao, D. , Kim, N. H. , Bose, S. , Lee, J. H. , Recent advances in graphene based polymer composites. *Prog. Polym. Sci.* , 35, 11, 1350 - 1375, 2010.

[7] Du, J. and Cheng, H. M. , The fabrication, properties, and uses of graphene/polymer composites. *Macromol. Chem. Phys.* , 213, 10 - 11, 1060 - 1077, 2012.

[8] Kim, H. , Abdala, A. A. , Macosko, C. W. , Graphene/polymer nanocomposites. *Macromolecules*, 43, 16, 6515 - 6530, 2010.

[9] Novoselov, K. , Morozov, S. , Mohinddin, T. , Ponomarenko, L. , Elias, D. , Yang, R. , Barbolina, I. , Blake, P. , Booth, T. , Jiang, D. , Electronic properties of graphene. *Phys. Status Solidi B*, 244, 11, 4106 - 4111, 2007.

[10] Putri, L. K. , Ong, W. - J. , Chang, W. S. , Chai, S. - P. , Heteroatom doped graphene in photocatalysis: A review. *Appl. Surf. Sci.* , 358, Part A, 2 - 14, 2015.

[11] Xie, G. , Zhang, K. , Guo, B. , Liu, Q. , Fang, L. , Gong, J. R. , Graphene - based materials for hydrogen generation from light - driven water splitting. *Adv. Mater.* , 25, 28, 3820 - 3839, 2013.

[12] Wang, X. , Sun, G. , Routh, P. , Kim, D. - H. , Huang, W. , Chen, P. , Heteroatom - doped grapheme materials: Syntheses, properties and applications. *Chem. Soc. Rev.* , 43, 20, 7067 - 7098, 2014.

[13] Yang, Z. , Yao, Z. , Li, G. , Fang, G. , Nie, H. , Liu, Z. , Zhou, X. , Chen, X. A. , Huang, S. , Sulfurdoped graphene as an efficient metal - free cathode catalyst for oxygen reduction. *ACS Nano*, 6, 1, 205 - 211, 2011.

[14] Choi, C. H. , Chung, M. W. , Kwon, H. C. , Park, S. H. , Woo, S. I. B. , N - and, P. , N - doped graphene as highly active catalysts for oxygen reduction reactions in acidic media. *J. Mater. Chem. A*, 1, 11, 3694 - 3699, 2013.

[15] Paraknowitsch, J. P. and Thomas, A. , Doping carbons beyond nitrogen: An overview of advanced heteroatom doped carbons with boron, sulphur and phosphorus for energy applications. *Energy Environ. Sci.* , 6, 10, 2839 - 2855, 2013.

[16] Schiros, T. , Nordlund, D. , Pálová, L. , Prezzi, D. , Zhao, L. , Kim, K. S. , Wurstbauer, U. , Gutiérrez, C. , Delongchamp, D. , Jaye, C. , Fischer, D. , Ogasawara, H. , Pettersson, L. G. M. , Reichman, D. R. , Kim, P. , Hybertsen, M. S. , Pasupathy, A. N. , Connecting dopant bond type with electronic structure in N - doped graphene. *Nano Lett.* , 12, 8, 4025 - 4031, 2012.

[17] Wei, D. , Liu, Y. , Wang, Y. , Zhang, H. , Huang, L. , Yu, G. , Synthesis of N - doped graphene by chemical vapor deposition and its electrical properties. *Nano Lett.* , 9, 5, 1752 - 1758, 2009.

[18] Liu, Z. - W. , Peng, F. , Wang, H. - J. , Yu, H. , Zheng, W. - X. , Yang, J. , Phosphorus - doped graphite

layers with high electrocatalytic activity for the O2 reduction in an alkaline medium. *Angew. Chem. Int. Ed.* ,50,14,3257 – 3261,2011.

[19] Wang,H. – M. ,Wang,H. – X. ,Chen,Y. ,Liu,Y. – J. ,Zhao,J. – X. ,Cai,Q. – H. ,Wang,X. – Z. , Phosphorusdoped graphene and (8,0) carbon nanotube: Structural, electronic, magnetic properties, and chemical reactivity. *Appl. Surf. Sci.* ,273,Supplement C,302 – 309,2013.

[20] Yun,Y. S. ,Le,V. – D. ,Kim,H. ,Chang,S. – J. ,Baek,S. J. ,Park,S. ,Kim,B. H. ,Kim,Y. – H. , Kang,K. ,Jin,H. – J. ,Effects of sulfur doping on graphene – based nanosheets for use as anode materials in lithium – ion batteries. *J. Power Sources*,262,Supplement C,79 – 85,2014.

[21] Liang,J. ,Jiao,Y. ,Jaroniec,M. ,Qiao,S. Z. ,Sulfur and nitrogen dual – doped mesoporous grapheme electrocatalyst for oxygen reduction with synergistically enhanced performance. *Angew. Chem. Int. Ed.* ,51,46, 11496 – 11500,2012.

[22] Rani,P. and Jindal,V. K. ,Designing band gap of graphene by B and N dopant atoms. *RSC Adv.* ,3,3,802 – 812,2013.

[23] Sheng,Z. – H. ,Gao,H. – L. ,Bao,W. – J. ,Wang,F. – B. ,Xia,X. – H. ,Synthesis of boron doped grapheme for oxygen reduction reaction in fuel cells. *J. Mater. Chem.* ,22,2,390 – 395,2012.

[24] Zhang,X. ,Hsu,A. ,Wang,H. ,Song,Y. ,Kong,J. ,Dresselhaus,M. S. ,Palacios,T. ,Impact of chlorine functionalization on high – mobility chemical vapor deposition grown graphene. *ACS Nano*,7,8,7262 – 7270,2013.

[25] Robinson,J. T. ,Burgess,J. S. ,Junkermeier,C. E. ,Badescu,S. C. ,Reinecke,T. L. ,Perkins,F. K. ,Zalalutdniov,M. K. ,Baldwin,J. W. ,Culbertson,J. C. ,Sheehan,P. E. ,Snow,E. S. ,Properties of fluorinated graphene films. *Nano Lett.* ,10,8,3001 – 3005,2010.

[26] Shahzad,F. ,Zaidi,S. A. ,Koo,C. M. ,Synthesis of multifunctional electrically tunable fluorinedoped reduced graphene oxide at low temperatures. *ACS Appl. Mater. Interfaces*,9,28,24179 – 24189,2017.

[27] Chen,T. ,Wang,X. ,Liu,Y. ,Li,B. ,Cheng,Z. ,Wang,Z. ,Lai,W. ,Liu,X. ,Effects of the oxygenic groups on the mechanism of fluorination of graphene oxide and its structure. *Phys. Chem. Chem. Phys.* ,19, 7,5504 – 5512,2017.

[28] Zhao,F. – G. ,Zhao,G. ,Liu,X. – H. ,Ge,C. – W. ,Wang,J. – T. ,Li,B. – L. ,Wang,Q. – G. ,Li,W. – S. ,Chen,Q. – Y. ,Fluorinated graphene:Facile solution preparation and tailorable properties by fluorine-content tuning. *J. Mater. Chem. A*,2,23,8782 – 8789,2014.

[29] Ho,K. – I. ,Huang,C. – H. ,Liao,J. – H. ,Zhang,W. ,Li,L. – J. ,Lai,C. – S. ,Su,C. – Y. ,Fluorinated graphene as high performance dielectric materials and the applications for graphene nanoelectronics. *Sci. Rep.* ,4,5893,2014.

[30] Duan,J. ,Chen,S. ,Jaroniec,M. ,Qiao,S. Z. ,Heteroatom – doped graphene – based materials for energy – relevant electrocatalytic processes. *ACS Catal.* ,5,9,5207 – 5234,2015.

[31] Wang,Y. ,Shao,Y. ,Matson,D. W. ,Li,J. ,Lin,Y. ,Nitrogen – doped graphene and its application in electrochemical biosensing. *ACS Nano*,4,4,1790 – 1798,2010.

[32] Kiciński,W. ,Szala,M. ,Bystrzejewski,M. ,Sulfur – doped porous carbons:Synthesis and applications. *Carbon*,68,1 – 32,2014.

[33] Zhang,W. ,Wu,L. ,Li,Z. ,Liu,Y. ,Doped graphene:Synthesis,properties and bioanalysis. *RSC Adv.* ,5, 61,49521 – 49533,2015.

[34] Dhakate,S. R. ,Subhedar,K. M. ,Singh,B. P. ,Polymer nanocomposite foam filled with carbon nanomaterials as an efficient electromagnetic interference shielding material. *RSC Adv.* , 5, 54, 43036 – 43057,2015.

[35] Shahzad, F., Kumar, P., Yu, S., Lee, S., Kim, Y. – H., Hong, S. M., Koo, C. M., Sulfur – doped graphenelaminates for EMI shielding applications. *J. Mater. Chem. C*, 3, 38, 9802 – 9810, 2015.

[36] Shahzad, F., Kumar, P., Kim, Y. – H., Hong, S. M., Koo, C. M., Biomass – derived thermally annealed interconnected sulfur – doped graphene as a shield against electromagnetic interference. *ACS Appl. Mater. Interfaces*, 8, 14, 9361 – 9369, 2016.

[37] Shahzad, F., Yu, S., Kumar, P., Lee, J. – W., Kim, Y. – H., Hong, S. M., Koo, C. M., Sulfur doped graphene/polystyrene nanocomposites for electromagnetic interference shielding. *Compos. Struct.*, 133, Supplement C, 1267 – 1275, 2015.

[38] Wang, T., Liu, Z., Lu, M., Wen, B., Ouyang, Q., Chen, Y., Zhu, C., Gao, P., Li, C., Cao, M., Qi, L., Graphene – Fe_3O_4 nanohybrids: Synthesis and excellent electromagnetic absorption properties. *J. Appl. Phys.*, 113, 2, 024314, 2013.

[39] Wang, C., Han, X., Xu, P., Zhang, X., Du, Y., Hu, S., Wang, J., Wang, X., The electromagnetic property of chemically reduced graphene oxide and its application as microwave absorbing material. *Appl. Phys. Lett.*, 98, 7, 072906, 2011.

[40] Song, W. – L., Cao, M. – S., Lu, M. – M., Bi, S., Wang, C. – Y., Liu, J., Yuan, J., Fan, L. – Z., Flexible graphene/polymer composite films in sandwich structures for effective electromagnetic interference shielding. *Carbon*, 66, 0, 67 – 76, 2014.

[41] Pumera, M., Graphene in biosensing. *Mater. Today*, 14, 7, 308 – 315, 2011.

[42] Song, Y., Luo, Y., Zhu, C., Li, H., Du, D., Lin, Y., Recent advances in electrochemical biosensors based on graphene two – dimensional nanomaterials. *Biosens. Bioelectron.*, 76, Supplement C, 195 – 212, 2016.

[43] Kuila, T., Bose, S., Khanra, P., Mishra, A. K., Kim, N. H., Lee, J. H., Recent advances in graphene-based biosensors. *Biosens. Bioelectron.*, 26, 12, 4637 – 4648, 2011.

[44] Li, M., Liu, C., Zhao, H., An, H., Cao, H., Zhang, Y., Fan, Z., Tuning sulfur doping in grapheme for highly sensitive dopamine biosensors. *Carbon*, 86, 197 – 206, 2015.

[45] Shahzad, F., Zaidi, S. A., Koo, C. M., Highly sensitive electrochemical sensor based on environmentally friendly biomass – derived sulfur – doped graphene for cancer biomarker detection. *Sens. Actuators, B*, 241, Supplement C, 716 – 724, 2017.

[46] Shao, Y., Wang, J., Wu, H., Liu, J., Aksay, I. A., Lin, Y., Graphene based electrochemical sensors and biosensors: a review. *Electroanalysis*, 22, 10, 1027 – 1036, 2010.

[47] Wohlgemuth, S. – A., White, R. J., Willinger, M. – G., Titirici, M. – M., Antonietti, M. A., one – pot hydrothermal synthesis of sulfur and nitrogen doped carbon aerogels with enhanced electrocatalytic activity in the oxygen reduction reaction. *Green Chem.*, 14, 5, 1515 – 1523, 2012.

[48] Liu, H., An, W., Li, Y., Frenkel, A. I., Sasaki, K., Koenigsmann, C., Su, D., Anderson, R. M., Crooks, R. M., Adzic, R. R., Liu, P., Wong, S. S., *In situ* probing of the active site geometry of ultrathin nanowires for the oxygen reduction reaction. *J. Am. Chem. Soc.*, 137, 39, 12597 – 12609, 2015.

[49] Karikalan, N., Karthik, R., Chen, S. – M., Karuppiah, C., Elangovan, A., Sonochemical synthesis of sulfur doped reduced graphene oxide supported CuS nanoparticles for the non – enzymatic glucose sensor applications. *Sci. Rep.*, 7, 2494, 2017.

[50] Guo, L. and Li, T., Sub – ppb and ultra selective nitrogen dioxide sensor based on sulfur doped graphene. *Sens. Actuators, B*, 255, Part 2, 2258 – 2263, 2018.

[51] Tian, Y., Ma, Y., Liu, H., Zhang, X., Peng, W., One – step and rapid synthesis of nitrogen and sulfur co – doped graphene for hydrogen peroxide and glucose sensing. *J. Electroanal. Chem.*, 742, Supplement C, 8 – 14, 2015.

[52] Chen, L., Song, L., Zhang, Y., Wang, P., Xiao, Z., Guo, Y., Cao, F., Nitrogen and sulfur codoped reduced graphene oxide as a general platform for rapid and sensitive fluorescent detection of biological species. *ACS Appl. Mater. Interfaces*, 8, 18, 11255 - 11261, 2016.

[53] Zhang, T., Gu, Y., Li, C., Yan, X., Lu, N., Liu, H., Zhang, Z., Zhang, H., Fabrication of novel electrochemical biosensor based on graphene nanohybrid to detect H2O2 released from living cells with ultrahigh performance. *ACS Appl. Mater. Interfaces*, 9, 43, 37991 - 37999, 2017.

[54] Chen, G., Liu, Y., Liu, Y., Tian, Y., Zhang, X., Nitrogen and sulfur dual - doped graphene for glucose biosensor application. *J. Electroanal. Chem.*, 738, Supplement C, 100 - 107, 2015.

[55] Kang, X., Wang, J., Wu, H., Aksay, I. A., Liu, J., Lin, Y., Glucose oxidase - graphene - chitosan modified electrode for direct electrochemistry and glucose sensing. *Biosens. Bioelectron.*, 25, 4, 901 - 905, 2009.

[56] Huang, B., Xiao, L., Dong, H., Zhang, X., Gan, W., Mahboob, S., Al - Ghanim, K. A., Yuan, Q., Li, Y., Electrochemical sensing platform based on molecularly imprinted polymer decorated N, S co - doped activated graphene for ultrasensitive and selective determination of cyclophosphamide. *Talanta*, 164, Supplement C, 601 - 607, 2017.

[57] Xiao, L., Yin, J., Li, Y., Yuan, Q., Shen, H., Hu, G., Gan, W., Facile one - pot synthesis and application of nitrogen and sulfur - doped activated graphene in simultaneous electrochemical determination of hydroquinone and catechol. *Analyst*, 141, 19, 5555 - 5562, 2016.

第23章 石墨烯及其复合材料修饰电极用于抗坏血酸和尿酸存在环境下对多巴胺的选择性检测

Nadeem Baig, Abdel - Nasser Kawde
沙特阿拉伯达兰法赫德国王石油和矿业大学

摘要 石墨烯是最薄的二维sp^2平面材料，具有蜂窝状结构。碳纳米材料家族，以前由0维富勒烯材料、一维CNT纳米材料和三维石墨材料组成，而二维的位置则由最有效的石墨烯材料占据。与其他碳基材料相比，二维石墨烯显示出优异的电化学性质。石墨烯具有合成简单、电荷转移快、电位窗口宽、电活性表面积大等优点，在电化学领域得到了不断的探索。在电化学传感器的制造中，它被证明是革命性的材料。石墨烯及其复合修饰电极被广泛应用于多巴胺的传感。基于石墨烯的传感器为解决因接近的电氧化电位而重叠的抗坏血酸、多巴胺和尿酸问题提供了一个平台。在本章节中，讨论了石墨烯和石墨烯复合材料修饰电极用于多巴胺的传感。本章将有助于了解石墨烯修饰电极用于识别多巴胺的进展和未来的挑战。

关键词 石墨烯，氧化石墨烯，纳米复合材料，电化学传感器，修饰电极，多巴胺

缩写

CNS：中枢神经系统；NG：氮掺杂石墨烯；PVP：聚乙烯吡咯烷酮；PPyox：氧化聚吡咯；ERGO/GCE：电化学还原氧化石墨烯/玻碳电极；FGGE：功能化石墨烯修饰石墨电极；TCPP/CCG：四(4－羧基苯基)卟吩/化学还原石墨烯；EGDMA：乙二醇二甲基丙烯酸酯；MAA：甲基丙烯酸；γ－MAPS：γ－甲基丙烯酰氧基丙基三甲氧基硅烷；GSCR－MIPs：石墨烯片/刚果红分子印迹聚合物；β－CD/GS：β－环糊精/石墨烯片；PdNPs/GR/CS：钯纳米粒子/石墨烯/壳聚糖；PSS：聚4－苯乙烯磺酸钠；PAMAM：聚酰胺胺；GM/GCE：石墨烯修饰/GCE，SPE：丝网印刷电极；DMF：二甲基甲酰胺；PEDOT：聚(3,4－乙烯二氧噻吩)；GEF/CFE：石墨烯花/碳纤维电极；p－TSA：对甲苯磺酸

23.1 引言

多巴胺(DA)属于儿茶酚胺家族。多巴胺在人体内起着至关重要的作用，被认为是关

键的神经递质之一。在中枢神经系统(CNS)中,多巴胺调节几种功能,如神经内分泌、情绪和运动活动[1]。也是其他神经递质如去甲肾上腺素[2]和肾上腺素的前驱体。除中枢神经系统外,它还在肾、激素和心血管系统中发挥重要作用[3,4]。体内多巴胺水平异常可引起一些严重问题,包括不宁腿综合征、注意缺陷多动障碍、精神分裂症和严重的帕金森综合症[5-8]。

由于多巴胺的重要性,多巴胺的感知一直引起研究者的极大兴趣。许多基于色谱、质谱、荧光光谱和电化学发光的方法被应用于多巴胺的测定[9-11]。这些方法具有高灵敏度和选择性;然而,这些方法费用高,并且涉及多个步骤。另一种替代方法是电化学方法,由于其简单、低成本、易于控制和良好的灵敏度,在传感方面得到了很大的应用[12]。由于多巴胺的容易电氧化,多巴胺的电化学方法得到了广泛的探索[13]。

然而,生物样品中多巴胺的电化学传感面临着一些严重的问题。多巴胺电化学副产物导致感测表面的故障,并且清洁表面不容易。由于抗坏血酸和尿酸的共存,多巴胺电化学传感面临着一些严重的问题。这两种干扰物质都具有电化学活性。它们的浓度是生物流体中多巴胺的数倍。尿酸和抗坏血酸的电氧化电位与多巴胺非常接近。传统的电极动力学差,不能分辨它们的电氧化峰。该问题使用各种改性材料解决,例如金属纳米粒子[14-15]、金属氧化物[16]、聚合物复合材料[17-18]、碳纳米管[19-21]、富勒烯-C6[22]和石墨烯[23-29]。在过去十年中,石墨烯得到了很多关注;在其他纳米材料中,石墨烯具有多种优点。石墨烯是二维sp^2键合的碳原子,以蜂窝状晶格排列[30]。

23.2 极具前景的石墨烯电极材料

在碳家族中,石墨烯因其独特的特性,在现代研究中被广泛探索,并在不同的研究领域产生巨大影响[31-36]。

(1) 巨大的理论比表面积(约$2630m^2/g$);
(2) 超高电子迁移率($15000cm^2/(V\cdot s)$);
(3) 卓越的导热性(约5000W/(m·K));
(4) 杨氏模量高(1.0TPa);
(5) 透光率高(97.7%);
(6) 卓越的不渗透性;
(7) 非凡的弹性和机械强度。

这些令人惊叹的独特性能使其成为晶体管、透明导电膜、电池、电容器和传感器领域极具前景的材料[37]。对于电化学应用,石墨烯具有良好的电催化行为、快速的电荷转移、宽的电位窗口和非常低的电荷转移电阻,被认为是"前途似锦"的材料[38-39]。而且,与碳纳米管相比,石墨烯的批量生产成本更低[40]。几年前开始了基于石墨烯的传感器的研究,报道了许多基于石墨烯的传感器。然而,它仍然在电化学传感领域中被广泛探索,并且需要做大量的工作将其商业化。

23.3 氧化石墨烯的化学和电化学还原

由于其独特的表面化学和纳米效应,氧化石墨烯在电化学传感器的发展中受到关注。

氧化石墨烯对生物分子表现出很大的亲和力[41-42]。Gao 等利用氧化石墨烯(GO)对玻碳电极表面进行修饰。氧化石墨烯显著改善了多巴胺在电极表面的氧化还原反应,而表面对抗坏血酸没有响应。这可能是由于在检测介质 pH(5.0)下生物分子上的电荷不同。在该 pH 下,多巴胺仍被质子化并具有正电荷,而由于电荷转移,抗坏血酸含有负电荷。电极上的氧化石墨烯表面为负,对多巴胺表现出静电吸引,而对抗坏血酸表现出排斥。π-π 堆叠力进一步加强了氧化石墨烯与多巴胺之间的相互作用(图 23.1)。氧化石墨烯的这种行为赋予了传感器对多巴胺的选择性行为[43]。

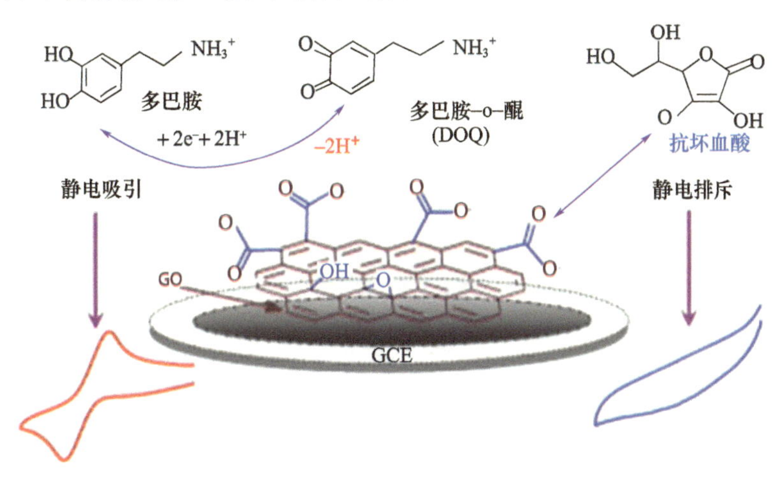

图 23.1 多巴胺和抗坏血酸在 GO/GCE 上的电化学行为
(经许可转载自文献[43]。爱思唯尔版权所有(2013))

然而,由于导电性差,对氧化石墨烯进行还原,以改善其电学行为。在石墨烯修饰的电化学传感器中,石墨烯的前驱体是氧化石墨烯。然而,氧化石墨烯表现出较差的电化学性能。通过还原氧化石墨烯去除含氧官能团可以恢复其电化学性能。氧化石墨烯可以进行化学和电化学还原。采用溶剂热法可以制备化学还原氧化石墨烯。使用各种溶剂如乙二醇、乙醇、水和1-丁醇来分散用于溶剂热还原氧化石墨烯。溶剂的还原能力、反应温度和密封反应容器中的压力有利于由氧化石墨烯获得改性石墨烯片[44]。另一种还原氧化石墨烯的方法是电化学方法。对于电化学还原,施加一定的恒定或扫描电位窗口,在电极表面形成还原氧化石墨烯。电化学还原氧化石墨烯比化学还原氧化石墨烯有一定的好处。与使用有毒化学品的氧化石墨烯化学还原相比,氧化石墨烯的电化学还原被认为更绿色。有时,化学还原可能贡献一些杂质并使结构退化,这影响了还原氧化石墨烯的电子行为。氧化石墨烯还原的电化学方法快速、绿色、无污染[45]。

23.4 用于多巴胺电化学感应的石墨烯及其复合材料修饰电极

如上所述,感测多巴胺的主要挑战是裸露或未改性电极表面的峰加宽效应和较低的灵敏度。这些表面不能解析多巴胺、尿酸和抗坏血酸的电氧化峰。用石墨烯和石墨烯复合材料修饰电极表面,为多巴胺的传感提供了有价值的工具[46]。石墨烯与各种纳米材料的结合进一步提高了石墨烯的灵敏度。使用Au纳米粒子修饰的聚吡咯/还原氧化石墨烯杂化片，原始石墨烯修饰电极的检出限从2μmol/L提高到18.29pmol/L[46-47]。石墨烯和石墨烯复合材料修饰电极(图23.2)为灵敏和选择性测定多巴胺提供了平台，有时甚至在存在许多倍的干扰(如抗坏血酸和尿酸)的情况下也是如此。

图23.2 用于感测多巴胺的石墨烯和石墨烯复合材料

23.4.1 石墨烯修饰电极的通用制备方法

通常，电极的表面通过铸造方法改性。将材料滴浇铸在电极表面上并等待一定时间以干燥。之后，准备表面用于感测。将分散的石墨烯悬浮液浇铸在电极表面，制备了石墨烯修饰电极，并在红外灯下干燥。石墨烯修饰的表面揭示了多巴胺的吸附受控过程[48]。Mallesha等利用溶剂热法制备了功能化石墨烯修饰石墨电极，用于氧化石墨烯的还原。在尿酸和抗坏血酸存在下，该方法可用于多巴胺的选择性测定[49]。制备还原氧化石墨烯的简便方法是氧化石墨烯的电化学还原。利用氧化石墨烯的电化学还原，在铜纳米粒子的帮助下，在碳纤维表面生成石墨烯花。层瓣状石墨烯花的生成可见图23.3。这些花状石墨烯提高了电活性表面积和对抗坏血酸、多巴胺和尿酸的活性[50]。Yang等通过在玻碳电极表面滴注氧化石墨烯，然后对氧化石墨烯进行电化学还原，制备了一种ErGO。ErGO对多巴胺、尿酸和抗坏血酸的同时传感表现出优异的电催化活性。电化学还原氧化石墨烯是有效还原氧化石墨烯的简便快速方法[51]。通常，铸造法和直接电化学还原法被应用于表面改性。

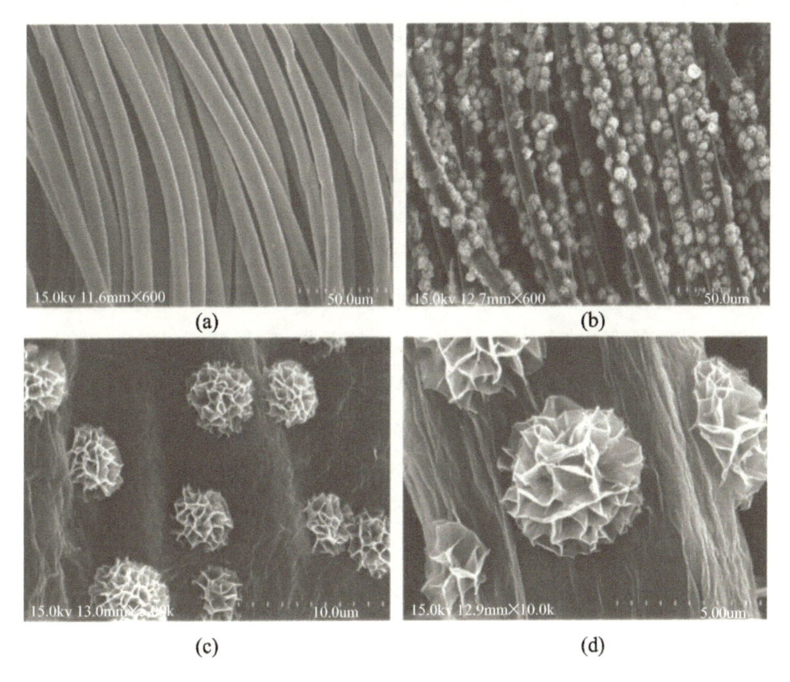

(a) (b) (c) (d)

图 23.3 (a)CFE 和(b)~(d)GEF/CFE 的 SEM 图像
(经许可转载自文献[50]。爱思唯尔版权所有(2013))

23.4.2 石墨烯-金属纳米粒子复合修饰电极

金属纳米粒子辅助改性表面获得高电活性表面积,改善其催化行为[52-53]。石墨烯-金属纳米粒子纳米复合材料被广泛用于多巴胺的传感[54]。Sun 等通过使用长时间机械搅拌,通过吸附在石墨烯表面合成了良好尺寸控制的 Pt 纳米粒子。与石墨烯或 Pt 纳米粒子修饰的 GCE 相比,产生了平均直径为 1.7nm 的极小纳米粒子,这有助于提高多巴胺在尿酸和抗坏血酸存在下的电化学活性[55]。采用一步恒电位电化学还原法制备了 rGO-Pd-NP/GCE。通过浇铸 GO/Pd2+溶液获得改性表面。在-1.1V 恒电位作用 300s 后,将 GO/Pd2+改性 GCE 表面还原为 rGO-Pd-NP/GCE。单组分电化学还原表面对多巴胺表现出良好的电催化活性[56]。将壳聚糖加入到 PdNP/GR/中,制备了 PdNP/GR/CS GCE。将浇铸的 GR/CS GCE 浸入氯化钯溶液中,电化学沉积 Pd 纳米粒子,制备了传感器。纳米复合材料中的壳聚糖进一步为传感器提供了稳定性。与裸 GCE 相比,PdNP/GR/CS GCE 具有较大的负峰位移,观察到抗坏血酸、多巴胺和尿酸的峰分辨率[57]。类似地,Pt/离子液体/石墨烯纳米复合材料也被应用于抗坏血酸和多巴胺的同时传感[58]。将石墨烯功能化 PDDA 修饰的 Pd/Pt 双金属纳米粒子用于同时传感抗坏血酸、多巴胺和尿酸。这是通过一锅还原带负电的组装[PtCl6]2-和[PdCl6]2-在带正电的 PDDA-GO 上实现的[59]。Au 纳米粒子由于其良好的双兼容性和优异的导电性而被广泛开发。Au 纳米粒子与石墨烯的结合提高了电化学传感器的性能[60]。电沉积被证明是在石墨烯基底上生成 Au 纳米粒子的可控和稳定的技术。前驱体的电沉积电位、浓度、时间和 pH 的控制促进了纳米粒子的密度、形状和尺寸的控制[61-62]。在玻碳电极表面电化学制备了AuNP/ErGO纳米复合材料。用于还原氧化石墨烯的静电方法被认为是绿色的,因为在其还原中不涉及危险化学品。结果表明,AuNP/ErGO/GCE具有良好的测定多巴胺的能力,并能从尿酸上分辨出多巴胺的峰电位[63]。Wang等制作了一种基于Au纳米片和还原氧化石墨烯的简单传感器。采用简易的电化学方法在玻碳电极表面还原铸造氧化石墨烯。然后,通过电沉积在rGO/GCE表面上生成针状Au纳米粒子。针状Au纳米片(170nm)增加了电极表面积。改性表面具有分辨多巴胺峰以及抗坏血酸和尿酸的能力[64]。多巴胺的测定也采用层层组装[65]。采用层层组装法(LBL)在GCE表面制备了rGO/AuNP膜。通过在用带负电荷的PSS功能化rGO处理表面之后在电极表面上产生带正电荷的PDDA单层来产生LBL组装。然后,将电极表面浸入带正电荷PAMAM聚合物稳定的Au纳米粒子溶液中。可重复该过程以获得所需数量的层数。LBL组装提高了表面对多巴胺电氧化的催化行为[66]。静电引力用于吸收逐层组装。利用石墨烯和Au纳米粒子的交替层,Baig和Kawde进一步改善了多巴胺和尿酸之间的峰分离。如图23.4和图23.5所示,在一次性石墨铅笔电极的表面上制造Au纳米粒子和石墨烯的交替层。这种组合不仅改善了峰分离,而且通过提供大的电活性表面积而便于实现高灵敏度[67]。

金属氧化物与石墨烯的结合,也为多巴胺的传感带来了极其美妙的结果[68]。SnO_2纳米片与石墨烯复合制备GR-SnO_2纳米复合材料改性CILE。石墨烯与SnO_2具有协同效应。在高浓度尿酸存在下,提高了传感器对多巴胺的选择性和灵敏度[69]。

Zhang等采用一锅法合成了Cu_2O/石墨烯复合材料。在溶剂热法中,所使用的溶剂是乙二醇,其也用作还原剂。制备的纳米复合材料具有均匀直径的Cu_2O纳米粒子分布在石墨烯片表面。多巴胺的检出限为10nmol/L。

此外,该传感器在高浓度尿酸(500(μmol/L))下仍能正常工作[70]。另一种金属氧化物磁铁矿(Fe_3O_4)纳米粒子由于其强的超顺磁性、简单的分离、生物兼容性和低毒性等优点,在传感和生物技术领域被认为是一种催化剂[71-72]。纯磁铁矿纳米颗粒的应用具有挑战性,因为它们容易被氧化并且化学不稳定。将磁性纳米粒子掺入石墨烯片中可以提高磁性纳米粒子的电催化活性和电子转移能力。Peik-see等采用原位一步化学方法在室温下制备了磁性石墨烯(Fe_3O_4/rGO)纳米复合材料。在制备Fe_3O_4/rGO纳米复合材料的过程中,$FeSO_4$溶液中的Fe^{2+}离子与氧化石墨烯发生氧化还原反应。Fe_3O_4和rGO的协同作用促进了所制备的传感器分辨多巴胺和抗坏血酸之间的峰[73]。

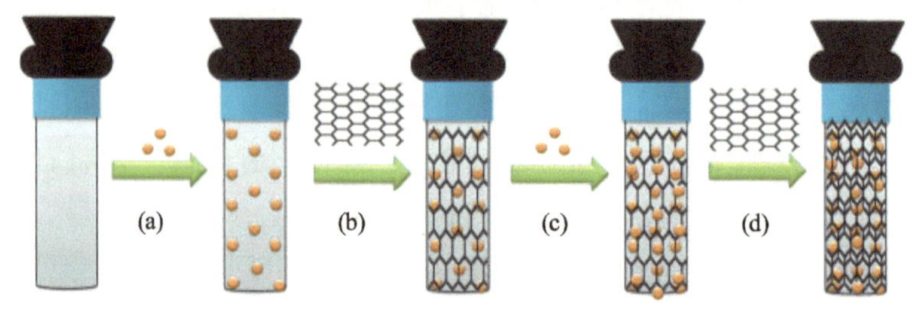

图23.4 修饰电极的分步制造示意图
在GPE上电化学形成Au纳米粒子(a),在Au/GPE上形成石墨烯层(b),
在Gr/Au/GPE上形成第二层Au(c),在Au/Gr/Au/GPE上形成Gr外层(d)[67]。

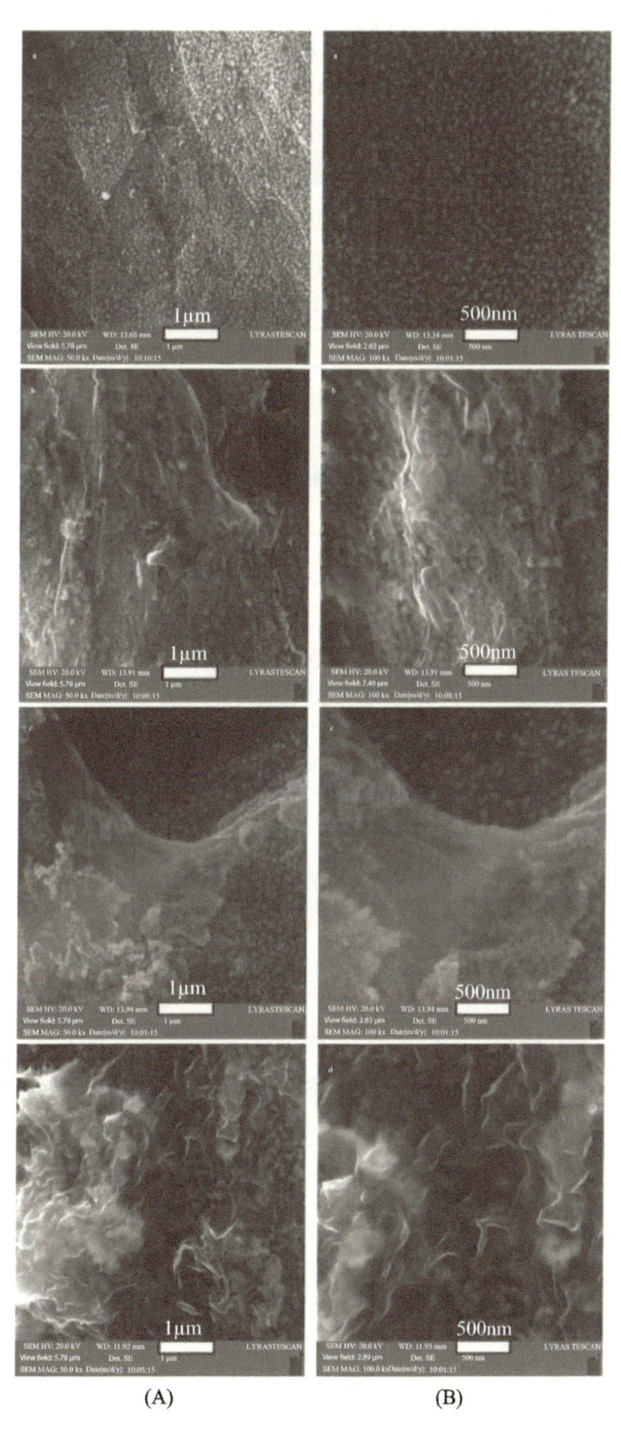

图 23.5 在两个放大率值下收集的 FE - SEM 图像：1μm(A)或 500nm(B)，对于 Au/GPE(a)、Gr/Au/GPE(b)、Au/Gr/Au/GPE(c)和 Gr/Au/Gr/Au/GPE(d)[67]

石墨烯包覆的Fe_3O_4纳米粒子可以作为二茂铁等介质的稳定剂。二茂铁具有电活性，可用作电化学探针、催化剂和电子转移介体。然而，由于二茂铁容易从传感器表面扩散，二茂铁的固定化面临一些严峻的挑战。二茂铁自组装化合物可能是防止泄漏的好选择。在 Au 基底[74]或Fe_3O_4@ Au 纳米粒子上通过 Au – S 键形成了自组装二茂铁基硫醇。采用双信号放大平台对抗坏血酸、多巴胺、尿酸和对乙酰氨基酚组成的四元混合物进行同时传感。通过开发二茂铁硫醇组装的Fe_3O_4@ Au 复合材料实现了这一点，并通过石墨烯片的协同效应实现了进一步的信号放大。Fe_3O_4@ Au – S – Fc 与石墨烯片之间的相互作用可能是通过 $\pi - \pi$ 堆叠。如果只用二茂铁代替二茂铁硫醇，二茂铁在Fe_3O_4@ Au 复合材料上的吸附变得非常困难。所提出的Fe_3O_4@ Au – S – Fc/GS –/GCE 传感器具有良好的分辨目标分析物峰的能力（图 23.6）[75]。

MoS_2是石墨烯的类似物[76]。MoS_2是一种二维材料，在电催化、能量转换、电池、储能和超级电容器等领域表现出优异的性能[77-79]。二维材料如MoS_2和石墨烯的结合改善了传感器的电化学行为。Xing 和 Ma 采用一锅水热法合成了MoS_2/rGO 纳米复合材料。与 rGO 结合后，MoS_2比表面积由 23.6 提高到 $96.5m^2 \cdot g^{-1}$。MoS_2/rGO 纳米复合材料具有多孔结构，为分析物的吸附提供了更多的活性位点。这有助于提高传感器的灵敏度[80]。

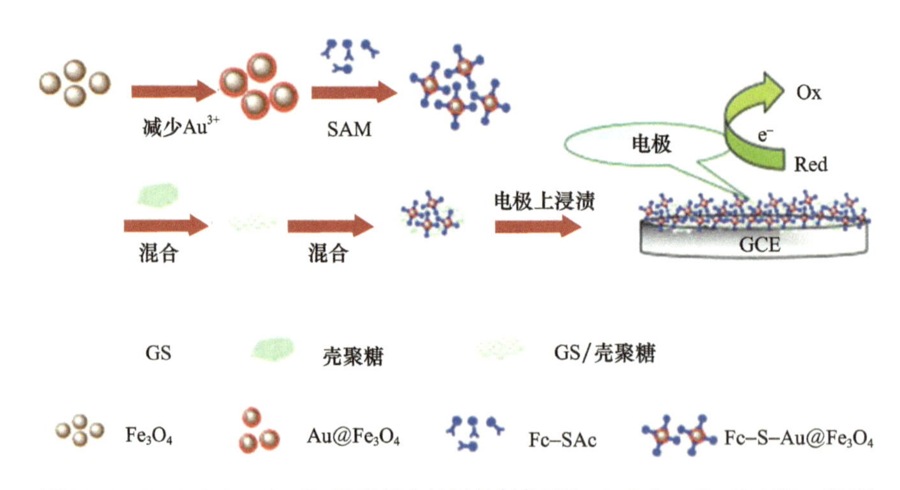

图 23.6 Fe_3O_4@ Au – S – Fc 纳米复合材料的制备及Fe_3O_4@ Au – S – Fc/GS –/GCE
（经许可转载自文献[75]。爱思唯尔版权所有（2013））

23.4.3 石墨烯功能化杂原子掺杂修饰电极

碳材料的表面化学和电子性质可以通过包括硼或氮的杂原子的化学掺杂来调节[81]。氮掺杂到碳结构中并不难，因为它们与价层电子和原子尺寸相似。Sheng 等通过将三聚氰胺和氧化石墨烯混合物退火，合成了平均厚度为 0.8nm 的氮掺杂石墨烯。氮掺杂石墨烯修饰的 GCE 对抗坏血酸、多巴胺和尿酸均表现出良好的电化学活性，三种分析物均有较好的分辨峰。氮掺杂的石墨烯层可以通过氢键与目标生物分子相互作用来激活胺和羟基。这些生物分子的电荷转移动力学在 NG 表面加速。NG 的快异质电子动力学可能归因于氮掺杂到二维微结构中[82]。另外，将含氮杂环有机化合物阴离子卟啉（四(4 – 羧基苯基)卟吩)与化学还原氧化石墨烯组合使用。带负电的卟啉修饰的石墨烯表现出对多巴胺的特异性吸引力。改性表面对多巴胺的吸引是由于静电作用和芳香族 π-π 堆叠作用所致。由于抗坏血酸和尿酸在改性表面上的氧化不良,传感器具有在高浓度多巴胺和尿酸存在下感测多巴胺的能力。该传感器对多巴胺的检出限为 10nmol/L[83]。

23.4.4 石墨烯聚合物复合修饰电极

通过掺杂石墨烯,显著增强了聚合物用于多巴胺传感的催化行为。将 PEDOT 导电聚合物掺杂氧化石墨烯,再经电化学还原,在 GCE 表面得到 PEDOT/rGO。改性后的表面对多巴胺显示出良好的活性[84]。在抗坏血酸和尿酸存在下,Gorle 和 Kulandainathan 在 ERG/PMB 上接枝多巴胺以增强多巴胺的敏感性。在 ERG/PMB 上移植多巴胺有利于根据“像识别”的原理识别多巴胺[85]。聚乙烯吡咯烷酮显示出对酚类化合物的强吸附能力。这种行为是由于酚类化合物的羟基和聚合物中的酰亚胺基团之间创建了氢键。聚乙烯吡咯烷酮保护的石墨烯片还用于O_2和H_2O_2的电化学还原[86]。

Liu 等结合聚乙烯吡咯烷酮和石墨烯的性质,制备了聚乙烯吡咯烷酮(PVP)/石墨烯修饰玻碳电极(PVP/Gr/GCE),用于在抗坏血酸和尿酸存在下选择性测定多巴胺。聚乙烯吡咯烷酮的独特特性将其对多巴胺的选择性归因于传感器。在安培法测量中,抗坏血酸和尿酸的峰显示无电流响应,而多巴胺的峰显示安培法电流增强。聚乙烯吡咯烷酮对多巴胺有较强的吸附能力,也有利于减弱抗坏血酸已烯酸内酯与石墨烯之间的 π-π 相互作用。所开发的传感器具有较宽的线性范围(0.0005~1130μmol/L)和非常低的检测极限 0.2nmol/L[87]。类似地,在抗坏血酸存在下,过氧化的聚吡咯石墨烯修饰表面用于多巴胺的选择性测定。聚吡咯是导电聚合物;然而,过度氧化的聚吡咯膜失去了其导电性。由于掺杂离子的排出和包括羧基和羰基官能团的一些含氧物质引入到聚吡咯膜中,过氧化导致导电性损失。这些官能团赋予过氧化的聚吡咯膜负电荷和离子交换能力。过氧化的聚吡咯膜对阳离子具有选择性。过氧化聚吡咯膜和石墨烯的结合赋予玻碳电极表面对多巴胺的选择性,而负阴离子抗坏血酸被表面排斥[88]。如上所述,聚吡咯是一种导电聚合物,其与石墨烯的结合改善了分析物之间的电荷转移和峰分离。Si 等已经表明,在玻碳电极上电化学还原氧化石墨烯不足以分离抗坏血酸和多巴胺之间的峰。石墨烯掺杂到聚吡咯膜中显著提高了灵敏度和峰分离[89]。通过在还原氧化石墨烯片上沉积掺杂对甲苯磺酸(p-TSA)的聚吡咯(PPy)纳米球,显著提高了石墨烯的灵敏度。在沉积之前,还原氧化石墨烯片用Fe_3O_4颗粒修饰(图 23.7)。掺杂的 PPy/Fe_3O_4/rGO 就尿酸和抗坏血酸方面对多巴胺具有良好的选择性,检出限为 2.33nmol/L[90]。同样,聚苯胺掺杂石墨烯改善了复合材料的电化学行为和机械强度。PANI-石墨烯纳米复合材料为多巴胺的极低水平传感提供了合适的平台[91]。

23.4.5 石墨烯掺杂层状双氢氧化物修饰电极

层状双氢氧化物(LDH)是一种独特的材料,在电化学传感领域也得到了广泛的关注。它对分析物具有很强的吸附能力。然而,LDH 表现出差的电荷转移行为,因为 LDH 通常是非导电固体。通过掺杂或添加不同的电活性物质来克服电荷转移电阻[92-93]。当其吸附能力和催化行为与石墨烯非凡的电荷转移能力相结合时，LDH 提供了更独特的结果[94]。Wang 等[95]将石墨烯掺杂到 LDH 中以改善其电化学行为。阻抗研究表明，在 LDH 中掺杂石墨烯后，电荷转移电阻明显降低。该传感器即使在抗坏血酸存在下也表现出良好的 DA 电氧化行为。有时，对于石墨烯修饰电极，使用各种有机固定试剂如壳聚糖和 DMF 将石墨烯固定在表面上[96]。LDH 可以提供另一种固定表面，可以预富集分析物，石墨烯帮助传感器克服电荷转移电阻。

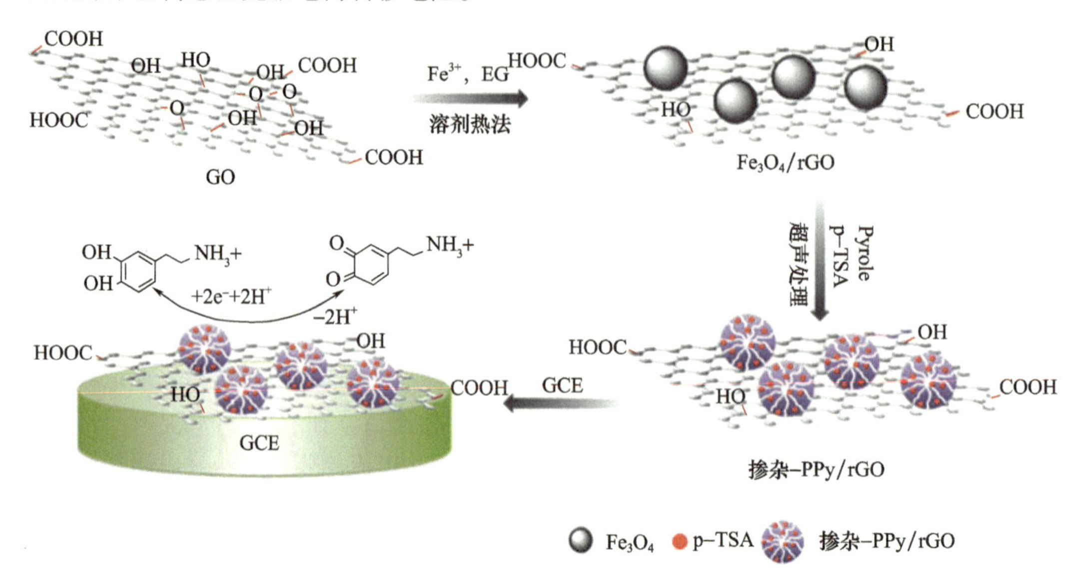

图 23.7 掺杂 PPy/Fe_3O_4/rGO 的制备方案及其在多巴胺测定中的应用

（经许可转载自文献[90]。施普林格版权所有(2016)）

23.4.6 基于石墨烯的分子印迹传感器和生物传感器

石墨烯还被用于定制选择性分子印迹聚合物。为此，石墨烯片和刚果红（GSCR）组合用于多巴胺分子印迹聚合物。对于 MIP 制备，首先，模板分子（多巴胺）由于其与刚果红具有优异的亲和力而吸附在石墨烯片/GSCR 表面。接着，使用乙二醇二甲基丙烯酸酯和甲基丙烯酸完成共聚。采用电位扫描提取模板分子；它提供了最快的解吸方式（图 23.8）。多巴胺与 GSCR - MIP 之间也存在静电吸引。分子印迹聚合物 GSCR 在纯水中的 ζ 电位为 -5.92mV。多巴胺 pKa 值为 8.87。pH 为 7.4 的传感介质提供相反的电荷，其提供具有特定识别的附加驱动力。它提高了表面的灵敏度[97]。另一项工作是在氧化石墨烯表面涂覆SiO_2，并在 GO/SiO_2表面引入乙烯基。以乙二醇二甲基丙烯酸酯、多巴胺、甲基丙烯酸和乙烯基功能化的 GO/SiO_2为原料，共聚制备了 GO/SiO_2 - MIP。印迹传感器具有在相对相似的分子如肾上腺素和去甲肾上腺素存在下识别多巴胺的能力。该方法线性范围宽（0.05～1600μmol/L），检出限为 0.03μmol/L[98]。类似地，在传感器制造中使用生物分子提高了传感器的选择性，但也没有提高其灵敏度。传感器灵敏度的这一问题可以使用石墨烯的固有快速电荷转移行为来解决。石墨烯基复合材料还有助于氧化还原酶的直接电子转移，有助于长时间保持酶的生物活性[83,99]。以石墨烯 - 聚苯胺复合材料为基础,制备了石墨烯-聚苯胺复合适配体传感器。适体显示出与蛋白质和小分子结合的趋势。聚苯胺为生物分子的固定提供了合适的基底。采用原位聚合法制备了Gr-PANI纳米复合材料。石墨烯为PANI的成核提供了更多的活性位点。通过在石墨烯中掺杂聚苯胺,提高了石墨烯的导电性和机械强度。通过核酸适体5'端的磷酸基团与聚苯胺氨基之间形成的氨基磷酸键将核酸适体固定在Gr-PANI纳米复合材料上。适体传感器中的适体具有识别多巴胺的趋势,而Gr-PANI的结合显著提高了传感器的电导率。该传感器灵敏度高,检测下限为0.00198nmol/L[88,100-101]。

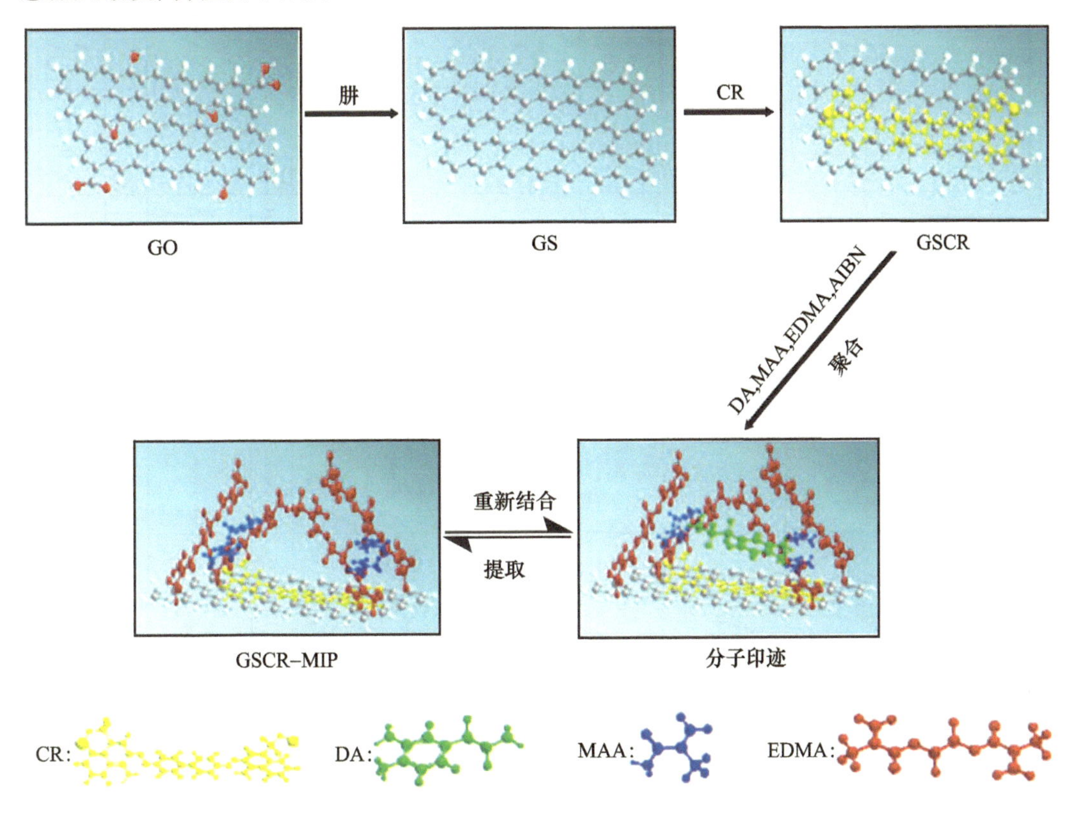

图23.8 GSCR-MIP杂化物的合成路线图解
(经许可转载自文献[97]。爱思唯尔版权所有(2013))

23.4.7 其他

Tan等将β-环糊精/石墨烯(β-CD/GS)纳米复合材料用于多巴胺的传感。多巴胺在β-CD/GS上表现为质量扩散控制过程,而未改性的石墨烯则表现为吸附控制过程。β-CD/GS/GCE上的检测限为5nmol/L。β-CD/GS/GCE的高灵敏度是由于在催化位点存在大量缺陷。此外,β-CD防止GS团聚,这进一步提高了传感器的灵敏度[102]。除此之外,石墨烯与其他纳米材料的结合正在持续研究[103-104]。表23.1比较了石墨烯和石墨烯复合材料修饰电极的品质因数。

表 23.1 石墨烯和石墨烯复合材料修饰电极用于感测多巴胺的比较

修饰电极	改性材料	分析物	传感技术	电解质	pH	线性范围/(μmol/L)	检测限/(μmol/L)	峰值分离(技术)/mV	应用	参考文献
PG/GCE	原始石墨烯	DA	安培分析法	0. 1mol/L PB	7. 0	5 ~ 710	2. 0	AA - DA = 194. 4 DA - UA = 155. 8	—	[46]
GME	石墨烯	DA	CV	PB	7. 0	2. 5 ~ 100	0. 5		兔血清及注射液	[48]
SPGNE	一种含有石墨烯的油墨	DA	DPV	0. 1mol/L PB	7. 0	0. 5 ~ 2000	0. 12	AA - DA = 200 DA - UA = 150	注射和尿液	[105]
GEF/CFE	石墨烯花	DA	DPV	0. 1mol/L PB	7. 0	1. 36 ~ 125. 69	1. 36	AA - DA = 210 DA - UA = 100	尿液和血清样本	[50]
ErGO/GCE	还原氧化石墨烯	DA	DPV	0. 1mol/L PBS	7. 0	0. 5 ~ 60	0. 5	AA - DA = 240 DA - UA = 130 (DPV)	人体尿样	[51]
FGGE	还原氧化石墨烯	DA	CV、DPV、计时安培分析法	0. 1mol/L PB	7. 0	0. 5 ~ 50	0. 25	AA - DA = 204 DA - UA = 141 (DPV)	人血清，注射剂	[49]
GO/GCE	氧化石墨烯	DA	DPV	B - R	5. 0	1. 0 ~ 15	0. 27	—	—	[43]
Pt/rGO/GCE	还原氧化石墨烯/Pt	DA	DPV	0. 1mol/L PB	7. 0	10. 0 ~ 170. 0	0. 25	DA - UA = 163	—	[54]
石墨烯/Pt - 修饰 GCE	石墨烯/Pt 纳米复合材料	DA	CV、DPV、电流滴定法	0. 1mol/L PB	7. 0		0. 03 (i - V)	AA - DA = 185 DA - UA = 144 (CV)		[55]
rGO/Pd - NP/GCE	PdNp 和还原氧化石墨烯	DA	LSV	0. 05mol/L PB	7. 0	1 ~ 150	0. 233	—	注射	[56]
PdNP/GR/CSGCE	钯纳米粒子/石墨烯/壳聚糖	DA	DPV	0. 1mol/L PBS	4. 0	0. 5 ~ 15, 20 ~ 200	0. 1	AA - DA = 252 DA - UA = 144		[57]

续表

修饰电极	改性材料	分析物	传感技术	电解质	pH	线性范围/(μmol/L)	检测限/(μmol/L)	峰值分离(技术)/mV	应用	参考文献
Pd_3Pt_1/PDDA - rGO/GCE	Pd - Pt、聚(二烯丙基二甲基氯化铵)和还原氧化石墨烯	DA	DPV	0.1mol/LPB	7.4	4 ~ 200	0.04	AA - DA = 184 DA - UA = 116	人尿液和血清样品	[59]
AuNP/ErGO/GCE	AuNp/还原氧化石墨烯纳米复合材料	DA	DPV	0.1mol/LPB	6.98	0.1 ~ 10	0.04	—	注射剂和尿样	[63]
Au/rGO/GCE	金纳米片/还原氧化石墨烯(rGO)	DA	CV,DPV	0.1mol/LPB	7.0	6.8 ~ 410	1.4	AA - DA = 200 DA - UA = 110 (DPV)	大鼠血清样品	[64]
GR/AuNP/GCE	石墨峰 - AuNP	DA	DPV	0.1mol/LPB	6.0	5 ~ 1000	1.86	AA - DA = 216	人类血清	[60]
{AuNP/rGO}$_2$0/GCE	聚4 - 苯乙烯磺酸钠,聚酰胺胺,金纳米粒子,还原氧化石墨烯	DA	DPV	0.1mol/LPB	7.4	1 ~ 60	0.02	DA - UA = 130	—	[66]
Gr/Au/GR/Au/GPE	Au Np 和还原氧化石墨烯	DA	CV,SWV	0.1mol/LPBS	6.0	0.1 ~ 25	0.024	DA - UA = 151	人类尿样本	[67]
rGO - Cu_2O/GCE	还原氧化石墨烯Cu_2O	DA	DPV	0.1mol/LPBS	7.0	0.5 ~ 500	0.05	—	人血、尿	[68]
GR - SnO_2/CILE	石墨烯SnO_2纳米片/N - 己基吡啶六氟磷酸盐	DA	DPV	0.1mol/LPB	6.0	0.5 ~ 500	0.13	—	注入样品	[69]
NiO/GR/SPE	石墨烯纳米片和 NiO 纳米粒子	DA	DPV	0.1mol/LPBS	7.0	1 ~ 500	0.314	DA - UA = 150	注入样品	[106]
Cu_2O/石墨烯/GCE	Cu_2O/石墨烯	DA	CV	0.1mol/LPB	5.0	0.1 ~ 10	0.01	—	注射	[70]
Fe_3O_4/rGO/GCE	氧化铁/还原氧化石墨烯	DA	DPV	0.1mol/LPB	6.5	0.5 ~ 100	0.12	AA - DA = 235	—	[73]
Fe_3O_4@Au - S - Fc/GS - chitosan/GCE	硫代二茂铁稳定的Fe_3O_4@AuNP/石墨烯片	DA	DPV	0.1mol/LPB	7.0	0.5 ~ 50	0.08	AA - DA = 180 DA - UA = 90	尿液和血清	[75]
MoS_2/rGO/GCE	MoS_2/还原氧化石墨烯	DA	DPV	0.1mol/LPB	7.0	5 ~ 545	0.05	AA - DA = 232 DA - UA = 152	人血清	[80]

续表

修饰电极	改性材料	分析物	传感技术	电解质	pH	线性范围/(μmol/L)	检测限/(μmol/L)	峰值分离(技术)/mV	应用	参考文献
NG/GCE	氮掺杂石墨烯	DA	CV,DPV	0.1mol/LPB	6.0	0.5～170	0.25	—	—	[82]
TCPP/CCG/GCE	卟吩还原氧化石墨烯	DA	DPV	0.1mol/LPBS	7.0	0.1～1	0.022	AA－DA＝188 DA－UA＝144 (DPV)		[83]
PPy/erGO/GCE	聚吡咯、还原氧化石墨烯	DA	DPV	0.1mol/LPBS	7.4	0.1～150	0.023	—	人血清	[89]
Doped－PPy/Fe_3O_4/rGO/GCE	对甲苯磺酸、聚吡咯、Fe_3O_4还原氧化石墨烯	DA	DPV	0.1mol/LPB	5.0	0.007～1.2	0.00233	—	血清和尿液	[90]
PEDOT/rGO	聚(3,4－乙烯二氧噻吩)还原氧化石墨烯	DA	安培分析法	0.2mol/LPBS	7.4	0.1～175	0.039	—	—	[84]
Dopaminegrafted ERG/PMB/GCE	亚甲蓝、还原氧化石墨烯、多巴胺	DA	DPV	0.1mol/LPBS	7.4	0.96～7.68	1.03	—	—	[85]
PVP/GR/GCE	聚乙烯吡咯烷酮/石墨烯	DA	CV、安培分析法	0.1mol/LPB	7.4	0.0005～1130	0.0002 (i－V)	—	—	[87]
Graphene－LDH/GCE	石墨烯与层状双氢氧化物	DA	SWV	0.1mol/LPB	7.0	1.0～199	0.3	AA－DA＝164	注射	[95]
GSCR－MIP/GCE	石墨烯/刚果红、EGDMA、MAA	DA	计时安培分析法	0.05mol/LPB	7.4	0.1～830	0.1	—	—	[97]
GO/SiO_2－MIP/GCE	GO/SiO_2＞EGDMA,MAA,γ－MAPS	DA	计时安培分析法	0.2mol/LPB	7.0	0.05～160	0.003	—	注射剂和人尿样	[98]
Aptamer/GR－PANI/GCE	适体/石墨烯－聚苯胺	DA	SWV	0.2mol/LPBS	7.0	0.000007～0.09	0.00000198	—	人血清	[88]
β－CD/GS/GCE	β－环糊精/石墨烯片	DA	CV	PB	7.4	0.009～12.7	0.005	AA－DA＞200	—	[102]

23.5 小结

从文献中可以明显看出,使用石墨烯修饰电极进行多巴胺电化学检测的许多工作正在进行中。几年来,许多新的石墨烯修饰电极被添加到列表中。这项巨大的研究工作表明,石墨烯合成简单、成本低、易于处理,是一种很有前途的电极修饰材料。然而,将这些传感器引入市场并不容易,需要付诸努力,使其成为用于商业目的的价值工具。传感器的重现性可以通过控制还原氧化石墨烯的厚度来实现。通常,采用铸造方法,其可以在通常使用的玻璃碳电极表面上给予出可变厚度的石墨烯层。其次,传感器的最大灵敏度可以通过获得单个石墨烯层来达到,这是另一个挑战。大部分石墨烯是从氧化石墨烯的电化学或化学还原的简单方式所获得。它实际上是提供还原氧化石墨烯,因为它仍然包含一些含氧官能团,并且使用这些还原方法不能完全恢复电化学性能。要获得单层石墨烯需要大量的努力,这实际上展示了石墨烯的所有优异性能。直接电化学方法可以提供更均匀的氧化石墨烯还原。可以调节氧化石墨烯还原以获得所需的结果,并且表面上官能团的存在可以用于与其他改性材料的进一步连接,以增强对分析物的选择性。石墨烯修饰电极显示了良好分辨的抗坏血酸、多巴胺和尿酸峰,并减少了它们之间的重叠。然而,电化学传感器对多巴胺的选择性仍有很大的提升空间。需要定制这样的电化学传感器,其仅响应于诸如多巴胺的目标分析物并且对其他电活性分析物显示最小响应。这将有助于获得目标分析物的更精确的结果,并且可以避免由其他干扰分析物产生的副产物。这也将有助于提高多次使用电化学传感器的寿命。尽管在多巴胺电化学感测方面已有大量的研究文献,但需要付诸努力将传感器引入市场。这些电化学传感器大多将多巴胺的体外研究作为重点,而非体内研究,因为体内需要更复杂的深入分析。

参考文献

[1] Jaber, M., Robinson, S. W., Missale, C., Caron, M. G., Dopamine receptors and brain function. *Neuropharmacology*, 35, 1503, 1996.

[2] Hornykiewicz, O., Dopamine (3 - hydroxytyramine) and brain function. *Pharmacol. Rev.*, 18, 925, 1966.

[3] Beitollahi, H., Nejad, F. G., Shakeri, S., GO/Fe_3O_4@SiO_2 core - shell nanocomposite - modified graphite screen - printed electrode for sensitive and selective electrochemical sensing of dopamine and uric acid. *Anal. Methods*, 9, 5541, 2017.

[4] Goldberg, L., Cardiovascular and renal actions of dopamine: Potential clinical applications. *Pharmacol. Rev.*, 24, 1, 1972.

[5] Dalley, J. W. and Roiser, J. P., Dopamine, serotonin and impulsivity. *Neuroscience*, 215, 42, 2012.

[6] Markowitz, J. S., Straughn, A. B., Patrick, K. S., Advances in the pharmacotherapy of attentiondeficit - hyperactivity disorder: Focus on methylphenidate formulations. *Pharmacotherapy*, 23, 1281, 2003.

[7] Galvan, A. and Wichmann, T., Pathophysiology of Parkinsonism. *Clin. Neurophysiol.*, 119, 1459, 2008.

[8] Rani, G. J., Babu, K. J., Kumar, G. G., Rajan, M. A. J., Watsonia meriana flower like Fe_3O_4/reduced graphene oxide nanocomposite for the highly sensitive and selective electrochemical sensing of dopamine. *J. Alloys Compd.*, 688, 500, 2016.

[9] El - Beqqali, A., Kussak, A., Abdel - Rehim, M., Determination of dopamine and serotonin in human urine samples utilizing microextraction online with liquid chromatography/ electrospray tandem mass spectrometry. *J. Sep. Sci.*, 30, 421, 2007.

[10] Elevathoor Vikraman, A., Rosin Jose, A., Jacob, M., Girish Kumar, K., Thioglycolic acid capped CdS quantum dots as a fluorescent probe for the nanomolar determination of dopamine. *Anal. Methods*, 7, 6791, 2015.

[11] Wu, B., Miao, C., Yu, L., Wang, Z., Huang, C., Jia, N., Sensitive electrochemiluminescence sensor based on ordered mesoporous carbon composite film for dopamine. *Sens. Actuators*, *B*, 195, 22, 2014.

[12] Liu, B., Ouyang, X., Ding, Y., Luo, L., Xu, D., Ning, Y., Electrochemical preparation of nickel and copper oxides - decorated graphene composite for simultaneous determination of dopamine, acetaminophen and tryptophan. *Talanta*, 146, 114, 2016.

[13] Rao, D., Zhang, X., Sheng, Q., Zheng, J., Highly improved sensing of dopamine by using glassy carbon electrode modified with MnO_2, graphene oxide, carbon nanotubes and gold nanoparticles. *Microchim. Acta*, 183, 2597, 2016.

[14] Yusoff, N., Pandikumar, A., Ramaraj, R., Lim, H. N., Huang, N. M., Gold nanoparticle based optical and electrochemical sensing of dopamine. *Microchim. Acta*, 182, 2091, 2015.

[15] Palanisamy, S., Thirumalraj, B., Chen, S. M., Ali, M. A., Al - Hemaid, F. M. A., Palladium nanoparticles decorated on activated fullerene modified screen printed carbon electrode for enhanced electrochemical sensing of dopamine. *J. Colloid Interface Sci.*, 448, 251, 2015.

[16] Reddy, S., Kumara Swamy, B. E., Jayadevappa, H., CuO nanoparticle sensor for the electrochemical determination of dopamine. *Electrochim. Acta*, 61, 78, 2012.

[17] Khudaish, E. A., Al - Nofli, F., Rather, J. A., Al - Hinaai, M., Laxman, K., Kyaw, H. H., Al - Harthy, S., Sensitive and selective dopamine sensor based on novel conjugated polymer decorated with gold nanoparticles. *J. Electroanal. Chem.*, 761, 80, 2016.

[18] Qian, Y., Ma, C., Zhang, S., Gao, J., Liu, M., Xie, K., Wang, S., Sun, K., Song, H., High performance electrochemical electrode based on polymeric composite film for sensing of dopamine and catechol. *Sens. Actuators*, *B*, 255, 1655, 2017.

[19] Alothman, Z. A., Bukhari, N., Wabaidur, S. M., Haider, S., Simultaneous electrochemical determination of dopamine and acetaminophen using multiwall carbon nanotubes modified glassy carbon electrode. *Sens. Actuators*, *B*, 146, 314, 2010.

[20] Yang, Z., Huang, X., Li, J., Zhang, Y., Yu, S., Xu, Q., Hu, X., Carbon nanotubes - functionalized urchin - like In2S3 nanostructure for sensitive and selective electrochemical sensing of dopamine. *Microchim. Acta*, 177, 381, 2012.

[21] Zhang, M., Gong, K., Zhang, H., Mao, L., Layer - by - layer assembled carbon nanotubes for selective determination of dopamine in the presence of ascorbic acid. *Biosens. Bioelectron.*, 20, 1270, 2005.

[22] Goyal, R. N., Gupta, V. K., Bachheti, N., Sharma, R. A., Electrochemical sensor for the determination of dopamine in presence of high concentration of ascorbic acid using a fullerene - C60 coated gold electrode. *Electroanalysis*, 20, 757, 2008.

[23] Zhu, W., Chen, T., Ma, X., Ma, H., Chen, S., Highly sensitive and selective detection of dopamine based on hollow gold nanoparticles - graphene nanocomposite modified electrode. *Colloids Surf.*, *B*, 111, 321, 2013.

[24] Salamon, J., Sathishkumar, Y., Ramachandran, K., Lee, Y. S., Yoo, D. J., Kim, A. R., One - pot synthesis of magnetite nanorods/graphene composites and its catalytic activity toward electrochemical detection

of dopamine. *Biosens. Bioelectron.* ,64,269,2015.

[25] Yang,A. ,Xue,Y. ,Zhang,Y. ,Zhang,X. ,Zhao,H. ,Li,X. ,He,Y. ,Yuan,Z. ,A simple one – pot synthesis of graphene nanosheet/SnO_2 nanoparticle hybrid nanocomposites and their application for selective and sensitive electrochemical detection of dopamine. *J. Mater. Chem. B*,1,1804,2013.

[26] Zhang,W. ,Zheng,J. ,Shi,J. ,Lin,Z. ,Huang,Q. ,H. Zhang,H. ,Wei,C. ,Chen,J. ,Hu,S. ,Hao,A. , Nafion covered core – shell structured Fe_3O_4@ graphene nanospheres modified electrode for highly selective detection of dopamine. *Anal. Chim. Acta*,853,285,2015.

[27] Huang,K. –J. ,Jing,Q. –S. ,Wu,Z. –W. ,Wang,L. ,Wei,C. –Y. ,Enhanced sensing of dopamine in the present of ascorbic acid based on graphene/poly (p – aminobenzoic acid) composite film. *Colloids Surf.* ,*B*,88,310,2011.

[28] Pandikumar,A. ,Soon How,G. T. ,See,T. P. ,Omar,F. S. ,Jayabal,S. ,Kamali,K. Z. ,Yusoff,N. ,Jamil, A. ,Ramaraj,R. ,John,S. A. ,Lim,H. N. ,Huang,N. M. ,Graphene and its nanocomposite material based electrochemical sensor platform for dopamine. *RSC Adv.* ,4,63296,2014.

[29] Jiang,J. and Du,X. ,Sensitive electrochemical sensors for simultaneous determination of ascorbic acid,dopamine,and uric acid based on Au @ Pd – reduced graphene oxide nanocomposites. *Nanoscale*, 6, 11303,2014.

[30] Geim,A. K. and Novoselov,K. S. ,The rise of graphene. *Nat. Mater.* ,6,183,2007.

[31] Cai,W. ,Zhu,Y. ,Li,X. ,Piner,R. D. ,Ruoff,R. S. ,Large area few – layer graphene/graphite films as transparent thin conducting electrodes. *Appl. Phys. Lett.* ,95,123115,2009.

[32] Lee,C. ,Wei,X. ,Kysar,J. W. ,Hone,J. ,Measurement of the elastic properties and intrinsic strength of monolayer graphene. *Science*,321,385,2008.

[33] Berry,V. ,Impermeability of graphene and its applications. *Carbon N. Y.* ,62,1,2013.

[34] Wang,J. ,Yang,B. ,Zhong,J. ,Yan,B. ,Zhang,K. ,Zhai,C. ,Shiraishi,Y. ,Du,Y. ,Yang,P. ,Dopamine and uric acid electrochemical sensor based on a glassy carbon electrode modified with cubic Pd and reduced graphene oxide nanocomposite. *J Colloid Interface Sci.* ,497,172,2017.

[35] Balandin,A. A. ,Ghosh,S. ,Bao,W. ,Calizo,I. ,Teweldebrhan,D. ,Miao,F. ,Lau,C. N. ,Superior thermal conductivity of single – layer graphene. *Nano Lett.* ,8,902,2008.

[36] Bolotin,K. I. ,Sikes,K. J. ,Jiang,Z. ,Klima,M. ,Fudenberg,G. ,Hone,J. ,Kim,P. ,Stormer,H. L. ,Ultrahigh electron mobility in suspended graphene. *Solid State Commun.* ,146,351,2008.

[37] Zhu,Y. ,Murali,S. ,Cai,W. ,Li,X. ,Suk,J. W. ,Potts,J. R. ,Ruoff,R. S. ,Graphene and grapheme oxide:Synthesis,properties,and applications. *Adv. Mater.* ,22,3906,2010.

[38] Wu,S. ,He,Q. ,Tan,C. ,Wang,Y. ,Zhang,H. ,Graphene – based electrochemical sensors. *Small*,9, 1160,2013.

39. A. N. Kawde and N. Baig. ,Method for detecting l – tyrosine by using graphene – modified graphite pencil electrode system. US Patent 14/857,057,2015.

[40] Chen, D. , Tang, L. , Li, J. , Graphene – based materials in electrochemistry. *Chem. Soc. Rev.* , 39, 3157,2010.

[41] He,B. S. ,Song,B. ,Li,D. ,Zhu,C. ,Qi,W. ,Wen,Y. ,Wang,L. ,Song,S. ,Fang,H. ,Fan,C. ,A graphene nanoprobe for rapid,sensitive,and multicolor fluorescent DNA analysis. *Adv. Funct. Mater.* ,20, 453,2010.

[42] Zhang,L. ,Cheng,H. ,Zhang,H. ,Qu,L. ,Direct electrochemistry and electrocatalysis of horseradish peroxidase immobilized in graphene oxide – Nafion nanocomposite film. *Electrochim. Acta*,65,122,2012.

[43] Gao,F. ,Cai,X. ,Wang,X. ,Gao,C. ,Liu,S. ,Gao,F. ,Wang,Q. ,Highly sensitive and selective detection

of dopamine in the presence of ascorbic acid at graphene oxide modified electrode. *Sens. Actuators*, *B*, 186, 380, 2013.

[44] Nethravathi, C. and Rajamathi, M., Chemically modified graphene sheets produced by the solvothermal reduction of colloidal dispersions of graphite oxide. *Carbon N. Y.*, 46, 1994, 2008.

[45] Guo, H., Wang, X. – F., Qian, Q., Wang, F. – B., Xia, X. – H., A green approach to the synthesis of graphene nanosheets. *ACS Nano*, 3, 2653, 2009.

[46] Qi, S., Zhao, B., Tang, H., Jiang, X., Determination of ascorbic acid, dopamine, and uric acid by a novel electrochemical sensor based on pristine graphene. *Electrochim. Acta*, 161, 395, 2015.

[47] Qian, T., Yu, C., Zhou, X., Wu, S., Shen, J., Au nanoparticles decorated polypyrrole/reduced grapheme oxide hybrid sheets for ultrasensitive dopamine detection. *Sens. Actuators*, *B*, 193, 759, 2014.

[48] Ma, X., Chao, M., Wang, Z., Electrochemical detection of dopamine in the presence of epinephrine, uric acid and ascorbic acid using a graphene – modified electrode. *Anal. Methods*, 4, 1687, 2012.

[49] Mallesha, M., Manjunatha, R., Nethravathi, C., Shivappa, G., Rajamathi, M., Savio, J., Venkatesha, T. V., Functionalized – graphene modified graphite electrode for the selective determination of dopamine in presence of uric acid and ascorbic acid. *Bioelectrochemistry*, 81, 104, 2011.

[50] Du, J., Yue, R., Ren, F., Z. Yao, Z., Jiang, F., Yang, P., Du, Y., Novel graphene flowers modified carbon fibers for simultaneous determination of ascorbic acid, dopamine and uric acid. *Biosens. Bioelectron.*, 53, 220, 2014.

[51] Yang, L., Liu, D., Huang, J., You, T., Simultaneous determination of dopamine, ascorbic acid and uric acid at electrochemically reduced graphene oxide modified electrode. *Sens. Actuators*, *B*, 193, 166, 2014.

[52] Kawde, A. – N., Aziz, M., Baig, N., Temerk, Y., A facile fabrication of platinum nanoparticlemodified graphite pencil electrode for highly sensitive detection of hydrogen peroxide. *J. Electroanal. Chem.*, 740, 68, 2015.

[53] Kawde, A. – N., Aziz, M. A., El – Zohri, M., Baig, N., Odewunmi, N., Cathodized gold nanoparticlemodified graphite pencil electrode for non – enzymatic sensitive voltammetric detection of glucose. *Electroanalysis*, 29, 1214, 2017.

[54] Xu, T. – Q., Zhang, Q. – L., Zheng, J. – N., Lv, Z. – Y., Wei, J., Wang, A. – J., Feng, J. – J., Simultaneous determination of dopamine and uric acid in the presence of ascorbic acid using Pt nanoparticles supported on reduced graphene oxide. *Electrochim. Acta*, 115, 109, 2014.

[55] Sun, C., Lee, H., Yang, J., Wu, C., The simultaneous electrochemical detection of ascorbic acid, dopamine, and uric acid using graphene/size – selected Pt nanocomposites. *Biosens. Bioelectron.*, 26, 3450, 2011.

[56] Palanisamy, S., Ku, S., Chen, S., Dopamine sensor based on a glassy carbon electrode modified with a reduced graphene oxide and palladium nanoparticles composite. *Microchim. Acta*, 180, 1037, 2013.

[57] Wang, X., Wu, M., Tang, W., Zhu, Y., Wang, L., Wang, Q., He, P., Fang, Y., Simultaneous electrochemical determination of ascorbic acid, dopamine and uric acid using a palladium nanoparticle/ graphene/chitosan modified electrode. *J. Electroanal. Chem.*, 695, 10, 2013.

[58] Li, F., Chai, J., Yang, H., Han, D., Niu, L., Synthesis of Pt/ionic liquid/graphene nanocomposite and its simultaneous determination of ascorbic acid and dopamine. *Talanta*, 81, 1063, 2010.

[59] Yan, J., Liu, S., Zhang, Z., He, G., Zhou, P., Liang, H., Tian, L., Zhou, X., Jiang, H., Simultaneous electrochemical detection of ascorbic acid, dopamine and uric acid based on graphene anchored with Pd – Pt nanoparticles. *Colloids Surf.*, *B*, 111, 392, 2013.

[60] Li., J., Yang, J., Yang, Z., Li, Y., Yu, S., Xu, Q., Hu, X., Graphene – Au nanoparticles nanocomposite

film for selective electrochemical determination of dopamine. *Anal. Methods*,4,1725,2012.

[61] Hu,Y.,Jin,J.,Wu,P.,Zhang,H.,Cai,C.,Graphene – gold nanostructure composites fabricated by electrodeposition and their electrocatalytic activity toward the oxygen reduction and glucose oxidation. *Electrochim. Acta*,56,491,2010.

[62] Zhang,H.,Xu,J.,Chen,H.,Shape – controlled gold nanoarchitectures:Synthesis,superhydrophobicity, and electrocatalytic properties. *J. Phys. Chem. C*,112,13886,2008.

[63] Li,S.,Deng,D.,Shi,Q.,Liu,S.,Electrochemical synthesis of a graphene sheet and gold nanoparticle – based nanocomposite,and its application to amperometric sensing of dopamine. *Microchim. Acta*,177,325, 2012.

[64] Wang,C.,Du,J.,Wang,H.,Zou,C.,Jiang,F.,Yang,P.,Du,Y.,A facile electrochemical sensor based on reduced graphene oxide and Au nanoplates modified glassy carbon electrode for simultaneous detection of ascorbic acid,dopamine and uric acid. *Sens. Actuators,B*,204,302,2014.

[65] Du,J.,Yue,R.,Ren,F.,Yao,Z.,Jiang,F.,Yang,P.,Du,Y.,Simultaneous determination of uric acid and dopamine using a carbon fiber electrode modified by layer – by – layer assembly of grapheme and gold nanoparticles. *Gold Bull.*,46,137,2013.

[66] Liu,S.,Yan,J.,He,G.,Zhong,D.,Chen,J.,Shi,L.,Zhou,X.,Jiang,H.,Layer – by – layer assembled multilayer films of reduced graphene oxide/gold nanoparticles for the electrochemical detection of dopamine. *J. Electroanal. Chem.*,672,40,2012.

[67] Baig,N. and Kawde,A. – N.,A cost – effective disposable graphene – modified electrode decorated with alternating layers of Au NPs for the simultaneous detection of dopamine and uric acid in human urine. *RSC Adv.*,6,80756,2016.

[68] Sivasubramanian,R. and Biji,P.,Preparation of copper(Ⅰ)oxide nanohexagon decorated reduced graphene oxide nanocomposite and its application in electrochemical sensing of dopamine. *Mater. Sci. Eng. B*,210, 10,2016.

[69] Sun,W.,Wang,X.,Wang,Y.,Ju,X.,Xu,L.,Li,G.,Sun,Z.,Application of graphene – SnO_2 nanocomposite modified electrode for the sensitive electrochemical detection of dopamine. *Electrochim. Acta*,87, 317,2013.

[70] Zhang,F.,Li,Y.,Gu,Y.,Wang,Z.,Wang,C.,One – pot solvothermal synthesis of a Cu_2O/grapheme nanocomposite and its application in an electrochemical sensor for dopamine. *Microchim. Acta*, 173, 103,2011.

[71] Han,Q.,Wang,X.,Yang,Z.,Zhu,W.,Zhou,X.,Jiang,H.,Fe_3O_4@ rGO doped molecularly imprinted polymer membrane based on magnetic field directed self – assembly for the determination of amaranth. *Talanta*,123,101,2014.

[72] Sun,Y.,Chen,W.,Li,W.,Jiang,T.,Liu,J.,Liu,Z.,Selective detection toward Cd^{2+} using Fe_3O_4/RGO nanoparticle modified glassy carbon electrode. *J. Electroanal. Chem.*,97,714 – 715,2014.

[73] Peik – see,T.,Pandikumar,A.,Nay – ming,H.,Hong – ngee,L.,Sulaiman,Y.,Simultaneous electrochemical detection of dopamine and ascorbic acid using an iron oxide/reduced graphene oxide modified glassy carbon electrode. *Sensors*,14,15227,2014.

[74] Shaporenko,A.,Rossler,K.,Lang,H.,Zharnikov,M.,Self – assembled monolayers of Ferrocenesubstituted biphenyl ethynyl thiols on gold. *J. Phys. Chem. B*,110,24621,2006.

[75] Liu,M.,Chen,Q.,Lai,C.,Zhang,Y.,Deng,J.,Li,H.,Yao,S.,A double signal amplification platform for ultrasensitive and simultaneous detection of ascorbic acid,dopamine,uric acid and acetaminophen based on a nanocomposite of ferrocene thiolate stabilized Fe_3O_4@ Au nanoparticles with graphene sheet.

Biosens. Bioelectron. ,48,75,2013.

[76] Wu,S. ,Zeng,Z. ,He,Q. ,Wang,Z. ,Wang,S. J. ,Du,Y. ,Yin,Z. ,Sun,X. ,Chen,W. ,Zhang,H. ,Electrochemically reduced single – layer MoS_2 nanosheets: Characterization, properties, and sensing applications. *Small*,8,2264,2012.

[77] Huang,K. – J. ,Wang,L. ,Li,J. ,Liu,Y. – M. ,Electrochemical sensing based on layered MoS_2 – graphene composites. *Sens. Actuators*,*B*,178,671,2013.

[78] Ding,S. ,Zhang,D. ,Chen,J. S. ,(David)Lou,X. W. ,Facile synthesis of hierarchical MoS_2 microspheres composed of few – layered nanosheets and their lithium storage properties. *Nanoscale*,4,95,2012.

[79] Chen,J. ,Kuriyama,N. ,Yuan,H. ,Takeshita,H. T. ,Sakai,T. ,Electrochemical hydrogen storage in MoS_2 nanotubes. *J. Am. Chem. Soc.* ,123,11813,2001.

[80] Xing,L. and Ma,Z. ,A glassy carbon electrode modified with a nanocomposite consisting of MoS_2 and reduced graphene oxide for electrochemical simultaneous determination of ascorbic acid,dopamine,and uric acid. *Microchim. Acta*,183,257,2016.

[81] Zhou,C. ,Kong,J. ,Yenilmez,E. ,Dai,H. ,Modulated chemical doping of individual carbon nanotubes. *Science*,290,1552,2000.

[82] Sheng,Z. – H. ,Zheng,X. – Q. ,Xu,J. – Y. ,Bao,W. – J. ,Wang,F. – B. ,Xia,X. – H. ,Electrochemical sensor based on nitrogen doped graphene:Simultaneous determination of ascorbic acid,dopamine and uric acid. *Biosens. Bioelectron.* ,34,125,2012.

[83] Wu,L. ,Feng,L. ,Ren,J. ,Qu,X. ,Electrochemical detection of dopamine using porphyrinfunctionalized graphene. *Biosens. Bioelectron.* ,34,57,2012.

[84] Wang,W. ,Xu,G. ,Cui,X. T. ,Sheng,G. ,Luo,X. ,Enhanced catalytic and dopamine sensing properties of electrochemically reduced conducting polymer nanocomposite doped with pure graphene oxide. *Biosens. Bioelectron.* ,58,153,2014.

[85] Gorle,D. B. and Kulandainathan,M. A. ,Electrochemical sensing of dopamine at the surface of a dopamine grafted graphene oxide/poly(methylene blue)composite modified electrode. *RSC Adv.* ,6,19982,2016.

[86] Shan,C. ,Yang,H. ,Song,J. ,Han,D. ,Ivaska,A. ,Niu,L. ,Direct electrochemistry of glucose oxidase and biosensing for glucose based on graphene. *Anal. Chem.* ,81,2378,2009.

[87] Liu,Q. ,Zhu,X. ,Huo,Z. ,He,X. ,Liang,Y. ,Xu,M. ,Electrochemical detection of dopamine in the presence of ascorbic acid using PVP/graphene modified electrodes. *Talanta*,97,557,2012.

[88] Zhuang,Z. ,Li,J. ,Xu,R. ,Xiao,D. ,Electrochemical detection of dopamine in the presence of ascorbic acid using overoxidized polypyrrole/graphene modified electrodes. *Int. J. Electrochem. Sci.* ,6,2149,2011.

[89] Si,P. ,Chen,H. ,Kannan,P. ,Kim,D. ,Selective and sensitive determination of dopamine by composites of polypyrrole and graphene modified electrodes. *Analyst*,136,5134,2011.

[90] Wang,Y. ,Zhang,Y. ,Hou,C. ,Liu,M. ,Ultrasensitive electrochemical sensing of dopamine using reduced graphene oxide sheets decorated with p – toluenesulfonate – doped polypyrrole/Fe_3O_4 nanospheres. *Microchim. Acta*,183,1145,2016.

[91] Liu,S. ,Xing,X. ,Yu,J. ,Lian,W. ,Li,J. ,Cui,M. ,Huang,J. ,A novel label – free electrochemical aptasensor based on graphene – polyaniline composite film for dopamine determination. *Biosens. Bioelectron.* ,36,186,2012.

[92] Wang,Y. ,Liu,L. ,Zhang,D. ,Xu,S. ,Li,M. ,A new strategy for immobilization of electroactive species on the surface of solid electrode. *Electrocatalysis*,1,230,2010.

[93] Wang,Y. ,Zhang,D. ,Tang,M. ,Xu,S. ,Li,M. ,Electrocatalysis of gold nanoparticles/layered double hydroxides nanocomposites toward methanol electro – oxidation in alkaline medium. *Electrochim. Acta*,55,

4045,2010.

[94] Li,F. ,Wang,Y. ,Yang,Q. ,Evans,D. G. ,Forano,C. ,Duan,X. ,Study on adsorption of glyphosate(N - phosphonomethyl glycine)pesticide on MgAl - layered double hydroxides in aqueous solution. *J. Hazard. Mater.* ,125,89,2005.

[95] Wang,Y. ,Peng,W. ,Liu,L. ,Tang,M. ,Gao,F. ,Li,M. ,Enhanced conductivity of a glassy carbon electrode modified with a graphene - doped film of layered double hydroxides for selectively sensing of dopamine. *Microchim. Acta*,174,41,2011.

[96] Baccarin,M. ,Santos,F. A. ,Vicentini,F. C. ,Zucolotto,V. ,Janegitz,B. C. ,Fatibello - Filho,O. ,Electrochemical sensor based on reduced graphene oxide/carbon black/chitosan composite for the simultaneous determination of dopamine and paracetamol concentrations in urine samples. *J. Electroanal. Chem.* ,799, 436,2017.

[97] Mao,Y. ,Bao,Y. ,Gan,S. ,Li,F. ,Niu,L. ,Electrochemical sensor for dopamine based on a novel graphene - molecular imprinted polymers composite recognition element. *Biosens. Bioelectron.* , 28, 291,2011.

[98] Zeng,Y. ,Zhou,Y. ,Kong,L. ,Zhou,T. ,Shi,G. ,A novel composite of SiO_2 - coated grapheme oxide and molecularly imprinted polymers for electrochemical sensing dopamine. *Biosens. Bioelectron.* ,45,25,2013.

[99] Kuila,T. ,Bose,S. ,Khanra,P. ,Mishra,A. K. ,Kim,N. H. ,Lee,J. H. ,Recent advances in graphene-based biosensors. *Biosens. Bioelectron.* ,26,4637,2011.

[100] Fan,Y. ,Liu,J. - H. ,Yang,C. - P. ,Yu,M. ,Liu,P. ,Graphene - polyaniline composite film modified electrode for voltammetric determination of 4 - aminophenol. *Sens. Actuators*,*B*,157,669,2011.

[101] Wang,Z. ,Liu,S. ,Wu,P. ,Cai,C. ,Detection of glucose based on direct electron transfer reaction of glucose oxidase immobilized on highly ordered polyaniline nanotubes. *Anal. Chem.* ,81,1638,2009.

[102] Tan,L. ,Zhou,K. ,Zhang,Y. ,Wang,H. ,Wang,X. ,Guo,Y. ,Zhang,H. - L. I. ,Nanomolar detection of dopamine in the presence of ascorbic acid at β - cyclodextrin/graphene nanocomposite platform. *Electrochem. Commun.* ,12,557,2010.

[103] Sun,C. - L. ,Chang,C. - T. ,Lee,H. - H. ,Zhou,J. ,Wang,J. ,Sham,T. - K. ,Pong,W. - F. ,Microwaveassisted synthesis of a core - shell MWCNT/GONR heterostructure for the electrochemical detection of ascorbic acid,dopamine,and uric acid. *ACS Nano*,5,7788,2011.

[104] Zhu,M. ,Zeng,C. ,Ye,J. ,Graphene - modified carbon fiber microelectrode for the detection of dopamine in mice hippocampus tissue. *Electroanalysis*,23,907,2011.

[105] Ping,J. ,Wu,J. ,Wang,Y. ,Ying,Y. ,Simultaneous determination of ascorbic acid,dopamine and uric acid using high - performance screen - printed graphene electrode. *Biosens. Bioelectron.* ,34,70,2012.

[106] Jahani,S. and Beitollahi,H. ,Selective detection of dopamine in the presence of uric acid using NiO nanoparticles decorated on graphene nanosheets modified screen - printed electrodes. *Electroanalysis*,28, 2022,2016.

第24章 石墨烯材料的有限元分析

Androniki S. Tsiamaki, Dimitrios E. Katsareas, Nick K. Anifantis
希腊佩特雷,佩特雷大学机械工程和航空系机械设计实验室

摘要 本章简要介绍了基于分子力学模拟石墨烯材料模态行为的现有理论方法和模型。这些原理用于有限元过程中,不仅能够实现低成本、高效计算和准确的预测,而且还能作为开发新纳米器件的设计工具。所提出的建模涉及单层或双层石墨烯片。适当的弹簧元件模拟原子间相互作用,并且质量位于原子核的位置。两个石墨烯层通过由特定刚度的弹簧元件模拟的范德瓦尔斯力相互作用连接。此外,通过适当改变弹簧特性,将温度效应嵌入到有限元建模中。所提出的力学模型呈线性,在有限元分析中对其模态特性的预测是直接的。模拟可以有效地处理任何几何体。数值结果给出了石墨烯材料的模态特性、温度变化对石墨烯材料响应的影响以及每种构型的形状模式。用已发表的文献数据验证了所提出有限元公式的精度。本章讨论了有限元分析的优点和缺点,并通过举例表明,它如何为石墨烯材料的机械和热特征提供了新见解。

关键词 石墨烯材料,有限元分析,质量检测,模态分析,温度,频移

24.1 引言

传感设备的微型化一直是工程技术领域的重要课题,涉及从减重微型化这一实际应用到生物工程药物直接输送至细胞的应用。碳原子结构一直被设想为小型化的潜在构建块。具有奇特名称的纳米结构,如富勒烯、巴基球、纳米管和石墨烯,在无数的潜在应用中吸引研究人员进行研究[1-4]。石墨烯是单层碳原子层,以六边形(铁丝网)构型排列[5],使其成为真正的二维结构。由于其单原子厚度,单层石墨烯的整个体积暴露在周围环境中,同时对各种影响其性能和特性的外部因素(从共振频率到电导率和形状)都非常敏感。这两个特点使石墨烯在理论上成为微型传感器的完美构建块。在实践中,为了建立一个功能性的微型或纳米传感器,石墨烯本身或被称为悬浮石墨烯并非有效,并且需要对其进行物理或化学改性,该过程被称为功能化,将增强或甚至增加特定传感器功能性和有效所需的性质,并且能涉及添加基底或用其他原子取代碳,以在晶格上产生悬空键或甚至打孔或图案(缺失原子)。功能化也可以通过堆积单层石墨烯来实现,从而产生双层石墨烯片,最终生成石墨(反向过程是生产石墨烯片的一种方式)。

2013年,欧盟拨款10亿欧元,用于石墨烯潜在应用的研究,同年成立了石墨烯旗舰联盟,包括查尔姆斯理工大学和其他7所欧洲大学和研究中心,以及诺基亚公司。同年11月20日,比尔及梅林达·盖茨基金会奖励10万美元"开发用于避孕套的包含石墨烯等纳米材料的新型弹性复合材料"。在可以制造的各种类型的石墨烯传感器中,生物传感器是第一个上市销售的。石墨烯基生物传感器自2016年开始商业化生产[6]。在该应用中,石墨烯设置在碳化硅基底上,从而产生能够选择性地结合癌症标记物,如某种蛋白[7],或其他疾病标志物,如毒素。当标记物质被功能化的石墨烯生物传感器捕获时,石墨烯片的某种性质以可测量的方式发生变化。就毒素而言,有形状变化[8];而就气体分子而言,有电阻变化[9]。石墨烯另一有价值的特性是其从红外线到紫外线的透明度(大于90%),这允许观察被可植入医疗传感器微阵列覆盖的脑组织[10]。

2016年,通过喷涂一层氧化石墨烯溶液(功能化石墨烯),然后使用激光雕刻透镜,制备了1nm厚的超透镜;其分辨率小于200nm,能够对单个细菌大小的物体成像。超透镜打破了衍射极限,焦距为光波长的一半,可应用于超级计算的光子芯片和移动电话的小型化热像仪[11]。两个单层石墨烯片之间绝缘层形式的功能化石墨烯通过产生可测量的电流与红外光反应。红外传感器的微型尺寸可以集成在隐形眼镜和安装在眼罩上的计算机中。在另一个石墨烯功能化的硅衬底和氧化物界面中,高性能(响应时间小于25ns[12])的微型化光电探测器,具有大规模生产光电探测器阵列的潜力,在环境监测、医学成像和光电智能跟踪等应用中正在进行研究。

现如今,纳米尺度研究人员拥有一系列建模技术,这些技术基本上可以组织成三种不同的方法:在原子水平(原子)建模、连续介质力学方法,以及在大多数情况下使用的混合方法,即原子水平和连续介质力学相结合。原子模拟方法的例子包括经典电动力学、紧束缚分子动力学和从头计算法。在混合方法中,连续介质力学模型直接纳入原子间势[13]。与计算成本更高的原子建模方法和真正昂贵的实验室测试相比,连续介质力学方法由于其易于实现、计算效率和低成本而吸引了很多兴趣,特别是对于大规模纳米结构的建模。连续体建模会影响计算效率的精度。

虽然在原子水平上对纳米系统进行实验研究具有挑战性,但计算方法正越来越多地用于补充纳米技术许多领域的实验研究。像连续介质力学[14-19]、分子动力学(MD)[20-21]和分子力学(MM)[22-25]这样的理论方法被认为有效,因为它们不仅可以产生精确和低成本的结果来预测石墨烯的行为,而且在纳米尺度上避免了实验的困难和高成本。然而,每种理论方法都有利有弊。事实上,MD虽然精确并能够完整模拟石墨烯的力学行为,但具有较高的计算成本,并且可能无法有效地解决大规模问题,特别是动态问题。此外,从计算角度来看,MM已经显示出精确和成本效益,但它需要非常关注原子间相互作用的建模,以便具有适当的力学等价物来精确模拟石墨烯。与连续体或分析方法相比,我们的方法和原子方法可以更适合于石墨烯或其他纳米结构的模拟。同样重要的是,所提出的方法使用在原子位置具有集中质量的弹簧元件上,该弹簧元件能够利用精确的石墨烯纳米结构来模拟原子间相互作用和惯性效应,并且能够直接包括从分子力学理论获得的力常数。因此,可以解决自由振动问题,产生固有频率和相应的振动模式形状。然而,从所考虑的线性近似导出的主要缺点是通常不能完全描述键和石墨烯的行为,可通过低成本计算快速获得令人满意的结果来平衡这一点。

考虑到石墨烯片可以潜在地用作质量纳米传感器的一部分，所提出文献中的一些研究评估了其质量感测特性。参考文献[26]中的研究人员开发了一种使用单层矩形石墨烯片作为纳米级悬臂质量传感器的分析方法。此外，在参考文献[27]中，基于非局部基尔霍夫－勒夫平板理论研究了单层石墨烯片作为纳米机械传感器的潜力。利用Galerkin方法得到了纳米力学传感器的固有频率。此外，在参考文献[28]中，研究人员研究了使用单层矩形石墨烯片作为检测稀有气体的质量传感器的可能性，使用分子动力学方法对石墨烯片进行振动分析，研究气体原子的数量和位置、石墨烯片的尺寸以及边界条件类型的影响。此外，已经注意到[29]，可以将单层石墨烯片悬挂在基底的开孔上。在这种情况下，可以精确地限定石墨烯圆形几何形状，二维结构对单个缺陷的存在不太敏感，并且片材围绕孔圆周夹紧，提供高频响应。此外，还有一些研究石墨烯在不同环境温度下振动的工作。文献[30]用非局部弹性理论研究了石墨烯在0K、25K、50K和100K磁热场中的横向振动，而文献[31]用MM研究了温度对单层石墨烯振动行为的影响。

本章的内容是预测单层或双层石墨烯片在室温或不同温度下的模态行为。这项工作可以帮助研究石墨烯是否可以成为一种潜在的质量传感材料。为了模拟石墨烯，我们使用分子力学理论模拟碳原子与特定刚度的弹簧元件之间的相互作用。此外，模型的节点表示六方结构中精确原子位置处的碳原子，其质量等于碳原子的质量。然而，石墨烯除了单层外，还可以作为双层片，其中在两个石墨烯层的碳原子之间产生范德瓦尔斯力相互作用。另外，研究了温度对石墨烯振动响应的影响。更具体地，通过影响在每个温度下具有特定值的弹簧元件的特性，在模拟上引入了温度效应。已经研究了圆形和方形石墨烯片。通过施加适当的边界条件得到了结果。结果部分包含了圆形和矩形、单层和双层石墨烯片的自由振动响应以及相应的本征模。

24.2 计算模型

24.2.1 石墨烯几何学

石墨烯具有由六边形晶胞图案描述的晶格结构，如图24.1所示，其位置可由向量$\boldsymbol{v}_1$和$\boldsymbol{v}_2$定义，使得$|\boldsymbol{v}_1| = |\boldsymbol{v}_2| = \sqrt{3}r_{cc}^0$，其中$r_{cc}^0 = 0.1421\text{nm}$为室温下的碳碳距离[32]。参照笛卡儿坐标系，这些向量由下式描述：

$$\boldsymbol{v}_1 = r_{cc}^0[3/2\ \ \sqrt{3}/2\ \ 0]^{\mathrm{T}} \tag{24.1}$$

$$\boldsymbol{v}_2 = r_{cc}^0[3/2\ \ -\sqrt{3}/2\ \ 0]^{\mathrm{T}} \tag{24.2}$$

如图24.1所示，石墨烯根据其方向有两种手性，扶手椅型和锯齿形。考虑石墨烯的几何形状，有三个向量表示关于其最近邻居[33]的任何原子，由下式给出

$$\delta_1 = (\boldsymbol{v}_1 - 2\boldsymbol{v}_2)/3 \tag{24.3}$$

$$\delta_2 = (\boldsymbol{v}_2 - 2\boldsymbol{v}_1)/3 \tag{24.4}$$

$$\delta_3 = (\boldsymbol{v}_1 - \boldsymbol{v}_2)/3 \tag{24.5}$$

方程式(24.1)~式(24.5)用于描述由碳原子位置定义的面内石墨烯几何形状。

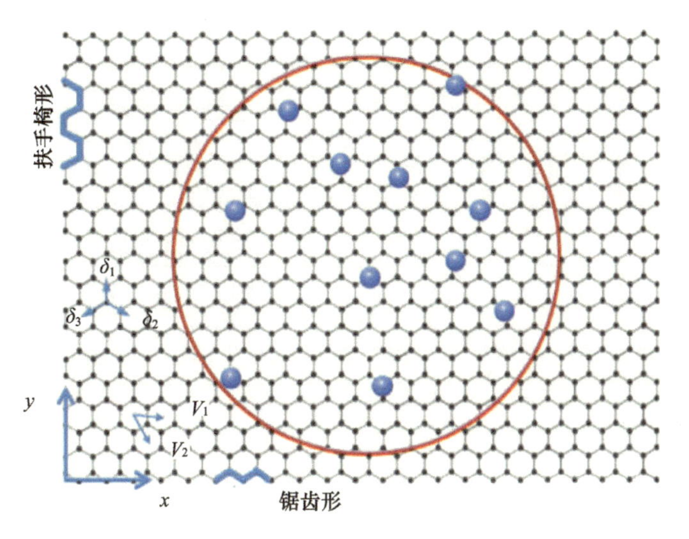

图 24.1　石墨烯几何定义

石墨烯片可以悬浮在固态纳米孔(图 24.1)[32]上,因此可用于气体分子的检测。纳米孔使得创新器件的开发用于检测分子、DNA 测序及其分析成为可能。由于其厚度小,相当于一个碳原子,石墨烯可能是最适合这些具有前景应用的材料。

24.2.2　原子间的相互作用和力场的表示

当纳米结构处于平衡状态时,其原子位于使系统势能最低的位置。然而,原子在沿着键的方向上或在横向上存在相互作用。原子间相互作用产生的势能可以用依赖于相互作用原子之间的距离和角度变化的方程来表示。分子体系中两个原子之间的势能是一个非线性函数,取决于它们的键距(图 24.2(a)),其中较低势能对应于室温下的平衡原子间距。

分子中的原子间相互作用可以在两个或多个原子之间,包括键拉伸、键角弯曲、面外扭转、二面角扭转、范德瓦尔斯力和静电力等。

24.2.2.1　单层石墨烯

将分子力学理论作为力场来描述石墨烯纳米结构中由适当的势函数产生的原子间相互作用。单层石墨烯中的原子键是 sp^2 杂化键。由于不同的原子相互作用,势能取决于碳原子的相对位置,并表示为能量之和。通过假设小应变,忽略非键相互作用,并采用最简谐波形式,由原子间相互作用产生的总能量 U 由以下方程给出[33]:

$$U = \sum U_r + \sum U_\theta + \sum U_\varphi + \sum U_\omega \tag{24.6}$$

式中:U_r 为由键拉伸引起的能量;U_θ为由键角弯曲引起的能量;U_φ为由二面角扭转引起的能量;U_ω为由面外扭转引起的能量(图 24.2(b))。总势能 U 仅用于计算过程的展开。然后,利用解析方程求得本模型弹簧的刚度。U_r和U_θ由以下表达式给出:

$$U_r = \frac{1}{2}k_r(\Delta r^2) \tag{24.7}$$

$$U_\theta = \frac{1}{2}k_\theta(\Delta \theta^2) \tag{24.8}$$

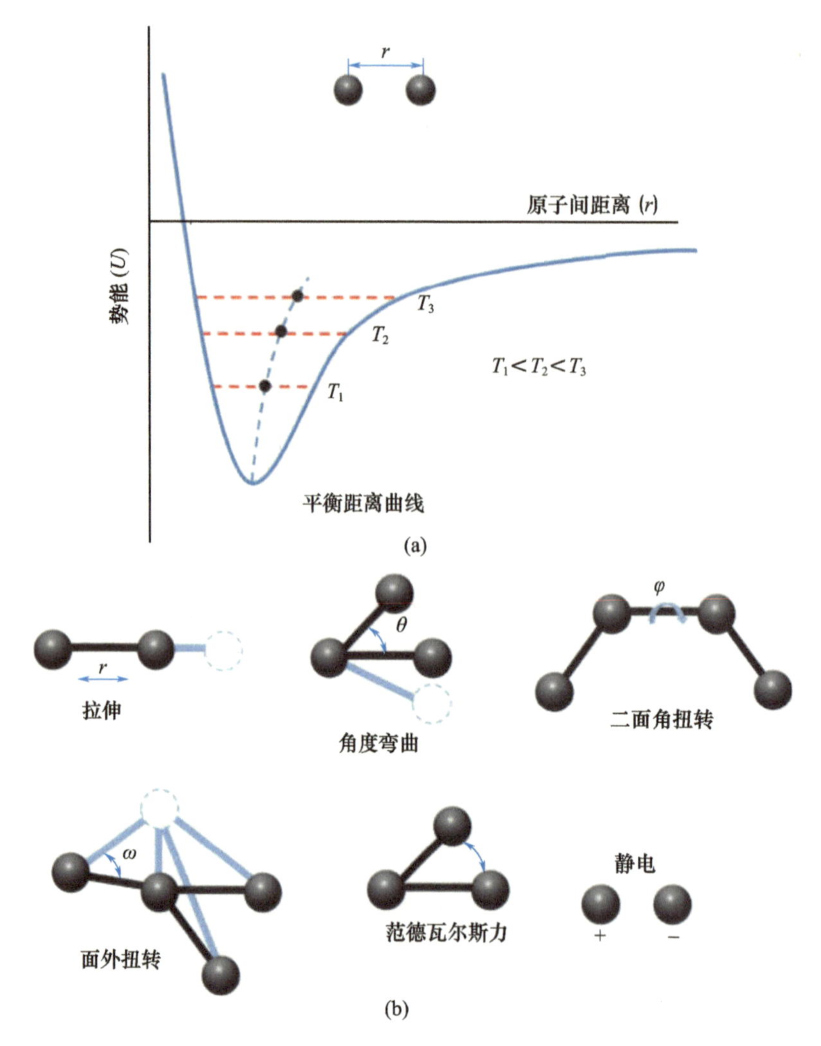

图 24.2 (a)势能对分子的原子之间的原子间距离的依赖性和(b)原子间相互作用的表示

$$U_{\phi}=\frac{1}{2}k_{\phi}(1-\cos 2\Delta\phi) \tag{24.9}$$

$$U_{\omega}=\frac{1}{2}k_{\omega}(1-\cos\Delta\omega)\approx\frac{1}{2}k_{\omega}\Delta\omega^{2} \tag{24.10}$$

式中：k_r 和k_θ分别为键拉伸和键角弯曲力常数；Δr 和 $\Delta\theta$ 分别为键长和键角弯曲变化。对于能量U_φ[34]，k_φ和 $\Delta\varphi$ 是关于二面角－扭转相互作用的力常数和角度变化。此外，对于小变形，k_ω和 $\Delta\omega$ 是关于面外扭转相互作用的力常数和角度变化。Cornell 等[35]给出了力常数k_r、k_θ和k_φ，参考文献[36]给出了反转能量的力常数k_ω；在参考文献[37]中，使用了以下力常数的值：$k_r=652\ \frac{N}{m}$、$k_\theta=0.876\times10^{-18}\frac{Nm}{rad^2}$、$k_\varphi=0.202\times10^{-18}\frac{Nm}{rad^2}$以及$k_\omega=0.042\times10^{-18}\frac{Nm}{rad^2}$。

假设石墨烯纳米结构处于平衡，则键拉伸变形可以在三维局部坐标系($\hat{x}$、$\hat{y}$、$\hat{z}$)中表示，其中特定局部坐标系的$\bar{x}$轴与连接原始碳位置的线一致。存储在纳米结构中的势能由式(24.7)给出，考虑到上述坐标系，该方程式可以改写为

$$U_r = \frac{1}{2}k_r(\Delta\hat{x}^2) \tag{24.11}$$

式中：$\Delta\hat{x}$ 为沿$\hat{x}$轴的位移。

存储在纳米结构中的潜在键角弯曲能由式(24.8)给出。通过考虑式(24.8)并根据局部($\bar{x}$、$\bar{y}$、$\bar{z}$)坐标系可以变为

$$U_\theta = \frac{1}{2}\frac{k_\theta}{(r_{cc}^0)^2}(\Delta\bar{x}^2) + \frac{1}{2}\frac{k_\theta}{(r_{cc}^0)^2}(\Delta\bar{y}^2) \tag{24.12}$$

此外，当一个碳原子(图24.2(b)，面外扭转)离开石墨烯平面时，它证明了其相邻原子对该位移的阻力，因此在相应的键中出现面外扭转。这种变形影响三个相邻的碳原子。假设这些相互作用均匀分布在相邻原子之间的相应三个键上，在每个键中，一组能量U_s对应于下式：

$$U_s = \frac{1}{3}U_\omega + \frac{1}{2}\left(\frac{k_\omega}{3}\right)\Delta\omega^2 \tag{24.13}$$

该能量将由$\hat{z}$轴中的一个轴向弹簧表示。

尝试引入U_s能量，可以假设

$$U_s = \frac{1}{2}k_s\Delta\hat{z}^2 \tag{24.14}$$

表示应变能，k_s是$\hat{z}$轴处的弹簧常数。利用前面的叙述和式(24.13)，得到

$$k_s = \frac{1}{3}\frac{k_\omega}{(r_{cc}^0)^2} \tag{24.15}$$

虑到原子间相互作用的解释，式(24.7)可改写为

$$U = \sum U_r + \sum U_\theta + 3\sum U_s \tag{24.16}$$

为了表示潜在项，使用特定局部坐标系的两节点弹簧元件，每个节点具有三个自由度(三个平移)。关于键拉伸的相互作用，我们可以假设一个两节点弹簧单元，以下称为单元，在原子位置上的每个节点具有三个自由度。应用常规位移公式，其在局部坐标系($\hat{x}$、$\hat{y}$、$\hat{z}$)中的平衡方程可写成

$$\boldsymbol{K}_{\hat{x},\hat{y},\hat{z}}^A \boldsymbol{u}_{\hat{x},\hat{y},\hat{z}}^A = \boldsymbol{f}_{\hat{x},\hat{y},\hat{z}}^A \tag{24.17}$$

式中：$\boldsymbol{K}_{\hat{x},\hat{y},\hat{z}}^A$为单元刚度矩阵；$\boldsymbol{u}_{\hat{x},\hat{y},\hat{z}}^A$为广义 A 单元位移向量；$\boldsymbol{f}_{\hat{x},\hat{y},\hat{z}}^A$为广义 A 单元力向量。单元位移刚度矩阵、广义位移和力向量分别由下式给出

$$\boldsymbol{K}_{\hat{x},\hat{y},\hat{z}}^A = \begin{bmatrix} \boldsymbol{k}_{\hat{x},\hat{y},\hat{z}}^A & -\boldsymbol{k}_{\hat{x},\hat{y},\hat{z}}^A \\ -\boldsymbol{k}_{\hat{x},\hat{y},\hat{z}}^A & \boldsymbol{k}_{\hat{x},\hat{y},\hat{z}}^A \end{bmatrix} \tag{24.18}$$

$$\boldsymbol{u}_{\hat{x},\hat{y},\hat{z}}^A = [u_{xj}^A u_{yj}^A u_{zj}^A u_{xk}^A u_{yk}^A u_{zk}^A]^{\mathrm{T}} \tag{24.19}$$

$$\boldsymbol{f}_{\hat{x},\hat{y},\hat{z}}^A = [f_{xj}^A f_{yj}^A f_{zj}^A f_{xk}^A f_{yk}^A f_{zk}^A]^{\mathrm{T}} \tag{24.20}$$

式中：j 和 k 为图24.3所示的 A 元素的两个节点。没有在$\bar{y}$轴方向表示的相互作用，因此，弹簧刚度$\boldsymbol{k}_{\hat{x},\hat{y},\hat{z}}^A$可写成

$$\boldsymbol{k}^{A}_{\hat{x},\hat{y},\hat{z}}=\begin{bmatrix}k_r & 0 & 0\\ 0 & 0 & 0\\ 0 & 0 & k_s\end{bmatrix} \tag{24.21}$$

式中：k_r和k_s分别为$\hat{x}$和$\hat{z}$轴的弹簧刚度。

此外，弹簧元件（以下称为 B 元件）被用于模拟键角弯曲相互作用。它们在其局部（$\bar{x}$、$\bar{y}$、$\bar{z}$）坐标系中的平衡方程为

$$\boldsymbol{K}^{B}_{\bar{x},\bar{y},\bar{z}}\boldsymbol{u}^{B}_{\bar{x},\bar{y},\bar{z}}=\boldsymbol{f}^{B}_{\bar{x},\bar{y},\bar{z}} \tag{24.22}$$

式中：$\boldsymbol{K}^{B}_{\bar{x},\bar{y},\bar{z}}$为单元刚度矩阵；$\boldsymbol{u}^{B}_{\bar{x},\bar{y},\bar{z}}$为单元广义位移向量；$\boldsymbol{f}^{B}_{\bar{x},\bar{y},\bar{z}}$为单元广义力向量，分别由下式给出：

$$\boldsymbol{K}^{B}_{\bar{x},\bar{y},\bar{z}}=\begin{bmatrix}\boldsymbol{k}^{B}_{\bar{x},\bar{y},\bar{z}} & -\boldsymbol{k}^{B}_{\bar{x},\bar{y},\bar{z}}\\ -\boldsymbol{k}^{B}_{\bar{x},\bar{y},\bar{z}} & \boldsymbol{k}^{B}_{\bar{x},\bar{y},\bar{z}}\end{bmatrix} \tag{24.23}$$

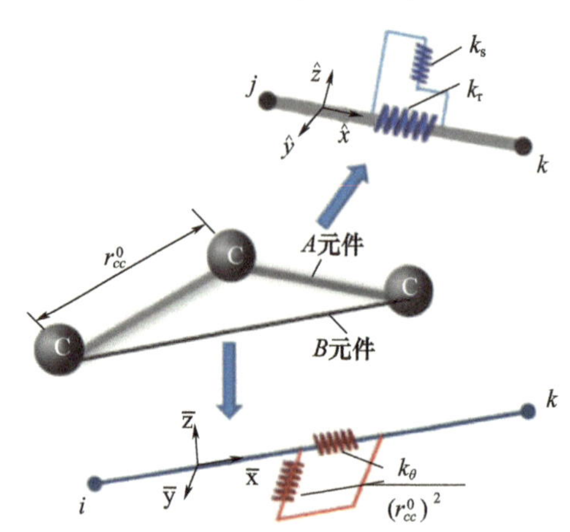

图 24.3　C—C—C 纳米结构中弹簧元件的表示。

$$\boldsymbol{u}^{B}_{\bar{x},\bar{y},\bar{z}}=[\mathrm{u}^{B}_{xi}\mathrm{u}^{B}_{yi}\mathrm{u}^{B}_{zi}\mathrm{u}^{B}_{xk}\mathrm{u}^{B}_{yk}\mathrm{u}^{B}_{zk}]^{\mathrm{T}} \tag{24.24}$$

$$\boldsymbol{f}^{B}_{\bar{x},\bar{y},\bar{z}}=[f^{B}_{xi}f^{B}_{yi}f^{B}_{zi}f^{B}_{xk}f^{B}_{yk}f^{B}_{zk}]^{\mathrm{T}} \tag{24.25}$$

式中：i 和 k 为 B 元素的两个节点，如图 24.3 所示。这个弹簧的应变能必须等于式(24.12)的势能。满足这个要求：

$$\boldsymbol{k}^{B}_{\bar{x},\bar{y},\bar{z}}=\frac{1}{(r^0_{cc})^2}\begin{bmatrix}k_\theta & 0 & 0\\ 0 & k_\theta & 0\\ 0 & 0 & 0\end{bmatrix} \tag{24.26}$$

关于上述弹簧元件，图 24.3 描绘了 C—C—C 纳米结构中的展开元件。

24.2.2.2　双层石墨烯

对于一个以上石墨烯层的纳米结构的情况（图 24.4），发展了非键范德瓦尔斯力相互作用，使结构保持平衡。在这种情况下，还引入了范德瓦尔斯力能量项，使用式(24.16)的总势能为

$$U=\sum U_r+\sum U_\theta+3\sum U_s+\sum U_{\mathrm{vdW}} \tag{24.27}$$

式中：U_{vdW}由表示属于不同石墨烯片上的碳原子之间的相互作用的兰纳－琼斯 6－12 势给出

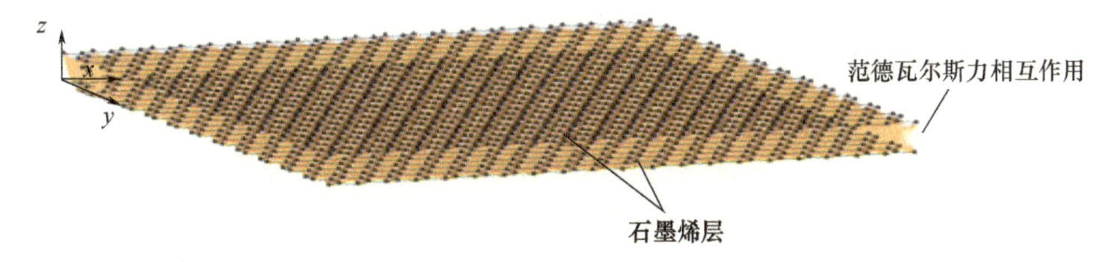

图 24.4 含范德瓦尔斯力相互作用的双层石墨烯模型的表示

$$U_{\mathrm{vdW}}=4\varepsilon\left[\left(\frac{\sigma}{r_b}\right)^{12}-\left(\frac{\sigma}{r_b}\right)^{6}\right] \tag{24.28}$$

式中:r_b为双层石墨烯结构不同层上的两个碳原子之间的距离;ε、σ 为兰纳－琼斯参数。对于一对碳原子,这些参数为 $\varepsilon=3.8655\times10^{-22}\mathrm{N}\cdot\mathrm{m}$,$\sigma=0.34\mathrm{nm}$。此外,使用以下方程式,范德瓦尔斯力与取决于碳原子之间的距离的力常数相关:

$$k_{\mathrm{vdW}}=4\varepsilon\left(156\frac{\sigma^{12}}{r_b^{14}}-42\frac{\sigma^{6}}{r_b^{8}}\right) \tag{24.29}$$

24.2.3 温度实现

石墨烯是一种很有潜力的变温应用材料。因此,研究其在非室温($T_0=300\mathrm{K}$)温度激发下的行为具有重要意义。当材料的温度变化时,其原子的振动也发生变化,这反过来又导致其势能的变化[38]。当材料之间的空间增加时,向材料增加热量会导致其原子更快的振动。因此,温度变化影响原子键,更具体地,影响原子间距离。要引入环境温度对原子间相互作用力常数的影响,必须确定键距与环境温度之间的关系。为此,我们在假设键合近似线性,键距表示特定温度下平均平衡长度的前提下,表征了不同环境温度下两个键合原子之间的距离。因此,温度结合到石墨烯几何结构中通过 C—C 键长r_{cc}^{T}实现,表示为

$$r_{cc}^{\mathrm{T}}=r_{cc}^{0}(1+a\Delta T) \tag{24.30}$$

式中:$r_{cc}^{0}=0.1421\mathrm{nm}$ 为室温$T_0=300\mathrm{K}$ 时的 C—C 键长,对应于键的最低势能,a 为文献[39－40]中给出的 C—C 键的热膨胀系数(CTE),$\Delta T=T-T_0$是温度变化,其中 $T\neq T_0$。上标"T"表示温度相关常数,而上标"0"表示室温下的变量。方程式(24.1)提供了一种模拟纳米结构动态行为的简化方法,其对因温度引起的 C—C 键 CTE 变化影响的现象进行线性近似。必须澄清的是,我们解决的问题是在考虑从 0～1600℃范围内的特定温度并假设石墨烯结构在该温度下处于平衡状态下的。因此,键距和元素属性在我们创建模型的每个温度下都为特定。

通过假设小应变和忽略非键相互作用,由于不同的原子间相互作用,每个温度下的势能取决于碳原子的相对位置,并表示为能量之和。如图 24.2 所示,当材料的温度变化时,原子间距离也随平衡距离曲线变化。因此,总势能U^{T}与式(24.16)相同,由下式给出:

$$U^{\mathrm{T}}=\sum U_r^{\mathrm{T}}+\sum U_\theta^{\mathrm{T}}+3\sum U_s^{\mathrm{T}} \tag{24.31}$$

式中:上标"T"代表与温度有关的能量项。在下文中,将表示取决于温度的力系数的确定。采用通用力场(UFF)中给出的恒定张力的命名法,由于温度对拉伸变形的势能的影响,可以创建黏结拉伸与环境温度之间的关系[36,41],即

$$k_r^{\mathrm{T}} = 664.12 \frac{Z_i^* Z_j^*}{(r_{ij}^{\mathrm{T}})^3} \tag{24.32}$$

式中：Z_i^* 和Z_j^* 为等效碳原子电负载(1.914 电单位)，$r_{ij}^{\mathrm{T}} = r_{jk}^{\mathrm{T}} = r_{cc}^{\mathrm{T}}$。使用 664.12 的值是为了获得室温下 652N/m 的力常数，这与 AMBER 模型提供的值一致，并在使用原子力学模型的几个工作中使用。而且，弯曲力常数的简单关系可以推导出[36]：

$$k_\theta^{\mathrm{T}} = \left(\frac{\vartheta^2 U_\vartheta}{\vartheta\theta^2}\right) \frac{\bar{\bar{\beta}} Z_i^* Z_k^*}{(r_{ik}^{\mathrm{T}})^5} r_{ij}^{\mathrm{T}} r_{jk}^{\mathrm{T}} \{3\, r_{ij}^{\mathrm{T}} r_{jk}^{\mathrm{T}} [1 - (\cos\theta)^2] - (r_{ik}^{\mathrm{T}})^2 \cos\theta\} \tag{24.33}$$

式中：$r_{ij}^{\mathrm{T}} = r_{jk}^{\mathrm{T}}$，$\bar{\beta} = 664.12/(r_{ij} r_{jk})$是一个待定参数。还有，$i$ 和 k 原子之间的距离r_{jk}^{T}表示为

$$r_{ik}^{\mathrm{T}} = (r_{ij}^{\mathrm{T}})^2 + (r_{jk}^{\mathrm{T}})^2 - 2 r_{ij}^{\mathrm{T}} r_{jk}^{\mathrm{T}} \cos\theta \tag{24.34}$$

在室温下，原子键 ij 和 jk 之间形成的角度为 $\theta = 120°$。如表达式所示，键拉伸力常数(式(24.32))、键角弯曲力常数(式(24.33))和距离r_{ik}^{T}(式(24.34))取决于温度相关原子键长的原始近似值(式(24.30))，并由其定义。扭转力常数的温度依赖性可忽略不计[39-40]，因此我们对所有温度使用特定的k_ω^0值，即$k_\omega^{\mathrm{T}} = k_\omega^0$。

这种能量吸收将由横向面外方向$\bar{z}$上的一个轴向弹簧表示。在模型中引入能量U_s^{T}时，可以假设

$$U_s^{\mathrm{T}} = \frac{1}{2} k_s^{\mathrm{T}} \Delta \hat{z}^2 \tag{24.35}$$

为应变能，其中k_s^{T}为沿$\hat{z}$轴的弹簧刚度。利用式(24.15)和式(24.35)，得到

$$k_s^{\mathrm{T}} = \frac{1}{3} \frac{k_\omega}{(r_{ij}^T)^2} \tag{24.36}$$

因此，对于所研究的每个温度，与结合温度的建模对应的所有方程与方程式(24.16)~式(24.26)相同。我们在每个温度 T 下进行模态分析。该模型仅适用于预测石墨烯在室温以外的热环境中的频率。在数值过程中，对于温度变化 ΔT，我们计算了与每个温度对应的黏结长度和弹簧刚度，然后将其引入到分析模型中。考虑键拉伸(式(24.32))和键角弯曲(式(24.33))力常数的方程，表明唯一可变和温度相关的参数是 C—C 键距。因此，我们有一个具有每个温度的弹簧元件刚度的模型。通过以上解释，可以观察到，原来对温度依赖的键长的假设由于其对原子间相互作用力常数的影响而影响总势能。因此，我们得到了由 C—C 键长影响的温度引起的势能的简化线性描述。

24.2.4 惯性效应的表示

为了考虑惯性效应，忽略电子质量，用纳米结构每个原子位置上的节点作为点元素来模拟质量等于碳原子核质量的粒子($m_r = 1.9943 \times 10^{-26}$kg)。在纳米粒子附着在石墨烯纳米结构上的情况下，其质量也被认为位于石墨烯模型的一个节点处，并且具有值 m。那些质量元件具有三个自由度，即在节点 x、y 和 z 方向上的平移，并定义为在元素坐标方向上具有集中质量分量的单个节点。元素坐标系平行于全局笛卡儿坐标系。它们在其局部坐标系(x,y,z)中的平衡方程由下式给出

$$\boldsymbol{M}_{x,y,z}^m \ddot{\boldsymbol{u}}_{x,y,z}^m = \boldsymbol{f}_{x,y,z}^m, m = m_r, m = M \tag{24.37}$$

式中：m_r对应于碳原子；M 对应于附着的纳米粒子质量；$\boldsymbol{M}_{x,y,z}^m$为元素质量矩阵，定义为

$$\boldsymbol{M}_{x,y,z}^m = \begin{bmatrix} \boldsymbol{m}_{x,y,z}^m & -\boldsymbol{m}_{x,y,z}^m \\ -\boldsymbol{m}_{x,y,z}^m & \boldsymbol{m}_{x,y,z}^m \end{bmatrix} \tag{24.38}$$

式中，

$$\boldsymbol{m}_{x,y,z}^{c}=\begin{bmatrix} m_r & 0 & 0 \\ 0 & m_r & 0 \\ 0 & 0 & m_r \end{bmatrix}, 且 \boldsymbol{m}_{x,y,z}^{M}=\begin{bmatrix} M & 0 & 0 \\ 0 & M & 0 \\ 0 & 0 & M \end{bmatrix} \tag{24.39}$$

$\ddot{\boldsymbol{u}}_{x,y,z}^{m}$为广义单元加速度向量，$\boldsymbol{f}_{x,y,z}^{m}$为广义单元力向量，表示为

$$\ddot{\boldsymbol{u}}_{x,y,z}^{m}=[\ddot{u}_x^m \ddot{u}_y^m \ddot{u}_z^m]^{\mathrm{T}} \tag{24.40}$$

$$\boldsymbol{f}_{x,y,z}^{m}=[f_x^m f_y^m f_z^m]^{\mathrm{T}} \tag{24.41}$$

考虑到其分子附着在石墨烯片上并因此改变其总质量特性，石墨烯气体传感器将能够基于由于通过其气体的质量变化而引起其振动行为的变化来操作。由于其较小的厚度，石墨烯是该技术的强大潜在候选材料。在这项工作中，研究了圆形和矩形石墨烯片的情况。由于石墨烯的六方结构，具有特定尺寸的几何形状不可行。而且，为了具有夹紧周边，要求位于周边的所有原子被夹紧在锯齿型、环状区域的周边中。该方法可以处理任何形状的石墨烯片。此外，由于其具有复杂的周长，圆形石墨烯可以具有所有的手性，包括扶手椅形和锯齿形。

24.2.5 石墨烯自由振动分析

在全局坐标系中表示元素矩阵、载荷和位移，可以通过应用适当的变换矩阵来组合元素方程。在使用常规有限元程序生成由元素矩阵组装的全局刚度矩阵（$\boldsymbol{K}$）和全局质量矩阵（$\boldsymbol{M}$）并考虑石墨烯片的无阻尼自由振动之后，运动方程变为

$$\boldsymbol{M}\ddot{\boldsymbol{u}}+\boldsymbol{KU}=\boldsymbol{0} \tag{24.42}$$

式中：$\boldsymbol{U}$ 是组合位移向量。通过在石墨烯上应用所需的支撑条件，使用通用有限元程序求解特征值问题，得到其固有振动频率和所研究的石墨烯片几何形状的相应振型。

质量检测的挑战是如何量化由附着物引起的谐振频率变化。如已经提到的，使用基于石墨烯的传感器的质量检测的原理，基于由于质量变化引起的石墨烯的谐振频率偏移，其中附着物频率偏移由下式计算：

$$\Delta f_M=f_0-f_M \tag{24.43}$$

式中：f_0为纯石墨烯的频率；f_M为具有附着物 M 的完全相同薄片的频率。还考虑了圆形和矩形石墨烯片。关于石墨烯的支撑条件，我们假设固定边，即属于固定变的节点的所有自由度均固定。

此外，基于石墨烯传感器的温度相关振动原理是基于石墨烯因温度变化而产生的共振频率偏移。频移的计算公式为

$$\Delta f_T=f_0-f_T \tag{24.44}$$

式中：f_0为纯石墨烯的频率；f_T为完全相同的薄片在温度 T 下的频率。

本研究考虑矩形石墨烯片。由于石墨烯的六方结构，具有精确的所需尺寸值不可行。还研究了石墨烯的两种支撑条件。在第一种情况下，石墨烯片具有夹紧（夹紧-夹紧）的两个相对侧，即属于固定边的节点的所有自由度是固定的，而另外两边是自由的。第二种情况，只有一侧夹紧，其他三侧自由（夹紧-自由）。

24.3 结果与讨论

所提出的石墨烯基传感器可以检测由于其振动特性的变化引起的质量改变。以下结果给出了石墨烯的振动行为，考虑了与其几何形状、边界条件、附着物的大小以及环境温度有关的几个参数。所考虑的几何特征是圆形或矩形，石墨烯的手性，即扶手椅型或锯齿型，以及是单层或双层。

为了验证所提出的方法，使用不同方法将正方形石墨烯片的基频作为其长度的函数进行比较，如图24.5所示。该结果考虑了具有固定边的方形石墨烯片。在文献[42]中，利用REBO势和AMBER势，利用分子力学(MM)理论，将碳原子键模拟为梁单元。在该研究中，石墨烯片也被建模为连续介质。在参考文献[43]中，使用了MM方法，在参考文献[44]中，作者使用了分子动力学(MD)方法对石墨烯片进行模拟。如图24.5所示，增加石墨烯片的尺寸会导致其基频降低。此外，本方法的结果通常是通过具有中间值的其他方法所获得的。特别是，随着石墨烯尺寸的增加，所有方法都收敛到近似恒定的值。可以观察到，不同的方法导致相同阶的频率，尽管在当前结果之间存在一些差异，并且来自文献的那些结果可以归因于所使用的模拟技术和不同的潜力。然而，所比较的方法之间的一致性令人满意。

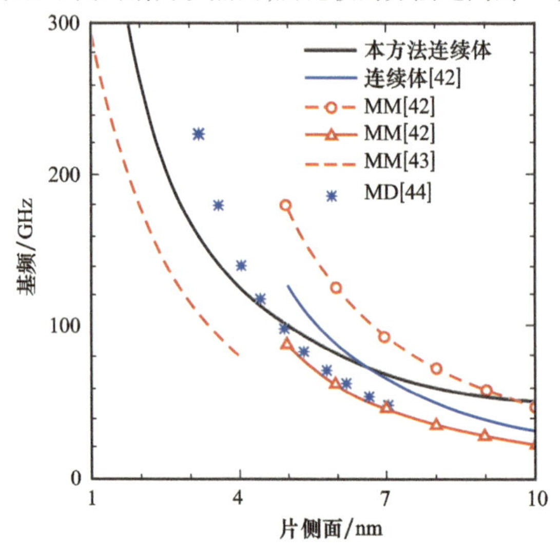

图24.5　方形固支石墨烯片基频的比较

在图24.6中，描述了圆形和方形石墨烯的代表性形状模式。除了众所周知的弯曲本征模之外，还有平面内本征模，其中石墨烯的变形主要表现为石墨烯平面上的扭转、拉伸和剪切，而在其外部没有任何位移。对于圆形石墨烯，我们考虑了固支周长，而对于方形石墨烯片，我们还考虑了无固支和固支边界条件。在图24.6(a)和(b)中，使用连续介质理论的命名法，分别示出了圆形和方形石墨烯的弯曲模式，而在图24.6(c)和(d)中，分别示出了圆形和方形石墨烯的面内模式。在所示的所有本征模中，存在表示所考虑的未变形石墨烯片的灰色圆形或正方形。在图24.6(b)和(d)中，给出了5×5(nm)石墨烯片在夹紧-夹紧和夹紧-自由边界条件下的本征模。考虑到这些模式，石墨烯片表现为柔性二维结构，导致碳原子六边形晶格的非均匀变形。此外，在图24.6(e)中，描述了考虑双层石墨烯片的一些本征模。这些本征模的重要部分是存在受范德瓦尔斯力影响的同相和反相本征模。当本征模同相时,两层具有相同的变形;否则,在反相本征模中,两层的偏转发生在相反的方向。

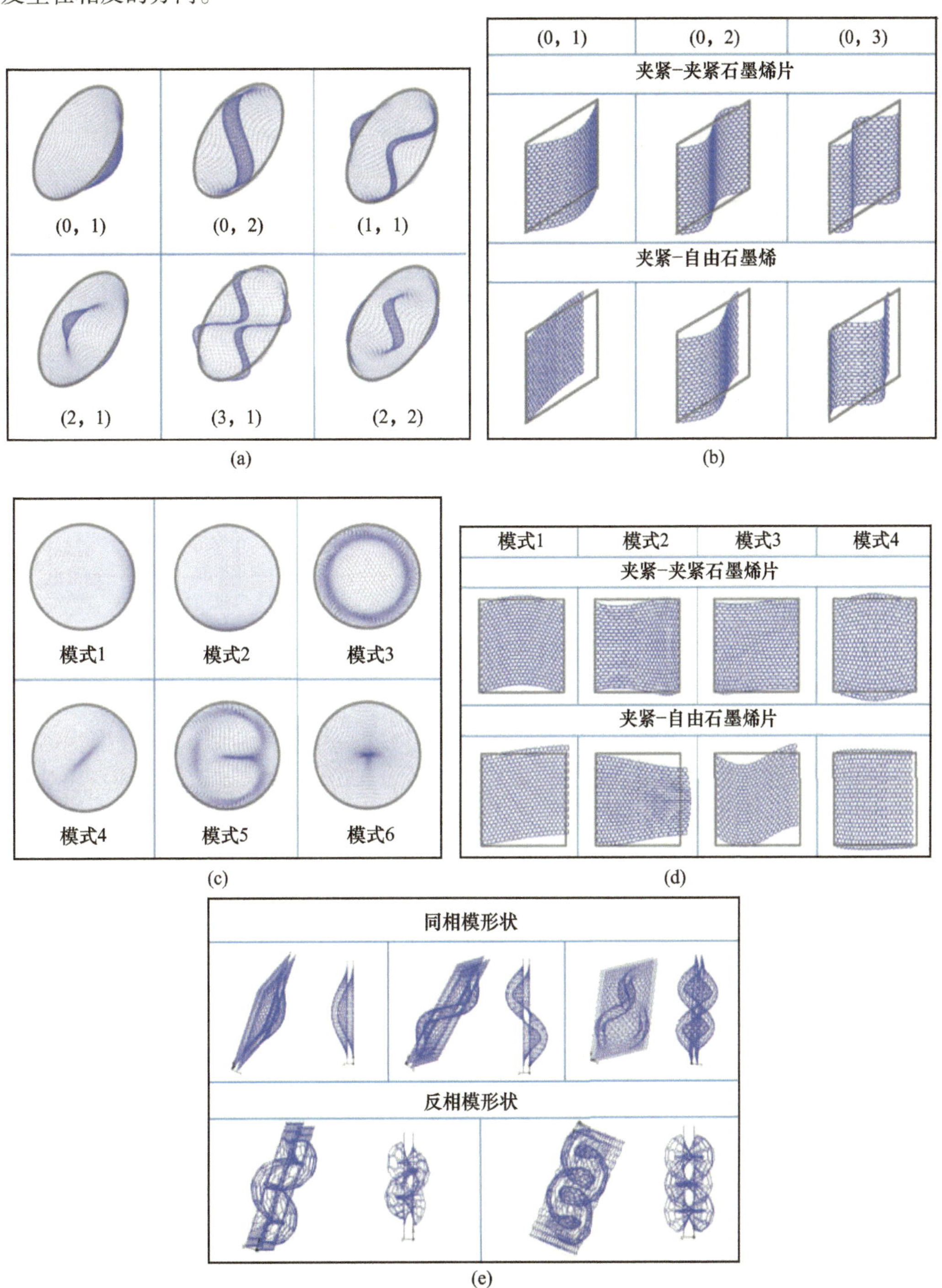

图24.6 (a)直径等于5nm的圆形石墨烯片的弯曲振动模式形状;(b)夹紧-夹紧和夹紧-自由5×5(nm)石墨烯片的弯曲本征模;(c)直径等于5nm的圆形石墨烯片的面内振动模式形状;(d)夹紧-夹紧和夹紧-自由的5×5(nm)石墨烯片的面内振动模式形状;(e)双层石墨烯片的同相和反相振动模式形状

在图24.7(a)中，描述了单层和双层石墨烯的频率作为附着物大小的函数。如图24.7(a)所示，双层石墨烯呈现出比单层石墨烯更高的频率值，这可能是由于其受范德瓦尔斯力影响的刚度增加。在两种情况下，当附着物尺寸大于 $M/m_r=10$ 时，频率降低，但单层石墨烯的频率降低得比双层石墨烯的频率快。比值 M/m_r 表示附着物相对于碳原子质量的无量纲大小。

此外，正在研究尺寸大致相同的圆形和方形石墨烯片的情况。我们认为圆形单层石墨烯的直径等于方形单层石墨烯的边长。如图24.7(b)所示，当直径或长度边增加时，频率降低，圆形石墨烯也比相应的方形石墨烯呈现更高的频率。

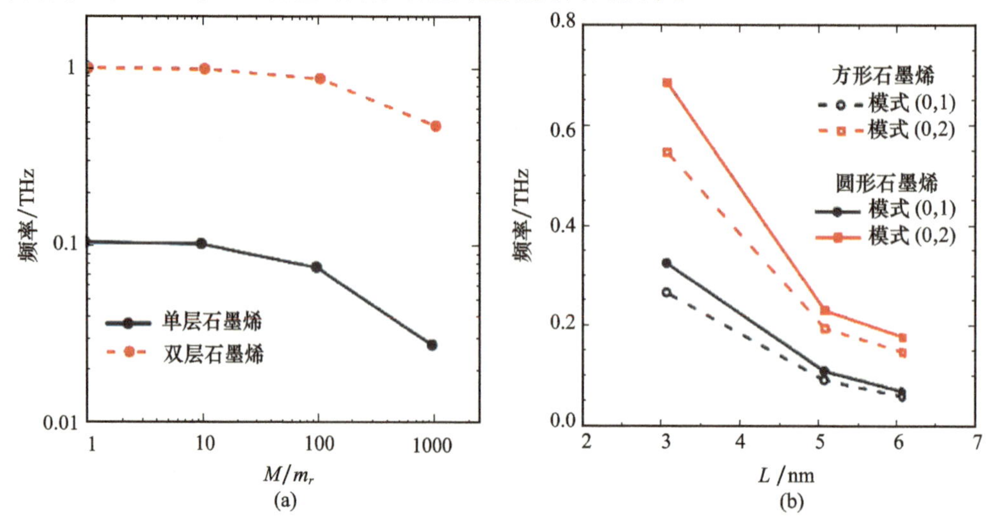

图24.7 (a)单层和双层石墨烯片(5nm×5nm)由于附着物的变化而引起的频率；(b)单层正方形和圆形石墨烯片分别由于其边和直径的变化而产生的频率

为了研究几何特性对圆形石墨烯振动行为的影响，以下图表描述了石墨烯直径对其固有频率的影响。图24.8(a)中说明了直径对横向振动的影响，而图24.8(b)中考虑了面内频率。在这两张图中都观察到，随着石墨烯的直径变大，其频率降低。此外，比较两种类型的频率，很明显，平面内的频率呈现高得多的值，差异高达一个阶。

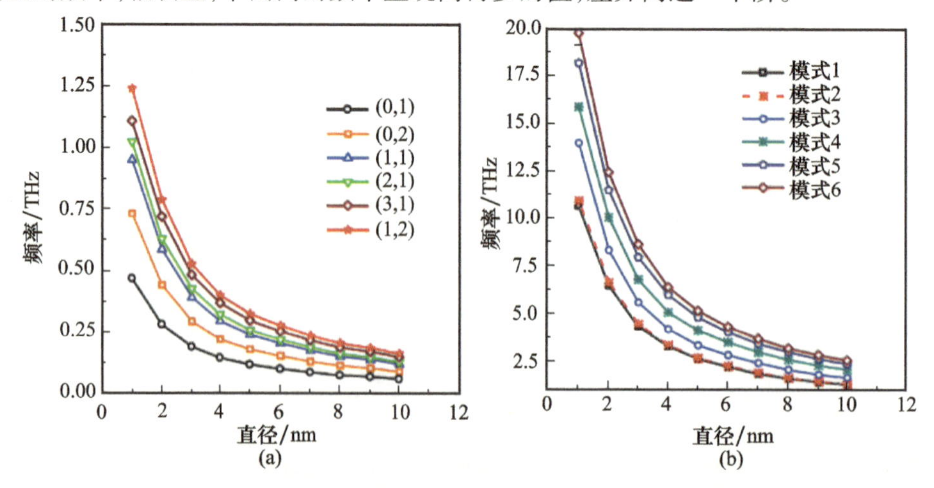

图24.8 (a)圆形石墨烯横向振动的固有频率，符号参见图24.5(a)；(b)圆形石墨烯面内振动的固有频率，符号参见图24.5(c)

另一个考虑的参数是石墨烯片上附着物的数量,其对基频的影响如图24.9(a)所示。石墨烯片的直径等于5nm。附着物的位置为随机。当附着在其上的相同重量附着物的数量增加时,该图提供了此时纳米传感器行为的透视图。检验附着物为 $M/m_r=0.5$、$M/m_r=5$ 或 $M/m_r=10$ 的情况。在这三种情况下,附着物都位于相同的位置。对于更多的附着物,频移变得更高。

对于附着物附着在圆形石墨烯中心的情况,以及不同的重量值,图24.9(b)给出了不同石墨烯直径的基频偏移。质量块的重量越大,系统的频移越大,而直径越大,系统的频移越小。这可以这样解释:该系统对较高的附着物重量值和较低的石墨烯片直径值更敏感。此外,对于双层石墨烯,当质量比高达100时,附着物对频率的影响不是很明显(图24.9(c))。只有当质量比变得非常高时,频率才会改变,从而可以检测到频率。因此,在由单层或双层石墨烯组成的质量传感器之间,单层对质量变化更敏感,并且可以更有效地检测附着的质量。

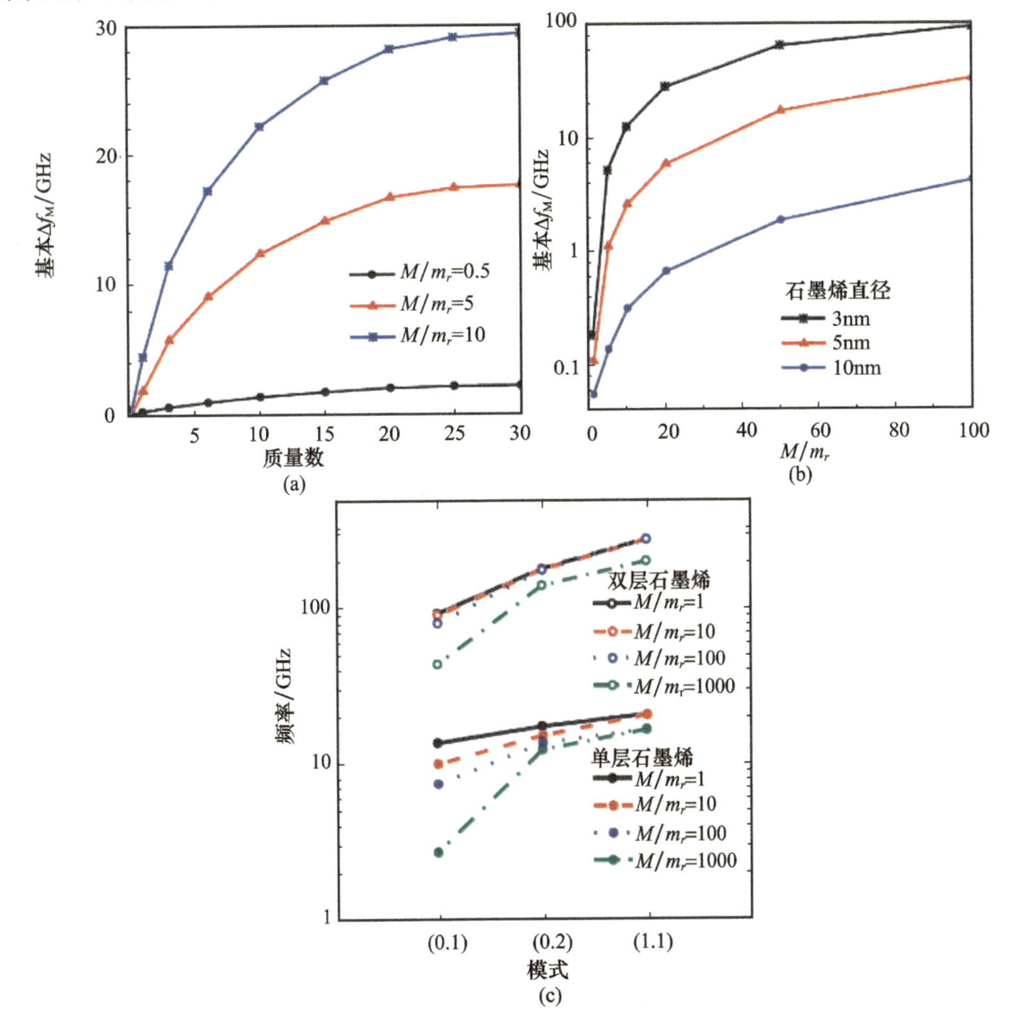

图24.9 (a)基频随圆形石墨烯片上附着物数的偏移;(b)基频随圆形石墨烯片中心上附着物的大小而移动;(c)前三种弯曲模式下由于附着物变化引起的单层和双层石墨烯片的频率(符号参见图24.6(a))

方形石墨烯片(10nm×10nm)的基频作为温度的函数，如图24.10(a)所示，扶手椅形和锯齿形的无夹持边界条件。虽然这两种构型在100K处呈现局部最小值，在400K处呈现局部最大值，但扶手椅形似乎给予比锯齿形更高的频率值。而且，频率变化非常小(如1%)。此外，基频偏移作为温度的函数如图24.10(b)所示。在这张图中，描绘了各种尺寸的无夹持扶手椅型石墨烯片的结果。如图24.10(b)所示，2.5nm×10nm石墨烯片的频移高于其他片。所有曲线在100K处具有局部最大值，在约400K处具有局部最小值，然后它们随着温度的升高而增加。有趣的是，观察到10nm×2.5nm和10nm×10nm片具有几乎相同的频移值，这表明如果石墨烯片的长度相同，则频率与石墨烯片的宽度无关。

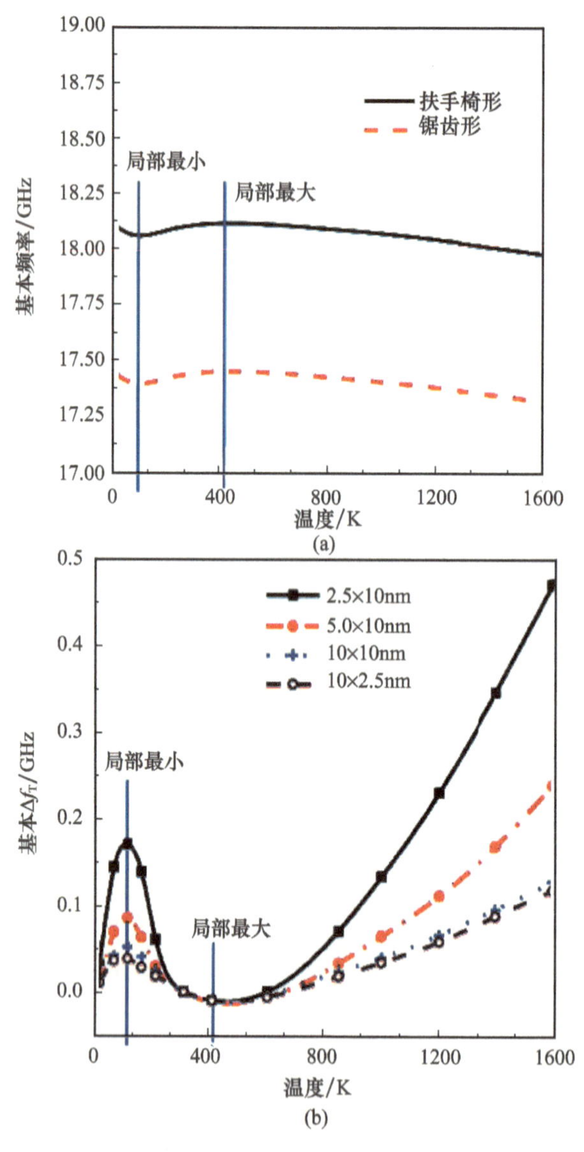

图24.10 (a)CFFF石墨烯片的基频与温度的关系，10nm×10nm；(b)各种尺寸的CFFF扶手椅形石墨烯的基频偏移与温度的关系

为了表示石墨烯在各种温度下的频率差,必须计算频移。图24.11显示了夹紧-夹紧的10nm×10nm石墨烯片的三个面外和四个面内本征模的频移。如图24.11所示,所有曲线在约100K处呈现局部最大值,然后减小直到500K,最后增大。随着模式阶数的增加,频移更高并且增加更快。特别地,平面内模式比横向模式高得多。

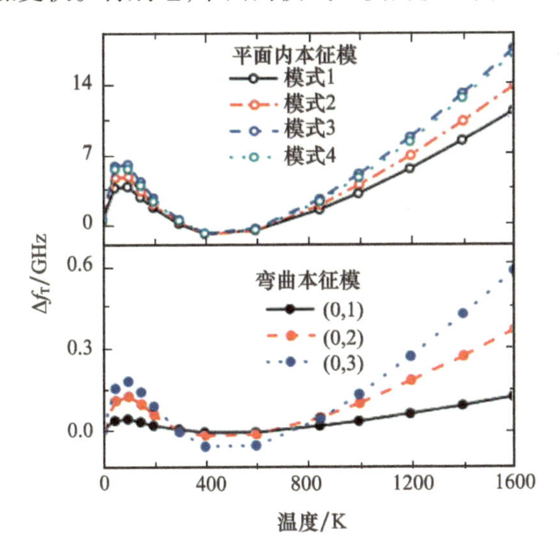

图24.11 对于10nm×10nm的矩形石墨烯片的弯曲和面内本征模,频移作为温度的函数

24.4 小结

本章提出了一种基于分子力学的综合有限元方法,用于研究石墨烯结构的动态和质量传感特性。首先研究了石墨烯的振动特性,其次介绍了石墨烯传感器的质量检测特性。本方法提出了一种用于预测石墨烯片在各种温度下振动响应的有效工具,其可以容易地以低计算成本产生结果。所研究的参数包括石墨烯片的几何特性、温度变化以及附着物对石墨烯的影响。所得结果得出了一些重要结论。首先,石墨烯的频率受其尺寸、取向和层数(单层或双层)的强烈影响,受环境温度的影响较小。更具体地,当石墨烯片的尺寸增大时,其频率降低。此外,扶手椅形比锯齿形以及双层石墨烯片比单层和圆形比其相应的正方形表现出更高的频率。此外,虽然横向本征模不受温度的影响,但面内本征模受到很大的影响,表现出大约13GHz的差异。平面内本征模呈现较高的频率值。考虑到石墨烯的传感行为,表明单层石墨烯比只能检测非常大质量的双层石墨烯更容易检测到质量在其上的附着。此外,单层石墨烯的频移是质量传感最重要的部分,当附着物越多或一个附着物的重量越大时,频移会显著增加。最后,该计算工具对于未来用于质量检测的高灵敏度纳米谐振器的制造和使用非常有意义。

参考文献

[1] Sahoo, S., Palai, R., Katiyar, R. S., Polarized Raman scattering in monolayer, bilayer, and suspended bilayer graphene. *J. Appl. Phys.*, 110, 044320, 2011.

[2] Frank, I. W. , Tanenbauma, D. M. , van der Zande, A. M. , McEuen, P. L. , Mechanical properties of suspended graphene sheets. *J. Vac. Sci. Technol. B*, 25, 2558, 2007.

[3] Ansari, R. , Arash, B. , Rouhi, H. , Stability of a single – layer graphene sheet with various edge conditions: A non – local plate model including interatomic potentials. *Compos. Struct.* , 93, 2419, 2011.

[4] Pradhan, S. C. and Kumar, A. , Vibration analysis of or thotropic graphene sheets using nonlocal elasticity theory and differential quadrature method. *Compos. Struct.* , 93, 74, 2011.

[5] Novoselov, K. S. , Geim, A. K. , Morozov, S. V. , Jiang, D. , Zhang, Y. , Dubonos, S. V. , Grigorieva, I. V. , Firsov, A. A. , Electric field effect in atomically thin carbon films. *Science*, 306, 666, 2004.

[6] Qvit, N. , Disatnik, M. – H. , Sho, E. , Mochly – Rosen, D. , Selective phosphorylation inhibitor of delta protein kinase C – pyruvate dehydrogenase kinase protein – protein interactions: Application for myocardial injury*in vivo*. *J. Amer. Chem. Soc.* , 138, 7626, 2016.

[7] Tehrani, Z. , Burwell, G. , Mohd Azmi, M. A. , Castaing, A. , Rickman, R. , Almarashi, J. , Dunstan, P. , Miran Beigi, A. , Doak, S. H. , Guy, O. J. , Generic epitaxial graphene biosensors for ultrasensitive detection of cancer risk biomarker. *2D Mater.* , 1, 025004, 2014.

[8] Tkacz, R. , Oldenbourg, R. , Mehta, S. B. , Miansari, M. , Verma, A. , Majumder, M. , pH dependent isotropic to nematic phase transitions in graphene oxide dispersions reveal droplet liquid crystalline phases. *Chem. Comm.* , 50, 6668, 2014.

[9] Schedin, F. , Geim, A. K. , Morozov, S. V. , Hill, E. W. , Blake, P. , Katsnelson, M. I. , Novoselov, K. S. , Detection of individual gas molecules adsorbed on graphene. *Nat. Mater.* , 6, 652, 2007.

[10] Park, D. – W. , Schendel, A. A. , Mikael, S. , Brodnick, S. K. , Richner, T. J. , Ness, J. P. , Hayat, M. R. , Atry, F. , Frye, S. T. , Pashaie, R. , Thongpang, S. , Ma, Z. , Williams, J. C. , Graphene – based carbonlayered electrode array technology for neural imaging and optogenetic applications. *Nat. Commun.* , 5, 5258, 2014.

[11] Wang, J. , Xu, Y. , Chen, H. , Zhang, B. , Ultraviolet dielectric hyperlens with layered graphene and boron nitride. *J. Mater. Chem.* , 22, 15863, 2012.

[12] Yu, T. , Wang, F. , Ma, L. , Pi, X. , Yang, D. , Graphene coupled with silicon quantum dots for high – performance bulk – silicon – based Schottky – junction photodetectors. *Adv. Mater.* , 28, 4912, 2016.

[13] Belytschko, T. , Xiao, S. P. , Schatz, G. C. , Ruoff, R. S. , Atomistic simulations of nanotube fracture. *Phys. Rev. B*, 65, 235430, 2002.

[14] He, X. Q. , Wang, J. B. , Liu, B. , Liew, K. M. , Analysis of nonlinear forced vibration of multi – layered graphene sheet. *Comput. Mater. Sci.* , 61, 194 – 199, 2012.

[15] Kitipornchai, S. , He, X. Q. , Liew, K. M. , Continuum model for the vibration of multilayered graphene sheets. *Phys. Rev. B*, 72, 075443, 2005.

[16] Wang, J. , He, X. , Kitipornchai, S. , Zhang, H. , Geometrical nonlinear free vibration of multilayered graphene sheets. *J. Phys. D: Appl. Phys.* , 44, 135401, 2011.

[17] Lin, R. M. , Nanoscale vibration characteristics of multi – layered graphene sheets. *Mech. Syst. Signal Process.* , 29, 251 – 261, 2012.

[18] Jomehzadeh, E. and Saidi, A. R. , A study on large amplitude vibration of multilayered graphene sheets. *Comput. Mater. Sci.* , 50, 1043 – 1051, 2011.

[19] Arash, B. and Wang, Q. , Vibration of single – and double – layered graphene sheets. *J. Nanotechnol. Eng. Med.* , 2, 011012, 2011.

[20] Doia, Y. and Nakatania, A. , Structure and stability of nonlinear vibration mode in graphene sheet. *Procedia Eng.* , 10, 3393 – 3398, 2011.

[21] Yu, C. - F., Chen, K. - L., Cheng, H. - C., Chen, W. - H., A study of mechanical properties of multi - layered graphene using modified Nose - Hoover based molecular dynamics. *Comput. Mater. Sci.*, 117, 127 - 138, 2016.

[22] Rouhi, S. and Ansari, R., Atomistic finite element model for axial buckling and vibration analysis of single - layered graphene sheets. *Physica E*, 44, 764 - 772, 2012.

[23] Gupta, S. S. and Batra, R. C., Elastic properties and frequencies of free vibrations of single - layer graphene sheets. *J. Comput. Theor. Nanosci.*, 7, 2151 - 2164, 2010.

[24] Chowdhury, R., Adhikari, S., Scarpa, F., Friswell, M. I., Transverse vibration of single - layer graphene sheets. *J. Phys. D: Appl. Phys.*, 44, 205401, 2011.

[25] Georgantzinos, S. K., Giannopoulos, G. I., Anifantis, N. K., Mechanical vibrations of carbon nanotube - based mass sensors. *Sensor Rev.*, 34, 319 - 326, 2014.

[26] Adhikari, S. and Chowdhury, R., Zeptogram sensing from gigahertz vibration: Graphene based nanosensor. *Physica E*, 44, 1528, 2012.

[27] Shen, Z. - B., Tang, H. - L., Li, D. - K., Tang, G. - J., Vibration of single - layered graphene sheet - based nanomechanical sensor via nonlocal Kirchhoff plate theory. *Comput. Mater. Sci.*, 61, 200 - 205, 2012.

[28] Arash, B., Wang, Q., Duan, W. H., Detection of gas atoms via vibration of graphenes. *Phys. Lett. A*, 375, 2411 - 2415, 2011.

[29] Lee, C., Wei, X., Kysar, J. W., Hone, J., Measurement of the elastic properties and intrinsic strength of monolayer graphene. *Science*, 321, 385 - 388, 2008.

[30] Mandal, U. and Pradhan, S. C., Transverse vibration analysis of single - layered graphene sheet undermagneto - thermal environment based on nonlocal plate theory. *J. Appl. Phys.*, 116, 164303, 2014.

[31] Tsiamaki, A. S., Katsareas, D. E., Anifantis, N. K., Influence of temperature on the modal behavior of monolayer graphene sheets. *J. Appl. Phys.*, 123, 204307, 2018.

[32] Huang, R., Graphene: Show of adhesive strength. *Nat. Nanotechnol.*, 6, 537 - 538, 2011.

[33] Arroyo, M. and Belytschko, T., Finite crystal elasticity of carbon nanotubes based on the exponential Cauchy - Born rule. *Phys. Rev. B*, 69, 115415, 2004.

[34] Giannopoulos, G. I., Liosatos, I. A., Moukanidis, A. K., Parametric study of elastic mechanical properties of graphene nanoribbons by a new structural mechanics approach. *Physica E*, 44, 124 - 134, 2011.

[35] Cornell, W. D., Cieplak, P., Bayly, C. I., Gould, I. R., Merz, K. M., Ferguson, D. M., Spellmeyer, D. C., Fox, T., Caldwell, J. W., Kollman, P. A., A second generation force field for the simulation of proteins, nucleic acids, and organic molecules. *J. Am. Chem. Soc.*, 117, 5179 - 5197, 1995.

[36] Rappe, A. K., Casewit, C. J., Colwell, K. S., Goddard, W. A., Skiff, W. M., UFF, A full periodic table force field for molecular mechanics and molecular dynamics simulations. *J. Am. Chem. Soc.*, 114, 10024 - 10035, 1992.

[37] Shi, G. and Zhao, P., A new molecular structural mechanics model for the flexural analysis of monolayer graphene. *CMES*, 71, 67 - 92, 2011.

[38] Padmavathi, D. A., Potential energy curves and material properties. *Mater. Sci. Appl.*, 2, 97, 2011.

[39] Zhu, S. Q. and Wang, X. J., Effect of environmental temperatures on elastic properties of singlewalled carbon nanotube. *Therm. Stress.*, 30, 1195, 2007.

[40] Chen, X., Wang, X., Liu, B. Y., Effect of temperature on elastic properties of single - walled carbon nanotubes. *J. Reinf. Plast. Compos.*, 28, 55, 2009.

[41] Scarpa, F., Boldrin, L., Peng, H. X., Remillat, C. D. L., Adhikari, S., Coupled thermomechanics of single -

wall carbon nanotubes. *Appl. Phys. Lett.* ,97,151903,2010.

[42] Shakouri, T. Y. and Lin, R. M. , A new REBO potential based atomistic structural model for graphene sheets. *Nanotechnology*,22,295711,2011.

[43] Sakhaee - Pour, M. , Ahmadian, T. , Naghdabadi, R. , Vibrational analysis of single - layered graphene sheets. *Nanotechnology*,19,085702,2008.

[44] Mahmoudinezhad, E. and Ansari, R. , Vibration analysis of circular and square single - layered graphene sheets: An accurate spring mass model. *Physica E*,47,12,2013.

第25章 等离子激元电化学光谱用于氧化石墨烯还原过程的实时调控

Nan-Fu Chiu, Chun-Chuan Kuo, Cheng-Du Yang, Chi-Chu Chen
中国台北"国立"台湾师范大学光电科技研究所纳米光电与生物传感器实验室

摘要 氧化石墨烯(GO)由碳和氧官能团组成。由于GO上的这些氧官能团可以很容易进行处理并应用于各种领域,其一直是被广泛研究的主题。为了能够逐步控制表面氧含量,并以低成本使碳基复合材料的质量最大化,需要一种将氧化石墨烯还原成还原氧化石墨烯(rGO)片的新技术。本章介绍了利用循环伏安法电化学(EC)技术还原氧化石墨烯的新技术,表明表面等离子体共振(SPR)技术可以检测金属表面附近介电材料的折射率变化,同时利用表面等离子体波(SPW)检测氧化石墨烯的还原。

了解氧化石墨烯表面含氧官能团的原子构建机制,以便将其批量开发,用于生物传感器和光电子的应用。未来还原氧化石墨烯膜复合材料领域的研究方向包括提高电极的稳定性、提高载流子迁移率、调节介电层及其光学带隙特性、增强结合相互作用以提高使用该膜的生物传感器的灵敏度并调制SP共振能量。

关键词 氧化石墨烯,还原氧化石墨烯,电化学表面等离子体共振(EC-SPR),循环伏安法(CV)

25.1 引言

单层石墨烯自被发现以来,被誉为21世纪最重要的新材料[1-3]。石墨烯是一种形状像六边形蜂窝晶格的碳原子平面薄膜,厚度为单个碳原子。它是迄今发现的最薄、最硬、电阻率最低的纳米材料。

从微观角度看,石墨薄片的单层,又称石墨烯,由碳原子连接成厚度仅为一个原子的二维片状材料。在石墨烯被发现之前,科学家认为单层原子的二维(平面)结构从热力学角度来看是不稳定的。随后在2004年[1],曼彻斯特大学的物理学家Andre Konstantin Geim和Konstantin Novoselov成功地利用胶带剥离法获得了单层石墨烯,随后两人获得了2010年的诺贝尔物理学奖[4]。此后,石墨烯的研究持续大幅增加。此外,其他石墨烯衍生物如氧化石墨烯、还原氧化石墨烯和石墨烯复合材料也得到了广泛的研究[5-14]。

纳米技术发展迅速，宏观环境中的物理和化学特性在纳米尺度上表现出新的和丰富的光、磁、电和热性质。石墨层中碳原子之间的相互作用有两种：第一，每个碳原子与另外三个碳原子连接以形成六边形结构的角，平面结构在二维延伸以形成六边形的“铁丝网”平面阵列；第二，这些阵列层松散地堆积在一起，并且可以毫无困难地分离。最常见的应用是在铅笔笔芯、干电池电极和电机电刷中，尽管应用很广泛，包括耐高温、导电、导热、润滑、塑性和耐腐蚀性的非金属矿物[1,2,5,7,15-16]。

相应地，石墨烯产业在过去3年中开发了许多产品。*Graphene - Info* 评估了石墨烯在超级电容器、电池、水过滤、传感器、复杂强化、生物传感器、柔性电极和其他行业的固有市场潜力，并报告说，有明确的迹象表明，石墨烯正在被许多行业采用和商业化。到2020年全球石墨烯应用市场将增长至1000亿元，中国在全球石墨烯市场占据主导地位。表25.1列出了2015—2017年十大石墨烯应用（按发表数量排序）。

表25.1　2015—2017年石墨烯应用排名前十

石墨烯应用及排名	2017年[17]	2016年[18]	2015年[19]
1	电池	复合材料	电子学
2	传感器	传感器	传感器
3	复合材料	医药相关	电池
4	医药相关	电池	医药相关
5	超级电容器	电子学	复合材料
6	电子学	超级电容器	超级电容器
7	涂层	涂层	涂层
8	膜	显示器	3D打印
9	汽车	石墨烯油墨	太阳能
10	水处理	太阳能	显示器

几种更大规模生产的技术，包括化学气相沉积[20-24]、氧化石墨烯的化学还原[8,25-28]和电化学（EC）剥离[29-31]，已经显示出在大规模生产和成本效益方面的商业化潜力。此外，还原氧化石墨烯的发展是一个相当大的技术进步。在还原氧化石墨烯片中，通过包括热还原[8,32-34]、化学还原[8,25-28]、EC还原[8,35-39]和光能还原[8,40-41]的方法将氧化石墨烯还原成近乎纯的石墨烯。使用化学氧化剂是除了原始的胶带剥离法之外，获得单层石墨烯最常见的方法。首先，用强氧化剂氧化石墨块，在此期间，层之间的空间由于氧官能团而膨胀；其次，通过使用超声振荡分离各层可以获得单层氧化石墨烯；最后使用光热、化学和其他方法从含氧官能团除去氧化石墨烯以获得石墨烯。术语“还原氧化石墨烯”具体指石墨烯，也就是脱氧。氧化石墨烯的还原法也大多常用化学还原[25-28]进行，主要是因为可以大量生产。但需要较长的反应时间、高温环境，以及使用危险的肼剂来降低氧化石墨烯。氧化石墨烯的EC还原可在室温下进行，不涉及使用任何危险化学品，因此是一种更有前途的技术[35-39]。

除了将氧化石墨烯还原为还原氧化石墨烯之外，通过控制EC操作条件可以控制氧化石墨烯还原期间的氧含量。据报道，在化学还原法中暴露于肼蒸气的持续时间也改变了氧化石墨烯的氧含量。根据不同的量子效应引起的氧含量的降低，电子带隙、表面结构和含氧官能团也将改变。在还原过程中氧含量的调节使得石墨烯非常灵活地用于从生物传感、晶体管和光激发的应用。表面等离子体共振(SPR)是金属和介质界面之间的集体电子振荡现象。金属薄膜表面的微小变化引起谐振条件的变化,进而改变测量信号,最常用于检测微折光率的变化。基于 SPR 原理设计的传感器具有灵敏度高、只需少量样品、无须校准分析物、真实的测量等优点[42-47]。因此,这类传感器广泛应用于生物医学。电化学可在室温下进行,是一种还原氧化石墨烯的无毒方法,SPR 敏感,可真实的检测[37-39]。另外,可以通过折射率的变化来监测氧化石墨烯的 EC 还原。在还原过程中使用 EC - SPR 技术可以还原力矩检测的状态,SPR 角度的位移可以指示还原的程度,这可能有助于还原氧化石墨烯的应用。

25.2 石墨烯材料的结构、性能和改性

25.2.1 石墨烯简史

石墨烯是由 sp2 杂化轨道的碳原子组成的六角平面晶格膜。它最初被认为是一个不能单独存在的假设结构。自 2004 年发现以来[1],由于其独特的材料性能如高机械强度(约 1100GPa)[1]、导热性(约 5000W/(m·K))[2]、高电子迁移率(200000cm^2/(V·s))[3]等优良特性。当 Andre Konstantin Geim 和 Konstantin Novoselov 因发现石墨烯而获得 2010 年诺贝尔物理学奖时[4],这种兴趣得到了增强。制备石墨烯的方法包括机械剥离[1]、外延生长[48-49]、化学气相沉积[20-24]和化学剥离[50]。其中,机械提离法和外延生长法可以生产高质量的石墨烯。但是,它们不能用于生产大面积的石墨烯,从而限制了它们的应用。虽然化学气相沉积可以产生大面积的高质量石墨烯,但它需要近 1000℃ 的工作温度和铜或镍等昂贵的金属基底,使其制备成本高昂。化学剥离法大致可分为两类:①使用超声振荡剥离或离子插入石墨块,或②氧化石墨烯块。其中,通过氧化石墨烯块方法获得的氧化石墨烯在应用上相对灵活。除了可大规模生产之外,氧化石墨烯表面还含有许多含氧官能团和亲水性,这使得它们易于获得后续的化学功能化和其他优点,因此具有更多样化的应用范围。可以调节氧化石墨烯和还原氧化石墨烯的表面的电学和光学性质。因此,近年来已提出它们可用于诸如透明电极、生化传感器、超级电容器、太阳能电池和薄膜晶体管的应用。

25.2.2 氧化石墨烯的化学结构与特性

氧化石墨烯的化学结构如图 25.1 所示。除了有效的氧化机制外,氧化石墨烯的精确化学结构多年来一直是一个相当有争议的话题,到目前为止还没有明确的模型存在[51-52]。这其中有许多原因,但主要原因是由于其无定形非定比化合物性质引起的材料复杂性(包括样品之间的可变性)(即非化学计量的原子组成)和表征这些材料的精确分析技术(或材料的混合物)。尽管存在这些障碍,许多研究调查了氧化石墨烯的结构,其中许多研究显示了有希望的结果。与石墨烯的完美结构不同,氧化石墨烯在基面和边缘上含有大量的含氧官能团。目前,许多分析方法[53-55]表明,石墨烯表面形成环氧(C—O—C)和羟基(C—OH)基团,而羧基(—COOH)和羰基(C =O)基团分布在边界处。

氧化石墨烯的碳氧含量(C：O)比约为4：1~2：1。此外，由于含氧官能团的键合，氧化石墨烯的厚度约为1nm，略大于石墨烯的理想值(约0.34nm)[56]。Bagri等用分子动力学模拟还原后氧化石墨烯的原子结构[57]。他们发现还原氧化石墨烯在结构和残留的含氧官能团中表现出许多缺陷。因此，尽管已经提出了许多还原方法，但石墨烯的完美晶格结构尚未实现。在电学性质方面，氧化石墨烯表现出不同的电子结构来完善石墨烯。氧化石墨烯是电绝缘体；然而，由于含氧官能团含量通过还原法降低，电子结构可以从绝缘体改变为能隙为3.39eV(O/C=50%)的半导体，而进一步还原(O/C=25%)导致导电性[10,58-59]。

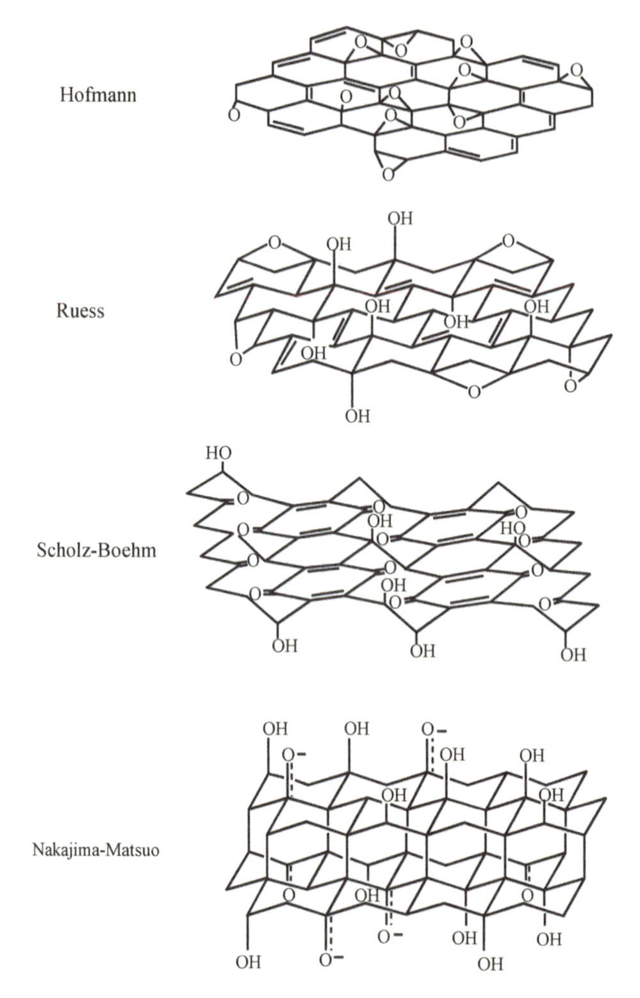

图25.1 氧化石墨烯不同结构模型总结[51](经Dreyer等许可转载，*Chem. Soc. Rev.* 期刊，2010,39,228-240。皇家化学学会2010年版权所有)

25.2.3 氧化石墨烯的制备及还原方法

1957年，Hummers等用硝酸钠、高锰酸钾和浓硫酸的混合物将石墨块氧化为氧化石墨[60]。Xu等随后改进了Hummers的方法去角质氧化石墨烯单层[61]。随着石墨块的氧化，层与层之间的距离增加，由于水溶液中表面含氧官能团的亲水作用，最上面的石墨烯层可以克服壁边缘的范德瓦尔斯力相互作用而剥离。暴露在石墨块上的新石墨表面也具有亲水表面。因此，继续这一机制，氧化石墨烯可以从氧化石墨生成。以类似于剥洋葱的方式，使用超声波振荡的分层可以增加单层氧化石墨烯的产量。尽管如此，将氧化石墨烯还原到接近完美的石墨烯晶格结构仍然是一个挑战。过去常用的还原方法包括肼蒸气化学还原[62]和热退火[63]。肼还原法涉及强还原去除氧化石墨烯表面的含氧官能团。但是，肼是一种剧毒物质，会造成实质性的生物破坏，也具有爆炸性。可有效改进高温还原方法，提高石墨烯的质量；但它需要近1000℃的温度才能实现良好的导电性，从而失去了氧化石墨烯低温生产的优势。电化学还原具有简单、快速、无损、过程中无副产物的优点。该工艺在室温下使用常规三电极（工作电极、参比电极、辅助电极）系统，氯化钠、氯化钾等常用材料[64]。在氧化还原体系中，利用电子得失原理，在氧化石墨烯和工作电极之间交换电子，去除表面的氧官能团。氧化石墨烯通过还原法得到的石墨烯又称还原氧化石墨烯，强调这种材料是通过去除氧化石墨烯表面的含氧官能团得到。

25.2.4 功能化石墨烯的光电特性

除了纯石墨烯，氧化石墨烯也获得了越来越多的关注。氧化石墨烯是一层原子厚度的薄片，可以被化学氧化并从石墨分层，它传统上被用作石墨烯的前驱体。石墨烯本身没有带隙，意味着除非有声子辅助，否则不会发生荧光反应[65]。与纯石墨烯相比，氧化石墨烯在被能量激发后会发出非常宽范围的荧光，从红外到可见光到紫外光。这是由于异质原子结构和电子结构[14,59,66-70]。氧化石墨烯的荧光是可以调谐的，这种性质已经成为一个有趣的研究课题，也是一个以前石墨烯材料无法预见的领域。由于氧化石墨烯的异质原子和电子结构，所产生的荧光反应来自局部电子态中电子-空穴的复合，而不是典型半导体中的带边跃迁。分层的氧化石墨烯片由于石墨被硫酸、高锰酸钾、硝酸钠等强化学氧化剂化学氧化而含有许多含氧官能团，主要包括环氧（—O—）、羟基（—OH）和羰基（—C ═O）基团[71]。而通过化学还原、热还原、电化学还原等其他方法还原含氧官能团，通过将氧化石墨烯转化为还原氧化石墨烯来影响光电性能[10]。因此，改变还原条件可以控制还原氧化石墨烯的还原度，以获得期望的光电特性。

氧化石墨烯的荧光光谱较宽。Sun 等[14,67]用含水氧化石墨烯观察到从红色到近红外光的低能量荧光（图 25.2(a)）。他们使用不同波长的光激发氧化石墨烯水溶液，发现激发的光致发光（PL）集中在近红外区域，特别是能量更高的550nm去激发导致更强的发光效应。当使用肼还原氧化石墨烯时，可以调整对肼的曝光时间以控制氧化石墨烯的还原程度，然后发射峰将向近红外区发生红移[41]。在图 25.2(b)中，约0s表示肼蒸气未暴露。当曝光时间延长到120s时，总发光波长从750nm偏移到900nm。此外，发光波长的范围也变得更宽。Mkhoyan 等[71]证明，使用短暂的肼暴露时间可以大大提高氧化石墨烯在400nm处的荧光响应（图 25.2(c)）。此外，他们表明，用20s到10min的肼蒸气暴露时间减少氧化石墨烯导致更强的光致发光，并且当暴露时间超过10min时，光致发光强度变得更弱。类似的研究也表明，氧化石墨烯的减少导致蓝色荧光增加[69-70]。

还原后观察到的增强的蓝色荧光表明，可以排除氧官能团作为荧光的原因[59,69-70]，局部 sp2 聚集和还原引起的缺陷更可能是蓝色荧光增强的原因[59]。氧化石墨烯的荧光可以在紫外、可见光和近红外范围内进行调节，有报道称其优异的量子效率高达

6.9%[73]。这表明氧化石墨烯的荧光可以很容易地与其他技术应用集成。功能化氧化石墨烯可以被化学修饰以改变其电子结构,从而产生有趣的电子和光学性质。密度泛函理论研究表明,氧化石墨烯中存在石墨纳米颗粒。石墨岛的形成有望在氧化石墨烯中产生量子限制效应。石墨烯本身是一种半金属,在费米能级的能隙为零。

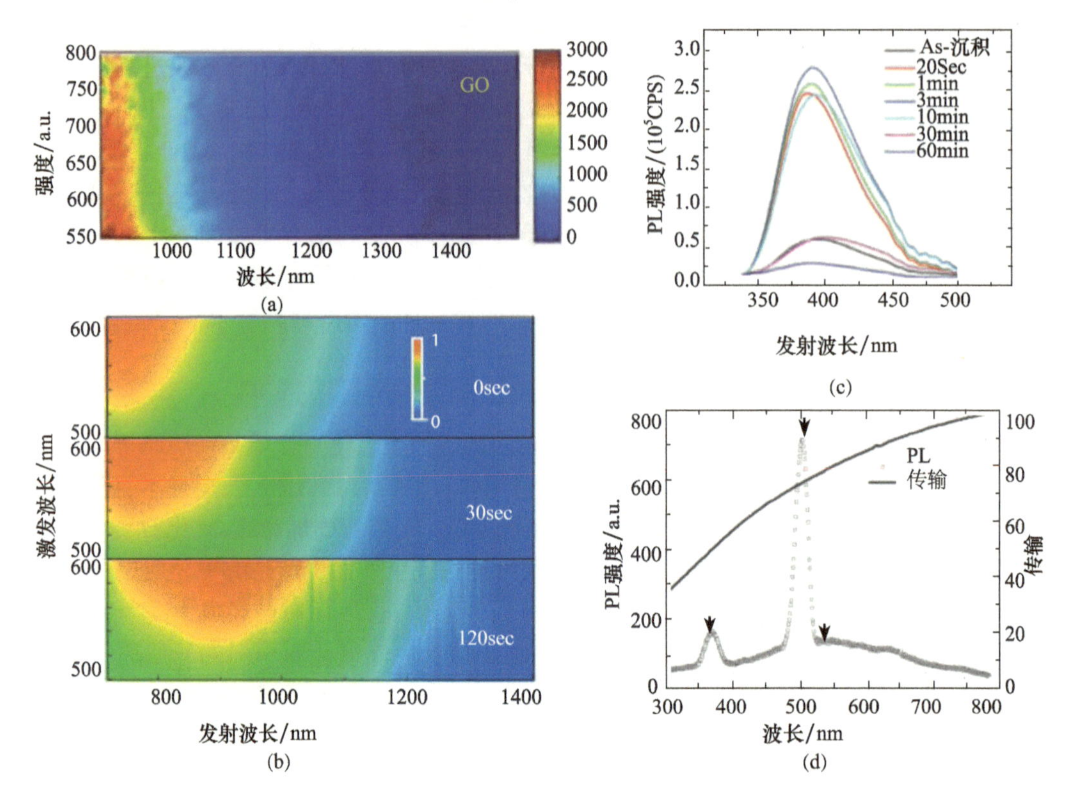

图25.2 (a)纳米级氧化石墨烯悬浮液的激发光谱;氧化石墨烯片的横向尺寸为10~300nm;(b)氧化石墨烯薄膜样品(平均薄片尺寸约100μm²)暴露于肼蒸气0~120s的荧光激发光谱的演变[41];(c)不同肼蒸气曝光时间的氧化石墨烯膜的荧光光谱(激发波长:325nm)[59];(d)在250nm波长激发氧化石墨烯引起的测量的PL发射光谱和透射光谱[72]。(a. 经Sun等许可转载,*Nano Res.* 1,203-212(2008)。施普林格2010年版权所有)(b. 经Luo等许可转载,*Appl. Phys. Lett*94,111909 2009,美国物理研究所2009年版权所有)(c. 经Eda等许可转载,*Adv. Mater.* 22,505-509(2009),威利2009年版权所有)(d. 经Shukla等许可转载,*Appl. Phys. Lett*98,073104(2011)美国物理研究所2011年版权所有)

Shukla等[72]利用光学光谱研究了氧化石墨烯量子局域效应对光学性质的影响,发现氧化可以打开能隙。这一发现将有助于纳米光子器件和光动力治疗的应用。图25.2(d)所示的透射率测量表明,可见光至近红外光更能穿透氧化石墨烯。在该图中,使用250nm激光激发氧化石墨烯获得荧光。测量光谱显示从367~500nm的异常强度的清晰尖峰,以及覆盖几乎整个可见光区域的极宽的峰。该荧光不是由于来自氧化石墨烯片的发射,而是由于与激发波长相关的二阶发射的重叠。总之,氧化石墨烯的尺寸、形状、缺陷、含氧官能团和C/O比可以影响所得到光致发光的异质原子和电子结构,并激发大的荧光带宽,从而表明关于光致发光,氧化石墨烯和还原氧化石墨烯显示出在各种应用中使用的潜力。控制氧化石墨烯的含量来调制发光光谱是一种更直接方便的方法。

25.2.5 氧化石墨烯还原方法

单层石墨烯的导电性取决于载流子在碳平面上的输运。氧化石墨烯的表面有许多含氧官能团,如图 25.3 所示[74],这会极大地影响电导率。从图 25.3(b)可以看出,—OH 和—O—基团都在平面上,—COOH 和 C ═O 在边缘上。因为—COOH 和 C ═O 存在于边缘或缺陷处,所以对电导率的影响很小。因此,要提高氧化石墨烯的电导率,主要目标是去除—OH 和—O—基团。目前的方法包括电化学还原、热退火还原、微波还原、化学还原和光催化剂还原。

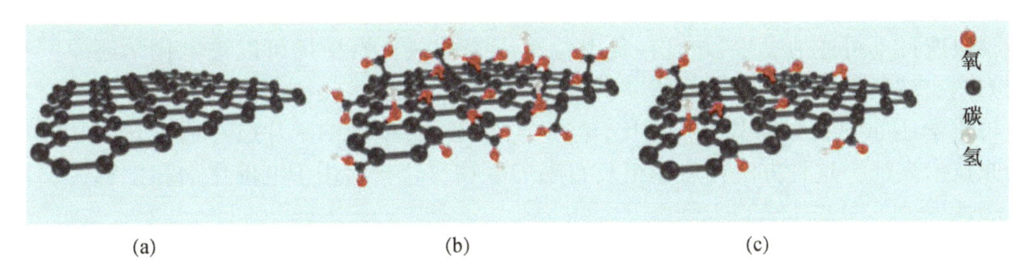

图 25.3 (a)石墨烯(Gr)、(b)氧化石墨烯(GO)和(c)还原氧化石墨烯(rGO)

表 25.2 显示了热退火和电化学还原的优缺点,表 25.3 显示了用于控制氧化石墨烯还原的技术的比较。在评估了各种方法的优缺点和项目的可行性后,我们选择了电化学还原法。电化学还原具有简单、快速、无损、过程中无副产物的优点。此外,它在室温下使用三个常规电极(工作电极、参比电极、辅助电极)系统,具有普通电解质(例如,氯化钠和氯化钾)。在氧化还原体系中,电子得失原理,使用氧化石墨烯与工作电极可产生电子交换,进而去除氧化石墨烯表面的氧官能团。

表 25.2 电化学还原和热退火还原的优缺点比较

	优点	缺点
电化学	简单、快速、非破坏性且不产生副产物(选择性还原氧化石墨烯中的含氧官能团)	反应室的容积受到机电系统的限制
热退火	氧化石墨烯的最佳还原,已广泛用于控制石墨基材料的性能(传统方法彻底去除氧化石墨烯中的含氧官能团)	易产生缺陷,需要高温器件,能耗大,需要特殊条件,聚合物和非高温材料不能使用

表 25.3 氧化石墨烯还原性能对比

氧化物还原技术	氧化物还原性能	方法和条件
电化学	轻松控制	可由扫描速率和还原时间控制
热退火	介质	温度、退火时间
化学	轻松控制	还原剂浓度,时间减少

25.2.6 氧化石墨烯的电化学还原技术

2009 年,Xia 教授提出了利用绿色方法电化学合成石墨烯纳米片的机理方案[75]。电化学是通过调节外部电源来改变电极材料表面的费米能级来修改电子态的有效工具。Xia 教授提出了一种方便的方法,通过在阴极电位(完全还原电位:-1.5V)下电重剥离氧化石墨前体来大规模合成高质量的石墨烯纳米片。该方法既为环保有快捷，并且不会导致还原材料的污染。氧化石墨烯表面各种氧基团的掺入增加了电荷容量，从而更大程度地增加了氧化石墨烯在水中的分散性。在磁性搅拌下，在石墨工作电极上，在不同的阴极电位下，在氧化石墨烯分散体中进行了膨胀氧化石墨烯的电化学还原。图25.4(a)显示了电化学还原前后的电化学器件以及石墨电极和氧化石墨烯悬浮液的光学图像。电位范围为0.0～－1.5V的氧化石墨烯修饰玻碳电极在－1.2V处显示出大的阴极电流峰，循环伏安图曲线的起始电位为－0.75V，如图25.4(b)所示。这种电流的大幅降低可能是由于表面氧基团的减少，因为氢在更负的电位下被氢化(如－1.5V)。在第二个循环中，负电位下的还原电流显著下降，并在几次电位扫描后消失。这表明氧化石墨烯中表面氧化物的还原快速且不可逆地发生，并且在负电位下剥离的氧化石墨烯可以被电化学还原。其他用不同实验条件还原石墨烯的研究也显示了类似结果[75-78]。

与化学还原的石墨烯基产物相比，电化学还原的石墨烯纳米片已经通过光谱和电化学还原技术表征。这种方法开启了组装石墨烯生物复合材料用于电催化剂和生物传感器的可能性[35]。

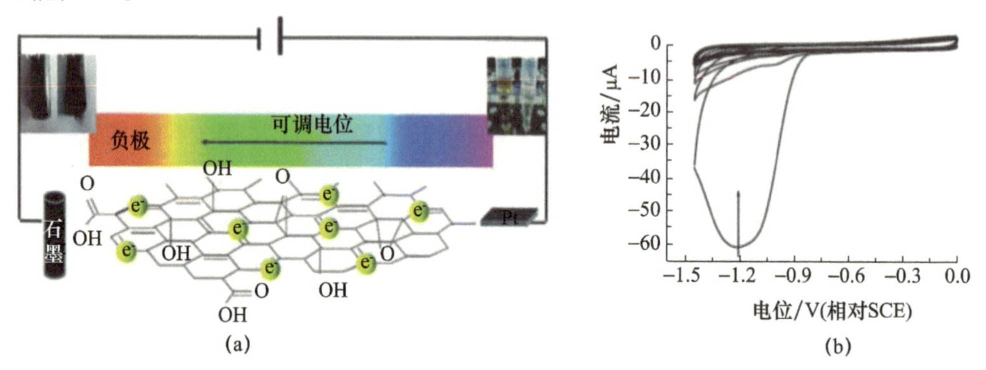

图25.4 (a)以绿色合成方法电化学还原石墨烯纳米片和氧化石墨烯修饰电极的循环伏安图；(b)在氧化石墨烯修饰电极上观察到从－1.2V开始的还原峰[75](经Guo等许可转载，*ACS Nano*. 3,2653－2659(2009)。美国化学学会2009年版权所有)

25.3 电化学表面等离子体共振的基础理论和实验验证

25.3.1 表面等离子体共振原理

为了在金属与介电层界面处产生表面等离子体共振(SPR)，必须通过耦合机制增加入射光的水平波向量$\boldsymbol{k}_x$，以满足$\boldsymbol{k}_x=\boldsymbol{k}_{sp}$(其中$\boldsymbol{k}_{sp}$为表面等离子体波向量)等离子体状态共振模式，包括光栅耦合器和棱镜耦合器系统。

关于该界面，介质1和介质2之间的界面如图25.5所示。在横磁模(TM)中，(p偏振)入射光从介质1入射到介质2。将电磁场方程应用到麦克斯韦方程中，并且沿着x方向上的连续电场和y方向上的连续磁场遵循边界条件，其中从界面x方向波向量可获得的电转换密度：

$$\boldsymbol{k}_x=k_0\sqrt{\frac{\varepsilon_1\varepsilon_2}{\varepsilon_1+\varepsilon_2}} \tag{25.1}$$

将$\boldsymbol{k}_x$定义为表面等离子体波向量$\boldsymbol{k}_{sp}$。

图25.6(a)是使用Kretschmann棱镜配置的SPR激发示意图,其中I_i是入射光强度,I_r是反射光强度,$\boldsymbol{k}_0$是入射光波向量(值$=\omega/c$),$\boldsymbol{k}_x$是入射光水平波向量,$\boldsymbol{k}_{sp}$是表面等离子体波向量,以及ε_p、ε_m、ε_d分别为棱镜、金属和介质层的介电系数[79-83]。

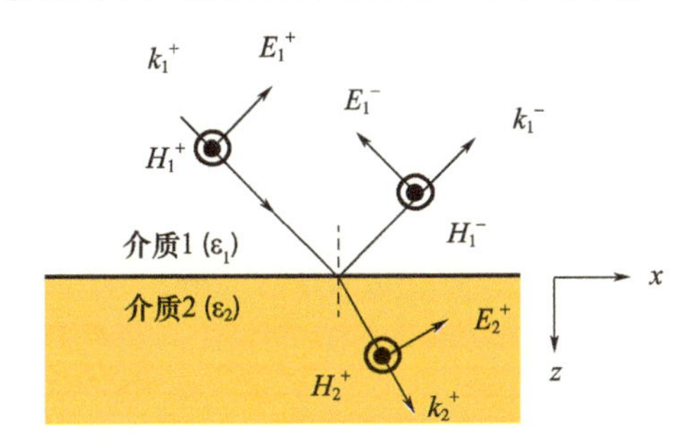

图25.5 在TM模入口处的电场和磁场方向进入单个界面

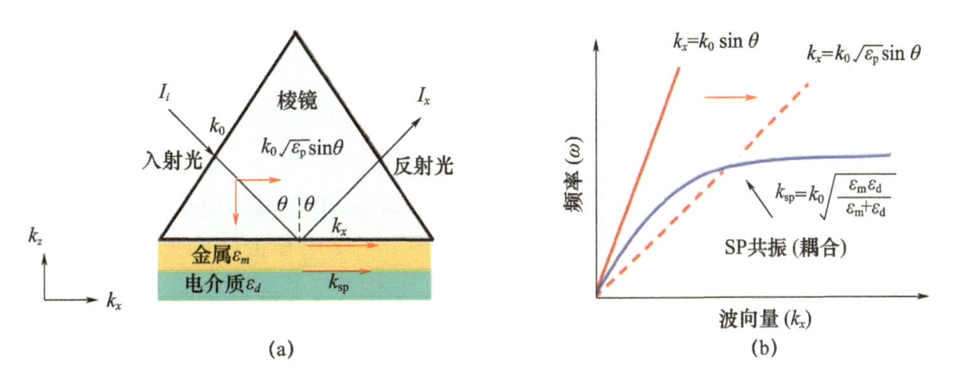

图25.6 (a)Kretschmann配置SPR图;(b)棱镜耦合激发SPR的色散曲线变化

棱镜耦合机构使用较高介电常数材料产生全反射以激发表面等离子体波。当入射光以θ角入射到具有介电常数ε_p的棱镜上时,其水平波向量$\boldsymbol{k}_x$可表示为

$$\boldsymbol{k}_x = k_0\sqrt{\varepsilon_p}\sin\theta \tag{25.2}$$

当调整到合适的入射角时,反射光强度I_r最小;这个角度就是SPR角度。入射光在棱镜和金属界面上被全反射,形成消光波。此时,棱镜中的入射光级波向量与表面等离子体的波向量$\boldsymbol{k}_{sp}$耦合,使得相位的激发SPR条件与介质内的表面波的传播匹配。

$$\boldsymbol{k}_x = k_0\sqrt{\varepsilon_p}\sin\theta = k_0\sqrt{\frac{\varepsilon_m\varepsilon_d}{\varepsilon_m+\varepsilon_d}} \equiv \boldsymbol{k}_{sp} \tag{25.3}$$

色散曲线变化如图25.6(b)所示是通过一个介电系数较高的棱镜,色散曲线从实线变成虚线,它与材料表面等离子体波的色散曲线相交,这就是谐振点。

式(25.3)表明,SPR的产生与分析物折射率($n_d=\sqrt{\varepsilon_d}$)、光波长($\lambda=2\pi/k_0$)和入射光的角度(θ)有关。

等离子共振仪器系统表面的主要结构分为五个部分:光源、棱镜、传感芯片(金膜)、分析物和信号检测器。检测方法包括(a)测量谐振角变化的固定光检测器(如在实验BI-3000测量系统中);(b)光源和探测器同时移动,以测量SPR曲线θ角扫描的变化(与内置多功能等离子体测量系统一样),如图25.7所示。

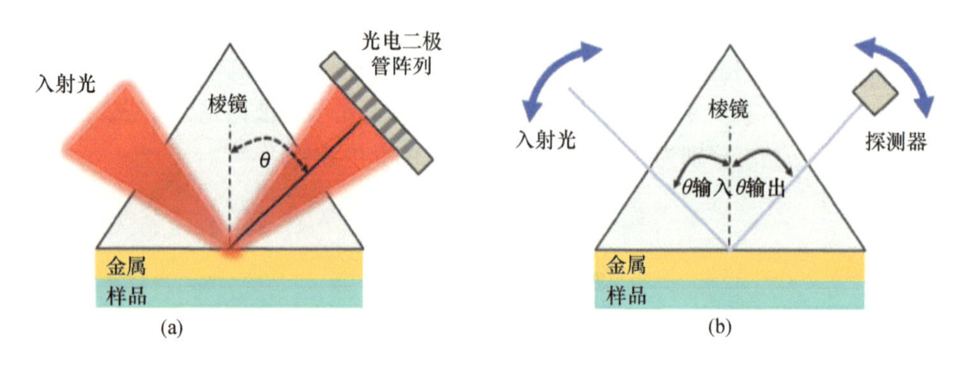

图 25.7　SPR 仪器示意图

(a)固定光电检测器测量谐振角的变化;(b)光源与检测器同时移动。

25.3.2　电化学表面等离子体共振技术

如 25.3.1 节所述,必须使用金属来激活 SPR。因此,SPR 和电化学(EC)技术结合成电化学表面等离子体共振(EC-SPR),其中金属同时用作 EC 电极和 SPR 激发的介质。当电化学氧化还原反应发生时,可以使用 SPR 分析电极表面上的分子间相互作用。EC-SPR 技术通常用于薄有机膜表面、蛋白质免疫传感器、DNA 传感器等的分析。例如,Frutos 等[84]使用 SPR 的电化学调制来监测有机单层和多层膜中的静电场,Dong 等[85]使用 EC-SPR 技术来监测聚合物形成、探针固定、抗原-抗体相互作用和蛋白质免疫传感,并同时测量电化学和光信号。此外,Salamifar 等[86]利用该技术研究了两种不同的 DNA 探针,以区分传感器表面上的非特异性结合和非特异性吸附。

25.3.3　电化学表面等离子体共振原理

图 25.8 显示了典型 EC-SPR 系统的体系结构,可分为两部分:第一个是电化学部分,用于检测电压和电流信号;第二个是 Kretschmann 配置,用于检测 SPR 信号。使用氧化石墨烯电化学方法逐渐减少脱氧过程,SPR 检测器可用于通过 SPR 信号的变化进行即时监测[37-38]。

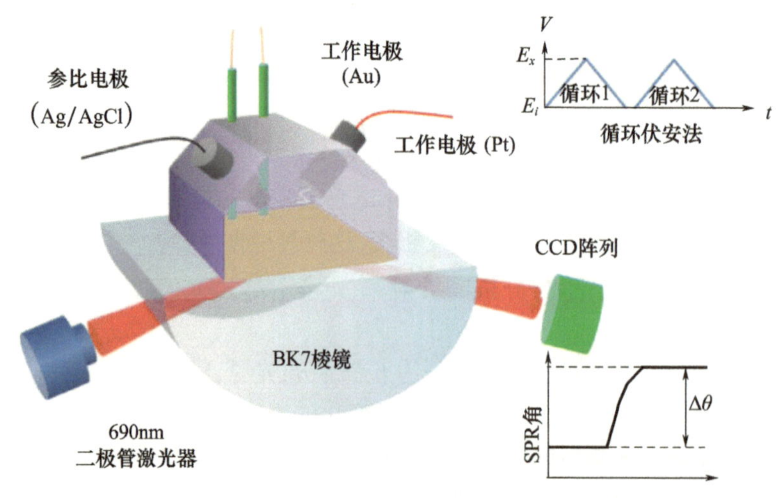

图 25.8　EC-SPR 系统配置图

SPR 共振角与金属表面介电系数之间的关系可以简化为[87-88]

$$\sin \theta_R = \sqrt{\frac{\varepsilon_1 \varepsilon_m}{(\varepsilon_1 + \varepsilon_m)\varepsilon_2}} \tag{25.4}$$

式中：ε_1和ε_2为电解质和棱镜的介电常数；ε_m为金属的介电常数，与表面电荷密度有关，表明 SPR 对表面电荷密度非常敏感。根据 Drude 模型，金属的ε_m与频率相关，如下式所示：

$$\varepsilon_m(f) = 1 - \frac{n_e e^2}{\varepsilon_0 m_e 4\pi^2 f^2} \tag{25.5}$$

式中：e、m_e和n_e分别为电子的电荷、质量和密度，$\varepsilon_0 = 8.85 \times 10^{-12}$ F/m。当金属膜厚度为d_m时，表面电荷 $\Delta\sigma$ 与电子密度成比例变化，如下式：

$$\Delta\sigma = -e d_m \Delta n_e \tag{25.6}$$

式(25.5)、式(25.6)可以提供表面电荷密度和金属介电常数之间的关系：

$$\Delta\sigma = \frac{e d_m n_e}{\varepsilon_m - 1}\Delta\varepsilon_m \tag{25.7}$$

结合式(25.4)和式(25.7)，我们发现表面电荷密度与共振角偏移有关：

$$\Delta\sigma = a\Delta\theta_R \tag{25.8}$$

其中 α 是共振角和表面电荷密度的特征值，

$$a = -\frac{e d_m n_e \varepsilon_2 (\varepsilon_1 + \varepsilon_2)^2 \sin(2\theta_R)}{\varepsilon_1^2(\varepsilon_m - 1)} \tag{25.9}$$

从 Kramer - Kronig 关系可以得到另一个共振角和金属表面电位[88]：

$$\frac{\Delta\varepsilon(\lambda)}{\Delta V} \sim -\frac{2\lambda}{\pi} P \int_0^\infty \frac{\left(\frac{\Delta\theta(\lambda')}{\Delta V}\right)}{\lambda^2 - \lambda'^2} d\lambda' \tag{25.10}$$

式中：$\Delta\varepsilon$ 为摩尔消光系数，可使用电位诱导偏移公式推导：

$$\frac{\Delta\theta(\lambda)}{\Delta V} \sim c_1 \frac{\Delta n(\lambda)}{\Delta V} + c_2 \frac{\Delta d}{\Delta V} + c_3 \frac{\Delta\sigma}{\Delta V} \tag{25.11}$$

当材料表面发生 SPR 共振时，表面电子云的集体振荡会受到电化学循环伏安法电位变化的影响，引起 SPR 角来回振动。这种现象可以用方程式(25.11)来解释。电极电压(ΔV)的小调制使共振角($\Delta\theta$)移动，吸附分子的平均厚度(Δd)和吸附分子的表面电荷密度($\Delta\sigma$)因折射率的变化而变化。c_1、c_2、c_3 是常数，λ 是入射光的波长。

EC - SPR 的信号测量通常受以下三个分量的影响[89-90]：分子与金属膜电极的结合、双电层和伪电容器效应。

1. 与金属膜电极结合的分子

如图 25.9 所示，当发生电化学反应时，电极附近的溶液分子在接受电子后以固体形式沉淀在金属膜电极表面。此时，电介质层的等效介电常数由ε_{eff}到ε'_{eff}的变化确定，然后根据式(25.12)，可以评估 SPR 信号的变化，最后可以确定材料的特性。这里需要注意的是，这种情况不限于电化学反应，这种特性广泛用于 SPR 信号的变化可以揭示生物反应亲和力的生物分子免疫反应中[85,91]。

$$\sqrt{\varepsilon_p}\sin\theta_{sp} = \sqrt{\frac{\varepsilon_m\left(\frac{1}{h}\sum_1^i \varepsilon_{di} h_i\right)}{\varepsilon_m + \frac{1}{h}\sum_1^i \varepsilon_{di} h_i}} \tag{25.12}$$

图 25.9　分子与金属膜电极的键合图，改变了等效介电常数

2. 电气双层效应

假定在电化学过程中不发生氧化还原反应。如图 25.10(a)所示，当向电池电极施加固定电压E_1时，电荷积聚在金属膜电极表面。在双电层形成过程中，由于电荷吸附，金属膜附近的介电常数发生变化，导致 SPR 信号发生变化。因为电压固定，所以只有在最初施加电压时和施加电压期间才会施加 SPR 信号。在此过程中，结束时的变化不会影响 SPR 信号。然而，如果施加的电压为循环伏安法或线性扫描伏安法(LSV)，则金属膜带正电荷时的时变电压(E_1)将吸引溶液中的负电荷，如图 25.10(b)所示。相反，负电荷(E_3)将吸引正电荷，这导致 SPR 信号在电化学过程期间随着施加的时变电压而不断变化[85,89,92-93]。

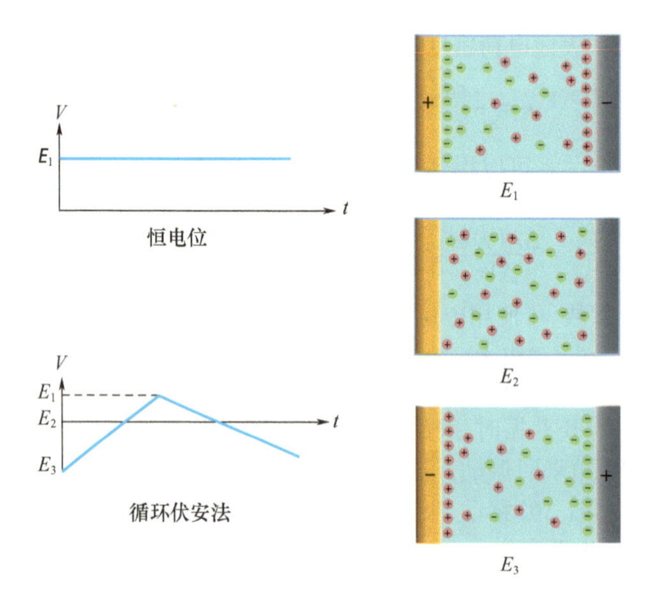

图 25.10　电荷吸附的(a)恒电位法和(b)循环伏安法中的双电层效应

3. 伪电容器影响

伪电容器与氧化还原反应有关，而不是其电极表面的静电双层吸附(图 25.11(a))。在电化学反应过程中，如果产生氧化还原电流(图 25.11(b))，电极表面与电解质之间会有大量的电荷转移，其能量密度大于双电层的能量密度。这将导致介电常数的更大变化，导致 SPR 信号的剧烈变化。因此，在电化学系统中，当发生氧化还原时，SPR 信号的变化由伪电容主导，当氧化还原减弱或消失时，SPR 信号由双电层效应主导。虽然第一点也涉及氧化还原反应(溶液分子在电极表面沉淀)，但重要的是要注意与氧化还原反应相关的伪电容将不涉及化学键。总之，虽然 EC-SPR 信号基本上有三种类型，但其真实的原因是电极表面介电层介电常数的变化。

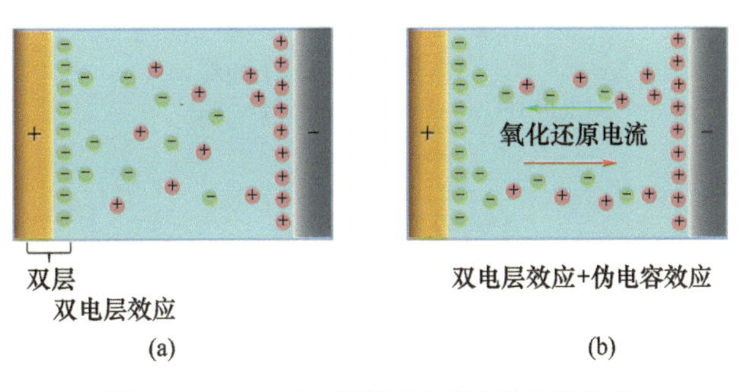

图 25.11 (a)双电层效应和(b)伪电容效应

25.3.4 氧化石墨烯在电化学表面等离子体共振技术和潜在应用

寻求一种将氧化石墨烯还原成还原氧化石墨烯片的革命性技术,以能够逐步控制表面氧含量并以低成本使碳基复合材料的质量最大化。本章提出了真实的监测 C/O 比和控制氧化石墨烯膜还原的方法。该技术包括控制每个化学元素的 EC - SPR,导致逐步去除含氧官能团,如图 25.12 所示。这种方法可以真实的监控、通用、可调,并且可扩展,适用于批量生产[37-38,94]。

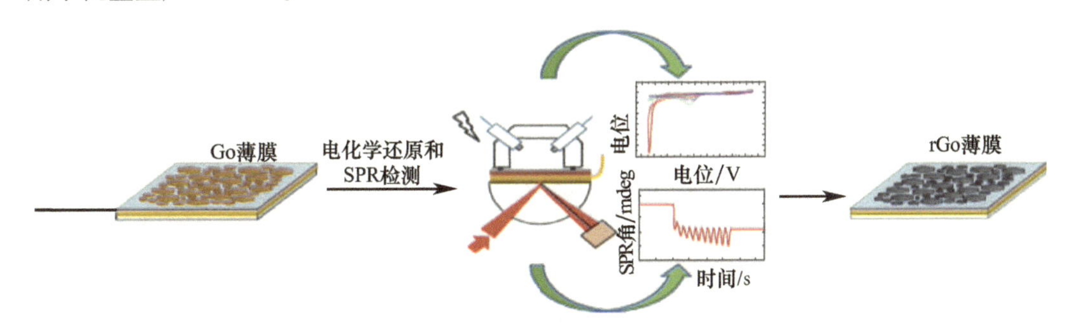

图 25.12 氧化石墨烯被固定在 SAM 膜上。采用电化学循环伏安法还原氧化石墨烯,并采用 SPR 技术监测氧气还原过程中折射率的变化

电化学循环伏安法用于还原氧化石墨烯以获得还原氧化石墨烯。在使用循环伏安法时,SPR 技术用于在氧化石墨烯减小期间真实的监测 SPR 角偏移。图 25.13 显示了 EC - SPR 系统图。

图中黄色部分为金电极,棕色部分为氧化石墨烯层,氧化石墨烯电极与金电极形成。SPR 测量系统由氧化石墨烯金电极和棱镜底部、激光器和传感器组成。电化学系统包括上面具有电化学电池的氧化石墨烯修饰金电极、辅助电极和参比电极。

25.3.5 利用电化学表面等离子体共振法还原氧化石墨烯

在本节中,报告了简单实时方法来监测带隙和控制 C/O 比以使用 EC - SPR 技术减少氧化石墨烯,从而逐步去除含氧官能团。此外,利用真实的 EC - SPR 研究了逐步还原氧化石墨烯表面的原子结构以及氧化功能基团在氧化石墨烯还原过程中的化学变化。这些官能团可通过这些还原技术部分除去,产生部分还原的结构,其作为纳米复合材料的填料是大家感兴趣的。

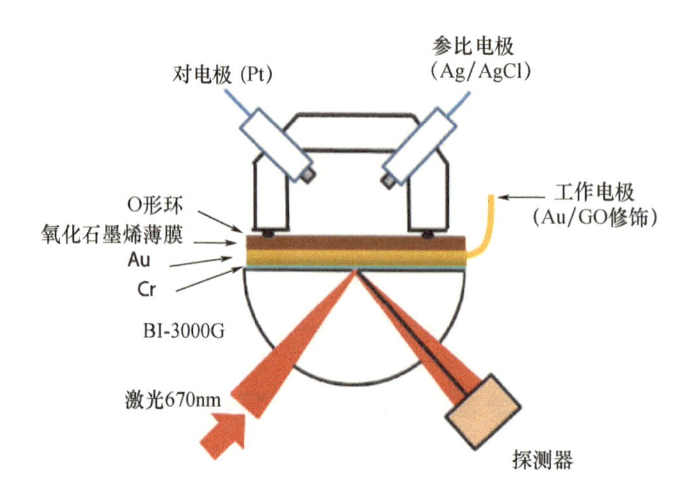

图 25.13 使用电化学 CHI－611D 系统和 SPR BI－3000 系统的 EC－SPR 系统示意图

图 25.14 所示的 SPR 传感芯片也是一个工作 EC 电极。为了观察氧化石墨烯还原为还原氧化石墨烯的 SPR 角的变化,必须将氧化石墨烯膜放置在金膜上以形成氧化石墨烯膜。但是,氧化石墨烯在裸露的金表面上没有很强的吸附力。因此,我们采用自组装单层(SAM)方法在表面键合 1－十八烷硫醇(ODT)作为氧化石墨烯和金膜连接层。除了单层的氧化石墨烯修饰金电极测试条,我们还制作了两层、三层和四层的氧化石墨烯修饰金电极测试条,以研究氧化石墨烯层数和 SPR 角的变化。在第一和第二层之间,(3－氨丙基)三乙氧基硅烷(APTES)用作氧化石墨烯层和该层之间的连接层。当通过循环伏安法降低其产生还原氧化石墨烯的作用来完成氧化石墨烯改性金电极试样时的生产过程如图 25.14(a)所示。

使用丙酮、乙醇和纯水超声振动清洗 ODT 单层 SAM 3min,以除去金膜表面上的杂质并确保 ODT 不会由于杂质而受损。

步骤 1:将金膜浸入 10mmol/L 浓度的 ODT 乙醇溶液中保持 24h。在取出晶圆和冲洗残留的乙醇 ODT 溶液后,得到一个 Au/ODT 晶圆。

步骤 2:根据实验所需的浓度,将 Au/ODT 芯片浸泡在 0.275mg/mL、1mg/mL 和 5mg/mL 的氧化石墨烯水溶液中 5h,然后取出芯片并用纯水冲洗以洗掉未吸附的氧化石墨烯。这在 Au 电极上形成了一层氧化石墨烯。

步骤 3:APTES 用作氧化石墨烯的第一层和氧化石墨烯缀合物的第二层。将步骤 2 中的氧化石墨烯－改性金电极浸入 1% APTES 甲苯溶液中 30min,之后洗掉未结合的 APTES 甲苯。

步骤 4:使用与步骤 1 相同的氧化石墨烯浓度,将电极浸泡 30min,之后使用纯水除去未结合的氧化石墨烯,得到两层氧化石墨烯修饰的金电极试验片。

步骤 5:第五步同第三步。重复步骤 3 和 4 以获得多层氧化石墨烯－改性金电极试验片。氧化石墨烯堆积成四层,如图 25.14(b)所示。

步骤 6:将上一步完成的不同层和不同浓度的氧化石墨烯修饰金电极放置在EC－SPR 测量系统上进行电化学还原氧化石墨烯实验,根据需要调整电化学操作参数。

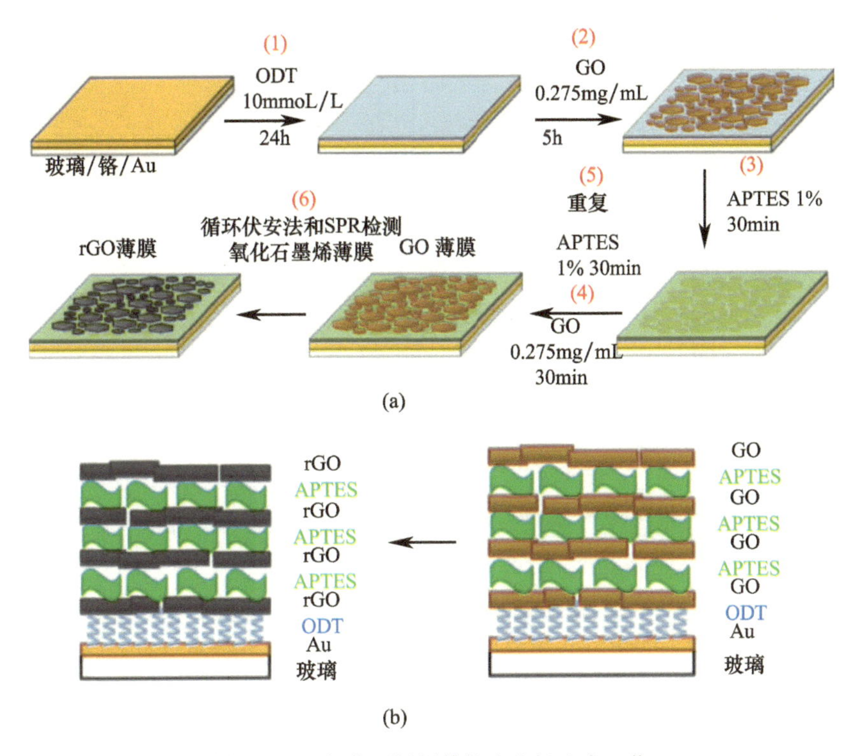

图 25.14 氧化石墨烯修饰金电极生产工艺

(a)生产过程示意图;(b)通过循环伏安法还原 GO 前后的横截面示意图[37]。(经 Kuo 等许可转载,Proc. IEEE CLEO - PR&OECC/PS,10.1109/CLEQPR.2013.6600415,(2013),IEEE 2013 年版权所有)

在本实验开始时,我们使用 ODT 作为氧化石墨烯的连接器。然后将金电极浸入氧化石墨烯水溶液中以在金表面上产生氧化石墨烯片。利用伏安曲线测试对氧化石墨烯进行约化,得到还原氧化石墨烯片,然后记录 SPR 角。除了单层氧化石墨烯外,我们还创建了多层氧化石墨烯,以观察层数对循环伏安曲线和 SPR 角的影响。最后,我们用 X 射线光电子能谱(XPS)证明了不同次数的还原循环伏安法扫描后还原氧化石墨烯的碳含量。

25.3.6 电化学还原氧化石墨烯分析

图 25.15 显示了使用 EC - SPR 逐步去除含氧官能团并监测改变折射率的脱氧过程来减少氧化石墨烯膜。图 25.15(a)显示,还原电流在第一个伏安扫描循环中开始显著下降,还原氧化石墨烯膜的还原电位在 -1.09V 时较低,产生 -0.42mA 的电流峰。该结果表明,在 -1.09V 下形成的 ErGO 膜具有比在电化学还原的第一循环中获得的还原峰低的还原峰。在随后的循环中,所施加的还原电位的负偏移使所得还原氧化石墨烯膜的还原峰收缩。在使用 -1.085V 的还原电位制备的还原氧化石墨烯膜中观察到还原电流,揭示了在该条件下氧基团的有效 EC 还原。第一次循环的伏安曲线测试表明氧化石墨烯膜的氧含量已经开始降低,电化学脱氧速率为 50% ~60% 。在几个伏安曲线循环期间,氧化石墨烯中的氧基团逐渐减少。随着伏安曲线循环次数的增加,C/O 比增加,残余氧官能团数量减少。还原电流持续下降,直至消失,脱氧过程表现出不可逆性质。

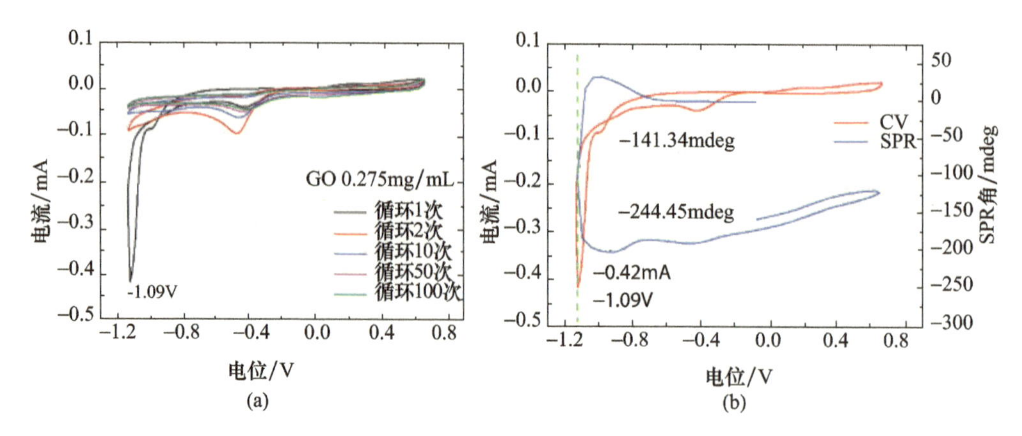

图 25.15 在 0.5mol/L NaCl 溶液中，以 50mV/s 的伏安曲线循环扫描速率同时测量金电极上氧化石墨烯膜实时脱氧期间的 EC - SPR 信号。(a)伏安曲线显示氧化石墨烯氧化还原峰，电位范围为 -1.1 ~0.7V，扫描速率约为 50mV/s；(b)同时 SPR 响应和电流对氧化还原电位，验证氧化石墨烯膜还原过程[37]。(经 Kuo 等许可转载，Proc. IEEE CLEO - PR & OECC/PS，10.1109/CLEQPR.2013.6600415，(2013)，IEEE 2013 年版权所有)

图 25.15(b)显示了电流和 SPR 角偏移之间的关系。图中实时循环伏安和 SPR 曲线是在电化学氧化还原反应的第一个伏安曲线循环中所记录。图 25.15(b)显示了大 SPR 角偏移和氧化石墨烯的完全逐步脱氧。电位为 -1.09V 的第一次循环将还原电流增加到 -0.42mA，并产生 -141.34 毫度(mdeg)的 SPR 角偏移。在电流急剧减小的过程中可以观察到 SPR 角，脱氧过程中电位依赖性的变化使 SPR 角(θ_{SPR})发生了最大的偏移，为 -244.45mdeg。θ_{SPR}与电位的关系曲线为双峰曲线，与还原电位 -1.09V 时的曲线基本一致。在相关报道中，氧化石墨烯脱氧还原为还原氧化石墨烯使厚度从 1.2nm 减小到 0.8nm，折射率从 2.24 增加到 3.5。因此，SPR 共振角的偏移对改变折射率的逐步脱氧过程的影响远远强于对减小 ErGO 膜厚度的脱氧反应所产生的影响[37-38,75,95]。

图 25.16 显示了一层氧化石墨烯的电化学降低的循环伏安图，横轴为电压(V)，纵轴为电流(电流，10^{-4}A)，循环伏安曲线扫描的第 1、2、10、50 和 100 个周期。从图中可以清楚地看出，伏安曲线在扫描 1 上在 -1.0V 左右具有大的阴极电流(或还原电流)，并且 -1.0V 作为还原电压。该电流是由于氧化石墨烯表面上的含氧官能团(平面上的—OH、C—O—C，边缘上的—COOH)的减少。因此，该降低峰在第二次扫描中低得多，并在接下来的几次扫描中消失。这一现象表明氧化石墨烯的电化学降低很快。循环峰没有显示氧化电流，这表明氧化石墨烯的 EC 还原是不可逆反应，并且 rGO 不会由于正扫描而变回氧化石墨烯。

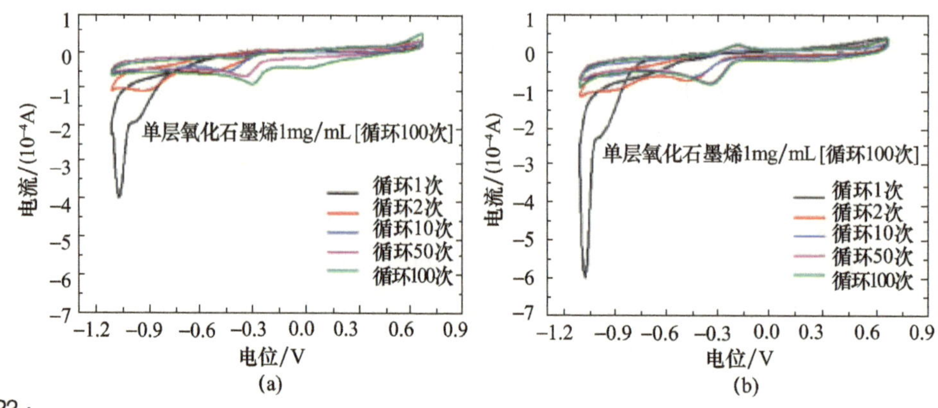

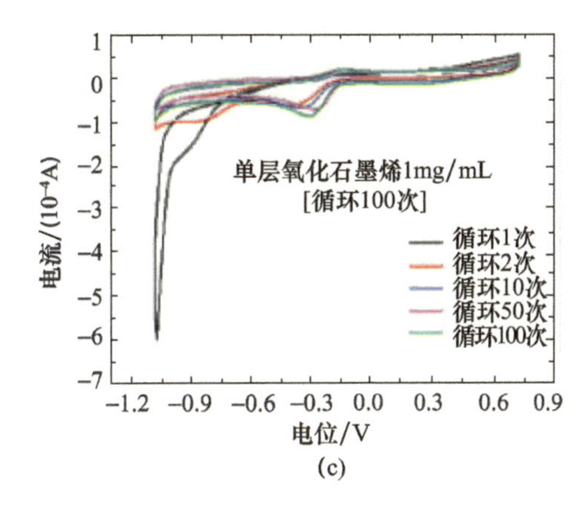

图 25.16 电化学还原的氧化石墨烯层的循环伏安曲线

(a)氧化石墨烯浓度为 0.275mg/mL;(b)氧化石墨烯浓度为 1mg/mL;(c)氧化石墨烯浓度为 5mg/mL。

对比图 25.16 中不同浓度的氧化石墨烯,我们发现氧化石墨烯浓度越大,还原电流越大。这是因为较高浓度的氧化石墨烯具有更多的氧化物,使得循环伏安曲线还原的氧化石墨烯可以提供更多的电子交换并增加电流。

根据该结果,氧化石墨烯浓度越大,还原电流越大。图 25.17 显示了双层氧化石墨烯膜电化学降低的相同现象。值得注意的是,0.275mg/mL 的两层氧化石墨烯浓度比 5mg/mL 的一层氧化石墨烯浓度更多地降低电流。因此,氧化石墨烯层数对电流的影响似乎大于氧化石墨烯浓度的影响。

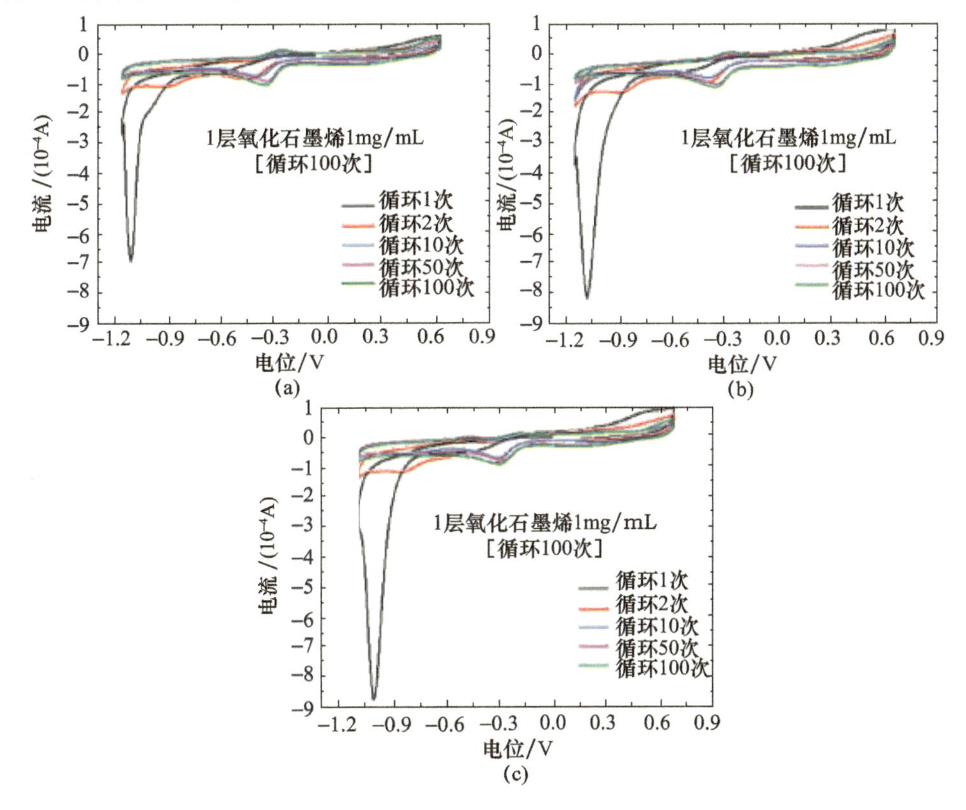

图 25.17 在氧化石墨烯浓度为(a)0.275mg/mL、(b)1mg/mL 和(c)5mg/mL 时电化学还原的双层氧化石墨烯膜的循环伏安曲线

还原三层氧化石墨烯膜的EC法的伏安曲线图如图25.18所示。还原电流大于双层氧化石墨烯膜还原的电流。因此，这些峰的强度随着反应逐渐变弱，对应于含氧基团的逐步去除，以及石墨烯晶格的共轭网络的恢复。因此，EC－SPR方法在氧化石墨烯脱氧过程和ErGO膜的形成中起作用，并且在同时检测ErGO膜上的残余含氧官能团及其折射率的变化中也产生了预期效果，这种变化影响SPR角偏移。

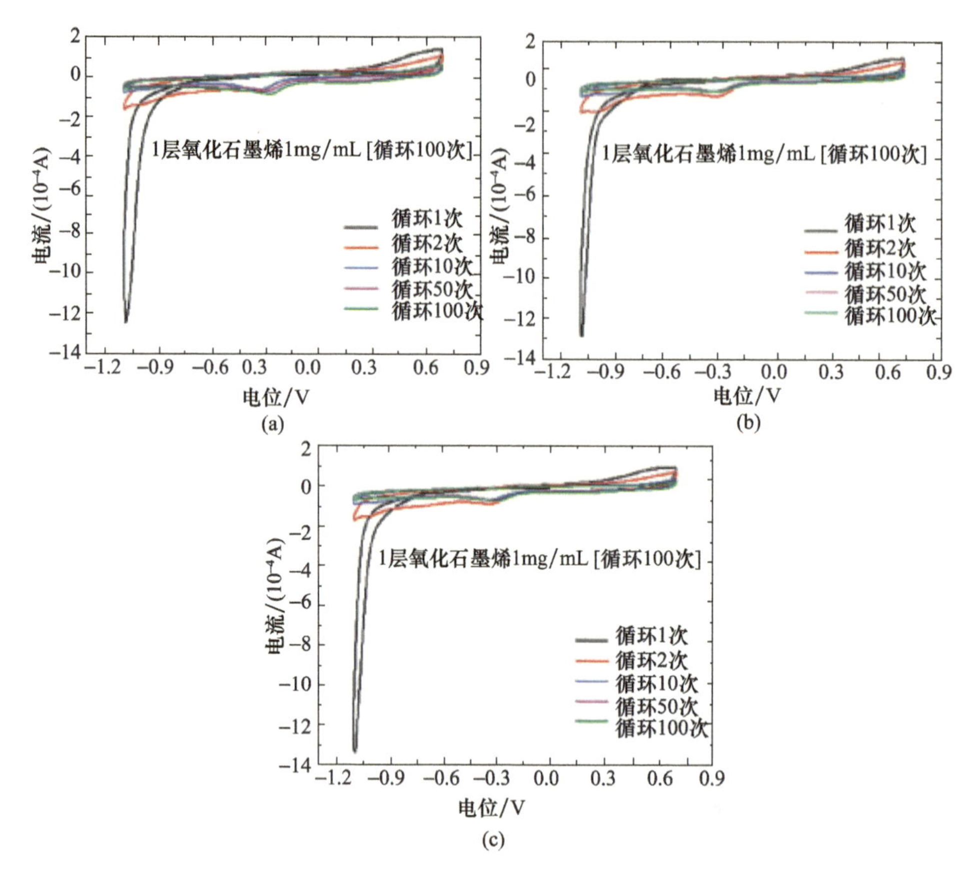

图25.18　在(a)0.275mg/mL、(b)1mg/mL和(c)5mg/mL的浓度下电化学还原氧化石墨烯的三层氧化石墨烯膜

25.3.7　实时定量评估C/O比和表面等离子体共振角度偏移

关于电化学还原过程中石墨烯的SPR，在EC循环伏安测试程序之前，我们开始检测石墨烯电介质。大约需要400s来获得稳定的基线以启动循环伏安测试，从而减少氧化石墨烯，然后在设置循环伏安测试扫描圈数之后再需要500s来获得稳定状态。SPR_1表示循环伏安测试扫描第一圈后SPR角偏移的变化，SPR_T表示循环伏安测试后与初始基线的角度变化。在循环伏安测试过程中，SPR角度上下摆动。其原因是循环伏安测试法施加的正、负扫描电位影响了电极表面上的电子集体振荡[37－38,88,96]。

图25.19显示了使用不同浓度(0.275mg/mL、1mg/mL、2mg/mL)作为单层的氧化石墨烯片在循环伏安测试降低时记录的瞬时SPR角曲线图。纵轴表示SPR角的偏移，从基线0°开始，下方的横轴是时间。虚线表示循环伏安测试程序结束时的分界，上水平轴对应

于此时的循环伏安测试搭接。

图25.19显示了各种扫描周期中的脱氧过程。在第一个循环中,由减速过程引起的SPR角偏移很明显。图25.19(a)~(c)显示了各种扫描循环中的脱氧过程和SPR响应曲线,通过实时监测rGO膜的残余含氧官能团和引起角度偏移的折射率变化获得SPR响应曲线。在还原过程的10个、50个和100个伏安曲线测试循环中,一层氧化石墨烯(0.275mg/mL)的电化学还原期间的SPR角偏移分别为164mdeg、218mdeg和223mdeg。由于降低了金电极表面上氧化石墨烯膜的氧含量和电导率,SPR和电化学逐步脱氧工艺的组合使得SPR角偏移能够发生大的变化。实时SPR曲线的不稳定性可能是由环境温度和CV电位扫描的变化所引起。

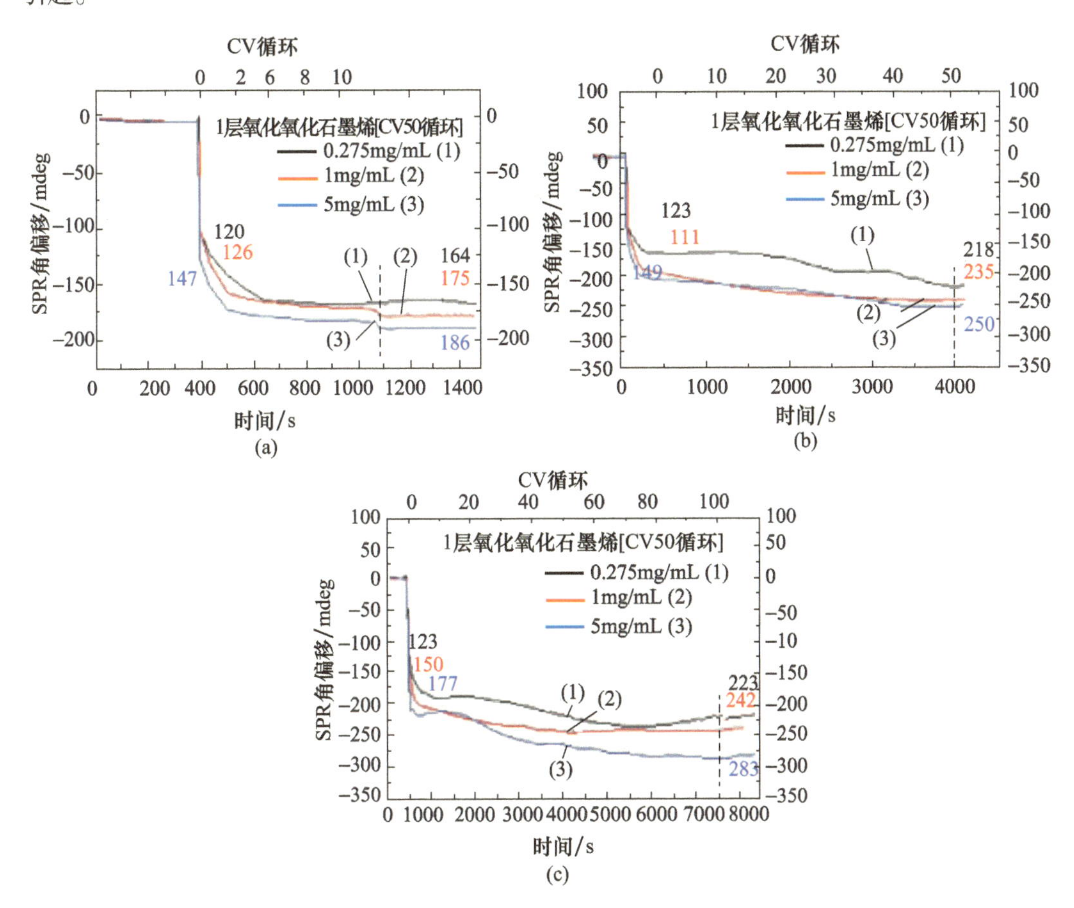

图25.19 在(a)10个、(b)50个和(c)100个伏安曲线循环下,在不同浓度(0.275mg/mL、1mg/mL、5mg/mL)下还原单层GO片中的伏安曲线循环实时SPR传感图。

$$\sqrt{\varepsilon_p}\sin\theta_{SPR}=\sqrt{\frac{\varepsilon_m\varepsilon_d}{\varepsilon_m+\varepsilon_d}} \tag{25.13}$$

$$\theta_{SPR}=\arcsin\sqrt{\varepsilon_{n_{eff}}},\varepsilon_{n_{eff}}=\frac{\varepsilon_m\varepsilon_d}{(\varepsilon_m+\varepsilon_d)\varepsilon_p} \tag{25.14}$$

式中:θ_{SPR}为SPR角;ε_p为棱镜介电系数;ε_m为金介电系数;ε_d为连接层ODT和氧化石墨烯或rGO的介电常数。当ε_p和ε_m为常数时,ε_d随θ_{SPR}的减小而减小,rGO的发射率实际上大

于氧化石墨烯的发射率[97-98]。但是,氧化石墨烯还原对本实验的影响大于折射率的影响。SPR 角偏移与折射率、厚度和表面电荷密度之间的关系,参考下式[88,96]:

$$\frac{\Delta\theta_{\mathrm{SPR}}(\lambda)}{\Delta V}=\frac{\Delta\mathrm{arc\ sin}\sqrt{\varepsilon_{n_{\mathrm{eff}}}(\lambda)}}{\Delta V}=c_1\frac{\Delta n(\lambda)}{\Delta V}+c_2\frac{\Delta d}{\Delta V}+c_3\frac{\Delta\sigma}{\Delta V} \tag{25.15}$$

式中:ΔV 为电介质层的折射率的变化;Δd 为电介质层的厚度的变化;$\Delta\sigma$ 为表面电荷密度的变化;c_1、c_2 和 c_3 是常数。此外,SPR 角在伏安曲线扫描的第一圈迅速下降,而圈数不会引起 SPR 角的显著变化。也就是说,每次扫描后伏安曲线引起的 SPR 偏移比前一次小,从而导致一个平缓而稳定的曲线。其原因是伏安曲线去除了第一圈氧化石墨烯表面上的大部分含氧官能团,使得通过随后的伏安曲线扫描去除较少的氧化物[99-102]。随着连接氧化石墨烯浓度的增加,伏安曲线减小引起的 SPR 角偏移也增加。其原因是与金电极结合的氧化石墨烯越多,去除的氧化物越多,导致 SPR 的变化越大。

图 25.20 显示了用伏安曲线方法记录的两层不同浓度氧化石墨烯和实时 SPR 角度曲线。与单层氧化石墨烯相比,在伏安曲线扫描第一圈或最后一圈结束后,双层氧化石墨烯的 SPR 角偏移明显大于单层氧化石墨烯。浓度仍表现出较大的 SPR 角偏移趋势。

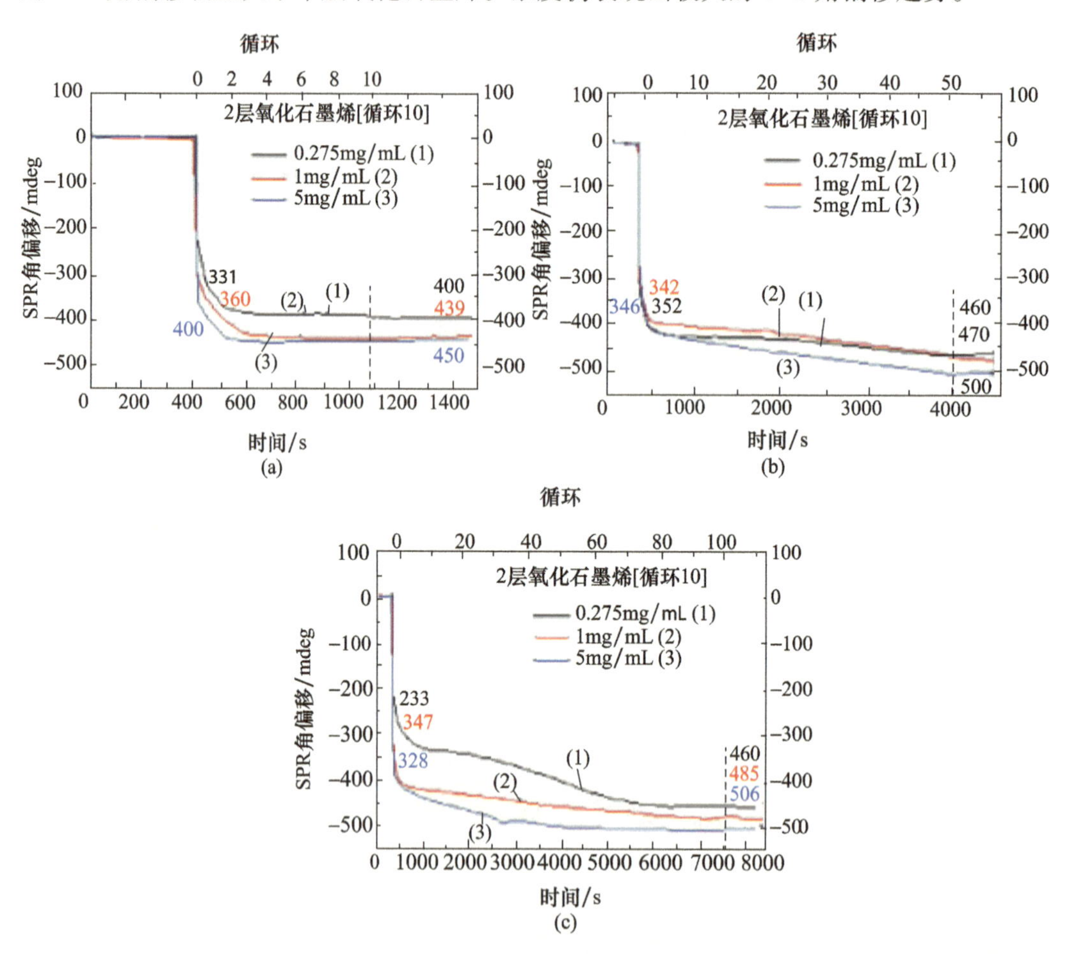

图 25.20 在(a)10 个循环、(b)50 个循环和(c)100 个循环下,在不同浓度(0.275mg/mL、1mg/mL、5mg/mL)下还原两层氧化石墨烯片中的伏安曲线循环实时 SPR 传感图

图25.20(a)～(c)显示了SPR响应曲线，该曲线通过实时监测rGO膜的残余含氧官能团和引起角度偏移的折射率变化而获得。在脱氧过程的10个、50个和100个循环中，单层氧化石墨烯(5mg/mL)的电化学还原期间SPR角偏移分别为450mdeg、500mdeg和506mdeg。

图25.21显示了用伏安曲线方法记录的三层不同浓度的氧化石墨烯和实时SPR角度曲线。在伏安曲线扫描的第一圈和最后一圈之后，SPR角偏移大于第一层和第二层氧化石墨烯的SPR角偏移。氧化石墨烯浓度仍表现出较大的SPR角偏移趋势。然而，一层和两层氧化石墨烯的区别在于，SPR曲线在伏安曲线期间变得更平滑。相反，第一次伏安曲线扫描中第一层和第二层氧化石墨烯改变了SPR角度，并占整体变化的绝大多数。在伏安曲线的第一圈，三层氧化石墨烯的SPR角小于单层和双层氧化石墨烯的SPR角。其原因是更多的氧化石墨烯层也包含更多的含氧官能团，因此伏安曲线需要更多的扫描循环来去除氧化物。

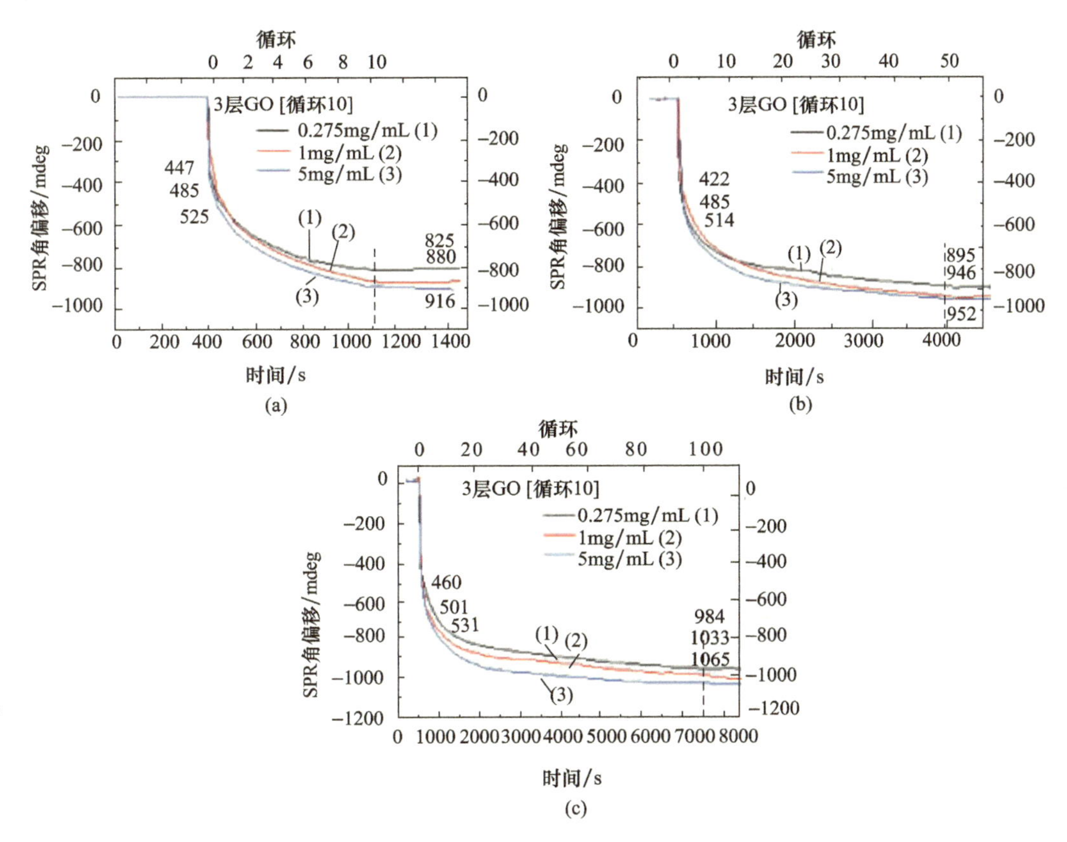

图25.21 在(a)10个循环、(b)50个循环和(c)100个循环下，在不同浓度(0.275mg/mL、1mg/mL、5mg/mL)下还原三层GO片中的伏安曲线循环实时SPR传感图

图25.22所示SPR角偏移第一圈中的一到三层不同浓度的氧化石墨烯和不同的伏安循环根据之前的实验，在循环的第一圈期间，当氧化石墨烯层数增加时，SPR角变化更大。因此，第四层氧化石墨烯可具有大于400mdeg的变化。表25.4显示了循环伏安法还原后每个氧化石墨烯－改性金电极的第一圈SPR_1和最后一圈之间的SPR_T变化。

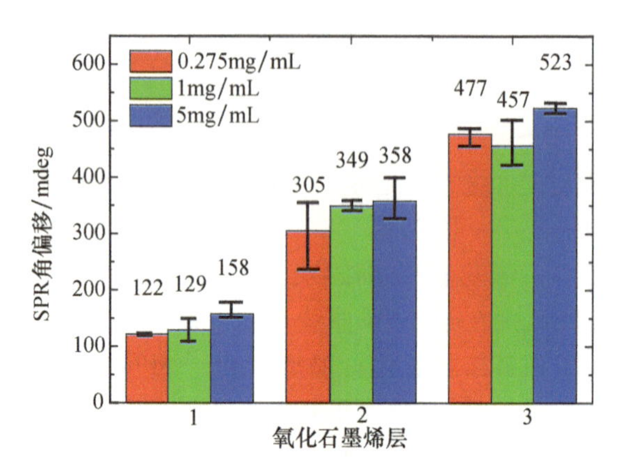

图 25.22 在不同氧化石墨烯浓度下，使用循环伏安法测量的 BI-3000 仪器所获一到三层的第一个循环 SPR 角

表 25.4 由 BI-3000 经氧化石墨烯膜循环伏安法还原得到各个氧化石墨烯修饰 Au 电极的 SPR 角位移变化

层	浓度/(mg/mL)	$\Delta\theta_{SPR}$/mdeg	10 循环		50 循环		100 循环	
			SPR_1	SPR_T	SPR_1	SPR_T	SPR_1	SPR_T
1 层	02.75	122	120	164	123	218	123	223
	1	129	126	175	111	235	150	242
	5	158	147	186	149	250	177	283
2 层	0.275	305	331	400	352	460	233	460
	1	349	360	440	342	470	347	485
	5	358	400	450	346	500	328	506
3 层	0.275	477	485	825	485	895	460	984
	1	457	447	880	422	946	501	1033
	5	523	525	916	514	952	531	1065

25.3.8 X 射线光电子能谱手段表征氧化石墨烯和还原氧化石墨烯含氧官能团

分别观察到在约 285eV 和 532.5eV 处的 XPS 峰，是由从 C1s 和 O1s 芯能级发射的光电子所产生[35,67-77,75,103]。图 25.23 显示了 XPS 峰和通过将 C1s 峰下的面积除以 O1s 峰下的面积获得的 C1s/O1s 原子比。在 10 个、50 个和 100 个循环后，氧化石墨烯和还原氧化石墨烯的比率分别为 1.32 和 6.15、7.33、8.42。循环 100 次后，还原氧化石墨烯膜的 C1s/O1s 比为 8.42，验证了 EC-SPR 脱氧方法的有效性。氧化石墨烯的碳氧峰强度比（I_{C1s}/I_{O1s}）为 0.92，还原氧化石墨烯的碳氧峰强度比（I_{C1s}/I_{O1s}）分别为 1.0、1.05 和 1.07。在氧化石墨烯片上的金电极光谱表明，金原子发射光电子，最突出的是结合能分别为 335.5eV（$4d_{5/2}$）和 353.5ev（$4d_{3/2}$）的 Au-4d 双重态，在结合能为 547.5eV 时，组分 $4p_{3/2}$[104-105]。

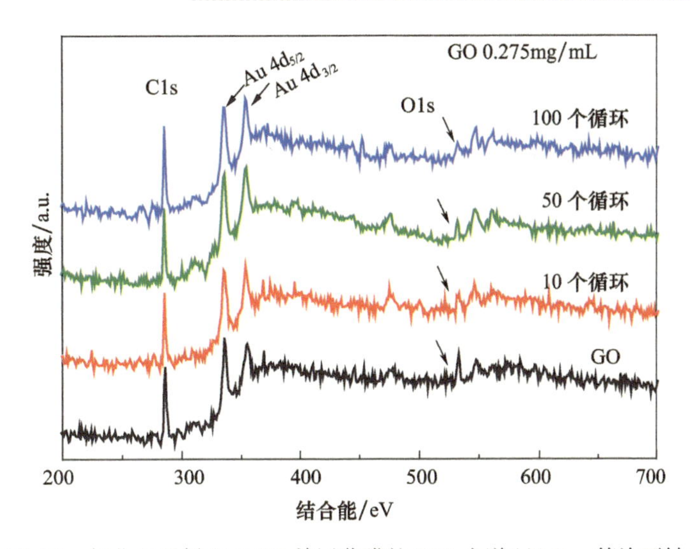

图 25.23 氧化石墨烯和 ErGO 单层薄膜的 XPS 光谱(经 Kuo 等许可转载,Proc. IEEE CLEO - PR & OECC/PS,10.1109/CLEQPR.2013.6600415,(2013),IEEE 2013 年版权所有)

进行高分辨率 C1s XPS 光谱峰值分析以评估氧化石墨烯膜中含氧官能团的任何化学变化、键合构型的变化以及 C—C、C—O、C ═O 和 O—C ═O 组分的烃污染。C1s 峰对应 sp^2 C—C 键和具有多种 C—O 键构型的 sp^3 碳。氧化石墨烯表面 C1s 峰的结合能与 sp^3 C—O 键和含氧—O、—OH 和—COOH 官能团的数量强相关[35,103]。能量分析表明,氧优先在氧化石墨烯膜中形成立体结构。由于氧化石墨烯的剥离还原含氧官能团,氧键的杂化原子轨道由 sp^3 转变为 sp^2。在 EC CV 循环中获得的还原峰归因于含氧基团从氧化石墨烯膜中的去除。图 25.6 显示了在 284.6eV、285.8eV、287.1eV 和 288.9eV 的四个结合能处的 C1s XPS 谱峰,分别对应芳环中的 C—C 和 C ═C(非氧化芳族化合物中的碳)、C—O 键(羟基和环氧基)、C ═O 键(羰基)和 O—C ═O 键(羧基)的单键或双键。在图 25.6(a)中,氧化石墨烯 C1s 峰可以解旋成四个峰,分别对应 C—C(67.17%)、C—O(18.09%)、C ═O(10.29%)和 O—C ═O(4.46%)。在 10 个循环、50 个循环和 100 个循环后的原始 ErGO XPS 光谱中,与氧化基团中 C—O、C ═O 和 O—C ═O 相关的所有 C1s 峰的强度随着循环次数的增加而降低,证实了通过将大多数 sp^3 杂化碳原子还原为 sp^2 而有效转化。图 25.24(b)~(d)显示了还原氧化石墨烯在 10 个循环、50 个循环和 100 个循环后的 C1s 结合能峰,产生的 C—C 含量分别为 76.57%、79.18% 和 84.0%;C—O 含量分别为 14.31%、12.66% 和 10.49%;C ═O 含量分别为 5.89%、5.59% 和 4.43%;O ═C—OH 含量分别为 3.23%、2.56% 和 1.07%。表 25.5 列出了通过分析 C1s XPS 谱峰获得的 XPS 中 EC 还原前后氧化石墨烯的 C/O 原子比。在 10、50 和 100 次循环后,还原氧化石墨烯薄膜的 C1s XPS 谱峰分别得到 3.27、3.80 和 5.25 的 C/O 比。还原氧化石墨烯的 C/O 比超过氧化石墨烯,证实了 EC 脱氧的有效性。

在该过程的第一循环中的伏安曲线显示氧化石墨烯膜的氧含量下降,并且 EC 脱氧速率增加了大约 60%。EC 脱氧 10 个循环、50 个循环和 100 个循环期间的 SPR 角偏移分别为 164mdeg、218mdeg 和 223mdeg,相应的 XPS 光谱 C1s/O1s 比分别为 7.7、7.85 和 8.71。采用 EC - SPR 降低氧化石墨烯膜的氧含量。脱氧过程中电流的减小和折射率的变化引起 SPR 角的变化。SPR 角度偏移与逐步脱氧过程之间的关系确定了还原氧化石墨烯膜残余氧官能团 C/O 比的定量实时评估,表明利用 SPR 可以实时监测氧化石墨烯脱氧过程的程度。

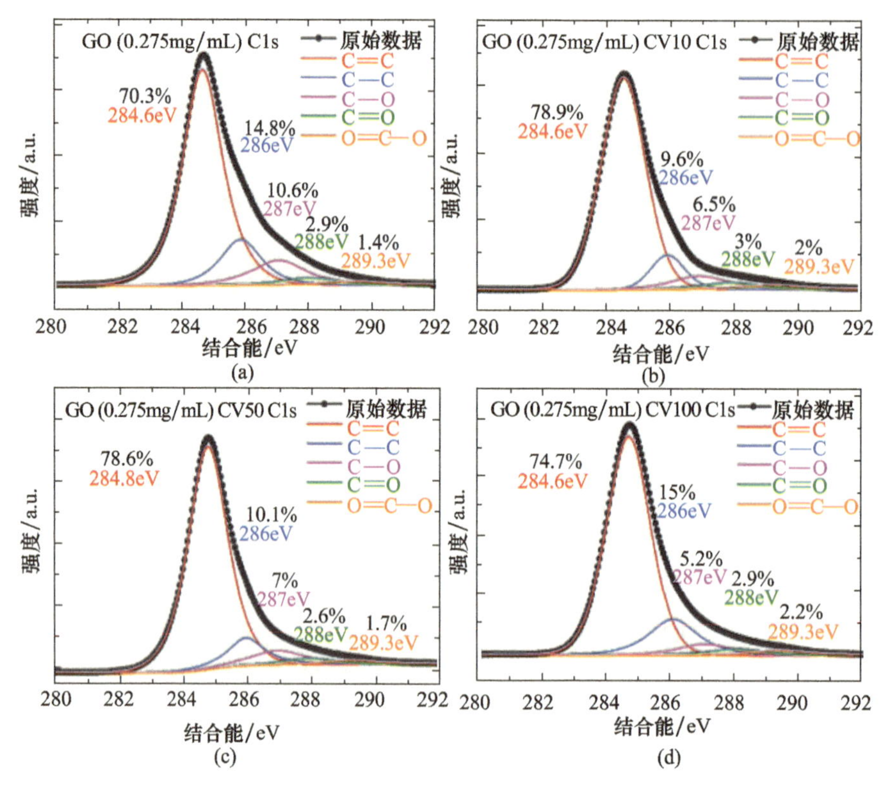

图25.24 (a)氧化石墨烯、(b)10个循环后的rGO、(c)50个循环后的rGO和(d)100个循环后的rGO的高分辨率C1s XPS光谱，显示了各种化学键合的复合材料

此外，使用具有不同还原条件的还原氧化石墨烯膜的氧含量来评估其在无标签免疫传感器生物传感器应用中使用的灵敏度。图25.25显示了各种还原氧化石墨烯膜的电化学阻抗谱（EIS）的奈奎斯特图。实验条件为0.1mol/L KCl含2mmol/L$[Fe(CN)_6]^{3-/4-}$，EC设置频率为0.1Hz～100kHz，电压为5mV。在较高频率下半圆部分的直径对应于电子转移电阻（R_{et}）。裸金电极电阻（R_{et}）为17.71Ω，Au/ODT表面膜电阻R_{et}为15.21kΩ。此外，对于Au/ODT/rGO（循环-1）、Au/ODT/rGO（50个循环）和Au/ODT/rGO（100个循环）芯片，R_{et}值分别为909.8Ω、497.5Ω和379.3Ω，这意味着还原氧化石墨烯膜的引入改善了电子转移。图25.25（c）和（d）显示，在添加不同浓度的抗BSA蛋白后，在含有2mmol/L$[Fe(CN)_6]^{3-}$的10×磷酸盐缓冲盐水（PBS）溶液中，用浓度为100g/mL的抗原蛋白对不同还原氧化石墨烯膜的EIS光谱进行修饰，在1×PBS缓冲液中，抗体蛋白浓度为0.1ng/mL～1μg/mL。图25.25（b）和（c）显示了在50个和100个循环下还原氧化石墨烯膜的EIS的抗体蛋白免疫传感器，其中在0.1ng/mL、0.5ng/mL、1ng/mL、5ng/mL、10ng/mL、50ng/mL、100ng/mL、500ng/mL和1000ng/mL浓度下，还原氧化石墨烯（50个循环）膜和还原氧化石墨烯（100个循环）膜的阻抗分别显示出582.5Ω、633.4Ω、685.7Ω、733.8Ω、772.8Ω、817.9Ω、852Ω、886.4Ω和920.5Ω以及504.6Ω、602.5Ω、681.1Ω、749.2Ω、802.9Ω、846.4Ω、893.4Ω、934.2Ω和972.7Ω的R_{et}的明显增加。结果表明，抗原与抗体相互作用，增加了还原氧化石墨烯表面的电子转移阻力，从而阻碍了还原氧化石墨烯表面的电子转移。如图25.25（d）所示，免疫测定中的还原氧化石墨烯膜显示出对抗体浓度的线性响应。采用线性曲线拟合法进行

回归分析,还原氧化石墨烯(100 个循环)膜为 $y = 612.5 + 112.76x$(相关系数,$R^2 = 0.971$),还原氧化石墨烯(50 个循环)膜为 $y = 427.9 + 83.92x$($R^2 = 0.989$)。本实验表明,氧化石墨烯的氧含量会阻碍电子的转移,也会影响吸气程度的生物检测[38]。

表 25.5 石墨烯、氧化石墨烯和 ErGO 薄膜的拉曼光谱峰的比较

薄膜	XPS 光谱(C_{1s},O_{1s})	XPS 光谱(C_{1s})					
	IC_{1s}/IO_{1s}比率	C=C/%	C—C/%	C—O/%	C=O/%	O—C=O/%	C/O 比率
GO	2.37	70.3	14.8	10.6	2.9	1.4	5.7
ErGO(10 个 CV 循环)	3.71	78.9	9.6	6.5	3	2	7.7
ErGO(50 个 CV 循环)	4.17	78.6	10.1	7	2.6	1.7	7.85
ErGO(100 个 CV 循环)	6.03	74.7	15	5.2	2.9	2.2	8.71

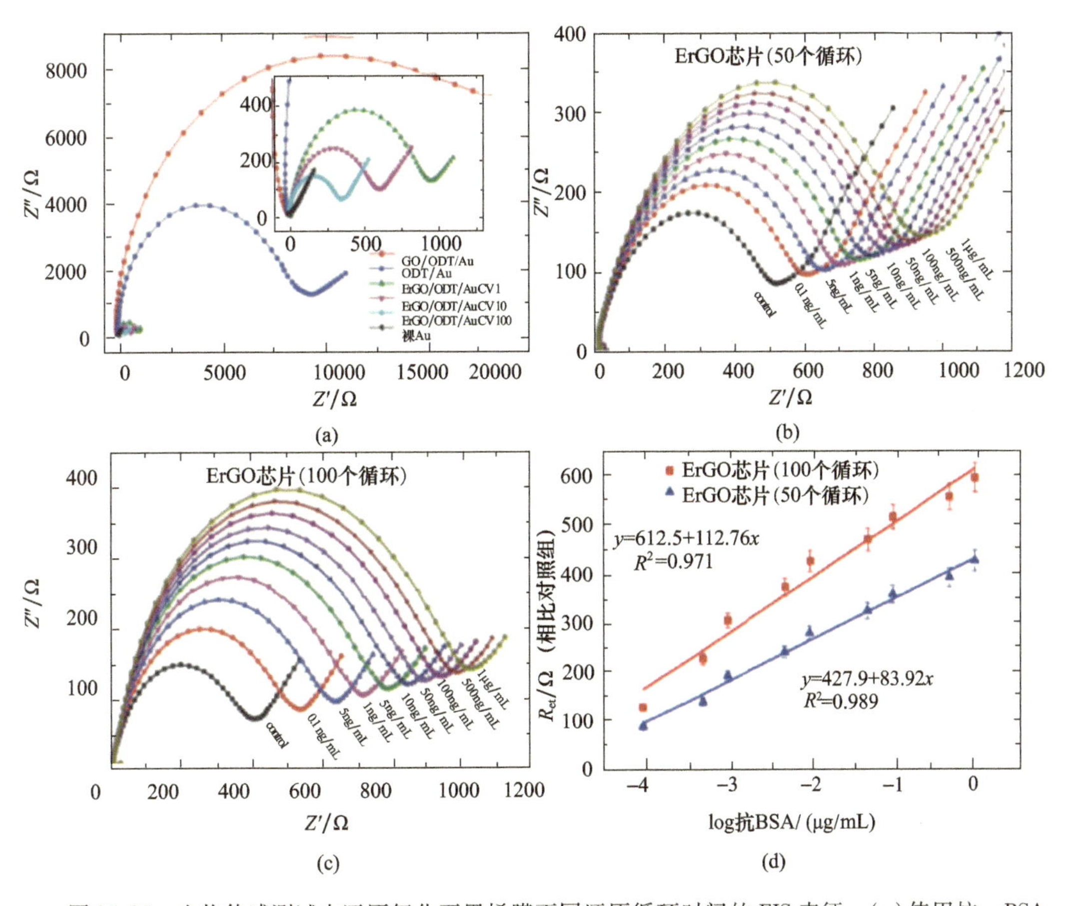

图 25.25 生物传感测试中还原氧化石墨烯膜不同还原循环时间的 EIS 表征。(a)使用抗-BSA 蛋白相互作用电化学阻抗检测 BSA;(b)Nyquist 形式的××个循环的还原氧化石墨烯膜和(c)××个循环的还原氧化石墨烯膜;(d)线性曲线拟合显示,对于两种不同的还原氧化石墨烯膜,ARet 和抗 BSA 蛋白浓度之间的关系为 0.1ng/mL ~ 1ng/mL。(经 Chiu 等许可转载,Sens. Actuators B Chem. 258,981-990,爱思唯尔 2018 年版权所有)

25.4 小结

利用 EC－SPR 技术研究氧化石墨烯薄膜的原子结构及其氧化官能团的化学变化，可能会为未来各种应用的发展提供依据。EC－SPR 方法创建在氧化石墨烯脱氧过程和 ErGO 薄膜的形成，以及同时检测 ErGO 薄膜中残留的含氧官能团及其折射率变化的基础上，该折射率变化影响 SPR 角。在还原过程中，SPR 角随着氧化石墨烯折射率的变化而偏移，因此可以通过 SPR 角偏移来评估氧化石墨烯的还原程度。随着氧化石墨烯层数的增加，介质层的整体折射率和厚度进一步导致 SPR 角偏移增加，从而降低了 SPW 与倏逝波的耦合效率。减小 EC 后，SPR 角变小，SPR 曲线变窄，耦合效率提高。以环氧、羟基、羰基和醚基形式的氧气吸附在氧化石墨烯薄膜上打开了一个带隙。在基于还原氧化石墨烯膜的复合材料领域中的未来研究方向包括增加电极的稳定性，提高电荷载流子迁移率，调节电介质及其光学带隙性质，增强结合相互作用以提高使用该膜的生物传感器的灵敏度，调制 SP 共振能量，增加被吸附的气体分子的密度，提高载药效率、递送性能和细胞毒性。

参考文献

[1] Novoselov, K. S. , Geim, A. K. , Morozov, S. V. , Jiang, D. , Zhang, Y. , Dubonos, S. V. , Grigorieva, I. V. , Firsov, A. A. , Electric field effect in atomically thin carbon films. *Science*, 306, 666, 2004.

[2] Balandin, A. A. , Ghosh, S. , Bao, W. , Calizo, I. , Teweldebrhan, D. , Miao, F. , Lau, C. N. , Superior thermal conductivity of single－layer graphene. *Nano Lett.* , 8, 902, 2008.

[3] Chen, J. H. , Jang, C. , Xiao, S. , Ishigami, M. , Fuhrer, M. S. , Intrinsic and extrinsic performance limits of graphene devices on SiO_2. *Nature Nanotech.* , 3, 206, 2008.

[4] Geim, A. and Novoselov, K. , For ground breaking experiments regarding the two－dimensional material graphene, in: *The Nobel Prize in Physics*, 2010.

[5] Nair, R. R. , Wu, H. A. , Jayaram, N. , Grigorieva, I. V. , Geim, A. K. , Unimpeded permeation of water through helium leak－tight graphene based membranes. *Science*, 335, 442, 2012.

[6] Joshia, R. K. , Alwarappan, S. , Yoshimura, M. , Sahajwalla, V. , Nishina, Y. , Graphene oxide: The new membrane material. *Appl. Mater. Today*, 1, 1, 2015.

[7] Huang, X. , Yin, Z. , Wu, S. , Qi, X. , He, Q. , Zhang, Q. , Graphene－based materials: Synthesis, characterization, properties, and applications. *Small*, 7, 1876, 2011.

[8] Pei, S. and Cheng, H. －M. , The reduction of graphene oxide. *Carbon*, 50, 3210, 2012.

[9] Mi, B. , Graphene oxide membranes for ionic and molecular sieving. *Science*, 343, 740, 2014.

[10] Loh, K. P. , Bao, Q. , Eda, G. , Chhowalla, M. , Graphene oxide as a chemically tunable platform for optical applications. *Nat. Chem.* , 2, 1015, 2010.

[11] Falkovsky, L. A. , Optical properties of graphene. *J. Phys.* : *Conf. Ser.* , 129, 012004, 2008.

[12] Johari, P. and Shenoy, V. B. , Modulating optical properties of graphene oxide role of prominent functional groups. *ACS Nano*, 5, 7640, 2011.

[13] Schöche, S., Hong, N., Khorasaninejad, M., Ambrosio, A., Orabona, E., Maddalena, P., Capasso, F., Optical properties of graphene oxide and reduced graphene oxide determined by spectroscopic ellipsometry. *Appl. Sur. Sci.*, 421, 778, 2017.

[14] Sun, X., Liu, Z., Welsher, K., Robinson, J. T., Goodwin, A., Zaric, S., Dai, H., Nano - graphene oxide for cellular imaging and drug delivery. *Nano Res.*, 1, 203, 2008.

[15] Camargo, P. H. C., Satyanarayana, K. G., Wypych, F., Nanocomposites: Synthesis, structure, properties and new application opportunities. *Mater. Res.*, 12, 1, 2009.

[16] Li, A., Zhang, C., Zhang, Y. - F., Thermal conductivity of graphene - polymer composites: Mechanisms, properties, and applications. *Polymers*, 9, 437, 2017.

[17] Mertens, R., Graphene applicationsGraphene - Info, https://www. graphene - info. com/grapheneinfos - top - 10 - graphene - applications - 2017, 2018.

[18] Mertens, R., Graphene applicationsGraphene - Info, https://www. graphene - info. com/grapheneinfos - top - 10 - graphene - applications - 2016, 2017.

[19] Mertens, R., Graphene applicationsGraphene - Info, https://www. graphene - info. com/grapheneinfos - top - 10 - graphene - applications - 2015, 2016.

[20] Niu, T., Zhou, M., Zhang, J., Feng, Y., Chen, W., Growth intermediates for CVD graphene on Cu(111): Carbon clusters and defective graphene. *J. Am. Chem. Soc.*, 135, 8409, 2013.

[21] Li, X., Cai, W., An, J., Kim, S., Nah, J., Yang, D., Piner, R., Velamakanni, A., Jung, I., Tutuc, E., Banerjee, S. K., Colombo, L., Ruoff, R. S., Large - area synthesis of high - quality and uniform graphene films on copper foils. *Science*, 324, 1312, 2009.

[22] Zhang, X., Yuan, Q. *et al.*, Mechanisms of graphene chemical vapor deposition (CVD) growth, in: *Graphene Chemistry: Theoretical Perspectives*, D. - E. Jiang and Z. Chen (Eds.), pp. 255 - 290, John Wiley & Sons, Ltd., Chichester, UK, 2013.

[23] Juang, Z. Y., Wu, C. Y., Lu, A. Y., Su, C. Y., Leou, K. C., Chen, F. R., Tsai, C. H., Graphene synthesis by chemical vapor deposition and transfer by a roll - to - roll process. *Carbon*, 48, 3169, 2010.

[24] Polsen, E. S., McNerny, D. Q., Viswanath, B., Pattinson, S. W., Hart, A. J., High - speed roll - to - roll manufacturing of graphene using a concentric tube CVD reactor. *Sci. Rep.*, 5, 10257, 2015.

[25] Gómez - Navarro, C., Meyer, J. C., Sundaram, R. S., Chuvilin, A., Kurasch, S., Burghard, M., Kern, K., Kaiser, U., Atomic structure of reduced graphene oxide. *Nano Lett.*, 10, 1144, 2010.

[26] Wang, J., Salihi, E. C., Šiller, L., Green reduction of graphene oxide using alanine. *Mater. Sci. Eng. C*, 72, 1, 2017.

[27] Abdolhosseinzadeh, S., Asgharzadeh, H., Kim, H. S., Fast and fully - scalable synthesis of reduced graphene oxide. *Sci. Rep.*, 5, 10160, 2015.

[28] Wong, C. P. P., Lai, C. W., Lee, K. M., Hamid, S. B. A., Advanced chemical reduction of reduced graphene oxide and its photocatalytic activity in degrading reactive black 5. *Materials*, 8, 7118, 2015.

[29] Hocevar, S. B., Švancara, I., Ogorevc, B., Vytřas, K., Antimony film electrode for electrochemical stripping analysis. *Anal. Chem.*, 79, 8639, 2007.

[30] Lee, S., Bong, S., Ha, J., Kwak, M., Park, S. - K., Piao, Y., Electrochemical deposition of bismuth on activated graphene - nafion composite for anodic stripping voltammetric determination of trace heavy metals. *Sens. Actuators, B*, 215, 62, 2015.

[31] Guo, Q., Huang, D., Luo, C., Xiong, W., Yang, T., Quan, S., Liu, L., Electrochemical stripping features of graphite and its products characterization. *Full. Nanotubes, Carb. Nanostru.*, 25, 79, 2016.

[32] Gao, X., Jang, J., Nagase, S., Hydrazine and thermal reduction of graphene oxide: Reaction mechanisms, product structures, and reaction design. *J. Phys. Chem. C*, 114, 832, 2010.

[33] Qiu, Y., Guo, F., Hurt, R., Külaots, I., Explosive thermal reduction of graphene oxide - based materials: Mechanism and safety implications. *Carbon*, 72, 215, 2014.

[34] Ganguly, A., Sharma, S., Papakonstantinou, P., Hamilton, J., Probing the thermal deoxygenation of graphene oxide using high - resolution*in situ* X - ray - based spectroscopy. *J. Phys. Chem. C*, 115, 17009, 2011.

[35] Toh, S. Y., Loh, K. S., Kamarudin, S. K., Daud, W. R. W., Graphene production via electrochemical reduction of graphene oxide: Synthesis and characterization. *Chem. Eng. J.*, 251, 422, 2014.

[36] Gao, M., Xu, Y., Wang, X., Sang, Y., Wang, S., Analysis of electrochemical reduction process of graphene oxide and its electrochemical behavior. *Electroanalysis*, 28, 1377, 2016.

[37] Kuo, C. - C., Chiu, N. - F., Chen, C. - H., Hung, W. - H., Using surface plasmon resonance to detect the deoxidized process of graphene oxide. *Proc. IEEE CLEO - PR & OECC/PS*, 2013, https://ieeexplore.ieee.org/document/6600415.

[38] Chiu, N. - F., Yang, C. - D., Chen, C. - C., Kuo, C. - T., Stepwise control of reduction of grapheme oxide and quantitative real - time evaluation of residual oxygen content using EC - SPR for alabel - free electrochemical immunosensor. *Sens. Actuators*, *B*, 258, 981, 2018.

[39] Shao, Y. Y., Wang, J., Engelhard, M., Wang, C. M., Lin, Y. H., Facile and controllable electrochemical reduction of graphene oxide and its applications. *J. Mater. Chem.*, 20, 743, 2010.

[40] Chien, C. - T., Li, S. - S., Lai, W. - J., Yeh, Y. - C., Chen, H. - A., Chen, I. - S., Chen, L. - C., Chen, K. - H., Nemoto, T., Isoda, S., Chen, M., Fujita, T., Eda, G., Yamaguchi, H., Chhowalla, M., Chen, C. - W., Tunable photoluminescence from graphene oxide. *Angew. Chem.*, 51, 6662, 2012.

[41] Luo, Z., Vora, P. M., Mele, E. J., Johnson, A. T. C., Kikkawa, J. M., Photoluminescence and bandgap modulation in graphene oxide. *Appl. Phys. Lett.*, 94, 111909, 2009.

[42] Chiu, N. - F. and Huang, T. - Y., Sensitivity and kinetic analysis of graphene oxide - based surface plasmon resonance biosensors. *Sens. Actuators*, *B*, 197, 35, 2014.

[43] Chiu, N. - F., Huang, T. - Y., Lai, H. - C., Liu, K. - C., Graphene oxide - based SPR biosensor chip for immunoassay applications. *Nanoscale Res. Lett.*, 9, 445, 2014.

[44] Chiu, N. - F., Fan, S. - Y., Yang, C. - D., Huang, T. - Y., Carboxyl - functionalized graphene oxide composites as SPR biosensors with enhanced sensitivity for immunoaffinity detection. *Biosens. Bioelectron.*, 89, 370, 2017.

[45] Chiu, N. - F., Kuo, C. - T., Lin, T. - L., Chang, C. - C., Chen, C. - Y., Ultra - high sensitivity of thenon - immunological affinity of graphene oxide - peptide based surface plasmon resonance biosensorsto detect human chorionic gonadotropin. *Biosens. Bioelectron.*, 94, 351, 2017.

[46] Huang, T. - Y., Chiu, N. - F., Lai, H. - C., Kinetic analysis of graphene oxide sheet and protein interactions using surface plasmon resonance biosensors. *Proc. IEEE CLEO - PR & OECC/PS*, 2013, https://ieeexplore.ieee.org/document/6600344.

[47] Chiu, N. - F., Huang, T. - Y., Kuo, C. - C., Lee, W. - C., Hsieh, M. - H., Lai, H. - C., Single - layer grapheme based SPR biochips for tuberculosis bacillus detection. *Proc. SPIE*, 8427, 84273M1 - 84273M7, 2012.

[48] Berger, C., Song, Z., Li, X., Wu, X., Brown, N., Naud, C., Mayou, D., Li, T., Hass, J., Marchenkov, A. N., Conrad, E. H., First, P. N., Heer, W. A., Electronic confinement and coherence in patterned epitaxial

graphene. *Science*,312,1191,2006.

[49] Shi,Y.,Zhou,W.,Lu,A. – Y.,Fang,W.,Lee,Y. – H.,Hsu,A. L.,Kim,S. M.,Kim,K. K.,Yang,H. Y.,Li,L. – J.,Idrobo,J. – C.,Kong,J.,Van der Waals epitaxy of MoS2 layers using graphene as growthtemplates. *Nano Lett.*,12,2784,2012.

[50] Srivastava,P. K. and Ghosh,S.,Eliminating defects from graphene monolayers during chemical exfoliation. *Appl. Phys. Lett.*,102,043102,2013.

[51] Dreyer,D. R.,Park,S.,Bielawski,C. W.,Ruoff,R. S.,The chemistry of graphene oxide. *Chem. Soc. Rev.*,39,228,2010.

[52] Szabo,T.,Berkesi,O.,Forgo,P.,Josepovits,K.,Sanakis,Y.,Petridis,D.,Dekany,I.,Evolution of surface functional groups in a series of progressively oxidized graphite oxides. *Chem. Mater.*,18,2740,2006.

[53] Deng,W.,Ji,X.,Gomez – Mingot,M.,Lu,F.,Chena,Q.,Banks,C. E.,Graphene electrochemical supercapacitors:The influence of oxygen functional groups. *Chem. Commun.*,48,2770,2012.

[54] Byon,H. R.,Gallant,B. M.,Lee,S. W.,Shao – Horn,Y.,Role of oxygen functional groups in carbon nanotube/graphene freestanding electrodes for high performance lithium batteries. *Adv. Funct. Mater.*,23,1037,2013.

[55] Hontoria – Lucas,C.,Lopez – Peinado,A. J.,López – González,J. D.,Rojas – Cervantes,M. L.,Martín – Aranda,R. M.,Study of oxygen – containing groups in a series of graphite oxides:Physical and chemical characterization. *Carbon*,33,1585,1995.

[56] Park,S.,An,J.,Jung,I.,Piner,R. D.,An,S. J.,Li,X.,Velamakanni,A.,Ruoff,R. S.,Colloidal suspensions of highly reduced graphene oxide in a wide variety of organic solvents. *Nano Lett.*,9,1593,2009.

[57] Bagri,A.,Mattevi,C.,Acik,M.,Chabal,Y. J.,Chhowalla,M.,Shenoy,V. B.,Structural evolution during the reduction of chemically derived graphene oxide. *Nat. Chem.*,2,581,2010.

[58] Ito,J.,Nakamura,J.,Natori,A.,Semiconducting nature of the oxygen – adsorbed graphene sheet. *J. Appl. Phys.*,103,113712,2008.

[59] Eda,G.,Lin,Y. – Y.,Mattevi,C.,Yamaguchi,H.,Chen,H. – A.,Chen,I. – S.,Chen,C. – W.,Chhowalla,M.,Blue photoluminescence from chemically derived graphene oxide. *Adv. Mater.*,22,505,2009.

[60] Hummers,W. S.,Jr. and Offeman,R. E.,Preparation of graphitic oxide. *J. Am. Chem. Soc.*,80,1339,1958.

[61] Xu,Y.,Bai,H.,Lu,G.,Li,C.,Shi,G.,Flexible graphene films via the filtration of water – soluble noncovalent functionalized graphene sheets. *J. Am. Chem. Soc.*,130,5856,2008.

[62] Wang,R.,Wang,Y.,Xu,C.,Sun,J.,Gao,L.,Facile one – step hydrazine – assisted solvothermal synthesis of nitrogen – doped reduced graphene oxide: Reduction effect and mechanisms. *RSCAdv.*,3,1194,2013.

[63] Acik,M.,Lee,G.,Mattevi,C.,Pirkle,A.,Wallace,R. M.,Chhowalla,M.,Cho,K.,Chabal,Y.,The role of oxygen during thermal reduction of graphene oxide studied by infrared absorption spectroscopy. *J. Phys. Chem. C*,115,19761,2011.

[64] Wang,Z.,Wu,S.,Zhang,J.,Chen,P.,Yang,G.,Zhou,X.,Zhang,Q.,Yan,Q.,Zhang,H.,Comparative studies on single – layer reduced graphene oxide films obtained by electrochemical reduction and hydrazine vapor reduction. *Nanoscale Res. Lett.*,7,161,2012.

[65] Essig,S.,Marquardt,C. W.,Vijayaraghavan,A.,Ganzhorn,M.,Dehm,S.,Hennrich,F.,Ou,F.,Green,

A. A. ,Phonon – assisted electroluminescence from metallic carbon nanotubes and graphene. *Nano Lett.* , 10,1589,2010.

[66] Pan,D. ,Zhang,J. ,Li,Z. ,Wu,M. ,Hydrothermal route for cutting graphene sheets into blueluminescent graphene quantum dots. *Adv. Mater.* ,22,734,2010.

[67] Liu,Z. ,Robinson,J. T. ,Sun,X. ,Dai,H. ,PEGylated nanographene oxide for delivery of waterinsoluble cancer drugs. *J. Am. Chem. Soc.* ,130,10876,2008.

[68] Cuong,T. V. ,Pham,V. H. ,Tran,Q. T. ,Hahn,S. H. ,Chung,J. S. ,Shin,E. W. ,Kim,E. J. ,Photoluminescence and Raman studies of graphene thin films prepared by reduction ofgraphene oxide. *Mater. Lett.* , 64,399,2010.

[69] Subrahmanyam,K. S. ,Kumar,P. ,Nag,A. ,Rao,C. N. R. ,Blue light emitting graphene – based materials and their use in generating white light. *Solid State Commun.* ,150,1774,2010.

[70] Chen,J. – L. and Yan,X. – P. ,A dehydration and stabilizer – free approach to production of stablewater dispersions of graphene nanosheets. *J. Mater. Chem.* ,20,4328,2010.

[71] Mkhoyan,K. A. ,Contryman,A. W. ,Silcox,J. ,Stewart,D. A. ,Eda,G. ,Mattevi,C. ,Miller,S. ,Chhowalla,M. ,Atomic and electronic structure of graphene – oxide. *Nano Lett.* ,9,1058,2009.

[72] Shukla, S. , Marquardt, C. W. , Vijayaraghavan, A. , Ganzhorn, M. , Dehm, S. , Hennrich, F. , Ou, F. , Green,A. A. ,Spectroscopic investigation of confinement effects on optical properties of graphene oxide. *Appl. Phys. Lett.* ,98,073104,2011.

[73] Tung, V. C. , Allen, M. J. , Yang, Y. , Kaner, R. B. , High – throughput solution processing of largescale graphene. *Nat. Nanotech.* ,4,25,2009.

[74] Kim,J. ,Cote,L. J. ,Kim,F. ,Huang,J. ,Graphene oxide sheets at interfaces. *J. Am. Chem. Soc.* ,132, 8180,2010.

[75] Guo,H. – L. ,Wang,X. – F. ,Qian,Q. – Y. ,Wang,F. – B. ,Xia,X. – H. ,A green approach to the synthesis of graphene nanosheets. *ACS Nano*,3,2653,2009.

[76] Yang,S. ,Xu,B. ,Zhang,J. ,Huang,X. ,Ye,J. ,Yu,C. ,Controllable adsorption of reduced grapheme oxide onto self – assembled alkanethiol monolayers on gold electrodes:Tunable electrode dimension and potential electrochemical applications. *J. Phys. Chem. C*,114,4389,2010.

[77] Raj,M. A. and John,S. A. ,Fabrication of electrochemically reduced graphene oxide Films on glassy carbon electrode by self – assembly method and their electrocatalytic application. *J. Phys. Chem. C*, 117, 4326,2013.

[78] Zhang,Z. and Yin,J. ,Sensitive detection of uric acid on partially electro – reduced grapheme oxide modified electrodes. *Electrochim. Acta*,119,32,2014.

[79] Chiu,N. – F. ,Lee,W. – C. ,Jiang,T. – S. ,Constructing a novel asymmetric dielectric structure toward the realization of high – performance surface plasmon resonance biosensors. *IEEE Sens. J.* , 13, 3483,2013.

[80] Chiu,N. – F. ,Tu,Y. – C. ,Huang,T. – Y. ,Enhanced sensitivity of anti – symmetrically structured surface plasmon resonance sensors with zinc oxide intermediate layers. *Sensors*,14,170,2014.

[81] Wood,R. W. ,On a remarkable case of uneven distribution of light in a diffraction grating spectrum. *Phil. Mag.* ,4,396,1902.

[82] Ritchie,R. H. ,Plasma losses by fast electrons in thin films. *Phys. Rev.* ,106,874,1957.

[83] Kretschmann,E. ,The determination of the optical constants of metals by excitation of surface plasmons. *Z. Phys.* ,241,313,1971.

[84] Frutos, A. G. and Corn, R. M., SPR of ultrathin organic films. *Anal. Chem.*, 70, 449A, 1998.

[85] Dong, H., Cao, X., Li, C. M., Hu, W., An *in situ* electrochemical surface plasmon resonance immunosensor with polypyrrole propylic acid film: Comparison between SPR and electrochemical responses from polymer formation to protein immunosensing. *Biosens. Bioelectron.*, 23, 1055, 2008.

[86] Salamifar, S. E. and Lai, R. Y., Application of electrochemical surface plasmon resonance spectroscopy for characterization of electrochemical DNA sensors. *Colloids Surf. B Biointerfaces*, 122, 835, 2014.

[87] Foley, K. J., Shan, X., Tao, N. J., Surface impedance imaging technique. *Anal. Chem.*, 80, 5146, 2008.

[88] Wang, S., Boussaad, S., Wong, S., Tao, N. J., High – sensitivity stark spectroscopy obtained by surface plasmon resonance measurement. *Anal. Chem.*, 72, 4003, 2000.

[89] Wang, S., Huang, X., Shan, X., Foley, K. J., Tao, N. J., Electrochemical surface plasmon resonance: Basic formalism and experimental validation. *Anal. Chem.*, 82, 935, 2010.

[90] Homola, J., Yee, S. S., Gauglitz, G., Surface plasmon resonance sensors: Review. *Sens. Actuators, B*, 54, 3, 1999.

[91] El – Haija, A. J. A., Effective medium approximation for the effective optical constants of a bilayer and a multilayer structure based on the characteristic matrix technique. *J. Appl. Phys.*, 93, 2590, 2003.

[92] Myland, J. C. and Oldham, K. B., How does the double layer at a disk electrode charge? *J. Electroanal. Chem.*, 575, 81, 2005.

[93] Pleskov, Y. V., Electric double layer on semiconductor electrodes, in: *Comprehensive Treatise of Electrochemistry*, J. O.'. M. Bockris, B. E. Conway, E. Yeager (Eds.), pp. 291 – 328, Springer, Boston, MA, 1980.

[94] Chiu, N. – F., Huang, T. – Y., Kuo, C. – C., Evaluation of an affinity – amplified immunoassay of graphene oxide using surface plasmon resonance biosensors. *Proc. SPIE Opt. Sens.*, 9506, 95061H, 2015.

[95] Bruna, M. and Borini, S., Optical constants of graphene layers in the visible range. *Appl. Phys. Lett.*, 94, 031901, 2009.

[96] Zhai, P., Guo, J., Xiang, J., Zhou, F., Electrochemical surface plasmon resonance spectroscopy at bilayered silver/gold films. *J. Phys. Chem. C*, 111, 981, 2007.

[97] Shen, Y., Zhou, P., Sun, Q. Q., Wan, L., Li, J., Chen, L. Y., Zhang, D. W., Wang, X. B., Optical investigation of reduced graphene oxide by spectroscopic ellipsometry and the band – gap tuning. *Appl. Phys. Lett.*, 99, 141911, 2011.

[98] Jung, I., Vaupel, M., Pelton, M., Piner, R., Dikin, D. A., Stankovich, S., An, J., Ruoff, R. S., Characterization of thermally reduced graphene oxide by imaging ellipsometry. *J. Phys. Chem. C*, 112, 8499, 2008.

[99] Chen, T. W., Sheng, Z. H., Wang, K., Wang, F. B., Xia, X. H., Determination of explosives using electrochemically reduced graphene. *Chem. Asian J.*, 6, 1216, 2011.

[100] Wang, Z., Zhou, X., Zhang, J., Boey, F., Zhang, H., Direct electrochemical reduction of singlelayer graphene oxide and subsequent functionalization with glucose oxidase. *J. Phys. Chem. C*, 113, 14071, 2009.

[101] Ramesha, G. K. and Sampath, S., Electrochemical reduction of oriented graphene oxide films an *in situ* Raman spectroelectrochemical study. *J. Phys. Chem. C*, 113, 7985, 2009.

[102] Dilimon, V. S. and Sampath, S., Electrochemical preparation of few layer – graphene nanosheets via reduction of oriented exfoliated graphene oxide thin films in acetamide – urea – ammonium nitrate melt under ambient conditions. *Thin Solid Films*, 519, 2323, 2011.

[103] Compton, O. C., Jain, B., Dikin, D. A., Abouimrane, A., Amine, K., Nguyen, S. T., Chemically active reduced graphene oxide with tunable C/O ratios. *ACS Nano*, 5, 4380, 2011.

[104] Venkatesan, P. and Santhanalakshmi, J., Core – shell bimetallic Au – Pd nanoparticles: Synthesis, structure, optical and catalytic properties. *Nanosci. Nanotech.*, 1, 43, 2011.

[105] Mudimela, P. R., Scardamaglia, M., González – León, O., Reckinger, N., Snyders, R., Llobet, E., Bittencourt, C., Colomer, J. – F., Beilstein, J., Gas sensing with gold – decorated vertically aligned carbon nanotubes. *Nanotechnology*, 5, 910, 2014.

第26章 石墨烯表面的生物分子吸附过程的电子传输

S. J. Rodriguez[1], L. Makinistian[2], E. A. Albanesi[1,3]

[1]阿根廷圣达菲 Güemes Instituto de Fisica del Litoral(CONICET – UNL)

[2]阿根廷圣路易斯 Ejército de los Andes 圣路易斯国立大学物理系和应用物理研究所

[3]阿根廷奥罗贝尔德国家大学工程学院

摘要 由于传感器在生物医学研究、食品质量控制和环境监测等方面的广泛应用,传感器的构建在电子和生物电子学中起着重要的作用。生物应用的传感器用材需要具有特殊性能,如灵敏度、选择性、生物兼容性、高电子迁移率、低电子噪声和化学功能性。由于其独特的物理和化学性质,石墨烯已经成为制造传感器的合适候选者。石墨烯的电子性质对环境扰动(如电子掺杂和分子吸附)极其敏感。几种生物分子通过非共价键与石墨烯相互作用,这些相互作用可以改变石墨烯中的电子密度和电导率,从而能够检测分子。在采用石墨烯薄膜制作场效应晶体管(FET)等电子元件(由源极和漏极两个端子以及控制器件电阻的栅极组成)时,表面或附近的可移动电子对局部电荷变化极为敏感。结果,分子在被吸附时获得电荷,它们与石墨烯基栅极的结合将破坏电子的流动。研究和量化由于基底和吸附物之间相互作用引起的电子效应可以为构建基于纳米石墨烯的传感器件提供工具。但是,石墨烯和生物分子之间的电荷转移现象的本质是什么呢?本章综述了生物分子吸附过程中产生的不同效应以及石墨烯电学性质的修饰和响应。本章共有四节:26.1 节概述,介绍了石墨烯电子性质的一般和基本概念,基于非平衡格林函数的电子输运的简要基础,以及 FET 器件中电流 – 电压曲线的实验方法;26.2 节吸附过程和器件的计算建模;26.3 节器件的实验实现;26.4 节结论和最后的评论。

关键词 石墨烯,电子传输,生物传感器,分子吸附

26.1 概述

对敏感纳米结构与生物分子的“大接触面积”界面的理解将导致用于生物诊断和生物医学的高附加值工具和器件的开发。石墨烯纳米结构因其微米级面积、敏感的电特性和可改变的化学功能性,是生物细胞和分子尺度的这种生物器件的极好候选者[1]。

26.1.1 基本概念

石墨烯是单层石墨，一种无能隙的半导体（或半金属），其态密度在接近费米能时呈线性消失。石墨烯的电子性质主要源于垂直于平面结构的离域 p 键，这些离域 p 键是由石墨烯的层状结构所引起的 sp^2 杂化导致。这些离域电子和石墨烯晶格的质量产生高电导率和迁移率[2]。石墨烯的电子性质为：

（1）低的电噪声（和低的电荷散射）和弹道传输。其电荷载流子在室温下呈弱散射（λ 散射大于 300nm）弹道输运[3-4]。

（2）灵敏性。大表面积和明显的双极特性：2630m²/g[5]。优良的导电性（1738S/m）[6]。石墨烯实验表明，电导率（σ）随栅极电压（V_g）线性增加（图 26.1）。重点是石墨烯电导率永远不会低于一个最小值，即使当电荷载流子浓度趋于零时（$n \approx \alpha V_g$，$\alpha \approx 7.3 \times 10^{10} cm^{-2} \cdot V^{-1}$）[7]。

（3）高载流子迁移率。在具有一到三层的石墨烯中测量到了 15000cm²/(V·s) 或更多的室温迁移率，而清洁的悬浮单层在接近绝对零度的温度下达到了 230000cm²/(V·s)[8]。

（4）集成石墨烯纳米带，使石墨烯变形或通过两层石墨烯的极化，可以用化学和几何的方法控制能隙[9]。例如，已经预测椅型纳米带和锯齿型纳米带都具有带隙，在很好的近似下，该带隙与纳米带的宽度成反比[9-10]。

（5）在少层石墨烯（FLG，仅包含一个、两个或三个原子层）中，其表面电阻率 ρ 与栅极电压（V_g）的典型关系在几千欧姆处呈现尖锐的峰值，在高 V_g 处衰减到约 100Ω。负栅电压引起大浓度的空穴，而正电压引起大量的电子。观察到的行为类似于半导体中的双极场效应[11]。

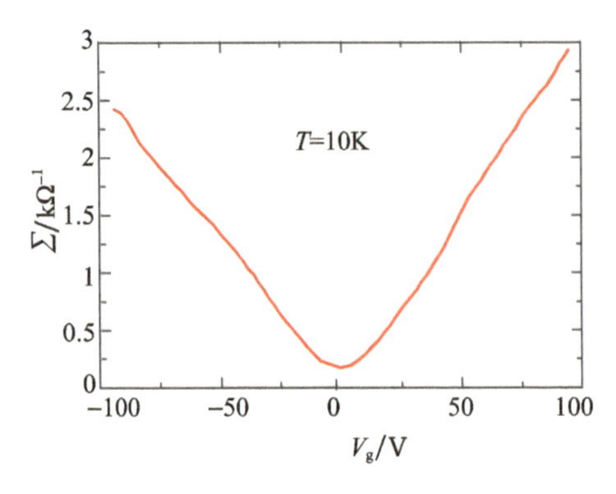

图 26.1 $T = 10K$ 时，本征石墨烯的电导率与栅极电压 V_g 的关系（转载自文献[7]）

其电子性质和高信噪比的结合给予石墨烯检测大约单个电子中局部电荷浓度变化的能力。石墨烯可以与不同的原子、材料或生物分子相互作用，形成从范德华力等弱相互作用到稳定的共价键。这使得石墨烯能够做出不同的响应，可以用作高度特定的传感器[12]。理论和实验工作报道了本征石墨烯在与几种生物分子的不同吸附过程中的掺杂水平和电子性质的变化。研究和量化由于基底和吸附物之间相互作用引起的电子效应可以为构建纳米石墨烯基传感器件提供工具。但是，石墨烯和生物分子之间的电荷转移是什么现象呢？如何将石墨烯功能化，使其对一些生物分子更具选择性和敏感性？

根据需要的生物应用,石墨烯的功能化对于提高器件对某些生物分子的选择性和敏感性具有重要意义。为了使石墨烯功能化以增强其灵敏度、特异性、负载能力和生物兼容性,考虑了三种方法:①共价功能化;②掺杂功能化;③非共价功能化[13-15]。

共价功能化是一种基于石墨烯表面上的残余官能团的修饰的技术(例如,氧化石墨烯)。化学掺杂在于取代石墨烯蜂窝晶格中的碳原子。在①和②中,取代掺杂为低维石墨烯引入了的重要结构和电子变化。共价策略可以稳定且特异性地安装功能;它们不可避免地通过将 sp^2 碳转化为 sp^3 碳而改变石墨烯的天然电子结构和物理性质,例如,导致载流子迁移率的严重降低[13]。掺杂功能化的一个重要问题是控制掺杂的类型以及掺杂剂的位置和浓度。石墨烯片可以掺杂电子(n 型掺杂)或空穴(p 型掺杂),两种掺杂都有研究[16]。

非共价功能化是通过石墨烯与 DNA 和肽等生物分子之间通过疏水、范德瓦尔斯力、静电和 $\pi-\pi$ 堆叠相互作用来实现的。非共价功能化可以更加方便,因为本征石墨烯材料的固有性质之间守恒。非共价功能化主要通过物理吸附过程进行。

已知有两种吸附过程,即物理吸附和化学吸附。在第一种情况下,键弱(10 ~ 100meV),键长大于 2.5Å。物理吸附是由于吸附物和基底之间的波动偶极矩所引起范德华力吸引力的存在而导致的。在化学吸附中,键更强(大于 500meV),吸附物和基底之间的长度为 1 ~2.5Å。其他类型的吸附可以发生,例如,就离子键而言,存在两种类型的吸附。区分石墨烯吸附过程的一个重要特征是碳原子的杂化变化。sp^2 至 sp^3 杂化的修饰只发生在化学吸附的吸附物上[16-17]。

在物理吸附中,非共价相互作用不破坏石墨烯表面的延伸 π 共轭,可以很好地保持材料的自然结构和电学性能。

石墨烯材料,特别是氧化石墨烯和还原氧化石墨烯,可以用金属纳米颗粒(如 Au、Ag、Pt)非共价修饰,通过原位还原、电喷雾或电化学沉积[18]。利用非共价相互作用制备了几种石墨烯共轭物,它们已应用于药物和基因递送、成像、组织工程和生物传感,其中最后一种是非共价石墨烯复合物的主要应用。这是因为石墨烯的非共价功能化提供了在不改变电子网络的情况下将分子可逆地吸附到石墨烯表面的可能性[17]。实验上,石墨烯的非共价功能化可以通过与几种多环分子、芘衍生物、DNA、适体、芳香药物、染料、生物分子和聚合物相互作用而产生。通过 π-堆叠或 $\pi-\pi$ 相互作用和其他非共价力的组合来指导非共价功能化。

多环分子与石墨烯和石墨的基面具有亲和力,其中 $\pi-\pi$ 堆叠相互作用对不同结构的稳定性起着重要作用。Ghosh 等[19]使用羧酸盐分子(具有大且平坦芳族表面和高度溶于水的分子)功能化石墨烯;由于电荷转移,与石墨烯产生了强烈的非共价相互作用。这种功能化使石墨烯(即使是很少的层)在水溶液中具有稳定性。

Chen 等[20]通过使用完全无电阻的方法和空间选择性化学修饰工艺制造石墨烯 p-n 结,证实了石墨烯非共价功能化的有效性。在他们的工作中,通过在石墨烯单层上掺杂给予或吸收电子的分子来调节双极石墨烯的 n 型或 p 型特性。分子 1,5-二氨基萘(DAN)和 1-硝基芘(NP)分别为给电子(n 型掺杂剂)和吸电子(n 型掺杂剂)。Chen 等报道了芳香环负责掺杂剂分子与石墨烯的结合,可能通过 $\pi-\pi$ 堆叠。

Liu 等[21]以检测磷脂酶 D 活性为目的,用磷脂对石墨烯进行功能化。由于石墨烯表面的疏水性，脂质尾部与石墨烯之间的疏水相互作用进行了纳米组装。Liu 等证明，通过使用用于功能化的荧光素标记的磷脂，该纳米组装体可以适应于用于磷脂酶 D 活性测定的新型荧光生物传感器。

在合成过程中，存在许多现象，如稳定复杂结构的 π－π 相互作用、分子自组装以及掺杂石墨烯的电荷转移等。研究和分析分子和石墨烯之间发生的所有相互作用有助于开发生物传感器，因为它将石墨烯的电特性和分子的选择性与制造更高精度的纳米器件（生物医学中用于诊断和控制的重要工具）的过程相结合。几种方法，如荧光、电化学、电子和表面增强拉曼散射，已被用于实现灵敏、选择性和精确的生物分子识别。在电检测方法中，可以制造石墨烯基场效应晶体管（FET）[9,22]。

目前，电子器件界对石墨烯的兴趣已经增长，开启了关于石墨烯晶体管在生物医学应用中的潜力的讨论。在 26.1.2 节和 26.1.3 节中，我们将讨论 FET 特性的理论和实验方面[9]。

26.1.2 电子传输的基本理论

本节对分子尺度上的电子输运领域进行了简要的理论介绍，其中支配导电的物理定律需要量子力学描述。

基于石墨烯控制电子器件的方法有以下几种：确定电流和电导的变化、操纵自旋或谷。下面描述用于建模和讨论石墨烯电子输运变化的两种最先进的理论方法。

为了通过电流和电导控制电子分子器件，存在不同的方案来模拟量子输运：①半经验方法，其是非自洽的，并且基于用于本体和分离分子系统的参数化紧密结合类型的哈密顿量。②超胞方法，其基于具有周期边界条件的 Kohn－Sham 方程的解。通过递归技术确定散射状态（该方法不能描述具有不同电极的系统和在外部偏置下的系统）。③*open－jellium Lippman－Schwinger* 方法，其中根据 jellium 模型描述引线，并且对于开放结构自一致地求解 Kohn－Sham 方程。电荷密度由器件的散射状态构成。该方法不考虑器件内部存在的束缚态（仅使用散射态来构造电荷密度和电位）。④非平衡格林函数（NEGF）方法[23]。NEGF 的优点是通过 Keldysh NEGF 确定电荷密度，Keldysh NEGF 提供了用于处理开放量子系统的有效框架（电荷密度不是由系统的本征态构造的）。接下来，我们简单解释一下这个方案的组成部分。

26.1.2.1 DFT＋NEGF

石墨烯基电子传感器通常被称为场效应晶体管，因为类似于传统的 FET，石墨烯电导可以被微小的门控信号敏感地调制。可以通过掺杂效应、电荷载流子散射、改变局部介电环境来实现检测[13]。要从理论上描述纳米级电子器件，需要原子层面的量子力学模型。在本征石墨烯中，电子在系统中传输而不会发生碰撞（弹道传输）。然而，当石墨烯吸附分子或掺杂时，穿过系统的电子会经历散射事件，从而增加一些电子不被透射的概率[24]。

NEGF 处理的系统配置由夹在两个引线（左 L 和右 R）之间的导体（或半导体）组成（图 26.2）。考虑三个不同的区域：L 和 R 是具有它们各自的化学势 μ_L、μ_R（其中温度和化学势恒定）的储层，和允许具有任意尺寸和形状的中心区域 C。区域之间的耦合不是直接的，因此哈密顿量可以定义为

$$\boldsymbol{H}=\begin{bmatrix} \boldsymbol{H}_{LL} & t_{LC} & 0 \\ t_{CL} & \boldsymbol{H}_{CC} & 0 \\ 0 & t_{RC} & \boldsymbol{H}_{RR} \end{bmatrix} \tag{26.1}$$

式中：$\boldsymbol{H}_{LL}$、$\boldsymbol{H}_{CC}$和$\boldsymbol{H}_{RR}$分别为 L、C 和 R 区域的哈密顿矩阵。非对角矩阵连接两对相邻区域。通过触点的电流由恒定偏置电压引起，$eV=\mu_L-\mu_R$。

可以使用格林函数从 NEGF 构造自洽电荷密度：

$$\rho=-1\frac{i}{2\pi}\int \mathrm{dE}G^{<}(E) \tag{26.2}$$

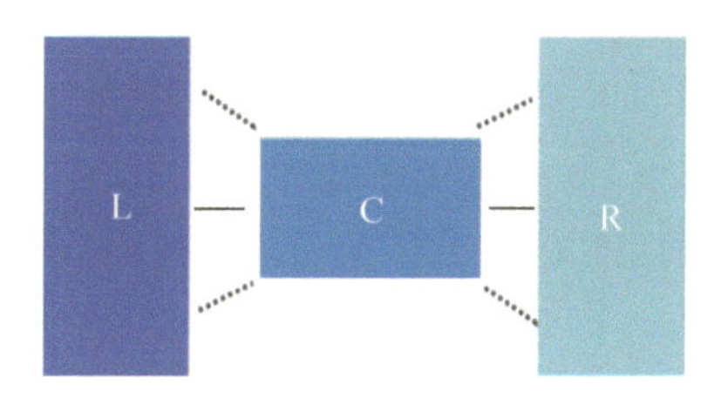

图 26.2　NEGF 处理的系统配置

且

$$G<=G^{R}\sum^{<}[f_L,f_R]\,G^{A} \tag{26.3}$$

式中：G^R和G^A为器件的延迟/高级格林函数；$\overset{<}{\Sigma}[f_L,f_R]$为散射函数（根据每个引线的自能定义，分布函数$f_{L/R}$是电极本征态的费米占有函数）。当偏置电压为零时，可以使用平衡格林函数G^R而不是$G^<$来计算线性电导系数。然而，在系统不平衡（即存在偏置电压）时，$G^<$必须使用[24-25]。

透射取决于 C 区的延迟和高级绿色函数G^R_{CC}和G^A_{CC}：

$$T(E,V)=4\mathrm{Tr}[G^{R}_{CC}\Gamma_R G^{R}_{CC}\Gamma_L] \tag{26.4}$$

式中：Γ 用自能量计算

$$\Gamma=\mathrm{Im}\{\Sigma^{A}_{I,R}\} \tag{26.5}$$

自能 Σ 描述了中心区域中的储层影响，它们既取决于储层与中心区域之间的耦合，也取决于引线的局部电子结构。

在 Landauer - Büttiker 方法中，通过导体的电流用电子能够透过导体的概率来表示。电流评估为

$$I=\frac{2e}{h}\int_{-\infty}^{\infty}\mathrm{dET}(E,V)[f_L,f_R] \tag{26.6}$$

式中：$f_{L/R}$为每个引线的费米占有函数。因此，Landauer 形式是这些系统中输运的适当描述，其中考虑了电子波的透射和反射。Landauer - Büttikers 理论是当今在非平衡格林函数（NEGF）理论的帮助下计算纳米系统电子输运性质的一种广泛使用的形式（详细内容可参见参考文献[24,26]）。

当前计算中需要考虑的重要方面如下：①传输由平衡系统的不同延迟和高级格林函数决定；②必须确定自能量；③计算未耦合储层的相应格林函数。

NEGF 形式可以被简单地看作是评估传输概率的方便方法，包括散射过程[24]。潜在

的优点是：①以与散射区相同的方式处理L和R引线；②通过结合密度泛函理论（DFT）和Hartree Fock方法自洽地确定C区；③可以实现传输特性中的多体效应（例如，电子－声子和电子相互作用）。

26.1.2.2 能谷电子学

能谷电子学包括操纵电子谷自由度，以编码、处理、存储和携带晶体固体中的信息（类似于自旋电子学中的自旋）。导带中的局部最小值或价带中的局部最大值被称为谷[27]。

与由各种自旋现象实现的自旋电子操作相比，利用谷极化的能力相当有限，直到最近出现了具有蜂窝结构的二维材料。在诸如石墨烯的六边形二维材料中，带边缘处的电子性质由在布里渊区边缘处的＋K和－K点处出现的两个不等价谷确定。谷由表现为自旋－1/2系统的二元伪自旋表示（＋K谷中的电子可以标记为谷－伪自旋向上，－K谷中的电子可以标记为谷－伪自旋向下）。在掺杂系统中，在＋K或－K谷极化的载流子种群分布可以存储二元信息[27]。目前，能谷电子学研究这些谷－伪自旋的操作以实现实际的器件。

能谷电子学的理论工作已经显示了开发用于石墨烯基纳米电子的低功率FET的潜力。Chen等[28]讨论了利用紧结合（TB）模型计算石墨烯基FET中依赖于谷的电子输运的多带理论。研究了具有单一界面的结构，该结构表现出能隙或潜在的不连续性。将该理论应用于研究电子在界面上的反射和透射。

同时，也研究了用于产生和检测谷值电流的其他系统。Shimazaki等[29]采用双层石墨烯，施加垂直电场打破空间反转对称性，诱导Berry曲率，以及产生和检测纯谷电流的载流子密度。在70K的绝缘区域中，通过大的非局部电阻（R_{NL}）观察到纯谷电流的指示（R_{NL}是在相同方案中测量的电阻，因为它在自旋电子学领域被广泛应用于探测纯自旋电流。在该方法中，在没有电荷电流通过检测点循环的情况下实现检测，因此测量信号仅对自旋自由度敏感[30]。

仍有待探索的一个方面是分子在石墨烯上的吸附将对取决于谷自由度的自由度作出反应的可能性。这对于寻找FET器件的其他控制机制是非常重要的。

26.1.3 实验方法

在吸附过程中，通过吸附物与基底之间的电荷转移，发现了石墨烯的掺杂和局部电偶极子的产生等现象。石墨烯表面附近的电子迁移率对局部电荷变化极其敏感，为此，吸附改变了几种电子特性——在物理吸附过程中观察到电特性的变化，即使在石墨烯中没有打开间隙[31]。

石墨烯基场效应晶体管（GFET）是具有三个金属触点（源极、漏极和栅极）的电子器件，已经研究了用于检测几种生物分子的石墨烯沟道（图26.3）[32-35]。GFET具有优于碳纳米管基等价物的显著优点；它们很容易制造，石墨烯的双极性特性具有可以对带负电和带正电的吸附物作出响应的固有能力[36]。在漏极和栅极上施加两个不同的电压（源极接地，石墨烯沟道和栅极暴露于电解质）。由于生物分子与石墨烯表面的相互作用，可以表征电导和电流曲线的变化[35]。此外，在GFET中，电荷载流子浓度通过外部电场的存在而改变，其中电子可以被空穴代替，反之亦然[37-38]。根据所吸附的生物分子，由于电荷转移、掺杂浓度、掺杂剂类型和局部电偶极子产生的差异，可以测量对电特性的不同影响。

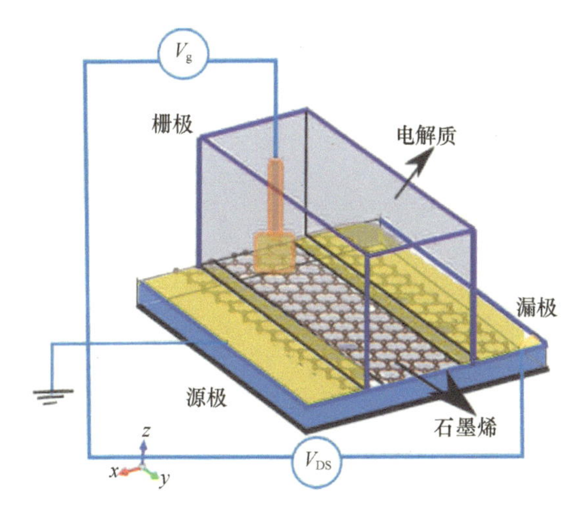

图 26.3 石墨烯基场效应晶体管(GFET)示意图

生物传感器中的一种检测模式是通过电测量。电流 – 电压($I-V$)曲线可以通过吸附生物分子来修饰。

典型的曲线是电流 – 栅极电压(I 与V_g)。器件的狄拉克点电压(电流最小时的电压)可被分析物修改,导致 $I-V$ 曲线的水平移动(图 26.4)。表征和测量石墨烯基器件中的变化的另一种可能性是通过 $I-V$ 曲线,其中在两个端子之间施加偏置电压(V_b)(源极和漏极之间的电位差)。Mohanty 和 Berry[39] 制造并功能化了一种新型生物器件,一种石墨烯基晶体管,用于单细菌检测(蜡状芽孢杆菌)和直接检测 DNA 传感器(图 26.5)。报道了由于其对细菌和 DNA 杂化 – 去杂化的敏感性而引起的 $I-V$ 曲线的变化。此外,对于直接检测 DNA 传感器,Mohanty 和 Berry 进行了多次杂化 – 去杂化过程,并报道了电导率的恒定增加和恢复,即制作了可逆 DNA 检测器,见图 26.5。

GFET 器件是一种有吸引力的替代方案,因为它们允许真实的、直接检测、灵敏和选择性测量。尽管如此,关于 GFET 仍有许多有待优化的方面,例如:调整器件的几何形状使传导通道中的生物分子的效果最大化;改变用于通用探针固定和靶检测的结合亲和力或极性特异性;操纵石墨烯导电性来控制器件的选择性和灵敏度、表面基团和形态(分子电检测的灵敏度强烈依赖于石墨烯的大小和形状、石墨烯表面的褶皱以及石墨烯的氧化程度)[22]。

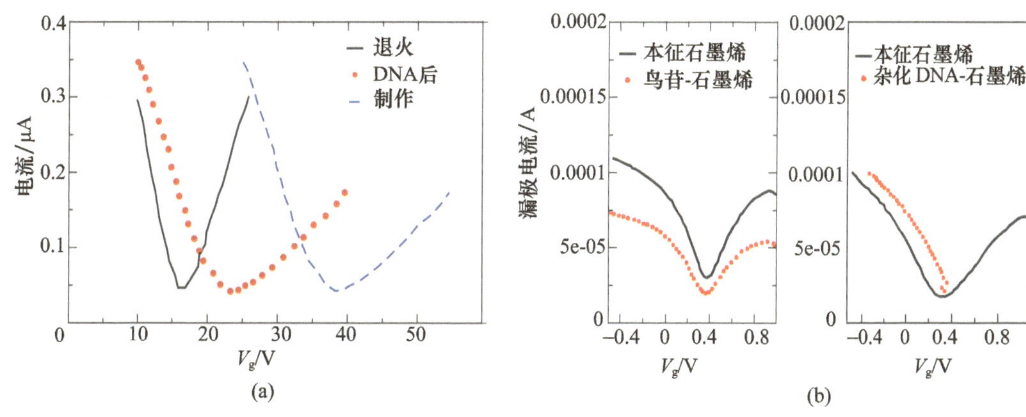

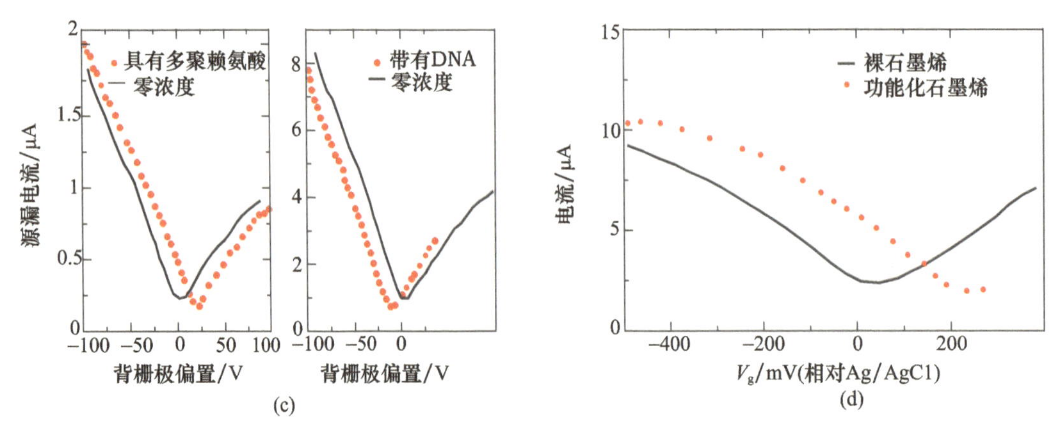

图 26.4 $I-V_g$ 曲线

(a)利用单链 DNA(ssDNA)的石墨烯化学传感器(转载自参考文献[18]);(b)石墨烯器件与鸟苷核苷和双链 DNA(dsDNA)杂化相互作用前后的变化(转载自参考文献[40]);(c)用于感测双链 λDNA 和多聚赖氨酸结合的 FET 生物传感器,狄拉克峰在暴露于多聚赖氨酸后移动 17V,在暴露于 DNA 时移动 14V(改编自参考文献41);(d)与基于 DNA 的适体(功能化石墨烯)相互作用引起的 $I-V_g$ 曲线的位移(转载自参考文献[42])

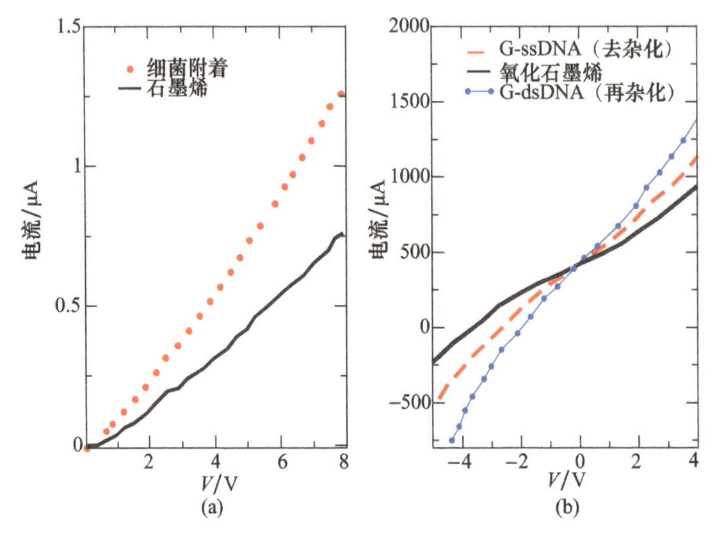

图 26.5 $I-V$ 曲线,偏置电压(V_b)施加在两个端子之间

(a)用于细菌传感器的石墨烯基晶体管;(b)用于直接检测 DNA 传感器的石墨烯基晶体管。报道了由于其对 DNA 杂化-去杂化的敏感性而引起的 $I-V$ 曲线的变化。(转载自文献[39])

26.2 吸附过程和器件的计算建模

石墨烯的吸附研究可以针对一个分子的吸附或许多分子的界面层的形成。石墨烯与分子之间产生的非共价相互作用对于理解分子簇的形成、超分子自组装、晶体封装和新型纳米材料的设计等具有重要意义。芳香分子与石墨烯通过 π-π 相互作用(前提是分子的相互作用 H-π 不强)[43-44],产生电荷转移,以加强石墨烯与吸附分子之间的键,通过移动狄拉克锥掺杂石墨烯。例如,在石墨烯与苯的相互作用中,芳族部分具有非常相似或

相同的电子分布[45]。芳香配合物以 π 电子的高度离域负电荷云为特征,苯与石墨烯之间存在排斥作用。而 π - π 相互作用不是由静电力驱动,而是由散射力驱动,因为静电能的贡献明显低于色散能[17,46]。为此,在理论上研究生物分子在石墨烯上的吸附必须包括范德瓦尔斯力型分散力。

通过从头计算 DFT 模拟,对石墨烯吸附分子进行了相关的理论研究。如上所述,在这些情况下,将分散力应用到计算中是重要的。范德瓦尔斯力相互作用存在于所有吸附过程中:偶极 - 偶极、偶极 - 感应偶极和感应偶极 - 感应偶极。DFT 软件包,如维也纳从头算模拟程序 VASP[47]、OpenMX[26,48-49]和 Gaussian[50]等,已经实现了考虑色散力的可能性。

电荷转移引起的静电相互作用往往加强石墨烯与吸附分子之间的结合[17]。最近对核苷酸(鸟嘌呤 G、腺嘌呤 A、胸腺嘧啶 T、胞嘧啶 C 和尿嘧啶 U)和氨基酸在石墨烯上吸附的 DFT 研究表明,这些相互作用是基于非共价的 π - π 堆积作用[51-54]。

Gowtham 等[54]表明,所有 DNA 碱基与石墨烯片分离约 3.5Å,鸟嘌呤的结合最强(1.07eV),而其他碱基的结合相似(0.8eV)。Lee[53]应用了一套基于 DFT 的技术来研究碱基在石墨烯上的结合能和吸附高度的趋势。碱基与石墨烯的相互作用强度顺序为 G > A > T > C > U。G、A、T 和 C 在石墨烯上的物理吸附诱导了一个小的界面偶极,引起功函数的能量转移。Le 等[55]利用 DFT 的几种变体研究了核苷酸在石墨烯上的物理吸附。他们得出结论,DFT - D3 校正(包括范德瓦尔斯力相互作用[49])是这类问题的绝佳选择,其中需要评估分子之间以及分子与石墨烯之间的相互作用。

Singla 等[56]在 Gaussian09 中实现的 DFT 形式中使用 Becke - 3 - parameter - Lee - Yang - Parr(B3LYP)水平的理论和 6 ~31G(d)基组研究了[50]三种截然不同的氨基酸的吸附:缬氨酸(Val)、精氨酸(Arg)和天冬氨酸(Asp)在结构类似但化学成分不同的石墨烯表面上。在计算方法中引入的显式色散校正通过考虑长程范德瓦尔斯力相互作用来提高结果的精度,这对于与实验值一致很必要。

Rodriguez 等[51-52]研究了四种氨基酸在石墨烯上的吸附:组氨酸(His)、丙氨酸(Ala)、天冬氨酸(Asp)和酪氨酸(Tyr),分别为碱性、中性、酸性和芳族中性氨基酸。采用 DFT - D3 近似交换相关势(使用 OpenMx3.8 包)进行计算。吸附能(E^{ads})和吸附距离(D^{ads})的大小顺序为$E^{ads}_{Tyr/图表} > E^{ads}_{His/图表} > E^{ads}_{Asp/图表} > E^{ads}_{Ala/图表}$和$D^{ads}_{Asp/图表} > D^{ads}_{Ala/图表} > D^{ads}_{His/图表} > D^{ads}_{Tyr/图表}$。Rodriguez 等报道,氨基酸与石墨烯之间的相互作用不会在石墨烯中产生间隙开口(吸附后石墨烯仍为半金属)。此外,从石墨烯到分子的电荷转移对于 His、Ala、Tyr 和 Asp 分别为 0.18e、0.10e、0.12e 和 0.17e。

Zhiani[57]报道了 5 种不同类别的氨基酸,即 Ala、Arg、天冬酰胺(Asn)、His 和半胱氨酸(Cys)在石墨烯表面的吸附结果。Zhiani 使用泛函阐明了所研究复合物吸附基底的所有几何构型在 Gaussian09 中的分散效应 B3LYP - D3,并表明氨基酸平行于石墨烯片取向(Arg 形成最稳定的复合物)。

对神经递质吸附的理论工作进行了研究。Ortiz 等[58]研究了吸附在石墨烯片上的多巴胺的相互作用,分为有和没有外部电场两种。在他们的工作中,在 SIESTA 代码中实现的一般梯度近似(GGA)的框架下,使用 DFT 进行电子计算[59]。报道的多巴胺与石墨烯之间的吸附能和距离能分别为 0.46eV 和 2.84Å(没有外部电场施加到吸附剂 - 基底系统)。吸附距离定义为从多巴胺的氧原子到几何弛豫后的石墨烯,垂直于石墨烯基面测量。

Fernandez 等[60]研究了一种多巴胺分子在吸附多巴胺的不同几何构型的完美石墨烯

表面的吸附。吸附能用 DFT－D2（由 VASP 实现的 DFT 形式）计算。Fernandez 报告说，对于较低能量配置，E^{ads} 和 D^{ads} 分别为 0.74eV 和 3.18Å。电荷从石墨烯片向分子的转移为 0.25e。电荷密度归因于多巴胺环和石墨烯的 π 个电子云。

表 26.1 列出了核苷酸、氨基酸和神经递质的吸附能和吸附距离的理论结果。

根据理论结果，在吸附过程中，吸附在石墨烯上的核碱和氨基酸表现出强烈的物理吸附，基底－吸附物距离大于 2.8Å，消除了形成共价键的机会；从石墨烯到分子的转移电荷产生局部纵向和横向偶极子（图 26.6）；石墨烯用作弱电子供体。

表 26.1　石墨烯向核碱基腺嘌呤（A）、鸟嘌呤（G）、胸腺嘧啶（T）、胞嘧啶（C）和尿嘧啶（U）的电荷转移；氨基酸：组氨酸（His）、丙氨酸（Ala）、天冬氨酸（Asp）、酪氨酸（Tyr）、缬氨酸（Val）、精氨酸（Arg）、天冬酰胺（Asn）和半胱氨酸（Cys）；神经递质多巴胺（DA）

参考文献	方法	电荷转移	D^{ads}/Å	E^{ads}/eV	生物分子
[54]	MP_2	—	3.50	0.94	A
[52]	GGA－vdW	0.03	3.29	1.00	
[55]	DFT－vdW	—	3.5	0.63	
[54]	MP_2	—	3.50	1.07	G
[53]	GGA－vdW	0.03	3.26	1.18	
[55]	DFT－vdW	—	3.45	0.74	
[54]	MP_2	—	3.50	0.80	C
[53]	GGA－vdW	0.03	3.27	0.93	
[55]	DFT－vdW	—	3.51	0.58	
[54]	MP_2	—	3.50	0.74	U
[55]	DFT－vdW	—	3.49	0.54	
[54]	MP_2	—	3.5	0.83	T
[53]	GGA－vdW	0.03	3.29	0.95	
[55]	DFT－vdW	—	3.53	0.60	
[52]	DFT－D_3(vdW)	0.18	2.97	1.49	His
[57]	B_3LYP－D3	—	3.36*	0.63	
[52]	DFT－D_3(vdW)	0.10	3.15	0.91	Ala
[57]	B_3LYP－D_3	—	2.63*	0.35	
[52]	DFT－D_3(vdW)	0.12	2.98	1.63	Tyr
[52]	DFT－D_3(vdW)	0.17	4.00	1.17	Asp
[56]	B_3LYP	—	3.21	3.79	
[56]	B_3LYP	—	3.07	3.89	Val
[56]	B_3LYP	—	3.14	4.21	Arg
[57]	B_3LYP－D_3	—	3.05*	1.66	
[57]	B_3LYP－D_3	—	2.65*	0.51	Asn
[57]	B_3LYP－D_3	—	3.45*	0.44	Cys
[60]	DFT－D_2	0.25	3.18	0.74	DA
[58]	GGA	0.01	2.84	0.46	

*最近的碳或氢原子到表面的距离。

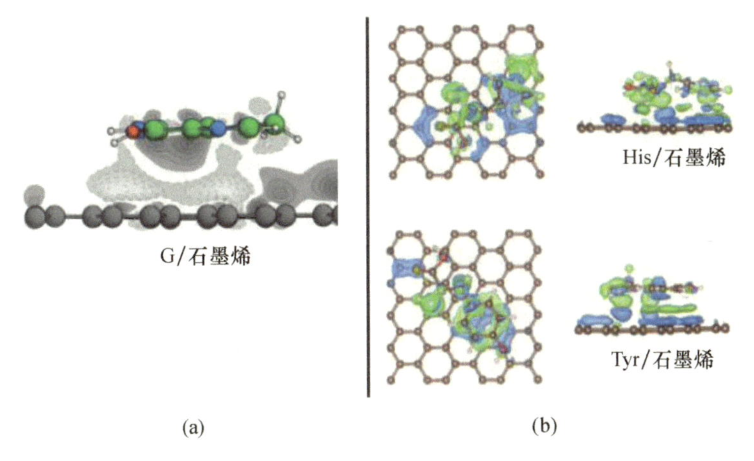

图 26.6 基底－吸附物之间电偶极子的形成
(a)吸附在石墨烯上的鸟嘌呤(转载自文献[53]);
(b)顶部:石墨烯上的组氨酸;底部:石墨烯上的酪氨酸(转载自文献[52])。

在接下来的章节中,物理吸附是否能改变石墨烯的电子输运性质仍有待确定。如果有,哪些属性需进行改性?

分子电子学的进步为电子器件的小型化打开了一扇门,可以直接操纵原子和单个分子的电子态来形成器件。出于对真实的分子电子系统量子输运建模的需要,在与将NEGF方法应用于输运问题相关的算法进展中,结合快速计算机的能力,对因生物分子吸附而产生石墨烯电子输运影响的理论研究进行了研究。

Rahman 等[61]观察到了由于气体分子NH_3的吸附而导致石墨烯纳米带输运性质的变化。他们使用 Møller－Plesset2(mp2)方法中的从头计算法研究基组和 NEGF 形式,通过紧结合跳跃参数和局部有效势的变化来模拟蒸汽吸附的影响。研究人员给出了吸附和不吸附NH_3的器件的 $I-V$ 曲线。据报道,在吸附 8 个NH_3分子时,电流增加,而在添加更多分子时,电流降低(图 26.7)。Rahman 等报道,吸附物的取向在电荷转移机制中起着重要作用。

确定 DNA 寡核苷酸的核苷酸(A、C、G 和 T)的顺序提供了关于基本生物学过程的信息,这在法医调查和突变研究等中不可或缺。越来越需要研究具体和快速的敏感机制。在 FET 器件的各种理论工作和建模中,石墨烯是一种构建核苷酸传感器件的前景材料。由于吸附,电子传输(电流和电导)和电荷转移性质的变化被报道。Lee[53]通过第一性原理计算和 NEGF 研究了 DNA 核苷酸吸附对石墨烯纳米带电导的影响。带负电的磷酸核苷酸降低了带边的电导。他们的研究结果表明,通过监测 DNA 吸附时量子电导的变化,DNA 检测是可能的。Song 等[62]基于 DFT 和非平衡格林函数方法研究了吸附核碱基对石墨烯纳米带(GNR)电子输运的影响。在他们的器件中,两端之间引入的偏置电压在 0～0.6V 之间。具有 $\pi-\pi$ 堆叠作用的石墨烯上吸附的核蛋白中的氧即使在室温下的水中也能明显地改变电流。腺嘌呤只轻微地改变了电流,检测不到碱基。相反,胸腺嘧啶、鸟嘌呤和胞嘧啶的吸附令人惊讶地在 0.6V 的 $I-V$ 曲线中产生清晰的指纹。

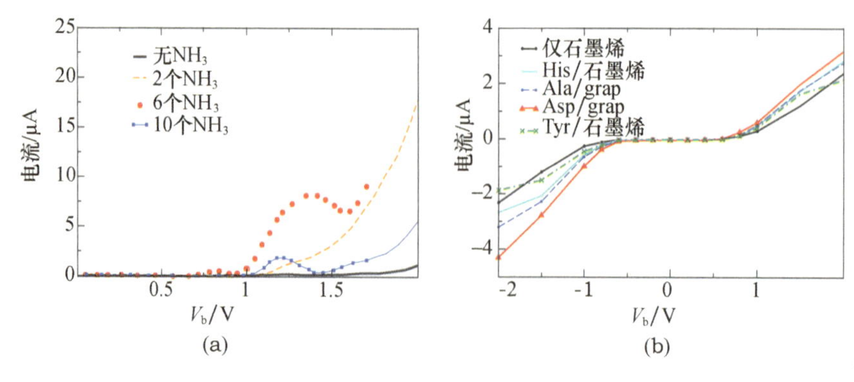

图 26.7 理论 $I-V$ 曲线[52]

(a) NH_3吸附(转载自文献[61]);(b)吸附的氨基酸。

蛋白质是由对生命起基本作用的氨基酸组成的生物分子。确定蛋白质的一级结构，即氨基酸序列在生物医学领域具有很大的相关性，因为许多遗传疾病都起源于序列错误。Rodriguez 等[52]提出石墨烯作为氨基酸传感器件的基础材料，并在 DFT 和 NEGF 的组合中使用第一性原理计算给出了氨基酸吸附对石墨烯电子输运性质的影响。所建模的器件包含三个区域 L、R 和 C。中心散射区(C)夹在半无限的源区(左,L)和漏区(右,R)之间。在 yz 平面上的二维周期边界条件下，无限左 L 和右 R 石墨烯引线沿 x 轴。中心区域 C 包含吸附在石墨烯上的分子。当偏压(V_b)在 -1V 和 -2V 之间时，建模器件对氨基酸 His、Ala、Asp 和 Tyr 显示出较高的特异性和灵敏度(图 26.7)。对这些非共价相互作用对石墨烯电子性质的修饰进行了深入分析。

26.3 器件的实验实现

26.3.1 脱氧核糖核酸

石墨烯基脱氧核糖核酸(DNA)生物传感器具有灵敏度高、选择性好、成本低、易于小型化等优点，在遗传疾病诊断、DNA 分析、非 DNA 分子检测、细胞内分子探测和环境监测等方面具有广阔的应用前景。

除了其优异的导电性外，石墨烯的高比表面积有助于其上生物分子的高负载浓度。这一特性对于构建性能突出的不同传感平台具有重要意义[63]。

Lu 等[18]测量了由于与单链 DNA(ssDNA)相互作用引起的狄拉克点电压的变化(图 26.4(a))。石墨烯吸附生物分子后，电荷迁移率降低。Lu 等展示了一种通过使用 ssDNA 作为敏化剂来提高石墨烯作为化学传感器工作能力的途径。ssDNA 功能化后，空穴和电子迁移率分别为 1600$cm^2/(V \cdot s)$和 750$cm^2/(V \cdot s)$(功能化前，空穴和电子迁移率为 2600$cm^2/(V \cdot s)$)。

Kakatkar 等[41]采用简单、清洁的转移技术开发了基于化学气相沉积(CVD)石墨烯的生物电子传感器。该器件通过测量石墨烯通道暴露于含有 DNA 的溶液时狄拉克电压的偏移(该偏移是由于石墨烯表面上带电分子的结合/未结合)来检测双链 λDNA(λDNA)和多聚赖氨酸的结合。狄拉克峰在暴露于多聚赖氨酸后移动17V,在暴露于DNA时移动14V,见图26.4(c)。Lin等[40]制作了基于石墨烯薄膜的器件,用于DNA杂化的电检测。当用双链DNA(dsDNA)固定石墨烯器件时,狄拉克点电压向右移动,见图26.4(b)。DNA分子和电解质门可以带负电荷。石墨烯表面附近的电荷引起空穴载流子数量的增加,并产生狄拉克点电压的偏移。

Lin等[63]构建了一种新型的电化学DNA生物传感器:基于石墨烯与ssDNA序列之间π-π堆叠相互作用的简单石墨烯传感平台。首先,通过石墨烯与DNA之间的π-π堆叠作用,将捕获的DNA直接固定在石墨烯修饰的玻碳电极表面。然后将金纳米粒子(AuNP)修饰的寡核苷酸探针以夹心测定形式在玻碳电极表面上共杂化,用于检测靶DNA序列。用微分脉冲伏安法测量不同靶DNA浓度的电流变化。Lin报告了在200pmol/L~500nmol/L范围内,传感器的峰值电流与目标DNA浓度的对数线性增加,获得(通过外推)72pmol/L的DNA检测极限(图26.8)。这些结果表明,简单的电化学DNA传感器可应用于宽浓度范围的灵敏DNA分析。

Saltzgaber等[42]研究了用于特异性蛋白质检测的GFET传感器,并证明了可以在可扩展的制造工艺中使用化学气相沉积构建微米级蛋白质特异性GFET生物传感器。首先,他们创造了一个优先蛋白质结合的功能表面;表面用芘丁酸琥珀酰亚胺基酯(PBASE)和基于凝血酶特异性DNA的适体功能化。测量了与基于DNA的适体相互作用引起的$I-V_g$曲线位移(图26.4(d))。

Chen等[64]基于通过CVD生产的大面积单层石墨烯提出了GFET,其用于DNA杂化的直接电检测(即在该检测中,不使用化学或暂时连接到DNA外来分子,因此不发生其固有性质的改变)。单层GFET比少层GFET表现出更好的感测性能。样品对DNA检测的灵敏度可低至1pmol/L。

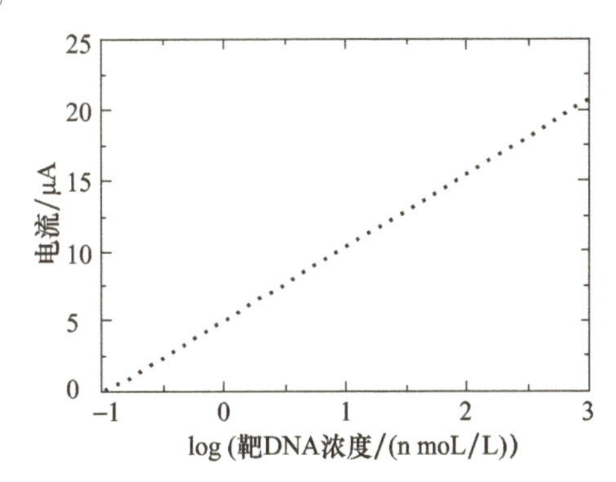

图26.8 电流与log(目标DNA浓度)[53]

峰电流与靶DNA浓度的对数成线性关系。

表26.2中给出了石墨烯中电荷载流子迁移率、电导率和电阻率的变化。

表26.2 由于吸附引起的石墨烯中的电荷载流子迁移率、电导率和电阻率的变化

参考文献	影响	传感器类型	生物分子
[40]	随着互补或单碱基错配DNA浓度的增加,薄层电阻增加,空穴载流子迁移率降低	ED-FET	DNA
[64]	单层石墨烯FET显示出优于少层石墨烯FET的传感性能	ED-FET	DNA

续表

参考文献	影响	传感器类型	生物分子
[41]	在GN通道暴露于含有DNA或聚-l-赖氨酸的溶液后观察到狄拉克电压。这种“狄拉克电压”归因于带电分子在石墨烯表面上的结合/解除结合	ED	DNA多熔素
[18]	电荷载流子迁移率降低。这种吸附引起了分子和石墨烯之间的强烈电荷转移，产生了电偶极子和许多带电的静态中心，这些中心与移动的电子和空穴相互作用	ED	ssDNA

注：ED为电气检测。

26.3.2 氨基酸和蛋白质

氨基酸和蛋白质被用于营养和维持人类健康(这些生物分子执行结构、运输和调节功能等)，并且通常用于营养补充剂、肥料和食品技术。超灵敏电传感器的开发对于氨基酸和蛋白质实时检测非常有必要，因为：①许多生物过程可以通过生物分子的检测来监测，②蛋白质测序器件的设计可以应用于遗传疾病的研究和由基因工程产生的蛋白质控制[65]。

Ohno等[66]研究了用于电检测蛋白质BSA(牛血清白蛋白)的电解质门控GFET。电导变化作为BSA浓度的函数，在低浓度下线性增加，在高浓度下饱和(图26.9)，并发生了对蛋白质吸附的电荷转移和表面积依赖性。GFET的电导随暴露于几百皮摩尔浓度的蛋白质而增加。在他们的工作中，可以在pH6.8的缓冲溶液中检测所有引入的生物分子(没有选择性)上的电荷极性，包括带负电荷的BSA或带正电荷的链霉亲和素和免疫球蛋白(IgE)。

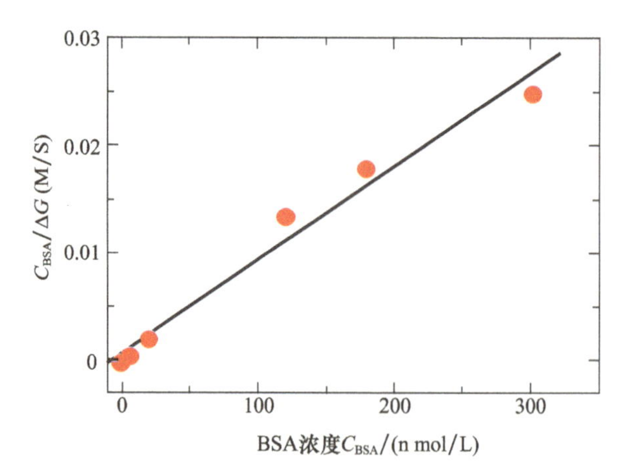

图26.9 用于电检测蛋白质BSA(牛血清白蛋白)的GFET

作为BSA浓度的函数的BSA浓度与电导变化之比(G)在低浓度下线性增加，在较高浓度下饱和(未示出)。(转载自参考文献[66])

Mallakpour等[15]用芳香-脂肪族氨基酸和脂肪族氨基酸对石墨烯片进行功能化，目的是研究使用氨基酸等多功能天然代谢产物的生物兼容性器件，这些代谢产物对环境友好。Mallakpour等通过傅里叶变换红外光谱(FT-IR)、X射线衍射(XRD)、拉曼光谱和X

射线光电子能谱(XPS)等技术对石墨烯的形貌进行了表征,并观察了功能化过程对石墨烯结构和形貌的不同变化。

Mallineni 等[65]研究色氨酸、酪氨酸和苯丙氨酸与三种不同类型二维材料之间的电子相互作用:石墨烯、氧化石墨烯(GO)和氮化硼(BN)。他们使用微拉曼和光致发光(PL)光谱结合电化学表征,并证明了由于与氨基酸的相互作用而对材料的电子结构的显著扰动。

Liang 等[67]基于适体和金纳米粒子-石墨烯纳米片(GNP-GNS)的交换结构提出了一种检测 L-组氨酸的电化学适体传感器。首先,Liang 等通过柠檬酸钠自发化学还原氯金酸,在 GNS 表面沉积 GNP 合成了 GNP-GNS。然后,他们通过诱导 DNA 酶在碳电极 GNP-GNS 上的自我切割来引入 L-组氨酸。为了用 GNP-GNS 测试 L-组氨酸修饰电极的信号,他们进行了方波伏安法。自切割 DNA 酶传感器对靶分子具有敏感性和特异性;作为适体传感器有效捕获 L-组氨酸的结果,峰值电流随着 L-组氨酸浓度的增加而增加。

26.3.3 神经递质

多巴胺(DA)是一种儿茶酚胺神经递质,由肾上腺和大脑的几个区域产生。多巴胺在中枢神经系统、肾系统、激素系统和心血管系统的功能中起重要作用。生物系统中多巴胺的检测对于神经疾病的分析和诊断具有重要意义。然而,感测多巴胺需要高度选择性的材料,因为这种神经递质在神经生物环境[68-70]中与干扰化合物共存,如抗坏血酸(AA)和尿酸(UA)。石墨烯基纳米材料具有较高的灵敏度和选择性,是制作多巴胺传感器的理想材料。

Wang 等[70]制作了石墨烯修饰电极,并报道了多巴胺传感的应用。他们利用电极修饰来吸引/排斥多巴胺或抗坏血酸(消除生物体内总是与多巴胺共存的抗坏血酸的信号)。石墨烯独特的电化学响应是由于其平面几何结构和特殊的电子特性。Zhang 等[68]构建了溶液栅控石墨烯晶体管(SGGT)。多巴胺在栅极处的电化学反应改变了石墨烯栅电极和石墨烯沟道之间界面处的电位分布。在添加多巴胺之前和之后,器件的转移曲线偏移约 70mV。该器件对多巴胺显示出优异的选择性。

Kannan 等[71]通过多层石墨烯纳米带(GNB)开发了一种多巴胺传感器,即使在常见干扰物质如抗坏血酸、尿酸、葡萄糖和乳酸存在的情况下,其对多巴胺也具有高度选择性。

26.3.4 细菌

构建检测细菌的器件在生物医学和食品安全中非常重要,因为它们允许:诊断疾病和识别受污染的食品。已经制造了石墨烯基 FET 作为用于细菌检测的感测平台。

Huang 等[72]构建了一种简单、快速、灵敏、直接检测的大肠杆菌纳米电子生物传感器(大肠杆菌)检测。他们观察到石墨烯器件在接触浓度低至 10cfu/mL 的大肠杆菌后电导增加。此外,可以真实地检测细菌的葡萄糖触发的代谢活动。石墨烯器件与接头分子培养:1-芘丁酸琥珀酰亚胺酯,i-DNA。还观察到功能化前后石墨烯的迁移曲线的差异。此外,对于暴露于大肠杆菌之前和之后的器件,溶液-栅极电流对溶液-栅极电压(I_{ds}-V_{ds})的测量是不同的(图 26.10(a))。

Wu 等[73]演示了大肠杆菌检测。为了传感，Wu 及其同事提出用连接分子(分子芘主链和琥珀酰亚胺酯基团使细菌能够通过稳定的 π－π 堆叠附着在石墨烯表面)对石墨烯进行功能化。添加富电子大肠杆菌在石墨烯中诱导了更多的空穴载流子，产生了狄拉克点的右移。在添加细菌之前和之后，器件的转移曲线呈现不同(当大肠杆菌浓度为 5×10^3CFU/mL)(图 26.10(b))。

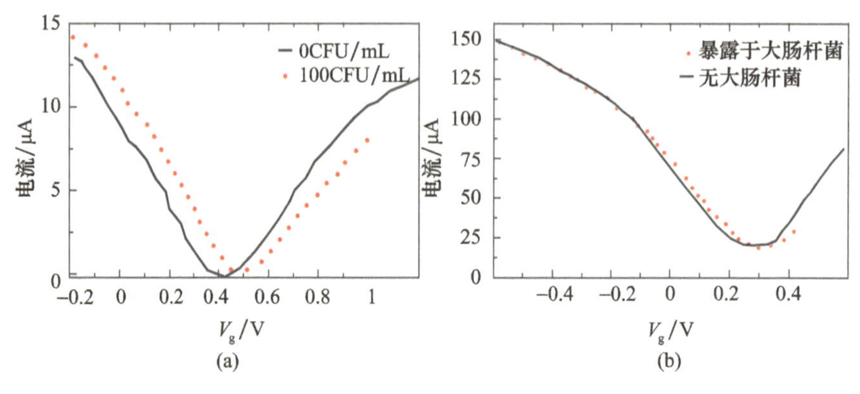

图 26.10　I 与 V_g 曲线

(a)大肠杆菌检测(CFU:菌落形成单位)[72]；(b)石墨烯 FET 用于大肠杆菌检测[73]

Mohanty 和 Berry[39]报道了用于单菌检测的新型石墨烯基生物器件的制造和功能：蜡样芽孢杆菌。单个细菌细胞附着在石墨烯表面时，石墨烯器件的电导率增加(42%)(图 26.5)。Mohanty 和 Berry 解释说，负电物种(如细菌)的附着相当于负电位门控，这增加了空穴密度，从而增加了电导率。

26.4 小结

越来越小的生物传感器的设计、建造和使用可能在环境控制器件中有潜在的应用，以量化水中的微生物和毒素；在生物医学中，可用于监测和检测与生物相关的多种分子；在药理学中，可用于新药的治疗评价；而在食品工业中，可用于检测对食品有害的微生物(包括毒素和农药)。

生物传感器必须具有检测大范围分子种类的能力，并具有高选择性和灵敏度。石墨烯，一种简单的石墨层，由于其与其他(三维)材料相比优异的物理和化学性质，在具有生物医学应用的传感器构造中特别令人感兴趣。石墨烯柔韧透明，具有高机械强度和高表面积，并且导电，具有高电荷迁移率和低噪声。在该晶体中，碳—碳键 sp^2 形成化学稳定和生物兼容的六边形晶格；另外，n 轨道使石墨烯对其周围或表面发生的化学和物理变化极其敏感。研究生物分子与石墨烯之间的相互作用可以评估它们在生物传感器中的潜在应用。

石墨烯可以通过非共价作用力、范德瓦尔斯力和 π－π 堆叠与几种生物分子相互作用。在生物分子的物理吸附过程中，会出现以下现象：①吸附物(生物分子)和石墨烯之间的电荷转移；②电荷密度的变化；③在石墨烯表面和分子之间形成局部偶极子；④可以通过掺杂改变石墨烯的电荷载流子密度。此外，根据理论工作，吸附－基底吸附距离不超过4Å,吸附物取向(如NH_3、DNA、氨基酸、多巴胺)在电荷转移机制中起着重要作用。

由于石墨烯的分子吸附,石墨烯电导、电荷迁移率和迁移曲线的变化在不同的理论和实验工作中被报道。分子结合改变了石墨烯的电荷密度,这导致了传感信号。现已构建了用于检测DNA、氨基酸、神经递质和细菌的石墨烯基FET型器件,表现出高选择性和高灵敏度。根据具体应用,有多种石墨烯基FET型器件的制造方法。目前可以以相对成本低、有效和容易的方式制造和调整高质量的石墨烯片。似乎有可能在未来的几十年里,有可能拥有真实的、高度敏感和选择性的诊断器件,甚至石墨烯基器件的DNA和蛋白质快速测序方案。

参考文献

[1] Ferrari, A. C. *et al.*, Science and technology roadmap for graphene, related two - dimensional crystals, and hybrid systems. *Nanoscale*, 7, 4598, 2015.

[2] Tuan, D., *Charge and Spin Transport in Disordered Graphene - Based Materials*, Springer International Publishing, Switzerland, 2016.

[3] Mayorov, A. S., Gorbachev, R. V., Morozov, S. V., Britnell, L., Jalil, R., Ponomarenko, L. A., Blake, P., Novoselov, K. S., Watanabe, K., Taniguchi, T., Geim, A. K., Micrometer - scale ballistic transportin encapsulated graphene at room temperature. *Nano Lett.*, 11, 2396 - 2399, 2011.

[4] Tse, W. K., Hwang, E. H., Das Sarma, S., Ballistic hot electron transport in graphene. *Appl. Phys. Lett.*, 93, 023128, 2008.

[5] Zhu, Y., Murali, S., Cai, W., Li, X., Suk, J. W., Potts, J. R., Ruoff, R. S., Graphene and grapheme oxide: Synthesis, properties, and applications. *Adv. Mater.*, 22, 3906 - 3924, 2010.

[6] Weiss, N., Zhou, H., Liao, L., Liu, Y., Jiang, S., Huang, Y., Duan, X., Graphene: An emerging electronic material. *Adv. Mater.*, 24, 43, 5782 - 5825, 2012.

[7] Novoselov, K., Geim, A., Morozov, S., Jiang, D., Zhang, Y., Dubonos, S., Grigorieva, I., Firsov, A., Two - dimensional gas of massless Dirac fermions in graphene. *Nature*, 438, 7065, 197 - 200, 2005.

[8] Bolotin, K. I., Sikes, K. J., Jiang, Z., Klima, M., Fudenberg, G., Hone, J., Kim, P., Stormer, H. L., Ultrahigh electron mobility in suspended graphene. *Solid State Commun.*, 146, 9 - 10, 351 - 355, 2008.

[9] Schwierz, F., Graphene transistors. *Nat. Nanotechnol.*, 5, 7, 487 - 496, 2010.

[10] Han, M., Ozyilmaz, B., Zhang, Y., Kim, P., Energy band - gap engineering of graphene nanoribbons. *PRL*, 98, 4, 206805, 2007.

[11] Novoselov, K., Geim, A., Morozov, S., Jiang, D., Zhang, Y., Dubonos, S., Grigorieva, I., Firsov, A., Electric field effect in atomically thin carbon films. *Science*, 306, 666 - 668, 2004.

[12] Amin, R. K. and Bid, A., Graphene as a sensor. *Curr. Sci.*, 107, c, 430 - 435, 2014.

[13] Liu, Y., Dong, X., Chen, P., Biological and chemical sensors based on graphene materials. *Chem. Soc. Rev.*, 41, 6, 2283 - 2307, 2012.

[14] Saha, B. and Bhattacharyya, P., Adsorption of amino acids on boron and/or nitrogen doped functionalized graphene: A density functional study. *Comput. Theor. Chem.*, 1086, 45 - 51, 2016.

[15] Mallakpoura, S., Abdolmalekia, A., Borandeha, S., Covalently functionalized graphene sheets with biocompatible natural amino acids. *Appl. Surf. Sci.*, 307, 307, 533 - 542, 2014.

[16] Jiang, D. and Chen, Z., *Graphene Chemistry: Theoretical Perspective*, John Wiley and Sons, Ltd, United Kingdom, 2013.

[17] Georgakilas, V., Otyepka, M., Bourlinos, A., Chandra, V., Kim, N., Kemp, K., Hobza, P., Zboril, R., Functionalization of graphene: Covalent and non - covalent approaches, derivatives and applications. *Chem. Rev.*, 112, 6156 - 6214, 2012.

[18] Lu, Y., Goldsmith, B. R., Kybert, N. J., Johnson, A. T., DNA - decorated graphene chemical sensors. *Appl. Phys. Lett.*, 97, 8, 8 - 11, 2010.

[19] Ghosh, A., Rao, K., George, S. J., Rao, C. N., Noncovalent functionalization, exfoliation, and solubilization of graphene in water by employing a fluorescent coronene carboxylate. *Chem. Eur. J.*, 16, 2700 - 2704, 2010.

[20] Cheng, H., Shiue, R., Tsai, C., Wang, W. H., Chen, Y., High - quality graphene p - n junctions viaresist - free fabrication and solution - based noncovalent functionalization. *ACS Nano*, 5, 2051 - 2059, 2011.

[21] Liu, S. J., Wen, Q., Tang, L. J., Jiang, J. H., Phospholipid - graphene nanoassembly as a fluorescence biosensor for sensitive detection of phospholipase D activity. *Anal. Chem*, 84, 5944 - 5950, 2012.

[22] Hu, Y. *et al.*, *Biocompatible Graphene for Bioanalytical Applications*, Springer Briefs in Molecular Science, Springer - Verlag Berlin Heidelberg, 2015.

[23] Pomorsk, P., Odbadrakh, K., Sagui, C., Roland, C., Nonequilibrium Green's function modeling of the quantum transport of molecular electronic devices. *Theor. Comput. Chem.*, 17, 187 - 204, 2007.

[24] Datta, S., Nanoscale device modeling: The Greens function method. *Superlattices Microstruct.*, 28, 253 - 278, 2000.

[25] Datta, S., *Electronic Transport in Mesoscopic Systems*, Cambridge University Press, United Kingdom, 1997.

[26] Ozaki, T., Nishio, K., Kino, H., Efficient implementation of the non - equilibrium Green function method for electronic transport. *Phys. Rev. B*, 81, 035116, 2010.

[27] Schaibley, J. R., Yu, H., Clark, G., Rivera, P., Ross, J., Seyler, K., Yao, W., Xu, X., Valleytronics in 2D materials. *Nat. Rev. Mater.*, 1, 11, 16055, 2016.

[28] Chen, F., Choun, M., Chen, Y. R., Wu, Y. S., Theory of valley - dependent transport in graphenebased lateral quantum structures. *Phys. Rev. B*, 94, 7, 1 - 12, 2016.

[29] Shimazaki, Y., Yamamoto, M., Borzenets, I., Watanabe, K., Taniguchi, T., Tarucha, S., Generation and detection of pure valley current by electrically induced Berry curvature in bilayer graphene. *Nat. Phys.*, 11, 1 - 6, 2015.

[30] Valenzuela, S., Nonlocal Electronic Spin Detection, Spin accumulation and the spin Hall effect. *Int. J. Mod. Phys. B*, 23, 11, 2413 - 2438, 2009.

[31] Gan, X. R. and Zhao, H. M., A review: Nanomaterials applied in graphene - based electrochemical biosensors. *Sens. Mater.*, 27, 2, 191 - 215, 2015.

[32] Beibei, Z., Chen, L., Jun, Y., Gareth, J., Wei, H., Xiaochen, D., Graphene field - effect transistor and its application for electronic sensing. *Small*, 10, 20, 4042 - 4065, 2014.

[33] Yang, W., Ratinac, K., Ringer, S., Thordarson, P., Gooding, J., Braet, F., Carbon nanomaterials in biosensors: Should you use nanotubes or graphene. *Angew. Chem. Int. Ed.*, 49, 12, 2114 - 2138, 2010.

[34] Viswanathan, S., Narayanan, T., Aran, K., Fink, K., Paredes, J., Ajayan, P., Filipek, S., Miszta, P., Tekin, C., Inci, F., Demirci, U., Li, P., Bolotin, K., Liepmann, D., Renugopalakrishanan, V., Graphene - protein field effect biosensors: Glucose sensing. *Mater. Today*, 18, 9, 513 - 522, 2015.

[35] Yan, F., Zhang, M., Li, J., Solution - gated graphene transistors for chemical and biological sensors. *Adv. Healthcare Mater.*, 3, 3, 313 - 331, 2014.

[36] Patil, A. B., Fernandes, F. B., Bueno, P. R., Davis, J., Electrochemical sensing of L - histidine based on structure - switching DNAzymes and gold nanoparticle - graphene nanosheet composites. *Bioanalysis*, 7,

725 – 742,2015.

[37] Reddy,D.,Register,L.,Carpenter,G.,Banerje,S. K.,Graphene field – effect transistors. *J. Phys. D:Appl. Phys.*,45,1,019501,2012.

[38] Green,N. S. and Norton,M.,Interactions of DNA with graphene and sensing applications of graphene field – effect transistor devices:A review. *Anal. Chim. Acta*,853,1,127 – 142,2015.

[39] Mohanty,N. and Berry,V.,Graphene – based single – bacterium resolution biodevice and DNA transistor:Interfacing graphene derivatives with nanoscale and microscale biocomponents. *Nano Lett.*,8,12,4469 – 4476,2008.

[40] Lin,C.,Loan,P.,Chen,T.,Liu,K.,Chen,C.,Wei,K.,Li,L. J.,Label – free electrical detection of DNA hybridization on graphene using Hall effect measurements:Revisiting the sensing mechanism. *Adv. Funct. Mater.*,23,18,2301 – 2307,2013.

[41] Kakatkar,A.,Abhilash,T. S.,Alba,R.,Parpia,J. M.,Craighead,H. G.,Detection of DNA and poly – l – lysine using CVD graphene – channel FET biosensors. *Nanotechnology*,26,12,125502,2015.

[42] Saltzgaber,G.,Wojcik,P.,Sharf,T.,Leyden,M.,Wardini,J.,Heist,C.,Adenuga,A.,Remcho,V.,Minot,E.,Scalable graphene field – effect sensors for specific protein detection. *Nanotechnology*,24,35,355502,2013.

[43] Tarakeshwar,P.,Choi,H. S.,Kim,K. S.,Olefinic vs Aromatic π – H Interaction:A theoretical investigation of the nature of interaction of first – row hydrides with ethene and benzene. *J. Am. Chem. Soc.*,111,3323,2001.

[44] Grabowski,S. J.,π – H···O Hydrogen bonds:Multicenter covalent π – H interaction acts as the proton – donating system. *J. Phys. Chem. A*,111,13537,2007.

[45] Krause,H.,Ernstberger,B.,Neusser,H. J.,Binding energies of small benzene clusters. *Chem. Phys. Lett.*,184,411 – 417,1991.

[46] Georgakilas,V.,*Functionalization of Graphene*,Wiley – VCH,Weiheim,Germany,2014.

[47] Kresse,G. and Hafner,J.,*Ab initio* molecular dynamics for liquid metals. *Phys. Rev. B*,47,558,1993.

[48] Ozaki,T.,Numerical atomic basis orbitals from H to Kr. *Phys. Rev. B*,67,155108,2003.

[49] Grimme,S.,Antony,J.,Ehrlich,S.,Krieg,S.,A consistent and accurate*ab initio* parametrization of density functional dispersion correction DFT – D for the 94 elements H – Pu. *J. Chem. Phys.*,132,154104,2010.

[50] Frisch,M. J.,Trucks,G. W.,Schlegel,H. B.,Scuseria,G. E.,Robb,M. A.,Cheeseman,J. R.,Scalmani,G.,Barone,V.,Petersson,G. A.,Nakatsuji,H.,Li,X.,Caricato,M.,Marenich,A.,Bloino,J.,Janesko,B. G.,Gomperts,R.,Mennucci,B.,Hratchian,H. P.,Ortiz,J. V.,Izmaylov,A. F.,Sonnenberg,J. L.,Young,D. W.,Ding,F.,Lipparini,F.,Egidi,F.,Goings,J.,Peng,B.,Petrone,A.,Henderson,T.,Ranasinghe,D.,Zakrzewski,V. G.,Gao,J.,Rega,N.,Zheng,G.,Liang,W.,Hada,M.,Ehara,M.,Toyota,K.,Fukuda,R.,Hasegawa,J.,Ishida,M.,Nakajima,T.,Honda,Y.,Kitao,O.,Nakai,H.,Vreven,T.,Throssell,Z.,Montgomery,J. A.,Peralta,J. E.,Ogliaro,F.,Bearpark,M.,Heyd,J. J.,Brothers,E.,Kudin,K. N.,Staroverov,V. N.,Keith,T.,Kobayashi,R.,Normand,J.,Raghavachari,K.,Rendell,A.,Burant,J. C.,Iyengar,S. S.,Tomasi,J.,Cossi,M.,Millam,J. M.,Klene,M.,Adamo,C.,Cammi,R.,Ochterski,J. W.,Martin,R. L.,Morokuma,K.,Farkas,O.,Foresman,J. B.,Fox,D. J.,Gaussian. Gaussian 09. *Inc.*,*Wallingford CT*,1,2016.

[51] Rodriguez,S. J.,Makinistian,L.,Albanesi,E. A.,Computational study of transport properties of graphene upon adsorption of an amino acid:Importance of including – NH_2 and – COOHgroups. *J. Comput. Electron.*,16,127 – 132,2017.

[52] Rodríguez, S. J., Makinistian, L., Albanesi, E. A., Graphene for amino acid biosensing: Theoretical study of the electronic transport. *Appl. Surf. Sci.*, 419, 540 – 545, 2017.

[53] Lee, E. C., Effects of DNA nucleotide adsorption on the conductance of graphene nanoribbons from first principles. *Appl. Phys. Lett.*, 100, 153117, 2012.

[54] Gowtham, S., Scheicher, R. H., Ahuja, R., Pandey, R., Karna, S. P., Physisorption of nucleases on graphene: Density – functional calculations. *Phys. Rev. B*, 76, 033401, 2007.

[55] Le, D., Kara, A., Schröder, E., Hyldgaard, P., Rahman, T., Physisorption of nucleobases on graphene: A comparative van der Waals study. *J. Phys.: Condens. Matter*, 24, 42, 424210, 2012.

[56] Singla, P., Ryaz, M., Singhal, S., Goel, N., Theoretical study of adsorption of amino acids on graphene and BN sheet in gas and aqueous phase with empirical DFT dispersion correction. *Phys. Chem. Chem. Phys.*, 18, 7, 5597 – 5604, 2016.

[57] Zhiani, R., Adsorption of various types of amino acids on the graphene and boron – nitride nano – sheet, a DFT – D3 study. *Appl. Surf. Sci.*, 409, 35 – 44, 2017.

[58] Ortiz – Medina, J., López – Urías, F., Terrones, H., Rodríguez – Macías, F. J., Endo, M., Terrones, M., Differential response of doped/defective graphene and dopamine to electric fields: A density functional theory study. *J. Phys. Chem. C*, 119, 24, 13972 – 13978, 2015.

[59] Soler, J. *et al.*, The SIESTA method for *ab initio* order – N materials simulation. *J. Phys.: Condens. Matter*, 14, 2745 – 2779, 2002.

[60] Fernandez, A. C. R. and Castellani, N. J., Noncovalent Interactions between dopamine and regular and defective graphene. *ChemPhysChem*, 18, 15, 2065 – 2080, 2017.

[61] Rahman, F., Nouranian, S., Mahdavi, M., Al – Ostaz, A., Molecular simulation insight on in the vacuo of adsorption amino acid on graphene oxide surfaces with varying surface oxygen densities. *J. Nanopart. Res.*, 18, 320, 2016.

[62] Song, B., Cuniberti, G., Sanvito, S., Fang, H., Nucleobase adsorbed at graphene devices: Enhance bio – sensorics. *Appl. Phys. Lett.*, 100, 063101, 2012.

[63] Lin, L., Liu, Y., Tang, L., Li, L., Electrochemical DNA sensor by the assembly of graphene and DNA – conjugated gold nanoparticles with silver enhancement strategy. *The Analyst*, 136, 22, 4732 – 4737, 2011.

[64] Chen, T., Loan, P., Hsu, C., Lee, Y., Wang, T. W., Wei, K. H., Lin, C. T., Lain – Jong, L., Label free detection of DNA hybridization using transistors based on CVD grown graphene. *Biosens. Bioelectron.*, 41, 103 – 109, 2013.

[65] Mallineni, S., Shannahan, J., Raghavendra, A., Rao, A., Brown, J., Podila, R., Biomolecular interactions and biological responses of emerging two – dimensional materials and aromatic amino acid complexes. *ACS Appl. Mater. Interfaces*, 8, 26, 16604 – 16611, 2016.

[66] Ohno, Y., Maehashi, K., Yamashiro, Y., Matsumoto, K., Electrolyte – gated graphene field – effect transistors for detecting pH and protein adsorption. *Nano Lett.*, 9, 9, 3318 – 3322, 2009.

[67] Liang, J., Chen, Z., Guo, L., Li, L., Electrochemical sensing of l – histidine based on structure switching DNA zymes and gold nanoparticle – graphene nanosheet composites. *Chem. Commun.*, 47, 5476 – 5478, 2011.

[68] Zhang, M., Liao, C. Z., Yao, Y. L., Liu, Z. K., Yan, F., High – performance dopamine sensors based on whole – graphene solution – gated transistors. *Adv. Funct. Mater.*, 24, 7, 978 – 985, 2014.

[69] Peik – See, T., Pandikumar, A., Nay – Ming, H., Hong – Ngee, L., Sulaiman, Y., Simultaneous electrochemical detection of dopamine and ascorbic acid using an iron oxide/reduced grapheme oxide modified glassy carbon electrode. *Sensors*, 14, 8, 15227 – 15243, 2014.

[70] Wang, Y., Li, Y., Tang, L., Lu, J., Li, J., Application of graphene - modified electrode for selective detection of dopamine. *Electrochem. Commun.*, 11, 889 - 892, 2009.

[71] Kannan, P. K., Moshkalev, S. A., Rout, C. S., Highly sensitive and selective electrochemical dopamine sensing properties of multilayer graphene nanobelts. *Nanotechnology*, 27, 9, 075504, 2016.

[72] Huang, Y., Dong, X., Liu, Y., Li, L., Chen, P., Graphene - based biosensors for detection of bacteria and their metabolic activities. *J. Mater. Chem.*, 21, 33, 12358, 2011.

[73] Wu, G., Meyyappan, M., Wai, K., Lai, C., Graphene field - effect transistors - based biosensors for *Escherichia coli* detection. *Nanotechnology* (*IEEE - NANO*), 1, 11205514, 25 - 28, 2016.